대기환경기사 필기 과년도 출제문제

고경미 편저

일진사

머리말

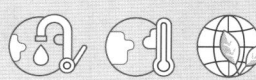

    대기환경기사는 1과목당 20문제씩 총 5과목으로 구성된 절대 평가 시험으로 전체 60점 이상, 과목별로 40점 이상 획득하면 합격입니다. 남들보다 더 높은 점수를 받아야 하는 상대 평가 시험이 아니기 때문에 서로 경쟁하지 않아도 되고 만점을 목표로 공부할 필요도 없습니다.

    대기환경기사는 범위가 매우 방대하기 때문에 단순 암기만으로 쉽게 합격할 수 있는 자격증이 아닙니다. 하지만 60점 이상만 맞히면 되기 때문에 확실한 학습 전략만 있다면 모든 부분을 다 공부하지 않고도 단기간에 합격할 수 있습니다. 따라서, 자격증 취득을 위한 최선의 전략은 시험에 나올 확률이 높은 문제를 정확하게 풀어서 합격하는 것입니다.

    이 책은 대기환경기사 필기시험을 준비하는 수험생들의 실력 배양 및 합격을 위하여 다음과 같은 부분에 중점을 두어 구성하였습니다.

- **첫째,** 계산형 대비 핵심공식 69개와 내용형 대비 핵심정리 107개를 수록하여 문제 풀이에 꼭 필요한 이론 내용을 빠르게 정리할 수 있도록 하였습니다.
- **둘째,** 기출문제의 정답만 외우면 문제가 조금만 변형되어도 풀이가 어렵습니다. 대비책으로 상세한 해설을 통해 문제의 정답과 오답이 되는 명확한 이유를 분석하였고, '더 알아보기'에서는 해당 문제와 관련된 핵심정리를 표시하여 더 자세하게 핵심이론을 학습할 수 있도록 하였습니다.
- **셋째,** 최신 기출 경향을 반영하고, 실제 기출문제 난이도에 맞춰서 출제한 CBT 실전문제를 3회분 수록하여 실전에 충분히 대비할 수 있도록 하였습니다.

    이 책은 여러분과 같이 만들어가는 책입니다. 여러 번의 탈고를 거쳐도 오탈자나 오류가 있을 수 있습니다. 이메일(keimikho@naver.com)로 알려주시면 다음 개정판에 수정하도록 하겠습니다. 또한 네이버 카페 "공부하기 싫어(https://cafe.naver.com/nostudyhard)"로 오시면 시험과 수험서에 관해 언제든지 궁금한 사항을 묻고 답변을 얻으실 수 있습니다.

    끝으로 이 책이 수험생 여러분에게 합격을 위한 좋은 동반자이자 길잡이가 되어 모든 수험생 여러분들이 합격하시기를 기원합니다. 또한 이 책이 출간될 수 있도록 여러모로 도와주신 모든 분들과 도서출판 **일진사** 임직원 여러분께 깊은 감사를 드립니다.

고경미 드림

대기환경기사 출제기준(필기)

직무분야	환경·에너지	자격종목	대기환경기사	적용기간	2020.1.1~2025.12.31
○ 직무내용 : 대기분야에서 측정망을 설치하고 그 지역의 대기오염 상태를 측정하여 다각적인 연구와 실험분석을 통해 대기오염에 대한 대책을 강구하고, 대기오염 물질을 제거 또는 감소시키기 위한 오염방지 시설을 설계, 시공, 운영하는 업무					
필기검정방법	객관식	문제 수	100	시험시간	2시간 30분

필기과목명	문제 수	주요항목	세부항목	세세항목
대기오염개론	20	1. 대기오염	1. 대기오염의 특성	1. 대기오염의 정의 2. 대기오염의 원인 3. 대기오염인자
			2. 대기오염의 현황	1. 대기오염물질 배출원 2. 대기오염물질 분류
			3. 실내공기오염	1. 배출원 2. 특성 및 영향
		2. 2차오염	1. 광화학반응	1. 이론 2. 영향인자 3. 반응
			2. 2차오염	1. 2차 오염물질의 정의 2. 2차 오염물질의 종류
		3. 대기오염의 영향 및 대책	1. 대기오염의 피해 및 영향	1. 인체에 미치는 영향 2. 동·식물에 미치는 영향 3. 재료와 구조물에 미치는 영향
			2. 대기오염사건	1. 대기오염사건별 특징 2. 대기오염사건의 피해와 그 영향
			3. 대기오염대책	1. 연료 대책 2. 자동차 대책 3. 기타 산업시설의 대책 등
			4. 광화학오염	1. 원인 물질의 종류 2. 특징 3. 영향 및 피해
			5. 산성비	1. 원인 물질의 종류 2. 특징 3. 영향 및 피해 4. 기타 국제적 환경문제와 그 대책

필기과목명	문제 수	주요항목	세부항목	세세항목
			4. 기후변화 대응	1. 지구온난화	1. 원인 물질의 종류 2. 특징 3. 영향 및 대책 4. 국제적 동향
				2. 오존층파괴	1. 원인 물질의 종류 2. 특징 3. 영향 및 대책 4. 국제적 동향
		5. 대기의 확산 및 오염예측	1. 대기의 성질 및 확산개요	1. 대기의 성질 2. 대기확산이론
			2. 대기확산방정식 및 확산모델	1. 대기확산방정식 2. 대류 및 난류확산에 의한 모델
			3. 대기안정도 및 혼합고	1. 대기안정도의 정의 및 분류 2. 대기안정도의 판정 3. 혼합고의 개념 및 특성
			4. 오염물질의 확산	1. 대기안정도에 따른 오염물질의 확산특성 2. 확산에 따른 오염도 예측 3. 굴뚝 설계
			5. 기상인자 및 영향	1. 기상인자 2. 기상의 영향
연소공학	20	1. 연소	1. 연소이론	1. 연소의 정의 2. 연소의 형태와 분류
			2. 연료의 종류 및 특성	1. 고체연료의 종류 및 특성 2. 액체연료의 종류 및 특성 3. 기체연료의 종류 및 특성
		2. 연소계산	1. 연소열역학 및 열수지	1. 화학적 반응속도론 기초 2. 연소열역학 3. 열수지
			2. 이론공기량	1. 이론산소량 및 이론공기량 2. 공기비(과잉공기계수) 3. 연소에 소요되는 공기량
			3. 연소가스 분석 및 농도 산출	1. 연소가스량 및 성분분석 2. 오염물질의 농도계산

필기과목명	문제 수	주요항목	세부항목	세세항목
			4. 발열량과 연소 온도	1. 발열량의 정의와 종류 2. 발열량 계산 3. 연소실 열발생률 및 연소온도 계산 등
		3. 연소설비	1. 연소장치 및 연소방법	1. 고체연료의 연소장치 및 연소방법 2. 액체연료의 연소장치 및 연소방법 3. 기체연료의 연소장치 및 연소방법 4. 각종 연소장애와 그 대책 등
			2. 연소기관 및 오염물	1. 연소기관의 분류 및 구조 2. 연소기관별 특징 및 배출오염물질 3. 연소설계
			3. 연소배출 오염물질 제어	1. 연료대체 2. 연소장치 및 개선방법
대기오염방지 기술	20	1. 입자 및 집진의 기초	1. 입자동력학	1. 입자에 작용하는 힘 2. 입자의 종말침강속도 산정 등
			2. 입경과 입경분포	1. 입경의 정의 및 분류 2. 입경분포의 해석
			3. 먼지의 발생 및 배출원	1. 먼지의 발생원 2. 먼지의 배출원
			4. 집진원리	1. 집진의 기초이론 2. 통과율 및 집진효율 계산 등
		2. 집진기술	1. 집진방법	1. 직렬 및 병렬연결 2. 건식집진과 습식집진 등
			2. 집진장치의 종류 및 특징	1. 중력집진장치의 원리 및 특징 2. 관성력집진장치의 원리 및 특징 3. 원심력집진장치의 원리 및 특징 4. 세정식집진장치의 원리 및 특징 5. 여과집진장치의 원리 및 특징 6. 전기집진장치의 원리 및 특징 7. 기타집진장치의 원리 및 특징
			3. 집진장치의 설계	1. 각종 집진장치의 기본 및 실시 설계 시 고려인자 2. 각종 집진장치의 처리성능과 특성 3. 각종 집진장치의 효율산정 등

필기과목명	문제 수	주요항목	세부항목	세세항목
			4. 집진장치의 운전 및 유지관리	1. 중력집진장치의 운전 및 유지관리 2. 관성력집진장치의 운전 및 유지관리 3. 원심력집진장치의 운전 및 유지관리 4. 세정식집진장치의 운전 및 유지관리 5. 여과집진장치의 운전 및 유지관리 6. 전기집진장치의 운전 및 유지관리 7. 기타집진장치의 운전 및 유지관리
		3. 유체역학	1. 유체의 특성	1. 유체의 흐름 2. 유체역학 방정식
		4. 유해가스 및 처리	1. 유해가스의 특성 및 처리이론	1. 유해가스의 특성 2. 유해가스의 처리이론(흡수, 흡착 등)
			2. 유해가스의 발생 및 처리	1. 황산화물 발생 및 처리 2. 질소산화물 발생 및 처리 3. 휘발성유기화합물 발생 및 처리 4. 악취 발생 및 처리 5. 기타 배출시설에서 발생하는 유해가스 처리
			3. 유해가스 처리설비	1. 흡수 처리설비 2. 흡착 처리설비 3. 기타 처리설비 등
			4. 연소기관 배출가스 처리	1. 배출 및 발생 억제기술 2. 배출가스 처리기술
		5. 환기 및 통풍	1. 환기	1. 자연환기 2. 국소환기
			2. 통풍	1. 통풍의 종류 2. 통풍장치
대기오염공정 시험기준 (방법)	20	1. 일반분석	1. 분석의 기초	1. 총칙 2. 적용범위
			2. 일반분석	1. 단위 및 농도, 온도표시 2. 시험의 기재 및 용어 3. 시험기구 및 용기 4. 시험결과의 표시 및 검토 등
			3. 기기분석	1. 기체크로마토그래피 2. 자외선가시선분광법 3. 원자흡수분광도법 4. 비분산적외선분광분석법 5. 이온크로마토그래피 6. 흡광차분광법 등

필기과목명	문제 수	주요항목	세부항목	세세항목
			4. 유속 및 유량 측정	1. 유속 측정 2. 유량 측정
			5. 압력 및 온도 측정	1. 압력 측정 2. 온도 측정
		2. 시료채취	1. 시료채취방법	1. 적용범위 2. 채취지점수 및 위치선정 3. 일반사항 및 주의사항 등
			2. 가스상물질	1. 시료채취법 종류 및 원리 2. 시료채취장치 구성 및 조작
			3. 입자상 물질	1. 시료채취법 종류 및 원리 2. 시료채취장치 구성 및 조작
		3. 측정방법	1. 배출오염물질 측정	1. 적용범위 2. 분석방법의 종류 3. 시료채취, 분석 및 농도산출
			2. 대기 중 오염물질 측정	1. 적용범위 2. 측정방법의 종류 3. 시료채취, 분석 및 농도산출
			3. 연속자동측정	1. 적용범위 2. 측정방법의 종류 3. 성능 및 성능시험방법 4. 장치구성 및 측정조작
			4. 기타 오염인자의 측정	1. 적용범위 및 원리 2. 장치구성 3. 분석방법 및 농도계산
대기환경관계법규	20	1. 대기환경보전법	1. 총칙	
			2. 사업장 등의 대기 오염물질 배출 규제	
			3. 생활환경상의 대기 오염물질 배출 규제	
			4. 자동차·선박 등의 배출가스의 규제	

필기과목명	문제 수	주요항목	세부항목	세세항목
			5. 보칙	
			6. 벌칙(부칙 포함)	
		2. 대기환경 보전법 시행령	1. 시행령 전문(부칙 및 별표 포함)	
		3. 대기환경 보전법 시행규칙	1. 시행규칙 전문(부칙 및 별표, 서식 포함)	
		4. 대기환경 관련법	1. 대기환경보전 및 관리, 오염방지와 관련된 기타법령(환경정책기본법, 악취방지법, 실내공기질 관리법 등 포함)	

차 례

Part 1 핵심정리

1. 계산형 대비 핵심공식 ·· 14
2. 내용형 대비 핵심정리 ·· 47

Part 2 과년도 출제문제

● 2017년도 시행문제 ·· 112
   2017년 3월 5일(제1회) ·· 112
   2017년 5월 7일(제2회) ·· 136
   2017년 8월 26일(제3회) ·· 161

● 2018년도 시행문제 ·· 185
   2018년 3월 4일(제1회) ·· 185
   2018년 4월 28일(제2회) ·· 210
   2018년 9월 15일(제4회) ·· 233

● 2019년도 시행문제 ·· 256
   2019년 3월 3일(제1회) ·· 256
   2019년 4월 27일(제2회) ·· 280
   2019년 8월 4일(제3회) ·· 304

● 2020년도 시행문제 ·· 328
   2020년 6월 6일(통합 제1, 2회) ··· 328
   2020년 8월 22일(제3회) ·· 352
   2020년 9월 26일(제4회) ·· 375

- 2021년도 시행문제 ·· 399
  - 2021년 3월 7일(제1회) ·· 399
  - 2021년 5월 15일(제2회) ··· 421
  - 2021년 9월 12일(제4회) ··· 444

- 2022년도 시행문제 ·· 467
  - 2022년 3월 5일(제1회) ·· 467
  - 2022년 4월 24일(제2회) ··· 490

Part 3 CBT 실전문제

- 제1회 CBT 실전문제 ··· 514
- 제2회 CBT 실전문제 ··· 539
- 제3회 CBT 실전문제 ··· 562

대기환경기사
Part 1

핵심정리

1. 계산형 대비 핵심공식
2. 내용형 대비 핵심정리

1 계산형 대비 핵심공식

1-1 공기의 밀도(0°C, 1기압일 때)

$$\text{밀도} = \frac{\text{질량}}{\text{부피}} = \frac{29 \text{ kg}}{22.4 \text{ Sm}^3} = 1.3 \text{ kg/Sm}^3$$

1-2 기체의 비중

$$\text{비중} = \frac{\text{기체의 밀도}}{\text{공기의 밀도}} = \frac{\text{기체 분자량}}{\text{공기 분자량}}$$

1-3 공기 분자량

(1) 평균 분자량

$$\text{평균 분자량} = \sum(\text{분자량} \times \text{조성비율})$$

(2) 공기 분자량

$$28 \times 0.78 + 32 \times 0.21 ≒ 29 \text{ g/mol}$$

1-4 몰(mol)

$$\text{원자 } 1\,\text{mol} = \text{원자 } 6.02\times10^{23}\text{개} = \text{g 원자량(원자량 g/mol)}$$
$$\text{분자 } 1\,\text{mol} = \text{분자 } 6.02\times10^{23}\text{개} = \text{g 분자량(분자량 g/mol)}$$

$$\text{mol} = \frac{\text{질량}}{1\text{몰의 질량}} = \frac{\text{입자수}}{6.02\times10^{23}} = \frac{\text{부피(L)}}{22.4\,\text{L}}$$

1-5 용액의 농도

(1) 퍼센트 농도

① 질량/질량 퍼센트

$$\%(W/W) = \frac{\text{용질 g}}{\text{용액 100 g}} \times 100\,\%$$

② 질량/부피 퍼센트

$$\%(W/V) = \frac{\text{용질 g}}{\text{용액 100 mL}} \times 100\,\%$$

③ 부피/부피 퍼센트

$$\%(V/V) = \frac{\text{용질 mL}}{\text{용액 100 mL}} \times 100\,\%$$

(2) 몰농도(M)

$$\text{M농도(mol/L)} = \frac{\text{용질 mol}}{\text{용액 부피(L)}}$$

(3) 노말농도(N)

$$N = \frac{용질\ eq}{용액\ L}$$

1-6 기체 부피의 온도 및 압력 보정식

$$V' = V \times \frac{273 + t}{273} \times \frac{760\,mmHg}{P\,mmHg}$$

V' : t℃, P 압력에서의 부피
V : 0℃, 1기압에서의 부피
t : 온도(℃)

1-7 헨리의 법칙

$$P = HC$$

P : 분압(atm)
C : 액중 농도($kmol/m^3$)
H : 헨리상수($atm \cdot m^3/kmol$)

1-8 레이놀즈 수

$$R_e = \frac{관성력}{점성력} = \frac{\rho v D}{\mu} = \frac{vD}{\nu}$$

ρ : 밀도
μ : 점성계수
D : 관의 직경
v : 유속
ν : 동점성계수

1-9. 풍속과 고도와의 관계(풍속의 지수법칙)

(1) Deacon식

$$U = U_o \cdot \left(\frac{Z}{Z_o}\right)^P$$

U : 고도 Z에서의 풍속(m/s)
U_o : 참조고도 Z_o에서의 풍속(m/s)
P : 풍속지수
Z_o : 참조고도(m)
Z : 문제의 고도(m)

(2) Sutton식

$$U = U_o \cdot \left(\frac{Z}{Z_o}\right)^{\frac{2}{2-n}}$$

U : 고도 Z에서의 풍속(m/s)
U_o : 참조고도 Z_o에서의 풍속(m/s)
n : 안정도 계수(0.2~0.5)
  (안정 0.5, 중립 0.25, 불안정 0.2)
Z_o : 참조고도(m)
Z : 문제의 고도(m)

1-10. 풍속에 따른 오염물질 농도 변화

풍속 ↑ → 오염물질농도 ↓

풍속 a배 → 선상농도 $\frac{1}{a}$배, 면상농도 $\frac{1}{a^2}$배, 공간농도 $\frac{1}{a^3}$배

$$C_2 = C_1 \left(\frac{h_1}{h_2}\right)^3$$

C_1 : 고도 h_1의 오염물질 농도
C_2 : 고도 h_2의 오염물질 농도
h_1, h_2 : 고도(m)

1-11 온위

$$\theta = T\left(\frac{P_o}{P}\right)^{\frac{R}{C_P}} = T\left(\frac{1,000}{P}\right)^{0.288}$$

$$= T\left(\frac{P_o}{P}\right)^{\frac{k-1}{k}}$$

θ : 온위(단위 : K)
P_o : 1,000 mbar
R : 기체상수
C_P : 정압비열
T : P 기압에서의 절대온도(K)
P : 공기의 기압(mbar)
k : 비열비

1-12 리차드슨 수(Ri)

$$Ri = \frac{g}{T}\frac{\Delta T/\Delta Z}{(\Delta U/\Delta Z)^2}$$

g : 중력가속도($9.8\ m/s^2$)
T : 평균절대온도(℃ + 273) = $\frac{T_1 + T_2}{2}$
ΔZ : 고도차(m)
ΔU : 풍속차(m/s)
ΔT : 온도차(℃)

1-13 유효굴뚝높이

$$H_e = H + \Delta h$$

H_e : 유효굴뚝높이(m)
H : 실제굴뚝높이(m)
Δh : 연기상승높이(m)

1-14 연기상승고(Δh)

(1) 연기상승고

$$\Delta h = 1.5 V_s \times \frac{D}{U}$$

D : 굴뚝직경(m)
U : 풍속(m/s)
V_s : 배출가스 속도(m/s)

(2) 부력계수(F)가 주어지지 않는 경우 연기상승고

아래 식으로 부력계수를 먼저 계산한 후, 문제에 주어진 연기상승고 공식으로 계산함

$$F = g V_s \times \left(\frac{D}{2}\right)^2 \times \left(\frac{T_s - T_a}{T_a}\right)$$

F : 부력계수
g : 중력가속도(m/s^2)
V_s : 배출가스 속도(m/s)
T_s : 배출가스 온도(℃)
T_a : 외기 온도(℃)

(3) 홀랜드 식

$$\Delta H = \frac{V_s \cdot D}{U}\left[1.5 + 2.68 \times 10^{-3} P_a \left(\frac{T_s - T_a}{T_s}\right) D\right]$$

여기서, P_a : 기압(mbar, hPa)

1-15 최대착지농도(C_{max})

연기가 땅바닥에 떨어질 때의 최대농도

$$C_{max} = \frac{2Q}{\pi e U H_e^2}\left(\frac{\sigma_z}{\sigma_y}\right)$$

C_{max} : 최대착지농도
Q : 오염물질 배출량(m^3/s)
  (= 가스유량 × 오염물질농도)
U : 풍속(m/s)
H_e : 유효굴뚝높이(m)
σ_z, σ_y : 확산계수

1-16 최대착지거리(X_{max})

최대착지농도가 나타날 때의 굴뚝에서의 수평거리

$$X_{max} = \left(\frac{H_e}{\sigma_z}\right)^{\frac{2}{2-n}}$$

H_e : 유효굴뚝높이(m)
σ_z : z축 확산계수
n : 안정도계수

1-17 가우시안 확산방정식

$$C(x, y, z, H_e) = \frac{Q}{2\pi\sigma_y\sigma_z U}\exp\left[-\frac{1}{2}\left(\frac{y}{\sigma_y}\right)^2\right] \times \left\{\exp\left[-\frac{1}{2}\left(\frac{z-H_e}{\sigma_z}\right)^2\right] + \exp\left[-\frac{1}{2}\left(\frac{z+H_e}{\sigma_z}\right)^2\right]\right\}$$

여기서, Q : 오염물질 배출량(= 가스유량×오염물질농도(mg/m³))
σ_z, σ_y : 각 방향 확산폭(m)

1-18 가우시안 방정식을 이용한 농도 계산

(1) 지표에서의 농도($z=0$)

$$C(x, y, 0 : H_e) = \frac{Q}{\pi\sigma_y\sigma_z U}\exp\left[-\frac{1}{2}\left\{\left(\frac{y}{\sigma_y}\right)^2 + \left(\frac{H_e}{\sigma_z}\right)^2\right\}\right]$$

(2) 중심선상(중심축상) 농도($y, z=0$)

$$C(x, 0, 0 : H_e) = \frac{Q}{\pi\sigma_y\sigma_z U}\exp\left[-\frac{1}{2}\left(\frac{H_e}{\sigma_z}\right)^2\right]$$

(3) 배출원의 중심선상(중심축상) 지상오염 농도(y, z, $H_e=0$)

$$C(x, 0, 0 : 0) = \frac{Q}{\pi \sigma_y \sigma_z U}$$

1-19 Sutton의 확산식

(1) 중심축상 최대지상농도(C_{max})

$$C_{max}(x_{max}, 0, 0 : H_e) = \frac{2Q}{\pi e U (H_e)^2}\left(\frac{\sigma_z}{\sigma_y}\right)$$

여기서, Q : 오염물질 배출량(= 가스유량×오염물질농도), U : 풍속(m/s)
σ_z, σ_y : 각 방향으로의 확산계수, H_e : 유효굴뚝높이(m)

(2) 최대지상농도가 출현하는 최대착지거리(X_{max})

$$X_{max} = \left(\frac{H_e}{\sigma_z}\right)^{\frac{2}{2-n}}$$

H_e : 유효굴뚝높이(m)
σ_z : z축 확산계수
n : Sutton의 안정도계수

1-20 시정거리(가시거리)

(1) Ross의 식(상대습도 70 %)

$$L_v[km] = \frac{1,000A}{G}$$

L_v : 가시거리(km)
G : 먼지농도($\mu g/m^3$)
A : 실험계수(0.6~2.4, 보통 1.2)

(2) 흡광도 공식(Lambert – Beer 법칙)

$$I = I_o \times e^{-\sigma L}$$

여기서, σ : 소광계수, L : 가시거리
I_o : 입사광의 강도, I : 투사광의 강도

(3) 분산면적비 이용

$$L_v[m] = \frac{5.2\rho r}{KC}$$

여기서, ρ : 밀도(g/cm^3), r : 입자의 반경(μm)
K : 분산면적비, C : 농도(g/m^3)

1-21 1,000 m당 Coh

$$Coh = \frac{\log\left(\frac{1}{투과도}\right) \times 100}{통과거리(m)} \times 1,000\,m$$

$$= \frac{\log\left(\frac{I_0}{I_t}\right) \times 100}{여과속도(m/s) \times 시간(s)} \times 1,000\,m$$

1-22 연료비

$$연료비 = \frac{고정탄소}{휘발분}$$

1-23 고정탄소

$$고정탄소(\%) = 100\,\% - [수분(\%) + 회분(\%) + 휘발분(\%)]$$

1-24 연소범위(= 폭발범위, 가연범위)

$$L_T = \frac{100}{\dfrac{V_1}{L_1} + \dfrac{V_2}{L_2} + \cdots + \dfrac{V_n}{L_n}}$$

L_T : 혼합가스의 연소한계
V : 각 성분 가스의 체적(%)
L : 각 성분 단일 가스의 연소한계

1-25 이론산소량(O_o)

① $O_o [kg/kg] = \dfrac{32}{12}C + \dfrac{16}{2}\left(H - \dfrac{O}{8}\right) + \dfrac{32}{32}S = 2.667C + 8H - O + S$

② $O_o [Sm^3/kg] = \dfrac{22.4}{12}C + \dfrac{11.2}{2}\left(H - \dfrac{O}{8}\right) + \dfrac{22.4}{32}S$
   $= 1.867C + 5.6H - 0.7O + 0.7S$

③ $O_o [Sm^3/Sm^3]$ = 연소반응식에서 연료에 대한 산소의 몰수 비
   = 산소 mol/연료 mol

1-26 이론공기량(A_o)

① $A_o [kg/kg] = O_o/0.232 = (2.667C + 8H - O + S)/0.232$
② $A_o [Sm^3/kg] = O_o/0.21 = (1.867C + 5.6H - 0.7O + 0.7S)/0.21$
③ $A_o [Sm^3/Sm^3] = O_o/0.21$

1-27 실제공기량(A)

$A = mA_o$ 　　　m : 공기비

1-28 과잉공기량

$$\begin{aligned}과잉공기량 &= 실제공기량 - 이론공기량 \\ &= A - A_o \\ &= mA_o - A_o \\ &= (m-1)A_o\end{aligned}$$

1-29 과잉공기율

$$과잉공기율 = \frac{과잉공기량}{이론공기량} = \frac{A - A_o}{A_o} = \frac{A}{A_o} - 1 = m - 1$$

1-30 공기비(m)

(1) 공기량으로 계산

$$m = \frac{A}{A_o}$$

(2) 배기가스 성분으로 계산 – 완전 연소 시

①
$$m = \frac{21}{21 - O_2} = \frac{N_2}{N_2 - 3.76 O_2}$$

②
$$m = \frac{(CO_2)_{max}}{CO_2}$$

(3) 배기가스 성분으로 계산 – 불완전 연소 시

$$m = \frac{N_2}{N_2 - 3.76(O_2 - 0.5CO)}$$

1-31 연소가스량 – 원소 분석을 통한 계산

(1) 고체 및 액체연료의 연소가스량(Sm³/kg)

① $G_{od}[Sm^3/kg] = A_o - 5.6H + 0.7O + 0.8N$

② $G_d[Sm^3/kg] = mA_o - 5.6H + 0.7O + 0.8N$

③ $G_{ow}[Sm^3/kg] = A_o + 5.6H + 0.7O + 0.8N + 1.244W$

④ $G_w[Sm^3/kg] = mA_o + 5.6H + 0.7O + 0.8N + 1.244W$

(2) 기체연료의 연소가스량(Sm³/Sm³)

① $G_{od}[Sm^3/Sm^3] = (1 - 0.21)A_o + \sum 연소생성물(H_2O\ 제외)$

② $G_d[Sm^3/Sm^3] = (m - 0.21)A_o + \sum 연소생성물(H_2O\ 제외)$

③ $G_{ow}[Sm^3/Sm^3] = (1 - 0.21)A_o + \sum 연소생성물(H_2O\ 포함)$

④ $G_w[Sm^3/Sm^3] = (m - 0.21)A_o + \sum 연소생성물(H_2O\ 포함)$

1-32 연소가스량 – 발열량을 이용한 간이식(Rosin식)

(1) 고체연료(Sm³/kg)

① 이론공기량(A_o)

$$A_o = 1.01 \times \frac{저위발열량(H_l)}{1,000} + 0.5$$

② 이론연소가스량(G_o)

$$G_o = 0.89 \times \frac{저위발열량(H_l)}{1,000} + 1.65$$

(2) 액체연료(Sm³/kg)

① 이론공기량(A_o)

$$A_o = 1.85 \times \frac{저위발열량(H_l)}{1,000} + 2$$

② 이론연소가스량(G_o)

$$G_o = 1.11 \times \frac{저위발열량(H_l)}{1,000}$$

1-33 배기가스 중의 농도 계산

해당 물질의 양을 구한 뒤 전체 배기가스량으로 나누어 계산

(1) CO_2 농도

$$X_{CO_2}[\%] = \frac{CO_2\ 발생량}{가스량} \times 100\,\%$$

(2) SO_2 발생량

$$X_{SO_2}[ppm] = \frac{SO_2\ 발생량}{가스량} \times 10^6\,ppm$$

1-34 최대 이산화탄소량[$(CO_2)_{max}$, %]

(1) 이론건조연소가스량(G_{od})을 이용한 계산

$$(CO_2)_{max}[\%] = \frac{CO_2}{G_{od}} \times 100\,\%$$

(2) 배기가스 조성을 이용한 계산

$$(CO_2)_{max}[\%] = \frac{21(CO_2 + CO)}{21 - O_2 + 0.395CO}$$

1-35 공기연료비(AFR)

부피식	$AFR = \dfrac{공기(mole)}{연료(mole)}$	$= \dfrac{산소(mole)/0.21}{연료(mole)}$
무게식	$AFR = \dfrac{공기(kg)}{연료(kg)}$	$= \dfrac{산소(kg)/0.232}{연료(kg)}$

1-36 발열량의 계산 1(Dulong식)

(1) 고체 및 액체연료의 발열량

① 고위발열량(H_h)

$$H_h(kcal/kg) = 8,100C + 34,000\left(H - \frac{O}{8}\right) + 2,500S$$

여기서, C : 연료 중 탄소 비율, H : 연료 중 수소 비율
O : 연료 중 산소 비율, S : 연료 중 황 비율

② 저위발열량(H_l)

$$H_l = H_h - 600(9H + W)$$

H : 연료 중 수소 비율
W : 연료 중 수분 비율
600 : 0℃에서 H_2O 1kg의 증발열량

(2) 기체연료의 저위발열량

$$H_l = H_h - 480\sum H_2O$$

H_l : 저위발열량(kcal/Sm³)
480 : H_2O의 증발잠열(kcal/Sm³)
H_2O : 연료 1 mol당 반응식에서의 생성 H_2O 몰수

정리 H_2O의 증발잠열(kcal/Sm³) $480\,\text{kcal/Sm}^3 = 600\,\text{kcal/kg} \times \dfrac{18\,\text{kg}}{22.4\,\text{Sm}^3}$

1-37 ○ 발열량의 계산 2(표준생성열에 의한 발열량 계산)

연소반응식의 반응열을 이용해 고위발열량을 계산함

$$\Delta H = \sum n H^0_{f\,생성} - \sum n H^0_{f\,반응}$$

ΔH : 반응엔탈피(kJ/mol)
$H^0_{f\,반응}$: 반응물의 표준생성열
$H^0_{f\,생성}$: 생성물의 표준생성열
n : 반응물 및 생성물 각각의 계수

1-38 ○ 이론연소온도

가연물질이 완전히 연소되고 열손실이 없다고 할 때, 연소실 내의 가스온도

$$t_o = \dfrac{H_l}{G_w C_p} + t$$

t_o : 이론연소온도(℃)
t : 기준온도(예열온도)(℃)
H_l : 저위발열량(kcal/Sm³)
G_w : 실제연소가스량(Sm³/Sm³)
C_p : 연소가스의 평균비열 (kcal/Nm³·℃)

1-39 열발생률

$$Q_v = \frac{G_f H_l}{V}$$

Q_v : 연소실 열발생률(kcal/m³·hr)
H_l : 저위발열량(kcal/kg)
G_f : 시간당 연료사용량(kg/hr)
V : 연소실 체적(m³)

1-40 연소효율

$$\eta = \frac{H_l - (L_c + L_i)}{H_l}$$

η : 연소효율
H_l : 저위발열량
L_c : 미연 손실
L_i : 불완전 연소 손실

1-41 통풍력 계산

(1) 외기 및 가스의 비중량과 온도를 알 때

$$Z = 273H\left[\frac{\gamma_a}{273 + t_a} - \frac{\gamma_g}{273 + t_g}\right]$$

Z : 통풍력(mmH₂O)
γ_a : 외기(공기) 밀도(kg/Sm³)
γ_g : 가스 밀도(kg/Sm³)
t_a : 외기 온도(℃)
t_g : 가스 온도(℃)
H : 굴뚝 높이(m)

(2) 외기온도와 가스의 온도를 알 때

공기 및 가스 밀도(비중)를 1.3 kg/Sm^3으로 가정함

$$Z = 355H\left[\frac{1}{273 + t_a} - \frac{1}{273 + t_g}\right]$$

1-42 입자의 질량

$$\text{질량} = \text{밀도} \times \text{체적} = \text{밀도} \times \frac{\pi}{6}D^3$$

1-43 입자의 비표면적

$$S_v = \frac{6}{d_p}$$

S_v : 비표면적
d_p : 입자의 직경

1-44 항력계수

$$C_D = \frac{24}{R_e}$$

C_D : 항력계수
R_e : 레이놀즈 수

1-45 체상분율(R)

$$R = 100e^{-\beta d_p^n}$$

R(wt%) : 체상분율
β : 입도특성계수
n : 입경지수

1-46 체하분율(D)

$$D = 100 - R$$

1-47 집진효율(제거율)

항목	공식
집진율(제거율, η)	$\eta = \dfrac{C_o - C}{C_o} = 1 - \dfrac{C}{C_o}$
통과율(P)	$P = \dfrac{C}{C_o} = 1 - \eta$
부분집진율	$\eta = \left(1 - \dfrac{C f}{C_o f_o}\right) \times 100$
입출구 유량이 다른 경우의 집진율	$\eta = \left(1 - \dfrac{CQ}{C_o Q_o}\right) \times 100\%$
출구 농도	$C = C_o(1 - \eta)$
직렬연결 시 총 집진율	$\eta_T = 1 - (1 - \eta_1)(1 - \eta_2) \cdots$
직렬연결 시 출구농도	$C = C_o(1 - \eta_1)(1 - \eta_2) \cdots$

1-48 중력집진장치 관련 공식

(1) 입자의 침강속도(Stokes 식)

$$V_g [m/s] = \frac{(\rho_p - \rho_a)d^2 g}{18\mu}$$

V_g : 침강속도(m/s)
ρ_p : 입자의 밀도(kg/m^3)
ρ_a : 가스의 밀도($1.3\ kg/m^3$)
d : 입자의 직경(m)
g : 중력가속도($9.8\ m/s^2$)
μ : 가스의 점도($kg/m \cdot s$)

(2) 체류시간(t)

$$t = \frac{L}{v} = \frac{H}{V_g}$$

t : 체류시간(s)
L : 침강실 길이(m)
H : 침강실 높이(m)
v : 함진가스(유입가스) 속도(m/s)
V_g : 입자의 침강속도(m/s)

(3) 표면부하율(표면적 부하)

$$V = AH = LBH = Qt$$
$$Q/A = \frac{H}{t}$$

V : 침강실 체적(용적)(m^3)
A : 침강실 면적(m^2)
L : 침강실 길이(m)
B : 침강실 폭(m)
H : 침강식 높이(m)
Q : 함진 가스 유량(m^3/s)
Q/A : 표면부하율($m^3/m^2 \cdot s$)

(4) 집진율

$$\eta = \frac{V_g}{Q/A} = \frac{V_g t}{H} = \frac{V_g L}{V_x H}$$
$$= \frac{d^2(\rho_p - \rho_a)g}{18\mu} \times \frac{LB}{Q}$$

V_g : 입자의 침강속도(m/s)
V_x : 가스 유속(m/s)
A : 침강실 면적(m^2)
L : 침강실 길이(m)
B : 침강실 폭(m)
H : 침강실 높이(m)
Q : 함진 가스 유량(m^3/s)
Q/A : 표면부하율($m^3/m^2 \cdot s$)

(5) 최소입경(한계입경, 임계입경, d_p)

$$d_p = \sqrt{\frac{Q}{LB} \frac{18\mu}{(\rho_p - \rho_a)g}}$$

1-49 원심력 집진장치 관련 공식

(1) 분리속도(V_r)

$$V_r = \frac{d_p^2(\rho_p - \rho)v^2}{18\mu r}$$

d_p : 입자 직경(m)
ρ_p : 입자 밀도(kg/m³)
ρ : 가스 밀도(kg/m³)
v : 함진가스 속도(m/s)
r : 몸통 반경(m)
μ : 가스 점성계수(kg/m·s)

(2) 분리계수(S)

$$S = \frac{V_r}{V_g} = \frac{v^2}{rg}$$

v : 함진가스 속도(m/s)
r : 몸통 반경(m)

(3) 원심력 집진장치 집진효율

$$\eta = \frac{\pi N_e v d_p^2(\rho_p - \rho)}{9\mu B}$$

v : 가스 유속(m/s)
d_p : 입자 직경(m)
ρ_p : 입자 밀도(kg/m³)
ρ : 가스 밀도(kg/m³)
μ : 가스 점성계수(kg/m·s)
N_e : 유효회전수
B : 유입구 폭(m)

(4) 유효회전수(N_e)

$$N_e = \frac{\left(H_1 + \dfrac{H_2}{2}\right)}{h}$$

h : 유입구 높이(m)
H_1 : 몸통 높이(m)
H_2 : 원추 높이(m)

(5) 임계입경(d_{p100})

$$d_{p100} = \sqrt{\frac{9\mu B}{\pi N_e v (\rho_p - \rho)}}$$

여기서, μ : 가스 점성계수(kg/m·s) B : 유입구 폭(m)
N_e : 유효회전수   v : 가스 유속(m/s)
ρ_p : 입자 밀도(kg/m³) ρ : 가스 밀도(kg/m³)

(6) 절단입경(cut size diameter, d_{p50})

$$d_{p50} = \sqrt{\frac{9\mu B}{2\pi N_e v (\rho_p - \rho)}}$$

(7) 사이클론 압력강하식

$$\Delta P = F \times \frac{\gamma v^2}{2g}$$

여기서, ΔP : 압력강하(mmH₂O)   F : 압력손실계수
γ : 가스 비중(kgf/m³)   v : 가스 속도(m/s)
g : 중력가속도(9.8 m/s²) $\frac{\gamma v^2}{2g}$: 속도압(mmH₂O)

(8) 운전조건 변화 시 집진효율

① 다른 조건은 일정하고 처리가스량(Q)만 변할 때

$$\frac{100\% - \eta_1}{100\% - \eta_2} = \left(\frac{Q_2}{Q_1}\right)^{0.5}$$

η_1 : 처음 집진율
η_2 : 나중 집진율
Q_1 : 처음 처리가스량
Q_2 : 나중 처리가스량

② 다른 조건은 일정하고 점성계수(μ)만 변할 때

$$\frac{100\% - \eta_1}{100\% - \eta_2} = \left(\frac{\mu_1}{\mu_2}\right)^{0.5}$$

η_1 : 처음 집진율
η_2 : 나중 집진율
μ_1 : 처음 점성계수
μ_2 : 나중 점성계수

1-50 세정 집진장치 관련 공식

(1) 회전식 스크러버의 물방울 직경(수적경) 계산

$$d_w = \frac{200}{N\sqrt{R}} \times 10^4$$

d_w : 물방울 직경(μm)
N : 회전수
R : 회전판 반경(cm)

(2) 사이클론 스크러버 – 목부 유속과 노즐 개수 및 수압 관계식

$$n\left(\frac{d}{D_t}\right)^2 = \frac{v_t L}{100\sqrt{P}}$$

n : 노즐 수
d : 노즐 직경(m)
D_t : 목부 직경(m)
P : 수압(mmH$_2$O)
v_t : 목부 유속(m/s)
L : 액가스비(L/m^3)

1-51 여과 집진장치 관련 공식

(1) 여과유속

$$v_f = \frac{Q_f}{A_f}$$

v_f : 여과유속(m/s)
Q_f : 통과유량(m^3/s)
A_f : 총 여과면적(m^2)

(2) 총 여과면적(A_f)

$$A_f = N \times A_{1지} = N(\pi D L)$$

A_f : 총 여과면적(m^2)
N : 여과포 수(백필터 개수)
$A_{1지}$: 여과포 1지의 여과면적(m^2)
D : 여과포 직경(m)
L : 여과포 길이(m)

(3) 여과포 개수(백필터 개수, N)

$$N = \frac{Q}{A_{1지} v_f} = \frac{Q}{(\pi \times D \times L) \times v_f}$$

Q : 처리유량(m^3/s)
$A_{1지}$: 여과포 1지의 여과면적(m^2)
v_f : 여과속도(m/s)
D : 여과포 직경(m)
L : 여과포 길이(m)

(4) 먼지 부하(L_d)

$$L_d = C_i \times v_f \times t \times \eta$$

L_d : 먼지 부하(kg/m^2)
C_i : 먼지 농도(g/m^3)
v_f : 여과속도(m/s)
t : 여과시간(s)
η : 집진율

(5) 먼지층의 두께

$$먼지층\ 두께 = \frac{L_d}{\rho}$$

L_d : 먼지 부하(kg/m^2)
ρ : 먼지 밀도(kg/m^3)

1-52 전기 집진장치 관련 공식

(1) 100 % 집진 가능한 집진극의 길이(L)

$$L = \frac{RU}{w}$$

R : 집진극과 방전극 사이의 거리(m)
U : 처리가스 속도(m/s)
w : 겉보기 속도(m/s)

(2) 집진효율 – Deutsch – Anderson 식

종류	공식	
평판형	$\eta = \left[1 - e^{\left(-\frac{Aw}{Q}\right)}\right] \times 100\%$	A : 집진판 면적(m^2) w : 겉보기 속도(m/s) Q : 처리가스량(m^3/s)
원통형	$\eta = \left[1 - e^{\left(-\frac{2Lw}{RU}\right)}\right] \times 100\%$	L : 집진판 길이(m) w : 겉보기 속도(m/s) R : 반경(m) U : 처리가스속도(m/s)

1-53 흡수법 – 충전탑 관련 공식

(1) 기상총괄단위수(NOG)

$$NOG = \ln\left(\frac{1}{1-\eta}\right)$$

NOG : 총괄 이동단위 수
η : 흡수 효율

(2) 충전탑의 높이

$$h = HOG \times NOG = HOG \times \ln\frac{1}{1-\eta}$$

HOG : 총괄 이동단위 높이(m)
NOG : 총괄 이동단위 수
η : 흡수 효율

(3) 흡수액량

$$L = G \times \frac{m}{f}$$

L : 흡수액량(kg · mol/hr)
G : 가스량(kg · mol/hr)
m : 평선의 기울기
f : 제거인자(stripping factor)

1-54 후드의 압력손실

$$\Delta P = F \times P_v = F \times \frac{\gamma v^2}{2g}$$

$$F = \frac{(1-Ce^2)}{Ce^2}$$

F : 후드 압력손실계수
Ce : 후드 유입계수
P_v : 속도압(mmH₂O)

1-55 덕트의 압력손실

(1) 원형 직선 덕트

$$\Delta P = F \times P_v = 4f \frac{L}{D} \times \frac{\gamma v^2}{2g}$$

F : 상수
P_v : 속도압(mmH₂O)
f : 마찰손실계수
L : 관의 길이(m)
D : 관의 직경(m)
γ : 유체 비중(kgf/m³)
v : 유속(m/s)
4f를 λ로 나타내기도 함

(2) 장방형 직선 덕트

$$\Delta P = F \times P_v = f \frac{L}{D_o} \times \frac{\gamma v^2}{2g}$$

D_o : 상당직경 $= \frac{2ab}{a+b}$

1-56 송풍기의 동력

$$P = \frac{Q \Delta P \alpha}{102 \eta}$$

P : 소요동력(kW)
Q : 처리가스량(m³/s)
ΔP : 압력(mmH₂O)
α : 여유율(안전율)
η : 효율

1-57 송풍기의 상사 법칙

송풍기의 크기(D)와 유체 밀도(ρ)가 일정할 때
① 유량(Q)은 회전수(N)의 1승에 비례함

$$Q \propto N \qquad Q_2 = Q_1\left(\frac{N_2}{N_1}\right) \qquad \frac{Q_1}{N_1} = \frac{Q_2}{N_2}$$

② 압력(P)은 회전수의 2승(N^2)에 비례함

$$P \propto N^2 \qquad P_2 = P_1\left(\frac{N_2}{N_1}\right)^2 \qquad \frac{P_1}{N_1^2} = \frac{P_2}{N_2^2}$$

③ 동력(W)은 회전수의 3승(N^3)에 비례함

$$W \propto N^3 \qquad W_2 = W_1\left(\frac{N_2}{N_1}\right)^3 \qquad \frac{W_1}{N_1^3} = \frac{W_2}{N_2^3}$$

1-58 오염물질농도 보정

$$C = C_a \times \frac{21 - O_s}{21 - O_a}$$

여기서, C : 오염물질농도(mg/Sm³ 또는 ppm)
　　　　C_a : 실측오염물질농도(mg/Sm³ 또는 ppm)
　　　　O_s : 표준산소농도(%)
　　　　O_a : 실측산소농도(%)

1-59 배출가스유량 보정

$$Q = Q_a \div \frac{21 - O_s}{21 - O_a}$$

여기서, Q : 배출가스유량(Sm^3/일)
Q_a : 실측배출가스유량(Sm^3/일)
O_s : 표준산소농도(%)
O_a : 실측산소농도(%)

1-60 배출가스 중 가스상물질의 시료채취방법 – 건조시료가스 채취량(L)

(1) 습식 가스미터를 사용할 때

$$V_s = V \times \frac{273}{273 + t} \times \frac{P_a + P_m - P_v}{760}$$

여기서, V : 가스미터로 측정한 흡입가스량(L)
V_s : 건조시료가스 채취량(L)
t : 가스미터의 온도(℃)
P_a : 대기압(mmHg)
P_m : 가스미터의 게이지압(mmHg)
P_v : t℃에서의 포화수증기압(mmHg)

(2) 건식 가스미터를 사용할 때

$$V_s = V \times \frac{273}{273 + t} \times \frac{P_a + P_m}{760}$$

1-61 배출가스 중 입자상물질의 시료채취방법 – 등속흡입

(1) 보통형(1형) 흡입노즐을 사용할 때 등속흡입을 위한 흡입량

$$q_m = \frac{\pi}{4}d^2v\left(1-\frac{X_w}{100}\right)\frac{273+\theta_m}{273+\theta_s}\times\frac{P_a+P_s}{P_a+P_m-P_v}\times 60\times 10^{-3}$$

여기서, q_m : 가스미터에 있어서의 등속 흡입유량(L/min)
  d : 흡입노즐의 내경(mm)
  v : 배출가스 유속(m/s)
  X_w : 배출가스 중의 수증기의 부피 백분율(%)
  θ_m : 가스미터의 흡입가스 온도(℃)
  θ_s : 배출가스 온도(℃)
  P_a : 측정공 위치에서의 대기압(mmHg)
  P_s : 측정점에서의 정압(mmHg)
  P_m : 가스미터의 흡입가스 게이지압(mmHg)
  P_v : θ_m의 포화수증기압(mmHg)

[주] 건식 가스미터를 사용하거나 수분을 제거하는 장치를 사용할 때는 P_v는 0으로 한다.

(2) 등속흡입계수

등속흡입계수 값이 (90~110)% 범위여야 한다.

$$I(\%) = \frac{V'_m}{q_m\times t}\times 100$$

여기서, I : 등속흡입계수(%)
  V'_m : 흡입가스량(습식가스미터에서 읽은 값)(L)
  P_m : 가스미터에 있어서의 등속흡입유량(L/min)
  t : 가스 흡입시간(min)

1-62 배출가스 중 입자상물질의 시료채취방법 – 배출가스 수분량 측정

(1) 습식 가스미터를 사용할 때

$$X_w = \frac{\frac{22.4}{18}m_a}{V_m \times \frac{273}{273+\theta_m} \times \frac{P_a + P_m - P_v}{760} + \frac{22.4}{18}m_a} \times 100$$

여기서, X_w : 배출가스 중의 수증기의 부피 백분율(%)
  m_a : 흡습 수분의 질량($m_{a2} - m_{a1}$)(g)
  V_m : 흡입한 가스량(습식 가스미터에서 읽은 값)(L)
  V'_m : 흡입한 가스량(건식 가스미터에서 읽은 값)(L)
  θ_m : 가스미터에서의 흡입 가스온도(℃)
  P_a : 측정공 위치에서의 대기압(mmHg)
  P_m : 가스미터에서의 가스게이지압(mmHg)
  P_v : θ_m에서의 포화 수증기압(mmHg)

(2) 건식 가스미터를 사용할 때

$$X_w = \frac{\frac{22.4}{18}m_a}{V'_m \times \frac{273}{273+\theta_m} \times \frac{P_a + P_m}{760} + \frac{22.4}{18}m_a} \times 100$$

1-63 배출가스 중 입자상물질의 시료채취방법 – 피토관에 의한 배출가스 유속측정

$$V = C\sqrt{\frac{2gh}{\gamma}}$$

  V : 유속(m/s)
  C : 피토관 계수
  h : 피토관에 의한 동압 측정치(mmH$_2$O)
  g : 중력가속도(9.8 m/s^2)
  γ : 굴뚝 내의 배출가스 밀도(kg/m^3)

1-64 배출가스 중 입자상물질의 시료채취방법 – 배출가스의 밀도를 구하는 방법

$$\gamma = \gamma_o \times \frac{273}{273+\theta_s} \times \frac{P_a + P_s}{760}$$

γ : 굴뚝 내의 배출가스 밀도(kg/m^3)
γ_o : 온도 0℃, 기압 760 mmHg로 환산한 습한 배출가스 밀도(kg/Sm^3)
P_a : 측정공 위치에서의 대기압(mmHg)
P_s : 각 측정점에서 배출가스 정압의 평균치(mmHg)
θ_s : 각 측정점에서 배출가스 온도의 평균치(℃)

1-65 배출가스 중 입자상물질의 시료채취방법 – 경사 마노미터의 동압 계산

$$h = \gamma \times L \times \sin\theta \times \frac{1}{\alpha}$$

h : 동압(mmH_2O, kg/m^3)
γ : 경사 마노미터 내 용액의 비중 (톨루엔 사용 시 0.85)
L : 액주높이(mm)
θ : 경사각
α : 확대율

1-66 환경대기 시료채취방법 – 시료 채취 지점 수의 결정 – 인구비례에 의한 방법

$$측정점수 = \frac{그\ 지역\ 가주지면적}{25\ km^2} \times \frac{그\ 지역\ 인구밀도}{전국\ 평균인구밀도}$$

1-67 가스크로마토그래피

$$\text{이론단수}(n) = 16 \cdot \left(\frac{t_R}{W}\right)^2$$

t_R : 시료도입점으로부터 봉우리 최고점까지의 길이(머무름시간)
W : 봉우리의 좌우 변곡점에서 접선이 자르는 바탕선의 길이

$$\text{HETP} = \frac{L}{n}$$

L : 분리관의 길이(mm)
HETP : 이론단수(n)가 1일 때에 해당하는 분리관 길이(mm)

$$\text{분리계수}(d) = \frac{t_{R2}}{t_{R1}}$$

$$\text{분리도}(R) = \frac{2(t_{R2} - t_{R1})}{W_1 + W_2}$$

t_{R1} : 시료도입점으로부터 봉우리 1의 최고점까지의 길이(머무름시간)
t_{R2} : 시료도입점으로부터 봉우리 2의 최고점까지의 길이(머무름시간)
W_1 : 봉우리 1의 좌우 변곡점에서의 접선이 자르는 바탕선의 길이 (피크폭)
W_2 : 봉우리 2의 좌우 변곡점에서의 접선이 자르는 바탕선의 길이 (피크폭)

1-68 자외선/가시선분광법

(1) 램버트 비어 공식

$$I_t = I_o \cdot 10^{-\varepsilon C\ell}$$

I_o : 입사광의 강도
I_t : 투사광의 강도
C : 농도(M)
ℓ : 빛의 투사거리(mm)
ε : 비례상수로서 흡광계수

(2) 투과도(t)

$$t = \frac{I_t}{I_o} = 10^{-\varepsilon C \ell}$$

(3) 흡광도(A)

$$A = \log \frac{1}{t} = \log \frac{I_o}{I_t} = \varepsilon C \ell$$

I_o : 입사광의 강도
I_t : 투사광의 강도
t : 투과도
A : 흡광도

1-69 비산먼지 – 고용량공기시료채취법

(1) 채취된 먼지의 농도 계산

$$\text{비산먼지의 농도}(\mu g/m^3) = \frac{W_e - W_s}{V} \times 10^3$$

여기서, W_e : 채취 후 여과지의 질량(mg)
W_s : 채취 전 여과지의 질량(mg)
V : 총 공기흡입량(m^3)

(2) 비산먼지 농도의 계산

① 비산먼지 농도

$$\text{비산먼지 농도} : C = (C_H - C_B) \times W_D \times W_S$$

여기서, C_H : 채취먼지량이 가장 많은 위치에서의 먼지 농도(mg/m^3)
C_B : 대조위치에서의 먼지 농도(mg/m^3)
W_D, W_S : 풍향, 풍속 측정결과로부터 구한 보정계수
단, 대조위치를 선정할 수 없는 경우에는 C_B는 $0.15\ mg/m^3$로 한다.

② 풍향에 대한 보정(W_D)

풍향 변화 범위	보정계수
전 시료채취 기간 중 주 풍향이 90° 이상 변할 때	1.5
전 시료채취 기간 중 주 풍향이 45~90° 변할 때	1.2
전 시료채취 기간 중 주 풍향이 변동이 없을 때(45° 미만)	1.0

③ 풍속에 대한 보정(W_S)

풍속범위	보정계수
풍속이 0.5 m/s 미만 또는 10 m/s 이상되는 시간이 전 채취 시간의 50 % 미만일 때	1.0
풍속이 0.5 m/s 미만 또는 10 m/s 이상되는 시간이 전 채취 시간의 50 % 이상일 때	1.2

(3) 채취유량(흡인공기량)의 계산

$$흡인공기량 = \frac{Q_s - Q_e}{2} \times t$$

Q_s : 채취개시 직후의 유량(m^3/min)
Q_e : 채취종료 직전의 유량(m^3/min)
t : 채취시간(min)

2 ▶ 내용형 대비 핵심정리

제1과목 대기오염개론

2-1 ○ 단위 환산

(1) 대기압의 단위 환산

$$
\begin{aligned}
1\text{기압} &= 1\,\text{atm} \\
&= 760\,\text{mmHg} \\
&= 10{,}332\,\text{mmH}_2\text{O}\,(\text{mmH}_2\text{O} = \text{mmAq} = \text{kg/m}^2) \\
&= 101{,}325\,\text{Pa} \\
&= 1{,}013.25\,\text{hPa} \\
&= 1{,}013.25\,\text{mbar}
\end{aligned}
$$

(2) ppm(part per million)

$$\text{ppm} = \frac{1}{10^6} = \frac{1\,\text{m}^3}{10^6\,\text{m}^3} = \frac{1\,\text{L}}{10^6\,\text{L}} = \frac{1\,\text{mL}}{10^6\,\text{mL}} = \frac{1\,\text{mL}}{1\,\text{m}^3}$$

(3) ppb(part per billion)

$$\text{ppb} = \frac{1}{10^9} = \frac{1\,\text{m}^3}{10^9\,\text{m}^3} = \frac{1\,\text{L}}{10^9\,\text{L}} = \frac{1\,\text{mL}}{10^9\,\text{mL}} = \frac{1\,\mu\text{L}}{1\,\text{m}^3}$$

2-2 점성계수와 동점성계수

(1) 점성계수(μ)

$$1 \text{ poise} = 1 \text{ g/cm} \cdot \text{s} = 0.1 \text{ kg/m} \cdot \text{s}$$
$$1 \text{ kg/m} \cdot \text{s} = 10 \text{ g/cm} \cdot \text{s} = 10 \text{ poise}$$

(2) 동점성계수(kinematic viscosity)

$$\nu = \frac{\mu}{\rho}$$

- 단위 : $1 \text{ stoke} = 1 \text{ cm}^2/\text{s}$

(3) 특징
  ① 액체는 온도가 증가하면 점성계수(동점성계수) 값이 작아짐
  ② 기체는 온도가 증가하면 점성계수(동점성계수) 값이 커짐

2-3 대기의 특성

(1) 대기의 구성 기체(부피 농도 순)

$$N_2 > O_2 > Ar > CO_2 > Ne > He > CH_4 > Kr > H_2, N_2O > Xe > NO_2$$

(2) 체류시간
  ① 체류시간 긴 물질

기체	비활성기체 (He, Ne, Ar, Kr)	N_2 (질소)	O_2 (산소)	N_2O (아산화질소)	CO_2 (이산화탄소)	CH_4 (메탄)
체류시간	축적, 영구기체	4억년	6,000년	5~50년	7~10년	2.6~8년

② 체류시간 짧은 물질
- 용해도 큰 것, 반응성 큰 물질
- CO : 3~6개월
- NH_3, NO, NO_2, SO_2 : 수일

③ 체류시간 순서

$$N_2 > O_2 > N_2O > CO_2 > CH_4 > H_2 > CO > SO_2$$

2-4 대기권의 구조

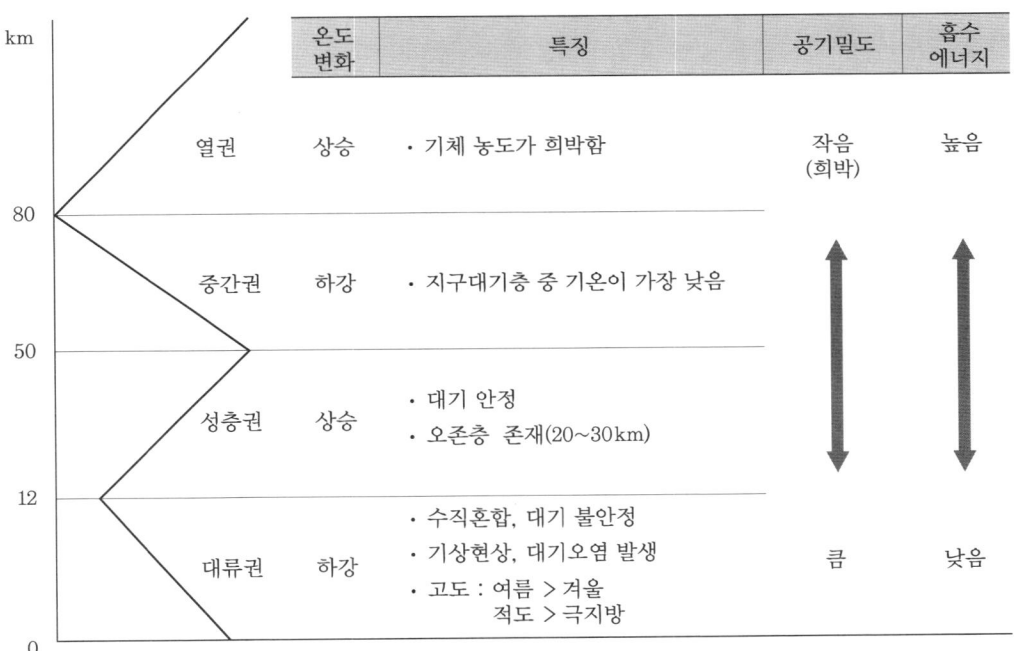

2-5 대기 열역학

(1) **태양상수** : $2 \text{ cal/cm}^2 \cdot \text{min}$

(2) **평균태양에너지** : $0.5 \text{ cal/cm}^2 \cdot \text{min}$

(3) 지구 복사 이론

① 스테판 볼츠만 법칙 : 흑체복사를 하는 물체에서 나오는 복사에너지는 표면온도의 4승에 비례함($E = T^4$)

② 비인(Wein)의 법칙 : 최대에너지 파장과 흑체 표면의 절대온도는 반비례함($\lambda = \dfrac{2,897}{T}$)

③ 플랑크 복사 법칙 : 온도가 증가할수록 복사선의 파장이 짧아지도록 그 중심이 이동함

2-6 대기오염물질의 분류

분류	예
1차 대기오염물질	발생원에서 직접 대기 중으로 배출된 대기오염물질 예 CO, CO_2, HC, HCl, NH_3, H_2S, $NaCl$, N_2O_3 등 대부분의 물질
2차 대기오염물질	1차 대기오염물질이 반응하여(산화반응이나 광화학반응) 생성된 대기오염물질 예 O_3, PAN($CH_3COOONO_2$), H_2O_2, $NOCl$, 아크롤레인(CH_2CHCHO)
1·2차 대기오염물질	1차 및 2차 대기오염물질에 모두에 속하는 경우 예 SO_x(SO_2, SO_3), NO_x(NO, NO_2), H_2SO_4, $HCHO$, 케톤, 유기산

2-7 직경의 종류

(1) 공기역학적 직경(aerodynamic diameter)
본래의 먼지와 침강속도가 같고 밀도가 $1\,g/cm^3$인 구형 입자의 직경

(2) 스토크 직경(Stokes diameter)
본래의 먼지와 같은 밀도 및 침강속도를 갖는 입자상 물질의 직경

(3) 광학적 직경(optical diameter)

현미경으로 먼지의 그림자를 측정한 직경
① Feret경 : 입자의 끝과 끝을 연결한 선 중 최대인 선의 길이
② Martin경 : 평면에 투영된 입자의 그림자 면적과 기준선이 평행하게 이등분하는 선의 길이(2개의 등면적으로 각 입자를 등분할 때 그 선의 길이)
③ 투영면적경(등가경) : 울퉁불퉁, 들쭉날쭉한 먼지의 면적과 동일한 면적을 가지는 원의 직경
④ Feret경 > 투영면적경 > Martin경

2-8 입자상 물질의 종류

입자상 물질	특징
먼지(dust)	대기 중 떠다니거나 흩날려 내려오는 입자상 물질
매연(smoke)	연료 중 탄소가 유리된 유리탄소를 주성분으로 한 고체상 물질
검댕(soot)	연소 과정에서의 유리탄소가 타르(tar)에 젖어 뭉쳐진 액체상 매연
훈연(fume)	금속산화물과 같이 가스상 물질이 승화, 증류 및 화학반응 과정에서 응축될 때 주로 생성되는 $1\,\mu m$ 이하의 고체입자
안개(fog)	• 증기의 응축에 의해 생성되는 액체입자 • 습도 약 100 % • 가시거리 1 km 미만
박무(mist)	• 미립자를 핵으로 증기가 응축하거나, 큰 물체로부터 분산하여 생기는 액체상 입자 • 습도 90 % 이상 • 가시거리 1 km 이상
연무(haze)	• 습도 70 % 이하 • 가시거리 1 km 이상
에어로졸(aerosol)	고체 또는 액체입자가 기체 중에 안정적으로 부유하여 존재하는 상태

2-9 가스상 물질

(1) 황화합물

황화합물	특징
황산화물 (SOx)	① 연소과정에서 생성 : SO_2 95 %, SO_3 5 % ② 지구 전체 황화합물의 50 % 이상을 차지함 ③ 원유 중의 황은 모두 유기황, 석탄 중의 황은 유기황 50 %, 무기황 50 % ④ 인위적배출량(50 %), 자연적 배출량(50 %) ⑤ 산성비 원인, 환원성을 띠며 탈색 가능 **SO_2** ① 무색, 불연성 기체, 자극성 냄새 ② 환원성이 있어서 수분과 함께 각종 색소 표백, 금속·석회암·대리석 부식 ③ 산성비의 원인 ④ 체류시간 짧음 ⑤ 280~290 nm 범위 파장 강하게 흡수 ⑥ 대류권에서는 광분해되지 않고, 여기상태의 SO_2로 됨 **SO_3** ① SO_2가 대기 중에서 산화되어 생성됨 ② 수증기와 만나면 독성이 SO_2보다 10배 증가
H_2S (황화수소)	① 황산화물 중 자연계에 가장 많이 존재 ② 무색, 유독, 질식성 가스, 악취물질 ③ 달걀 썩는 냄새, 1 ppm 이하에서도 냄새 감지
CS_2 (이황화탄소)	① 액체, 자극성, 불용성, 무색, 유독한 휘발성 ② 배출원 : 비스코스 섬유공업 ③ 중추신경계 장애
황화메틸 (DMS, CH_3SCH_3)	① 전지구적 규모에서 자연적 발생원 중 가장 많이 배출되는 황화합물 ② 특히 해양에서 많이 발생함
카보닐황화물 (OCS)	① 매우 안정 ② 청정대기에서 가장 고농도의 황화합물

(2) 질소산화물(NOx)

질소산화물	특징
NO (일산화질소)	① 고온 연소과정에서 배출되는 질소산화물은 대부분 NO로 발생됨(90 %) ② 쉽게 NO_2로 산화됨 ③ NO와 N_2O는 미생물의 작용에 의해 토양과 해양에서 배출됨 ④ 무색, 무취, 무자극성의 기체 ⑤ 물에 잘 녹지 않음 • 인체 영향 : 헤모글로빈(Hb : 혈색소)과 친화력(NO > CO > O_2) • 식물 피해 순서 : HF > Cl_2 > SO_2 > O_3 > NOx > CO
NO_2 (이산화질소)	① NO의 산화에 의해 생성 ② 적갈색의 자극성, 부식성을 가진 기체 ③ NO_2는 NO보다 인체에 미치는 독성이 5~7배 강함 ④ 헤모글로빈과 결합력 강함
N_2O (아산화질소)	① 마취약 재료(웃음기체) ② 달콤한 냄새와 맛 ③ 무색, 불활성, 안정 ④ 활성도가 낮아 체류시간이 긺 ⑤ 오존층 파괴 물질, 온실가스

2-10 연소공정에서 발생하는 질소산화물(NOx)의 종류

질소산화물	정의
fuel NOx	연료 자체에 포함된 질소 성분의 연소로 발생
thermal NOx	연소 시 고온 분위기에 의해, 공기 중의 질소가 고온에서 산화되어 생성됨
prompt NOx	연료와 공기 중 질소의 결합으로 발생

2-11 광화학 반응의 3대 요소

① 질소산화물(NOx) : NO, NO_2
② 탄화수소 : 올레핀계 탄화수소(C_nH_{2n})
③ 빛 : 자외선과 가시광선

$$HC + NOx \xrightarrow{h\nu} O_3 \rightarrow 옥시던트$$

2-12 물질별 광반응 파장

① NO_2 : 420 nm
② 오존 : 200~300 nm(강한 흡수), 450~700 nm(약한 흡수)
③ 케톤 : 300~700 nm
④ 알데히드(RCHO) : 313 nm 이하
⑤ 다이옥신 : 250~340 nm(자외선 영역)에서 광분해

2-13 하루 중 광화학 반응에 의한 물질의 농도 변화

발생 순서 : NO → HC, NO_2 → O_3, 알데하이드 → 옥시던트

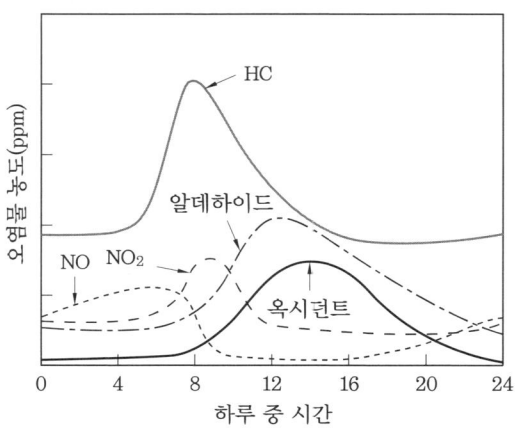

2-14 옥시던트(oxidant)

PAN, PPN, PBzN, 케톤, 아크롤레인(CH_2CHCHO), 알데하이드(HCHO), 과산화수소(H_2O_2), 염화니트로실(NOCl) 등

> 옥시던트의 분자식 비교
> - PAN : $CH_3COOONO_2$
> - PPN : $C_2H_5COOONO_2$
> - PBN : $C_6H_5COOONO_2$

2-15 역사적 대기오염 사건

(1) 크라카타우 사건
인도에서 발생한 화산폭발사건(1883년), 자연재해

(2) 순서별 사건 정리
뮤즈(1930년) – 요코하마(1946년) – 도노라(1948년) – 포자리카(1950년) – 런던(1952년) – LA(1954년) – 보팔(1984년)

(3) 물질별 사건 정리
① 포자리카 : 황화수소
② 보팔 : 메틸이소시아네이트
③ 세베소 : 다이옥신
④ LA 스모그 : 자동차 배기가스의 NOx
⑤ 체르노빌, TMI : 방사능 물질
⑥ 뮤즈계곡, 요코하마, 도노라, 런던스모그, 욧카이치 : 화석연료 연소에 의한 SO_2, 매연, 먼지

(4) 대기오염 사건의 공통점
무풍지역, 기온역전, 대기가 안정할 때 발생(인위적 폭발, 원전사고 제외)

2-16 런던스모그와 LA스모그(광학스모그)의 비교

구분	런던스모그	LA스모그
발생 시기	새벽~이른 아침	한낮(12시~2시 최대)
온도	4℃ 이하	24℃ 이상
습도	습윤(90 % 이상)	건조(70 % 이하)
바람	무풍	무풍
역전 종류	복사성 역전	침강성 역전
오염 원인	석탄연료의 매연(가정난방)	자동차 매연(NOx)
오염 물질	SOx	옥시던트
반응 형태	열적 환원반응	광화학적 산화반응
시정 거리	100 m 이하	1 km 이하
연기 특징	차가운 취기의 회색빛 농무형	회청색 연무형
피해 및 영향	호흡기 질환, 사망자 최대	눈·코·기도 점막 자극, 고무 등의 손상
발생 기간	단기간	장기간

2-17 지구온난화

온실효과	지구로 들어온 태양열 중 적외선 일부가 온실가스에 의해 흡수되어 나가지 못하고 순환되는 현상
원인물질 (온실가스)	• 적외선(열선)을 흡수하는 물질 • CO_2, CH_4, N_2O, CFC, CH_3CCl_3, CCl_4, O_3, H_2O 등
영향 및 피해	이상기온현상, 해수면 상승, 해빙, 사막화 현상, 엘니뇨, 라니냐 등 발생
교토의정서 감축대상가스	이산화탄소(CO_2), 메탄(CH_4), 아산화질소(N_2O), 과불화탄소(PFC), 수소불화탄소(HFC), 육불화황(SF_6)
온실효과 기여도	CO_2(55 %) > CFCs(17 %) > CH_4(15 %) > N_2O(5 %) > H_2O 등 기타(8 %)
온난화 지수 (GWP)	SF_6(23,900) > PFC(7,000) > HFC(1,300) > N_2O(310) > CH_4(21) > CO_2(1)

2-18 엘니뇨와 라니냐

구분	특징
엘니뇨	• 무역풍이 평년보다 약해짐 • 찬 해수 용승현상의 약화 때문에, 적도 동태평양에서 고수온 현상이 강화되어 나타남
라니냐	• 무역풍이 평년보다 강해짐 • 찬 해수 용승현상의 강화 때문에, 적도 동태평양에서 저수온 현상이 강화되어 나타남

2-19 오존층 파괴

(1) 오존층
① 오존 밀집지역 : 20~30 km
② 최대농도 : 10 ppm(고도 25 km)
③ 북반구에서는 주로 겨울과 봄철에 낮아지고, 여름과 가을에는 높아짐

(2) 돕슨(Dobson, DU)
① 오존층의 두께를 표시하는 단위
② 100DU = 1 mm
③ 오존층 두께 : 적도(200DU), 극지방(400DU)
④ 지구 전체의 평균 오존량은 약 300DU

(3) 성층권 오존 감소 영향
① 백내장, 피부암
② 광합성 작용과 수분 이용의 효율 감소로 식물 생장이 떨어짐, 농작물 생산량 감소
③ 해양생태계 파괴, 광합성 플랑크톤에 피해를 주어 먹이사슬에 악영향을 줌

(4) 오존층 파괴물질

CFCs (프레온가스)	① 용도 : 스프레이류, 냉매제, 소화제, 발포제, 전자부품 세정제 ② 성분 : Cl, F, C로 구성
질소산화물 (NO, N_2O)	① 성층권을 비행하는 초음속 여객기에서 NO가 배출 ② 오존파괴 촉매로 작용
할론 (염화브롬화탄소, Halons)	① 성분 : Br, Cl, F, C로 구성 ② CFC-11보다 오존층 파괴력이 10배 정도 크기 때문에 현재는 사용을 규제

(5) 오존층파괴지수(ODP)
① CFC-11을 기준(1)으로, 상대적인 오존층 파괴 정도를 나타내는 지표
② 할론1301 > 할론2402 > 할론1211 > 사염화탄소 > CFC11 > CFC12 > HCFC

(6) 대체물질
① PFC(과불화탄소) : C, F로 구성, 성층권 위에서 분해
② HFC(수소불화탄소) : C, F, H로 구성, 대류권에서 분해
③ HCFC(수소불화탄소) : C, F, Cl, H로 구성, 성층권 위에서 분해
④ CFCs 대체물질은 온실효과를 일으킴

2-20 산성비

(1) 자연 강우
빗속에 공기 중 CO_2가 용해되면 탄산(H_2CO_3, 약산)이 형성되어 pH가 5.6으로 낮아짐

(2) 산성비
① pH 5.6 이하인 강우
② 원인물질 : 황산화물, 질소산화물, 염소산화물(CO_2 이외의 산성물질)
③ 기여도 : SOx > NOx > HCl
④ 온도가 낮을 때 기체의 용해도가 커지므로 산성비 효과가 커지게 됨

2-21 국제협약

① 오존층 보호를 위한 국제협약 : 비엔나 협약, 몬트리올 의정서(CFC 삭감 결의)
② 산성비에 관한 국제협약 : 헬싱키 의정서(SOx 저감), 소피아 의정서(NOx 저감)
③ 지구온난화 및 기후변화 협약 : 기후변화 협약(리우 협약), 교토 의정서
④ 람사 협약 : 철새도래지 및 습지 보전
⑤ 바젤 협약 : 국가 간 유해폐기물 이동 규제
⑥ 런던 협약 : 폐기물 해양투기 금지
⑦ CITES : 멸종위기에 처한 야생동식물의 보호

2-22 레이놀즈 수

① 유체 흐름의 형태를 나타내는 용어
② 무차원
③ 유체에서는 관성력과 점성력의 비

구분	레이놀즈 수	특징
층류	2,000 이하	흐름이 규칙적인 유체의 흐름
천이영역	2,000~4,000	층류와 난류 공존
난류	4,000 이상	• 흐름이 불규칙적인 유체의 흐름 • 흐름을 예측할 수 없음

2-23 난류의 종류

역학적 난류(기계적 난류, 강제 대류)	바람	수평 이동
열적 난류(자유 대류)	대류	수직 이동

2-24 바람

(1) 바람에 작용하는 힘

기압경도력	① 특정 두 지점 사이 기압차에 의해 발생 ② 방향 : 고기압에서 저기압 방향으로 작용
전향력 (코리올리 힘)	① 지구 자전으로 발생하는 가상의 힘 ② 속력에는 영향을 미치지 않고 운동의 방향만을 변화시킴 ③ 북반구 – 시계방향, 남반구 – 반시계방향으로 작용 ④ 위도가 증가할수록 증가함(극지방에서 최대, 적도지방에서 0)
원심력	① 중심에서 멀어지려는 힘 ② 작용 방향 : 중심의 직각 방향
마찰력	① 지표에서 풍속에 비례하며 진행방향의 반대로 작용하는 힘 ② 풍향 변화 및 풍속 감소

(2) 바람의 종류

지균풍	① 공중풍 : 마찰 영향이 무시되는 상층(1 km 이상)에서 부는 수평바람 ② 작용하는 힘 : 기압경도력 + 전향력 ③ 방향 : 오고왼저(오른쪽에 고기압, 왼쪽에 저기압), 등압선과 평행
경도풍	① 작용하는 힘 : 기압경도력 + 전향력 + 원심력 ② 공중풍 : 고도 1 km 이상에서 부는 바람(마찰이 작용하지 않음) ③ 북반구 고기압에서는 시계방향으로 불어 나감 ④ 북반구 저기압에서는 반시계 방향으로 불어 들어옴
지상풍	① 지면 마찰의 영향을 받는 바람 ② 작용하는 힘 : 기압경도력 + 마찰력 + 전향력 ③ 바람쏠림 현상 ④ 마찰층 내 바람은 높이에 따라 시계방향으로 각천이가 생겨서 위로 올라갈수록 변하는 양이 감소하여 지균풍에 가까워짐

2-25 국지풍

구분	원인	낮	밤
해륙풍	바다와 육지의 비열차 (온도차)	해풍 / 강 바다 → 육지 / 8~15 km	육풍 / 약 육지 → 바다 / 5~6 km
산곡풍	비열차(온도차)	곡풍 골짜기 → 산 정상	산풍 산 정상 → 골짜기

2-26 바람과 대기오염

(1) 다운 워시 현상(down wash, creep, 세류현상)

정의	풍속(U) > 배출가스의 토출속도(V_s)일 때, 굴뚝 풍하측을 오염시키는 현상
방지대책	배출가스의 토출속도(V_s)를 풍속(U)의 2배 이상으로 함

(2) 다운 드래프트 현상(down draught, 역류현상)

정의	굴뚝 높이가 장애물(건물, 산 등)보다 낮을 경우, 바람이 불면 장애물 뒤에 공동현상(부안)이 발생해 대기오염물질 농도가 건물 주위에서 높게 나타나는 현상
방지대책	굴뚝높이를 건물높이의 2.5배 이상 높임

2-27 바람장미(wind rose)(풍배도, 바람의 지속도표)

어떤 관측지점의 어느 기간에 대하여 각 방위별 풍향 출현 빈도를 방사 모양의 그래프에 나타낸 것

구분	정의	표시방법	비고
풍향	바람의 방향	막대 방향	• 방향 : 8방위, 16방위
풍속	바람의 세기	막대 굵기	• 정온(calm)상태 : 0.2 m/s 이하 • 정온상태의 출현빈도는 그래프 중심, 혹은 옆자리에 표시
발생빈도 (지속도)	전체 방향량을 100 %로 하여 관측된 풍향별 발생빈도	막대 길이	• 백분율(%)로 표시 • 각각의 풍향에 대응하는 방위판 위에 방위선의 길이로 나타내거나 그 바깥 끝을 연결한 선으로 나타냄 • 막대의 길이가 가장 긴 방향이 주풍임

2-28 대기의 안정

① 대기 안정(기온역전) : 대기가 안정되어 오염물질의 확산이 안 되는 상태로, 대기오염이 심해짐
② 대기 불안정 : 대기 오염물질의 확산이 잘 일어남, 대기오염 감소

2-29 대기 안정도

(1) 대기 안정도의 구분
① 정적 안정도 : 기온감률, 온위경사
② 동적 안정도 : 파스킬수, 리차드슨 수

(2) 기온감률과 안정도
건조단열감률(r_d)과 실제감률(환경감률, r) 간의 관계로 대기의 안정도를 예측함

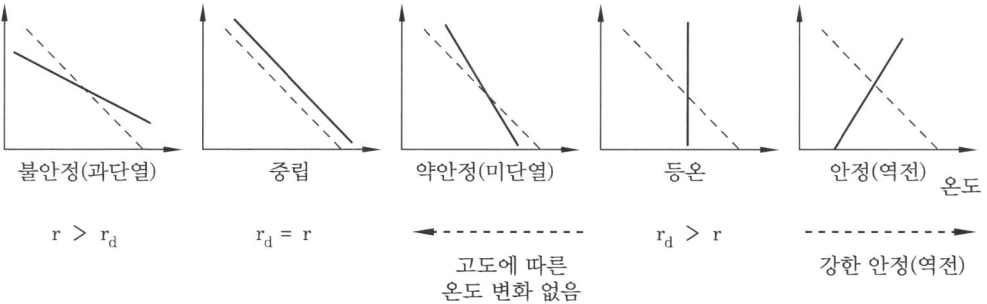

(3) 온위(potential temperature) 경사
① 온위 : 어떤 고도의 건조 공기덩어리를 1,000 hPa의 기압고도로 단열적으로 이동시켰을 때 갖는 온도
② 온위 경사($d\theta/dZ$)와 대기 안정도의 판정

온위 경사	대기 안정도	특징
$d\theta/dZ < 0$	불안정	고도가 증가함에 따라 온위가 감소
$d\theta/dZ = 0$	중립	고도가 증가함에 따라 온위가 일정
$d\theta/dZ > 0$	안정(역전)	고도가 증가함에 따라 온위가 증가

(4) 파스킬(Pasquill) 수
① 풍속, 운량(구름의 양), 일사량을 이용해 대기 안정도를 나타낸 값
② 6계급(A~F등급)으로 분류 : A(불안정)~F(가장 안정)

(5) 리차드슨 수(Richardson's Number : Ri)
대류 난류(열적 난류)를 기계적 난류로 전환시키는 비율

리차드슨 수와 대기의 안정

−	0	+
불안정	중립	안정
−0.04	0	0.25
대류 지배적	기계적 난류, 대류 공존 / 기계적 난류만 존재	기계적 난류 감소
난류	난류	층류

2-30 기온역전의 분류

① 공중역전 : 침강성 역전, 해풍형 역전, 난류형 역전, 전선형 역전
② 지표역전 : 복사성(방사성) 역전, 이류성 역전

2-31 침강성 역전과 복사성 역전의 비교

침강성 역전	복사성 역전
• 공중역전 • 정체성 고기압 기층이 서서히 침강하면서 단열 압축되면 온도가 증가하여 발생 • 장기간 발생 • LA 스모그	• 지표역전 • 밤에 지표면 열이 냉각되어 기온역전 발생 • 밤에서 새벽까지 단기간 발생 • 런던 스모그 • 바람이 약하고 맑은 새벽~이른 아침, 습도 낮은 가을~봄, 도시보다는 시골에서 잘 발생

2-32 혼합고와 최대혼합고

혼합고 (MH)	• 오염물질이 대기 중에서 혼합될 수 있는 지상으로부터의 최대 높이 • 대기오염물질 희석에 영향을 줌, $C \propto \dfrac{1}{h^3}$ • 혼합고가 높은 날은 대기오염이 적고 혼합고가 낮은 날은 대기오염이 심함 • 라디오존데(radiosonde)로 측정
최대혼합고 (MMH)	• 건조단열감률과 환경감률이 만날 때까지의 고도 • 하루 중 밤에는 최소, 낮에는 최대 • 겨울이 최소, 여름이 최대 • 약 2,000~3,000 m

2-33　대기 안정도에 따른 플룸(연기) 형태

대기 안정도	불안정 $r > r_d$ $Ri < 0$	중립 $r = r_d$ $Ri = 0$	역전(안정) $r < r_d$ $Ri > 0$
플룸	밧줄형, 환상형(looping)	원추형(coning)	부채형(fanning)
특징	• 대기가 불안정하여 난류가 심할 때 발생 • 지표면이 가열되고 바람이 약한 맑은 날 낮, 일사량 강할 때에 주로 발생 • 굴뚝 지표면 부근에 일시적으로 고농도 현상 발생	• 바람 강한 날, 구름 끼고 햇빛 없는 날 • 연기 모양 : 가우시안 모델(정규분포)	• 연기의 농도는 높지만 굴뚝 부근 지면에서는 농도가 낮음
대기 안정도	lofting	fumigation	trapping
플룸	지붕형(lofting)	훈증형(fumigation)	구속형, 함정형(trapping)
특징	• 상층은 불안정, 하층은 안정할 때 발생 • 주로 고기압 지역에서 하늘이 맑고 바람이 약한 경우, 초저녁~아침 사이 발생하기 쉬움(과도기적 현상)	• 지표면 역전이 해소될 때 (새벽~아침) 단기간 발생 • 대기상태가 상층은 안정, 하층은 불안정할 때 발생 • 하늘이 맑고 바람이 약한 날 아침에 잘 발생 • 최대착지농도(C_{max})가 가장 큼 • 런던형 스모그	• 상층에서 침강역전(공중역전)과 지표(하층)에서 복사역전(지표역전)이 동시에 발생하는 경우 발생

2-34 하루 중의 플룸 형태 변화

일출 전(밤)	일출 후	낮	일몰 전	일몰 후
부채형 (fanning)	훈증형 (fumigation)	환상형(= 파상형) (looping)	원추형(= 종형) (coning)	지붕형(= 처마형) (lofting)

2-35 대기오염 확산모델

(1) Fick의 확산방정식 가정 조건
① 점오염원, 오염물질 기체
② 오염물은 점원에서 계속 배출됨
③ 농도 변화 없는 정상상태 분포($dC/dt = 0$), 안정상태
④ 풍속 일정, 바람의 주 이동방향은 X축
⑤ X축 방향 확산은 이류에 의한 이동량에 비해 매우 작음

(2) 상자모델(box model) 가정 조건
① 면배출원
② 배출된 대기오염물질은 방출과 동시에 전 지역에 혼합
③ 배출원 균일 분포, 균일 혼합, 속도 일정, 상자 안 농도 균일
④ 바람은 상자 측면에서 수직 단면에 직각방향으로 불며 바람의 방향과 속도 일정
⑤ 2차 반응 없음
⑥ 오염물질의 농도가 시간에 따라서만 변하는 0차원 모델

(3) 가우시안식 가정 조건
① 오염물질 점배출원으로부터 연속적으로 방출되고 소멸·생성하지 않음
② 배출물질은 가스, 직경 10 μm 미만의 먼지 및 에어로졸, 장기간 공기 중에 부유하는 부유물질임
③ 연기의 확산은 정상상태
④ 오염물질의 풍하방향으로의 확산 무시
⑤ 오염물질의 주 이동방향은 X축, X축 확산은 이류이동이 지배적(난류확산 무시)

⑥ 풍하 측의 대기안정도와 확산 계수는 변하지 않음
⑦ 1차 반응
⑧ 풍속 일정
⑨ 점오염원에서는 풍하방향으로 확산되어 가는 plume이 정규분포한다고 가정하여 유도함
⑩ 오염분포의 표준편차는 약 10분간의 평균치임

(4) 분산모델과 수용모델

분산모델	수용모델
기상학적 원리에서 영향을 예측하는 모델	수많은 오염원의 기여도를 추정하는 모델
① 미래의 대기질을 예측 가능 ② 대기오염제어 정책입안에 도움 ③ 2차 오염원의 확인이 가능 ④ 점, 선, 면 오염원의 영향 평가 가능 ⑤ 기상의 불확실성, 오염원 미확인 같은 경우에는 문제점 야기 ⑥ 특정 오염원의 영향을 평가할 수 있는 잠재력이 있음 ⑦ 오염물의 단기간 분석 시 문제 야기 ⑧ 지형 및 오염원의 조업조건에 영향 ⑨ 새로운 오염원이 지역 내에 들어서면 매번 재평가	① 지형이나 기상학적 정보 없이도 사용 가능 ② 오염원의 조업이나 운영상태에 대한 정보 없이도 사용 가능 ③ 수용체 입장에서 영향평가가 현실적 ④ 입자상, 가스상 물질, 가시도 문제 등을 환경과학 전반에 응용 가능 ⑤ 현재나 과거에 일어났던 일을 추정하여 미래를 위한 전략은 세울 수 있지만 미래 예측은 곤란 ⑥ 측정자료를 입력자료로 사용하므로 시나리오 작성이 곤란

제2과목 연소공학

2-36 ○ 연소

① 연소 : 가연성분이 산소와 반응하여, 매우 빠른 속도로 산화하면서 열과 빛을 내는 현상(발열반응)
② 연소의 3요소 : 가연물, 산소공급원, 점화원(착화점 이상의 온도)
③ 연소가 되기 위해서는 착화온도까지 가열해야 하고 공기 또는 산소의 공급이 필요함

가연성 물질 + 산소 → 산화물 + 반응열, 불꽃
(연료)   (공기)   (연소 생성물)   (발열량)

2-37 · 완전 연소의 조건(3T)

① Temperature(온도) : 착화점 이상의 온도
② Time(시간) : 완전 연소가 되기에 충분한 시간
③ Turbulence(혼합) : 연료와 산소가 충분히 혼합되어야 함

2-38 · 착화온도(firing temperature)

(1) 정의
① 착화점(발화점) : 연료가 가열되어 점화원(불꽃) 없이 스스로 불이 붙는 최저 온도
② 인화점 : 연료가 가열되어 점화원(불꽃)이 있을 때 연소가 일어나는 최소 온도

(2) 착화온도가 낮아지는 경우
① 산소 농도가 높을수록
② 산소와의 친화성이 클수록
③ 화학반응성이 클수록
④ 화학결합의 활성도가 클수록
⑤ 탄화수소의 분자량이 클수록
⑥ 분자구조가 복잡할수록
⑦ 비표면적이 클수록
⑧ 압력이 높을수록
⑨ 동질성 물질에서 발열량이 클수록
⑩ 활성화에너지가 낮을수록
⑪ 열전도율이 낮을수록
⑫ 석탄의 탄화도가 낮을수록
→ 착화온도 낮아짐 / 연소되기 쉬움

2-39 연소의 형태와 분류

① 고체연료 : 표면 연소, 분해 연소, 훈연 연소(발연 연소), 증발 연소
② 액체연료 : 증발 연소, 분해 연소, 심지 연소, 액면 연소, 분무 연소
③ 기체연료 : 확산 연소, 예혼합 연소, 부분 예혼합 연소

2-40 연료의 구분

구분	고체연료	액체연료	기체연료
탄소수	12 이상	5~12	1~4
종류	석탄, 코크스, 목재 등	석유(휘발유, 중유, 경유, 등유 등)	LPG, LNG
연소효율	작음	중간	큼
필요 공기량	많이 소요	중간	적게 소요
발열량	적음	중간	큼
매연 발생	많음	중간	적음
저장 및 운반	쉬움	중간	어려움
폭발의 위험	적음	중간	큼

2-41 고체연료

(1) 연료비

$$연료비 = \frac{고정탄소}{휘발분}$$

① 탄화도의 정도를 나타내는 지수
② 연료비가 높을수록 양질의 석탄임
③ 연료별 연료비 크기 : 무연탄 > 역청탄 > 갈탄 > 이탄 > 목재

(2) 석탄의 탄화도

탄화도 높을수록

① 고정탄소, 연료비, 착화온도, 발열량, 비중 증가함

② 수분, 이산화탄소, 휘발분, 비열, 매연 발생, 산소함량, 연소속도 감소함

2-42 액체연료

(1) 탄수소비(C/H비)

① 크기 순서 : 중유 > 경유 > 등유 > 휘발유

② C/H비가 클수록, 비중, 점도, 매연, 비점, 휘도, 방사율↑
  발열량, 연소성, 이론공연비↓

(2) 비중(밀도)

① 크기 순서 : 중유 > 경유 > 등유 > 휘발유

② 석유의 비중이 클수록, C/H비, 점도, 착화점 증가
  발열량 감소, 연소 특성 나빠짐

2-43 기체연료

구분	LNG	LPG	
주성분	메탄(CH_4)	프로판(C_3H_8), 부탄(C_4H_{10})	
착화점(℃)	540	430~520	
액화점(℃)	−162	−42.1	−0.5
용도	• 도시가스, 산업용 연료	• 가정 연료, 산업용 연료, 자동차 연료	
연소 특성	• $CH_4 + 2O_2 \rightarrow CO_2 + 2H_2O$ • 연소 시 상대적으로 적은 공기 필요 • 연소하한이 LPG보다 높음	• $C_3H_8 + 5O_2 \rightarrow 3CO_2 + 4H_2O$ • 연소 시 많은 공기 필요 • 연소하한이 낮아 폭발 위험	
장점	• 누출 시 폭발 위험 적음 • 가격 저렴 • 가스 공급이 중단되지 않음 • 연소 조절 쉬움 • 대기오염물질 없음	• 발열량 높음 • 연소 조절 쉬움 • 설치비 저렴 • 운반 쉬움	
단점	• 초기 설치비 큼	• 누출 시 폭발 위험 큼	

2-44 슬러리 및 에멀션연료

석탄에 석유나 물을 혼합하여 액체연료처럼 쓰는 연료
① COM(Coal Oil Mixture) : 석탄분말에 기름을 혼합
② CWM(Coal Water Mixture) : 석탄분말에 물을 혼합

2-45 반응차수별 반응 속도식

구분	0차 반응	1차 반응	2차 반응
유도	$n=0$	$n=1$	$n=2$
반응속도식	$\dfrac{dC}{dt}=-k$	$\dfrac{dC}{dt}=-kC$	$\dfrac{dC}{dt}=-kC^2$
적분속도식	$C=C_0-kt$	$\ln\dfrac{C}{C_0}=-kt$	$\dfrac{1}{C}=\dfrac{1}{C_0}+kt$
그래프	[C] vs 시간(t), 기울기 $-k$, 절편 $[C_0]$	$\ln[C]$ vs 시간(t), 기울기 $-k$, 절편 $\ln[C_0]$	$\dfrac{1}{[C]}$ vs 시간(t), 기울기 k, 절편 $\dfrac{1}{[C_0]}$
특징	• 반응물이나 생성물의 농도에 무관한 속도로 진행되는 반응 • 시간에 따라 반응물이 직선적으로 감소	• 반응속도가 반응물질의 농도에 비례 • 대부분의 반응은 1차 반응임	• 반응속도가 반응물질 농도의 제곱에 비례
반감기	$\dfrac{C_0}{2k}$ • 초기 농도에 비례 • 반감기가 점점 감소함	$\dfrac{\ln 2}{k}$ • 초기 농도와 무관 • 반감기 일정	$\dfrac{1}{kC_0}$ • 초기 농도에 반비례 • 반감기가 점점 증가함

2-46 연소 반응식

	가연성 물질 + (연료)	산소 (공기)	→	산화물 (연소생성물)	+	반응열, 불꽃 (발열량)
• 탄소 :	C +	O_2	→	CO_2	+	8,100 kcal/kg
• 수소 :	H_2 +	$\frac{1}{2}O_2$	→	H_2O	+	34,000 kcal/kg
• 황 :	S +	O_2	→	SO_2	+	2,500 kcal/kg
• 탄화수소류 :	C_mH_n +	$\left(m+\frac{n}{4}\right)O_2$	→	mCO_2	+	$\frac{n}{2}H_2O$

2-47 공기비(m)와 등가비(ϕ : equivalent ratio)

① 공기비(m) : 이론공기량에 대한 실제공기량의 비
② 등가비(ϕ) : 공기비의 역수$\left(\frac{1}{m}\right)$

공기비	m < 1	m = 1	1 < m
등가비	1 < ϕ	ϕ = 1	ϕ < 1
AFR	작아짐		커짐
특징	• 공기 부족 • 연료 과잉 • 불완전 연소 • 매연, CO, HC 발생량 증가 • 폭발 위험	• 완전 연소 • CO_2 발생량 최대	• 과잉 공기 • 산소 과대 • SOx, NOx 발생량 증가 • 연소온도 감소 • 열손실 커짐 • 저온부식 발생 • 방지시설의 용량이 커지고 에너지 손실 증가

2-48 발열량

① 고위발열량(H_h) : 총 발열량, 연소 시 발생하는 전체 열량
② 저위발열량(H_l) : 총 발열량에서 연료 중 수분이나 수소 연소에 의해 생긴 수분의 증발잠열을 제외한 열량, 실제 소각시설 설계 발열량

> 저위발열량 = 고위발열량 − 증발잠열

2-49 고체연료의 연소장치

연소장치	장점	단점
화격자	• 석탄을 그대로 공급함 • 전처리 필요 없음 • 연속적인 소각과 배출이 가능 • 용량부하가 큼 • 전자동 운전이 가능	• 연소속도와 착화가 느림 • 체류시간, 소각시간이 긺 • 교반력이 약하여 국부가열이 발생 • 클링커 장애 발생
유동층	• 연소효율 좋음 • 소규모 장치 • 연소온도가 낮음 • NOx 발생량 적음 • 기계장치가 간단해 고장이 적음	• 부하변동에 약함 • 파쇄 등 전처리 필요 • 비산먼지 발생 • 폭발의 위험 • 유동매체를 매번 공급해야 함 • 압력손실이 큼 • 동력사용이 큼
미분탄	• 적은 공기로 완전 연소 가능 • 점화 및 소화가 쉬움 • 부하변동에 대응이 쉬움	• 비산재 발생이 큼 • 집진장치 필요 • 화재 및 폭발 위험 • 유지비가 큼

2-50 액체연료의 연소장치

구분	분무압(kg/cm²)	유량조절비	연료사용량(L/h)	분무각도(°)
고압 공기식 버너	2~10	1 : 10	3~500 L/hr(외부) 10~1,200 L/hr(내부)	20~30
저압 공기식 버너	0.05~0.2	1 : 5	2~200	30~60
회전식 버너(로터리)	0.3~0.5	1 : 5	1,000 L/hr(직결식) 2,700 L/hr(벨트식)	40~80
유압 분무식 버너	5~30	환류식 1 : 3 비환류식 1 : 2	15~2,000	40~90

2-51 기체연료의 연소장치

연소장치	종류	특징
확산 연소	포트형, 버너형, 선회식, 방사식	• 연소 조정 범위 넓음 • 장염 발생 • 연료 분출속도 느림 • 연료의 분출속도가 클 때, 그을음이 발생하기 쉬움 • 기체연료와 연소용 공기를 버너 내에서 혼합시키지 않음 • 역화의 위험이 없으며, 공기를 예열할 수 있음
예혼합 연소	고압버너, 저압버너, 송풍버너	• 내부에서 연료와 공기의 혼합비가 변하지 않고 균일하게 연소됨 • 화염온도가 높아 연소부하가 큰 경우에 사용이 가능함 • 짧은 불꽃 발생 • 매연 적게 생성 • 연료 유량 조절비가 큼 • 혼합기 분출속도 느릴 경우, 역화 발생 가능

2-52 자동차의 배출가스

(1) 운전상태에 따른 배출가스

구분	HC	CO	NOx	CO_2
많이 나올 때	감속	공전, 가속	가속	운행
적게 나올 때	운행	운행	공전	공전, 감속

(2) 자동차 배기가스의 배출원별 배출 정도

(단위 : %)

배출원	HC	CO	NOx
배기가스	60	100	100
크랭크케이스 블로바이(crankcase blowby)	20	0	0
연료탱크증발	20	0	0

2-53 삼원촉매 전환장치(TCCS)

① 산화촉매와 환원촉매의 기능을 가진 알맞은 촉매(백금, 로듐 등)를 사용하여 하나의 장치 내에서 CO, HC, NOx를 동시에 처리하여 무해한 CO_2, H_2O, N_2로 만드는 장치
② 산화촉매 : Pt, Pd
③ 환원촉매 : Rh

2-54 검댕

(1) 검댕(그을음, 매연)의 발생 특징
① 휘발분이 큰 연료일수록 검댕이 잘 발생함
② 분해가 쉽거나 산화하기 쉬운 탄화수소는 매연 발생이 적음
③ 연료의 C/H의 비율이 클수록
④ 분자량이 클수록
⑤ 중합 및 고리화합물 등과 같이 반응이 일어나기 쉬운 탄화수소일수록
⑥ 탈수소가 용이한 연료일수록

⑦ 연소실 부하가 클수록
⑧ 연소실 온도가 낮아질수록
⑨ 분무 시 액체방울이 클수록
→ 매연이 잘 발생함

(2) 검댕의 발생빈도 순서

> 타르 > 고휘발분 역청탄 > 중유 > 저휘발분 역청탄 > 아탄 > 코크스 > 경질 연료유 > 등유 > 석탄 가스 > 제조가스 > 액화석유가스(LPG) > 천연가스

제3과목 대기오염방지기술

2-55 입경 분포의 해석(Rosin – Rammler 분포)

(1) 체상분율(R)

임의 입경 d_p보다 큰 입자가 차지하는 비율(%)
① 입도특성계수가 클수록 입경이 미세한 먼지로 됨
② 입경지수 n이 클수록 입경 분포 간격이 좁은 입자로 구성

(2) 체하분율(D)

임의 입경 d_p보다 작은 입자가 차지하는 비율(%)

(3) 커닝험 보정계수

① 미세한 입자(직경<1 μm 이하)에 작용하는 항력이 스토크스 법칙으로 예측한 값보다 작아서 보정계수를 곱함
② 항상 1 이상의 값을 가짐
③ 미세입자일수록 값이 큼

(4) 진비중(S)과 겉보기비중(Sb)의 비(S/Sb)

① 입자 직경이 작을수록, S/Sb가 크고, 비표면적이 커짐
② S/Sb이 클수록, 재비산이 잘 발생함

2-56 집진장치의 선정 시 고려사항

구분	중력	관성력	원심력	세정	여과	전기
집진효율(%)	40~60	50~70	85~95	80~95	90~99	90~99.9
가스속도 (m/s)	1~2	1~5	• 접선유입식 : 7~15 • 축류식 : 10	60~90	0.3~0.5	• 건식 : 1~2 • 습식 : 2~4
압력손실 (mmH_2O)	10~15	30~70	50~150 (80~100)	300~800	100~200	10~20
처리입경 (μm)	50 이상	10~100	3~100	0.1~100	0.1~20	0.05~20
특징	• 설치비 최소 • 구조 간단			동력비 최대	고온가스 처리 안 됨	• 유지비 작음 • 설치비 최대

① 처리 가스 속도가 느릴수록 효율이 좋아지는 집진장치 : 중력, 여과, 충전탑, 전기
② 처리 가스 속도가 빠를수록 효율이 좋아지는 집진장치 : 원심력, 벤투리 스크러버

2-57 중력 집진장치

(1) 장단점

장점	단점
• 구조가 간단하고 설치비용이 적음 • 압력손실이 작음 • 먼지부하가 높은 가스 처리 용이 • 고온가스 처리 용이 • 주로 전처리로 많이 이용	• 미세먼지 포집이 어려움 • 집진효율이 낮음 • 먼지부하 및 유량변동에 적응성이 낮음 • 시설의 규모가 커짐

(2) 효율 향상 조건

- 침강실 내 가스 유속이 작을수록
- 침강실의 높이(H)가 작을수록
- 길이(L)가 길수록
- 입구 폭이 클수록
- 침강속도(V_g)가 클수록
- 입자의 밀도가 클수록
- 단수가 높을수록
- 침강실 내 배기기류는 균일해야 함

} 집진효율 증가

2-58 관성력 집진장치

(1) 장단점

장점	단점
• 구조가 간단하고 취급이 용이 • 전처리용으로 많이 이용 • 운전비, 유지비 저렴 • 고온가스 처리 가능	• 미세입자 포집이 곤란 • 효율이 낮음 • 방해판 전환각도 큼

(2) 효율 향상 조건

- 충돌 직전의 처리 가스 속도가 클수록
- 방향 전환 각도가 작을수록
- 전환 횟수가 많을수록
- 방향 전환 곡률반경(기류반경)이 작을수록
- 출구 가스 속도가 작을수록
- 방해판이 많을수록

} 집진효율 증가(압력손실 커짐)

2-59 원심력 집진장치

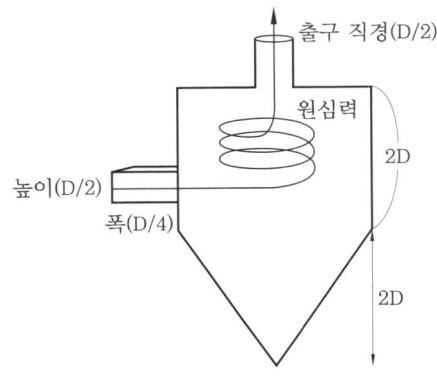

설계조건	표준 사이클론
몸통 직경	D
유입구 높이	D/2
유입구 폭	D/4
몸체의 높이	2D
원추의 높이	2D
출구 직경	D/2

(1) 장단점

장점	단점
• 조작 간단 • 유지관리 쉬움 • 운전비 저렴 • 설치비가 낮음 • 고온가스 처리 가능 • 압력손실 작음 • 내열 소재로 제작 가능 • 먼지량이 많아도 처리 가능	• 미세입자 집진효율 낮음 • 수분함량이 높은 먼지 집진이 어려움 • 분진량과 유량의 변화에 민감

(2) 효율 향상 조건

- 먼지의 농도, 밀도, 입경이 클수록
- 입구 유속이 빠를수록
- 유량이 클수록
- 회전수가 많을수록
- 몸통 길이가 길수록
- 몸통 직경이 작을수록
- 처리가스 온도가 낮을수록
- 점도가 작을수록

→ 집진효율 증가 / 압력손실 증가

(3) 블로 다운(blow down) 효과
① 원심력 증대 → 처리효율 증가
② 재비산 방지
③ 폐색 방지
④ 가교현상 방지

2-60 세정 집진장치

(1) 장단점

장점	단점

• 입자상 및 가스상 물질 동시 제거 가능
• 유해가스 제거 가능
• 고온가스 처리 가능
• 구조가 간단함
• 설치면적 작음
• 먼지의 재비산이 없음
• 처리효율이 먼지의 영향을 적게 받음
• 인화성, 가열성, 폭발성 입자 처리 가능
• 부식성 가스 중화 가능
	• 동력비가 큼
	• 먼지의 성질에 따라 효과가 다름
	  - 소수성 먼지 : 집진효과 적음
	  - 친수성 먼지 : 폐색 가능
	• 물 사용량이 많음
	  - 급수설비, 폐수처리시설 설치 필요
	  - 수질오염 발생
	• 배출 시 가스 재가열 필요
	• 동절기 관의 동결 위험
	• 장치부식 발생
	• 폐색장애 가능
	• 폐슬러지의 처리비용이 비쌈

(2) 좋은 흡수액(세정액)의 조건
① 용해도가 커야 함
② 화학적으로 안정해야 함
③ 독성, 부식성이 없어야 함
④ 휘발성이 작아야 함
⑤ 점성이 작아야 함
⑥ 어는점이 낮아야 함
⑦ 가격이 저렴해야 함

(3) 액가스비를 증가시켜야 하는 경우
    ① 먼지 입자의 소수성이 클 때
    ② 먼지의 입경이 작을 때
    ③ 먼지 입자의 점착성이 클 때
    ④ 처리가스의 온도가 높을 때

(4) 관성충돌계수가 증가하는 조건
    ① 먼지의 밀도가 커야 함
    ② 먼지의 입경이 커야 함
    ③ 액적의 직경이 작아야 함
    ④ 처리가스와 액적의 상대속도가 커야 함

(5) 분류

분류	가압수식(액분산형)	유수식(저수식, 가스분산형)	
특징	가스에 액을 뿌리는 방법	저수된 수조에 가스를 통과시키는 방법	
액가스비	큼	작음	
종류	• 충전탑, 분무탑 • 벤투리, 사이클론, 제트 스크러버	단탑	포종탑 다공판탑
		기포탑	
집진효율	• 벤투리, 제트, 사이클론 : 유속이 빠를수록 집진효율이 높아짐 • 충전탑, 분무탑 : 가스유속이 느릴수록 집진효율이 높아짐	• 가스유속이 느릴수록 집진효율이 높아짐	

(6) 좋은 충전물의 조건
    ① 충전밀도가 커야 함
    ② hold-up이 작아야 함
    ③ 공극률이 커야 함
    ④ 비표면적이 커야 함
    ⑤ 압력손실이 작아야 함
    ⑥ 내열성, 내식성이 커야 함
    ⑦ 충분한 강도를 지녀야 함
    ⑧ 화학적으로 불활성이어야 함

2-61 여과 집진장치

(1) **원리** : 관성충돌, 중력, 확산, 직접차단

(2) **분류**
　① 여과포 모양에 따른 분류 : 원통식, 봉투식, 평판식(met식) 등
　② 여과방식에 의한 분류

구분	표면여과	내면여과
특징	• 고농도·대용량 배기가스에 사용 • 일반적으로 건식 사용 • 여과포 재생이 가능(청소 후 재사용) • 온도를 산노점 이상으로 유지해야 함	• 여과속도가 느림 • 저농도·소용량 배기가스처리에 제한적 사용 • 일반적으로 건식 사용 • 여과포 재생이 곤란하여 주기적 교체 필요
예	봉투식, 백 필터	자동차 에어 필터, 패키지형 필터, 방사먼지용 에어 필터

(3) **청소방법(탈진방식)에 따른 분류**

구분	종류	특징
간헐식	진동형(중앙, 상하), 역기류형, 역세형, 역세 진동형	• 운전과 청소 따로 진행 • 분진 재비산이 적음 • 집진율 높음, 여포 수명이 긺 • 점착성·조대 먼지의 경우 여포 손상 가능
연속식	충격기류식(pulse jet형, reverse jet형), 음파 제트	• 운전과 청소를 동시에 진행 • 처리량 많을 경우 사용, 대용량가스 처리 가능 • 고농도, 고부착성의 함진가스 처리에 적합 • 재비산이 많고 집진율이 낮음 • 압력손실 일정

(4) 장단점

장점	단점
• 미세입자 집진효율이 높음 • 처리입경범위가 넓음 • 취급이 쉬움 • 여러 가지 형태의 분진 포집 가능 • 다양한 여재를 사용함으로써 설계 및 운영에 융통성이 있음	• 소요 설치공간이 큼 • 유지비가 큼 • 습하면 눈막힘 현상으로 여과포 막힘 • 내열성이 적어 고온가스 처리 어려움 • 여과포는 손상 쉬움(고온, 부착성 화학물질) • 수분·여과속도 적응성 낮음 • 폭발 위험성

2-62 전기 집진장치

(1) 주요 메커니즘
   ① 하전에 의한 쿨롱력
   ② 전계경도에 의한 힘
   ③ 입자 간에 작용하는 흡인력
   ④ 전기풍에 의한 힘

(2) 건식과 습식 전기 집진장치의 비교

구분	속도	압력손실	장점	단점
건식	1~2 m/s	10 mmH$_2$O	• 폐수 발생하지 않음	• 습식보다 장치가 큼 • 역전리, 재비산 현상에 대응 어려움
습식	2~4 m/s	20 mmH$_2$O	• 건식보다 처리속도가 빠름 • 소규모 설치 가능 • 집진효율이 높음 • 역전리, 재비산 현상이 없음	• 감전 및 누전 위험 • 폐수 및 슬러지가 생성됨 • 배기가스 냉각으로 부식 발생

(3) 전기 집진장치의 장단점

장점	단점
• 미세입자 집진효율이 높음	• 설치비용 큼
• 낮은 압력손실	• 가스상 물질 제어 안 됨
• 대량 가스처리 가능	• 운전조건 변동에 적응성 낮음
• 운전비 적음	• 넓은 설치면적 필요
• 온도 범위 넓음	• 비저항 큰 분진 제거 곤란
• 배출가스의 온도강하가 적음	• 분진부하가 대단히 높으면 전처리 시설이 요구
• 고온가스 처리 가능(약 500℃ 전후)	• 근무자의 안전성 유의
• 연속운전 가능	

(4) 전기저항률(비저항)

집진효율이 좋은 전기비저항 범위 : $10^4 \sim 10^{11}$ Ω·cm

구분	10^4 Ω·cm 이하일 때	10^{11} Ω·cm 이상일 때
현상	• 포집 후 전자 방전이 쉽게 되어 재비산(jumping)현상 발생	• 역코로나(전하가 바뀜, 불꽃방전이 정지되고, 형광을 띤 양(+) 코로나 발생) • 역전리(back corona) 발생 • 집진효율 떨어짐
대책	• 함진가스 유속을 느리게 함 • 암모니아수 주입	• 물(수증기), 무수황산(H_2SO_4), SO_3, 소다회(Na_2CO_3), NaCl, TEA 등 주입 • 탈진빈도를 늘리거나 타격강도를 높임

2-63 흡수법(absorption)

흡수법은 세정집진과 동일함

(1) 헨리의 법칙

$$P = HC$$

P : 분압(atm)
C : 액중 농도($kmol/m^3$)
H : 헨리상수($atm \cdot m^3/kmol$)

① 용해도가 작을수록 헨리상수(H)는 커짐
② 헨리의 법칙이 잘 적용되는 기체와 적용되기 어려운 기체

헨리의 법칙이 잘 적용되는 기체	헨리의 법칙이 적용되기 어려운 기체
• 용해도가 작은 기체	• 용해도가 크거나 반응성이 큰 기체
• CO, NO_2, H_2S, N_2, O_2 등	• Cl_2, HCl, HF, SiF_4, SO_2 등

2-64 흡착법(adsorption)

(1) 흡착의 분류

구분	물리적 흡착	화학적 흡착
반응	• 가역반응	• 비가역반응
계	• open system	• closed system
원동력	• 분자간 인력(반데르발스 힘)	• 화학 반응
흡착열	• 낮음(2~20 kJ/mol)	• 높음(20~400 kJ/mol)
흡착층	• 다분자 흡착	• 단분자 흡착
온도, 압력 영향	• 온도 영향이 큼 (온도↓, 압력↑ → 흡착↑) (온도↑, 압력↓ → 탈착↑)	• 온도 영향이 적음 (임계온도 이상에서 흡착 안 됨)
재생	• 가능	• 불가능

(2) 흡착제의 종류
활성탄, 실리카겔, 활성 알루미나, 합성 제올라이트, 마그네시아

(3) 흡착제의 조건
① 단위질량당 표면적이 큰 것
② 어느 정도의 강도 및 경도를 지녀야 함
③ 흡착효율이 높아야 함
④ 가스 흐름에 대한 압력손실이 작아야 함
⑤ 재생과 회수가 쉬워야 함

2-65 황산화물의 방지기술

분류	정의	공법 종류
전처리 (중유탈황)	연료 중 탈황	• 접촉 수소화 탈황 • 금속산화물에 의한 흡착 탈황 • 미생물에 의한 생화학적 탈황 • 방사선 화학에 의한 탈황
후처리 (배연탈황)	배기가스 중 SOx 제거	• 흡수법 : 건식 석회석 주입법, 석회 흡수법, NaOH 흡수법, Na_2SO_3 흡수법, 암모니아법, 산화흡수법, 활성산화망간법 • 흡착법 : 활성탄 흡착법 • 산화법 : 촉매산화법(접촉산화법) • 전자선 조사법

2-66 질소산화물(NOx) 제거방법

(1) 연소 조절에 의한 NOx의 저감방법
  ① 저온 연소
  ② 저산소 연소
  ③ 저질소 성분 연료 우선 연소
  ④ 2단 연소
  ⑤ 최고 화염온도를 낮추는 방법
  ⑥ 배기가스 재순환
  ⑦ 버너 및 연소실의 구조 개선
  ⑧ 수증기 및 물 분사 방법

(2) 배기가스 탈질(NOx 제거)
  ① 흡수법 : 용융염 흡수법
  ② 흡착법
  ③ 촉매환원법 : 선택적 촉매환원법(SCR), 선택적 무촉매환원법(SNCR)
  ④ 접촉분해법
  ⑤ 전자선조사법
  ⑥ 접촉환원법

2-67 휘발성유기화합물(VOC)의 처리

① 소각처리 : 직접화염산화, 열산화, 촉매소각로
② 흡수, 흡착, 막분리, 냉각 응축(저온 응축), 생물여과, UV 및 플라스마

2-68 다이옥신의 제어

① 광분해법
② 촉매분해법
③ 고온열분해법
④ 생물학적 분해법
⑤ 초임계유체 분해법
⑥ 오존산화법

2-69 악취 처리방법

(1) 악취 처리방법의 분류

물리적 처리방법	• 수세법 • 흡착법 • 냉각법(응축법) • 환기법(ventilation)
화학적 처리방법	• 화학적 산화법 : 오존산화법, 염소산화법 • 약액세정법 : 산·알칼리 세정법 • 산화법 : 연소산화법, 촉매산화법 • 은폐법(masking법)

(2) 화학적 산화법

① 화학반응과 물리적인 흡수법을 이용해 악취가스나 유해가스를 제거하는 가장 일반화된 방법
② 종류 : 오존산화법, 염소산화법 등
③ 산화제의 종류 : O_3, $KMnO_4$, $NaOCl$, H_2O_2, ClO_2, Cl_2, ClO 등

제4과목 대기오염공정시험기준(방법)

2-70 온도의 표시

① 표준온도 : 0℃, 상온 : 15~25℃, 실온 : 1~35℃
② 냉수 : 15℃ 이하, 온수 : 60~70℃, 열수 : 약 100℃
③ "냉후"(식힌 후) : 보온 또는 가열 후 실온까지 냉각된 상태
④ 찬 곳 : 따로 규정이 없는 한 0~15℃의 곳
⑤ "수욕상 또는 수욕 중에서 가열한다." : 따로 규정이 없는 한 수온 100℃에서 가열함을 뜻하고 약 100℃ 부근의 증기욕을 대응할 수 있다.
⑥ 각 조의 시험은 따로 규정이 없는 한 상온에서 조작하고 조작 직후 그 결과를 관찰한다.

2-71 용기

① 용기 : 시험용액 또는 시험에 관계된 물질을 보존, 운반 또는 조작하기 위하여 넣어두는 것으로 시험에 지장을 주지 않도록 깨끗한 것
② 밀폐용기 : 물질을 취급 또는 보관하는 동안에 이물이 들어가거나 내용물이 손실되지 않도록 보호하는 용기
③ 기밀용기 : 물질을 취급 또는 보관하는 동안에 외부로부터의 공기 또는 다른 가스가 침입하지 않도록 내용물을 보호하는 용기
④ 밀봉용기 : 물질을 취급 또는 보관하는 동안에 기체 또는 미생물이 침입하지 않도록 내용물을 보호하는 용기
⑤ 차광용기 : 광선을 투과하지 않은 용기 또는 투과하지 않게 포장을 한 용기로서 취급 또는 보관하는 동안에 내용물의 광화학적 변화를 방지할 수 있는 용기

2-72 액의 농도

① 염산(1+4) : 염산 1 mL + 물 4 mL
② (1 → 5) : 고체 1 g을 용매에 녹여 전량을 5 mL로 하는 비율 / 액체 1 mL를 용매에 녹여 전량을 5 mL로 하는 비율

2-73 시약 및 표준용액 : 시약의 농도

명칭	화학식	농도(%)	비중(약)
암모니아수	NH_4OH	28.0~30.0(NH_3로서)	0.9
과산화수소	H_2O_2	30.0~35.0	1.11
염산	HCl	35.0~37.0	1.18
플루오린화수소	HF	46.0~48.0	1.14
브로민화수소	HBr	47.0~49.0	1.48
아이오딘화수소	HI	55.0~58.0	1.7
질산	HNO_3	60.0~62.0	1.38
과염소산	$HClO_4$	60.0~62.0	1.54
인산	H_3PO_4	85.0 % 이상	1.69
황산	H_2SO_4	95 % 이상	1.84
아세트산	CH_3COOH	99.0 % 이상	1.05

2-74 용어

① "정확히 단다"라 함은 규정한 양의 검체를 취하여 분석용 저울로 0.1 mg까지 다는 것을 뜻한다.
② 액체성분의 양을 "정확히 취한다"함은 홀피펫, 부피플라스크 또는 이와 동등 이상의 정도를 갖는 용량계를 사용하여 조작하는 것을 뜻한다.
③ "항량이 될 때까지 건조한다 또는 강열한다"라 함은 따로 규정이 없는 한 보통의 건조방법으로 1시간 더 건조 또는 강열할 때 전후 무게의 차가 매 g당 0.3 mg 이하일 때를 뜻한다.

④ 시험조작 중 "즉시"란 30초 이내에 표시된 조작을 하는 것을 뜻한다.
⑤ "감압 또는 진공"이라 함은 따로 규정이 없는 한 15 mmHg 이하를 뜻한다.
⑥ "바탕시험을 하여 보정한다" 함은 시료에 대한 처리 및 측정을 할 때 시료를 사용하지 않고 같은 방법으로 조작한 측정치를 빼는 것을 뜻한다.
⑦ "약"이란 그 무게 또는 부피에 대하여 ±10 % 이상의 차가 있어서는 안 된다.
⑧ "방울수"라 함은 20℃에서 정제수 20방울을 떨어뜨릴 때 그 부피가 약 1 mL 되는 것을 뜻한다.

2-75 ○ 배출가스 중 가스상물질의 시료채취방법 – 채취관 연결관의 재질

분석물질, 공존가스	채취관, 연결관의 재질							여과재		
암모니아	①	②	③	④	⑤	⑥		ⓐ	ⓑ	ⓒ
일산화탄소	①	②	③	④	⑤	⑥	⑦	ⓐ	ⓑ	ⓒ
염화수소	①	②			⑤	⑥	⑦	ⓐ	ⓑ	ⓒ
염소	①	②			⑤	⑥	⑦	ⓐ	ⓑ	ⓒ
황산화물	①	②		④	⑤	⑥	⑦	ⓐ	ⓑ	ⓒ
질소산화물	①	②		④	⑤	⑥		ⓐ	ⓑ	ⓒ
이황화탄소	①	②				⑥		ⓐ	ⓑ	
폼알데하이드	①	②				⑥		ⓐ	ⓑ	
황화수소	①	②		④	⑤	⑥	⑦	ⓐ	ⓑ	ⓒ
플루오린화합물				④		⑥				ⓒ
사이안화수소	①	②		④	⑤	⑥	⑦	ⓐ	ⓑ	ⓒ
브로민	①	②				⑥		ⓐ	ⓑ	
벤젠	①	②				⑥		ⓐ	ⓑ	
페놀	①	②		④		⑥		ⓐ	ⓑ	
비소	①	②		④	⑤	⑥	⑦	ⓐ	ⓑ	ⓒ

비고 : ① 경질유리, ② 석영, ③ 보통강철, ④ 스테인리스강 재질, ⑤ 세라믹,
⑥ 플루오로수지, ⑦ 염화바이닐수지, ⑧ 실리콘수지, ⑨ 네오프렌
ⓐ 알칼리 성분이 없는 유리솜 또는 실리카솜, ⓑ 소결유리, ⓒ 카보런덤

정리
- ①, ②, ⑥은 거의 다 들어감(플루오린화합물 제외)
- 보통강철 : 암모니아, 일산화탄소 2가지만 해당

2-76 배출가스 중 가스상물질의 시료채취방법 – 분석물질별 분석방법 및 흡수액

분석물질	분석방법	흡수액
암모니아	• 인도페놀법	• 붕산 용액(5 g/L)
염화수소	• 이온크로마토그래피 • 싸이오사이안산제2수은법	• 정제수 • 수산화소듐 용액(0.1 mol/L)
염소	• 오르토톨리딘법	• 오르토톨리딘 염산 용액(0.1 g/L)
황산화물	• 침전적정법	• 과산화수소수 용액(1 + 9)
질소산화물	• 아연환원 나프틸에틸렌다이아민법	• 황산 용액(0.005 mol/L)
이황화탄소	• 자외선/가시선분광법 • 가스크로마토그래피	• 다이에틸아민구리 용액
폼알데하이드	• 크로모트로핀산법 • 아세틸아세톤법	• 크로모트로핀산 + 황산 • 아세틸아세톤 함유 흡수액
황화수소	• 자외선/가시선분광법	• 아연아민착염 용액
플루오린화합물	• 자외선/가시선분광법 • 적정법 • 이온선택전극법	• 수산화소듐 용액(0.1 mol/L)
사이안화수소	• 자외선/가시선분광법	• 수산화소듐 용액(0.5 mol/L)
브로민화합물	• 자외선/가시선분광법 • 적정법	• 수산화소듐 용액(0.1 mol/L)
페놀	• 자외선/가시선분광법 • 가스크로마토그래피	• 수산화소듐 용액(0.1 mol/L)
비소	• 자외선/가시선분광법 • 원자흡수분광광도법 • 유도결합플라스마 분광법	• 수산화소듐 용액(0.1 mol/L)

정리 수산화소듐이 흡수액인 분석물질 : 염화수소, 플루오린화합물, 사이안화수소, 브로민화합물, 페놀, 비소

2-77 배출가스 중 입자상물질의 시료채취방법 – 원형단면의 측정점수

굴뚝직경 2R[m]	반경 구분수	측정점수
1 이하	1	4
1 초과 2 이하	2	8
2 초과 4 이하	3	12
4 초과 4.5 이하	4	16
4.5 초과	5	20

2-78 기기분석 – 기체크로마토그래피

• 장치 구성 : 운반가스입구 → 유량 및 압력조절부 → 시료도입부 → 분리관 → 검출기

2-79 기기분석 – 자외선/가시선분광법

① 장치 구성 : 광원부-파장선택부-시료부-측광부
② 광원 : 텅스텐램프, 중수소방전관
③ 흡수셀의 재질 : 유리(가시 및 근적외부), 석영(자외부), 플라스틱(근적외부)
④ 파장 교정 : 홀뮴 유리의 흡수스펙트럼을 이용
⑤ 미광의 유무조사 : 컷트필터 사용
⑥ 원리 : 램버트 비어(Lambert-Beer) 법칙

2-80 원자흡수분광광도법

① 장치 구성 : 광원부-시료원자화부-파장선택부(분광부, 단색화부)-측광부
② 광원 : 중공음극램프

2-81 비분산적외선분광분석법

(1) 장치 구성
광원-회전섹터-광학필터-시료셀-검출기-증폭기-지시계

(2) 용어 정의
① 비분산 : 빛을 프리즘(prism)이나 회절격자와 같은 분산소자에 의해 분산하지 않는 것
② 정필터형 : 측정성분이 흡수되는 적외선을 그 흡수파장에서 측정하는 방식
③ 반복성 : 동일한 분석계를 이용하여 동일한 측정대상을 동일한 방법과 조건으로 비교적 단시간에 반복적으로 측정하는 경우로서 각각의 측정치가 일치하는 정도
④ 비교가스 : 시료 셀에서 적외선 흡수를 측정하는 경우 대조가스로 사용하는 것으로 적외선을 흡수하지 않는 가스
⑤ 제로가스 : 분석계의 최저 눈금값을 교정하기 위하여 사용하는 가스
⑥ 스팬가스 : 분석계의 최고 눈금값을 교정하기 위하여 사용하는 가스
⑦ 제로 드리프트 : 측정기의 최저눈금에 대한 지시치의 일정기간 내의 변동
⑧ 스팬 드리프트 : 측정기의 교정범위눈금에 대한 지시값의 일정기간 내의 변동
⑨ 교정범위 : 측정기 최대측정범위의 80~90 % 범위에 해당하는 교정 값을 말한다.

2-82 이온크로마토그래피

- 장치 구성 : 용리액조-송액펌프-시료주입장치-분리관-써프렛서-검출기 및 기록계

2-83 흡광차분광법

① 원리 : Beer-Lambert 법칙
② 광원 : 180~2,850 nm 파장을 갖는 제논 램프
③ 일반 흡광광도법은 미분적(일시적)이며 흡광차분광법(DOAS)은 적분적(연속적)임

2-84 배출가스 중 무기물질 시험방법

무기물질	시험방법
매연	• 광학기법
먼지	• 반자동식 측정법　　　　• 자동식 측정법 • 수동식 측정법
플루오린화합물	• 자외선/가시선분광법　　• 이온선택전극법 • 적정법
비산먼지	• 고용량공기시료채취법　• 베타선법 • 저용량공기시료채취법　• 광학기법
산소	• 자동측정법 – 전기화학식　　• 자동측정법 – 자기식(자기력) • 자동측정법 – 자기식(자기풍)
사이안화수소	• 자외선/가시선분광법 – 4-피리딘카복실산 – 피라졸론법 • 연속흐름법
암모니아	• 자외선/가시선분광법 – 인도페놀법
염소	• 자외선/가시선분광법 – 오르토톨리딘법 • 자외선/가시선분광법 – 4-피리딘카복실산 – 피라졸론법
염화수소	• 이온크로마토그래피 • 싸이오사이안산제이수은 자외선/가시선분광법
유류 중의 황함유량 분석방법	• 연소관식 공기법　　• 방사선 여기법
이황화탄소	• 기체크로마토그래피　　• 자외선/가시선분광법
일산화탄소	• 자동측정법 – 비분산적외선분광분석법 • 자동측정법 – 전기화학식(정전위전해법) • 기체크로마토그래피
질소산화물	• 자동측정법(화학발광법, 적외선흡수법, 자외선흡수법 및 정전위전해법 등) • 자외선/가시선분광법 – 아연환원 나프틸에틸렌다이아민법
황산화물	• 자동측정법　　• 침전적정법 – 아르세나조 Ⅲ법
황화수소	• 자외선/가시선분광법 – 메틸렌블루법 • 기체크로마토그래피
하이드라진	• 황산함침여지채취 – 고성능액체크로마토그래피 • HCl 흡수액 – 고성능액체크로마토그래피 • HCl 흡수액 – 기체크로마토그래피 • HCl 흡수액 – 자외선/가시선분광법

2-85 자외선/가시선분광법 정리 – 흡광도 파장순

분야	물질	분석방법	흡광도(nm)
휘발성 유기화합물	폼알데하이드	아세틸아세톤 자외선/가시선분광법	420
무기물질	이황화탄소	자외선/가시선분광법	435
무기물질	염소	오르토톨리딘법	435
금속화합물	니켈화합물	자외선/가시선분광법	450
무기물질	염화수소	싸이오사이안산제이수은 자외선/가시선분광법	460
휘발성 유기화합물	브로민화합물	자외선/가시선분광법	460
무기물질	하이드라진	HCl 흡수액 – 자외선/가시선분광법	480
금속화합물	비소화합물	자외선/가시선분광법	510
휘발성 유기화합물	페놀화합물	4 – 아미노안티피린 자외선/가시선분광법	510
금속화합물	크로뮴화합물	자외선/가시선분광법	540
무기물질	질소산화물	아연환원 나프틸에틸렌다이아민법	545
휘발성 유기화합물	폼알데하이드	크로모트로핀산 자외선/가시선분광법	570
무기물질	플루오린화합물	자외선/가시선분광법	620
무기물질	사이안화수소	4 – 피리딘카복실산 – 피라졸론법	620
무기물질	염소	4 – 피리딘카복실산 – 피라졸론법	638
무기물질	암모니아	인도페놀법	640
무기물질	황화수소	메틸렌블루법	670

2-86 배출가스 중 금속화합물 시험방법

금속화합물	시험방법
비소화합물	• 수소화물생성원자흡수분광광도법 • 흑연로원자흡수분광광도법 • 유도결합플라스마 분광법 • 자외선/가시선분광법
카드뮴화합물	• 원자흡수분광광도법 • 유도결합플라스마 분광법
납화합물	• 원자흡수분광광도법 • 유도결합플라스마 분광법
크로뮴화합물	• 원자흡수분광광도법 • 유도결합플라스마 분광법 • 자외선/가시선분광법
구리화합물	• 원자흡수분광광도법 • 유도결합플라스마 분광법
니켈화합물	• 원자흡수분광광도법 • 유도결합플라스마 분광법 • 자외선/가시선분광법
아연화합물	• 원자흡수분광광도법 • 유도결합플라스마 분광법
수은화합물	• 냉증기 원자흡수분광광도법
베릴륨화합물	• 원자흡수분광광도법

금속화합물의 자외선/가시선분광법 흡광도 파장별 정리

물질-분석방법	흡광도
니켈화합물-자외선/가시선분광법	450
비소화합물-자외선/가시선분광법	510
크로뮴화합물-자외선/가시선분광법	540

2-87 배출가스 중 휘발성유기화합물 시험방법

배출가스	시험방법
폼알데하이드 및 알데하이드류	• 고성능 액체크로마토그래피 • 크로모트로핀산 자외선/가시선분광법 • 아세틸아세톤 자외선/가시선분광법
브로민화합물	• 자외선/가시선분광법 • 적정법
페놀화합물	• 기체크로마토그래피 • 4 – 아미노안티피린 자외선/가시선분광법
다이옥신 및 퓨란류	• 기체크로마토그래피
다환방향족탄화수소류	• 기체크로마토그래피
벤젠	• 기체크로마토그래피
총탄화수소	• 불꽃이온화검출기 • 비분산적외선분광분석법
사염화탄소, 클로로폼, 염화바이닐	• 기체크로마토그래피
휘발성유기화합물	• 기체크로마토그래피
1, 3-뷰타다이엔	• 기체크로마토그래피
다이클로로메테인	• 기체크로마토그래피
트라이클로로에틸렌	• 기체크로마토그래피
다이에틸헥실프탈레이트	• 기체크로마토그래피
벤지딘	• 황산함침여지채취 – 기체크로마토그래피 • 여지채취 – 액체크로마토그래피
바이닐아세테이트	• 열탈착 – 기체크로마토그래피
아닐린	• 열탈착 – 기체크로마토그래피
이황화메틸	• 저온농축 – 모세관 컬럼 – 기체크로마토그래피
에틸렌옥사이드	• 시료채취 주머니 – 기체크로마토그래피 • 용매추출 – 기체크로마토그래피 • HBr유도체화 – 기체크로마토그래피
프로필렌옥사이드	• 시료채취 주머니 – 기체크로마토그래피 • 용매추출 – 기체크로마토그래피

배출가스	시험방법
벤젠, 이황화탄소, 사염화탄소, 클로로폼, 염화바이닐의 동시측정법	• 벤젠, 이황화탄소, 사염화탄소, 클로로폼, 염화바이닐의 동시측정법
암모니아, 벤젠	• 흡광차 분광법
일산화탄소, 이산화황, 이산화질소, 염화수소	• 수동형 개방경로 적외선 분광법
벤조(a)피렌	• 기체크로마토그래피 질량분석법
플레어가스 발열량 분석	• 질량분석법 • 기체크로마토그래피 • 열량계법

2-88 배출가스 중 휘발성유기화합물 – 시험방법별 적용물질

시험방법	배출가스
기체크로마토그래피	• 페놀화합물 • 다이옥신 및 퓨란류 • 다환방향족탄화수소류 • 휘발성유기화합물, 벤젠, 사염화탄소, 클로로폼, 염화바이닐 • 1, 3-뷰타다이엔 • 다이클로로메테인, 트라이클로로에틸렌, 다이에틸헥실프탈레이트 • 플레어가스 발열량 분석
용매추출 – 기체크로마토그래피	• 에틸렌옥사이드 • 프로필렌옥사이드 • N, N-다이메틸폼아마이드
시료채취 주머니 – 기체크로마토그래피	• 에틸렌옥사이드 • 프로필렌옥사이드
열탈착 – 기체크로마토그래피	• N, N-다이메틸폼아마이드 • 바이닐아세테이트 • 아닐린

시험방법	배출가스
황산함침여지채취 – 기체크로마토그래피	• 벤지딘
저온농축 – 모세관 컬럼 – 기체크로마토그래피	• 이황화메틸
기체크로마토그래피 질량분석법	• 벤조(a)피렌
비분산적외선분광분석법	• 총탄화수소

자외선 / 가시선분광법	• 브로민화합물
	• 폼알데하이드 및 알데하이드류
	  – 크로모트로핀산 자외선/가시선분광법
	  – 아세틸아세톤 자외선/가시선분광법

적정법	• 브로민화합물
흡광차분광법	• 암모니아, 벤젠

2-89 환경대기 중 무기물질 측정방법

물질	수동측정법	자동측정법
아황산가스	• 파라로자닐린법 • 산정량 수동법 • 산정량 반자동법	• 자외선형광법(주시험방법) • 용액전도율법 • 불꽃광도법 • 흡광차분광법
일산화탄소	• 비분산적외선분석법 • 가스크로마토그래피법	• 비분산적외선분석법(주시험방법)
질소산화물	• 야곱스호흐하이저법 • 수동살츠만법	• 화학발광법(주시험방법) • 흡광광도법(살츠만법) • 흡광차분광법
먼지	• 고용량 공기시료채취기법 • 저용량 공기시료채취기법	• 베타선법
미세먼지 (PM 10, PM 2.5)	• 중량농도법	• 베타선법
옥시던트	• 중성요오드화칼륨법 • 알칼리성요오드화칼륨법	• 중성요오드화칼륨법
오존	• 자외선광도법(주시험방법) • 화학발광법	• 흡광차분광법

2-90 환경대기 중 석면 측정용 현미경법

① 위상차현미경(주시험 방법)
② 주사전자현미경
③ 투과전자현미경

2-91 환경대기 중 금속

물질	측정방법
구리화합물	• 원자흡수분광법 • 유도결합플라스마 분광법
납화합물	• 원자흡수분광법 • 자외선/가시선 분광법 • 유도결합플라스마 분광법
니켈화합물	• 원자흡수분광법 • 유도결합플라스마 분광법
비소화합물	• 수소화물발생 원자흡수분광법 • 흑연로 원자흡수분광법 • 유도결합플라스마 분광법
아연화합물	• 원자흡수분광법 • 유도결합플라스마 분광법
철화합물	• 원자흡수분광법 • 유도결합플라스마 분광법
카드뮴화합물	• 원자흡수분광법 • 유도결합플라스마 분광법
크로뮴화합물	• 원자흡수분광법 • 유도결합플라스마 분광법
베릴륨화합물	• 원자흡수분광법
코발트화합물	• 원자흡수분광법
수은	• 습성 침적량 측정법 • 냉증기 원자형광광도법 • 냉증기 원자흡수분광법

2-92 환경대기 중 휘발성유기화합물(VOC)

물질	측정방법
벤조(a)피렌	• 가스크로마토그래피 • 형광분광광도법
다환방향족탄화수소류(PAHs)	• 기체크로마토그래피/질량분석법
알데하이드류	• 고성능 액체크로마토그래피
유해 휘발성 유기화합물(VOCs)	• 캐니스터 법 • 고체흡착법
환경대기 중의 오존전구물질	• 자동측정법
탄화수소	• 비메탄 탄화수소 측정법 • 활성 탄화수소 측정법 • 총 탄화수소 측정법

2-93 배출가스 중 연속자동측정방법

굴뚝연속자동측정기기 측정물질	측정방법	
먼지	• 광산란적분법 • 광투과법	• 베타(β)선 흡수법
이산화황	• 용액전도율법 • 자외선흡수법 • 불꽃광도법	• 적외선흡수법 • 정전위전해법
질소산화물	• 설치방식 : 시료채취형, 굴뚝부착형 • 측정원리 : 화학발광법, 적외선흡수법, 자외선흡수법 및 정전위전해법 등	
염화수소	• 이온전극법	• 비분산적외선분광분석법
플루오린화수소	• 이온전극법	
암모니아	• 용액전도율법	• 적외선가스분석법
배출가스 유량	• 피토관을 이용하는 방법 • 와류유속계를 이용하는 방법	• 열선 유속계를 이용하는 방법

제5과목 대기환경관계법규

2-94 ○ 대기환경보전법 용어(정의)

① "대기오염물질"이란 대기 중에 존재하는 물질 중 대기오염의 원인으로 인정된 가스·입자상물질로서 환경부령으로 정하는 것을 말한다.
② "유해성대기감시물질"이란 대기오염물질 중 심사·평가 결과 사람의 건강이나 동식물의 생육에 위해를 끼칠 수 있어 지속적인 측정이나 감시·관찰 등이 필요하다고 인정된 물질로서 환경부령으로 정하는 것을 말한다.
③ "기후·생태계 변화유발물질"이란 지구 온난화 등으로 생태계의 변화를 가져올 수 있는 기체상물질로서 온실가스와 환경부령으로 정하는 것을 말한다.

기후·생태계 변화유발물질 = 온실가스 + 환경부령으로 정하는 것

구분	물질
온실가스	이산화탄소, 메탄, 아산화질소, 수소불화탄소, 과불화탄소, 육불화황
환경부령으로 정하는 것	염화불화탄소(CFC), 수소염화불화탄소(HCFC)

④ "온실가스"란 적외선 복사열을 흡수하거나 다시 방출하여 온실효과를 유발하는 대기 중의 가스상태 물질로서 이산화탄소, 메탄, 아산화질소, 수소불화탄소, 과불화탄소, 육불화황을 말한다.
⑤ "가스"란 물질이 연소·합성·분해될 때에 발생하거나 물리적 성질로 인하여 발생하는 기체상물질을 말한다.
⑥ "입자상물질"이란 물질이 파쇄·선별·퇴적·이적될 때, 그 밖에 기계적으로 처리되거나 연소·합성·분해될 때에 발생하는 고체상 또는 액체상의 미세한 물질을 말한다.
⑦ "먼지"란 대기 중에 떠다니거나 흩날려 내려오는 입자상물질을 말한다.
⑧ "매연"이란 연소할 때에 생기는 유리 탄소가 주가 되는 미세한 입자상물질을 말한다.
⑨ "검댕"이란 연소할 때에 생기는 유리 탄소가 응결하여 입자의 지름이 1미크론 이상이 되는 입자상물질을 말한다.

⑩ "특정대기유해물질"이란 유해성대기감시물질 중 제7조에 따른 심사·평가 결과 저농도에서도 장기적인 섭취나 노출에 의하여 사람의 건강이나 동식물의 생육에 직접 또는 간접으로 위해를 끼칠 수 있어 대기 배출에 대한 관리가 필요하다고 인정된 물질로서 환경부령으로 정하는 것을 말한다.

⑪ "휘발성유기화합물"이란 탄화수소류 중 석유화학제품, 유기용제, 그 밖의 물질로서 환경부장관이 관계 중앙행정기관의 장과 협의하여 고시하는 것을 말한다.

⑫ "대기오염물질배출시설"이란 대기오염물질을 대기에 배출하는 시설물, 기계, 기구, 그 밖의 물체로서 환경부령으로 정하는 것을 말한다.

⑬ "대기오염방지시설"이란 대기오염물질배출시설로부터 나오는 대기오염물질을 연소조절에 의한 방법 등으로 없애거나 줄이는 시설로서 환경부령으로 정하는 것을 말한다.

⑭ "첨가제"란 자동차의 성능을 향상시키거나 배출가스를 줄이기 위하여 자동차의 연료에 첨가하는 탄소와 수소만으로 구성된 물질을 제외한 화학물질로서 다음 각 목의 요건을 모두 충족하는 것을 말한다.
  – 자동차의 연료에 부피 기준(액체첨가제의 경우만 해당한다) 또는 무게 기준(고체첨가제의 경우만 해당한다)으로 1퍼센트 미만의 비율로 첨가하는 물질. 다만, 「석유 및 석유대체연료 사업법」 석유정제업자 및 석유수출입업자가 자동차연료인 석유제품을 제조하거나 품질을 보정하는 과정에 첨가하는 물질의 경우에는 그 첨가비율의 제한을 받지 아니한다.
  – 가짜석유제품 또는 석유대체연료에 해당하지 아니하는 물질

⑮ "촉매제"란 배출가스를 줄이는 효과를 높이기 위하여 배출가스저감장치에 사용되는 화학물질로서 환경부령으로 정하는 것을 말한다.

⑯ "저공해자동차"란 「수도권 대기환경개선에 관한 특별법」 제2조 제6호에 따른 저공해자동차를 말한다.

⑰ "배출가스저감장치"란 자동차에서 배출되는 대기오염물질을 줄이기 위하여 자동차에 부착 또는 교체하는 장치로서 환경부령으로 정하는 저감효율에 적합한 장치를 말한다.

⑱ "저공해엔진"이란 자동차에서 배출되는 대기오염물질을 줄이기 위한 엔진(엔진 개조에 사용하는 부품을 포함한다)으로서 환경부령으로 정하는 배출허용기준에 맞는 엔진을 말한다.

⑲ "공회전제한장치"란 자동차에서 배출되는 대기오염물질을 줄이고 연료를 절약하기 위하여 자동차에 부착하는 장치로서 환경부령으로 정하는 기준에 적합한 장치를 말한다.

⑳ "온실가스 배출량"이란 자동차에서 단위 주행거리당 배출되는 이산화탄소(CO_2) 배출량(g/km)을 말한다.
㉑ "온실가스 평균배출량"이란 자동차제작자가 판매한 자동차 중 환경부령으로 정하는 자동차의 온실가스 배출량의 합계를 해당 자동차 총 대수로 나누어 산출한 평균값(g/km)을 말한다.
㉒ "장거리이동대기오염물질"이란 황사, 먼지 등 발생 후 장거리 이동을 통하여 국가 간에 영향을 미치는 대기오염물질로서 환경부령으로 정하는 것을 말한다.
㉓ "냉매"란 기후·생태계 변화유발물질 중 열전달을 통한 냉난방, 냉동·냉장 등의 효과를 목적으로 사용되는 물질로서 환경부령으로 정하는 것을 말한다.

2-95 경보 단계별 조치사항

① 주의보 발령 : 주민의 실외활동 및 자동차 사용의 자제 요청 등
② 경보 발령 : 주민의 실외활동 제한 요청, 자동차 사용의 제한 및 사업장의 연료사용량 감축 권고 등
③ 중대경보 발령 : 주민의 실외활동 금지 요청, 자동차의 통행금지 및 사업장의 조업시간 단축명령 등

2-96 사업장 분류기준

종별	오염물질발생량 구분(대기오염물질발생량의 연간 합계 기준)
1종사업장	80톤 이상인 사업장
2종사업장	20톤 이상 80톤 미만인 사업장
3종사업장	10톤 이상 20톤 미만인 사업장
4종사업장	2톤 이상 10톤 미만인 사업장
5종사업장	2톤 미만인 사업장

2-97 초과부과금 산정기준

구분	특정대기유해물질			황화수소	질소산화물	이황화탄소	암모니아	먼지	황산화물
오염물질	염화수소	시안화수소	불소화물						
금액	7,400원	7,300원	2,300원	6,000원	2,130원	1,600원	1,400원	770원	500원

2-98 사업장별 환경기술인의 자격기준

구분	환경기술인의 자격기준
1종사업장	대기환경기사 이상의 기술자격 소지자 1명 이상
2종사업장	대기환경산업기사 이상의 기술자격 소지자 1명 이상
3종사업장	대기환경산업기사 이상의 기술자격 소지자, 환경기능사 또는 3년 이상 대기분야 환경관련 업무에 종사한 자 1명 이상
4종사업장	배출시설 설치허가를 받거나 배출시설 설치신고가 수리된 자 또는 배출시설 설치허가를 받거나 수리된 자가 해당 사업장의 배출시설 및 방지시설 업무에 종사하는 피고용인 중에서 임명하는 자 1명 이상
5종사업장	

[비고]
1. 4종사업장과 5종사업장 중 기준 이상의 특정대기유해물질이 포함된 오염물질을 배출하는 경우에는 3종사업장에 해당하는 기술인을 두어야 한다.
2. 1종사업장과 2종사업장 중 1개월 동안 실제 작업한 날만을 계산하여 1일 평균 17시간 이상 작업하는 경우에는 해당 사업장의 기술인을 각각 2명 이상 두어야 한다. 이 경우, 1명을 제외한 나머지 인원은 3종사업장에 해당하는 기술인 또는 환경기능사로 대체할 수 있다.
3. 공동방지시설에서 각 사업장의 대기오염물질 발생량의 합계가 4종사업장과 5종사업장의 규모에 해당하는 경우에는 3종사업장에 해당하는 기술인을 두어야 한다.
4. 전체 배출시설에 대하여 방지시설 설치 면제를 받은 사업장과 배출시설에서 배출되는 오염물질 등을 공동방지시설에서 처리하는 사업장은 5종사업장에 해당하는 기술인을 둘 수 있다.

5. 대기환경기술인이 「물환경보전법」에 따른 수질환경기술인의 자격을 갖춘 경우에는 수질환경기술인을 겸임할 수 있으며, 대기환경기술인이 「소음·진동관리법」에 따른 소음·진동환경기술인 자격을 갖춘 경우에는 소음·진동환경기술인을 겸임할 수 있다.
6. 법 제2조 제11호에 따른 배출시설 중 일반보일러만 설치한 사업장과 대기오염물질 중 먼지만 발생하는 사업장은 5종사업장에 해당하는 기술인을 둘 수 있다.
7. "대기오염물질발생량"이란 방지시설을 통과하기 전의 먼지, 황산화물 및 질소산화물의 발생량을 환경부령으로 정하는 방법에 따라 산정한 양을 말한다.

2-99 대기오염방지시설

① 중력집진시설
② 관성력집진시설
③ 원심력집진시설
④ 세정집진시설
⑤ 여과집진시설
⑥ 전기집진시설
⑦ 음파집진시설
⑧ 흡수에 의한 시설
⑨ 흡착에 의한 시설
⑩ 직접연소에 의한 시설
⑪ 촉매반응을 이용하는 시설
⑫ 응축에 의한 시설
⑬ 산화·환원에 의한 시설
⑭ 미생물을 이용한 처리시설
⑮ 연소조절에 의한 시설

2-100 대기오염경보 단계별 대기오염물질의 농도기준

대상물질	경보단계	발령기준	해제기준
미세먼지 (PM-10)	주의보	150 $\mu g/m^3$	100 $\mu g/m^3$ 미만인 때 해제
	경보	300 $\mu g/m^3$	150 $\mu g/m^3$ 미만인 때는 주의보로 전환
초미세먼지 (PM-2.5)	주의보	75 $\mu g/m^3$	35 $\mu g/m^3$ 미만인 때 해제
	경보	150 $\mu g/m^3$	75 $\mu g/m^3$ 미만인 때는 주의보로 전환
오존	주의보	0.12 ppm	0.12 ppm 미만인 때
	경보	0.3 ppm	0.12~0.3 ppm 주의보로 전환
	중대경보	0.5 ppm	0.3~0.5 ppm 경보로 전환

① 미세먼지 발령기준 : 기상조건 등을 검토하여 해당지역의 대기자동측정소 시간당 평균농도, 2시간 이상 지속할 때
② 미세먼지 해제기준 : 경보 및 주의보가 발령된 지역의 기상조건 등을 검토하여 대기자동측정소 시간당 평균농도
③ 오존 발령 및 해제기준 : 기상조건 등을 고려하여 해당지역의 대기자동측정소 오존농도 기준

[비고]
1. 해당지역의 대기자동측정소 PM-10 또는 PM-2.5의 권역별 평균농도가 경보단계별 발령기준을 초과하면 해당 경보를 발령할 수 있다.
2. 오존농도는 1시간당 평균농도를 기준으로 하며, 해당지역의 대기자동측정소 오존농도가 1개소라도 경보단계별 발령기준을 초과하면 해당 경보를 발령할 수 있다.

2-101 위임업무 보고사항

업무내용	보고횟수	보고기일	보고자
1. 환경오염사고 발생 및 조치 사항	수시	사고발생 시	시·도지사, 유역환경청장 또는 지방환경청장
2. 수입자동차 배출가스 인증 및 검사현황	연 4회	매분기 종료 후 15일 이내	국립환경과학원장
3. 자동차 연료 및 첨가제의 제조·판매 또는 사용에 대한 규제현황	연 2회	매반기 종료 후 15일 이내	유역환경청장 또는 지방환경청장
4. 자동차 연료 또는 첨가제의 제조기준 적합 여부 검사현황	연료 : 연 4회 첨가제 : 연 2회	• 연료 : 매분기 종료 후 15일 이내 • 첨가제 : 매반기 종료 후 15일 이내	국립환경과학원장
5. 측정기기 관리대행업의 등록, 변경등록 및 행정처분 현황	연 1회	다음 해 1월 15일까지	유역환경청장, 지방환경청장 또는 수도권대기환경청장

2-102 위탁업무 보고사항

업무내용	보고횟수	보고기일
1. 수시검사, 결함확인 검사, 부품결함 보고서류의 접수	수시	위반사항 적발 시
2. 결함확인검사 결과	수시	위반사항 적발 시
3. 자동차배출가스 인증생략 현황	연 2회	매 반기 종료 후 15일 이내
4. 자동차 시험검사 현황	연 1회	다음 해 1월 15일까지

2-103 환경정책기본법상 대기환경기준

측정시간	SO_2 (ppm)	NO_2 (ppm)	O_3 (ppm)	CO (ppm)	PM_{10} ($\mu g/m^3$)	$PM_{2.5}$ ($\mu g/m^3$)	납(Pb) ($\mu g/m^3$)	벤젠 ($\mu g/m^3$)
연간	0.02	0.03	–	–	50	15	0.5	5
24시간	0.05	0.06	–	–	100	35	–	–
8시간	–	–	0.06	9	–	–	–	–
1시간	0.15	0.10	0.10	25	–	–	–	–

2-104 실내공기질 관리법 – 오염물질

① 미세먼지(PM-10), 초미세먼지(PM-2.5)
② CO, CO_2, NO_2, O_3
③ 라돈, 석면, 폼알데하이드(HCHO)
④ 총부유세균(TAB), 곰팡이
⑤ VOC, BTEX(벤젠, 톨루엔, 에틸벤젠, 자일렌), 스틸렌

2-105 신축 공동주택의 실내공기질 권고기준

물질	실내공기질 권고기준
벤젠	30 $\mu g/m^3$ 이하
폼알데하이드	210 $\mu g/m^3$ 이하
스티렌	300 $\mu g/m^3$ 이하
에틸벤젠	360 $\mu g/m^3$ 이하
자일렌	700 $\mu g/m^3$ 이하
톨루엔	1,000 $\mu g/m^3$ 이하
라돈	148 Bq/m^3 이하

2-106 실내공기질 유지기준

오염물질 항목 다중이용시설	이산화탄소 (ppm)	폼알데하이드 ($\mu g/m^3$)	일산화탄소 (ppm)	미세먼지 (PM-10) ($\mu g/m^3$)	미세먼지 (PM-2.5) ($\mu g/m^3$)	총 부유세균 (CFU/m^3)
노약자시설	1,000	80	10	75	35	800
일반인시설	1,000	100	10	100	50	–
실내주차장	1,000	100	25	200	–	–
복합용도시설	–	–	–	200	–	–

- 노약자시설 : 의료기관, 산후조리원, 노인요양시설, 어린이집, 실내 어린이 놀이시설
- 일반인시설 : 지하역사, 지하도상가, 철도역사의 대합실, 여객자동차터미널의 대합실, 항만시설 중 대합실, 공항시설 중 여객터미널, 도서관·박물관 및 미술관, 대규모점포, 장례식장, 영화상영관, 학원, 전시시설, 인터넷컴퓨터게임시설제공업의 영업시설, 목욕장업의 영업시설
- 복합용도시설 : 실내 체육시설, 실내 공연장, 업무시설, 둘 이상의 용도에 사용되는 건축물

2-107 실내공기질 권고기준

오염물질 항목 다중이용시설	곰팡이 (CFU/m^3)	총휘발성 유기화합물 ($\mu g/m^3$)	이산화질소 (ppm)	라돈 (Bq/m^3)
노약자시설	500 이하	400 이하	0.05 이하	148 이하
일반인시설	–	500 이하	0.1 이하	
실내주차장	–	1,000 이하	0.30 이하	

대기환경기사

Part 2

과년도 출제문제

- 2017년도 시행문제
- 2018년도 시행문제
- 2019년도 시행문제
- 2020년도 시행문제
- 2021년도 시행문제
- 2022년도 시행문제

2017년도 시행문제

대기환경기사   2017년 3월 5일 (제1회)

제1과목   대기오염개론

1. 다음 중 주로 연소 시에 배출되는 무색의 기체로 물에 매우 난용성이며, 혈액 중의 헤모글로빈과 결합력이 강해 산소 운반능력을 감소시키는 물질은?

① PAN   ② 알데히드
③ NO   ④ HC

해설
- 인체영향 : 헤모글로빈(Hb : 혈색소)과 친화력(NO > CO > O_2)
- 식물 피해순서 : HF > Cl_2 > SO_2 > O_3 > NO_x > CO

2. 다음은 탄화수소류에 관한 설명이다. ( ) 안에 가장 적합한 물질은?

> 탄화수소류 중에서 이중결합을 가진 올레핀화합물은 포화 탄화수소나 방향족 탄화수소보다 대기 중에서 반응성이 크다. 특히 ( )은 대표적인 발암물질이며, 환경 호르몬으로 알려져 있고, 연소 과정에서 생성된다. 숯불에 구운 쇠고기 등 가열로 검게 탄 식품, 담배 연기, 자동차 배기가스, 석탄 타르 등에 포함되어 있다.

① 벤조피렌   ② 나프탈렌
③ 안트라센   ④ 톨루엔

해설 ① 숯불에 구운 쇠고기 등 가열로 검게 탄 식품, 담배 연기, 자동차 배기가스, 석탄 타르 등에 포함되어 있는 대표적인 발암물질은 벤조피렌이다.

3. 다음 오염물질 중 히드록시기를 포함하고 있는 물질은?

① 니켈 카보닐
② 벤젠
③ 메틸 머캅탄
④ 페놀

해설 분자식
히드록시기를 가지고 있는 물질은 페놀이다.
① 니켈 카(르)보닐 : $Ni(CO)_4$
② 벤젠 : C_6H_6
③ 메틸 머캅탄 : CH_3SH
④ 페놀 : C_6H_5OH

4. 다음은 입자상 물질의 측정장치 중 중량 농도 측정방법에 관한 설명이다. ( ) 안에 가장 적합한 것은?

> ( )은/는 입자의 관성력을 이용하여 입자를 크기별로 측정하고, cascade impactor로 크기별로 중량농도를 측정하는 방법이다.

① 여지포집법
② Piezobalance
③ 다단식 충돌판 측정법
④ 정전식 분급법

해설 중량(질량)농도법
① 여지포집법 : 여과지를 사용하여 공기 중의 입자를 포집한 후, 여과지의 무게 변화를 통해 입자의 농도를 측정하는 방법
② Piezobalance : Piezoelectric effect를 이용하여 입자의 질량을 측정하는 방법

정답 1. ③   2. ①   3. ④   4. ③

④ 정전식 분급법 : 입자의 전기이동도를 이용하여 입자를 분류하고 농도를 측정하는 방법

5. CO에 대한 설명으로 옳지 않은 것은?

① 자연적 발생원에는 화산폭발, 테르펜류의 산화, 클로로필의 분해, 산불 및 해수 중 미생물의 작용 등이 있다.
② 지구위도별 분포로 보면 적도 부근에서 최대치를 보이고, 북위 30도 부근에서 최소치를 나타낸다.
③ 물에 난용성이므로 수용성 가스와는 달리 비에 의한 영향을 거의 받지 않는다.
④ 다른 물질에 흡착현상도 거의 나타나지 않는다.

해설 ② 지구위도별 분포로 보면 북위 50도 부근에서 최대치를 나타낸다.

6. 다음 광화학적 산화제와 2차 대기오염물질에 관한 설명 중 가장 거리가 먼 것은?

① PAN은 peroxyacetyl nitrate의 약자이며, $CH_3COOONO_2$의 분자식을 갖는다.
② PAN은 PBN(peroxybenzoyl nitrate)보다 100배 이상 눈에 강한 통증을 주며, 빛을 흡수시키므로 가시거리를 감소시킨다.
③ 오존은 섬모운동의 기능장애를 일으키며, 염색체 이상이나 적혈구의 노화를 초래하기도 한다.
④ 광화학반응의 주요 생성물은 PAN, CO_2, 케톤 등이 있다.

해설 ② PBzN은 PAN보다 100배 가량 눈에 자극을 준다.

7. 냄새에 관한 다음 설명 중 ( ) 안에 가장 알맞은 것은?

> 매우 엷은 농도의 냄새는 아무 것도 느낄 수 없지만 이것을 서서히 진하게 하면 어떤 농도가 되고, 무엇인지 모르지만 냄새의 존재를 느끼는 농도로 나타난다. 이 최소 농도를 (㉠)라고 정의하고 있다. 또한 농도를 짙게 하다보면 냄새질이나 어떤 느낌의 냄새인지를 표현할 수 있는 시점이 나오게 된다. 이 최저 농도가 되는 곳이 (㉡)라고 한다.

① ㉠ 최소감지농도(recognition threshold),
  ㉡ 최소포착농도(capture threshold)
② ㉠ 최소인지농도(awareness threshold),
  ㉡ 최소자각농도(detection threshold)
③ ㉠ 최소인지농도(awareness threshold),
  ㉡ 최소포착농도(capture threshold)
④ ㉠ 최소감지농도(recognition threshold),
  ㉡ 최소인지농도(awareness threshold)

해설 악취의 농도
- 최소감지농도 : 냄새의 존재를 감지할 수 있는 최소 농도
- 최소인지농도 : 냄새의 질, 느낌 등을 표현할 수 있는 최소 농도

8. 굴뚝에서 배출되는 연기 모양 중 원추형에 관한 설명으로 가장 적합한 것은?

① 수직온도경사가 과단열적이고, 난류가 심할 때 주로 발생한다.
② 지표역전이 파괴되면서 발생하며 30분 이상은 지속하지 않는 경향이 있다.
③ 연기의 상하부분 모두 역전인 경우 발생한다.
④ 구름이 많이 낀 날에 주로 관찰된다.

정답 5. ② 6. ② 7. ④ 8. ④

해설 대기안정도에 따른 플룸(연기) 형태
① 대기 불안정, 난류 심할 때 – 밧줄형
③ 지표역전, 공중역전 – 구속형
정리 원추형(coning)
- 바람이 다소 강하고, 일사량이 약하고 구름 많은 날, 일몰 전 오후 잠깐 발생
- 중립대기 조건
- 오염물질 단면분포는 가우시안 분포를 이룸

9. 다음은 최대혼합고(MMD)에 관한 설명이다. ( ) 안에 가장 알맞은 것은?

> MMD값은 통상적으로 (㉠)에 가장 낮으며, (㉡)시간 동안 증가한다. (㉡)시간 동안에는 통상 (㉢)값을 나타내기도 한다.

① ㉠ 밤, ㉡ 낮, ㉢ 20~30 km
② ㉠ 밤, ㉡ 낮, ㉢ 2,000~3,000 m
③ ㉠ 낮, ㉡ 밤, ㉢ 20~30 km
④ ㉠ 낮, ㉡ 밤, ㉢ 2,000~3,000 m

해설 최대혼합고(MMD)
- 하루 중 밤에는 최소, 낮에는 최대(2시경, 2~3 km)
- 겨울이 최소, 여름이 최대

10. 마찰층(friction layer)과 관련된 바람에 관한 설명으로 거리가 먼 것은?

① 마찰층 내의 바람은 높이에 따라 항상 반시계 방향으로 각천이(angular shift)가 생긴다.
② 마찰층 내의 바람은 위로 올라갈수록 실제 풍향은 서서히 지균풍에 가까워진다.
③ 마찰층 내의 바람은 위로 올라갈수록 그 변화량이 감소한다.
④ 마찰층 이상 고도에서 바람의 고도변화는 근본적으로 기온분포에 의존한다.

해설 ① 마찰층 내 바람은 높이에 따라 시계방향으로 각천이가 생겨서 위로 올라갈수록 변화는 양이 감소하여 지균풍에 가까워진다.

11. 열섬효과에 관한 설명으로 옳지 않은 것은?

① 도시에서는 인구와 산업의 밀집지대로서 인공적인 열이 시골에 비하여 월등하게 많이 공급된다.
② 열섬현상은 고기압의 영향으로 하늘이 맑고 바람이 약한 때에 잘 발생한다.
③ 도시의 지표면은 시골보다 열용량이 적고 열전도율이 높아 열섬효과의 원인이 된다.
④ 열섬효과로 도시주위의 시골에서 도시로 바람이 부는데 이를 전원풍이라 한다.

해설 ③ 도시의 지표면은 시골보다 인공열이 많아 열용량이 크므로 온도가 높다.

12. 입자상물질의 농도가 250 $\mu g/m^3$이고, 상대습도가 70 %인 대도시에서 가시거리는 몇 km인가? (단, 계수 A는 1.3으로 한다.)

① 4.3
② 5.2
③ 6.5
④ 7.2

해설 상대습도 70 %일 때의 가시거리 계산
$$L[km] = \frac{1,000 \times A}{G} = \frac{1,000 \times 1.3}{250}$$
$$= 5.2 km$$

더 알아보기 핵심정리 1-20 (1)

정답 9. ② 10. ① 11. ③ 12. ②

13. 다음은 바람장미에 관한 설명이다. ( ) 안에 가장 알맞은 것은?

> 바람장미에서 풍향 중 주풍은 막대의 (㉠) 표시하며, 풍속은 (㉡)(으)로 표시한다. 풍속이 (㉢)일 때를 정온(calm) 상태로 본다.

① ㉠ 길이를 가장 길게, ㉡ 막대의 굵기, ㉢ 0.2 m/s 이하
② ㉠ 굵기를 가장 굵게, ㉡ 막대의 길이, ㉢ 0.2 m/s 이하
③ ㉠ 길이를 가장 길게, ㉡ 막대의 굵기, ㉢ 1 m/s 이하
④ ㉠ 굵기를 가장 굵게, ㉡ 막대의 길이, ㉢ 1 m/s 이하

해설 바람장미(풍배도)
- 주풍: 막대 길이가 가장 긴 방향
- 풍속: 막대의 굵기로 표시
- 풍향: 막대 방향으로 표시
- 발생빈도: 막대 길이로 표시
- 정온상태: 풍속 0.2 m/s 이하

(더 알아보기) 핵심정리 2-27

14. 태양상수를 이용하여 지구표면의 단위면적이 1분 동안에 받는 평균태양에너지를 구한 값은?

① 0.25 cal/cm² · min
② 0.5 cal/cm² · min
③ 1.0 cal/cm² · min
④ 2.0 cal/cm² · min

해설
- 태양상수: $2.0 \, cal/cm^2 \cdot min$
- 평균태양에너지: $0.5 \, cal/cm^2 \cdot min$

15. 다음은 황화합물에 관한 설명이다. ( ) 안에 가장 알맞은 것은?

> 전지구적으로 해양을 통해 자연적 발생원 중 가장 많은 양의 황화합물이 ( ) 형태로 배출되고 있다.

① H_2S
② CS_2
③ DMS[$(CH_3)_2S$]
④ OCS

해설 황화메틸(DMS, CH_3SCH_3)
- 전지구적 규모에서 자연적 발생원 중 가장 많이 배출되는 황화합물
- 특히 해양에서 많이 발생함

16. 2,000 m에서 대기압력(최초 기압)이 805 mbar, 온도가 5℃, 비열비 K가 1.4일 때 온위(potential temperature)는? (단, 표준압력은 1,000 mbar)

① 약 284 K
② 약 289 K
③ 약 296 K
④ 약 324 K

해설 온위

$$\theta = T \times \left(\frac{P_o}{P}\right)^{\frac{k-1}{k}}$$

$$= (273+5) \times \left(\frac{1,000}{805}\right)^{\frac{1.4-1}{1.4}} = 295.77 \, K$$

여기서, θ : 온위(단위: K)
P_o : 1,000 mbar
T : P기압에서의 절대온도(K)
P : 공기의 기압(mbar)

17. 환기를 위한 실내공기오염의 지표가 되는 물질로 가장 적합한 것은?

① SO_2
② NO_2
③ CO
④ CO_2

해설 실내공기오염 지표는 이산화탄소이다.

정답 13. ① 14. ② 15. ③ 16. ③ 17. ④

18. Richardson수(R)에 관한 설명으로 옳지 않은 것은?

① $R = \dfrac{g}{T}\dfrac{(\Delta T/\Delta Z)^2}{(\Delta U/\Delta Z)}$ 로 표시하며, $\Delta T/\Delta Z$는 강제대류의 크기, $\Delta U/\Delta Z$는 자유대류의 크기를 나타낸다.
② $R > 0.25$일 때는 수직방향의 혼합이 없다.
③ $R = 0$일 때는 기계적 난류만 존재한다.
④ R이 큰 음의 값을 가지면 대류가 지배적이어서 바람이 약하게 되어 강한 수직운동이 일어나며, 굴뚝의 연기는 수직 및 수평방향으로 빨리 분산된다.

해설 리차드슨 수(Ri)
① $Ri = \dfrac{\text{강제대류}}{\text{자유대류}} = \dfrac{g}{T}\dfrac{\Delta T/\Delta Z}{(\Delta U/\Delta Z)^2}$
여기서, $\Delta T/\Delta Z$: 강제대류의 크기
$(\Delta U/\Delta Z)^2$: 자유대류의 크기

더 알아보기 핵심정리 2-29 (5)

19. 다음 중 다이옥신의 광분해에 가장 효과적인 파장범위(nm)는?
① 100~150
② 250~340
③ 500~800
④ 1,200~1,500

해설 ② 다이옥신은 자외선 영역(250~340 nm)에서 광분해가 일어난다.

정리 물질별 광반응 파장
• NO_2 : 420 nm
• 오존 : 200~300 nm(강한 흡수), 450~700 nm(약한 흡수)
• 케톤 : 300~700 nm
• 알데히드(RCHO) : 313 nm 이하
• 다이옥신 : 250~340 nm(자외선 영역)에서 광분해

20. 역사적 대기오염사건과 주 원인물질을 바르게 짝지은 것은?
① 뮤즈 계곡 사건 - 아황산가스
② 도쿄 요코하마 사건 - 수은
③ 런던스모그 사건 - 오존
④ 포자리카 사건 - 메틸이소시아네이트

해설 역사적 대기오염사건
② 도쿄 요코하마 사건 - 아황산가스
③ 런던스모그 사건 - 가정난방 배연, 아황산가스
④ 포자리카 사건 - 황화수소 누출

더 알아보기 핵심정리 2-15

제2과목　연소공학

21. 가연기체와 공기 혼합기체의 가연한계(vol%)가 가장 넓은 것은?
① 메탄
② 아세틸렌
③ 벤젠
④ 톨루엔

해설 기체연료의 폭발한계(가연한계)
• 메탄의 폭발범위(%) : 5~15
• 아세틸렌의 폭발범위(%) : 2.5~80
• 벤젠의 폭발범위(%) : 1.2~7.8
• 톨루엔의 폭발범위(%) : 1.3~7

22. 연소 배출가스 분석결과 CO_2 11.9%, O_2 7.1%일 때 과잉공기계수는 약 얼마인가?
① 1.2　　② 1.5
③ 1.7　　④ 1.9

해설 공기비
(1) $N_2(\%) = 100 - (11.9+7.1) = 81\%$
(2) 공기비$(m) = \dfrac{N_2}{N_2 - 3.76(O_2 - 0.5CO)}$
$= \dfrac{81}{81 - 3.76 \times 7.1} = 1.49$

정답 18. ①　19. ②　20. ①　21. ②　22. ②

23. 다음 중 기체연료의 일반적인 특징으로 가장 거리가 먼 것은?

① 연소조절, 점화 및 소화가 용이한 편이다.
② 회분이 거의 없이 먼지발생량이 적다.
③ 연료의 예열이 쉽고, 저질연료도 고온을 얻을 수 있다.
④ 취급 시 위험성이 적고, 설비비가 적게 든다.

해설 ④ 기체연료는 폭발의 위험이 있으므로, 취급 시 위험성이 크고, 기체이므로 설비비가 많이 든다.

24. 연료의 연소 시 과잉공기의 비율을 높여 생기는 현상으로 가장 거리가 먼 것은?

① 에너지손실이 커진다.
② 연소가스의 희석효과가 높아진다.
③ 화염의 크기가 커지고 연소가스 중 불완전 연소물질의 농도가 증가한다.
④ 공연비가 커지고 연소온도가 낮아진다.

해설 ③ 연소 시 공기량이 감소하면(m < 1) 화염의 크기가 커지고(길어지고) 연소가스 중 불완전 연소물질의 농도가 증가한다.

정리 공기비와 연소상태
(1) m < 1
  • 공기 부족
  • 불완전 연소
  • 매연, 검댕, CO, HC 증가
  • 폭발 위험
(2) m = 1
  • 완전 연소
  • CO_2 발생량 최대
(3) 1 < m
  • 과잉 공기
  • SO_x, NO_x 증가
  • 연소온도 감소, 냉각효과
  • 열손실 커짐
  • 저온부식 발생
  • 희석효과가 높아져, 연소 생성물의 농도 감소

25. 기체연료와 공기를 혼합하여 연소할 경우 다음 중 연소속도가 가장 큰 것은? (단, 대기압, 25℃ 기준)

① 메탄   ② 수소
③ 프로판   ④ 아세틸렌

해설 각종 기체연료의 연소속도
① 메탄의 연소속도 : 37 cm/s
② 수소의 연소속도 : 291 cm/s
③ 프로판의 연소속도 : 43 cm/s
④ 아세틸렌의 연소속도 : 154 cm/s

26. 유동층 연소에 관한 설명으로 거리가 먼 것은?

① 부하변동에 따른 적응성이 낮은 편이다.
② 높은 열용량을 갖는 균일 온도의 층내에서는 화염전파는 필요없고, 층의 온도를 유지할 만큼의 발열만 있으면 된다.
③ 분탄을 미분쇄 투입하여 석탄 입자의 체류시간을 짧게 유지한다.
④ 주방쓰레기, 슬러지 등 수분함량이 높은 폐기물을 층내에서 건조와 연소를 동시에 할 수 있다.

해설 ③ 미분탄 소각로에 대한 설명이다.

27. 다음 자동차 배출가스 중 삼원촉매장치가 적용되는 물질과 가장 거리가 먼 것은?

① CO   ② SO_x
③ NO_x ④ HC

해설 삼원촉매장치에서 제거물질은 HC, CO, NO_x이다.

28. 탄소 87%, 수소 13%의 경유 1 kg을 공기비 1.3으로 완전연소시켰을 때, 실제건조 연소가스 중 CO_2 농도(%)는?

① 10.1 %   ② 11.7 %
③ 12.9 %   ④ 13.8 %

정답 23. ④ 24. ③ 25. ② 26. ③ 27. ② 28. ②

해설 실제건가스(Sm^3/kg) 중 CO_2(%)

(1) $A_o = \dfrac{O_o}{0.21}$

$= \dfrac{1.867 \times C + 5.6\left(H - \dfrac{O}{8}\right) + 0.7S}{0.21}$

$= \dfrac{1.867 \times 0.87 + 5.6 \times 0.13}{0.21}$

$= 11.2013 \, Sm^3/kg$

(2) $G_d = mA_o - 5.6H + 0.7O + 0.8N$
$= 1.3 \times 11.2013 - 5.6 \times 0.13$
$= 13.833 \, Sm^3/kg$

(3) G_d 중 CO_2(%)

$\dfrac{CO_2}{G_d} \times 100\% = \dfrac{1.867 \times 0.87}{13.833} \times 100\%$
$= 11.74\%$

29. 다음 기체연료 중 고위발열량($kcal/Sm^3$)이 가장 낮은 것은?

① 메탄 ② 에탄
③ 프로판 ④ 에틸렌

해설 고위발열량
- 대체로 분자식의 탄소(C)나 수소(H)의 수가 많을수록 연료의 (고위)발열량($kcal/Sm^3$)은 증가한다.
- 프로판(C_3H_8) > 에탄(C_2H_6) > 에틸렌(C_2H_4) > 메탄(CH_4)

30. 부피비율로 프로판 30%, 부탄 70%로 이루어진 혼합가스 1L를 완전연소시키는 데 필요한 이론공기량(L)은?

① 23.1 ② 28.8
③ 33.1 ④ 38.8

해설 혼합기체의 이론공기량
- 30% $C_3H_8 + 5O_2 \rightarrow 3CO_2 + 4H_2O$
- 70% $C_4H_{10} + 6.5O_2 \rightarrow 4CO_2 + 5H_2O$

$A_o = \dfrac{O_o}{0.21} = \dfrac{5 \times 0.3 + 6.5 \times 0.7}{0.21}$
$= 28.809 \, L/L$

∴ $28.809 \, L/L \times 1 \, L = 28.809 \, L$

31. 클링커 장애(clinker trouble)가 가장 문제가 되는 연소장치는?

① 화격자 연소장치
② 유동층 연소장치
③ 미분탄 연소장치
④ 분무식 오일버너

해설 클링커(clinker)
(1) 정의 : 석탄 연소에 있어서 화층 온도가 재의 용융점 이상의 고온으로 상승했을 때 석탄재가 녹아 덩어리로 굳은 것
(2) 영향 : 클링커는 미연소된 석탄까지 함께 끌어들이므로, 클링커가 발생하면 연소상태를 악화시켜 석탄의 손실을 초래하고, 클링커가 노벽에 부착되면 이것을 떼어낼 때 노벽이 상하며, 보일러의 전열면에 부착되면 전열을 방해하여 보일러의 효율이 저하하는 등의 장해를 가져온다(화격자 소각로에서 특히 문제가 된다).

32. 저위발열량 11,000 kcal/kg인 중유를 완전연소시키는 데 필요한 이론습연소가스량(Sm^3/kg)은? (단, 표준상태 기준, Rosin의 식 적용)

① 약 8.1
② 약 10.2
③ 약 12.2
④ 약 14.2

해설 발열량을 이용한 간이식(Rosin식) 액체연료(Sm^3/kg) - 이론연소가스량(G_o)

$G_o = 1.11 \times \dfrac{\text{저위발열량}(H_l)}{1,000}$

$= 1.11 \times \dfrac{11,000}{1,000} = 12.21$

더 알아보기 핵심정리 1-32 (2)

정답 29. ① 30. ② 31. ① 32. ③

33. 연소실에서 아세틸렌 가스 1 kg을 연소시킨다. 이때 연료의 80 %(질량기준)가 완전연소되고, 나머지는 불완전연소되었을 때 발생되는 열량(kcal)은? (단, 연소반응식은 아래식에 근거하여 계산)

> - $C + O_2 \to CO_2$
> $\Delta H = 97{,}200$ kcal/kmole
> - $C + \dfrac{1}{2}O_2 \to CO$
> $\Delta H = 29{,}200$ kcal/kmole
> - $H + \dfrac{1}{2}O_2 \to H_2O$
> $\Delta H = 57{,}200$ kcal/kmole

① 39,130
② 10,530
③ 9,730
④ 8,630

해설 연료의 80 %(질량기준)가 완전연소되고, 나머지는 불완전연소되므로, CO_2는 80 %, CO는 20 % 생성된다.

정리 아세틸렌의 연소반응식

- 80 % 완전연소 : $C_2H_2 + \dfrac{5}{2}O_2 \to 2CO_2 + H_2O$
- 20 % 불완전연소 : $C_2H_2 + \dfrac{3}{2}O_2 \to 2CO + H_2O$

(1) CO_2의 발열량
$= 97{,}200 \text{ kcal/kmol} \times \dfrac{2 \text{ kmol } CO_2}{26 \text{ kg } C_2H_2} \times 0.8$
$= 5{,}981$ kcal/kg

(2) CO의 발열량
$= 29{,}200 \text{ kcal/kmol} \times \dfrac{2 \text{ kmol } CO}{26 \text{ kg } C_2H_2} \times 0.2$
$= 449$ kcal/kg

(3) H_2O의 발열량
$= 57{,}200 \text{ kcal/kmol} \times \dfrac{1 \text{ kmol } H_2O}{26 \text{ kg } C_2H_2}$
$\times (0.8+0.2) = 2{,}200$ kcal/kg

∴ 아세틸렌의 전체 발열량
$= 5{,}981 + 449 + 2{,}200 = 8{,}630$ kcal

34. 석유계 액체연료의 탄수소비(C/H)에 대한 설명 중 옳지 않은 것은?

① C/H 비가 클수록 이론공연비가 증가한다.
② C/H 비가 클수록 방사율이 크다.
③ 중질연료일수록 C/H 비가 크다.
④ C/H 비가 클수록 비교적 점성이 높은 연료이며, 매연이 발생되기 쉽다.

해설 ① C/H 비가 클수록 이론공연비가 감소한다.

정리 C/H 비가 클수록
- 비중, 점도 매연, 비점, 휘도, 방사율↑
- 발열량, 연소성, 이론공연비↓

35. 에탄과 부탄의 혼합가스 1 Sm^3를 완전연소시킨 결과 배기가스 중 탄산가스의 생성량이 3.3 Sm^3이었다면 혼합가스 중 에탄과 부탄의 mol비(에탄/부탄)는?

① 2.19
② 1.86
③ 0.54
④ 0.46

해설 부탄의 부피를 x, 에탄의 부피를 y라고 하면,
- $x[\text{Sm}^3]$: $C_4H_{10} + 6.5O_2 \to 4CO_2 + 5H_2O$
- $y[\text{Sm}^3]$: $C_2H_6 + 3.5O_2 \to 2CO_2 + 3H_2O$

(1) 혼합기체 부피가 1 Sm^3이므로,
$x + y = 1$ ⋯ (식1)
(2) CO_2 생성량은 3.3 Sm^3이므로,
$4x + 2y = 3.3$ ⋯ (식2)

식 1, 2를 연립방정식으로 풀면,
$x = 0.65 \text{ Sm}^3$, $y = 0.35 \text{ Sm}^3$
몰수비는 부피비와 같으므로,
∴ $\dfrac{\text{에탄}}{\text{부탄}} = \dfrac{0.35}{0.65} = 0.538$

36. 연료 연소 시 검댕(그을음)의 발생에 관한 설명으로 옳지 않은 것은?

① 연료의 탄소/수소의 비가 작을수록 검댕이 발생하기 쉽다.
② 탄소 – 탄소간의 결합이 절단되기보다 탈수소가 쉬운 연료일수록 검댕이 쉽게 발생한다.
③ 분해, 산화하기 쉬운 탄화수소 연료일수록 검댕 발생이 적다.
④ 천연가스 < LPG < 코크스 < 아탄 < 중유 순으로 검댕이 많이 발생한다.

해설 ① 연료의 탄소/수소의 비가 클수록 검댕이 발생하기 쉽다.

정리 검댕 발생빈도 : 타르 > 고휘발분 역청탄 > 중유 > 저휘발분 역청탄 > 아탄 > 코크스 > 경질 연료유 > 등유 > 석탄 가스 > 제조가스 > 액화석유가스(LPG) > 천연가스

37. C : 78 %, H : 22 %로 구성되어 있는 액체 연료 1 kg을 공기비 1.2로 연소하는 경우에 C의 1 %가 검댕으로 발생된다고 하면 건연소 가스 1 Sm³ 중의 검댕의 농도(g/Sm³)는 약 얼마인가?

① 0.55
② 0.75
③ 0.95
④ 1.05

해설 검댕의 농도
(1) $G_d = mA_o - 5.6H + 0.7O + 0.8N$
$= 1.2 \times \dfrac{1.867 \times 0.78 + 5.6 \times 0.22}{0.21}$
$- 5.6 \times 0.22$
$= 14.1295 \, Sm^3/kg$
(2) 연료 1 kg 연소 시 발생하는 검댕량(g)
$1,000 g \times 0.78 \times 0.01 = 7.8 g$
(3) $\dfrac{검댕(g)}{배기가스(Sm^3)} = \dfrac{7.8 g}{14.1295 \, Sm^3}$
$= 0.55 \, g/Sm^3$

38. 다음 중 건타입(gun type) 버너에 관한 설명으로 틀린 것은?

① 형식은 유압식과 공기분무식을 합한 것이다.
② 유압은 보통 7 kg/cm² 이상이다.
③ 연소가 양호하고, 전자동 연소가 가능하다.
④ 유량조절 범위가 넓어 대용량에 적합하다.

해설 ④ 건타입은 중·소형 보일러에 적합하다.

정리 액체연료 연소장치 – 건타입 버너
• 분무압 : 7 kg/cm² 이상
• 유압식과 공기 분무식을 합한 것
• 연소가 양호
• 중·소형 보일러에 적합
• 전자동 연소 가능

39. 액화석유가스에 관한 설명으로 옳지 않은 것은?

① 황분이 적고 독성이 없다.
② 비중이 공기보다 가볍고, 누출될 경우 쉽게 인화 폭발될 수 있다.
③ 발열량은 20,000~30,000 kcal/Sm³ 정도로 매우 높다.
④ 유지 등을 잘 녹이기 때문에 고무 패킹이나 유지로 된 도포제로 누출을 막는 것은 어렵다.

해설 ② LPG는 비중이 공기보다 무겁다.

구분	LNG	LPG
주성분	메탄 CH_4	프로판, 부탄 C_4H_{10}
착화점(℃)	540	430~520
분자량	16	58
밀도	공기보다 가벼움	공기보다 무거움
발열량 (kcal/Nm³)	9,500	22,000

정답 36. ① 37. ① 38. ④ 39. ②

40. 연소과정에서 NOx의 발생 억제 방법으로 틀린 것은?
① 2단 연소
② 저온도 연소
③ 고산소 연소
④ 배기가스 재순환

해설 ③ NOx 발생 억제 방법은 저산소 연소이다.

제3과목 대기오염방지기술

41. 다음 중 접선유입식 원심력 집진장치의 특징을 옳게 설명한 것은?
① 장치의 압력손실은 5,000 mmH₂O이다.
② 장치 입구의 가스속도는 18~20 cm/s이다.
③ 입구모양에 따라 나선형과 와류형으로 분류된다.
④ 도익선회식이라고도 하며, 반전형과 직진형이 있다.

해설 원심력 집진장치 – 접선유입식
① 압력손실은 100~150 mmH₂O
② 입구유속은 7~15 m/s
③ 입구모양에 따라 나선형과 와류형으로 나뉨
④ 축류식이 반전형과 직진형으로 분류됨

42. 여과집진장치에서 여과포 탈진방법의 유형이라고 볼 수 없는 것은?
① 진동형
② 역기류형
③ 충격제트기류 분사형
④ 승온형

해설 여과집진장치 – 탈진방식에 따른 분류
• 간헐식 : 진동형(중앙, 상하), 역기류형, 역세형, 역세 진동형
• 연속식 : 충격기류식(pulse jet형, reverse jet형), 음파 제트(sonic jet)

더 알아보기 핵심정리 2-61 (3)

43. 매시간 4 ton의 중유를 연소하는 보일러의 배연탈황에 수산화나트륨을 흡수제로 하여 부산물로서 아황산나트륨을 회수한다. 중유 중 황 성분은 3.5 %, 탈황율이 98 %라면 필요한 수산화나트륨의 이론량(kg/h)은? (단, 중유 중 황 성분은 연소 시 전량 SO₂로 전환되며, 표준상태를 기준으로 한다.)
① 230
② 343
③ 452
④ 553

해설 $S + O_2 \rightarrow SO_2 + 2NaOH \rightarrow Na_2SO_3 + H_2O$

S	:	2NaOH
32 kg	:	2×40 kg
$\frac{3.5}{100} \times 4,000 \text{ kg/h} \times \frac{98}{100}$	:	NaOH[kg/h]

∴ NaOH = 343 kg/h

44. 집진장치의 입구쪽의 처리가스유량이 300,000 Sm³/h, 먼지농도가 15 g/Sm³이고, 출구쪽의 처리된 가스의 유량은 305,000 Sm³/h, 먼지농도가 40 mg/Sm³이었다. 이 집진장치의 집진율은 몇 %인가?
① 98.6
② 99.1
③ 99.7
④ 99.9

해설 집진율
$$\eta = \left(1 - \frac{CQ}{C_o Q_o}\right) \times 100\%$$
$$= \left(1 - \frac{0.04 \times 305,000}{15 \times 300,000}\right) \times 100$$
$$= 99.73\%$$

45. VOCs를 98 % 이상 제어하기 위한 VOCs 제어기술과 가장 거리가 먼 것은?
① 후연소
② 루프(loop) 산화
③ 재생(regenerative) 열산화
④ 저온(cryogenic) 응축

정답 40. ③ 41. ③ 42. ④ 43. ② 44. ③ 45. ②

해설 VOC의 처리
- 소각처리(후연소) : 화염직접산화, 열산화, 촉매산화
- 흡수처리
- 흡착처리
- 막분리
- 냉각응축(저온 응축)
- 생물여과
- UV 및 플라스마

46. 관성력집진장치의 집진율 향상조건으로 가장 거리가 먼 것은?
① 적당한 dust box의 형상과 크기가 필요하다.
② 기류의 방향 전환 횟수가 많을수록 압력손실은 커지지만 집진율은 높아진다.
③ 보통 충돌 직전에 처리가스 속도가 크고, 처리 후 출구가스 속도가 작을수록 집진율은 높아진다.
④ 함진가스의 충돌 또는 기류 방향 전환 직전의 가스 속도가 작고, 방향 전환 시 곡률반경이 클수록 미세입자 포집이 용이하다.

해설 ④ 함진가스의 충돌 또는 기류 방향 전환 직전의 가스 속도가 크고, 방향 전환 시 곡률반경이 작을수록 미세입자 포집이 용이하다.

47. 평판형 전기집진장치의 집진판 사이의 간격이 10 cm, 가스의 유속은 3 m/s, 입자가 집진극으로 이동하는 속도가 4.8 cm/s일 때, 층류영역에서 입자를 완전히 제거하기 위한 이론적인 집진극의 길이(m)는?
① 1.34
② 2.14
③ 3.13
④ 4.29

해설 전기 집진기의 이론적 길이(L)
집진판과 집진극 사이 거리(R)는 집진판 사이 간격의 절반이므로 5 cm이다.
$$L = \frac{RU}{w} = \frac{0.05 \times 3}{0.048} = 3.125 \, m$$

48. 벤투리 스크러버의 액가스비를 크게 하는 요인으로 가장 거리가 먼 것은?
① 먼지 입자의 점착성이 클 때
② 먼지 입자의 친수성이 클 때
③ 먼지의 농도가 높을 때
④ 처리가스의 온도가 높을 때

해설 액가스비를 증가시켜야 하는 경우
② 먼지 입자의 친수성이 적을 때

더 알아보기 핵심정리 2-60 (3)

49. 침강실의 길이가 5 m인 중력집진장치를 사용하여 침강집진할 수 있는 먼지의 최소입경이 140 μm였다. 이 길이를 2.5배로 변경할 경우 침강실에서 집진 가능한 먼지의 최소입경(μm)은? (단, 배출가스의 흐름은 층류이고, 길이 이외의 모든 조건은 동일하다.)
① 약 70
② 약 89
③ 약 99
④ 약 129

해설 스토크식에서,
$V_g \propto d^2 \propto \frac{1}{L}$ 이므로,
$\frac{1}{L} : d^2$
$\frac{1}{5\,m} : (140\,\mu m)^2$
$\frac{1}{(5\,m \times 2.5)} : (d\,\mu m)^2$
따라서, 먼지의 최소입경 = 88.54 μm

더 알아보기 핵심정리 1-48 (1)

정답 46. ④　47. ③　48. ②　49. ②

50. 냄새물질에 관한 다음 설명 중 가장 거리가 먼 것은?

① 물리화학적 자극량과 인간의 감각강도 관계는 Ranney 법칙과 잘 맞다.
② 골격이 되는 탄소수는 저분자일수록 관능기 특유의 냄새가 강하고 자극적이며, 8~13에서 가장 향기가 강하다.
③ 분자내 수산기의 수는 1개일 때 가장 강하고 수가 증가하면 약해져서 무취에 이른다.
④ 불포화도가 높으면 냄새가 보다 강하게 난다.

해설 ① 물리화학적 자극량과 인간의 감각강도 관계는 웨버 훼히너(Weber-Fechner) 법칙과 잘 맞다.

51. 다음과 같은 특성을 가진 유해물질은?

- 인화성이 있고, 연소 시 유독가스를 발생시킨다.
- 무색의 비점(26℃ 정도)이 낮은 액체이고, 그 증기는 약간 방향성을 가진다.
- 물, 알코올, 에테르 등과 임의의 비율로도 혼합되며, 그 수용액은 극히 약한 산성을 나타낸다.
- 폭발성도 강하고, 물에 대한 용해도가 매우 크다.

① 시안화수소(HCN)
② 아세트산(CH_3COOH)
③ 벤젠(C_6H_6)
④ 염소(Cl_2)

해설 시안화수소(HCN)
- 무색의 비점(26℃ 정도)이 낮은 액체
- 연소 시 유독가스 발생
- 폭발성, 인화성
- 약한 휘발성
- 물에 잘 녹고, 수용액은 약산성

- 배출원 : 화학공업, 가스공업, 제철공업, 청산제조업, 용광로, 코크스로

52. 집진효율이 98%인 집진시설에서 처리 후 배출되는 먼지농도가 $0.3\,g/m^3$일 때 유입된 먼지의 농도는 몇 g/m^3인가?

① 10
② 15
③ 20
④ 25

해설 출구농도
$C = C_o(1-\eta)$
$\therefore C_o = \dfrac{C}{(1-\eta)} = \dfrac{0.3}{(1-0.98)} = 15\,g/m^3$

더 알아보기 핵심정리 1-47

53. 충전탑에 사용되는 충전물에 관한 설명으로 옳지 않은 것은?

① 가스와 액체가 전체에 균일하게 분포될 수 있도록 하여야 한다.
② 충전물의 단면적은 기액 간의 충분한 접촉을 위해 작은 것이 바람직하다.
③ 하단의 충전물이 상단의 충전물에 의해 눌려있으므로 이 하중을 견디는 내강성이 있어야 하며, 또한 충전물의 강도는 충전물의 형상에도 관련이 있다.
④ 충분한 기계적 강도와 내식성이 요구되며 단위부피 내의 표면적이 커야 한다.

해설 ② 충전물의 단면적은 기액 간의 충분한 접촉을 위해 큰 것이 바람직하다.

정리 좋은 충전물의 조건
- 충전밀도가 커야 함
- hold-up이 작아야 함
- 공극률이 커야 함
- 비표면적이 커야 함
- 압력손실이 작아야 함
- 내열성, 내식성이 커야 함

정답 50. ① 51. ① 52. ② 53. ②

54. 다음은 불소화합물 처리에 관한 설명이다. ( ) 안에 알맞은 화학식은?

> 사불화규소는 물과 반응하여 콜로이드 상태의 규산과 ( )이 생성된다.

① CaF_2 ② $NaHF_2$
③ $NaSiF_6$ ④ H_2SiF_6

해설 $3SiF_4 + 2H_2O \rightarrow SiO_2 + 2H_2SiF_6$
  (사불화규소)   (규산) (규불산)

55. 온도 25℃ 염산액적을 포함한 배출가스 1.5 m³/s를 폭 9 m, 높이 7 m, 길이 10 m의 침강집진기로 집진제거하고자 한다. 염산 비중이 1.6이라면이 침강집진기가 집진할 수 있는 최소 제거 입경(μ)은? (단, 25℃에서의 공기 점도 1.85×10^{-5} kg/m·s)

① 약 12 ② 약 19
③ 약 32 ④ 약 42

해설 (1) 25℃에서 공기 밀도(ρ_a)

$$\rho_a = \frac{1.3 \text{kg}}{\text{Sm}^3} \times \frac{(273+0)\text{Sm}^3}{(273+25)\text{m}^3}$$
$$= 1.19 \text{kg/m}^3$$

(2) 입자비중(ρ_p) = 1.6 t/m³ = 1600 kg/m³

(3) 최소 제거 입경

$$d = \sqrt{\frac{Q}{LB} \cdot \frac{18\mu}{(\rho_p - \rho_a)g}}$$
$$= \sqrt{\frac{1.5 \times 18 \times 1.85 \times 10^{-5}}{10 \times 9 \times (1600-1.19) \times 9.8}}$$
$$= 1.882 \times 10^{-5} \text{m} \times \frac{10^6 \mu\text{m}}{1 \text{m}}$$
$$= 18.82 \mu\text{m}$$

더 알아보기 핵심정리 1-48 (5)

56. A공장의 연마시설에서 발생되는 배출가스의 먼지제거에 cyclone이 사용되고 있다. 유입폭이 40 cm이고, 유효회전수 5회, 입구유입속도 10 m/s로 가동 중인 공정조건에서 10 μm 먼지입자의 부분집진효율은 몇 %인가? (단, 먼지의 밀도는 1.6 g/cm³, 가스 점도는 1.75×10^{-4} g/cm·s, 가스 밀도는 고려하지 않음)

① 약 40 ② 약 45
③ 약 50 ④ 약 55

해설 원심력 집진장치 집진효율

$$\eta = \frac{\pi N_e v d_p^2 (\rho_p - \rho)}{9 \mu B}$$
$$= \frac{\pi \times 5 \times 10 \text{m/s} \times (10 \times 10^{-6} \text{m})^2 (1,600-0) \text{kg/m}^3}{9 \times 1.75 \times 10^{-5} \text{kg/m·s} \times 0.4 \text{m}}$$
$$= 0.3989 = 39.89\%$$

더 알아보기 핵심정리 1-49 (3)

57. 전기집진장치의 장애현상 중 먼지의 비저항이 비정상적으로 높아 2차 전류가 현저하게 떨어질 때의 대책으로 다음 중 가장 적합한 것은?

① baffle을 설치한다.
② 방전극을 교체한다.
③ 스파크 횟수를 늘린다.
④ 바나듐을 투입한다.

해설 2차 전류가 현저하게 떨어질 때 대책
• 스파크 횟수 증가
• 조습용 스프레이 수량 증가
• 입구 먼지 농도 조절

58. 다음 세정집진장치 중 입구유속(기본유속)이 가장 빠른 것은?

① jet scrubber
② venturi scrubber
③ Theisen washer
④ cyclone scrubber

해설 세정집진장치 중 유속이 가장 빠른 것은 벤튜리 스크러버이다.

정답 54. ④ 55. ② 56. ① 57. ③ 58. ②

59. 다이옥신의 처리대책으로 가장 거리가 먼 것은?

① 촉매분해법 : 촉매로는 금속 산화물(V_2O_5, TiO_2 등), 귀금속(Pt, Pd)이 사용된다.
② 광분해법 : 자외선파장(250~340 nm)이 가장 효과적인 것으로 알려져 있다.
③ 열분해방법 : 산소가 아주 적은 환원성 분위기에서 탈염소화, 수소첨가반응 등에 의해 분해시킨다.
④ 오존분해법 : 수중 분해 시 순수의 경우는 산성일수록, 온도는 20°C 전후에서 분해속도가 커지는 것으로 알려져 있다.

[해설] ④ 오존분해법(산화법) : 수중 분해 시 순수의 경우는 염기성일수록, 온도가 높을수록 분해가 잘 됨

60. 유해가스를 처리하기 위해 흡착법에 사용되는 흡착제에 관한 설명으로 옳지 않은 것은?

① 활성탄이 가장 많이 사용되며, 주로 극성물질에 유효한 반면, 유기용제의 증기 제거 기능은 낮다.
② 실리카겔은 250°C 이하에서 물과 유기물을 잘 흡착한다.
③ 활성알루미나는 물과 유기물을 잘 흡착하며 175~325°C로 가열하여 재생시킬 수 있다.
④ 합성제올라이트는 극성이 다른 물질이나 포화 정도가 다른 탄화수소의 분리가 가능하다.

[해설] ① 활성탄이 가장 많이 사용되며, 주로 비극성물질에 유효하고, 유기용제의 증기 제거 기능이 탁월하다.

제4과목 대기오염공정시험기준(방법)

61. 배출가스 중 납화합물의 자외선/가시선 분광법에 관한 설명이다. ( ) 안에 알맞은 것은?

> 납 이온을 사이안화포타슘용액 중에서 디티존에 적용시켜서 생성되는 납 디티존 착염을 클로로포름으로 추출하고, 과량의 디티존은 (㉠)(으)로 씻어내어, 납착염의 흡광도를 (㉡)에서 측정하여 정량하는 방법이다.

① ㉠ 사이안화포타슘용액, ㉡ 520 nm
② ㉠ 사염화탄소, ㉡ 520 nm
③ ㉠ 사이안화포타슘용액, ㉡ 400 nm
④ ㉠ 사염화탄소, ㉡ 400 nm

[해설] [개정] "배출가스 중 납화합물 – 자외선/가시선 분광법"은 공정시험기준에서 삭제되어 더 이상 출제되지 않습니다.

62. 원자흡수분광광도법에서 화학적 간섭을 방지하는 방법으로 가장 거리가 먼 것은?

① 이온교환에 의한 방해물질 제거
② 표준첨가법의 이용
③ 미량의 간섭원소의 첨가
④ 은폐제의 첨가

[해설] ③ 과량의 간섭원소의 첨가

[정리] 화학적 간섭 방지방법
- 이온교환이나 용매추출 등에 의한 방해물질의 제거
- 과량의 간섭원소의 첨가
- 간섭을 피하는 양이온(예 란타넘, 스트론튬, 알칼리 원소 등), 음이온 또는 은폐제, 킬레이트제 등의 첨가
- 목적원소의 용매추출
- 표준첨가법의 이용

정답 59. ④ 60. ① 61. ① 62. ③

63. 굴뚝 배출가스 중 휘발성유기화합물을 시료채취 주머니를 이용하여 채취하고자 할 때 가장 거리가 먼 것은?
① 진공용기는 1~10 L의 시료채취 주머니를 담을 수 있어야 한다.
② 소각시설의 배출구같이 시료채취 주머니 내로 입자상 물질의 유입이 우려되는 경우에는 여과재를 사용하여 입자상물질을 걸러주어야 한다.
③ 시료채취 주머니의 각 장치의 모든 연결부위는 유리 재질의 관을 사용하여 연결하고, 밀봉윤활유 등을 사용하여 누출이 없도록 하여야 한다.
④ 배출가스의 온도가 100℃ 미만으로 시료채취 주머니 내에 수분응축의 우려가 없는 경우 응축수 트랩을 사용하지 않아도 무방하다.

해설 휘발성유기화합물의 시료채취방법
③ 각 장치의 모든 연결부위는 플루오로수지 재질의 관을 사용하여 연결한다.

64. 비분산 적외선 분석계의 구성에서 ( ) 안에 들어갈 명칭을 옳게 나열한 것은? (단, 복광속 분석계)

광원 – (㉠) – (㉡) – 시료셀 – 검출기 – 증폭기 – 지시계

① ㉠ 광학섹터, ㉡ 회전필터
② ㉠ 회전섹터, ㉡ 광학필터
③ ㉠ 광학필터, ㉡ 회전필터
④ ㉠ 회전섹터, ㉡ 광학섹터

해설 비분산 적외선 분석계(복광속 비분산분석계)의 구성 : 광원 – 회전섹터 – 광학필터 – 시료셀 – 검출기 – 증폭기 – 지시계

65. 대기오염공정시험기준에서 규정한 환경 대기 중 금속분석을 위한 주 시험방법은?
① 원자흡수분광광도법
② 자외선/가시선 분광법
③ 이온크로마토그래피
④ 유도결합플라스마 원자발광분광법

해설 원자흡수분광광도법 : 시료를 적당한 방법으로 해리시켜 중성원자로 증기화하여 생긴 기저상태(ground state or normal state)의 원자가 이 원자 증기층을 투과하는 특유파장의 빛을 흡수하는 현상을 이용하여 광전측광과 같은 개개의 특유 파장에 대한 흡광도를 측정하여 시료 중의 원소농도를 정량하는 방법으로 대기 또는 배출가스 중의 유해 중금속, 기타 원소의 분석에 적용한다.

66. 대기오염공정시험기준상 일반시험방법에 관한 설명으로 옳은 것은?
① 상온은 15~25℃, 실온은 1~35℃로 하고, 찬 곳은 따로 규정이 없는 한 4℃ 이하의 곳을 뜻한다.
② 냉후(식힌 후)라 표시되어 있을 때는 보온 또는 가열 후 상온까지 냉각된 상태를 뜻한다.
③ 시험은 따로 규정이 없는 한 상온에서 조작하고 조작 직후 그 결과를 관찰한다.
④ 냉수는 4℃ 이하, 온수는 50~60℃, 열수는 100℃를 말한다.

해설 ② "냉후"(식힌 후)라 표시되어 있을 때는 보온 또는 가열 후 실온까지 냉각된 상태를 뜻한다.

더 알아보기 핵심정리 2-70

정답 63. ③ 64. ② 65. ① 66. ③

67. 굴뚝 배출가스 중 산소측정분석에 사용되는 화학분석법(오르자트분석법)에 관한 설명으로 옳지 않은 것은?

① 각각의 흡수액을 사용하여 탄산가스, 산소의 순으로 흡수한다.
② 탄산가스의 흡수액에는 수산화포타슘의 용액을 사용한다.
③ 산소 흡수액을 만들 때는 되도록 공기와의 접촉을 피한다.
④ 산소 흡수액은 물과 수산화소듐을 녹인 용액에 피로가롤을 녹인 용액으로 한다.

해설 [개정] "배출가스 중 산소-화학분석법(오르자트분석법)"은 공정시험기준에서 삭제되어 더 이상 출제되지 않습니다.

68. 연료의 연소로부터 배출되는 굴뚝 배출가스 중 일산화탄소를 정전위전해법으로 분석하고자 할 때 주요 성능기준으로 옳지 않은 것은?

① 90 % 응답 시간은 2분 30초 이내이다.
② 재현성은 측정범위 최대 눈금값의 ±2 % 이내이다.
③ 적용범위는 최고 5 %이다.
④ 전압 변동에 대한 안정성은 최대 눈금값의 ±1 % 이내이다.

해설 이 문제는 2018년 공정시험기준 변경으로 지금 기준과 맞지 않습니다. 문제는 풀지 마시고, 아래 내용으로 정리하세요.

정리 배출가스 중 일산화탄소 – 전기화학식(정전위전해법)
- 측정범위 : 0 ppm~1,000 ppm 이하로 한다.
- 반복성 : 교정가스 농도의 ±2 % 이하이어야 한다.
- 드리프트 : 제로드리프트 및 스팬드리프트는 교정가스 농도의 ±2 % 이하이어야 한다.
- 응답시간 : 응답시간은 5분 이하이어야 한다.

69. 환경대기 중 가스상 물질의 시료채취방법에서 시료가스를 일정유량으로 통과시키는 것으로 채취관 – 여과재 – 채취부 – 흡입펌프 – 유량계(가스미터)의 순으로 시료를 채취하는 방법은?

① 용기채취법
② 용매채취법
③ 직접채취법
④ 포집여지에 의한 방법

해설 환경대기 시료채취방법-가스상물질의 시료채취방법
- 직접 채취법 : 시료를 측정기에 직접 도입하여 분석하는 방법으로 채취관 – 분석장치 – 흡입펌프로 구성된다.
- 용기채취법 : 시료를 일단 일정한 용기에 채취한 다음 분석에 이용하는 방법으로 채취관 – 용기, 또는 채취관 – 유량조절기 – 흡입펌프 – 용기로 구성된다.
- 용매채취법 : 측정대상 기체와 선택적으로 흡수 또는 반응하는 용매에 시료가스를 일정유량으로 통과시켜 채취하는 방법으로 채취관 – 여과재 – 채취부 – 흡입펌프 – 유량계(가스미터)로 구성된다.
- 고체흡착법 : 고체분말표면에 기체가 흡착되는 것을 이용하는 방법으로 시료채취장치는 흡착관, 유량계 및 흡입펌프로 구성한다.
- 저온농축법 : 탄화수소와 같은 기체성분을 냉각제로 냉각 응축시켜 공기로부터 분리 채취하는 방법으로 주로 GC나 GC/MS 분석기에 이용한다.

70. 다음 중 다이에틸아민구리 용액에서 시료가스를 흡수시켜 생성된 다이에틸 다이싸이오카밤산구리의 흡광도를 435 nm의 파장에서 측정하는 항목은?

① CS_2
② H_2S
③ HCN
④ PAH

해설 배출가스 중 이황화탄소 – 자외선/가시선분광법 : 다이에틸아민구리 용액에서 시료가스를 흡수시켜 생성된 다이에틸 다이싸이오카밤산구리의 흡광도를 435 nm의 파장에서 측정하여 이황화탄소를 정량한다.

더 알아보기 핵심정리 2-85

정답 67. ④ 68. ③ 69. ② 70. ①

71. 굴뚝 배출가스 중 황산화물의 시료채취 장치에 관한 설명으로 옳지 않은 것은?

① 가열부분에 있어서의 배관의 접속은 채취관과 같은 재질, 혹은 보통 고무관을 사용한다.
② 시료 중의 황산화물과 수분이 응축되지 않도록 시료채취관과 콕 사이를 가열할 수 있는 구조로 한다.
③ 시료 중에 먼지가 섞여 들어가는 것을 방지하기 위하여 채취관과 앞 끝에 알칼리(alkali)가 없는 유리솜 등 적당한 여과재를 넣는다.
④ 시료채취관은 배출가스 중의 황산화물에 의해 부식되지 않는 재질, 예를 들면 유리관, 석영관, 스테인리스강관 등을 사용한다.

해설 ① 황산화물의 채취관, 연결관 재질 : 경질유리, 석영, 스테인리스강 재질, 세라믹, 플루오로수지, 염화바이닐수지

더 알아보기 핵심정리 2-75

72. 환경대기 중 석면농도를 측정하기 위해 위상차 현미경을 사용한 계수방법에 관한 설명 중 ( ) 안에 알맞은 것은?

> 시료채취 측정시간은 주간시간대에 (오전 8시~오후 7시) (㉠)으로 1시간 측정하고, 유량계의 부자를 (㉡) 되게 조정한다.

① ㉠ 1 L/min, ㉡ 1 L/min
② ㉠ 1 L/min, ㉡ 10 L/min
③ ㉠ 10 L/min, ㉡ 1 L/min
④ ㉠ 10 L/min, ㉡ 10 L/min

해설 주간시간대에(오전 8시~오후 7시) 10 L/min으로 1시간 측정하고, 유량계의 부자를 10 L/min 되게 조정한다.

73. 고용량공기시료채취법을 사용하여 비산먼지를 측정하고자 한다. 풍속이 0.5 m/s 미만 또는 10 m/s 이상 되는 시간이 전 채취시간의 50 % 미만일 때 풍속에 대한 보정계수는?

① 0.8　　② 1.0
③ 1.2　　④ 1.5

해설 비산먼지 – 고용량공기시료채취법
풍속에 대한 보정계수
• 풍속이 0.5 m/s 미만 또는 10 m/s 이상 되는 시간이 전 채취시간의 50 % 미만일 때 : 1.0
• 풍속이 0.5 m/s 미만 또는 10 m/s 이상 되는 시간이 전 채취시간의 50 % 이상일 때 : 1.2

74. 기체크로마토그래피에서 정량분석방법과 가장 거리가 먼 것은?

① 넓이 백분율법
② 표준물첨가법
③ 내부표준물질법
④ 절대검정곡선법

해설 기체크로마토그래피 정량법
• 절대검정곡선법
• 넓이 백분율법
• 보정넓이 백분율법
• 상대검정곡선법
• 표준물첨가법

75. 굴뚝 배출가스 중 먼지를 반자동식 측정방법으로 채취하고자 할 경우, 먼지시료 채취 기록지 서식에 기재되어야 할 항목과 거리가 먼 것은?

① 배출가스 온도(℃)
② 오리피스압차(mmH$_2$O)
③ 여과지 표면적(cm^2)
④ 수분량(%)

정답 71. ①　72. ④　73. ②　74. ③　75. ③

해설 배출가스 중 먼지 – 반자동식 측정법

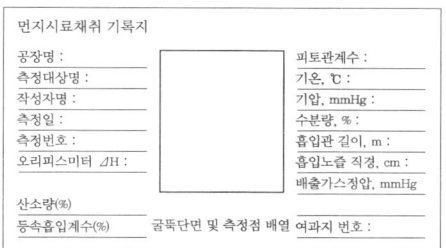

③ 벤젠 내용은 개정으로 삭제됨
④ 브로민화합물–수산화소듐용액(0.1mol/L)

더알아보기 핵심정리 2–76

76. 다음은 굴뚝 등에서 배출되는 질소산화물의 자동연속측정방법(자외선흡수분석계 사용)에 관한 설명이다. ( ) 안에 가장 적합한 물질은?

합산증폭기는 신호를 증폭하는 기능과 일산화질소 측정파장에서 ( )의 간섭을 보정하는 기능을 가지고 있다.

① 수분
② 아황산가스
③ 이산화탄소
④ 일산화탄소

해설 굴뚝연속자동측정기기 질소산화물 – 자외선흡수분석계
합산증폭기는 신호 증폭 기능과 일산화질소 측정파장에서 이산화황(아황산가스)의 간섭을 보정하는 기능을 가지고 있다.

77. 굴뚝배출가스 중 분석대상가스별 흡수액과의 연결로 옳지 않은 것은?
① 플루오린(불소)화합물 – 수산화소듐용액 (0.1 mol/L)
② 황화수소 – 아세틸아세톤용액(0.2 mol/L)
③ 벤젠 – 질산암모늄+황산(1 → 5)
④ 브로민(브롬)화합물 – 수산화소듐용액(질량분율 0.4 %)

해설 분석물질별 분석방법 및 흡수액
② 황화수소–아연아민착염 용액

78. 염산(1+4)라고 되어 있을 때, 실제 조제할 경우 어떻게 계산하는가?
① 염산 1 mL을 물 2 mL에 혼합한다.
② 염산 1 mL을 물 3 mL에 혼합한다.
③ 염산 1 mL을 물 4 mL에 혼합한다.
④ 염산 1 mL을 물 5 mL에 혼합한다.

해설 액의 농도
염산(1+4) : 염산 1 mL + 물 4 mL

79. 기체크로마토그래피로 굴뚝 배출가스 중 일산화탄소를 분석 시 분석기기 및 기구 등의 사용에 관한 설명과 가장 거리가 먼 것은?
① 운반가스 : 부피분율 99.9 % 이상의 헬륨
② 충전제 : 활성알루미나(Al_2O_3 93.1 %, SiO_2 0.02 %)
③ 검출기 : 메테인화 반응장치가 있는 불꽃이온화 검출기
④ 분리관 : 내면을 잘 세척한 안지름 2~4 mm, 길이 0.5~1.5 m인 스테인리스강 재질관

해설 ② 충전제 : 합성제올라이트

80. 굴뚝배출가스 중 먼지 측정 시 등속흡인 정도를 보기 위하여 등속흡입계수(%)를 산정한다. 이때 그 값이 몇 % 범위 내에 들지 않는 경우 다시 시료를 채취하여야 하는가?
① 90~105 %
② 90~110 %
③ 95~105 %
④ 95~110 %

해설 등속흡입계수 범위 : 90~110 %

정답 76. ② 77. ②, ③, ④ 78. ③ 79. ② 80. ②

| 제5과목 | 대기환경관계법규 |

81. 다음은 대기환경보전법규상 대기오염 경보 단계별 오존의 해제(농도)기준이다. ( ) 안에 알맞은 것은?

> 중대경보가 발령된 지역의 기상조건 등을 검토하여 대기자동측정소의 오존 농도가 (㉠)ppm 이상 (㉡)ppm 미만 일 때는 경보로 전환한다.

① ㉠ 0.3, ㉡ 0.5 ② ㉠ 0.5, ㉡ 1.0
③ ㉠ 1.0, ㉡ 1.2 ④ ㉠ 1.2, ㉡ 1.5

해설 대기오염 경보단계 – 오존

주의보	경보	중대경보
0.12 ppm 이상	0.3 ppm 이상	0.5 ppm 이상

더 알아보기 핵심정리 2-100

82. 대기환경보전법상 배출가스 전문정비사업자 지정을 받은 자가 고의로 정비 업무를 부실하게 하여 받은 업무정지명령을 위반한 자에 대한 벌칙 기준으로 옳은 것은?

① 7년 이하의 징역이나 1억원 이하의 벌금
② 5년 이하의 징역이나 3천만원 이하의 벌금
③ 1년 이하의 징역이나 1천만원 이하의 벌금
④ 300만원 이하의 벌금

해설 1년 이하의 징역 또는 1천만원 이하의 벌금
1. 배출시설의 설치를 완료한 후 신고를 하지 아니하고 조업한 자
2. 측정기기 조업정지명령을 위반한 자
3. 측정기기 관리대행업의 등록 또는 변경등록을 하지 아니하고 측정기기 관리 업무를 대행한 자
4. 거짓이나 그 밖의 부정한 방법으로 측정기기 관리대행업의 등록을 한 자
5. 다른 자에게 자기의 명의를 사용하여 측정기기 관리 업무를 하게 하거나 등록증을 다른 자에게 대여한 자
6. 황함유기준을 초과하는 연료를 사용한 자
7. 배출가스 전문정비사업자 지정을 받은 자가 고의로 정비 업무를 부실하게 하여 받은 업무정지명령을 위반한 자
8. 자동차 정밀검사업무의 업무정지의 명령을 위반한 자
9. 제조기준에 맞지 아니한 것으로 판정된 자동차 연료와 검사를 받지 아니하거나 검사받은 내용과 다르게 제조된 자동차 연료를 사용한 자
10. 환경상 위해가 발생하거나 인체에 현저하게 유해한 물질이 배출된다고 인정하여 규제된 자동차연료·첨가제 또는 촉매제를 제조하거나 판매한 자
11. 첨가제 제조기준에 적합한 제품임을 표시하는 규정을 위반하여 검사를 받은 제품임을 표시하지 아니하거나 거짓으로 표시한 자

83. 실내공기질 관리법규상 자일렌 항목의 신축 공동주택의 실내공기질 권고기준은?

① 30 $\mu g/m^3$ 이하   ② 210 $\mu g/m^3$ 이하
③ 300 $\mu g/m^3$ 이하 ④ 700 $\mu g/m^3$ 이하

해설 신축 공동주택의 실내공기질 권고기준
• 자일렌 : 700 $\mu g/m^3$ 이하

더 알아보기 핵심정리 2-105

84. 대기환경보전법규상 위임업무의 보고횟수 기준이 '수시'에 해당되는 업무 내용은?

① 환경오염사고 발생 및 조치사항
② 자동차 연료 및 첨가제의 제조·판매 또는 사용에 대한 규제현황
③ 첨가제의 제조기준 적합여부 검사현황
④ 수입자동차 배출가스 인증 및 검사현황

해설 위임업무 보고사항-보고횟수
② 연 2회, ③ 연 2회, ④ 연 4회

더 알아보기 핵심정리 2-101

정답 81. ① 82. ③ 83. ④ 84. ①

85. 대기환경보전법규상 비산먼지 발생을 억제하기 위한 시설의 설치 및 필요한 조치에 관한 기준 중 야적(분체상 물질을 야적하는 경우에만 해당)에 관한 기준으로 옳지 않은 것은? (단, 예외사항은 제외)

① 야적물질을 1일 이상 보관하는 경우 방진덮개로 덮을 것
② 야적물질로 인한 비산먼지 발생억제를 위하여 물을 뿌리는 시설을 설치할 것 (고철야적장과 수용성물질 등의 경우는 제외한다.)
③ 야적물질의 최고저장높이의 1/3 이상의 방진벽을 설치할 것
④ 야적물질의 최고저장높이의 1/3 이상의 방진망(막)을 설치할 것

해설 ④ 야적물질의 최고저장높이의 1/3 이상의 방진벽을 설치하고, 최고저장높이의 1.25배 이상의 방진망(개구율 40 % 상당의 방진망을 말한다. 이하 같다) 또는 방진막을 설치할 것

86. 다음은 대기환경보전법규상 대기환경규제지역의 지정대상지역기준이다. ( ) 안에 알맞은 것은?

> • 대기환경보전법에 따른 상시측정 결과 대기오염도가 환경정책기본법에 따라 설정된 환경기준을 초과한 지역
> • 대기환경보전법에 따른 상시측정을 하지 아니하는 지역 중 이 법에 따라 조사된 대기오염물질배출량을 기초로 산정한 대기오염도가 환경기준의 ( )인 지역

① 50퍼센트 이상
② 60퍼센트 이상
③ 70퍼센트 이상
④ 80퍼센트 이상

해설 [개정] 현행 법규에서 삭제된 법규이므로 이 문제는 풀지 않습니다.

87. 대기환경보전법규상 운행차배출허용기준 중 일반기준으로 옳지 않은 것은?

① 알코올만 사용하는 자동차는 탄화수소 기준을 적용하지 아니한다.
② 휘발유와 가스를 같이 사용하는 자동차의 배출가스 측정 및 배출허용기준은 휘발유의 기준을 적용한다.
③ 1993년 이후에 제작된 자동차 중 과급기(turbo charger)나 중간냉각기(inter-cooler)를 부착한 경유사용 자동차의 배출허용기준은 무부하급가속 검사방법의 매연 항목에 대한 배출허용기준에 5 %를 더한 농도를 적용한다.
④ 수입자동차는 최초등록일자를 제작일자로 본다.

해설 운행차배출허용기준
② 휘발유와 가스를 같이 사용하는 자동차의 배출가스 측정 및 배출허용기준은 가스의 기준을 적용한다.

88. 대기환경보전법상 저공해자동차로의 전환 또는 개조 명령, 배출가스저감장치의 부착·교체명령 또는 배출가스 관련 부품의 교체 명령, 저공해엔진(혼소엔진을 포함한다)으로의 개조 또는 교체 명령을 이행하지 아니한 자에 대한 과태료 부과기준은?

① 300만원 이하의 과태료
② 500만원 이하의 과태료
③ 1천만원 이하의 과태료
④ 2천만원 이하의 과태료

해설 300만원 이하의 과태료
• 배출시설 등의 운영상황을 기록·보존하지 아니하거나 거짓으로 기록한 자
• 환경기술인을 임명하지 아니한 자
• 자동차 결함시정명령을 위반한 자
• 저공해자동차로의 전환 또는 개조 명령, 배출가스저감장치의 부착·교체 명령 또는 배출가스 관련 부품의 교체 명령, 저공해엔진(혼소엔진을 포함한다)으로의 개조 또는 교체 명령을 이행하지 아니한 자

정답 85. ④ 86. ④ 87. ② 88. ①

89. 대기환경보전법규상 특정대기유해물질이 아닌 것은?

① 니켈 및 그 화합물
② 이황화메틸
③ 다이옥신
④ 알루미늄 및 그 화합물

해설 특정 대기 유해물질
1. 카드뮴 및 그 화합물
2. 시안화수소
3. 납 및 그 화합물
4. 폴리염화비페닐
5. 크롬 및 그 화합물
6. 비소 및 그 화합물
7. 수은 및 그 화합물
8. 프로필렌 옥사이드
9. 염소 및 염화수소
10. 불소화물
11. 석면
12. 니켈 및 그 화합물
13. 염화비닐
14. 다이옥신
15. 페놀 및 그 화합물
16. 베릴륨 및 그 화합물
17. 벤젠
18. 사염화탄소
19. 이황화메틸
20. 아닐린
21. 클로로포름
22. 포름알데히드
23. 아세트알데히드
24. 벤지딘
25. 1, 3-부타디엔
26. 다환 방향족 탄화수소류
27. 에틸렌옥사이드
28. 디클로로메탄
29. 스틸렌
30. 테트라클로로에틸렌
31. 1, 2-디클로로에탄
32. 에틸벤젠
33. 트리클로로에틸렌
34. 아크릴로니트릴
35. 히드라진

90. 실내공기질 관리법규상 실내주차장의 ㉠ PM10($\mu g/m^3$), ㉡ CO(ppm) 실내공기질 유지기준 으로 옳은 것은?

① ㉠ 100 이하, ㉡ 10 이하
② ㉠ 150 이하, ㉡ 20 이하
③ ㉠ 200 이하, ㉡ 25 이하
④ ㉠ 300 이하, ㉡ 40 이하

해설 실내공기질 유지기준-실내주차장
- CO_2 : 1,000 ppm
- HCHO : 100 ppm
- CO : 25 ppm
- PM10 : 200 $\mu g/m^3$

더 알아보기 핵심정리 2-106

91. 대기환경보전법규상 한국자동차환경협회의 정관에 따른 업무와 거리가 먼 것은?

① 자동차와 건설기계 저공해화 기술개발 및 배출가스저감장치와 저공해엔진의 보급
② 자동차와 건설기계 배출가스 저감사업의 지원과 사후관리에 관한 사항
③ 자동차관련 환경기술인의 교육훈련 및 취업지원
④ 자동차와 건설기계의 배출가스 검사와 정비기술의 연구·개발사업

해설 ③ 환경기술인의 교육 : 환경보전협회
[개정] 한국자동차환경협회의 업무는 아래와 같이 개정되었습니다.

정리 한국자동차환경협회의 업무
1. 자동차와 건설기계 저공해화 기술개발 및 배출가스저감장치와 저공해엔진의 보급
2. 자동차와 건설기계 배출가스 저감사업의 지원과 사후관리에 관한 사항
3. 자동차와 건설기계의 배출가스 검사와 정비기술의 연구·개발사업
4. 제1호부터 제3호까지 및 제5호와 관련된 업무로서 환경부장관 또는 시·도지사로부터 위탁받은 업무
5. 그 밖에 자동차와 건설기계의 배출가스를 줄이기 위하여 필요한 사항

정답 89. ④ 90. ③ 91. ③

92. 환경정책기본법령상 납(Pb)의 대기환경 기준으로 옳은 것은?

① 연간 평균치 0.5 $\mu g/m^3$ 이하
② 3개월 평균치 1.5 $\mu g/m^3$ 이하
③ 24시간 평균치 1.5 $\mu g/m^3$ 이하
④ 8시간 평균치 1.5 $\mu g/m^3$ 이하

해설 환경정책기본법상 대기환경기준
- 납(Pb) : 연간 평균치 0.5 $\mu g/m^3$ 이하

더 알아보기 핵심정리 2-103

93. 다음은 대기환경보전법령상 부과금의 징수유예·분할납부 및 징수절차에 관한 사항이다. ( ) 안에 알맞은 것은?

> 시·도지사는 배출부과금이 납부의무자의 자본금 또는 출자총액을 2배 이상 초과하는 경우로서 사업상 손실로 인해 경영상 심각한 위기에 처하여 징수유예기간 내에도 징수할 수 없다고 인정되면 징수유예기간을 연장하거나 분할납부의 횟수를 늘릴 수 있다. 이에 따른 징수유예기간의 연장은 유예한 날의 다음 날부터 (㉠)로 하며, 분할납부의 횟수는 (㉡)로 한다.

① ㉠ 2년 이내, ㉡ 12회 이내
② ㉠ 2년 이내, ㉡ 18회 이내
③ ㉠ 3년 이내, ㉡ 12회 이내
④ ㉠ 3년 이내, ㉡ 18회 이내

해설 부과금의 징수유예·분할납부 및 징수절차
- 기본부과금 : 유예한 날의 다음 날부터 다음 부과 기간의 개시일 전일까지, 4회 이내
- 초과부과금 : 유예한 날의 다음 날부터 2년 이내, 12회 이내
- 징수유예기간의 연장은 유예한 날의 다음 날부터 3년 이내로 하며, 분할납부의 횟수는 18회 이내로 한다.

- 부과금의 분할납부 기한 및 금액과 그 밖에 부과금의 부과·징수에 필요한 사항은 환경부장관 또는 시·도지사가 정한다.

94. 대기환경보전법규상 대기오염도 검사기관과 거리가 먼 것은?

① 수도권대기환경청
② 환경보전협회
③ 한국환경공단
④ 낙동강유역환경청

해설 대기오염도 검사기관
1. 국립환경과학원
2. 특별시·광역시·특별자치시·도·특별자치도(시·도)의 보건환경연구원
3. 유역환경청, 지방환경청 또는 수도권대기환경청
4. 한국환경공단
5. 「국가표준기본법」에 따른 인정을 받은 시험·검사기관 중 환경부장관이 정하여 고시하는 기관

95. 악취방지법규상 위임업무 보고사항 중 "악취검사기관의 지도·점검 및 행정처분 실적" 보고횟수기준은?

① 연 1회
② 연 2회
③ 연 4회
④ 수시

해설 악취방지법 위임업무 보고사항-보고횟수
1. 악취검사기관의 지정, 지정사항 변경보고 접수 실적 : 연 1회
2. 악취검사기관의 지도·점검 및 행정처분 실적 : 연 1회

정답 92. ① 93. ④ 94. ② 95. ①

96. 대기환경보전법상 배출시설 설치허가를 받은 자가 대통령령으로 정하는 중요한 사항의 특정대기유해물질 배출시설을 증설하고자 하는 경우 배출시설 변경허가를 받아야 하는 시설의 규모기준은? (단, 배출시설의 규모의 합계나 누계는 배출구별로 산정)

① 배출시설 규모의 합계나 누계의 100분의 5 이상 증설
② 배출시설 규모의 합계나 누계의 100분의 10 이상 증설
③ 배출시설 규모의 합계나 누계의 100분의 20 이상 증설
④ 배출시설 규모의 합계나 누계의 100분의 30 이상 증설

<해설> 배출시설의 설치허가 및 신고 : 설치허가 또는 변경허가를 받거나 변경신고를 한 배출시설 규모의 합계나 누계의 100분의 50 이상(특정대기유해물질 배출시설의 경우에는 100분의 30 이상) 증설

97. 악취방지법규상 다음 지정악취물질의 배출허용 기준으로 옳지 않은 것은?

지정악취물질	배출허용기준		엄격한 배출허용기준 범위 (ppm)
	공업지역	기타지역	공업지역
㉠ 톨루엔	30 이하	10 이하	10~30
㉡ 프로피온산	0.07 이하	0.03 이하	0.03~0.07
㉢ 스타이렌	0.8 이하	0.4 이하	0.4~0.8
㉣ 뷰틸 아세테이트	5 이하	1 이하	1~5

① ㉠   ② ㉡
③ ㉢   ④ ㉣

<해설> 악취방지법 – 배출허용기준 및 엄격한 배출허용기준의 설정 범위
④ 뷰틸아세테이트
• 배출허용기준(공업지역) : 4 ppm 이하
• 배출허용기준(기타지역) : 1 ppm 이하
• 엄격한 배출허용기준 범위(공업지역) : 1~4 ppm

98. 대기환경보전법령상 과태료 부과기준 중 위반행위의 횟수에 따른 일반기준은 해당 위반행위가 있은 날 이전 최근 얼마간 같은 위반행위로 부과처분을 받은 경우에 적용하는가?

① 3월간
② 6월간
③ 1년간
④ 3년간

<해설> 과태료의 부과기준 : 위반행위의 횟수에 따른 과태료의 가중된 부과기준은 최근 1년간 같은 위반행위로 과태료 부과처분을 받은 경우에 적용한다.

99. 악취방지법규에 의거 악취배출시설의 변경신고를 하여야 하는 경우로 가장 거리가 먼 것은?

① 악취배출시설을 폐쇄하는 경우
② 사업장 명칭을 변경하는 경우
③ 환경담당자의 교육사항을 변경하는 경우
④ 악취배출시설 또는 악취방지시설을 임대하는 경우

정답 96. ④ 97. ④ 98. ③ 99. ③

해설 악취배출시설의 변경신고를 하여야 하는 경우
1. 악취배출시설의 악취방지계획서 또는 악취방지시설을 변경하는 경우
2. 악취배출시설을 폐쇄하거나, 별표 2 제2호에 따른 시설 규모의 기준에서 정하는 공정을 추가하거나 폐쇄하는 경우
3. 사업장의 명칭 또는 대표자를 변경하는 경우
4. 악취배출시설 또는 악취방지시설을 임대하는 경우
5. 악취배출시설에서 사용하는 원료를 변경하는 경우

100. 대기환경보전법규 중 측정기기의 운영·관리 기준에서 굴뚝배출가스 온도측정기를 새로 설치하거나 교체하는 경우에는 국가표준기본법에 따른 교정을 받아야 한다. 이때 그 기록을 최소 몇 년 이상 보관하여야 하는가?

① 2년 이상   ② 3년 이상
③ 5년 이상   ④ 10년 이상

해설 측정기기의 운영·관리기준 : 환경부장관, 시·도지사 및 사업자는 굴뚝배출가스 온도측정기를 새로 설치하거나 교체하는 경우에는 「국가표준기본법」에 따른 교정을 받아야 하며, 그 기록을 3년 이상 보관하여야 한다.

정답 100. ②

대기환경기사

2017년 5월 7일 (제2회)

제1과목   대기오염개론

1. 일반적인 가솔린 자동차 배기가스의 구성 면에서 볼 때 다음 중 가장 많은 부피를 차지하는 물질은? (단, 가속상태 기준)

① 탄화수소
② 질소산화물
③ 일산화탄소
④ 이산화탄소

[해설] 어느 운전 상태이든지 양이 제일 많은 것은 CO_2이다.

엔진 작동상태	HC(%)	CO(%)	NOx(%)	CO_2(%)
공전 시	0.075	5.2	0.003	9.5
운행 시	0.03	0.8	0.15	12.5
가속 시	0.04	5.2	0.3	10.2
감속 시	0.4	4.2	0.006	9.5

2. 지표 부근의 대기성분의 부피비율(농도)이 큰 것부터 순서대로 알맞게 나열된 것은? (단, N_2, O_2 성분은 생략)

① CO_2 – Ar – CH_4 – H_2
② CO_2 – Ar – H_2 – CH_4
③ Ar – CO_2 – He – Ne
④ Ar – CO_2 – Ne – He

[해설] 대기성분의 부피 농도 순서
$N_2 > O_2 > Ar > CO_2 > Ne > He$

3. 불안정한 대기상태에서 굴뚝의 연기방출 속도가 15 m/s, 굴뚝 안지름이 4 m일 때, 이 연기의 상승높이는? (단, 연기의 상승 높이 $\Delta H = 150 \times (F/u^3)$, F는 부력, 배기가스온도는 127℃, 대기온도 17℃, 풍속 6 m/s)

① 125 m
② 135 m
③ 145 m
④ 155 m

[해설] (1) 부력계수(F)
$$= \left\{ gV_s \cdot \left(\frac{D}{2}\right)^2 \cdot \left(\frac{T_s - T_a}{T_a}\right) \right\}$$
$$= \left\{ 9.8\,\text{m/s}^2 \times 15\,\text{m/s} \times \left(\frac{4\,\text{m}}{2}\right)^2 \right.$$
$$\left. \times \left(\frac{400\,\text{K} - 290\,\text{K}}{290\,\text{K}}\right) \right\}$$
$$= 223.03$$

(2) 연기상승고
$$\Delta H = \frac{150F}{U^3} = \frac{150 \times 223.03}{6^3} = 154.88\,\text{m}$$

[더 알아보기] 핵심정리 1-14 (2)

4. 다음 ( ) 안에 들어갈 말로 알맞은 것은?

> 지구의 평균 지상기온은 지구가 태양으로부터 받고 있는 태양에너지와 지구가 (㉠) 형태로 우주로 방출하고 있는 에너지의 균형으로부터 결정된다. 이 균형은 대기 중의 (㉡), 수증기 등의 (㉠)을(를) 흡수하는 기체가 큰 역할을 하고 있다.

① ㉠ : 자외선, ㉡ : CO
② ㉠ : 적외선, ㉡ : CO
③ ㉠ : 자외선, ㉡ : CO_2
④ ㉠ : 적외선, ㉡ : CO_2

[해설] 온실가스(CO_2, H_2O 등)는 적외선을 흡수한다.

5. 다음 중 염소 또는 염화수소 배출 관련업종으로 가장 거리가 먼 것은?

① 소다 제조업
② 농약 제조업
③ 화학 공업
④ 시멘트 제조업

[해설] ④ 시멘트 제조업은 크롬(Cr)의 발생원이다.

[정답] 1. ④   2. ④   3. ④   4. ④   5. ④

6. 실내공기에 영향을 미치는 오염물질에 관한 설명 중 옳지 않은 것은?

① 석면은 자연계에 존재하는 유화화(油和化)된 규산염 광물의 총칭이고, 미국에서 가장 일반적인 것으로는 아크티놀라이트(백석면)가 있다.
② 석면의 발암성은 청석면 > 아모사이트 > 백석면 순이다.
③ Rn-222의 반감기는 3.8일이며, 그 낭핵종도 같은 종류의 알파선을 방출하지만 화학적으로는 거의 불활성이다.
④ 우라늄과 라듐은 Rn-222의 발생원에 해당된다.

해설 ① 석면은 자연계에 존재하는 유화화된 규산염 광물의 총칭이고, 미국에서 가장 일반적인 것으로는 크리소타일(백석면)이 있다.

7. 다음 오염물질 중 상온에서 무색 투명하고, 순수한 경우에는 냄새가 거의 없지만 일반적으로 불쾌한 자극성 냄새를 가진 액체로서 햇빛에 파괴될 정도로 불안정하지만 부식성은 비교적 약하며, 끓는점은 약 46℃이며, 그 증기는 공기보다 약 2.64배 정도 무거운 것은?

① HCl
② Cl_2
③ SO_2
④ CS_2

해설 이황화탄소(CS_2)
- 상온에서 무색 투명하며 순수한 경우에는 냄새가 거의 없지만 일반적으로 불쾌한 자극성 냄새를 가진 액체이다.
- 햇빛에 파괴될 정도로 불안정하지만 부식성은 비교적 약하다.
- 끓는점은 약 46℃이며, 그 증기는 공기보다 약 2.64배 정도 무겁다.

8. 석면폐증에 관한 설명으로 가장 거리가 먼 것은?

① 폐의 석면폐증에 의한 비후화이며, 흉막의 섬유화와 밀접한 관련이 있다.
② 비가역적이며, 석면노출이 중단된 후에도 악화되는 경우가 있다.
③ 폐하엽에 주로 발생하며 흉막을 따라 폐중엽이나 설엽으로 퍼져간다.
④ 폐의 석면화는 폐조직의 신축성을 감소시키고, 가스교환능력을 저하시켜 결국 혈액으로의 산소공급이 불충분하게 된다.

해설 ① 폐가 섬유화되고, 흉막이 비후·석회화되며, 발암 등의 병변을 일으킨다.

9. 다음 Gaussian 분산식에 대한 설명으로 가장 적합한 것은?

$$C(x,y,z) = \frac{Q}{2\pi u \sigma_y \sigma_z}\left[\exp-\left(\frac{y^2}{2\sigma_y^2}\right)\right]$$

$$\left[\exp\left(\frac{-(z-H)^2}{2\sigma_z^2}\right) + \exp\left(\frac{-(z+H)^2}{2\sigma_z^2}\right)\right]$$

① 비정상상태에서 불연속적으로 배출하는 면오염원으로부터 바람방향이 배출면에 수평인 경우 풍하측의 지면농도를 산출하는 경우에 사용한다.
② 공중역전이 존재할 경우 역전층의 오염물질의 상향확산에 의한 일정고도 상에서의 중심축상 선오염원의 농도를 산출하는 경우에 사용한다.
③ 지표면으로부터 고도 H에 위치하는 점원 – 지면으로부터 반사가 있는 경우에 사용한다.
④ 연속적으로 배출하는 무한의 선오염원으로부터 바람의 방향이 배출선에 수직인 경우 플륨내에서 소멸되는 풍하측의 지면농도를 산출하는 경우에 사용한다.

해설 ① 정상상태 가정조건이므로 틀림
②, ④ 점오염원 가정조건이므로 틀림

더 알아보기 핵심정리 2-35 (3)

정답 6. ① 7. ④ 8. ① 9. ③

10. 시정거리에 관한 설명으로 가장 거리가 먼 것은? (단, 입자 산란에 의해서만 빛이 감쇠되고, 입자상 물질은 모두 같은 크기의 구 형태로 분포하고 있다고 가정한다.)
① 시정거리는 대기 중 입자의 산란계수에 비례한다.
② 시정거리는 대기 중 입자의 농도에 반비례한다.
③ 시정거리는 대기 중 입자의 밀도에 비례한다.
④ 시정거리는 대기 중 입자의 직경에 비례한다.

해설 ① 시정거리는 대기 중 입자의 산란계수에 반비례한다.

11. 다음 오염물질 중 온실효과를 유발하는 것으로 가장 거리가 먼 것은?
① 이산화탄소   ② CFCs
③ 메탄   ④ 아황산가스

해설 온실가스 : CO_2, CH_4, N_2O, CFC, CH_3CCl_3, CCl_4, O_3, H_2O 등

12. 먼지농도가 40 $\mu g/m^3$, 상대습도가 70 % 일 때 가시거리는? (단, 계수 A는 1.2 적용)
① 19 km   ② 23 km
③ 30 km   ④ 67 km

해설 상대습도 70 %일 때의 가시거리 계산

$$L[km] = \frac{1,000 \times A}{G} = \frac{1,000 \times 1.2}{40}$$
$$= 30 \, km$$

더 알아보기 핵심정리 1-20 (1)

13. 면배출원으로부터 배출되는 오염물질의 확산을 다루는 상자모델 사용 시 가정조건으로 가장 거리가 먼 것은?
① 상자 공간에서 오염물의 농도는 균일하다.
② 오염배출원은 이 상자가 차지하고 있는 지면 전역에 균등하게 분포되어 있다.
③ 상자 안에서는 밑면에서 방출되는 오염물질이 상자 높이인 혼합층까지 즉시 균등하게 혼합된다.
④ 배출된 오염물질이 다른 물질로 변화되는 율과 지면에 흡수되는 율은 100 %이다.

해설 ④ 배출된 오염물질은 다른 물질로 변하지도 않고 지면에 흡수되지도 않는다.

14. 굴뚝에서 배출되어지는 연기의 모양 중 환상형(looping)에 관한 설명으로 가장 적합한 것은?
① 전체 대기층이 강한 안정 시에 나타나며, 연직확산이 적어 지표면에 순간적 고농도를 나타낸다.
② 전체 대기층이 중립일 경우에 나타나며, 연기모양의 요동이 적은 형태이다.
③ 상층이 불안정, 하층이 안정일 경우에 나타나며, 바람이 다소 강하거나 구름이 낀 날 일어난다.
④ 대기층이 매우 불안정 시에 나타나며, 맑은 날 낮에 발생하기 쉽다.

해설 대기안정도에 따른 플룸(연기) 형태
• 대기 불안정 : 환상형
• 대기 안정 : 부채형
• 대기 중립 : 밧줄형

15. 유효굴뚝높이 100 m인 연돌에서 배출되는 가스량은 10 m^3/s, SO_2의 농도가 1,500 ppm일 때 Sutton식에 의한 최대지표농도는? (단, $K_y = K_z = 0.05$, 평균풍속은 10 m/s이다.)
① 약 0.008 ppm
② 약 0.035 ppm
③ 약 0.078 ppm
④ 약 0.116 ppm

정답 10. ① 11. ④ 12. ③ 13. ④ 14. ④ 15. ②

해설 최대착지농도

$$C_{max} = \frac{2 \cdot Q \cdot C}{\pi \cdot e \cdot U \cdot (H_e)^2} \cdot \left(\frac{K_z}{K_y}\right)$$

$$= \frac{2 \times 10\,m^3/s \times 1{,}500\,ppm}{\pi \times e \times 10\,m/s \times (100\,m)^2} \times \left(\frac{0.05}{0.05}\right)$$

$$= 0.0351\,ppm$$

더 알아보기 핵심정리 1-15

---

16. 다음은 NO₂의 광화학 반응식이다. ㉠~㉣에 알맞은 것은? (단, O는 산소원자)

| [㉠] + hν → [㉡] + O |
| O + [㉢] → [㉣] |
| [㉣] + [㉡] → [㉠] + [㉢] |

① ㉠ NO, ㉡ NO₂, ㉢ O₃, ㉣ O₂
② ㉠ NO₂, ㉡ NO, ㉢ O₂, ㉣ O₃
③ ㉠ NO, ㉡ NO₂, ㉢ O₂, ㉣ O₃
④ ㉠ NO₂, ㉡ NO, ㉢ O₃, ㉣ O₂

해설 NO₂의 광화학 반응식
$NO_2 + h\nu \rightarrow NO + O$
$O + O_2 \rightarrow O_3$
$O_3 + NO \rightarrow NO_2 + O_2$

---

17. 바람을 일으키는 힘 중 기압경도력에 관한 설명으로 가장 적합한 것은?

① 수평 기압경도력은 등압선의 간격이 좁으면 강해지고, 반대로 간격이 넓어지면 약해진다.
② 지구의 자전운동에 의해서 생기는 가속도에 의한 힘을 말한다.
③ 극지방에서 최소가 되며 적도지방에서 최대가 된다.
④ gradient wind라고도 하며, 대기의 운동방향과 반대의 힘인 마찰력으로 인하여 발생된다.

해설 ② 전향력 : 지구의 자전운동에 의해서 생기는 가속도에 의한 힘
③ 전향력 : 극지방에서 최대가 되며 적도지방에서 최소가 됨
④ 지상풍 : 대기의 운동방향과 반대의 힘인 마찰력으로 인하여 발생되는 바람

---

18. 바람에 관한 다음 설명 중 옳지 않은 것은?

① 북반구의 경도풍은 저기압에서는 반시계방향으로 회전하면서 위쪽으로 상승하면서 분다.
② 마찰층내 바람은 높이에 따라 시계방향으로 각천이가 생겨나며, 위로 올라갈수록 실제 풍향은 점점 지균풍과 가까워진다.
③ 산풍은 경사면 → 계곡 → 주계곡으로 수렴하면서 풍속이 가속되기 때문에 낮에 산 위쪽으로 부는 계곡풍이 더 강하다.
④ 해륙풍이 부는 원인은 낮에는 육지보다 바다가 빨리 더워져서 바다의 공기가 상승하기 때문에 바다에서 육지로 8~15 km 정도까지 바람(해풍)이 분다.

해설 ④ 해륙풍이 부는 원인은 낮에는 바다보다 육지가 빨리 더워져서 육지의 공기가 상승하기 때문에 바다에서 육지로 8~15 km 정도까지 바람(해풍)이 분다.

더 알아보기 핵심정리 2-25

---

19. 상온에서 무색이며, 자극성 냄새를 가진 기체로서 비중이 약 1.03(공기 = 1)인 오염물질은?

① 아황산가스
② 폼알데하이드
③ 이산화탄소
④ 염소

해설 폼알데하이드(HCHO)의 비중
$= \dfrac{\text{폼알데하이드 분자량}}{\text{공기 분자량}} = \dfrac{30}{29} = 1.03$

정답 16. ② 17. ① 18. ④ 19. ②

20. 대기오염이 식물에 미치는 영향에 관한 설명으로 가장 거리가 먼 것은?

① SO_2는 회백색반점을 생성하며, 피해부분은 엽육세포이다.
② PAN은 유리화, 은백색 광택을 나타내며, 주로 해면조직에 피해를 준다.
③ NO_2는 불규칙 흰색 또는 갈색으로 변화되며, 피해부분은 엽육세포이다.
④ HF는 SO_2와 같이 잎 안쪽부분에 반점을 나타내기 시작하며, 늙은 잎에 특히 민감하며, 밤에 피해가 현저하다.

해설 ④ HF는 잎의 선단(끝부분)이나 엽록부를 상아색이나 갈색으로 고사시킨다. 특히 어린 잎의 피해가 크며, 낮에 피해가 크다.

제2과목　연소공학

21. 유동층연소에서 부하변동에 대한 적응성이 좋지 않은 단점을 보완하기 위한 방법으로 가장 거리가 먼 것은?

① 공기분산판을 분할하여 층을 부분적으로 유동시킨다.
② 층 내의 연료비율을 고정시킨다.
③ 유동층을 몇 개의 셀로 분할하여 부하에 따라 작동시키는 수를 변화시킨다.
④ 층의 높이를 변화시킨다.

해설 유동층연소에서 부하변동에 대한 적응성이 좋지 않은 단점을 보완하기 위한 방법
- 공기분산판을 분할하여 층을 부분적으로 유동시킨다.
- 유동층을 몇 개의 셀로 분할하여 부하에 따라 작동시키는 수를 변화시킨다.
- 층의 높이를 변화시킨다.

22. 폐타이어를 연료화하는 주된 방식과 가장 거리가 먼 것은?

① 가압분해 증류 방식
② 액화법에 의한 연료추출 방식
③ 열분해에 의한 오일추출 방식
④ 직접 연소 방식

해설 폐타이어 연료화의 주된 방식
- 액화법에 의한 연료추출 방식
- 열분해에 의한 오일추출 방식
- 직접 연소 방식

23. 확산형 가스버너 중 포트형에 관한 설명으로 가장 거리가 먼 것은?

① 버너 자체가 로벽과 함께 내화벽돌로 조립되어 로 내부에 개구된 것이며, 가스와 공기를 함께 가열할 수 있는 이점이 있다.
② 고발열량 탄화수소를 사용할 경우에는 가스압력을 이용하여 노즐로부터 고속으로 분출하게 하여 그 힘으로 공기를 흡인하는 방식을 취한다.
③ 밀도가 큰 공기 출구는 상부에, 밀도가 작은 가스 출구는 하부에 배치되도록 한다.
④ 구조상 가스와 공기압이 높은 경우에 사용한다.

해설 ④ 구조상 가스와 공기압이 높은 경우에 사용하는 것은 예혼합 버너이다.

정리 포트형
- 큰 단면적의 화구로부터 공기와 가스를 연소실에 보내는 방식
- 공기와 기체 연료를 별도로 공급하여 연소시키므로, 모두 예열이 가능하다.
- 버너 자체가 로벽과 함께 내화벽돌로 조립되어 내부에 개구된 것
- 가스와 공기를 함께 가열할 수 있는 이점이 있다.
- 밀도가 큰 공기 출구는 상부에, 밀도가 작은 가스 출구는 하부에 배치되도록 한다.
- 고발열량 탄화수소를 사용할 경우에는 가스압력을 이용하여 노즐로부터 고속으로 분출하게 하여 그 힘으로 공기를 흡인하는 방식을 취한다.

정답 20. ④　21. ②　22. ①　23. ④

24. 수소 12 %, 수분 1 %를 함유한 중유 1 kg의 발열량을 열량계로 측정하였더니 10,000 kcal/kg이었다. 비정상적인 보일러의 운전으로 인해 불완전연소에 의한 손실열량이 1,400 kcal/kg이라면 연소효율은?

① 82 %
② 85 %
③ 87 %
④ 90 %

해설 (1) $H_l = H_h - 600(9H + W)$
$= 10,000 - 600(9 \times 0.12 + 0.01)$
$= 9,346 \text{ kcal/kg}$

(2) 연소효율
$\eta = \dfrac{H_l - (L_c + L_i)}{H_l}$
$= \dfrac{9,346 - 1,400}{9,346} = 0.8502 = 85.02 \%$

더 알아보기 핵심정리 1-36 (1), 1-40

25. 기체연료에 관한 설명으로 가장 거리가 먼 것은?

① 연료 속의 유황함유량이 적어 연소 배기가스 중 SO_2 발생량이 매우 적다.
② 다른 연료에 비해 저장이 곤란하며, 공기와 혼합해서 점화하면 폭발 등의 위험도 있다.
③ 메탄을 주성분으로 하는 천연가스를 1기압하에서 -168℃ 정도로 냉각하여 액화시킨 연료를 LNG라 한다.
④ 발생로가스란 코크스나 석탄을 불완전연소해서 얻는 가스로 주성분은 CH_4와 H_2이다.

해설 ④ 발생로가스란 코크스나 석탄을 불완전연소해서 얻는 가스로, 주성분은 CO(26.7 %)와 N_2(55.8 %)이다.

26. 다음 중 확산연소에 사용되는 버너로서 주로 천연가스와 같은 고발열량의 가스를 연소시키는 데 사용되는 것은?

① 건타입 버너
② 선회 버너
③ 방사형 버너
④ 고압 버너

해설 ① 건타입 버너 : 액체연료의 연소장치
② 선회 버너 : 확산연소용 버너 중 고로가스와 같이 저질연료를 연소시키는 데 사용됨
④ 고압 버너 : 기체연료의 연소방식 중 예혼합연소의 연소장치

27. 유압분무식 버너에 관한 설명으로 옳지 않은 것은?

① 유량조절범위가 환류식의 경우는 1 : 3, 비환류식의 경우는 1 : 2 정도여서 부하변동에 적응하기 어렵다.
② 연료의 분사유량은 15~2,000 kL/h 정도이다.
③ 분무각도가 40~90° 정도로 크다.
④ 연료의 점도가 크거나 유압이 5 kg/cm² 이하가 되면 분무화가 불량하다.

해설 ② 연료의 분사유량은 15~2,000 L/h 정도이다.

28. octane을 공기 중에서 완전연소시킬 때 이론 연소용 공기와 연료의 질량비(이론 연소용 공기의 질량/연료의 질량, kg/kg)는?

① 약 5
② 약 10
③ 약 15
④ 약 20

해설 공기연료비(AFR)
$C_8H_{18} + 12.5O_2 \rightarrow 8CO_2 + 9H_2O$
$\text{AFR} = \dfrac{\text{공기(kg)}}{\text{연료(kg)}} = \dfrac{\text{산소(kg)}/0.232}{\text{연료(kg)}}$
$= \dfrac{12.5 \times 32/0.232}{114} = 15.12$

더 알아보기 핵심정리 1-35

29. 15℃ 물 10 L를 데우는 데 10 L의 프로판 가스가 사용되었다면 물의 온도는 몇 ℃로 되는가? (단, 프로판(C_3H_8) 가스의 발열량은 488.53 kcal/mole이고, 표준상태의 기체로 취급하며, 발열량은 손실 없이 전량 물을 가열하는 데 사용되었다고 가정한다.)

① 58.8
② 49.8
③ 36.8
④ 21.8

해설 (1) 프로판 10 L에 상당하는 열량(kcal)
$$\frac{488.53\,\text{kcal}}{\text{mol}} \times \frac{1\,\text{mol}}{22.4\,\text{L}} \times 10\,\text{L}$$
$$= 218.093\,\text{kcal}$$
(2) 프로판으로 데울 수 있는 물의 온도(℃)
$q = cm\Delta t$
$$218.0938\,\text{kcal} = \frac{1\,\text{kcal}}{1\,\text{kg}\cdot\text{℃}} \times \left(10\,\text{L} \times \frac{1\,\text{kg}}{1\,\text{L}}\right) \times (t-15)\,\text{℃}$$
(단, 물의 비열은 1 cal/g·℃, 물의 밀도는 1 kg/L임)
∴ 상승온도(t) = 36.8℃

30. 다음 중 과잉산소량(잔존 O_2량)을 옳게 표시한 것은? (단, A : 실제공기량, A_o : 이론공기량, m : 공기과잉계수(m > 1), 표준상태이며, 부피기준임)

① 0.21 mA_o
② 0.21(m−1)A_o
③ 0.21 mA
④ 0.21(m−1)A

해설 과잉산소량
= 실제산소량−이론산소량
= 0.21×실제공기량−0.21×이론공기량
= 0.21 mA_o − 0.21 A_o
= 0.21(m−1)A_o

31. 연소반응에서 반응속도상수 k를 온도의 함수인 다음 반응식으로 나타낸 법칙은?

$$k = k_0 \cdot e^{-E_a/RT}$$

① Henry's Law
② Fick's Law
③ Arrhenius's Law
④ Van der Waals's Law

해설 ① 헨리의 법칙 : 기체의 용해도는 그 기체 압력에 비례
② 확산 법칙 : 확산 속도(flux)는 농도 경사에 비례
③ 아레니우스 식 : 반응속도상수와 온도의 관계식
④ 반데르발스 방정식(Van der Waals Equation) : 이상기체방정식을 실제기체로 보정한 식

32. 프로판(C_3H_8)과 에탄(C_2H_6)의 혼합가스 1 Sm^3를 완전연소시킨 결과 배기가스 중 이산화탄소(CO_2)의 생성량이 2.8 Sm^3이었다. 이 혼합가스의 mol비(C_3H_8/C_2H_6)는 얼마인가?

① 0.25　② 0.5
③ 2.0　④ 4.0

해설 프로판의 부피를 x, 에탄의 부피를 y라고 하면,
- x[Sm^3] : $C_3H_8 + 5O_2 \rightarrow 3CO_2 + 4H_2O$
- y[Sm^3] : $C_2H_6 + 3.5O_2 \rightarrow 2CO_2 + 3H_2O$

(1) 혼합기체 부피가 1 Sm^3이므로,
　x + y = 1 ⋯ (식 1)
(2) CO_2 생성량은 2.8 Sm^3이므로,
　3x + 2y = 2.8 ⋯ (식 2)
식(1), (2)를 연립방정식으로 풀면,
x = 0.8 Sm^3, y = 0.2 Sm^3
몰수비는 부피비와 같으므로,
∴ $\dfrac{프로판}{에탄} = \dfrac{0.8}{0.2} = 4$

정답 29. ③　30. ②　31. ③　32. ④

33. 화격자연소 중 상입식 연소에 관한 설명으로 옳지 않은 것은?

① 석탄의 공급방향이 1차 공기의 공급 방향과 반대로서 수동 스토커 및 산포식 스토커가 해당된다.
② 공급된 석탄은 연소 가스에 의해 가열되어 건류층에서 휘발분을 방출한다.
③ 코크스화한 석탄은 환원층에서 아래의 산화층에서 발생한 탄산가스를 일산화탄소로 환원한다.
④ 착화가 어렵고, 저품질 석탄의 연소에는 부적합하다.

해설 ④ 상부주입식 연소는 착화가 편리하고 무연탄 연소에 많이 사용된다.

해설 버너의 종류 및 특징

분류	분무압 (kg/cm²)	유량 조절비	연료 사용량 (L/h)	분무 각도 (°)
유압 분무식 버너	5~30	환류식 1:3 비환류식 1:2	15 ~2,000	40~ 90
고압 공기식 버너	2~10	1:10	3~500 (외부) 10~1,200 (내부)	20~ 30
저압 공기식 버너	0.05 ~0.2	1:5	2~200	30~ 60
회전식 버너 (로터리)	0.3 ~0.5	1:5	1,000 (직결식) 2,700 (벨트식)	40~ 80

34. 다음 설명하는 연소장치로 가장 적합한 것은?

- 증기압 또는 공기압은 2~10 kg/cm² 이다.
- 유량조절범위는 1 : 10 정도이다.
- 분무각도는 20~30°, 연소 시 소음이 발생된다.
- 대형가열로 등에 많이 사용된다.

① 고압공기식 버너
② 유압식 버너
③ 저압공기분무식 버너
④ 슬래그탭 버너

35. 석탄의 성질에 관한 설명으로 옳지 않은 것은?

① 비열은 석탄화도가 진행됨에 따라 증가하며, 통상 0.30~0.35 kcal/kg · ℃ 정도이다.
② 건조된 것은 석탄화도가 진행된 것일수록 착화온도가 상승한다.
③ 석탄류의 비중은 석탄화도가 진행됨에 따라 증가되는 경향을 보인다.
④ 착화온도는 수분함유량에 영향을 크게 받으며, 무연탄의 착화온도는 보통 440~550℃ 정도이다.

해설 ① 비열은 석탄화도가 진행됨에 따라 감소한다.

더 알아보기 핵심정리 2-41 (2)

36. 메탄의 고위발열량이 9,900 kcal/Sm³이라면 저위발열량(kcal/Sm³)은?

① 8,540
② 8,620
③ 8,790
④ 8,940

해설 저위발열량(kcal/Sm³) 계산
$CH_4 + 2O_2 \rightarrow CO_2 + 2H_2O$
$H_l = H_h - 480 \cdot \sum H_2O$
$= 9,900 - 480 \times 2 = 8,940 \, kcal/Sm^3$

더 알아보기 핵심정리 1-36 (1)

37. 다음 액체연료 C/H 비의 순서로 옳은 것은? (단, 큰 순서 > 작은 순서)

① 중유 > 등유 > 경유 > 휘발유
② 중유 > 경유 > 등유 > 휘발유
③ 휘발유 > 등유 > 경유 > 중유
④ 휘발유 > 경유 > 등유 > 중유

해설 액체연료 C/H 비
중유 > 경유 > 등유 > 휘발유

38. 다음 연료 중 착화온도가 가장 높은 것은?

① 갈탄(건조) ② 중유
③ 역청탄 ④ 메탄

해설 연료의 착화온도
① 갈탄(건조)의 착화온도 : 250~450℃
② 중유의 착화온도 : 530~580℃
③ 역청탄의 착화온도 : 325~400℃
④ 메탄의 착화온도 : 650~750℃

39. 다음 중 흑연, 코크스, 목탄 등과 같이 대부분 탄소만으로 되어 있고, 휘발성분이 거의 없는 연소의 형태로 가장 적합한 것은?

① 자기연소
② 확산연소
③ 표면연소
④ 분해연소

해설 연소의 형태
① 자기연소 : 니트로글리세린, 폭탄, 다이너마이트
② 확산연소 : 기체연료
③ 표면연소 : 석탄, 목탄, 코크스 등(휘발분 거의 없는 연료)
④ 분해연소 : 목재, 석탄, 중유 등

40. 연소 시 발생되는 NOx는 원인과 생성 기전에 따라 3가지로 분류하는데, 분류항목에 속하지 않는 것은?

① fuel NOx
② noxious NOx
③ prompt NOx
④ thermal NOx

해설 연소공정에서 발생하는 질소산화물(NOx)의 종류
- fuel NOx : 연료 자체가 함유하고 있는 질소 성분의 연소로 발생
- thermal NOx : 연료의 연소로 인한 고온분위기에서 연소공기의 분해과정에서 발생
- prompt NOx : 연료와 공기 중 질소의 결합으로 발생

제3과목 대기오염방지기술

41. 세정집진장치 중 액가스비가 10~50 L/m³ 정도로 다른 가압수식에 비해 10배 이상이며, 다량의 세정액이 사용되어 유지비가 고가이므로 처리가스량이 많지 않을 때 사용하는 것은?

① venturi scrubber
② Theisen washer
③ jet scrubber
④ impulse scrubber

해설 ③ 액가스비가 가장 큰 것은 jet scrubber이다.

정답 36. ④ 37. ② 38. ④ 39. ③ 40. ② 41. ③

42. 사이클론에서 50 %의 집진효율로 제거되는 입자의 최소입경을 무엇이라 부르는가?

① critical diameter
② cut size diameter
③ average size diameter
④ analytical diameter

[해설] • 한계입경(critical diameter) : 제거효율이 100 %인 입경
• 절단입경(cut size diameter) : 제거효율이 50 %인 입경

43. 표준형 평판 날개형보다 비교적 고속에서 가동되고, 후향 날개형을 정밀하게 변형시킨 것으로써 원심력 송풍기 중 효율이 가장 좋아 대형 냉난방 공기조화장치, 산업용 공기청정장치 등에 주로 이용되며, 에너지 절감효과가 뛰어난 송풍기 유형은?

① 비행기 날개형(airfoil blade)
② 방사 날개형(radial blade)
③ 프로펠러형(propeller)
④ 전향 날개형(forward curved)

[해설] ① 원심력 송풍기 중 효율이 가장 좋은 것은 비행기 날개형(airfoil blade)이다.

[정리] 송풍기 종류
(1) 원심형 송풍기
  ㉮ 전향 날개형(다익형)
    • 효율 낮음
    • 제한된 곳이나 저압에서 대풍량 요하는 곳
  ㉯ 후향 날개형(터보형)
    • 소음 크나 구조 간단
    • 설치장소 제약 적음
    • 고온·고압의 대용량에 적합함
    • 압입통풍기로 주로 사용
  ㉰ 비행기 날개형(익형)
    • 터보형을 변형한 것
    • 고속 가동되며 소음 적음
    • 원심력 송풍기 중 가장 효율 높음
(2) 축류식 송풍기
  ㉮ 프로펠러형(평판형)
    • 축차에 두 개 이상의 두꺼운 날개
    • 저압·대용량에 적합
    • 저효율
  ㉯ 고정날개 축류형(베인형)
    • 적은 공간 소요
    • 축류형 중 가장 효율 높음
    • 공기분포 양호
  ㉰ 튜브형
    • 덕트 도중에 설치하여 송풍압력을 높임
    • 국소 통기 또는 대형 냉각탑에 사용

44. 흡수장치의 종류 중 기체분산형 흡수장치에 해당하는 것은?

① venturi scrubber
② spray tower
③ packed tower
④ plate tower

[해설] 흡수장치의 분류
(1) 가압수식(액분산형)
  • 충전탑(packed tower)
  • 분무탑(spray tower)
  • 벤투리 스크러버(venturi scrubber)
  • 사이클론 스크러버(cyclone scrubber)
  • 제트 스크러버(jet scrubber)
(2) 유수식(가스분산형)
  • 단탑(plate tower) : 포종탑, 다공판탑
  • 기포탑

[더알아보기] 핵심정리 2-60 (5)

45. 8개 실로 분리된 충격 제트형 여과집진 장치에서 전체 처리가스량 8,000 m³/min, 여과속도 2 m/min로 처리하기 위하여 직경 0.25 m, 길이 12 m 규격의 필터백(filter bag)을 사용하고 있다. 이때 집진장치의 각 실(house)에 필요한 필터백의 개수는? (단, 각 실의 규격은 동일함, 필터백은 짝수로 선택함)

① 50   ② 54
③ 58   ④ 64

정답 42. ② 43. ① 44. ④ 45. ②

해설 여과집진장치 - 여과포(필터백) 개수

$$N = \frac{Q_{1실}}{\pi \times D \times L \times V_f}$$

$$= \frac{\left(\frac{8,000 \text{ m}^3/\text{min}}{8}\right)}{\pi \times 0.25 \text{ m} \times 12 \text{ m} \times 2 \text{ m/min}}$$

$$= 53.15$$

∴ 필터백 개수는 54개

더 알아보기 핵심정리 1-51 (3)

46. 분무탑에 관한 설명으로 옳지 않은 것은?
① 구조가 간단하고 압력손실이 적은 편이다.
② 침전물이 생기는 경우에 적합하며, 충전탑에 비해 설비비 및 유지비가 적게 드는 장점이 있다.
③ 분무에 큰 동력이 필요하고, 가스의 유출 시 비말동반이 많다.
④ 분무액과 가스의 접촉이 균일하여 효율이 우수하다.

해설 ④ 분무액과 가스의 접촉이 어려워 효율이 낮은 편이다.

정리 분무탑(spray tower) : 탑 내 몇 개의 살수노즐을 이용, 함진가스와 향류 접촉
(1) 장점
  • 충전물이 없어 막힘없음
  • 범람, 편류 발생 없음
  • 가격 저렴
  • 침전물 발생 시에도 사용 가능
(2) 단점
  • 분무액과 가스의 접촉이 어려워 효율이 낮음
  • 미세입자포집이 어려움
  • 동력소모가 발생함
  • 액가스비 큼

47. 직경 10 μm인 입자의 침강속도가 0.5 cm/s였다. 같은 조성을 지닌 30 μm 입자의 침강속도는? (단, 스토크스 침강속도식 적용)
① 1.5 cm/s
② 2 cm/s
③ 3 cm/s
④ 4.5 cm/s

해설 스토크식에서 $V_g \propto d^2$이므로,

$V_g : d^2$
0.5 cm/s : $(10 \mu m)^2$
x [cm/s] : $(30 \mu m)^2$
∴ x = 4.5 cm/s

더 알아보기 핵심정리 1-48 (1)

48. 다음은 휘발유엔진 배기가스에 영향을 미치는 사항에 관한 설명이다. ( ) 안에 알맞은 것은?

( )의 역할은 광범위한 상태하에서 엔진이 만족스럽게 작동할 수 있는 혼합비로 연료증기와 공기의 균질혼합물을 제공하는 것이다.

① Wankel engine
② charger
③ carburetor
④ ABS

해설 ① 방켈 엔진(Wankel engine, 로터리 엔진) : 독일인 방켈에 의해서 발명된 회전 피스톤 기관
② 충전기(charger)
③ 기화기(carburetor) : 연료를 미세하게 작은 입자로 만들어 공기와 혼합시켜 기화하기 쉽게 한 다음, 기관의 운전 상태에 따라 적절한 혼합 가스 양을 공급하는 장치
④ 브레이크 잠김 방지 시스템(Anti-lock Braking System)

정답 46. ④ 47. ④ 48. ③

49. 다른 VOC 제거장치와 비교하여 생물여과의 장·단점으로 가장 거리가 먼 것은?

① CO 및 NOx 등을 포함하여 생성되는 오염부산물이 적거나 없다.
② 습도제어에 각별한 주의가 필요하다.
③ 고농도 오염물질의 처리에 적합하다.
④ 생체량 증가로 인해 장치가 막힐 수 있다.

해설 ③ 고농도 오염물질인 경우 여과막이 막힐 수 있어 부적합하다.

50. 여과집진장치의 탈진방식 중 간헐식에 관한 설명으로 옳지 않은 것은?

① 간헐식 중 진동형은 여포의 음파진동, 횡진동, 상하진동에 의해 포집된 먼지층을 털어내는 방식으로 접착성 먼지의 집진에는 사용할 수 없다.
② 집진실을 여러 개의 방으로 구분하고 방 하나씩 처리가스의 흐름을 차단하여 순차적으로 탈진하는 방식이며, 여포의 수명은 연속식에 비해 길다.
③ 간헐식 중 역기류형의 적정 여과속도는 3~5 cm/s이고, glass fiber는 역기류형 중 가장 저항력이 강하다.
④ 연속식에 비해 먼지의 재비산이 적고, 높은 집진율을 얻을 수 있다.

해설 ③ 간헐식 중 역기류형의 적정 여과속도는 0.5~1.5 cm/s이고, glass fiber와 같이 쉽게 손상되는 여과제는 사용이 곤란하다.

51. 유체의 점성에 관한 설명으로 옳지 않은 것은?

① 점성은 유체분자 상호간에 작용하는 분자응집력과 인접 유체층간의 분자운동에 의하여 생기는 운동량 수송에 기인한다.
② 액체의 점성계수는 주로 분자응집력에 의하므로 온도의 상승에 따라 낮아진다.
③ Hagen의 점성법칙은 점성의 결과로 생기는 전단응력은 유체의 속도구배에 반비례한다.
④ 점성계수는 온도에 의해 영향을 받지만 압력과 습도에는 거의 영향을 받지 않는다.

해설 ③ Newton의 점성법칙 : 점성의 결과로 생기는 전단응력은 유체의 속도구배에 비례한다.
$\tau = \mu \dfrac{dv}{dy}$

52. 벤젠 소각 시 속도상수 k가 540℃에서 0.00011/s, 640℃에서 0.14/s일 때, 벤젠 소각에 필요한 활성화에너지(kcal/mol)는? (단, 벤젠의 연소반응은 1차 반응이라 가정하고 속도상수 k는 다음 Arrhenius 식으로 표현된다. $k = A \cdot \exp(-E_a/RT)$)

① 95
② 105
③ 115
④ 130

해설 아레니우스 식

- $k = A \cdot e^{\frac{-E_a}{RT}}$
- $\ln \dfrac{k_2}{k_1} = -\dfrac{E_a}{R}\left(\dfrac{1}{T_2} - \dfrac{1}{T_1}\right)$ 에서,

$\ln \dfrac{0.14}{0.00011}$
$= -\dfrac{E_a}{0.0083}\left(\dfrac{1}{273+640} - \dfrac{1}{273+540}\right)$

$\therefore E_a = \dfrac{440.432 \, kJ}{mol} \times \dfrac{1 \, kcal}{4.2 \, kJ}$
$= 104.86 \, kcal/mol$

(단, R(기체상수) : 0.0083 kJ/mol·K)

53. 전기로에 설치된 백필터의 입구 및 출구 가스량과 먼지 농도가 다음과 같을 때 먼지의 통과율은?

- 입구 가스량 : 11,400 Sm³/hr
- 출구 가스량 : 270 Sm³/min
- 입구 먼지농도 : 12,630 mg/Sm³
- 출구 먼지농도 : 1.11 g/Sm³

① 10.5 % ② 11.1 %
③ 12.5 % ④ 13.1 %

해설 먼지의 통과율(P)

$$P = \frac{CQ}{C_o Q_o} \times 100\%$$

$$= \frac{1.11\,\text{g/Sm}^3 \times 270\,\text{Sm}^3/\text{min} \times 60\,\text{min/1hr}}{12.630\,\text{g/Sm}^3 \times 11,400\,\text{Sm}^3/\text{hr}} \times 100\%$$

$$= 12.49\%$$

더 알아보기 핵심정리 1-47

54. 하전식 전기집진장치에 관한 설명으로 옳지 않은 것은?

① 1단식은 역전리의 억제는 효과적이나 재비산 방지는 곤란하다.
② 2단식은 비교적 함진농도가 낮은 가스처리에 유용하다.
③ 2단식은 1단식에 비해 오존의 생성을 감소시킬 수 있다.
④ 1단식은 보통 산업용으로 많이 쓰인다.

해설 ① 2단식은 역전리의 억제는 효과적이나 재비산 방지는 곤란하다.

정리 하전식 전기 집진장치
(1) 1단식
- 보통 산업용으로 많이 쓰인다.
- 재비산 억제 효과적
- 역전리 촉진
(2) 2단식
- 비교적 함진농도가 낮은 가스처리에 유용하다.
- 1단식에 비해 오존의 생성을 감소시킬 수 있다.
- 역전리의 억제 효과적
- 재비산 방지 곤란

55. 알루미나 담체에 탄산나트륨을 3.5~3.8 % 정도 첨가하여 제조된 흡착제를 사용하여 SO_2와 NO_x를 동시에 제거하는 공정은?

① 석회석 세정법
② Wellman-Lord법
③ Dual Acid scrubbing
④ NOxSO 공정

해설 NOxSO(SOxNO) 공정 : 감마 알루미나 담체에 탄산나트륨을 3.5~3.8 % 정도 첨가하여 제조된 흡착제를 사용하여 SO_2와 NO_x를 동시에 제거하는 공정

56. 배출가스 중 염화수소의 농도가 500 ppm이다. 배출허용기준이 100 mg/Sm³일 때, 최소한 몇 %를 제거해야 배출허용기준을 만족시킬 수 있는가? (단, 표준상태 기준이며, 기타 조건은 동일하다.)

① 약 68 % ② 약 78 %
③ 약 88 % ④ 약 98 %

해설 $\eta = 1 - \dfrac{C}{C_o}$

$$= 1 - \dfrac{\left(\dfrac{100\,\text{mg}}{\text{Sm}^3} \times \dfrac{22.4\,\text{mL}}{36.5\,\text{mg}}\right)}{500\,\text{ppm}}$$

$$= 0.8773 = 87.73\%$$

57. 98% 효율을 가진 전기집진기로 유량이 5,000 m³/min인 공기흐름을 처리하고자 한다. 표류속도(We)가 6.0 cm/s일 때, Deutsch식에 의한 필요 집진면적은 얼마나 되겠는가?

① 약 3,938 m² ② 약 4,431 m²
③ 약 4,937 m² ④ 약 5,433 m²

정답 53. ③ 54. ① 55. ④ 56. ③ 57. ④

해설 전기집진장치 – 집진효율(Deutsch-Anderson 식)

$$\eta = 1 - e^{-\frac{Aw}{Q}}$$

$$0.98 = 1 - e^{-\frac{A \times 0.06}{500/60}}$$

∴ $A = 5,433.37 \, m^2$

여기서, A : 집진판 면적(m^2)
 w : 겉보기 속도(m/s)
 Q : 처리가스량(m^3/s)

더 알아보기 핵심정리 1-52 (2)

58. 촉매연소법에 관한 설명으로 거리가 먼 것은?

① 열소각법에 비해 체류시간이 훨씬 짧다.
② 열소각법에 비해 NOx 생성량을 감소시킬 수 있다.
③ 팔라듐, 알루미나 등은 촉매에 바람직하지 않은 원소이다.
④ 열소각법에 비해 점화온도를 낮춤으로써 운영비용을 절감할 수 있다.

해설 ③ 백금과 팔라듐은 촉매에 가장 바람직한 원소이다.

59. 다음 중 송풍기에 관한 법칙 표현으로 옳지 않은 것은? (단, 송풍기의 크기와 유체의 밀도는 일정하며, Q : 풍량, N : 회전수, W : 동력, V : 배출속도, ΔP : 정압)

① $W_1/N_1^3 = W_2/N_2^3$
② $Q_1/N_1 = Q_2/N_2$
③ $V_1/N_1^3 = V_2/N_2^3$
④ $\Delta P_1/N_1^2 = \Delta P_2/N_2^2$

해설 ③ 유속(V)과 회전수(N)는 1승에 비례한다.

60. 다음은 흡착제에 관한 설명이다. ( ) 안에 가장 적합한 것은?

현재 분자체로 알려진 ( )이/가 흡착제로 많이 쓰이는데, 이것은 제조과정에서 그 결정구조를 조절하여 특정한 물질을 선택적으로 흡착시키거나 흡착속도를 다르게 할 수 있는 장점이 있으며, 극성이 다른 물질이나 포화 정도가 다른 탄화수소의 분리가 가능하다.

① activated carbon
② synthetic zeolite
③ silica gel
④ activated alumina

해설 ① 활성탄(activated carbon)
 ② 합성 제올라이트(synthetic zeolite)
 ③ 실리카겔(silica gel)
 ④ 활성 알루미나(activated alumina)

제4과목 대기오염공정시험기준(방법)

61. 이론단수가 1,600인 분리관이 있다. 머무름시간이 20분인 피크의 좌우변곡점에서 접선이 자르는 바탕선의 길이가 10 mm일 때, 기록지 이동속도는? (단, 이론단수는 모든 성분에 대하여 같다.)

① 2.5 mm/min
② 5 mm/min
③ 10 mm/min
④ 15 mm/min

해설 이론단수$(n) = 16 \cdot \left(\dfrac{t_R}{W}\right)^2$

$$1,600 = 16 \cdot \left(\dfrac{20\,min \times v(mm/min)}{10\,mm}\right)^2$$

∴ $v = 5 \, mm/min$

여기서, t_R : 시료도입점으로부터 봉우리 최고점까지의 길이(머무름시간)
 W : 봉우리의 좌우 변곡점에서 접선이 자르는 바탕선의 길이(피크폭)

정답 58. ③ 59. ③ 60. ② 61. ②

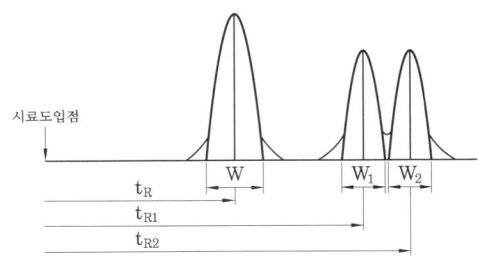

크로마토그램

62. 다음은 환경대기 중 다환방향족탄화수소류(PAHs)-기체크로마토그래피/질량분석법에 사용되는 용어의 정의이다. ( ) 안에 알맞은 것은?

> ( )은 추출과 분석 전에 각 시료, 공시료, 매체시료(matrix-spiked)에 더해지는 화학적으로 반응성이 없는 환경 시료 중에 없는 물질을 말한다.

① 내부표준물질(IS, Internal Standard)
② 외부표준물질(ES, External Standard)
③ 대체표준물질(surrogate)
④ 속실렛(soxhlet) 추출물질

해설 • 대체표준물질(surrogate) : 추출과 분석 전에 각 시료, 공 시료, 매체시료(matrix-spiked)에 더해지는 화학적으로 반응성이 없는 환경 시료 중에 없는 물질
• 내부표준물질(IS, Internal Standard) : 알고 있는 양을 시료 추출액에 첨가하여 농도측정 보정에 사용되는 물질로 반드시 분석목적 물질이 아니어야 한다.

63. 환경대기 중 석면시험방법 중 위상차현미경법을 통한 계수대상물질의 식별 방법에 관한 설명으로 옳지 않은 것은? (단, 적정한 분석능력을 가진 위상차현미경 등을 사용한 경우)

① 단섬유인 경우 구부러져 있는 섬유는 곡선에 따라 전체 길이를 재어서 판정 한다.
② 헝클어져 다발을 이루고 있는 경우로서 섬유가 헝클어져 정확한 수를 헤아리기 힘들 때에는 0개로 판정한다.
③ 섬유에 입자가 부착하고 있는 경우 입자의 폭이 3 μm를 넘는 것은 1개로 판정한다.
④ 섬유가 그래티큘 시야의 경계선에 물린 경우 그래티큘 시야 안으로 한쪽 끝만 들어와 있는 섬유는 1/2개로 인정한다.

해설 ③ 섬유에 입자가 부착하고 있는 경우 입자의 폭이 3 μm를 넘는 것은 0개로 판정한다

정리 환경대기 중 석면시험방법-위상차현미경법 식별방법
(1) 포집한 먼지 중에 길이 5 μm 이상이고, 길이와 폭의 비가 3 : 1 이상인 섬유를 석면섬유로서 계수한다.
(2) 단섬유인 경우
• 길이 5 μm 이상인 섬유는 1개로 판정한다.
• 구부러져 있는 섬유는 곡선에 따라 전체 길이를 재어서 판정한다.
• 길이와 폭의 비가 3 : 1 이상인 섬유는 1개로 판정한다.
(3) 입자가 부착하고 있는 경우
• 입자의 폭이 3 μm를 넘는 것은 0개로 판정한다.
(4) 헝클어져 다발을 이루고 있는 경우
• 여러 개의 섬유가 교차하고 있는 경우는 교차하고 있는 각각의 섬유를 단섬유로 인정하고, 단섬유인 경우의 규정에 따라 판정한다.
• 섬유가 헝클어져 정확한 수를 헤아리기 힘들 때에는 0개로 판정한다.
(5) 섬유가 그래티큘 시야의 경계선에 물린 경우
• 그래티큘 시야 안으로 완전히 5 μm 이상 들어와 있는 섬유는 1개로 인정한다.
• 그래티큘 시야 안으로 한쪽 끝만 들어와 있는 섬유는 1/2개로 인정한다.
• 그래티큘 시야의 경계선에 한꺼번에 너무 많이 몰려 있는 경우에는 0개로 판정한다.
(6) 상기에 열거한 방법들에 따라 판정하기가 힘든 경우에는 해당 시야에서의 판정을 포기하고, 다른 시야로 바꾸어서 다시 식별하도록 한다.
(7) 다발을 이루고 있는 섬유가 그래티큘 시야의 1/6 이상일 때는 해당 시야에서의 판정을 포기하고, 다른 시야로 바꾸어서 재식별하도록 한다.

64. 다음은 환경대기 중 유해 휘발성유기화합물의 시험방법(고체흡착법)에서 사용되는 용어의 정의이다. ( ) 안에 알맞은 것은?

> 일정농도의 VOC가 흡착관에 흡착되는 초기 시점부터 일정시간이 흐르게 되면 흡착관 내부에 상당량의 VOC가 포화되기 시작하고 전체 VOC양의 5%가 흡착관을 통과하게 되는데, 이 시점에서 흡착관 내부로 흘러간 총 부피를 ( )라 한다.

① 머무름부피(retention volume)
② 안전부피(safe Sample volume)
③ 파과부피(breakthrough volume)
④ 탈착부피(desorption volume)

해설 환경대기 중 유해 휘발성 유기화합물(VOCs) 시험방법 – 고체흡착법
- 파과부피(BV, breakthrough volume) : 일정농도의 VOC가 흡착관에 흡착되는 초기 시점부터 일정시간이 흐르게 되면 흡착관 내부에 상당량의 VOC가 포화되기 시작하고 전체 VOC양의 5%가 흡착관을 통과하게 되는데, 이 시점에서 흡착관 내부로 흘러간 총 부피를 파과부피라 한다.
- 머무름부피(RV, retention volume) : 짧은 길이로 흡착제가 충전된 흡착관을 통과하면서 분석물질의 증기띠를 이동시키는데 필요한 운반기체의 부피

65. 온도표시에 관한 설명으로 옳지 않은 것은?

① "냉후"(식힌 후)라 표시되어 있을 때는 보온 또는 가열 후 실온까지 냉각된 상태를 뜻한다.
② 상온은 15~25℃, 실온은 1~35℃로 한다.
③ 찬 곳은 따로 규정이 없는 한 0~5℃를 뜻한다.
④ 온수는 60~70℃이고, 열수는 약 100℃를 말한다.

해설 온도의 표시
- 표준온도 : 0℃
- 상온 : 15~25℃
- 실온 : 1~35℃
- 찬 곳 : 따로 규정이 없는 한 0~15℃의 곳
- 냉수 : 15℃ 이하
- 온수 : 60~70℃
- 열수 : 약 100℃

66. 다음은 비분산 적외선 분광분석법 중 응답시간(response time)의 성능 기준을 나타낸 것이다. ㉠, ㉡에 알맞은 것은?

> 제로 조정용 가스를 도입하여 안정된 후 유로를 (㉠)로 바꾸어 기준 유량으로 분석계에 도입하여 그 농도를 눈금 범위 내에 어느 일정한 값으로부터 다른 일정한 값으로 갑자기 변화시켰을 때 스텝(step)응답에 대한 소비시간이 1초 이내이어야 한다. 또 이때 최종 지시치에 대한 (㉡)을 나타내는 시간은 40초 이내이어야 한다.

① ㉠ 비교가스, ㉡ 10%의 응답
② ㉠ 스팬가스, ㉡ 10%의 응답
③ ㉠ 비교가스, ㉡ 90%의 응답
④ ㉠ 스팬가스, ㉡ 90%의 응답

해설 비분산 적외선 분광분석법 – 응답시간 : 제로 조정용 가스를 도입하여 안정된 후 유로를 스팬가스로 바꾸어 기준 유량으로 분석계에 도입하여 그 농도를 눈금 범위 내의 어느 일정한 값으로부터 다른 일정한 값으로 갑자기 변화시켰을 때 스텝(step) 응답에 대한 소비시간이 1초 이내이어야 한다. 또 이때 최종 지시값에 대한 90%의 응답을 나타내는 시간은 40초 이내이어야 한다.

67. 배출가스 중 다이옥신 및 퓨란류 분석을 위한 시료채취방법에 관한 설명으로 옳지 않은 것은?
① 흡인노즐에서 흡인하는 가스의 유속은 측정점의 배출가스유속에 대해 상대 오차 −5~+5 %의 범위 내로 한다.
② 최종배출구에서의 시료채취 시 흡인기 체량은 표준상태(0℃, 1기압)에서 4시간 평균 3 m³ 이상으로 한다.
③ 덕트 내의 압력이 부압인 경우에는 흡인장치를 덕트 밖으로 빼낸 후에 흡인펌프를 정지시킨다.
④ 배출가스 시료를 채취하는 동안에 각 흡수병은 얼음 등으로 냉각시키며, XAD-2 수지 흡착관은 −50℃ 이하로 유지하여야 한다.

해설 ④ 배출가스 시료를 채취하는 동안에 각 흡수병은 얼음 등으로 냉각시키며, XAD-2수지 포집관부는 30℃ 이하로 유지하여야 한다.

68. 굴뚝 배출가스 중 CS_2의 측정에 사용되는 흡수액은? (단, 자외선/가시선 분석방법으로 측정)
① 붕산용액
② 가성소다 용액
③ 황산구리 용액
④ 다이에틸아민구리 용액

해설 배출가스 중 이황화탄소 – 자외선/가시선분광법 : 다이에틸아민구리 용액에서 시료가스를 흡수시켜 생성된 다이에틸 다이싸이오카밤산구리의 흡광도를 435 nm의 파장에서 측정하여 이황화탄소를 정량한다.
더 알아보기 핵심정리 2-76

69. 굴뚝 배출가스 중 먼지를 시료채취장치 1형을 사용한 반자동식 채취기에 의한 방법으로 측정할 경우 원통형 여과지의 전처리 조건으로 가장 적합한 것은? (단, 배출가스 온도가 (110±5)℃ 이상으로 배출된다.)
① (80±5)℃에서 충분히(1~3시간) 건조
② (100±5)℃에서 30분간 건조
③ (120±5)℃에서 30분간 건조
④ (110±5)℃에서 충분히(1~3시간) 건조

해설 반자동 채취장치의 전처리−시료 채취장치 1형을 사용하는 경우 : 원통형 여과지를 (110±5)℃에서 충분히 1시간~3시간 건조하고 데시케이터 내에서 실온까지 냉각하여 무게를 0.1 mg까지 측정한 후 여과지홀더에 끼운다.

70. 굴뚝 배출가스 중에 포함된 폼알데하이드 및 알데하이드류의 분석방법으로 거리가 먼 것은?
① 고성능액체크로마토그래피
② 크로모트로핀산 자외선/가시선분광법
③ 나프틸에틸렌디아민법
④ 아세틸아세톤 자외선/가시선분광법

해설 배출가스 중 폼알데하이드 및 알데하이드류 적용가능한 분석방법
• 고성능액체크로마토그래피
• 크로모트로핀산 자외선/가시선분광법
• 아세틸아세톤 자외선/가시선분광법

71. 굴뚝 배출가스 중 황화수소를 아이오딘 적정법으로 분석할 때 종말점의 판단을 위한 지시약은?
① 아르세나조 Ⅲ
② 메틸렌 레드
③ 녹말 용액
④ 메텔렌 블루

해설 [개정] "배출가스 중 황화수소−아이오딘 적정법"은 공정시험기준에서 삭제되어 더 이상 출제되지 않습니다.

72. 굴뚝배출가스 내의 질소산화물을 연속적으로 자동측정하는 방법 중 화학발광분석계의 구성에 관한 설명으로 거리가 먼 것은?

① 유량제어부는 시료가스 유량제어부와 오존가스 유량제어부가 있으며 이들은 각각 저항관, 압력조절기, 니들밸브, 면적유량계, 압력계 등으로 구성되어 있다.
② 반응조는 시료가스와 오존가스를 도입하여 반응시키기 위한 용기로서 이 반응에 의해 화학발광이 일어나고 내부압력조건에 따라 감압형과 상압형이 있다.
③ 오존발생기는 산소가스를 오존으로 변환시키는 역할을 하며, 에너지원으로서 무성방전관 또는 자외선발생기를 사용한다.
④ 검출기에는 화학발광을 선택적으로 투과시킬 수 있는 발광필터가 부착되어 있으며 전기신호를 발광도로 변환시키는 역할을 한다.

해설 ④ 검출기 : 화학발광을 선택적으로 투과시킬 수 있는 광학필터가 부착되어 있으며 발광도를 전기신호로 변환시키는 역할을 한다.

73. 흡광차분광법에 관한 설명으로 옳지 않은 것은?

① 일반 흡광광도법은 적분적이며 흡광차분광법은 미분적이라는 차이가 있다.
② 측정에 필요한 광원은 180~2,850 nm 파장을 갖는 제논램프를 사용한다.
③ 분석장치는 분석기와 광원부로 나누어지며 분석기 내부는 분광기, 샘플 채취부, 검지부, 분석부, 통신부 등으로 구성된다.
④ 광원부는 발·수광부 및 광케이블로 구성된다.

해설 흡광차분광법
① 일반 흡광광도법은 미분적(일시적)이며 흡광차분광법(DOAS)은 적분적(연속적)이란 차이점이 있다.

더 알아보기 핵심정리 2-83

74. 크로모트로핀산 자외선/가시선분광법으로 굴뚝배출가스 중 폼알데하이드를 정량할 때 흡수발색액 제조에 필요한 시약은?

① CH_3COOH
② H_2SO_4
③ $NaOH$
④ NH_4OH

해설 폼알데하이드 크로모트로핀산법 흡수액 : 크로모트로핀산 + 황산

더 알아보기 핵심정리 2-76

75. 기체크로마토그래피의 장치구성에 관한 설명으로 가장 거리가 먼 것은?

① 방사성 동위원소를 사용하는 검출기를 수용하는 검출기 오븐에 대하여는 온도조절기구와는 별도로 독립작용 할 수 있는 과열방지기구를 설치해야 한다.
② 분리관오븐의 온도조절 정밀도는 ±0.5℃ 범위 이내 전원 전압변동 10 %에 대하여 온도변화 ±0.5℃ 범위 이내(오븐의 온도가 150℃ 부근일 때)이어야 한다.
③ 머무름시간을 측정할 때는 10회 측정하여 그 평균치를 구한다. 일반적으로 5분~30분 정도에서 측정하는 봉우리의 머무름시간은 반복시험을 할 때 ±5 % 오차범위 이내이어야 한다.
④ 불꽃이온화 검출기는 대부분의 화합물에 대하여 열전도도 검출기보다 약 1,000배 높은 감도를 나타내고 대부분의 유기화합물의 검출이 가능하므로 흔히 사용된다.

해설 ③ 머무름시간을 측정할 때는 3회 측정하여 그 평균치를 구한다. 일반적으로 5분~30분 정도에서 측정하는 봉우리의 머무름시간은 반복시험을 할 때 ±3 % 오차범위 이내이어야 한다.

정답 72. ④ 73. ① 74. ② 75. ③

76. 다음은 중금속 분석을 위한 전처리 방법 중 저온회화법에 관한 설명이다. ㉠, ㉡에 알맞은 것은?

> 시료를 채취한 여과기를 회화실에 넣고 약 (㉠)에서 회화한다. 셀룰로스 섬유제 여과지를 사용했을 때에는 그대로, 유리섬유제 또는 석영섬유제 여과지를 사용했을 때는 적당한 크기로 자르고 250 mL 원뿔형 비커에 넣은 다음 (㉡)를 가한다. 이것을 물중탕 중에서 약 30분간 가열하여 녹인다.

① ㉠ 200℃ 이하, ㉡ 황산(2+1) 70 mL 및 과망간산포타슘(0.025 N) 5 mL
② ㉠ 450℃ 이하, ㉡ 황산(2+1) 70 mL 및 과망간산포타슘(0.025 N) 5 mL
③ ㉠ 200℃ 이하, ㉡ 염산(1+1) 70 mL 및 과산화수소수(30 %) 5 mL
④ ㉠ 450℃ 이하, ㉡ 염산(1+1) 70 mL 및 과산화수소수(30 %) 5 mL

해설 시료 전처리 – 저온회화법
시료를 채취한 여과지를 회화실에 넣고 약 200℃ 이하에서 회화한다. 셀룰로스 섬유제 여과지를 사용했을 때에는 그대로, 유리섬유제 또는 석영섬유제 여과지를 사용했을 때에는 적당한 크기로 자르고 250 mL짜리 원뿔형 비커에 넣은 다음 염산(1+1) 70 mL 및 과산화수소수(30 %) 5 mL를 가한다. 이것을 물중탕 중에서 약 30분간 가열하여 녹인다.

77. 굴뚝에서 배출되는 건조배출가스의 유량을 연속적으로 자동 측정하는 방법에 관한 설명으로 옳지 않은 것은?
① 건조배출가스 유량은 배출되는 표준상태의 건조배출가스량[Sm^3(5분적산치)]으로 나타낸다.
② 열선식 유속계를 이용하는 방법에서 시료채취부는 열선과 지주 등으로 구성되어 있으며, 열선은 직경 2~10 μm, 길이 약 1 mm의 텅스텐이나 백금선 등이 쓰인다.
③ 유량의 측정방법에는 피토관, 열선유속계, 와류유속계를 이용하는 방법이 있다.
④ 와류유속계를 사용할 때에는 압력계 및 온도계는 유량계 상류측에 설치해야 하고, 일반적으로 온도계는 글로브식을, 압력계는 부르동관식을 사용한다.

해설 ④ 와류유속계를 사용할 때에는 압력계 및 온도계는 유량계 하류측에 설치해야 한다. 소용돌이의 압력변화에 의한 검출방식은 일반적으로 배관 진동의 영향을 받기 쉬우므로 진동 방지대책을 세워야 한다.

78. 어떤 사업장의 굴뚝에서 실측한 배출가스 중 A오염물질의 농도가 600 ppm이었다. 이때 표준산소농도는 6 %, 실측산소농도는 8 %이었다면 이 사업장의 배출가스 중 보정된 A오염물질의 농도는? (단, A오염물질은 배출허용기준 중 표준산소농도를 적용받는 항목이다.)
① 약 486 ppm   ② 약 520 ppm
③ 약 692 ppm   ④ 약 768 ppm

해설 오염물질 농도 보정
$$C = C_a \times \frac{21 - O_s}{21 - O_a} = 600 \times \frac{21 - 6}{21 - 8}$$
$= 692.30 \, ppm$

여기서, C : 오염물질 농도(mg/Sm^3 또는 ppm)
C_a : 실측오염물질농도(mg/Sm^3 또는 ppm)
O_s : 표준산소농도(%)
O_a : 실측산소농도(%)

정답 76. ③ 77. ④ 78. ③

79. A굴뚝의 측정공에서 피토관으로 가스의 압력을 측정해 보니 동압이 15 mmH₂O이었다. 이 가스의 유속은? (단, 사용한 피토관의 계수(C)는 0.85이며, 가스의 단위체적당 질량은 1.2 kg/m³로 한다.)

① 약 12.3 m/s ② 약 13.3 m/s
③ 약 15.3 m/s ④ 약 17.3 m/s

해설 배출가스 중 입자상 물질의 시료채취방법 유속 측정방법

$$V = C\sqrt{\frac{2gh}{\gamma}} = 0.85 \times \sqrt{\frac{2 \times 9.8 \times 15}{1.2}}$$

$$= 13.3 \text{ m/s}$$

여기서, V : 유속(m/s)
C : 피토관 계수
h : 피토관에 의한 동압 측정치(mmH₂O)
g : 중력가속도(9.8 m/s²)
γ : 굴뚝 내의 배출가스 밀도(kg/m³)

80. 다음은 굴뚝배출가스 중 아황산가스를 연속적으로 자동측정하는 방법 중 불꽃광도 분석계의 측정원리에 관한 설명이다. ㉠, ㉡에 알맞은 것은?

환원선 수소불꽃에 도입된 아황산가스가 불꽃 중에서 환원될 때 발생하는 빛 가운데 (㉠) 부근의 빛에 대한 발광강도를 측정하여 연도배출가스 중 아황산가스 농도를 구한다. 이 방법을 이용하기 위하여는 불꽃에 도입되는 아황산가스 농도가 (㉡) 이하가 되도록 시료가스를 깨끗한 공기로 희석해야 한다.

① ㉠ 254 nm, ㉡ 5~6 mg/min
② ㉠ 394 nm, ㉡ 5~6 mg/min
③ ㉠ 254 nm, ㉡ 5~6 μg/min
④ ㉠ 394 nm, ㉡ 5~6 μg/min

해설 굴뚝연속자동측정기기 아황산가스
정리 불꽃광도 분석계 : 환원선 수소불꽃에 도입된 아황산가스가 불꽃 중에서 환원될 때 발생하는 빛 가운데 394 nm 부근의 빛에 대한 발광강도를 측정하여 연도배출가스 중 아황산가스 농도를 구한다. 이 방법을 이용하기 위하여는 불꽃에 도입되는 아황산가스 농도가 5~6 μg/min 이하가 되도록 시료가스를 깨끗한 공기로 희석해야 한다.

제5과목 대기환경관계법규

81. 대기환경보전법상 자동차의 운행정지에 관한 사항이다. ( )에 알맞은 것은?

환경부장관, 특별시장·광역시장·특별자치시장·특별자치도지사·시장·군수·구청장은 운행차 배출허용기준 초과에 따른 개선명령을 받은 자동차 소유자가 이에 따른 확인검사를 환경부령으로 정하는 기간 이내에 받지 아니하는 경우에는 ( )의 기간을 정하여 해당 자동차의 운행정지를 명할 수 있다.

① 5일 이내 ② 7일 이내
③ 10일 이내 ④ 15일 이내

해설 자동차의 운행정지 : 환경부장관, 특별시장·광역시장·특별자치시장·특별자치도지사·시장·군수·구청장은 개선명령을 받은 자동차 소유자가 확인검사를 환경부령으로 정하는 기간 이내에 받지 아니하는 경우에는 10일 이내의 기간을 정하여 해당 자동차의 운행정지를 명할 수 있다.

82. 대기환경보전법규상 대기오염경보 발령 시 포함되어야 할 사항으로 가장 거리가 먼 것은? (단, 기타사항은 제외)

① 대기오염경보단계
② 대기오염경보의 경보대상기간
③ 대기오염경보의 대상지역
④ 대기오염경보단계별 조치사항

정답 79. ② 80. ④ 81. ③ 82. ②

[해설] 대기오염경보 발령 시 포함되어야 할 사항
1. 대기오염경보의 대상지역
2. 대기오염경보단계 및 대기오염물질의 농도
3. 대기오염경보단계별 조치사항
4. 그 밖에 시·도지사가 필요하다고 인정하는 사항

83. 실내공기질 관리법규상 "에틸벤젠"의 신축공동주택의 실내공기질 권고기준은?

① 30 $\mu g/m^3$ 이하 ② 210 $\mu g/m^3$ 이하
③ 300 $\mu g/m^3$ 이하 ④ 360 $\mu g/m^3$ 이하

[해설] 신축공동주택의 실내공기질 권고기준
• 에틸벤젠 : 360 $\mu g/m^3$ 이하

(더 알아보기) 핵심정리 2-105

84. 다음은 악취방지법규상 복합악취에 대한 배출허용기준 및 엄격한 배출허용기준의 설정 범위이다. ㉠, ㉡에 알맞은 것은?

구분	배출허용기준	
	공업지역	기타지역
배출구	1,000 이하	(㉠) 이하
부지경계선	20 이하	(㉡) 이하

① ㉠ 500, ㉡ 10 ② ㉠ 500, ㉡ 15
③ ㉠ 750, ㉡ 10 ④ ㉠ 750, ㉡ 15

[해설] 배출허용기준 및 엄격한 배출허용기준 – 복합악취

구분	배출허용기준 (희석배수)		엄격한 배출허용기준의 범위 (희석배수)	
	공업지역	기타지역	공업지역	기타지역
배출구	1,000 이하	500 이하	500~1,000	300~500
부지경계선	20 이하	15 이하	15~20	10~15

85. 대기환경보전법규상 배출허용기준초과에 따른 개선명령을 받은 경우로서 개선하여야 할 사항이 배출시설 또는 방지시설일 때 개선계획서에 포함되어야 할 사항 또는 첨부서류로 가장 거리가 먼 것은?

① 공사기간 및 공사비
② 측정기기 관리담당자 변경사항
③ 대기오염물질의 처리방식 및 처리효율
④ 배출시설 또는 방지시설의 개선명세서 및 설계도

[해설] 개선계획서 포함사항(개선명령을 받은 경우로서 개선하여야 할 사항이 배출시설 또는 방지시설인 경우)
가. 배출시설 또는 방지시설의 개선명세서 및 설계도
나. 대기오염물질의 처리방식 및 처리 효율
다. 공사기간 및 공사비
라. 다음의 경우에는 이를 증명할 수 있는 서류
 • 개선기간 중 배출시설의 가동을 중단하거나 제한하여 대기오염물질의 농도나 배출량이 변경되는 경우
 • 개선기간 중 공법 등의 개선으로 대기오염물질의 농도나 배출량이 변경되는 경우

86. 대기환경보전법령상 사업장별 구분 또는 사업장별 환경기술인의 자격기준에 관한 설명으로 옳지 않은 것은?

① 4종사업장은 대기오염물질발생량의 합계가 연간 2톤 이상 10톤 미만인 사업장을 말한다.
② 공동방지시설에서 각 사업장의 대기오염물질 발생량의 합계가 4종사업장과 5종사업장의 규모에 해당하는 경우에는 3종사업장에 해당하는 기술인을 두어야 한다.
③ 1종사업장과 2종사업장 중 1개월 동안 실제 작업한 날만을 계산하여 1일 평균 17시간 이상 작업하는 경우에는 해당 사업장의 기술인을 각각 2명 이상 두어야 한다.
④ 전체 배출시설에 대하여 방지시설 설치 면제를 받은 사업장과 배출시설에서 배출되는 오염물질 등을 공동방지시설에서 처리하는 사업장은 2종사업장에 해당하는 기술인을 두어야 한다.

[정답] 83. ④ 84. ② 85. ② 86. ④

해설 사업장별 환경기술인의 자격기준
④ 전체 배출시설에 대하여 방지시설 설치 면제를 받은 사업장과 배출시설에서 배출되는 오염물질 등을 공동방지시설에서 처리하는 사업장은 5종사업장에 해당하는 기술인을 둘 수 있다.

더알아보기 핵심정리 2-98

87. 대기환경보전법규상 대기배출시설을 설치 운영하는 사업자에 대하여 조업정지를 명하여야 하는 경우로서 그 조업정지가 주민의 생활, 기타 공익에 현저한 지장을 초래할 우려가 있다고 인정되는 경우 조업정지처분에 갈음하여 과징금을 부과할 수 있다. 이때 과징금의 부과금액 산정 시 적용되지 않는 항목은?

① 조업정지일수
② 1일당 부과금액
③ 오염물질별 부과금액
④ 사업장 규모별 부과계수

해설 조업정지처분을 갈음한 과징금의 계산
과징금 = 조업정지일수×1일당 부과금액
×사업장 규모별 부과계수

88. 대기환경보전법규상 자동차 운행정지표지의 바탕색상은?

① 회색 ② 녹색 ③ 노란색 ④ 흰색

해설 자동차 운행정지표지
• 바탕색상 : 노란색
• 문자색상 : 검정색

89. 대기환경보전법규상 대기오염방지시설과 가장 거리가 먼 것은? (단, 기타의 경우는 제외)

① 중력집진시설
② 여과집진시설
③ 간접연소에 의한 시설
④ 산화환원에 의한 시설

해설 대기오염방지시설
1. 중력집진시설
2. 관성력집진시설
3. 원심력집진시설
4. 세정집진시설
5. 여과집진시설
6. 전기집진시설
7. 음파집진시설
8. 흡수에 의한 시설
9. 흡착에 의한 시설
10. 직접연소에 의한 시설
11. 촉매반응을 이용하는 시설
12. 응축에 의한 시설
13. 산화·환원에 의한 시설
14. 미생물을 이용한 처리시설
15. 연소조절에 의한 시설

90. 대기환경보전법상 벌칙기준 중 7년 이하의 징역이나 1억원 이하의 벌금에 처하는 것은?

① 대기오염물질의 배출허용기준 확인을 위한 측정기기의 부착 등의 조치를 하지 아니한 자
② 황 연료사용 제한조치 등의 명령을 위반한 자
③ 제작차 배출허용기준에 맞지 아니하게 자동차를 제작한 자
④ 배출가스 전문정비사업자로 등록하지 아니하고 정비·점검 또는 확인검사 업무를 한 자

해설 ① 대기오염물질의 배출허용기준 확인을 위한 측정기기의 부착 등의 조치를 하지 아니한 자 : 5년 이하의 징역 또는 5천만원 이하의 벌금
② 황함유기준을 초과하는 연료의 연료사용 제한조치 등의 명령 을 위반한 자 : 5년 이하의 징역 또는 5천만원 이하의 벌금
④ 배출가스 전문정비사업자로 등록하지 아니하고 정비·점검 또는 확인검사 업무를 한 자 : 5년 이하의 징역 또는 5천만원 이하의 벌금

정답 87. ③   88. ③   89. ③   90. ③

91. 대기환경보전법령상 자동차 배출가스 규제 등에서 매출액 산정 및 위반행위 정도에 따른 과징금의 부과기준과 관련된 사항으로 옳은 것은?

① 매출액 산정방법에서 "매출액"이란 그 자동차의 최초 제작시점부터 적발시점까지의 총 매출액으로 한다.
② 제작차에 대하여 인증을 받지 아니하고 자동차를 제작·판매한 행위에 대해서 위반행위의 정도에 따른 가중부과계수는 0.5를 적용한다.
③ 제작차에 대하여 인증을 받은 내용과 다르게 자동차를 제작·판매한 행위에 대해서 위반행위의 정도에 따른 가중부과계수는 0.5를 적용한다.
④ 과징금의 산정방법 = 총매출액×3/100× 가중부과계수를 적용한다.

해설 과징금의 부과기준
1. 매출액 산정방법 : "매출액"이란 그 자동차의 최초 제작시점부터 적발시점까지의 총 매출액으로 한다. 다만, 과거에 위반경력이 있는 자동차 제작자는 위반행위가 있었던 시점 이후에 제작된 자동차의 매출액으로 한다.
2. 가중부과계수 : 위반행위의 종류 및 배출가스의 증감 정도에 따른 가중부과계수는 다음과 같다.

위반행위의 종류	가중부과계수	
	배출가스의 양이 증가하는 경우	배출가스의 양이 증가하지 않는 경우
가. 인증을 받지 않고 자동차를 제작하여 판매한 경우	1.0	1.0
나. 거짓이나 그 밖의 부정한 방법으로 인증 또는 변경인증을 받은 경우	1.0	1.0
다. 인증받은 내용과 다르게 자동차를 제작하여 판매한 경우	1.0	0.3

3. 과징금 산정방법 : 매출액×5/100×가중부과계수

92. 실내공기질 관리법규상 "의료기관"의 라돈(Bq/m^3)항목 실내공기질 권고기준은?

① 148 이하
② 400 이하
③ 500 이하
④ 1,000 이하

해설 실내공기질 권고기준 – 의료기관
• 라돈 : 148 Bq/m^3 이하

더 알아보기 핵심정리 2-107

93. 대기환경보전법규상 휘발성유기화합물 배출시설의 변경신고를 해야 하는 경우가 아닌 것은?

① 사업장의 명칭 또는 대표자를 변경하는 경우
② 휘발성유기화합물 배출시설을 폐쇄하는 경우
③ 휘발성유기화합물의 배출억제·방지시설을 변경하는 경우
④ 설치신고를 한 배출시설 규모의 합계 또는 누계보다 100분의 30 이상 증설하는 경우

해설 휘발성유기화합물 배출시설의 변경신고를 해야 하는 경우
1. 사업장의 명칭 또는 대표자를 변경하는 경우
2. 설치신고를 한 배출시설 규모의 합계 또는 누계보다 100분의 50 이상 증설하는 경우
3. 휘발성유기화합물의 배출 억제·방지시설을 변경하는 경우
4. 휘발성유기화합물 배출시설을 폐쇄하는 경우
5. 휘발성유기화합물 배출시설 또는 배출 억제·방지시설을 임대하는 경우

정답 91. ① 92. ① 93. ④

94. 대기환경보전법규상 부식·마모로 인하여 대기오염물질이 누출되는 배출시설을 정당한 사유 없이 방치한 경우의 3차 행정처분기준은?

① 개선명령
② 경고
③ 조업정지 10일
④ 조업정지 30일

해설 행정처분기준 : 부식·마모로 인하여 대기오염물질이 누출되는 배출시설을 정당한 사유 없이 방치한 경우
- 1차 : 경고
- 2차 : 조업정지 10일
- 3차 : 조업정지 30일
- 4차 : 허가취소 또는 폐쇄

95. 대기환경보전법상 공익에 현저한 지장을 줄 우려가 인정되는 경우 등으로 인해 조업정지 처분에 갈음하여 부과할 수 있는 과징금 처분에 관한 설명으로 옳지 않은 것은?

① 최대 2억원까지 과징금을 부과할 수 있다.
② 과징금을 납부기한까지 납부하지 아니한 경우는 최대 3월 이내 기간의 조업정지 처분을 명할 수 있다.
③ 사회복지시설 및 공공주택의 냉난방시설을 설치, 운영하는 사업자에 대하여 부과할 수 있다.
④ 의료법에 따른 의료기관의 배출시설도 부과할 수 있다.

해설 ② 환경부장관 또는 시·도지사는 과징금을 내야 할 자가 납부기한까지 내지 아니하면 국세 체납처분의 예 또는 「지방행정제재·부과금의 징수 등에 관한 법률」에 따라 징수한다.

96. 대기환경보전법령상 초과부과금을 산정할 때 다음 오염물질 중 1킬로그램당 부과금액이 가장 높은 것은?

① 시안화수소
② 암모니아
③ 불소화합물
④ 이황화탄소

해설 초과부과금 산정기준 : 염화수소＞시안화수소＞황화수소＞불소화물＞질소산화물＞이황화탄소＞암모니아＞먼지＞황산화물

더 알아보기 핵심정리 2-97

97. 환경부장관이 대기환경보전법규정에 의하여 사업장에서 배출되는 대기오염물질을 총량으로 규제하고자 할 때에 반드시 고시할 사항과 거리가 먼 것은?

① 총량규제구역
② 측정망 설치계획
③ 총량규제 대기오염물질
④ 대기오염물질의 저감계획

해설 환경부장관이 사업장에서 배출되는 대기오염물질을 총량으로 규제하고자 할 때 고시하여야 하는 사항
1. 총량규제구역
2. 총량규제 대기오염물질
3. 대기오염물질의 저감계획
4. 그 밖에 총량규제구역의 대기관리를 위하여 필요한 사항

98. 대기환경보전법령상 대기환경기준으로 옳지 않은 것은?

① 미세먼지(PM-10) – 연간 평균치 50 mg/m³ 이하
② 아황산가스(SO_2) – 연간 평균치 0.02 ppm 이하
③ 일산화탄소(CO) – 1시간 평균치 25 ppm 이하
④ 오존(O_3) – 1시간 평균치 0.1 ppm 이하

해설 환경정책기본법상 대기환경기준
① 미세먼지(PM-10) : 연간 평균치 50 $\mu g/m^3$ 이하

더 알아보기 핵심정리 2-103

정답 94. ④ 95. ② 96. ① 97. ② 98. ①

99. 대기환경보전법규상 측정망설치계획을 고시할 때 포함되어야 할 사항과 거리가 먼 것은? (단, 그 밖의 사항 등은 제외)
① 측정망 배치도
② 측정망 설치시기
③ 측정망 교체주기
④ 측정소를 설치할 토지 또는 건축물의 위치 및 면적

해설 측정망설치계획 고시 포함사항
1. 측정망 설치시기
2. 측정망 배치도
3. 측정소를 설치할 토지 또는 건축물의 위치 및 면적

100. 대기환경보전법상 제작차에 대한 인증시험대행기관의 지정취소나 업무정지 기준에 해당하지 않는 것은?
① 매연 단속결과 간헐적으로 배출허용기준을 초과할 경우
② 거짓이나 그 밖의 부정한 방법으로 지정을 받은 경우
③ 다른 사람에게 자신의 명의로 인증시험 업무를 하게 하는 행위
④ 환경부령으로 정하는 인증시험의 방법과 절차를 위반하여 인증시험을 하는 행위

해설 인증시험대행기관의 지정취소나 업무정지 기준 : 인증시험대행기관 및 인증시험업무에 종사하는 자는 다음 각 호의 행위를 하여서는 아니 된다.
1. 다른 사람에게 자신의 명의로 인증시험업무를 하게 하는 행위
2. 거짓이나 그 밖의 부정한 방법으로 인증시험을 하는 행위
3. 인증시험과 관련하여 환경부령으로 정하는 준수사항을 위반하는 행위
4. 인증시험의 방법과 절차를 위반하여 인증시험을 하는 행위

정답 99. ③ 100. ①

대기환경기사

2017년 8월 26일 (제4회)

제1과목 대기오염개론

1. 오염물질이 주위로 확산되지 않고 안전하게 후드에 유입되도록 조절한 공기의 속도와 적절한 안전율을 고려한 공기의 유속을 무엇이라 하는가?

① 제어속도(control velocity)
② 상대속도(relative velocity)
③ 질량속도(mass velocity)
④ 부피속도(volumetric velocity)

해설 후드의 제어속도(control velocity) : 오염물질을 발생원에서 후드 내로 도입시키기 위해 필요한 공기의 흡인 속도

2. 대기의 건조단열체감률과 국제적인 약속에 의한 중위도 지방을 기준으로 한 실제 체감률인 표준체감률 사이의 관계를 대류권 내에서 도식화 한 것으로 옳은 것은? (단, 건조단열체감률은 점선, 표준체감률은 실선, 종축은 고도, 횡축은 온도를 나타낸다.)

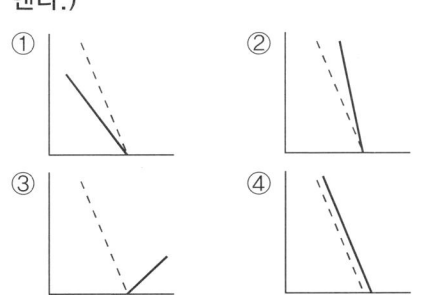

해설 • 건조감률 = $-0.98℃/100\,m$
• 표준체감률(습윤감률) = $-0.65℃/100\,m$
따라서, 그래프는 ②번이다.

3. 광화학 스모그현상에 관한 설명으로 가장 거리가 먼 것은?

① LA형 스모그는 광화학 스모그의 대표적인 피해사례이다.
② 광화학반응에 의해 생성된 물질은 미산란 효과에 의해 대기의 파장변화와 가시도의 증가를 초래한다.
③ 광화학 옥시던트 물질은 인체의 눈, 코, 점막을 자극하고 폐기능을 약화시킨다.
④ 정상상태일 경우 오존의 대기 중 오존농도는 NO_2와 NO비, 태양빛의 강도 등에 의해 좌우된다.

해설 ② 광화학반응에 의해 생성된 물질(옥시던트)은 시정거리를 감소시킨다.

4. 오존층의 O_3은 주로 어느 파장의 태양빛을 흡수하여 대류권 지상의 생명체들을 보호하는가?

① 자외선파장 450 nm~640 nm
② 자외선파장 290 nm~440 nm
③ 자외선파장 200 nm~290 nm
④ 고에너지 자외선파장 < 100 nm

해설 ③ 오존 : 200~300 nm(강한 흡수), 450~700 nm(약한 흡수)

더알아보기 핵심정리 2-12

5. 다음 중 불화수소(HF)의 주요 배출관련 업종으로 가장 적합한 것은?

① 가스공업, 펄프공업
② 도금공업, 플라스틱공업
③ 염료공업, 냉동공업
④ 화학비료공업, 알루미늄공업

해설 불화수소(HF) 배출원 : 알루미늄공업, 인산비료공업, 유리제조공업

정답 1. ① 2. ② 3. ② 4. ③ 5. ④

6. 직경 4 m인 굴뚝에서 연기가 10 m/s의 속도로 풍속 5 m/s인 대기로 방출된다. 대기는 27°C, 중립상태($\Delta\theta/\Delta Z = 0$)이고, 연기의 온도가 167°C일 때 TVA 모델에 의한 연기의 상승고(m)는? (단, TVA 모델 :

$\Delta H = \dfrac{173 \cdot F^{\frac{1}{3}}}{U \cdot \exp^{(0.64\Delta\theta/\Delta Z)}}$, 부력계수(F = [$g \cdot V_s \cdot d^2 \cdot (T_s - T_a)$]/4$T_a$)를 이용할 것)

① 약 196 m
② 약 165 m
③ 약 145 m
④ 약 124 m

해설 TVA 모델에 의한 연기상승 높이

(1) $F = \dfrac{9.8\text{m/s}^2 \times 10\text{m/s} \times (4\text{m})^2 \times \{(273+167)-(273+27)\}}{4 \times (273+27)}$
$= 182.9333$

(2) $\Delta H = \dfrac{173 \cdot F^{\frac{1}{3}}}{U \cdot \exp^{(0.64\Delta\theta/\Delta Z)}}$
$= \dfrac{173(182.9333)^{\frac{1}{3}}}{5\text{m/s} \times 1} = 196.41\,\text{m}$

7. 다음 연기 형태 중 부채형(fanning)에 관한 설명으로 가장 거리가 먼 것은?

① 주로 저기압구역에서 굴뚝 높이보다 더 낮게 지표 가까이에 역전층이, 그 상공에는 불안정상태일 때 발생한다.
② 굴뚝의 높이가 낮으면 지표부근에 심각한 오염문제를 발생시킨다.
③ 대기가 매우 안정된 상태일 때 아침과 새벽에 잘 발생한다.
④ 풍향이 자주 바뀔때면 뱀이 기어가는 연기모양이 된다.

해설 ① 부채형은 지표가 안정(역전)상태일 때 나타나며, 굴뚝 높이보다 높게 역전층이 형성되었을 때 발생한다.

8. 가우시안형의 대기오염 확산방정식을 적용할 때, 지면에 있는 오염원으로부터 바람 부는 방향으로 250 m 떨어진 연기중심축상 지상오염농도는? (단, 오염물질의 배출량은 5.5 g/s, 풍속은 5 m/s, σ_y = 22.5 m, σ_z = 12 m이다.)

① 1.3 mg/m³
② 1.9 mg/m³
③ 2.3 mg/m³
④ 2.7 mg/m³

해설 가우시안 방정식

$C = \dfrac{Q}{2\pi\sigma_y\sigma_z U} \exp\left[-\dfrac{1}{2}\left(\dfrac{y}{\sigma_y}\right)^2\right]$
$\times \left\{\exp\left[-\dfrac{1}{2}\left(\dfrac{z-H_e}{\sigma_z}\right)^2\right] + \exp\left[-\dfrac{1}{2}\left(\dfrac{z+H_e}{\sigma_z}\right)^2\right]\right\}$

• 지상의 오염도를 묻고 있으므로, $z = 0$
• 중심선상의 오염농도를 구하므로, $y = 0$
• 지상의 배출원으로 $H_e = 0$

$C(x, 0, 0, 0) = \dfrac{Q}{\pi U \sigma_y \sigma_z}$

$= \dfrac{5.5 \times 10^3 \text{mg/s}}{\pi \times 5\text{m/s} \times 22.5\text{m} \times 12\text{m}} = 1.29\,\text{mg/m}^3$

더 알아보기 핵심정리 1-18 (3)

9. 오염된 대기에서의 SO_2의 산화에 관한 다음 설명 중 가장 거리가 먼 것은?

① 연소과정에서 배출되는 SO_2의 광분해는 상당히 효과적인데, 그 이유는 저공에 도달하는 것보다 더 긴 파장이 요구되기 때문이다.
② 낮은 농도의 올레핀계 탄화수소도 NO가 존재하면 SO_2를 광산화시키는 데 상당히 효과적일 수 있다.
③ 파라핀계 탄화수소는 NOx와 SO_2가 존재하여도 aerosol을 거의 형성시키지 않는다.
④ 모든 SO_2의 광화학은 일반적으로 전자적으로 여기된 상태의 SO_2의 분자 운동들만 포함한다.

해설 ① SO_2는 280~290 mm에서 강한 흡수를 보이지만 대류권에서는 거의 광분해되지 않는다.

정답 6. ① 7. ① 8. ① 9. ①

10. 다음 중 수용모델의 특성에 해당하는 것은?

① 지형 및 오염원의 조업조건에 영향을 받는다.
② 단기간 분석 시 문제가 된다.
③ 현재나 과거에 일어났던 일을 추정, 미래를 위한 전략은 세울 수 있으나 미래예측은 어렵다.
④ 점, 선, 면 오염원의 영향을 평가할 수 있다.

해설 ①, ②, ④는 분산모델에 대한 설명이다.

정리 (1) 분산모델
1. 미래의 대기질을 예측 가능
2. 대기오염제어 정책입안에 도움
3. 2차 오염원의 확인이 가능
4. 점, 선, 면 오염원의 영향 평가 가능
5. 기상의 불확실성, 오염원 미확인 같은 경우에는 문제점 야기
6. 특정오염원의 영향을 평가할 수 있는 잠재력이 있음
7. 오염물의 단기간 분석 시 문제 야기
8. 지형 및 오염원의 조업조건에 영향
9. 새로운 오염원이 지역 내에 들어서면 매번 재평가
10. 기상과 관련하여 대기 중의 무작위적인 특성을 적절하게 묘사할 수 없기 때문에 결과에 대한 불확실성이 크게 작용함
11. 분진의 영향평가는 기상의 불확실성과 오염원이 미확인 경우에 많은 문제점을 가짐

(2) 수용모델
1. 지형이나 기상학적 정보 없이도 사용 가능
2. 오염원의 조업이나 운영상태에 대한 정보 없이도 사용 가능
3. 수용체 입장에서 영향평가가 현실적
4. 입자상, 가스상 물질, 가시도 문제 등을 환경과학 전반에 응용 가능
5. 현재나 과거에 일어났던 일을 추정하여 미래를 위한 전략은 세울 수 있지만 미래예측은 곤란
6. 측정자료를 입력자료로 사용하므로 시나리오 작성이 곤란

11. 굴뚝의 반경이 1.5 m, 평균풍속이 180 m/min인 경우 굴뚝의 유효연돌높이를 24 m 증가시키기 위한 굴뚝 배출가스속도는? (단, 연기의 유효상승 높이 $\Delta H = 1.5 \times \dfrac{W_s}{U} \times D$ 이용)

① 13 m/s ② 16 m/s
③ 26 m/s ④ 32 m/s

해설 연기상승고
$$\Delta H = 1.5 \times \dfrac{W_s}{U} \times D$$
$$= 1.5 \times \dfrac{W_s}{\dfrac{180\,m}{min} \times \dfrac{1\,min}{60\,s}} \times 3\,m$$
∴ 배출가스속도(W_s) = 16 m/s

12. 라돈에 관한 설명으로 옳지 않은 것은?

① 라돈 붕괴에 의해 생성된 낭핵종이 α선을 방출하여 폐암을 발생시키는 것으로 알려져 있다.
② 자극취가 있는 무색의 기체로서 γ선을 방출한다.
③ 공기보다 무거워 지표에 가깝게 존재한다.
④ 주로 건축자재를 통하여 인체에 영향을 미치고 있으며 화학적으로 거의 반응을 일으키지 않는다.

해설 ② 라돈은 알파붕괴를 통해 알파선을 방출한다.

13. 지상 20 m에서의 풍속이 10 m/s라고 한다면 지상 40 m에서의 풍속(m/s)은? (단, Deacon의 power law 적용, P = 0.3)

① 약 10.9
② 약 11.3
③ 약 12.3
④ 약 13.3

정답 10. ③ 11. ② 12. ② 13. ③

해설 Deacon식에 의한 고도변화에 따른 풍속 계산

$$U = U_o \times \left(\frac{Z}{Z_o}\right)^p = 10\,\text{m/s} \times \left(\frac{40\,\text{m}}{20\,\text{m}}\right)^{0.3}$$
$$= 12.31\,\text{m/s}$$

14. 다음 대기오염물질 중 2차 오염물질과 거리가 먼 것은?

① SO_3 ② N_2O_3
③ H_2O_2 ④ NO_2

해설 ② N_2O_3는 1차 오염물질에 해당한다.

정리 2차 오염물질 : 1차 오염물질이 추가 반응(2차 반응)으로 다른 물질로 변한 것, 주로 산화반응, 광화학 반응 물질(옥시던트)

더 알아보기 핵심정리 2-6

15. 빛의 소멸계수(σ_{ext}) 0.45 km^{-1}인 대기에서, 시정거리의 한계를 빛의 강도가 초기 강도의 95%가 감소했을 때의 거리라고 정의할 때, 이때 시정거리 한계는? (단, 광도는 Lambert-Beer 법칙을 따르며, 자연대수로 적용)

① 약 12.4 km ② 약 8.7 km
③ 약 6.7 km ④ 약 0.1 km

해설 Lambert-Beer 법칙에 의한 가시거리 계산
입사광(I_o)이 100%일 때 95% 감소했으므로 투사광(I_t)은 5%이다.

$$\frac{I_t}{I_o} = e^{-\sigma X}$$

$$\frac{5}{100} = e^{-(0.45\,\text{km}^{-1} \times X)}$$

∴ 거리(X) = 6.66 km

더 알아보기 핵심정리 1-20 (2)

16. 대기오염물질이 인체에 미치는 영향으로 옳지 않은 것은?

① 오존(O_3) – 눈을 자극하고, 폐수종과 폐충혈 등을 유발시키며, 섬모운동의 기능 장애 등을 일으킬 수 있다.
② 납(Pb)과 그 화합물 – 다발성 신경염에 의해 사지의 가까운 부분에 강한 근육이 위축이 나타나며, 급성작용으로 주로 지각장애를 일으킨다.
③ 크롬(Cr) – 만성중독은 코, 폐 및 위장의 점막에 병변을 일으키는 것이 특징이다.
④ 비소(As) – 피부염, 주름살 부분의 궤양을 비롯하여, 색소침착, 손·발바닥의 각화, 피부암 등을 일으킨다.

해설 ② 아크릴아마이드 : 다발성 신경염을 유발
납 : 불면증, 식욕부진, 체온 저하, 혈압 저하, 헤모글로빈 감소, 신경계통(신경염, 신경마비)의 변질, 중추신경 장애, 뇌 손상 등

17. 최대혼합 고도를 500 m로 예상하여 오염농도를 3 ppm으로 수정하였는데 실제 관측된 최대혼합고도는 200 m였다. 실제 나타날 오염농도는?

① 36 ppm ② 47 ppm
③ 55 ppm ④ 67 ppm

해설 고도변화에 따른 농도의 변화 비례식

$$C \propto \left(\frac{1}{Z}\right)^3$$

$$3\,\text{ppm} : \left(\frac{1}{500}\right)^3$$

$$X\,\text{ppm} : \left(\frac{1}{200}\right)^3$$

$$\therefore X(\text{ppm}) = 3 \times \left(\frac{500}{200}\right)^3 = 46.875\,\text{ppm}$$

18. 다음 중 CFC – 12의 올바른 것은?

① CHFCl ② CF_3Br
③ CF_3Cl ④ CF_2Cl_2

정답 14. ② 15. ③ 16. ② 17. ② 18. ④

해설 CFC의 화학식
(1) 번호 + 90
   CFC12 : 12 + 90 = 102
   - 백의 자리수 = 탄소(C) 수 = 1
   - 십의 자리수 = 수소(H) 수 = 0
   - 일의 자리수 = 불소(F) 수 = 2
(2) 염소의 개수
   탄소(C) 원자 1개는 4개의 결합선을 가지는데, 결합선의 빈 부분에 염소가 채워짐
   따라서, 염소의 개수 = 4 - 2 = 2

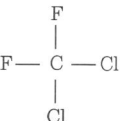

∴ CFC-12의 화학식 : CF_2Cl_2

19. 유해화학물질의 생산, 저장, 수송, 누출 중의 사고로 인해 일어나는 대기오염 피해지역과 원인물질의 연결로 거리가 먼 것은?

① 체르노빌 – 방사능물질
② 포자리카 – 황화수소
③ 세베소 – 다이옥신
④ 보팔 – 이산화황

해설 ④ 보팔사건의 원인물질은 MIC(CH_3CNO)이다.

더 알아보기 핵심정리 2-15 (3)

20. 먼지입자의 크기에 관한 설명으로 옳지 않은 것은?

① 공기역학적 직경이 대상 입자상 물질의 밀도를 고려하는데 반해, 스토크스 직경은 단위밀도(1 g/cm³)를 갖는 구형입자로 가정하는 것이 두 개념의 차이이다.
② 스토크스 직경은 알고자 하는 입자상 물질과 같은 밀도 및 침강속도를 갖는 입자상 물질의 직경을 말한다.
③ 공기역학적 직경은 먼지의 호흡기 침착, 공기 정화기의 성능조사 등 입자의 특성 파악에 주로 이용된다.
④ 공기 중 먼지 입자의 밀도가 1 g/cm³보다 크고, 구형에 가까운 입자의 공기역학적 직경은 실제 광학직경보다 항상 크게 된다.

해설
- 스토크스 직경 : 본래의 먼지와 같은 밀도 및 침강속도를 갖는 입자상 물질의 직경
- 공기역학적 직경 : 본래의 먼지와 침강속도가 같고 밀도가 1 g/cm³인 구형입자의 직경

제2과목 연소공학

21. 기체연료 연소방식 중 예혼합연소에 관한 설명으로 옳지 않은 것은?

① 연소기 내부에서 연료와 공기의 혼합비가 변하지 않고 균일하게 연소된다.
② 역화의 위험이 없으며 공기를 예열할 수 있다.
③ 화염온도가 높아 연소부하가 큰 경우에 사용이 가능하다.
④ 연소조절이 쉽고 화염길이가 짧다.

해설 ② 예혼합연소는 역화의 위험성이 크다.
(1) 확산연소(포트형, 버너형, 선회식, 방사식)
   - 연소조정범위 넓음
   - 장염 발생
   - 연료분출속도 느림
   - 연료의 분출속도가 클 경우에는 그을음이 발생하기 쉬움
   - 기체연료와 연소용 공기를 버너 내에서 혼합시키지 않음
   - 역화의 위험이 없으며, 공기를 예열할 수 있음
(2) 예혼합연소(고압버너, 저압버너, 송풍버너)
   - 내부에서 연료와 공기의 혼합비가 변하지 않고 균일하게 연소됨
   - 화염온도가 높아 연소부하가 큰 경우에 사용이 가능
   - 짧은 불꽃 발생
   - 매연 적게 생성
   - 연료유량 조절비가 큼
   - 혼합기 분출속도 느릴 경우, 역화 발생 가능

정답 19. ④ 20. ① 21. ②

22. 0℃일 때의 물의 융해열과 100℃일 때 물의 기화열을 합한 열량(kcal/kg)은?

① 80　　② 539
③ 619　　④ 1,025

해설 물의 잠열
- 0℃일 때의 물의 융해열 : 80 kcal/kg
- 100℃일 때 물의 기화열 : 539 kcal/kg
- ∴ 80+539 = 619 kcal/kg

23. 석탄 슬러리 연소에 대한 설명으로 옳은 것은?

① 석탄 슬러리 연료는 석탄분말에 물을 혼합한 COM과 기름을 혼합한 CWM으로 대별된다.
② COM연소의 경우 표면연소 시기에서는 연소온도가 높아진 만큼 표면연소의 속도가 감속된다고 볼 수 있다.
③ 분해연소 시기에서는 CWM연소의 경우 30 Wt%(W/W)의 물이 증발하여 증발열을 빼앗음과 동시에 휘발분과 산소를 희석하기 때문에 화염의 안정성이 극도로 나쁘게 된다.
④ CWM연소의 경우 분해연소 시기에서는 50 Wt%(W/W) 중유에 휘발분이 추가되는 형태가 되기 때문에 미분탄 연소보다는 확산연소에 가깝다.

해설 석탄 슬러리 연소
① 석탄 슬러리 연료는 석탄분말에 물을 혼합한 CWM과 기름을 혼합한 COM으로 대별된다.
② COM연소의 경우 표면연소 시기에서는 연소온도가 높아진 만큼 표면연소의 속도가 가속된다고 볼 수 있다.
④ COM연소의 경우 분해연소 시기에서는 50 W%(W/W) 중유에 휘발분이 추가되는 형태가 되기 때문에 미분탄 연소보다는 분무연소에 가깝다.

24. 석탄의 공업분석에 관한 설명으로 옳지 않은 것은?

① 고정탄소는 조습시료의 질량에서부터 수분, 회분, 휘발분의 질량을 뺀 잔량의 비율로 표시된다.
② 공업분석은 건류나 연소 등의 방법으로 석탄을 공업적으로 이용할 때 석탄의 특성을 표시하는 분석방법이다.
③ 회분은 시료 1 g에 공기를 제한하면서 전기로에서 650℃까지 가열한 후 잔류하는 무기물량을 건조시료의 질량에 대한 백분율로 표시한다.
④ 고정탄소와 휘발분의 질량비를 연료비라 한다.

해설 ③ 회분은 항습시료를 공기 중에 유통시키면서 서서히 가열하고 800±10℃로 연소시켜 재로 변했을 때, 잔류하는 무기물의 양과 항습시료 양과의 중량비를 %로 나타낸다.

25. 아래 조건의 기체연료의 이론연소온도(℃)는 약 얼마인가?

- 연료의 저발열량 : 7,500 kcal/Sm³
- 연료의 이론연소가스량 : 10.5 Sm³/Sm³
- 연료연소가스의 평균정압비열 : 0.35 kcal/Sm³·℃
- 기준온도(t) : 25℃
- 지금 공기는 예열되지 않고, 연소가스는 해리되지 않는 것으로 한다.

① 1,916　　② 2,066
③ 2,196　　④ 2,256

해설 기체연료의 이론연소온도

$$t_o = \frac{H_L}{G \times C_p} + t$$

$$= \frac{7{,}500\,\text{kcal/Sm}^3}{10.5\,\text{Sm}^3/\text{Sm}^3 \times 0.35\,\text{kcal/Sm}^3\cdot\text{℃}} + 25\text{℃}$$

$$= 2{,}065.82\text{℃}$$

정답 22. ③　23. ③　24. ③　25. ②

26. 다음 중 연소과정에서 등가비(equivalent ratio)가 1보다 큰 경우는?

① 공급연료가 과잉인 경우
② 배출가스 중 질소산화물이 증가하고 일산화탄소가 최소가 되는 경우
③ 공급연료의 가연성분이 불완전한 경우
④ 공급공기가 과잉인 경우

해설 등가비(ϕ)>1인 경우
• 공기 부족, 연료 과잉
• 불완전 연소
• 매연, CO, HC 발생량 증가
• 폭발 위험

(더 알아보기) 핵심정리 2-47

27. 엔탈피에 대한 설명으로 옳지 않은 것은?

① 엔탈피는 반응경로와 무관하다.
② 엔탈피는 물질의 양에 비례한다.
③ 흡열반응은 반응계의 엔탈피가 감소한다.
④ 반응물이 생성물보다 에너지상태가 높으면 발열반응이다.

해설 ③ 흡열반응은 반응계의 엔탈피가 증가한다.

28. 황분이 중량비로 S %인 중유를 매시간 W[L] 사용하는 연소로에서 배출되는 황산화물의 배출량(m^3/hr)은? (단, 표준상태기준, 중유비중 0.9, 황분은 전량 SO_2로 배출)

① 21.4 SW
② 1.24 SW
③ 0.0063 SW
④ 0.789 SW

해설
$$S + O_2 \rightarrow SO_2$$
$$32\,kg : 22.4\,Sm^3$$
$$\frac{S}{100} \times W\,L/h \times 0.9\,kg/L : X[Sm^3/h]$$
$$\therefore X = 0.0063 \cdot S \cdot W[m^3/hr]$$

29. 다음 회분 중 백색에 가깝고 융점이 높은 것은?

① CaO
② SiO_2
③ MgO
④ K_2O

해설 회분 중 백색이고 융점(녹는점)이 높은 것은 SiO_2, MgO이다.

30. 유황 함유량이 1.5 %인 중유를 시간당 100톤 연소시킬 때 SO_2의 배출량(m^3/hr)은? (단, 표준상태 기준, 유황은 전량이 반응하고, 이 중 5 %는 SO_3로서 배출되며, 나머지는 SO_2로 배출된다.)

① 약 300
② 약 500
③ 약 800
④ 약 1,000

해설
$$S + O_2 \rightarrow SO_2$$
$$32\,kg : 22.4\,m^3$$
$$\frac{100,000\,kg}{h} \times \frac{1.5}{100} : X$$
$$\therefore X = \frac{100,000\,kg}{h} \times \frac{1.5}{100} \times \frac{95}{100}$$
$$\times \frac{22.4\,Sm^3\,SO_2}{32\,kg\,S}$$
$$= 997.5\,Sm^3/h$$

31. 화학반응속도론에 관한 다음 설명 중 가장 거리가 먼 것은?

① 영차반응은 반응속도가 반응물의 농도에 영향을 받지 않는 반응을 말한다.
② 화학반응속도는 반응물이 화학반응을 통하여 생성물을 형성할 때 단위시간당 반응물이나 생성물의 농도변화를 의미한다.
③ 화학반응식에서 반응속도상수는 반응물 농도와 관련된다.
④ 일련의 연쇄반응에서 반응속도가 가장 늦은 반응단계를 속도결정단계라 한다.

해설 ③ 화학반응식에서 반응속도상수는 반응물 농도와는 관련 없다.

정답 26. ① 27. ③ 28. ③ 29. ②, ③ 30. ④ 31. ③

32. 다음 액화석유가스(LPG)에 대한 설명으로 거리가 먼 것은?
① 비중이 공기보다 무거워 누출 시 인화·폭발의 위험성이 높은 편이다.
② 액체에서 기체로 기화될 때 증발열이 5~10 kcal/kg로 작아 취급이 용이하다.
③ 발열량이 높은 편이며, 황분이 적다.
④ 천연가스에서 회수되거나 나프타의 분해에 의해 얻어지기도 하지만 대부분 석유정제 시 부산물로 얻어진다.

[해설] ② 액체연료는 기체로 기화될 때 증발열이 90~100 kcal/kg로 커서 취급이 위험하고 열손실이 큰 단점이 있다.

33. 다음 ( ) 안에 알맞은 것은?

( ) 배출가스 중의 CO_2 농도는 최대가 되며, 이때의 CO_2량을 최대탄산가스량 $(CO_2)_{max}$라 하고, CO_2/G_{od} 비로 계산한다.

① 실제공기량으로 연소시킬 때
② 공기부족상태에서 연소시킬 때
③ 연료를 다른 미연성분과 같이 불완전 연소시킬 때
④ 이론공기량으로 완전연소시킬 때

[해설] 최대이산화탄소량 $(CO_2)_{max}$: 완전 연소 시 배출가스 중의 CO_2 농도

34. 수소 12%, 수분 0.7%인 중유의 고위발열량이 5,000 kcal/kg일 때 저위 발열량(kcal/kg)은?
① 4,348   ② 4,412
③ 4,476   ④ 4,514

[해설] 저위발열량(kcal/kg) 계산
$H_l = H_h - 600(9H + W)$
$= 5,000 - 600 \times (9 \times 0.12 + 0.007)$
$= 4,347.8 \, kcal/kg$

35. 연소공정에서 과잉공기량의 공급이 많을 경우 발생하는 현상으로 거리가 먼 것은 어느 것인가?
① 연소실의 온도가 낮게 유지된다.
② 배출가스에 의한 열손실이 증대된다.
③ 황산화물에 의한 전열면의 부식을 가중시킨다.
④ 매연발생이 많아진다.

[해설] ④ 공기가 부족할 때, 매연발생이 많아짐
(더알아보기) 핵심정리 2-47

36. 다음 중 기체의 연소속도를 지배하는 주요인자와 가장 거리가 먼 것은?
① 발열량   ② 촉매
③ 산소와의 혼합비   ④ 산소농도

[해설] 기체의 연소속도 영향인자
• 공기 중의 산소의 확산속도
• 촉매
• 산소와의 혼합비
• 산소농도

37. C = 82%, H = 14%, S = 3%, N = 1%로 조성된 중유를 12(Sm^3공기/kg 중유)로 완전연소했을 때 습윤 배출가스 중 SO_2는 약 몇 ppm인가? (단, 중유 중 황분은 모두 SO_2로 된다.)
① 1,400   ② 1,640
③ 1,900   ④ 2,260

[해설] (1) $G_w[Sm^3/kg]$
$= mA_o + 5.6H + 0.7O + 0.8N + 1.244W$
$= 12 + 5.6 \times 0.14 + 0.8 \times 0.01$
$= 12.792 \, Sm^3/kg$

(2) $SO_2(ppm) = \dfrac{SO_2}{G_w} \times 10^6 = \dfrac{0.7S}{G_w} \times 10^6$
$= \dfrac{0.7 \times 0.03}{12.792} \times 10^6 = 1,641.65 \, ppm$

[정답] 32. ② 33. ④ 34. ① 35. ④ 36. ① 37. ②

38. 발화온도(착화온도)에 관한 설명으로 가장 거리가 먼 것은?

① 가연물을 외부로부터 직접 점화하여 가열하였을 때 불꽃에 의해 연소되는 최저온도를 말한다.
② 가연물의 분자구조가 복잡할수록 발화온도는 낮아진다.
③ 발열량이 크고 반응성이 큰 물질일수록 발화온도가 낮아진다.
④ 화학결합의 활성도가 큰 물질일수록 발화온도가 낮아진다.

해설 • 착화점(발화점) : 연료가 가열되어 점화원(불꽃) 없이 스스로 불이 붙는 최저 온도
• 인화점 : 연료가 가열되어 점화원(불꽃)이 있을 때 연소가 일어나는 최소 온도

39. 가로, 세로, 높이가 각각 3 m, 1 m, 1.5 m인 연소실에서 연소실 열발생률을 2.5×10^5 kcal/m³·hr가 되도록 하려면 1시간에 중유를 몇 kg 연소시켜야 하는가? (단, 중유의 저위발열량은 11,000 kcal/kg이다.)

① 약 50   ② 약 100
③ 약 150   ④ 약 200

해설 연소실 열발생률 응용

$$\frac{2.5 \times 10^5 \,\text{kcal}}{\text{m}^3 \cdot \text{hr}} \times \frac{\text{kg}}{11,000 \,\text{kcal}} \times (3 \times 1 \times 1.5)\,\text{m}^3 = 102.27 \,\text{kg/hr}$$

40. 탄소 86 %, 수소 13 %, 황 1 %의 중유를 연소하여 배기가스를 분석했더니 (CO_2 +SO_2)가 13 %, O_2가 3 %, CO가 0.5 %이었다. 건조연소가스 중의 SO_2 농도는? (단, 표준상태 기준)

① 약 590 ppm   ② 약 970 ppm
③ 약 1,120 ppm   ④ 약 1,480 ppm

해설 (1) m

$N_2 = 100 - (13 + 3 + 0.5) = 83.5 \%$

$$m = \frac{N_2}{N_2 - 3.76(O_2 - 0.5\,CO)}$$

$$= \frac{83.5}{83.5 - 3.76(3 - 0.5 \times 0.5)} = 1.14$$

(2) $A_o = \dfrac{O_o}{0.21}$

$$= \frac{1.867 C + 5.6 \left(H - \dfrac{O}{8}\right) + 0.7 S}{0.21}$$

$$= \frac{1.867 \times 0.86 + 5.6 \times 0.13 + 0.7 \times 0.01}{0.21}$$

$$= 11.1458$$

(3) $G_d [Sm^3/kg]$

$= m A_o - 5.6 H + 0.7 O + 0.8 N$
$= 1.14 \times 11.1458 - 5.6 \times 0.13$
$= 11.9782 \, Sm^3/kg$

(4) $SO_2 [\text{ppm}] = \dfrac{SO_2}{G_d} \times 10^6 = \dfrac{0.7 S}{G_d} \times 10^6$

$= \dfrac{0.7 \times 0.01}{11.9782} \times 10^6 = 584.39 \,\text{ppm}$

제3과목 **대기오염방지기술**

41. 먼지농도 10 g/m³인 배기가스를 1,200 m³/min로 배출하는 배출구에 여과집진장치를 설치하고자 한다. 이 여과집진장치의 평균 여과속도는 3 m/min이고, 여기에 직경 20 cm, 길이 4 m의 여과백을 사용한다면 필요한 여과백의 수는?

① 120개   ② 140개
③ 160개   ④ 180개

해설 여과집진 – 여과포(백필터) 개수

$$N = \frac{Q}{\pi \times D \times L \times V_f}$$

$$= \frac{1,200 \,\text{m}^3/\text{min}}{\pi \times 0.2 \,\text{m} \times 4 \,\text{m} \times 3 \,\text{m/min}}$$

$= 159.15$

∴ 백필터의 개수는 160개

더 알아보기 핵심정리 1-51 (3)

정답 38. ① 39. ② 40. ① 41. ③

42. 다음 유해가스 처리에 관한 설명 중 가장 거리가 먼 것은?

① 염화인(PCl_3)은 물에 대한 용해도가 낮아 암모니아를 불어넣어 병류식 충전탑에서 흡수처리한다.
② 시안화수소는 물에 대한 용해도가 매우 크므로 가스를 물로 세정하여 처리한다.
③ 아크롤레인은 그대로 흡수가 불가능하며 NaClO 등의 산화제를 혼입한 가성소다 용액으로 흡수 제거한다.
④ 이산화셀렌은 코트렐집진기로 포집, 결정으로 석출, 물에 잘 용해되는 성질을 이용해 스크러버에 의해 세정하는 방법 등이 이용된다.

해설 ① 염화인(PCl_3) : 비교적 물에 잘 용해되므로 물에 흡수시켜 제거

43. 황함유량 2.5 %인 중유를 30 ton/hr로 연소하는 보일러에서 배기가스를 NaOH 수용액으로 처리한 후 황성분을 전량 Na_2SO_3로 회수할 경우, 이때 필요한 NaOH의 이론량은? (단, 황성분은 전량 SO_2로 전환된다.)

① 1,750 kg/hr ② 1,875 kg/hr
③ 1,935 kg/hr ④ 2,015 kg/hr

해설 $S + O_2 \rightarrow SO_2 + 2NaOH \rightarrow Na_2SO_3 + H_2O$
$\quad S \quad : \quad 2NaOH$
$\quad 32\,kg \quad : \quad 2 \times 40\,kg$
$\frac{2.5}{100} \times 30,000\,kg/h : NaOH[kg/h]$

$\therefore NaOH = \frac{2.5}{100} \times 30,000\,kg/h \times \frac{2 \times 40}{32}$
$\quad\quad\quad\quad = 1,875\,kg/h$

44. 습식 전기집진장치의 특징에 관한 설명으로 가장 거리가 먼 것은?

① 낮은 전기저항 때문에 발생하는 재비산을 방지할 수 있다.
② 처리가스 속도를 건식보다 2배 정도 높일 수 있다.
③ 집진극면이 청결하게 유지되며 강전계를 얻을 수 있다.
④ 먼지의 저항이 높기 때문에 역전리가 잘 발생된다.

해설 ④ 습식은 역전리나 재비산 현상이 없다.

구분	건식	습식
속도	1~2 m/s	2~4 m/s
압력 손실	10 mmH₂O	20 mmH₂O
장점	• 폐수 발생하지 않음	• 건식보다 처리속도가 빠름 • 소규모 설치 가능 • 항상 깨끗하여 강한 전계를 형성하여 집진효율이 높음 • 역전리, 재비산 현상 없음
단점	• 습식보다 장치가 큼 • 역전리, 재비산 현상 대응 어려움	• 감전 및 누전 위험 • 폐수 및 슬러지 생성됨 • 배기가스 냉각으로 부식 발생

45. 배출가스 내의 NOx 제거방법 중 환원제를 사용하는 접촉환원법에 관한 설명으로 가장 거리가 먼 것은?

① 선택적 환원제로는 NH_3, H_2S 등이 있다.
② 선택적인 접촉환원법에서 Al_2O_3계의 촉매는 SO_2, SO_3, O_2와 반응하여 황산염이 되기 쉽고, 촉매의 활성이 저하된다.
③ 선택적인 접촉환원법은 과잉의 산소를 먼저 소모한 후 첨가된 반응물인 질소산화물을 선택적으로 환원시킨다.
④ 비선택적 접촉환원법의 촉매로는 Pt뿐만 아니라 CO, Ni, Cu, Cr 등의 산화물도 이용 가능하다.

정답 42. ① 43. ② 44. ④ 45. ③

해설 ③ 과잉의 산소를 먼저 소비하는 것은 비선택적인 접촉환원법에 해당한다.
- 비선택적 촉매환원법 : 배기가스 중 O_2를 환원제로 소비한 후 NOx를 접촉환원시키는 방법
- 선택적 촉매환원법 : 배기가스 중 존재하는 O_2와는 무관하게 NOx를 선택적으로 N_2, H_2O로 접촉환원시키는 방법

46. Stokes 운동이라 가정하고, 직경 20 μm, 비중 1.3인 입자의 표준대기 중 종말침강속도는 몇 m/s인가? (단, 표준공기의 점도와 밀도는 각각 3.44×10^{-5} kg/m·s, 1.3 kg/m³이다.)
① 1.64×10^{-2} ② 1.32×10^{-2}
③ 1.18×10^{-2} ④ 0.82×10^{-2}

해설 $V_g = \dfrac{(\rho_p - \rho) \times d^2 \times g}{18\mu}$

$= \dfrac{(1,300 - 1.3)\text{kg/m}^3 \times (20\mu m \times 10^{-6} \text{m}/\mu m)^2 \times 9.8 \text{m/s}^2}{18 \times 3.44 \times 10^{-5} \text{kg/m·s}}$

$= 8.22 \times 10^{-3}$ m/s $= 0.82 \times 10^{-2}$ m/s

(더 알아보기) 핵심정리 1-48 (1)

47. 다음 중 가스분산형 흡수장치에 해당하는 것은?
① 기포탑   ② 사이클론 스크러버
③ 분무탑   ④ 충전탑

해설 흡수장치의 분류
- 가압수식(액분산형) : 충전탑, 분무탑, 벤투리 스크러버, 사이클론 스크러버, 제트 스크러버
- 유수식(가스분산형) : 단탑(포종탑, 다공판탑), 기포탑

(더 알아보기) 핵심정리 2-60 (5)

48. 가스처리방법 중 흡착(물리적 기준)에 관한 내용으로 가장 거리가 먼 것은?
① 흡착열이 낮고 흡착과정이 가역적이다.
② 다분자 흡착이며 오염가스 회수가 용이하다.
③ 처리할 가스의 분압이 낮아지면 흡착량은 감소한다.
④ 처리가스의 온도가 올라가면 흡착량이 증가한다.

해설 ④ 물리적 흡착은 처리가스의 온도가 낮아지면 흡착량이 증가한다.

(더 알아보기) 핵심정리 2-64 (1)

49. 다음 발생 먼지 종류 중 일반적으로 S/Sb가 가장 큰 것은? (단, S는 진비중, Sb는 겉보기 비중)
① 미분탄보일러   ② 시멘트킬른
③ 카본블랙   ④ 골재드라이어

해설 카본블랙이 가장 입경이 작으므로, S/Sb가 가장 크다.
① 미분탄보일러의 S/Sb : 4.0
② 시멘트킬른의 S/Sb : 5.0
③ 카본블랙의 S/Sb : 76
④ 골재드라이어의 S/Sb : 2.7

50. 환기시설 설계에 사용되는 보충용 공기에 관한 설명으로 옳지 않은 것은?
① 보충용 공기가 배기용 공기보다 약 10~15 % 정도 많도록 조절하여 실내를 약간 양압으로 하는 것이 좋다.
② 여름에는 보통 외부공기를 그대로 공급을 하지만, 공정 내의 열부하가 커서 제어해야 하는 경우에는 보충용 공기를 냉각하여 공급한다.
③ 보충용 공기는 환기시설에 의해 작업장 내에서 배기된 만큼의 공기를 작업장 내로 재공급해야 하는 공기의 양을 말한다.
④ 보충용 공기의 유입구는 작업장이나 다른 건물의 배기구에서 나온 유해물질의 유입을 유도할 수 있는 위치로서 바닥에서 1~1.2 m 정도에서 유입하도록 한다.

정답 46. ④ 47. ① 48. ④ 49. ③ 50. ④

해설 ④ 보충용 공기의 유입구는 작업장이나 다른 건물의 배기구에서 나온 유해물질의 유입을 유도할 수 있는 위치로서 바닥에서 2.4~3 m 정도에서 유입하도록 한다.

51. 미세입자가 운동하는 경우에 작용하는 항력(drag force)에 관련된 내용으로 거리가 먼 것은?
① 레이놀즈 수가 커질수록 항력계수는 증가한다.
② 항력계수가 커질수록 항력은 증가한다.
③ 입자의 투영면적이 클수록 항력은 증가한다.
④ 상대속도의 제곱에 비례하여 항력은 증가한다.

해설 ① 항력계수(C_D) = $\dfrac{24}{R_e}$ 이므로 레이놀즈 수(R_e)가 커질수록 항력계수는 감소한다.

52. 원심력집진장치에 관한 설명으로 옳지 않은 것은?
① 배기관경(내경)이 작을수록 입경이 작은 먼지를 제거할 수 있다.
② 점착성이 있는 먼지의 집진에는 적당치 않으며, 딱딱한 입자는 장치의 마모를 일으킨다.
③ 침강먼지 및 미세한 먼지의 재비산을 막기 위해 스키머와 회전깃, 살수설비 등을 설치하여 제거효율을 증대시킨다.
④ 고농도일 때는 직렬연결하여 사용하고, 응집성이 강한 먼지인 경우는 병렬연결하여 사용한다.

해설 ④ 고농도일 때는 병렬연결하여 사용하고, 응집성이 강한 먼지인 경우는 직렬연결(단수 3단 한계)하여 사용한다.

53. 전기 집진장치 내 먼지의 겉보기 이동 속도는 0.11 m/s, 5 m×4 m인 집진판 182매를 설치하여 유량 9,000 m³/min를 처리할 경우 집진효율은? (단, 내부 집진판은 양면 집진, 2개의 외부 집진판은 각 하나의 집진면을 가진다.)
① 98.0 %
② 98.8 %
③ 99.0 %
④ 99.5 %

해설 (1) 평판형 전기집진장치의 집진매수 : 집진판 개수를 N이라 하면, 양면이므로 2 N이고, 그 중 2개의 외부 집진판은 각각 집진면이 1개이므로,
집진매수 = 2 N−2 = 2×182−2 = 362
(2) 처리효율
$$\eta = 1 - \exp\left\{-\dfrac{A \times W}{Q}\right\}$$
$$= 1 - \exp\left\{-\dfrac{(5 \times 4)\,\text{m}^2 \times 362 \times 0.11\,\text{m/s}}{9{,}000\,\text{m}^3/\text{min} \times \dfrac{1\,\text{min}}{60\,\text{s}}}\right\}$$
$$= 0.9950 = 99.50\,\%$$

54. 원형 duct의 기류에 의한 압력손실에 관한 설명으로 옳지 않은 것은?
① 길이가 길수록 압력손실은 커진다.
② 유속이 클수록 압력손실은 커진다.
③ 직경이 클수록 압력손실은 작아진다.
④ 곡관이 많을수록 압력손실은 작아진다.

해설 ④ 곡관이 많을수록 압력손실은 커진다.

55. 커닝험 보정계수에 대한 설명으로 가장 적합한 것은? (단, 커닝험 보정계수가 1 이상인 경우)
① 미세입자일수록 가스의 점성저항이 작아지므로 커닝험 보정계수가 작아진다.
② 미세입자일수록 가스의 점성저항이 커지므로 커닝험 보정계수가 작아진다.
③ 미세입자일수록 가스의 점성저항이 커지므로 커닝험 보정계수가 커진다.
④ 미세입자일수록 가스의 점성저항이 작아지므로 커닝험 보정계수가 커진다.

정답 51. ① 52. ④ 53. ④ 54. ④ 55. ④

해설 커닝험 보정계수
- 미세한 입자(<1 μm)에 작용하는 항력이 스토크스 법칙으로 예측한 값보다 작아서 보정계수를 곱한다.
- 항상 1 이상의 값이다.
- 미세입자일수록 가스의 점성저항이 작아지므로 커닝험 보정계수가 커진다.

56. 후드의 제어속도(control velocity)에 관한 설명으로 옳은 것은?
① 확산조건, 오염원의 주변 기류에는 영향이 크지 않다.
② 유해물질의 발생조건이 조용한 대기 중 거의 속도가 없는 상태로 비산하는 경우(가스, 흄 등)의 제어속도 범위는 1.5~2.5 m/s 정도이다.
③ 유해물질의 발생조건이 빠른 공기의 움직임이 있는 곳에서 활발히 비산하는 경우(분쇄기 등)의 제어속도 범위는 15~25 m/s 정도이다.
④ 오염물질의 발생속도를 이겨내고 오염물질을 후드 내로 흡인하는 데 필요한 최소의 기류속도를 말한다.

해설 ① 확산조건, 오염원의 주변 기류에 대한 영향이 크다.
② 유해물질의 발생조건이 조용한 대기 중 거의 속도가 없는 상태로 비산하는 경우(가스, 흄 등)의 제어속도 범위는 0.5~1 m/s 정도이다.
③ 유해물질의 발생조건이 빠른 공기의 움직임이 있는 곳에서 활발히 비산하는 경우(분쇄기 등)의 제어속도 범위는 1.0~2.5 m/s 정도이다.

57. 벤투리 스크러버의 액가스비를 크게 하는 요인으로 옳지 않은 것은?
① 먼지입자의 친수성이 클 때
② 먼지의 입경이 작을 때
③ 먼지입자의 점착성이 클 때
④ 처리가스의 온도가 높을 때

해설 ① 먼지입자의 친수성이 클 때는 액가스비를 크게 할 필요가 없다.

58. 악취 및 휘발성 유기화합물질 제거에 일반적으로 가장 많이 사용하는 흡착제는?
① 제올라이트
② 활성백토
③ 실리카겔
④ 활성탄

해설 ④ 활성탄이 흡착제로 가장 많이 사용된다.

59. 압력손실은 100~200 mmH$_2$O 정도이고, 가스량 변동에도 비교적 적응성이 있으며, 흡수액에 고형분이 함유되어 있는 경우에는 흡수에 의해 침전물이 생기는 등 방해를 받는 세정장치로 가장 적합한 것은?
① 다공판탑
② 제트 스크러버
③ 충전탑
④ 벤투리 스크러버

해설 충전탑은 침전물이 생기면 충전재 사이 공극이 막혀 방해를 받는다.

60. 유수식 세정집진장치의 종류와 가장 거리가 먼 것은?
① 가스분수형
② 스크루형
③ 임펠러형
④ 로터형

해설 세정집진장치
- 유수식(가스분산형) : S임펠러형, 로터형, 가스선회형, 가스분수형, 단탑, 기포탑
- 가압수식(액분산형) : 벤투리 스크러버(venturi scrubber), 제트 스크러버(jet scrubber), 사이클론 스크러버(cyclone scrubber), 충전탑(packed tower), 분무탑(spray tower)
- 회전식 : 타이젠 와셔(Theisen washer), 임펄스 스크러버(impulse scrubber)

정답 56. ④ 57. ① 58. ④ 59. ③ 60. ②

제4과목　대기오염공정시험기준(방법)

61. 굴뚝 배출가스 중 아황산가스의 자동연속측정방법에서 사용되는 용어의 의미로 옳지 않은 것은?

① 검출한계 : 제로드리프트의 2배에 해당하는 지시치가 갖는 아황산가스의 농도를 말한다.
② 응답시간 : 시료채취부를 통하지 않고 제로 가스를 연속자동측정기의 분석부에 흘려주다가 갑자기 스팬가스로 바꿔서 흘려준 후, 기록계에 표시된 지시치가 스팬가스 보정치의 95 %에 해당하는 지시치를 나타낼 때까지 걸리는 시간을 말한다.
③ 경로(path)측정 시스템 : 굴뚝 또는 덕트 단면 직경의 5 % 이상의 경로를 따라 오염물질 농도를 측정하는 배출가스 연속자동측정시스템을 말한다.
④ 제로가스 : 공인기관에 의해 아황산가스 농도가 1 ppm 미만으로 보증된 표준가스를 말한다.

해설 굴뚝연속자동측정기기 아황산가스
③ 경로(path) 측정 시스템 : 굴뚝 또는 덕트 단면 직경의 10 % 이상의 경로를 따라 오염물질 농도를 측정하는 배출가스 연속자동측정시스템

62. 기체크로마토그래피에서 분리관 효율을 나타내기 위한 이론단수를 구하는 식으로 옳은 것은? (단, t_R : 시료도입점으로부터 봉우리 최고점까지의 길이, W : 봉우리의 좌우 변곡점에서 접선이 자르는 바탕선의 길이)

① $16 \times \dfrac{t_R}{W}$

② $16 \times \left(\dfrac{t_R}{W}\right)^2$

③ $16 \times \left(\dfrac{W}{t_R}\right)^2$

④ $16 \times \dfrac{W}{t_R}$

해설 이론단수(n) = $16 \times \left(\dfrac{t_R}{W}\right)^2$
여기서, t_R : 시료도입점으로부터 봉우리 최고점까지의 길이(머무름시간)
W : 봉우리의 좌우 변곡점에서 접선이 자르는 바탕선의 길이

63. 원자흡수분광광도법의 원리를 가장 올바르게 설명한 것은?

① 시료를 해리시켜 중성원자로 증기화하여 생긴 기저상태의 원자가 이 원자 증기층을 투과하는 특유파장의 빛을 흡수하는 현상을 이용
② 시료를 해리시켜 발생된 여기상태의 원자가 기저상태로 되면서 내는 열의 피크 폭을 측정
③ 시료를 해리시켜 발생된 여기상태의 원자가 원자 증기층을 통과하는 빛의 발생 속도의 차이를 이용
④ 시료를 해리시켜 발생된 여기상태의 원자가 기저상태로 돌아올 때 내는 가스속도의 차이를 이용한 측정

해설 원자흡수분광광도법의 원리 : 시료를 적당한 방법으로 해리시켜 중성원자로 증기화하여 생긴 기저상태(ground state or normal state)의 원자가 이 원자 증기층을 투과하는 특유파장의 빛을 흡수하는 현상을 이용하여 광전측광과 같은 개개의 특유 파장에 대한 흡광도를 측정하여 시료 중의 원소농도를 정량하는 방법

정답 61. ③　62. ②　63. ①

64. 환경대기 중의 먼지농도 시료채취 방법인 고용량 공기시료채취기법에 관한 설명으로 옳지 않은 것은?
① 채취입자의 입경은 일반적으로 0.01~100 μm 범위이다.
② 공기흡입부의 경우 무부하일 때의 흡입유량이 보통 0.5 m^3/hr 범위 정도로 한다.
③ 공기흡입부, 여과지홀더, 유량측정부 및 보호 상자로 구성된다.
④ 채취용 여과지는 보통 0.3 μm 되는 입자를 99 % 이상 채취할 수 있는 것을 사용한다.

해설 환경대기 중 먼지 - 고용량 공기시료채취기법
② 공기흡입부는 직권정류자모터에 2단 원심 터빈형 송풍기가 직접 연결된 것으로 무부하일 때의 흡입유량이 약 2 m^3/min 이고 24시간 이상 연속 측정할 수 있는 것이어야 한다.

65. 시료채취 시 흡수액으로 수산화소듐용액을 사용하지 않는 것은?
① 플루오린(불소)화합물
② 이황화탄소
③ 사이안화수소(시안화수소)
④ 브로민(브롬)화합물

해설 수산화소듐이 흡수액인 분석물질 : 염화수소, 플루오린화합물, 사이안화수소, 브로민화합물, 페놀, 비소
(더 알아보기) 핵심정리 2-76

66. 배출가스 중 황산화물을 분석하기 위하여 중화적정법에 의해 설팜산(sulfamine acid) 표준시약 2.0 g을 물에 녹여 250 mL로 하고, 이 용액 25 mL를 분취하여 N/10-NaOH 용액으로 중화 적정한 결과 21.6 mL가 소요되었다. 이때 N/10-NaOH 용액의 factor값은? (단, 설팜산의 분자량은 97.1이다.)
① 0.90
② 0.95
③ 1.00
④ 1.05

해설 [개정] "배출가스 중 황산화물-중화적정법"은 공정시험기준에서 삭제되어 더 이상 출제되지 않습니다.

67. 분석대상가스 중 아세틸아세톤 함유 흡수액을 흡수액으로 사용하는 것은?
① 사이안화수소
② 벤젠
③ 비소
④ 폼알데하이드

해설 배출가스 중 가스상물질 흡수액
• ④ 폼알데하이드 : 아세틸아세톤 함유 흡수액
• ①, ②, ③ : 수산화소듐
(더 알아보기) 핵심정리 2-76

68. 반자동식 채취기에 의한 방법으로 배출가스 중 먼지를 측정하고자 할 경우 흡인노즐에 관한 설명이다. ( ) 안에 가장 적합한 것은?

> 흡입노즐의 안과 밖의 가스흐름이 흐트러지지 않도록 흡입노즐 안지름(d)은 (㉠)으로 한다. 흡입노즐의 안지름 d는 정확히 측정하여 0.1 mm 단위까지 구하여 둔다. 흡입노즐의 꼭짓점은 (㉡)의 예각이 되도록 하고 매끈한 반구모양으로 한다.

① ㉠ 1 mm 이상, ㉡ 30° 이하
② ㉠ 1 mm 이상, ㉡ 45° 이하
③ ㉠ 3 mm 이상, ㉡ 30° 이하
④ ㉠ 3 mm 이상, ㉡ 45° 이하

정답 64. ② 65. ② 66. ② 67. ④ 68. ③

해설 배출가스 중 먼지 – 반자동식 측정법 – 흡입노즐

- 흡입노즐은 스테인리스강 재질, 경질유리, 또는 석영 유리제로 만들어진 것으로 다음과 같은 조건을 만족시키는 것이어야 한다.
- 흡입노즐의 안과 밖의 가스흐름이 흐트러지지 않도록 흡입노즐 안지름(d)은 3 mm 이상으로 한다. 흡입노즐의 안지름 d는 정확히 측정하여 0.1 mm 단위까지 구하여 둔다.
- 흡입노즐의 꼭짓점은 30° 이하의 예각이 되도록 하고 매끈한 반구모양으로 한다.
- 흡입노즐 내외면은 매끄럽게 되어야 하며 흡입노즐에서 먼지 채취부까지의 흡입관은 내부면이 매끄럽고 급격한 단면의 변화와 굴곡이 없어야 한다.

69. 알데하이드류를 DNPH 유도체를 형성하여 아세토나이트릴(acetonitrile) 용매로 추출하여 고성능 액체크로마토그래피에 의해 자외선 검출기로 분석할 때 측정파장으로 가장 적합한 것은?

① 360 nm
② 510 nm
③ 650 nm
④ 730 nm

해설 배출가스 중 폼알데하이드 및 알데하이드류 - 고성능액체크로마토그래피 : 배출가스 중의 알데하이드류를 흡수액 2, 4-다이나이트로페닐 하이드라진(DNPH, dinitrophenyl hydrazine)과 반응하여 하이드라존 유도체(hydrazone derivative)를 생성하게 되고 이를 액체크로마토그래프로 분석하여 정량한다. 하이드라존(hydrazone)은 UV 영역, 특히 350 nm~380 nm에서 최대 흡광도를 나타낸다.

70. 배출가스 중의 납화합물을 자외선 가시선 분광법으로 분석한 결과가 아래와 같다고 할 때, 표준상태 건조 배출가스 중 납의 농도는?

- 시료 용액 중 납의 농도 : 15 μg/mL
- 분석용 시료용약의 최종부피 : 250 mL
- 표준상태에서의 건조한 대기기체 채취량 : 1,000 L

① 0.0375 mg/Sm^3
② 0.375 mg/Sm^3
③ 3.75 mg/Sm^3
④ 37.5 mg/Sm^3

해설 [개정] "배출가스 중 납화합물 – 자외선/가시선 분광법"은 공정시험기준에서 삭제되어 더 이상 출제되지 않습니다.

71. 굴뚝연속자동측정기 측정방법 중 도관의 부착방법으로 옳지 않은 것은?

① 도관은 가능한 짧은 것이 좋다.
② 냉각도관은 될 수 있는 대로 수직으로 연결한다.
③ 기체 – 액체 분리관은 도관의 부착위치 중 가장 높은 부분 또는 최고 온도의 부분에 부착한다.
④ 응축수의 배출에 쓰는 펌프는 충분히 내구성이 있는 것을 쓰고, 이때 응축수 트랩은 사용하지 않아도 좋다.

해설 ③ 기체 – 액체 분리관은 도관의 부착위치 중 가장 낮은 부분 또는 최저 온도의 부분에 부착하여 응축수를 급속히 냉각시키고 배관계의 밖으로 빨리 방출시킨다.

정답 69. ① 70. ③ 71. ③

72. A레이온 공장 굴뚝배출가스 중 황화수소를 아이오딘 적정법으로 측정한 결과 다음과 같았다. 시료가스 중 황화수소의 농도는? (단, 표준상태 기준)

- 시료가스 채취량 : 20 L(20℃, 755 mmHg)
- 흡수액량 : 50 mL
- 0.05 N 아이오딘 용액 사용량 : 50 mL
- 0.05 N 싸이오황산소듐용액 소비량의 차 : 5.2 mL(f = 1.04)

① 약 105 ppm
② 약 119 ppm
③ 약 135 ppm
④ 약 164 ppm

해설 [개정] "배출가스 중 황화수소 – 아이오딘 적정법"은 공정시험기준에서 삭제되어 더 이상 출제되지 않습니다.

73. 환경대기 내의 석면 시험방법(위상차현미경법) 중 시료채취 장치 및 기구에 관한 설명으로 옳지 않은 것은?

① 멤브레인 필터의 광굴절률 : 약 3.5 전후
② 멤브레인 필터의 재질 및 규격 : 셀룰로오스 에스테르제 또는 셀룰로오스 나이트레이트계 pore size 0.8~1.2 μm, 직경 25 mm, 또는 47 mm
③ 20 L/min로 공기를 흡인할 수 있는 로터리펌프 또는 다이아프램 펌프는 시료채취관, 시료채취장치, 흡인기체 유량측정장치, 기체흡입장치 등으로 구성한다.
④ open face형 필터홀더의 재질 : 40 mm의 집풍기가 홀더에 장착된 PVC

해설 ① 멤브레인 필터의 광굴절률은 약 1.5를 원칙으로 한다.

74. 굴뚝 단면이 원형일 경우 먼지측정을 위한 측정점에 관한 설명으로 옳지 않은 것은?

① 굴뚝 직경이 4.5 m를 초과할 때는 측정점수는 20이다.
② 굴뚝 반경이 2.5 m인 경우에 측정점수는 20이다.
③ 굴뚝 단면적이 1 m^2 이하로 소규모일 경우에는 그 굴뚝 단면의 중심을 대표점으로 하여 1점만 측정한다.
④ 굴뚝 직경이 1.5 m인 경우에 반경 구분수는 2이다.

해설 배출가스 중 먼지 – 원형단면의 측정점
② 굴뚝 반경이 2.5 m이면 직경이 5 m이므로, 측정점수는 20이다.
③ 굴뚝 단면적이 0.25 m^2 이하로 소규모일 경우에는 그 굴뚝 단면의 중심을 대표점으로 하여 1점만 측정한다.

굴뚝 직경(m)	반경 구분수	측정점수
1 이하	1	4
1 초과 2 이하	2	8
2 초과 4 이하	3	12
4 초과 4.5 이하	4	16
4.5 초과	5	20

75. 공정시험기준 중 일반화학분석에 대한 공통적인 사항으로 따로 규정이 없는 경우 사용해야 하는 시약의 규격으로 옳지 않은 것은? (명칭 : 농도(%) : 비중(약))

① 암모니아수 : 32.0~38.0(NH_3로서) : 1.38
② 플루오린화수소(플루오르화수소산) : 46.0~48.0 : 1.14
③ 브로민화수소산(브롬화수소산) : 47.0~49.0 : 1.48
④ 과염소산 : 60.0~42.0 : 1.54

해설 시약 및 표준용액 – 시약의 농도와 비중
① 암모니아수 : 28.0~30.0(NH_3로서) : 0.9

더 알아보기 핵심정리 2-73

정답 72. ④ 73. ① 74. ③ 75. ①

76. 기체크로마토그래피의 정성분석에 관한 설명으로 거리가 먼 것은?
① 동일 조건하에서 특정한 미지성분의 머무름값(보유치)과 예측되는 물질의 봉우리의 머무름값을 비교한다.
② 머무름값의 표시는 무효부피(dead volume)의 보정유무를 기록하여야 한다.
③ 보통 5~30분 정도에서 측정하는 봉우리의 머무름시간은 반복시험을 할 때 ±5 % 오차범위 이내이어야 한다.
④ 머무름시간을 측정할 때는 3회 측정하여 그 평균치를 구한다.

해설 ③ 머무름시간을 측정할 때는 3회 측정하여 그 평균치를 구한다. 일반적으로 5분~30분 정도에서 측정하는 봉우리의 머무름시간은 반복시험을 할 때 ±3 % 오차범위 이내이어야 한다.

77. 굴뚝 배출가스 유속을 피토관으로 측정한 결과가 다음과 같을 때 배출가스 유속은?

- 동압 : 100 mmH$_2$O
- 배출가스 온도 : 295℃
- 표준상태 배출가스 비중량 : 1.2 kg/m^3(0℃, 1기압)
- 피토관 계수 : 0.87

① 43.7 m/s   ② 48.2 m/s
③ 50.7 m/s   ④ 54.3 m/s

해설 배출가스 중 입자상 물질의 시료채취방법
(1) 295℃에서 배출가스 비중량(배출가스의 밀도를 구하는 방법)

$$\gamma = \gamma_o \times \frac{273}{273 + \theta_s}$$

$$= 1.2 \times \frac{273}{273 + 295} = 0.5767 \, \text{kg/m}^3$$

여기서, γ : 굴뚝 내의 배출가스 밀도(kg/m^3)
γ_o : 온도 0℃, 기압 760 mmHg로 환산한 습한 배출가스 밀도(kg/Sm^3)

θ_s : 각 측정점에서 배출가스 온도의 평균치(℃)

(2) 유속 측정방법

$$V = C\sqrt{\frac{2gh}{\gamma}}$$

$$= 0.87 \times \sqrt{\frac{2 \times 9.8 \times 100}{0.5767}}$$

$$= 50.719 \, \text{m/s}$$

여기서, V : 유속(m/s)
C : 피토관 계수
h : 피토관에 의한 동압 측정치(mmH$_2$O)
g : 중력가속도(9.8 m/s^2)
γ : 굴뚝 내의 배출가스 밀도(kg/m^3)

78. 배출가스 중 수동식측정방법으로 먼지측정을 위한 장치구성에 관한 설명으로 옳지 않은 것은?
① 원칙적으로 적산유량계는 흡입 가스량의 측정을 위하여 또 순간유량계는 등속흡입조작을 확인하기 위하여 사용한다.
② 먼지채취부의 구성은 흡입노즐, 여과지홀더, 고정쇠, 드레인포집기, 연결관 등으로 구성되며, 단, 2형일 때는 흡입노즐 뒤에 흡입관을 접속한다.
③ 여과지홀더는 유리제 또는 스테인리스강 재질 등으로 만들어진 것을 쓴다.
④ 건조용기는 시료채취 여과지의 수분평형을 유지하기 위한 용기로서 (20±5.6)℃ 대기압력에서 적어도 4시간을 건조시킬 수 있어야 한다. 또는, 여과지를 100℃에서 적어도 2시간 동안 건조시킬 수 있어야 한다.

해설 ④ 건조용기 : 시료채취 여과지의 수분평형을 유지하기 위한 용기로서 (20±5.6)℃ 대기압력에서 적어도 24시간을 건조시킬 수 있어야 한다. 또는, 여과지를 105℃에서 적어도 2시간 동안 건조시킬 수 있어야 한다.

정답 76. ③ 77. ③ 78. ④

79. 환경대기 중 가스상 물질을 용매채취법으로 채취할 때 사용하는 순간유량계 중 면적식 유량계는?

① 게이트식 유량계
② 미스트식 가스미터
③ 오리피스 유량계
④ 노즐식 유량계

해설 환경대기 시료채취방법 – 용매채취법 – 순간 유량계
- 면적식 유량계 : 부자식 유량계, 피스톤식 유량계, 게이트식 유량계
- 기타 유량계 : 오리피스 유량계, 벤투리식 유량계, 노즐식 유량계

80. 액의 농도에 관한 설명으로 옳지 않은 것은?

① 액의 농도를 (1 → 5)로 표시한 것은 그 용질의 성분이 고체일 때는 1 g을 용매에 녹여 전량을 5 mL로 하는 비율을 말한다.
② 황산(1 : 7)은 용질이 액체일 때 1 mL를 용매에 녹여 전량을 7 mL로 하는 것을 뜻한다.
③ 혼액(1+2)은 액체상의 성분을 각각 1용량 대 2용량의 비율로 혼합한 것을 뜻한다.
④ 단순히 용액이라 기재하고 그 용액의 이름을 밝히지 않은 것은 수용액을 뜻한다.

해설 ② 황산(1 : 7)은 액체상의 성분을 각각 1용량 대 7용량으로 함. 즉, 용질이 액체일 때 1 mL를 용매 7 mL에 녹이는 것

제5과목 　**대기환경관계법규**

81. 대기환경보전법령상 배출시설 설치신고를 하고자 하는 경우 설치신고서에 포함되어야 하는 사항과 가장 거리가 먼 것은?

① 배출시설 및 방지시설의 설치명세서
② 방지시설의 일반도
③ 방지시설의 연간 유지관리 계획서
④ 유해오염물질 확정 배출농도 내역서

해설 배출시설 설치허가 신청서 또는 배출시설 설치신고서에 첨부하여야 할 서류
1. 원료(연료 포함)의 사용량 및 제품 생산량과 오염물질 등의 배출량을 예측한 명세서
2. 배출시설 및 방지시설의 설치명세서
3. 방지시설의 일반도
4. 방지시설의 연간 유지관리 계획서
5. 사용 연료의 성분 분석과 황산화물 배출농도 및 배출량 등을 예측한 명세서(법 제41조 제3항 단서에 해당하는 배출시설의 경우에만 해당)
6. 배출시설 설치허가증(변경허가를 신청하는 경우에만 해당)

82. 대기환경보전법규상 배출시설 가동 시에 방지시설을 가동하지 아니하거나 오염도를 낮추기 위하여 배출시설에서 배출되는 대기오염물질에 공기를 섞어 배출하는 행위에 대한 1차 행정처분 기준은?

① 조업정지 30일
② 조업정지 20일
③ 조업정지 10일
④ 경고

해설 행정처분기준 : 배출시설 가동 시에 방지시설을 가동하지 아니하거나 오염도를 낮추기 위하여 배출시설에서 배출되는 대기오염물질에 공기를 섞어 배출하는 행위
- 1차 : 조업정지 10일
- 2차 : 조업정지 30일
- 3차 : 허가취소 또는 폐쇄

정답 79. ①　80. ②　81. ④　82. ③

83. 대기환경보전법령상 청정연료를 사용하여야 하는 대상시설의 범위에 해당하지 않는 시설은?

① 산업용 열병합 발전시설
② 전체보일러의 시간당 총 증발량이 0.2톤 이상인 업무용보일러
③ 집단에너지사업법 시행령에 따른 지역 냉난방 사업을 위한 시설
④ 건축법 시행령에 따른 중앙집중난방방식으로 열을 공급받고 단지 내의 모든 세대의 평균 전용면적이 40.0 m²를 초과하는 공동주택

해설 청정연료를 사용하여야 하는 대상시설의 범위
   가. 「건축법 시행령」에 따른 공동주택으로서 동일한 보일러를 이용하여 하나의 단지 또는 여러 개의 단지가 공동으로 열을 이용하는 중앙집중난방방식(지역냉난방방식 포함)으로 열을 공급받고, 단지 내의 모든 세대의 평균 전용면적이 40.0 m²를 초과하는 공동주택
   나. 「집단에너지사업법 시행령」에 따른 지역 냉난방사업을 위한 시설. 다만, 지역냉난방사업을 위한 시설 중 발전폐열을 지역 냉난방용으로 공급하는 산업용 열병합 발전시설로서 환경부장관이 승인한 시설은 제외
   다. 전체 보일러의 시간당 총 증발량이 0.2톤 이상인 업무용보일러(영업용 및 공공용보일러를 포함하되, 산업용보일러는 제외)
   라. 발전시설. 다만, 산업용 열병합 발전시설은 제외
   ※ 가~라에서, 「신에너지 및 재생에너지 개발·이용·보급 촉진법」에 따른 신에너지 및 재생에너지를 사용하는 시설은 제외

84. 환경정책기본법상 환경부장관은 국가환경종합계획의 종합적·체계적 추진을 위해 얼마마다 환경보전중기종합계획을 수립하여야 하는가?

① 1년
② 3년
③ 5년
④ 10년

해설 [개정] 현행 법규에서 삭제된 법규이므로 이 문제는 풀지 않습니다.

85. 대기환경보전법령상 사업장별 환경기술인의 자격기준에 관한 설명으로 옳지 않은 것은?

① 4종사업장과 5종사업장 중 특정대기유해물질이 환경부령으로 정하는 기준 이상으로 포함된 오염물질을 배출하는 경우에는 3종사업장에 해당하는 기술인을 두어야 한다.
② 1종사업장과 2종사업장 중 1개월 동안 실제 작업한 날만을 계산하여 1일 평균 17시간 이상 작업하는 경우에는 해당 사업장의 기술인을 각각 1명 이상 두어야 한다.
③ 공동방지시설에서 각 사업장의 대기오염물질 발생량의 합계가 4종사업장과 5종사업장의 규모에 해당하는 경우에는 3종사업장에 해당하는 기술인을 두어야 한다.
④ 배출시설 중 일반보일러만 설치한 사업장과 대기 오염물질 중 먼지만 발생하는 사업장은 5종사업장에 해당하는 기술인을 둘 수 있다.

해설 사업장별 환경기술인의 자격기준
  ② 1종사업장과 2종사업장 중 1개월 동안 실제 작업한 날만을 계산하여 1일 평균 17시간 이상 작업하는 경우에는 해당 사업장의 기술인을 각각 2명 이상 두어야 한다. 이 경우, 1명을 제외한 나머지 인원은 3종사업장에 해당하는 기술인 또는 환경기능사로 대체할 수 있다.

더알아보기 핵심정리 2-98

정답 83. ①   84. ③   85. ②

86. 대기환경보전법규상 분체상 물질을 싣고 내리는 공정의 경우, 비산먼지 발생을 억제하기 위해 작업을 중지해야 하는 평균풍속(m/s)의 기준은?

① 2 이상
② 5 이상
③ 7 이상
④ 8 이상

해설 비산먼지 발생을 억제하기 위한 시설의 설치 및 필요한 조치에 관한 기준
- 분체상 물질을 싣고 내리는 공정 – 비산먼지 발생을 억제하기 위해 작업을 중지해야 하는 평균풍속: 8 m/s

87. 대기환경보전법규상 개선명령 등의 이행보고와 관련하여 환경부령으로 정하는 대기오염도 검사기관에 해당하지 않는 것은?

① 보건환경연구원
② 유역환경청
③ 한국환경공단
④ 환경보전협회

해설 대기오염도 검사기관
1. 국립환경과학원
2. 특별시·광역시·특별자치시·도·특별자치도(시·도)의 보건환경연구원
3. 유역환경청, 지방환경청 또는 수도권대기환경청
4. 한국환경공단
5. 「국가표준기본법」에 따른 인정을 받은 시험·검사기관 중 환경부장관이 정하여 고시하는 기관

88. 실내공기질 관리법규상 "어린이집"의 실내공기질 유지기준으로 옳은 것은?

① PM10($\mu g/m^3$) – 150 이하
② CO(ppm) – 25 이하
③ 총부유세균(CFU/m^3) – 800 이하
④ 폼알데하이드($\mu g/m^3$) – 150 이하

해설 실내공기질 유지기준 – 어린이집(노약자시설)
① PM10($\mu g/m^3$) – 75 이하
② CO(ppm) – 10 이하
④ 폼알데하이드($\mu g/m^3$) – 80 이하

(더 알아보기) 핵심정리 2-106

89. 대기환경보전법상 기후·생태계 변화 유발물질이라 볼 수 없는 것은?

① 이산화탄소
② 아산화질소
③ 탄화수소
④ 메탄

해설 기후·생태계 변화 유발물질: 지구 온난화 등으로 생태계의 변화를 가져올 수 있는 기체상물질로서 온실가스와 환경부령으로 정하는 것
- 온실가스: 이산화탄소, 메탄, 아산화질소, 수소불화탄소, 과불화탄소, 육불화황
- 환경부령으로 정하는 것: 염화불화탄소(CFC), 수소염화불화탄소(HCFC)

90. 대기환경보전법령상 대기오염경보에 관한 설명으로 옳지 않은 것은?

① 미세먼지(PM-10), 미세먼지(PM-2.5), 오존(O_3) 3개 항목 모두 오염물질 농도에 따라 주의보, 경보, 중대경보로 구분하고, 경보발령의 경우 자동차 사용 자제 요청의 조치사항을 포함한다.
② 대기오염 경보대상 오염물질은 미세먼지(PM-10), 미세먼지(PM-2.5), 오존(O_3)으로 한다.
③ 해당 지역의 대기자동측정소 PM-10 또는 PM-2.5의 권역별 평균 농도가 경보 단계별 발령 기준을 초과하면 해당 경보를 발령할 수 있다.
④ 오존 농도는 1시간 평균농도를 기준으로 하며, 해당 지역의 대기자동측정소 오존 농도가 1개소라도 경보단계별 발령기준을 초과하면 해당 경보를 발령할 수 있다.

정답 86. ④ 87. ④ 88. ③ 89. ③ 90. ①

해설 ① 미세먼지(PM-10), 미세먼지(PM-2.5)는 주의보, 경보로 구분하고, 오존(O_3)은 주의보, 경보, 중대경보로 구분한다. 주의보 발령의 경우 자동차 사용 자제요청의 조치사항을 포함한다.

더알아보기 핵심정리 2-95, 2-100

91. 악취방지법규상 다음 지정악취물질의 배출허용기준(ppm)으로 옳지 않은 것은? (단, 공업지역)

① n-발레르알데하이드 : 0.02 이하
② 톨루엔 : 30 이하
③ 프로피온산 : 0.1 이하
④ i-발레르산 : 0.004 이하

해설 악취방지법-배출허용기준 및 엄격한 배출허용기준의 설정 범위
③ 프로피온산 : 0.07 이하

92. 대기환경보전법규상 시·도지사가 설치하는 대기오염 측정망에 해당하는 것은?

① 대기 중의 중금속 농도를 측정하기 위한 대기중금속측정망
② 대기오염물질의 지역배경농도를 측정하기 위한 교외대기측정망
③ 도시지역의 휘발성유기화합물 등의 농도를 측정하기 위한 광화학대기오염물질측정망
④ 산성 대기오염물질의 건성 및 습성 침착량을 측정하기 위한 산성강하물측정망

해설 시·도지사가 설치하는 대기오염 측정망의 종류
1. 도시지역의 대기오염물질 농도를 측정하기 위한 도시대기측정망
2. 도로변의 대기오염물질 농도를 측정하기 위한 도로변대기측정망
3. 대기 중의 중금속 농도를 측정하기 위한 대기중금속측정망

93. 환경정책기본법령상 대기 중 미세먼지(PM-10)의 환경기준으로 적절한 것은? (단, 연간 평균치)

① 150 $\mu g/m^3$ 이하
② 120 $\mu g/m^3$ 이하
③ 70 $\mu g/m^3$ 이하
④ 50 $\mu g/m^3$ 이하

해설 환경정책기본법상 대기환경기준
④ 미세먼지(PM-10) : 연간 평균치 50 $\mu g/m^3$ 이하

더알아보기 핵심정리 2-103

94. 대기환경보전법규상 자동차연료·첨가제 또는 촉매제 검사기관의 지정기준 중 자동차연료 검사기관의 기술능력 및 검사장비기준으로 옳지 않은 것은?

① 검사원은 국가기술자격법 시행규칙에 따른 자동차, 화공, 안전관리(가스), 환경분야의 기사 자격 이상을 취득한 사람이어야 한다.
② 검사원은 2명 이상이어야 하며, 그 중 한 명은 해당 검사업무에 5년 이상 종사한 경험이 있는 사람이어야 한다.
③ 휘발유·경유·바이오디젤(BD100) 검사를 위해 1ppm 이하 분석가능한 황함량 분석기 1식을 갖추어야 한다.
④ 휘발유·경유·바이오디젤 검사기관과 LPG·CNG·바이오가스 검사기관의 기술능력 기준은 같으며, 두 검사 업무를 함께 하려는 경우에는 기술능력을 중복하여 갖추지 아니할 수 있다.

해설 자동차연료 검사기관의 기술능력 기준
② 검사원은 4명 이상이어야 하며 그 중 2명 이상은 해당 검사업무에 5년 이상 종사한 경험이 있는 사람이어야 한다.

정답 91. ③ 92. ① 93. ④ 94. ②

정리 자동차연료 검사기관의 기술능력 기준
(1) 검사원의 자격 : 다음의 어느 하나에 해당하는 자이어야 한다.
    가. 환경, 자동차 또는 분석 관련 학과의 학사학위 이상을 취득한 자
    나. 환경, 자동차 또는 분석 관련 학과의 전문학사학위를 취득한 후 관련 업무에 2년 이상 종사한 경력이 있는 사람
    다. 자동차, 화공, 안전관리(가스), 환경 분야의 기사 자격 이상을 취득한 자
    라. 「환경분야 시험·검사 등에 관한 법률」에 따른 환경측정분석사
(2) 검사원의 수 : 검사원은 4명 이상이어야 하며 그 중 2명 이상은 해당 검사업무에 5년 이상 종사한 경험이 있는 사람이어야 한다.
※ 비고 : 휘발유·경유·바이오디젤 검사기관과 LPG·CNG·바이오가스 검사기관의 기술능력 기준은 같으며, 두 검사 업무를 함께 하려는 경우에는 기술능력을 중복하여 갖추지 아니할 수 있다.

95. 대기환경보전법규상 대기환경규제지역을 관할하는 시·도지사 또는 대도시 시장이 그 지역의 환경기준을 달성·유지하기 위해 수립하는 실천계획에 포함되어야 할 사항과 가장 거리가 먼 것은? (단, 그 밖의 환경부장관이 정하는 사항 등은 제외한다.)
① 대기오염예측모형을 이용한 특정대기오염물질 배출량조사
② 대기오염원별 대기오염물질 저감계획 및 계획의 시행을 위한 수단
③ 일반 환경 현황
④ 대기보전을 위한 투자계획과 대기오염물질 저감효과를 고려한 경제성 평가

해설 [개정] 현행 법규에서 삭제된 법규이므로 이 문제는 풀지 않습니다.

96. 대기환경보전법령상 기본부과금의 농도별 부과계수 중 연료의 황함유량이 1.0% 이하인 경우 농도별 부과계수로 옳은 것은? (단, 연료를 연소하여 황산화물을 배출하는 시설(황산화물의 배출량을 줄이기 위하여 방지시설을 설치한 경우와 생산공정상 황산화물의 배출량이 줄어든다고 인정하는 경우는 제외))
① 0.2 ② 0.4 ③ 0.8 ④ 1.0

해설 기본부과금의 농도별 부과계수 – 연료를 연소하여 황산화물을 배출하는 시설

구분	연료의 황함유량(%)		
	0.5% 이하	1.0% 이하	1.0% 초과
농도별 부과계수	0.2	0.4	1.0

97. 대기환경보전법상 다음 용어의 뜻으로 거리가 먼 것은?
① 대기오염물질 : 대기 중에 존재하는 물질 중 심사·평가 결과 대기오염의 원인으로 인정된 가스·입자상물질로서 환경부령으로 정하는 것을 말한다.
② 기후·생태계 변화유발물질 : 지구 온난화 등으로 생태계의 변화를 가져올 수 있는 기체상물질로서 온실가스와 환경부령으로 정하는 것을 말한다.
③ 매연 : 연소할 때에 생기는 유리탄소가 주가 되는 미세한 입자상물질을 말한다.
④ 촉매제 : 자동차에서 배출되는 대기오염물질을 줄이기 위하여 자동차에 부착 또는 교체하는 장치로서 환경부령으로 정하는 저감효율에 적합한 장치를 말한다.

해설 ④ 촉매제 : 배출가스를 줄이는 효과를 높이기 위하여 배출가스저감장치에 사용되는 화학물질로서 환경부령으로 정하는 것을 말한다.

정리 배출가스저감장치 : 자동차에서 배출되는 대기오염물질을 줄이기 위하여 자동차에 부착 또는 교체하는 장치로서 환경부령으로 정하는 저감효율에 적합한 장치를 말한다.

정답 95. ① 96. ② 97. ④

98. 대기환경보전법규상 대기오염경보단계 중 오존의 중대경보의 발령기준으로 옳은 것은? (단, 오존농도는 1시간 평균농도를 기준으로 한다.)

① 기상조건 등을 고려하여 해당 지역의 대기자동 측정소 오존농도가 0.12 ppm 이상인 때
② 기상조건 등을 고려하여 해당 지역의 대기자동 측정소 오존농도가 0.15 ppm 이상인 때
③ 기상조건 등을 고려하여 해당 지역의 대기자동 측정소 오존농도가 0.3 ppm 이상인 때
④ 기상조건 등을 고려하여 해당 지역의 대기자동 측정소 오존농도가 0.5 ppm 이상인 때

해설 대기오염경보단계 – 오존

주의보	경보	중대경보
0.12 ppm 이상	0.3 ppm 이상	0.5 ppm 이상

99. 수도권 대기환경개선에 관한 특별법상 수도권 대기환경관리위원회의 위원장은?

① 대통령
② 국무총리
③ 환경부장관
④ 한강유역환경청장

해설 수도권 대기환경개선에 관한 특별법상 수도권 대기환경관리위원회의 위원장
: 환경부장관

100. 대기환경보전법령상 배출허용기준초과와 관련하여 개선명령을 받은 사업자의 개선계획서 제출기한은? (단, 기간 연장은 제외)

① 명령을 받은 날부터 10일 이내
② 명령을 받은 날부터 15일 이내
③ 명령을 받은 날부터 30일 이내
④ 명령을 받은 날부터 60일 이내

해설 개선계획서의 제출 : 조치명령(적산전력계의 운영·관리기준 위반으로 인한 조치명령은 제외) 또는 개선명령을 받은 사업자는 그 명령을 받은 날부터 15일 이내에 개선계획서(굴뚝 자동측정기기를 부착한 경우에는 전자문서로 된 계획서를 포함)를 환경부령으로 정하는 바에 따라 환경부장관 또는 시·도지사에게 제출해야 한다.

정답 98. ④ 99. ③ 100. ②

2018년도 시행문제

대기환경기사 2018년 3월 4일 (제1회)

제1과목 대기오염개론

1. 1시간에 10,000대의 차량이 고속도로 위에서 평균시속 80 km로 주행하며, 각 차량의 평균 탄화수소 배출률은 0.02 g/s이다. 바람이 고속도로와 측면 수직방향으로 5 m/s로 불고 있다면 도로지반과 같은 높이의 평탄한 지형의 풍하 500 m 지점에서의 지상오염농도는? (단, 대기는 중립상태이며 풍하 500 m에서의 σ_z = 15 m, $C(x, y, 0) = \dfrac{2Q}{(2\pi)^{\frac{1}{2}}\sigma_z \cdot U}\exp\left[-\dfrac{1}{2}\left(\dfrac{H}{\sigma_z z}\right)^2\right]$를 이용)

① 26.6 $\mu g/m^3$ ② 34.1 $\mu g/m^3$
③ 42.4 $\mu g/m^3$ ④ 51.2 $\mu g/m^3$

해설 (1) 고속도로에서 방출되는 탄화수소의 양(g/s·m)
$= \dfrac{0.02\,\text{g/s·대} \times 10,000\,\text{대/hr}}{80\,\text{km/hr} \times 1,000\,\text{m/km}}$
$= 0.0025\,\text{g/s·m}$

(2) $C(x, y, 0)$
$= \dfrac{2 \times 0.0025 \times 10^6\,\text{g/s·m}}{(2\pi)^{\frac{1}{2}} \times 15\,\text{m} \times 5\,\text{m/s}}$
$\times \exp\left[-\dfrac{1}{2}\left(\dfrac{0}{15}\right)^2\right] = 26.59\,\mu g/m^3$

더 알아보기 핵심정리 1-18 (1)

2. 부피가 3,500 m³이고 환기가 되지 않은 작업장에서 화학반응을 일으키지 않는 오염물질이 분당 60 mg씩 배출되고 있다. 작업을 시작하기 전에 측정한 이 물질의 평균농도가 10 mg/m³이라면 1시간 이후의 작업장의 평균 농도는 얼마인가? (단, 상자모델을 적용하며, 작업시작 전, 후의 온도 및 압력 조건은 동일하다.)

① 11.0 mg/m³
② 13.6 mg/m³
③ 18.1 mg/m³
④ 19.9 mg/m³

해설 (1) 1시간 후 발생 농도
$농도 = \dfrac{부하 \times 시간}{부피} = \dfrac{\dfrac{60\,\text{mg}}{\text{min}} \times 60\,\text{min}}{3,500\,\text{m}^3}$
$= 1.03\,\text{mg/m}^3$

(2) 1시간 후 평균 농도
$10\,\text{mg/m}^3 + 1.03\,\text{mg/m}^3 = 11.03\,\text{mg/m}^3$

3. 다음 지표면 상태 중 일반적으로 알베도(%)가 가장 큰 것은?

① 삼림
② 사막
③ 수면
④ 얼음

해설 • 알베도(albedo) : 입사에너지에 대해 반사되는 에너지의 비
• 지구 전체의 평균 반사율 : 약 35 %

지표면 상태	알베도
수면(바다)	2 %
삼림	3~10 %
나지	7~20 %
사막	20 %
초지	15~30 %
얼음, 눈, 빙하	45~85 %

정답 1. ①   2. ①   3. ④

4. 정상상태 조건하에서 단위면적당 확산되는 조건하에서 물질의 이동속도는 농도의 기울기에 비례한다는 것과 관련된 법칙은?

① Fick's law ② Fourier's law
③ 르샤틀리에 법칙 ④ Reynold의 법칙

[해설]
- Fick's law(확산 방정식) : 단위면적당 확산되는 조건하에서 물질의 이동속도는 농도의 기울기에 비례
- 푸리에 법칙 : 열전도량은 온도구배에 비례
- 르샤틀리에 법칙 : 화학평형의 이동

5. 잠재적인 대기오염물질로 취급되고 있는 물질인 이산화탄소에 관한 설명으로 가장 거리가 먼 것은?

① 지구온실효과에 대한 추정기여도는 CO_2가 50 % 정도로 가장 높다.
② 대기 중의 이산화탄소 농도는 북반구의 경우 계절적으로는 보통 겨울에 증가한다.
③ 대기 중에 배출되는 이산화탄소의 약 5 %가 해수에 흡수된다.
④ 지구 북반구의 이산화탄소 농도가 상대적으로 높다.

[해설] ③ 대기 중에 배출된 CO_2의 약 50 %는 대기 중에 축적되고, 29 %는 해수에 용해된다.

6. 대기오염 예측의 기본이 되는 난류확산 방정식은 시간에 따른 오염물 농도의 변화를 선형화한 여러 항으로 구성된다. 다음 중 방정식을 선형화하고자 할 때, 고려해야 할 사항으로 가장 거리가 먼 것은?

① 바람에 의한 수평방향 이류항
② 난류에 의한 분산항
③ 분자확산에 의한 항
④ 복잡한 화학(연소) 반응에 의해 변화하는 항

[해설] ④ 화학 반응에 의해 변화하는 항은 비선형 항이므로 고려하지 않는다.

7. 대기압력이 900 mb인 높이에서의 온도가 25℃였다. 온위는 얼마인가? (단, $\theta = T\left(\dfrac{1,000}{P}\right)^{0.288}$)

① 307.2 K ② 377.8 K
③ 421.4 K ④ 487.5 K

[해설] 온위
$$\theta = T\left(\dfrac{1,000}{P}\right)^{0.288}$$
$$= (273+25)\left(\dfrac{1,000}{900}\right)^{0.288}$$
$$= 307.18 \text{ K}$$

8. 다음 중 불소화합물의 가장 주된 배출원은?

① 알루미늄공업 ② 코크스 연소로
③ 냉동공장 ④ 석유정제

[해설] 불화수소(HF) 배출원 : 알루미늄공업, 인산비료공업, 유리제조공업

9. LA 스모그를 유발시킨 역전현상으로 가장 적합한 것은?

① 침강역전 ② 전선역전
③ 접지역전 ④ 복사역전

[해설]
- 런던형 스모그 : 복사역전, 지표역전
- LA 스모그 : 침강역전, 공중역전

(더 알아보기) 핵심정리 2-16

10. 다음 중 일반적으로 대도시의 산성강우 속에 가장 미량으로 존재할 것으로 예상되는 것은? (단, 산성강우는 pH 5.6 이하로 본다.)

① SO_4^{2-} ② K^+
③ Na^+ ④ F^-

[해설] 강우 성분 순서 : $Na^+ > SO_4^{2-} > K^+ > F^-$

정답 4. ① 5. ③ 6. ④ 7. ① 8. ① 9. ① 10. ④

11. 아래 그림은 고도에 따른 풍속과 온도(실선 : 환경감률, 점선 : 건조단열감률) 그리고 굴뚝연기의 모양을 나타낸 것이다. 이에 대한 설명과 거리가 먼 것은?

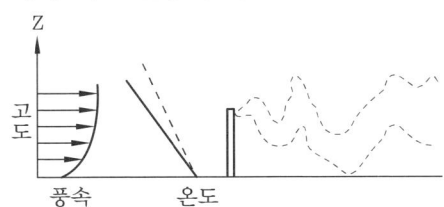

① 대기가 아주 불안정한 경우로 난류가 심하다.
② 날씨가 맑고 태양복사가 강한 계절에 잘 발생하며 수직온도 경사가 과단열적이다.
③ 일출과 함께 역전층이 해소되며 하부의 불안정층이 연돌높이를 막 넘었을 때 발생한다.
④ 연기가 지면에 도달하는 경우 연돌부근 지표에서 고농도 오염을 야기하기도 하지만 빨리 분산된다.

해설 대기 안정도에 따른 플룸(연기) 형태
$r > r_d$이면 대기가 불안정안 상태이므로, 플룸 형태는 밧줄형이다.
③ 훈증형 설명

12. 대기오염 사건과 대표적인 주 원인물질 또는 전구물질의 연결로 가장 거리가 먼 것은?

① 뮤즈계곡사건 – SO_2
② 도노라사건 – NO_2
③ 런던스모그 사건 – SO_2
④ 보팔사건 – MIC(Methyl Isocyanate)

해설 ② 도노라 사건 – SO_2
더 알아보기 핵심정리 2-15

13. 다음 기체 중 비중이 가장 작은 것은?
① NH_3 ② NO ③ H_2S ④ SO_2

해설 기체의 비중 – 분자량
기체의 비중은 분자량이 클수록 크다.
① NH_3의 분자량 : 17
② NO의 분자량 : 28
③ H_2S의 분자량 : 34
④ SO_2의 분자량 : 64
그러므로 분자량이 가장 작은 NH_3의 비중이 가장 작다.

14. 분산모델의 특징에 관한 설명으로 가장 거리가 먼 것은?
① 미래의 대기질을 예측할 수 있으며 시나리오를 작성할 수 있다.
② 점, 선, 면 오염원의 영향을 평가할 수 있다.
③ 단기간 분석 시 문제가 될 수 있고, 새로운 오염원이 지역내 신설될 때 매번 재평가하여야 한다.
④ 지형, 기상학적 정보 없이도 사용할 수 있다.

해설 ④ 수용모델에 대한 설명이다.
(1) 분산모델
 1. 미래의 대기질을 예측 가능
 2. 대기오염제어 정책입안에 도움
 3. 2차 오염원의 확인이 가능
 4. 점, 선, 면 오염원의 영향 평가 가능
 5. 기상의 불확실성, 오염원 미확인 같은 경우에는 문제점 야기
 6. 특정오염원의 영향을 평가할 수 있는 잠재력이 있음
 7. 오염물의 단기간 분석 시 문제 야기
 8. 지형 및 오염원의 조업조건에 영향
 9. 새로운 오염원이 지역 내에 들어서면 매번 재평가
 10. 기상과 관련하여 대기 중의 무작위적인 특성을 적절하게 묘사할 수 없기 때문에 결과에 대한 불확실성이 크게 작용함
 11. 분진의 영향평가는 기상의 불확실성과 오염원이 미확인인 경우에 많은 문제점을 가짐

정답 11. ③ 12. ② 13. ① 14. ④

(2) 수용모델
  1. 지형이나 기상학적 정보 없이도 사용 가능
  2. 오염원의 조업이나 운영상태에 대한 정보 없이도 사용 가능
  3. 수용체 입장에서 영향평가가 현실적
  4. 입자상, 가스상 물질, 가시도 문제 등을 환경과학 전반에 응용 가능
  5. 현재나 과거에 일어났던 일을 추정하여 미래를 위한 전략은 세울 수 있지만 미래예측은 곤란
  6. 측정자료를 입력자료로 사용하므로 시나리오 작성이 곤란

15. 오존의 광화학반응 등에 관한 설명으로 옳지 않은 것은?
① 광화학 반응에 의한 오존생성률은 RO_2 농도와 관계가 깊다.
② 야간에는 NO_2와 반응하여 O_3가 생성되며, 일련의 반응에 의해 HNO_3가 소멸된다.
③ 대기 중 오존의 배경농도는 0.01~0.02 ppm 정도이다.
④ 고농도 오존은 평균기온 32℃, 풍속 2.5 m/s 이하 및 자외선 강도 0.8 mW/cm² 이상일 때 잘 발생되는 경향이 있다.

해설 ② 주간에는 오존 생성반응, 야간에는 오존 소멸반응이 일어난다.

16. 대기 중에 배출된 "A"라는 물질은 광분해반응(1차 반응)에 의해 반감기 2 hr의 속도로 분해된다. "A" 물질이 대기 중으로 배출되어 초기 농도의 80 %가 분해되는 데 소요되는 시간은?
① 약 0.6 hr
② 약 2.5 hr
③ 약 3.1 hr
④ 약 4.6 hr

해설 1차 반응식 $\ln\left(\dfrac{C}{C_o}\right) = -k \cdot t$
(1) 반응속도 상수(k)
$\ln\left(\dfrac{1}{2}\right) = -k \times 2\,hr$
∴ $k = 0.3465/hr$
(2) 반응물이 80 % 분해될 때까지의 시간
$\ln\left(\dfrac{20}{100}\right) = -0.3465/hr \times t$
∴ $t = 4.64\,hr$

17. 호흡을 통해 인체의 폐에 250 ppm의 일산화탄소를 포함하는 공기가 흡입되었을 때, 혈액 내 최종포화 COHb는 몇 %인가?
(단, 흡입공기 중 O_2는 21 %, $\dfrac{COHb}{O_2Hb} = 240\dfrac{P_{CO}}{P_{O_2}}$)
① 22.2 %
② 28.6 %
③ 33.3 %
④ 41.2 %

해설 $\dfrac{COHb}{O_2Hb} = 240\dfrac{P_{CO}}{P_{O_2}}$
$\dfrac{COHb}{1-COHb} = 240\dfrac{P_{CO}}{P_{O_2}}$
$\dfrac{COHb}{1-COHb} = 240\dfrac{250\,ppm}{210,000\,ppm}$
∴ $COHb = 0.2222 = 22.22\,\%$

18. 세포 내에서 SH기와 결합하여 헴(heme) 합성에 관여하는 효소를 포함한 여러 세포의 효소작용을 방해하며, 적혈구 내의 전해질이 감소되어 적혈구 생존기간이 짧아지고, 심한 경우 용혈성 빈혈이 나타나기도 하는 대기오염물질은?
① 카드뮴
② 납
③ 수은
④ 크롬

해설 납 : 불면증, 식욕부진, 체온 저하, 혈압 저하, 헤모글로빈 감소, 신경계통(신경염, 신경마비)의 변질, 중추신경 장애, 뇌손상

정답 15. ② 16. ④ 17. ① 18. ②

19. 전기자동차의 일반적 특성으로 가장 거리가 먼 것은?
① 엔진소음과 진동이 적다.
② 대형차에 잘 맞으며, 자동차의 수명보다 전지수명이 길다.
③ 친환경 자동차에 해당한다.
④ 충전 시간이 오래 걸리는 편이다.

해설 ② 배터리 수명이 짧아 소형차에 잘 맞는다.

20. 대기의 안정도 조건에 관한 설명으로 옳지 않은 것은?
① 과단열적 조건은 환경감률이 건조단열감률보다 클 때를 말한다.
② 중립적 조건은 환경감률과 건조단열감률이 같을 때를 말한다.
③ 미단열적 조건은 건조단열감률이 환경감률보다 작을 때를 말하며, 이때의 대기는 아주 안정하다.
④ 등온 조건은 기온감률이 없는 대기상태이므로 공기의 상하 혼합이 잘 이루어지지 않는다.

해설 ③ 미단열은 건조단열감률이 환경감률과 비슷하거나 작을 때, 약안정 상태이다.

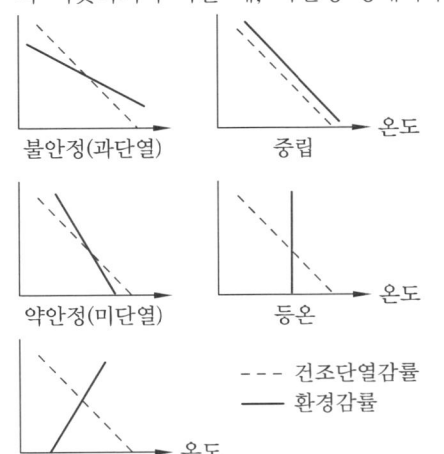

제2과목 연소공학

21. 액체연료의 연소 형태와 거리가 먼 것은?
① 액면 연소 ② 표면 연소
③ 분무 연소 ④ 증발 연소

해설 연료에 따른 주요 연소 형태
• 고체연료 : 표면 연소, 분해 연소, 훈연 연소(발연 연소), 증발 연소
• 액체연료 : 증발 연소, 분해 연소, 심지 연소, 액면 연소, 분무 연소
• 기체연료 : 확산 연소, 예혼합 연소, 부분 예혼합 연소

22. 기체연료의 특징 및 종류에 관한 설명으로 거리가 먼 것은?
① 부하변동범위가 넓고 연소의 조절이 용이한 편이다.
② 천연가스는 화염전파속도가 크며, 폭발범위가 크므로 1차 공기를 적게 혼합하는 편이 유리하다.
③ 액화천연가스는 메탄을 주성분으로 하는 천연가스를 1기압하에서 −168°C 근처에서 냉각, 액화시켜 대량수송 및 저장을 가능하게 한 것이다.
④ 액화석유가스는 액체에서 기체로 될 때 증발열(90~100 kcal/kg)이 있으므로 사용하는 데 유의할 필요가 있다.

해설 ② 천연가스는 LPG보다 폭발범위가 작고, 필요공기량이 적다.

더 알아보기 핵심정리 2-43

23. 다음 각종 연료성분의 완전연소 시 단위체적당 고위발열량(kcal/Sm³) 크기의 순서로 옳은 것은?
① 일산화탄소 > 메탄 > 프로판 > 부탄
② 메탄 > 일산화탄소 > 프로판 > 부탄
③ 프로판 > 부탄 > 메탄 > 일산화탄소
④ 부탄 > 프로판 > 메탄 > 일산화탄소

정답 19. ② 20. ③ 21. ② 22. ② 23. ④

해설 고위발열량 : 대체로 분자식의 탄소(C)나 수소(H)의 수가 많을수록 연료의 (고위)발열량(kcal/Sm^3)은 증가한다.
부탄(C_4H_{10}) > 프로판(C_3H_8) > 메탄(CH_4) > 일산화탄소(CO)

24. 다음 중 1 Sm^{3}의 중량이 2.59 kg인 포화탄화수소 연료에 해당하는 것은?

① CH_4 ② C_2H_6
③ C_3H_8 ④ C_4H_{10}

해설 $\dfrac{분자량(kg)}{22.4\,Sm^3} = \dfrac{2.59\,kg}{1\,Sm^3}$ 이므로, 분자량이 58인 분자 C_4H_{10}이 정답이 된다.

25. 석탄의 물리화학적인 성상에 관한 설명으로 옳은 것은?

① 연료 조성변화에 따른 연소 특성으로써 회분은 착화불량과 열손실을, 고정탄소는 발열량 저하 및 연소불량을 초래한다.
② 석탄회분의 용융 시 SiO_2, Al_2O_3 등의 산성 산화물량이 많으면 회분의 용융점이 상승한다.
③ 석탄을 고온건류하여 코크스를 생산할 때 온도는 250~300℃ 정도이다.
④ 석탄의 휘발분은 매연 발생에 영향을 주지 않는다.

해설 ①, ④는 연소 특성에 대한 설명이다.
• 수분 : 착화 불량, 열손실 초래
• 회분 : 발열량 낮음, 연소효과 나쁨
• 휘발분 : 매연 발생
• 고정탄소 : 발열량 높고 연소성 좋음
③ 석탄을 고온건류하여 코크스를 생산할 때 온도는 1,000℃ 정도이다.

26. 다음 알코올 연료 중 에테르, 아세톤, 벤젠 등 많은 유기물질을 용해하며, 무색의 독특한 냄새를 가지고, 모두 8종의 이성질체가 존재하는 것은?

① ethanol(C_2H_5OH)
② propanol(C_3H_7OH)
③ butanol(C_4H_9OH)
④ pentanol($C_5H_{11}OH$)

해설 이성질체 수
① ethanol(C_2H_5OH) : 없음
② propanol(C_3H_7OH) : 2개
③ butanol(C_4H_9OH) : 4개
④ pentanol($C_5H_{11}OH$) : 8개

27. 부탄가스를 완전연소시키기 위한 공기연료비(air fuel ratio)는? (단, 부피기준)

① 15.23 ② 20.15
③ 30.95 ④ 60.46

해설 공기연료비(AFR)

$C_4H_{10} + \dfrac{13}{2} O_2 \rightarrow 4CO_2 + 5H_2O$

$\therefore AFR = \dfrac{공기(mole)}{연료(mole)}$

$= \dfrac{산소(mole)/0.21}{연료(mole)} = \dfrac{\left(\dfrac{13}{2}\right)/0.21}{1}$

$= 30.95$

28. 메탄 3.0 Sm^{3}을 완전연소시킬 때 발생되는 이론 습연소가스량(Sm^3)은?

① 약 25.6 ② 약 28.6
③ 약 31.6 ④ 약 34.6

해설 이론 습연소가스량 계산(Sm^3/Sm^3)
$CH_4 + 2O_2 \rightarrow CO_2 + 2H_2O$

(1) G_w[Sm^3/Sm^3]
$= (1-0.21)A_o + \sum 연소생성물(H_2O 포함)$
$= (1-0.21) \times \dfrac{2}{0.21} + (1+2)$
$= 10.5238\,Sm^3/Sm^3$

(2) G_w[Sm^3] $= 10.5238\,Sm^3/Sm^3 \times 3\,Sm^3$
$= 31.57\,Sm^3$

정답 24. ④ 25. ② 26. ④ 27. ③ 28. ③

29. 어떤 화학반응 과정에서 반응물질이 25 % 분해하는 데 41.3분 걸린다는 것을 알았다. 이 반응이 1차라고 가정할 때, 속도상수 k는?

① 1.437×10^{-4} s^{-1}
② 1.232×10^{-4} s^{-1}
③ 1.161×10^{-4} s^{-1}
④ 1.022×10^{-4} s^{-1}

해설 1차 반응식 $\ln\left(\dfrac{C}{C_o}\right) = -k \times t$

$\ln\left(\dfrac{75}{100}\right) = -k \times 41.3 \min \times \dfrac{60\,s}{1\min}$

$\therefore k = 1.1609 \times 10^{-4}/s$

30. 다음 중 연소 또는 폐기물 소각공정에서 생성될 수 있는 대기오염물질과 가장 거리가 먼 것은?

① 염화수소 ② 다이옥신
③ 벤조(a)피렌 ④ 라돈

해설 라돈은 주로 건축 자재나 땅속에서 발생한다.

31. 다음 조건에 해당되는 액체연료와 가장 가까운 것은?

- 비점 : 200~320℃ 정도
- 비중 : 0.8~0.9 정도
- 정제한 것은 무색에 가깝고, 착화성 적부는 cetane값으로 표시된다.

① naphtha
② heavy oil
③ light oil
④ kerosene

해설 ① 나프타 : 휘발유의 원료, 옥탄가로 표시함
② 중유
③ 경유 : 세탄가로 표시함
④ 등유

32. 저위발열량이 5,000 kcal/Sm³인 기체연료의 이론연소온도(℃)는 약 얼마인가? (단, 이론연소가스량 15 Sm³/Sm³ 연료 연소가스의 평균정압비열 0.35 kcal/Sm³·℃, 기준온도 0℃, 공기는 예열하지 않으며, 연소가스는 해리되지 않는다고 본다.)

① 952 ② 994
③ 1,008 ④ 1,118

해설 기체연료의 이론연소온도

$t_o = \dfrac{H_L}{G \times C_p} + t$

$= \dfrac{5,000\,kcal/Sm^3}{15\,Sm^3/Sm^3 \times 0.35\,kcal/Sm^3 \cdot ℃} + 0℃$

$= 952.38℃$

33. 석유의 물리적 성질에 관한 설명으로 옳지 않은 것은?

① 비중이 커지면 화염의 휘도가 커지며 점도도 증가한다.
② 증기압이 높으면 인화점이 높아져서 연소효율이 저하된다.
③ 유동점(pouring point)은 일반적으로 응고점보다 2.5℃ 높은 온도를 말한다.
④ 점도가 낮아지면 인화점이 낮아지고 연소가 잘 된다.

해설 ② 증기압이 낮을수록 인화점은 높아지고, 연소효율이 저하된다.

더 알아보기 핵심정리 2-42 (1)

34. 주어진 기체연료 1 Sm³를 이론적으로 완전연소시키는 데 가장 적은 이론산소량(Sm³)을 필요로 하는 것은? (단, 연소 시 모든 조건은 동일하다.)

① methane
② hydrogen
③ ethane
④ acetylene

정답 29. ③ 30. ④ 31. ③ 32. ① 33. ② 34. ②

해설 연소반응식과 이론산소량

① 메탄 : $CH_4 + 2\,O_2 \rightarrow CO_2 + 2H_2O$

② 수소 : $H_2 + \dfrac{1}{2}O_2 \rightarrow H_2O$

③ 에탄 : $C_2H_6 + \dfrac{7}{2}O_2 \rightarrow 2CO_2 + 3H_2O$

④ 아세틸렌 : $C_2H_2 + \dfrac{5}{2}O_2 \rightarrow 2CO_2 + H_2O$

※ 연소반응식의 산소 계수가 작을수록 이론 산소량이 적다.

35. 액체연료의 연소버너에 관한 다음 설명 중 옳지 않은 것은?

① 유압식 버너의 연료 분무각도는 40°~90° 정도이다.
② 고압공기식 버너의 분무각도는 40°~80° 정도이고 유량조절범위는 1 : 5 정도이다.
③ 회전식 버너는 유압식 버너에 비해 분무의 입자는 비교적 크고, 유압은 0.5 kg/cm² 전후이다.
④ 저압공기식 버너는 주로 소형 가열로 등에 이용되고 무화에 사용하는 공기량은 전 이론 공기량의 30~50 % 정도이다.

해설 ② 고압공기식 버너의 분무각도는 20°~30° 정도이고 유량조절범위는 1 : 10 정도이다.

더 알아보기 핵심정리 2-50

36. 자동차 내연기관에서 휘발유(C_8H_{18} : 옥탄)를 연소시킬 때 공기연료비(air fuel ratio)는? (단, 완전연소 무게 기준)

① 60   ② 40
③ 30   ④ 15

해설 공기연료비(AFR)

$C_8H_{18} + 12.5\,O_2 \rightarrow 8CO_2 + 9H_2O$

$$AFR = \dfrac{공기(kg)}{연료(kg)} = \dfrac{산소(kg)/0.232}{연료(kg)}$$

$$= \dfrac{12.5 \times 32/0.232}{114} = 15.12$$

37. 황함량이 무게비로 2.0 %인 액체연료 1 L를 연소하여 배출되는 SO_2가 표준상태 기준으로 10 m³라고 한다면 배출가스 중 SO_2 농도는 몇 ppm인가? (단, 연료비중은 0.8, 표준상태 기준)

① 140   ② 280
③ 560   ④ 1,120

해설 지문에서 배기가스량을 알 수 없으므로 답을 구할 수 없다.

38. 어떤 반응에서 0℃에서의 반응속도상수가 $0.001\,s^{-1}$이고 100℃에서의 반응속도상수가 $0.05\,s^{-1}$일 때 활성화에너지(kJ/mol)는?

① 25   ② 33
③ 41   ④ 50

해설 아레니우스 식

$$\ln\dfrac{k_2}{k_1} = -\dfrac{E_a}{R}\left(\dfrac{1}{T_2} - \dfrac{1}{T_1}\right)$$

(단, R(기체상수) : $0.0083\,kJ/mol \cdot K$)

$$\ln\dfrac{0.05}{0.001} = -\dfrac{E_a}{0.0083}\left(\dfrac{1}{273+100} - \dfrac{1}{273+0}\right)$$

∴ $E_a = 33.06\,kJ/mol$

39. 절충식 방법으로써 연소용 공기의 일부를 미리 기체연료와 혼합하고 나머지 공기는 연소실 내에서 혼합하여 확산연소시키는 방식으로 소형 또는 중형버너로 널리 사용되며, 기체연료 또는 공기의 분출속도에 의해 생기는 흡인력을 이용하여 공기 또는 연료를 흡인하는 것은?

① 확산연소   ② 예혼합연소
③ 유동층연소   ④ 부분예혼합연소

해설 부분예혼합연소 : 확산연소와 예혼합연소의 절충식으로 일부를 혼합하고, 나머지를 연소실 내에서 확산연소시키는 방법

더 알아보기 핵심정리 2-51

정답 35. ②　36. ④　37. 정답 없음　38. ②　39. ④

40. 중유의 중량 성분 분석결과 탄소 82 %, 수소 11 %, 황 3 %, 산소 1.5 %, 기타 2.5% 라면 이 중유의 완전연소 시 시간당 필요한 이론공기량은? (단, 연료사용량 100 L/hr, 연료비중 0.95이며, 표준상태 기준)

① 약 630 Sm^3
② 약 720 Sm^3
③ 약 860 Sm^3
④ 약 980 Sm^3

해설 (1) 이론공기량

$$A_o = \frac{O_o}{0.21}$$

$$= \frac{1.867C + 5.6\left(H - \frac{O}{8}\right) + 0.7S}{0.21}$$

$$= \frac{1.867 \times 0.82 + 5.6 \times 0.11 + 0.7 \times 0.03 - 0.7 \times 0.015}{0.21}$$

$$= 10.2735 \, Sm^4/kg$$

(2) 시간당 필요공기량

$$= \frac{10.2735 \, Sm^3}{kg} \times \frac{100 \, L}{hr} \times \frac{0.95 \, kg}{1 \, L}$$

$$= 975.98 \, Sm^3/hr$$

제3과목 　　**대기오염방지기술**

41. 유해가스 종류별 처리제 및 그 생성물과의 연결로 옳지 않은 것은? (순서대로 유해가스 – 처리제 – 생성물)

① SiF_4 – H_2O – SiO_2
② F_2 – NaOH – NaF
③ HF – $Ca(OH)_2$ – CaF_2
④ Cl_2 – $Ca(OH)_2$ – $Ca(ClO_3)_2$

해설 ④ Cl_2 – $Ca(OH)_2$ – $Ca(OCl)_2$
혹은, Cl_2 – $Ca(OH)_2$ – $CaCl_2$

42. 흡착제의 종류 중 각종 방향족 유기용제, 할로겐화 된 지방족 유기용제, 에스테르류, 알코올류 등의 비극성 유기용제를 흡착하는 데 탁월한 효과가 있는 것은?

① 활성백토　② 실리카겔
③ 활성탄　④ 활성알루미나

해설 활성탄은 비극성 유기용제 흡착에 효과가 크다.

43. 처리가스량 30,000 m^3/hr, 압력손실 300 mmH_2O인 집진장치의 송풍기 소요동력은 몇 kW가 되겠는가? (단, 송풍기의 효율은 47 %)

① 약 38 kW　② 약 43 kW
③ 약 49 kW　④ 약 52 kW

해설 $P = \dfrac{Q \times \Delta P \times \alpha}{102 \times \eta}$

$= \dfrac{30,000/3,600 \times 300}{102 \times 0.47} = 52.14 \, kW$

여기서, P : 소요동력(kW)
　　　　Q : 처리가스량(m^3/s)
　　　　ΔP : 압력(mmH_2O)
　　　　α : 여유율(안전율)
　　　　η : 효율

44. 다음 중 여과 집진장치에서 여포를 탈진하는 방법이 아닌 것은?

① 기계적 진동(mechanical shaking)
② 펄스제트(pulse jet)
③ 공기역류(reverse air)
④ 블로다운(blow down)

해설 ④ 블로다운(blow down) : 원심력 집진장치에서 집진효율 증대 방법 중 하나이다.

(더 알아보기) 핵심정리 2-61 (3)

45. 다음 중 가스분산형 흡수장치로만 짝지어진 것은?

① 단탑, 기포탑　② 기포탑, 충전탑
③ 분무탑, 단탑　④ 분무탑, 충전탑

해설 흡수장치의 분류
- 가압수식(액분산형) : 충전탑, 분무탑, 벤투리 스크러버, 사이클론 스크러버, 제트 스크러버
- 유수식(가스분산형) : 단탑(포종탑, 다공판탑), 기포탑

더 알아보기 핵심정리 2-60 (5)

46. 유체의 운동을 결정하는 점도(viscosity)에 대한 설명으로 옳은 것은?
① 온도가 증가하면 대개 액체의 점도는 증가한다.
② 액체의 점도는 기체에 비해 아주 크며, 대개 분자량이 증가하면 증가한다.
③ 온도가 감소하면 대개 기체의 점도는 증가한다.
④ 온도에 따른 액체의 운동점도(kinemetic viscosity)의 변화폭은 절대점도의 경우보다 넓다.

해설 ① 온도가 증가하면 대개 액체의 점도는 감소한다.
③ 온도가 증가하면 대개 기체의 점도는 증가한다.
④ 온도에 따른 액체의 운동점도의 변화폭은 절대점도의 경우보다 좁다.

47. 400 ppm의 HCl을 함유하는 배출가스를 처리하기 위해 액가스비가 2 L/Sm^3인 충전탑을 설계하고자 한다. 이때 발생되는 폐수를 중화하는 데 필요한 시간당 0.5 N NaOH 용액의 양은? (단, 배출가스는 400 Sm^3/h로 유입되며, HCl은 흡수액인 물에 100 % 흡수된다.)
① 9.2 L
② 11.4 L
③ 14.2 L
④ 18.8 L

해설 (1) 발생하는 HCl의 당량(eq/h)

$$\frac{400 \times 10^{-6} Sm^3 HCl}{Sm^3 \, 가스} \times \frac{400 \, Sm^3}{h} \times \frac{1,000 \, eq}{22.4 \, Sm^3}$$

$= 7.1428 \, eq/h$

(2) 중화 적정식
HCl의 당량 = NaOH의 당량
$NV = N'V'$

$7.1428 \, eq/h = \frac{0.5 \, eq}{L} \times X[L/h]$

∴ 필요한 시간당 0.5 N NaOH 용액의 양(X)
$= 14.28 \, L/h$

48. Co-Ni-Mo을 수소첨가촉매로 하여 250~450℃에서 30~150 kg/cm^2의 압력을 가하면 S이 H_2S, SO_2 등의 형태로 제거되는 중유탈황법은?
① 직접탈황법
② 흡착탈황법
③ 활성탈황법
④ 산화탈황법

해설 전처리(중유탈황) – 접촉수소화탈황법
(1) 직접탈황법
- 전처리 없이 내독성 촉매(Co-Ni-Mo)를 이용
- 고온·고압에서 수소와 유기황화합물을 반응시켜 S, H_2S로 제거
(2) 간접탈황법 : 상압 잔유를 감압증류하여 촉매독이 적은 경유분을 탈황시키고 감압잔유와 재혼합

49. HF 3,000 ppm, SiF_4 1,500 ppm 들어 있는 가스를 시간당 22,400 Sm^3씩 물에 흡수시켜 규불산을 회수하려고 한다. 이론적으로 회수할 수 있는 규불산의 양은? (단, 흡수율은 100 %)
① 67.2 Sm^3
② 1.5 kmol/h
③ 3.0 kmol/h
④ 22.4 Sm^3/h/h

해설
(ppm)	2HF	+	SiF_4	→	H_2SiF_6
처음 농도	3,000		1,500		
반응 농도	-3,000		-1,500		
나중 농도					1,500

(부피)농도비 = 몰수비이므로,
HF : SiF_4 : H_2SiF_6 = 2 : 1 : 1로 반응한다.

정답 46. ② 47. ③ 48. ① 49. ②

따라서, 생성되는 규불산(H_2SiF_6)의 농도는 1,500 ppm이다.

$$\frac{1,500 \times 10^{-6}\,Sm^3}{Sm^3} \times \frac{22,400\,Sm^3}{h} \times \frac{1\,kmol}{22.4\,Sm^3}$$
$$= 1.5\,kmol/h$$

50. 다음은 활성탄의 고온 활성화 재생방법으로 적용될 수 있는 다단로(multi-hearthfurnace)와 회전로(rotary kiln)의 비교표이다. 옳지 않은 것은?

구분		다단로	회전로
㉠	온도 유지	여러 개의 버너로 구분된 반응영역에서 온도 분포 조절이 가능하고 열효율이 높음	단 1개의 버너로 열 공급, 영역별 온도유지가 불가능하고 열효율이 낮음
㉡	수증기 공급	반응영역에서 일정하게 분사	입구에서만 공급하므로 일정치 않음
㉢	입도 분포	입도에 비례하여 큰 입자가 빨리 배출	입도분포에 관계없이 체류시간 동일하게 유지 가능
㉣	품질	고품질 입상재생 설비로 적합	고품질 입상재생 설비로 부적합

① ㉠ ② ㉡
③ ㉢ ④ ㉣

해설 ③ 입도에 비례하여 큰 입자가 빨리 배출되는 것은 회전로이다.

51. 국소배기장치 중 후드의 설치 및 흡인 방법과 거리가 먼 것은?
① 발생원에 최대한 접근시켜 흡인시킨다.
② 주 발생원을 대상으로 하는 국부적 흡인 방식이다.
③ 흡인속도를 크게 하기 위해 개구면적을 넓게 한다.
④ 포착속도(capture velocity)를 충분히 유지시킨다.

해설 ③ 흡인속도를 크게 하기 위해 개구면적을 좁게 한다.

정리 후드의 흡입 향상 조건
• 후드를 발생원에 가깝게 설치
• 후드의 개구면적을 작게 함
• 충분한 포착속도를 유지
• 기류흐름 및 장해물 영향 고려(에어커튼 사용)
• 배풍기 여유율을 30%로 유지함

52. 흡수에 관한 설명으로 옳지 않은 것은?
① 습식세정장치에서 세정흡수효율은 세정수량이 클수록, 가스의 용해도가 클수록, 헨리정수가 클수록 커진다.
② SiF_4, HCHO 등은 물에 대한 용해도가 크나, NO, NO_2 등은 물에 대한 용해도가 작은 편이다.
③ 용해도가 작은 기체의 경우에는 헨리의 법칙이 성립한다.
④ 헨리정수($atm \cdot m^3/kg \cdot mol$)값은 온도에 따라 변하며, 온도가 높을수록 그 값이 크다.

해설 ① 가스 용해도가 클수록, 헨리상수가 작을수록 흡수효율이 커진다.

53. 10개의 bag을 사용한 여과집진장치에서 입구먼지농도가 25 g/Sm^3, 집진율이 98%였다. 가동 중 1개의 bag에 구멍이 열려 전체 처리가스량의 1/5이 그대로 통과하였다면 출구의 먼지농도는? (단, 나머지 bag의 집진율 변화는 없음)
① 3.24 g/Sm^3
② 4.09 g/Sm^3
③ 4.82 g/Sm^3
④ 5.40 g/Sm^3

정답 50. ③ 51. ③ 52. ① 53. ④

해설 (1) 구멍난 백의 출구 먼지농도
처리가스량의 1/5이 그대로 통과하였으므로,
$$\frac{25\,g/Sm^3}{5} = 5\,g/Sm^3$$
(2) 나머지 9개 백의 출구 먼지농도
$$C = C_0(1-\eta)$$
$$= \frac{4}{5} \times 25\,g/Sm^3(1-0.98)$$
$$= 0.4\,g/Sm^3$$
(3) 전체 출구 먼지농도
$$5 + 0.4 = 5.4\,g/Sm^3$$

54. 각종 유해가스 처리법으로 가장 거리가 먼 것은?
① 아크롤레인은 NaClO 등의 산화제를 혼입한 가성소다 용액으로 흡수제거한다.
② CO는 백금계의 촉매를 사용하여 연소시켜 제거한다.
③ 이황화탄소는 암모니아를 불어넣는 방법으로 제거한다.
④ Br_2는 산성 수용액에 의한 선정법으로 제거한다.

해설 ④ 산성물질이므로 알칼리 수용액으로 제거함

정리 기타 유해물질의 처리
(1) 염화인(PCl_3) : 비교적 물에 잘 용해되므로 물에 흡수시켜 제거
(2) 아크롤레인
  • NaOCl 등의 산화제를 혼입한 NaOH 용액으로 흡수 제거
  • 가스 중에 오존을 주입하여 산화시킨 후 가성소다에 흡수
(3) 벤젠 : 촉매연소에 의한 제거
(4) 시안화수소 : 물에 대한 용해도가 매우 크므로 가스를 물로 세정함
(5) 이산화셀렌
  • 코트렐집진기로 포집
  • 결정으로 석출
  • 물에 잘 용해되는 성질을 이용해 스크러버에 의해 세정
(6) 일산화탄소(CO) : 백금계의 촉매를 사용하여 연소(촉매연소법)
(7) 이황화탄소(CS_2) : 암모니아를 불어넣는 방법으로 제거

55. 습식전기집진장치의 특징에 관한 설명 중 틀린 것은?
① 작은 전기저항에 의해 생기는 먼지의 재비산을 방지할 수 있다.
② 집진면이 청결하여 높은 전계 강도를 얻을 수 있다.
③ 건식에 비하여 가스의 처리속도를 2배 정도 크게 할 수 있다.
④ 고저항의 먼지로 인한 역전리 현상이 일어나기 쉽다.

해설 습식은 역전리, 재비산 발생이 어렵다.

56. 다음은 원심송풍기에 관한 설명이다. ( ) 안에 알맞은 것은?

( )은 익현길이가 짧고 깃폭이 넓은 36~64매나 되는 다수의 전경깃이 강철판의 회전차에 붙여지고, 용접해서 만들어진 케이싱 속에 삽입된 형태의 팬으로서 시로코팬이라고도 널리 알려져 있다.

① 레이디얼 팬   ② 터보 팬
③ 다익팬   ④ 익형팬

해설 다익팬(시로코팬)은 공기 조화용으로 많이 쓰이는 것으로, 원심팬의 날개가 앞쪽으로 구부려져 있으며 날개 치수가 작고 개수가 많은 형식으로 소형이다.

57. 먼지의 Stokes 직경이 5×10^{-4} cm, 입자의 밀도가 1.8 g/cm^3일 때 이 분진의 공기역학적 직경(cm)은?
① 7.8×10^{-4} ② 6.7×10^{-4}
③ 5.4×10^{-4} ④ 2.6×10^{-4}

정답 54. ④   55. ④   56. ③   57. ②

해설 (1) 입자 밀도
- 스토크 직경의 입자 밀도 = 1.8 g/cm³
- 공기 역학적 직경의 입자 밀도 = 1 g/cm³

(2) 먼지 입자의 침강속도
- 스토크 직경의 침강속도
$$V_g = \frac{(1{,}800-1.3) \times d_s^2 \times g}{18\mu}$$
- 공기역학적 직경의 침강속도
$$V_g = \frac{(1{,}000-1.3) \times d_a^2 \times g}{18\mu}$$
- 스토크 직경의 침강속도 = 공기역학적 직경의 침강속도이므로,
$$\frac{(1{,}800-1.3) \times (5\times 10^{-4})^2 \times g}{18\mu}$$
$$= \frac{(1{,}000-1.3) \times d_a^2 \times g}{18\mu}$$
$$\therefore d_a = \sqrt{\frac{(1{,}800-1.3)}{(1{,}000-1.3)}} \times (5\times 10^{-4})$$
$$= 6.71 \times 10^{-4}\, cm$$

58. 전기집진장치의 특성에 관한 설명으로 가장 거리가 먼 것은?
① 전압변동과 같은 조건 변동에 쉽게 적응하기 어렵다.
② 다른 고효율 집진장치에 비해 압력손실(10~20 mmH₂O)이 적어 소요동력이 적은 편이다.
③ 대량가스 및 고온(350℃ 정도)가스의 처리도 가능하다.
④ 입자의 하전을 균일하게 하기 위해 장치내부의 처리가스 속도는 보통 7~15 m/s를 유지하도록 한다.

해설 전기집진장치 처리가스 속도
- 건식 : 1~2 m/s
- 습식 : 2~4 m/s

59. 일반적으로 더스트의 체적당 표면적을 비표면적이라 하는데 구형입자의 비표면적의 식을 옳게 나타낸 것은? (단, d는 구형 입자의 직경)

① 2/d ② 4/d
③ 6/d ④ 8/d

해설 비표면적 $= \dfrac{표면적}{부피} = \dfrac{4\pi r^2}{\frac{4}{3}\pi r^3} = \dfrac{3}{r} = \dfrac{6}{d}$

60. 백필터의 먼지부하가 420 g/m²에 달할 때 먼지를 탈락시키고자 한다. 이때 탈락시간 간격은? (단, 백필터 유입가스 함진농도는 10 g/m³, 여과속도는 7,200 cm/hr이다.)

① 25분 ② 30분
③ 35분 ④ 40분

해설 여과 집진장치 - 여과시간(탈락시간 간격)
$$L_d[g/m^2] = C_i \times V_f \times \eta \times t$$
$$\therefore t = \frac{L_d}{C_i \times V_f \times \eta}$$
$$= \frac{420\,g/m^2}{10\,g/m^3 \times 72\,m/hr} \times \frac{60\,min}{1\,hr}$$
$$= 35\,min$$

더 알아보기 핵심정리 1-51 (4)

제4과목 대기오염공정시험기준(방법)

61. 대기오염공정시험기준 중 환경대기 내의 아황산가스 측정방법으로 옳지 않은 것은?
① 적외선 형광법 ② 용액전도율법
③ 불꽃광도법 ④ 자외선형광법

해설 환경대기 중 아황산가스 측정방법
(1) 수동측정법
- 파라로자닐린법
- 산정량 수동법
- 산정량 반자동법
(2) 자동측정법
- 자외선형광법(주시험방법)
- 용액전도율법
- 불꽃광도법
- 흡광차분광법

더 알아보기 핵심정리 2-89

정답 58. ④ 59. ③ 60. ③ 61. ①

62. 휘발성유기화합물질(VOCs) 누출확인방법에 관한 설명으로 거리가 먼 것은?

① 검출불가능 누출농도는 누출원에서 VOCs가 대기 중으로 누출되지 않는다고 판단되는 농도로서 국지적 VOCs 배경농도의 최고농도값이다.
② 휴대용 측정기기를 사용하여 개별 누출원으로부터의 직접적인 누출량을 측정한다.
③ 누출농도는 VOCs가 누출되는 누출원 표면에서의 농도로서 대조화합물을 기초로 한 기기의 측정값이다.
④ 응답시간은 VOCs가 시료채취로 들어가 농도 변화를 일으키기 시작하여 기기계기판의 최종값이 90 %를 나타내는 데 걸리는 시간이다.

[해설] ② 휘발성유기화합물 누출확인방법은 누출의 확인 여부로만 사용하여야 하고, 개별 누출원으로부터의 직접적인 누출량을 확인할 수는 없다.

63. 다음 설명은 대기오염공정시험기준 총칙의 설명이다. ( ) 안에 들어갈 단어로 가장 적합하게 나열된 것은? (순서대로 ㉠, ㉡, ㉢)

> 이 시험기준의 각 항에 표시한 검출한계, 정량한계 등은 (㉠), (㉡) 등을 고려하여 해당되는 각 조의 조건으로 시험하였을 때 얻을 수 있는 (㉢)를 참고하도록 표시한 것이므로 실제 측정 시 채취량이 줄어들거나 늘어날 경우 (㉢)가 조정될 수 있다.

① 반복성, 정밀성, 바탕치
② 재현성, 안정성, 한계치
③ 회복성, 정량성, 오차
④ 재생성, 정확성, 바탕치

[해설] 총칙 – 적용범위 : 공정시험기준 중 각 항에 표시한 검출한계, 정량한계 등은 재현성, 안정성 등을 고려하여 해당되는 각 조의 조건으로 시험하였을 때 얻을 수 있는 한계치를 참고하도록 표시한 것이므로 실제 측정 시 채취량이 줄어들거나 늘어날 경우 한계치가 조정될 수 있다.

64. 굴뚝배출가스 중 황산화물을 아르세나조 Ⅲ법으로 측정할 때에 관한 설명으로 옳지 않은 것은?

① 흡수액은 과산화수소수를 사용한다.
② 지시약은 아르세나조 Ⅲ를 사용한다.
③ 아세트산바륨 용액으로 적정한다.
④ 이 시험법은 수산화소듐으로 적정하는 킬레이트 침전법이다.

[해설] 배출가스 중 황산화물 – 침전적정법 – 아르세나조 Ⅲ법 : 시료를 과산화수소수에 흡수시켜 황산화물을 황산으로 만든 후 아이소프로필알코올과 아세트산을 가하고 아르세나조 Ⅲ을 지시약으로 하여 아세트산바륨 용액으로 적정한다.

65. 다음은 굴뚝배출가스 중의 질소산화물에 대한 아연환원 나프틸에틸렌다이아민 분석방법이다. ( ) 안에 들어갈 말로 올바르게 연결된 것은? (순서대로 ㉠ – ㉡ – ㉢)

> 시료 중의 질소산화물을 오존 존재하에서 흡수액에 흡수시켜 (㉠)으로 만들고, (㉡)을 사용하여 (㉢)으로 환원한 후 설파닐아마이드 및 나프틸에틸렌다이아민을 반응시켜 얻어진 착색의 흡광도로부터 질소산화물을 정량하는 방법이다.

① 아질산이온 – 분말금속아연 – 질산이온
② 아질산이온 – 분말황산아연 – 질산이온
③ 질산이온 – 분말황산아연 – 아질산이온
④ 질산이온 – 분말금속아연 – 아질산이온

[정답] 62. ② 63. ② 64. ④ 65. ④

해설 배출가스 중 질소산화물 – 자외선/가시선 분광법 – 아연환원 나프틸에틸렌다이아민법 : 시료 중의 질소산화물을 오존 존재하에서 흡수액에 흡수시켜 질산이온으로 만들고 분말금속아연을 사용하여 아질산이온으로 환원한 후 설파닐아마이드 및 나프틸에틸렌다이아민을 반응시켜 얻어진 착색의 흡광도로부터 질소산화물을 정량하는 방법

66. 다음 기체크로마토그래피의 장치구성 중 가열장치가 필요한 부분과 그 이유로 가장 적합하게 연결된 것은?

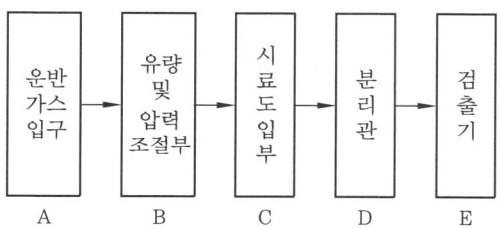

① A, B, C – 운반가스 및 시료의 응축을 방지하기 위해
② A, C, D – 운반가스의 응축을 방지하고 시료를 기화하기 위해
③ C, D, E – 시료를 기화시키고 기화된 시료의 응축 및 응결을 방지하기 위해
④ B, C, D – 운반가스의 유량의 적절한 조절과 분리관내 충진제의 흡착 및 흡수능을 높이기 위해

해설 기체크로마토그래피 : 시료도입부, 분리관, 검출기 등은 필요한 온도를 유지해 주어야 한다.

67. 굴뚝 내 배출가스 유속을 피토관으로 측정한 결과 그 동압이 35 mmH₂O 였다면, 굴뚝 내의 배출유속(m/s)은? (단, 배출가스 온도는 225℃, 공기의 비중량은 1.3 kg/Sm³, 피토관 계수는 0.98이다.)

① 28.5   ② 30.4
③ 32.6   ④ 35.8

해설 배출가스 중 입자상 물질의 시료채취방법
(1) 225℃에서 배출가스 비중량(배출가스의 밀도를 구하는 방법)

$$\gamma = \gamma_o \times \frac{273}{273 + \theta_s}$$

$$= 1.3 \times \frac{273}{273 + 225} = 0.7126 \, \text{kg/m}^3$$

여기서, γ : 굴뚝 내의 배출가스 밀도 (kg/m³)
γ_o : 온도 0℃, 기압 760 mmHg로 환산한 습한 배출가스 밀도 (kg/Sm³)
θ_s : 각 측정점에서 배출가스 온도의 평균치(℃)

(2) 유속 측정방법

$$V = C \sqrt{\frac{2gh}{\gamma}} = 0.98 \times \sqrt{\frac{2 \times 9.8 \times 35}{0.7126}}$$

$$= 30.4 \, \text{m/s}$$

여기서, V : 유속(m/s)
C : 피토관 계수
h : 피토관에 의한 동압 측정치 (mmH₂O)
g : 중력가속도(9.8 m/s²)
γ : 굴뚝 내의 배출가스 밀도 (kg/m³)

68. 원자흡수분광광도법에서 원자흡광분석 시 스펙트럼의 불꽃 중에서 생성되는 목적원소의 원자증기 이외의 물질에 의하여 흡수되는 경우에 일어나는 간섭의 종류는?

① 이온학적 간섭   ② 분광학적 간섭
③ 물리적 간섭   ④ 화학적 간섭

해설 원자흡수분광광도법의 간섭
• 분광학적 간섭 : 분석에 사용하는 스펙트럼의 불꽃 중에서 생성되는 목적원소의 원자증기 이외의 물질에 의하여 흡수되는 경우에 발생되는 것
• 물리적 간섭 : 시료용액의 점성이나 표면장력 등 물리적 조건의 영향에 의하여 일어나는 것
• 화학적 간섭 : 원소나 시료에 특유한 것

정답 66. ③   67. ②   68. ②

69. 대기오염공정시험기준상 굴뚝배출가스 중 일산화탄소 분석방법으로 옳지 않은 것은?

① 자외선가시선분광법
② 정전위전해법
③ 비분산형적외선분석법
④ 기체크로마토그래피

해설 배출가스 중 일산화탄소 측정방법
- 자동측정법 – 비분산적외선분광분석법
- 자동측정법 – 전기화학식(정전위전해법)
- 기체크로마토그래피

70. 흡광차분광법(DOAS)으로 측정 시 필요한 광원으로 옳은 것은?

① 1,800~2,850 nm 파장을 갖는 Zeus 램프
② 200~900 nm 파장을 갖는 Zeus 램프
③ 180~2,850 nm 파장을 갖는 xenon 램프
④ 200~900 nm 파장을 갖는 hollow cathode 램프

해설 흡광차분광법(DOAS) : 측정에 필요한 광원은 180~2,850 nm 파장을 갖는 제논램프를 사용한다.

71. 대기오염공정시험기준상 화학분석 일반사항에 관한 규정 중 옳은 것은?

① 상온은 15~25℃, 실온은 1~35℃, 찬 곳은 따로 규정이 없는 한 0~15℃의 곳을 뜻한다.
② 방울수라 함은 20℃에서 정제수 10방울을 떨어뜨릴 때 그 부피가 약 1 mL 되는 것을 뜻한다.
③ "약"이란 그 무게 또는 부피 등에 대하여 ±1 % 이상의 차가 있어서는 안 된다.
④ 10억분율은 pphm으로 표시하고 따로 표시가 없는 한 기체일 때는 용량 대 용량(부피분율), 액체일 때는 중량 대 중량(중량분율)을 표시한 것을 뜻한다.

해설 ② "방울수"라 함은 20℃에서 정제수 20방울을 떨어뜨릴 때 그 부피가 약 1 mL 되는 것을 뜻한다.
③ "약"이란 그 무게 또는 부피 등에 대하여 ±10 % 이상의 차가 있어서는 안 된다.
④ 1억분율(Parts Per Hundred Million)은 pphm, 10억분율(Parts Per Billion)은 ppb로 표시하고 따로 표시가 없는 한 기체일 때는 용량 대 용량(부피분율), 액체일 때는 중량 대 중량(중량분율)을 표시한 것을 뜻한다.

72. 대기오염공정시험기준상 원자흡수분광광도법과 자외선가시선분광법을 동시에 적용할 수 없는 것은?

① 비소화합물   ② 니켈화합물
③ 페놀화합물   ④ 크로뮴화합물

해설 ③ 페놀화합물은 금속이 아니므로, 원자흡수분광광도법이 적용되지 않는다.

정리 배출가스 중 금속화합물의 측정방법
- 금속화합물은 모두 원자흡수분광광도법이 적용되고, 금속이 아닌 물질은 원자흡수분광광도법이 적용되지 않는다.
- 자외선/가시선분광법이 적용되는 금속화합물 : 비소, 크로뮴, 니켈

73. 환경대기 중 시료 채취 위치 선정기준으로 옳지 않은 것은?

① 주위에 건물 등이 밀집되어 있을 때는 건물 바깥 벽으로부터 적어도 1.5 m 이상 떨어진 곳에 채취점을 선정한다.
② 시료의 채취높이는 그 부분의 평균오염도를 나타낼 수 있는 곳으로서 가능한 1.5~30 m 범위로 한다.
③ 주위에 장애물이 있을 경우에는 채취 위치로부터 장애물까지의 거리가 그 장애물 높이의 1.5배 이상이 되도록 한다.
④ 주위에 장애물이 있을 경우에는 채취점과 장애물 상단을 연결하는 직선이 수평선과 이루는 각도가 30° 이하 되는 곳을 선정한다.

정답 69. ① 70. ③ 71. ① 72. ③ 73. ③

해설 ③ 주위에 장애물이 있을 경우에는 채취 위치로부터 장애물까지의 거리가 그 장애물 높이의 2배 이상이 되도록 한다.

정리 환경대기 시료채취방법 – 시료 채취 위치 선정 : 시료 채취 위치는 그 지역의 주위환경 및 기상조건을 고려하여 다음과 같이 선정한다.
- 시료 채취 위치는 원칙적으로 주위에 건물이나 수목 등의 장애물이 없고 그 지역의 오염도를 대표할 수 있다고 생각되는 곳을 선정한다.
- 주위에 건물이나 수목 등의 장애물이 있을 경우에는 채취 위치로부터 장애물까지의 거리가 그 장애물 높이의 2배 이상 또는 채취점과 장애물 상단을 연결하는 직선이 수평선과 이루는 각도가 30° 이하 되는 곳을 선정한다.
- 주위에 건물 등이 밀집되거나 접근되어 있을 경우에는 건물 바깥벽으로부터 적어도 1.5 m 이상 떨어진 곳에 채취점을 선정한다.
- 시료 채취의 높이는 그 부근의 평균오염도를 나타낼 수 있는 곳으로서 가능한 한 1.5~30 m 범위로 한다.

74. 굴뚝 배출가스 중 수분의 부피백분율을 측정하기 위하여 흡습관에 배출가스 10 L를 흡인하여 유입시킨 결과 흡습관의 중량 증가는 0.82 g이었다. 이때 가스흡인은 건식 가스미터로 측정하여 그 가스미터의 가스게이지압은 4 mmHg이고, 온도는 27℃였다. 그리고 대기압은 760 mmHg였다면, 이 배출가스 중 수분량(%)은?

① 약 10 %
② 약 13 %
③ 약 16 %
④ 약 18 %

해설 배출가스 중의 수분량 측정 – 건식 가스미터를 사용할 때

$$X_w = \frac{\frac{22.4}{18}m_a}{V_m' \times \frac{273}{273+\theta_m} \times \frac{P_a+P_m}{760} + \frac{22.4}{18}m_a} \times 100$$

$$= \frac{\frac{22.4}{18} \times 0.82}{10 \times \frac{273}{273+27} \times \frac{760+4}{760} + \frac{22.4}{18} \times 0.82} \times 100 = 10.03 \%$$

여기서, X_w : 배출가스 중의 수증기의 부피 백분율(%)
m_a : 흡습 수분의 질량($m_{a2} - m_{a1}$) (g)
V_m' : 흡입한 가스량(건식 가스미터에서 읽은 값)(L)
θ_m : 가스미터에서의 흡입 가스온도(℃)
P_a : 측정공 위치에서의 대기압 (mmHg)
P_m : 가스미터에서의 가스게이지압 (mmHg)

75. 보통형(Ⅰ형) 흡입노즐을 사용한 굴뚝 배출가스 흡입 시 10분간 채취한 흡입가스량 (습식 가스미터에서 읽은 값)이 60 L였다. 이때 등속흡입이 행해지기 위한 가스미터에 있어서의 등속흡입유량의 범위로 가장 적합한 것은? (단, 등속흡입정도를 알기 위한 등속흡입계수 $I[\%] = \frac{V_m}{q \cdot t} \times 100$ 이다.)

① 3.3~5.3 L/min
② 5.5~6.7 L/min
③ 6.5~7.6 L/min
④ 7.5~8.3 L/min

해설 등속흡입계수

$$I[\%] = \frac{V_m}{q_m \times t} \times 100$$ 식으로 구한 등속흡입계수값이 90 %~110 % 범위여야 한다.

여기서, I : 등속흡입계수(%)
V_m : 흡입기체량(습식 가스미터에서 읽은 값)(L)
q_m : 가스미터에 있어서의 등속 흡입유량(L/min)
t : 기체 흡입시간(분)

정답 74. ① 75. ②

(1) 90 %일 때, 등속흡입유량

$$90\% = \frac{60\,L}{q_m \times 10\,min} \times 100$$

$$\therefore q_m = 6.67\,L/min$$

(2) 110 %일 때, 등속흡입유량

$$110\% = \frac{60\,L}{q_m \times 10\,min} \times 100$$

$$\therefore q_m = 5.45\,L/min$$

그러므로, 등속흡입유량 범위는
5.45~6.67 L/min

76. 2,4-다이나이트로페닐하이드라진(DNPH)과 반응하여 하이드라존유도체를 생성하게 하여 이를 액체크로마토그래피로 분석하는 물질은?

① 아민류
② 알데하이드류
③ 벤젠
④ 다이옥신류

해설 배출가스 중 폼알데하이드 및 알데하이드류 - 고성능액체크로마토그래피 : 배출가스 중의 알데하이드류를 흡수액 2, 4-다이나이트로페닐하이드라진(DNPH, dinitrophenylhydra-zine)과 반응하여 하이드라존 유도체(hydra-zone derivative)를 생성하게 되고 이를 액체크로마토그래프로 분석하여 정량한다. 하이드라존(hydrazone)은 UV 영역, 특히 350 nm~380 nm에서 최대 흡광도를 나타낸다.

77. 환경대기 중의 탄화수소 농도를 측정하기 위한 시험방법 중 주시험법인 것은?

① 총 탄화수소 측정법
② 비메탄 탄화수소 측정법
③ 활성 탄화수소 측정법
④ 비활성 탄화수소 측정법

해설 환경대기 중 탄화수소 측정방법 : 비메탄 탄화수소 측정법을 주시험법으로 한다.

78. 원자흡수분광광도법에서 목적원소에 의한 흡광도 A_S와 표준원소에 의한 흡광도 A_R과의 비를 구하고 A_S/A_R값과 표준물질 농도와의 관계를 그래프에 작성하여 검량선을 만들어 시료 중의 목적원소 농도를 구하는 정량법은?

① 표준첨가법
② 내부표준물질법
③ 절대검정곡선법
④ 검정곡선법

해설 원자흡수분광광도법 – 정량법 – 내부표준물질법 : 목적원소에 의한 흡광도 A_S와 표준원소에 의한 흡광도 A_R과의 비를 구하고 A_S/A_R값과 표준물질 농도와의 관계를 그래프에 작성하여 검량선을 만들어 시료 중의 목적원소 농도를 구하는 정량법

79. 건식가스미터를 사용하여 굴뚝에서 배출되는 가스상 물질을 시료채취하고자 할 때, 건조시료 가스채취량을 구하기 위해 필요한 항목과 거리가 먼 것은?

① 가스미터의 게이지압
② 가스미터의 온도
③ 가스미터로 측정한 흡입가스량
④ 가스미터 온도에서의 포화수증기압

해설 ④ 가스미터 온도에서의 포화수증기압은 습식가스미터를 사용할 때 필요한 항목이다.

80. A오염물질의 실측농도가 250 mg/Sm³이고 이때 실측산소농도가 3.5 %이다. A오염물질의 보정농도(mg/Sm³)는? (단, A오염물질은 배출허용기준 중 표준산소농도를 적용받으며, 표준산소농도는 4 %이다.)

① 약 219 mg/Sm³
② 약 243 mg/Sm³
③ 약 247 mg/Sm³
④ 약 286 mg/Sm³

정답 76. ② 77. ② 78. ② 79. ④ 80. ②

해설 오염물질 농도 보정

$$C = C_a \times \frac{21-O_s}{21-O_a} = 250 \times \frac{21-4}{21-3.5}$$
$$= 242.85 \text{ ppm}$$

여기서, C : 오염물질 농도(mg/Sm^3 또는 ppm)
C_a : 실측오염물질농도(mg/Sm^3 또는 ppm)
O_s : 표준산소농도(%)
O_a : 실측산소농도(%)

제5과목 대기환경관계법규

81. 대기환경보전법규상 위임업무 보고사항 중 자동차 연료 및 첨가제의 제조·판매 또는 사용에 대한 규제현황의 보고횟수기준은?

① 연 1회
② 연 2회
③ 연 4회
④ 연 12회

해설 위임업무 보고사항

업무내용	보고 횟수
환경오염사고 발생 및 조치 사항	수시
수입자동차 배출가스 인증 및 검사현황	연 4회
자동차 연료 및 첨가제의 제조·판매 또는 사용에 대한 규제현황	연 2회
자동차 연료 또는 첨가제의 제조기준 적합 여부 검사현황	연료 : 연 4회 첨가제 : 연 2회
측정기기 관리대행업의 등록, 변경등록 및 행정처분 현황	연 1회

82. 대기환경보전법령상 비산배출의 저감대상 업종으로 거리가 먼 것은?

① 제1차 금속제조업 중 제강업
② 육상운송 및 파이프라인 운송업 중 파이프라인 운송업
③ 의약물질 제조업 중 의약품 제조업
④ 창고 및 운송관련 서비스업 중 위험물품 보관업

해설 비산배출의 저감대상 업종
(1) 코크스, 연탄 및 석유정제품 제조업
 • 원유 정제처리업
(2) 화학물질 및 화학제품 제조업 : 의약품 제외
 • 석유화학계 기초화학물질 제조업
 • 합성고무 제조업
 • 합성수지 및 기타 플라스틱물질 제조업
 • 접착제 및 젤라틴 제조업
(3) 1차 금속 제조업
 • 제철업
 • 제강업
 • 냉간 압연 및 압출 제품 제조업
 • 알루미늄 압연, 압출 및 연신(원료를 가늘게 늘이는 공정)제품 제조업
 • 강관 제조업
 • 강관 가공품 및 관 연결구류 제조업
(4) 고무 및 플라스틱제품 제조업
 • 그 외 기타 고무제품 제조업
 • 플라스틱 필름 제조업
 • 플라스틱 시트 및 판 제조업
 • 벽 및 바닥 피복용 플라스틱 제품 제조업
 • 플라스틱 포대, 봉투 및 유사제품 제조업
 • 플라스틱 접착처리 제품 제조업
 • 플라스틱 적층, 도포 및 기타 표면처리제품 제조업
 • 그 외 기타 플라스틱 제품 제조업
(5) 전기장비 제조업
 • 축전지 제조업
 • 기타 절연선 및 케이블 제조업
(6) 기타 운송장비 제조업
 • 강선 건조업
 • 선박 구성 부분품 제조업
 • 기타 선박 건조업. 다만, 철강 및 합성수지를 제외한 그 밖의 재료로 비철금속선, 목선 등 항해용 선박을 건조하는 사업장은 제외한다.

정답 81. ② 82. ③

(7) 육상운송 및 파이프라인 운송업
　• 파이프라인 운송업
(8) 창고 및 운송관련 서비스업
　• 위험물품 보관업
(9) 금속가공제품 제조업 : 기계 및 가구 제외
　• 도장 및 기타 피막처리업
　• 피복 및 충전 용접봉 제조업
　• 그 외 기타 분류 안된 금속 가공제품 제조업. 다만, 금속제 유금(clasp), 유금이 붙은 프레임 또는 금고를 제조하는 사업장은 제외한다.
(10) 섬유제품 제조업 : 의복 제외
　• 직물, 편조원단 및 의복류 염색 가공업
(11) 펄프, 종이 및 종이제품 제조업
　• 적층, 합성 및 특수표면처리 종이 제조업
　• 벽지 및 장판지 제조업
(12) 전자부품, 컴퓨터, 영상, 음향 및 통신장비 제조업
　• 전자감지장치 제조업
　• 그 외 기타 전자부품 제조업. 다만, 다음의 제품을 제조하는 사업장은 제외한다.
　　1) 라디오 및 텔레비전수상기용 전자관
　　2) 산업용 및 기타 특수목적용 전자관 및 부분품
　　3) 전자접속카드(인터페이스카드)
　　4) 인쇄회로사진원판(포토마스크)
(13) 자동차 및 트레일러 제조업
　• 자동차용 신품(新品) 동력전달장치 제조업
　• 자동차용 신품 조향장치, 현가장치(懸架裝置) 제조업
　• 자동차용 신품 제동장치 제조업
　• 그 외 기타 자동차 부품 제조업
　• 자동차 중고 부품 재제조업. 다만, 자동차의 중고 부품으로 엔진, 차체, 전기장치 및 관련 부품을 일련의 재제조 과정을 거쳐 신품 성능을 유지할 수 있는 상태로 만드는 사업장은 제외한다.

83. 대기환경보전법상 환경부령으로 정하는 제조기준에 맞지 아니하게 자동차연료·첨가제 또는 촉매제를 제조한 자에 대한 벌칙 기준으로 옳은 것은?

① 7년 이하의 징역이나 1억원 이하의 벌금
② 5년 이하의 징역이나 5천만원 이하의 벌금
③ 1년 이하의 징역이나 1천만원 이하의 벌금
④ 300만원 이하의 벌금

해설 7년 이하의 징역 또는 1억원 이하의 벌금
1. 배출시설의 허가나 변경허가를 받지 아니하거나 거짓으로 허가나 변경허가를 받아 배출시설을 설치 또는 변경하거나 그 배출시설을 이용하여 조업한 자
2. 방지시설을 설치하지 아니하고 배출시설을 설치·운영한 자
3. 배출시설을 가동할 때에 방지시설을 가동하지 아니하거나 오염도를 낮추기 위하여 배출시설에서 나오는 오염물질에 공기를 섞어 배출하는 행위를 한 자
4. 배출시설이나 방지시설을 정당한 사유없이 정상적으로 가동하지 아니하여 배출허용기준을 초과한 오염물질을 배출하는 행위를 한 자
5. 배출시설 조업정지명령을 위반하거나 조업시간의 제한이나 조업정지 규정에 의한 조치명령을 이행하지 아니한 자
6. 배출시설의 폐쇄나 조업정지에 관한 명령을 위반한 자
7. 배출시설의 폐쇄명령, 사용중지명령을 이행하지 아니한 자
8. 제작차배출허용기준에 맞지 아니하게 자동차를 제작한 자
9. 자동차제작자가 인증받은 내용과 다르게 배출가스 관련 부분의 설계를 고의로 바꾸거나 조작하는 행위를 하여 자동차를 제작한 자
10. 인증을 받지 아니하고 자동차를 제작한 자
11. 해당 연도의 평균 배출량이 평균 배출허용기준을 초과한 자동차제작자에 대한 상황명령을 이행하지 아니하고 자동차를 제작한 자
12. 환경부령으로 정하는 제조기준에 맞지 아니하게 자동차연료·첨가제 또는 촉매제를 제조한 자

정답 83. ①

84. 대기환경보전법규상 배출허용기준 초과와 관련하여 개선명령을 받은 경우로써 개선하여야 할 사항이 배출시설 또는 방지시설인 경우 사업자가 시·도지사에게 제출하여야 하는 개선계획서에 포함 또는 첨부되어야 하는 사항으로 거리가 먼 것은?

① 배출시설 또는 방지시설의 개선명세서 및 설계도
② 대기오염물질 등의 처리방식 및 처리효율
③ 운영기기 진단계획
④ 공사기간 및 공사비

해설 개선계획서 포함사항(개선명령을 받은 경우로서 개선하여야 할 사항이 배출시설 또는 방지시설인 경우)
  가. 배출시설 또는 방지시설의 개선명세서 및 설계도
  나. 대기오염물질의 처리방식 및 처리 효율
  다. 공사기간 및 공사비
  라. 다음의 경우에는 이를 증명할 수 있는 서류
    • 개선기간 중 배출시설의 가동을 중단하거나 제한하여 대기오염물질의 농도나 배출량이 변경되는 경우
    • 개선기간 중 공법 등의 개선으로 대기오염물질의 농도나 배출량이 변경되는 경우

85. 악취방지법상 악취 배출 허용기준 초과와 관련하여 받은 개선명령을 이행하지 아니한 자에 대한 벌칙기준으로 옳은 것은?

① 300만원 이하의 벌금에 처한다.
② 500만원 이하의 벌금에 처한다.
③ 1,000만원 이하의 벌금에 처한다.
④ 1년 이하의 징역 또는 1천만원 이하의 벌금에 처한다.

해설 악취방지법(300만원 이하의 벌금)
  1. 악취 배출 허용기준 초과와 관련하여 받은 개선명령을 이행하지 아니한 자
  2. 관계 공무원의 출입·채취 및 검사를 거부 또는 방해하거나 기피한 자
  3. 악취방지계획에 따라 악취방지에 필요한 조치를 하지 아니하고 악취배출시설을 가동한 자
  4. 기간 이내에 악취방지계획에 따라 악취방지에 필요한 조치를 하지 아니한 자

86. 대기환경보전법상 기후·생태계 변화 유발물질과 가장 거리가 먼 것은?

① 이산화질소
② 메탄
③ 과불화탄소
④ 염화불화탄소

해설 기후·생태계 변화 유발물질 : 지구 온난화 등으로 생태계의 변화를 가져올 수 있는 기체상물질로서 온실가스와 환경부령으로 정하는 것
  • 온실가스 : 이산화탄소, 메탄, 아산화질소, 수소불화탄소, 과불화탄소, 육불화황
  • 환경부령으로 정하는 것 : 염화불화탄소(CFC), 수소염화불화탄소(HCFC)

87. 대기환경보전법규상 수도권대기환경청장, 국립환경과학원장 또는 한국환경공단이 설치하는 대기오염 측정망의 종류가 아닌 것은?

① 도시지역의 휘발성유기화합물 등의 농도를 측정하기 위한 광화학대기오염물질측정망
② 기후·생태계변화 유발물질의 농도를 측정하기 위한 지구대기측정망
③ 대기 중의 중금속농도를 측정하기 위한 대기 중금속측정망
④ 대기오염물질의 지역배경농도를 측정하기 위한 교외대기측정망

해설 수도권대기환경청장, 국립환경과학원장 또는 한국환경공단이 설치하는 대기오염 측정망의 종류
  1. 대기오염물질의 지역배경농도를 측정하기 위한 교외대기측정망

정답 84. ③ 85. ① 86. ① 87. ③

2. 대기오염물질의 국가배경농도와 장거리이동 현황을 파악 하기 위한 국가배경농도측정망
3. 도시지역 또는 산업단지 인근지역의 특정 대기유해물질(중금속을 제외한다)의 오염도를 측정하기 위한 유해대기물질측정망
4. 도시지역의 휘발성유기화합물 등의 농도를 측정하기 위한 광화학대기오염물질측정망
5. 산성 대기오염물질의 건성 및 습성 침착량을 측정하기 위한 산성강하물측정망
6. 기후·생태계 변화유발물질의 농도를 측정하기 위한 지구대기측정망
7. 장거리이동대기오염물질의 성분을 집중 측정하기 위한 대기오염집중측정망
8. 초미세먼지(PM-2.5)의 성분 및 농도를 측정하기 위한 미세먼지성분측정망

88. 대기환경보전법규상 전기만을 동력으로 사용하는 자동차의 1회 충전 주행거리가 80 km 이상 160 km 미만인 경우 제 몇 종 자동차에 해당하는가?

① 제1종　　② 제2종
③ 제3종　　④ 제4종

해설 자동차 등의 종류 : 전기만을 동력으로 사용하는 자동차는 1회 충전 주행거리에 따라 다음과 같이 구분한다.

구분	1회 충전 주행거리
제1종	80 km 미만
제2종	80 km 이상 160 km 미만
제3종	160 km 이상

89. 대기환경보전법상 환경기술인 등의 교육을 받게 하지 아니한 자에 대한 과태료 부과기준은?

① 30만원 이하의 과태료를 부과한다.
② 50만원 이하의 과태료를 부과한다.
③ 100만원 이하의 과태료를 부과한다.
④ 200만원 이하의 과태료를 부과한다.

해설 100만원 이하의 과태료
• 배출시설의 변경신고를 하지 아니한 자
• 환경기술인의 준수사항을 지키지 아니한 자
• 등록된 기술인력에게 교육을 받게 하지 아니한 자
• 환경기술인 등의 교육을 받게 하지 아니한 자
• 등록된 기술인력이 교육을 받게 하지 아니한 전문정비사업자
• 평균 배출량 달성 실적을 제출하지 아니한 자
• 환경부장관, 시도지사 및 시장·군수·구청장에게 보고를 하지 아니하거나 거짓으로 보고한 자 또는 자료를 제출하지 아니하거나 거짓으로 제출한 자
• 자동차의 원동기 가동제한을 위반한 자동차의 운전자

90. 환경정책기본법령상 대기환경기준(1시간 평균치 기준)의 연결로 옳은 것은? (단, ㉠ 아황산가스(SO_2), ㉡ 이산화질소(NO_2)이다.)

① ㉠ 0.05 ppm 이하　㉡ 0.06 ppm 이하
② ㉠ 0.06 ppm 이하　㉡ 0.05 ppm 이하
③ ㉠ 0.15 ppm 이하　㉡ 0.10 ppm 이하
④ ㉠ 0.10 ppm 이하　㉡ 0.15 ppm 이하

해설 환경정책기본법상 대기환경기준
• SO_2 : 1시간 평균치 0.15 ppm 이하
• NO_2 : 1시간 평균치 0.10 ppm 이하

더 알아보기 핵심정리 2-103

91. 대기환경보전법령상 3종사업장의 환경기술인의 자격기준에 해당되는 자는?

① 환경기능사
② 1년 이상 대기분야 환경관련업무에 종사한 자
③ 2년 이상 대기분야 환경관련업무에 종사한 자
④ 피고용인 중에서 임명하는 자

정답　88. ②　89. ③　90. ③　91. ①

해설 사업장별 환경기술인의 자격기준
- 1종사업장 : 대기환경기사 이상의 기술자격 소지자 1명 이상
- 2종사업장 : 대기환경산업기사 이상의 기술자격 소지자 1명 이상
- 3종사업장 : 대기환경산업기사 이상의 기술자격 소지자, 환경기능사 또는 3년 이상 대기분야 환경관련 업무에 종사한 자 1명 이상
- 4·5종사업장 : 배출시설 설치허가를 받거나 배출시설 설치신고가 수리된 자 또는 배출시설 설치허가를 받거나 수리된 자가 해당 사업장의 배출시설 및 방지시설 업무에 종사하는 피고용인 중에서 임명하는 자 1명 이상

더 알아보기 핵심정리 2-98

92. 대기환경보전법령상 배출시설에서 발생하는 연간 대기오염물질 발생량의 합계로 사업장을 분류할 때 다음 중 4종사업장에 속하는 양은?
① 80톤
② 50톤
③ 12톤
④ 5톤

해설 사업장 분류기준

종별	오염물질발생량 구분 (대기오염물질발생량의 연간 합계 기준)
1종 사업장	80톤 이상인 사업장
2종 사업장	20톤 이상 80톤 미만인 사업장
3종 사업장	10톤 이상 20톤 미만인 사업장
4종 사업장	2톤 이상 10톤 미만인 사업장
5종 사업장	2톤 미만인 사업장

93. 대기환경보전법규상 특정대기유해물질에 해당하지 않는 것은?
① 크롬화합물
② 석면
③ 황화수소
④ 스틸렌

해설 특정대기 유해물질
1. 카드뮴 및 그 화합물
2. 시안화수소
3. 납 및 그 화합물
4. 폴리염화비페닐
5. 크롬 및 그 화합물
6. 비소 및 그 화합물
7. 수은 및 그 화합물
8. 프로필렌 옥사이드
9. 염소 및 염화수소
10. 불소화물
11. 석면
12. 니켈 및 그 화합물
13. 염화비닐
14. 다이옥신
15. 페놀 및 그 화합물
16. 베릴륨 및 그 화합물
17. 벤젠
18. 사염화탄소
19. 이황화메틸
20. 아닐린
21. 클로로포름
22. 폼알데히드
23. 아세트알데히드
24. 벤지딘
25. 1,3-부타디엔
26. 다환 방향족 탄화수소류
27. 에틸렌옥사이드
28. 디클로로메탄
29. 스틸렌
30. 테트라클로로에틸렌
31. 1,2-디클로로에탄
32. 에틸벤젠
33. 트리클로로에틸렌
34. 아크릴로니트릴
35. 히드라진

정답 92. ④ 93. ③

94. 대기환경보전법규상 오존의 대기오염경보단계별 오염물질의 농도기준에 관한 설명으로 거리가 먼 것은?

① 경보가 발령된 지역의 기상조건 등을 고려하여 대기자동측정소의 오존농도가 0.12 ppm 이상 0.3 ppm 미만인 때에는 주의보로 전환한다.
② 오존농도는 24시간 평균농도를 기준으로 한다.
③ 해당지역의 대기자동측정소 오존농도가 1개소라도 경보단계별 발령기준을 초과하면 해당경보를 발령할 수 있다.
④ 중대경보단계는 기상조건 등을 고려하여 해당지역의 대기자동측정소의 오존농도가 0.5 ppm 이상일 때 발령한다.

해설 ② 오존농도는 1시간 평균농도를 기준으로 한다.

더 알아보기 핵심정리 2-100

95. 다음은 대기환경보전법규 상 첨가제·촉매제 제조기준에 맞는 제품의 표시방법이다. ( ) 안에 알맞은 것은?

> 표시크기는 첨가제 또는 촉매제 용기 앞면의 제품명 밑에 제품명 글자크기의 (   )에 해당하는 크기로 표시하여야 한다.

① 100분의 10 이상 ② 100분의 15 이상
③ 100분의 20 이상 ④ 100분의 30 이상

해설 첨가제·촉매제 제조기준에 맞는 제품의 표시방법 : 첨가제 또는 촉매제 용기 앞면의 제품명 밑에 제품명 글자 크기의 100분의 30 이상에 해당하는 크기로 표시하여야 한다.

96. 실내공기질 관리법규상 신축 공동주택의 실내 공기질 권고기준으로 옳은 것은?

① 스티렌 360 $\mu g/m^3$ 이하
② 폼알데하이드 360 $\mu g/m^3$ 이하
③ 자일렌 360 $\mu g/m^3$ 이하
④ 에틸벤젠 360 $\mu g/m^3$ 이하

해설 신축 공동주택의 실내공기질 권고기준

물질	실내공기질 권고 기준
벤젠	30 $\mu g/m^3$ 이하
폼알데하이드	210 $\mu g/m^3$ 이하
스티렌	300 $\mu g/m^3$ 이하
에틸벤젠	360 $\mu g/m^3$ 이하
자일렌	700 $\mu g/m^3$ 이하
톨루엔	1,000 $\mu g/m^3$ 이하
라돈	148 Bq/m^3 이하

97. 대기환경보전법령상 초과부과금 산정기준 중 1 kg당 부과금액이 가장 적은 것은?

① 염화수소   ② 황화수소
③ 시안화수소 ④ 이황화탄소

해설 초과부과금 산정기준 : 염화수소 > 시안화수소 > 황화수소 > 불소화물 > 질소산화물 > 이황화탄소 > 암모니아 > 먼지 > 황산화물

더 알아보기 핵심정리 2-97

98. 대기환경보전법령상 연료의 황 함유량이 1.0 % 이하인 경우 기본부과금의 농도별 부과계수로 옳은 것은? (단, 연료를 연소하여 황산화물을 배출하는 시설(황산화물의 배출량을 줄이기 위해 방지시설을 설치한 경우와 생산공정상 황산화물의 배출량이 줄어든다고 인정하는 경우는 제외))

① 0.2   ② 0.3   ③ 0.4   ④ 1.0

해설 기본부과금의 농도별 부과계수 – 연료를 연소하여 황산화물을 배출하는 시설

구분	연료의 황함유량(%)		
	0.5 % 이하	1.0 % 이하	1.0 % 초과
농도별 부과계수	0.2	0.4	1.0

정답 94. ② 95. ④ 96. ④ 97. ④ 98. ③

99. 실내공기질 관리법상 용어의 정의로 옳지 않은 것은?

① "공동주택"이라 함은 건축법 규정에 의한 공동주택을 의미한다.
② "다중이용시설"이라 함은 불특정 다수인이 이용하는 시설을 말한다.
③ "공기정화설비"라 함은 오염된 실내공기를 밖으로 내보내고 신선한 바깥공기를 실내로 끌어들여 실내공간의 공기를 쾌적한 상태로 유지시키는 설비를 말하며, 환기설비와 동일한 의미로 사용되는 것을 말한다.
④ "오염물질"이라 함은 실내공간의 공기오염의 원인이 되는 가스와 떠다니는 입자상 물질 등으로서 환경부령이 정하는 것을 말한다.

[해설] 실내공기질 관리법상 용어 정의
③ 공기정화설비 : 실내공간의 오염물질을 없애거나 줄이는 설비로서 환기설비의 안에 설치되거나, 환기설비와는 따로 설치된 것을 말한다.

[참고] 환기설비 : 오염된 실내공기를 밖으로 내보내고 신선한 바깥공기를 실내로 끌어들여 실내공간의 공기를 쾌적한 상태로 유지시키는 설비를 말한다.

100. 대기환경보전법규상 시멘트수송의 경우 비산먼지 발생을 억제하기 위한 시설 및 필요한 조치기준으로 옳지 않은 것은?

① 적재함 상단으로부터 5 cm 이하까지 적재물을 수평으로 적재할 것
② 수송차량은 세륜 및 측면살수 후 운행하도록 할 것
③ 먼지가 흩날리지 아니하도록 공사장 안의 통행차량은 시속 40 km 이하로 운행할 것
④ 적재함을 최대한 밀폐할 수 있는 덮개를 설치하여 적재물의 외부에서 보이지 아니할 것

[해설] 비산먼지 발생을 억제하기 위한 시설의 설치 및 필요한 조치에 관한 엄격한 기준
③ 먼지가 흩날리지 아니하도록 공사장 안의 통행차량은 시속 20 km 이하로 운행할 것

정답 99. ③ 100. ③

대기환경기사

2018년 4월 28일 (제2회)

제1과목 대기오염개론

1. 이동 배출원이 도심지역인 경우, 하루 중 시간대별 각 오염물의 농도 변화는 일정한 형태를 나타내는데, 다음 중 일반적으로 가장 이른 시간에 하루 중 최대 농도를 나타내는 물질은?

① O_3 ② NO_2
③ NO   ④ aldehydes

해설 하루 중 광화학 반응에 의한 물질의 농도 변화
NO → HC, NO_2 → 알데하이드 → O_3 → 옥시던트

2. 다음 중 대기오염물질의 분산을 예측하기 위한 바람장미(wind rose)에 관한 설명으로 가장 거리가 먼 것은?

① 바람장미는 풍향별로 관측된 바람의 발생빈도와 풍속을 16방향인 막대기형으로 표시한 기상 도형이다.
② 가장 빈번히 관측된 풍향을 주풍(prevailing wind)이라 하고, 막대의 굵기를 가장 굵게 표시한다.
③ 관측된 풍향별 발생빈도를 %로 표시한 것을 방향량(vector)이라 하며, 바람장미의 중앙에 숫자로 표시한 것은 무풍률이다.
④ 풍속이 0.2 m/s 이하일 때를 정온(calm) 상태로 본다.

해설 ② 주풍 : 막대 길이가 가장 길다.
더 알아보기 핵심정리 2-27

3. 표준상태에서 SO_2 농도가 1.28 g/m³라면 몇 ppm인가?

① 약 250   ② 약 350
③ 약 450   ④ 약 550

해설 $\dfrac{1.28\,\mathrm{g}}{\mathrm{Sm}^3} \times \dfrac{22.4\,\mathrm{Sm}^3}{64\,\mathrm{kg}} \times \dfrac{1\,\mathrm{kg}}{10^3\,\mathrm{g}} \times \dfrac{10^6\,\mathrm{ppm}}{1}$
$= 448\,\mathrm{ppm}$

4. 다음 중 London형 스모그에 관한 설명으로 가장 거리가 먼 것은? (단, Los Angeles형 스모그와 비교)

① 복사성 역전
② 습도가 85 % 이상
③ 시정거리가 100 m 이하
④ 산화반응

해설 런던 스모그와 LA 스모그의 비교

구분	런던 스모그	LA 스모그
발생시기	새벽 ~이른아침	한낮(12시 ~2시 최대)
온도	4℃ 이하	24℃ 이상
습도	습윤 (90 % 이상)	건조 (70 % 이하)
바람	무풍	무풍
역전종류	복사성 역전	침강성 역전
오염원인	석탄연료의 매연 (가정, 공장)	자동차 매연(NOx)
오염물질	SOx	옥시던트
반응형태	환원	산화
시정거리	100 m 이하	1 km 이하
피해 및 영향	호흡기 질환 사망자 최대	눈·코·기도 점막 자극, 고무 등의 손상
발생기간	단기간	장기간

정답 1. ③   2. ②   3. ③   4. ④

5. 다음 특정물질 중 오존 파괴지수가 가장 큰 것은?

① CFC-113
② CFC-114
③ Halon-1211
④ Halon-1301

해설 오존층파괴지수(ODP)
할론 1301 > 할론 2402 > 할론 1211 > 사염화탄소 > CFC 11 > CFC 12 > HCFC

6. 리차드슨 수에 관한 설명으로 옳은 것은?

① 리차드슨 수가 -0.04 보다 작으면 수직방향의 혼합은 없다.
② 리차드슨 수가 0이면 기계적 난류만 존재한다.
③ 리차드슨 수가 0에 접근하면 분산이 커져 대류혼합이 지배적이다.
④ 일차원 수로서 기계난류를 대류난류로 전환시키는 율을 측정한 것이다.

해설 ① 리차드슨 수가 -0.04보다 작으면 대류가 지배적이므로, 수직방향의 혼합이 활발하다.
③ 리차드슨 수가 0에 접근하면 분산이 작아져, 기계적 난류만 존재한다.
④ 무차원 수로서 대류난류를 기계난류로 전환시키는 율을 측정한 것이다.

더 알아보기 핵심정리 2-29 (5)

7. 다음 중 혼합층에 관한 설명으로 가장 적합한 것은?

① 최대혼합깊이는 통상 낮에 가장 적고, 밤시간을 통하여 점차 증가한다.
② 야간에 역전이 극심한 경우 최대혼합깊이는 5,000 m 정도까지 증가한다.
③ 계절적으로 최대혼합깊이는 주로 겨울에 최소가 되고 이른 여름에 최댓값을 나타낸다.
④ 환기량은 혼합층의 온도와 혼합층 내의 평균풍속을 곱한 값으로 정의된다.

해설 최대혼합고 높이
- 여름 > 겨울
- 낮 > 밤

8. 각 오염물질의 대사 및 작용기전으로 옳지 않은 것은?

① 알루미늄화합물은 소장에서 인과 결합하여 인 결핍과 골연화증을 유발한다.
② 암모니아와 아황산가스는 물에 대한 용해도가 높기 때문에 흡입된 대부분의 가스가 상기도 점막에서 흡수되므로 즉각적으로 자극증상을 유발한다.
③ 삼염화에틸렌은 다발성신경염을 유발하고, 중추신경계를 억제하는데 간과 신경에 미치는 독성이 사염화탄소에 비해 현저하게 높다.
④ 이황화탄소는 중추신경계에 대한 특징적인 독성작용으로 심한 급성 또는 아급성 뇌병증을 유발한다.

해설 아크릴아마이드 : 다발성신경염

9. 주요 배출오염물질과 그 발생원과의 연결로 가장 관계가 적은 것은?

① HF – 도장공업, 석유정제
② HCl – 소다공업, 활성탄제조, 금속제련
③ C_6H_6 – 포르말린제조
④ Br_2 – 염료, 의약품 및 농약 제조

해설 HF 배출원 : 알루미늄공업, 인산비료공업, 유리제조공업

정답 5. ④ 6. ② 7. ③ 8. ③ 9. ①

10. 각 오염물질의 특성에 관한 설명으로 옳지 않은 것은?

① 염소는 암모니아에 비해서 훨씬 수용성이 약하므로 후두에 부종만을 일으키기 보다는 호흡기계 전체에 영향을 미친다.
② 포스겐 자체는 자극성이 경미하지만 수중에서 재빨리 염산으로 분해되어 거의 급성 전구증상이 없이 치사량을 흡입할 수 있으므로 매우 위험하다.
③ 브롬 화합물은 부식성이 강하며 주로 상기도에 대하여 급성 흡입효과를 지니고, 고농도에서는 일정기간이 지나면 폐부종을 유발하기도 한다.
④ 불화수소는 수용액과 에테르 등의 유기용매에 매우 잘 녹으며, 무수불화수소는 약산성의 물질이다.

해설 ④ 불화수소는 물에 대한 용해도가 매우 크고, 그 수용액은 약산이다.

11. 다음은 입경(직경)에 대한 설명이다. ( ) 안에 알맞은 것은?

( )은 입자성 물질의 끝과 끝을 연결한 선 중 가장 긴 선을 직경으로 하는 것을 말한다.

① 피렛 직경
② 마틴 직경
③ 공기역학적 직경
④ 스토크스 직경

해설 광학적 직경
- Feret경 : 입자의 끝과 끝을 연결한 선 중 최대인 선의 길이
- Martin경 : 평면에 투영된 입자의 그림자 면적과 기준선이 평형하게 이등분하는 선의 길이(2개의 등면적으로 각 입자를 등분할 때 그 선의 길이)
- 투영면적경(등가경) : 울퉁불퉁, 들쭉날쭉한 먼지의 면적과 동일한 면적을 가지는 원의 직경

더알아보기 핵심정리 2-7

12. 지표부근의 공기덩이가 지면으로부터 열을 받는 경우 부력을 얻어 상승하게 되는데 상승과정에서 단열변화가 이루어져 어떤 고도에 이르면 상승한 공기 중에 들어있는 수증기는 포화되고 응결이 이루어진다. 이와 같이 열적 상승에 의해 응결이 이루어지는 고도를 일컫는 용어로 가장 적합한 것은?

① 대류응결고도(CCL)
② 상승응결고도(LCL)
③ 혼합응결고도(MCL)
④ 상승지수(LI)

해설 단열선도 분석법
(1) 대류응결고도(CCL) : 열적 상승에 의해 응결이 이루어지는 고도
(2) 상승응결고도(LCL)
  - 상승하는 공기의 온도가 이슬점에 도달하는 높이
  - 상승하는 공기의 상대습도가 100 %가 되는 높이
(3) 혼합응결고도(MCL) : 바람에 의해 혼합이 완전히 이루어진 혼합층에서 포화가 일어나는 최저고도
(4) 자유대류고도(LFC) : 공기덩어리가 건조단열적으로 상승하여 포화된 후 습윤단열적으로 상승하다가 처음으로 주위의 공기보다 온난해지는(밀도가 감소하는) 고도

13. 최대 혼합고도를 400 m로 예상하여 오염농도를 3 ppm으로 추정하였는데, 실제 관측된 최대 혼합고도는 200 m였다. 실제 나타날 오염농도는? (단, 기타 조건은 같음)

① 21 ppm
② 24 ppm
③ 27 ppm
④ 29 ppm

정답 10. ④ 11. ① 12. ① 13. ②

해설 고도변화에 따른 농도의 변화 비례식

$$C \propto \left(\frac{1}{Z}\right)^3$$

$$3 \text{ ppm} : \left(\frac{1}{400}\right)^3$$

$$X \text{ ppm} : \left(\frac{1}{200}\right)^3$$

$$\therefore X[\text{ppm}] = 3 \times \left(\frac{400}{200}\right)^3 = 24 \text{ ppm}$$

14. 냄새물질에 대한 다음 설명 중 옳지 않은 것은?

① 분자 내 수산기의 수가 1개일 때 가장 약하고, 수가 증가하면 강한 냄새를 유발한다.
② 골격이 되는 탄소 수는 저분자일수록 관능기 특유의 냄새가 강하다.
③ 에스테르화합물은 구성하는 산이나 알코올류보다 방향이 우세하다.
④ 분자 내에 황 및 질소가 있으면 냄새가 강하다.

해설 ① 분자 내 수산기의 수가 1개일 때 가장 강하고, 수가 증가하면 냄새가 약해짐

15. 라돈에 관한 설명으로 가장 거리가 먼 것은?

① 일반적으로 인체의 조혈기능 및 중추신경계통에 가장 큰 영향을 미치는 것으로 알려져 있으며, 화학적으로 반응성이 크다.
② 무색, 무취의 기체로 액화되어도 색을 띠지 않는 물질이다.
③ 공기보다 9배 정도 무거워 지표에 가깝게 존재한다.
④ 주로 토양, 지하수, 건축자재 등을 통하여 인체에 영향을 미치고 있으며 흙속에서 방사선 붕괴를 일으킨다.

해설 ① 인체의 조혈기능 및 중추신경계통에 영향을 미치는 것은 벤젠이다.

16. 질소산화물(NOx)에 관한 설명으로 가장 거리가 먼 것은?

① N_2O는 대류권에서는 온실가스로 성층권에서는 오존층 파괴물질로서 보통 대기 중에 약 0.5 ppm 정도 존재한다.
② 연소과정 중 고온에서는 90 % 이상이 NO로 발생한다.
③ NO_2는 적갈색, 자극성 기체로 독성이 NO보다 약 5배 정도나 더 크다.
④ NO의 독성은 오존보다 10~15배 강하여 폐렴, 폐수종을 일으키며, 대기 중에 체류시간은 20~100년 정도이다.

해설 ④ 독성 : $NO < O_3$

17. 다음 오염물질의 균질층 내에서의 건조공기 중 체류시간의 순서배열(짧은 시간에서부터 긴 시간)로 옳게 나열된 것은?

① $N_2 - CO - CO_2 - H_2$
② $CO - CH_4 - O_2 - N_2$
③ $O_2 - N_2 - H_2 - CO$
④ $CO_2 - H_2 - N_2 - CO$

해설 체류시간 순서 : $N_2 > O_2 > N_2O > CO_2 > CH_4 > H_2 > CO > SO_2$

18. 다음 식물 중 에틸렌가스에 대한 저항성이 가장 큰 것은?

① 완두　　② 스위트피
③ 양배추　④ 토마토

해설 에틸렌에 강한 식물 : 양배추, 상추, 양파

19. Deacon의 공식을 이용하여 지표높이 10 m에서의 풍속이 2 m/s일 때, 고도 100 m에서의 풍속은? (단, P : 0.4)

① 약 5.0 m/s　② 약 8.7 m/s
③ 약 10.6 m/s　④ 약 15.1 m/s

정답 14. ① 15. ① 16. ④ 17. ② 18. ③ 19. ①

해설 Deacon식에 의한 고도변화에 따른 풍속 계산

$$U = U_o \times \left(\frac{Z}{Z_o}\right)^P = 2\,m/s \times \left(\frac{100\,m}{10\,m}\right)^{0.4}$$
$$= 5.02\,m/s$$

20. 역선풍(anticyclone)구역 내에서 차가운 공기가 장시간 침강(단열적)하였을 때 공기덩어리 상부면(top)과 하부면(bottom)의 온도차(변화)를 바르게 표시한 것은? (단, dT/dP는 압력에 대한 온도 변화이며, 이상기체로 작용한다.)
① (dT/dP)top < (dT/dP)bottom
② (dT/dP)top > (dT/dP)bottom
③ (dT/dP)top = (dT/dP)bottom
④ (dT/dP)top ≤ (dT/dP)bottom

해설 장시간 침강(단열침강)하므로, 상부면은 온도변화가 크고, 하부면은 작다.

제2과목 연소공학

21. 다음 중 기체연료의 연소장치로서 천연가스와 같은 고발열량 연료를 연소시키는 데 가장 적합하게 사용되는 버너의 종류는?
① 선회형 버너   ② 방사형 버너
③ 회전식 버너   ④ 건타입 버너

해설 방사식은 천연가스와 같은 고발열량 가스에 적합하다.

22. 중유에 관한 설명과 거리가 먼 것은?
① 점도가 낮은 것이 사용상 유리하고, 용적당 발열량이 적은 편이다.
② 인화점이 높은 경우 역화의 위험이 있으며, 보통 그 예열온도보다 약 2℃ 정도 높은 것을 쓴다.
③ 점도가 낮을수록 유동점이 낮아진다.
④ 잔류탄소의 함량이 많아지면 점도가 높게 된다.

해설 ② 인화점이 낮을수록 폭발 및 역화의 위험이 크다.

23. 다음은 가동화격자의 종류에 관한 설명이다. ( ) 안에 알맞은 것은?

> ( )는 고정화격자와 가동화격자를 횡방향으로 나란히 배치하고 가동화격자를 전후로 왕복운동시킨다. 비교적 가안 교반력과 이송력을 갖고 있으며 화격자 눈의 메워짐이 별로 없어 낙진량이 많고 냉각작용이 부족하다.

① 부채형 반전식 화격자
② 병렬요동식 화격자
③ 이상식 화격자
④ 회전 롤러식 화격자

해설 화격자의 종류
① 부채형 반전식 화격자 : 부채형의 가동화격자를 90°로 반전시키며 이송
③ 이상식 화격자 : 높이 차이가 있는 가동화격자로 건조-연소-후연소 단계로 이송
④ 회전 롤러식 화격자 : 드럼형 가동화격자의 회전에 의해 이송

24. 메탄 1 mol이 완전연소할 때 AFR은? (단, 몰기준)
① 6.5   ② 7.5
③ 8.5   ④ 9.5

해설 공기연료비(AFR)
$CH_4 + 2O_2 \rightarrow CO_2 + 2H_2O$

$$AFR = \frac{공기(kg)}{연료(kg)}$$
$$= \frac{m \times 산소(mol)/0.21}{연료(mol)}$$
$$= \frac{2\,mol/0.21}{1\,mol} = 9.52$$

정답 20. ② 21. ② 22. ② 23. ② 24. ④

25. 연료의 종류에 따른 연소 특성으로 옳지 않은 것은?

① 기체연료는 저발열량의 것으로 고온을 얻을 수 있고, 전열효율을 높일 수 있다.
② 액체연료는 화재, 역화 등의 위험이 크며, 연소 온도가 높아 국부적인 과열을 일으키기 쉽다.
③ 액체연료는 기체연료에 비해 적은 과잉공기로 완전연소가 가능하다.
④ 액체연료의 경우 회분은 아주 적지만, 재 속의 금속산화물이 장애원인이 될 수 있다.

해설 ③ 기체연료는 액체연료에 비해 적은 과잉공기로 완전연소가 가능하다.

26. 미분탄연소로에 사용되는 버너 중 접선기울형버너(tangential tilting burner)에 관한 설명으로 거리가 먼 것은?

① 선회흐름을 보일러에 활용한 것으로 선회버너라고도 하며, 연소로 외벽쪽으로 화염을 분산·형성한다.
② 사각연소로인 경우 각 모퉁이에 3~5개의 버너가 높이가 다르게 설치되어 있다.
③ 1차 공기 및 석탄 주입관 끝은 10~30° 정도의 각도범위에서 조정할 수 있도록 되어 있다.
④ 화염을 상하로 이동시켜서 과열을 방지할 수 있도록 되어 있다.

해설 접선기울기형버너는 연소실 중앙에서 원을 그리며 연소된다.

27. S함량 5%의 B-C유 400 kL를 사용하는 보일러에 S함량 1%인 B-C유를 50% 섞어서 사용하면 SO_2의 배출량은 몇 % 감소하겠는가? (단, 기타 연소조건은 동일하며, S는 연소 시 전량 SO_2로 변환되고, B-C유 비중은 0.95(S함량에 무관))

① 30 %
② 35 %
③ 40 %
④ 45 %

해설
• 감소하는 S(%) = 감소하는 SO_2(%)
• 감소하는 S(%)
$= \left(1 - \dfrac{\text{나중 S}}{\text{처음 S}}\right) \times 100$
$= \left(1 - \dfrac{200 \times 0.01 + 200 \times 0.05}{400 \times 0.05}\right) \times 100$
$= 40\%$

28. 연소물을 연소하는 과정에서 질소산화물(NOx)이 발생하게 된다. 다음 반응 중 질소산화물(NOx) 생성 과정에서 발생하는 Prompt NOx의 주된 반응식으로 가장 적합한 것은?

① $N + NH_3 \rightarrow N_2 + 1.5H_2$
② $N_2 + O_5 \rightarrow 2NO + 1.5O_2$
③ $CH + N_2 \rightarrow HCN + N$
④ $N + N \rightarrow N_2$

해설 Prompt NOx는 연료(CH)와 공기 중 질소(N_2)의 결합으로 발생한다.

(더 알아보기) 핵심정리 2-10

29. 프로판 1 Sm^3을 공기비 1.3으로 완전 연소시킬 경우, 발생되는 건조연소가스량(Sm^3)은?

① 약 23.7
② 약 26.4
③ 약 28.9
④ 약 33.7

해설 건조연소가스량(Sm^3)
$C_3H_8 + 5O_2 \rightarrow 3CO_2 + 4H_2O$

(1) $A_o[Sm^3/Sm^3] = 5 \times \dfrac{1}{0.21} = 23.81\,m^3$

(2) $G_d[Sm^3/Sm^3] = (m - 0.21)A_o + CO_2$
$= (1.3 - 0.21) \times 23.81 + 3$
$= 28.942$

(3) $G_d[Sm^3] = 28.942\,Sm^3/Sm^3 \times 1\,Sm^3$
$= 28.942\,Sm^3$

정답 25. ③ 26. ① 27. ③ 28. ③ 29. ③

30. 다음 설명에 해당하는 기체연료는?

> 고온으로 가열된 무연탄이나 코크스 등에 수증기를 반응시켜 얻은 기체연료이며, 반응식은 아래와 같다.
> $C + H_2O \rightarrow CO + H_2 + Q$
> $C + 2H_2O \rightarrow CO_2 + 2H_2 + Q$

① 수성가스
② 고로가스
③ 오일가스
④ 발생로가스

해설 기타 기체연료
- 코크스로 가스(COG) : 코크스로에서 코크스 제조 시 부생되는 가스, H_2와 CH_4가 주성분
- 고로가스 : 용광로 발생가스, CO, N_2이 주성분
- 발생로가스 : 석탄이나 코크스를 적열상태에서 산소나 공기를 보내어 불완전연소시켜서 얻어지는 가스로 CO(26.7%)와 N_2(55.8%)가 주성분
- 수성가스 : 고온으로 가열된 무연탄이나 코크스 등에 수증기를 반응시켜 얻은 기체연료, H_2, CO가 주성분

31. 고체연료 연소장치 중 하급식 연소방법으로 연소과정이 미착화탄 → 산화층 → 환원층 → 회층으로 변하여 연소되고, 연료층을 항상 균일하게 제어할 수 있고, 저품질 연료도 유효하게 연소시킬 수 있어 쓰레기 소각로에 많이 이용되는 화격자 연소장치로 가장 적합한 것은?

① 포트식 스토커(pot stoker)
② 플라스마 스토커(plasma stoker)
③ 로터리 킬른(rotary kiln)
④ 체인 스토커(chain stoker)

해설 체인 스토커 : 자동 체인벨트에 의한 이동
- 소각, 저급연료 및 쓰레기 소각 시 사용

32. 착화온도에 관한 다음 설명 중 옳지 않은 것은?

① 반응활성도가 클수록 높아진다.
② 분자구조가 간단할수록 높아진다.
③ 산소농도가 클수록 낮아진다.
④ 발열량이 낮을수록 높아진다.

해설 ① 반응활성도가 클수록 낮아진다.

정리 착화온도의 특성
- 산소 농도가 높을수록
- 산소와의 친화성이 클수록
- 화학반응성이 클수록
- 화학결합의 활성도가 클수록
- 탄화수소의 분자량이 클수록
- 분자구조가 복잡할수록
- 비표면적이 클수록
- 압력이 높을수록
- 동질성 물질에서 발열량이 클수록
- 활성화에너지가 낮을수록
- 열전도율이 낮을수록
- 석탄의 탄화도가 낮을수록
→ 착화온도 낮아짐 / 연소되기 쉬움

33. propane 1 Sm^3을 연소시킬 경우 이론 건조연소가스 중의 탄산가스 최대농도(%)는?

① 12.8 %
② 13.8 %
③ 14.8 %
④ 15.8 %

해설 최대 이산화탄소량[$(CO_2)_{max}$]
$C_3H_8 + 5O_2 \rightarrow 3CO_2 + 4H_2O$

(1) $G_{od} = (1-0.21)A_o + \sum 연소생성물(H_2O 제외)$

$= (1-0.21) \times \dfrac{5}{0.21} + 3$

$= 21.8 \, Sm^3/Sm^3$

(2) $(CO_2)_{max}[\%] = \dfrac{CO_2(부피)}{G_{od}(부피)} \times 100$

$= \dfrac{3}{21.8} \times 100 = 13.76 \%$

정답 30. ① 31. ④ 32. ① 33. ②

34. 석탄의 탄화도 증가에 따른 특성으로 가장 거리가 먼 것은?

① 연소속도가 커진다.
② 수분 및 휘발분이 감소한다.
③ 산소의 양이 줄어든다.
④ 발열량이 증가한다.

해설 ① 탄화도가 커질수록 연소속도는 감소한다.

정리 탄화도 높을수록
- 고정탄소, 연료비, 착화온도, 발열량, 비중 증가함
- 수분, 이산화탄소, 휘발분, 비열, 매연 발생, 산소함량, 연소속도 감소함

35. 확산형 가스버너인 포트형 사용 및 설계 시의 주의사항으로 옳지 않은 것은?

① 구조상 가스와 공기압을 높이지 못한 경우에 사용한다.
② 가스와 공기를 함께 가열할 수 있는 이점이 있다.
③ 고발열량 탄화수소를 사용할 경우는 가스 압력을 이용하여 노즐로부터 고속으로 분출케 하여 그 힘으로 공기를 흡인하는 방식을 취한다.
④ 밀도가 큰 가스 출구는 하부에, 밀도가 작은 공기 출구는 상부에 배치되도록 하여 양쪽의 밀도차에 의한 혼합이 잘 되도록 한다.

해설 ④ 밀도가 큰 공기 출구는 상부에, 밀도가 작은 가스 출구는 하부에 배치되도록 한다.

36. 다음 중 유동층 연소로의 특성과 거리가 먼 것은?

① 유동층을 형성하는 분체와 공기와의 접촉면적이 크다.
② 격심한 입자의 운동으로 층내가 균일온도로 유지된다.
③ 석탄연소 시 미연소된 char가 배출될 수 있으므로 재연소장치에서의 연소가 필요하다.
④ 부하변동에 따른 적응력이 높다.

해설 ④ 부하변동에 따른 적응력이 낮다.

정리 유동층 연소로의 특성
(1) 장점
- 유동층을 형성하는 분체와 공기와의 접촉면적이 크다.
- 탈황 및 NOx 저감
- 슬러지연소 가능
- 장치 소, 클링커 장해 없음
- 함수율 높은 폐기물 소각에 적합하다.
- 건설비와 전열면적이 적고 화염이 작다.
- 유지관리에 용이하다.
- 과잉 공기율이 낮다.
- 로 내에서 산성가스의 제거가 가능하다.

(2) 단점
- 부하변동에 약하다.
- 파쇄 등 전처리가 필요하다.
- 동력비 소요가 크고 유동매체의 비산이 발생한다.
- 분진 발생이 많다.
- 미연탄소가 가스와 같이 배출된다.
- 수명이 긴 char는 연소가 완료되지 않고 배출될 수 있으므로 재연소장치에서의 연소가 필요하다.
- 유동매체의 손실로 인한 보충이 필요하다.

37. 다음 각종 연료의 이론공기량의 개략치 값(Sm^3/kg)으로 가장 거리가 먼 것은?

① 코크스 : 0.8~1.2
② 고로가스 : 0.7~0.9
③ 발생로 가스 : 0.9~1.2
④ 가솔린 : 11.3~11.5

해설 이론공기량(Sm^3/kg)
① 코크스 : 8~9

38. $C_{18}H_2O$ 1.5 kg을 완전연소시킬 때 필요한 이론공기량(Sm^3)은?

① 10.4　　② 11.5
③ 12.6　　④ 15.6

정답　34. ①　35. ④　36. ④　37. ①　38. ④

해설 (1) 이론산소량(O_o)

$C_{18}H_2O + 23O_2 \rightarrow 18CO_2 + 10H_2O$

$236\,kg : 23 \times 22.4\,Sm^3$

$1.5\,kg : O_o[Sm^3]$

∴ $O_o = 3.274\,Sm^3$

(2) 이론공기량(A_o)

$A_o = \dfrac{O_o}{0.21} = \dfrac{3.274}{0.21} = 15.59\,Sm^3$

39. 고압기류 분무식 버너에 관한 설명으로 옳지 않은 것은?

① 연료분사범위는 외부혼합식이 3~500 L/hr, 내부혼합식이 10~1,200 L/hr 정도이다.
② 분무각도는 30~60° 정도이고 유량조절비는 1 : 5로 비교적 커서 부하변동에 적응이 용이하다.
③ 2~8 kg/cm²의 고압공기를 사용하여 연료유를 무화시키는 방식이다.
④ 분무에 필요한 1차 공기량은 이론연소공기량의 7~12 % 정도이다.

해설 ② 분무각도는 20~30° 정도이고 유량조절비는 1 : 10로 비교적 커서 부하변동에 적응이 용이하다.

정리 액체연료 연소장치

분류	분무압 (kg/cm²)	유량 조절비	연료 사용량(L/h)	분무 각도(°)
유압 분무식 버너	5~30	환류식 1:3 비환류식 1:2	15 ~2,000	40~90
고압 공기식 버너	2~10	1:10	3~500 (외부) 10~1,200 (내부)	20~30
저압 공기식 버너	0.05 ~0.2	1:5	2~200	30~60
회전식 버너 (로터리)	0.3 ~0.5	1:5	1,000 (직결식) 2,700 (벨트식)	40~80

40. 다음의 액체탄화수소 중 탄소수가 가장 적고, 비점이 30~200℃, 비중이 0.72~0.76 정도인 것은?

① 중유   ② 경유   ③ 등유   ④ 휘발유

해설 액체연료의 탄소수
휘발유 < 등유 < 경유 < 중유

제3과목 │ 대기오염방지기술

41. 상온에서 밀도가 1,000 kg/m³, 입경 50 μm인 구형 입자가 높이 5 m 정지대기 중에서 침강하여 지면에 도달하는 데 걸리는 시간(s)은 약 얼마인가? (단, 상온에서 공기밀도는 1.2 kg/m³, 점도는 1.8×10⁻⁵ kg/m·s이며, Stokes 영역이다.)

① 66   ② 86   ③ 94   ④ 105

해설 (1) 침강속도

$V_g = \dfrac{(\rho_p - \rho) \times d^2 \times g}{18\mu}$

$= \dfrac{(1,000 - 1.2)\,kg/m^3 \times (50 \times 10^{-6}\,m)^2 \times 9.8\,m/s^2}{18 \times 1.8 \times 10^{-5}\,kg/m \cdot s}$

$= 0.07552\,m/s$

(2) 지면 도달에 걸리는 시간

시간 $= \dfrac{거리}{속도} = \dfrac{5\,m}{0.07552\,m/s}$

$= 66.20\,s$

42. 유해물질 제거를 위한 흡수장치 중 다공판탑에 관한 설명으로 가장 거리가 먼 것은?

① 판간격은 보통 40 cm이고, 액가스비는 0.3~5 L/m³ 정도이다.
② 압력손실이 20 mmH₂O 정도이고, 가스량의 변동이 심한 경우에도 용이하게 조업할 수 있다.
③ 판수를 증가시키면 고농도 가스도 일시 처리가 가능하다.
④ 가스속도는 0.3~1 m/s 정도이다.

해설 단탑의 압력손실 : 100~200 mmH₂O

43. 다음 중 외부식 후드의 특성으로 옳지 않은 것은?

① 다른 종류의 후드에 비해 근로자가 방해를 많이 받지 않고 작업할 수 있다.
② 포위식 후드보다 일반적으로 필요 송풍량이 많다.
③ 외부 난기류의 영향으로 흡인효과가 떨어진다.
④ 천개형 후드, 그라인더용 후드 등이 여기에 해당하며, 기류속도가 후드 주변에서 매우 느리다.

해설 ④ 천개형(캐노피형) 후드, 그라인더용 후드는 리시버식 후드이다.

44. 대기오염물 중 연소성이 있는 것은 연소나 재연소시켜 제거한다. 다음 중 재연소법의 장점으로 거리가 먼 것은?

① 시설이 배기의 유량과 농도가 크게 변하지 않는 한 잘 적응할 수 있다.
② 시설비는 비교적 많이 소요되지만, 유지비는 낮고, 연소생성물에 대한 독성의 우려가 없다.
③ 경제적인 폐열회수가 가능하다.
④ 효율 저하가 거의 없다.

해설 ② 연소생성물에 대한 독성의 우려가 있다.

45. 다음은 어떤 법칙에 관한 설명인가?

> 휘발성인 에탄올을 물에 녹인 용액의 증기압은 물의 증기압보다 높다. 그러나 비휘발성인 설탕을 물에 녹인 용액인 설탕물의 증기압은 물보다 낮아진다.

① 헨리(Henry)의 법칙
② 렌츠(Lenz)의 법칙
③ 샤를(Charle)의 법칙
④ 라울(Raoult)의 법칙

해설 • 라울의 법칙 : 용액의 증기압 내림 법칙
• 헨리의 법칙 : 기체의 압력과 용해도는 비례
• 샤를의 법칙 : 절대온도와 기체 부피는 비례

46. 다음 악취물질 중 통상적으로 공기 중의 최소감지농도가 가장 낮은 것은?

① 아세톤   ② 암모니아
③ 염소   ④ 황화수소

해설 최소감지농도 : 메틸머캅탄, 트리메틸아민 < 황화수소 < 암모니아 < 자일렌 < 에틸벤젠 < 폼알데하이드 < 톨루엔 < 아닐린 < 벤젠 < 아세톤 < 이황화탄소 < 염소

47. 입자상 물질에 관한 설명으로 가장 거리가 먼 것은?

① 공기동력학경은 stokes경과 달리 입자밀도를 $1\,g/cm^3$으로 가정함으로써 보다 쉽게 입경을 나타낼 수 있다.
② 비구형입자에서 입자의 밀도가 1보다 클 경우 공기동력학경은 stokes경에 비해 항상 크다고 볼 수 있다.
③ cascade impactor는 관성충돌을 이용하여 입경을 간접적으로 측정하는 방법이다.
④ 직경 d인 구형입자의 비표면적(단위체적당 표면적)은 d/6이다.

해설 ④ 직경 d인 구형입자의 비표면적(단위체적당 표면적)은 6/d이다.

48. 전기집진장치에서 입구먼지 농도가 10 g/Sm^3, 출구먼지 농도가 0.1 g/Sm^3이었다. 출구먼지 농도를 50 mg/Sm^3로 하기 위해서는 집진극 면적을 약 몇 배 정도로 넓게 하면 되는가? (단, 다른 조건은 변하지 않는다.)

① 1.15배   ② 1.55배
③ 1.85배   ④ 2.05배

정답 43. ④ 44. ② 45. ④ 46. ④ 47. ④ 48. ①

해설 전기집진장치 – 집진효율(Deutsch-Anderson 식)

처음 효율 $= 1 - \dfrac{0.1}{10} = 0.99$

나중 효율 $= 1 - \dfrac{0.05}{10} = 0.995$

$\eta = 1 - e^{\left(\dfrac{-Aw}{Q}\right)}$

∴ $A = -\dfrac{Q}{w}\ln(1-\eta)$

∴ $\dfrac{A_{나중효율}}{A_{처음효율}} = \dfrac{-\dfrac{Q}{w}\ln(1-0.995)}{-\dfrac{Q}{w}\ln(1-0.99)} = 1.15$배

더 알아보기 핵심정리 1-52 (2)

49. 기상 총괄이동단위높이가 2 m인 충전탑을 이용하여 배출가스 중의 HF를 NaOH 수용액으로 흡수제거하려 할 때, 제거율을 98 %로 하기 위한 충전탑의 높이는? (단, 평형분압은 무시한다.)
① 5.6 m   ② 5.9 m
③ 6.5 m   ④ 7.8 m

해설 $h = HOG \times NOG$
$= 2.0\,m \times \ln\left(\dfrac{1}{1-0.98}\right) = 7.82\,m$

더 알아보기 핵심정리 1-53 (2)

50. 중력식집진장치의 이론적 집진효율을 계산할 때 응용되는 Stokes 법칙을 만족하는 가정(조건)에 해당하지 않는 것은?
① $10^{-4} < N_{Re} < 0.5$
② 구는 일정한 속도로 운동
③ 구는 강체
④ 전이영역흐름(intermediate flow)

해설 ④ 층류

51. 유해가스로 오염된 가연성물질을 처리하는 방법 중 연료소비량이 적은 편이며, 산화 온도가 비교적 낮기 때문에 NOx의 발생이 매우 적은 처리방법은?
① 직접연소법
② 고온산화법
③ 촉매산화법
④ 산, 알칼리세정법

해설 촉매산화법은 연소온도가 낮으므로 NOx 발생이 적다.

52. 벤투리 스크러버에서 액가스비를 크게 하는 요인으로 옳은 것은?
① 먼지의 농도가 낮을 때
② 먼지 입자의 점착성이 클 때
③ 먼지 입자의 친수성이 클 때
④ 먼지 입자의 입경이 클 때

해설 액가스비를 증가시켜야 하는 경우
• 먼지 입자의 소수성이 클 때
• 먼지의 입경이 작을 때
• 먼지 입자의 점착성이 클 때
• 처리가스의 온도가 높을 때

53. 후드의 유입계수가 0.85, 속도압이 25 mmH₂O일 때 후드의 압력손실은?
① 8.1 mmH₂O   ② 8.8 mmH₂O
③ 9.6 mmH₂O   ④ 10.8 mmH₂O

해설 후드의 압력손실
(1) $F = \dfrac{1 - Ce^2}{Ce^2} = \dfrac{1 - 0.85^2}{0.85^2} = 0.384$
(2) $\Delta P = F \times h = 0.384 \times 25 = 9.6\,mmH_2O$

54. 흡착제를 친수성(극성)과 소수성(비극성)으로 구분할 때, 다음 중 친수성 흡착제에 해당하지 않는 것은?
① 활성탄   ② 실리카겔
③ 활성 알루미나   ④ 합성 지올라이트

해설 ① 활성탄은 소수성(비극성) 흡착제이다.

정답 49. ④ 50. ④ 51. ③ 52. ② 53. ③ 54. ①

55. 배출가스 중의 일산화탄소를 제거하는 방법 중 가장 적절한 방법은?
① 벤투리 스크러버나 충전탑 등으로 세정하여 제거
② 백금계 촉매를 사용하여 무해한 이산화탄소로 산화시켜 제거
③ 황산나트륨을 이용하여 흡수하는 시보드법을 적용하여 제거
④ 분무탑 내에서 알칼리용액으로 중화하여 흡수제거

56. 흡수탑에 적용되는 흡수액 선정 시 고려할 사항으로 가장 거리가 먼 것은?
① 휘발성이 커야 한다.
② 용해도가 커야 한다.
③ 비점이 높아야 한다.
④ 점도가 낮아야 한다.

[해설] 흡수액의 구비요건
- 용해도가 높아야 한다.
- 용매의 화학적 성질과 비슷해야 한다.
- 흡수액의 점성이 비교적 낮아야 한다.
- 휘발성이 낮아야 한다.

57. Henry 법칙이 적용되는 가스로서 공기 중 유해가스의 평형분압이 16 mmHg일 때, 수중 유해가스의 농도는 3.0 kmol/m³였다. 같은 조건에서 가스분압이 435 mmH₂O 가 되면 수중 유해가스의 농도는? (단, Hg의 비중 13.6)
① 약 1.5 kmol/m³   ② 약 3.0 kmol/m³
③ 약 6.0 kmol/m³   ④ 약 9.0 kmol/m³

[해설] 16 mmHg를 mmH₂O로 바꾸면
$$16\,\text{mmHg} \times \frac{10{,}332\,\text{mmH}_2\text{O}}{760\,\text{mmHg}}$$
$$= 217.52\,\text{mmH}_2\text{O}$$
헨리의 법칙 P = HC이므로
∴ P ∝ C
217.52 mmH₂O : 3 kmol/m³
435 mmH₂O : X kmol/m³

$$\therefore X = \frac{435\,\text{mmH}_2\text{O}}{217.52\,\text{mmH}_2\text{O}} \times 3\,\text{kmol/m}^3$$
$$= 5.99\,\text{kmol/m}^3$$

58. 송풍기 운전에서 필요 유량이 과부족을 일으켰을 때 송풍기의 유량 조절 방법에 해당하지 않는 것은?
① 회전수 조절법   ② 안내익 조절법
③ damper 부착법   ④ 체걸음 조절법

[해설] 풍량 조절 방법
- 회전수 변화
- 댐퍼 부착
- 베인 컨트롤법(날개 조절법)

59. 여과집진장치 중 간헐식 탈진방식에 관한 설명으로 옳지 않은 것은? (단, 연속식과 비교)
① 먼지의 재비산이 적고, 여과포 수명이 길다.
② 탈진과 여과를 순차적으로 실시하므로 높은 집진효율을 얻을 수 있다.
③ 고농도 대량의 가스 처리가 용이하다.
④ 진동형과 역기류형, 역기류 진동형이 여기에 해당한다.

[해설] 여과집진장치의 청소방법(탈진방식)
- 간헐식 : 저농도 소량가스에 효율적
- 연속식 : 고농도 대량가스에 효율적

60. 광학현미경으로 입자의 투영면적을 이용하여 측정한 먼지 입경 중 입자의 투영면적을 2등분하는 선의 길이로 나타내는 것은?
① Martin경   ② Feret경
③ 등면적경   ④ Heyhood경

[해설] ② Feret경 : 입자의 투영면적 가장자리에 접하는 가장 긴 선의 길이
③ 등면적경(투영면적경) : 울퉁불퉁, 들쭉날쭉한 먼지의 면적과 동일한 면적을 가지는 원의 직경
④ Heyhood경 : 먼지의 표면적과 동일한 표면적을 가지는 구의 직경

정답 55. ② 56. ① 57. ③ 58. ④ 59. ③ 60. ①

제4과목 대기오염공정시험기준(방법)

61. 기체 – 고체 크로마토그래피에서 분리관 내경이 3 mm일 경우 사용되는 흡착제 및 담체의 입경범위(μm)로 가장 적합한 것은? (단, 흡착성 고체분말, 100~80 mesh 기준)
① 120~149 μm ② 149~177 μm
③ 177~250 μm ④ 250~590 μm

해설 기체크로마토그래피 – 분리관의 내경에 따른 흡착제 및 담체의 입경 범위

분리관 내경(mm)	흡착제 및 담체의 입경 범위(μm)
3	149~177(100~80 mesh)
4	177~250(80~60 mesh)
5~6	250~590(60~28 mesh)

62. 자외선/가시선 분광법에서 적용되는 램버트-비어(Lambert-Beer)의 법칙에 관계되는 식으로 옳은 것은? (단, I_o : 입사광의 강도, C : 농도, ε : 흡광계수, I_t : 투사광의 강도, ℓ : 빛의 투사거리)
① $I_o = I_t \cdot 10^{-\varepsilon C \ell}$
② $I_t = I_o \cdot 10^{-\varepsilon C \ell}$
③ $C = (I_t / I_o) \cdot 10^{-\varepsilon C \ell}$
④ $C = (I_o / I_t) \cdot 10^{-\varepsilon C \ell}$

해설 램버트 – 비어(Lambert-Beer)의 법칙
$I_t = I_o \cdot 10^{-\varepsilon C \ell}$

더 알아보기 핵심정리 1-68 (1)

63. 환경대기 중의 석면을 위상차현미경법으로 측정하는 방법에 관한 설명으로 옳지 않은 것은?
① 멤브레인 필터의 광굴절률은 약 5.0 이상을 원칙으로 한다.
② 채취지점은 바닥면으로부터 1.2~1.5 m 되는 위치에서 측정하고, 대상시설의 측정지점은 2개소 이상을 원칙으로 한다.
③ 헝클어져 다발을 이루고 있는 섬유는 길이가 5 μm 이상이고, 길이와 폭의 비가 3 : 1 이상인 섬유를 석면섬유 개수로서 계수한다.
④ 석면먼지의 농도표시는 20℃, 1기압 상태의 기체 1 mL 중에 함유된 석면섬유의 개수로 표시한다.

해설 ① 멤브레인 필터의 광굴절률은 약 1.5를 원칙으로 한다.

64. 다음은 이온크로마토그래피의 검출기에 관한 설명이다. ( ) 안에 가장 적합한 것은?

> (㉠)는 고성능 액체크로마토그래피 분야에서 가장 널리 사용되는 검출기이며, 최근에는 이온크로마토그래피에서도 전기전도도 검출기와 병행하여 사용되기도 한다. 또한 (㉡)는 전이금속 성분의 발색반응을 이용하는 경우에 사용된다.

① ㉠ 자외선흡수검출기, ㉡ 가시선흡수 검출기
② ㉠ 전기화학적검출기, ㉡ 염광광도 검출기
③ ㉠ 이온전도도검출기, ㉡ 전기화학적 검출기
④ ㉠ 광전흡수검출기, ㉡ 암페로메트릭 검출기

해설 이온크로마토그래피 검출기
자외선흡수검출기(UV 검출기)는 고성능 액체크로마토그래피 분야에서 가장 널리 사용되는 검출기이며, 최근에는 이온크로마토그래피에서도 전기전도도 검출기와 병행하여 사용되기도 한다. 또한 가시선흡수검출기(VIS 검출기)는 전이금속 성분의 발색반응을 이용하는 경우에 사용된다.

정답 61. ② 62. ② 63. ① 64. ①

65. 굴뚝반경(단면이 원형)이 3 m인 경우, 배출가스 중 먼지측정을 위한 굴뚝 측정점수로 적합한 것은?

① 20
② 16
③ 12
④ 8

해설 배출가스 중 먼지 – 원형단면의 측정점

굴뚝직경(m)	반경 구분수	측정점수
1 이하	1	4
1 초과 2 이하	2	8
2 초과 4 이하	3	12
4 초과 4.5 이하	4	16
4.5 초과	5	20

반경이 3 m이면 직경은 6 m이므로 측정점수는 20이다.

66. 굴뚝배출가스의 연속자동측정 방법에서 측정항목과 측정방법이 잘못 연결된 것은?

① 염화수소 – 비분산적외선분석법
② 암모니아 – 이온전극법
③ 질소산화물 – 화학발광법
④ 이산화황(아황산가스) – 용액전도율법

해설 ② 암모니아 – 용액전도율법, 적외선가스분석법

더 알아보기 핵심정리 2-93

67. 링겔만 매연 농도법을 이용한 매연 측정에 관한 내용으로 옳지 않은 것은?

① 매연의 검은 정도는 6종으로 분류한다.
② 될 수 있는 한 바람이 불지 않을 때 측정한다.
③ 연돌구 배경의 검은 장해물을 피해 연기의 흐름에 직각인 위치에서 태양광선을 측면으로 받는 방향으로부터 농도표를 측정자 앞 16 m에 놓는다.
④ 굴뚝 배출구에서 30~40 m 떨어진 곳의 농도를 측정자의 눈높이에 수직이 되게 관측 비교한다.

해설 ④ 굴뚝배출구에서 30~45 cm 떨어진 곳의 농도를 측정자의 눈높이의 수직이 되게 관측 비교한다.

68. 원자흡수분광광도법에서 사용하는 용어의 정의로 옳은 것은?

① 공명선(resonance line) : 원자가 외부로부터 빛을 흡수했다가 다시 먼저 상태로 돌아갈 때 방사하는 스펙트럼선
② 중공음극램프(hollow cathode lamp) : 원자흡광분석의 광원이 되는 것으로 목적원소를 함유하는 중공음극 한 개 또는 그 이상을 고압의 질소와 함께 채운 방전관
③ 역화(flame back) : 불꽃의 연소속도가 작고 혼합기체의 분출속도가 클 때 연소현상이 내부로 옮겨지는 것
④ 멀티 패스(multi-path) : 불꽃 중에서 광로를 짧게 하고 반사를 증대시키기 위하여 반사 현상을 이용하여 불꽃 중에 빛을 여러 번 투과시키는 것

해설 원자흡수분광광도법 용어
② 중공음극램프(hollow cathode lamp) : 원자흡광분석의 광원이 되는 것으로 목적원소를 함유하는 중공음극 한 개 또는 그 이상을 저압의 네온과 함께 채운 방전관
③ 역화(flame back) : 불꽃의 연소속도가 크고 혼합기체의 분출속도가 작을 때 연소현상이 내부로 옮겨지는 것
④ 멀티 패스(multi-path) : 불꽃 중에서의 광로를 길게 하고 흡수를 증대시키기 위하여 반사를 이용하여 불꽃 중에 빛을 여러 번 투과시키는 것

69. 어떤 굴뚝 배출가스의 유속을 피토관으로 측정하고자 한다. 동압 측정 시 확대율이 10배인 경사 마노미터를 사용하여 액주 55 mm를 얻었다. 동압은 약 몇 mmH₂O인가? (단, 경사 마노미터에는 비중 0.85의 톨루엔을 사용한다.)

① 7.0　　② 6.5
③ 5.5　　④ 4.7

해설 경사 마노미터의 동압 계산

동압 = 액체비중 × 액주(mm) × sin(경사각)
$\times \left(\dfrac{1}{확대율}\right)$

$= 0.85 \times 55 \times \dfrac{1}{10}$

$= 4.675\, mmH_2O$

더 알아보기 핵심정리 1-65

---

70. 저용량 공기시료채취기에 의해 환경대기 중 먼지 채취 시 여과지 또는 샘플러 각 부분의 공기저항에 의하여 생기는 압력손실을 측정하여 유량계의 유량을 보정해야 한다. 유량계의 설정조건에서 760 mmHg에서의 유량을 20 L/min, 사용조건에 따른 유량계 내의 압력손실을 150 mHg라 할 때, 유량계의 눈금값은 얼마로 설정하여야 하는가?

① 16.3 L/min
② 20.3 L/min
③ 22.3 L/min
④ 25.3 L/min

해설 유량계의 유량지시값의 압력에 의한 보정

$Q_r = 20\sqrt{\dfrac{760}{760-\Delta P}} = 20\sqrt{\dfrac{760}{760-150}}$

$= 22.32\, L/min$

여기서, Q_r : 유량계의 눈금값
　　　　20 : 760 mmHg에서 유량
　　　　　　($Q_o = 20\, L/min$)
　　　　ΔP : 유량계 내의 압력손실(mmHg)

---

71. 굴뚝에서 배출되는 배출가스 중 무기 플루오린(불소)화합물을 자외선/가시선분광법으로 분석하여 다음과 같은 결과를 얻었다. 이때, 플루오린(불소)화합물의 농도(ppm, F)는? (단, 방해이온이 존재할 경우)

- 검정곡선에서 구한 플루오린(불소)화합물 이온의 질량 : 1 mg
- 건조시료가스량 : 20 L
- 분취한 액량 : 50 mL

① 100　　② 155　　③ 250　　④ 295

해설 배출가스 중의 플루오린(불소)화합물 농도 계산법

$C = \dfrac{A_F \times V/v}{V_s} \times 1{,}000 \times \dfrac{22.4}{19}$

$= \dfrac{1 \times 250/50}{20} \times 1{,}000 \times \dfrac{22.4}{19}$

$= 294.736\, ppm$

여기서, C : 플루오린(불소)화합물의 농도
　　　　　　(ppm, F)
　　　　A_F : 검정곡선에서 구한 플루오린
　　　　　　(불소)화합물 이온의 질량(mg)
　　　　V_s : 건조시료가스량(L)
　　　　V : 시료용액 전량(방해이온이 존재할 경우 : 250 mL, 방해이온이 존재하지 않을 경우 : 200 mL)
　　　　v : 분취한 액량(mL)

---

72. 배출가스의 흡수를 위한 분석대상가스와 그 흡수액을 연결한 것으로 옳지 않은 것은?

① 페놀 – 수산화소듐용액(0.1 mol/L)
② 비소 – 수산화소듐용액(0.1 mol/L)
③ 황화수소 – 아연아민착염용액
④ 사이안화수소(시안화수소) – 아세틸아세톤 함유흡수액

해설 분석물질별 흡수액
　④ 사이안화수소(시안화수소) – 수산화소듐용액(0.5 mol/L)

더 알아보기 핵심정리 2-76

정답 69. ④　70. ③　71. ④　72. ④

73. 화학분석 일반사항에 관한 규정으로 옳은 것은?

① 방울수라 함은 20℃에서 정제수 20방울을 떨어뜨릴 때 그 부피가 약 10 mL 되는 것을 뜻한다.
② 기밀용기라 함은 물질을 취급 또는 보관하는 동안에 기체 또는 미생물이 침입하지 않도록 내용물을 보호하는 용기를 뜻한다.
③ "감압 또는 진공"이라 함은 따로 규정이 없는 한 15 mmHg 이하를 뜻한다.
④ 시험조작 중 "즉시"란 10초 이내에 표시된 조작을 하는 것을 뜻한다.

해설
① 방울수라 함은 20℃에서 정제수 20방울을 떨어뜨릴 때 그 부피가 약 1 mL 되는 것을 뜻한다.
② 밀봉용기라 함은 물질을 취급 또는 보관하는 동안에 기체 또는 미생물이 침입하지 않도록 내용물을 보호하는 용기를 뜻한다.
④ 시험조작 중 "즉시"란 30초 이내에 표시된 조작을 하는 것을 뜻한다.

74. 비중이 1.88, 농도 97 %(중량 %)인 농황산(H_2SO_4)의 규정 농도(N)는?

① 18.6 N
② 24.9 N
③ 37.2 N
④ 49.8 N

해설
$$N(eq/L) = \frac{97\,g\,황산 \times \frac{2\,eq}{98\,g}}{100\,g \times \frac{1\,mL}{1.88\,g} \times \frac{1\,L}{1,000\,mL}}$$
$= 37.21\,N$

75. 다음은 기체크로마토그래피에 사용되는 충전물질에 관한 설명이다. ( ) 안에 가장 적합한 것은?

( )은 다이바이닐벤젠(divinyl benzene)을 가교제(bridge intermediate)로 스타이렌계 단량체를 중합시킨 것과 같이 고분자 물질을 단독 또는 고정상 액체로 표면처리하여 사용한다.

① 흡착형 충전물질
② 분배형 충전물질
③ 다공성 고분자형 충전물질
④ 이온교환막형 충전물질

해설 기체크로마토그래피에 사용되는 충전물질
- 흡착형충전물 : 기체-고체 크로마토그래피에서는 분리관의 내경에 따라 입도가 고른 흡착성고체분말을 사용한다. 여기서 사용하는 흡착성 고체분말은 실리카젤, 활성탄, 알루미나, 합성제올라이트 등이며, 또한 이러한 분말에 표면처리한 것을 각 분석방법에 규정하는 방법대로 처리하여 활성화한 것을 사용한다.
- 분배형 충전물질 : 기체-액체 크로마토그래피에서는 위에 표시한 입경범위에서의 적당한 담체에 고정상 액체를 함침시킨 것을 충전물로 사용한다.
- 다공성 고분자형 충전물 : 이 물질은 다이바이닐벤젠을 가교제로 스타이렌계 단량체를 중합시킨 것과 같이 고분자 물질을 단독 또는 고정상 액체로 표면처리하여 사용한다.

76. 대기오염공정시험기준상 연료의 연소, 금속제련 또는 화학반응 공정 등에서 배출되는 굴뚝 배출가스 중의 일산화탄소 분석방법과 거리가 먼 것은?

① 비분산형적외선분석법
② 기체크로마토그래피
③ 정전위전해법
④ 화학발광법

해설 배출가스 중 일산화탄소 측정방법
- 자동측정법-비분산적외선광분석법
- 자동측정법-전기화학식(정전위전해법)
- 기체크로마토그래피

정답 73. ③ 74. ③ 75. ③ 76. ④

77. 굴뚝에서 배출되는 가스에 대한 시료채취 시 주의해야 할 사항으로 거리가 먼 것은?

① 굴뚝 내의 압력이 매우 큰 부압(−300 mmH₂O 정도 이하)인 경우에는 시료채취용 굴뚝을 부설한다.
② 굴뚝 내의 압력이 부압(−)인 경우에는 채취구를 열었을 때 유해가스가 분출될 염려가 있으므로 충분한 주의를 필요로 한다.
③ 가스미터는 100 mmH₂O 이내에서 사용한다.
④ 시료가스의 양을 재기 위하여 쓰는 채취병은 미리 0℃ 때의 참부피를 구해둔다.

[해설] 배출가스 중 가스상물질 시료채취방법
② 굴뚝 내의 압력이 정압(+)인 경우에는 채취구를 열었을 때 유해가스가 분출될 염려가 있으므로 충분한 주의가 필요하다.

78. 굴뚝배출가스 중 수분량이 체적백분율로 10 %이고, 배출가스의 온도는 80℃, 시료채취량은 10 L, 대기압은 0.6기압, 가스미터 게이지압은 25 mmHg, 가스미터온도 80℃에서의 수증기포화압이 255 mmHg라 할 때, 흡수된 수분량(g)은?

① 0.459   ② 0.328
③ 0.205   ④ 0.147

[해설] 배출가스 중의 수분량 측정(포화 수증기압이 주어졌을 때)

$$X_w = \frac{\frac{22.4}{18}m_a}{V_m \times \frac{273}{273+\theta_m} \times \frac{P_a+P_m-P_v}{760} + \frac{22.4}{18}m_a} \times 100$$

$$10\% = \frac{\frac{22.4}{18} \times X}{10 \times \frac{273}{273+80} \times \frac{0.6 \times \frac{760}{1}+25-255}{760} + \frac{22.4}{18} \times X} \times 100$$

∴ 수분량(X) = 0.205 g
여기서, X_w : 배출가스 중의 수증기의 부피백분율(%)
m_a : 흡습 수분의 질량($m_{a2}-m_{a1}$)(g)

V_m : 흡입한 가스량(습식 가스미터에서 읽은 값)(L)
θ_m : 가스미터에서의 흡입 가스온도(℃)
P_a : 측정공 위치에서의 대기압(mmHg)
P_m : 가스미터에서의 가스게이지압(mmHg)
P_v : θ_m에서의 포화 수증기압(mmHg)

79. 굴뚝에서 배출되는 가스 중 이황화탄소(CS₂)를 채취하기 위한 흡수액은? (단, 자외선/가시선분광법 기준)

① 페놀디술폰산 용액
② p-다이메틸아미노벤질리덴로다닌의 아세톤용액
③ 다이에틸아민구리 용액
④ 수산화소듐용액

[해설] 배출가스 중 이황화탄소 – 자외선/가시선분광법 : 다이에틸아민구리 용액에서 시료가스를 흡수시켜 생성된 다이에틸 다이싸이오카밤산구리의 흡광도를 435 nm의 파장에서 측정하여 이황화탄소를 정량한다.

(더 알아보기) 핵심정리 2-76

80. 다음 중 원자흡수분광광도법에 사용되는 분석장치인 것은?

① stationary liquid
② detector oven
③ nebulizer-chamber
④ electron capture detector

[해설] ① 고정상액체(stationary liquid) – 기체크로마토그래피
② 검출기 오븐(detector oven) – 기체 크로마토그래피
③ 분무실(nebulizer-chamber, atomizer chamber) – 원자흡수분광광도법
④ 전자 포획 검출기(electron capture detector, ECD) – 기체 크로마토그래피

[정답] 77. ② 78. ③ 79. ③ 80. ③

제5과목 대기환경관계법규

81. 환경정책기본법상 시·도지사가 해당 지역의 환경적 특수성을 고려하여 규정에 의한 환경기준보다 확대·강화된 별도의 환경기준을 설정할 경우, 누구에게 보고하여야 하는가?

① 환경부장관 ② 보건복지부장관
③ 국토교통부장관 ④ 국무총리

해설 시·도지사는 해당 지역의 환경적 특수성을 고려하여 필요하다고 인정할 때에는 해당 시·도의 조례로 환경기준보다 확대·강화된 별도의 환경기준(지역환경기준)을 설정하거나 변경한 경우에는 이를 지체 없이 환경부장관에게 보고하여야 한다.

82. 실내공기질 관리법규상 노인요양시설 내부의 쾌적한 공기질을 유지하기 위한 실내공기질 유지기준이 설정된 오염물질이 아닌 것은?

① 미세먼지(PM-10) ② 폼알데하이드
③ 아산화질소 ④ 총부유세균

해설 실내공기질 유지기준 항목 : 이산화탄소, 폼알데하이드, 일산화탄소, 미세먼지(PM-10), 미세먼지(PM-2.5), 총부유세균

더알아보기 핵심정리 2-106

83. 대기환경보전법규상 특정대기유해물질에 해당하지 않는 것은?

① 아닐린 ② 아세트알데히드
③ 1,3-부타디엔 ④ 망간

해설 특정 대기 유해물질
1. 카드뮴 및 그 화합물
2. 시안화수소
3. 납 및 그 화합물
4. 폴리염화비페닐
5. 크롬 및 그 화합물
6. 비소 및 그 화합물
7. 수은 및 그 화합물
8. 프로필렌 옥사이드
9. 염소 및 염화수소
10. 불소화물
11. 석면
12. 니켈 및 그 화합물
13. 염화비닐
14. 다이옥신
15. 페놀 및 그 화합물
16. 베릴륨 및 그 화합물
17. 벤젠
18. 사염화탄소
19. 이황화메틸
20. 아닐린
21. 클로로포름
22. 포름알데히드
23. 아세트알데히드
24. 벤지딘
25. 1,3-부타디엔
26. 다환 방향족 탄화수소류
27. 에틸렌옥사이드
28. 디클로로메탄
29. 스틸렌
30. 테트라클로로에틸렌
31. 1,2-디클로로에탄
32. 에틸벤젠
33. 트리클로로에틸렌
34. 아크릴로니트릴
35. 히드라진

84. 대기환경보전법규상 측정기기의 부착·운영 등과 관련된 행정처분기준 중 "부식·마모·고장 또는 훼손되어 정상적인 작동을 하지 아니하는 측정기기를 정당한 사유 없이 7일 이상 방치하는 경우" 1차~4차 행정처분기준으로 옳은 것은?

① 경고 - 경고 - 경고 - 조업정지 5일
② 경고 - 경고 - 경고 - 조업정지 10일
③ 경고 - 조업정지 10일 - 조업정지 30일 - 허가 취소 또는 폐쇄
④ 경고 - 경고 - 조업정지 10일 - 조업정지 30일

정답 81. ① 82. ③ 83. ④ 84. ④

해설 행정처분기준 : 측정기기의 부착·운영 등과 관련된 행정처분기준 중 "부식·마모·고장 또는 훼손되어 정상적인 작동을 하지 아니하는 측정기기를 정당한 사유 없이 7일 이상 방치하는 경우"
- 1차 : 경고
- 2차 : 경고
- 3차 : 조업정지 10일
- 4차 : 조업정지 30일

85. 다음은 실내공기질 관리법상 측정기기의 부착 및 운영·관리와 규제의 재검토 사항이다. (   ) 안에 가장 적합한 것은?

> 환경부장관은 다중이용시설의 실내공기질 실태를 파악하기 위하여 다중이용시설의 소유자·점유자 등 관리책임이 있는 자에게 환경부령으로 정하는 측정기기를 부착하고, 환경부령으로 정하는 기준에 따라 운영·관리할 것을 권고할 수 있다. 환경부장관은 위에 따른 측정기기의 부착 및 운영·관리에 대하여 2017년 1월 1일을 기준으로 (   ) 그 타당성을 검토하여 개선 등의 조치를 하여야 한다.

① 1년마다
② 2년마다
③ 3년마다
④ 5년마다

해설 환경부장관은 다중이용시설의 실내공기질 실태를 파악하기 위하여 다중이용시설의 소유자·점유자 등 관리책임이 있는 자에게 환경부령으로 정하는 측정기기를 부착하고, 환경부령으로 정하는 기준에 따라 운영·관리할 것을 권고할 수 있다. 환경부장관은 위에 따른 측정기기의 부착 및 운영·관리에 대하여 2017년 1월 1일을 기준으로 5년마다 그 타당성을 검토하여 개선 등의 조치를 하여야 한다.

86. 대기환경보전법규상 자동차 운행정지표지에 기재되는 사항이 아닌 것은?
① 점검당시 누적주행거리
② 운행정지기간 중 주차장소
③ 자동차 소유자 성명
④ 자동차등록번호

해설 자동차 운행정지표지에 기재되는 사항
- 자동차등록번호
- 점검당시 누적주행거리
- 운행정지기간
- 운행정지기간 중 주차장소

87. 대기환경보전법규상 배출시설을 설치·운영하는 사업자에 대하여 과징금을 부과할 때, "2종 사업장"에 대하여 부과하는 사업장 규모별 부과계수는?
① 0.4
② 0.7
③ 1.0
④ 1.5

해설 조업정지처분을 갈음한 과징금 – 사업장 규모별 부과계수

사업장 구분	1종 사업장	2종 사업장	3종 사업장	4종 사업장	5종 사업장
부과 계수	2.0	1.5	1.0	0.7	0.4

88. 대기환경보전법령상 초과부과금 부과대상 오염물질이 아닌 것은?
① 이황화탄소
② 시안화수소
③ 황화수소
④ 메탄

해설 초과부과금의 부과대상이 되는 오염물질 : 염화수소, 시안화수소, 황화수소, 불소화물, 질소산화물, 이황화탄소, 암모니아, 먼지, 황산화물

더 알아보기 핵심정리 2-97

89. 다음은 대기환경보전법상 실천계획의 수립·시행 및 평가에 관한 사항이다. ( )안에 알맞은 것은?

> 대기환경규제지역을 관할하는 시·도지사 또는 대도시 시장은 그 지역이 대기환경규제지역으로 지정·고시된 후 (㉠) 이내에 그 지역의 환경기준을 달성·유지하기 위한 계획을 (㉡)으로 정하는 내용과 절차에 따라 수립하고, 환경부장관의 승인을 받아 시행하여야 한다. 이를 변경하는 경우에도 또한 같다.

① ㉠ 2년, ㉡ 대통령령
② ㉠ 2년, ㉡ 환경부령
③ ㉠ 5년, ㉡ 대통령령
④ ㉠ 5년, ㉡ 환경부령

해설 [개정] 2022년 이후 삭제된 법규이므로 이 문제는 풀지 않습니다.

90. 대기환경보전법규상 사업자가 스스로 방지시설을 설계·시공하고자 하는 경우에 시·도지사에 제출하여야 할 서류와 거리가 먼 것은?

① 기술능력 현황을 적은 서류
② 공정도
③ 배출시설의 공정도, 그 도면 및 운영규약
④ 원료(연료를 포함한다) 사용량, 제품생산량 및 오염물질 등의 배출량을 예측한 명세서

해설 사업자가 스스로 방지시설을 설계·시공하고자 하는 경우에 시·도지사에 제출하여야 할 서류
1. 배출시설의 설치명세서
2. 공정도
3. 원료(연료 포함) 사용량, 제품생산량 및 대기오염물질 등의 배출량을 예측한 명세서
4. 방지시설의 설치명세서와 그 도면
5. 기술능력 현황을 적은 서류

91. 다음 중 악취방지법규상 지정악취물질이 아닌 것은?

① 아세트알데히드
② 메틸메르캅탄
③ 톨루엔
④ 벤젠

해설 지정악취물질
1. 암모니아
2. 메틸메르캅탄
3. 황화수소
4. 다이메틸설파이드
5. 다이메틸다이설파이드
6. 트라이메틸아민
7. 아세트알데히드
8. 스타이렌
9. 프로피온알데히드
10. 뷰틸알데히드
11. n-발레르알데히드
12. i-발레르알데히드
13. 톨루엔
14. 자일렌
15. 메틸에틸케톤
16. 메틸아이소뷰틸케톤
17. 뷰틸아세테이트
18. 프로피온산
19. n-뷰틸산
20. n-발레르산
21. i-발레르산
22. i-뷰틸알코올

정답 89. ② 90. ③ 91. ④

92. 대기환경보전법령상 대기오염물질 배출 허용기준 일일유량의 산정방법(일일유량 = 측정유량×일일조업시간) 중 일일조업시간 표시에 대한 설명으로 가장 적합한 것은?
① 일일조업시간은 배출량을 측정하기 전 최근 조업한 7일 동안의 배출시설 조업시간 평균치를 시간으로 표시한다.
② 일일조업시간은 배출량을 측정하기 전 최근 조업한 15일 동안의 배출시설 조업시간 평균치를 시간으로 표시한다.
③ 일일조업시간은 배출량을 측정하기 전 최근 조업한 30일 동안의 배출시설 조업시간 평균치를 시간으로 표시한다.
④ 일일조업시간은 배출량을 측정하기 전 최근 조업한 60일 동안의 배출시설 조업시간 평균치를 시간으로 표시한다.

해설 일일 기준초과배출량 및 일일유량의 산정방법
1. 일일 기준초과배출량의 산정방법

   배출허용기준초과농도 = 배출농도−배출허용기준농도

   - 특정대기유해물질의 배출허용기준초과 일일오염물질배출량은 소수점 이하 넷째 자리까지 계산하고, 일반오염물질은 소수점 이하 첫째 자리까지 계산한다.
   - 먼지의 배출농도 단위는 표준상태(0℃, 1기압을 말한다)에서의 세제곱미터당 밀리그램(mg/Sm^3)으로 하고, 그 밖의 오염물질의 배출농도 단위는 피피엠(ppm)으로 한다.
2. 일일유량의 산정방법

   일일유량 = 측정유량×일일조업시간

   - 측정유량의 단위는 시간당 세제곱미터(m^3/h)로 한다.
   - 일일조업시간은 배출량을 측정하기 전 최근 조업한 30일 동안의 배출시설 조업시간 평균치를 시간으로 표시한다.

93. 대기환경보전법령상 비산먼지 발생사업으로서 "대통령령으로 정하는 사업" 중 환경부령으로 정하는 사업과 가장 거리가 먼 것은?
① 비금속물질의 채취업, 제조업 및 가공업
② 제1차 금속 제조업
③ 운송장비 제조업
④ 목재 및 광석의 운송업

해설 비산먼지 발생사업
1. 시멘트·석회·플라스터(plaster) 및 시멘트관련 제품의 제조 및 가공업
2. 비금속물질의 채취·제조·가공업
3. 제1차 금속제조업
4. 비료 및 사료 제품의 제조업
5. 건설업
6. 시멘트·석탄·토사·사료·곡물·고철의 운송업
7. 운송장비제조업
8. 저탄시설의 설치가 필요한 사업
9. 고철·곡물·사료·목재 및 광석의 하역업 또는 보관업
10. 금속제품 제조가공업
11. 폐기물매립시설 설치·운영 사업

94. 대기환경보전법령상 황함유기준에 부적합한 유류를 판매하여 그 해당 유류의 회수처리명령을 받은 자는 시·도지사 등에게 그 명령을 받은 날부터 며칠 이내에 이행완료보고서를 제출하여야 하는가?
① 5일 이내에
② 7일 이내에
③ 10일 이내에
④ 30일 이내에

해설 황함유기준에 부적합한 유류를 판매하여 그 해당 유류의 회수처리명령 또는 사용금지명령을 받은 자는 명령을 받은 날부터 5일 이내에 이행완료보고서를 시·도지사에게 제출하여야 한다.

정답 92. ③ 93. ④ 94. ①

95. 환경정책기본법령상 대기환경기준 항목과 그 측정방법이 알맞게 짝지어진 것은?

① 아황산가스 : 원자흡수분광광도법
② 일산화탄소 : 비분산자외선분석법
③ 오존 : 자외선광도법
④ 미세먼지(PM-10) : 가스크로마토그래피

해설 [개정] 대기환경기준의 측정방법은 삭제되어 이 문제는 풀지 않습니다.

96. 악취관리법상 악취배출시설 설치자가 환경부령으로 정하는 사항을 변경하려는 경우 변경신고를 해야 하는데 이 변경신고를 하지 아니한 경우 과태료 부과기준으로 옳은 것은?

① 50만원 이하의 과태료
② 100만원 이하의 과태료
③ 200만원 이하의 과태료
④ 500만원 이하의 과태료

해설 악취관리법(100만원 이하의 과태료)
1. 악취배출시설 설치자가 환경부령으로 정하는 사항을 변경하려는 경우 변경신고를 하지 아니하거나 거짓으로 변경신고를 한 자
2. 환경부장관, 시·도지사 또는 대도시의 장이 요구하는 보고를 하지 아니하거나 거짓으로 보고한 자 또는 자료를 제출하지 아니하거나 거짓으로 제출한 자

97. 대기환경보전법상 평균배출허용기준을 초과한 자동차제작자에 대한 상환명령을 이행하지 아니하고 자동차를 제작한 자에 대한 벌칙기준으로 옳은 것은?

① 7년 이하의 징역이나 1억원 이하의 벌금에 처한다.
② 5년 이하의 징역이나 5천만원 이하의 벌금에 처한다.
③ 3년 이하의 징역이나 3천만원 이하의 벌금에 처한다.
④ 1년 이하의 징역이나 1천만원 이하의 벌금에 처한다.

해설 7년 이하의 징역 또는 1억원 이하의 벌금
1. 배출시설의 허가나 변경허가를 받지 아니하거나 거짓으로 허가나 변경허가를 받아 배출시설을 설치 또는 변경하거나 그 배출시설을 이용하여 조업한 자
2. 방지시설을 설치하지 아니하고 배출시설을 설치·운영한 자
3. 배출시설을 가동할 때에 방지시설을 가동하지 아니하거나 오염도를 낮추기 위하여 배출시설에서 나오는 오염물질에 공기를 섞어 배출하는 행위를 한 자
4. 배출시설이나 방지시설을 정당한 사유없이 정상적으로 가동하지 아니하여 배출허용기준을 초과한 오염물질을 배출하는 행위를 한 자
5. 배출시설 조업정지명령을 위반하거나 조업시간의 제한이나 조업정지 규정에 의한 조치명령을 이행하지 아니한 자
6. 배출시설의 폐쇄나 조업정지에 관한 명령을 위반한 자
7. 배출시설의 폐쇄명령, 사용중지명령을 이행하지 아니한 자
8. 제작차배출허용기준에 맞지 아니하게 자동차를 제작한 자
9. 자동차제작자가 인증받은 내용과 다르게 배출가스 관련 부분의 설계를 고의로 바꾸거나 조작하는 행위를 하여 자동차를 제작한 자
10. 인증을 받지 아니하고 자동차를 제작한 자
11. 해당 연도의 평균 배출량이 평균 배출허용기준을 초과한 자동차제작자에 대한 상환명령을 이행하지 아니하고 자동차를 제작한 자
12. 환경부령으로 정하는 제조기준에 맞지 아니하게 자동차연료·첨가제 또는 촉매제를 제조한 자

98. 대기환경보전법규상 자동차연료형 첨가제의 종류에 해당하지 않는 것은?

① 청정분산제
② 옥탄가향상제
③ 매연발생제
④ 세척제

해설 자동차연료형 첨가제의 종류
1. 세척제
2. 청정분산제
3. 매연억제제
4. 다목적첨가제
5. 옥탄가향상제
6. 세탄가향상제
7. 유동성향상제
8. 윤활성 향상제
9. 그 밖에 환경부장관이 배출가스를 줄이기 위하여 필요하다고 정하여 고시하는 것

99. 환경정책기본법령상 "벤젠"의 대기환경 기준($\mu g/m^3$)은? (단, 연간 평균치)

① 0.1 이하
② 0.15 이하
③ 0.5 이하
④ 5 이하

해설 환경정책기본법상 대기환경기준
• 벤젠 : 연간 평균치 5 $\mu g/m^3$ 이하

더 알아보기 핵심정리 2-103

100. 대기환경보전법규상 위임업무 보고사항 중 "자동차 연료 및 첨가제의 제조·판매 또는 사용에 대한 규제현황" 업무의 보고 횟수 기준은?

① 연 1회
② 연 2회
③ 연 4회
④ 수시

해설 위임업무 보고사항

업무내용	보고 횟수
환경오염사고 발생 및 조치 사항	수시
수입자동차 배출가스 인증 및 검사현황	연 4회
자동차 연료 및 첨가제의 제조·판매 또는 사용에 대한 규제현황	연 2회
자동차 연료 또는 첨가제의 제조기준 적합 여부 검사현황	연료 : 연 4회 첨가제 : 연 2회
측정기기 관리대행업의 등록, 변경등록 및 행정처분 현황	연 1회

정답 99. ④ 100. ②

대기환경기사

2018년 9월 15일 (제4회)

제1과목 대기오염개론

1. 다음 중 SO_2가 주 오염물질로 작용한 대기오염 피해사건으로 가장 거리가 먼 것은?

① London smog 사건
② Poza Rica 사건
③ Donora 사건
④ Meuse Valley 사건

해설 SO_2가 주 오염물질인 대기오염사건 : 뮤즈, 요코하마, 도노라, 런던스모그, 욧카이치

더 알아보기 핵심정리 2-15 (3)

2. 다음에서 설명하는 대기분산모델로 가장 적합한 것은?

- 적용 모델식 : 가우시안 모델
- 작용 배출원 형태 : 점, 선, 면
- 개발국 : 미국
- 특징 : 미국에서 널리 이용되는 범용적인 모델로 장기 농도계산용 모델임

① RAMS
② ADMS
③ ISCLT
④ MM5

해설 대기 분야에 적용되는 분산모델의 종류 및 특징
- ADMS : 영국, 도시지역
- RAM : 바람장 모델, 기상예측에 사용
- RAMS : 바람장과 오염물질의 분산을 동시에 계산
- UAM : 광화학 반응 고려
- TCM : 장기모델로 한국에서 많이 사용되었음

3. 광화학반응에 의한 고농도 오존이 나타날 수 있는 기상조건으로 거리가 먼 것은?

① 시간당 일사량이 $5 \, MJ/m^2$ 이상으로 일사가 강할 때
② 질소산화물과 휘발성 유기화합물의 배출이 많을 때
③ 지면에 복사역전이 존재하고 대기가 불안정할 때
④ 기압경도가 완만하여 풍속 $4 \, m/sec$ 이하의 약풍이 지속될 때

해설 ③ 대기가 안정할 때 오염물질 농도가 높다.

정리 오존 농도가 높아지는 기상조건
- 낮, 자외선 강할 때, 일사량 강할 때, 자동차 배기량 많을 때, NOx, VOC 많을 때, 광화학반응이 많이 일어날 때 오존 농도 높음
- 대기가 안정(역전) 상태일 때, 무풍 상태일 때 오염물질 농도 높음

4. 수용모델(receptor model)의 특징과 거리가 먼 것은?

① 불법배출 오염원을 정량적으로 확인평가할 수 있다.
② 2차 오염원의 확인이 가능하다.
③ 지형, 기상학적 정보 없이도 사용 가능하다.
④ 현재나 과거에 일어났던 일을 추정하여 미래를 위한 전략은 세울 수 있으나, 미래 예측은 어렵다.

해설 (1) 분산모델
1. 미래의 대기질을 예측 가능
2. 대기오염제어 정책입안에 도움
3. 2차 오염원의 확인이 가능
4. 점, 선, 면 오염원의 영향 평가 가능
5. 기상의 불확실성, 오염원 미확인 같은 경우에는 문제점 야기

정답 1. ② 2. ③ 3. ③ 4. ②

6. 특정오염원의 영향을 평가할 수 있는 잠재력이 있음
   7. 오염물의 단기간 분석 시 문제 야기
   8. 지형 및 오염원의 조업조건에 영향
   9. 새로운 오염원이 지역 내에 들어서면 매번 재평가
   10. 기상과 관련하여 대기 중의 무작위적인 특성을 적절하게 묘사할 수 없기 때문에 결과에 대한 불확실성이 크게 작용함
   11. 분진의 영향평가는 기상의 불확실성과 오염원이 미확인인 경우에 많은 문제점을 가짐
  (2) 수용모델
   1. 지형이나 기상학적 정보 없이도 사용 가능
   2. 오염원의 조업이나 운영상태에 대한 정보 없이도 사용 가능
   3. 수용체 입장에서 영향평가가 현실적
   4. 입자상, 가스상 물질, 가시도 문제 등을 환경과학 전반에 응용 가능
   5. 현재나 과거에 일어났던 일을 추정하여 미래를 위한 전략은 세울 수 있지만 미래예측은 곤란
   6. 측정자료를 입력자료로 사용하므로 시나리오 작성이 곤란

5. 유효굴뚝높이 130 m의 굴뚝으로부터 배출되는 SO_2가 지표면에서 최대농도를 나타내는 착지지점(X_{max})은? (단, Sutton의 확산식을 이용하여 계산하고, 수직확산계수 C_z = 0.05, 대기 안정도계수 n = 0.25이다.)

① 4,880 m
② 5,797 m
③ 6,877 m
④ 7,995 m

해설 최대착지거리(X_{max})

$$X_{max} = \left(\frac{H_e}{\sigma_z}\right)^{\frac{2}{2-n}} = \left(\frac{130}{0.05}\right)^{\frac{2}{2-0.25}}$$
$$= 7,995.15\,m$$

6. 다음 중 공중역전에 해당하지 않는 것은?

① 난류역전 ② 접지역전
③ 전선역전 ④ 침강역전

해설 • 공중역전: 침강성 역전, 해풍형 역전, 난류형 역전, 전선형 역전
• 지표역전: 복사성(방사성) 역전, 이류성 역전

7. 온실기체와 관련한 다음 설명 중 ( ) 안에 가장 알맞은 것은?

(㉠)는 지표부근 대기 중 농도가 약 1.5 ppm 정도이고 주로 미생물의 유기물 분해작용에 의해 발생하며, (㉡)의 특수파장을 흡수하여 온실기체로 작용한다.

① ㉠ CO_2, ㉡ 적외선
② ㉠ CO_2, ㉡ 자외선
③ ㉠ CH_4, ㉡ 적외선
④ ㉠ CH_4, ㉡ 자외선

해설 온실가스의 지표부근 농도
• CO_2: 400 ppm
• CH_4: 1.5 ppm

8. 최대혼합깊이(MMD)에 관한 설명으로 옳지 않은 것은?

① 일반적으로 대단히 안정된 대기에서의 MMD는 불안정한 대기에서보다 MMD가 작다.
② 실제 측정 시 MMD는 지상에서 수 km 상공까지의 실제공기의 온도종단도로 작성하여 결정된다.
③ 일반적으로 MMD가 높은 날은 대기오염이 심하고 낮은 날에는 대기오염이 적음을 나타낸다.
④ 통상 계절적으로 MMD는 이른 여름에 최대가 되고, 겨울에 최소가 된다.

해설 ③ 일반적으로 MMD가 낮을수록 대기오염이 심해진다.

정답 5. ④ 6. ② 7. ③ 8. ③

9. 다음 중 크롬 발생과 가장 관련이 적은 업종은?

① 피혁공업 ② 염색공업
③ 시멘트제조업 ④ 레이온제조업

해설 크롬 발생원 : 크롬산과 중크롬산제조업, 화학비료공업, 염색공업, 시멘트제조업, 피혁제조

10. 다음 물질의 특성에 대한 설명 중 옳은 것은?

① 탄소의 순환에서 탄소(CO_2로서)의 가장 큰 저장고 역할을 하는 부분은 대기이다.
② 불소(fluorine)는 주로 자연상태에서 존재하며, 주 관련 배출업종으로는 황산제조공정, 연소공정 등이다.
③ 질소산화물은 연소 전 연료의 성분으로부터 발생하는 fuel NOx와 저온 연소에서 공기 중의 질소와 수소가 반응하여 생기는 thermal NOx 등이 있다.
④ 염화수소는 플라스틱공업, PVC소각, 소다공업 등이 관련 배출업종이다.

해설 ① 이산화탄소(CO_2)는 해수 > 동토 > 생물 순으로 많이 저장된다.
② 불소 배출원 : 알루미늄공업, 인산비료공업, 유리제조공업
③ thermal NOx는 고온 연소 과정에서 발생한다.

11. 대기오염물질의 분산을 예측하기 위한 바람장미(wind rose)에 관한 설명으로 가장 거리가 먼 것은?

① 풍속이 1 m/s 이하일 때를 정온(calm) 상태로 본다.
② 바람장미는 풍향별로 관측된 바람의 발생빈도와 풍속을 16방향으로 표시한 기상도형이다.
③ 관측된 풍향별 발생빈도를 %로 표시한 것을 방향량(vector)이라 한다.
④ 가장 빈번히 관측된 풍향을 주풍(prevailing wind)이라 하고, 막대의 길이를 가장 길게 표시한다.

해설 ① 풍속이 0.2 m/s 이하일 때를 정온(calm) 상태로 본다.

12. 다음 중 대기 내 오염물질의 일반적인 체류시간 순서로 옳은 것은?

① $CO_2 > N_2O > CO > SO_2$
② $N_2O > CO_2 > CO > SO_2$
③ $CO_2 > SO_2 > N_2O > CO$
④ $N_2O > SO_2 > CO_2 > CO$

해설 체류시간 순서 : $N_2 > O_2 > N_2O > CO_2 > CH_4 > H_2 > CO > SO_2$

더 알아보기 핵심정리 2-3 (2)

13. 스테판-볼츠만의 법칙에 따르면 흑체복사를 하는 물체에서 물체의 표면온도가 1,500 K에서 1,997 K로 변화된다면, 복사에너지는 약 몇 배로 변화되는가?

① 1.25배 ② 1.33배
③ 2.56배 ④ 3.14배

해설 스테판 – 볼츠만 법칙
$E \propto T^4$이므로, $\dfrac{E_{1,997}}{E_{1,500}} = \left(\dfrac{1,997}{1,500}\right)^4 = 3.14$배

14. 아래 대기오염사건들의 발생순서가 오래된 것부터 순서대로 올바르게 나열된 것은?

㉠ 인도 보팔시의 대기오염사건
㉡ 미국의 도노라 사건
㉢ 벨기에의 뮤즈계곡 사건
㉣ 영국의 런던 스모그 사건

① ㉠ → ㉡ → ㉢ → ㉣
② ㉢ → ㉡ → ㉣ → ㉠
③ ㉡ → ㉠ → ㉣ → ㉢
④ ㉢ → ㉣ → ㉠ → ㉡

정답 9. ④ 10. ④ 11. ① 12. ② 13. ④ 14. ②

해설 대기오염사건 순서 : 뮤즈 – 도노라 – 포자리카 – 런던스모그 – LA스모그 – 보팔

15. 가우시안 모델에 관한 설명 중 가장 거리가 먼 것은?
① 주로 평탄지역에 적용하도록 개발되어 왔으나, 최근 복잡지형에도 적용이 가능하도록 개발되고 있다.
② 간단한 화학반응을 묘사할 수 있다.
③ 점오염원에서는 모든 방향으로 확산되어 가는 plume은 동일하다고 가정하여 유도한다.
④ 장, 단기적인 대기오염도 예측에 사용 가능하다.

해설 ③ 점오염원에서는 풍하 방향으로 확산되어 가는 plume이 정규분포한다고 가정하여 유도한다.

16. 지구 대기의 성질에 관한 설명으로 옳지 않은 것은?
① 지표면의 온도는 약 15℃ 정도이나 상공 12 km 정도의 대류권계면에서는 약 -55℃ 정도까지 하강한다.
② 성층권계면에서의 온도는 지표보다는 약간 낮으나 성층권계면 이상의 중간권에서 기온은 다시 하강한다.
③ 중간권 이상에서의 온도는 대기의 분자운동에 의해 결정된 온도로서 직접 관측된 온도와는 다르다.
④ 대류권과 비교하였을 때 열권에서 분자의 운동속도는 매우 느리지만 공기평균 자유행로는 짧다.

해설 ④ 대류권보다 열권에서 분자의 운동속도가 더 빠르다.

17. 다음 설명에 해당하는 특정대기유해물질은?

회백색이며, 높은 장력을 가진 가벼운 금속이다. 합금을 하면 전기 및 열전도가 크고 마모와 부식에 강하다. 인체에 대한 영향으로는 직업성 폐질환이 우려되고, 발암성이 크고, 폐, 뼈, 간, 비장에 침착되므로 노출에 주의해야 한다.

① V   ② As   ③ Be   ④ Zn

해설 특정대기유해물질별 인체에 미치는 영향
• 베릴륨(Be) : 흡입 시 폐, 뼈, 간, 비장에 침착
• 바나듐(V) : 인후 자극, 설태

18. 상대습도가 70 %이고, 상수를 1.2로 정의할 때, 먼지 농도가 70 $\mu g/m^3$이면 가시거리는 얼마인가?
① 약 12 km   ② 약 17 km
③ 약 22 km   ④ 약 27 km

해설 상대습도 70 %일 때의 가시거리 계산
$$L[km] = \frac{1,000 \times A}{G} = \frac{1,000 \times 1.2}{70}$$
$$= 17.14 km$$

더 알아보기 핵심정리 1-20 (1)

19. 정규(Gaussian) 확산 모델과 Turner의 확산계수(10분 기준)를 이용해서 대기가 약간 불안정할 때 하나의 굴뚝에서 배출되는 SO_2의 풍하 1 km 지점에서의 지상농도가 0.20 ppm인 것으로 평가(계산)하였다면 SO_2의 1시간 평균 농도는? (단, $C_2 = C_1 \times \left(\frac{t_1}{T_2}\right)^q$ 이용, q= 0.17이다.)
① 약 0.26 ppm   ② 약 0.22 ppm
③ 약 0.18 ppm   ④ 약 0.15 ppm

해설 $C_2 = C_1 \times \left(\frac{t_1}{T_2}\right)^q = 20 \times \left(\frac{10}{60}\right)^{0.17}$
$= 0.147 ppm$

정답 15. ③   16. ④   17. ③   18. ②   19. ④

20. 성층권에 관한 다음 설명으로 가장 거리가 먼 것은?

① 하층부의 밀도가 커서 매우 안정한 상태를 유지하므로 공기의 상승이나 하강 등의 연직운동은 억제된다.
② 화산분출 등에 의하여 미세한 분진이 이 권역에 유입되면 수년간 남아 있게 되어 기후에 영향을 미치기도 한다.
③ 고도에 따라 온도가 상승하는 이유는 성층권의 오존이 태양광선 중의 자외선을 흡수하기 때문이다.
④ 오존의 밀도는 일반적으로 지상으로부터 50 km 부근이 가장 높고, 이와 같이 오존이 많이 분포한 층을 오존층이라 한다.

해설
- 오존 밀집지역 : 20~30 km
- 오존 최대농도 : 10 ppm(25 km)

제2과목 연소공학

21. 각종 연료의 $(CO_2)_{max}$(%)으로 거리가 먼 것은?

① 탄소 10.5 %~11.0 %
② 코크스 20.0~20.5 %
③ 역청탄 18.5~19.0 %
④ 고로가스 24.0~25.0 %

해설 각종 연료의 $(CO_2)_{max}$ 값(%)

연료	$(CO_2)_{max}$ 값(%)	연료	$(CO_2)_{max}$ 값(%)
탄소	21.0	코크스	20.0~20.5
목재	19.0~21.0	연료유	15.0~16.0
갈탄	19.0~19.5	코크스로 가스	11.0~11.5
역청탄	18.5~19.0	발생로 가스	18.0~19.0
무연탄	19.0~20.0	고로 가스	24.0~25.0

22. 기체연료의 특징과 거리가 먼 것은?

① 저장이 용이, 시설비가 적게 든다.
② 점화 및 소화가 간단하다.
③ 부하의 변동범위가 넓다.
④ 연소 조절이 용이하다.

해설 ① 저장이 어렵고, 시설비가 많이 든다.

23. 기체연료의 종류 중 액화석유가스에 관한 설명으로 가장 거리가 먼 것은?

① LPG라 하며 가정, 업무용으로 많이 사용되어 온 석유계 탄화수소가스이다.
② 1기압하에서 −168℃ 정도로 냉각하여 액화시킨 연료이다.
③ 탄수소가 3~4개까지 포함되는 탄화수소류가 주성분이다.
④ 대부분 석유정제 시 부산물로 얻어진다.

해설 ② LNG가 천연가스를 1기압하에서 −162 ℃ 정도로 냉각하여 액화시킨 연료이다.

24. 불꽃 점화기관에서의 연소과정 중 생기는 노킹현상을 효과적으로 방지하기 위한 기관 구조에 대한 설명으로 가장 거리가 먼 것은?

① 말단가스를 고온으로 하기 위한 산화촉매 시스템을 사용한다.
② 연소실을 구형(circular type)으로 한다.
③ 점화플러그는 연소실 중심에 부착시킨다.
④ 난류를 증가시키기 위해 난류생성 pot를 부착시킨다.

해설 엔진 구조에 대한 노킹방지 대책
- 연소실을 구형(circular type)으로 한다.
- 점화플러그는 연소실 중심에 부착시킨다.
- 난류를 증가시키기 위해 난류생성 pot를 부착시킨다.

25. 메탄을 이론공기로 완전연소할 때 부피를 기준으로 한 공연비(AFR)는 얼마인가?

① 6.84
② 7.68
③ 9.52
④ 11.58

정답 20. ④ 21. ① 22. ① 23. ② 24. ① 25. ③

해설 공기연료비(AFR)
$CH_4 + 2O_2 \rightarrow CO_2 + 2H_2O$

$\therefore AFR = \dfrac{공기(\text{mole})}{연료(\text{mole})}$

$= \dfrac{산소(\text{mole})/0.21}{연료(\text{mole})}$

$= \dfrac{2/0.21}{1} = 9.523$

26. 연소 시 발생하는 매연 또는 그을음 생성에 미치는 인자 등에 대한 설명으로 옳지 않은 것은?

① 산화하기 쉬운 탄화수소는 매연 발생이 적다.
② 탈수소가 용이한 연료일수록 매연이 잘 생기지 않는다.
③ 일반적으로 탄수소비(C/H)가 클수록 매연이 생기기 쉽다.
④ 중합 및 고리화합물 등이 매연이 잘 생긴다.

해설 검댕(그을음, 매연)의 발생 특징 – 액체연료
② 탈수소가 용이한 연료일수록 매연이 잘 생긴다.

더 알아보기 핵심정리 2-54 (1)

27. 연료의 연소 시 질소산화물(NOx)의 발생을 줄이는 방법으로 가장 거리가 먼 것은?

① 예열연소
② 2단연소
③ 저산소연소
④ 배가스 재순환

해설 연소조절에 의한 NOx 처리 방법
• 저온연소
• 저산소연소
• 저질소성분 우선연소
• 2단연소
• 배가스 재순환
• 버너 및 연소실의 구조개량

28. 화격자 연소 중 상부투입 연소(over feeding firing)에서 일반적인 층의 구성순서로 가장 적합한 것은? (단, 상부→하부)

① 석탄층 → 건류층 → 환원층 → 산화층 → 재층 → 화격자
② 화격자 → 석탄층 → 건류층 → 산화층 → 환원층 → 재층
③ 석탄층 → 건류층 → 산화층 → 환원층 → 재층 → 화격자
④ 화격자 → 건류층 → 석탄층 → 환원층 → 산화층 → 재층

해설 • 상부투입방식(상입식) : 연료층→건류층→환원층→산화층→회층→화격자
• 하부투입방식(하입식) : 환원층→산화층→건류층→연료층→화격자

29. 3.0 % 황을 함유하는 중유를 매시 2,000 kg 연소할 때 생기는 황산화물(SO_2)의 이론량(Sm^3/hr)은? (단, 중유 중 황은 전량 SO_2로 배출됨)

① 42 ② 66
③ 84 ④ 105

해설
$S + O_2 \rightarrow SO_2$
$32\,kg : 22.4\,Sm^3$
$\dfrac{2{,}000\,kg}{hr} \times \dfrac{3}{100} : X[Sm^3/hr]$

$\therefore X = \dfrac{2{,}000\,kg}{h} \times \dfrac{3}{100} \times \dfrac{22.4\,Sm^3\,SO_2}{32\,kg\,S}$
$= 42\,Sm^3/hr$

30. 프로판(C_3H_8) 1 Sm^3을 완전연소하였을 때, 건연소가스 중의 CO_2가 8 %(V/V%)이었다. 공기 과잉계수 m은 얼마인가?

① 1.32 ② 1.43
③ 1.52 ④ 1.66

정답 26. ② 27. ① 28. ① 29. ① 30. ④

해설 (1) G_d

$C_3H_4 + 5O_2 \rightarrow 3CO_2 + 4H_2O$

$X_{CO_2} = \dfrac{CO_2}{G_d} \times 100\%$

$8 = \dfrac{3}{G_d} \times 100\%$

$\therefore G_d = 37.5 \, Sm^3/Sm^3$

(2) m

$A_o(Sm^3/Sm^3) = \dfrac{O_o}{0.21} = \dfrac{5}{0.21}$

$= 23.81$

$G_d = (m - 0.21)A_o + CO_2$

$37.5 = (m - 0.21) \times 23.81 + 3$

$\therefore m = 1.658$

31. A(g) → 생성물 반응에서 그 반감기가 0.693/k인 반응은 어느 것인가? (단, k는 반응속도상수)

① 0차 반응
② 1차 반응
③ 2차 반응
④ 3차 반응

해설

반응	반감기	특징
0차 반응	$\dfrac{C_0}{2k}$	초기 농도에 비례
1차 반응	$\dfrac{\ln 2}{k}$	초기 농도와 무관
2차 반응	$\dfrac{1}{kC_0}$	초기 농도에 반비례

32. 프로판의 고위발열량이 20,000 kcal/Sm^3이라면 저위발열량(kcal/Sm^3)은?

① 17,040
② 17,620
③ 18,080
④ 18,830

해설 저위발열량(kcal/Sm^3) 계산

$C_3H_8 + 5O_2 \rightarrow 3CO_2 + 4H_2O$

$H_1 = H_h - 480 \cdot \sum H_2O$

$= 20,000 - 480 \times 4 = 18,080 \, kcal/Sm^3$

33. 석탄의 탄화도와 관련된 설명으로 거리가 먼 것은?

① 탄화도가 클수록 고정탄소가 많아져 발열량이 커진다.
② 탄화도가 클수록 휘발분이 감소하고 착화온도가 높아진다.
③ 탄화도가 클수록 연소속도가 빨라진다.
④ 탄화도가 클수록 연료비가 증가한다.

해설 ③ 탄화도가 클수록 연소속도는 느려진다.

정리 탄화도 높을수록
- 고정탄소, 연료비, 착화온도, 발열량, 비중 증가함
- 수분, 이산화탄소, 휘발분, 비열, 매연 발생, 산소함량, 연소속도 감소함

34. 기체연료의 연소장치 및 연소방식에 관한 설명으로 옳지 않은 것은?

① 확산연소는 주로 탄화수소가 적은 발생가스, 고로가스에 적용되는 연소방식이고, 천연가스에도 사용될 수 있다.
② 확산연소에 사용되는 버너 중 포트형은 기체연료와 공기를 다 같이 고온으로 예열할 수 있다.
③ 예혼합연소는 화염온도가 높아 연소부하가 큰 경우에 사용되고 화염 길이가 길고, 그을음 생성이 많다.
④ 예혼합연소에 사용되는 고압버너는 기체연료의 압력을 2 kg/cm^2 이상으로 공급하므로 연소 실내의 압력은 정압이다.

해설 ③ 예혼합연소는 화염온도가 높아 연소부하가 큰 경우에 사용되고 화염 길이가 짧고, 그을음 생성이 적다.

더 알아보기 핵심정리 2-51

정답 31. ② 32. ③ 33. ③ 34. ③

35. 최적 연소부하율이 100,000 kcal/m³·hr인 연소로를 설계하여 발열량이 5,000 kcal/kg인 석탄을 200 kg/hr로 연소하고자 한다면 이때 필요한 연소로의 연소실 용적은? (단, 열효율은 100 %이다.)

① 200 m³   ② 100 m³
③ 20 m³   ④ 10 m³

해설 연소실 열발생률 응용(연소실 용적)

$$\frac{m^3 \cdot hr}{100,000\,kcal} \times \frac{200\,kg}{hr} \times \frac{5,000\,kcal}{kg}$$
$$= 10\,m^3$$

더 알아보기 핵심정리 1-39

36. 화염으로부터 열을 받으면 가연성 증기가 발생하는 연소로서 휘발유, 등유, 알코올, 벤젠 등의 액체연료로 연소 형태는?

① 증발 연소   ② 자기 연소
③ 표면 연소   ④ 발화 연소

해설

연소 형태	예
표면 연소	석탄, 목탄, 코크스 등(휘발분 거의 없는 고체 연료)
분해 연소	목재, 석탄, 타르, 중유 등
훈연 연소 (발연 연소)	종이, 목재, 면 등(열분해 온도가 낮은 물질)
증발 연소	• 대부분의 액체연료 • 휘발유, 등유, 경유, 나프탈렌, 양초 등
심지 연소	목면이나 유리 섬유 등의 심지에 의해 모세관 현상으로 액체연료를 빨아올려 화염으로부터 대류나 복사열로 증발시켜 연소하는 형태
자가 연소	니트로글리세린, 폭탄, 다이너마이트

37. C 85 %, H 7 %, O 5 %, S 3 %인 중유의 이론적인 $(CO_2)_{max}$[%] 값은?

① 9.6
② 12.6
③ 17.6
④ 20.6

해설 (1) $A_o = \dfrac{O_o}{0.21}$

$$= \frac{(1.867 \times 0.85 + 5.6 \times 0.07 + 0.7 \times 0.03 - 0.7 \times 0.05)}{0.21}$$
$$= 9.3569\,Sm^3/kg$$

(2) $G_{od} = (1 - 0.21)A_o + CO_2 + SO_2$

$$= (1 - 0.21) \times 9.3569 + \frac{22.4}{12} \times 0.85 + \frac{22.4}{32} \times 0.03$$
$$= 8.9996\,Sm^3/kg$$

(3) $(CO_2)_{max} = \dfrac{CO_2}{G_{od}} \times 100$

$$= \frac{\frac{22.4}{12} \times 0.85}{8.9996} \times 100$$
$$= 17.63\,\%$$

38. 가연성 가스의 폭발범위와 위험성에 대한 설명으로 가장 거리가 먼 것은?

① 하한값은 낮을수록, 상한값은 높을수록 위험하다.
② 폭발범위가 넓을수록 위험하다.
③ 온도와 압력이 낮을수록 위험하다.
④ 불연성 가스를 첨가하면 폭발범위가 좁아진다.

해설 ③ 온도가 높을수록, 압력이 높을수록 연소범위(폭발범위)가 넓어지므로 위험하다.

정답 35. ④ 36. ① 37. ③ 38. ③

39. 연료에 관한 다음 설명 중 가장 거리가 먼 것은?

① 연료비는 탄화도의 정도를 나타내는 지수로서, 고정탄소/휘발분으로 계산된다.
② 석유계 액체연료는 고위발열량이 10,000 ~12,000 kcal/kg 정도이고, 메탄올과 같이 산소를 함유한 연료의 경우 발열량은 일반 석유계 액체연료보다 높아진다.
③ 일산화탄소의 고위발열량은 3,000 kcal /Sm³ 정도이며, 프로판과 부탄보다는 발열량이 낮다.
④ LPG는 상온에서 압력을 주면 용이하게 액화되는 석유계의 탄화수소를 말한다.

[해설] ② 석유계 액체연료는 고위발열량이 10,000 ~12,000 kcal/kg 정도이고, 메탄올과 같이 산소를 함유한 연료의 경우 발열량은 일반 석유계 액체연료보다 낮아진다.

40. 시간당 1 ton의 석탄을 연소시킬 때 발생하는 SO_2는 0.31 Sm^3/min였다. 이 석탄의 황함유량(%)은? (단, 표준상태를 기준으로 하고, 석탄 중의 황성분은 연소하여 전량 SO_2가 된다.)

① 2.66 %
② 2.97 %
③ 3.12 %
④ 3.40 %

[해설]
$$S + O_2 \rightarrow SO_2$$
$$32 \text{ kg} : 22.4 \text{ Sm}^3$$
$$\frac{1,000 \text{ kg}}{\text{hr}} \times \frac{S[\%]}{100} \times \frac{1 \text{ hr}}{60 \text{ min}} : 0.31 \text{ Sm}^3/\text{min}$$
$$\therefore S = 2.66 \%$$

제3과목 대기오염방지기술

41. 공장 배출가스 중의 일산화탄소를 백금계의 촉매를 사용하여 연소시켜 처리하고자 할 때, 촉매독으로 작용하는 물질로 가장 거리가 먼 것은?

① Ni ② Zn ③ As ④ S

[해설] 촉매산화법에서의 촉매독 : Fe, Pb, Si, As, P, S, Zn 등

42. 가솔린 자동차의 후처리에 의한 배출가스 저감방안의 하나인 삼원 촉매장치의 설명으로 가장 거리가 먼 것은?

① CO와 HC의 산화촉매로는 주로 백금(Pt)이 사용된다.
② 일반적으로 촉매는 백금(Pt)과 로듐(Rh)의 비율이 2 : 1로 사용되며, 로듐(Rh)은 NO의 산화반응을 촉진시킨다.
③ CO와 HC는 CO_2와 H_2O로 산화되며 NO는 N_2로 환원된다.
④ CO, HC, NOx 3성분의 동시 저감을 위해 엔진에 공급되는 공기연료비는 이론공연비 정도로 공급되어야 한다.

[해설] • 산화촉매제 : 백금(Pt), 팔라듐(Pd)
• 환원촉매제 : 로듐(Rh)

43. 입경측정방법 중 관성충돌법(cascade impactor 법)에 관한 설명으로 옳지 않은 것은?

① 관성충돌을 이용하여 입경을 간접적으로 측정하는 방법이다.
② 입자의 질량크기분포를 알 수 있다.
③ 되튐으로 인한 시료의 손실이 일어날 수 있다.
④ 시료채취가 용이하고 채취준비에 시간이 걸리지 않는 장점이 있으나, 단수의 임의 설계가 어렵다.

[해설] ④ 시료채취가 어렵다.

[정답] 39. ② 40. ① 41. ① 42. ② 43. ④

44. 송풍기 회전판 회전에 의하여 집진장치에 공급되는 세정액이 미립자로 만들어져 집진하는 원리를 가진 회전식 세정집진 장치에서 직경이 10 cm인 회전판이 9,620 rpm으로 회전할 때 형성되는 물방울의 직경은 몇 μm인가?

① 93 ② 104
③ 208 ④ 316

해설 회전판의 반경과 물방울 직경과의 관계식을 이용한 계산
$$D_w = \frac{200}{N\sqrt{R}} = \frac{200}{9,620 \times \sqrt{5}}$$
$$= 9.2976 \times 10^{-3} \text{ cm}$$
$$\therefore D_w = 9.2976 \times 10^{-3} \text{ cm} \times \frac{10^4 \mu m}{1 \text{ cm}}$$
$$= 92.976 \mu m$$
여기서, N : 회전수(rpm)
R : 회전판의 반경(cm)
D_w : 물방울 직경

45. cyclone으로 집진 시 입경에 따라 집진효율이 달라지게 되는데 집진효율이 50 %인 입경을 의미하는 용어는?

① cut size diameter
② critical diameter
③ Stokes diameter
④ projected area diameter

해설 • 절단입경(cut size diameter) : 집진효율이 50 %인 입경
• 한계입경(critical diameter) : 집진효율이 100 %인 입경

46. 내경이 120 mm의 원통내를 20℃ 1기압의 공기가 30 m³/hr로 흐른다. 표준상태의 공기의 밀도가 1.3 kg/Sm³, 20℃의 공기의 점도가 1.81 ×10⁻⁴ poise이라면 레이놀즈 수는?

① 약 4,500 ② 약 5,900
③ 약 6,500 ④ 약 7,300

해설 (1) 20℃에서의 공기의 밀도
$$1.3 \text{kg/Sm}^3 \times \frac{(273+0)}{(273+20)} = 1.211 \text{ kg/m}^3$$
(2) 20℃에서의 레이놀즈 수
$$Re = \frac{DV\rho}{\mu}$$
$$= \frac{0.12 \text{m} \times \frac{30 \text{m}^3/\text{hr}}{\frac{\pi}{4}(0.12\text{m})^2} \times \frac{1\text{hr}}{3,600\text{s}} \times 1.211 \text{kg/m}^3}{1.8 \times 10^{-5} \text{kg/m} \cdot \text{s}}$$
$$= 5,948.66$$

47. A굴뚝 배출가스 중의 염화수소 농도가 250 ppm이었다. 염화수소의 배출허용기준을 80 mg/Sm³로 하면 염화수소의 농도를 현재 값의 몇 % 이하로 하여야 하는가? (단, 표준상태 기준)

① 약 10 % 이하
② 약 20 % 이하
③ 약 30 % 이하
④ 약 40 % 이하

해설 $\dfrac{C}{C_o} = \dfrac{\left(\dfrac{80\text{mg}}{\text{Sm}^3} \times \dfrac{22.4\text{mL}}{36.5\text{mg}}\right)}{250\text{ppm}}$
$$= 0.1963 = 19.63\%$$

48. 중력 집진장치에서 수평이동속도 V_x, 침강실폭 B, 침강실 수평길이 L, 침강실 높이 H, 종말침강속도가 V_t라면 주어진 입경에 대한 부분집진효율은? (단, 층류기준)

① $\dfrac{V_x \times B}{V_t \times H}$ ② $\dfrac{V_t \times H}{V_x \times B}$

③ $\dfrac{V_t \times L}{V_x \times H}$ ④ $\dfrac{V_x \times H}{V_t \times L}$

해설 $\eta = \dfrac{V_t/H}{V_x/L} = \dfrac{V_t L}{V_x H}$
여기서, V_t : 입자의 침강속도
V_x : 가스 유속

정답 44. ① 45. ① 46. ② 47. ② 48. ③

49. venturi scrubber에서 액가스비가 0.6 L/m³, 목부의 압력손실이 330 mmH₂O일 때 목부의 가스속도(m/s)는? (단, γ = 1.2 kg/m³, venturi scrubber의 압력손실식 $\Delta P = (0.5 + L) \times \dfrac{\gamma V^2}{2g}$를 이용할 것)

① 60　　　　② 70
③ 80　　　　④ 90

해설 $\Delta P = (0.5 + L) \times \dfrac{\gamma V^2}{2g}$

$330 = (0.5 + 0.6) \times \dfrac{1.2 \times V^2}{2 \times 9.8}$

∴ $V = 70$ m/s

50. 다음 중 다른 VOC 방지장치와 상대 비교한 생물여과장치의 특성으로 거리가 먼 것은?

① CO 및 NOx를 포함한 생성 오염부산물이 적거나 없다.
② 고농도 오염물질의 처리에 적합하고, 설치가 복잡한 편이다.
③ 습도제어에 각별한 주의가 필요하다.
④ 생체량의 증가로 장치가 막힐 수 있다.

해설 ② 고농도 오염물질의 처리에 적합하지 않다.

51. NOx 발생을 억제하는 방법으로 가장 거리가 먼 것은?

① 과잉 공기를 적게 하여 연소시킨다.
② 연소용 공기에 배기가스의 일부를 혼합 공급하여 산소 농도를 감소시켜 운전한다.
③ 이론공기량의 70 % 정도를 버너에 공급하여 불완전 연소시키고, 그 후 30~35 % 공기를 하부로 주입하여 완전 연소시켜 화염온도를 증가시킨다.
④ 고체, 액체연료에 비해 기체연료가 공기와의 혼합이 잘 되어 신속히 연소함으로써 고온에서 연소가스의 체류시간을 단축시켜 운전한다.

해설 ③ 2단 연소 : 버너부분에서 이론공기량의 95 %를 공급하고 나머지 공기는 상부의 공기구멍에서 공기를 더 공급하는 방법

52. HOG가 0.7 m이고 제거율이 99 %면 흡수탑의 충진높이는?

① 1.6 m
② 2.1 m
③ 2.8 m
④ 3.2 m

해설 $h = HOG \times NOG$

$= 0.7 \text{ m} \times \ln\left(\dfrac{1}{1 - 0.99}\right)$

$= 3.22$ m

53. 사이클론의 유입구 높이가 18.75 cm, 원통부의 높이가 1.0 m, 원추부의 높이가 1.0 m일 때 외부선회류의 회전수는?

① 2　　　　② 4
③ 6　　　　④ 8

해설 $N_e = \dfrac{\left(H_1 + \dfrac{H_2}{2}\right)}{h}$

$= \dfrac{\left(1.0 + \dfrac{1.0}{2}\right)}{0.1875} = 8$

여기서, h : 유입구 높이(m)
H_1 : 사이클론 몸통 길이(m)
H_2 : 사이클론 원추 길이(m)

54. 유해가스 처리를 위한 흡수액의 선정조건으로 옳은 것은?

① 용해도가 적어야 한다.
② 휘발성이 적어야 한다.
③ 점성이 높아야 한다.
④ 용매의 화학적 성질과 확연히 달라야 한다.

정답 49. ②　50. ②　51. ③　52. ④　53. ④　54. ②

해설 좋은 흡수액(세정액)의 조건
- 용해도가 커야 함
- 화학적으로 안정해야 함
- 독성, 부식성이 없어야 함
- 휘발성이 작아야 함
- 점성이 작아야 함
- 어는점이 낮아야 함
- 가격이 저렴해야 함

55. 2개의 집진장치를 조합하여 먼지를 제거하려고 한다. 2개를 직렬로 연결하는 방식(A)과 2개를 병렬로 연결하는 방식(B)에 대한 다음 설명 중 가장 거리가 먼 것은? (단, 각 집진장치의 처리량과 집진율은 80%로 둘 다 동일하다고 가정한다.)
① (A)방식이 (B)방식보다 더 일반적이다.
② (B)방식은 처리가스의 양이 많은 경우 사용된다.
③ (A)방식의 총집진율은 94%이다.
④ (B)방식의 총집진율은 단일집진장치 때와 같이 80%이다.

해설 • 직렬방식(A)의 집진효율
$$\eta_T = 1-(1-\eta_1)(1-\eta_2)$$
$$= 1-(1-0.8)(1-0.8) = 0.96 = 96\%$$
• 병렬연결은 집진효율이 변하지 않으므로 병렬방식(B)의 집진효율은 80%이다.

56. 3개의 집진장치를 직렬로 조합하여 집진한 결과 총집진율이 99%이었다. 1차 집진장치의 집진율이 70%, 2차 집진장치의 집진율이 80%라면 3차 집진장치의 집진율은 약 얼마인가?
① 약 75.6%   ② 약 83.3%
③ 약 89.2%   ④ 약 93.4%

해설 $\eta_T = 1-(1-\eta_1)(1-\eta_2)(1-\eta_3)$
$0.99 = 1-(1-0.7)(1-0.8)(1-\eta_3)$
∴ $\eta_3 = 0.8333 = 83.33\%$

57. 가로 5 m, 세로 8 m인 두 집진판이 평행하게 설치되어 있고, 두 판 사이 중간에 원형철심 방전극이 위치하고 있는 전기집진장치에 굴뚝가스가 120 m³/min로 통과하고, 입자동속도가 0.12 m/s일 때의 집진효율은? (단, Deutsch-Anderson식 적용)
① 98.2%   ② 98.7%
③ 99.2%   ④ 99.7%

해설 $\eta = 1-e^{\left(\frac{-Aw}{Q}\right)} = 1-e^{\left(-\frac{5\times8\times2\times0.12}{120/60}\right)}$
$= 0.9918 = 99.18\%$

58. 흡착제에 관한 설명으로 옳지 않은 것은?
① 마그네시아는 표면적이 50~100 m²/g으로 NaOH 용액 중 불순물 제거에 주로 사용된다.
② 활성탄은 표면적이 600~1,400 m²/g으로 용제회수, 악취제거, 가스정화 등에 사용된다.
③ 일반적으로 활성탄의 물리적 흡착방법으로 제거할 수 있는 유기성 가스의 분자량은 45 이상이어야 한다.
④ 활성탄은 비극성물질을 흡착하며 대부분의 경우 유기용제 증기를 제거하는 데 탁월하다.

해설 마그네시아 : 표면적이 200 m²/g 정도로, 주로 휘발유 및 용제정제 등으로 사용된다.

59. 석회세정법의 특성으로 거리가 먼 것은?
① 배기온도가 높아(120℃ 정도) 통풍력이 높다.
② 먼지와 연소재의 동시제거가 가능하므로 제진시설이 따로 불필요하다.
③ 소규모 소용량 이용에 편리하다.
④ 통풍팬을 사용할 경우 동력비가 비싸다.

해설 석회세정법은 배기온도가 낮다.

정답 55. ③ 56. ② 57. ③ 58. ① 59. ①

60. 다음 세정집진장치 중 세정액을 가압 공급하여 함진가스를 세정하는 가압수식에 해당하지 않는 것은?

① venturi scrubber
② impulse scrubber
③ packed tower
④ jet scrubber

해설 세정집진장치
- 유수식(가스분산형) : S임펠러형, 로터형, 가스선회형, 가스분수형, 단탑, 기포탑
- 가압수식(액분산형) : 벤투리 스크러버(venturi scrubber), 제트 스크러버(jet scrubber), 사이클론 스크러버(cyclone scrubber), 충전탑(packed tower), 분무탑(spray tower)
- 회전식 : 타이젠 와셔(Theisen washer), 임펄스 스크러버(impulse scrubber)

제4과목 대기오염공정시험기준(방법)

61. 굴뚝을 통하여 대기 중으로 배출되는 가스상물질을 분석하기 위한 시료 채취방법에 대한 주의사항 중 옳지 않은 것은?

① 흡수병을 공용으로 할 때에는 다상 성분이 달라질 때마다 묽은 산 또는 알칼리용액과 물로 깨끗이 씻은 다음 다시 흡수액으로 3회 정도 씻은 후 사용한다.
② 가스미터는 500 mmH$_2$O 이내에서 사용한다.
③ 습식 가스미터를 이용 또는 운반할 때에는 반드시 물을 빼고, 오랫동안 쓰지 않을 때에도 그와 같이 배수한다.
④ 굴뚝 내의 압력이 매우 큰 부압(−300 mmH$_2$O 정도 이하)인 경우에는, 시료 채취용 굴뚝을 부설하여 용량이 큰 펌프를 써서 시료가스를 흡입하고 그 부설한 굴뚝에 채취구를 만든다.

해설 ② 가스미터는 100 mmH$_2$O 이내에서 사용한다.

62. 기체-액체크로마토그래피에서 일반적으로 사용되는 분배형 충전물질인 고정상 액체의 종류 중 탄화수소계에 해당되는 것은?

① 플루오린화규소(불화규소)
② 스쿠아란(squalane)
③ 폴리페닐에테르
④ 활성알루미나

해설 기체 크로마토그래피 – 고정상 액체의 종류

종류	물질명
탄화수소계	• 헥사데칸 • 스쿠아란(squalane) • 고진공 그리이스
실리콘계	• 메틸실리콘 • 페닐실리콘 • 사이아노실리콘 • 플루오린화규소
폴리글리콜계	• 폴리에틸렌글리콜 • 메톡시폴리에틸렌글리콜
에스테르계	이염기산다이에스테르
폴리에스테르계	이염기산폴리글리콜다이에스테르
폴리아미드계	폴리아미드수지
에테르계	폴리페닐에테르
기타	인산트라이크레실 다이에틸포름아미드 다이메틸설포란

63. 굴뚝 배출가스 중 플루오린(불소)화합물의 자외선 가시선분광법에 관한 설명으로 옳지 않은 것은?

① 0.1 N 수산화소듐 용액을 흡수액으로 사용한다.
② 흡수 파장은 620 mm를 사용한다.
③ 란타넘과 알리자린콤플렉손을 가하여 이 때 생기는 색의 흡광도를 측정한다.
④ 불소이온을 방해이온과 분리한 다음 묽은 황산으로 pH 5~6으로 조절한다.

해설 배출가스 중 플루오린화합물-자외선/가시선분광법
④ 시료가스 중에 알루미늄(Ⅲ), 철(Ⅱ), 구리(Ⅱ), 아연(Ⅱ) 등의 중금속 이온이나 인산 이온이 존재하면 방해 효과를 나타낸다. 따라서 적절한 증류 방법을 통해 플루오린화합물을 분리한 후 정량하여야 한다.

64. 질산은 적정법으로 배출가스 중의 사이안화(시안화)수소를 분석할 때 필요시약으로 거리가 먼 것은?

① 수산화소듐 용액
② 아세트산
③ p-다이메틸아미노벤질리덴로다닌의 아세톤 용액
④ 차아염소산소듐 용액

해설 [개정] "배출가스 중 사이안화수소 - 질산은 적정법"은 공정시험기준에서 삭제되어 더 이상 출제되지 않습니다.

65. 굴뚝배출가스 중 질소산화물을 연속적으로 자동측정하는 방법 중 자외선흡수분석계의 구성에 관한 설명으로 옳지 않은 것은?

① 광원 : 중수소방전관 또는 중압수은등을 사용한다.
② 시료셀 : 시료가스가 연속적으로 흘러갈 수 있는 구조로 되어 있으며 그 길이는 200~500 mm이고, 셀의 창은 석영판과 같이 자외선 및 가시광선이 투과할 수 있는 재질이어야 한다.
③ 광학필터 : 프리즘과 회절격자 분광기 등을 이용하여 자외선 영역 또는 가시광선 영역의 단색광을 얻는 데 사용된다.
④ 합산증폭기 : 신호를 증폭하는 기능과 일산화 질소 측정파장에서 아황산가스의 간섭을 보정하는 기능을 가지고 있다.

해설 ③ 광학필터 : 특정파장 영역의 흡수나 다층박막의 광학적 간섭을 이용하여 자외선에서 가시광선 영역에 이르는 일정한 폭의 빛을 얻는 데 사용된다.

정리 굴뚝연속자동측정기기 질소산화물 - 자외선흡수분석계
- 광원 : 중수소방전관 또는 중압수은 등이 사용된다.
- 분광기 : 프리즘 또는 회절격자분광기를 이용하여 자외선영역 또는 가시광선영역의 단색광을 얻는 데 사용된다.
- 광학필터 : 특정파장 영역의 흡수나 다층박막의 광학적 간섭을 이용하여 자외선에서 가시광선 영역에 이르는 일정한 폭의 빛을 얻는데 사용된다.
- 시료셀 : 시료셀은 200~500 mm의 길이로 시료가스가 연속적으로 통과할 수 있는 구조로 되어 있다. 셀의 창은 석영판과 같이 자외선 및 가시광선이 투과할 수 있는 재질로 되어 있어야 한다.
- 검출기 : 자외선 및 가시광선에 감도가 좋은 광전자증배관 또는 광전관이 이용된다.

66. 배출가스 중 오르자트 분석계로 산소를 측정할 때 사용되는 산소 흡수액은?

① 수산화칼슘용액+피로가롤용액
② 염화제일주석용액+피로가롤용액
③ 수산화포타슘용액+피로가롤용액
④ 입상아연+피로가롤용액

해설 [개정] "배출가스 중 산소 - 화학분석법(오르자트분석법)"은 공정시험기준에서 삭제되어 더 이상 출제되지 않습니다.

67. 굴뚝 배출가스 중의 황화수소 분석방법에 관한 설명으로 옳은 것은?

① 오르토 톨리딘을 함유하는 흡수액에 황화수소를 통과시켜 얻어지는 발색액의 흡광도를 측정한다.
② 시료 중의 황화수소를 아연아민착염 용액에 흡수시켜 p-아미노다이메틸아닐린 용액과 염화철(Ⅲ) 용액을 가하여 생성되는 메틸렌블루의 흡광도를 측정한다.
③ 다이에틸아민구리 용액에서 황화수소가스를 흡수시켜 생성된 다이에틸 다이싸이오카밤산구리의 흡광도를 측정한다.
④ 황화수소 흡수액을 일정량으로 묽게 한 다음 완충액을 가하여 pH를 조절하고, 란타넘과 알리자린콤플렉손을 가하여 얻어지는 발색액의 흡광도를 측정한다.

해설 배출가스 중 황화수소 – 자외선/가시선분광법 – 메틸렌블루법 : 배출가스 중의 황화수소를 아연아민착염 용액에 흡수시켜 p-아미노다이메틸아닐린 용액과 염화철(Ⅲ) 용액을 가하여 생성되는 메틸렌블루의 흡광도를 측정하여 황화수소를 정량한다.
① 배출가스 중 염소 – 자외선/가시선분광법 – 오르토톨리딘법
③ 배출가스 중 비소화합물 – 자외선/가시선분광법
④ 배출가스 중 플루오린화합물 – 자외선/가시선분광법

68. 환경대기 중 먼지를 저용량 공기시료 채취기로 분당 20 L씩 채취할 경우, 유량계의 눈금값 Q_r [L/min]을 나타내는 식으로 옳은 것은? (단, 760 mmHg에서의 기준이며, ΔP (mmHg)는 마노미터로 측정한 유량계 내의 압력손실이다.)

① $20\sqrt{\dfrac{760-\Delta P}{760}}$

② $20\sqrt{\dfrac{760}{760-\Delta P}}$

③ $20\sqrt{\dfrac{20/\Delta P}{760}}$

④ $20\sqrt{\dfrac{760}{20/\Delta P}}$

해설 환경대기 중 먼지 측정방법 – 저용량 공기시료채취기법
유량계의 유량지시값의 압력에 의한 보정
$Q_r = 20\sqrt{\dfrac{760}{760-\Delta P}}$
여기서, Q_r : 유량계의 눈금값
20 : 760 mmHg에서 유량 ($Q_o = 20$ L/min)
ΔP : 유량계 내의 압력손실(mmHg)

69. 대기오염공정시험기준의 총칙에 근거한 "방울수"의 의미로 가장 적합한 것은?

① 20℃에서 정제수 20방울을 떨어뜨릴 때 그 부피가 약 1 mL 되는 것을 뜻한다.
② 20℃에서 정제수 10방울을 떨어뜨릴 때 그 부피가 약 1 mL 되는 것을 뜻한다.
③ 0℃에서 정제수 10방울을 떨어뜨릴 때 그 부피가 약 1 mL 되는 것을 뜻한다.
④ 0℃에서 정제수 1방울을 떨어뜨릴 때 그 부피가 약 1 mL 되는 것을 뜻한다.

해설 "방울수"라 함은 20℃에서 정제수 20방울을 떨어뜨릴 때 그 부피가 약 1 mL 되는 것을 뜻한다.

정답 67. ② 68. ② 69. ①

70. 굴뚝배출가스 중 오염물질 연속자동측정기기의 설치 위치 및 방법으로 옳지 않은 것은?

① 병합굴뚝에서 배출허용기준이 다른 경우에는 측정기기 및 유량계를 합쳐지기 전 각각의 지점에 설치하여야 한다.
② 분산굴뚝에서 측정기기는 나뉘기 전 굴뚝에 설치하거나, 나뉜 각각의 굴뚝에 설치하여야 한다.
③ 병합굴뚝에서 배출허용기준이 같은 경우에는 측정기기 및 유량계를 오염물질이 합쳐진 후 또는 합쳐지기 전 지점에 설치하여야 한다.
④ 불가피하게 외부공기가 유입되는 경우에 측정기기는 외부공기 유입 후에 설치하여야 한다.

해설 ④ 불가피하게 외부공기가 유입되는 경우에 측정기기는 외부공기 유입 전에 설치하여야 한다.

71. 굴뚝 등에서 배출되는 오염물질별 분석 방법으로 옳지 않은 것은?

① 자외선가시선분광법에 의한 암모니아 분석 시 분석용 시료 용액에 페놀 - 나이트로프루시드소듐 용액과 하이포아염소산소듐 용액을 가하고 암모늄 이온과 반응시킨다.
② 염화수소를 자외선가시선분광법으로 분석시료에 메틸알코올 10 mL 등을 가하고 마개를 한 후 흔들어 잘 섞는다.
③ 이황화탄소를 자외선가시선분광법으로 분석 시 황화수소를 제거하기 위해 흡수병 중 한 개는 전처리용으로 아세트산카드뮴 용액을 넣는다.
④ 황산화물을 중화적정법으로 분석 시 이산화탄소가 공존하면 방해성분으로 작용한다.

해설 ④ "황산화물 - 중화적정법"은 공정시험기준에서 삭제되어 더 이상 출제되지 않습니다.

72. 다음 액체시약 중 비중이 가장 큰 것은? (단, 브로민(브롬)의 원자량은 79.9, 염소는 35.5, 아이오딘(요오드)은 126.9이다.)

① 브로민화수소(HBr, 농도 : 49 %)
② 염산(HCl, 농도 : 37 %)
③ 질산(HNO_3, 농도 : 62 %)
④ 아이오딘화수소(HI, 농도 : 58 %)

해설 시약 및 표준용액 - 시약의 농도와 비중
① 브로민화수소(HBr, 농도 : 49 %) : 1.48
② 염산(HCl, 농도 : 37 %) : 1.18
③ 질산(HNO_3, 농도 : 62 %) : 1.38
④ 아이오딘화수소(HI, 농도 : 58 %) : 1.7

더 알아보기 핵심정리 2-73

73. 시판되는 염산시약의 농도가 35 %이고 비중이 1.18인 경우 0.1 M의 염산 1 L를 제조할 때 시판 염산시약 약 몇 mL 취하여 정제수로 희석하여야 하는가?

① 3   ② 6
③ 9   ④ 15

해설 $NV = N'V'(\text{mol} = \text{mol})$

$$\dfrac{35\,\text{g HCl} \times \dfrac{1\,\text{mol}}{36.5\,\text{g}}}{100\,\text{mL}} \times x\,\text{mL} = \dfrac{0.1\,\text{mol}}{\text{L}} \times 1\,\text{L}$$

∴ x = 10.42 mL

74. 원자흡수분광광도법에서 원자흡광 분석장치의 구성과 거리가 먼 것은?

① 분리관   ② 광원부
③ 단색화부   ④ 시료원자화부

해설 원자흡수분광광도법 - 분석장치 구성
광원부 - 시료원자화부 - 파장선택부(분광부, 단색화부) - 측광부

정답 70. ④　71. ④　72. ④　73. ③　74. ①

75. 대기오염공정시험기준에 의거 환경대기 중 휘발성 유기화합물(유해 VOCs 고체 흡착법)을 추출할 때 추출용매로 가장 적합한 것은?

① ethyl alcohol
② PCB
③ CS_2
④ n-hexane

[해설] 환경대기 중 유해 휘발성 유기화합물(VOCs) 시험방법 – 고체흡착 용매추출법 : 본 방법은 일정량의 흡착제로 충전된 흡착관을 사용하여 분석대상의 휘발성유기화합물질을 선택적으로 채취하고 채취된 시료를 이황화탄소(CS_2) 추출용매를 가하여 분석물질을 추출하여 낸다.

76. 광원에서 나오는 빛을 단색화장치에 의하여 좁은 파장범위의 빛만을 선택하여 어떤 액층을 통과시킬 때 입사광이 강도가 1이고, 투사광의 강도가 0.5였다. 이 경우 Lambert-Beer 법칙을 적용하여 흡광도를 구하면?

① 0.3
② 0.5
③ 0.7
④ 1.0

[해설] 램버트 – 비어(Lambert-Beer)의 법칙

흡광도 $A = \log \dfrac{1}{t} = \log \dfrac{I_0}{I_t} = \log \dfrac{1}{0.5} = 0.30$

(더 알아보기) 핵심정리 1-68 (1)

77. 굴뚝의 측정공에서 피토관을 이용하여 측정한 조건이 다음과 같을 때 배출가스의 유속은?

- 동압 : 13 mmH$_2$O
- 피토관 계수 : 0.85
- 가스의 밀도 : 1.2 kg/m^3

① 10.6 m/s
② 12.4 m/s
③ 14.8 m/s
④ 17.8 m/s

[해설] 피토관 유속 측정방법

$V = C\sqrt{\dfrac{2gh}{\gamma}} = 0.85 \times \sqrt{\dfrac{2 \times 9.8 \times 13}{1.2}}$

$= 12.385 \, \text{m/s}$

여기서, V : 유속(m/s)
C : 피토관 계수
h : 피토관에 의한 동압 측정치 (mmH$_2$O)
g : 중력가속도(9.8 m/s^2)
γ : 굴뚝 내의 배출가스 밀도(kg/m^3)

78. 비분산적외선분광분석법에서 용어의 정의 중 "측정성분이 흡수되는 적외선을 그 흡수파장에서 측정하는 방식"을 의미하는 것은?

① 정필터형
② 복광필터형
③ 회절격자형
④ 적외선흡광형

[해설] 비분산적외선분광분석법 – 용어
- 정필터형 : 측정성분이 흡수되는 적외선을 그 흡수파장에서 측정하는 방식

(더 알아보기) 핵심정리 2-81 (2)

79. 다음은 자외선/가시선 분광법에서 측광부에 관한 설명이다. ( ) 안에 가장 알맞은 것은?

측광부의 광전측광에는 광전관, 광전자증배관, 광전도셀 또는 광전지 등을 사용한다. 광전관, 광전자증배관은 주로 (㉠) 범위에서, 광전도셀은 (㉡) 범위에서, 광전지는 주로 (㉢) 범위 내에서의 광전측광에 사용된다.

① ㉠ 근적외장, ㉡ 자외장, ㉢ 가시장
② ㉠ 가시장, ㉡ 근자외 내지 가시장, ㉢ 적외장
③ ㉠ 근적외장, ㉡ 근자외장, ㉢ 가시 내지 근적외장
④ ㉠ 자외 내지 가시장, ㉡ 근적외장, ㉢ 가시장

정답 75. ③ 76. ① 77. ② 78. ① 79. ④

해설 자외선/가시선 분광법 – 측광부
측광부의 광전측광에는 광전관, 광전자증배관, 광전도셀 또는 광전지 등을 사용하고 필요에 따라 증폭기 대수변환기가 있으며 지시계, 기록계 등을 사용한다. 또 광전관, 광전자증배관은 주로 자외 내지 가시파장 범위에서 광전도셀은 근적외 파장범위에서, 광전지는 주로 가시파장 범위 내에서의 광선측광에 사용된다.

80. 굴뚝배출가스 중 알데하이드 분석방법으로 옳지 않은 것은?

① 크로모트로핀산 자외선/가시선분광법은 배출가스를 크로모트로핀산을 함유하는 흡수발색액에 채취하고 가온하여 얻은 자색발색액의 흡광도를 측정하여 농도를 구한다.
② 아세틸아세톤 자외선/가시선분광법은 배출가스를 아세틸아세톤을 함유하는 흡수발색액에 채취하고 가온하여 얻은 황색발색액의 흡광도를 측정하여 농도를 구한다.
③ 흡수액 2, 4–DNPH(dinitrophenylhydrazine)과 반응하여 하이드라존 유도체를 생성하게 되고 이를 액체크로마토그래프로 분석한다.
④ 수산화나트륨용액(0.4 W/V%)에 흡수·포집시켜 이용액을 산성으로 한 후 초산에틸로 용매를 추출해서 이온화검출기를 구비한 가스크로마토그래피로 분석한다.

해설 ④ 알데하이드 분석방법에는 가스크로마토그래피는 없다.

정리 배출가스 중 폼알데하이드 및 알데하이드류 분석방법
• 고성능액체 크로마토그래피
• 크로모트로핀산 자외선/가시선분광법
• 아세틸아세톤 자외선/가시선분광법

제5과목 대기환경관계법규

81. 실내공기질 관리법규상 "의료기관"의 폼알데하이드($\mu g/m^3$) 실내공기질 유지기준은?

① 10 이하
② 25 이하
③ 80 이하
④ 150 이하

해설 실내공기질 유지기준 – 의료기관
• 폼알데하이드($\mu g/m^3$) : 80 이하

(더 알아보기) 핵심정리 2–106

82. 대기환경보전법규상 가스를 사용연료로 하는 경자동차의 배출가스 보증 적용기간기준으로 옳은 것은? (단, 2016년 1월 1일 이후 제작자동차 기준)

① 2년 또는 10,000 km
② 2년 또는 160,000 km
③ 6년 또는 10,000 km
④ 10년 또는 192,000 km

해설 배출가스 보증기간

사용연료	자동차의 종류	적용기간
가스	경자동차	10년 또는 192,000 km
	소형 승용·화물자동차, 중형 승용·화물자동차	15년 또는 240,000 km
	대형 승용·화물자동차, 초대형 승용·화물자동차	2년 또는 160,000 km

정답 80. ④ 81. ③ 82. ④

83. 환경정책기본법령상 아황산가스(SO_2)의 대기환경기준으로 옳게 연결된 것은?

- 24시간 평균치 : (㉠)ppm 이하
- 1시간 평균치 : (㉡)ppm 이하

① ㉠ 0.05, ㉡ 0.15
② ㉠ 0.06, ㉡ 0.10
③ ㉠ 0.07, ㉡ 0.12
④ ㉠ 0.08, ㉡ 0.12

해설 환경정책기본법상 대기환경기준 – SO_2
- 연간 평균치 : 0.02 ppm 이하
- 24시간 평균치 : 0.05 ppm 이하
- 1시간 평균치 : 0.15 ppm 이하

(더 알아보기) 핵심정리 2-103

84. 대기환경보전법상 장거리이동대기오염물질 대책위원회에 관한 사항으로 옳지 않은 것은?

① 위원회는 위원장 1명을 포함한 25명 이내의 위원으로 구성한다.
② 위원회의 위원장은 환경부장관이 되고, 위원은 환경부령으로 정하는 중앙행정기관의 공무원 등으로서 환경부장관이 위촉하거나 임명하는 자로 한다.
③ 위원회와 실무위원회 및 장거리이동대기오염물질 연구단의 구성 및 운영 등에 관하여 필요한 사항은 대통령령으로 정한다.
④ 환경부장관은 장거리이동대기오염물질 피해 방지를 위하여 5년마다 관계 중앙행정기관의 장과 협의하고 시·도지사의 의견을 들어야 한다.

해설 [개정] 현행 법규에서 삭제된 법규이므로, 이 문제는 풀지 않습니다.

85. 대기환경보전법상 배출시설을 설치·운영하는 사업자에게 조업정지를 명하여야 하는 경우로서 그 조업정지가 공익에 현저한 지장을 줄 우려가 있다고 인정되는 경우, 조업정지처분에 갈음하여 시·도지사가 부과할 수 있는 최대 과징금 액수는?

① 5,000만원   ② 1억원
③ 2억원   ④ 5억원

해설
- 조업정지처분 갈음 최대 과징금 액수 : 2억원
- 업무정지 갈음 최대 과징금 액수 : 5천만원

86. 대기환경보전법령상 경유를 사용하는 자동차의 배출가스 중 대통령령으로 정하는 오염물질의 종류에 해당하지 않는 것은?

① 탄화수소   ② 알데히드
③ 질소산화물   ④ 일산화탄소

해설 배출가스의 종류
1. 휘발유, 알코올 또는 가스를 사용하는 자동차 : 일산화탄소, 탄화수소, 질소산화물, 입자상물질, 암모니아, 알데히드
2. 경유를 사용하는 자동차 : 일산화탄소, 탄화수소, 질소산화물, 입자상물질, 암모니아, 매연

87. 대기환경보전법령상 시·도지사가 대기오염물질 기준이내배출량 조정 시 사업자가 제출한 확정배출량 자료가 명백히 거짓으로 판명되었을 경우에는 확정배출량을 현지조사하여 산정하되 확정배출량의 얼마에 해당하는 배출량을 기준이내배출량으로 산정하는가?

① 100분의 20   ② 100분의 50
③ 100분의 120   ④ 100분의 150

해설 기준이내배출량의 조정 : 시·도지사가 대기오염물질 기준이내배출량 조정 시 사업자가 제출한 확정배출량 자료가 명백히 거짓으로 판명되었을 경우에는 확정배출량을 현지조사하여 산정하되 확정배출량의 100분의 120에 해당하는 배출량을 기준이내배출량으로 산정한다.

정답 83. ① 84. ② 85. ③ 86. ② 87. ③

88. 대기환경보전법규상 특별대책지역 또는 대기환경규제지역 안에서 "휘발성유기화합물"을 배출하는 시설로서 대통령령이 정하는 시설을 설치하고자 할 경우 시·도지사 등에게 배출시설 설치신고서를 제출해야 하는 기간기준은?

① 시설 설치일 7일 전까지
② 시설 설치일 10일 전까지
③ 시설 설치 후 7일 이내
④ 시설 설치 후 10일 이내

해설 휘발성유기화합물 배출시설의 신고 : 휘발성유기화합물을 배출하는 시설을 설치하려는 자는 휘발성유기화합물 배출시설 설치신고서에 휘발성유기화합물 배출시설 설치명세서와 배출 억제·방지시설 설치명세서를 첨부하여 시설 설치일 10일 전까지 시·도지사 또는 대도시 시장에게 제출하여야 한다.

89. 대기환경보전법규상 시·도지사가 설치하는 대기오염 측정망에 해당하지 않는 것은?

① 도시지역의 휘발성유기화합물 등의 농도를 측정하기 위한 광화학대기오염물질측정망
② 도시지역의 대기오염물질 농도를 측정하기 위한 도시대기측정망
③ 도로변의 대기오염물질 농도를 측정하기 위한 도로변대기측정망
④ 대기 중의 중금속 농도를 측정하기 위한 대기중금속측정망

해설 ① 수도권대기환경청장, 국립환경과학원장 또는 한국환경공단이 설치하는 대기오염 측정망

정리 시·도지사가 설치하는 대기오염 측정망의 종류
1. 도시지역의 대기오염물질 농도를 측정하기 위한 도시대기측정망
2. 도로변의 대기오염물질 농도를 측정하기 위한 도로변대기측정망
3. 대기 중의 중금속 농도를 측정하기 위한 대기중금속측정망

90. 환경정책기본법령상 이산화질소(NO_2)의 대기환경기준은? (단, 24시간 평균치 기준)

① 0.03 ppm 이하   ② 0.05 ppm 이하
③ 0.06 ppm 이하   ④ 0.10 ppm 이하

해설 환경정책기본법상 대기환경기준 – NO_2
• 연간 평균치 : 0.03ppm 이하
• 24시간 평균치 : 0.06ppm 이하
• 1시간 평균치 : 0.10ppm 이하

더 알아보기 핵심정리 2-103

91. 대기환경보전법령상 사업장별 환경기술인의 자격기준에 관한 사항으로 거리가 먼 것은?

① 2종사업장의 환경기술인의 자격기준은 대기환경산업기사 이상의 기술자격 소지자 1명 이상이다.
② 4종사업장과 5종사업장 중 환경부령으로 정하는 기준 이상의 특정대기유해물질이 포함된 오염물질을 배출하는 경우에는 3종사업장에 해당하는 기술인을 두어야 한다.
③ 1종사업장과 2종사업장 중 1개월 동안 실제 작업한 날만을 계산하여 1일 평균 17시간 이상 작업하는 경우에는 해당 사업장의 기술인을 각각 2명 이상 두어야 한다.
④ 공동방지시설에서 각 사업장의 대기오염물질 발생량의 합계가 4종사업장과 5종사업장의 규모에 해당하는 경우에는 5종사업장에 해당하는 기술인을 두어야 한다.

해설 ④ 공동방지시설에서 각 사업장의 대기오염물질 발생량의 합계가 4종사업장과 5종사업장의 규모에 해당하는 경우에는 3종사업장에 해당하는 기술인을 두어야 한다.

더 알아보기 핵심정리 2-98

정답 88. ② 89. ① 90. ③ 91. ④

92. 악취방지법규상 악취검사기관의 검사시설 및 장비가 부족하거나 고장난 상태로 7일 이상 방치한 경우로서 규정에 의한 악취검사기관의 지정기준에 미치지 못하게 된 경우 3차 행정처분기준으로 가장 적합한 것은?

① 지정취소
② 업무정지 3개월
③ 업무정지 6개월
④ 업무정지 12개월

[해설] 악취방지법 행정처분기준 : 악취검사기관의 검사시설 및 장비가 부족하거나 고장난 상태로 7일 이상 방치한 경우로서 규정에 의한 악취검사기관의 지정기준에 미치지 못하게 된 경우
- 1차 : 경고
- 2차 : 업무정지 1개월
- 3차 : 업무정지 3개월
- 4차 : 지정취소

93. 다음은 대기환경보전법령상 시·도지사가 배출시설의 설치를 제한할 수 있는 경우이다. ( ) 안에 가장 알맞은 것은?

> 배출시설 설치 지점으로부터 반경 1킬로미터 안의 상주 인구가 (㉠)인 지역으로 특정대기유해물질 중 한 가지 종류의 물질을 연간 (㉡) 배출하거나 두 가지 이상의 물질을 연간 (㉢) 배출하는 시설을 설치하는 경우

① ㉠ 1만명 이상, ㉡ 5톤 이상, ㉢ 10톤 이상
② ㉠ 1만명 이상, ㉡ 10톤 이상, ㉢ 20톤 이상
③ ㉠ 2만명 이상, ㉡ 5톤 이상, ㉢ 10톤 이상
④ ㉠ 2만명 이상, ㉡ 10톤 이상, ㉢ 25톤 이상

[해설] 환경부장관 또는 시·도지사가 배출시설의 설치를 제한할 수 있는 경우
1. 배출시설 설치 지점으로부터 반경 1킬로미터 안의 상주 인구가 2만명 이상인 지역으로서 특정대기유해물질 중 한 가지 종류의 물질을 연간 10톤 이상 배출하거나 두 가지 이상의 물질을 연간 25톤 이상 배출하는 시설을 설치하는 경우
2. 대기오염물질(먼지·황산화물 및 질소산화물만 해당한다)의 발생량 합계가 연간 10톤 이상인 배출시설을 특별대책지역(총량규제구역으로 지정된 특별대책지역은 제외)에 설치하는 경우

94. 대기환경보전법령상 기본부과금의 지역별 부과계수로 옳게 연결된 것은? (단, 지역구분은 「국토의 계획 및 이용에 관한 법률」에 따르고, 대표적으로 Ⅰ지역은 주거지역, Ⅱ지역은 공업지역, Ⅲ지역은 녹지지역이 해당한다.)

① Ⅰ지역 - 0.5, Ⅱ지역 - 1.0, Ⅲ지역 - 1.5
② Ⅰ지역 - 1.5, Ⅱ지역 - 0.5, Ⅲ지역 - 1.0
③ Ⅰ지역 - 1.0, Ⅱ지역 - 0.5, Ⅲ지역 - 1.5
④ Ⅰ지역 - 1.5, Ⅱ지역 - 1.0, Ⅲ지역 - 0.5

[해설] 기본부과금의 지역별 부과계수

구분	지역별 부과계수
Ⅰ지역	1.5
Ⅱ지역	0.5
Ⅲ지역	1.0

- Ⅰ지역 : 주거지역·상업지역, 취락지구, 택지개발지구
- Ⅱ지역 : 공업지역, 개발진흥지구(관광·휴양개발진흥지구는 제외), 수산자원보호구역, 국가산업단지·일반산업단지·도시첨단산업단지, 전원개발사업구역 및 예정구역
- Ⅲ지역 : 녹지지역·관리지역·농림지역 및 자연환경보전지역, 관광·휴양개발진흥지구

정답 92. ② 93. ④ 94. ②

95. 악취방지법규상 지정악취물질의 배출허용기준 및 그 범위로 옳지 않은 것은?

항목	구분	배출허용기준(ppm)	
		공업지역	기타지역
㉠	암모니아	2 이하	1 이하
㉡	메틸메르캅탄	0.008 이하	0.005 이하
㉢	황화수소	0.06 이하	0.02 이하
㉣	트라이메틸아민	0.02 이하	0.005 이하

① ㉠   ② ㉡   ③ ㉢   ④ ㉣

해설 악취방지법 – 배출허용기준 및 엄격한 배출허용기준의 설정 범위

항목	구분	배출허용기준(ppm)	
		공업지역	기타지역
㉡	메틸메르캅탄	0.004 이하	0.002 이하

96. 실내공기질 관리법규상 건축자재의 오염물질 방출 기준 중 페인트의 ㉠ 톨루엔, ㉡ 총휘발성유기화합물 기준으로 옳은 것은? (단, 단위는 mg/m² · h)

① ㉠ 0.05 이하, ㉡ 20.0 이하
② ㉠ 0.05 이하, ㉡ 4.0 이하
③ ㉠ 0.08 이하, ㉡ 20.0 이하
④ ㉠ 0.08 이하, ㉡ 2.5 이하

해설 실내공기질 관리법 – 건축자재의 오염물질 방출 기준

오염물질 종류	폼알데하이드	톨루엔	총휘발성 유기화합물 (VOC)
실란트	0.02 이하	0.08 이하	1.5 이하
접착제	0.02 이하	0.08 이하	2.0 이하
페인트	0.02 이하	0.08 이하	2.5 이하
벽지, 바닥재	0.02 이하	0.08 이하	4.0 이하
퍼티	0.02 이하	0.08 이하	20.0 이하

※ 비고 : 위 표에서 오염물질의 종류별 측정단위는 mg/m² · h로 한다. 다만, 실란트의 측정단위는 mg/m · h로 한다.

97. 대기환경보전법상 한국자동차환경협회의 회원이 될 수 있는 자로 거리가 먼 것은?
① 배출가스저감장치 제작자
② 저공해엔진 제조 · 교체 등 배출가스저감사업 관련 사업자
③ 저공해자동차 판매사업자
④ 자동차 조기폐차 관련 사업자

해설 한국자동차환경협회의 회원
1. 배출가스저감장치 제작자
2. 저공해엔진 제조 · 교체 등 배출가스저감사업 관련 사업자
3. 전문정비사업자
4. 배출가스저감장치 및 저공해엔진 등과 관련된 분야의 전문가
5. 「자동차관리법」에 따른 종합검사대행자
6. 「자동차관리법」에 따른 종합검사 지정정비사업자
7. 자동차 조기폐차 관련 사업자

98. 대기환경보전법규상 수도권대기환경청장, 국립환경과학원장 또는 한국환경공단이 설치하는 대기오염 측정망의 종류에 해당하지 않는 것은?
① 대기오염물질의 지역배경농도를 측정하기 위한 교외대기 측정망
② 대기 중의 중금속 농도를 측정하기 위한 대기 중금속측정망
③ 미세먼지(PM-2.5)의 성분 및 농도를 측정하기 위한 미세먼지성분측정망
④ 산성 대기오염물질의 건성 및 습성 침착량을 측정하기 위한 산성강하물측정망

해설 ② 시 · 도지사가 설치하는 대기오염 측정망의 종류

정답 95. ②   96. ④   97. ③   98. ②

정리 수도권대기환경청장, 국립환경과학원장 또는 한국환경공단이 설치하는 대기오염 측정망의 종류
1. 대기오염물질의 지역배경농도를 측정하기 위한 교외대기측정망
2. 대기오염물질의 국가배경농도와 장거리이동 현황을 파악하기 위한 국가배경농도측정망
3. 도시지역 또는 산업단지 인근지역의 특정대기유해물질(중금속 제외)의 오염도를 측정하기 위한 유해대기물질측정망
4. 도시지역의 휘발성유기화합물 등의 농도를 측정하기 위한 광화학대기오염물질측정망
5. 산성 대기오염물질의 건성 및 습성 침착량을 측정하기 위한 산성강하물측정망
6. 기후·생태계 변화유발물질의 농도를 측정하기 위한 지구대기측정망
7. 장거리이동대기오염물질의 성분을 집중측정하기 위한 대기오염집중측정망
8. 초미세먼지(PM-2.5)의 성분 및 농도를 측정하기 위한 미세먼지성분측정망

구분	배출구별 규모(먼지·황산화물 및 질소산화물의 연간 발생량 합계)	측정횟수
제1종 배출구	80톤 이상인 배출구	매주 1회 이상
제2종 배출구	20톤 이상 80톤 미만인 배출구	매월 2회 이상
제3종 배출구	10톤 이상 20톤 미만인 배출구	2개월마다 1회 이상
제4종 배출구	2톤 이상 10톤 미만인 배출구	반기마다 1회 이상
제5종 배출구	2톤 미만인 배출구	반기마다 1회 이상

※ 측정항목 : 배출허용기준이 적용되는 대기오염물질(다만, 비산먼지는 제외)

99. 대기환경보전법규상 관제센터로 측정결과를 자동전송하지 않는 먼지·황산화물 및 질소산화물의 연간 발생량의 합계가 80톤 이상인 사업장 배출구의 자가측정횟수 기준은? (단, 기타사항 등은 제외)

① 매일 1회 이상
② 매주 1회 이상
③ 매월 2회 이상
④ 2개월마다 1회 이상

해설 자가측정의 대상·항목 및 방법
1. 굴뚝 원격감시체계 관제센터로 측정결과를 자동전송하지 않는 사업장의 배출구

100. 다음은 대기환경보전법규상 제작자동차의 배출가스 보증기간에 관한 사항이다. ( ) 안에 알맞은 것은? (단, 2016년 1월1일 이후 제작자동차 기준)

배출가스 보증기간의 만료는 (㉠)을 기준으로 한다. 휘발유와 가스를 병용하는 자동차는 (㉡) 사용 자동차의 보증기간을 적용한다.

① ㉠ 기간 또는 주행거리, 가동시간 중 나중 도달하는 것, ㉡ 휘발유
② ㉠ 기간 또는 주행거리, 가동시간 중 나중 도달하는 것, ㉡ 가스
③ ㉠ 기간 또는 주행거리, 가동시간 중 먼저 도달하는 것, ㉡ 휘발유
④ ㉠ 기간 또는 주행거리, 가동시간 중 먼저 도달하는 것, ㉡ 가스

해설 배출가스 보증기간
1. 배출가스보증기간의 만료는 기간 또는 주행거리, 가동시간 중 먼저 도달하는 것을 기준으로 한다.
2. 보증기간은 자동차소유자가 자동차를 구입한 일자를 기준으로 한다.
3. 휘발유와 가스를 병용하는 자동차는 가스 사용 자동차의 보증기간을 적용한다.

정답 99. ② 100. ④

2019년도 시행문제

대기환경기사 2019년 3월 3일 (제1회)

제1과목 대기오염개론

1. 굴뚝 유효 높이를 3배로 증가시키면 지상 최대오염도는 어떻게 변화되는가? (단, Sutton 식에 의함)

① 처음의 3배
② 처음의 1/3배
③ 처음의 9배
④ 처음의 1/9배

해설 최대착지농도

$$C_{max} = \frac{2 \cdot QC}{\pi \cdot e \cdot U \cdot (H_e)^2} \cdot \left(\frac{\sigma_z}{\sigma_y}\right)$$이므로,

$$C_{max} \propto \frac{1}{H_e^2} = \frac{1}{(3)^2} = \frac{1}{9}$$

2. 체적이 100 m³인 복사실의 공간에서 오존 배출량이 분당 0.2 mg인 복사기를 연속 사용하고 있다. 복사기 사용 전의 실내 오존의 농도가 0.1 ppm이라고 할 때 5시간 사용 후 오존농도는 몇 ppb인가? (단, 0℃, 1기압 기준, 환기는 고려하지 않음)

① 260
② 380
③ 420
④ 520

해설 (1) 처음 오존 농도 : 0.1 ppm = 100 ppb
(2) 발생 오존 농도

$$= \frac{오존(m^3)}{실내(m^3)} \times \frac{10^9 \text{ppb}}{1}$$

$$= \frac{\frac{0.2 \text{mg}}{분} \times \frac{22.4 \text{Sm}^3}{48 \text{kg}} \times \frac{60분}{hr} \times \frac{1 \text{kg}}{10^6 \text{mg}} \times 5 \text{hr}}{100 \text{m}^3}$$

$$\times 10^9 \text{ppb} = 280 \text{ppb}$$

(3) 5시간 사용 후 오존농도
= 처음농도 + 발생농도 = 100 + 280
= 380 ppb

3. 2,000 m에서 대기압력(최초 기압)이 860 mbar, 온도가 5℃, 비열비 K가 1.4일 때 온위(potential temperature)는? (단, 표준 압력은 1,000 mbar)

① 약 284 K
② 약 290 K
③ 약 294 K
④ 약 309 K

해설 온위

$$\theta = T \times \left(\frac{P_o}{P}\right)^{\frac{k-1}{k}}$$

$$= (273+5) \times \left(\frac{1,000}{860}\right)^{\frac{1.4-1}{1.4}}$$

$$= 290.24 \text{ K}$$

4. 내경이 2 m이고 실제높이가 45 m인 연돌에서 15 m/s로 배출되는 배기가스의 온도는 127℃, 대기 중의 공기압은 1기압, 기온은 27℃이다. 연돌 배출구에서의 풍속이 5 m/s일 때, 유효연돌높이는? (단, Holland의 연기 상승 높이 결정식은 다음과 같다.)

$$\Delta H = \frac{V_o \cdot d}{U}\left[1.5 + 2.68 \times 10^{-3} \cdot p \cdot \left(\frac{T_s - T_a}{T_s}\right) \times d\right]$$

① 74.1 m
② 67.1 m
③ 65.1 m
④ 62.1 m

정답 1. ④ 2. ② 3. ② 4. ④

해설 (1) 연기상승고

$$\Delta H = \frac{V_o \cdot d}{U}\left[1.5 + 2.68 \times 10^{-3} \cdot p \cdot \left(\frac{T_s - T_a}{T_s}\right) \times d\right]$$

$$\Delta H = \frac{15 \times 2}{5}\left[1.5 + 2.68 \times 10^{-3} \times 1,000\left(\frac{400-300}{400} \times 2\right)\right]$$

$$= 17.04\,\mathrm{m}$$

(2) 유효굴뚝높이

$$H_e = H + \Delta H$$
$$= 45 + 17.04 = 62.04\,\mathrm{m}$$

5. 다음 중 지표부근 대기 중에서 성분함량이 가장 낮은 것은?

① Ar   ② He
③ Xe   ④ Kr

해설 대기의 구성(부피 농도 순 – 18족 비활성 기체) : Ar > Ne > He > Kr > Xe

더알아보기 핵심정리 2-3 (1)

6. 역사적으로 유명한 대기오염사건 중 LA smog 사건에 대한 설명으로 옳지 않은 것은?

① 아침, 저녁 환원반응에 의한 발생
② 자동차 등의 석유연료의 소비 증가
③ 침강역전 상태
④ aldehyde, O_3 등의 옥시던트 발생

해설 ① 여름 한낮, 산화반응에 의한 발생

구분	런던 스모그	LA 스모그
발생 시기	새벽 ~이른아침	한낮(12시 ~2시 최대)
온도	4℃ 이하	24℃ 이상
습도	습윤 (90 % 이상)	건조 (70 % 이하)
바람	무풍	무풍
역전 종류	복사성 역전	침강성 역전
오염 원인	석탄연료의 매연 (가정, 공장)	자동차 매연(NOx)
오염 물질	SOx	옥시던트
반응 형태	환원	산화
시정 거리	100 m 이하	1 km 이하
피해 및 영향	호흡기 질환 사망자 최대	눈・코・기도 점막 자극, 고무 등의 손상
발생 기간	단기간	장기간

7. 광화학물질인 PAN에 관한 설명으로 옳지 않은 것은?

① PAN의 분자식은 $C_6H_5COOONO_2$이다.
② 식물의 경우 주로 생활력이 왕성한 초엽에 피해가 크다.
③ 식물의 영향은 잎의 밑부분이 은(백)색 또는 청동색이 되는 경향이 있다.
④ 눈에 통증을 일으키며 빛을 분산시키므로 가시거리를 단축시킨다.

해설 광화학물질의 분자식
• PAN : $CH_3COOONO_2$
• PBzN : $C_6H_5COOONO_2$

8. 지상에서부터 600 m까지의 평균기온감률은 0.88℃/100 m이다. 100 m 고도에서의 기온이 20℃라면 300 m에서의 기온은?

① 15.5℃   ② 16.2℃
③ 17.5℃   ④ 18.2℃

정답 5. ③ 6. ① 7. ① 8. ④

[해설] 특정고도에서의 기온
= 기준고도의 기온 − 평균기온감률 × 고도변화
$= 20℃ - \dfrac{0.88℃}{100\,m} \times (300-100)\,m$
$= 18.24℃$

9. 스테판–볼츠만의 법칙에 의하면 표면온도가 1,500 K에서 1,800 K가 되었다면 흑체에서 복사되는 에너지는 약 몇 배가 되는가?

① 1.2배 ② 1.4배 ③ 2.1배 ④ 3.2배

[해설] 스테판–볼츠만의 법칙
$E \propto T^4$ 이므로,
$\dfrac{E_{1,800}}{E_{1,500}} = \left(\dfrac{1,800}{1,500}\right)^4 = 2.0736$ 배

10. 다음 중 오존층 보호를 위한 국제환경협약으로만 옳게 연결된 것은?

① 바젤협약 – 비엔나협약
② 오슬로협약 – 비엔나협약
③ 비엔나협약 – 몬트리올 의정서
④ 몬트리올 의정서 – 람사협약

[해설] (1) 오존층 보호를 위한 국제협약
- 비엔나 협약
- 몬트리올 의정서
- 런던회의
- 코펜하겐 회의

(2) 산성비에 관한 국제협약
- 헬싱키 의정서(1985년) : 황산화물(SOx) 저감에 관한 협약
- 소피아 의정서(1989년) : 질소산화물(NOx) 저감에 관한 협약

(3) 지구온난화 및 기후변화 협약
- 리우회의
- 교토의정서

(4) 기타 협약
- 람사협약 : 철새도래지 및 습지보전
- CITES : 멸종위기에 처한 야생동식물의 보호
- 바젤협약 : 국가 간 유해폐기물의 이동 규제

11. 파장이 5,240 Å인 빛 속에서 상대습도가 70 % 이하인 경우 밀도가 1,700 mg/cm³이고, 직경이 0.4 μm인 기름방울의 분산면적비가 4.5일 때, 가시거리가 959 m이라면 먼지농도(mg/m³)는?

① 0.21 ② 0.31
③ 0.41 ④ 0.51

[해설] 기름방울 분산면적비 – 먼지농도
$V(m) = \dfrac{5.2\rho r}{KC}$

$959\,m = \dfrac{5.2 \times 1.7\,g/cm^3 \times 0.2\,\mu m}{4.5 \times C\,(g/m^3)}$

∴ $C = 4.096 \times 10^{-4}\,g/m^3$
$= 4.096 \times 10^{-1}\,mg/m^3$
$= 0.4096\,mg/m^3$

12. 오존(O_3)의 특성과 광화학반응에 관한 설명으로 가장 거리가 먼 것은?

① 산화력이 강하여 눈을 자극하고 물에 난용성이다.
② 대기 중 지표면 오존의 농도는 NO_2로 산화된 NO량에 비례하여 증가한다.
③ 과산화기가 산소와 반응하여 오존이 생길 수도 있다.
④ 오존의 탄화수소 산화반응률은 원자상태의 산소에 의한 탄화수소의 산화보다 빠르다.

[해설] ④ 분자(오존)보다 원자의 반응성이 더 크므로, 오존보다 원자상태의 산소에 의한 탄화수소 산화반응이 더 빠르다.

13. 지표 부근의 대기의 일반적인 체류시간의 순서로 가장 적합한 것은?

① $O_2 > N_2O > CH_4 > CO$
② $O_2 > CH_4 > CO > N_2O$
③ $CO > O_2 > N_2O > CH_4$
④ $CO > CH_4 > O_2 > N_2O$

[정답] 9. ③ 10. ③ 11. ③ 12. ④ 13. ①

해설 체류시간 순서 : $N_2 > O_2 > N_2O > CO_2 > CH_4 > H_2 > CO > SO_2$

더 알아보기 핵심정리 2-3 (2)

14. 바람을 일으키는 힘 중 전향력에 관한 설명으로 가장 거리가 먼 것은?
① 전향력은 운동방향은 변화시키지 않지만, 속도에는 영향을 미친다.
② 북반구에서는 항상 움직이는 물체의 운동방향의 오른쪽 직각방향으로 작용한다.
③ 전향력은 극지방에서 최대가 되고 적도지방에서 최소가 된다.
④ 전향력의 크기는 위도, 지구자전 각속도, 풍속의 함수로 나타낸다.

해설 ① 전향력은 풍속은 변화시키지 않고, 풍향만 변화시킨다.

15. 암모니아가 식물에 미치는 영향으로 가장 거리가 먼 것은?
① 토마토, 메밀 등은 40 ppm 정도의 암모니아 가스 농도에서 1시간 지나면 피해증상이 나타난다.
② 최초의 증상은 잎 선단부에 경미한 황화현상으로 나타난다.
③ 잎의 일부분에 영향이 나타나며, 강한 식물로는 겨자, 해바라기 등이 있다.
④ 암모니아의 독성은 HCl과 비슷한 정도이다.

해설 ③ 암모니아는 잎 전체에 피해를 준다.

16. 대기오염물의 분산과정에서 최대혼합깊이(Maximum Mixing Depth)를 가장 적합하게 표현한 것은?
① 열부상 효과에 의한 대류 혼합층의 높이
② 풍향에 의한 대류 혼합층의 높이
③ 기압의 변화에 의한 대류 혼합층의 높이
④ 오염물간 화학반응에 의한 대류 혼합층의 높이

17. 다음 중 석면의 구성성분과 거리가 먼 것은?
① K ② Na
③ Fe ④ Si

해설 석면은 얇고 긴 섬유의 형태로서 규소(Si), 수소(H), 마그네슘(Mg), 철(Fe), 산소(O), 나트륨(Na) 등의 원소를 함유하며, 그 기본구조는 산화규소의 형태를 취한다.

18. 석면폐증에 관한 설명으로 가장 거리가 먼 것은?
① 석면폐증은 폐의 석면분진 침착에 의한 섬유화이며, 흉막의 섬유화와는 무관하다.
② 석면폐증은 폐상엽에서 주로 발생하며 전이되지 않는다.
③ 폐의 섬유화는 폐조직의 신축성을 감소시키고, 혈액으로의 산소공급을 불충분하게 한다.
④ 석면폐증은 비가역적이며, 석면노출이 중단된 이후에도 악화되는 경우가 있다.

해설 ② 폐하엽에 주로 발생하며 흉막을 따라 폐중엽이나 설엽으로 퍼져간다.

19. 질소산화물(NOx)에 관한 설명으로 옳지 않은 것은?
① NOx의 인위적 배출량 중 거의 대부분이 연소과정에서 발생된다.
② NOx는 그 자체도 인체에 해롭지만 광화학스모그의 원인물질로도 중요한 역할을 한다.
③ 연소과정에서 초기에 발생되는 NOx는 주로 NO이다.
④ 연소 시 연료 중 질소의 NO 변환율은 대체로 약 2~5% 범위이다.

정답 14. ① 15. ③ 16. ① 17. ① 18. ② 19. ④

해설 ④ 연소 시 연료 중 질소의 NO 변환율은 대체로 약 20~50 % 범위이다.

20. 다음은 지구온난화와 관련된 설명이다. ( ) 안에 알맞은 것은?

> (㉠)는 온실기체들의 구조상 또는 열 축적능력에 따라 온실효과를 일으키는 잠재력을 지수로 표현한 것으로 이 온실기체들은 CH_4, N_2O, CO_2, SF_6 등이 있으며 이 중 (㉠)가 가장 큰 값을 나타내는 물질은 (㉡)이다.

① ㉠ GHG, ㉡ CO_2
② ㉠ GHG, ㉡ SF_6
③ ㉠ GWP, ㉡ CO_2
④ ㉠ GWP, ㉡ SF_6

해설 지구온난화지수(GWP)
(1) 단위질량당 기여도(흡수율) : SF_6(23,900) > PFC(7,000) > HFC(1,300) > N_2O(310) > CH_4(21) > CO_2(1)
(2) 온실효과를 일으키는 잠재력을 표현한 값
(3) CO_2를 1로 기준함

제2과목 연소공학

21. 미분탄 연소장치에 관한 설명으로 옳지 않은 것은?
① 설비비와 유지비가 많이 들고 재의 비산이 많아 집진장치가 필요하다.
② 부하변동의 적응이 어려워 대형과 대용량설비에는 적합지 않다.
③ 연소제어가 용이하고 점화 및 소화 시 손실이 적다.
④ 스토커 연소에 적합하지 않는 점결탄과 저발열량탄 등도 사용할 수 있다.

해설 ② 부하변동의 적응이 쉽고, 설비비와 유지비가 비싸므로 주로 대형과 대용량설비에 사용한다.

22. 다음 중 연소와 관련된 설명으로 가장 적합한 것은?
① 공연비는 예혼합연소에 있어서의 공기와 연료의 질량비(또는 부피비)이다.
② 등가비가 1보다 큰 경우, 공기가 과잉인 경우로 열손실이 많아진다.
③ 등가비와 공기비는 상호 비례관계가 있다.
④ 최대탄산가스량(%)은 실제 건조연소 가스량을 기준한 최대탄산가스의 용적 백분율이다.

해설 ② 등가비가 1보다 큰 경우, 연료가 과잉, 공기가 부족한 경우이다.
③ 등가비 = $\dfrac{1}{공기비}$ 이므로 반비례한다.
④ 최대탄산가스량(%)은 이론건조연소가스량을 기준한 최대탄산가스의 용적 백분율이다.

23. 분자식 C_mH_n인 탄화수소 $1\,Sm^3$를 완전연소 시 이론공기량이 $19\,Sm^3$인 것은?
① C_2H_4 ② C_2H_2
③ C_3H_8 ④ C_3H_4

해설 이론공기량(A_o)
① $C_2H_4 + \boxed{3}\,O_2 \rightarrow 2CO_2 + 2H_2O$
$A_o = \dfrac{O_o}{0.21} = \dfrac{3}{0.21} = 14.285\,Sm^3/Sm^3$
② $C_2H_2 + \boxed{2.5}\,O_2 \rightarrow 2CO_2 + H_2O$
$A_o = \dfrac{O_o}{0.21} = \dfrac{2.5}{0.21} = 11.90\,Sm^3/Sm^3$
③ $C_3H_8 + \boxed{5}\,O_2 \rightarrow 3CO_2 + 4H_2O$
$A_o = \dfrac{O_o}{0.21} = \dfrac{5}{0.21} = 23.80\,Sm^3/Sm^3$
④ $C_3H_4 + \boxed{4}\,O_2 \rightarrow 3CO_2 + 2H_2O$
$A_o = \dfrac{O_o}{0.21} = \dfrac{4}{0.21} = 19.04\,Sm^3/Sm^3$

정답 20. ④ 21. ② 22. ① 23. ④

24. 유류버너 중 회전식버너에 관한 설명으로 옳지 않은 것은?

① 연료유의 점도가 작을수록 분무화입경이 작아진다.
② 분무는 기계적 원심력과 공기를 이용한다.
③ 유압식버너에 비하여 연료유의 분무화입경이 1/10 이하로 매우 작다.
④ 분무각도는 40°~80° 정도로 크며, 유량조절 범위도 1 : 5 정도로 비교적 큰 편이다.

[해설] ③ 유압식버너의 분무압이 더 크므로 회전식버너보다 유압식버너의 분무화입경이 더 작다.

25. 액화석유가스(LPG)에 관한 설명으로 옳지 않은 것은?

① 비중이 공기보다 작고, 상온에서 액화가 되지 않는다.
② 액체에서 기체로 될 때, 증발열이 발생한다.
③ 프로판과 부탄을 주성분으로 하는 혼합물이다.
④ 발열량이 20,000~30,000 kcal/Sm³ 정도로 높다.

[해설] ① 비중이 공기보다 크고, 상온에서 액화가 되지 않는다.

26. 탄소, 수소의 중량 조성이 각각 86 %, 14 %인 액체연료를 매시 30 kg 연소한 경우 배기가스의 분석치가 CO_2 12.5 %, O_2 3.5 %, N_2 84 %이라면 매시간 필요한 공기량(Sm^3/hr)은?

① 약 794   ② 약 675
③ 약 591   ④ 약 406

[해설] (1) 이론공기량

$$A_o = \frac{O_o}{0.21}$$

$$= \frac{1.867C + 5.6\left(H - \frac{O}{8}\right) + 0.7S}{0.21}$$

$$= \frac{1.867 \times 0.86 + 5.6 \times 0.14}{0.21}$$

$$= 11.379 \, Sm^3/kg$$

(2) 공기비

$$m = \frac{N_2}{N_2 - 3.76 O_2} = \frac{84}{84 - 3.76 \times 3.5}$$

$$= 1.185$$

(3) 시간당 필요공기량

$$= 1.185 \times \frac{11.379 \, Sm^3}{kg} \times \frac{30 \, kg}{hr}$$

$$= 404.786 \, m^3/hr$$

27. 기체연료의 일반적 특징으로 가장 거리가 먼 것은?

① 저발열량의 것으로 고온을 얻을 수 있다.
② 연소효율이 높고 검댕이 거의 발생하지 않으나, 많은 과잉공기가 소모된다.
③ 저장이 곤란하고 시설비가 많이 드는 편이다.
④ 연료 속에 황이 포함되지 않은 것이 많고, 연소조절이 용이하다.

[해설] ② 연소효율이 높고 검댕이 거의 발생하지 않으나, 고체나 액체연료보다 공기가 적게 소모된다.

28. 과잉공기가 지나칠 때 나타나는 현상으로 거리가 먼 것은?

① 연소실 내의 온도가 저하된다.
② 배기가스에 의한 열손실이 증가된다.
③ 배기가스의 온도가 높아지고 매연이 증가한다.
④ 열효율이 감소되고 배기가스 중 NOx 증가의 가능성이 있다.

[해설] ③ 과잉연료(공기부족) 시 나타나는 현상이다.

(더 알아보기) 핵심정리 2-47

[정답] 24. ③   25. ①   26. ④   27. ②   28. ③

29. 다음 중 저온부식의 원인과 대책에 관한 설명으로 가장 거리가 먼 것은?

① 연소가스 온도를 산노점 온도보다 높게 유지해야 한다.
② 예열공기를 사용하거나 보온시공을 한다.
③ 저온부식이 일어날 수 있는 금속표면은 피복을 한다.
④ 250℃ 이상의 전열면에 응축하는 황산, 질산 등에 의하여 발생된다.

해설 ④ 저온부식은 150℃ 이하의 전열면에 응축하는 산성염(황산, 염산, 질산 등)에 의하여 발생된다.

30. 연소의 종류에 관한 설명으로 옳지 않은 것은?

① 포트액면연소는 액면에서 증발한 연료가스 주위를 흐르는 공기와 혼합하면서 연소하는 것으로 연소속도는 주위 공기의 흐름속도에 거의 비례하여 증가한다.
② 심지연소는 공급공기의 유속이 낮을수록, 공기의 온도가 높을수록 화염의 높이는 높아진다.
③ 증발연소는 일반적으로 가정용 석유스토브, 보일러 등 연료가 경질유이며, 소형인 것에 사용된다.
④ 분무연소는 연소장치를 작게 할 수 있는 장점은 있으나, 고부하의 연소는 불가능하다.

해설 ④ 분무연소는 분무용 버너를 사용하므로 연소장치가 커지고, 연료의 비표면적이 크므로 고부하 연소가 가능하다.

31. 착화온도에 관한 설명으로 옳지 않은 것은?

① 휘발성분이 적고 고정탄소량이 많을수록 높아진다.
② 반응 활성도가 작을수록 낮아진다.
③ 석탄의 탄화도가 증가하면 높아진다.
④ 공기의 산소농도가 높아지면 낮아진다.

해설 ② 반응 활성도가 높을수록 낮아진다.
정리 착화온도의 특징
- 산소 농도가 높을수록
- 산소와의 친화성 클수록
- 화학반응성이 클수록
- 화학결합의 활성도가 클수록
- 탄화수소의 분자량이 클수록
- 분자구조가 복잡할수록
- 비표면적이 클수록
- 압력이 높을수록,
- 동질성 물질에서 발열량이 클수록
- 활성화에너지가 낮을수록
- 열전도율이 낮을수록
- 석탄의 탄화도가 낮을수록
→ 착화온도 낮아짐 / 연소되기 쉬움

32. 다음 기체연료 중 고위발열량(kJ/mol)이 가장 큰 것은? (단, 25℃, 1 atm을 기준으로 한다.)

① carbon monoxide ② methane
③ ethane   ④ n-pentane

해설 고위발열량 : 대체로 분자식의 탄소(C)나 수소(H)의 수가 많을수록 연료의 (고위)발열량(kcal/Sm^3)은 증가한다.
$C_5H_{12} > C_2H_6 > CH_4 > CO$
① 일산화탄소(carbon monoxide) : CO
② 메탄(methane) : CH_4
③ 에탄(ethane) : C_2H_6
④ 노말 펜탄(n-pentane) : C_5H_{12}

33. 다음 조건에서의 메탄의 이론연소 온도는? (단, 메탄, 공기는 25℃에서 공급되며, CO_2, $H_2O(g)$, N_2의 평균정압 몰비열(상온~2,100℃)은 각각 13.1, 10.5, 8.0 kcal/kmol · ℃이고, 메탄의 저위발열량은 8,600 kcal/Sm^3)

① 약 1,870℃   ② 약 2,070℃
③ 약 2,470℃   ④ 약 2,870℃

정답 29. ④ 30. ④ 31. ② 32. ④ 33. ②

[해설] $CH_4 + 2O_2 + 2 \times 3.76N_2$
$\rightarrow CO_2 + 2H_2O + 2 \times 3.76N_2$
(1) 메탄의 평균정압비열
$13.1 \times 1 + 10.5 \times 2 + 8 \times 2 \times 3.76$
$= 94.26 \, kcal/kmol \cdot ℃$
(2) 이론연소온도
$t_o = \dfrac{H_L}{G \times C_p} + t$
$= \dfrac{8,600 \, kcal/Sm^3}{94.26 \, kcal/kmol \cdot ℃ \times \dfrac{1 \, kmol}{22.4 \, Sm^3}} + 25℃$
$= 2,068.70℃$

[더 알아보기] 핵심정리 1-38

34. 탄소 85 %, 수소 15 %의 구성비를 갖는 중유를 연소할 때 $(CO_2)_{max}$[%]는 얼마인가? (단, 공기비는 1.1이다.)

① 11.6 % ② 13.4 %
③ 14.8 % ④ 16.4 %

[해설] (1) $A_o = \dfrac{O_o}{0.21}$
$= \dfrac{(1.867 \times 0.85 + 5.6 \times 0.15)}{0.21}$
$= 11.5569 \, Sm^3/kg$
(2) $G_{od} = (1 - 0.21)A_o + CO_2$
$= (1 - 0.21) \times 11.5569 + \dfrac{22.4}{12} \times 0.85$
$= 10.7166 \, Sm^3/kg$
(3) $CO_{2max} = \dfrac{CO_2}{G_{od}} \times 100\%$
$= \dfrac{\dfrac{22.4}{12} \times 0.85}{10.7166} \times 100\%$
$= 14.8\%$

35. 수소 8 %, 수분 2 %가 포함된 고체연료의 고위발열량이 8,000 kcal/kg일 때 이 연료의 저위발열량은?

① 7,984 kcal/kg ② 7,779 kcal/kg
③ 7,556 kcal/kg ④ 6,835 kcal/kg

[해설] 저위발열량(kcal/kg) 계산
$H_l = H_h - 600(9H + W)$
$= 8,000 - 600 \times (9 \times 0.08 + 0.02)$
$= 7,556 \, kcal/kg$

36. 연료 연소 시 매연 발생에 관한 설명으로 옳지 않은 것은?

① 연료의 C/H 비율이 클수록 매연이 발생하기 쉽다.
② 중합 및 고리화합물 등과 같이 반응이 일어나기 쉬운 탄화수소일수록 매연 발생이 적다.
③ 분해하기 쉽거나 산화하기 쉬운 탄화수소는 매연 발생이 적다.
④ 탄소결합을 절단하기보다는 탈수소가 쉬운 쪽이 매연이 발생하기 쉽다.

[해설] 검댕(그을음, 매연)의 발생 특징
② 중합 및 고리화합물 등과 같이 반응이 일어나기 쉬운 탄화수소일수록 매연 발생이 크다.

[더 알아보기] 핵심정리 2-54 (1)

37. 화학반응속도는 일반적으로 Arrhenius식으로 표현된다. 어떤 반응에서 화학반응상수가 27℃일 때에 비하여 77℃일 때 3배가 되었다면 이 화학반응의 활성화 에너지는?

① 2.3 kcal/mol ② 4.6 kcal/mol
③ 6.9 kcal/mol ④ 13.2 kcal/mol

[해설] 아레니우스 식
$\ln\dfrac{k_2}{k_1} = -\dfrac{E_a}{R}\left(\dfrac{1}{T_2} - \dfrac{1}{T_1}\right)$
(단, R(기체상수) : 0.0083 kJ/mol · K)
$\ln\dfrac{3}{1} = -\dfrac{E_a}{0.0083}\left(\dfrac{1}{273+77} - \dfrac{1}{273+27}\right)$
$\therefore E_a = \dfrac{19.148 \, kJ}{mol} \times \dfrac{1 \, kcal}{4.2 \, kJ}$
$= 4.55 \, kcal/mol$

[정답] 34. ③ 35. ③ 36. ② 37. ②

38. 다음 연료별 이론공기량(A_o, Sm^3/kg)이 가장 큰 것은?

① 석탄가스 ② 발생로가스
③ 탄소 ④ 고로가스

해설 연료의 이론공기량(단위 Sm^3/kg)

연료	A_o (Sm^3/kg)	연료	A_o (Sm^3/kg)
천연가스	8.0~9.5	연료유	10~13
오일가스	4.5~11.0	역청탄	7.5~8.5
석탄가스	4.5~5.5	무연탄	9.0~10.0
발생로가스	0.9~1.2	코크스	8.0~9.0
고로가스	0.7	탄소	8.9

39. 다음 연료 중 착화온도가 가장 높은 것은?

① 천연가스 ② 황
③ 중유 ④ 휘발유

해설 착화온도
① 천연가스 : 650~750℃
② 황 : 230℃
③ 중유 : 530~580℃
④ 휘발유 : 300~350℃

40. 탄소 84.0 %, 수소 13.0 %, 황 2.0 %, 질소 1.0 %의 조성을 가진 중유 1 kg당 15 Sm^3의 공기로 완전연소할 경우 습배출가스 중 SO_2의 농도(ppm)는? (단, 표준상태기준, 중유 중의 황성분은 모두 SO_2로 된다.)

① 약 680 ppm ② 약 735 ppm
③ 약 800 ppm ④ 약 890 ppm

해설 (1) $G_w[Sm^3/kg]$
$= mA_o + 5.6H + 0.7O + 0.8N + 1.244W$
$= 15 + 5.6 \times 0.13$
$= 15.728 \, Sm^3/kg$

(2) $SO_2[ppm]$
$= \dfrac{SO_2}{G_w} \times 10^6 = \dfrac{0.7S}{G_w} \times 10^6$
$= \dfrac{0.7 \times 0.02}{15.728} \times 10^6$
$= 890.13 \, ppm$

제3과목 대기오염방지기술

41. 휘발성유기화합물(VOCs)의 배출량을 줄이도록 요구받을 경우 그 저감방안으로 가장 거리가 먼 것은?

① VOCs 대신 다른 물질로 대체한다.
② 용기에서 VOCs 누출 시 공기와 희석시켜 용기 내 VOCs 농도를 줄인다.
③ VOCs를 연소시켜 인체에 덜 해로운 물질로 만들어 대기 중으로 방출시킨다.
④ 누출되는 VOCs를 고체흡착제를 사용하여 흡착 제거한다.

해설 ② 희석시키면, 농도는 감소하지만, 유량이 증가하므로 전체 배출량(부하)은 변하지 않는다.

42. 충전탑(packed tower) 내 충전물이 갖추어야 할 조건으로 적절하지 않은 것은?

① 단위체적당 넓은 표면적을 가질 것
② 압력손실이 작을 것
③ 충전밀도가 작을 것
④ 공극률이 클 것

해설 좋은 충전물의 조건
• 충전밀도가 커야 함
• hold-up이 작아야 함
• 공극률이 커야 함
• 비표면적이 커야 함
• 압력손실이 작아야 함
• 내열성, 내식성이 커야 함

정답 38. ③ 39. ① 40. ④ 41. ② 42. ③

43. 레이놀즈 수(Reynold Number)에 관한 설명으로 옳지 않은 것은? (단, 유체흐름 기준)

① 관성력/점성력으로 나타낼 수 있다.
② 무차원의 수이다.
③ $\dfrac{유체밀도 \times 유속 \times 유체흐름관직경}{유체점도}$로 나타낼 수 있다.
④ 점성계수/밀도로 나타낼 수 있다.

해설 $R_e = \dfrac{관성력}{점성력} = \dfrac{vd}{\nu} = \dfrac{\rho vd}{\mu}$

44. 전기집진장치에서 먼지의 전기비저항이 높은 경우 전기비저항을 낮추기 위해 주입하는 물질과 거리가 먼 것은?

① 수증기 ② NH_3
③ H_2SO_4 ④ $NaCl$

해설 전기비저항 이상 시 대책
- 전기비저항을 높일 때 : NH_3 주입, 가스유속 감소
- 전기비저항을 낮출 때 : 물(수증기), 무수황산(H_2SO_4), SO_3, 소다회(Na_2CO_3), NaCl, TEA 등 주입, 탈진빈도를 늘리거나 타격강도를 높임

더 알아보기 핵심정리 2-62 (3)

45. 물을 가압(加壓) 공급하여 함진가스를 세정하는 형식의 가압수식 스크러버가 아닌 것은?

① venturi scrubber
② impulse scrubber
③ spray tower
④ jet scrubber

해설 세정집진장치
- 유수식(가스분산형) : S임펠러형, 로터형, 가스선회형, 가스분수형, 단탑, 기포탑
- 가압수식(액분산형) : 벤투리 스크러버(venturi scrubber), 제트 스크러버(jet scrubber), 사이클론 스크러버(cyclone scrubber), 충전탑(packed tower), 분무탑(spray tower)
- 회전식 : 타이젠 와셔(Theisen washer), 임펄스 스크러버(impulse scrubber)

46. 송풍기의 크기와 유체의 밀도가 일정할 때 송풍기의 회전수를 2배로 하면 풍압은 몇 배가 되는가?

① 2배 ② 4배
③ 6배 ④ 8배

해설 송풍기 상사법칙
압력(P) $\propto N_2$이므로,
$P_2 = P_1 \left(\dfrac{N_2}{N_1}\right)^2 = P_1 \left(\dfrac{2N_1}{N_1}\right)^2 = 4P_1$
∴ 풍압은 4배가 된다.

47. 공기 중 CO_2 가스의 부피가 5%를 넘으면 인체에 해롭다고 한다면, 지금 600 m^3 되는 방에서 문을 닫고 80%의 탄소를 가진 숯을 최소 몇 kg을 태우면 해로운 상태로 되겠는가? (단, 기존의 공기 중 CO_2 가스의 부피는 고려하지 않음, 실내에서 완전혼합, 표준상태 기준)

① 약 5 kg
② 약 10 kg
③ 약 15 kg
④ 약 20 kg

해설 (1) 인체에 해로울 수 있는 CO_2량(m^3)
600 $m^3 \times 0.05 = 30$ m^3
(2) CO_2 30 m^3이 배출되기 위한 숯 사용량(kg)
$C + O_2 \rightarrow CO_2$
12 kg : 22.4 Sm^3
$X[kg] \times \dfrac{80}{100}$: 30 m^3
∴ X = 약 20 kg

48. 유해가스와 물이 일정한 온도에서 평형상태에 있다. 기상의 유해가스의 분압이 40 mmHg일 때 수중가스의 농도가 16.5 kmol/m³이다. 이 경우 헨리 정수(atm · m³/kmol)는 약 얼마인가?

① 1.5×10^{-3}
② 3.2×10^{-3}
③ 4.3×10^{-2}
④ 5.6×10^{-2}

해설 헨리의 법칙 P=HC이므로,
$$\therefore H = \frac{P}{C} = \frac{40\,mmHg}{16.5\,kmol/m^3} \times \frac{1\,atm}{760\,mmHg}$$
$$= 3.189 \times 10^{-3}\,atm \cdot m^3/kmol$$

49. 전기집진장치에서 전류밀도가 먼지층 표면부근의 이온전류 밀도와 같고 양호한 집진작용이 이루어지는 값이 2×10^{-8} A/cm²이며, 또한 먼지층 중의 절연파괴 전계강도를 5×10^3 V/cm로 한다면, 이때 ㉠ 먼지층의 겉보기 전기저항과 ㉡ 이 장치의 문제점으로 옳은 것은?

① ㉠ 1×10^{-4}(Ω · cm), ㉡ 먼지의 재비산
② ㉠ 1×10^4(Ω · cm), ㉡ 먼지의 재비산
③ ㉠ 2.5×10^{11}(Ω · cm), ㉡ 역전리 현상
④ ㉠ 4×10^{12}(Ω · cm), ㉡ 역전리 현상

해설 ㉠ 전기(비)저항 = 전압/전류
$$= \frac{5 \times 10^3\,V/cm}{2 \times 10^{-8}\,A/cm^2}$$
$$= 2.5 \times 10^{11}\,\Omega \cdot cm$$
㉡ 집진효율이 좋은 전기비저항 범위(10^4 ~ 10^{11} Ω · cm)보다 전기비저항이 높으므로, 역전리가 발생한다.

50. 황산화물 처리방법 중 건식 석회석 주입법에 관한 설명으로 옳지 않은 것은?
① 초기 투자비용이 적게 들어 소규모 보일러나 노후 보일러용으로 많이 사용되었다.
② 부대시설은 많이 필요하나, 아황산가스의 제거 효율은 비교적 높은 편이다.
③ 배기가스의 온도가 잘 떨어지지 않는다.
④ 연소로 내에서의 화학반응은 소성, 흡수, 산화의 3가지로 구분할 수 있다.

해설 ② 제거율이 40%로 낮다.

51. 후드의 형식 중 외부식 후드에 해당하지 않는 것은?
① 장갑부착 상자형(glove box형)
② 슬로트형(slot형)
③ 그리드형(grid형)
④ 루버형(louver형)

해설 외부식 후드 종류 : 슬로트형, 루버형, 그리드형

52. 다음 여과재의 재질 중 내산성 여과재로 적합하지 않은 것은?
① 목면
② 카네카론
③ 비닐론
④ 글라스화이버

해설 목면은 산성에 취약하다.

53. 유해가스 흡수장치 중 다공판탑에 관한 설명으로 옳지 않은 것은?
① 비교적 대량의 흡수액이 소요되고, 가스겉보기 속도는 10~20 m/s 정도이다.
② 액가스비는 0.3~5 L/m³, 압력손실은 100~200 mmH₂O 정도이다.
③ 고체부유물 생성 시 적합하다.
④ 가스량의 변동이 격심할 때는 조업할 수 없다.

해설 ① 가스속도는 0.3~1 m/s 정도이다.

정답 48. ② 49. ③ 50. ② 51. ① 52. ① 53. ①

54. 길이 5 m, 높이 2 m인 중력침강실이 바닥을 포함하여 8개의 평행판으로 이루어져 있다. 침강실에 유입되는 분진가스의 유속이 0.2 m/s일 때 분진을 완전히 제거할 수 있는 최소입경은 얼마인가? (단, 입자의 밀도는 1,600 kg/m³, 분진가스의 점도는 2.1×10⁻⁵ kg/m·s, 밀도는 1.3 kg/m³이고 가스의 흐름은 층류로 가정한다.)

① 31.0 μm ② 23.2 μm
③ 15.5 μm ④ 11.6 μm

해설 (1) 집진율 100 %(완전 제거 시)일 때 침강속도
※ 침강실에 8개의 평행판이 있으므로, 높이는 1/8이 된다.

$$\eta = \frac{V_g \times L}{V \times H}, \quad 1 = \frac{V_g \times 5}{0.2 \times 2/8}$$

$$\therefore V_g = 0.01 \text{ m/s}$$

(2) 분진 완전 제거 시 최소입경

$$V_g = \frac{d^2(\rho_p - \rho_a)g}{18\mu} \text{ 이므로,}$$

$$0.01 = \frac{d^2(1,600-1.3) \times 9.8}{18 \times (2.1 \times 10^{-5})}$$

$$\therefore d = 1.553 \times 10^{-5} \text{m} \times \frac{10^6 \mu m}{1 \text{m}}$$

$$= 15.53 \mu m$$

55. 지름 20 cm, 유효높이 3 m, 원통형 bag filter로 4 m³/s의 함진가스를 처리하고자 한다. 여과속도를 0.04 m/s로 할 경우 필요한 bag filter수는 얼마인가?

① 35개   ② 54개
③ 70개   ④ 120개

해설 여과집진장치 – 여과포(백필터) 개수

$$N = \frac{Q}{\pi \times D \times L \times V_f}$$

$$= \frac{4 \text{m}^3/\text{s}}{\pi \times 0.2 \text{m} \times 3 \text{m} \times 0.04 \text{m/s}}$$

$$= 53.05$$

∴ 백필터의 개수는 54개

(더알아보기) 핵심정리 1-51 (3)

56. NOx와 SOx 동시 제어기술에 대한 설명으로 옳지 않은 것은?

① SOxNO 공정은 감마 알루미나 담체의 표면에 나트륨을 첨가하여 SOx와 NOx를 동시에 흡착시킨다.
② CuO 공정은 알루미나 담체에 CuO를 함침시켜 SO₂는 흡착반응하고 NOx는 선택적 촉매환원되어 제거되는 원리를 이용하는 공정이다.
③ CuO 공정에서 온도는 보통 850~1,000 ℃ 정도로 조정하며, CuSO₂ 형태로 이동된 솔벤트 재생기에서 산소 또는 오존으로 재생된다.
④ 활성탄 공정은 S, H₂SO₄ 및 액상 SO₂ 등의 부산물이 생성되며, 공정 중 재가열이 없으므로 경제적이다.

해설 ③ CuO 공정은 촉매를 사용하므로 공정 온도가 500℃ 이하로 낮다.

57. 벤투리 스크러버의 특성에 관한 설명으로 옳지 않은 것은?

① 유수식 중 집진율이 가장 높고, 목부의 처리가스유속은 보통 15~30 m/s 정도이다.
② 물방울 입경과 먼지 입경의 비는 150 : 1 전후가 좋다.
③ 액가스비의 경우 일반적으로 친수성은 10 μm 이상의 큰 입자가 0.3 L/m³ 전후이다.
④ 먼지 및 가스유동에 민감하고 대량의 세정액이 요구된다.

해설 ① 액분산형(가압수식) 중 집진율이 가장 높고, 목부의 처리가스유속은 보통 60~90 m/s 정도이다.

정답 54. ③ 55. ② 56. ③ 57. ①

58. 중력식 집진장치의 집진율 향상조건에 관한 설명 중 옳지 않은 것은?

① 침강실 내 처리가스의 속도가 작을수록 미립자가 포집된다.
② 침강실 입구 폭이 클수록 유속이 느려지며 미세한 입자가 포집된다.
③ 다단일 경우에는 단수가 증가할수록 집진효율은 상승하나, 압력손실도 증가한다.
④ 침강실의 높이가 낮고, 중력장의 길이가 짧을수록 집진율은 높아진다.

해설 중력집진장치의 집진효율 향상 조건
④ 침강실의 높이가 낮고, 중력장의 길이가 길수록 집진율은 높아진다.

더 알아보기 핵심정리 1-57 (2)

59. 배출가스 중의 질소산화물의 처리방법인 비선택적 촉매환원법(NSCR)에서 사용하는 환원제로 거리가 먼 것은?

① CH_4
② NH_3
③ H_2
④ CO

해설 환원제
- 비선택적 촉매환원법(NSCR) 환원제 : CH_4, H_2, H_2S, CO
- 선택적 촉매환원법(SCR) 환원제 : NH_3, $(NH_2)_2CO$, H_2S 등

60. 전기집진장치에서 입자가 받는 Coulomb 힘($kg \cdot m/s^2$)을 옳게 나타낸 것은? (단, e_0 : 전하(1.602×10^{-19} Coulomb), n : 전하수, E : 하전부의 전계 강도(Volt/m), μ : 가스점도($kg/m \cdot s$), D : 입자직경(m), V_e : 입자분리속도(m/s))

① ne_0E
② $2ne_0/E$
③ $3\pi\mu DV_e$
④ $6\pi\mu DV_e$

해설 전기집진장치에서 입자에 작용하는 정전기력
$E = qE_p = ne_0E_p$
여기서, E : 방전극 및 집진극의 전기장세기 (V/m)
q : 전하량
E_p : 전계 강도

제4과목 | 대기오염공정시험기준(방법)

61. 황성분 1.6 % 이하 함유한 액체연료를 사용하는 연소시설에서 배출되는 황산화물(표준산소농도를 적용받는 항목)의 실측농도측정 결과 741 ppm이었고, 배출가스 중의 실측산소농도는 7 %, 표준산소농도는 4 %이다. 황산화물의 농도(ppm)는 약 얼마인가?

① 750 ppm
② 800 ppm
③ 850 ppm
④ 900 ppm

해설 오염물질 농도 보정
$$C = C_a \times \frac{21 - O_s}{21 - O_a} = 741 \times \frac{21 - 4}{21 - 7}$$
$= 899.78 \, ppm$
여기서, C : 오염물질농도(mg/Sm^3 또는 ppm)
C_a : 실측오염물질농도(mg/Sm^3 또는 ppm)
O_s : 표준산소농도(%)
O_a : 실측산소농도(%)

정답 58. ④ 59. ② 60. ① 61. ④

62. 전자 포획 검출기(ECD)에 관한 설명으로 옳지 않은 것은?

① 탄화수소, 알코올, 케톤 등에 대해 감도가 우수하다.
② 유기 할로겐 화합물, 나이트로 화합물 및 유기금속 화합물 등 전자 친화력이 큰 원소가 포함된 화합물을 수 ppt의 매우 낮은 농도까지 선택적으로 검출할 수 있다.
③ 방사성 물질인 Ni-63 혹은 삼중수소로부터 방출되는 β선이 운반 기체를 전리하여 이로 인해 전자 포획 검출기 셀(cell)에 전자구름이 생성되어 일정 전류가 흐르게 된다.
④ 고순도(99.9995 %)의 운반 기체를 사용하여야 하고 반드시 수분 트랩(trap)과 산소 트랩을 연결하여 수분과 산소를 제거할 필요가 있다.

해설 전자 포획 검출기
① 탄화수소, 알코올, 케톤 등에 대해 감도가 낮다.

63. 다음 중 흡광차분광법(differential optical absorption spectroscopy)에 관한 설명으로 옳지 않은 것은?

① 광원은 180~2,850 nm 파장을 갖는 제논 램프를 사용한다.
② 주로 사용되는 검출기는 자외선 및 가시선 흡수 검출기이다.
③ 분광계는 Czerny-turner 방식이나 holographic 방식을 채택한다.
④ 이산화황(아황산가스), 질소산화물, 오존 등의 대기오염물질 분석에 적용된다.

해설 흡광차분광법
② 주로 사용되는 검출기는 광전자증배관(photo multiplier tube) 검출기나 PDA(photo diode array) 검출기이다.

더알아보기 핵심정리 2-83

64. 이온크로마토그래피의 일반적인 장치 구성 순서로 옳은 것은?

① 펌프 - 시료주입장치 - 용리액조 - 분리관 - 검출기 - 써프렛서
② 용리액조 - 펌프 - 시료주입장치 - 분리관 - 써프렛서 - 검출기
③ 시료주입장치 - 펌프 - 용리액조 - 써프렛서 - 분리관 - 검출기
④ 분리관 - 시료주입장치 - 펌프 - 용리액조 - 검출기 - 써프렛서

해설 이온크로마토그래피의 장치 구성 순서 : 용리액조 - 송액펌프 - 시료주입장치 - 분리관 - 써프렛서 - 검출기 및 기록계

65. 자외선/가시선 분광법에서 미광(stray light)의 유무조사에 사용되는 것은?

① cell holder ② holmium glass
③ cut filter   ④ monochromater

해설 미광의 유무조사 : 광원이나 광전측광 검출기에는 한정된 사용 파장역이 있어 200~800 nm 파장역에서는 미광(stray light)의 영향이 크기 때문에 컷트필터(cut filter)를 사용하며 미광의 유무를 조사하는 것이 좋다.

66. 굴뚝 배출가스 중 먼지를 보통형(1형) 흡입노즐을 이용할 때 등속흡입을 위한 흡입량(L/min)은?

- 대기압 : 765 mmHg
- 측정점에서의 정압 : -1.5 mmHg
- 건식가스미터의 흡입가스 게이지압 : 1 mmHg
- 흡입노즐의 내경 : 6 mm
- 배출가스의 유속 : 7.5 m/s
- 배출가스 중 수증기의 부피 백분율 : 10 %
- 건식가스미터의 흡입온도 : 20℃
- 배출가스 온도 : 125℃

① 14.8 ② 11.6 ③ 9.9 ④ 8.4

정답 62. ① 63. ② 64. ② 65. ③ 66. ④

해설 보통형(1형) 흡입노즐을 사용할 때 등속흡입을 위한 흡입량

$$q_m = \frac{\pi}{4}d^2v\left(1-\frac{X_w}{100}\right)\frac{273+\theta_m}{273+\theta_s}$$

$$\times \frac{P_a+P_s}{P_a+P_m-P_v}\times 60 \times 10^{-3}$$

$$= \frac{\pi}{4}\times 6^2 \times 7.5$$

$$\times (1-0.1)\times \frac{273+20}{273+125}$$

$$\times \frac{765+(-1.5)}{765+1}\times 60 \times 10^{-3}$$

$$= 8.40 \, \text{L/min}$$

여기서, q_m : 가스미터에 있어서의 등속 흡입유량(L/min)
 d : 흡입노즐의 내경(mm)
 v : 배출가스 유속(m/s)
 X_w : 배출가스 중의 수증기의 부피백분율(%)
 θ_m : 가스미터의 흡입가스 온도(℃)
 θ_s : 배출가스 온도(℃)
 P_a : 측정공 위치에서의 대기압(mmHg)
 P_s : 측정점에서의 정압(mmHg)
 P_m : 가스미터의 흡입가스 게이지압(mmHg)
 P_v : θ_m의 포화수증기압(mmHg)

더 알아보기 핵심정리 1-61 (1)

67. 다음 중 자외선/가시선 분광법에서 흡광도를 측정하기 위한 순서로서 원칙적으로 제일 먼저 행하여야 할 행위는?
① 시료셀을 광로에 넣고 눈금판의 지시치를 흡광도 또는 투과율로 읽는다.
② 광로를 차단 후 대조셀로 영점을 맞춘다.
③ 광원으로부터 광속을 통하여 눈금 100에 맞춘다.
④ 눈금판의 지시가 안정되어 있는지 여부를 확인한다.

해설 흡광도의 측정 순서
 (1) 눈금판의 지시가 안정되어 있는지 여부를 확인한다.
 (2) 대조셀을 광로에 넣고 광원으로부터의 광속을 차단하고 영점을 맞춘다.
 (3) 광원으로부터 광속을 통하여 눈금 100에 맞춘다.
 (4) 시료셀을 광로에 넣고 눈금판의 지시치를 흡광도 또는 투과율로 읽는다. 투과율로 읽을 때는 나중에 흡광도로 환산해 주어야 한다.
 (5) 필요하면 대조셀을 광로에 바꿔 넣고 영점과 100에 변화가 없는지 확인한다.

68. 굴뚝 배출가스 중 암모니아의 인도페놀 분석방법으로 옳지 않은 것은?
① 시료채취량이 20 L인 경우 시료 중의 암모니아 농도가 약 1~10 ppm 이상인 것의 분석에 적합하다.
② 분석용 시료 용액 10 mL를 취하고 여기에 페놀-나이트로푸르시드소듐 용액 10 mL를 가한 후 하이포아염소산암모늄용액 10 mL를 가한 다음 마개를 하고 조용히 흔들어 섞는다.
③ 액온 25~30℃에서 1시간 방치한 후, 광전분광광도계 또는 광전광도계로 측정한다.
④ 분석을 위한 광전광도계의 측정파장은 640 nm 부근이다.

해설 ② 분석용 시료 용액과 암모니아 표준액 10 mL씩을 유리 마개가 있는 시험관에 취하고 여기에 페놀-나이트로푸르시드소듐 용액 5 mL씩을 가하고 잘 흔들어 저은 다음 하이포아염소산소듐 용액 5 mL씩을 가한 다음 마개를 하고 조용히 흔들어 섞는다.

정답 67. ④ 68. ②

69. 굴뚝 배출가스상 물질의 시료채취방법으로 옳지 않은 것은?

① 채취관은 흡입가스의 유량, 채취관의 기계적 강도, 청소의 용이성 등을 고려해서 안지름 6~25 mm 정도의 것을 쓴다.
② 채취관의 길이는 선정한 채취점까지 끼워 넣을 수 있는 것이어야 하고, 배출가스의 온도가 높을 때에는 관이 구부러지는 것을 막기 위한 조치를 해두는 것이 필요하다.
③ 여과재를 끼우는 부분은 교환이 쉬운 구조의 것으로 한다.
④ 일반적으로 사용되는 플루오로(불소)수지 도관은 100℃ 이상에서는 사용할 수 없다.

해설 ④ 일반적으로 사용되는 플루오로수지 연결관(녹는점 260℃)은 250℃ 이상에서는 사용할 수 없다.

70. 환경대기 중의 각 항목별 분석방법의 연결로 옳지 않은 것은?

① 질소산화물 : 살츠만법
② 옥시던트(오존으로서) : 베타선법
③ 일산화탄소 : 불꽃이온화검출기법(기체크로마토그래피)
④ 아황산가스 : 파라로자닐린법

해설 환경대기 중 무기물질 측정방법
② 옥시던트 : 중성요오드화칼륨법, 알칼리성 요오드화칼륨법

(더 알아보기) 핵심정리 2-89

71. 굴뚝 배출가스 중 암모니아의 중화적정 분석방법에 관한 설명으로 옳은 것은?

① 분석용 시료 용액을 황산으로 적정하여 암모니아를 정량한다.
② 시료가스를 산성조건에서 지시약을 넣고 N/100 NaOH로 정정하는 방법이다.
③ 시료가스 채취량이 40 L일 때 암모니아 농도 1~5 ppm인 경우에 적용한다.
④ 지시약은 페놀프탈레인 용액과 메틸레드 용액을 1 : 2 부피비로 섞어 사용한다.

해설 배출가스 중 암모니아 – 중화적정법 : 분석용 시료 용액을 황산으로 적정하여 암모니아를 정량한다.
② 시료가스를 산성조건에서 지시약을 넣고 0.1 N NaOH로 정정하는 방법이다.
③ 시료채취량 40 L인 경우 시료 중의 암모니아의 농도가 약 100 ppm 이상인 것의 분석에 적합하고, 다른 염기성 가스나 산성 가스의 영향을 무시할 수 있는 경우에 적합하다.
④ 지시약은 메틸레드 용액과 메틸렌블루 용액을 2 : 1 부피비로 섞어 사용한다.
[개정] "배출가스 중 암모니아 – 중화적정법"은 공정시험기준에서 삭제되어 더 이상 출제되지 않습니다.

72. 휘발성유기화합물 누출확인에 사용되는 휴대용 VOCs 측정기기에 관한 설명으로 옳지 않은 것은?

① 휴대용 VOCs 측정기기의 계기눈금은 최소한 표시된 누출농도의 ±5 %를 읽을 수 있어야 한다.
② 휴대용 VOCs 측정기기는 펌프를 내장하고 있어 연속적으로 시료가 검출기로 제공되어야 하며, 일반적으로 시료유량은 0.5 L/min~3 L/min이다.
③ 휴대용 VOCs 측정기기의 응답시간은 60초보다 작거나 같아야 한다.
④ 측정될 개별 화합물에 대한 기기의 반응인자(response factor)는 10보다 작아야 한다.

해설 휘발성유기화합물 누출확인방법 – 휴대용 VOCs 측정기기
③ 휴대용 VOCs 측정기기의 응답시간은 30초보다 작거나 같아야 한다.

정답 69. ④ 70. ② 71. ① 72. ③

73. 굴뚝 배출가스 중 브로민(브롬)화합물 분석에 사용되는 흡수액으로 옳은 것은?

① 황산 + 과산화수소 + 정제수
② 붕산용액(5 g/L)
③ 수산화소듐용액(0.1 mol/L)
④ 다이에틸아민구리용액

해설 브로민화합물 흡수액 : 수산화소듐용액(0.1 mol/L)

더 알아보기 핵심정리 2-76

74. 굴뚝배출가스 중 벤젠을 분석하고자 할 때, 사용하는 채취관이나 도관의 재질로 적절하지 않는 것은?

① 경질유리
② 석영
③ 플루오로수지
④ 보통강철

해설 벤젠의 채취관 및 연결관 등의 재질 : 경질유리, 석영, 플루오로수지

더 알아보기 핵심정리 2-75

75. 원자흡수분광광도법에 사용되는 용어설명으로 옳지 않은 것은?

① 역화(flame back) : 불꽃의 연소속도가 크고 혼합기체의 분출속도가 작을 때 연소현상이 내부로 옮겨지는 것
② 중공음극램프(hollow cathode lamp) : 원자흡광분석의 광원이 되는 것으로 목적원소를 함유하는 중공음극 한 개 또는 그 이상을 고압의 질소와 함께 채운 방전관
③ 멀티 패스(multi-path) : 불꽃 중에서의 광로를 길게 하고 흡수를 증대시키기 위하여 반사를 이용하여 불꽃 중에 빛을 여러 번 투과시키는 것
④ 공명선(resonance line) : 원자가 외부로부터 빛을 흡수했다가 다시 먼저 상태로 돌아갈 때 방사하는 스펙트럼선

해설 원자흡수분광광도법 용어
② 중공음극램프(hollow cathode lamp) : 원자흡광분석의 광원이 되는 것으로 목적원소를 함유하는 중공음극 한 개 또는 그 이상을 저압의 네온과 함께 채운 방전관

76. 굴뚝 배출가스 중 이산화황(아황산가스) 자동연속측정방법에서 사용하는 용어의 의미로 가장 적합한 것은?

① 편향(bias) : 측정결과에 치우침을 주는 원인에 의해서 생기는 우연오차
② 제로드리프트 : 연속자동측정기가 정상 가동되는 조건하에서 제로가스를 일정 시간 흘려 준 후 발생한 출력신호가 변화된 정도
③ 시험가동시간 : 연속자동측정기를 정상적인 조건에 따라 운전할 때 예기치 않는 수리, 조정, 부품교환 없이 연속 가동할 수 있는 최대시간
④ 점(point) 측정시스템 : 굴뚝 단면 직경의 20 % 이하의 경로 또는 여러 지점에서 오염물질 농도를 측정하는 연속자동측정시스템

해설 배출가스 중 이산화황 연속자동측정방법 용어
• 시험가동시간 : 연속자동측정기를 정상적인 조건에 따라 운전할 때 예기치 않는 수리, 조정 및 부품교환 없이 연속 가동할 수 있는 최소시간
• 점(point) 측정시스템 : 굴뚝 또는 덕트 단면 직경의 10 % 이하의 경로 또는 단일점에서 오염물질 농도를 측정하는 배출가스 연속자동측정시스템
• 편향(bias) : 계통오차. 측정결과에 치우침을 주는 원인에 의해서 생기는 오차

정답 73. ③ 74. ④ 75. ② 76. ②

77. 환경대기 중의 석면농도를 측정하기 위해 멤브레인 필터에 포집한 대기부유먼지 중의 석면 섬유를 위상차현미경을 사용하여 계수하는 방법에 관한 설명으로 옳지 않은 것은?

① 석면먼지의 농도표시는 20℃, 1기압 상태의 기체 1 mL 중에 함유된 석면섬유의 개수(개/mL)로 표시한다.
② 멤브레인 필터는 셀룰로오스 에스테르를 원료로 한 얇은 다공성의 막으로, 구멍의 지름은 평균 0.01~10 μm 의 것이 있다.
③ 대기 중 석면은 강제 흡인 장치를 통해 여과 장치에 채취한 후 위상차 현미경으로 계수하여 석면 농도를 산출한다.
④ 빛은 간섭성을 띠우기 위해 단일 빛을 사용하며, 후광 또는 차광이 발생하더라도 측정에 영향을 미치지 않는다.

해설 ④ 후광(halo)이나 차광(shading)은 관찰을 방해하기도 한다. 초점이 정확하지 않고 콘트라스트가 역전되는 경우도 있다.

78. 굴뚝 단면이 원형이고, 굴뚝 직경이 3 m 인 경우 배출가스먼지 측정을 위한 측정점 수는?

① 8   ② 12
③ 16   ④ 20

해설 배출가스 중 먼지 – 원형단면의 측정점
반경이 3 m이면 직경은 6 m이므로, 측정점 수는 20이다.

굴뚝 직경(m)	반경 구분수	측정점수
1 이하	1	4
1 초과 2 이하	2	8
2 초과 4 이하	3	12
4 초과 4.5 이하	4	16
4.5 초과	5	20

79. 다음은 기체크로마토그래피에 사용되는 검출기에 관한 설명이다. ( ) 안에 가장 적합한 것은?

( )는 안정된 직류전기를 공급하는 전원회로, 전류조절부, 신호검출 전기회로, 신호감쇄부 등으로 구성되며, 둘 사이의 열전도도 차이를 측정함으로써 시료를 검출하여 분석한다. 모든 화합물을 검출할 수 있어 분석 대상에 제한이 없고, 값이 싸며 시료를 파괴하지 않는 장점이 있으나, 다른 검출기에 비해 감도가 낮다.

① flame ionization detector
② electron capture detector
③ thermal conductivity detector
④ flame photometric detector

해설 기체크로마토그래피의 검출기
(1) 열전도도 검출기(thermal conductivity detector, TCD) : 금속 필라멘트, 전기저항체를 검출소자로 하여 금속판(block) 안에 들어 있는 본체와 안정된 직류전기를 공급하는 전원회로, 전류조절부, 신호검출 전기회로, 신호감쇄부 등으로 구성된다. 모든 화합물을 검출할 수 있어 분석 대상에 제한이 없고 값이 싸며 시료를 파괴하지 않는 장점에 비하여 다른 검출기에 비해 감도가 낮다.
(2) 불꽃이온화 검출기(flame ionization detector, FID) : 대부분의 유기화합물은 수소와 공기의 연소 불꽃에서 전하를 띤 이온을 생성하는데 생성된 이온에 의한 전류의 변화를 측정한다. 대부분의 화합물에 대하여 열전도도 검출기보다 약 1,000배 높은 감도를 나타내고 대부분의 유기화합물의 검출이 가능하므로 가장 흔히 사용된다.
(3) 전자 포획 검출기(electron capture detector, ECD) : 방사성 물질인 Ni-63 혹은 삼중수소로부터 방출되는 β선이 운반기체를 전리하여 이로 인해 전자 포획 검출기 셀(cell)에 전자구름이 생성되어 일정 전류가 흐르게 된다. 이러한 전자 포획 검

출기 셀에 전자 친화력이 큰 화합물이 들어오면 셀에 있던 전자가 포획되어 이로 인해 전류가 감소하는 것을 이용하는 방법으로 유기 할로겐 화합물, 나이트로 화합물 및 유기 금속 화합물 등 전자 친화력이 큰 원소가 포함된 화합물을 수 ppt의 매우 낮은 농도까지 선택적으로 검출할 수 있다. 따라서 유기 염소계의 농약분석이나 PCB 등의 환경오염 시료의 분석에 많이 사용되고 있다. 그러나 탄화수소, 알코올, 케톤 등에는 감도가 낮다.

(4) 질소 인 검출기(nitrogen phosphorous detector, NPD) : 유기 질소 및 유기 인 화합물을 선택적으로 검출할 수 있다. 질소-인 검출기에서 질소나 인을 함유하는 화합물에 대한 감도는 일반 탄화수소 화합물에 대한 감도의 약 100,000배로 질소 또는 인 화합물에 대한 선택성이 커서, 살충제나 제초제의 분석에 일반적으로 사용된다

80. 연료용 유류 중의 황 함유량을 측정하기 위한 분석방법은?

① 방사선식 여기법
② 자동 연속 열탈착 분석법
③ 테들라 백 – 열 탈착법
④ 몰린 형광 광도법

해설 연료용 유류 중의 황함유량 분석방법
- 연소관식 공기법(중화적정법)
- 방사선식 여기법(기기분석법)

제5과목 　　대기환경관계법규

81. 환경정책기본법상 용어의 정의 중 ( ) 안에 가장 적합한 것은?

( )이란 일정한 지역에서 환경오염 또는 환경훼손에 대하여 환경이 스스로 수용, 정화 및 복원하여 환경의 질을 유지할 수 있는 한계를 말한다.

① 환경기준
② 환경용량
③ 환경보전
④ 환경보존

해설 환경정책기본법 용어
1. "환경"이란 자연환경과 생활환경을 말한다.
2. "자연환경"이란 지하·지표(해양을 포함한다) 및 지상의 모든 생물과 이들을 둘러싸고 있는 비생물적인 것을 포함한 자연의 상태(생태계 및 자연경관을 포함한다)를 말한다.
3. "생활환경"이란 대기, 물, 토양, 폐기물, 소음·진동, 악취, 일조, 인공조명, 화학물질 등 사람의 일상생활과 관계되는 환경을 말한다.
4. "환경오염"이란 사업활동 및 그 밖의 사람의 활동에 의하여 발생하는 대기오염, 수질오염, 토양오염, 해양오염, 방사능오염, 소음·진동, 악취, 일조 방해, 인공조명에 의한 빛공해 등으로서 사람의 건강이나 환경에 피해를 주는 상태를 말한다.
5. "환경훼손"이란 야생동식물의 남획 및 그 서식지의 파괴, 생태계질서의 교란, 자연경관의 훼손, 표토의 유실 등으로 자연환경의 본래적 기능에 중대한 손상을 주는 상태를 말한다.
6. "환경보전"이란 환경오염 및 환경훼손으로부터 환경을 보호하고 오염되거나 훼손된 환경을 개선함과 동시에 쾌적한 환경상태를 유지·조성하기 위한 행위를 말한다.
7. "환경용량"이란 일정한 지역에서 환경오염 또는 환경훼손에 대하여 환경이 스스로 수용, 정화 및 복원하여 환경의 질을 유지할 수 있는 한계를 말한다.
8. "환경기준"이란 국민의 건강을 보호하고 쾌적한 환경을 조성하기 위하여 국가가 달성하고 유지하는 것이 바람직한 환경상의 조건 또는 질적인 수준을 말한다.

정답 80. ① 81. ②

82. 대기환경보전법규상 휘발유를 연료로 사용하는 "경자동차"의 배출가스 보증기간 적용기준으로 옳은 것은? (단, 2016년 1월 1일 이후 제작 자동차)

① 15년 또는 240,000 km
② 10년 또는 192,000 km
③ 2년 또는 160,000 km
④ 1년 또는 20,000 km

해설 배출가스 보증기간

사용 연료	자동차의 종류	적용기간	
휘발유	경자동차, 소형 승용·화물자동차, 중형 승용·화물자동차	15년 또는 240,000 km	
	대형 승용·화물자동차, 초대형 승용·화물자동차	2년 또는 160,000 km	
	이륜자동차	최고속도 130 km/h 미만	2년 또는 20,000 km
		최고속도 130 km/h 이상	2년 또는 35,000 km

83. 환경정책기본법령상 아황산가스(SO_2)의 대기환경기준(ppm)으로 옳은 것은? (단, ㉠ 연간, ㉡ 24시간, ㉢ 1시간의 평균치 기준)

① ㉠ 0.02 이하, ㉡ 0.05 이하, ㉢ 0.15 이하
② ㉠ 0.03 이하, ㉡ 0.15 이하, ㉢ 0.25 이하
③ ㉠ 0.06 이하, ㉡ 0.10 이하, ㉢ 0.15 이하
④ ㉠ 0.03 이하, ㉡ 0.06 이하, ㉢ 0.10 이하

해설 환경정책기본법상 대기환경기준 – SO_2
- 연간 평균치 : 0.02 ppm 이하
- 24시간 평균치 : 0.05 ppm 이하
- 1시간 평균치 : 0.15 ppm 이하

더 알아보기 핵심정리 2-103

84. 대기환경보전법규상 배출시설 등의 가동개시 신고와 관련하여 환경부령으로 정하는 시운전 기간은?

① 가동개시일부터 7일까지의 기간
② 가동개시일부터 15일까지의 기간
③ 가동개시일부터 30일까지의 기간
④ 가동개시일부터 90일까지의 기간

해설 시운전 기간 : "환경부령으로 정하는 기간"이란 신고한 배출시설 및 방지시설의 가동개시일부터 30일까지의 기간을 말한다.

85. 대기환경보전법규상 「의료법」에 따른 의료기관의 배출시설 등에 조업정지처분을 갈음하여 과징금을 부과하고자 할 때, "2종사업장"의 규모별 부과계수로 옳은 것은?

① 0.4
② 0.7
③ 1.0
④ 1.5

해설 조업정지처분을 갈음한 과징금 – 사업장 규모별 부과계수

사업장 구분	1종 사업장	2종 사업장	3종 사업장	4종 사업장	5종 사업장
부과 계수	2.0	1.5	1.0	0.7	0.4

정답 82. ① 83. ① 84. ③ 85. ④

86. 대기환경보전법규상 측정기기의 부착·운영 등과 관련된 행정처분기준 중 굴뚝 자동측정기기의 부착이 면제된 보일러(사용연료를 6개월 이내에 청정연료로 변경할 계획이 있는 경우)로서 사용연료를 6월 이내에 청정연료로 변경하지 아니한 경우의 4차 행정처분기준으로 가장 적합한 것은?

① 조업정지 10일
② 조업정지 30일
③ 조업정지 5일
④ 경고

해설 행정처분기준 : 측정기기의 부착·운영 등과 관련된 행정처분기준 중 "굴뚝 자동측정기기의 부착이 면제된 보일러(사용연료를 6개월 이내에 청정연료로 변경할 계획이 있는 경우)로서 사용연료를 6월 이내에 청정연료로 변경하지 아니한 경우"
  • 1차 : 경고
  • 2차 : 경고
  • 3차 : 조업정지 10일
  • 4차 : 조업정지 30일

87. 대기환경보전법령상 대기배출시설의 설치허가를 받고자 하는 자가 제출해야 할 서류목록에 해당하지 않는 것은?

① 오염물질 배출량을 예측한 명세서
② 배출시설 및 방지시설의 설치명세서
③ 방지시설의 연간 유지관리 계획서
④ 배출시설 및 방지시설의 실시계획도면

해설 배출시설 설치허가 신청서 또는 배출시설 설치신고서에 첨부하여야 할 서류
  1. 원료(연료 포함)의 사용량 및 제품 생산량과 오염물질 등의 배출량을 예측한 명세서
  2. 배출시설 및 방지시설의 설치명세서
  3. 방지시설의 일반도
  4. 방지시설의 연간 유지관리 계획서
  5. 사용 연료의 성분 분석과 황산화물 배출농도 및 배출량 등을 예측한 명세서(법 제41조제3항 단서에 해당하는 배출시설의 경우에만 해당)
  6. 배출시설 설치허가증(변경허가를 신청하는 경우에만 해당)

88. 악취방지법규상 악취검사기관의 준수사항 중 실험일지 및 검량선 기록지, 검사 결과 발송 대장, 정도관리 수행기록철 등의 보존기간으로 옳은 것은?

① 1년간 보존
② 2년간 보존
③ 3년간 보존
④ 5년간 보존

해설 기간 정리
  • 악취방지법규상 악취검사기관의 준수사항 중 실험일지 및 검량선 기록지, 검사 결과 발송 대장, 정도관리 수행기록철 등의 보존기간 : 3년간
  • 배출시설 및 방지시설 운영기록 보존기간 : 1년간
  • 과태료의 가중된 부과기준 부과기간 : 최근 1년간 같은 위반행위에 적용
  • 자가측정 시 사용한 여과지 및 시료채취 기록지의 보존기간 : 측정한 날부터 6개월

89. 대기환경보전법령상 초과부과금 산정기준에서 오염물질 1킬로그램당 부과금액이 가장 낮은 것은?

① 먼지
② 황산화물
③ 암모니아
④ 불소화합물

해설 초과부과금 산정기준 : 염화수소>시안화수소>황화수소>불소화물>질소산화물>이황화탄소>암모니아>먼지>황산화물

더 알아보기 핵심정리 2-97

정답 86. ② 87. ④ 88. ③ 89. ②

90. 대기환경보전법규상 휘발성유기화합물 배출 억제·방지 시설 설치 및 검사·측정 결과의 기록보존에 관한 기준 중 주유소 주유시설 기준으로 옳지 않은 것은?

① 회수설비의 처리효율은 90퍼센트 이상이어야 한다.
② 유증기 회수배관을 설치한 후에는 회수배관 액체막힘 검사를 하고 그 결과를 3년간 기록·보존하여야 한다.
③ 회수설비의 유증기 회수율(회수량/주유량)이 적정범위(0.88~1.2)에 있는지를 회수설비를 설치한 날부터 1년이 되는 날 또는 직전에 검사한 날부터 1년이 되는 날마다 전후 45일 이내에 검사한다.
④ 주유소에서 차량에 유류를 공급할 때 배출되는 휘발성유기화합물은 주유시설에 부착된 유증기 회수설비를 이용하여 대기로 직접 배출되지 아니하도록 하여야 한다.

해설 휘발성유기화합물 배출 억제·방지 시설 설치 및 검사·측정결과의 기록보존에 관한 기준
② 유증기 회수배관을 설치한 후에는 회수배관 액체막힘 검사를 하고 그 결과를 5년간 기록·보존하여야 한다.

91. 대기환경보전법상 사업자는 조업을 할 때에는 환경부령으로 정하는 바에 따라 배출시설과 방지시설의 운영에 관한 상황을 사실대로 기록하여 보존하여야 하나 이를 위반하여 배출시설 등의 운영상황을 기록·보존하지 아니하거나 거짓으로 기록한 자에 대한 과태료 부과기준으로 옳은 것은?

① 1,000만원 이하의 과태료
② 500만원 이하의 과태료
③ 300만원 이하의 과태료
④ 200만원 이하의 과태료

해설 300만원 이하의 과태료
• 배출시설 등의 운영상황을 기록·보존하지 아니하거나 거짓으로 기록한 자
• 환경기술인을 임명하지 아니한 자
• 자동차 결함시정명령을 위반한 자
• 저공해자동차로의 전환 또는 개조 명령, 배출가스저감장치의 부착·교체 명령 또는 배출가스 관련 부품의 교체 명령, 저공해엔진(혼소엔진을 포함한다)으로의 개조 또는 교체 명령을 이행하지 아니한 자

92. 대기환경보전법규상 고체연료 환산계수가 가장 큰 연료(또는 원료명)는? (단, 무연탄 환산계수 : 1.00, 단위 : kg 기준)

① 톨루엔
② 유연탄
③ 에탄올
④ 석탄타르

해설 고체연료 환산계수(단위 : kg 기준)

연료 또는 원료명	단위	환산계수
엘피지	kg	2.4
톨루엔	kg	2.06
벤젠	kg	2.02
석탄타르	kg	1.88
에탄올	kg	1.44
목탄	kg	1.42
유연탄	kg	1.34
코크스	kg	1.32
메탄올	kg	1.08
무연탄	kg	1
갈탄	kg	0.9
이탄	kg	0.8
목재	kg	0.7
유황	kg	0.46

정답 90. ② 91. ③ 92. ①

93. 대기환경보전법령상 일일 기준초과배출량 및 일일유량의 산정방법에 관한 설명으로 옳지 않은 것은?
① 일일유량 산정을 위한 측정유량의 단위는 m³/일로 한다.
② 일일유량 산정을 위한 일일조업시간은 배출량을 측정하기 전 최근 조업한 30일 동안의 배출 시설의 조업시간 평균치를 시간으로 표시한다.
③ 먼지 이외의 오염물질의 배출농도 단위는 ppm으로 한다.
④ 특정대기유해물질의 배출허용기준초과 일일오염 물질배출량은 소수점이하 넷째 자리까지 계산한다.

해설 일일 기준초과배출량 및 일일유량의 산정 방법
① 일일유량 산정을 위한 측정유량의 단위는 m³/hr로 한다.

94. 환경정책기본법령상 대기환경기준으로 옳지 않은 것은?

구분	항목	기준	농도
㉠	CO	8시간 평균치	9 ppm 이하
㉡	NO₂	24시간 평균치	0.1 ppm 이하
㉢	PM-10	연간 평균치	50 $\mu g/m^3$ 이하
㉣	벤젠	연간 평균치	5 $\mu g/m^3$ 이하

① ㉠　② ㉡　③ ㉢　④ ㉣

해설 환경정책기본법상 대기환경기준
② NO_2 24시간 평균치 : 0.06 ppm 이하
더 알아보기 핵심정리 2-103

95. 실내공기질 관리법규상 "공동주택의 소유자"에게 권고하는 실내 라돈 농도의 기준으로 옳은 것은?
① 1세제곱미터당 148베크렐 이하
② 1세제곱미터당 348베크렐 이하
③ 1세제곱미터당 548베크렐 이하
④ 1세제곱미터당 848베크렐 이하

해설 다중이용시설 또는 공동주택의 소유자 등에게 권고하는 실내 라돈 농도의 기준 : 148 Bq/m^3 이하

96. 대기환경보전법상 환경부장관은 대기오염물질과 온실가스를 줄여 대기환경을 개선하기 위한 대기환경개선 종합계획을 얼마마다 수립하여 시행하여야 하는가?
① 매년마다　② 3년마다
③ 5년마다　④ 10년마다

해설 대기환경개선 종합계획의 수립 : 환경부장관은 대기오염물질과 온실가스를 줄여 대기환경을 개선하기 위하여 대기환경개선 종합계획을 10년마다 수립하여 시행하여야 한다.

97. 대기환경보전법상 1년 이하의 징역이나 1천만원 이하의 벌금에 처하는 벌칙기준이 아닌 것은?
① 배출시설의 설치를 완료한 후 신고를 하지 아니하고 조업한 자
② 환경상 위해가 발생하여 그 사용규제를 위반하여 자동차 연료·첨가제 또는 촉매제를 제조하거나 판매한 자
③ 측정기기 관리대행업의 등록 또는 변경등록을 하지 아니하고 측정기기 관리 업무를 대행한 자
④ 부품결함시정명령을 위반한 자동차 제작자

해설 ④ 부품결함시정명령을 위반한 자동차 제작자 : 5년 이하의 징역 또는 5천만원 이하의 벌금
1년 이하의 징역 또는 1천만원 이하의 벌금
1. 배출시설의 설치를 완료한 후 신고를 하지 아니하고 조업한 자

정답 93. ①　94. ②　95. ①　96. ④　97. ④

2. 측정기기 조업정지명령을 위반한 자
3. 측정기기 관리대행업의 등록 또는 변경등록을 하지 아니하고 측정기기 관리 업무를 대행한 자
4. 거짓이나 그 밖의 부정한 방법으로 측정기기 관리대행업의 등록을 한 자
5. 다른 자에게 자기의 명의를 사용하여 측정기기 관리 업무를 하게 하거나 등록증을 다른 자에게 대여한 자
6. 황함유기준을 초과하는 연료를 사용한 자
7. 배출가스 전문정비사업자 지정을 받은 자가 고의로 정비 업무를 부실하게 하여 받은 업무정지명령을 위반한 자
8. 자동차 정밀검사업무의 업무정지의 명령을 위반한 자
9. 제조기준에 맞지 아니한 것으로 판정된 자동차 연료와 검사를 받지 아니하거나 검사받은 내용과 다르게 제조된 자동차 연료를 사용한 자
10. 환경상 위해가 발생하거나 인체에 현저하게 유해한 물질이 배출된다고 인정하여 규제된 자동차연료·첨가제 또는 촉매제를 제조하거나 판매한 자
11. 첨가제 제조기준에 적합한 제품임을 표시하는 규정을 위반하여 검사를 받은 제품임을 표시하지 아니하거나 거짓으로 표시한 자

98. 악취방지법상 악취로 인한 주민의 건강상 위해 예방 등을 위해 기술진단을 실시하지 아니한 자에 대한 과태료 부과기준으로 옳은 것은?

① 500만원 이하의 과태료
② 300만원 이하의 과태료
③ 200만원 이하의 과태료
④ 100만원 이하의 과태료

해설 악취방지법(200만원 이하의 과태료)
1. 권고사항의 조치명령을 이행하지 아니한 자
2. 악취로 인한 주민의 건강상 위해 예방 등을 위해 기술진단을 실시하지 아니한 자
3. 생활악취에 관한 변경등록을 하지 아니하고 중요한 사항을 변경한 자
4. 기술진단전문기관 업무 준수사항을 지키지 아니한 자

99. 대기환경보전법규상 운행차배출허용기준 중 일반기준으로 옳지 않은 것은?

① 건설기계 중 덤프트럭, 콘크리트믹서트럭, 콘크리트펌프트럭에 대한 배출허용기준은 화물자동차 기준을 적용한다.
② 알코올만 사용하는 자동차는 탄화수소 기준을 적용하지 아니한다.
③ 1993년 이후에 제작된 자동차 중 과급기(turbo charger)나 중간냉각기(inter-cooler)를 부착한 경유사용 자동차의 배출허용기준은 무부하급가속 검사방법의 매연 항목에 대한 배출허용기준에 5 %를 더한 농도를 적용한다.
④ 희박연소(lean burn)방식을 적용하는 자동차는 공기과잉률 기준을 적용한다.

해설 운행차배출허용기준
④ 희박연소(lean burn)방식을 적용하는 자동차는 공기과잉률 기준을 적용하지 아니한다.

100. 실내공기질 관리법규상 폼알데하이드의 신축 공동주택의 실내공기질 권고기준은?

① 30 $\mu g/m^3$ 이하 ② 210 $\mu g/m^3$ 이하
③ 300 $\mu g/m^3$ 이하 ④ 700 $\mu g/m^3$ 이하

해설 신축 공동주택의 실내공기질 권고기준

물질	실내공기질 권고 기준
벤젠	30 $\mu g/m^3$ 이하
폼알데하이드	210 $\mu g/m^3$ 이하
스티렌	300 $\mu g/m^3$ 이하
에틸벤젠	360 $\mu g/m^3$ 이하
자일렌	700 $\mu g/m^3$ 이하
톨루엔	1,000 $\mu g/m^3$ 이하
라돈	148 Bq/m^3 이하

정답 98. ③ 99. ④ 100. ②

대기환경기사

2019년 4월 27일 (제2회)

제1과목 대기오염개론

1. 지구온난화가 환경에 미치는 영향 중 옳은 것은?

① 온난화에 의한 해면상승은 지역의 특수성에 관계없이 전지구적으로 동일하게 발생한다.
② 대류권 오존의 생성반응을 촉진시켜 오존의 농도가 지속적으로 감소한다.
③ 기상조건의 변화는 대기오염의 발생횟수와 오염농도에 영향을 준다.
④ 기온상승과 토양의 건조화는 생물성장의 남방한계에는 영향을 주지만 북방한계에는 영향을 주지 않는다.

해설 ① 온난화에 의한 해면상승은 지역의 특수성과 관계있고 지역에 따라 다르게 나타난다.
② 지구온난화와 오존의 농도는 관련성이 적다.
④ 기온상승과 토양의 건조화는 생물성장의 남방한계와 북방한계에 모두 영향을 준다.

2. 대기오염모델 중 수용모델에 관한 설명으로 거리가 먼 것은?

① 기초적인 기상학적 원리를 적용, 미래의 대기질을 예측하여 대기오염제어 정책입안에 도움을 준다.
② 입자상 물질, 가스상 물질, 가시도 문제 등 환경과학 전반에 응용할 수 있다.
③ 모델의 분류로는 오염물질의 분석방법에 따라 현미경분석법과 화학분석법으로 구분할 수 있다.
④ 측정자료를 입력자료로 사용하므로 시나리오 작성이 곤란하다.

해설 ① 분산모델에 대한 설명이다.
(1) 분산모델
 1. 미래의 대기질을 예측 가능
 2. 대기오염제어 정책입안에 도움
 3. 2차 오염원의 확인이 가능
 4. 점, 선, 면 오염원의 영향 평가 가능
 5. 기상의 불확실성, 오염원 미확인 같은 경우에는 문제점 야기
 6. 특정오염원의 영향을 평가할 수 있는 잠재력이 있음
 7. 오염물의 단기간 분석 시 문제 야기
 8. 지형 및 오염원의 조업조건에 영향
 9. 새로운 오염원이 지역 내에 들어서면 매번 재평가
 10. 기상과 관련하여 대기 중의 무작위적인 특성을 적절하게 묘사할 수 없기 때문에 결과에 대한 불확실성이 크게 작용함
 11. 분진의 영향평가는 기상의 불확실성과 오염원이 미확인인 경우에 많은 문제점을 가짐
(2) 수용모델
 1. 지형이나 기상학적 정보 없이도 사용 가능
 2. 오염원의 조업이나 운영상태에 대한 정보 없이도 사용 가능
 3. 수용체 입장에서 영향평가가 현실적
 4. 입자상, 가스상 물질, 가시도 문제 등을 환경과학 전반에 응용 가능
 5. 현재나 과거에 일어났던 일을 추정하여 미래를 위한 전략은 세울 수 있지만 미래예측은 곤란
 6. 측정자료를 입력자료로 사용하므로 시나리오 작성이 곤란

정답 1. ③ 2. ①

3. 광화학반응과 관련된 오염물질 일변화의 일반적인 특징으로 가장 거리가 먼 것은?

① NO_2와 HC의 반응에 의해 오후 3시경을 전후로 NO가 최대로 발생하기 시작한다.
② NO에서 NO_2로의 산화가 거의 완료되고 NO_2가 최고농도에 도달하는 때부터 O_3가 증가되기 시작한다.
③ aldehyde는 O_3 생성에 앞서 반응초기부터 생성되며 탄화수소의 감소에 대응한다.
④ 주요 생성물로는 PAN, aldehyde, 과산화기 등이 있다.

해설 ① NO_2와 HC의 반응에 의해 출근시간 전후로 NO가 최대로 발생하기 시작한다.

4. 다음 중 CFCs(염화불화탄소)의 배출원과 거리가 먼 것은?

① 스프레이의 분사제
② 우레탄 발포제
③ 형광등 안정기
④ 냉장고의 냉매

해설 CFCs(프레온가스) 용도 : 스프레이류, 냉매제, 소화제, 발포제, 전자부품 세정제

5. 대기오염 농도를 추정하기 위한 상자모델에서 사용하는 가정으로 옳지 않은 것은?

① 고려되는 공간에서 오염물질의 농도는 균일하다.
② 오염물질의 배출원이 지면 전역에 균등히 분포되어 있다.
③ 오염물질의 분해는 0차 반응에 의한다.
④ 고려되는 공간의 수직단면에 직각방향으로 부는 바람의 속도가 일정하여 환기량이 일정하다.

해설 ③ 오염물질의 분해는 1차 반응에 의한다.

6. 유효굴뚝높이가 200 m인 연돌에서 배출되는 가스량은 20 m³/s, SO_2 농도는 1,750 ppm이다. K_y = 0.07, K_z = 0.09인 중립 대기조건에서 SO_2의 최대 지표농도(ppb)는? (단, 풍속은 30 m/s이다.)

① 34 ppb   ② 22 ppb
③ 15 ppb   ④ 9 ppb

해설 최대착지농도

$$C_{max} = \frac{2 \cdot QC}{\pi \cdot e \cdot U \cdot (H_e)^2} \times \left(\frac{\sigma_z}{\sigma_y}\right)$$

$$= \frac{2 \times 20\,m^3/s \times 1{,}750\,ppm}{\pi \times e \times 30\,m/s \times (200)^2} \times \left(\frac{0.09}{0.07}\right)$$

$$= 8.7824 \times 10^{-3}\,ppm \times \frac{10^3\,ppb}{1\,ppm}$$

$$= 8.78\,ppb$$

7. 해륙풍에 관한 설명으로 옳지 않은 것은?

① 육지와 바다는 서로 다른 열적 성질 때문에 주간에는 육지로부터, 야간에는 바다로부터 바람이 분다.
② 야간에는 바다의 온도 냉각률이 육지에 비해 작으므로 기압차가 생겨나 육풍이 존재한다.
③ 육풍은 해풍에 비해 풍속이 작고, 수직 수평적인 범위도 좁게 나타나는 편이다.
④ 해륙풍이 장기간 지속되는 경우에는 폐쇄된 국지 순환의 결과로 인하여 해안가에 공업단지 등의 산업도시가 있는 지역에서는 대기오염물질의 축적이 일어날 수 있다.

해설 ① 육지와 바다는 서로 다른 열적 성질 때문에 주간에는 바다로부터 해풍이 불고, 야간에는 육지로부터 육풍이 분다.

정리 해륙풍
- 원인 : 해륙의 비열차 또는 비열용량차
- 해풍 : 낮에 뜨거워지기 쉬운 육지가 저기압이 되어 바다→육지로 바람
- 육풍 : 밤에 온도 냉각률이 작은 바다가 저기압이 되어 육지→바다로 바람

정답 3. ①   4. ③   5. ③   6. ④   7. ①

8. 가스상 물질의 영향에 관한 설명으로 거리가 먼 것은?

① SO_2는 1 ppm 정도에서도 수시간 내에 고등식물에게 피해를 준다.
② SO_2 독성은 10 ppm 정도에서 인체와 식물에 해롭다.
③ CO는 100 ppm까지는 1~3주간 노출되어도 고등식물에 대한 피해는 약한 편이다.
④ HCl은 SO_2보다 식물에 미치는 영향이 훨씬 적으며, 한계농도는 10 ppm에서 수시간 정도이다.

해설 ② SO_2 독성은 0.1~1 ppm 정도에서 인체와 식물에 해롭다.

9. 열섬현상에 관한 설명으로 가장 거리가 먼 것은?

① dust dome effect라고도 하며, 직경 10 km 이상의 도시에서 잘 나타나는 현상이다.
② 도시지역 표면의 열적 성질의 차이 및 지표면에서의 증발잠열의 차이 등으로 발생된다.
③ 태양의 복사열에 의해 도시에 축적된 열이 주변지역에 비해 크기 때문에 형성된다.
④ 대도시에서 발생하는 기후현상으로 주변지역보다 비가 적게 오며, 건조해져 코, 기관지 염증의 원인이 되며, 태양복사량과 관련된 비타민 C의 결핍을 초래한다.

해설 ④ 열섬현상으로 도시에 비가 많이 내린다.

10. 먼지 농도가 $40\ \mu g/m^3$일 때 가시거리는? (단, 상대습도 70 %, A = 1.2)

① 25 km   ② 30 km
③ 35 km   ④ 40 km

해설 상대습도 70 %일 때의 가시거리 계산
$$L[km] = \frac{1,000 \times A}{G} = \frac{1,000 \times 1.2}{40\ \mu g/m^3}$$
$$= 30\ km$$

11. 다음 분산모델 중 미국에서 개발한 것으로 광화학모델이며, 점오염원이나 면오염원에 적용하고, 도시지역의 오염물질 이동을 계산할 수 있는 것은?

① ISCLT
② TCM
③ UAM
④ RAMS

해설 대기 분야에 적용되는 분산모델의 종류 및 특징
- ADMS : 영국, 도시지역
- AUSPLUME : 호주, 미국 ISC-ST, ISC-LT 개조
- CTDMPLUS : 복잡한 지형(미국)
- CMAQ : 국지규모에서 지역규모까지 다양한 모델링(미국)
- RAM : 바람장 모델, 기상예측에 사용(미국)
- RAMS : 바람장과 오염물질의 분산을 동시에 계산(미국)
- UAM : 광화학 반응 고려(미국)
- TCM : 장기모델로 한국에서 많이 사용되었음(미국)
- ISCST(미국)

12. 다음 중 PAN(Peroxy Acetyl Nitrate)의 구조식을 옳게 나타낸 것은?

① $C_6H_5-\overset{\overset{O}{\|}}{C}-O-O-NO_2$
② $CH_3-\overset{\overset{O}{\|}}{C}-O-O-NO_2$
③ $C_2H_5-\overset{\overset{O}{\|}}{C}-O-O-NO_2$
④ $C_4H_8-\overset{\overset{O}{\|}}{C}-O-O-NO_2$

해설 옥시던트의 분자식 비교
- PAN : $CH_3COOONO_2$
- PPN : $C_2H_5COOONO_2$
- PBN : $C_6H_5COOONO_2$

13. 다음은 어떤 연기 형태에 해당하는 설명인가?

> 대기가 매우 안정한 상태일 때에 아침과 새벽에 잘 발생하며, 강한 역전조건에서 잘 생긴다. 이런 상태에서는 연기의 수직방향 분산은 최소가 되고, 풍향에 수직되는 수평방향의 분산은 아주 적다.

① fanning　　② coning
③ looping　　④ lofting

해설 대기 안정도와 플룸의 형태
① 부채형 : 안정
② 원추형 : 중립
③ 밧줄형 : 불안정
④ 지붕형 : 상층 불안정, 하층 안정

더 알아보기 핵심정리 2-33

14. 아래 그림은 고도에 따른 대기의 기온변화를 나타낸 것이다. 다음 중 대기 중에 섞인 오염물질이 가장 잘 확산되는 기온변화 형태는?

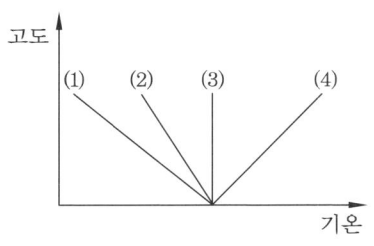

① (1)　　② (2)
③ (3)　　④ (4)

해설 (1) 불안정, (2) 중립, (3) 등온, (4) 안정
오염물질은 대기가 불안정할 때 가장 잘 확산되므로, (1) 불안정이 정답임

더 알아보기 핵심정리 2-29 (2)

15. 다음 대기오염물질의 분류 중 2차 오염물질에 해당하지 않는 것은?

① NOCl　　② 알데하이드
③ 케톤　　④ N_2O_3

해설 ④ N_2O_3 : 1차 오염물질

정리 대기오염물질의 분류
- 1차 대기오염물질 : CO, CO_2, HC, HCl, NH_3, H_2S, NaCl, N_2O_3
- 2차 대기오염물질 : O_3, PAN($CH_3COOONO_2$), H_2O_2, NOCl, 아크롤레인(CH_2CHCHO)
- 1·2차 대기오염물질 : SOx(SO_2, SO_3), NOx(NO, NO_2), H_2SO_4, HCHO, 케톤, 유기산

16. 가솔린 연료를 사용하는 차량은 엔진 가동형태에 따라 오염물질 배출량은 달라진다. 다음 중 통상적으로 탄화수소가 제일 많이 발생하는 엔진 가동형태는?

① 정속(60 km/h)　　② 가속
③ 정속(40 km/h)　　④ 감속

해설 운전상태에 따른 배출가스

구분	HC	CO	NOx	CO_2
많이 나올 때	감속	공전, 가속	가속	운행
적게 나올 때	운행	운행	공전	공전, 감속

17. 지표 부근에 존재하는 오존(O_3)에 관한 설명 중 틀린 것은?

① 질소산화물과 탄화수소의 광화학적 반응에 의해 생성되며, 강력한 산화작용을 한다.
② 오존에 강한 식물로는 담배, 알팔파, 무 등이 있다.
③ 식물의 엽록소 파괴, 동화작용의 억제, 산소작용의 저해 등을 일으킨다.
④ 식물의 피해 정도는 기공의 개폐, 증산작용의 대소 등에 따라 달라진다.

해설 ② 담배, 알팔파, 무 등은 오존에 약한 식물이다.

정답 13. ①　14. ①　15. ④　16. ④　17. ②

18. down wash 현상에 관한 설명은?

① 원심력집진장치에서 처리가스량의 5~10 % 정도를 흡인하여 줌으로써 유효원심력을 증대시키는 방법이다.
② 굴뚝의 높이가 건물보다 높은 경우 건물 뒤편에 공동현상이 생기고 이 공동에 대기오염물질의 농도가 낮아지는 현상을 말한다.
③ 굴뚝 아래로 오염물질이 휘날리어 굴뚝 밑부분에 오염물질의 농도가 높아지는 현상을 말한다.
④ 해가 뜬 후 지표면이 가열되어 대기가 지면으로부터 열을 받아 지표면 부근부터 역전층이 해소되는 현상을 말한다.

[해설] ① 블로 다운
② 다운 드래프트 현상(down draught, 역류현상) : 굴뚝 높이가 장애물(건물, 산 등)보다 낮을 경우, 바람이 불면 장애물 뒤에 공동현상(부압)이 발생해 대기 오염 물질 농도가 건물 주위에서 높게 나타나는 현상
[더 알아보기] 핵심정리 2-26

19. 가우시안 모델에 적용되는 가정조건으로 거리가 먼 것은?

① 연기의 분산은 정상상태 분포를 가정한다.
② 바람에 의한 오염물질의 주 이동방향은 x축이며, 풍속은 일정하다.
③ 연직방향의 풍속은 통상 수평방향의 풍속보다 크므로 고도변화에 따라 반영한다.
④ 난류확산계수는 일정하다.

[해설] ③ 바람은 연직방향의 풍속은 무시하고, x축(수평방향)으로만 분다고 가정한다.

20. 지상으로부터 500 m까지의 평균 기온감률이 0.85℃/100 m이다. 100 m 고도의 기온이 15℃라 하면 400 m에서의 기온은?

① 13.30℃ ② 12.45℃
③ 11.45℃ ④ 10.45℃

[해설] 고도변화에 따른 기온감률 계산
특정 고도에서의 기온
= 기준고도의 기온 − 평균기온감률 × 고도변화
$= 15℃ - \dfrac{0.85℃}{100\,\text{m}} \times (400-100)\,\text{m}$
$= 12.45℃$

제2과목 연소공학

21. 중유의 특성에 관한 설명으로 가장 거리가 먼 것은?

① 중유는 비중이 클수록 유동점, 점도가 증가한다.
② 중유는 인화점이 150℃ 이상으로 이 온도 이하에서는 인화의 위험이 적다.
③ 중유의 잔류 탄소함량은 일반적으로 7~16 % 정도이다.
④ 점도가 낮은 것은 일반적으로 낮은 비점의 탄화수소를 함유한다.

[해설] ② 중유는 인화점이 60℃ 이상으로 이 온도 이하에서는 인화의 위험이 적다.
• 중유의 착화점 : 530~580℃
• 중유의 인화점 : 60~150℃

22. 공기를 사용하여 propane을 완전연소시킬 때 건조 연소가스 중의 $(CO_2)_{max}$[%]는?

① 13.76 ② 17.76
③ 18.25 ④ 22.85

[해설] $C_3H_8 + 5O_2 \longrightarrow 3CO_2 + 4H_2O$
(1) $G_{od} = (1-0.21)A_o + \Sigma$ 연소생성물(H_2O 제외)
$= (1-0.21) \times \dfrac{5}{0.21} + 3$
$= 21.8\,\text{Sm}^3/\text{Sm}^3$
(2) $(CO_2)_{max}[\%] = \dfrac{CO_2(\text{부피})}{G_{od}(\text{부피})} \times 100$
$= \dfrac{3}{21.8} \times 100 = 13.76\,\%$

[정답] 18. ③ 19. ③ 20. ② 21. ② 22. ①

23. 화학반응속도 및 반응속도상수에 관한 설명으로 옳지 않은 것은?

① 1차 반응에서 반응속도상수의 단위는 s^{-1}이다.
② 반응물의 농도가 무제한 증가할지라도 반응속도에는 영향을 미치지 않는 반응을 0차 반응이라 한다.
③ 화학반응속도론에서 반응속도상수 결정에 활성화에너지가 가장 주요한 영향인자로 작용하며, 넓은 온도범위에 걸쳐 유효하게 적용된다.
④ 반응속도상수는 온도에 영향을 받는다.

해설 ③ 화학반응속도론에서 반응속도상수는 온도가 주요 결정인자이다.

24. 착화점의 설명으로 옳지 않은 것은?

① 화학적으로 발열량이 적을수록 착화점은 낮다.
② 화학결합의 활성도가 클수록 착화점은 낮다.
③ 분자구조가 복잡할수록 착화점은 낮다.
④ 산소 농도가 클수록 착화점은 낮다.

해설 착화온도의 특성
① 화학적으로 발열량이 적을수록 착화점은 높다.

더 알아보기 핵심정리 2-38 (2)

25. 다음 중 기체연료 연소장치에 해당하지 않는 것은?

① 송풍 버너   ② 선회 버너
③ 방사형 버너 ④ 로터리 버너

해설 기체연료 연소장치
- 확산 연소 : 포트형, 버너형, 선회식, 방사식 버너
- 예혼합 연소 : 고압 버너, 저압 버너, 송풍 버너

26. 석유류의 물성에 관한 설명으로 옳지 않은 것은?

① 비중이 커지면 화염의 휘도가 커지며, 점도가 증가한다.
② 증기압이 크면 인화점 및 착화점이 높아져서 안전하지만, 연소효율은 저하된다.
③ 점도가 낮아지면 인화점이 낮아지고 연소가 잘 된다.
④ 유체온도를 서서히 냉각하였을 때 유체가 유동할 수 있는 최저온도를 유동점이라 하고, 일반적으로 응고점보다 2.5℃ 높은 온도를 유동점이라 한다.

해설 ② 증기압이 작으면 인화점 및 착화점이 높아져서 안전하지만, 연소효율은 저하된다.

27. 용적 100 m³의 밀폐된 실내에서 황함량 0.01 %인 등유 200 kg을 완전연소시킬 때 실내의 평균 SO_2 농도(ppm)는? (단, 표준상태를 기준으로 하고, 황은 전량 SO_2로 전환된다.)

① 140   ② 240
③ 430   ④ 570

해설 $S + O_2 \rightarrow SO_2$
$32\,kg \quad : 22.4\,Sm^3$
$200\,kg \times \dfrac{0.01}{100} \quad : X[Sm^3]$

$\therefore X = 200\,kg \times \dfrac{0.01}{100} \times \dfrac{22.4\,Sm^3\,SO_2}{32\,kg\,S}$
$= 1.4 \times 10^{-2}\,Sm^3$

$\therefore SO_2 = \dfrac{1.4 \times 10^{-2}\,Sm^3}{100\,m^3} \times 10^6 = 140\,ppm$

28. 탄화도의 증가에 따른 연소특성의 변화에 대한 설명으로 옳지 않은 것은?

① 착화온도는 상승한다.
② 발열량은 증가한다.
③ 산소의 양이 줄어든다.
④ 연료비(고정탄소%/휘발분%)는 감소한다.

정답 23. ③ 24. ① 25. ④ 26. ② 27. ① 28. ④

해설 탄화도 높을수록
- 고정탄소, 연료비, 착화온도, 발열량, 비중 증가함
- 수분, 이산화탄소, 휘발분, 비열, 매연 발생, 산소함량, 연소속도 감소함

29. 다음 중 연료 연소 시 공기비가 이론치보다 작을 때 나타나는 현상으로 가장 적합한 것은?
① 완전연소로 연소실 내의 열손실이 작아진다.
② 배출가스 중 일산화탄소의 양이 많아진다.
③ 연소실 벽에 미연탄화물 부착이 줄어든다.
④ 연소효율이 증가하여 배출가스의 온도가 불규칙하게 증가 및 감소를 반복한다.

해설 공기비가 이론치보다 작을 때(m < 1)는 불완전 연소 상태이므로 매연, 검댕, CO, HC가 증가한다.

정리 공기비와 연소상태
(1) m < 1
- 공기 부족
- 불완전 연소
- 매연, 검댕, CO, HC 증가
- 폭발 위험

(2) m = 1
- 완전 연소
- CO_2 발생량 최대

(3) 1 < m
- 과잉 공기
- SO_x, NO_x 증가
- 연소온도 감소, 냉각효과
- 열손실 커짐
- 저온부식 발생
- 희석효과가 높아져, 연소 생성물의 농도 감소

30. 탄소 85 %, 수소 15 %된 경유(1 kg)를 공기과잉계수 1.1로 연소했더니 탄소 1 %가 검댕(그을음)으로 된다. 건조 배기가스 1 Sm^3 중 검댕의 농도(g/Sm^3)는?
① 약 0.72
② 약 0.86
③ 약 1.72
④ 약 1.86

해설 (1) $G_d = mA_o - 5.6H + 0.7O + 0.8N$
$= 1.1 \times \dfrac{1.867 \times 0.85 + 5.6 \times 0.15}{0.21} - 5.6 \times 0.15$
$= 11.8725 \, Sm^3/kg$

(2) 연료 1 kg 연소 시 발생하는 검댕량(g)
$10^3 g \times 0.85 \times 0.01 = 8.5 g$

(3) $\dfrac{검댕(g)}{배기가스(Sm^3)} = \dfrac{8.5 g}{11.8725 \, Sm^3}$
$= 0.715 \, g/Sm^3$

31. 다음 연료의 연소 시 이론공기량의 개략치(Sm^3/kg)가 가장 큰 것은?
① LPG
② 고로가스
③ 발생로가스
④ 석탄가스

해설 각 연료의 이론공기량

연료	이론공기량(Sm^3/kg)
고로가스	0.7
발생로가스	0.9~1.2
석탄가스	4.5~5.5
천연가스(LNG)	8.5~10
코크스	8~9
무연탄	9~10
역청탄	10~13
액화석유가스(LPG)	14.3~31.0

정답 29. ② 30. ① 31. ①

32. 유압분무식 버너의 특징과 거리가 먼 것은?

① 유량조절범위가 1 : 10 정도로 넓어서 부하변동에 적응이 쉽다.
② 연료분사범위는 15~2,000 L/h 정도이다.
③ 연료의 점도가 크거나 유압이 5 kg/cm² 이하가 되면 분무화가 불량하다.
④ 구조가 간단하여 유지 및 보수가 용이한 편이다.

[해설] ① 고압공기식 버너의 특징이다.
[더 알아보기] 핵심정리 2-50

33. 9,000 kcal/kg의 열량을 내는 석탄을 시간당 80 kg 연소하는 보일러가 있다. 실제로 이 보일러에서 시간당 흡수된 열량이 600,000 kcal라면 이 보일러의 열효율(%)은?

① 66.7 ② 75.0 ③ 83.3 ④ 90.0

[해설] 열효율(E) = $\dfrac{유효출열}{H_l \times 연료량} \times 100\%$

$= \dfrac{600,000\,\text{kcal/hr}}{(9,000\,\text{kcal/kg}) \times (80\,\text{kg/hr})} \times 100\%$

$= 83.33\%$

34. 저위발열량이 7,000 kcal/Sm³의 가스연료의 이론연소온도(℃)는? (단, 이론연소가스량은 10 m³/Sm³, 연료연소가스의 평균 정압비열은 0.35 kcal/Sm³·℃, 기준온도는 15℃, 지금 공기는 예열되지 않으며, 연소가스는 해리되지 않음)

① 1,515 ② 1,825
③ 2,015 ④ 2,325

[해설] 기체연료의 이론연소온도

$t_o = \dfrac{H_l}{G \times C_p} + t$

$= \dfrac{7,000\,\text{kcal/Sm}^3}{10\,\text{Sm}^3/\text{Sm}^3 \times 0.35\,\text{kcal/Sm}^3 \cdot ℃} + 15℃$

$= 2,015℃$

35. 폐열회수장치가 설치된 소각로의 특징에 관한 설명으로 거리가 먼 것은? (단, 폐열회수를 안 하는 소각로와 비교)

① 연소가스 배출 부분과 수증기 보일러관에서 부식의 염려가 없다.
② 열 회수 연소가스의 온도와 부피를 줄일 수 있다.
③ 공기와 연소가스의 양이 비교적 적으므로 용량이 작은 송풍기를 쓸 수 있다.
④ 수증기 생산을 위한 수냉로벽, 보일러 등 설비가 필요하다.

[해설] ① 연소가스 배출 부분과 수증기 보일러관에서 부식의 염려가 있다.

36. 기체연료의 연소방식과 연소장치에 관한 설명으로 옳지 않은 것은?

① 확산연소는 주로 탄화수소가 적은 발생로가스, 고로가스 등에 적용되는 연소방식이다.
② 예혼합연소는 화염온도가 낮아 국부가열의 염려가 없고 연소부하가 작은 경우 사용이 가능하며, 화염의 길이가 길다.
③ 저압버너는 역화방지를 위해 1차 공기량을 이론공기량의 약 60 % 정도만 흡입하고 2차 공기로는 로 내의 압력을 부압(-)으로 하여 공기를 흡인한다.
④ 예혼합연소에 사용되는 버너에는 저압버너, 고압버너, 송풍버너 등이 있다.

[해설] ② 예혼합연소는 화염온도가 높아 연소부하가 큰 경우에 사용이 가능하며, 화염의 길이가 짧다.

[정리] 기체연료 연소장치
(1) 확산연소(포트형, 버너형, 선회식, 방사식)
 • 연소조정범위 넓음
 • 장염 발생
 • 연료분출속도 느림
 • 연료의 분출속도가 클 경우에는 그을음이 발생하기 쉬움

[정답] 32. ① 33. ③ 34. ③ 35. ① 36. ②

- 기체연료와 연소용 공기를 버너 내에서 혼합시키지 않음
- 역화의 위험이 없으며, 공기를 예열할 수 있음

(2) 예혼합연소(고압버너, 저압버너, 송풍버너)
- 내부에서 연료와 공기의 혼합비가 변하지 않고 균일하게 연소됨
- 화염온도가 높아 연소부하가 큰 경우에 사용이 가능
- 짧은 불꽃 발생
- 매연 적게 생성
- 연료유량 조절비가 큼
- 혼합기 분출속도 느릴 경우, 역화 발생 가능

37. A 기체연료 2 Sm^3을 분석한 결과 C_3H_8 1.7 Sm^3, CO 0.15 Sm^3, H_2 0.14 Sm^3, O_2 0.01 Sm^3이었다면 이 연료를 완전연소시켰을 때 생성되는 이론 습연소가스량(Sm^3)은?

① 약 41 Sm^3 ② 약 45 Sm^3
③ 약 52 Sm^3 ④ 약 57 Sm^3

해설

$C_3H_8 + 5O_2 \rightarrow 3CO_2 + 4H_2O$
1 : 5 : 3 : 4
1.7Sm^3 : 8.5Sm^3 : 5.1Sm^3 : 6.8Sm^3

$CO + 0.5O_2 \rightarrow CO_2$
1 : 0.5 : 1
0.15Sm^3 : 0.075Sm^3 : 0.15Sm^3

$H_2 + 0.5O_2 \rightarrow H_2O$
1 : 0.5 : 1
0.14Sm^3 : 0.07Sm^3 : 0.14Sm^3

(1) $A_o = \dfrac{O_o}{0.21} = \dfrac{(8.5+0.075+0.07-0.01)}{0.21}$
$= 41.119 Sm^3$

(2) $G_{ow} = (1-0.21)A_o + \sum$연소 생성물($H_2O$ 포함)
$G_{ow} = (1-0.21) \times 41.119 + [(5.1+0.15)+(6.8+0.14)]$
$= 44.67 Sm^3$

38. CH_4 : 30 %, C_2H_6 : 30 %, C_3H_8 : 40 %인 혼합가스의 폭발범위로 가장 적합한 것은? (단, 르샤틀리에의 식 적용)

CH_4 폭발범위 : 5~15 %
C_2H_6 폭발범위 : 3~12.5 %
C_3H_8 폭발범위 : 2.1~9.5 %

① 약 2.9~11.6 %
② 약 3.7~13.8 %
③ 약 4.9~14.6 %
④ 약 5.8~15.4 %

해설 르샤틀리에의 폭발범위 계산

$L = \dfrac{100}{\dfrac{V_1}{L_1}+\dfrac{V_2}{L_2}+\cdots \dfrac{V_n}{L_n}}$

(1) $L_{하한} = \dfrac{100}{\dfrac{30}{5}+\dfrac{30}{3}+\dfrac{40}{2.1}} = 2.85 \%$

(2) $L_{상한} = \dfrac{100}{\dfrac{30}{15}+\dfrac{30}{12.5}+\dfrac{40}{9.5}} = 11.61 \%$

∴ 2.85 %~11.61 %

39. 미분탄연소의 특징에 관한 설명으로 거리가 먼 것은?

① 부하변동에 대한 응답성이 좋은 편이어서 대용량의 연소에 적합하다.
② 화격자연소보다 낮은 공기비로서 높은 연소효율을 얻을 수 있다.
③ 분무연소와 상이한 점은 가스화 속도가 빠르고, 화염이 연소실 중앙부에 집중하여 명료한 화염면이 형성된다는 것이다.
④ 석탄의 종류에 따른 탄력성이 부족하고, 로벽 및 전열면에서 재의 퇴적이 많은 편이다.

해설 ③ 화격자연소와 상이한 점은 가스화 속도가 빠르고, 화염이 연소실 중앙부에 집중하여 명료한 화염면이 형성된다는 것이다.

정답 37. ② 38. ① 39. ③

40. butane 2 kg을 표준상태에서 완전연소시키는 데 필요한 이론산소의 양(kg)은?

① 3.59
② 5.02
③ 7.17
④ 11.17

해설 이론산소량(O_o)
$C_4H_{10} + 6.5O_2 \rightarrow 4CO_2 + 5H_2O$
58 kg : 6.5 × 32 kg
2 kg : O_o[kg]
∴ O_o = 7.17 kg

제3과목 대기오염방지기술

41. 사이클론의 반경이 50 cm인 원심력 집진장치에서 입자의 접선방향속도가 10 m/s이라면 분리계수는?

① 10.2
② 20.4
③ 34.5
④ 40.9

해설 분리계수(S) = $\dfrac{V^2}{rg} = \dfrac{10^2}{0.5 \times 9.8}$
= 20.40

42. 유해가스의 물리적 흡착에 관한 설명으로 옳지 않은 것은?

① 온도가 낮을수록 흡착량은 많다.
② 흡착제에 대한 용질의 분압이 높을수록 흡착량이 증가한다.
③ 가역성이 높고 여러 층의 흡착이 가능하다.
④ 흡착열이 높고, 분자량이 작을수록 잘 흡착된다.

해설 ④ 흡착열이 낮고, 분자량이 클수록 잘 흡착된다.

구분	물리적 흡착	화학적 흡착
반응	가역반응	비가역반응
계	open system	closed system
원동력	분자간 인력 (반데르발스 힘)	화학 반응
흡착열	낮음 (2~20kJ/mol)	높음 (20~400kJ/mol)
흡착층	다분자 흡착	단분자 흡착
온도, 압력 영향	온도영향이 큼 (온도↓, 압력↑ → 흡착↑) (온도↑, 압력↓ → 탈착↑)	온도영향 적음 (임계온도 이상에서 흡착 안 됨)
재생	가능	불가능

43. 시간당 5톤의 중유를 연소하는 보일러의 배기가스를 수산화나트륨 수용액으로 세정하여 탈황하고 부산물로 아황산나트륨을 회수하려고 한다. 중유 중 황(S)함량이 2.56%, 탈황장치의 탈황효율이 87.5%일 때, 필요한 수산화나트륨의 이론량은 시간당 몇 kg인가?

① 300 kg
② 280 kg
③ 250 kg
④ 225 kg

해설 $S + O_2 \rightarrow SO_2 + 2NaOH \rightarrow Na_2SO_3 + H_2O$
S   :   2NaOH
32 kg   :   2×40 kg
$\dfrac{2.56}{100} \times 5{,}000 \,\text{kg/h} \times \dfrac{87.5}{100}$: NaOH[kg/h]
∴ NaOH = $\dfrac{2.56}{100} \times 5{,}000 \,\text{kg/h} \times \dfrac{87.5}{100}$
$\times \dfrac{2 \times 40}{32} = 280 \,\text{kg/h}$

정답 40. ③   41. ②   42. ④   43. ②

44. 암모니아의 농도가 용적비로 200 ppm 인 실내공기를 송풍기로 환기시킬 때 실내 용적이 4,000 m³이고, 송풍량이 100 m³/min 이면 농도를 20 ppm으로 감소시키기 위해 소요되는 시간은?

① 82 min ② 92 min
③ 102 min ④ 112 min

해설
$$\ln \frac{C}{C_o} = -\frac{Q}{V} t$$
$$\ln \frac{20}{200} = -\frac{100 \, m^3/min}{4,000 \, m^3} \times t$$
$$\therefore t = 92.10 \, min$$

45. 다음 중 $(CH_3)CHCH_2CHO$의 냄새 특성 으로 가장 적합한 것은?

① 양파, 양배추 썩는 냄새
② 분뇨 냄새
③ 땀 냄새
④ 자극적이며, 새콤하고 타는 듯한 냄새

해설 물질별 냄새(악취)
 ① 황화합물 : 양파, 양배추 썩는 냄새
 ② 질소화합물 : 분뇨 냄새
 ③ 지방산류 : 땀 냄새
 ④ 알데하이드(-CHO)류 : 자극적이며, 새콤 하고 타는 듯한 냄새

46. 냄새물질에 관한 다음 설명 중 가장 거 리가 먼 것은?

① 물리화학적 자극량과 인간의 감각강도 관계는 Ranney 법칙과 잘 맞다.
② 골격이 되는 탄소(C)수는 저분자일수록 관능기 특유의 냄새가 강하고 자극적이 며, 8~13에서 가장 향기가 강하다.
③ 분자내 수산기의 수는 1개일 때 가장 강 하고 수가 증가하면 약해져서 무취에 이 른다.
④ 불포화도가 높으면 냄새가 보다 강하게 난다.

해설 ① 물리화학적 자극량과 인간의 감각강 도 관계는 웨버 훼히너(Weber-Fechner) 법 칙과 잘 맞는다.

47. 유해가스의 연소처리에 관한 설명으로 가장 거리가 먼 것은?

① 직접연소법은 경우에 따라 보조연료나 보조공기가 필요하며, 대체로 오염물질 의 발열량이 연소에 필요한 전체 열량의 50 % 이상일 때 경제적으로 타당하다.
② 직접연소법은 after burner법이라고도 하며, HC, H_2, NH_3, HCN 및 유독가스 제 거법으로 사용한다.
③ 가열연소법은 배가스 중 가연성 오염 물질의 농도가 매우 높아 직접연소법으로 불가능할 경우에 주로 사용되고 조업의 유동성이 적어 NO_x 발생이 많다.
④ 가열연소법에서 연소로 내의 체류시간 은 0.2~0.8초 정도이다.

해설 ③ 가열연소법은 배가스 중 가연성 오염 물질의 농도가 매우 낮아 직접연소법으로 불가 능할 경우에 주로 사용되고 NO_x 발생이 많다.

48. 탈취방법에 관한 설명으로 옳지 않은 것은?

① BALL 차단법은 밀폐형 구조물을 설치할 필요가 없고, 크기와 색상이 다양한 편이다.
② 약액세정법은 조작이 복잡하고, 대상 악 취물질에 대한 제한성이 크지만, 산성 가 스 및 염기성 가스의 별도 처리가 필요 하지 않다.
③ 산화법 중 염소주입법은 페놀이 다량 함 유되었을 때에는 클로로페놀을 형성하여 2차 오염문제를 발생시킨다.
④ 수세법은 수온 변화에 따라 탈취효과가 변하고, 처리풍향 및 압력손실이 크다.

해설 ② 약액세정법 : 산·알칼리 세정법 – 산성, 알칼리성 가스를 별도로 처리

정답 44. ② 45. ④ 46. ① 47. ③ 48. ②

49. 흡수에 관한 설명으로 옳지 않은 것은?

① 가스측 경막저항은 흡수액에 대한 유해가스의 농도가 클 때 경막저항을 지배하고, 반대로 액측 경막저항은 용해도가 작을 때 지배한다.
② 대기오염물질은 보통 공기 중에 소량 포함되어 있고, 유해가스의 농도가 큰 흡수제를 사용하므로 가스측 경막저항이 주로 지배한다.
③ Baker는 평형선과 조작선을 사용하여 NTU를 결정하는 방법을 제안하였다.
④ 충전탑의 조건이 평형곡선에서 멀어질수록 흡수에 대한 추진력은 더 작아지며, NTU는 Berl number에 의해 지배된다.

해설 ④ 충전탑의 조건이 평형곡선에서 멀어질수록 흡수에 대한 추진력은 더 커진다.
NTU(NOG) : 이동단위 높이(흡수 분리의 난이도)

50. 여과집진장치에 사용되는 각종 여과재의 성질에 관한 연결로 가장 거리가 먼 것은? (단, 여과재의 종류 – 산에 대한 저항성 – 최고사용온도)

① 목면 – 양호 – 150℃
② 글라스화이버 – 양호 – 250℃
③ 오론 – 양호 – 150℃
④ 비닐론 – 양호 – 100℃

해설 ① 목면 – 내산성 불량 – 80℃

51. 직경이 15 cm인 원형관에서 층류로 흐를 수 있게 임계 레이놀즈 수를 2,100으로 할 때, 최대 평균유속(cm/s)은? (단, ν = 1.8×10^{-6} m²/s)

① 1.52
② 2.52
③ 4.59
④ 6.74

해설 레이놀즈 수
$$R_e = \frac{DV}{\nu}$$
$$2,100 = \frac{0.15 \times V}{1.8 \times 10^{-6}}$$
∴ V = 0.0252 m/s = 2.52 cm/s

52. 덕트 설치 시 주요 원칙으로 거리가 먼 것은?

① 공기가 아래로 흐르도록 하향구배를 만든다.
② 구부러짐 전후에는 청소구를 만든다.
③ 밴드는 가능하면 완만하게 구부리며, 90°는 피한다.
④ 덕트는 가능한 한 길게 배치하도록 한다.

해설 ④ 덕트는 가능한 한 짧게 배치하도록 한다.

정리 덕트 설치 시 주요 원칙
• 공기가 아래로 흐르도록 하향구배를 만든다.
• 구부러짐 전후에는 청소구를 만든다.
• 밴드는 가능하면 완만하게 구부리며, 90°는 피한다.
• 덕트는 가능한 한 짧게 배치하도록 한다.

53. 전기집진장치에서 비저항과 관련된 내용으로 옳지 않은 것은?

① 비연설비에서 연료에 S함유량이 많은 경우는 먼지의 비저항이 낮아진다.
② 비저항이 낮은 경우에는 건식 전기집진장치를 사용하거나, 암모니아 가스를 주입한다.
③ 10^{11}~10^{13} Ω·cm 범위에서는 역전리 또는 역이온화가 발생한다.
④ 비저항이 높은 경우는 분진층의 전압손실이 일정하더라도 가스상의 전압손실이 감소하게 되므로, 전류는 비저항의 증가에 따라 감소된다.

정답 49. ④ 50. ① 51. ② 52. ④ 53. ②

해설 전기비저항
② 비저항이 낮은 경우에는 습식 전기집진장치를 사용하거나, 암모니아 가스를 주입한다.

구분	$10^4 \Omega \cdot cm$ 이하일 때	$10^{11} \Omega \cdot cm$ 이상일 때
현상	포집 후 전자 방전이 쉽게 되어 재비산(jumping)현상 발생	• 역코로나(전하가 바뀜, 불꽃방전이 정지되고, 형광을 띤 양(+) 코로나 발생) • 역전리(back corona) 발생 • 집진효율 떨어짐
심화조건	유속 클 때	• 가스 점성이 클 때 • 미분탄, 카본블랙 연소 시
대책	• 함진가스 유속을 느리게 함 • 암모니아수 주입	• 물(수증기), 무수황산(H_2SO_4), SO_3, 소다회(Na_2CO_3), NaCl, TEA 등 주입 • 탈진빈도를 늘리거나 타격강도를 높임

54. 설치 초기 전기집진장치의 효율이 98 %였으나, 2개월 후 성능이 96 %로 떨어졌다. 이때 먼지 배출농도는 설치 초기의 몇 배인가?
① 2배   ② 4배
③ 8배   ④ 16배

해설 • 초기 집진율 : 98 %
• 초기 통과율 : 2 %
• 2개월 후 집진율 : 96 %
• 2개월 후 통과율 : 4 %
이므로, 초기 통과율의 2배 증가하였다.

55. 다음 입자상 물질의 크기를 결정하는 방법 중 입자상 물질의 그림자를 2개의 등면적으로 나눈 선의 길이를 직경으로 하는 입경은?

① 마틴직경   ② 스톡스직경
③ 피렛직경   ④ 투영면적경

해설 martin 직경 : 2개의 등면적으로 각 입자를 등분할 때 그 선의 길이

더 알아보기 핵심정리 2-7

56. 유해가스에 대한 설명 중 가장 거리가 먼 것은?
① Cl_2가스는 상온에서 황록색을 띤 기체이며 자극성 냄새를 가진 유독물질로 관련 배출원은 표백공업이다.
② F_2는 상온에서 무색의 발연성 기체로 강한 자극성이며 물에 잘 녹고 배출원은 알루미늄 제련공업이다.
③ SO_2는 무색의 강한 자극성 기체로 환원성 표백제로도 이용되고 화석연료의 연소에 의해서도 발생한다.
④ NO는 적갈색의 특이한 냄새를 가진 물에 잘 녹는 맹독성 기체로 자동차 배출이 가장 많은 부분을 차지한다.

해설 ④ NO_2는 적갈색, 자극성 기체로 독성이 NO보다 약 5배 정도나 더 크다.

57. 가스 $1 m^3$당 50 g의 아황산가스를 포함하는 어떤 폐가스를 흡수 처리하기 위하여 가스 $1 m^3$에 대하여 순수한 물 2,000 kg의 비율로 연속 향류 접촉시켰더니 폐가스 내 아황산가스의 농도가 1/10로 감소하였다. 물 1,000 kg에 흡수된 아황산가스의 양(g)은?
① 11.5   ② 22.5
③ 33.5   ④ 44.5

해설 • 처음 아황산가스 농도 : $50 g/m^3$
• 나중 아황산가스 농도 : $50 g/m^3 \times 1/10$
  $= 5 g/m^3$이므로,
(1) 물 2,000 kg에 흡수된 아황산가스 농도
  $50-5 = 45 g/m^3$
(2) 물 1,000 kg에 흡수된 아황산가스 농도
  $\dfrac{45 g/m^3}{2} = 22.5 g/m^3$

정답 54. ① 55. ① 56. ④ 57. ②

58. 흡착장치에 관한 다음 설명 중 가장 거리가 먼 것은?

① 고정층 흡착장치에서 보통 수직으로 된 것은 대규모에 적합하고, 수평으로 된 것은 소규모에 적합하다.
② 일반적으로 이동층 흡착장치는 유동층 흡착장치에 비해 가스의 유속을 크게 유지할 수 없는 단점이 있다.
③ 유동층 흡착장치는 고정층과 이동층 흡착장치의 장점만을 이용한 복합형으로 고체와 기체의 접촉을 좋게 할 수 있다.
④ 유동층 흡착장치는 흡착제의 유동에 의한 마모가 크게 일어나고, 조업조건에 따른 주어진 조건의 변동이 어렵다.

해설 ① 고정층 흡착장치에서 보통 대규모 처리에는 수평을 사용한다.

59. bag filter에서 먼지부하가 360 g/m²일 때마다 부착먼지를 간헐적으로 탈락시키고자 한다. 유입가스 중의 먼지농도가 10 g/m³이고, 겉보기 여과속도가 1 cm/s일 때 부착먼지의 탈락시간 간격은? (단, 집진율은 80 %이다.)

① 약 0.4 hr ② 약 1.3 hr
③ 약 2.4 hr ④ 약 3.6 hr

해설 여과집진장치 – 여과시간(탈락시간 간격)

$L_d [g/m^2] = C_i \times V_f \times \eta \times t$

$\therefore t = \dfrac{L_d}{C_i \times V_f \times \eta}$

$= \dfrac{360\,g/m^2}{10\,g/m^3 \times 0.01\,m/s \times 0.8} \times \dfrac{1\,hr}{3,600\,s}$

$= 1.25\,h$

더 알아보기 핵심정리 1-51 (4)

60. 원심력 집진장치에서 압력손실의 감소 원인으로 가장 거리가 먼 것은?

① 장치 내 처리가스가 선회되는 경우
② 호퍼 하단 부위에 외기가 누입될 경우
③ 외통의 접합부 불량으로 함진가스가 누출될 경우
④ 내통이 마모되어 구멍이 뚫려 함진가스가 by pass될 경우

해설 ① 장치 내 처리가스가 선회되는 경우 압력손실이 증가된다.

제4과목 대기오염공정시험기준(방법)

61. 다음은 시험의 기재 및 용어에 관한 설명이다. ( ) 안에 알맞은 것은?

> 시험조작 중 "즉시"란 (㉠) 이내에 표시된 조작을 하는 것을 뜻하며, "감압 또는 진공"이라 함은 따로 규정이 없는 한 (㉡) 이하를 뜻한다.

① ㉠ 10초, ㉡ 15 mmH₂O
② ㉠ 10초, ㉡ 15 mmHg
③ ㉠ 30초, ㉡ 15 mmH₂O
④ ㉠ 30초, ㉡ 15 mmHg

해설 시험조작 중 "즉시"라 함은 30초 이내에 표시된 조작을 하는 것을 뜻하며, "감압 또는 진공"이라 함은 따로 규정이 없는 한 15 mmHg 이하를 뜻한다.

62. 굴뚝 배출가스 중 사이안화(시안화)수소를 질산은 적정법으로 분석할 때 필요한 시약으로 거리가 먼 것은?

① p-다이메틸아미노벤질리덴로다닌의 아세톤 용액
② 아세트산(99.7 %)(부피분율 10 %)
③ 메틸레드-메틸렌 블루 혼합지시약
④ 수산화소듐 용액(질량분율 2 %)

해설 [개정] "배출가스 중 사이안화수소 – 적정법 – 질산은 적정법"은 공정시험기준에서 삭제되어 더 이상 출제되지 않습니다.

정답 58. ① 59. ② 60. ① 61. ④ 62. ③

63. 대기오염공정시험기준상 굴뚝 배출가스 중 플루오린화(불화)수소를 연속적으로 자동 측정하는 방법은?
① 자외선형광법   ② 이온전극법
③ 적외선흡수법   ④ 자외선흡수법

[해설] 배출가스 중 연속자동측정방법
- 플루오린화수소 : 이온전극법

64. 다음은 굴뚝 배출가스 중의 이황화탄소 분석방법에 관한 설명이다. ( ) 안에 알맞은 것은?

> 자외선/가시선 분광법은 다이에틸아민구리 용액에서 시료가스를 흡수시켜 생성된 다이에틸다이싸이오카밤산구리의 흡광도를 (㉠)의 파장에서 측정한다. 이 방법은 시료가스 채취량 10 L인 경우 배출가스 중의 이황화탄소 농도 (㉡)의 분석에 적합하다.

① ㉠ 340 nm, ㉡ 0.05~1 ppm
② ㉠ 340 nm, ㉡ 4.0~60 ppm
③ ㉠ 435nm, ㉡ 0.05~1 ppm
④ ㉠ 435nm, ㉡ 4.0~60 ppm

[해설] 배출가스 중 이황화탄소 - 자외선/가시선 분광법 : 다이에틸아민구리 용액에서 시료가스를 흡수시켜 생성된 다이에틸다이싸이오카밤산구리의 흡광도를 435 nm의 파장에서 측정하여 이황화탄소를 정량한다. 이 시험기준은 시료가스 채취량 10 L인 경우 배출가스 중의 이황화탄소 농도가 (4.0~60.0) ppm인 것의 분석에 적합하다.

65. 자외선/가시선분광법에 관한 설명으로 옳지 않은 것은?
① 실효물질 등에 적당한 시약을 넣어 발색시킨 용액의 흡광도를 측정하여 시료 중의 목적성분을 정량하는 방법으로 파장 200~1,200 nm에서의 액체 흡광도를 측정한다.
② 일반적으로 광원으로 나오는 빛을 단색화장치(monochrometer) 또는 필터(filter)에 의하여 좁은 파장범위의 빛만을 선택하여 액층을 통과시킨 다음 광전측광으로 흡광도를 측정하여 목적성분의 농도를 정량하는 방법이다.
③ (투사광의 강도/입사광의 강도)를 투과도(t)라 하며, 투과도(t)의 상용대수를 흡광도라 한다.
④ 광원부-파장선택부-시료부-측광부로 구성되어 있고, 가시부와 근적외부의 광원으로는 주로 텅스텐램프를 사용한다.

[해설] ③ (투사광의 강도/입사광의 강도)를 투과도(t)라 하며, 투과도(t) 역수의 상용대수를 흡광도라 한다.

$$투과도(t) = \frac{I_t}{I_o}$$

$$흡광도(A) = \log \frac{1}{t} = \log \frac{I_o}{I_t} = \varepsilon C \ell$$

여기서, I_o : 입사광의 강도
  I_t : 투사광의 강도
  ε : 흡광계수
  C : 농도
  ℓ : 빛의 투사거리

66. 이온크로마토그래피에 관한 설명으로 옳지 않은 것은?
① 분리관의 재질은 용리액 및 시료액과 반응성이 큰 것을 선택하며 스테인리스관이 널리 사용된다.
② 용리액조는 일반적으로 폴리에틸렌이나 경질 유리제를 사용한다.
③ 송액펌프는 일반적으로 맥동이 적은 것을 사용한다.
④ 검출기는 일반적으로 전도도 검출기를 많이 사용하고, 그 외 자외선, 가시선 흡수 검출기(UV, VIS 검출기), 전기화학적 검출기 등이 사용된다.

정답 63. ② 64. ④ 65. ③ 66. ①

해설 이온크로마토그래피
① 분리관의 재질은 내압성, 내부식성으로 용리액 및 시료액과 반응성이 적은 것을 선택하며 에폭시수지관 또는 유리관이 사용된다. 일부는 스테인리스관이 사용되지만 금속이온 분리용으로는 좋지 않다.

67. 다음은 비분산적외선분광분석기의 성능 기준이다. ( ) 안에 알맞은 것은?

> 제로 조정용 가스를 도입하여 안정된 후 유로를 스팬가스로 바꾸어 기준 유량으로 분석계에 도입하여 그 농도를 눈금 범위 내의 어느 일정한 값으로부터 다른 일정한 값으로 갑자기 변화시켰을 때 스텝(step) 응답에 대한 소비시간이 (㉠)이어야 한다. 또 이때 지시치에 대한 90 %의 응답을 나타내는 시간은 (㉡)이어야 한다.

① ㉠ 10초 이내, ㉡ 30초 이내
② ㉠ 10초 이내, ㉡ 40초 이내
③ ㉠ 1초 이내, ㉡ 30초 이내
④ ㉠ 1초 이내, ㉡ 40초 이내

해설 비분산적외선분광분석법 – 응답시간 : 제로 조정용 가스를 도입하여 안정된 후 유로를 스팬가스로 바꾸어 기준 유량으로 분석기에 도입하여 그 농도를 눈금 범위 내의 어느 일정한 값으로부터 다른 일정한 값으로 갑자기 변화시켰을 때 스텝(step) 응답에 대한 소비시간이 1초 이내이어야 한다. 또 이때 최종 지시 값에 대한 90 %의 응답을 나타내는 시간은 40초 이내이어야 한다.

68. 원자흡수분광광도법에 사용되는 용어의 정의로 옳지 않은 것은?

① 분무실(nebulizer-chamber) : 분무기와 함께 분무된 시료용액의 미립자를 더욱 미세하게 해주는 한편 큰 입자와 분리시키는 작용을 갖는 장치
② 선프로파일(line profile) : 파장에 대한 스펙트럼선의 강도를 나타내는 곡선
③ 예복합 버너(premix type burner) : 가연성 가스, 조연성 가스 및 시료를 분무실에서 혼합시켜 불꽃 중에 넣어주는 방식의 버너
④ 근접선(neighbouring line) : 원자가 외부로부터 빛을 흡수했다가 다시 먼저 상태로 돌아갈 때 방사하는 스펙트럼선

해설 원자흡수분광광도법 – 용어
④ 근접선(neighbouring line) : 목적하는 스펙트럼선에 가까운 파장을 갖는 다른 스펙트럼선

참고 공명선(resonance line) : 원자가 외부로부터 빛을 흡수했다가 다시 먼저 상태로 돌아갈 때 방사하는 스펙트럼선

69. 비산먼지의 농도를 구하기 위해 측정한 조건 및 결과가 다음과 같을 때 비산먼지의 농도(mg/m^3)는?

> 〈측정조건 및 결과〉
> • 채취먼지량이 가장 많은 위치에서의 먼지농도(mg/m^3) : 5.8
> • 대조위치에서 먼지농도(mg/m^3) : 0.17
> • 전 시료채취 기간 중 주 풍향이 45~90° 변한다.
> • 풍속이 0.5 m/s 미만 또는 10 m/s 이상 되는 시간이 전 채취시간의 50 % 이상이다.

① 5.6 ② 6.8
③ 8.1 ④ 10.1

해설 비산먼지 농도의 계산
비산먼지 농도(C)
$= (C_H - C_B) \times W_D \times W_S$
$= (5.8 - 0.17) \times 1.2 \times 1.2$
$= 8.10 \, mg/m^3$

정답 67. ④ 68. ④ 69. ③

여기서, C_H : 채취먼지량이 가장 많은 위치에서의 먼지농도(mg/Sm^3)
C_B : 대조위치에서의 먼지농도 (mg/Sm^3)
W_D, W_S : 풍향, 풍속 측정결과로부터 구한 보정계수

단, 대조위치를 선정할 수 없는 경우에는 C_B는 $0.15\ mg/Sm^3$로 한다.

정리 보정계수
(1) 풍향에 대한 보정

풍향변화범위	보정계수
전 시료채취 기간 중 주 풍향이 90° 이상 변할 때	1.5
전 시료채취 기간 중 주 풍향이 45°~90° 변할 때	1.2
전 시료채취 기간 중 풍향이 변동이 없을 때(45° 미만)	1.0

(2) 풍속에 대한 보정

풍속범위	보정계수
풍속이 0.5 m/s 미만 또는 10 m/s 이상 되는 시간이 전 채취시간의 50 % 미만일 때	1.0
풍속이 0.5 m/s 미만 또는 10 m/s 이상 되는 시간이 전 채취시간의 50 % 이상일 때	1.2

70. 수산화소듐(NaOH)용액을 흡수액으로 사용하는 분석대상가스가 아닌 것은?
① 염화수소
② 사이안화수소(시안화수소)
③ 플루오린(불소)화합물
④ 벤젠

해설 수산화소듐이 흡수액인 분석물질 : 염화수소, 플루오린화합물, 사이안화수소, 브로민화합물, 페놀, 비소

더 알아보기 핵심정리 2-76

71. 기체크로마토그래피에 관한 설명으로 옳지 않은 것은?
① 기체시료 또는 기화한 액체나 고체시료를 운반가스에 의하여 분리, 관내에 전개, 응축시켜 액체상태로 각 성분을 분리 분석한다.
② 일반적으로 대기의 무기물 또는 유기물의 대기오염 물질에 대한 정성, 정량분석에 이용된다.
③ 일정유량으로 유지되는 운반가스는 시료도입부로부터 분리관내를 흘러서 검출기를 통해 외부로 방출된다.
④ 시료도입부로부터 기체, 액체 또는 고체시료를 도입하면 기체는 그대로, 액체나 고체는 가열기화되어 운반가스에 의하여 분리관내로 송입된다.

해설 기체크로마토그래피
① 기체시료 또는 기화한 액체나 고체시료를 운반가스에 의하여 분리, 관내에 전개시켜 기체상태에서 분리되는 각 성분을 크로마토그래프로 분석한다.

72. 분석대상가스별 흡수액으로 잘못 짝지어진 것은?
① 암모니아 – 붕산용액(5 g/L)
② 비소 – 수산화소듐용액(0.1 mol/L)
③ 브로민(브롬)화합물 – 수산화소듐용액(0.1 mol/L)
④ 질소산화물 – 수산화소듐용액(0.1 mol/L)

해설 분석물질별 분석방법 및 흡수액
④ 질소산화물-황산 용액(0.005mol/L)

더 알아보기 핵심정리 2-76

73. 화학분석 일반사항에 관한 설명으로 옳지 않은 것은?

① 1억분율은 ppm, 10억분율은 pphm으로 표시한다.
② 실온은 1~35℃로 하고, 찬 곳은 따로 규정이 없는 한 0~15℃의 곳을 뜻한다.
③ "냉후"(식힌 후)라 표시되어 있을 때는 보온 또는 가열 후 실온까지 냉각된 상태를 뜻한다.
④ 액의 농도를 (1→2), (1→5) 등으로 표시한 것을 그 용질의 성분이 고체일 때는 1g을, 액체일 때는 1mL를 용매에 녹여 전량을 각각 2mL 또는 5mL로 하는 비율을 뜻한다.

[해설] ① 백만분율 : ppm, 1억분율 : pphm, 10억분율 : ppb

74. 굴뚝 배출가스 중 폼알데하이드를 정량할 때 쓰이는 흡수액은?

① 아세틸아세톤 함유 흡수액
② 아연아민착염 함유 흡수액
③ 질산암모늄 + 황산(1 + 5)
④ 수산화소듐용액(0.4 W/V%)

[해설] 폼알데하이드 분석방법별 흡수액
• 크로모트로핀산법 : 크로모트로핀산 + 황산
• 아세틸아세톤법 : 아세틸아세톤 함유 흡수액

(더 알아보기) 핵심정리 2-76

75. 대기오염공정기준에 의거, 환경대기 중 각 항목별 분석방법으로 옳지 않은 것은?

① 질소산화물 – 살츠만법
② 옥시던트 – 광산란법
③ 탄화수소 – 비메탄 탄화수소 측정법
④ 아황산가스 – 파라로자닐린법

[해설] 환경대기 중 옥시던트 측정방법
• 수동측정법 : 중성 요오드화칼륨법, 알칼리성 요오드화칼륨법
• 자동측정법 : 중성 요오드화칼륨법

(더 알아보기) 핵심정리 2-89

76. 다음은 연료용 유류 중의 황함유량을 연소관식 공기법으로 분석하는 방법이다. ( ) 안에 알맞은 것은?

> 950~1,100℃로 가열한 석영 재질 연소관 중에 공기를 불어넣어 시료를 연소시킨다. 생성된 황산화물을 (㉠)에 흡수시켜 황산으로 만든 다음, (㉡)으로 중화적정하여 황함유량을 구한다.

① ㉠ 과산화수소(3%), ㉡ 수산화칼륨 표준액
② ㉠ 과산화수소(3%), ㉡ 수산화소듐 표준액
③ ㉠ 10% $AgNO_3$, ㉡ 수산화칼륨 표준액
④ ㉠ 10% $AgNO_3$, ㉡ 수산화소듐 표준액

[해설] 유류 중의 황함유량 분석방법 – 연소관식 공기법 : 950~1,100℃로 가열한 석영 재질 연소관 중에 공기를 불어넣어 시료를 연소시킨다. 생성된 황산화물을 과산화수소(3%)에 흡수시켜 황산으로 만든 다음, 수산화소듐 표준액으로 중화적정하여 황함유량을 구한다.

77. 고용량공기시료채취기로 비산먼지를 채취하고자 한다. 측정결과가 다음과 같을 때 비산먼지의 농도는?

> • 채취시간 : 24시간
> • 채취개시 직후의 유량 : 1.8 m^3/min
> • 채취종료 직전의 유량 : 1.2 m^3/min
> • 채취 후 여과지의 질량 : 3.828 g
> • 채취 전 여과지의 질량 : 3.419 g

① 0.13 mg/m^3 ② 0.19 mg/m^3
③ 0.25 mg/m^3 ④ 0.35 mg/m^3

[정답] 73. ① 74. ① 75. ② 76. ② 77. ②

해설 (1) 채취 유량(Q)의 계산

$$\frac{Q_1+Q_2}{2}=\frac{1.8+1.2}{2}=1.5\,\text{m}^3/\text{min}$$

(2) 비산먼지 농도

$$\frac{(3.828-3.419)\text{g}\times\dfrac{1,000\,\text{mg}}{1\,\text{g}}}{1.5\,\text{m}^3/\text{min}\times 24\,\text{hr}\times\dfrac{60\,\text{min}}{1\,\text{hr}}}$$

$$=0.189\,\text{mg}/\text{m}^3$$

78. 기체-고체 크로마토그래피에서 사용하는 흡착형 충전물과 거리가 먼 것은?

① 알루미나
② 활성탄
③ 담체
④ 실리카젤

해설 충전물질 종류
- 흡착형 충전물 : 실리카젤, 활성탄, 알루미나, 합성제올라이트(zeolite) 등
- 분배형 충전물질 : 담체, 고정상 액체
- 다공성 고분자형 충전물

79. A도시면적이 150 km²이고 인구밀도가 4,000명/km²이며 전국 평균인구밀도가 800명/km²일 때, 인구비례에 의한 방법으로 결정한 A도시의 환경기준 시험을 위한 시료 측정점수는? (단, A도시면적은 지역의 가주지면적(총면적에서 전답, 호수, 임야, 하천 등의 면적을 뺀 면적이다.)

① 30
② 35
③ 40
④ 45

해설 환경대기 시료채취방법 – 시료 채취 지점 수 및 채취 장소의 결정 – 인구비례에 의한 방법

$$측정점수=\frac{그\ 지역\ 가주지면적}{25\,\text{km}^2}$$
$$\times\frac{그\ 지역\ 인구밀도}{전국\ 평균인구밀도}$$

$$측정점수=\frac{150\,\text{km}^2}{25\,\text{km}^2}\times\frac{4,000\,명/\text{km}^2}{800\,명/\text{km}^2}=30$$

80. 굴뚝 배출가스 중 불꽃이온화검출기에 의한 총탄화수소 측정에 관한 설명으로 옳지 않은 것은?

① 결과 농도는 프로페인 또는 탄소등가농도로 환산하여 표시한다.
② 배출원에서 채취된 시료는 여과지 등을 이용하여 먼지를 제거한 후 가열채취관을 통하여 불꽃이온화분석기로 유입되어 분석된다.
③ 반응시간은 오염물질농도의 단계변화에 따라 최종값의 50 % 이상에 도달하는 시간을 말한다.
④ 시료채취관은 스테인리스강 또는 이와 동등한 재질의 것으로 하고 굴뚝중심 부분의 10 %범위 내에 위치할 정도의 길이의 것을 사용한다.

해설 ③ 반응시간은 오염물질농도의 단계변화에 따라 최종값의 90 % 이상에 도달하는 시간을 말한다.

제5과목 대기환경관계법규

81. 실내공기질 관리법규상 건축자재의 오염물질방출 기준이다. ( ) 안에 알맞은 것은? (단, 단위는 mg/m² · h)

오염물질	접착제	페인트
톨루엔	0.08 이하	(㉠)
총휘발성 유기화합물	(㉡)	(㉢)

① ㉠ 0.02 이하, ㉡ 0.05 이하, ㉢ 1.5 이하
② ㉠ 0.02 이하, ㉡ 0.1 이하, ㉢ 2.0 이하
③ ㉠ 0.08 이하, ㉡ 2.0 이하, ㉢ 2.5 이하
④ ㉠ 0.10 이하, ㉡ 2.5 이하, ㉢ 4.0 이하

정답 78. ③ 79. ① 80. ③ 81. ③

해설 실내공기질 관리법 – 건축자재의 오염물질 방출 기준

오염물질 종류	폼알데하이드	톨루엔	총휘발성 유기화합물 (VOC)
실란트	0.02 이하	0.08 이하	1.5 이하
접착제	0.02 이하	0.08 이하	2.0 이하
페인트	0.02 이하	0.08 이하	2.5 이하
벽지, 바닥재	0.02 이하	0.08 이하	4.0 이하
퍼티	0.02 이하	0.08 이하	20.0 이하

※ 비고 : 위 표에서 오염물질의 종류별 측정 단위는 $mg/m^2 \cdot h$로 한다. 다만, 실란트의 측정단위는 $mg/m \cdot h$로 한다.

82. 대기환경보전법규상 자동차의 종류에 대한 설명으로 옳지 않은 것은? (단, 2015년 12월 10일 이후 적용)

① 이륜자동차의 규모는 차량총중량이 1천 킬로그램을 초과하지 않는 것이다.
② 이륜자동차는 측차를 붙인 이륜자동차와 이륜자동차에서 파생된 삼륜 이상의 자동차는 제외한다.
③ 소형화물자동차에는 승용자동차에 해당되지 않는 승차인원이 9명 이상인 승합차를 포함한다.
④ 초대형 승용자동차의 규모는 차량총중량이 15톤 이상이다.

해설 ② 이륜자동차는 측차를 붙인 이륜자동차와 이륜자동차에서 파생된 삼륜 이상의 자동차를 포함한다.

83. 환경정책기본법령상 초미세먼지(PM-2.5)의 연간 평균치 기준은?

① $15 \mu g/m^3$ 이하 ② $35 \mu g/m^3$ 이하
③ $50 \mu g/m^3$ 이하 ④ $100 \mu g/m^3$ 이하

해설 환경정책기본법상 대기환경기준
• 초미세먼지(PM-2.5) : 연간 평균치 $15 \mu g/m^3$ 이하

(더 알아보기) 핵심정리 2-103

84. 대기환경보전법규상 휘발유를 연료로 사용하는 자동차연료 제조기준으로 옳지 않은 것은?

① 90 % 유출온도(℃) : 170 이하
② 산소 함량(무게 %) : 2.3 이하
③ 황 함량(ppm) : 50 이하
④ 벤젠 함량(부피 %) : 0.7 이하

해설 자동차연료·첨가제 또는 촉매제의 제조기준 – 휘발유

항목	제조기준
방향족화합물 함량(부피 %)	24(21) 이하
벤젠 함량(부피 %)	0.7 이하
납 함량(g/L)	0.013 이하
인 함량(g/L)	0.0013 이하
산소 함량(무게 %)	2.3 이하
올레핀 함량 (부피 %)	16(19) 이하
황 함량(ppm)	10 이하
증기압 (kPa, 37.8℃)	60 이하
90 % 유출온도(℃)	170 이하

85. 대기환경보전법령상 배출허용 기준초과와 관련한 개선명령을 받은 사업자는 그 명령을 받은 날부터 며칠 이내에 개선계획서를 환경부령으로 정하는 바에 따라 시·도지사에게 제출하여야 하는가? (단, 연장이 없는 경우)

① 즉시   ② 10일 이내
③ 15일 이내 ④ 30일 이내

정답 82. ② 83. ① 84. ③ 85. ③

해설 개선계획서의 제출 : 조치명령(적산전력계의 운영·관리기준 위반으로 인한 조치명령은 제외) 또는 개선명령을 받은 사업자는 그 명령을 받은 날부터 15일 이내에 개선계획서(굴뚝 자동측정기기를 부착한 경우에는 전자문서로 된 계획서를 포함)를 환경부령으로 정하는 바에 따라 환경부장관 또는 시·도지사에게 제출해야 한다.

86. 대기환경보전법규상 환경부장관이 대기오염물질을 총량으로 규제하고자 할 때 고시해야 하는 사항으로 거리가 먼 것은? (단, 기타사항은 제외)

① 총량규제구역
② 총량규제 대기오염물질
③ 대기오염물질의 저감계획
④ 규제기준농도

해설 환경부장관이 사업장에서 배출되는 대기오염물질을 총량으로 규제하고자 할 때 고시하여야 하는 사항
1. 총량규제구역
2. 총량규제 대기오염물질
3. 대기오염물질의 저감계획
4. 그 밖에 총량규제구역의 대기관리를 위하여 필요한 사항

87. 다음은 대기환경보전법규상 자가측정 자료의 보존기간(기준)이다. ( ) 안에 가장 적합한 것은?

법에 따라 사업자는 자가측정에 관한 기록을 보존하여야 하는데, 자가측정 시 사용한 여과지 및 시료채취기록지의 보존기간은 「환경 분야 시험·검사 등에 관한 법률」에 따른 환경오염공정시험기준에 따라 측정한 날부터 ( )(으)로 한다.

① 1개월 ② 3개월
③ 6개월 ④ 1년

해설 기간 정리
• 악취방지법규상 악취검사기관의 준수사항 중 실험일지 및 검량선 기록지, 검사 결과 발송 대장, 정도관리 수행기록철 등의 보존기간 : 3년간
• 배출시설 및 방지시설 운영기록 보존기간 : 1년간
• 과태료의 가중된 부과기준 부과기간 : 최근 1년간 같은 위반행위에 적용
• 자가측정 시 사용한 여과지 및 시료채취기록지의 보존기간 : 측정한 날부터 6개월

88. 실내공기질 관리법령의 적용대상이 되는 다중이용시설 중 대통령령이 정하는 규모기준으로 옳지 않은 것은?

① 항만시설 중 연면적 5천제곱미터 이상인 대합실
② 연면적 1천제곱미터 이상인 실내주차장(기계식 주차장을 포함한다.)
③ 모든 대규모점포
④ 연면적 430제곱미터 이상인 국공립어린이집, 법인어린이집, 직장어린이집 및 민간어린이집

해설 실내공기질 관리법 적용대상
② 연면적 2천제곱미터 이상인 실내주차장(기계식 주차장은 제외한다)

89. 대기환경보전법규상 대기환경규제지역을 관할하는 시·도지사 등이 해당 지역의 환경기준을 달성, 유지하기 위해 수립하는 실천계획에 포함될 사항과 거리가 먼 것은?

① 대기오염측정결과에 따른 대기오염기준 설정
② 계획달성연도의 대기질 예측 결과
③ 대기보전을 위한 투자계획과 오염물질 저감효과를 고려한 경제성 평가
④ 대기오염원별 대기오염물질 저감계획 및 계획의 시행을 위한 수단

해설 [개정] 현행 법규에서 삭제된 법규이므로 이 문제는 풀지 않습니다.

정답 86. ④ 87. ③ 88. ② 89. ①

90. 대기환경보전법령상 오염물질의 초과부과금 산정 시 위반횟수별 부과계수 산출방법이다. ( ) 안에 알맞은 것은?

> 2차 이상 위반한 경우는 위반 직전의 부과계수에 ( )을(를) 곱한 것으로 한다.

① 100분의 100 ② 100분의 105
③ 100분의 110 ④ 100분의 120

해설 초과부과금 산정 시 위반횟수별 부과계수
1. 위반이 없는 경우 : 100분의 100
2. 처음 위반한 경우 : 100분의 105
3. 2차 이상 위반한 경우 : 위반 직전의 부과계수에 100분의 105를 곱한 것

91. 대기환경보전법규상 대기오염방지시설과 가장 거리가 먼 것은?
① 미생물을 이용한 처리시설
② 촉매반응을 이용하는 시설
③ 흡수에 의한 시설
④ 확산에 의한 시설

해설 대기오염방지시설
1. 중력집진시설
2. 관성력집진시설
3. 원심력집진시설
4. 세정집진시설
5. 여과집진시설
6. 전기집진시설
7. 음파집진시설
8. 흡수에 의한 시설
9. 흡착에 의한 시설
10. 직접연소에 의한 시설
11. 촉매반응을 이용하는 시설
12. 응축에 의한 시설
13. 산화·환원에 의한 시설
14. 미생물을 이용한 처리시설
15. 연소조절에 의한 시설

92. 대기환경보전법상 황함유기준을 초과하는 연료를 공급·판매한 자에 대한 벌칙기준으로 옳은 것은?

① 5년 이하의 징역이나 5천만원 이하의 벌금
② 3년 이하의 징역이나 3천만원 이하의 벌금
③ 2년 이하의 징역이나 2천만원 이하의 벌금
④ 1년 이하의 징역이나 1천만원 이하의 벌금

해설 황함유기준을 초과하는 연료를 공급·판매한 자 : 3년 이하의 징역 또는 3천만원 이하의 벌금

93. 대기환경보전법규상 배출시설에서 배출되는 입자상물질인 아연화합물(Zn로서)의 배출허용기준은? (단, 모든 배출시설)
① 5 mg/Sm^3 이하 ② 10 mg/Sm^3 이하
③ 15 mg/Sm^3 이하 ④ 20 mg/Sm^3 이하

해설 대기오염물질의 배출허용기준 – 입자상물질 – 아연화합물(Zn로서)
• 법규발효기간이 ~2019년 12월 31일까지 : 5 mg/Sm^3 이하
• 법규발효기간이 2020년 1월 1일부터~ : 4 mg/Sm^3 이하

94. 대기환경보전법상 사용하는 용어의 정의로 옳지 않은 것은?
① "검댕"이란 연소할 때에 생기는 유리(遊離) 탄소가 응결하여 입자의 지름이 1미크론 이상이 되는 입자상물질을 말한다.
② "온실가스 평균배출량"이란 자동차제작자가 판매한 자동차 중 환경부령으로 정하는 자동차의 온실가스 배출량의 합계를 해당 자동차 총 대수로 나누어 산출한 평균값(g/km)을 말한다.
③ "온실가스"란 적외선 복사열을 흡수하거나 다시 방출하여 온실효과를 유발하는 대기 중의 가스상태 물질로서 이산화탄소, 메탄, 아산화질소, 수소불화탄소, 과불화탄소, 육불화황을 말한다.
④ "냉매(冷媒)"란 열전달을 통한 냉난방, 냉동·냉장 등의 효과를 목적으로 사용되는 물질로서 산업통상자원부령으로 정하는 것을 말한다.

정답 90. ② 91. ④ 92. ② 93. ① 94. ④

[해설] 대기환경보전법상 용어 정의
④ "냉매"란 기후·생태계 변화유발물질 중 열전달을 통한 냉난방, 냉동·냉장 등의 효과를 목적으로 사용되는 물질로서 환경부령으로 정하는 것을 말한다.

95. 다음은 대기환경보전법규상 휘발성유기화합물 배출 억제·방지시설 설치 및 검사·측정결과의 기록보존에 관한 기준 중 주유소 저장시설에 관한 기준이다. ( ) 안에 알맞은 것은?

- 회수설비의 유증기 회수율은 (㉠)이어야 한다.
- 회수설비의 적정 가동 여부 등을 확인하기 위한 압력감쇄·누설 등을 (㉡) 검사하고, 그 결과를 다음 검사를 완료하는 날까지 기록 및 보존하여야 한다.

① ㉠ 75 % 이상, ㉡ 1년마다
② ㉠ 75 % 이상, ㉡ 2년마다
③ ㉠ 90 % 이상, ㉡ 1년마다
④ ㉠ 90 % 이상, ㉡ 2년마다

[해설] 휘발성유기화합물 배출 억제·방지시설 설치 및 검사·측정결과의 기록보존에 관한 기준
- 회수설비의 유증기 회수율은 90 % 이상이어야 한다.
- 회수설비의 적정 가동 여부 등을 확인하기 위한 압력감쇄·누설 등을 2년마다 검사하고, 그 결과를 다음 검사를 완료하는 날까지 기록 및 보존하여야 한다.

96. 대기환경보전법규상 위임업무 보고사항 중 보고횟수가 연 1회인 것은?

① 자동차 연료 제조·판매 또는 사용에 대한 규제현황
② 수입자동차 배출가스 인증 및 검사현황
③ 측정기기 관리대행업의 등록, 변경등록 및 행정처분 현황
④ 환경오염사고 발생 및 조치사항

[해설] 위임업무 보고사항 – 보고횟수
① 연 2회
② 연 4회
④ 수시

(더 알아보기) 핵심정리 2-101

97. 대기환경보전법령상 Ⅱ지역의 기본부과금의 지역별 부과계수로 옳은 것은? (단, Ⅱ지역은 「국토의 계획 및 이용에 관한 법률」에 따른 공업지역 등이 해당)

① 0.5
② 1.0
③ 1.5
④ 2.0

[해설] 기본부과금의 지역별 부과계수

구분	지역별 부과계수
Ⅰ지역	1.5
Ⅱ지역	0.5
Ⅲ지역	1.0

- Ⅰ지역 : 주거지역·상업지역, 취락지구, 택지개발지구
- Ⅱ지역 : 공업지역, 개발진흥지구(관광·휴양개발진흥지구는 제외), 수산자원보호구역, 국가산업단지·일반산업단지·도시첨단산업단지, 전원개발사업구역 및 예정구역
- Ⅲ지역 : 녹지지역·관리지역·농림지역 및 자연환경보전지역, 관광·휴양개발진흥지구

[정답] 95. ④ 96. ③ 97. ①

98. 악취방지법상에서 사용하는 용어의 뜻으로 옳지 않은 것은?

① "상승악취"란 두 가지 이상의 악취물질이 함께 작용하여 사람의 후각을 자극하여 불쾌감과 혐오감을 주는 냄새를 말한다.
② "악취배출시설"이란 악취를 유발하는 시설, 기계, 기구, 그 밖의 것으로서 환경부장관이 관계 중앙행정기관의 장과 협의하여 환경부령으로 정하는 것을 말한다.
③ "악취"란 황화수소, 메르캅탄류, 아민류, 그 밖에 자극성이 있는 물질이 사람의 후각을 자극하여 불쾌감과 혐오감을 주는 냄새를 말한다.
④ "지정악취물질"이란 악취의 원인이 되는 물질로서 환경부령으로 정하는 것을 말한다.

해설 악취방지법상 용어 정의
① "복합악취"란 두 가지 이상의 악취물질이 함께 작용하여 사람의 후각을 자극하여 불쾌감과 혐오감을 주는 냄새를 말한다.

99. 대기환경보전법령상 대기오염물질발생량의 합계가 연간 25톤인 사업장에 해당하는 것은? (단, 기타사항 제외)

① 1종사업장
② 2종사업장
③ 3종사업장
④ 4종사업장

해설 사업장 분류기준

종별	오염물질발생량 구분 (대기오염물질발생량의 연간 합계 기준)
1종사업장	80톤 이상인 사업장
2종사업장	20톤 이상 80톤 미만인 사업장
3종사업장	10톤 이상 20톤 미만인 사업장
4종사업장	2톤 이상 10톤 미만인 사업장
5종사업장	2톤 미만인 사업장

100. 다음은 대기환경보전법령상 시·도지사가 배출시설의 설치를 제한할 수 있는 경우이다. ( ) 안에 알맞은 것은?

> 배출시설 설치 지점으로부터 반경 1킬로미터 안의 상주 인구가 (㉠)명 이상인 지역으로서 특정대기유해물질 중 한 가지 종류의 물질을 연간 10톤 이상 배출하거나 두 가지 이상의 물질을 연간 (㉡)톤 이상 배출하는 시설을 설치하는 경우

① ㉠ 1만, ㉡ 20
② ㉠ 2만, ㉡ 20
③ ㉠ 1만, ㉡ 25
④ ㉠ 2만, ㉡ 25

해설 환경부장관 또는 시·도지사가 배출시설의 설치를 제한할 수 있는 경우
1. 배출시설 설치 지점으로부터 반경 1킬로미터 안의 상주 인구가 2만명 이상인 지역으로서 특정대기유해물질 중 한 가지 종류의 물질을 연간 10톤 이상 배출하거나 두 가지 이상의 물질을 연간 25톤 이상 배출하는 시설을 설치하는 경우
2. 대기오염물질(먼지·황산화물 및 질소산화물만 해당한다)의 발생량 합계가 연간 10톤 이상인 배출시설을 특별대책지역(총량규제구역으로 지정된 특별대책지역은 제외)에 설치하는 경우

정답 98. ① 99. ② 100. ④

대기환경기사

2019년 8월 4일 (제4회)

제1과목 대기오염개론

1. 황산화물의 각종 영향에 대한 설명으로 옳지 않은 것은?

① 공기가 SO_2를 함유하면 부식성이 강하게 된다.
② SO_2는 대기 중의 분진과 반응하여 황산염이 형성됨으로써 대부분의 금속을 부식시킨다.
③ 대기에서 형성되는 아황산 및 황산은 석회, 대리석, 각종 시멘트 등 건축재료를 약화시킨다.
④ 황산화물은 대기 중 또는 금속의 표면에서 황산으로 변함으로써 부식성을 더욱 약하게 한다.

해설 ④ 황산화물은 대기 중 또는 금속의 표면에서 황산으로 변함으로써 부식이 심해진다.

2. 다음과 같이 인체에 피해를 유발시킬 수 있는 오염물질로 가장 적합한 것은?

> 혈액 헤모글로빈의 기본요소인 포르피린 고리의 형성을 방해함으로써 인체 내 헤모글로빈의 형성을 억제하여 만성빈혈이 발생할 수 있다.

① 다이옥신 ② 납
③ 망간 ④ 바나듐

해설 납 : 헤모글로빈 형성을 억제하여 빈혈 유발

3. 다음 Dobson unit에 관한 설명 중 ( ) 안에 알맞은 것은?

> 1 Dobson은 지구 대기 중 오존의 총량을 0℃, 1기압의 표준상태에서 두께로 환산했을 때 ( )에 상당하는 양을 의미한다.

① 0.01 mm ② 0.1 mm
③ 0.1 cm ④ 1 cm

해설 오존층의 두께 단위 – 돕슨(DU)
100 Dobson = 1 mm이므로,
1 Dobson = 0.01 mm

4. NOx 중 이산화질소에 관한 설명으로 옳지 않은 것은?

① 적갈색의 자극성을 가진 기체이며, NO보다 5~7배 정도 독성이 강하다.
② 분자량 46, 비중은 1.59 정도이다.
③ 수용성이지만 NO보다는 수중 용해도가 낮으며 일명 웃음기체라고도 한다.
④ 부식성이 강하고, 산화력이 크며, 생리적인 독성과 자극성을 유발할 수도 있다.

해설
- NO_2(이산화질소) : 적갈색의 자극성, 부식성을 가진 기체
- N_2O(아산화질소) : 마취약 재료(웃음기체), 무색, 불활성, 안정, 오존층 파괴물질, 온실가스

5. 오염물질이 식물에 미치는 영향에 대한 설명으로 가장 거리가 먼 것은?

① 오존은 0.2 ppm 정도의 농도에서 2~3시간 접촉하면 피해를 일으키며, 보통 엽록소 파괴, 동화작용 억제, 산소작용의 저해 등을 일으킨다.
② 질소산화물은 엽록소가 갈색으로 되어 잎의 내부에 갈색 또는 흑갈색의 반점이 생기며, 담배, 해바라기, 진달래 등은 이산화질소에 대한 식물의 감수성이 약한 편이다.
③ 양배추, 클로버, 상추 등은 에틸렌가스에 대해 저항성 식물이다.
④ 보리, 목화 등은 아황산가스에 대해 저항성이 강한 식물이며, 까치밤나무, 쥐당나무 등은 저항성이 약한 식물에 해당한다.

정답 1. ④ 2. ② 3. ① 4. ③ 5. ④

해설 ④ 보리, 목화 등은 아황산가스에 대해 저항성이 약한 식물이며, 까치밤나무, 쥐당나무 등은 저항성이 강한 식물에 해당한다.

6. 역전에 관한 설명으로 옳지 않은 것은?

① 복사역전층은 보통 가을로부터 봄에 걸쳐서 날씨가 좋고, 바람이 약하며, 습도가 적을 때 자정 이후 아침까지 잘 발생한다.
② 침강역전은 고기압 중심부분에서 기층이 서서히 침강하면서 기온이 단열변화로 승온되어 발생하는 현상이다.
③ 전선역전층은 빠른 속도로 움직이는 경향이 있어서 오염문제에 심각한 영향을 주지는 않는 편이다.
④ 해풍역전은 정체성 역전으로서 보통 오염물질은 오랫동안 정체시킨다.

해설 ④ 침강성 역전이 정체성 역전이다.

7. 산란에 관한 설명으로 옳지 않은 것은?

① Rayleigh는 "맑은 하늘 또는 저녁노을은 공기 분자에 의한 빛의 산란에 의한 것"이라는 것을 발견하였다.
② 빛을 입자가 들어있는 어두운 상자 안으로 도입시킬 때 산란광이 나타나며 이것을 틴달빛(光)이라고 한다.
③ Mie 산란의 결과는 입사빛의 파장에 대하여 입자가 대단히 작은 경우에만 적용되는 반면, Rayleigh의 결과는 모든 입경에 대하여 적용한다.
④ 입자에 빛이 조사될 때 산란의 경우, 동일한 파장의 빛이 여러 방향으로 다른 강도로 산란되는 반면, 흡수의 경우는 빛에너지가 열, 화학반응의 에너지로 변환된다.

해설 ③ Rayleigh 산란의 결과는 입사빛의 파장에 대하여 입자가 대단히 작은 경우에만 적용되는 반면, Mie 산란의 결과는 입자의 크기가 빛의 파장과 비슷할 경우에 발생한다.

(1) 미 산란(Mie scattering)
 • 입자의 크기가 빛의 파장과 비슷할 경우 발생
 • 빛의 파장보다는 입자의 밀도, 크기에 따라서 반응함
 • 레일리 산란(Rayleigh)과 비교해서 파장의 의존도가 낮음
 예 수증기, 매연 알갱이 등과의 충돌
(2) 레일리 산란(Rayleigh scattering)
 • 빛의 파장 크기보다 매우 작은 입자에 의하여 산란되는 현상
 • 빛이 기체나 투명한 액체 및 고체를 통과할 때 발생
 예 대기 속에서의 태양광의 레일리 산란으로 하늘이 푸르게 보임, 일출 및 일몰

8. 먼지의 농도가 0.075mg/m³인 지역의 상대습도가 70%일 때, 가시거리는? (단, 계수 = 1.2로 가정)

① 4 km
② 16 km
③ 30 km
④ 42 km

해설 상대습도 70%일 때의 가시거리 계산

$$L[km] = \frac{1{,}000 \times A}{G}$$

$$= \frac{1{,}000 \times 1.2}{75\,\mu g/m^3} = 16\,km$$

더 알아보기 핵심정리 1-20 (1)

9. 다음 대기오염물질 중 바닷물의 물보라 등이 배출원이며, 1차 오염물질에 해당하는 것은?

① N_2O_3
② 알데하이드
③ HCN
④ NaCl

해설 대기오염물질의 분류
① N_2O_3 : 2차 오염물질
② 알데하이드 : 2차 오염물질
③ HCN : 1차 오염물질이지만 배출원이 화학공업, 가스공업, 제철공업, 청산제조업, 용광로, 코크스로 등이다.

더 알아보기 핵심정리 2-6

10. Fick의 확산방정식을 실제 대기에 적용시키기 위해 세우는 추가적인 가정으로 거리가 먼 것은?

① $\dfrac{dC}{dt} = 0$ 이다.
② 바람에 의한 오염물의 주 이동방향은 x축으로 한다.
③ 오염물질의 농도는 비점오염원에서 간헐적으로 배출된다.
④ 풍속은 x, y, z 좌표 내의 어느 점에서든 일정하다.

해설 ③ 오염물질의 농도는 점오염원에서 연속적으로 배출된다.

정리 Fick의 확산방정식 가정조건
- 점오염원, 오염물질 기체
- 오염물은 점원에서 계속 배출됨
- 농도변화 없는 정상상태 분포 $\left(\dfrac{dC}{dt}=0\right)$, 안정상태
- 풍속 일정, 바람의 주 이동방향은 x축
- x축 방향 확산은 이류에 의한 이동량에 비해 매우 작음

11. 역사적인 대기오염 사건에 관한 설명으로 옳은 것은?

① 포자리카 사건은 MIC에 의한 피해이다.
② 런던스모그 사건은 복사역전 형태였다.
③ 뮤즈계곡 사건은 PAN이 주된 오염물질로 작용했다.
④ 도쿄 요코하마 사건은 PCB가 주된 오염물질로 작용했다.

해설 ① 포자리카 사건 : H_2S, 보팔 사건 : MIC
③, ④ 뮤즈계곡 사건, 요코하마 사건 : SO_2, 매연, 먼지

더 알아보기 핵심정리 2-15 (3)

12. 최대혼합고도가 500 m일 때 오염농도는 4 ppm이었다. 오염농도가 500 ppm일 때 최대혼합고도는 얼마인가?

① 50 m　　② 100 m
③ 200 m　　④ 250 m

해설 고도에 따른 오염물질농도 변화
$C \propto \dfrac{1}{h^3}$ 이므로,

4 ppm : $\dfrac{1}{500^3}$

500 ppm : $\dfrac{1}{h^3}$

∴ h = 100 m

13. 도시 대기오염물질 중 태양빛을 흡수하는 기체 중의 하나로서 파장 420 nm 이상의 가시광선에 의해 광분해되는 물질로 대기 중 체류시간이 약 2~5일 정도인 것은?

① SO_2　　② NO_2
③ CO_2　　④ RCHO

해설 NO_2는 파장 420 nm 이상의 가시광선을 흡수하여 NO와 O로 광분해하며, 체류시간은 2~5일이다.

더 알아보기 핵심정리 2-12

14. 가우시안 모델의 대기오염 확산방정식을 적용할 때 지면에 있는 오염원으로부터 바람 부는 방향으로 200 m 떨어진 연기의 중심축 상 지상오염농도(mg/m³)는? (단, 오염물질의 배출량은 6 g/s, 풍속은 3.5 m/s, σ_y, σ_z는 각각 22.5 m, 12 m이다.)

① 0.96　　② 1.41
③ 2.02　　④ 2.46

해설 가우시안 방정식
$$C = \dfrac{Q}{2\pi\sigma_y\sigma_z U}\exp\left[\dfrac{-1}{2}\left(\dfrac{y}{\sigma_y}\right)^2\right]$$
$$\times\left\{\exp\left[\dfrac{-1}{2}\left(\dfrac{z-H_e}{\sigma_z}\right)^2\right]+\exp\left[\dfrac{-1}{2}\left(\dfrac{z+H_e}{\sigma_z}\right)^2\right]\right\}$$

- 지상의 오염도를 묻고 있으므로, z = 0
- 중심선상의 오염농도를 구하므로, y = 0
- 지상의 배출원으로 $H_e = 0$

정답 10. ③　11. ②　12. ②　13. ②　14. ③

$$C(x, 0, 0, 0) = \frac{Q}{\pi U \sigma_y \sigma_z}$$

$$= \frac{6 \times 10^3 \,\text{mg/s}}{\pi \times 3.5 \,\text{m/s} \times 22.5 \,\text{m} \times 12 \,\text{m}}$$

$$= 2.02 \,\text{mg/m}^3$$

(더 알아보기) 핵심정리 1-18 (3)

15. 수용모델의 분석법에 관한 설명으로 옳지 않은 것은?

① 광학현미경은 입경이 $0.01\,\mu m$보다 큰 입자만을 대상으로 먼지의 형상, 모양 및 색깔별로 오염원을 구별할 수 있고, 미숙련 경험자도 쉽게 분석가능하다.
② 전자주사현미경은 광학현미경보다 작은 입자를 측정할 수 있고, 정성적으로 먼지의 오염원을 확인할 수 있다.
③ 시계열분석법은 대기오염 제어의 기능을 평가하고 특정 오염원의 경향을 추적할 수 있으며, 타 방법을 통해 제시된 오염원을 확인하는 데 매우 유용한 정성적 분석법이다.
④ 공간계열법은 시료채취기간 중 오염배출속도 및 기상학 등에 크게 의존하여 분산모델과 큰 연관성을 갖는다.

(해설) ① 광학현미경은 숙련된 기술자가 분석 가능하다.

16. 오존에 관한 설명으로 옳지 않은 것은? (단, 대류권 내 오존 기준)

① 보통 지표오존의 배경농도는 1~2 ppm 범위이다.
② 오존은 태양빛, 자동차 배출원인 질소산화물과 휘발성 유기화합물 등에 의해 일어나는 복잡한 광화학반응으로 생성된다.
③ 오염된 대기 중 오존농도에 영향을 주는 것은 태양빛의 강도, NO_2/NO의 비, 반응성 탄화수소농도 등이다.
④ 국지적인 광화학스모그로 생성된 oxidant의 지표물질이다.

(해설) ① 보통 지표오존의 배경농도는 0.01~0.04 ppm 범위이다.

17. 대기오염가스를 배출하는 굴뚝의 유효고도가 87 m에서 100 m로 높아졌다면 굴뚝의 풍하측 지상 최대 오염농도는 87 m일 때의 것과 비교하면 몇 %가 되겠는가? (단, 기타 조건은 일정)

① 47 %   ② 62 %
③ 76 %   ④ 88 %

(해설) 최대착지농도

$$C_{max} \propto \frac{1}{(H_e)^2} \text{이므로,}$$

$$\frac{C_{max,\,100m}}{C_{max,\,87m}} \times 100 = \frac{\frac{1}{(100\,\text{m})^2}}{\frac{1}{(87\,\text{m})^2}} \times 100$$

$$= 75.69\,\%$$

18. 다음 중 2차 대기오염물질에 해당하지 않는 것은?

① SO_3 ② H_2SO_4
③ NO_2 ④ CO_2

(해설) CO_2는 배출원에서 바로 배출되는 형태이므로, 1차 대기오염물질이다.

(더 알아보기) 핵심정리 2-6

19. 다음 특정물질 중 오존파괴지수가 가장 큰 것은?

① Halon-1211   ② Halon-1301
③ CCl_4 ④ HCFC-22

(해설) 오존층파괴지수(ODP) : 할론 1301 > 할론 2402 > 할론 1211 > 사염화탄소 > CFC11 > CFC12 > HCFC

20. 벤젠에 관한 설명으로 옳지 않은 것은?
① 체내에 흡수된 벤젠은 지방이 풍부한 피하조직과 골수에서 고농도로 축적되어 오래 잔존할 수 있다.
② 체내에서 마뇨산(hippuric acid)으로 대사하여 소변으로 배설된다.
③ 비점은 약 80℃ 정도이고, 체내 흡수는 대부분 호흡기를 통하여 이루어진다.
④ 벤젠 폭로에 의해 발생되는 백혈병은 주로 급성 골수아성 백혈병(acute myeloblastic leukemia)이다.

해설 ② 톨루엔에 대한 설명이다.

제2과목 연소공학

21. 화격자 연소로에서 석탄을 연소시킬 경우 화염이동속도에 대한 설명으로 옳지 않은 것은?
① 입경이 작을수록 화염이동속도는 커진다.
② 발열량이 높을수록 화염이동속도는 커진다.
③ 공기온도가 높을수록 화염이동속도는 커진다.
④ 석탄화도가 높을수록 화염이동속도는 커진다.

해설 ④ 석탄화도가 높을수록 화염이동속도(연소속도)는 감소한다.

정리 탄화도 높을수록
- 고정탄소, 연료비, 착화온도, 발열량, 비중 증가함
- 수분, 이산화탄소, 휘발분, 비열, 매연 발생, 산소함량, 연소속도 감소함

22. 연료의 특성에 대한 설명 중 옳은 것은?
① 석탄의 비중은 탄화도가 진행될수록 작아진다.
② 중유의 비중이 클수록 유동점과 잔류탄소는 감소한다.
③ 중유 중 잔류탄소의 함량이 많아지면 점도가 낮아진다.
④ 메탄은 프로판에 비해 이론공기량이 적다.

해설 ① 석탄의 비중은 탄화도가 진행될수록 커진다.
② 중유의 비중이 클수록 유동점과 잔류탄소는 증가한다.
③ 중유 중 잔류탄소의 함량이 많아지면 점도가 증가한다.

정리
- 중유 비중이 클수록 증가하는 것: 유동점, 점도, 잔류탄소 등
- 중유 비중이 클수록 낮아지는 것: 발열량, 연소성, 연소효율 등

23. 정상연소에서 연소속도를 지배하는 요인으로 가장 적합한 것은?
① 연료 중의 불순물 함유량
② 연료 중의 고정탄소량
③ 공기 중의 산소의 확산속도
④ 배출가스 중의 N_2 농도

해설 기체의 연소속도 영향인자
- 공기 중의 산소의 확산속도
- 촉매
- 산소와의 혼합비
- 산소농도

24. 휘발유, 등유, 알코올, 벤젠 등 액체연료의 연소방식에 해당하는 것은?
① 자기연소 ② 확산연소
③ 증발연소 ④ 표면연소

해설 연소의 형태
① 자기연소: 니트로글리세린, 폭탄, 다이너마이트
② 확산연소: 기체연료
③ 증발연소: 휘발유, 등유, 경유, 나프탈렌, 양초 등
④ 표면연소: 석탄, 목탄, 코크스 등 휘발분 거의 없는 연료

정답 20. ② 21. ④ 22. ④ 23. ③ 24. ③

25. 다음은 연료의 분류에 관한 설명이다. ( ) 안에 들어갈 가장 적합한 것은?

> ( )는 가솔린과 유사하거나 또는 약간 높은 끓는점 범위의 유분으로 240℃에서 96 % 이상이 증류되는 성분을 말하며, 옥탄가가 낮아 직접적으로 내연기관의 연료로 사용될 수 없기 때문에 가솔린에 혼합하거나 석유화학 원료용으로 주로 사용된다.

① 나프타　　② 등유
③ 경유　　　④ 중유

해설 가솔린은 나프타를 크래킹(정제)해 만든 연료이다.

26. 중유 조성이 탄소 87 %, 수소 11 %, 황 2 %이었다면 이 중유 연소에 필요한 이론 습연소가스량(Sm^3/kg)은?

① 9.63　　② 11.35
③ 13.63　　④ 15.62

해설 (1) $A_o(Sm^3/kg) = \dfrac{O_o}{0.21}$

$= \dfrac{1.867C + 5.6\left(H - \dfrac{O}{8}\right) + 0.7S}{0.21}$

$= \dfrac{1.867 \times 0.87 + 5.6\left(0.11 - \dfrac{O}{8}\right) + 0.7 \times 0.02}{0.21}$

$= 10.734$

(2) $G_{od} = A_o + 5.6H + 0.7O + 0.8N + 1.244W$

$= 10.734 + 5.6 \times 0.11$

$= 11.35\, Sm^3/kg$

27. 목재, 석탄, 타르 등 연소 초기에 가연성 가스가 생성되고 긴 화염이 발생되는 연소의 형태는?

① 표면연소　　② 분해연소
③ 증발연소　　④ 확산연소

해설 분해연소
(1) 열분해에 의해 발생된 가스와 공기가 혼합하여 연소
(2) 연소 초기에 가연성 고체(목탄, 석탄, 타르 등)가 열분해에 의하여 가연성 가스가 생성되고 이것이 긴 화염을 발생시키는 연소
예 대부분의 고체연료의 연소, 목재, 석탄, 타르 등

28. 분무연소기의 자동제어 방법인 시퀀스 제어(순차제어, sequential control)에 관한 설명으로 가장 거리가 먼 것은?

① 안전장치가 따로 필요 없다.
② 분무연소기의 자동점화, 자동소화, 연소량 자동제어 등이 행해진다.
③ 화염이 꺼진 경우 화염검출기가 소화를 검출하고, 점화플러그를 다시 작동시킨다.
④ 지진에 의해서 감지기가 작동하면 연료 개폐 밸브가 닫힌다.

해설 ① 안전장치가 따로 필요하다.
시퀀스제어 : 미리 정해진 순서에 따라 제어의 각 단계를 점차로 진행해 나가는 제어

29. 유동층 연소에 관한 설명으로 거리가 먼 것은?

① 사용연료의 입도범위가 넓기 때문에 연료를 미분쇄할 필요가 없다.
② 비교적 고온에서 연소가 행해지므로 열생성 NOx가 많고, 전열관의 부식이 문제가 된다.
③ 연료의 층내 체류시간이 길어 저발열량의 석탄도 완전연소가 가능하다.
④ 유동매체에 석회석 등의 탈황제를 사용하여 로내 탈황도 가능하다.

해설 ② 유동층 연소는 비교적 낮은 온도에서 연소가 발생하므로, 열생성 NOx가 적게 발생한다.

30. COM(Coal Oil Mixture, 혼탄유) 연소에 관한 설명으로 옳지 않은 것은?
① COM은 주로 석탄과 중유의 혼합연료이다.
② 연소실 내 체류시간의 부족, 분사변의 폐쇄와 마모 등 주의가 요구된다.
③ 재의 처리가 용이하고, 중유 전용 보일러의 연료로서 개조 없이 COM을 효율적으로 이용할 수 있다.
④ 중유보다 미립화 특성이 양호하다.

해설 ③ 재의 처리가 용이하지 않고, 중유 전용 보일러의 연료로서 개조 없이 COM을 효율적으로 이용할 수 없다.
- COM(Coal Oil Mixture) : 석탄분말에 기름을 혼합
- CWM(Coal Water Mixture) : 석탄분말에 물을 혼합

31. 다음 중 옥탄가에 대한 설명으로 옳지 않은 것은?
① n-paraffine에서는 탄소수가 증가할수록 옥탄가는 저하하여 C_7에서 옥탄가는 0이다.
② 방향족 탄화수소의 경우 벤젠고리의 측쇄가 C_3까지는 옥탄가가 증가하지만 그 이상이면 감소한다.
③ naphthene계는 방향족 탄화수소보다는 옥탄가가 작지만 n-paraffine계보다는 큰 옥탄가를 가진다.
④ iso-paraffine에서는 methyl 가지가 적을수록, 중앙에 집중하지 않고 분산될수록 옥탄가가 증가한다.

해설 ④ iso-paraffine에서는 methyl 가지가 많을수록, 중앙에 집중하지 않고 분산될수록 옥탄가가 증가한다.

32. 내용적 160 m³의 밀폐된 실내에서 2.23 kg의 부탄을 완전연소할 때, 실내에서의 산소농도(V/V, %)는? (단, 표준상태, 기타조건은 무시하며, 공기 중 용적 산소비율은 21 %)
① 15.6 %
② 17.5 %
③ 19.4 %
④ 20.8 %

해설 (1) 부탄의 연소로 줄어드는 산소 농도
$C_4H_{10} + 6.5O_2 \rightarrow 4CO_2 + 5H_2O$
$58 \text{ kg} : 6.5 \times 22.4 \text{ Sm}^3$
$2.23 \text{ kg} : x[\text{Sm}^3]$
$\therefore x = \dfrac{6.5 \times 22.4 \text{ Sm}^3}{58 \text{ kg}} \times 2.23 \text{ kg}$
$= 5.598 \text{ Sm}^3$

그러므로, $\dfrac{5.598 \text{ Sm}^3}{160 \text{ m}^3} \times 100\% = 3.498\%$
의 산소 농도가 감소한다.
(2) 부탄 연소 후 실내의 산소농도
$= 21 - 3.498 = 17.50\%$

33. 연소가스 분석결과 CO_2는 17.5 %, O_2는 7.5 %일 때 $(CO_2)_{max}[\%]$는?
① 19.6
② 21.6
③ 27.2
④ 34.8

해설 배출가스 분석치(%)로 계산하는 $(CO_2)_{max}[\%]$
$(CO_2)_{max}[\%] = \dfrac{21 \times (CO_2 + CO)}{21 - (O_2) + 0.395(CO)}$
$= \dfrac{21 \times (17.5 + 0)}{21 - 7.5 + 0.395 \times 0}$
$= 27.2\%$

34. 액체연료의 연소용 버너 중 유량의 조절 범위가 일반적으로 가장 큰 것은?
① 저압기류분무식 버너
② 회전식 버너
③ 고압기류분무식 버너
④ 유압분무식 버너

해설 유량 조절비(조절범위)가 가장 큰 것은 고압공기식 버너이다.
더알아보기 핵심정리 2-50

정답 30. ③ 31. ④ 32. ② 33. ③ 34. ③

35. 다음 중 그을음이 잘 발생하기 쉬운 연료순으로 나열한 것은? (단, 쉬운 연료 > 어려운 연료)

① 타르 > 중유 > 석탄가스 > LPG
② 석탄가스 > LPG > 타르 > 중유
③ 중유 > LPG > 석탄가스 > 타르
④ 중유 > 타르 > LPG > 석탄가스

해설 검댕의 발생빈도 순서 : 타르 > 고휘발분 역청탄 > 중유 > 저휘발분 역청탄 > 아탄 > 코크스 > 경질 연료유 > 등유 > 석탄가스 > 제조가스 > 액화석유가스(LPG) > 천연가스

36. 다음 중 미분탄 연소의 특징으로 거리가 먼 것은?

① 스토커 연소에 비해 작은 공기비로 완전연소가 가능하다.
② 사용연료의 범위가 넓고, 스토커 연소에 적합하지 않은 점결탄과 저발열량탄 등도 사용가능하다.
③ 부하변동에 쉽게 적용할 수 있다.
④ 설비비와 유지비가 적게 들고, 재비산의 염려가 없으며, 별도 설비가 불필요하다.

해설 ④ 설비비와 유지비가 많이 들고, 재비산 우려가 있으며, 별도 설비가 필요하다.

37. 고압기류분무식 버너에 관한 설명으로 옳지 않은 것은?

① 2~8 kg/cm^{2}의 고압공기를 사용하여 연료유를 분무화시키는 방식이다.
② 분무각도는 30° 정도, 유량조절비는 1 : 10 정도이다.
③ 분무에 필요한 1차 공기량은 이론공기량의 80~90 % 범위이다.
④ 연료유의 점도가 커도 분무화가 용이하나 연소 시 소음이 큰 편이다.

해설 ③ 분무에 필요한 1차 공기량은 이론공기량의 7~12 % 범위이다.

38. 가연한계에 대한 설명으로 옳지 않은 것은?

① 일반적으로 가연한계는 산화제 중의 산소분율이 커지면 넓어진다.
② 파라핀계 탄화수소의 가연범위는 비교적 좁다.
③ 기체연료는 압력이 증가할수록 가연한계가 넓어지는 경향이 있다.
④ 혼합기체의 온도를 높게 하면 가연범위는 좁아진다.

해설 연소범위(폭발범위, 가연한계)의 특징
• 가스의 온도가 높아지면 일반적으로 넓어짐
• 가스압이 높아지면 하한값이 크게 변화되지 않으나 상한값은 높아짐
• 폭발한계 농도 이하에서는 폭발성 혼합가스를 생성하기 어려움
• 압력이 상압(1기압)보다 높아질 때 변화가 큼

39. 저 NOx 연소기술 중 배가스 순환기술에 관한 설명으로 거리가 먼 것은?

① 일반적으로 배가스 재순환비율은 연소공기 대비 10~20 %에서 운전된다.
② 희석에 의한 산소농도 저감효과보다는 화염온도 저하효과가 작기 때문에, 연료 NOx보다는 고온 NOx 억제효과가 작다.
③ 장점으로 대부분의 다른 연소제어기술과 병행해서 사용할 수 있다.
④ 저 NOx 버너와 같이 사용하는 경우가 많다.

해설 ② 희석에 의한 산소농도 저감효과보다는 화염온도 저하효과가 크기 때문에, 연료 NOx보다 고온 NOx 억제효과가 크다.

40. 착화점이 낮아지는 조건으로 거리가 먼 것은?

① 산소의 농도는 낮을수록
② 반응활성도는 클수록
③ 분자의 구조는 복잡할수록
④ 발열량은 높을수록

정답 35. ① 36. ④ 37. ③ 38. ④ 39. ② 40. ①

해설 ① 산소의 농도는 높을수록
더 알아보기 핵심정리 2-38 (2)

제3과목 대기오염방지기술

41. 악취물질의 성질과 발생원에 관한 설명으로 가장 거리가 먼 것은?
① 에틸아민($C_2H_5NH_2$)은 암모니아취 물질로 수산가공, 약품제조 시에 발생한다.
② 메틸머캅탄(CH_3SH)은 부패양파취 물질로 석유정제, 가스제조, 약품제조 시에 발생한다.
③ 황화수소(H_2S)는 썩는 계란취 물질로 석유정제, 약품제조 시에 발생한다.
④ 아크롤레인(CH_2CHCHO)은 생선취 물질로 하수처리장, 축산업에서 발생한다.

해설 ④ 트리메틸아민이 생선취 물질임

42. 각 집진장치의 특징에 관한 설명으로 옳지 않은 것은?
① 여과집진장치에서 여포는 가스온도가 350°C를 넘지 않도록 하여야 하며, 고온가스를 냉각시킬 때에는 산노점 이하로 유지해야 한다.
② 전기집진장치는 낮은 압력손실로 대량의 가스처리에 적합하다.
③ 제트 스크러버는 처리가스량이 많은 경우에는 잘 쓰지 않는 경향이 있다.
④ 중력집진장치는 설치면적이 크고 효율이 낮아 전처리설비로 주로 이용되고 있다.

해설 ① 여과집진장치에서 여포는 가스온도가 250°C를 넘지 않도록 하여야 하며, 고온가스를 냉각시킬 때에는 산노점 이하가 되면 안 된다.
정리 여과 운전온도 : 이슬점~내열온도

43. 배출가스 중 먼지농도가 3,200 mg/Sm^3인 먼지처리를 위해 집진율이 각각 60 %, 70 %, 75 %인 중력집진장치, 원심력집진장치, 세정집진장치를 직렬로 연결해서 사용해 왔다. 여기에 집진장치 하나를 추가로 직렬 연결하여 최종 배출구 먼지농도를 20 mg/Sm^3 이하로 줄이려면, 추가 집진장치의 집진율은 최소 몇 %가 되어야 하는가?
① 약 79.2 %
② 약 85.6 %
③ 약 89.6 %
④ 약 92.4 %

해설 (1) 총집진율
$$\eta_T = \frac{3,200-20}{3,200} = 0.99375$$
$$= 99.375\%$$
(2) 추가 집진장치 집진율(η_4)
$\eta_T = 1-(1-\eta_1)(1-\eta_2)(1-\eta_3)(1-\eta_4)$
0.99375
$= 1-(1-0.6)(1-0.7)(1-0.75)(1-\eta_4)$
∴ $\eta_4 = 0.7916 = 79.16\%$

44. 복합 국소배기장치에서 댐퍼조절평형법(또는 저항조절평형법)의 특징으로 옳지 않은 것은?
① 오염물질 배출원이 많아 여러 개의 가지덕트를 주덕트에 연결할 필요가 있는 경우 사용한다.
② 덕트의 압력손실이 큰 경우 주로 사용한다.
③ 작업 공정에 따른 덕트의 위치 변경이 가능하다.
④ 설치 후 송풍량 조절이 불가능하다.

해설 댐퍼조절평형법(또는 저항조절평형법)
• 각 덕트에 댐퍼를 부착하여 압력을 조정, 평형을 유지하는 방법
• 총압력손실 계산은 압력손실이 가장 큰 분지관을 기준으로 산정한다.
• 분지관의 수가 많고 덕트의 압력손실이 클 때 사용함
• 작업 공정에 따른 덕트의 위치 변경이 가능
• 설치 후 송풍량 조절 가능

45. 유해가스 처리를 위한 흡수액의 구비조건으로 거리가 먼 것은?

① 용해도가 커야 한다.
② 휘발성이 적어야 한다.
③ 점성이 커야 한다.
④ 용매의 화학적 성질과 비슷해야 한다.

해설 흡수액의 구비조건
- 용해도가 커야 한다.
- 부식성이 없어야 한다.
- 휘발성이 적어야 한다.
- 가격이 저렴해야 하고 점성이 작아야 한다.
- 화학적으로 안정해야 하며 독성이 없어야 한다.

46. 탈황과 탈질 동시 제어 공정으로 거리가 먼 것은?

① SCR 공정
② 전자빔 공정
③ NOxSO 공정
④ 산화구리 공정

해설 SOx, NOx 동시 제어 기술 : DESONOx, NOxSO 공정, 전자선 조사법, 암모니아 주입 활성탄 흡착법, CuO 공정

47. 선택적 촉매환원법과 선택적 비촉매환원법으로 주로 제거하는 오염물질은?

① 휘발성유기화합물
② 질소산화물
③ 황산화물
④ 악취물질

해설 선택적 촉매환원법과 선택적 비촉매환원법은 질소산화물 제거방법이다.

48. 벤투리 스크러버 적용 시 액가스비를 크게 하는 요인으로 옳지 않은 것은?

① 먼지의 친수성이 클 때
② 먼지의 입경이 작을 때
③ 처리가스의 온도가 높을 때
④ 먼지의 농도가 높을 때

해설 벤투리 스크러버에서 액가스비를 크게 하는 이유
- 분진의 입경이 작을 때
- 분진의 농도가 높을 때
- 분진 입자의 친수성이 적을 때
- 처리가스의 온도가 높을 때
- 분진 입자의 점착성이 클 때

49. 사이클론에서 가스 유입속도를 2배로 증가시키고, 입구 폭을 4배로 늘리면 50 % 효율로 집진되는 입자의 직경, 즉 Lapple의 절단입경(d_{p50})은 처음에 비해 어떻게 변화되겠는가?

① 처음의 2배
② 처음의 $\sqrt{2}$ 배
③ 처음의 1/2
④ 처음의 $1/\sqrt{2}$

해설 사이클론의 절단입경(d_{p50})

$$\frac{d_{p50}'}{d_{p50}} = \frac{\sqrt{\dfrac{9\mu \times (4b)}{2(\rho_s - \rho)\pi \times (2V) \times N}}}{\sqrt{\dfrac{9\mu \times b}{2(\rho_s - \rho)\pi \times V \times N}}}$$

$$= \sqrt{2}$$

50. 벤투리 스크러버에 관한 설명으로 가장 적합한 것은?

① 먼지부하 및 가스유동에 민감하다.
② 집진율이 낮고 설치 소요면적이 크며, 가압수식 중 압력손실이 매우 크다.
③ 액가스비가 커서 소량의 세정액이 요구된다.
④ 점착성, 조해성 먼지처리 시 노즐 막힘 현상이 현저하여 처리가 어렵다.

해설 ② 집진율이 높고, 설치 소요면적이 작다.
③ 액가스비가 커서 대량의 세정액이 요구된다.
④ 점착성, 조해성 먼지도 처리가능하다.

51. 전기집진장치의 장애현상 중 2차 전류가 현저하게 떨어질 때의 원인 또는 대책에 관한 설명으로 거리가 먼 것은?

① 분진의 농도가 너무 높을 때 발생한다.
② 대책으로는 스파크의 횟수를 늘리는 방법이 있다.
③ 대책으로는 조습용 스프레이의 수량을 늘리는 방법이 있다.
④ 분진의 비저항이 비정상적으로 낮을 때 발생하며, CO를 주입시킨다.

해설 2차 전류가 현저하게 떨어질 때
(1) 원인
- 먼지 농도 높을 때
- 먼지 저항 높을 때
(2) 대책
- 스파크 횟수 증가
- 조습용 스프레이 수량 증가
- 입구 먼지 농도 조절

52. 유해물질을 함유하는 가스와 그 제거장치의 조합으로 거리가 먼 것은?

① 시안화수소 함유 가스 – 물에 의한 세정
② 사불화규소 함유 가스 – 충전탑
③ 벤젠 함유 가스 – 촉매연소법
④ 삼산화인 함유 가스 – 표면적이 충분히 넓은 충전물을 채운 흡수탑 안에서 알칼리성 용액에 의한 흡수제거

해설 불소화합물의 처리장치 : 분무탑, 벤투리 스크러버, 제트 스크러버(충전탑은 침전물이 발생하므로 사용할 수 없음)

53. 흡수탑의 충전물에 요구되는 사항으로 거리가 먼 것은?

① 단위 부피 내의 표면적이 클 것
② 간격의 단면적이 클 것
③ 단위 부피의 무게가 가벼울 것
④ 가스 및 액체에 대하여 내식성이 없을 것

해설 좋은 충전물의 조건
- 충전밀도가 커야 함
- hold-up이 작아야 함
- 공극률이 커야 함
- 비표면적이 커야 함
- 압력손실이 작아야 함
- 내열성, 내식성이 커야 함
- 충분한 강도를 지녀야 함
- 화학적으로 불활성이어야 함

54. 석유 정제 시 배출되는 H_2S의 제거에 사용되는 세정제는?

① 암모니아수
② 사염화탄소
③ 다이에탄올아민 용액
④ 수산화칼슘 용액

해설 다이에탄올아민용액(MDEA) : 석유 정제 시 H_2S 제거, 암모니아 생산 공정 시 CO_2 제거

55. 후드 설계 시 고려사항으로 옳지 않은 것은?

① 잉여공기의 흡입을 적게 하고 충분한 포착속도를 가지기 위해 가능한 한 후드를 발생원에 근접시킨다.
② 분진을 발생시키는 부분을 중심으로 국부적으로 처리하는 로컬 후드방식을 취한다.
③ 후드 개구면의 중앙부를 열어 흡입풍량을 최대한 늘리고, 포착속도를 최소한으로 작게 유지한다.
④ 실내의 기류, 발생원과 후드 사이의 장애물 등에 의한 영향을 고려하여 필요에 따라 에어커튼을 이용한다.

해설 후드의 흡입 향상 조건
- 후드를 발생원에 가깝게 설치
- 후드의 개구면적을 작게 함
- 충분한 포착속도를 유지
- 기류흐름 및 장해물 영향 고려(에어커튼 사용)
- 배풍기 여유율을 30%로 유지함

정답 51. ④ 52. ② 53. ④ 54. ③ 55. ③

56. 다음 입경측정법에 해당하는 것은?

> 주로 1 μm 이상인 먼지의 입경 측정에 이용되고, 그 측정장치로는 앤더슨 피펫, 침강천칭, 광투과장치 등이 있다.

① 표준체 측정법 ② 관성충돌법
③ 공기투과법 ④ 액상침강법

해설 입경분포 측정방법
① 표준체 측정법 : 입자를 입경별로 분리하여 측정
② 관성충돌법 : 입자의 관성충돌을 이용하여 측정
③ 공기투과법 : 입자의 비표면적을 측정하여 입경을 측정
④ 액상침강법 : 액상 중에 입자를 분산시켜 침강속도로 입경을 측정하는 방법으로, 측정장치로는 앤더슨 피펫, 침강천칭, 광투과장치 등이 있다.

57. 배출가스 내의 황산화물 처리방법 중 건식법의 특징으로 가장 거리가 먼 것은? (단, 습식법과 비교)

① 장치의 규모가 큰 편이다.
② 반응효율이 높은 편이다.
③ 배출가스의 온도 저하가 거의 없는 편이다.
④ 연돌에 의한 배출가스의 확산이 양호한 편이다.

해설 ② 건식법보다 습식법의 반응효율이 더 높다.

58. 입자상 물질과 NOx 저감을 위한 디젤엔진 연료분사시스템의 적용기술로 가장 거리가 먼 것은?

① 분사압력 저압화
② 분사압력 최적제어
③ 분사율 제어
④ 분사시기 제어

해설 입자상 물질과 NOx 저감을 위한 디젤엔진 연료분사시스템의 적용기술 : 분사압력의 고압화, 분사압력 제어, 분사율 제어, 전자제어 기술, 분무미립화 기술 등

59. 펄스젯 여과집진기에서 압축공기량 조절장치와 가장 관련이 깊은 것은?

① 확산관(diffuser tube)
② 백케이지(bag cage)
③ 스크레이퍼(scraper)
④ 방전극(discharge electrode)

해설 펄스젯 여과집진기에서 압축공기량은 확산관(diffuser tube)으로 조절한다.

60. 밀도 0.8 g/cm³인 유체의 동점도가 3 Stokes이라면 절대점도는?

① 2.4 poise ② 2.4 centi poise
③ 2,400 poise ④ 2,400 centi poise

해설 절대점도(점성계수)
$$\mu = \rho\nu = \frac{0.8\,\text{g}}{\text{cm}^3} \times \frac{3\,\text{cm}^2}{\text{s}}$$
$$= 2.4\,\text{g/cm}\cdot\text{s} = 2.4\,\text{poise}$$

제4과목 대기오염공정시험기준(방법)

61. 흡광차분광법(DOAS)의 원리와 적용범위에 관한 설명으로 거리가 먼 것은?

① 50~1,000 m 정도 떨어진 곳의 빛의 이동경로(Path)를 통과하는 가스를 실시간으로 분석할 수 있다.
② 이산화황, 질소산화물, 오존 등의 대기오염물질 분석에 적용할 수 있다.
③ 측정에 필요한 광원은 180~380 nm 파장을 갖는 자외선램프를 사용한다.
④ 흡광광도법의 기본 원리인 Beer-Lambert 법칙을 응용하여 분석한다.

정답 56. ④ 57. ② 58. ① 59. ① 60. ① 61. ③

해설 흡광차분광법
③ 측정에 필요한 광원은 180~2,850 nm 파장을 갖는 제논램프를 사용한다.

더 알아보기 핵심정리 2-83

62. 환경대기 중의 옥시던트 측정법에 사용되는 용어의 설명으로 옳지 않은 것은?
① 옥시던트는 전옥시던트, 광화학 옥시던트, 오존 등의 산화성물질의 총칭을 말한다.
② 전옥시던트는 중성요오드화칼륨용액에 의해 요오드를 유리시키는 물질을 총칭한다.
③ 광화학 옥시던트는 전옥시던트에서 오존을 제외한 물질이다.
④ 제로가스는 측정기의 영점을 교정하는 데 사용하는 교정용 가스이다.

해설
- 옥시던트 : 전옥시던트, 광화학 옥시던트, 오존 등의 산화성물질의 총칭
- 전옥시던트 : 중성요오드화칼륨용액에 의해 요오드를 유리시키는 물질의 총칭
- 광화학 옥시던트 : 전옥시던트에서 이산화질소를 제외한 물질

63. 자기분광광전광도계를 사용하여 과망간산포타슘 용액(20~60 mg/L)의 흡수곡선을 작성할 경우 다음 중 흡광도 값이 최대가 나오는 파장의 범위는?
① 350~400 nm
② 400~450 nm
③ 500~550 nm
④ 600~650 nm

해설 자외선/가시선분광법 – 흡수곡선의 작성(자기분광광전광도계) : 과망간산포타슘 용액(20~60 mg/L)은 500~550 nm에서 흡광도가 최대임

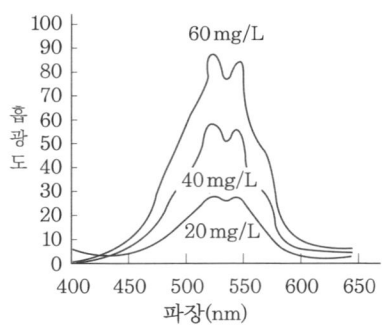

과망간산포타슘($KMnO_4$) 용액의 흡수곡선

64. 메틸렌블루법은 배출가스 중 어떤 물질을 측정하기 위한 방법인가?
① 황화수소
② 플루오린화수소
③ 염화수소
④ 사이안화수소

해설 자외선/가시선분광법
- 황화수소 : 메틸렌블루법
- 사이안화수소 : 4-피리딘카복실산-피라졸론법
- 암모니아 : 인도페놀법

65. 원형굴뚝의 직경이 4.3 m이었다. 굴뚝 배출가스 중의 먼지 측정을 위한 측정점수는 몇 개로 하여야 하는가?
① 12
② 16
③ 20
④ 24

해설 배출가스 중 먼지 – 원형단면의 측정점

굴뚝직경(m)	측정점수
1 이하	4
1 초과 2 이하	8
2 초과 4 이하	12
4 초과 4.5 이하	16
4.5 초과	20

정답 62. ③ 63. ③ 64. ① 65. ②

66. 이온크로마토그래피에서 사용되는 써프렛서에 관한 설명으로 옳지 않은 것은?

① 관형과 이온교환막형이 있다.
② 용리액으로 사용되는 전해질 성분을 분리검출하기 위하여 분리관 앞에 병렬로 접속시킨다.
③ 관형 써프렛서 중 음이온에는 스티롤계 강산형(H^+) 수지가 충진된 것을 사용한다.
④ 전해질을 물 또는 저전도의 용매로 바꿔줌으로써 전기전도도 셀에서 목적이온성분과 전기전도도만을 고감도로 검출할 수 있게 해준다.

해설 이온크로마토그래피 – 써프렛서 : 써프렛서란 용리액에 사용되는 전해질 성분을 제거하기 위하여 분리관 뒤에 직렬로 접속시킨 것으로써 전해질을 물 또는 저전도의 용매로 바꿔줌으로써 전기전도도 셀에서 목적이온 성분과 전기전도도만을 고감도로 검출할 수 있게 해주는 것이다. 써프렛서는 관형과 이온교환막형이 있으며, 관형은 음이온에는 스티롤계 강산형(H^+) 수지가, 양이온에는 스티롤계 강염기형(OH^-)의 수지가 충진된 것을 사용한다.

67. 시험분석에 사용하는 용어 및 기재사항에 관한 설명으로 옳지 않은 것은?

① "약"이란 그 무게 또는 부피 등에 대하여 ±10 % 이상의 차가 있어서는 안 된다.
② "정확히 단다"라 함은 규정한 양의 검체를 취하여 분석용 저울로 0.1 mg까지 다는 것을 뜻한다.
③ "항량이 될 때까지 건조한다 또는 강열한다"라 함은 따로 규정이 없는 한 보통의 건조방법으로 30분간 더 건조 또는 강열할 때 전후 무게의 차가 0.3 mg 이하일 때를 뜻한다.
④ 액체성분의 양을 "정확히 취한다"라 함은 홀피펫, 부피플라스크 또는 이와 동등 이상의 정도를 갖는 용량계를 사용하여 조작하는 것을 뜻한다.

해설 ③ "항량이 될 때까지 건조한다 또는 강열한다"라 함은 따로 규정이 없는 한 보통의 건조방법으로 1시간 더 건조 또는 강열할 때 전후 무게의 차가 매 g당 0.3 mg 이하일 때를 뜻한다.

68. 환경대기 중에 있는 아황산가스 농도를 자동연속측정법으로 분석하고자 한다. 이에 해당하지 않는 것은?

① 적외선형광법   ② 용액전도율법
③ 흡광차분광법   ④ 불꽃광도법

해설 환경대기 중 아황산가스 측정방법

수동측정법	자동측정법
파라로자닐린법 산정량 수동법 산정량 반자동법	자외선형광법(주시험방법) 용액전도율법 불꽃광도법 흡광차분광법

(더 알아보기) 핵심정리 2-89

69. 소각로, 소각시설 및 그 밖의 배출원에서 배출되는 입자상 및 가스상 수은(Hg)의 측정·분석방법 중 냉증기 원자흡수분광광도법에 관한 설명으로 옳지 않은 것은?

① 배출원에서 등속으로 흡입된 입자상과 가스상 수은은 흡수액인 산성 과망간산포타슘 용액에 채취된다.
② 정량범위는 0.005 mg/m³~0.075 mg/m³(건조시료가스량 1 m³인 경우)이고, 방법검출한계는 0.003 mg/m³이다.
③ Hg^{2+} 형태로 채취한 수은을 Hg^0 형태로 환원시켜서 측정한다.
④ 시료채취 시 배출가스 중에 존재하는 산화 유기물질은 수은의 채취를 방해할 수 있다.

해설 ② 정량범위는 0.0005~0.0075 mg/Sm³(건조시료가스량 1 Sm³인 경우)이고, 방법검출한계는 0.0002 mg/m³이다.

정답 66. ②　67. ③　68. ①　69. ②

70. 굴뚝 배출가스 중 사이안화(시안화)수소를 피리딘 피라졸론법으로 분석할 경우 사이안화수소 표준원액을 제조하기 위해서는 사이안화수소 용액 몇 mL를 취하여 수산화소듐용액(1 N) 100 mL를 가하고 다시 물로 전량을 1 L로 하여야 하는가? (단, 사이안화수소 표준원액 1 mL는 기체상 HCN 0.01 mL(0℃, 760 mmHg)에 상당하며, f : 0.1 N 질산은 용액의 역가, a : 0.1 N 질산은 용액의 소비량(mL))

① $\dfrac{10}{0.448 \times a \times f}$
② $\dfrac{10}{0.0448 \times a \times f}$
③ $\dfrac{10}{0.112 \times a \times f}$
④ $\dfrac{10}{0.0112 \times a \times f}$

해설 사이안화수소 표준원액 : 사이안화수소 용액 $10.0 \times (0.0448 \times a \times f)^{-1}$ mL를 취하여 수산화소듐 용액(1 N) 100 mL를 가하고 다시 물을 가하여 전량을 1 L로 한다.(사용 시에 제조한다.) 사이안화수소 표준원액 1 mL는 HCN 0.01 mL(0℃, 760 mmHg)에 상당한다.

71. 원자흡수분광광도법에서 사용하는 용어 설명으로 거리가 먼 것은?

① 공명선(resonance line) : 원자가 외부로 빛을 반사했다가 방사하는 스펙트럼선
② 근접선(neighbouring line) : 목적하는 스펙트럼선에 가까운 파장을 갖는 다른 스펙트럼선
③ 역화(flame back) : 불꽃의 연소속도가 크고 혼합기체의 분출속도가 작을 때 연소형상이 내부로 옮겨지는 것
④ 원자흡광(분광)측광 : 원자흡광스펙트럼을 이용하여 시료 중의 특정원소의 농도와 그 휘선의 흡광정도와의 상관관계를 측정하는 것

해설 ① 공명선(resonance line) : 원자가 외부로부터 빛을 흡수했다가 다시 먼저 상태로 돌아갈 때 방사하는 스펙트럼선

72. 굴뚝 배출가스 중 산소를 오르자트(Orsat)분석법(화학분석법)으로 시료의 흡수를 통해 시료 중 산소농도를 구하고자 할 때, 장치 내의 흡수액을 넣은 흡수병에 가장 먼저 흡수되는 가스 성분은?

① CO_2(탄산가스)
② O_2(산소)
③ CO(일산화탄소)
④ N_2(질소)

해설 [개정] "배출가스 중 산소 – 화학분석법(오르자트분석법)"은 공정시험기준에서 삭제되어 더 이상 출제되지 않습니다.

73. 다음 원자흡수분광광도법의 측정순서 중 일반적으로 가장 먼저 하여야 하는 것은?

① 분광기의 파장눈금을 분석선의 파장에 맞춘다.
② 광원램프를 점등하여 적당한 전류값으로 설정한다.
③ 가스유량 조절기의 밸브를 열어 불꽃을 점화한다.
④ 시료용액을 불꽃 중에 분무시켜 지시한 값을 읽어 둔다.

해설 원자흡수분광광도법의 측정순서
- 전원 스위치 및 관련 스위치를 넣어 측광부에 전류를 통한다.
- 광원램프를 점등하여 적당한 전류값으로 설정한다.
- 가연성 가스 및 조연성 가스 용기가 각각 가스유량조정기를 통하여 버너에 파이프로 연결되어 있는가를 확인한다.
- 가스유량 조절기의 밸브를 열어 불꽃을 점화하여 유량조절 밸브로 가연성 가스와 조연성 가스의 유량을 조절한다.

정답 70. ② 71. ① 72. ① 73. ②

- 분광기의 파장눈금을 분석선의 파장에 맞춘다.
- 0을 맞춘다.
- 100을 맞춘다.
- 시료용액을 불꽃 중에 분무시켜 지시한 값을 읽어 둔다.

74. 배출허용기준 중 표준산소농도를 적용받는 항목에 대한 배출가스유량 보정식으로 옳은 것은? (단, Q : 배출가스유량(Sm^3/일), Q_a : 실측배출가스유량(Sm^3/일), O_a : 실측산소농도(%), O_s : 표준산소농도(%))

① $Q = Q_a \times [(21-O_s)/(21-O_a)]$
② $Q = Q_a \div [(21-O_s)/(21-O_a)]$
③ $Q = Q_a \times [(21+O_s)/(21+O_a)]$
④ $Q = Q_a \div [(21+O_s)/(21+O_a)]$

해설 배출가스유량 보정

$$Q = Q_a \div \frac{21-O_s}{21-O_a}$$

여기서, Q : 배출가스유량(Sm^3/일)
Q_a : 실측배출가스유량(Sm^3/일)
O_s : 표준산소농도(%)
O_a : 실측산소농도(%)

75. 특정발생원에서 일정한 굴뚝을 거치지 않고 외부로 비산되는 먼지를 고용량공기시료채취법으로 측정한 결과 다음과 같은 자료를 얻었다. 이때 비산먼지의 농도는 몇 mg/m^3인가?

- 채취먼지량이 가장 많은 위치에서의 먼지농도 : 65 mg/m^3
- 대조위치에서의 먼지농도 : 0.23 mg/m^3
- 전 시료채취 기간 중 주 풍향이 90° 이상 변하고, 풍속이 0.5 m/s 미만 또는 10 m/s 이상되는 시간이 전 채취시간의 50 % 이상이다.

① 117
② 102
③ 94
④ 87

해설 비산먼지 농도의 계산
비산먼지 농도(C)
$= (C_H - C_B) \times W_D \times W_S$
$= (65 - 0.23) \times 1.5 \times 1.2$
$= 116.58 \, mg/m^3$

여기서, C_H : 채취먼지량이 가장 많은 위치에서의 먼지농도(mg/Sm^3)
C_B : 대조위치에서의 먼지농도(mg/Sm^3)
W_D, W_S : 풍향, 풍속 측정결과로부터 구한 보정계수

단, 대조위치를 선정할 수 없는 경우에는 C_B는 0.15 mg/Sm^3로 한다.

정리 보정계수
(1) 풍향에 대한 보정

풍향변화범위	보정계수
전 시료채취 기간 중 주 풍향이 90° 이상 변할 때	1.5
전 시료채취 기간 중 주 풍향이 45°~90° 변할 때	1.2
전 시료채취 기간 중 풍향이 변동이 없을 때(45° 미만)	1.0

(2) 풍속에 대한 보정

풍속범위	보정계수
풍속이 0.5 m/s 미만 또는 10 m/s 이상 되는 시간이 전 채취시간의 50 % 미만일 때	1.0
풍속이 0.5 m/s 미만 또는 10 m/s 이상 되는 시간이 전 채취시간의 50 % 이상일 때	1.2

정답 74. ② 75. ①

76. 환경대기 중 위상차현미경을 사용한 석면시험방법과 그 용어의 설명으로 옳지 않은 것은?

① 위상차현미경은 굴절률 또는 두께가 부분적으로 다른 무색투명한 물체의 각 부분의 투과광 사이에 생기는 위상차를 화상면에서 명암의 차로 바꾸어, 구조를 보기 쉽도록 한 현미경이다.
② 석면먼지의 농도표시는 0℃, 760 mmH$_2$O의 기체 1μL 중에 함유된 석면섬유의 개수(개/μL)로 표시한다.
③ 대기 중 석면은 강제 흡인 장치를 통해 여과장치에 채취한 후 위상차현미경으로 계수하여 석면 농도를 산출한다.
④ 위상차현미경을 사용하여 섬유상으로 보이는 입자를 계수하고 같은 입자를 보통의 생물 현미경으로 바꾸어 계수하여, 그 계수치들의 차를 구하면 굴절률이 거의 1.5인 섬유상의 입자 즉 석면이라고 추정할 수 있는 입자를 계수할 수가 있게 된다.

해설 ② 석면먼지의 농도표시는 20℃, 1기압 상태의 기체 1 mL 중에 함유된 석면섬유의 개수(개/mL)로 표시한다.

77. 대기오염공정시험기준상 따로 규정이 없는 한 "시약 명칭 – 화학식 – 농도(%) – 비중(약)" 기준으로 옳은 것은?

① 암모니아수 – NH$_4$OH – 30.0~34.0(NH$_3$로서) – 1.05
② 아이오딘화수소산 – HI – 46.0~48.0 – 1.25
③ 브롬화수소산 – HBr – 47.0~49.0 – 1.48
④ 과염소산 – HClO$_4$ – 60.0~62.0 – 1.34

해설 시약 및 표준용액–시약의 농도와 비중
① 암모니아수–NH$_4$OH–28.0~30.0(NH$_3$로서)–0.9
② 아이오딘화수소산–HI–55.0~58.0–1.7
④ 과염소산–HClO$_4$–60.0~62.0–1.54

더 알아보기 핵심정리 2-73

78. 비분산적외선분광분석법(non dispersive infrared photometer analysis)에서 사용되는 용어에 관한 설명으로 옳지 않은 것은?

① 비교가스는 시료셀에서 적외선 흡수를 측정하는 경우 대조가스로 사용하는 것으로 적외선을 흡수하지 않는 가스를 말한다.
② 비교셀은 시료셀과 동일한 모양을 가지며 아르곤 또는 질소와 같은 불활성 기체를 봉입하여 사용한다.
③ 광학필터는 시료광속과 비교광속을 일정주기로 단속시켜, 광학적으로 변조시키는 것으로 단속방식에는 1~20 Hz의 교호단속 방식과 동시단속 방식이 있다.
④ 시료셀은 시료가스가 흐르는 상태에서 양단의 창을 통해 시료광속이 통과하는 구조를 갖는다.

해설 비분산적외선분광분석법 – 용어
③ 광학필터 : 시료가스 중에 간섭 물질가스의 흡수 파장역의 적외선을 흡수제거하기 위하여 사용하며, 가스필터와 고체필터가 있는데 이것은 단독 또는 적절히 조합하여 사용한다.

참고 회전섹터 : 시료광속과 비교광속을 일정주기로 단속시켜 광학적으로 변조시키는 것으로 측정 광신호의 증폭에 유효하고 잡신호 영향을 줄일 수 있다.

더 알아보기 핵심정리 2-81 (2)

79. 기체크로마토그래피에 의한 정량분석에서 이용되는 정량법으로 거리가 먼 것은?

① 표준넓이추가법
② 보정넓이 백분율법
③ 상대검정곡선법
④ 절대검정곡선법

해설 기체크로마토그래피 정량법
- 절대검정곡선법
- 넓이 백분율법
- 보정넓이 백분율법
- 상대검정곡선법
- 표준물첨가법

80. 다음 중 현행 대기오염공정시험기준상 일반적으로 자외선/가시선분광법으로 분석하지 않는 물질은?

① 배출가스 중 이황화탄소
② 유류 중 황함유량
③ 배출가스 중 황화수소
④ 배출가스 중 플루오린(불소)화합물

해설 연료용 유류 중의 황함유량 분석방법
- 연소관식 공기법(중화적정법)
- 방사선식 여기법(기기분석법)

제5과목 대기환경관계법규

81. 다음은 대기환경보전법상 과징금 처분 기준이다. ( ) 안에 알맞은 것은?

> 환경부장관은 자동차제작자가 거짓으로 제작차의 인증 또는 변경인증을 받은 경우에는 그 자동차제작자에 대하여 매출액에 (㉠)(을)를 곱한 금액을 초과하지 아니하는 범위에서 과징금을 부과할 수 있다. 이 경우 과징금의 금액은 (㉡)을 초과할 수 없다.

① ㉠ 100분의 3, ㉡ 100억원
② ㉠ 100분의 3, ㉡ 500억원
③ ㉠ 100분의 5, ㉡ 100억원
④ ㉠ 100분의 5, ㉡ 500억원

해설 자동차제작자의 과징금 : 환경부장관은 자동차제작자가 다음 각 호의 어느 하나에 해당하는 경우에는 그 자동차제작자에 대하여 매출액에 100분의 5를 곱한 금액을 초과하지 아니하는 범위에서 과징금을 부과할 수 있다. 이 경우 과징금의 금액은 500억원을 초과할 수 없다. 〈개정 2024. 1. 23.〉
1. 인증을 받지 아니하고 자동차를 제작하여 판매한 경우
2. 거짓이나 그 밖의 부정한 방법으로 인증 또는 변경인증을 받아 자동차를 제작하여 판매한 경우
3. 인증 또는 변경인증 받은 내용과 다르게 자동차를 제작하여 판매한 경우. 다만, 중요사항 외의 사항의 변경으로 인하여 인증 또는 변경인증 받은 내용과 다르게 자동차를 제작하여 판매한 경우는 제외한다.

82. 실내공기질 관리법규상 자일렌 항목의 신축공동주택의 실내공기질 권고기준은?

① 30 $\mu g/m^3$ 이하
② 210 $\mu g/m^3$ 이하
③ 300 $\mu g/m^3$ 이하
④ 700 $\mu g/m^3$ 이하

해설 신축 공동주택의 실내공기질 권고기준

물질	실내공기질 권고 기준
벤젠	30 $\mu g/m^3$ 이하
폼알데하이드	210 $\mu g/m^3$ 이하
스티렌	300 $\mu g/m^3$ 이하
에틸벤젠	360 $\mu g/m^3$ 이하
자일렌	700 $\mu g/m^3$ 이하
톨루엔	1,000 $\mu g/m^3$ 이하
라돈	148 Bq/m^3 이하

83. 대기환경보전법규상 배출시설 및 방지시설 등과 관련된 행정처분기준 중 "부식·마모로 인하여 대기오염물질이 누출되는 배출시설을 정당한 사유 없이 방치한 경우"의 3차 행정처분기준은?

① 개선명령
② 경고
③ 조업정지 10일
④ 조업정지 30일

정답 80. ② 81. ④ 82. ④ 83. ④

해설 행정처분기준 : 부식·마모로 인하여 대기오염물질이 누출되는 배출시설을 정당한 사유 없이 방치한 경우
- 1차 : 경고
- 2차 : 조업정지 10일
- 3차 : 조업정지 30일
- 4차 : 허가취소 또는 폐쇄

84. 다음은 대기환경보전법규상 "초미세먼지(PM-2.5)"의 주의보 발령기준이다. ( ) 안에 알맞은 것은?

> 기상조건 등을 고려하여 해당지역의 대기자동측정소 PM-2.5 시간당 평균 농도가 ( ) 지속인 때

① 50 $\mu g/m^3$ 이상 1시간 이상
② 50 $\mu g/m^3$ 이상 2시간 이상
③ 75 $\mu g/m^3$ 이상 1시간 이상
④ 75 $\mu g/m^3$ 이상 2시간 이상

해설 대기오염경보단계 – 미세먼지(PM-2.5)
- 주의보 : 평균농도가 75 $\mu g/m^3$ 이상 2시간 이상 지속인 때
- 경보 : 평균농도가 150 $\mu g/m^3$ 이상 2시간 이상 지속인 때

더알아보기 핵심정리 2-100

85. 다음은 대기환경보전법령상 부과금의 납부통지 기준에 관한 사항이다. ( ) 안에 알맞은 것은?

> 초과부과금은 초과부과금 부과 사유가 발생한 때(자동측정자료의 (㉠)가 배출허용기준을 초과한 경우에는 (㉡))에, 기본부과금은 해당 부과기간의 확정배출량 자료제출기간 종료일부터 (㉢)에 부과금의 납부통지를 하여야 한다. 다만, 배출시설이 폐쇄되거나 소유권이 이전되는 경우에는 즉시 납부통지를 할 수 있다.

① ㉠ 30분 평균치, ㉡ 매 분기 종료일부터 30일 이내, ㉢ 30일 이내
② ㉠ 30분 평균치, ㉡ 매 반기 종료일부터 60일 이내, ㉢ 60일 이내
③ ㉠ 1시간 평균치, ㉡ 매 분기 종료일부터 30일 이내, ㉢ 30일 이내
④ ㉠ 1시간 평균치, ㉡ 매 반기 종료일부터 60일 이내, ㉢ 60일 이내

해설 부과금의 납부통지 : 초과부과금은 초과부과금 부과 사유가 발생한 때(자동측정자료의 30분 평균치가 배출허용기준을 초과한 경우에는 매 반기 종료일부터 60일 이내)에, 기본부과금은 해당 부과기간의 확정배출량 자료제출기간 종료일부터 60일 이내에 부과금의 납부통지를 하여야 한다. 다만, 배출시설이 폐쇄되거나 소유권이 이전되는 경우에는 즉시 납부통지를 할 수 있다.

86. 대기환경보전법규상 운행차배출허용기준에 관한 설명으로 옳지 않은 것은?

① 휘발유와 가스를 같이 사용하는 자동차의 배출가스 측정 및 배출허용기준은 가스의 기준을 적용한다.
② 알코올만 사용하는 자동차는 탄화수소 기준을 적용한다.
③ 건설기계 중 덤프트럭, 콘크리트믹서트럭, 콘크리트펌프트럭에 대한 배출허용기준은 화물자동차기준을 적용한다.
④ 수입자동차는 최초등록일자를 제작일자로 본다.

해설 운행차배출허용기준
② 알코올만 사용하는 자동차는 탄화수소 기준을 적용하지 아니한다.

정답 84. ④ 85. ② 86. ②

87. 대기환경보전법상 해당 연도의 평균 배출량이 평균 배출허용기준을 초과하여 그에 따른 상환명령을 이행하지 아니하고 자동차를 제작한 자에 대한 벌칙기준은?

① 7년 이하의 징역이나 1억원 이하의 벌금
② 5년 이하의 징역이나 5천만원 이하의 벌금
③ 3년 이하의 징역이나 3천만원 이하의 벌금
④ 1년 이하의 징역이나 1천만원 이하의 벌금

해설 7년 이하의 징역 또는 1억원 이하의 벌금
1. 배출시설의 허가나 변경허가를 받지 아니하거나 거짓으로 허가나 변경허가를 받아 배출시설을 설치 또는 변경하거나 그 배출시설을 이용하여 조업한 자
2. 방지시설을 설치하지 아니하고 배출시설을 설치·운영한 자
3. 배출시설을 가동할 때에 방지시설을 가동하지 아니하거나 오염도를 낮추기 위하여 배출시설에서 나오는 오염물질에 공기를 섞어 배출하는 행위를 한 자
4. 배출시설이나 방지시설을 정당한 사유없이 정상적으로 가동하지 아니하여 배출허용기준을 초과한 오염물질을 배출하는 행위를 한 자
5. 배출시설 조업정지명령을 위반하거나 조업시간의 제한이나 조업정지 규정에 의한 조치명령을 이행하지 아니한 자
6. 배출시설의 폐쇄나 조업정지에 관한 명령을 위반한 자
7. 배출시설의 폐쇄명령, 사용중지명령을 이행하지 아니한 자
8. 제작차배출허용기준에 맞지 아니하게 자동차를 제작한 자
9. 자동차제작자가 인증받은 내용과 다르게 배출가스 관련 부분의 설계를 고의로 바꾸거나 조작하는 행위를 하여 자동차를 제작한 자
10. 인증을 받지 아니하고 자동차를 제작한 자
11. 해당 연도의 평균 배출량이 평균 배출허용기준을 초과한 자동차제작자에 대한 상황명령을 이행하지 아니하고 자동차를 제작한 자
12. 환경부령으로 정하는 제조기준에 맞지 아니하게 자동차연료·첨가제 또는 촉매제를 제조한 자

88. 대기환경보전법규상 자동차 종류 구분 기준 중 전기만을 동력으로 사용하는 자동차로서 1회 충전 주행거리가 80 km 이상 160 km 미만에 해당하는 것은?

① 제1종　　② 제2종
③ 제3종　　④ 제4종

해설 자동차 등의 종류 : 전기만을 동력으로 사용하는 자동차는 1회 충전 주행거리에 따라 다음과 같이 구분한다.

구분	1회 충전 주행거리
제1종	80km 미만
제2종	80km 이상 160km 미만
제3종	160km 이상

89. 대기환경보전법규상 자가측정 시 사용한 여과지 및 시료채취기록지의 보존기간은 환경오염공정시험기준에 따라 측정한 날부터 얼마로 하는가?

① 3개월　　② 6개월
③ 1년　　　④ 3년

해설 기간 정리
- 악취방지법규상 악취검사기관의 준수사항 중 실험일지 및 검량선 기록지, 검사 결과 발송 대장, 정도관리 수행기록철 등의 보존기간 : 3년간
- 배출시설 및 방지시설 운영기록 보존기간 : 1년간
- 과태료의 가중된 부과기준 부과기간 : 최근 1년간 같은 위반행위에 적용
- 자가측정 시 사용한 여과지 및 시료채취기록지의 보존기간 : 측정한 날부터 6개월

정답 87. ① 88. ② 89. ②

90. 대기환경보전법규상 위임업무 보고사항 중 "자동차 연료 및 첨가제의 제조·판매 또는 사용에 대한 규제현황"의 보고횟수 기준은?

① 연 1회
② 연 2회
③ 연 4회
④ 수시

해설 위임업무 보고사항

업무내용	보고횟수
환경오염사고 발생 및 조치 사항	수시
수입자동차 배출가스 인증 및 검사현황	연 4회
자동차 연료 및 첨가제의 제조·판매 또는 사용에 대한 규제현황	연 2회
자동차 연료 또는 첨가제의 제조기준 적합 여부 검사현황	연료 : 연 4회 첨가제 : 연 2회
측정기기 관리대행업의 등록, 변경등록 및 행정처분 현황	연 1회

91. 대기환경보전법상 환경부장관은 대기오염물질과 온실가스를 줄여 대기환경을 개선하기 위하여 대기환경개선 종합계획을 몇 년마다 수립하여 시행하여야 하는가?

① 1년마다
② 3년마다
③ 5년마다
④ 10년마다

해설 대기환경개선 종합계획의 수립 : 환경부장관은 대기오염물질과 온실가스를 줄여 대기환경을 개선하기 위하여 대기환경개선 종합계획을 10년마다 수립하여 시행하여야 한다.

92. 대기환경보전법규상 대기오염방지시설과 가장 거리가 먼 것은?(단, 그 밖의 경우 등은 제외)

① 산화·환원에 의한 시설
② 응축에 의한 시설
③ 미생물을 이용한 처리시설
④ 이온교환시설

해설 대기오염방지시설
1. 중력집진시설
2. 관성력집진시설
3. 원심력집진시설
4. 세정집진시설
5. 여과집진시설
6. 전기집진시설
7. 음파집진시설
8. 흡수에 의한 시설
9. 흡착에 의한 시설
10. 직접연소에 의한 시설
11. 촉매반응을 이용하는 시설
12. 응축에 의한 시설
13. 산화·환원에 의한 시설
14. 미생물을 이용한 처리시설
15. 연소조절에 의한 시설

93. 대기환경보전법령상 초과부과금 산정기준에서 다음 중 오염물질 1킬로그램당 부과금액이 가장 적은 것은?

① 이황화탄소
② 암모니아
③ 황화수소
④ 불소화물

해설 초과부과금 산정기준 : 염화수소＞시안화수소＞황화수소＞불소화물＞질소산화물＞이황화탄소＞암모니아＞먼지＞황산화물

더 알아보기 핵심정리 2-97

94. 실내공기질 관리법상 다중이용시설을 설치하는 자는 환경부령으로 정한 기준을 초과한 오염물질방출 건축자재를 사용해서는 안 되는데, 이 규정을 위반하여 사용한 자에 대한 벌칙기준으로 옳은 것은?

① 1년 이하의 징역 또는 1천만원 이하의 벌금
② 500만원 이하의 과태료
③ 200만원 이하의 과태료
④ 100만원 이하의 과태료

해설 실내공기질 관리법 – 1년 이하의 징역 또는 1천만원 이하의 벌금
1. 개선명령을 이행하지 아니한 자
2. 기준을 초과하여 오염물질을 방출하는 건축자재를 사용한 자
3. 확인의 취소 및 같은 조 제4항에 따른 회수 등의 조치명령을 위반한 자
4. 거짓이나 그 밖의 부정한 방법으로 시험기관으로 지정을 받은 자
5. 시험기관에 종사하는 자로서 고의 또는 중대한 과실로 시험성적서를 사실과 다르게 발급한 자
6. 업무정지 기간 중 확인업무를 한 자

95. 대기환경보전법령상 특별대책지역에서 환경부령에 따라 신고해야 하는 휘발성유기화합물 배출시설 중 "대통령령으로 정하는 시설"에 해당하지 않는 것은? (단, 그 밖에 휘발성유기화합물을 배출하는 시설로서 환경부장관이 관계중앙행정기관의 장과 협의하여 고시하는 시설 등은 제외한다.)

① 저유소의 저장시설 및 출하시설
② 주유소의 저장시설 및 출하시설
③ 석유정제를 위한 제조시설, 저장시설, 출하시설
④ 휘발성유기화합물 분석을 위한 실험실

해설 휘발성유기화합물 배출시설 중 "대통령령으로 정하는 시설"
1. 석유정제를 위한 제조시설, 저장시설 및 출하시설과 석유화학제품 제조업의 제조시설, 저장시설 및 출하시설
2. 저유소의 저장시설 및 출하시설
3. 주유소의 저장시설 및 주유시설
4. 세탁시설
5. 그 밖에 휘발성유기화합물을 배출하는 시설로서 환경부장관이 관계 중앙행정기관의 장과 협의하여 고시하는 시설

96. 환경정책기본법령상 환경기준으로 옳은 것은? (단, ㉠, ㉡은 대기환경기준, ㉢, ㉣은 수질 및 수생태계 '하천'에서의 사람의 건강보호기준)

	항목	기준값
㉠	O_3(1시간 평균치)	0.06 ppm 이하
㉡	NO_2(1시간 평균치)	0.15 ppm 이하
㉢	Cd	0.5 ppm 이하
㉣	Pb	0.05 ppm 이하

① ㉠   ② ㉡
③ ㉢   ④ ㉣

해설 환경정책기본법상 대기환경기준

측정 시간	연간	24시간	8시간	1시간
SO_2(ppm)	0.02	0.05	–	0.15
NO_2(ppm)	0.03	0.06	–	0.10
O_3(ppm)	–	–	0.06	0.10
CO(ppm)	–	–	9	25
$PM_{10}(\mu g/m^3)$	50	100	–	–
$PM_{2.5}(\mu g/m^3)$	15	35	–	–
납(Pb)$(\mu g/m^3)$	0.5	–	–	–
벤젠$(\mu g/m^3)$	5	–	–	–

환경정책기본법상 수질 및 수생태계 환경기준
– 하천 – 사람의 건강보호기준

기준값(mg/L)	항목
검출되어서는 안 됨 (검출한계)	CN(0.01), Hg(0.001), 유기인(0.0005), PCB(0.0005)
0.5 이하	ABS, 폼알데히드
0.05 이하	Pb, As, Cr^{6+}, 1,4-다이옥세인
0.005 이하	Cd
0.01 이하	벤젠
0.02 이하	디클로로메탄, 안티몬
0.03 이하	1,2-디클로로에탄
0.04 이하	PCE
0.004 이하	사염화탄소

97. 다음 중 대기환경보전법령상 3종사업장 분류기준에 속하는 것은?

① 대기오염물질발생량의 합계가 연간 9톤인 사업장
② 대기오염물질발생량의 합계가 연간 12톤인 사업장
③ 대기오염물질발생량의 합계가 연간 22톤인 사업장
④ 대기오염물질발생량의 합계가 연간 33톤인 사업장

해설 사업장 분류기준

종별	오염물질발생량 구분 (대기오염물질발생량의 연간 합계 기준)
1종사업장	80톤 이상인 사업장
2종사업장	20톤 이상 80톤 미만인 사업장
3종사업장	10톤 이상 20톤 미만인 사업장
4종사업장	2톤 이상 10톤 미만인 사업장
5종사업장	2톤 미만인 사업장

98. 다음은 대기환경보전법상 용어의 뜻이다. ( ) 안에 알맞은 것은?

( )(이)란 연소할 때 생기는 유리탄소가 응결하여 입자의 지름이 1미크론 이상이 되는 입자상물질을 말한다.

① 스모그
② 안개
③ 검댕
④ 먼지

해설 대기환경보전법상 용어 정의
- 입자상물질 : 물질이 파쇄·선별·퇴적·이적될 때, 그 밖에 기계적으로 처리되거나 연소·합성·분해될 때에 발생하는 고체상 또는 액체상의 미세한 물질
- 먼지 : 대기 중에 떠다니거나 흩날려 내려오는 입자상물질
- 매연 : 연소할 때에 생기는 유리 탄소가 주가 되는 미세한 입자상물질
- 검댕 : 연소할 때에 생기는 유리 탄소가 응결하여 입자의 지름이 1미크론 이상이 되는 입자상물질

정답 97. ② 98. ③

99. 대기환경보전법령상 일일 기준초과배출량 및 일일유량의 산정방법으로 옳지 않은 것은?

① 특정대기유해물질의 배출허용기준초과 일일오염물질배출량은 소수점 이하 셋째 자리까지 계산하고, 일반오염물질은 소수점 이하 둘째 자리까지 계산한다.
② 먼지의 배출농도 단위는 표준상태(0℃, 1기압을 말한다.)에서의 세제곱미터당 밀리그램(mg/Sm^3)으로 한다.
③ 측정유량의 단위는 시간당 세제곱미터(m^3/h)로 한다.
④ 일일조업시간은 배출량을 측정하기 전 최근 조업한 30일 동안의 배출시설 조업시간 평균치를 시간으로 표시한다.

해설 일일 기준초과배출량 및 일일유량의 산정방법
① 특정대기유해물질의 배출허용기준초과 일일오염물질배출량은 소수점 이하 넷째 자리까지 계산하고, 일반오염물질은 소수점 이하 첫째 자리까지 계산한다.

100. 악취방지법상 악취방지계획에 따라 악취방지에 필요한 조치를 하지 아니하고 악취배출시설을 가동한 자에 대한 벌칙기준으로 옳은 것은?

① 1천만원 이하의 벌금
② 500만원 이하의 벌금
③ 300만원 이하의 벌금
④ 100만원 이하의 벌금

해설 악취방지법(300만원 이하의 벌금)
1. 악취 배출 허용기준 초과와 관련하여 받은 개선명령을 이행하지 아니한 자
2. 관계 공무원의 출입·채취 및 검사를 거부 또는 방해하거나 기피한 자
3. 악취방지계획에 따라 악취방지에 필요한 조치를 하지 아니하고 악취배출시설을 가동한 자
4. 기간 이내에 악취방지계획에 따라 악취방지에 필요한 조치를 하지 아니한 자

정답 99. ① 100. ③

2020년도 시행문제

대기환경기사 2020년 6월 6일 (통합 1, 2회)

제1과목 대기오염개론

1. 도시 대기오염물질의 광화학반응에 관한 설명으로 옳지 않은 것은?

① O_3는 파장 200~320 nm에서 강한 흡수가, 450~700 nm에서는 약한 흡수가 일어난다.
② PAN은 알데하이드의 생성과 동시에 생기기 시작하며, 일반적으로 오존농도와는 관계가 없다.
③ NO_2는 도시 대기오염물질 중에서 가장 중요한 태양빛 흡수 기체로서 파장 420 nm 이상의 가시광선에 의하여 NO와 O로 광분해한다.
④ SO_3는 대기 중의 수분과 쉽게 반응하여 황산을 생성하고 수분을 더 흡수하여 중요한 대기오염물질의 하나인 황산입자 또는 황산미스트를 생성한다.

해설 ② PAN(옥시던트)은 알데하이드보다 늦게 발생한다.

더 알아보기 핵심정리 2-13

2. 실내공기 오염물질인 라돈에 관한 설명으로 가장 거리가 먼 것은?

① 무색, 무취의 기체로 액화되어도 색을 띠지 않는 물질이다.
② 반감기는 3.8일로 라듐이 핵분열 할 때 생성되는 물질이다.
③ 자연계에 널리 존재하며, 건축자재 등을 통하여 인체에 영향을 미치고 있다.
④ 주기율표에서 원자번호가 238번으로, 화학적으로 활성이 큰 물질이며, 흙 속에서 방사선 붕괴를 일으킨다.

해설 ④ 주기율표에서 라돈의 원자번호는 222번으로, 화학적으로 거의 반응을 일으키지 않고, 흙 속에서 방사선 붕괴를 일으킨다.

3. 산성비가 토양에 미치는 영향에 관한 설명으로 옳지 않은 것은?

① Al^{3+}은 뿌리의 세포분열이나 Ca 또는 P의 흡수나 흐름을 저해한다.
② 교환성 Al은 산성의 토양에만 존재하는 물질이고, 교환성 H와 함께 토양 산성화의 주요한 요인이 된다.
③ 토양의 양이온 교환기는 강산적 성격을 갖는 부분과 약산적 성격을 갖는 부분으로 나누는데, 결정도가 낮은 점토광물은 강산적이다.
④ 산성강수가 가해지면 토양은 산적 성격이 약한 교환기부터 순서적으로 Ca^{2+}, Mg^{2+}, Na^+, K^+ 등의 교환성 염기를 방출하고, 대신 그 교환 자리에 H^+가 흡착되어 치환된다.

해설 ③ 토양의 양이온 교환기는 강산적 성격을 갖는 부분과 약산적 성격을 갖는 부분으로 나누는데, 결정도가 낮은 점토광물은 약산적이다.

정답 1. ② 2. ④ 3. ③

4. 대기 중 각 오염원의 영향평가를 해결하기 위한 수용모델에 관한 설명으로 옳지 않은 것은?

① 지형, 기상학적 정보 없이도 사용 가능하다.
② 수용체 입장에서 영향평가가 현실적으로 이루어질 수 있다.
③ 오염원의 조업 및 운영 상태에 대한 정보 없이도 사용 가능하다.
④ 측정 자료를 입력 자료로 사용하므로 배출원 조건의 시나리오 작성이 용이하다.

해설 ④ 수용모델은 시나리오 작성이 곤란하다.
더알아보기 핵심정리 2-35 (4)

5. 전기 자동차의 일반적 특성으로 가장 거리가 먼 것은?

① 내연기관에 비해 소음과 진동이 적다.
② CO_2나 NO_x를 배출하지 않는다.
③ 충전 시간이 오래 걸리는 편이다.
④ 대형차에 잘 맞으며, 자동차 수명보다 전지 수명이 길다.

해설 ④ 전기 자동차는 자동차 수명보다 배터리 수명이 짧아 소형차에 잘 맞는다.

6. Panofsky에 의한 리차드슨 수(Ri)의 크기와 대기의 혼합 간의 관계에 관한 설명으로 옳지 않은 것은?

① Ri = 0 : 수직방향의 혼합이 없다.
② 0 < Ri < 0.25 : 성층에 의해 약화된 기계적 난류가 존재한다.
③ Ri < −0.04 : 대류에 의한 혼합이 기계적 혼합을 지배한다.
④ −0.03 < Ri < 0 : 기계적 난류와 대류가 존재하나 기계적, 난류가 혼합을 주로 일으킨다.

해설 Ri = 0 : 중립, 기계적 난류만 존재한다.
더알아보기 핵심정리 2-29 (5)

7. LA 스모그에 관한 설명으로 옳지 않은 것은?

① 광화학적 산화반응으로 발생한다.
② 주 오염원은 자동차 배기가스이다.
③ 주로 새벽이나 초저녁에 자주 발생한다.
④ 기온이 24℃ 이상이고, 습도가 70 % 이하로 낮은 상태일 때 잘 발생한다.

해설 ③ LA 스모그는 광화학 반응으로 발생하므로, 주로 해가 강한 한낮에 발생한다.
더알아보기 핵심정리 2-16

8. 대기오염사건과 대표적인 주 원인물질 또는 전구물질의 연결이 옳지 않은 것은?

① 뮤즈계곡 사건 − SO_2
② 도노라 사건 − NO_2
③ 런던 스모그 사건 − SO_2
④ 보팔 사건 − MIC(methyl isocyanate)

해설 ② 도노라 사건 − SO_2
더알아보기 핵심정리 2-15 (3)

9. 다음 오염물질 중 온실효과를 유발하는 것으로 가장 거리가 먼 것은?

① 메탄　　② CFCs
③ 이산화탄소　　④ 아황산가스

해설 ④ 아황산가스는 온실가스가 아니다.
온실가스 : CO_2, CH_4, N_2O, CFCs, CCl_4, O_3, H_2O 등

10. 다음 중 2차 오염물질(secondary pollutants)은?

① SiO_2　② N_2O_3　③ NaCl　④ NOCl

해설 대기오염물질의 분류
(1) 1차 대기오염물질 : CO, HC, HCl, NH_3, H_2S, NaCl, N_2O_3
(2) 2차 대기오염물질 : O_3, PAN($CH_3COOONO_2$), H_2O_2, NOCl, 아크롤레인(CH_2CHCHO)
(3) 1·2차 대기오염물질 : SO_x(SO_2, SO_3), H_2SO_4, NO_x(NO, NO_2), HCHO, 케톤, 유기산

정답　4. ④　5. ④　6. ①　7. ③　8. ②　9. ④　10. ④

11. 대기오염원의 영향을 평가하는 방법 중 분산모델에 관한 설명으로 가장 거리가 먼 것은?

① 오염물의 단기간 분석 시 문제가 된다.
② 지형 및 오염원의 조업조건에 영향을 받는다.
③ 먼지의 영향평가는 기상의 불확실성과 오염원이 미확인인 경우에 문제점을 가진다.
④ 현재나 과거에 일어났던 일을 추정, 미래를 위한 전략은 세울 수 있으나 미래 예측은 어렵다.

해설 ④는 수용모델에 관한 설명이다.
더 알아보기 핵심정리 2-35 (4)

12. 다음 [보기]가 설명하는 오염물질로 옳은 것은?

---[보기]---
- 상온에서 무색이며 투명하여 순수한 경우에는 냄새가 거의 없지만 일반적으로 불쾌한 자극성 냄새를 가진 액체
- 햇빛에 파괴될 정도로 불안정하지만 부식성은 비교적 약함
- 끓는점은 약 46℃이며, 그 증기는 공기보다 약 2.64배 정도 무거움

① $COCl_2$ ② Br_2 ③ SO_2 ④ CS_2

해설 이황화탄소(CS_2)의 설명이다.

13. 실제 굴뚝 높이가 50 m, 굴뚝내경 5 m, 배출가스의 분출속도가 12 m/s, 굴뚝주위의 풍속이 4 m/s라고 할 때, 유효굴뚝의 높이(m)는? (단, $\Delta H = 1.5 \times D \times \left(\dfrac{V_s}{U}\right)$이다.)

① 22.5 ② 27.5 ③ 72.5 ④ 82.5

해설 유효굴뚝높이(H_e)
= 실제굴뚝높이(H_s) + 유효상승고(ΔH)
= $50 + 1.5 \times \left(\dfrac{12 \times 5}{4}\right) = 72.5$ m

14. 대기압력이 900 mb인 높이에서의 온도가 25℃일 때 온위(potential temperature, K)는? (단, $\theta = T\left(\dfrac{1,000}{P}\right)^{0.288}$)

① 307.2 ② 377.8
③ 421.4 ④ 487.5

해설 온위
$\theta = T\left(\dfrac{1,000}{P}\right)^{0.288}$
$= (273 + 25℃) \times \left(\dfrac{1,000}{900}\right)^{0.288}$
$= 307.18$ K

15. 20℃, 750 mmHg에서 측정한 NO의 농도가 0.5 ppm이다. 이때 NO의 농도(μg/Sm³)는?

① 약 463 ② 약 524
③ 약 553 ④ 약 616

해설 일산화질소 농도

$\dfrac{0.5\,\text{mL}}{\text{m}^3} \times \dfrac{\dfrac{273\,\text{SmL}}{(273+20)\,\text{mL}} \times \dfrac{760\,\text{mmHg}}{750\,\text{mmHg}}}{\dfrac{273\,\text{Sm}^3}{(273+20)\,\text{m}^3} \times \dfrac{760\,\text{mmHg}}{750\,\text{mmHg}}}$

$\times \dfrac{30\,\text{mg}}{22.4\,\text{SmL}} \times \dfrac{10^3\,\mu g}{1\,\text{mg}} = 669.64\,\mu g/\text{Sm}^3$

16. 열섬효과에 관한 설명으로 옳지 않은 것은?

① 열섬현상은 고기압의 영향으로 하늘이 맑고 바람이 약한 때에 잘 발생한다.
② 열섬효과로 도시주위의 시골에서 도시로 바람이 부는데, 이를 전원풍이라 한다.
③ 도시의 지표면은 시골보다 열용량이 적고 열전도율이 높아 열섬효과의 원인이 된다.
④ 도시에서는 인구와 산업의 밀집지대로서 인공적인 열이 시골에 비하여 월등하게 많이 공급된다.

정답 11. ④ 12. ④ 13. ③ 14. ① 15. 정답 없음(전항 정답 처리) 16. ③

해설 ③ 도시의 지표면은 시골보다 열용량이 크고 열전도율이 낮아 인공열이 축적되므로, 열섬효과의 원인이 된다.

17. 대기 중에 존재하는 가스상 오염물질 중 염화수소와 염소에 관한 설명으로 옳지 않은 것은?

① 염소는 강한 산화력을 이용하여 살균제, 표백제로 쓰인다.
② 염화수소가 대기 중에 노출될 경우 백색의 연무를 형성하기도 한다.
③ 염소는 상온에서 적갈색을 띠는 액체로 휘발성과 부식성이 강하다.
④ 염화수소는 무색으로서 자극성 냄새가 있으며 상온에서 기체이다. 전지, 약품, 비료 등에 사용된다.

해설 ③ 브롬에 관한 설명이다.
정리 염소 : 상온에서 황록색의 유독한 기체

18. 지름이 1.0 μm 이고 밀도가 10^6 g/m³인 물방울이 공기 중에서 지표로 자유낙하 할 때 Reynolds 수는? (단, 공기의 점도는 0.0172 g/m·s, 밀도는 1.29 kg/m³이다.)

① 1.9×10^{-6}
② 2.4×10^{-6}
③ 1.9×10^{-5}
④ 2.4×10^{-5}

해설 (1) 침강속도(V_g)

$$V_g = \frac{d^2 g (\rho_p - \rho_a)}{18\mu}$$

$$= \frac{(1 \times 10^{-6})^2 \times 9.8 \times (1,000 - 1.29)}{18 \times (0.0172 \times 10^{-3})}$$

$$= 3.16129 \times 10^{-5} \text{ m/s}$$

단, $\rho_p = 10^6 \text{g/m}^3 = 10^3 \text{kg/m}^3$

$\rho_a = 1.29 \text{ kg/m}^3$

$\mu = 0.0172 \text{ g/m·s} \times \dfrac{1 \text{ kg}}{1,000 \text{ g}}$

$= 0.0172 \times 10^{-3} \text{ kg/m·s}$

(2) 레이놀즈 수(R_e)

$$R_e = \frac{DV\rho}{\mu}$$

$$= \frac{(10^{-6}) \times (3.16129 \times 10^{-5}) \times 1.29}{0.0172 \times 10^{-3}}$$

$$= 2.370 \times 10^{-6}$$

19. 디젤 자동차의 배출가스 후처리기술로 옳지 않은 것은?

① 매연여과장치
② 습식흡수방법
③ 산화 촉매장치
④ 선택적 촉매환원

해설 경유(디젤) 자동차 배기가스 후처리기술
• 매연여과장치(입자상물질 여과장치)
• 산화 촉매장치
• 선택적 촉매환원장치

20. 다음 중 주로 연소 시 배출되는 무색의 기체로 물에 매우 난용성이며, 혈액 중의 헤모글로빈과 결합력이 강해 산소 운반능력을 감소시키는 물질은?

① HC
② NO
③ PAN
④ 알데하이드

해설 헤모글로빈과 결합력이 강한 물질은 NO, CO이다.

정답 17. ③ 18. ② 19. ② 20. ②

제2과목 연소공학

21. 기체연료의 특징 및 종류에 관한 설명으로 옳지 않은 것은?
① 부하의 변동범위가 넓고 연소의 조절이 용이한 편이다.
② 천연가스는 화염전파속도가 크며, 폭발범위가 크므로 1차 공기를 적게 혼합하는 편이 유리하다.
③ 액화천연가스는 메탄을 주성분으로 하는 천연가스를 1기압하에서 −168℃ 근처에서 냉각, 액화시켜 대량수송 및 저장을 가능하게 한 것이다.
④ 액화석유가스는 액체에서 기체로 될 때 증발열(90~100 kcal/kg)이 있으므로 사용하는 데 유의할 필요가 있다.

[해설] ② 액화석유가스(LPG)의 설명이다.

22. 액화석유가스에 관한 설명으로 옳지 않은 것은?
① 저장설비비가 많이 든다.
② 황분이 적고 독성이 없다.
③ 비중이 공기보다 가볍고, 누출될 경우 쉽게 인화 폭발될 수 있다.
④ 유지 등을 잘 녹이기 때문에 고무 패킹이나 유지로 된 도포제로 누출을 막는 것은 어렵다.

[해설] ③ 액화석유가스(LPG)는 비중이 공기보다 무겁다.

23. 저위발열량이 5,000 kcal/Sm³인 기체연료의 이론연소온도(℃)는 약 얼마인가? (단, 이론연소가스량 15 Sm³/Sm³, 연료연소가스의 평균정압비열 0.35kcal/Sm³ · ℃, 기준온도는 0℃, 공기는 예열하지 않으며, 연소가스는 해리되지 않는다고 본다.)
① 952 ② 994
③ 1,008 ④ 1,118

[해설] 기체연료의 이론연소온도
$$t_o = \frac{H_l}{G \times C_p} + t$$
$$= \frac{5,000 \text{ kcal/Sm}^3}{15 \text{ Sm}^3/\text{Sm}^3 \times 0.35 \text{ kcal/Sm}^3 \cdot ℃} + 0℃$$
$$= 952.38℃$$

24. 프로판 2 kg을 과잉공기계수 1.31로 완전연소시킬 때 발생하는 습연소가스량 (kg)은?
① 약 24 ② 약 32
③ 약 38 ④ 약 43

[해설] (1) 프로판의 연소반응식
$C_3H_8 + 5O_2 \rightarrow 3CO_2 + 4H_2O$
44 kg : 5×32 kg : 3×44 kg : 4×18 kg
2 kg : O_o[kg] : CO_2[kg] : H_2O[kg]

$\therefore O_o = \frac{5 \times 32}{44} \times 2 = 7.272 \text{ kg}$

$\therefore CO_2 = \frac{3 \times 44}{44} \times 2 = 6 \text{ kg}$

$\therefore H_2O = \frac{4 \times 18}{44} \times 2 = 3.272 \text{ kg}$

(2) G_w[kg]
$= (m - 0.232)A_o + \Sigma$ 연소생성물(H_2O 포함)
$= (m - 0.232) \times \frac{O_o}{0.232} + (CO_2 + H_2O)$
$= (1.31 - 0.232) \times \frac{7.272}{0.232} + (6 + 3.272)$
$= 43.06 \text{ kg}$

25. 옥탄(C_8H_{18})을 완전연소시킬 때의 AFR (Air Fuel Ratio)은? (단, 무게비 기준으로 한다.)
① 15.1 ② 30.8
③ 45.3 ④ 59.5

[해설] 공기연료비(AFR)
$C_8H_{18} + 12.5O_2 \rightarrow 8CO_2 + 9H_2O$
$AFR = \frac{공기(kg)}{연료(kg)} = \frac{산소(kg)/0.232}{연료(kg)}$
$= \frac{12.5 \times 32/0.232}{114} = 15.12$

[정답] 21. ② 22. ③ 23. ① 24. ④ 25. ①

26. 어떤 액체연료를 보일러에서 완전연소시켜 그 배출가스를 Orsat 분석 장치로써 분석하여 CO_2 15 %, O_2 5 %의 결과를 얻었다면, 이때 과잉공기계수는? (단, 일산화탄소 발생량은 없다.)

① 1.12 ② 1.19
③ 1.25 ④ 1.31

해설 배기가스 성분으로 공기비 구하는 공식

$$공기비(m) = \frac{N_2}{N_2 - 3.76(O_2 - 0.5CO)}$$

$$= \frac{80}{80 - 3.76 \times 5} = 1.307$$

27. 착화온도(발화점)에 대한 특성으로 옳지 않은 것은?

① 분자구조가 복잡할수록 착화온도는 낮아진다.
② 산소농도가 낮을수록 착화온도는 낮아진다.
③ 발열량이 클수록 착화온도는 낮아진다.
④ 화학 반응성이 클수록 착화온도는 낮아진다.

해설 ② 산소농도가 높을수록 착화온도는 낮아진다.

더 알아보기 핵심정리 2-38 (2)

28. 황화수소의 연소반응식이 다음 [보기]와 같을 때 황화수소 $1 Sm^3$의 이론연소공기량(Sm^3)은?

[보기]
$$2H_2S + 3O_2 \rightarrow 2SO_2 + 2H_2O$$

① 5.54 ② 6.42
③ 7.14 ④ 8.92

해설 이론공기량(A_o)
$H_2S + 1.5O_2 \rightarrow H_2O + SO_2$

$$A_o[Sm^3/Sm^3] = \frac{O_o}{0.21} = \frac{1.5}{0.21} = 7.14$$

$$\therefore A_o[Sm^3] = 7.14 Sm^3/Sm^3 \times 1 Sm^3$$
$$= 7.14 Sm^3$$

29. 액체연료의 특징으로 옳지 않은 것은?

① 저장 및 계량, 운반이 용이하다.
② 점화, 소화 및 연소의 조절이 쉽다.
③ 발열량이 높고 품질이 대체로 일정하며 효율이 높다.
④ 소량의 공기로 완전 연소되며 검댕 발생이 없다.

해설 ④ 기체연료의 설명이다.
액체연료는 소량의 공기로 완전 연소되기 어렵고, 검댕이 발생한다.

30. C 80 %, H 20 %로 구성된 액체 탄화수소 연료 1kg을 완전연소시킬 때 발생하는 CO_2의 부피(Sm^3)는?

① 1.2 ② 1.5
③ 2.6 ④ 2.9

해설 $C + O_2 \rightarrow CO_2$
$12 kg : 22.4 Sm^3$
$1 kg \times 0.8 : X[Sm^3]$

$$\therefore X = \frac{22.4}{12} \times (1 \times 0.8) = 1.493 Sm^3$$

31. S 함량 3 %의 벙커 C유 100 kL를 사용하는 보일러에 S 함량 1 %인 벙커 C유로 30 % 섞어 사용하면 SO_2 배출량은 몇 % 감소하는가? (단, 벙커 C유 비중 0.95, 벙커 C유 함유 S는 모두 SO_2로 전환된다.)

① 16 ② 20
③ 25 ④ 28

해설
• 감소하는 S(%) = 감소하는 SO_2(%)
• 감소하는 $S(\%) = \left(1 - \frac{나중\ S}{처음\ S}\right) \times 100$

$$= \left(1 - \frac{100(0.01 \times 0.3 + 0.03 \times 0.7)}{100 \times 0.03}\right) \times 100$$

$$= 20\%$$

정답 26. ④ 27. ② 28. ③ 29. ④ 30. ② 31. ②

32. 프로판과 부탄이 용적비 3 : 2로 혼합된 가스 1 Sm³가 이론적으로 완전연소할 때 발생하는 CO_2의 양(Sm³)은?

① 2.7 ② 3.2 ③ 3.4 ④ 4.1

해설 • 혼합기체의 연소반응식

$\frac{3}{5}$: $C_3H_8 + 5O_2 \rightarrow 3CO_2 + 4H_2O$

$\frac{2}{5}$: $C_4H_{10} + 6.5O_2 \rightarrow 4CO_2 + 5H_2O$

• 프로판과 부탄의 CO_2 발생량(Sm³/Sm³) 계산

$3 \times \frac{3}{5} + 4 \times \frac{2}{5} = 3.4 \, Sm^3/Sm^3$

33. 연소 시 매연 발생량이 가장 적은 탄화수소는?

① 나프텐계 ② 올레핀계
③ 방향족계 ④ 파라핀계

해설 매연은 탄수소비가 클수록 발생량이 많다.
매연 발생량(탄수소비) : 올레핀계 > 나프텐계 > 파라핀계

34. 다음 연소장치 중 일반적으로 가장 큰 공기비를 필요로 하는 것은?

① 오일버너 ② 가스버너
③ 미분탄버너 ④ 수평수동화격자

해설 공기비 순서
• 보통 저질 연료일수록 공기비가 커짐
• 가스버너 < 오일버너 < 미분탄버너 < 이동화격자 < 수평화격자

35. 액체연료 연소장치 중 건타입(gun type) 버너에 관한 설명으로 옳지 않은 것은?

① 유압은 보통 7 kg/cm² 이상이다.
② 연소가 양호하고 전자동 연소가 가능하다.
③ 형식은 유압식과 공기분무식을 합한 것이다.
④ 유량 조절 범위가 넓어 대형 연소에 사용한다.

해설 ④ 건타입은 중·소형 보일러에 적합하다.
정리 액체연료 연소장치 – 건타입 버너
• 분무압 7 kg/cm² 이상
• 유압식과 공기 분무식을 합한 것
• 연소가 양호
• 중·소형 보일러에 적합
• 전자동 연소 가능

36. 기체연료의 연소방식 중 확산연소에 관한 설명으로 옳지 않은 것은?

① 역화의 위험성이 없다.
② 붉고 긴 화염을 만든다.
③ 가스와 공기를 예열할 수 없다.
④ 연료의 분출속도가 클 경우에는 그을음이 발생하기 쉽다.

해설 ③ 가스와 공기를 예열할 수 있다.
(더 알아보기) 핵심정리 2-51

37. 다음 연소의 종류 중 흑연, 코크스, 목탄 등과 같이 대부분 탄소만으로 되어 있는 고체연료에서 관찰되는 연소형태는?

① 표면연소 ② 내부연소
③ 증발연소 ④ 자기연소

해설 연소의 형태
① 표면연소 : 흑연, 코크스, 목탄 등과 같이 대부분 탄소만으로 되어 있는 고체연료
②, ④ 내부연소(자기연소) : 니트로글리세린, 폭탄, 다이너마이트
③ 증발연소 : 휘발유, 등유, 알코올, 벤젠 등의 액체연료

38. 어떤 물질의 1차 반응에서 반감기가 10분이었다. 반응물이 1/10 농도로 감소할 때까지 얼마의 시간(분)이 걸리겠는가?

① 6.9 ② 33.2
③ 693 ④ 3,323

정답 32. ③ 33. ④ 34. ④ 35. ④ 36. ③ 37. ① 38. ②

해설 1차 반응식

$$\ln\left(\frac{C}{C_o}\right) = -k \cdot t$$

(1) 반응속도 상수(k)

$$\ln\left(\frac{1}{2}\right) = -k \times 10\,\text{min}$$

$$\therefore k = 0.0693/\text{min}$$

(2) 반응물이 1/10 농도로 감소될 때까지의 시간

$$\ln\left(\frac{1}{10}\right) = -0.0693/\text{min} \times t$$

$$\therefore t = 33.23\,\text{min}$$

39. 다음 기체연료 중 고위발열량(kcal/Sm³)이 가장 낮은 것은?

① ethane
② ethylene
③ acetylene
④ methane

해설 고위발열량
- 대체로 분자식의 탄소(C)나 수소(H)의 수가 많을수록 연료의 (고위)발열량(kcal/Sm³)은 증가한다.
- 에탄(C_2H_6) > 에틸렌(C_2H_4) > 아세틸렌(C_2H_2) > 메탄(CH_4)

40. 유류연소버너 중 유압식 버너에 관한 설명으로 가장 거리가 먼 것은?

① 대용량 버너 제작이 용이하다.
② 유압은 보통 50~90 kg/cm² 정도이다.
③ 유량 조절 범위가 좁아(환류식 1:3, 비환류식 1:2) 부하변동에 적응하기 어렵다.
④ 연료유의 분사각도는 기름의 압력, 점도 등으로 약간 달라지지만 40~90° 정도의 넓은 각도로 할 수 있다.

해설 ② 유압은 보통 5~30 kg/cm² 정도이다.

(더 알아보기) 핵심정리 2-50

제3과목 대기오염방지기술

41. 국소배기시설에서 후드의 유입계수가 0.84, 속도압이 10 mmH₂O일 때 후드에서의 압력손실(mmH₂O)은?

① 4.2
② 8.4
③ 16.8
④ 33.6

해설 후드의 압력손실

(1) $F = \dfrac{1 - Ce^2}{Ce^2} = \dfrac{1 - 0.84^2}{0.84^2} = 0.4172$

(2) $\Delta P = F \times h = 0.4172 \times 10 = 4.172\,\text{mmH}_2\text{O}$

42. 환기 및 후드에 관한 설명으로 옳지 않은 것은?

① 폭이 넓은 오염원 탱크에서는 주로 '밀고 당기는(push/pull)' 방식의 환기공정이 요구된다.
② 후드는 일반적으로 개구면적을 좁게 하여 흡인 속도를 크게 하고, 필요시 에어 커튼을 이용한다.
③ 폭이 좁고 긴 직사각형의 슬로트 후드(slot hood)는 전기도금공정과 같은 상부 개방형 탱크에서 방출되는 유해물질을 포집하는 데 효율적으로 이용된다.
④ 천개형 후드는 포착형보다 유입 공기의 속도가 빠를 때 사용되며, 주로 저온의 오염공기를 배출하고 과잉습도를 제거할 때 제한적으로 사용된다.

해설 ④ 천개형 후드는 포착형보다 유입 공기의 속도가 빠를 때 사용되며, 주로 고온의 오염공기를 배출하고 과잉습도를 제거할 때 제한적으로 사용된다.
- 천개형 후드(canopy hood) : 가열된 상부 개방 오염원에서 배출되는 오염물질 포집에 사용
- 포착형 후드(capture hood) : 작업장 내의 오염물질을 포착하기 위해 충분히 빠른 속도의 직접 기류를 만들어서 포집

정답 39. ④ 40. ② 41. ① 42. ④

43. 먼지의 입경분포에 관한 설명으로 옳지 않은 것은?

① 대수정규분포는 미세한 입자의 특성과 잘 일치한다.
② 빈도분포는 먼지의 입경분포를 적당한 입경간격의 개수 또는 질량의 비율로 나타내는 방법이다.
③ 먼지의 입경분포를 나타내는 방법 중 적산분포에는 정규분포, 대수정규분포, Rosin Rammler 분포가 있다.
④ 적산분포(R)는 일정한 입경보다 큰 입자가 전체의 입자에 대하여 몇 % 있는가를 나타내는 것으로 입경분포가 0이면 R = 100 %이다.

해설 ① Rosin Rammler 분포가 미세한 입자의 특성과 잘 일치한다.

44. 다음 중 세정집진장치의 특징으로 옳지 않은 것은?

① 압력손실이 작아 운전비가 적게 든다.
② 소수성 입자의 집진율이 낮은 편이다.
③ 점착성 및 조해성 분진의 처리가 가능하다.
④ 연소성 및 폭발성 가스의 처리가 가능하다.

해설 ① 세정집진장치는 세정수를 뿌리므로, 압력손실이 높고 운전비가 높다.

45. 염소농도 0.2 %인 굴뚝 배출가스 3,000 Sm³/h를 수산화칼슘 용액을 이용하여 염소를 제거하고자 할 때, 이론적으로 필요한 시간당 수산화칼슘의 양(kg/h)은? (단, 처리 효율은 100 %로 가정한다.)

① 16.7 ② 18.2
③ 19.8 ④ 23.1

해설 $Cl_2 + Ca(OH)_2 \rightarrow CaOCl_2 + H_2O$
$Cl_2 : Ca(OH)_2$
$22.4\,Sm^3 : 74\,kg$
$\dfrac{0.2}{100} \times 3{,}000\,Sm^3/h : x\,[kg/h]$
∴ $x = 19.82\,kg/h$

46. 다음은 활성탄의 고온 활성화 재생방법으로 적용될 수 있는 다단로(multi-hearth furnace)와 회전로(rotary kiln)의 비교표이다. 비교 내용 중 옳지 않은 것은?

구분		다단로	회전로
가	온도 유지	여러 개의 버너로 구분된 반응영역에서 온도분포조절이 가능하고 열효율이 높음	단 1개의 버너로 열공급 영역별 온도유지가 불가능하고 열효율이 낮음
나	수증기 공급	반응영역에서 일정하게 분사	입구에서만 공급하므로 일정치 않음
다	입도 분포	입도에 비례하여 큰 입자가 빨리 배출	입도 분포에 관계없이 체류시간을 동일하게 유지 가능
라	품질	고품질 입상재생설비로 적합	고품질 입상재생설비로 부적합

① 가 ② 나
③ 다 ④ 라

해설 입도분포
• 다단로 : 입도 분포에 관계없이 체류시간을 동일하게 유지 가능
• 회전로 : 입도에 비례하여 큰 입자가 빨리 배출

정답 43. ① 44. ① 45. ③ 46. ③

47. 중력침전을 결정하는 중요 매개변수는 먼지입자의 침전속도이다. 다음 중 먼지의 침전속도 결정과 가장 관계가 깊은 것은?
① 입자의 온도
② 대기의 분압
③ 입자의 유해성
④ 입자의 크기와 밀도

해설 침강속도에 영향을 미치는 요소
- 입자의 직경(크기)
- 입자의 밀도
- 공기의 밀도
- 공기의 점성계수
- 중력가속도

Stokes 공식에 들어가는 인자는 침강속도에 영향을 미친다.

정리 입자의 침전속도식 – Stokes 식

$$V_s = \frac{d^2(\rho_s - \rho_a)g}{18\mu}$$

여기서, V_s : 입자의 침전속도
ρ_s : 입자의 밀도
μ : 공기의 점성계수
d : 입자의 직경, 입경
ρ_a : 공기의 밀도

48. 처리가스량 25,420 m³/h, 압력손실이 100 mm H₂O인 집진장치의 송풍기 소요동력(kW)은 약 얼마인가? (단, 송풍기 효율은 60 %, 여유율은 1.3이다.)
① 9 ② 12 ③ 15 ④ 18

해설 송풍기 소요동력

$$P = \frac{Q \times \Delta P \times \alpha}{102 \times \eta}$$

$$= \frac{(25,420/3,600) \times 100 \times 1.3}{102 \times 0.6}$$

$$= 14.43$$

여기서, P : 소요동력(kW)
Q : 처리가스량(m³/s)
ΔP : 압력(mmH₂O)
α : 여유율(안전율)
η : 효율

49. 벤투리 스크러버의 액가스비를 크게 하는 요인으로 가장 거리가 먼 것은?
① 먼지의 농도가 높을 때
② 처리가스의 온도가 높을 때
③ 먼지 입자의 친수성이 클 때
④ 먼지 입자의 점착성이 클 때

해설 ③ 먼지 입자의 친수성이 작을 때
벤투리 스크러버에서 액가스비를 크게 하는 이유(장치 내에 물 공급을 증가시키는 이유)
- 분진의 입경이 작을 때
- 분진의 농도가 높을 때
- 분진입자의 친수성이 작을 때
- 처리가스의 온도가 높을 때
- 분진 입자의 점착성이 클 때

50. 탈취방법 중 촉매연소법에 관한 설명으로 옳지 않은 것은?
① 직접연소법에 비해 질소산화물의 발생량이 높고, 고농도로 배출된다.
② 직접연소법에 비해 연료소비량이 적어 운전비는 절감되나, 촉매독이 문제가 된다.
③ 적용 가능한 악취성분은 가연성 악취성분, 황화수소, 암모니아 등이 있다.
④ 촉매는 백금, 코발트, 니켈 등이 있으며, 고가이지만 성능이 우수한 백금계의 것이 많이 이용된다.

해설 ① 촉매연소법은 직접연소법에 비해 연소온도가 낮아 질소산화물의 발생량이 낮고, 저농도로 배출된다.

51. 80 %의 효율로 제진하는 전기집진장치의 집진면적을 2배로 증가시키면 집진효율(%)은 얼마로 향상되는가?
① 92 ② 94
③ 96 ④ 98

정답 47. ④ 48. ③ 49. ③ 50. ① 51. ③

해설 전기집진장치의 집진효율 공식

$$\eta = 1 - e^{\left(\frac{-Aw}{Q}\right)}$$

$$\therefore A = -\frac{Q}{w}(1-\eta)$$

$$\frac{A_{나중효율}}{A_{처음효율}} = \frac{-\frac{Q}{w}\ln(1-\eta_{나중})}{-\frac{Q}{w}\ln(1-0.80)} = 2$$

$$\therefore \eta_{나중} = 0.96 = 96\%$$

52. 굴뚝 배출 가스량은 2,000 Sm³/h, 이 배출가스 중 HF 농도는 500 mL/Sm³이다. 이 배출가스를 50 m³의 물로 세정할 때 24시간 후 순환수인 폐수의 pH는? (단, HF는 100 % 전리되며, HF 이외의 영향은 무시한다.)

① 약 1.3 ② 약 1.7
③ 약 2.1 ④ 약 2.6

해설 (1) 순환수 중 HF의 해리로 발생하는 수소이온(H^+)의 몰농도(mol/L)

$$[H^+] = \frac{흡수되는\ HF의\ 양(mol)}{순환수의\ 양(L)}$$

$$= \frac{\frac{2,000\,Sm^3}{h} \times \frac{500\,mL}{1\,Sm^3} \times 24hr \times \frac{1\,mol}{22.4 \times 10^3\,mL}}{50\,m^3 \times \frac{1,000\,L}{1\,m^3}}$$

$$= 2.1428 \times 10^{-2}\,M$$

(2) $pH = -\log[H^+]$
$= -\log(2.1428 \times 10^{-2}) = 1.669$

53. 사이클론의 원추부 높이가 1.4 m, 유입구 높이가 15 cm, 원통부 높이가 1.4 m일 때 외부선회류의 회전수는 어느 것인가?

(단, $N = \frac{1}{H_A}\left[H_B + \frac{H_C}{2}\right]$)

① 6회
② 11회
③ 14회
④ 18회

해설 유효회전수

$$N_e = \frac{\left(H_1 + \frac{H_2}{2}\right)}{h} = \frac{\left(1.4 + \frac{1.4}{2}\right)}{0.15} = 14회$$

여기서, h : 유입구 높이(m)
H_1 : 사이클론 몸통 길이(m)
H_2 : 사이클론 원추 길이(m)

54. 헨리의 법칙에 관한 설명으로 옳지 않은 것은?

① 비교적 용해도가 적은 기체에 적용된다.
② 헨리상수의 단위는 atm/m³·kmol이다.
③ 헨리상수의 값은 온도가 높을수록, 용해도가 적을수록 커진다.
④ 온도와 기체의 부피가 일정할 때 기체의 용해도는 용매와 평형을 이루고 있는 기체의 분압에 비례한다.

해설 헨리의 법칙
② 헨리상수의 단위는 atm·m³/kmol이다.

55. 다음은 물리흡착과 화학흡착의 비교표이다. 비교 내용 중 옳지 않은 것은?

구분		물리흡착	화학흡착
가	온도 범위	낮은 온도	대체로 높은 온도
나	흡착층	단일 분자층	여러 층이 가능
다	가역 정도	가역성이 높음	가역성이 낮음
라	흡착열	낮음	높음 (반응열 정도)

① 가 ② 나
③ 다 ④ 라

해설 ② 물리적 흡착은 다분자층이고, 화학적 흡착은 단분자층이다.

더 알아보기 핵심정리 2-64 (1)

정답 52. ② 53. ③ 54. ② 55. ②

56. 직경이 D인 구형입자의 비표면적(S_v, m^2/m^3)에 관한 설명으로 옳지 않은 것은? (단, ρ는 구형입자의 밀도이다.)

① $S_v = \dfrac{3\rho}{D}$ 로 나타낸다.
② 입자가 미세할수록 부착성이 커진다.
③ 먼지의 입경과 비표면적은 반비례 관계이다.
④ 비표면적이 크게 되면 원심력 집진장치의 경우에는 장치벽면을 폐색시킨다.

해설 비표면적
$$S_v = \dfrac{표면적}{부피} = \dfrac{\pi D^2}{\dfrac{\pi D^3}{6}} = \dfrac{6}{D}$$

57. 접선유입식 원심력 집진장치의 특징에 관한 설명 중 옳은 것은?
① 장치의 압력손실은 5,000 mmH_2O이다.
② 장치 입구의 가스속도는 18~20 cm/s이다.
③ 유입구 모양에 따라 나선형과 와류형으로 분류된다.
④ 도익선회식이라고도 하며 반전형과 직진형이 있다.

해설 ① 장치의 압력손실은 100~150 mmH_2O이다.
② 장치 입구의 가스속도는 7~15 m/s이다.
④ 축류식 : 반전형과 직진형으로 분류된다.

58. 다음 중 유해물질 처리방법으로 가장 거리가 먼 것은?
① CO는 백금계의 촉매를 사용하여 연소시켜 제거한다.
② Br_2는 산성수용액에 의한 선정법으로 제거한다.
③ 이황화탄소는 암모니아를 불어넣는 방법으로 제거한다.
④ 아크롤레인은 NaClO 등의 산화제를 혼입한 가성소다 용액으로 흡수 제거한다.

해설 ② Br_2는 차아염소산나트륨(NaOCl) 흡수법으로 제거한다.

59. A집진장치의 입구 및 출구의 배출가스 중 먼지의 농도가 각각 15 g/Sm^3, 150 mg/Sm^3이었다. 또한 입구 및 출구에서 채취한 먼지시료 중에 포함된 0~5 μm의 입경분포의 중량 백분율이 각각 10 %, 60 %이었다면 이 집진장치의 0~5 μm의 입경범위의 먼지시료에 대한 부분집진율(%)은?
① 90
② 92
③ 94
④ 96

해설 부분집진율
$$\eta = \left(1 - \dfrac{Cf}{C_0 f_0}\right) \times 100$$
$$\eta = \left(1 - \dfrac{0.15 g/Sm^3 \times 0.6}{15 g/Sm^3 \times 0.1}\right) \times 100 = 94\%$$

60. 다음 악취물질 중 공기 중의 최소감지농도가 가장 낮은 것은?
① 염소
② 암모니아
③ 황화수소
④ 이황화탄소

해설 최소감지농도 : 메틸머캅탄, 트리메틸아민 < 황화수소 < 암모니아 < 자일렌 < 에틸벤젠 < 폼알데하이드 < 톨루엔 < 아닐린 < 벤젠 < 아세톤 < 이황화탄소 < 염소

제4과목 　 대기오염공정시험기준(방법)

61. 배출가스 중 이황화탄소를 자외선가시선분광법으로 정량할 때 흡수액으로 옳은 것은?
① 아연아민착염 용액
② 제일염화주석 용액
③ 다이에틸아민구리 용액
④ 수산화제이철암모늄 용액

정답 56. ① 57. ③ 58. ② 59. ③ 60. ③ 61. ③

해설 이황화탄소 자외선/가시선분광법 흡수액 : 다이에틸아민구리 용액

더 알아보기 핵심정리 2-76

62. 대기오염공정시험기준상 비분산적외선 분광분석법에서 응답시간에 관한 설명이다. ( ) 안에 알맞은 것은?

> 응답시간은 제로 조정용 가스를 도입하여 안정된 후 유로를 스팬가스로 바꾸어 기준 유량으로 분석기에 도입하여 그 농도를 눈금 범위 내의 어느 일정한 값으로부터 다른 일정한 값으로 갑자기 변화시켰을 때 스텝(step) 응답에 대한 소비시간이 (㉠) 이내이어야 한다. 또 이때 최종 지시 값에 대한 90 %의 응답을 나타내는 시간은 (㉡) 이내이어야 한다.

① ㉠ 1초, ㉡ 1분　② ㉠ 1초, ㉡ 40초
③ ㉠ 10초, ㉡ 1분　④ ㉠ 10초, ㉡ 40초

해설 비분산 적외선 분광분석법 – 응답시간 : 제로 조정용 가스를 도입하여 안정된 후 유로를 스팬가스로 바꾸어 기준 유량으로 분석기에 도입하여 그 농도를 눈금 범위 내의 어느 일정한 값으로부터 다른 일정한 값으로 갑자기 변화시켰을 때 스텝(step) 응답에 대한 소비시간이 1초 이내이어야 한다. 또 이때 최종 지시 값에 대한 90 %의 응답을 나타내는 시간은 40초 이내이어야 한다.

63. 기체크로마토그래피의 장치구성에 관한 설명으로 옳지 않은 것은?

① 분리관유로는 시료도입부, 분리관, 검출기기배관으로 구성되며, 배관의 재료는 스테인레스강이나 유리 등 부식에 대한 저항이 큰 것이어야 한다.
② 분리관(column)은 충전물질을 채운 내경 2~7 mm의 시료에 대하여 불활성금속, 유리 또는 합성수지관으로 각 분석방법에서 규정하는 것을 사용한다.
③ 운반가스는 일반적으로 열전도도형검출기(TCD)에서는 순도 99.8 % 이상의 아르곤이나 질소를, 수소염 이온화검출기(FID)에서는 순도 99.8% 이상의 수소를 사용한다.
④ 주사기를 사용하는 시료도입부는 실리콘 고무와 같은 내열성 탄성체격막이 있는 시료기화실로서 분리관 온도와 동일하거나 또는 그 이상의 온도를 유지할 수 있는 가열기구가 갖추어져야 한다.

해설 운반가스(carrier gas)
- 열전도도형 검출기(TCD) : 순도 99.8 % 이상의 수소나 헬륨
- 불꽃이온화 검출기(FID) : 순도 99.8 % 이상의 질소 또는 헬륨

64. 굴뚝배출가스 중 수분량이 체적백분율로 10 %이고, 배출가스의 온도는 80℃, 시료채취량은 10L, 대기압은 0.6기압, 가스미터 게이지압은 25 mmHg, 가스미터온도 80℃에서의 수증기포화압이 255 mmHg라 할 때, 흡수된 수분량(g)은?

① 0.15　② 0.21
③ 0.33　④ 0.46

해설 배출가스 중의 수분량 측정(포화 수증기압이 주어졌을 때)

$$X_w = \frac{\frac{22.4}{18}m_a}{V_m \times \frac{273}{273+\theta_m} \times \frac{P_a + P_m - P_v}{760} + \frac{22.4}{18}m_a} \times 100$$

$$10\% = \frac{\frac{22.4}{18} \times X}{10 \times \frac{273}{273+80} \times \frac{0.6 \times \frac{760}{1} + 25 - 255}{760} + \frac{22.4}{18} \times X} \times 100$$

∴ 수분량(X) = 0.205 g

더 알아보기 핵심정리 1-62 (1)

65. 대기오염공정시험기준상 원자흡수분광광도법 분석 장치 중 시료원자화장치에 관한 설명으로 옳지 않은 것은?

① 시료원자화장치 중 버너의 종류로 전분무버너와 예혼합버너가 있다.
② 내화성산화물을 만들기 쉬운 원소의 분석에 적당한 불꽃은 프로페인 – 공기 불꽃이다.
③ 빛이 투과하는 불꽃의 길이를 10 cm 이상으로 해주려면 멀티패스(multi path) 방식을 사용한다.
④ 분석의 감도를 높여주고 안정한 측정치를 얻기 위하여 불꽃 중에 빛을 투과시킬 때 불꽃 중에서의 유효길이를 되도록 길게 한다.

해설 ② 내화성산화물을 만들기 쉬운 원소의 분석에 적당한 불꽃은 아세틸렌-아산화질소 불꽃이다.

66. 배출가스 중 가스상 물질의 시료 채취방법 중 다음 분석물질별 흡수액과의 연결이 옳지 않은 것은?

	분석물질	흡수액
가	플루오린 화합물	수산화소듐용액 (0.1 mol/L)
나	황산화물	과산화수소 용액(1+9)
다	비소	수산화칼륨용액 (0.1 mol/L)
라	황화수소	아연아민착염용액

① 가　　② 나
③ 다　　④ 라

해설 수산화소듐이 흡수액인 분석물질 : 염화수소, 플루오린화합물, 사이안화수소, 브로민화합물, 페놀, 비소

더 알아보기 핵심정리 2-76

67. 배출가스 중 질소산화물 농도 측정방법으로 옳지 않은 것은?

① 화학발광법
② 자외선형광법
③ 적외선흡수법
④ 아연환원 나프틸에틸렌다이아민법

해설 배출가스 중 질소산화물 시험방법
- 자동측정법(화학발광법, 적외선흡수법, 자외선흡수법 및 정전위전해법 등)
- 자외선/가시선분광법 – 아연환원 나프틸에틸렌다이아민법

더 알아보기 핵심정리 2-84

68. 액의 농도에 관한 설명으로 옳지 않은 것은?

① 단순히 용액이라 기재하고 그 용액의 이름을 밝히지 않은 것은 수용액을 뜻한다.
② 혼액(1+2)은 액체상의 성분을 각각 1용량 대 2용량의 비율로 혼합한 것을 뜻한다.
③ 황산(1 : 7)은 용질이 액체일 때 1 mL를 용매에 녹여 전량을 7 mL로 하는 것을 뜻한다.
④ 액의 농도를 (1→5)로 표시한 것은 그 용질의 성분이 고체일 때는 1 g을 용매에 녹여 전량을 5 mL로 하는 비율을 말한다.

해설 ③ 황산(1 : 7)은 황산 1용량에 물 7용량을 혼합한 것이다.

69. 대기오염공정시험기준상 분석시험에 있어 기재 및 용어에 관한 설명으로 옳은 것은?

① 시험조작 중 "즉시"란 10초 이내에 표시된 조작을 하는 것을 뜻한다.
② "감압 또는 진공"이라 함은 따로 규정이 없는 한 10 mmHg 이하를 뜻한다.
③ 용액의 액성표시는 따로 규정이 없는 한 유리전극법에 의한 pH미터로 측정한 것을 뜻한다.
④ "정확히 단다"라 함은 규정한 양의 검체를 취하여 분석용 저울로 0.3 mg까지 다는 것을 뜻한다.

해설 ① 시험조작 중 "즉시"란 30초 이내에 표시된 조작을 하는 것을 뜻한다.
② "감압 또는 진공"이라 함은 따로 규정이 없는 한 15 mmHg 이하를 뜻한다.
④ "정확히 단다"라 함은 규정한 양의 검체를 취하여 분석용 저울로 0.1 mg까지 다는 것을 뜻한다.

70. 배출허용기준 중 표준산소농도를 적용받는 항목에 대한 배출가스량 보정식으로 옳은 것은? (단, Q : 배출가스유량(Sm³/일), Q_a : 실측배출가스유량(Sm³/일), O_s : 표준산소농도(%), O_a : 실측산소농도(%))

① $Q = Q_a \times \dfrac{O_s - 21}{O_a - 21}$

② $Q = Q_a \times \dfrac{O_a - 21}{O_s - 21}$

③ $Q = Q_a \div \dfrac{21 - O_s}{21 - O_a}$

④ $Q = Q_a \div \dfrac{21 - O_a}{21 - O_s}$

해설 배출가스 유량 보정

$Q = Q_a \div \dfrac{21 - O_s}{21 - O_a}$

여기서, Q : 배출가스유량(Sm³/일)
Q_a : 실측배출가스유량(Sm³/일)
O_s : 표준산소농도(%)
O_a : 실측산소농도(%)

71. 원자흡광분석에서 발생하는 간섭 중 분석에 사용하는 스펙트럼의 불꽃 중에서 생성되는 목적원소의 원자증기 이외의 물질에 의하여 흡수되는 경우에 발생되는 것은?

① 물리적 간섭
② 화학적 간섭
③ 분광학적 간섭
④ 이온학적 간섭

해설 원자흡수분광광도법 간섭의 종류
• 분광학적 간섭 : 분석에 사용하는 스펙트럼의 불꽃 중에서 생성되는 목적원소의 원자증기 이외의 물질에 의하여 흡수되는 경우에 발생되는 것
• 물리적 간섭 : 시료 용액의 점성이나 표면장력 등 물리적 조건의 영향에 의하여 일어나는 것
• 화학적 간섭 : 원소나 시료에 특유한 것

72. 배출가스 중 암모니아를 인도페놀법으로 분석할 때 암모니아와 같은 양으로 공존하면 안 되는 물질은?

① 아민류
② 황화수소
③ 아황산가스
④ 이산화질소

해설 배출가스 중 암모니아
자외선/가시선분광법 – 인도페놀법 적용범위 : 시료채취량 20 L인 경우 시료 중의 암모니아의 농도가 (1.2~12.5)ppm인 것의 분석에 적합하고, 이산화질소가 100배 이상, 아민류가 몇십 배 이상, 이산화황이 10배 이상 또는 황화수소가 같은 양 이상 각각 공존하지 않는 경우에 적용할 수 있다.

정답 69. ③ 70. ③ 71. ③ 72. ②

73. 공정시험방법상 환경대기 중의 탄화수소 농도를 측정하기 위한 주시험법은?

① 총탄화수소 측정법
② 활성 탄화수소 측정법
③ 비활성 탄화수소 측정법
④ 비메탄 탄화수소 측정법

해설 환경대기 중 탄화수소 측정방법
- 비메탄 탄화수소 측정법(주시험 방법)
- 총탄화수소 측정법
- 활성 탄화수소 측정법

74. 굴뚝 배출가스 유속을 피토관으로 측정한 결과가 다음과 같을 때 배출가스 유속(m/s)은?

- 동압 : 100 mmH₂O,
- 배출가스 온도 : 295℃
- 표준상태 배출가스 밀도 : 1.2 kg/m³ (0℃, 1기압)
- 피토관 계수 : 0.87

① 43.7   ② 48.2
③ 50.7   ④ 54.3

해설 (1) 295℃에서 배출가스 비중량(배출가스의 밀도를 구하는 방법)

$$\gamma = \gamma_o \times \frac{273}{273+\theta_s}$$

$$= 1.2 \times \frac{273}{273+295} = 0.5767 \, kg/m^3$$

여기서, γ : 굴뚝 내의 배출가스 밀도 (kg/m³)
γ_o : 온도 0℃, 기압 760 mmHg로 환산한 습한 배출가스 밀도 (kg/Sm³)
θ_s : 각 측정점에서 배출가스 온도의 평균치(℃)

(2) 유속 측정방법

$$V = C\sqrt{\frac{2gh}{\gamma}} = 0.87 \times \sqrt{\frac{2 \times 9.8 \times 100}{0.5767}}$$

$$= 50.719 \, m/s$$

75. 대기 및 굴뚝 배출 기체 중의 오염물질을 연속적으로 측정하는 비분산 정필터형 적외선가스 분석기(고정형)와 성능 유지조건에 대한 설명으로 옳은 것은?

① 최대눈금범위의 ±5 % 이하에 해당하는 농도변화를 검출할 수 있는 감도를 지녀야 한다.
② 측정가스의 유량이 표시한 기준유량에 대하여 ±10 % 이내에서 변동하여도 성능에 지장이 있어서는 안된다.
③ 동일 조건에서 제로가스를 연속적으로 도입하여 24시간 연속 측정하는 동안 전체 눈금의 ±5 % 이상의 지시변화가 없어야 한다.
④ 전압변동에 대한 안정성 측면에서 전원전압이 설정 전압의 ±10 % 이내로 변화하였을 때 지시 값 변화는 전체눈금의 ±1 % 이내이어야 한다.

해설 ① 감도 : 최대눈금범위의 ±1 % 이하에 해당하는 농도변화를 검출할 수 있는 것이어야 한다.
② 유량변화에 대한 안정성 : 측정가스의 유량이 표시한 기준유량에 대하여 ±2 % 이내에서 변동하여도 성능에 지장이 있어서는 안된다.
③ 제로 드리프트 : 동일 조건에서 제로가스를 연속적으로 도입하여 고정형은 24시간, 이동형은 4시간 연속 측정하는 동안에 전체 눈금의 ±2 % 이상의 지시 변화가 없어야 한다.

76. 다음 중 굴뚝에서 배출되는 가스의 유량을 측정하는 기기가 아닌 것은?

① 피토관
② 열선 유속계
③ 와류 유속계
④ 위상차 유속계

해설 굴뚝에서 배출되는 가스의 유량을 측정하는 기기 : 피토관, 열선 유속계, 와류 유속계

77. 굴뚝배출가스 중 이산화황(아황산가스)의 자동연속 측정방법 중 자외선 흡수분석계에 관한 설명으로 옳지 않은 것은?

① 광원 : 저압수소방전관 또는 저압수은등이 사용된다.
② 분광기 : 프리즘 또는 회절격자분광기를 이용하여 자외선영역 또는 가시광선영역의 단색광을 얻는 데 사용된다.
③ 검출기 : 자외선 및 가시광선에 감도가 좋은 광전자증배관 또는 광전관이 이용된다.
④ 시료셀 : 시료셀은 200~500 mm의 길이로 시료가스가 연속적으로 통과할 수 있는 구조로 되어 있다.

해설 ① 광원 : 중수소방전관 또는 중압수은등이 사용된다.

78. 적정법에 의한 배출가스 중 브로민(브롬)화합물의 정량 시 과잉의 하이포아염소산염을 환원시키는 데 사용하는 것은?

① 염산
② 폼산소듐
③ 수산화소듐
④ 암모니아수

해설 배출가스 중 브로민화합물 - 적정법 : 배출가스 중 브로민화합물을 수산화소듐 용액에 흡수시킨 다음 브로민을 하이포아염소산소듐 용액을 사용하여 브로민산 이온으로 산화시키고 과잉의 하이포아염소산염은 폼산소듐으로 환원시켜 이 브로민산 이온을 아이오딘 적정법으로 정량하는 방법이다.

79. 화학반응 공정 등에서 배출되는 굴뚝배출가스 중 일산화탄소 분석방법에 따른 정량범위로 틀린 것은?

① 정전위전해법 : 0~200 ppm
② 비분산형적외선분석법 : 0~1,000 ppm
③ 기체크로마토그래피 : TCD의 경우 1,000 ppm 이상
④ 기체크로마토그래피 : FID의 경우 1~2,000 ppm

해설 ① 정전위전해법 : 0~1,000 ppm

80. 다음은 배출가스 중 입자상 아연화합물의 자외선가시선 분광법에 관한 설명이다. ( ) 안에 알맞은 것은?

아연 이온을 (㉠)과 반응시켜 생성되는 아연착색물질을 사염화탄소로 추출한 후 그 흡수도를 파장 (㉡)에서 측정하여 정량하는 방법이다.

① ㉠ 디티존, ㉡ 460 nm
② ㉠ 디티존, ㉡ 535 nm
③ ㉠ 디에틸디티오카바민산나트륨, ㉡ 460 nm
④ ㉠ 디에틸디티오카바민산나트륨, ㉡ 535 nm

해설 [개정] "배출가스 중 아연화합물 - 자외선/가시선분광법"은 공정시험기준에서 삭제되어 더 이상 출제되지 않습니다.

제5과목 대기환경관계법규

81. 환경정책기본법령상 일산화탄소(CO)의 대기환경기준은? (단, 8시간 평균치이다.)

① 0.15 ppm 이하
② 0.3 ppm 이하
③ 9 ppm 이하
④ 25 ppm 이하

정답 77. ① 78. ② 79. ① 80. ② 81. ③

해설 환경정책기본법상 대기환경기준

측정시간	연간	24시간	8시간	1시간
SO_2(ppm)	0.02	0.05	–	0.15
NO_2(ppm)	0.03	0.06	–	0.10
O_3(ppm)	–	–	0.06	0.10
CO(ppm)	–	–	9	25
PM10 ($\mu g/m^3$)	50	100	–	–
PM2.5 ($\mu g/m^3$)	15	35	–	–
납(Pb) ($\mu g/m^3$)	0.5	–	–	–
벤젠 ($\mu g/m^3$)	5	–	–	–

82. 실내공기질 관리법규상 "영화상영관"의 실내공기질 유지기준($\mu g/m^3$)은? (단, 항목은 미세먼지(PM-10)($\mu g/m^3$)이다.)

① 10 이하
② 100 이하
③ 150 이하
④ 200 이하

해설 실내공기질 유지기준

오염물질 항목 다중이용시설	이산화탄소(ppm)	폼알데하이드($\mu g/m^3$)	일산화탄소(ppm)
노약자시설	1,000	80	10
일반인시설	1,000	100	10
실내주차장	1,000	100	25
복합용도시설	–	–	–

오염물질 항목 다중이용시설	미세먼지(PM-10)($\mu g/m^3$)	미세먼지(PM-2.5)($\mu g/m^3$)	총부유세균(CFU/m^3)
노약자시설	75	35	800
일반인시설	100	50	–
실내주차장	200	–	–
복합용도시설	200	–	–

- 노약자시설 : 의료기관, 산후조리원, 노인요양시설, 어린이집, 실내어린이놀이시설
- 일반인시설 : 지하역사, 지하도상가, 철도 역사의 대합실, 여객자동차 터미널의 대합실, 항만시설 중 대합실, 공항시설 중 여객 터미널, 도서관·박물관 및 미술관, 대규모 점포, 장례식장, 영화상영관, 학원, 전시시설, 인터넷컴퓨터게임시설제공업의 영업시설, 목욕장업의 영업시설
- 복합용도시설 : 실내 체육시설, 실내 공연장, 업무시설, 둘 이상의 용도에 사용되는 건축물

83. 대기환경보전법규상 사업자는 자가측정 시 사용한 여과지 및 시료채취기록지는 환경오염공정시험기준에 따라 측정한 날부터 얼마동안 보존(기준)하여야 하는가?

① 2년
② 1년
③ 6개월
④ 3개월

해설 기간 정리
- 악취방지법규상 악취검사기관의 준수사항 중 실험일지 및 검량선 기록지, 검사 결과 발송 대장, 정도관리 수행기록철 등의 보존기간 : 3년간
- 배출시설 및 방지시설 운영기록 보존기간 : 1년간
- 과태료의 가중된 부과기준 부과기간 : 최근 1년간 같은 위반행위에 적용
- 자가측정 시 사용한 여과지 및 시료채취기록지의 보존기간 : 측정한 날부터 6개월

84. 환경정책기본법령상 각 항목별 대기환경기준으로 옳지 않은 것은? (단, 기준치는 24시간 평균치이다.)

① 아황산가스(SO_2) : 0.05 ppm 이하
② 이산화질소(NO_2) : 0.06 ppm 이하
③ 오존(O_3) : 0.06 ppm 이하
④ 미세먼지(PM-10) : 100 $\mu g/m^3$ 이하

해설 환경정책기본법상 대기환경기준
③ 오존(O_3)은 24시간 기준이 없음

더 알아보기 핵심정리 2-103

정답 82. ② 83. ③ 84. ③

85. 실내공기질 관리법규상 "산후조리원"의 현행 실내공기질 권고기준으로 옳지 않은 것은?

① 라돈(Bq/m³) : 5.0 이하
② 이산화질소(ppm) : 0.05 이하
③ 총휘발성유기화합물(μg/m³) : 400 이하
④ 곰팡이(CFU/m³) : 500 이하

해설 실내공기질 권고기준

오염물질 항목 다중 이용시설	곰팡이 (CFU/m³)	VOC (μg/m³)	NO₂ (ppm)	Rn (Bq/m³)
노약자 시설	500 이하	400 이하	0.05 이하	
일반인 시설	–	500 이하	0.1 이하	148 이하
실내 주차장	–	1,000 이하	0.30 이하	

- 노약자시설 : 의료기관, 노인요양시설, 어린이집, 실내 어린이놀이시설
- 일반인시설 : 지하역사, 지하도상가, 철도역사의 대합실, 여객자동차터미널의 대합실, 항만시설 중 대합실, 공항시설 중 여객터미널, 도서관·박물관 및 미술관, 대규모점포, 장례식장, 영화상영관, 학원, 전시시설, 인터넷컴퓨터게임시설제공업의 영업시설, 목욕장업의 영업시설

86. 대기환경보전법령상 대기오염 경보단계의 3가지 유형 중 "경보발령" 시 조치사항으로 가장 거리가 먼 것은?

① 주민의 실외활동 제한요청
② 자동차 사용의 제한
③ 사업장의 연료사용량 감축권고
④ 사업장의 조업시간 단축명령

해설 ④ 중대경보 발령 시 조치사항이다.
경보단계별 조치사항
1. 주의보 발령 : 주민의 실외활동 및 자동차 사용의 자제 요청 등
2. 경보 발령 : 주민의 실외활동 제한 요청, 자동차 사용의 제한 및 사업장의 연료사용량 감축 권고 등
3. 중대경보 발령 : 주민의 실외활동 금지 요청, 자동차의 통행금지 및 사업장의 조업시간 단축명령 등

87. 대기환경보전법령상 초과부과금의 부과대상이 되는 오염물질이 아닌 것은?

① 황산화물
② 염화수소
③ 황화수소
④ 페놀

해설 초과부과금의 부과대상이 되는 오염물질 : 염화수소, 시안화수소, 황화수소, 불소화물, 질소산화물, 이황화탄소, 암모니아, 먼지, 황산화물

더 알아보기 핵심정리 2-97

88. 다음은 대기환경보전법규상 미세먼지(PM-10)의 "주의보" 발령기준 및 해제기준이다. ( ) 안에 알맞은 것은?

- 발령기준 : 기상조건 등을 고려하여 해당지역의 대기자동측정소 PM-10 시간당 평균농도가 (㉠) 지속인 때
- 해제기준 : 주의보가 발령된 지역의 기상조건 등을 검토하여 대기자동측정소의 PM-10 시간당 평균농도가 (㉡)인 때

① ㉠ 150 μg/m³ 이상 2시간 이상,
  ㉡ 100 μg/m³ 미만
② ㉠ 150 μg/m³ 이상 1시간 이상,
  ㉡ 150 μg/m³ 미만
③ ㉠ 100 μg/m³ 이상 2시간 이상,
  ㉡ 100 μg/m³ 미만
④ ㉠ 100 μg/m³ 이상 1시간 이상,
  ㉡ 80 μg/m³ 미만

정답 85. ① 86. ④ 87. ④ 88. ②

[해설] 대기오염경보 단계별 대기오염물질의 농도기준

대상물질	경보단계	발령기준(기상조건 등을 고려하여 해당지역의 대기자동측정소 시간당 평균농도가)
미세먼지 (PM-10)	주의보	150 μg/m³ 이상 2시간 이상 지속일 때
	경보	300 μg/m³ 이상 2시간 이상 지속일 때
초미세먼지 (PM-2.5)	주의보	75 μg/m³ 이상 2시간 이상 지속일 때
	경보	150 μg/m³ 이상 2시간 이상 지속일 때

대상물질	경보단계	해제기준(발령된 지역의 기상조건 등을 검토하여 대기자동측정소의 시간당 평균농도가)
미세먼지 (PM-10)	주의보	100 μg/m³ 미만일 때 해제
	경보	150 μg/m³ 미만일 때는 주의보로 전환
초미세먼지 (PM-2.5)	주의보	35 μg/m³ 미만일 때 해제
	경보	75 μg/m³ 미만일 때는 주의보로 전환

89. 다음은 대기환경보전법규상 고체연료 사용시설 설치기준이다. ( ) 안에 가장 적합한 것은?

> 석탄사용시설의 경우 배출시설의 굴뚝높이는 100 m 이상으로 하되, 굴뚝상부 안지름, 배출가스 온도 및 속도 등을 고려한 유효굴뚝높이가 ( )인 경우에는 굴뚝높이를 60 m 이상 100 m 미만으로 할 수 있다.

① 150 m 이상　② 220 m 이상
③ 350 m 이상　④ 440 m 이상

[해설] 고체연료 사용시설 설치기준 : 배출시설의 굴뚝높이는 100 m 이상으로 하되, 굴뚝상부 안지름, 배출가스 온도 및 속도 등을 고려한 유효굴뚝높이가 440 m 이상인 경우에는 굴뚝높이를 60 m 이상 100 m 미만으로 할 수 있다.

90. 대기환경보전법규상 한국환경공단이 환경부장관에게 행하는 위탁업무 보고사항 중 "자동차배출가스 인증생략 현황"의 보고 횟수 기준은?

① 수시　② 연 1회
③ 연 2회　④ 연 4회

[해설] 위탁업무 보고사항

업무내용	보고횟수	보고기일
수시검사, 결함확인검사, 부품결함 보고서류의 접수	수시	위반사항 적발 시
결함확인검사 결과	수시	위반사항 적발 시
자동차배출가스 인증생략 현황	연 2회	매 반기 종료 후 15일 이내
자동차 시험검사 현황	연 1회	다음 해 1월 15일까지

91. 대기환경보전법령상 대기오염물질발생량의 합계가 연간 25톤인 사업장은 몇 종 사업장에 해당하는가?

① 2종사업장
② 3종사업장
③ 4종사업장
④ 5종사업장

정답 89. ④　90. ③　91. ①

해설 사업장 분류기준

종별	오염물질발생량 구분 (대기오염물질발생량의 연간 합계 기준)
1종 사업장	80톤 이상인 사업장
2종 사업장	20톤 이상 80톤 미만인 사업장
3종 사업장	10톤 이상 20톤 미만인 사업장
4종 사업장	2톤 이상 10톤 미만인 사업장
5종 사업장	2톤 미만인 사업장

92. 대기환경보전법규상 수도권대기환경청장, 국립환경과학원장 또는 한국환경공단이 설치하는 대기오염 측정망에 해당하는 것은?

① 도시지역의 휘발성유기화합물 등의 농도를 측정하기 위한 광화학대기오염물질측정망
② 도시지역의 대기오염물질 농도를 측정하기 위한 도시대기측정망
③ 도로변의 대기오염물질 농도를 측정하기 위한 도로변대기측정망
④ 대기 중의 중금속 농도를 측정하기 위한 대기중금속측정망

해설 수도권대기환경청장, 국립환경과학원장 또는 한국환경공단이 설치하는 대기오염 측정망의 종류
1. 대기오염물질의 지역배경농도를 측정하기 위한 교외대기측정망
2. 대기오염물질의 국가배경농도와 장거리이동 현황을 파악하기 위한 국가배경농도측정망
3. 도시지역 또는 산업단지 인근지역의 특정대기유해물질(중금속을 제외한다)의 오염도를 측정하기 위한 유해대기물질측정망
4. 도시지역의 휘발성유기화합물 등의 농도를 측정하기 위한 광화학대기오염물질측정망
5. 산성 대기오염물질의 건성 및 습성 침착량을 측정하기 위한 산성강하물측정망
6. 기후·생태계 변화유발물질의 농도를 측정하기 위한 지구대기측정망
7. 장거리이동대기오염물질의 성분을 집중 측정하기 위한 대기오염집중측정망
8. 초미세먼지(PM-2.5)의 성분 및 농도를 측정하기 위한 미세먼지성분측정망

정리 시도지사(특별시장·광역시장·특별자치시장·도지사 또는 특별자치도지사)가 설치하는 대기오염 측정망의 종류
1. 도시지역의 대기오염물질 농도를 측정하기 위한 도시대기측정망
2. 도로변의 대기오염물질 농도를 측정하기 위한 도로변대기측정망
3. 대기 중의 중금속 농도를 측정하기 위한 대기중금속측정망

93. 대기환경보전법령상 기본부과금 산정기준 중 "수산자원보호구역"의 지역별 부과계수는? (단, 지역구분은 국토의 계획 및 이용에 관한 법률에 의한다.)

① 0.5 ② 1.0
③ 1.5 ④ 2.0

해설 기본부과금의 지역별 부과계수

구분	지역별 부과계수
Ⅰ지역	1.5
Ⅱ지역	0.5
Ⅲ지역	1.0

- Ⅰ지역 : 주거지역·상업지역, 취락지구, 택지개발지구
- Ⅱ지역 : 공업지역, 개발진흥지구(관광·휴양개발진흥지구는 제외), 수산자원보호구역, 국가산업단지·일반산업단지·도시첨단산업단지, 전원개발사업구역 및 예정구역
- Ⅲ지역 : 녹지지역·관리지역·농림지역 및 자연환경보전지역, 관광·휴양개발진흥지구

정답 92. ① 93. ①

94. 대기환경보전법상 제작차배출허용기준에 맞지 아니하게 자동차를 제작한 자에 대한 벌칙기준은?

① 7년 이하의 징역이나 1억원 이하의 벌금에 처한다.
② 5년 이하의 징역이나 5천만원 이하의 벌금에 처한다.
③ 3년 이하의 징역이나 3천만원 이하의 벌금에 처한다.
④ 1년 이하의 징역이나 1천만원 이하의 벌금에 처한다.

해설 7년 이하의 징역 또는 1억원 이하의 벌금
1. 배출시설의 허가나 변경허가를 받지 아니하거나 거짓으로 허가나 변경허가를 받아 배출시설을 설치 또는 변경하거나 그 배출시설을 이용하여 조업한 자
2. 방지시설을 설치하지 아니하고 배출시설을 설치·운영한 자
3. 배출시설을 가동할 때에 방지시설을 가동하지 아니하거나 오염도를 낮추기 위하여 배출시설에서 나오는 오염물질에 공기를 섞어 배출하는 행위를 한 자
4. 배출시설이나 방지시설을 정당한 사유없이 정상적으로 가동하지 아니하여 배출허용기준을 초과한 오염물질을 배출하는 행위를 한 자
5. 배출시설 조업정지명령을 위반하거나 조업시간의 제한이나 조업정지 규정에 의한 조치명령을 이행하지 아니한 자
6. 배출시설의 폐쇄나 조업정지에 관한 명령을 위반한 자
7. 배출시설의 폐쇄명령, 사용중지명령을 이행하지 아니한 자
8. 제작차배출허용기준에 맞지 아니하게 자동차를 제작한 자
9. 자동차제작자가 인증받은 내용과 다르게 배출가스 관련 부분의 설계를 고의로 바꾸거나 조작하는 행위를 하여 자동차를 제작한 자
10. 인증을 받지 아니하고 자동차를 제작한 자
11. 해당 연도의 평균 배출량이 평균 배출 허용기준을 초과한 자동차제작자에 대한 상황명령을 이행하지 아니하고 자동차를 제작한 자
12. 환경부령으로 정하는 제조기준에 맞지 아니하게 자동차연료·첨가제 또는 촉매제를 제조한 자

95. 다음은 대기환경보전법상 기존 휘발성유기화합물 배출시설 규제에 관한 사항이다. ( ) 안에 알맞은 것은?

> 특별대책지역, 대기관리권역 또는 휘발성유기화합물 배출규제 추가지역으로 지정·고시될 당시 그 지역에서 휘발성유기화합물을 배출하는 시설을 운영하고 있는 자는 특별대책지역, 대기관리권역 또는 휘발성유기화합물 배출규제 추가지역으로 지정·고시된 날부터 ( ) 에 시·도지사 등에게 휘발성유기화합물 배출시설 설치 신고를 하여야 한다.

① 15일 이내
② 1개월 이내
③ 2개월 이내
④ 3개월 이내

해설 기존 휘발성유기화합물 배출시설에 대한 규제 : 특별대책지역, 대기관리권역 또는 휘발성유기화합물 배출규제 추가지역으로 지정·고시될 당시 그 지역에서 휘발성유기화합물을 배출하는 시설을 운영하고 있는 자는 특별대책지역, 대기관리권역 또는 휘발성유기화합물 배출규제 추가지역으로 지정·고시된 날부터 3개월 이내에 시·도지사 등에게 휘발성유기화합물 배출시설 설치 신고를 하여야 한다.

96. 악취방지법상 악취검사를 위한 관계 공무원의 출입·채취 및 검사를 거부 또는 방해하거나 기피한 자에 대한 벌칙기준은?

① 100만원 이하의 벌금
② 200만원 이하의 벌금
③ 300만원 이하의 벌금
④ 1000만원 이상의 벌금

정답 94. ① 95. ④ 96. ③

해설 악취방지법(300만원 이하의 벌금)
1. 악취 배출 허용기준 초과와 관련하여 받은 개선명령을 이행하지 아니한 자
2. 관계 공무원의 출입·채취 및 검사를 거부 또는 방해하거나 기피한 자
3. 악취방지계획에 따라 악취방지에 필요한 조치를 하지 아니하고 악취배출시설을 가동한 자
4. 기간 이내에 악취방지계획에 따라 악취방지에 필요한 조치를 하지 아니한 자

97. 실내공기질 관리법규상 신축 공동주택의 오염물질 항목별 실내공기질 권고기준으로 옳지 않은 것은?
① 폼알데하이드 : 300 $\mu g/m^3$ 이하
② 에틸벤젠 : 360 $\mu g/m^3$ 이하
③ 자일렌 : 700 $\mu g/m^3$ 이하
④ 벤젠 : 30 $\mu g/m^3$ 이하

해설 신축 공동주택의 실내공기질 권고기준

물질	실내공기질 권고 기준
벤젠	30 $\mu g/m^3$ 이하
폼알데하이드	210 $\mu g/m^3$ 이하
스티렌	300 $\mu g/m^3$ 이하
에틸벤젠	360 $\mu g/m^3$ 이하
자일렌	700 $\mu g/m^3$ 이하
톨루엔	1,000 $\mu g/m^3$ 이하
라돈	148 Bq/m^3 이하

98. 다음은 대기환경보전법규상 비산먼지 발생을 억제하기 위한 시설의 설치 및 필요한 조치에 관한 엄격한 기준이다. ( ) 안에 알맞은 것은?

배출공정 중 "싣기와 내리기 공정"은 싣거나 내리는 장소 주위에 고정식 또는 이동식 물뿌림시설(물뿌림 반경 (㉠) 이상, 수압 (㉡) 이상)을 설치하여야 한다.

① ㉠ 3 m, ㉡ 2 kg/cm²
② ㉠ 3 m, ㉡ 3 kg/cm²
③ ㉠ 5 m, ㉡ 2 kg/cm²
④ ㉠ 7 m, ㉡ 5 kg/cm²

해설 비산먼지의 발생을 억제하기 위한 시설의 설치 및 필요한 조치에 관한 엄격한 기준 배출공정 중 "싣기와 내리기 공정"은 싣거나 내리는 장소 주위에 고정식 또는 이동식 물뿌림시설(물뿌림 반경 7 m 이상, 수압 5 kg/cm² 이상)을 설치하여야 한다.

99. 대기환경보전법령상 인증을 생략할 수 있는 자동차에 해당하지 않는 것은?
① 훈련용 자동차로서 문화체육관광부장관의 확인을 받은 자동차
② 주한 외국군인의 가족이 사용하기 위하여 반입하는 자동차
③ 자동차제작자 및 자동차 관련 연구기관 등이 자동차의 개발 또는 전시 등 주행 외의 목적으로 사용하기 위하여 수입하는 자동차
④ 항공기 지상 조업용 자동차

해설 ③ 인증을 면제할 수 있는 자동차에 해당한다.

정리 인증을 면제할 수 있는 자동차
1. 군용 및 경호업무용 등 국가의 특수한 공용 목적으로 사용하기 위한 자동차와 소방용 자동차
2. 주한 외국공관 또는 외교관이나 그 밖에 이에 준하는 대우를 받는 자가 공용 목적으로 사용하기 위한 자동차로서 외교부장관의 확인을 받은 자동차

정답 97. ① 98. ④ 99. ③

3. 주한 외국군대의 구성원이 공용 목적으로 사용하기 위한 자동차
4. 수출용 자동차와, 박람회나 그 밖에 이에 준하는 행사에 참가하는 자가 전시의 목적으로 일시 반입하는 자동차
5. 여행자 등이 다시 반출할 것을 조건으로 일시 반입하는 자동차
6. 자동차제작자 및 자동차 관련 연구기관 등이 자동차의 개발 또는 전시 등 주행 외의 목적으로 사용하기 위하여 수입하는 자동차
7. 삭제 〈2008. 12. 31.〉
8. 외국인 또는 외국에서 1년 이상 거주한 내국인이 주거를 옮기기 위하여 이주물품으로 반입하는 1대의 자동차

정리 인증을 생략할 수 있는 자동차
1. 국가대표 선수용 자동차 또는 훈련용 자동차로서 문화체육관광부장관의 확인을 받은 자동차
2. 외국에서 국내의 공공기관 또는 비영리단체에 무상으로 기증한 자동차
3. 외교관 또는 주한 외국군인의 가족이 사용하기 위하여 반입하는 자동차
4. 항공기 지상 조업용 자동차
5. 인증을 받지 아니한 자가 그 인증을 받은 자동차의 원동기를 구입하여 제작하는 자동차
6. 국제협약 등에 따라 인증을 생략할 수 있는 자동차
7. 그 밖에 환경부장관이 인증을 생략할 필요가 있다고 인정하는 자동차

100. 다음은 대기환경보전법령상 시·도지사가 배출시설의 설치를 제한할 수 있는 경우이다. ( ) 안에 알맞은 것은?

> 배출시설 설치 지점으로부터 반경 1킬로미터 안의 상주인구가 (㉠) 이상인 지역으로서 특정대기유해물질 중 한 가지 종류의 물질을 연간 (㉡) 이상 배출하거나 두 가지 이상의 물질을 연간 (㉢) 이상 배출하는 시설을 설치하는 경우는 시·도지사가 배출시설의 설치를 제한할 수 있다.

① ㉠ 2만명, ㉡ 10톤, ㉢ 25톤
② ㉠ 2만명, ㉡ 5톤, ㉢ 15톤
③ ㉠ 1만명, ㉡ 10톤, ㉢ 25톤
④ ㉠ 1만명, ㉡ 5톤, ㉢ 15톤

해설 환경부장관 또는 시·도지사가 배출시설의 설치를 제한할 수 있는 경우
1. 배출시설 설치 지점으로부터 반경 1킬로미터 안의 상주 인구가 2만명 이상인 지역으로서 특정대기유해물질 중 한 가지 종류의 물질을 연간 10톤 이상 배출하거나 두 가지 이상의 물질을 연간 25톤 이상 배출하는 시설을 설치하는 경우
2. 대기오염물질(먼지·황산화물 및 질소산화물만 해당한다)의 발생량 합계가 연간 10톤 이상인 배출시설을 특별대책지역(총량규제구역으로 지정된 특별대책지역은 제외)에 설치하는 경우

정답 100. ①

대기환경기사 — 2020년 8월 22일 (제3회)

제1과목 대기오염개론

1. 다음 대기오염물질과 관련되는 주요 배출업종을 연결한 것으로 가장 적합한 것은?

① 벤젠 – 도장공업
② 염소 – 주유소
③ 시안화수소 – 유리공업
④ 이황화탄소 – 구리정련

해설 대기오염물질의 배출원
② 염소(Cl_2) : 소다공업, 화학공업, 농약제조, 의약품
③ 시안화수소(HCN) : 화학공업, 가스공업, 제철공업, 청산제조업, 용광로, 코크스로
④ 이황화탄소(CS_2) : 비스코스 섬유공업, 이황화탄소 제조공장 등

2. 대기오염이 식물에 미치는 영향에 관한 설명으로 가장 거리가 먼 것은?

① SO_2는 회백색 반점을 생성하며, 피해부분은 엽육세포이다.
② PAN은 유리화, 은백색 광택을 나타내며, 주로 해면연조직에 피해를 준다.
③ NO_2는 불규칙 흰색 또는 갈색으로 변화되며, 피해부분은 엽육세포이다.
④ HF는 SO_2와 같이 잎 안쪽부분에 반점을 나타내기 시작하며, 늙은 잎에 특히 민감하고, 밤이 낮보다 피해가 크다.

해설 ④ HF는 주로 잎의 끝이나 가장자리의 발육부진이 두드러지며, 어린 잎에 특히 민감하고, 낮이 밤보다 피해가 크다.

3. A굴뚝으로부터 배출되는 SO_2가 풍하측 5,000 m 지점에서 지표 최고 농도를 나타냈을 때, 유효굴뚝 높이(m)는? (단, Sutton의 확산식을 사용하고, 수직확산계수는 0.07, 대기안정도 지수(n)는 0.25이다.)

① 약 120 ② 약 140
③ 약 160 ④ 약 180

해설 최대착지거리 공식

$$X_{max} = \left(\frac{H_e}{\sigma_z}\right)^{\frac{2}{2-n}}$$

$$5,000 = \left(\frac{H_e}{0.07}\right)^{\frac{2}{2-0.25}}$$

∴ $H_e = 120.69\,m$

4. 44 m 높이의 연돌에서 배출되는 가스의 평균온도가 250℃이고, 대기의 온도가 25℃일 때, 이 굴뚝의 통풍력(mmH_2O)은? (단, 표준상태의 가스와 공기의 밀도는 1.3 kg/Sm^3이고 굴뚝 안에서의 마찰손실은 무시한다.)

① 약 12.4 ② 약 15.8
③ 약 22.5 ④ 약 30.7

해설 굴뚝의 통풍력

$$Z = 355H\left(\frac{1}{273+t_a} - \frac{1}{273+t_g}\right)$$

$$= 355 \times 44\left(\frac{1}{273+25} - \frac{1}{273+250}\right)$$

$$= 22.549\,mmH_2O$$

5. 다음 중 지구온난화 지수가 가장 큰 것은 어느 것인가?

① CH_4 ② SF_6
③ N_2O ④ HFCs

해설 온난화 지수(GWP) : SF_6 > PFC > HFC > N_2O > CH_4 > CO_2

정답 1. ① 2. ④ 3. ① 4. ③ 5. ②

6. 시정장애에 관한 설명 중 옳지 않은 것은?

① 시정장애 직접 원인은 부유분진 중 극미세먼지 때문이다.
② 시정장애 물질들은 주민의 호흡기계 건강에 영향을 미친다.
③ 빛이 대기를 통과할 때 시정장애 물질들은 빛을 산란 또는 흡수한다.
④ 2차 오염물질들이 서로 반응, 응축, 응집하여 생성된 물질들이 직접적인 원인이다.

해설 ④ 1차 오염물질들이 서로 반응, 응축, 응집하여 생성된 물질은 2차 오염물질이다. 시정장애현상의 직접적인 원인은 주로 미세먼지 때문이다.

7. 대기가 가시광선을 통과시키고 적외선을 흡수하여 열을 밖으로 나가지 못하게 함으로써 보온 작용을 하는 것을 무엇이라 하는가?

① 온실효과   ② 복사균형
③ 단파복사   ④ 대기의 창

해설 ② 복사균형 : 흡수하는 복사에너지와 방출하는 복사에너지의 크기가 같음
③ 단파복사 : 단파(γ선, X선, 자외선, 가시광선 등) 태양에너지의 복사
④ 대기의 창 : 대기에 흡수되지 않고 투과되기 쉬운 파장 영역

8. 상온에서 녹황색이고 강한 자극성 냄새를 내는 기체로서 공기보다 무겁고 표백작용이 강한 오염물질은?

① 염소   ② 아황산가스
③ 이산화질소   ④ 폼알데하이드

해설 염소 : 상온에서 황록색(녹황색)의 유독한 기체

9. 다음 (   ) 안에 가장 적합한 물질은?

> 방향족 탄화수소 중 (   )은 대표적인 발암 물질이며, 환경 호르몬으로 알려져 있고, 연소 과정에서 생성된다. 숯불에 구운 쇠고기 등 가열로 검게 탄 식품, 담배 연기, 자동차 배기가스, 석탄 타르 등에 포함되어 있다.

① 벤조피렌
② 나프탈렌
③ 안트라센
④ 톨루엔

해설 ① 숯불에 구운 쇠고기 등 가열로 검게 탄 식품, 담배 연기, 자동차 배기가스, 석탄 타르 등에 포함되어 있는 대표적인 발암 물질은 벤조피렌이다.

10. 빛의 소멸계수(σ_{ext})가 0.45 km^{-1}인 대기에서, 시정거리의 한계를 빛의 강도가 초기 강도의 95 %가 감소했을 때의 거리라고 정의할 경우 이때 시정거리 한계(km)는? (단, 광도는 Lambert – Beer 법칙을 따르며, 자연대수로 적용한다.)

① 약 0.1
② 약 6.7
③ 약 8.7
④ 약 12.4

해설 Lambert – Beer 법칙에 의한 가시거리 계산 : 입사광(I_0)이 100 %일 때 95 % 감소했으므로 투사광(I_t)은 5 %이다.

$$\frac{I_t}{I_0} = e^{-\sigma X}$$

$$\frac{5}{100} = e^{-(0.45 \times X)}$$

∴ 시정거리(X) = 6.66 km

더 알아보기 핵심정리 1-20 (1)

정답 6. ④   7. ①   8. ①   9. ①   10. ②

11. Fick의 확산방정식을 실제 대기에 적용시키기 위한 추가적 가정에 대한 내용과 가장 거리가 먼 것은?

① 오염물질은 플룸(plum) 내에서 소멸된다.
② 바람에 의한 오염물의 주 이동방향은 x축이다.
③ 풍향, 풍속, 온도, 시간에 따른 농도변화가 없는 정상상태 분포를 가정한다.
④ 풍속은 x, y, z 좌표시스템 내의 어느 점에서든 일정하다.

해설 ① 농도변화 없는 정상상태 분포(dC/dt = 0)이므로 플룸 내에서 소멸되지 않는다.

(더 알아보기) 핵심정리 2-25 (1)

12. 석면이 가지고 있는 일반적인 특성과 거리가 먼 것은?

① 절연성
② 내화성 및 단열성
③ 흡습성 및 저인장성
④ 화학적 불활성

해설 ③ 석면은 흡습성은 없다.

13. 산성비에 관한 설명 중 옳은 것은?

① 산성비 생성의 주요 원인물질은 다이옥신, 중금속 등이다.
② 일반적으로 산성비에 대한 내성은 침엽수가 활엽수보다 강하다.
③ 산성비란 정상적인 빗물의 pH 7보다 낮게 되는 경우를 말한다.
④ 산성비로 인해 호수나 강이 산성화되면 물고기 먹이가 되는 플랑크톤의 생장을 촉진한다.

해설 ① 산성비 생성의 주요 원인물질은 SOx, NOx 등이다.
③ 산성비란 정상적인 빗물의 pH 5.6보다 낮게 되는 경우를 말한다.
④ 산성비로 인해 호수나 강이 산성화되면 물고기 먹이가 되는 플랑크톤의 생장을 방해한다.

14. 다음 ( ) 안에 들어갈 용어로 옳은 것은?

> 지구의 평균 지상기온은 지구가 태양으로부터 받고 있는 태양에너지와 지구가 (㉠) 형태로 우주로 방출하고 있는 에너지의 균형으로부터 결정된다. 이 균형은 대기 중의 (㉡), 수증기 등, (㉠)을(를) 흡수하는 기체가 큰 역할을 하고 있다.

① ㉠ 자외선, ㉡ CO
② ㉠ 적외선, ㉡ CO
③ ㉠ 자외선, ㉡ CO_2
④ ㉠ 적외선, ㉡ CO_2

해설 온실가스(CO_2, H_2O 등)는 적외선을 흡수한다.

15. 로스앤젤레스 스모그 사건에 대한 설명 중 옳지 않은 것은?

① 대기는 침강성 역전 상태였다.
② 주 오염성분은 NOX, O_3, PAN, 탄화수소이다.
③ 광화학적 및 열적 산화반응을 통해서 스모그가 형성되었다.
④ 주 오염 발생원은 가정 난방용 석탄과 화력발전소의 매연이다.

해설 ④ 런던형 스모그 설명이다.

(더 알아보기) 핵심정리 2-16

16. 다음 황화합물에 관한 설명 중 ( ) 안에 가장 알맞은 것은?

> 전지구적으로 해양을 통해 자연적 발생원 중 가장 많은 양의 황화합물이 ( ) 형태로 배출되고 있다.

① H_2S
② CS_2
③ OCS
④ $(CH_3)_2S$

해설 황화합물 중 자연적 발생원으로 가장 많이 배출되는 것은 황화메틸(DMS, CH_3SCH_3)이다.

정답 11. ① 12. ③ 13. ② 14. ④ 15. ④ 16. ④

17. 다음 [보기]가 설명하는 주위 대기조건에 따른 연기의 배출형태를 옳게 나열한 것은?

[보기]
㉠ 지표면 부근에 대류가 활발하여 불안정하지만, 그 상층은 매우 안정하여 오염물의 확산이 억제되는 대기조건에서 발생한다. 발생시간 동안 상대적으로 지표면의 오염물질농도가 일시적으로 높아질 수 있는 형태
㉡ 대기상태가 중립인 경우에 나타나며, 바람이 다소 강하거나 구름이 많이 낀 날 자주 볼 수 있는 형태

① ㉠ 지붕형, ㉡ 원추형
② ㉠ 훈증형, ㉡ 원추형
③ ㉠ 구속형, ㉡ 훈증형
④ ㉠ 부채형, ㉡ 훈증형

해설 대기 안정도에 따른 플룸(연기) 형태
  ㉠ 상층 – 안정, 하층 – 불안정일 때 : 훈증형
  ㉡ 대기상태가 중립일 때 : 원추형
더 알아보기 핵심정리 2-33

18. 안료, 색소, 의약품 제조공업에 이용되며 색소침착, 손·발바닥의 각화, 피부암 등을 일으키는 물질로 옳은 것은?
① 납 ② 크롬
③ 비소 ④ 니켈

해설 비소(As)
• 배출원 : 안료, 의약품, 화약, 농약
• 증상 : 손·발바닥에 나타나는 각화증, 각막궤양, 비중격 천공, 탈모, 흑피증 등

19. 햇빛이 지표면에 도달하기 전에 자외선의 대부분을 흡수함으로써 지표생물권을 보호하는 대기권의 명칭은?
① 대류권 ② 성층권
③ 중간권 ④ 열권

해설 자외선을 흡수하는 오존층은 성층권에 있다.

20. 오존에 관한 설명으로 옳지 않은 것은?
① 대기 중 오존은 온실가스로 작용한다.
② 대기 중에서 오존의 배경농도는 0.1~0.2 ppm 범위이다.
③ 단위체적당 대기 중에 포함된 오존의 분자수(mol/cm^3)로 나타낼 경우 약 지상 25 km 고도에서 가장 높은 농도를 나타낸다.
④ 오존전량(total overhead amount)은 일반적으로 적도지역에서 낮고, 극지의 인근 지점에서는 높은 경향을 보인다.

해설 ② 대기 중에서 오존의 배경농도는 0.01~0.04 ppm이다.

제2과목 연소공학

21. 다음 설명에 해당하는 기체연료는?

• 고온으로 가열된 무연탄이나 코크스 등에 수증기를 반응시켜 얻은 기체연료이다.
• 반응식
  $C + H_2O \rightarrow CO + H_2 + Q$
  $C + 2H_2O \rightarrow CO_2 + 2H_2 + Q$

① 수성 가스 ② 오일 가스
③ 고로 가스 ④ 발생로 가스

해설 ① 수성 가스 : 고온으로 가열된 무연탄이나 코크스 등에 수증기를 반응시켜 얻은 기체연료
② 오일 가스 : 석유의 열분해로 얻은 가스
③ 고로 가스 : 용광로 발생 가스(CO, N_2이 주성분)
④ 발생로 가스 : 적열상태의 석탄이나 코크스에 산소나 공기를 보내어 불완전연소시킬 때 얻어지는 가스

정답 17. ② 18. ③ 19. ② 20. ② 21. ①

22. 액화천연가스의 대부분을 차지하는 구성성분은?

① CH_4
② C_2H_6
③ C_3H_8
④ C_4H_{10}

[해설]
- LPG의 주성분 : 프로판(C_3H_8), 부탄(C_4H_{10})
- LNG의 주성분 : 메탄(CH_4)

23. 다음 연료 중 착화온도(℃)의 대략적인 범위가 옳지 않은 것은?

① 목탄 : 320~370℃
② 중유 : 430~480℃
③ 수소 : 580~600℃
④ 메탄 : 650~750℃

[해설] 착화온도
② 중유 : 530~580℃

24. H_2 40 %, CH_4 20 %, C_3H_8 20 %, CO 20 %의 부피조성을 가진 기체연료 1 Sm^3을 공기비 1.1로 연소시킬 때 필요한 실제 공기량(Sm^3)은?

① 약 8.1
② 약 8.9
③ 약 10.1
④ 약 10.9

[해설] 필요(실제)공기량(Sm^3/Sm^3) – 혼합가스
- 40 % $H_2 + \frac{1}{2}O_2 \rightarrow H_2O$
- 20 % $CH_4 + 2O_2 \rightarrow CO_2 + 2H_2O$
- 20 % $C_3H_8 + 5O_2 \rightarrow 3CO_2 + 4H_2O$
- 20 % $CO + \frac{1}{2}O_2 \rightarrow CO_2$

$A_o[Sm^3/Sm^3] = \dfrac{O_o}{0.21}$

$= \dfrac{0.5 \times 0.40 + 2 \times 0.20 + 5 \times 0.20 + 0.5 \times 0.20}{0.21}$

$= 8.095$

$\therefore A = m A_o = 1.1 \times 8.095$
$= 8.904 \, Sm^3/Sm^3$

25. 1.5 %(무게기준) 황분을 함유한 석탄 1,143 kg을 이론적으로 완전연소시킬 때 SO_2 발생량(Sm^3)은? (단, 표준상태 기준이며, 황분은 전량 SO_2로 전환된다.)

① 12
② 18
③ 21
④ 24

[해설]
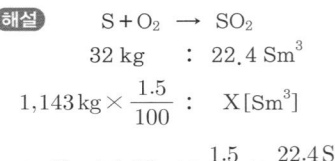

$S + O_2 \rightarrow SO_2$
$32 \, kg \quad : \quad 22.4 \, Sm^3$
$1,143 \, kg \times \dfrac{1.5}{100} \quad : \quad X[Sm^3]$

$\therefore X = 1,143 \, kg \times \dfrac{1.5}{100} \times \dfrac{22.4 \, Sm^3}{32 \, kg}$
$= 12 \, Sm^3$

26. [보기]에서 설명하는 내용으로 가장 적합한 유류연소버너는?

─── [보기] ───
- 화염의 형식 : 가장 좁은 각도의 긴 화염이다.
- 유량조절범위 : 약 1 : 10 정도이며, 대단히 넓다.
- 용도 : 제강용평로, 연속가열로, 유리용해로 등의 대형가열로 등에 많이 사용된다.

① 유압식
② 회전식
③ 고압기류식
④ 저압기류식

[정답] 22. ① 23. ② 24. ② 25. ① 26. ③

해설 유량조절비가 1 : 10인 것은 고압공기식 (기류식) 버너이다.

분류	분무압 (kg/cm²)	유량 조절비	연료 사용량 (L/h)	분무 각도 (°)
고압 공기식 버너	2~10	1 : 10	3~500 L/hr(외부) 10~1,200 L/hr(내부)	20 ~30
저압 공기식 버너	0.05 ~0.2	1 : 5	2~200	30 ~60
회전식 버너 (로터리)	0.3 ~0.5	1 : 5	1,000 L/hr (직결식) 2,700 L/hr (벨트식)	40 ~80
유압 분무식 버너	5~30	환류식 1 : 3 비환류식 1 : 2	15~2,000	40 ~90

27. 다음 중 기체연료의 확산 연소에 사용되는 버너 형태로 가장 적합한 것은?
① 심지식 버너
② 회전식 버너
③ 포트형 버너
④ 증기분무식 버너

해설 기체연료 연소장치

연소장치	종류
확산 연소	포트형, 버너형, 선회식, 방사식
예혼합 연소	고압버너, 저압버너, 송풍버너

28. 다음 가스 중 1 Sm³를 완전연소할 때 가장 많은 이론공기량(Sm³)이 요구되는 것은? (단, 가스는 순수가스임)

① 에탄 ② 프로판
③ 에틸렌 ④ 아세틸렌

해설 이론공기량
보통 탄소수, 수소수가 많을수록 이론공기량이 커진다.
① 에탄(C_2H_6)
② 프로판(C_3H_8)
③ 에틸렌(C_2H_4)
④ 아세틸렌(C_2H_2)

29. 배기장치의 송풍기에서 1,000 Sm³/min의 배기가스를 배출하고 있다. 이 장치의 압력손실은 250 mmH₂O이고, 송풍기의 효율이 65 %라면 이 장치를 움직이는 데 소요되는 동력(kW)은?

① 43.61 ② 55.36
③ 62.84 ④ 78.57

해설 송풍기 소요동력
$$P = \frac{Q \times \Delta P \times \alpha}{102 \times \eta}$$
$$= \frac{\left(\frac{1,000\,Sm^3}{min} \times \frac{1\,min}{60\,s}\right) \times 250}{102 \times 0.65}$$
$$= 62.845\,kW$$

여기서, P : 소요동력(kW)
Q : 처리가스량(m^3/s)
ΔP : 압력(mmH₂O)
α : 여유율(안전율)
η : 효율

30. 메탄의 고위발열량이 9,900 kcal/Sm³이라면 저위발열량(kcal/Sm³)은?

① 8,540 ② 8,620
③ 8,790 ④ 8,940

해설 저위발열량(kcal/Sm³) 계산
$CH_4 + 2O_2 \rightarrow CO_2 + 2H_2O$
$H_l = H_h - 480 \sum H_2O$
$= 9,900 - 480 \times 2 = 8,940\,kcal/Sm^3$

정답 27. ③ 28. ② 29. ③ 30. ④

31. 기체연료 연소방식 중 예혼합연소에 관한 설명으로 옳지 않은 것은?
① 연소조절이 쉽고 화염길이가 짧다.
② 역화의 위험이 없으며 공기를 예열할 수 있다.
③ 화염온도가 높아 연소부하가 큰 경우에 사용이 가능하다.
④ 연소기 내부에서 연료와 공기의 혼합비가 변하지 않고 균일하게 연소된다.

[해설] ② 예혼합연소는 역화의 위험이 크다.

32. 쓰레기 이송방식에 따라 가동화격자(moving stoker)를 분류할 때 다음 [보기]가 설명하는 화격자 방식은?

[보기]
- 고정화격자와 가동화격자를 횡방향으로 나란히 배치하고, 가동화격자를 전후로 왕복운동 시킨다.
- 비교적 강한 교반력과 이송력을 갖고 있으며, 화격자의 눈이 메워짐이 별로 없다는 이점이 있으나, 낙진량이 많고, 냉각작용이 부족하다.

① 직렬식 ② 병렬요동식
③ 부채 반전식 ④ 회전 롤러식

[해설] ② 병렬요동식 : 고정·가동화격자를 횡방향으로 나란히 배치
③ 부채 반전식 : 부채형의 가동화격자를 90°로 반전시키며 이송
④ 회전 롤러식 : 드럼형 가동화격자의 회전에 의해 이송

33. 유동층연소에서 부하변동에 대한 적응성이 좋지 않은 단점을 보완하기 위한 방법으로 가장 거리가 먼 것은?
① 층의 높이를 변화시킨다.
② 층 내의 연료비율을 고정시킨다.
③ 공기분산판을 분할하여 층을 부분적으로 유동시킨다.
④ 유동층을 몇 개의 셀로 분할하여 부하에 따라 작동시키는 수를 변화시킨다.

[해설] 유동층연소에서 부하변동에 대한 적응성이 좋지 않은 단점을 보완하기 위한 방법
- 공기분산판을 분할하여 층을 부분적으로 유동시킨다.
- 유동층을 몇 개의 셀로 분할하여 부하에 따라 작동시키는 수를 변화시킨다.
- 층의 높이를 변화시킨다.

34. 메탄 1 mol이 공기비 1.2로 연소할 때의 등가비는?
① 0.63 ② 0.83 ③ 1.26 ④ 1.62

[해설] 등가비 : 공기비의 역수
$$\phi = \frac{1}{m} = \frac{1}{1.2} = 0.833$$

35. 벙커 C유에 2.5 %의 S성분이 함유되어 있을 때 건조연소가스량 중의 SO_2 양(%)은? (단, 공기비 1.3, 이론공기량 12 Sm^3/kg-oil, 이론건조연소가스량 12.5 Sm^3/kg-oil이고, 연료 중의 황성분은 95 %가 연소되어 SO_2로 된다.)
① 약 0.1 ② 약 0.2
③ 약 0.3 ④ 약 0.4

[해설] (1) SO_2
$$S + O_2 \rightarrow SO_2$$
$$32 \text{ kg} \quad : 22.4 \text{ Sm}^3$$
$$\frac{2.5 \text{ kg S}}{100 \text{ kg 연료}} \times \frac{95}{100} \quad : \quad X$$
$$\therefore X = \frac{2.5}{100} \times \frac{95}{100} \times \frac{22.4 \text{ Sm}^3}{32 \text{ kg}}$$
$$= 0.016625 \text{ Sm}^3/\text{kg}$$
(2) $G_d = G_{od} + (m-1)A_o$
$$= 12.5 + (1.3 - 1) \times 12$$
$$= 16.1 \text{ Sm}^3/\text{kg}$$
(3) $X_{SO_2} = \dfrac{SO_2}{G_d} \times 100\%$
$$= \frac{0.016625}{16.1} \times 100\% = 0.103\%$$

정답 31. ② 32. ② 33. ② 34. ② 35. ①

36. 연소실 열발생률에 대한 설명으로 옳은 것은?

① 연소실의 단위면적, 단위시간당 발생되는 열량이다.
② 연소실의 단위용적, 단위시간당 발생되는 열량이다.
③ 단위시간에 공급된 연료의 중량을 연소실 용적으로 나눈 값이다.
④ 연소실에 공급된 연료의 발열량을 연소실 면적으로 나눈 값이다.

해설 연소실 열발생률(연소실 열부하, $kcal/m^3 \cdot hr$) : 연소실 단위용적, 단위시간당 발생되는 열량

37. 연료의 연소 시 과잉공기의 비율을 높여 생기는 현상으로 옳지 않은 것은?

① 에너지손실이 커진다.
② 연소가스의 희석효과가 높아진다.
③ 공연비가 커지고 연소온도가 낮아진다.
④ 화염의 크기가 커지고 연소가스 중 불완전 연소물질의 농도가 증가한다.

해설 ④ 불완전 연소(공기가 부족할 때)의 설명이다.

38. 코크스나 목탄 등이 고온으로 될 때 빨간 짧은 불꽃을 내면서 연소하는 것으로, 휘발성분이 없는 고체연료의 연소형태는?

① 자기연소   ② 분해연소
③ 표면연소   ④ 내부연소

해설 연소의 형태
③ 표면연소 : 고체연료 표면에 고온을 유지시켜 표면에서 반응을 일으켜 내부로 연소가 진행되는 형태
예 흑연, 코크스, 목탄 등
①, ④ 자기연소(내부연소) : 연료 내부의 산소를 이용해 연소
예 니트로글리세린, 폭탄, 다이너마이트

② 분해연소 : 열분해에 의해 발생된 가스와 공기가 혼합하여 연소
예 목재, 석탄, 타르 등

39. 가스의 조성이 CH_4 70 %, C_2H_6 20 %, C_3H_8 10 %인 혼합가스의 폭발범위로 가장 적합한 것은? (단, CH_4 폭발범위 : 5~15 %, C_2H_6 폭발범위 : 3~12.5 %, C_3H_8 폭발범위 : 2.1~9.5 %이며, 르샤틀리에의 식을 적용한다.)

① 약 2.9~12 %
② 약 3.1~13 %
③ 약 3.9~13.7 %
④ 약 4.7~7.8 %

해설 르샤틀리에의 폭발범위 계산

$$L = \frac{100}{\frac{V_1}{L_1} + \frac{V_2}{L_2} + \cdots \frac{V_n}{L_n}}$$

(1) $L_{하한} = \dfrac{100}{\frac{70}{5} + \frac{20}{3} + \frac{10}{2.1}} = 3.93\%$

(2) $L_{상한} = \dfrac{100}{\frac{70}{15} + \frac{20}{12.5} + \frac{10}{9.5}} = 13.67\%$

∴ 3.93~13.67 %

40. 탄소 80 %, 수소 15 %, 산소 5 % 조성을 갖는 액체연료의 $(CO_2)_{max}$[%]는? (단, 표준상태 기준)

① 12.7   ② 13.7
③ 14.7   ④ 15.7

해설 (1) $A_o = \dfrac{O_o}{0.21}$

$= \dfrac{(1.867 \times 0.80 + 5.6 \times 0.15 - 0.7 \times 0.05)}{0.21}$

$= 10.9457 \, Sm^3/kg$

(2) $G_{od} = (1 - 0.21)A_o + CO_2$

$= (1 - 0.21) \times 10.9457 + \dfrac{22.4}{12} \times 0.80$

$= 10.1404 \, Sm^3/kg$

정답 36. ② 37. ④ 38. ③ 39. ③ 40. ③

(3) $CO_{2max} = \dfrac{CO_2}{G_{od}} \times 100\%$

$= \dfrac{\dfrac{22.4}{12} \times 0.80}{10.1404} \times 100\%$

$= 14.7\%$

제3과목   **대기오염방지기술**

41. 다음 [보기]가 설명하는 흡착장치로 옳은 것은?

― [보기] ―
가스의 유속을 크게 할 수 있고, 고체와 기체의 접촉을 크게 할 수 있으며, 가스와 흡착제를 향류로 접촉할 수 있는 장점은 있으나, 주어진 조업조건에 따른 조건 변동이 어렵다.

① 유동층 흡착장치
② 이동층 흡착장치
③ 고정층 흡착장치
④ 원통형 흡착장치

해설 흡착장치의 종류
 (1) 고정층 방식
 • 입상활성탄의 흡착층에 가스 통과
 • 흡·탈착 동시 진행을 위해 2대 이상이 필요
 (2) 이동층 흡착장치
 • 흡착제는 상부에서 하부로
 • 가스는 하부에서 상부로
 (3) 유동층 흡착장치
 • 가스 유속 크게 유지 가능
 • 접촉 양호, 가스 - 흡착제 향류접촉
 • 흡착제 마모 큼
 • 조업 중 조건 변동 곤란

42. 공기의 유속과 점도가 각각 1.5 m/s, 0.0187 cP일 때, 레이놀즈 수를 계산한 결과 1,950이었다. 이때 덕트 내를 이동하는 공기의 밀도(kg/m³)는 약 얼마인가? (단, 덕트의 직경은 75 mm이다.)

① 0.23   ② 0.29
③ 0.32   ④ 0.40

해설 레이놀즈 수 $R_e = \dfrac{D\nu\rho}{\mu}$

(1) $\mu = 0.0187 \times 0.01 \text{ g/cm·s}$
$= 1.87 \times 10^{-5} \text{ g/cm·s}$

(2) $\rho = \dfrac{R_e \times \mu}{D\nu}$

$= \dfrac{1,950 \times (0.0187 \times 10^{-2} \text{ g/cm·s})}{0.075 \text{ m} \times 1.5 \text{ m/s}}$

$\times \dfrac{100 \text{ cm}}{1 \text{ m}} \times \dfrac{1 \text{ kg}}{10^3 \text{ g}}$

$= 0.32 \text{ kg/m}^3$

43. 45° 곡관의 반경비가 2.0일 때, 압력손실계수는 0.27이다. 속도압이 26 mmH₂O일 때, 곡관의 압력손실(mmH₂O)은?

① 1.5   ② 2.0
③ 3.5   ④ 4.0

해설 곡관의 압력손실
$\Delta P = f \dfrac{R}{D} \times P_v = 0.27 \times \dfrac{1}{2.0} \times 26 = 3.51$
여기서, f : 압력손실계수
D/R : 반경비
P_v : 속도압(mmH₂O)

44. 가스 중 불화수소를 수산화나트륨 용액과 향류로 접촉시켜 87 % 흡수시키는 충전탑의 흡수율을 99.5 %로 향상시키기 위한 충전탑의 높이는? (단, 흡수액상의 불화수소의 평형분압은 0이다.)

① 2.6배 높아져야 함
② 5.2배 높아져야 함
③ 9배 높아져야 함
④ 18배 높아져야 함

정답 41. ①   42. ③   43. ③   44. ①

해설 충전탑의 높이
h = NOG × HOG 이므로
h ∝ NOG

$$\therefore \frac{h_{99.5}}{h_{87}} = \frac{NOG_{99.5}}{NOG_{87}} = \frac{\ln\left(\frac{1}{1-\frac{99.5}{100}}\right)}{\ln\left(\frac{1}{1-\frac{87}{100}}\right)} = 2.59$$

단, $NOG = \ln\left(\frac{1}{1-\eta}\right)$

더 알아보기 핵심정리 1-53 (2)

45. 다음 중 활성탄으로 흡착 시 효과가 가장 적은 것은?

① 알코올류
② 아세트산
③ 담배연기
④ 일산화질소

해설 ④ 일산화질소는 극성 물질이므로 활성탄으로 잘 흡착되지 않는다.

46. 전기집진장치의 각종 장해현상에 따른 대책으로 가장 거리가 먼 것은?

① 먼지의 비저항이 낮아 재비산 현상이 발생할 경우 baffle을 설치한다.
② 배출가스의 점성이 커서 역전리 현상이 발생할 경우 집진극의 타격을 강하게 하거나 빈도수를 늘린다.
③ 먼지의 비저항이 비정상적으로 높아 2차 전류가 현저하게 떨어질 경우 스파크 횟수를 줄인다.
④ 먼지의 비저항이 비정상적으로 높아 2차 전류가 현저하게 떨어질 경우 조습용 스프레이의 수량을 늘린다.

해설 ③ 먼지의 비저항이 비정상적으로 높아 2차 전류가 현저하게 떨어질 경우 스파크 횟수를 증가시킨다.

47. 배출가스 중의 NOx 제거법에 관한 설명으로 옳지 않은 것은?

① 비선택적인 촉매환원에서는 NOx뿐만 아니라 O_2까지 소비된다.
② 선택적 촉매환원법의 최적온도 범위는 700~850℃ 정도이며, 보통 50% 정도의 NOx를 저감시킬 수 있다.
③ 선택적 촉매환원법은 TiO_2와 V_2O_5를 혼합하여 제조한 촉매에 NH_3, H_2, CO, H_2S 등의 환원가스를 작용시켜 NOx를 N_2로 환원시키는 방법이다.
④ 배출가스 중의 NOx 제거는 연소조절에 의한 제어법보다 더 높은 NOx 제거효율이 요구되는 경우나 연소방식을 적용할 수 없는 경우에 사용된다.

해설 ② 선택적 촉매환원법의 최적온도 범위는 275~450℃ 정도이며, 보통 90% 정도의 NOx를 저감시킬 수 있다.

48. 다음 [보기]가 설명하는 원심력 송풍기는?

[보기]
- 구조가 간단하여 설치장소의 제약이 적고, 고온, 고압 대용량에 적합하며, 압입통풍기로 주로 사용된다.
- 효율이 좋고 적은 동력으로 운전이 가능하다.

① 터보형
② 평판형
③ 다익형
④ 프로펠러형

정답 45. ④ 46. ③ 47. ② 48. ①

해설 송풍기의 종류

대분류	소분류	특징
원심형 송풍기	전향날개형 (다익형)	• 효율 낮음 • 제한된 곳이나 저압에서 대풍량 요하는 곳이 필요한 곳에 설치
	후향날개형 (터보형)	• 구조 간단, 소음 큼 • 설치장소 제약 적음 • 고온·고압의 대용량에 적합함 • 압입통풍기로 주로 사용
	비행기 날개형 (익형)	• 터보형을 변형한 것 • 고속 가동되며 소음 적음 • 원심력 송풍기 중 가장 효율 높음
축류식 송풍기	프로펠러형	• 축차에 두 개 이상의 두꺼운 날개가 있는 형태 • 저압·대용량에 적합 • 저효율
	고정날개 축류형 (베인형)	• 적은 공간 소요 • 축류형 중 가장 효율 높음 • 공기분포 양호
	튜브형	• 덕트 도중에 설치하여 송풍압력을 높임 • 국소 통기 또는 대형 냉각탑에 사용

49. 다음 각 집진장치의 유속과 집진특성에 대한 설명 중 옳지 않은 것은?

① 건식 전기집진장치는 재비산 한계 내에서 기본유속을 정한다.
② 벤투리 스크러버와 제트 스크러버는 기본유속이 작을수록 집진율이 높다.
③ 중력집진장치와 여과집진장치는 기본유속이 작을수록 미세한 입자를 포집한다.
④ 원심력집진장치는 적정 한계 내에서는 입구유속이 빠를수록 효율은 높은 반면 압력손실은 높다.

해설 ② 벤투리 스크러버와 제트 스크러버는 기본유속이 클수록 집진율이 높다.

50. 평판형 전기집진장치의 집진판 사이의 간격이 10 cm, 가스의 유속은 3 m/s, 입자가 집진극으로 이동하는 속도가 4.8 cm/s일 때, 층류영역에서 입자를 완전히 제거하기 위한 이론적인 집진극의 길이(m)는?

① 1.34
② 2.14
③ 3.13
④ 4.29

해설 전기집진기의 이론적 길이(L)

$$L = \frac{RU}{w} = \frac{0.05 \times 3}{0.048} = 3.125 \, m$$

51. 먼지함유량이 A인 배출가스에서 C만큼 제거시키고 B만큼을 통과시키는 집진장치의 효율산출식과 가장 거리가 먼 것은?

① $\dfrac{C}{A}$
② $\dfrac{C}{(B+C)}$
③ $\dfrac{B}{A}$
④ $\dfrac{(A-B)}{A}$

해설 $A = B + C$

제거율 $= \dfrac{C}{A} = \dfrac{C}{B+C} = \dfrac{A-B}{A}$

52. 후드의 종류에 관한 설명으로 옳지 않은 것은?

① 일반적으로 포집형 후드는 다른 후드보다 작업자의 작업방해가 적고, 적용이 유리하다.
② 포위식 후드의 예로는 완전 포위식인 글러브 상자와 부분 포위식인 실험실 후드, 페인트 분무도장 후드가 있다.
③ 후드는 동작원리에 따라 크게 포위식과 외부식으로, 포위식은 다시 리시버형 또는 수형과 포집형 후드로 구분할 수 있다.
④ 포위식 후드는 적은 제어풍량으로 만족할 만한 효과를 기대할 수 있으나, 유입 공기량이 적어 충분한 후드 개구면 속도를 유지하지 못하면 오히려 외부로 오염물질이 배출될 우려가 있다.

해설 ③ 후드는 동작원리에 따라 크게 포위식과 외부식으로, 외부식은 다시 리시버형 또는 수형과 포집형 후드로 구분할 수 있다.

53. 적용 방법에 따른 충전탑(packed tower)과 단탑(plate tower)을 비교한 설명으로 가장 거리가 먼 것은?

① 포말성 흡수액일 경우 충전탑이 유리하다.
② 흡수액에 부유물이 포함되어 있을 경우 단탑을 사용하는 것이 더 효율적이다.
③ 온도 변화에 따른 팽창과 수축이 우려될 경우에는 충전제 손상이 예상되므로 단탑이 유리하다.
④ 운전 시 용매에 의해 발생하는 용해열을 제거해야 할 경우 냉각오일을 설치하기 쉬운 충전탑이 유리하다.

해설 ④ 운전 시 용매에 의해 발생하는 용해열을 제거해야 할 경우 유수식(가스분산형)인 단탑이 유리하다.

54. 반지름 250 mm, 유효높이 15 m인 원통형 백필터를 사용하여 농도 6 g/m³인 배출가스를 20 m³/s로 처리하고자 한다. 겉보기 여과속도를 1.2 cm/s로 할 때 필요한 백필터의 수는?

① 49 ② 62 ③ 65 ④ 71

해설 여과집진장치 – 여과포(백필터) 개수

$$N = \frac{Q}{\pi \times D \times L \times V_f}$$

$$= \frac{20 \, m^3/s}{\pi \times 0.5 \, m \times 15 \, m \times 0.012 \, m/s} = 70.73$$

∴ 백필터의 개수는 71개

더알아보기 핵심정리 1-51 (3)

55. 광학현미경을 이용하여 입자의 투영면적을 관찰하고 그 투영면적으로부터 먼지의 입경을 측정하는 방법 중 "입자의 투영면적 가장자리에 접하는 가장 긴 선의 길이"로 나타내는 입경(직경)은?

① 등면적 직경   ② Feret 직경
③ Martin 직경   ④ Heyhood 직경

해설 광학적 직경
② Feret경 : 입자의 끝과 끝을 연결한 선 중 최대인 선의 길이
①, ④ 투영면적경(등가경, Heyhood경) : 울퉁불퉁, 들쭉날쭉한 먼지의 면적과 동일한 면적을 가지는 원의 직경
③ Martin경 : 평면에 투영된 입자의 그림자 면적과 기준선이 평형하게 이등분하는 선의 길이(2개의 등면적으로 각 입자를 등분할 때 그 선의 길이)

56. 일반적인 활성탄 흡착탑에서의 화재방지에 관한 설명으로 가장 거리가 먼 것은?

① 접촉시간은 30초 이상, 선속도는 0.1 m/s 이하로 유지한다.
② 축열에 의한 발열을 피할 수 있도록 형상이 균일한 조립상 활성탄을 사용한다.
③ 사영역이 있으면 축열이 일어나므로 활성탄 층의 구조를 수직 또는 경사지게 하는 편이 좋다.
④ 운전 초기에는 흡착열이 발생하여 15~30분 후에는 점차 낮아지므로 물을 충분히 뿌려주어 30분 정도 공기를 공회전시킨 다음 정상 가동한다.

해설 흡착탑 운전 시 화재방지법
① 접촉시간을 2 s 이하로 한다. 즉 선속도를 0.2~0.4 m/s로 한다.

57. 전기집진장치로 함진가스를 처리할 때 입자의 겉보기 고유저항이 높을 경우의 대책으로 옳지 않은 것은?

① 아황산가스를 조절제로 투입한다.
② 처리가스의 습도를 높게 유지한다.
③ 탈진의 빈도를 늘리거나 타격강도를 높인다.
④ 암모니아를 조절제로 주입하고, 건식집진장치를 사용한다.

정답 53. ④ 54. ④ 55. ② 56. ① 57. ④

해설 전기비저항 이상 시 대책
- 전기비저항을 높일 때 : NH_3 주입, 가스유속 감소
- 전기비저항을 낮출 때 : 물(수증기), 무수황산(H_2SO_4), SO_3, 소다회(Na_2CO_3), NaCl, TEA 등 주입, 탈진빈도를 늘리거나 타격강도를 높임

더 알아보기 핵심정리 2-62 (3)

58. 중력집진장치에서 집진효율을 향상시키기 위한 조건으로 옳지 않은 것은?
① 침강실의 입구 폭을 작게 한다.
② 침강실 내의 가스흐름을 균일하게 한다.
③ 침강실 내의 처리가스의 유속을 느리게 한다.
④ 침강실의 높이는 낮게 하고, 길이는 길게 한다.

해설 ① 침강실의 입구 폭을 크게 하면, 집진효율이 증가한다.

더 알아보기 핵심정리 2-57 (2)

59. 배출가스 중 염화수소 제거에 관한 설명으로 옳지 않은 것은?
① 누벽탑, 충전탑, 스크러버 등에 의해 용이하게 제거 가능하다.
② 염화수소 농도가 높은 배기가스를 처리하는 데는 관외 냉각형, 염화수소 농도가 낮은 때에는 충전탑 사용이 권장된다.
③ 염화수소의 용해열이 크고 온도가 상승하면 염화수소의 분압이 상승하므로 완전 제거를 목적으로 할 경우에는 충분히 냉각할 필요가 있다.
④ 염산은 부식성이 있어 장치는 플라스틱, 유리라이닝, 고무라이닝, 폴리에틸렌 등을 사용해서는 안 되며 충전탑, 스크러버를 사용할 경우에는 mist catcher는 설치할 필요가 없다.

해설 ④ mist catcher이 없으면, 염산(HCl)이 발생해 부식되기 쉽다.

60. 습식탈황법의 특징에 대한 설명 중 옳지 않은 것은?
① 반응속도가 빨라 SO_2의 제거율이 높다.
② 처리한 가스의 온도가 낮아 재가열이 필요한 경우가 있다.
③ 장치의 부식 위험이 있고, 별도의 폐수처리시설이 필요하다.
④ 상업성 부산물의 회수가 용이하지 않고, 보수가 어려우며, 공정의 신뢰도가 낮다.

해설 ④ 상업성 부산물의 회수가 가능하고, 공정의 신뢰도가 높다.

제4과목 대기오염공정시험기준(방법)

61. 대기오염공정시험기준상 원자흡수분광광도법에서 분석시료의 측정조건 결정에 관한 설명으로 가장 거리가 먼 것은?
① 분석선 선택 시 감도가 가장 높은 스펙트럼선을 분석선으로 하는 것이 일반적이다.
② 양호한 SN비를 얻기 위하여 분광기의 슬릿 폭은 목적으로 하는 분석선을 분리할 수 있는 범위 내에서 되도록 넓게 한다(이웃의 스펙트럼선과 겹치지 않는 범위 내에서).
③ 불꽃 중에서의 시료의 원자밀도 분포와 원소 불꽃의 상태 등에 따라 다르므로 불꽃의 최적위치에서 빛이 투과하도록 버너의 위치를 조절한다.
④ 일반적으로 광원램프의 전류값이 낮으면 램프의 감도가 떨어지는 등 수명이 감소하므로 광원램프는 장치의 성능이 허락하는 범위 내에서 되도록 높은 전류값에서 동작시킨다.

정답 58. ① 59. ④ 60. ④ 61. ④

해설 ④ 일반적으로 광원램프의 전류값이 높으면 램프의 감도가 떨어지고 수명이 감소하므로 광원램프는 장치의 성능이 허락하는 범위 내에서 되도록 낮은 전류값에서 동작시킨다.

62. 환경대기 중 아황산가스를 파라로자닐린법으로 분석할 때 다음 간섭물질에 대한 제거방법으로 옳은 것은?

① NOx : 측정기간을 늦춘다.
② Cr : pH를 4.5 이하로 조절한다.
③ O_3 : 설퍼민산(NH_3SO_3)을 사용한다.
④ Mn, Fe : EDTA 및 인산을 사용한다.

해설 ① NOx : 설퍼민산(NH_3SO_3)을 사용한다.
③ O_3 : 측정기간을 늦춘다.
②, ④ 망간(Mn), 철(Fe) 및 크로뮴(Cr) : EDTA 및 인산은(silver phosphate)을 사용한다.

63. 굴뚝 배출가스 중 이산화황(아황산가스)의 연속 자동측정방법의 종류로 옳지 않은 것은?

① 불꽃광도법
② 광전도전위법
③ 자외선흡수법
④ 용액전도율법

해설 배출가스 중 이산화황 연속자동측정방법
- 용액전도율법
- 적외선흡수법
- 자외선흡수법
- 정전위전해법
- 불꽃광도법

더 알아보기 핵심정리 2-93

64. 어떤 굴뚝 배출가스의 유속을 피토관으로 측정하고자 한다. 동압 측정 시 확대율이 10배인 경사 마노미터를 사용하여 액주 55 mm를 얻었다. 동압은 약 몇 mmH_2O인가? (단, 경사 마노미터에는 비중 0.85의 톨루엔을 사용한다.)

① 4.7
② 5.5
③ 6.5
④ 7.0

해설 경사 마노미터의 동압 계산

동압 = 액체비중 × 액주(mm) × sin(경사각) × $\left(\dfrac{1}{확대율}\right)$

$= 0.85 \times 55 \times \dfrac{1}{10}$

$= 4.675\,mmH_2O$

더 알아보기 핵심정리 1-65

65. 굴뚝 배출가스 중 먼지농도를 반자동식 시료채취기에 의해 분석하는 경우 채취장치 구성에 관한 설명으로 옳지 않은 것은?

① 흡입노즐의 꼭짓점은 80° 이하의 예각이 되도록 하고 주위장치에 고정시킬 수 있도록 충분한 각(가급적 수직)이 확보되도록 한다.
② 흡입노즐의 안과 밖의 가스흐름이 흐트러지지 않도록 흡입노즐 안지름(d)은 3 mm 이상으로 하고, d는 정확히 측정하여 0.1 mm 단위까지 구하여 둔다.
③ 흡입관은 수분농축 방지를 위해 시료가스 온도를 120±14℃로 유지할 수 있는 가열기를 갖춘 보로실리케이트, 스테인리스강 재질 또는 석영 유리관을 사용한다.
④ 피토관은 피토관 계수가 정해진 L형 피토관(C : 1.0 전후) 또는 S형(웨스턴형 C : 0.84 전후) 피토관으로서 배출가스 유속의 계속적인 측정을 위해 흡입관에 부착하여 사용한다.

해설 ① 흡입노즐의 꼭짓점은 30° 이하의 예각이 되도록 한다.

정답 62. ④　63. ②　64. ①　65. ①

66. 대기오염공정시험기준상 비분산적외선 분광분석법의 용어 및 장치 구성에 관한 설명으로 옳지 않은 것은?

① 제로 드리프트(zero drift)는 측정기의 교정범위눈금에 대한 지시 값의 일정기간 내의 변동을 말한다.
② 비교가스는 시료 셀에서 적외선 흡수를 측정하는 경우 대조가스로 사용하는 것으로 적외선을 흡수하지 않는 가스를 말한다.
③ 광원은 원칙적으로 흑체발광으로 니크로뮴선 또는 탄화규소의 저항체에 전류를 흘려 가열한 것을 사용한다.
④ 시료셀은 시료가스가 흐르는 상태에서 양단의 창을 통해 시료광속이 통과하는 구조를 갖는다.

해설 비분산적외선분광분석법 – 용어
① 제로 드리프트 : 측정기의 최저눈금에 대한 지시 값의 일정기간 내의 변동

더 알아보기 핵심정리 2-81 (2)

67. 굴뚝 배출가스량이 125 Sm³/h이고, HCl 농도가 200 ppm일 때, 5,000 L 물에 2시간 흡수시켰다. 이때 이 수용액의 pOH는? (단, 흡수율은 60 %이다.)

① 8.5 ② 9.3
③ 10.4 ④ 13.3

해설 (1) 2시간 동안 흡수된 HCl(M)

$$\frac{2시간\ 동안\ 흡수된\ HCl(mol)}{용액의\ 부피(L)}$$

$$= \frac{\frac{125\,Sm^3}{hr} \times \frac{200\,mL}{Sm^3} \times 2\,hr \times \frac{1\,mol}{22.4\,L} \times \frac{1\,L}{1,000\,mL} \times 0.6}{5,000\,L}$$

$$= 2.6785 \times 10^{-4} M$$

(2) pOH
$HCl \rightarrow H^+ + Cl^-$
$[H^+] = 2.6785 \times 10^{-4} M$
$pH = -\log[H^+] = -\log(2.6785 \times 10^{-4})$
$\quad = 3.573$
$pOH = 14 - pH = 14 - 3.573 = 10.427$

68. 대기오염공정시험기준상 환경대기 중 가스상 물질의 시료 채취방법에 관한 설명으로 옳지 않은 것은?

① 용기채취법에서 용기는 일반적으로 수소 또는 헬륨 가스가 충진된 백(bag)을 사용한다.
② 용기채취법은 시료를 일단 일정한 용기에 채취한 다음 분석에 이용하는 방법으로 채취관 – 용기, 또는 채취관 – 유량조절기 – 흡입펌프 – 용기로 구성된다.
③ 직접채취법에서 채취관은 일반적으로 4불화에틸렌수지(teflon), 경질유리, 스테인리스강제 등으로 된 것을 사용한다.
④ 직접채취법에서 채취관의 길이는 5 m 이내로 되도록 짧은 것이 좋으며, 그 끝은 빗물이나 곤충 기타 이물질이 들어가지 않도록 되어 있는 구조이어야 한다.

해설 ① 용기채취법에서 용기는 일반적으로 진공병 또는 공기주머니(air bag)를 사용한다.

69. 대기오염공정시험기준상 화학분석 일반사항에 대한 규정 중 옳지 않은 것은?

① "약"이란 그 무게 또는 부피 등에 대하여 ±10 % 이상의 차가 있어서는 안 된다.
② 냉수는 15℃ 이하, 온수는 60~70℃, 열수는 약 100℃를 말한다.
③ 방울수라 함은 10℃에서 정제수 10방울을 떨어뜨릴 때 그 부피가 약 1 mL 되는 것을 뜻한다.
④ 밀봉용기라 함은 물질을 취급 또는 보관하는 동안에 기체 또는 미생물이 침입하지 않도록 내용물을 보호하는 용기를 뜻한다.

해설 ③ 방울수라 함은 20℃에서 정제수 20방울을 떨어뜨릴 때 그 부피가 약 1 mL 되는 것을 뜻한다.

정답 66. ① 67. ③ 68. ① 69. ③

70. 환경대기 중 석면농도를 측정하기 위해 위상차현미경을 사용한 계수방법에 관한 설명으로 ( ) 안에 알맞은 것은?

> 시료채취 측정시간은 주간시간대에(오전 8시~오후 7시) (㉠)으로 1시간 측정하고, 시료채취조작 시 유량계의 부자를 (㉡) 되게 조정한다.

① ㉠ 1 L/min, ㉡ 1 L/min
② ㉠ 1 L/min, ㉡ 10 L/min
③ ㉠ 10 L/min, ㉡ 1 L/min
④ ㉠ 10 L/min, ㉡ 10 L/min

해설 시료채취 측정시간은 주간시간대에(오전 8시~오후 7시) 10 L/min으로 1시간 측정하고, 시료채취조작 시 유량계의 부자를 10 L/min 되게 조정한다.

71. 대기오염공정시험기준상 일반화학분석에 대한 공통적인 사항으로 따로 규정이 없는 경우 사용해야 하는 시약의 규격으로 옳지 않은 것은?

	명칭	농도(%)	비중(약)
가	암모니아수	32.0~38.0 (NH₃로서)	1.38
나	플루오린화수소	46.0~48.0	1.14
다	브로민화수소	47.0~49.0	1.48
라	과염소산	60.0~62.0	1.54

① 가   ② 나
③ 다   ④ 라

해설 시약 및 표준용액 – 시약의 농도와 비중

	명칭	농도(%)	비중(약)
가	암모니아수	28.0~30.0 (NH₃로서)	0.9

(더 알아보기) 핵심정리 2-73

72. 고용량공기시료채취기를 이용하여 배출가스 중 비산먼지의 농도를 계산하려고 한다. 풍속이 0.5 m/s 미만 또는 10 m/s 이상 되는 시간이 전 채취시간의 50 % 이상일 때 풍속에 대한 보정계수는?

① 1.0
② 1.2
③ 1.4
④ 1.5

해설 비산먼지 – 고용량공기시료채취법 : 풍속에 대한 보정

풍속범위	보정계수
풍속이 0.5 m/s 미만 또는 10 m/s 이상 되는 시간이 전 채취시간의 50 % 미만일 때	1.0
풍속이 0.5 m/s 미만 또는 10 m/s 이상 되는 시간이 전 채취시간의 50 % 이상일 때	1.2

73. 대기오염공정시험기준상 고성능 이온크로마토그래피의 장치 중 써프렛서에 관한 설명으로 가장 거리가 먼 것은?

① 장치의 구성상 써프렛서 앞에 분리관이 위치한다.
② 용리액에 사용되는 전해질 성분을 제거하기 위한 것이다.
③ 관형 써프렛서에 사용하는 충전물은 스티롤계 강산형 및 강염기형 수지이다.
④ 목적성분의 전기전도도를 낮추어 이온성분을 고감도로 검출할 수 있게 해준다.

해설 써프렛서란 용리액에 사용되는 전해질 성분을 제거하기 위하여 분리관 뒤에 직렬로 접속시킨 것으로써 전해질을 물 또는 저전도도의 용매로 바꿔줌으로써 전기전도도 셀에서 목적이온 성분과 전기전도도만을 고감도로 검출할 수 있게 해주는 것이다.

정답 70. ④   71. ①   72. ②   73. ④

74. 굴뚝에서 배출되는 건조배출가스의 유량을 계산할 때 필요한 값으로 옳지 않은 것은? (단, 굴뚝의 단면은 원형이다.)
① 굴뚝 단면적
② 배출가스 평균온도
③ 배출가스 평균동압
④ 배출가스 중의 수분량

해설 건조배출가스의 유량을 계산할 때 필요한 값
- 굴뚝 단면적
- 배출가스 유속
- 배출가스 수분량
- 배출가스 평균온도
- 가스미터 흡입가스 온도
- 대기압
- 측정점에서의 정압
- 가스미터 흡입가스 게이지압

더 알아보기 핵심정리 1-61 (1)

75. 대기오염공정시험기준상 원자흡수분광광도법에서 사용하는 용어의 정의로 옳지 않은 것은?
① 선프로파일(line profile) : 파장에 대한 스펙트럼선의 강도를 나타내는 곡선
② 공명선(resonance line) : 목적하는 스펙트럼선에 가까운 파장을 갖는 다른 스펙트럼선
③ 예복합 버너(premix type burner) : 가연성 가스, 조연성 가스 및 시료를 분무실에서 혼합시켜 불꽃 중에 넣어주는 방식의 버너
④ 분무실(nebulizer-chamber) : 분무기와 함께 분무된 시료용액의 미립자를 더욱 미세하게 해주는 한편 큰 입자와 분리시키는 작용을 갖는 장치

해설 ② 공명선(resonance line) : 원자가 외부로부터 빛을 흡수했다가 다시 먼저 상태로 돌아갈 때 방사하는 스펙트럼선

참고 근접선(neighbouring line) : 목적하는 스펙트럼선에 가까운 파장을 갖는 다른 스펙트럼선

76. 배출가스 중 굴뚝 배출 시료채취방법 중 분석대상기체가 폼알데하이드일 때 채취관, 도관의 재질로 옳지 않은 것은?
① 석영
② 보통강철
③ 경질유리
④ 플루오로수지

해설 폼알데하이드 채취관의 재질 : 경질유리, 석영, 염화바이닐 수지

더 알아보기 핵심정리 2-75

77. 굴뚝의 배출가스 중 구리화합물을 원자흡수분광광도법으로 분석할 때의 적정 파장(nm)은?
① 213.8
② 228.8
③ 324.8
④ 357.9

해설 ① Zn, ② Cd, ④ Cr

원자흡수분광광도법의 측정파장

측정 금속	측정파장(nm)
Zn	213.8
Pb	217.0/283.3
Cd	228.8
Ni	232.0
Be	234.9
Fe	248.3
Cu	324.8
Cr	357.9

정답 74. ③ 75. ② 76. ② 77. ③

78. 굴뚝 배출가스 내의 산소측정방법 중 덤벨형(dumb-bell) 자기력 분석계에 관한 설명으로 옳지 않은 것은?

① 측정셀은 시료 유통실로서 자극사이에 배치하여 덤벨 및 불균형 자계발생 자극편을 내장한 것이어야 한다.
② 편위검출부는 덤벨의 편위를 검출하기 위한 것으로 광원부와 덤벨봉에 달린 거울에서 반사하는 빛을 받는 수광기로 된다.
③ 피드백코일은 편위량을 없애기 위하여 전류에 의하여 자기를 발생시키는 것으로 일반적으로 백금선이 이용된다.
④ 덤벨은 자기화율이 큰 유리 등으로 만들어진 중공의 구체를 막대 양 끝에 부착한 것으로 수소 또는 헬륨을 봉입한 것을 말한다.

[해설] ④ 덤벨은 자기화율이 작은 석영 등으로 만들어진 중공의 구체를 막대 양 끝에 부착한 것으로 질소 또는 공기를 봉입한 것을 말한다.

79. 굴뚝 내의 온도(θ_s)는 133℃이고, 정압(P_s)은 15 mmHg이며 대기압(P_a)은 745 mmHg이다. 이때 대기오염공정시험기준상 굴뚝 내의 배출가스 밀도(kg/m³)는? (단, 표준상태의 공기의 밀도(γ_o)는 1.3 kg/Sm³이고, 굴뚝 내 기체 성분은 대기와 같다.)

① 0.744 ② 0.874
③ 0.934 ④ 0.984

[해설] 배출가스 중 입자상 물질의 시료채취방법 – 배출가스 비중량(배출가스의 밀도를 구하는 방법)

$$\gamma = \gamma_o \times \frac{273}{273+\theta_s} \times \frac{P_a+P_s}{760}$$

$$= 1.3 \times \frac{273}{273+133} \times \frac{745+15}{760}$$

$$= 0.8741 \text{ kg/m}^3$$

여기서, γ : 굴뚝 내의 배출가스 밀도(kg/m³)
γ_o : 온도 0℃, 기압 760 mmHg로 환산한 습한 배출가스 밀도 (kg/Sm³)
P_a : 측정공 위치에서의 대기압 (mmHg)
P_s : 각 측정점에서 배출가스 정압의 평균치(mmHg)
θ_s : 각 측정점에서 배출가스 온도의 평균치(℃)

80. 다음 굴뚝 배출가스를 분석할 때 아연환원 나프틸에틸렌다이아민법이 시험방법인 물질로 옳은 것은?

① 페놀
② 브로민(브롬)화합물
③ 이황화탄소
④ 질소산화물

[해설] ① 페놀 : 기체크로마토그래피
② 브로민화합물 : 자외선/가시선 분광법
③ 이황화탄소 : 기체크로마토그래피
④ 질소산화물 : 자외선/가시선분광법 – 아연환원 나프틸에틸렌다이아민법

제5과목 대기환경관계법규

81. 환경정책기본법령상 환경부장관은 국가환경종합계획의 종합적·체계적 추진을 위해 몇 년마다 환경보전중기종합계획을 수립하여야 하는가?

① 1년   ② 2년
③ 3년   ④ 5년

[해설] [개정] 현행 법규에서 삭제된 법규이므로 이 문제는 풀지 않습니다.

정답 78. ④ 79. ② 80. ④ 81. ④

82. 대기환경보전법령상 배출시설 설치허가를 받은 자가 대통령령으로 정하는 중요한 사항의 특정대기유해물질 배출시설을 증설하고자 하는 경우 배출시설 변경허가를 받아야 하는 시설의 규모기준은? (단, 배출시설의 규모의 합계나 누계는 배출구별로 산정한다.)

① 배출시설 규모의 합계나 누계의 100분의 5 이상 증설
② 배출시설 규모의 합계나 누계의 100분의 20 이상 증설
③ 배출시설 규모의 합계나 누계의 100분의 30 이상 증설
④ 배출시설 규모의 합계나 누계의 100분의 50 이상 증설

해설 배출시설의 설치허가 및 신고 : 설치허가 또는 변경허가를 받거나 변경신고를 한 배출시설 규모의 합계나 누계의 100분의 50 이상(특정대기유해물질 배출시설의 경우에는 100분의 30 이상) 증설

83. 대기환경보전법령상 기후·생태계변화 유발물질과 가장 거리가 먼 것은?

① 이산화질소
② 메탄
③ 과불화탄소
④ 염화불화탄소

해설 기후·생태계 변화 유발물질 : 지구 온난화 등으로 생태계의 변화를 가져올 수 있는 기체상물질로서 온실가스와 환경부령으로 정하는 것
• 온실가스 : 이산화탄소, 메탄, 아산화질소, 수소불화탄소, 과불화탄소, 육불화황
• 환경부령으로 정하는 것 : 염화불화탄소(CFC), 수소염화불화탄소(HCFC)

84. 환경정책기본법령상 "벤젠"의 대기환경 기준($\mu g/m^3$)은? (단, 연간 평균치)

① 0.1 이하
② 0.15 이하
③ 0.5 이하
④ 5 이하

해설 환경정책기본법상 대기환경기준

측정시간	연간	24시간	8시간	1시간
SO_2(ppm)	0.02	0.05	–	0.15
NO_2(ppm)	0.03	0.06	–	0.10
O_3(ppm)	–	–	0.06	0.10
CO(ppm)	–	–	9	25
PM10 ($\mu g/m^3$)	50	100	–	–
PM2.5 ($\mu g/m^3$)	15	35	–	–
납(Pb) ($\mu g/m^3$)	0.5	–	–	–
벤젠 ($\mu g/m^3$)	5	–	–	–

85. 대기환경보전법령상 배출가스 관련부품을 장치별로 구분할 때 다음 중 배출가스 자기진단장치(On Board Diagnostics)에 해당하는 것은?

① EGR 제어용 서모밸브(EGR Control Thermo Valve)
② 연료계통 감시장치(Fuel System Monitor)
③ 정화조절밸브(Purge Control Valve)
④ 냉각수온센서(Water Temperature Sensor)

해설 배출가스 관련부품
① 배출가스 재순환장치(Exhaust Gas Recirculation : EGR)
③ 연료증발가스방지장치(Evaporative Emission Control System)
④ 연료공급장치(Fuel Metering System)

정답 82. ③ 83. ① 84. ④ 85. ②

86. 대기환경보전법령상 자동차연료형 첨가제의 종류가 아닌 것은?

① 세척제
② 청정분산제
③ 성능향상제
④ 유동성향상제

해설 자동차연료형 첨가제의 종류
1. 세척제
2. 청정분산제
3. 매연억제제
4. 다목적첨가제
5. 옥탄가향상제
6. 세탄가향상제
7. 유동성향상제
8. 윤활성향상제
9. 그 밖에 환경부장관이 배출가스를 줄이기 위하여 필요하다고 정하여 고시하는 것

87. 실내공기질 관리법령상 신축 공동주택의 실내공기질 권고기준으로 틀린 것은?

① 자일렌 : 600 $\mu g/m^3$ 이하
② 톨루엔 : 1000 $\mu g/m^3$ 이하
③ 스티렌 : 300 $\mu g/m^3$ 이하
④ 에틸벤젠 : 360 $\mu g/m^3$ 이하

해설 신축 공동주택의 실내공기질 권고기준
① 자일렌 : 700 $\mu g/m^3$ 이하

더 알아보기 핵심정리 2-105

88. 대기환경보전법령상 사업자가 환경기술인을 바꾸어 임명하려는 경우 그 사유가 발생한 날부터 며칠 이내에 임명하여야 하는가? (단, 기타의 경우는 고려하지 않는다.)

① 당일
② 3일 이내
③ 5일 이내
④ 7일 이내

해설 환경기술인의 자격기준 및 임명기간 : 환경기술인을 바꾸어 임명하는 경우에는 그 사유가 발생한 날부터 5일 이내. 다만, 환경기사 또는 환경산업기사 이상의 자격이 있는 자를 임명하여야 하는 사업장으로서 5일 이내에 채용할 수 없는 부득이한 사정이 있는 경우에는 30일의 범위에서 4종·5종사업장의 기준에 준하여 환경기술인을 임명할 수 있다.

89. 대기환경보전법령상 위임업무 보고사항 중 자동차 연료 및 첨가제의 제조·판매 또는 사용에 대한 규제현황에 대한 보고횟수 기준은?

① 연 1회
② 연 2회
③ 연 4회
④ 연 12회

해설 위임업무 보고사항
• 자동차 연료 및 첨가제의 제조·판매 또는 사용에 대한 규제현황 : 연 2회
• 자동차 연료 또는 첨가제의 제조기준 적합여부 검사현황 – 연료 : 연 4회 / 첨가제 : 연 2회

90. 대기환경관계법령상 자가측정 대상 및 방법에 관한 기준이다. ( ) 안에 알맞은 것은?

> 사업자가 자가측정 시 사용한 여과지 및 시료채취기록지의 보존기간은 「환경분야 시험·검사 등에 관한 법률」에 따른 환경오염공정시험기준에 따라 측정한 날부터 (   )(으)로 한다.

① 6개월
② 9개월
③ 1년
④ 2년

해설 기간 정리
• 악취방지법규상 악취검사기관의 준수사항 중 실험일지 및 검량선 기록지, 검사 결과 발송 대장, 정도관리 수행기록철 등의 보존기간 : 3년간
• 배출시설 및 방지시설 운영기록 보존기간 : 1년간
• 과태료의 가중된 부과기준 부과기간 : 최근 1년간 같은 위반행위에 적용
• 자가측정 시 사용한 여과지 및 시료채취기록지의 보존기간 : 측정한 날부터 6개월

정답 86. ③ 87. ① 88. ③ 89. ② 90. ①

91. 대기환경보전법령상 대기오염 경보의 발령 시 단계별 조치사항으로 틀린 것은?

① 주의보 → 주민의 실외활동 자제 요청
② 경보 → 주민의 실외활동 제한 요청
③ 경보 → 사업장의 연료사용량 감축 권고
④ 중대경보 → 주민의 실외활동 제한 요청

해설 ④ 중대경보→주민의 실외활동 금지 요청
경보단계별 조치사항
1. 주의보 발령 : 주민의 실외활동 및 자동차 사용의 자제 요청 등
2. 경보 발령 : 주민의 실외활동 제한 요청, 자동차 사용의 제한 및 사업장의 연료사용량 감축 권고 등
3. 중대경보 발령 : 주민의 실외활동 금지 요청, 자동차의 통행금지 및 사업장의 조업시간 단축명령 등

92. 대기환경보전법령상 용어의 뜻으로 틀린 것은?

① 대기오염물질 : 대기 중에 존재하는 물질 중 심사·평가 결과 대기오염의 원인으로 인정된 가스·입자상물질로서 환경부령으로 정하는 것을 말한다.
② 기후·생태계 변화유발물질 : 지구 온난화 등으로 생태계의 변화를 가져올 수 있는 기체상물질로서 온실가스와 환경부령으로 정하는 것을 말한다.
③ 매연 : 연소할 때에 생기는 유리 탄소가 주가 되는 미세한 입자상물질을 말한다.
④ 촉매제 : 자동차에서 배출되는 대기오염물질을 줄이기 위하여 자동차에 부착 또는 교체하는 장치로서 환경부령으로 정하는 저감효율에 적합한 장치를 말한다.

해설 ④ 촉매제 : 배출가스를 줄이는 효과를 높이기 위하여 배출가스저감장치에 사용되는 화학물질로서 환경부령으로 정하는 것을 말한다.

참고 배출가스저감장치 : 자동차에서 배출되는 대기오염물질을 줄이기 위하여 자동차에 부착 또는 교체하는 장치로서 환경부령으로 정하는 저감효율에 적합한 장치를 말한다.

93. 대기환경보전법령상 배출허용기준 준수 여부를 확인하기 위한 환경부령으로 정하는 대기오염도 검사기관에 해당하지 않는 것은?

① 환경기술인협회
② 한국환경공단
③ 특별자치도 보건환경연구원
④ 국립환경과학원

해설 대기오염도 검사기관
1. 국립환경과학원
2. 특별시·광역시·특별자치시·도·특별자치도의 보건환경연구원
3. 유역환경청, 지방환경청 또는 수도권대기환경청
4. 한국환경공단
5. 「국가표준기본법」에 따른 인정을 받은 시험·검사기관 중 환경부장관이 정하여 고시하는 기관

94. 대기환경보전법령상 측정기기의 부착·운영 등과 관련된 행정처분기준 중 사업자가 부착한 굴뚝 자동측정기기의 측정자료를 관제센터로 전송하지 아니한 경우 각 위반 차수별(1차~4차) 행정처분기준으로 옳은 것은?

① 경고 – 조치명령 – 조업정지 10일 – 조업정지 30일
② 조업정지 10일 – 조업정지 30일 – 경고 – 허가취소
③ 조업정지 10일 – 조업정지 30일 – 조치이행명령 – 사용중지
④ 개선명령 – 조업정지 30일 – 사용중지 – 허가취소

정답 91. ④ 92. ④ 93. ① 94. ①

해설 행정처분기준 : 측정기기의 부착·운영 등과 관련된 행정처분기준 중 "관제센터에 측정자료를 전송하지 아니한 경우"
- 1차 : 경고
- 2차 : 조치명령
- 3차 : 조업정지 10일
- 4차 : 조업정지 30일

95. 대기환경보전법령상 황함유기준에 부적합한 유류를 판매하여 그 해당 유류의 회수처리명령을 받은 자는 시·도지사 등에게 그 명령을 받은 날부터 며칠 이내에 이행완료보고서를 제출하여야 하는가?

① 5일 이내에 ② 7일 이내에
③ 10일 이내에 ④ 30일 이내에

해설 황함유기준에 부적합한 유류를 판매하여 그 해당 유류의 회수처리명령 또는 사용금지명령을 받은 자는 명령을 받은 날부터 5일 이내에 이행완료보고서를 시·도지사에게 제출하여야 한다.

96. 대기환경보전법령상 초과부과금 산정기준 중 오염물질과 그 오염물질 1 kg당 부과금액(원)의 연결로 모두 옳은 것은?

① 황산화물 – 500, 암모니아 – 1,400
② 먼지 – 6,000, 이황화탄소 – 2,300
③ 불소화합물 – 7,400, 시안화수소 – 7,300
④ 염소 – 7,400, 염화수소 – 1,600

해설 초과부과금 산정기준

오염물질	1 kg당 금액
염화수소	7,400원
시안화수소	7,300원
황화수소	6,000원
불소화물	2,300원
질소산화물	2,130원
이황화탄소	1,600원
암모니아	1,400원
먼지	770원
황산화물	500원

97. 환경정책기본법령상 미세먼지(PM-10)의 환경기준으로 옳은 것은? (단, 24시간 평균치)

① 100 $\mu g/m^3$ 이하 ② 50 $\mu g/m^3$ 이하
③ 35 $\mu g/m^3$ 이하 ④ 15 $\mu g/m^3$ 이하

해설 문제 84번 해설 참조

98. 다음은 대기환경보전법령상 대기오염물질배출시설 기준이다. ( ) 안에 알맞은 것은?

배출시설	대상 배출시설
폐수·폐기물 처리시설	• 시간당 처리능력이 (㉮) 세제곱미터 이상인 폐수·폐기물 증발시설 및 농축시설 • 용적이 (㉯) 세제곱미터 이상인 폐수·폐기물 건조시설 및 정제시설

① ㉮ 0.5, ㉯ 0.3 ② ㉮ 0.3, ㉯ 0.15
③ ㉮ 0.3, ㉯ 0.3 ④ ㉮ 0.5, ㉯ 0.15

해설 대기오염물질배출시설(2020년 1월 1일부터 적용) – 폐수·폐기물 처리시설
(가) 시간당 처리능력이 0.5세제곱미터 이상인 폐수·폐기물 증발시설 및 농축시설, 용적이 0.15세제곱미터 이상인 폐수·폐기물 건조시설 및 정제시설
(나) 연료사용량이 시간당 30킬로그램 이상이거나 동력이 15킬로와트 이상인 다음의 시설
 (1) 분쇄시설(멸균시설을 포함한다)
 (2) 파쇄시설
 (3) 용융시설
(다) 1일 처리능력이 100킬로그램 이상인 음식물류 폐기물 처리시설 중 연료사용량이 시간당 30킬로그램 이상이거나 동력이 15킬로와트 이상인 다음의 시설(「악취방지법」 제8조에 따른 악취배출시설로 설치 신고된 시설은 제외한다)
 (1) 분쇄 및 파쇄시설
 (2) 건조시설

정답 95. ① 96. ① 97. ① 98. ④

99. 대기환경보전법령상 수도권대기환경청장, 국립환경과학원장 또는 한국환경공단이 설치하는 대기오염 측정망의 종류에 해당하지 않는 것은?

① 대기오염물질의 국가배경농도와 장거리이동 현황을 파악하기 위한 국가배경농도측정망
② 대기오염물질의 지역배경농도를 측정하기 위한 교외대기측정망
③ 도시지역의 휘발성유기화합물 등의 농도를 측정하기 위한 광화학대기오염물질측정망
④ 대기 중의 중금속 농도를 측정하기 위한 대기중금속측정망

해설 ④ 시·도지사가 설치하는 대기오염 측정망이다.

정리 시·도지사가 설치하는 대기오염 측정망의 종류
1. 도시지역의 대기오염물질 농도를 측정하기 위한 도시대기측정망
2. 도로변의 대기오염물질 농도를 측정하기 위한 도로변대기측정망
3. 대기 중의 중금속 농도를 측정하기 위한 대기중금속측정망

정리 수도권대기환경청장, 국립환경과학원장 또는 한국환경공단이 설치하는 대기오염 측정망의 종류
1. 대기오염물질의 지역배경농도를 측정하기 위한 교외대기측정망
2. 대기오염물질의 국가배경농도와 장거리이동 현황을 파악하기 위한 국가배경농도측정망
3. 도시지역 또는 산업단지 인근지역의 특정대기유해물질(중금속을 제외한다)의 오염도를 측정하기 위한 유해대기물질측정망
4. 도시지역의 휘발성유기화합물 등의 농도를 측정하기 위한 광화학대기오염물질측정망
5. 산성 대기오염물질의 건성 및 습성 침착량을 측정하기 위한 산성강하물측정망
6. 기후·생태계 변화유발물질의 농도를 측정하기 위한 지구대기측정망
7. 장거리이동대기오염물질의 성분을 집중 측정하기 위한 대기오염집중측정망
8. 초미세먼지(PM-2.5)의 성분 및 농도를 측정하기 위한 미세먼지성분측정망

100. 악취방지법령상 지정악취물질에 해당하지 않는 것은?

① 염화수소
② 메틸에틸케톤
③ 프로피온산
④ 뷰틸아세테이트

해설 지정악취물질
1. 암모니아
2. 메틸메르캅탄
3. 황화수소
4. 다이메틸설파이드
5. 다이메틸다이설파이드
6. 트라이메틸아민
7. 아세트알데하이드
8. 스타이렌
9. 프로피온알데하이드
10. 뷰틸알데하이드
11. n-발레르알데하이드
12. i-발레르알데하이드
13. 톨루엔
14. 자일렌
15. 메틸에틸케톤
16. 메틸아이소뷰틸케톤
17. 뷰틸아세테이트
18. 프로피온산
19. n-뷰틸산
20. n-발레르산
21. i-발레르산
22. i-뷰틸알코올

정답 99. ④ 100. ①

대기환경기사

2020년 9월 26일 (제4회)

제1과목 　 대기오염개론

1. 대기환경보호를 위한 국제의정서와 설명의 연결이 옳지 않은 것은?

① 소피아 의정서 – CFC 감축의무
② 교토 의정서 – 온실가스 감축목표
③ 몬트리올 의정서 – 오존층 파괴물질의 생산 및 사용의 규제
④ 헬싱키 의정서 – 유황배출량 또는 국가 간 이동량 최저 30 % 삭감

[해설] ① 소피아 의정서 – 질소산화물(NOx) 저감
[더 알아보기] 핵심정리 2-21

2. 대기오염사건과 기온역전에 관한 설명으로 옳지 않은 것은?

① 로스앤젤레스 스모그사건은 광화학스모그의 오염형태를 가지며, 기상의 안정도는 침강역전 상태이다.
② 런던 스모그 사건은 주로 자동차 배출가스 중의 질소산화물과 반응성 탄화수소에 의한 것이다.
③ 침강역전은 고기압 중심부분에서 기층이 서서히 침강하면서 기온이 단열변화로 승온되어 발생하는 현상이다.
④ 복사역전은 지표에 접한 공기가 그보다 상공의 공기에 비하여 더 차가워져서 생기는 현상이다.

[해설] ② LA 스모그 사건은 주로 자동차 배출가스 중의 질소산화물과 반응성 탄화수소에 의한 것이다.
[더 알아보기] 핵심정리 2-16

3. 입자에 의한 산란에 관한 설명으로 옳지 않은 것은? (단, λ : 파장, D : 입자직경으로 한다.)

① 레일리산란은 D/λ가 10보다 클 때 나타나는 산란현상으로 산란광의 광도는 λ^4에 비례한다.
② 맑은 하늘이 푸르게 보이는 까닭은 태양광선의 공기에 의한 레일리산란 때문이다.
③ 레일리산란에 의해 가시광선 중에서는 청색광이 많이 산란되고, 적색광이 적게 산란된다.
④ 입자의 크기가 빛의 파장과 거의 같거나 큰 경우에 나타나는 산란을 미산란이라고 한다.

[해설] ① 레일리산란은 D/λ가 1/10보다 작을 때 나타나는 산란현상으로 산란광의 광도는 λ^4에 비례한다.

4. 다음 중 이산화탄소의 가장 큰 흡수원으로 옳은 것은?

① 토양　　② 동물
③ 해수　　④ 미생물

[해설] 이산화탄소 흡수량 순서
대기 > 해양 > 동토

5. 지표에 도달하는 일사량의 변화에 영향을 주는 요소와 가장 거리가 먼 것은?

① 계절
② 대기의 두께
③ 지표면의 상태
④ 태양의 입사각의 변화

[해설] 일사량의 영향인자
• 계절이 여름일 때
• 태양 고도가 높을수록
• 대기의 두께가 얇을수록
• 태양의 입사각이 직각일 때
→ 일사량이 증가함

[정답] 1. ①　2. ②　3. ①　4. ③　5. ③

6. 최대에너지의 파장과 흑체 표면의 절대온도는 반비례함을 나타내는 법칙은?

① 플랑크 법칙
② 알베도의 법칙
③ 비인의 변위법칙
④ 스테판-볼츠만의 법칙

해설 ① 플랑크 복사법칙 : 온도가 증가할수록 복사선의 파장이 짧아지도록 그 중심이 이동함
③ 비인(Wein)의 법칙 : 최대에너지 파장과 흑체 표면의 절대온도는 반비례
④ 스테판 볼츠만 법칙 : 복사에너지는 표면온도의 4승에 비례

더 알아보기 핵심정리 2-5 (3)

7. 다음 중 일반적으로 대도시의 산성강우 속에 가장 높은 농도로 존재할 것으로 예상되는 이온성분은? (단, 산성강우는 pH 5.6 이하로 본다.)

① K^+
② F^-
③ Na^+
④ SO_4^{2-}

해설 산성비 내에는 산성물질(SO_4^{2-}, NO_3^-, Cl^-)이 가장 많다.

8. 대기압력이 950 mb인 높이에서 공기의 온도가 −10℃일 때 온위(potential temperature)는?(단, $\theta = T\left(\dfrac{1,000}{P}\right)^{0.288}$를 이용한다.)

① 약 267 K
② 약 277 K
③ 약 287 K
④ 약 297 K

해설 온위

$\theta = T\left(\dfrac{1,000}{P}\right)^{0.288}$

$= \{273+(-10℃)\}\times\left(\dfrac{1,000}{950}\right)^{0.288}$

$= 266.9 K$

9. 광화학적 산화제와 2차 대기오염물질에 관한 설명으로 옳지 않은 것은?

① 오존은 산화력이 강하므로 눈을 자극하고, 폐수종과 폐충혈 등을 유발시킨다.
② PAN은 강산화제로 작용하며, 빛을 흡수하여 가시거리를 증가시키며, 고엽에 특히 피해가 큰 편이다.
③ 오존은 성숙한 잎에 피해가 크며, 섬유류의 퇴색작용과 직물의 셀룰로스를 손상시킨다.
④ 자외선이 강할 때, 빛의 지속시간이 긴 여름철에, 대기가 안정되었을 때 대기 중 광산화제의 농도가 높아진다.

해설 ② PAN은 강산화제로 작용하며, 빛을 분산시켜 가시거리를 단축시키며, 초엽에 특히 피해가 큰 편이다.

10. 다음 중 CFC-12의 올바른 화학식은?

① CF_3Br
② CF_3Cl
③ CF_2Cl_2
④ $CHFCl_2$

해설 CFC의 화학식
(1) CFC 번호 + 90
   12 + 90 = 102
• 백의 자리수 = 탄소(C) 수 = 1
• 십의 자리수 = 수소(H) 수 = 0
• 일의 자리수 = 불소(F) 수 = 2
(2) 염소의 개수
   탄소(C) 원자 1개는 4개의 결합선을 가지는데, 결합선의 빈 부분에 염소가 채워진다.
   따라서, 염소의 개수 = 4-2 = 2

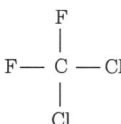

∴ CFC-12의 화학식 : CF_2Cl_2

정답 6. ③ 7. ④ 8. ① 9. ② 10. ③

11. Richardson수(R)에 관한 설명으로 옳지 않은 것은?

① R = 0은 대류에 의한 난류만 존재함을 나타낸다.
② 0.25 < R은 수직방향의 혼합이 거의 없음을 나타낸다.
③ Richardson수(R)가 큰 음의 값을 가지면 바람이 약하게 되어 강한 수직운동이 일어난다.
④ −0.03 < R < 0 기계적 난류와 대류가 존재하나 기계적 난류가 혼합을 주로 일으킴을 나타낸다.

[해설] ① R = 0은 기계적 난류만 존재한다.

[더 알아보기] 핵심정리 2-29 (5)

12. 온실효과에 관한 설명 중 가장 적합한 것은?

① 실제 온실에서의 보온작용과 같은 원리이다.
② 일산화탄소의 기여도가 가장 큰 것으로 알려져 있다.
③ 온실효과 가스가 증가하면 대류권에서 적외선 흡수량이 많아져서 온실효과가 증대된다.
④ 가스차단기, 소화기 등에 주로 사용되는 NO_2는 온실효과에 대한 기여도가 CH_4 다음으로 크다.

[해설] 온실효과
① 실제 온실의 보온작용과 대기의 온실효과는 원리가 다르다.
②, ④ 온실효과 기여도 : CO_2 > CFC > CH_4 > N_2O > H_2O

[정리] 대기 온실효과와 실제 온실의 보온효과 비교
(1) 대기 온실효과의 원인
 • 온실기체의 적외선 흡수
(2) 실제 온실의 보온효과 원인
 • 담요 효과(밀폐 효과) : 외부 공기와 온실 내부 공기 교환 차단 및 대류 억제

13. 라돈에 관한 설명으로 가장 거리가 먼 것은?

① 무색, 무취의 기체로 액화되어도 색을 띠지 않는 물질이다.
② 공기보다 9배 정도 무거워 지표에 가깝게 존재한다.
③ 주로 토양, 지하수, 건축자재 등을 통하여 인체에 영향을 미치고 있으며 흙 속에서 방사선 붕괴를 일으킨다.
④ 일반적으로 인체의 조혈기능 및 중추신경계통에 가장 큰 영향을 미치는 것으로 알려져 있으며, 화학적으로 반응성이 크다.

[해설] ④ 발암물질이고, 화학적으로 반응성이 작다.

14. 50 m의 높이가 되는 굴뚝 내의 배출가스 평균온도가 300℃, 대기온도가 20℃일 때 통풍력(mmH₂O)은? (단, 연소가스 및 공기의 비중을 1.3 kg/Sm³이라고 가정한다.)

① 약 15　　② 약 30
③ 약 45　　④ 약 60

[해설] 통풍력 계산

$$Z = 355 H \left(\frac{1}{273 + t_a} - \frac{1}{273 + t_g} \right)$$
$$= 355 \times 50 \left(\frac{1}{273 + 20} - \frac{1}{273 + 300} \right)$$
$$= 29.602 \, mmH_2O$$

[더 알아보기] 핵심정리 1-41 (2)

15. 다음 중 염소 또는 염화수소 배출 관련 업종으로 가장 거리가 먼 것은?

① 화학 공업　　② 소다 제조업
③ 시멘트 제조업　　④ 플라스틱 제조업

[해설] ③ 시멘트 제조업은 크롬의 배출원이다.

[정답] 11. ①　12. ③　13. ④　14. ②　15. ③

16. 온위(potential temperature)에 대한 설명으로 옳은 것은?

① 환경감률이 건조 단열감률과 같은 기층에서는 온위가 일정하다.
② 환경감률이 습윤 단열감률과 같은 기층에서는 온위가 일정하다.
③ 어떤 고도의 공기덩어리를 850 mb 고도까지 건조단열적으로 옮겼을 때의 온도이다.
④ 어떤 고도의 공기덩어리를 1000 mb 고도까지 습윤단열적으로 옮겼을 때의 온도이다.

해설 온위
①, ② 환경감률이 건조 단열감률과 같은 기층(중립)일 때 온위는 일정하다.
③, ④ 어떤 고도의 공기덩어리를 1,000 mb 고도까지 건조단열적으로 옮겼을 때의 온도이다.

17. 충분히 발달된 지표경계층에서 측정된 평균풍속 자료가 아래 표와 같은 경우 마찰속도(u^*)는?

고도(m)	풍속(m/s)
2	3.7
1	2.9

(단, $U = \dfrac{u^*}{k} \ln \dfrac{Z}{Z_0}$, Karman constant : 0.40)

① 0.12 m/s ② 0.46 m/s
③ 1.06 m/s ④ 2.12 m/s

해설 $U = \dfrac{u^*}{k} \ln \dfrac{Z}{Z_0}$

$U_2 - U_1 = \dfrac{u^*}{k} \ln \dfrac{Z_2}{Z_1}$

$3.7 - 2.9 = \dfrac{u^*}{0.40} \ln \left(\dfrac{2}{1}\right)$

∴ $u^* = 0.46 \, \text{m/s}$

18. 다음 중 대기층의 구조에 관한 설명으로 옳은 것은?

① 지상 80 km 이상을 열권이라고 한다.
② 오존층은 주로 지상 약 30~45 km에 위치한다.
③ 대기층의 수직 구조는 대기압에 따라 4개 층으로 나뉜다.
④ 일반적으로 지상에서부터 상층 10~12 km까지를 성층권이라고 한다.

해설 대기권의 구조
② 오존층은 주로 지상 약 20~30 km에 위치한다.
③ 대기층의 수직 구조는 온도경사에 따라 4개 층으로 나뉜다.
④ 일반적으로 지상에서부터 상층 12~50 km까지를 성층권이라고 한다.

19. 건물에 사용되는 대리석, 시멘트 등을 부식시켜 재산상의 손실을 발생시키는 산성비에 가장 큰 영향을 미치는 물질로 옳은 것은?

① O_3 ② N_2
③ SO_2 ④ TSP

해설 산성비 기여도는 SO_x가 가장 크다.

20. 광화학옥시던트 중 PAN에 관한 설명으로 옳은 것은?

① 분자식은 $CH_3COOONO_2$이다.
② PBzN보다 100배 정도 강하게 눈을 자극한다.
③ 눈에는 자극이 없으나 호흡기 점막에는 강한 자극을 준다.
④ 푸른색, 계란 썩는 냄새를 갖는 기체로서 대기 중에서 강산화제로 작용한다.

해설 ② PBzN이 PAN보다 100배 정도 강하게 눈을 자극한다.
③ 눈과 호흡기 점막에는 강한 자극을 준다.
④ 무색, 무취

제2과목　연소공학

21. 아래의 조성을 가진 혼합기체의 하한 연소범위(%)는?

성분	조성(%)	하한 연소범위(%)
메탄	80	5.0
에탄	15	3.0
프로판	4	2.1
부탄	1	1.5

① 3.46　② 4.24
③ 4.55　④ 5.05

해설 르샤틀리에의 폭발범위

$$L(\%) = \frac{100}{\frac{V_1}{L_1}+\frac{V_2}{L_2}+\cdots+\frac{V_n}{L_n}}$$

$$L_{하한} = \frac{100}{\frac{80}{5.0}+\frac{15}{3.0}+\frac{4}{2.1}+\frac{1}{1.5}} = 4.24\%$$

22. C : 78(중량 %), H : 18(중량 %), S : 4(중량 %)인 중유의 $(CO_2)_{max}$는? (단, 표준상태, 건조가스 기준으로 한다.)

① 약 13.4 %
② 약 14.8 %
③ 약 17.6 %
④ 약 20.6 %

해설 (1) $A_o = \dfrac{O_o}{0.21}$

$$= \frac{(1.867\times0.78+5.6\times0.18+0.7\times0.04)}{0.21}$$

$$= 11.8679 \, Sm^3/kg$$

(2) $G_{od} = (1-0.21)A_o + CO_2 + SO_2$

$$= (1-0.21)\times11.8679$$
$$+ \frac{22.4}{12}\times0.78 + \frac{22.4}{32}\times0.04$$
$$= 10.8596 \, Sm^3/kg$$

(3) $(CO_2)_{max} = \dfrac{CO_2}{G_{od}}\times100\%$

$$= \frac{\frac{22.4}{12}\times0.78}{10.8596}\times100\%$$

$$= 13.40\%$$

23. 연료 연소 시 매연이 잘 생기는 순서로 옳은 것은?

① 타르 > 중유 > 경유 > LPG
② 타르 > 경유 > 중유 > LPG
③ 중유 > 타르 > 경유 > LPG
④ 경유 > 타르 > 중유 > LPG

해설 검댕의 발생빈도 순서 : 타르 > 고휘발분 역청탄 > 중유 > 저휘발분 역청탄 > 아탄 > 코크스 > 경유 > 등유 > 석탄 가스 > 제조가스 > 액화석유가스(LPG) > 천연가스

24. 다음 중 NOx 발생을 억제하기 위한 방법으로 가장 거리가 먼 것은?

① 연료대체
② 2단 연소
③ 배출가스 재순환
④ 버너 및 연소실의 구조 개량

해설 연소조절에 의한 NOx의 저감방법
- 저온 연소
- 저산소 연소
- 저질소 성분 연료 우선 연소
- 2단 연소
- 최고 화염온도를 낮추는 방법
- 배기가스 재순환
- 버너 및 연소실의 구조 개선
- 수증기 및 물 분사 방법

정답 21. ②　22. ①　23. ①　24. ①

25. 액체연료의 연소장치에 관한 설명 중 옳은 것은?
① 건타입(gun type) 버너는 유압식과 공기분무식을 혼합한 것으로 유압이 30 kg/cm² 이상으로 대형 연소장치이다.
② 저압기류 분무식 버너의 분무각도는 30~60° 정도이고, 분무에 필요한 공기량은 이론연소 공기량의 30~50 % 정도이다.
③ 고압기류 분무식 버너의 분무각도는 70°이고, 유량조절비가 1 : 3 정도로 부하변동 적응이 어렵다.
④ 회전식 버너는 유압식 버너에 비해 연료유의 입경이 작으며, 직결식은 분무컵의 회전수가 전동기의 회전수보다 빠른 방식이다.

해설 ① 건타입(gun type) 버너는 유압이 7 kg/cm² 이상이다.
③ 고압기류 분무식 버너의 분무각도는 20~30°이고, 유량조절비가 1 : 10 정도로 부하변동 적응이 쉽다.
④ 회전식 버너는 유압식 버너에 비해 연료유의 입경이 크다.

더 알아보기 핵심정리 2-50

26. 액화석유가스(LPG)에 대한 설명으로 옳지 않은 것은?
① 유황분이 적고 유독성분이 거의 없다.
② 천연가스에서 회수되기도 하지만 대부분은 석유정제 시 부산물로 얻어진다.
③ 비중이 공기보다 가벼워 누출될 경우 인화 폭발 위험성이 크다.
④ 사용에 편리한 기체연료의 특징과 수송 및 저장에 편리한 액체연료의 특징을 겸비하고 있다.

해설 ③ LPG는 공기보다 비중이 커서, 바닥에 가라앉으므로 누출될 경우 인화 폭발 위험성이 크다.

27. 다음 중 화학적 반응이 항상 자발적으로 일어나는 경우는? (단, $\Delta G°$는 Gibbs 자유에너지 변화량, $\Delta S°$는 엔트로피 변화량, ΔH는 엔탈피 변화량이다.)
① $\Delta G° < 0$ ② $\Delta G° > 0$
③ $\Delta S° < 0$ ④ $\Delta H < 0$

해설 반응의 자발성
$\Delta G < 0$이면, 항상 자발적
$\Delta G = 0$이면, 가역과정(평형상태)
$\Delta G > 0$이면, 항상 비자발적

28. 다음 중 석탄의 탄화도 증가에 따라 감소하는 것은?
① 비열   ② 발열량
③ 고정탄소   ④ 착화온도

해설 석탄의 탄화도
탄화도 높을수록
• 고정탄소, 연료비, 착화온도, 발열량, 비중 증가함
• 수분, 이산화탄소, 휘발분, 비열, 매연 발생, 산소함량, 연소속도 감소함

29. 액체연료가 미립화되는 데 영향을 미치는 요인으로 가장 거리가 먼 것은?
① 분사압력   ② 분사속도
③ 연료의 점도   ④ 연료의 발열량

해설 • 분사압력 클수록
• 분사속도 클수록
• 연료 점도 작을수록
→ 연료 입자가 작아짐

30. 저위발열량이 4,900 kcal/Sm³인 가스연료의 이론연소온도(℃)는? (단, 이론연소가스량 : 10 Sm³/Sm³, 기준온도 : 15℃, 연료연소가스의 평균정압비열 : 0.35 kcal/Sm³·℃, 공기는 예열되지 않으며, 연소가스는 해리되지 않는 것으로 한다.)
① 1,015 ② 1,215 ③ 1,415 ④ 1,615

정답 25. ② 26. ③ 27. ① 28. ① 29. ④ 30. ③

해설 기체연료의 이론연소온도

$$t_o = \frac{H_l}{G \times C_p} + t$$

$$= \frac{4,900 \, kcal/Sm^3}{10 \, Sm^3/Sm^3 \times 0.35 \, kcal/Sm^3 \cdot ℃} + 15℃$$

$$= 1,415℃$$

31. 어떤 화학반응 과정에서 반응물질이 25 % 분해하는 데 41.3분 걸린다는 것을 알았다. 이 반응이 1차라고 가정할 때, 속도상수 k(s^{-1})는?

① 1.022×10^{-4} ② 1.161×10^{-4}
③ 1.232×10^{-4} ④ 1.437×10^{-4}

해설 1차 반응식

$$\ln\left(\frac{C}{C_o}\right) = -k \times t$$

$$\ln\left(\frac{75}{100}\right) = -k \times 41.3 \, min \times \frac{60 \, s}{1 \, min}$$

∴ $k = 1.1609 \times 10^{-4} / s$

32. 중유의 원소조성은 C : 88 %, H : 12 %이다. 이 중유를 완전연소시킨 결과, 중유 1 kg당 건조 배기가스량이 15.8 Sm^3이었다면, 건조 배기가스 중의 CO_2의 농도(%)는?

① 10.4 ② 13.1
③ 16.8 ④ 19.5

해설 실제 건가스(G_d, Sm^3/kg) 중 CO_2[%]

$$\frac{CO_2}{G_d} \times 100\% = \frac{1.867 \times 0.88}{15.8} \times 100\%$$

$$= 10.39\%$$

33. 중유에 관한 설명과 거리가 먼 것은?
① 점도가 낮을수록 유동점이 낮아진다.
② 잔류탄소의 함량이 많아지면 점도가 높게 된다.
③ 점도가 낮은 것이 사용상 유리하고, 용적당 발열량이 적은 편이다.
④ 인화점이 높은 경우 역화의 위험이 있으며, 보통 그 예열온도보다 약 2℃ 정도 높은 것을 쓴다.

해설 ④ 점도가 높을수록 인화점이 높아지고, 폭발 위험(역화 위험)이 감소한다.

34. 중유를 시간당 1,000 kg씩 연소시키는 배출시설이 있다. 연돌의 단면적이 3 m^2일 때 배출가스의 유속(m/s)은? (단, 이 중유의 표준상태에서의 원소 조성 및 배출가스의 분석치는 아래와 같고, 배출가스의 온도는 270℃이다.)

[중유의 조성]
C : 86.0 %, H : 13.0 %, 황분 : 1.0 %

[배출가스의 분석결과]
$CO_2 + SO_2$: 13.0 %, O_2 : 2.0 %, CO : 0.1 %

① 약 2.4 ② 약 3.2
③ 약 3.6 ④ 약 4.4

해설 (1) 공기비(m)

$$m = \frac{N_2}{N_2 - 3.76(O_2 - 0.5CO)}$$

$$= \frac{84.9}{84.9 - 3.76(2 - 0.5 \times 0.1)} = 1.0945$$

(2) 습가스량(G_w)

• $A_o = \frac{O_o}{0.21}$

$$= \frac{1.867C + 5.6\left(H - \frac{O}{8}\right) + 0.7S}{0.21}$$

$$= \frac{1.867 \times 0.86 + 5.6 \times 0.13 + 0.7 \times 0.01}{0.21}$$

$$= 11.1458 \, Sm^3/kg$$

• G_w

$G_w = mA_o + 5.6H + 0.7O + 0.8N + 1.244W$

$= 1.0945 \times 11.1458 + 5.6 \times 0.13$

$= 12.9270 \, Sm^3/kg$

정답 31. ② 32. ① 33. ④ 34. ①

• 270℃일 때 G_w

$$G_w = \frac{12.9270\,Sm^3}{kg} \times \frac{273+270}{273+0}$$
$$= 25.7119\,m^3/kg$$

(3) 유속

$$V = \frac{Q}{A}$$
$$= \frac{G_w(m^3/kg) \times 1{,}000\,kg/hr}{A(m^2)} \times \frac{1\,hr}{3{,}600\,s}$$
$$= \frac{25.7119\,m^3/kg \times 1{,}000\,kg/hr}{3\,m^2}$$
$$\times \frac{1\,hr}{3{,}600\,s} = 2.38\,m/s$$

35. 메탄올 2.0 kg을 완전 연소하는 데 필요한 이론공기량(Sm^3)은?
① 2.5　　② 5.0
③ 7.5　　④ 10.0

해설 이론공기량(A_o)
(1) 이론산소량(O_o)
　$CH_3OH + 1.5O_2 \rightarrow CO_2 + 2H_2O$
　$32\,kg : 1.5 \times 22.4\,Sm^3$
　$2\,kg : O_o[Sm^3]$
　∴ $O_o = 2.1\,Sm^3$
(2) 이론공기량(A_o)
$$A_o = \frac{O_o}{0.21} = \frac{2.1\,Sm^3}{0.21} = 10\,Sm^3$$

36. 연료의 종류에 따른 연소 특성으로 옳지 않은 것은?
① 기체연료는 부하의 변동범위(turn down ratio)가 좁고 연소의 조절이 용이하지 않다.
② 기체연료는 저발열량의 것으로 고온을 얻을 수 있고, 전열효율을 높일 수 있다.
③ 액체연료의 경우 회분은 아주 적지만, 재 속의 금속산화물이 장해원인이 될 수 있다.
④ 액체연료는 화재, 역화 등의 위험이 크며, 연소온도가 높아 국부적인 과열을 일으키기 쉽다.

해설 ① 기체연료는 부하의 변동범위(turn down ratio)가 넓고 연소의 조절이 용이하다.

37. 다음 각종 가스의 완전연소 시 단위부피당 이론공기량(Sm^3/Sm^3)이 가장 큰 것은?
① ethylene
② methane
③ acetylene
④ propylene

해설 ① C_2H_4, ② CH_4, ③ C_2H_2, ④ C_3H_6
연료의 탄소(C)나 수소(H)의 수가 많을수록 이론공기량이 증가한다.

38. 옥탄가(octane number)에 관한 설명으로 옳지 않은 것은?
① n-paraffine에서는 탄소수가 증가할수록 옥탄가가 저하하여 C_7에서 옥탄가는 0이다.
② iso-paraffine에서는 methyl측쇄가 많을수록, 특히 중앙부에 집중할수록 옥탄가는 증가한다.
③ 방향족 탄화수소의 경우 벤젠고리의 측쇄가 C_3까지는 옥탄가가 증가하지만 그 이상이면 감소한다.
④ iso-octane과 n-octane, neo-octane의 혼합표준연료의 노킹 정도와 비교하여 공급가솔린과 동등한 노킹 정도를 나타내는 혼합표준연료 중의 iso-octane(%)를 말한다.

해설 ④ 옥탄가는 가장 노킹이 발생하기 쉬운 헵탄(heptane)의 옥탄가를 0으로 하고, 노킹이 발생하기 어려운 이소옥탄(iso-octane)의 옥탄가를 100으로 하여 결정된다.

정답 35. ④　36. ①　37. ④　38. ④

39. 다음 각종 연료성분의 완전연소 시 단위체적당 고위발열량(kcal/Sm³)의 크기 순서로 옳은 것은?

① 일산화탄소 > 메탄 > 프로판 > 부탄
② 메탄 > 일산화탄소 > 프로판 > 부탄
③ 프로판 > 부탄 > 메탄 > 일산화탄소
④ 부탄 > 프로판 > 메탄 > 일산화탄소

해설 고위발열량
- 대체로 분자식의 탄소(C)나 수소(H)의 수가 많을수록 연료의 (고위)발열량(kcal/Sm³)은 증가한다.
- 부탄(C_4H_{10}) > 프로판(C_3H_8) > 메탄(CH_4) > 일산화탄소(CO)

40. A석탄을 사용하여 가열로의 배출가스를 분석한 결과 CO_2 14.5 %, O_2 6 %, N_2 79 %, CO 0.5 %이었다. 이 경우의 공기비는?

① 1.18　② 1.38　③ 1.58　④ 1.78

해설 공기비(m) = $\dfrac{N_2}{N_2 - 3.76(O_2 - 0.5\,CO)}$
= $\dfrac{79}{79 - 3.76 \times (6 - 0.5 \times 0.5)}$
= 1.376

제3과목　대기오염방지기술

41. 가로 a, 세로 b인 직사각형의 유로에 유체가 흐를 경우 상당직경(equivalent diameter)을 산출하는 간이식은?

① $\sqrt{ab}$　② $2ab$
③ $\sqrt{\dfrac{2(a+b)}{ab}}$　④ $\dfrac{2ab}{a+b}$

해설 상당직경 = $\dfrac{2ab}{a+b}$

42. 중력 집진장치의 효율을 향상시키는 조건에 대한 설명으로 옳지 않은 것은?

① 침강실 내의 배기가스 기류는 균일하여야 한다.
② 침강실의 침전높이가 작을수록 집진율이 높아진다.
③ 침강실의 길이를 길게 하면 집진율이 높아진다.
④ 침강실 내 처리가스 속도가 클수록 미세한 분진을 포집할 수 있다.

해설 ④ 침강실 내 처리가스 속도가 작을수록 처리효율이 높고, 미세한 분진을 포집할 수 있다.

43. 다음 [보기]가 설명하는 축류 송풍기의 유형으로 옳은 것은?

[보기]
축류형 중 가장 효율이 높으며, 일반적으로 직선류 및 아담한 공간이 요구되는 HVAC 설비에 응용된다. 공기의 분포가 양호하여 많은 산업장에서 응용되고 있다. 효율과 압력상승 효과를 얻기 위해 직선형 고정날개를 사용하나, 날개의 모양과 간격은 변형되기도 한다.

① 원통 축류형 송풍기
② 방사 경사형 송풍기
③ 고정날개 축류형 송풍기
④ 공기회전자 축류형 송풍기

해설 고정날개 축류형(베인형)
- 적은 공간 소요
- 축류형 중 가장 효율 높음
- 공기분포 양호

44. 벤투리 스크러버의 액가스비를 크게 하는 요인으로 옳지 않은 것은?

① 먼지의 입경이 작을 때
② 먼지 입자의 친수성이 클 때
③ 먼지 입자의 점착성이 클 때
④ 처리가스의 온도가 높을 때

정답　39. ④　40. ②　41. ④　42. ④　43. ③　44. ②

해설 액가스비를 증가시켜야 하는 경우
- 먼지 입자의 소수성이 클 때
- 먼지의 입경이 작을 때
- 먼지 입자의 점착성이 클 때
- 처리가스의 온도가 높을 때

45. 습식전기집진장치의 특징에 관한 설명 중 틀린 것은?
① 집진면이 청결하여 높은 전계 강도를 얻을 수 있다.
② 고저항의 먼지로 인한 역전리 현상이 일어나기 쉽다.
③ 건식에 비하여 가스의 처리속도를 2배 정도 크게 할 수 있다.
④ 작은 전기저항에 의해 생기는 먼지의 재비산을 방지할 수 있다.

해설 ② 습식은 역전리 현상이나 재비산이 일어나기 어렵다.

46. 면적 1.5 m²인 여과집진장치로 먼지농도가 1.5 g/m³인 배기가스가 100 m³/min으로 통과하고 있다. 먼지가 모두 여과포에서 제거되었으며, 집진된 먼지층의 밀도가 1 g/cm³라면 1시간 후 여과된 먼지층의 두께(mm)는?
① 1.5 ② 3
③ 6   ④ 15

해설 (1) 속도
$$V = \frac{Q}{A} = \frac{100\,\text{m}^3/\text{min}}{1.5\,\text{m}^2} = 66.6667\,\text{m/min}$$

(2) 먼지부하(L_d)
$$L_d = C_i \times V_f \times t \times \eta$$
$$= \frac{1.5\,\text{g}}{\text{m}^3} \times \frac{66.6667\,\text{m}}{\text{min}} \times 60\,\text{min} \times 1$$
$$= 6{,}000\,\text{g/m}^2 = 6\,\text{kg/m}^2$$

(3) 먼지층의 밀도(ρ)
$$\rho = \frac{1\,\text{g}}{\text{cm}^3} \times \frac{1\,\text{kg}}{10^3\,\text{g}} \times \left(\frac{100\,\text{cm}}{1\,\text{m}}\right)^3$$
$$= 1{,}000\,\text{kg/m}^3$$

(4) 먼지층의 두께(mm)
$$\frac{L_d}{\rho} = \frac{6\,\text{kg/m}^2}{1{,}000\,\text{kg/m}^3} = 0.006\,\text{m} = 6\,\text{mm}$$

47. 배연탈황기술과 가장 거리가 먼 것은?
① 암모니아법
② 석회석 주입법
③ 수소화 탈황법
④ 활성산화 망간법

해설 ③ 접촉 수소화 탈황법은 중유탈황법이다.

48. 입자상 물질에 관한 설명으로 가장 거리가 먼 것은?
① 직경 d인 구형입자의 비표면적(단위체적당 표면적)은 d/6이다.
② cascade impactor는 관성충돌을 이용하여 입경을 간접적으로 측정하는 방법이다.
③ 공기동력학경은 stokes경과 달리 입자밀도를 1g/cm³으로 가정함으로써 보다 쉽게 입경을 나타낼 수 있다.
④ 비구형입자에서 입자의 밀도가 1보다 클 경우 공기동력학경은 stokes경에 비해 항상 크다고 볼 수 있다.

해설 ① 직경 d인 구형입자의 비표면적(단위체적당 표면적)은 6/d이다.

49. 황함유량 2.5%인 중유를 30 ton/h로 연소하는 보일러에서 배기가스를 NaOH 수용액으로 처리한 후 황성분을 전량 Na_2SO_3로 회수할 경우, 이때 필요한 NaOH의 이론량(kg/h)은? (단, 황성분은 전량 SO_2로 전환된다.)
① 1,750
② 1,875
③ 1,935
④ 2,015

정답 45. ② 46. ③ 47. ③ 48. ① 49. ②

해설 $S + O_2 \rightarrow SO_2 + 2NaOH \rightarrow Na_2SO_3 + H_2O$

S : 2NaOH
32 kg : 2×40 kg

$\dfrac{2.5}{100} \times 30{,}000\,\text{kg/h}$: NaOH[kg/h]

$\therefore \text{NaOH} = \dfrac{2.5}{100} \times 30{,}000\,\text{kg/h} \times \dfrac{2\times40}{32}$
$= 1{,}875\,\text{kg/h}$

50. 배출가스의 온도를 냉각시키는 방법 중 열교환법의 특성으로 가장 거리가 먼 것은?

① 운전비 및 유지비가 높다.
② 열에너지를 회수할 수 있다.
③ 최종 공기부피가 공기희석법, 살수법에 비해 매우 크다.
④ 온도감소로 인해 상대습도는 증가하지만 가스 중 수분량에는 거의 변화가 없다.

해설 ③ 최종 공기부피가 공기희석법, 살수법에 비해 작다.

정리 열교환법의 특성
- 최종 공기부피가 공기희석법, 살수법에 비해 작다.
- 온도감소로 인해 상대습도는 증가하지만 가스 중 수분량에는 거의 변화가 없다.
- 열에너지를 회수할 수 있다.
- 운전비 및 유지비가 높다.

51. 다음 유해가스 처리에 관한 설명 중 가장 거리가 먼 것은?

① 시안화수소는 물에 대한 용해도가 매우 크므로 가스를 물로 세정하여 처리한다.
② 염화인(PCl_3)은 물에 대한 용해도가 낮아 암모니아를 불어넣어 병류식 충전탑에서 흡수 처리한다.
③ 아크롤레인은 그대로 흡수가 불가능하며 NaClO 등의 산화제를 혼입한 가성소다 용액으로 흡수 제거한다.
④ 이산화셀렌은 코트렐집진기로 포집, 결정으로 석출, 물에 잘 용해되는 성질을 이용해 스크러버에 의해 세정하는 방법 등이 이용된다.

해설 ② 염화인(PCl_3)은 물에 잘 녹아 물에 흡수시켜 제거한다.

52. 여과 집진장치에 관한 설명으로 옳지 않은 것은?

① 폭발성, 점착성 및 흡습성 분진의 제거에 효과적이다.
② 탈진방식 중 간헐식은 여포의 수명이 연속식에 비해 길다.
③ 탈진방식 중 간헐식은 진동형, 역기류형, 역기류진동형으로 분류할 수 있다.
④ 여과재는 내열성이 약하므로 고온가스 냉각 시 산노점(dew point) 이상으로 유지해야 한다.

해설 ① 폭발성, 점착성 및 흡습성 분진은 세정집진이 효과적이다.

53. 다음 발생 먼지 종류 중 일반적으로 S/Sb가 가장 큰 것은? (단, S는 진비중, Sb는 겉보기 비중이다.)

① 카본블랙   ② 시멘트킬른
③ 미분탄보일러   ④ 골재드라이어

해설 카본블랙이 가장 입경이 작으므로, S/Sb가 가장 크다.
① 카본블랙의 S/Sb : 76
② 시멘트킬른의 S/Sb : 5.0
③ 미분탄보일러의 S/Sb : 4.0
④ 골재드라이어의 S/Sb : 2.7

54. 집진장치의 압력손실이 400 mmH₂O, 처리가스량이 30,000 m³/h이고, 송풍기의 전압효율은 70 %, 여유율이 1.2일 때 송풍기의 축동력(kW)은? (단, 1 kW = 102 kgf·m/s이다.)

① 36   ② 56
③ 80   ④ 95

정답 50. ③ 51. ② 52. ① 53. ① 54. ②

해설 송풍기의 소요동력

$$P = \frac{Q \times \Delta P \times \alpha}{102 \times \eta}$$

$$= \frac{\left(\frac{30,000\,\mathrm{m}^3}{\mathrm{hr}} \times \frac{1\,\mathrm{hr}}{3,600\,\mathrm{sec}}\right) \times 400 \times 1.2}{102 \times 0.7}$$

$$= 56.02\,\mathrm{kW}$$

여기서, P : 소요동력(kW)
Q : 처리가스량(m^3/s)
ΔP : 압력(mmH$_2$O)
α : 여유율(안전율)
η : 효율

해설 송풍기의 소요동력

$$P = \frac{Q \times \Delta P \times \alpha}{102 \times \eta}$$

$$= \frac{\left(\frac{30,000\,\mathrm{m}^3}{\mathrm{hr}} \times \frac{1\,\mathrm{hr}}{3,600\,\mathrm{s}}\right) \times 250 \times 1.25}{102 \times 0.8}$$

$$= 31.91\,\mathrm{kW}$$

여기서, P : 소요동력(kW)
Q : 처리가스량(m^3/s)
ΔP : 압력(mmH$_2$O)
α : 여유율(안전율)
η : 효율

55. 흡착과정에 대한 설명으로 옳지 않은 것은?
① 파과곡선의 형태는 흡착탑의 경우에 따라서 비교적 기울기가 큰 것이 바람직하다.
② 포화점에서는 주어진 온도와 압력조건에서 흡착제가 가장 많은 양의 흡착질을 흡착하는 점이다.
③ 실제의 흡착은 비정상상태에서 진행되므로 흡착의 초기에는 흡착이 천천히 진행되다가 어느 정도 흡착이 진행되면 빠르게 흡착이 이루어진다.
④ 흡착제층 전체가 포화되어 배출가스 중에 오염가스 일부가 남게 되는 점을 파과점이라 하고, 이점 이후부터는 오염가스의 농도가 급격히 증가한다.

해설 ③ 실제의 흡착은 비정상상태에서 진행되므로 흡착의 초기에는 흡착이 빠르게 진행되다가 어느 정도 흡착이 진행되면 느리게 흡착이 이루어진다.

56. 압력손실이 250 mmH$_2$O이고, 처리가스량 30000 m^3/h인 집진장치의 송풍기 소요동력(kW)은? (단, 송풍기의 효율은 80 %, 여유율은 1.25이다.)
① 약 25   ② 약 29
③ 약 32   ④ 약 38

57. 흡수장치에 사용되는 흡수액이 갖추어야 할 요건으로 옳은 것은?
① 용해도가 낮아야 한다.
② 휘발성이 높아야 한다.
③ 부식성이 높아야 한다.
④ 점성은 비교적 낮아야 한다.

해설 흡수액의 구비요건
• 용해도가 높아야 한다.
• 휘발성이 낮아야 한다.
• 부식성이 낮아야 한다.
• 흡수액의 점성이 비교적 낮아야 한다.
• 용매의 화학적 성질과 비슷해야 한다.

58. 유량측정에 사용되는 가스 유속측정 장치 중 작동원리로 Bernoulli식이 적용되지 않는 것은?
① 로터미터(rotameter)
② 벤투리장치(venturi meter)
③ 건조가스장치(dry gas meter)
④ 오리피스장치(orifice meter)

해설 베르누이 식이 적용되는 측정장치
• 벤투리미터
• 피토관
• 오리피스
• 로터미터

정답 55. ③ 56. ③ 57. ④ 58. ③

59. 어떤 집진장치의 입구와 출구의 함진가스의 분진농도가 7.5 g/Sm³과 0.055 g/Sm³이었다. 또한 입구와 출구에서 측정한 분진시료 중 입경이 0~5 μm인 입자의 중량분율은 전분진에 대하여 0.1과 0.5이었다면 0~5 μm의 입경을 가진 입자의 부분 집진율(%)은?

① 약 87   ② 약 89
③ 약 96   ④ 약 98

해설 부분집진율

$$\eta = \left(1 - \frac{Cf}{C_o f_o}\right) \times 100$$

$$= \left(1 - \frac{0.055\,\text{g/Sm}^3 \times 0.5}{7.5\,\text{g/Sm}^3 \times 0.1}\right) \times 100$$

$$= 96.33\,\%$$

60. 실내에서 발생하는 CO_2의 양이 시간당 0.3 m³일 때 필요한 환기량(m³/h)은? (단, CO_2의 허용농도와 외기의 CO_2농도는 각각 0.1 %와 0.03 %이다.)

① 약 145   ② 약 210
③ 약 320   ④ 약 430

해설 $Q = \dfrac{M}{C_o - C} = \dfrac{0.3\,\text{m}^3/\text{hr}}{0.001 - 0.0003}$

$= 428.57\,\text{m}^3/\text{hr}$

여기서, Q : 환기량(m³/hr)
M : 발생량(m³/hr)
C_o : 실내 허용 농도(m³/m³)
C : 신선 외기 농도(m³/m³)

제4과목 대기오염공정시험기준(방법)

61. 굴뚝 배출가스 중 총탄화수소 측정을 위한 장치 구성조건 등에 관한 설명으로 옳지 않은 것은?

① 기록계를 사용하는 경우에는 최소 4회/분이 되는 기록계를 사용한다.
② 총탄화수소분석기는 흡광차분광방식 또는 비불꽃(non flame) 이온크로마토그램 방식의 분석기를 사용하며 폭발위험이 없어야 한다.
③ 시료채취관은 스테인리스강 또는 이와 동등한 재질의 것으로 하고 굴뚝중심 부분의 10 % 범위 내에 위치할 정도의 길이의 것을 사용한다.
④ 영점가스로는 총탄화수소농도(프로페인 또는 탄소등가 농도)가 0.1 mL/m³ 이하 또는 스팬값의 0.1 % 이하인 고순도 공기를 사용한다.

해설 ② 총탄화수소분석기는 불꽃이온화분석기(flame ionization detector)를 사용한다.

62. 다음은 연소관식 공기법을 사용하여 유류 중 황함유량을 분석하는 방법이다. (   ) 안에 알맞은 것은?

> 950℃ ~ 1,100℃로 가열한 석영 재질 연소관 중에 공기를 불어넣어 시료를 연소시킨다. 생성된 황산화물을 (㉠)에 흡수시켜 황산으로 만든 다음, (㉡)으로 중화적정하여 황함유량을 구한다.

① ㉠ 수산화소듐, ㉡ 염산 표준액
② ㉠ 염산, ㉡ 수산화소듐 표준액
③ ㉠ 과산화수소(3 %), ㉡ 수산화소듐 표준액
④ ㉠ 싸이오시안산용액, ㉡ 수산화칼슘 표준액

해설 유류 중의 황함유량 분석방법 – 연소관식 공기법 : 950~1,100℃로 가열한 석영 재질 연소관 중에 공기를 불어넣어 시료를 연소시킨다. 생성된 황산화물을 과산화수소(3 %)에 흡수시켜 황산으로 만든 다음, 수산화소듐 표준액으로 중화적정하여 황함유량을 구한다.

정답 59. ③   60. ④   61. ②   62. ③

63. 굴뚝 배출가스 중 먼지의 자동 연속 측정방법에서 사용하는 용어의 뜻으로 옳지 않은 것은?

① 검출한계는 제로드리프트의 2배에 해당하는 지시치가 갖는 교정용 입자의 먼지 농도를 말한다.
② 응답시간은 표준교정판을 끼우고 측정을 시작했을 때 그 보정치의 90 %에 해당하는 지시치를 나타낼 때까지 걸린 시간을 말한다.
③ 교정용입자는 실내에서 감도 및 교정오차를 구할 때 사용하는 균일계 단분산 입자로서 기하평균 입경이 0.3~3 μm 인 인공입자로 한다.
④ 시험가동시간이란 연속자동측정기를 정상적인 조건에서 운전할 때 예기치 않는 수리, 조정 및 부품교환 없이 연속가동할 수 있는 최소 시간을 말한다.

해설 ② 응답시간 : 표준교정판(필름)을 끼우고 측정을 시작했을 때 그 보정치의 95 %에 해당하는 지시치를 나타낼 때까지 걸린 시간을 말한다.

64. 배출가스 중 먼지를 여과지에 포집하고 이를 적당한 방법으로 처리하여 분석용 시험용액으로 한 후 원자흡수분광광도법을 이용하여 각종 금속원소의 원자흡광도를 측정하여 정량분석하고자 할 때, 다음 중 금속원소별 측정파장으로 옳게 짝지어진 것은?

① Pb : 357.9 nm
② Cu : 228.8 nm
③ Ni : 283.3 nm
④ Zn : 213.8 nm

해설 원자흡수분광광도법의 측정파장

측정 금속	측정파장(nm)
Zn	213.8
Pb	217.0/283.3
Cd	228.8
Ni	232.0
Be	234.9
Fe	248.3
Cu	324.8
Cr	357.9

65. 보통형(I형) 흡입노즐을 사용한 굴뚝배출가스 흡입 시 10분간 채취한 흡입가스량(습식 가스미터에서 읽은 값)이 60 L이었다. 이때 등속흡입이 행하여지기 위한 가스미터에 있어서의 등속흡입유량(L/min)의 범위는? (단, 등속흡입 정도를 알기 위한 등속흡입계수 $I[\%] = \dfrac{V_m}{q_m \times t} \times 100$ 이다.)

① 3.3~5.3
② 5.5~6.7
③ 6.5~7.6
④ 7.5~8.3

해설 등속흡입계수
$I[\%] = \dfrac{V_m}{q_m \times t} \times 100$ 식으로 구한 등속흡입계수값이 90 %~110 % 범위여야 한다.
여기서, I : 등속흡입계수(%)
V_m : 흡입기체량(습식 가스미터에서 읽은 값)(L)
q_m : 가스미터에 있어서의 등속 흡입유량(L/min)
t : 기체 흡입시간(분)
(1) 90 %일 때, 등속흡입유량
$90\% = \dfrac{60 L}{q_m \times 10 min} \times 100$
∴ $q_m = 6.67 L/min$

정답 63. ② 64. ④ 65. ②

(2) 110 %일 때, 등속흡입유량

$$110\% = \frac{60\,L}{q_m \times 10\,min} \times 100$$

$$\therefore q_m = 5.45\,L/min$$

그러므로, 등속흡입유량 범위는
5.45~6.67 L/min

66. 다음은 굴뚝 배출가스 중 황산화물의 중화적정법에 관한 설명이다. ( ) 안에 알맞은 것은?

> 메틸레드 – 메틸렌블루 혼합지시약 (3~5) 방울을 가하여 (㉠)으로 적정하고 용액의 색이 (㉡)으로 변한 점을 종말점으로 한다.

① ㉠ 에틸아민동용액, ㉡ 녹색에서 자주색
② ㉠ 에틸아민동용액, ㉡ 자주색에서 녹색
③ ㉠ 0.1N 수산화소듐용액, ㉡ 녹색에서 자주색
④ ㉠ 0.1N 수산화소듐용액, ㉡ 자주색에서 녹색

해설 [개정] "배출가스 중 황산화물 – 중화적정법"은 공정시험기준에서 삭제되어 더 이상 출제되지 않습니다.

67. 자외선/가시선 분광법에 의한 플루오린(불소)화합물 분석방법에 관한 설명으로 옳지 않은 것은?

① 분광광도계로 측정 시 흡수 파장은 460 nm를 사용한다.
② 이 방법의 정량범위는 플루오린화합물로서 0.05~7.37 ppm이며, 방법검출한계는 0.02 ppm이다.
③ 시료가스 중에 알루미늄(Ⅲ), 철(Ⅱ), 구리(Ⅱ), 아연(Ⅱ) 등의 중금속 이온이나 인산 이온이 존재하면 방해 효과를 나타낸다.
④ 굴뚝에서 적절한 시료채취장치를 이용하여 얻은 시료 흡수액을 일정량으로 묽게

한 다음 완충액을 가하여 pH를 조절하고 란타넘과 알리자린콤플렉손을 가하여 생성되는 생성물의 흡광도를 분광광도계로 측정한다.

해설 ① 분광광도계로 측정 시 흡수 파장은 620 nm를 사용한다.

68. 자외선/가시선 분광분석 측정에서 최초 광의 60 %가 흡수되었을 때의 흡광도는?

① 0.25   ② 0.3
③ 0.4   ④ 0.6

해설 흡광도 – 램버트 – 비어 법칙
(1) $I_t = 100\%$ – 흡수율
   $= 100\% - 60\% = 40\%$
(2) $A = \log\frac{I_0}{I_t} = \log\frac{100}{40} = 0.397$

여기서, A : 흡광도
I_0 : 입사광의 강도
I_t : 투사광의 강도

더 알아보기 핵심정리 1-68

69. 배출허용기준 중 표준 산소농도를 적용받는 어떤 오염물질의 보정된 배출가스 유량이 50 Sm³/day이었다. 이때 배출가스를 분석하니 실측 산소농도는 5 %, 표준 산소농도는 3 %일 때, 측정되어진 실측 배출가스유량(Sm³/day)은?

① 46.25   ② 51.25
③ 56.25   ④ 61.25

해설 배출가스유량 보정

$$Q = Q_a \div \frac{21 - O_s}{21 - O_a}$$

$$50 = Q_a \div \frac{21 - 3}{21 - 5}$$

$$\therefore Q_a = 56.25\,Sm^3/day$$

여기서, Q : 배출가스유량(Sm³/일)
O_s : 표준 산소농도(%)
O_a : 실측 산소농도(%)
Q_a : 실측 배출가스유량(Sm³/일)

정답 66. ④ 67. ① 68. ③ 69. ③

70. 비분산적외선분광분석법에서 사용하는 주요 용어의 의미로 옳지 않은 것은?

① 스팬가스 : 분석기의 최저 눈금 값을 교정하기 위하여 사용하는 가스
② 스팬 드리프트 : 측정기의 교정범위눈금에 대한 지시 값의 일정기간 내의 변동
③ 정필터형 : 측정성분이 흡수되는 적외선을 그 흡수파장에서 측정하는 방식
④ 비교가스 : 시료셀에서 적외선 흡수를 측정하는 경우 대조가스로 사용하는 것으로 적외선을 흡수하지 않는 가스

해설 ① 스팬가스 : 분석기의 최고 눈금 값을 교정하기 위하여 사용하는 가스

더 알아보기 핵심정리 2-81 (2)

71. 흡광차분광법을 사용하여 아황산가스를 분석할 때 간섭성분으로 오존(O_3)이 존재할 경우 다음 조건에 따른 오존의 영향(%)을 산출한 값은?

- 오존을 첨가했을 경우의 지시 값
  $0.7\ \mu mol/mol$
- 오존을 첨가하지 않은 경우의 지시 값
  $0.5\ \mu mol/mol$
- 분석기기의 최대 눈금 값
  $5\ \mu mol/mol$
- 분석기기의 최소 눈금 값
  $0.01\ \mu mol/mol$

① 1 ② 2
③ 3 ④ 4

해설 $R_t = \dfrac{(A-B)}{C} \times 100$

$= \dfrac{(0.7-0.5)}{5} \times 100 = 4$

여기서, R_t : 오존의 영향(%)
A : 오존을 첨가했을 경우의 지시 값 ($\mu mol/mol$)
B : 오존을 첨가하지 않은 경우의 지시 값($\mu mol/mol$)
C : 최대 눈금 값($\mu mol/mol$)

72. 원자흡수분광광도법의 장치 구성이 순서대로 옳게 나열된 것은?

① 광원부 → 파장선택부 → 측광부 → 시료원자화부
② 광원부 → 시료원자화부 → 파장선택부 → 측광부
③ 시료원자화부 → 광원부 → 파장선택부 → 측광부
④ 시료원자화부 → 파장선택부 → 광원부 → 측광부

해설 원자흡수분광광도법 장치 구성 순서
광원부 → 시료원자화부 → 파장선택부 → 측광부

73. 굴뚝 배출가스 중 질소산화물의 연속자동측정법으로 옳지 않은 것은?

① 화학발광법
② 용액전도율법
③ 자외선흡수법
④ 적외선흡수법

해설 배출가스 중 연속자동측정방법 – 질소산화물
- 화학발광법
- 적외선흡수법
- 자외선흡수법
- 정전위전해법

더 알아보기 핵심정리 2-93

정답 70. ① 71. ④ 72. ② 73. ②

74. 다음은 기체크로마토그램에서 피크(peak)의 분리 정도를 나타낸 그림이다. 분리계수(d)와 분리도(R)를 구하는 식으로 옳은 것은?

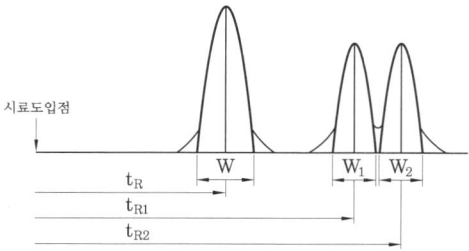

① $d = \dfrac{t_{R2}}{t_{R1}}$, $R = \dfrac{2(t_{R2} - t_{R1})}{W_1 + W_2}$

② $d = t_{R2} - t_{R1}$, $R = \dfrac{t_{R2} + t_{R1}}{W_1 + W_2}$

③ $d = \dfrac{t_{R2} - t_{R1}}{W_1 + W_2}$, $R = \dfrac{t_{R2}}{t_{R1}}$

④ $d = \dfrac{t_{R2} - t_{R1}}{2}$, $R = 100 \times d(\%)$

해설
- 분리계수(d) $= \dfrac{t_{R2}}{t_{R1}}$
- 분리도(R) $= \dfrac{2(t_{R2} - t_{R1})}{W_1 + W_2}$

75. 기체-액체 크로마토그래피에서 사용되는 고정상 액체(stationary liquid)의 조건으로 옳은 것은?

① 사용온도에서 증기압이 낮고, 점성이 작은 것이어야 한다.
② 사용온도에서 증기압이 낮고, 점성이 큰 것이어야 한다.
③ 사용온도에서 증기압이 높고, 점성이 작은 것이어야 한다.
④ 사용온도에서 증기압이 높고, 점성이 큰 것이어야 한다.

해설 기체-액체 크로마토그래피 고정상 액체의 조건
- 분석대상 성분을 완전히 분리할 수 있는 것이어야 한다.
- 사용온도에서 증기압이 낮고, 점성이 작은 것이어야 한다.
- 화학적으로 안정된 것이어야 한다.
- 화학적 성분이 일정한 것이어야 한다.

76. 다음 중 물질을 취급 또는 보관하는 동안에 기체 또는 미생물이 침입하지 않도록 내용물을 보호하는 용기를 뜻하는 것은?

① 기밀용기   ② 밀폐용기
③ 밀봉용기   ④ 차광용기

해설 용기
- 밀폐용기 : 물질을 취급 또는 보관하는 동안에 이물이 들어가거나 내용물이 손실되지 않도록 보호하는 용기
- 기밀용기 : 물질을 취급 또는 보관하는 동안에 외부로부터의 공기 또는 다른 가스가 침입하지 않도록 내용물을 보호하는 용기
- 밀봉용기 : 물질을 취급 또는 보관하는 동안에 기체 또는 미생물이 침입하지 않도록 내용물을 보호하는 용기
- 차광용기 : 광선을 투과하지 않은 용기 또는 투과하지 않게 포장을 한 용기로서 취급 또는 보관하는 동안에 내용물의 광화학적 변화를 방지할 수 있는 용기

77. 대기오염공정시험기준상 자외선/가시선 분광법에서 사용되는 흡수셀의 재질에 따른 사용 파장범위로 가장 적합한 것은?

① 플라스틱제는 자외부 파장범위
② 플라스틱제는 가시부 파장범위
③ 유리제는 가시부 및 근적외부 파장범위
④ 석영제는 가시부 및 근적외부 파장범위

해설 자외선/가시선 분광법 - 흡수셀의 재질
- 유리제 : 가시 및 근적외부
- 석영제 : 자외부
- 플라스틱제 : 근적외부

정답 74. ① 75. ① 76. ③ 77. ③

78. 다음 분석가스 중 아연아민착염용액을 흡수액으로 사용하는 것은?

① 황화수소
② 브로민(브롬)화합물
③ 질소산화물
④ 폼알데하이드

해설 ② 브로민화합물 : 수산화소듐 용액
③ 질소산화물 : 황산 용액
④ 폼알데하이드 : 크로모트로핀산 + 황산, 아세틸아세톤 함유 흡수액

더 알아보기 핵심정리 2-76

79. 굴뚝 배출가스 중의 황화수소를 아이오딘 적정법으로 분석하는 방법에 관한 설명으로 거리가 먼 것은?

① 다른 산화성 및 환원성 가스에 의한 방해는 받지 않는 장점이 있다.
② 시료 중의 황화수소를 염산산성으로 하고, 아이오딘 용액을 가하여 과잉의 아이오딘을 싸이오황산소듐 용액으로 적정한다.
③ 시료 중의 황화수소가 100~2,000 ppm 함유되어 있는 경우의 분석에 적합한 시료채취량은 10~20 L, 흡입속도는 1 L/min 정도이다.
④ 녹말 지시약(질량분율 1%)은 가용성 녹말 1 g을 소량의 물과 섞어 끓는 물 100 mL 중에 잘 흔들어 섞으면서 가하고, 약 1분간 끓인 후 식혀서 사용한다.

해설 [개정] "배출가스 중 황화수소 - 아이오딘 적정법"은 공정시험기준에서 삭제되어 더 이상 출제되지 않습니다.

80. 다음 [보기]가 설명하는 굴뚝 배출가스 중의 산소측정방식으로 옳은 것은?

[보기]
이 방식은 주기적으로 단속하는 자계 내에서 산소분자에 작용하는 단속적인 흡입력을 자계 내에 일정유량으로 유입하는 보조가스의 배압변화량으로서 검출한다.

① 전극 방식
② 덤벨형 방식
③ 질코니아 방식
④ 압력검출형 방식

해설 ① 전극 방식 : 이 방식에서는 산화환원 반응을 일으키는 가스(SO_2, CO_2 등)의 영향을 무시할 수 있는 경우 또는 영향을 제거할 수 있는 경우에 적용할 수 있다.
② 덤벨형 방식 : 이 방식은 덤벨(dumb-bell)과 시료 중의 산소와의 자기화 강도의 차에 의하여 생기는 덤벨의 편위량을 검출한다.
③ 질코니아 방식 : 이 방식은 고온에서 산소와 반응하는 가연성가스(일산화탄소, 메테인 등) 또는 질코니아소자를 부식시키는 가스(SO_2 등)의 영향을 무시할 수 있는 경우 또는 그 영향을 제거할 수 있는 경우에 적용한다.

제5과목 대기환경관계법규

81. 대기환경보전법령상 자동차 연료(휘발유)의 제조기준 중 벤젠 함량(부피 %) 기준으로 옳은 것은?

① 1.5 이하
② 1.0 이하
③ 0.7 이하
④ 0.0013 이하

정답 78. ① 79. ① 80. ④ 81. ③

해설 자동차연료·첨가제 또는 촉매제의 제조기준 – 휘발유

항목	제조기준
방향족화합물 함량(부피 %)	24(21) 이하
벤젠 함량(부피 %)	0.7 이하
납 함량(g/L)	0.013 이하
인 함량(g/L)	0.0013 이하
산소 함량(무게 %)	2.3 이하
올레핀 함량(부피 %)	16(19) 이하
황 함량(ppm)	10 이하
증기압(kPa, 37.8℃)	60 이하
90 % 유출온도(℃)	170 이하

구분	배출구별 규모(먼지·황산화물 및 질소산화물의 연간 발생량 합계)	측정횟수
제1종 배출구	80톤 이상인 배출구	매주 1회 이상
제2종 배출구	20톤 이상 80톤 미만인 배출구	매월 2회 이상
제3종 배출구	10톤 이상 20톤 미만인 배출구	2개월마다 1회 이상
제4종 배출구	2톤 이상 10톤 미만인 배출구	반기마다 1회 이상
제5종 배출구	2톤 미만인 배출구	반기마다 1회 이상

※ 측정항목 : 배출허용기준이 적용되는 대기오염물질(다만, 비산먼지는 제외)

82. 대기환경보전법령상 먼지·황산화물 및 질소산화물의 연간 발생량 합계가 18톤인 배출구의 자가측정횟수 기준은? (단, 특정대기유해물질이 배출되지 않으며, 관제센터로 측정결과를 자동전송하지 않는 사업장의 배출구이다.)

① 매주 1회 이상
② 매월 2회 이상
③ 2개월마다 1회 이상
④ 반기마다 1회 이상

해설 자가측정의 대상·항목 및 방법
1. 굴뚝 원격감시체계 관제센터로 측정결과를 자동전송하지 않는 사업장의 배출구

83. 대기환경보전법령상 청정연료를 사용하여야 하는 대상시설의 범위에 해당하지 않는 시설은?

① 산업용 열병합 발전시설
② 전체보일러의 시간당 총 증발량이 0.2톤 이상인 업무용보일러
③ 「집단에너지사업법 시행령」에 따른 지역냉난방사업을 위한 시설
④ 「건축법 시행령」에 따른 중앙집중난방방식으로 열을 공급받고 단지 내의 모든 세대의 평균 전용면적이 40.0 m²를 초과하는 공동주택

해설 청정연료를 사용하여야 하는 대상시설의 범위
가. 「건축법 시행령」에 따른 공동주택으로서 동일한 보일러를 이용하여 하나의 단지 또는 여러 개의 단지가 공동으로 열을 이용하는 중앙집중난방방식(지역냉난방방식 포함)으로 열을 공급받고, 단지 내의 모든 세대의 평균 전용면적이 40.0 m²를 초과하는 공동주택

정답 82. ③ 83. ①

나. 「집단에너지사업법 시행령」에 따른 지역 냉난방사업을 위한 시설. 다만, 지역냉난방사업을 위한 시설 중 발전폐열을 지역냉난방용으로 공급하는 산업용 열병합 발전시설로서 환경부장관이 승인한 시설은 제외

다. 전체 보일러의 시간당 총 증발량이 0.2톤 이상인 업무용보일러(영업용 및 공공용보일러를 포함하되, 산업용보일러는 제외)

라. 발전시설. 다만, 산업용 열병합 발전시설은 제외

※ 가~라에서, 「신에너지 및 재생에너지 개발·이용·보급 촉진법」에 따른 신에너지 및 재생에너지를 사용하는 시설은 제외

84. 대기환경보전법령상 가스형태의 물질 중 소각용량이 시간당 2톤(의료폐기물 처리시설은 시간당 200 kg) 이상인 소각처리시설에서의 일산화탄소 배출허용기준(ppm)은? (단, 각 보기 항의 ( ) 안의 값은 표준산소농도(O_2의 백분율)를 의미한다.)

① 30(12) 이하　　② 50(12) 이하
③ 200(12) 이하　　④ 300(12) 이하

해설 대기오염물질의 배출허용기준 - 일산화탄소
- 소각용량이 시간당 2톤(의료폐기물 처리시설은 시간당 200킬로그램) 이상인 시설 : 50(12) ppm 이하

85. 대기환경보전법령상 벌칙기준 중 7년 이하의 징역이나 1억원 이하의 벌금에 처하는 것은?

① 대기오염물질의 배출허용기준 확인을 위한 측정기기의 부착 등의 조치를 하지 아니한 자
② 황연료사용 제한조치 등의 명령을 위반한 자
③ 제작차 배출허용기준에 맞지 아니하게 자동차를 제작한 자
④ 배출가스 전문정비사업자로 등록하지 아니하고 정비·점검 또는 확인검사 업무를 한 자

해설 벌칙
① 5년 이하의 징역 또는 5천만원 이하의 벌금
② 5년 이하의 징역 또는 5천만원 이하의 벌금
④ 5년 이하의 징역 또는 5천만원 이하의 벌금

86. 대기환경보전법령상 대기오염도 검사기관과 거리가 먼 것은?

① 수도권대기환경청
② 환경보전협회
③ 한국환경공단
④ 유역환경청

해설 대기오염도 검사기관
1. 국립환경과학원
2. 시도의 보건환경연구원
3. 유역환경청, 지방환경청 또는 수도권대기환경청
4. 한국환경공단
5. 「국가표준기본법」에 따른 인정을 받은 시험·검사기관 중 환경부장관이 정하여 고시하는 기관

87. 다음 중 악취방지법령상 지정악취물질이 아닌 것은?

① 아세트알데하이드
② 메틸메르캅탄
③ 톨루엔
④ 벤젠

해설 지정악취물질
1. 암모니아
2. 메틸메르캅탄
3. 황화수소
4. 다이메틸설파이드
5. 다이메틸다이설파이드
6. 트라이메틸아민
7. 아세트알데하이드
8. 스타이렌
9. 프로피온알데하이드
10. 뷰틸알데하이드

정답 84. ② 85. ③ 86. ② 87. ④

11. n-발레르알데하이드
12. i-발레르알데하이드
13. 톨루엔
14. 자일렌
15. 메틸에틸케톤
16. 메틸아이소뷰틸케톤
17. 뷰틸아세테이트
18. 프로피온산
19. n-뷰틸산
20. n-발레르산
21. i-발레르산
22. i-뷰틸알코올

88. 환경정책기본법령상 미세먼지(PM-10)의 대기환경기준은? (단, 연간 평균치 기준이다.)

① 10 $\mu g/m^3$ 이하
② 25 $\mu g/m^3$ 이하
③ 30 $\mu g/m^3$ 이하
④ 50 $\mu g/m^3$ 이하

해설 환경정책기본법상 대기환경기준
- 미세먼지(PM-10) : 연간 평균치 50 $\mu g/m^3$ 이하

더 알아보기 핵심정리 2-103

89. 다음은 대기환경보전법령상 환경기술인에 관한 사항이다. (   ) 안에 알맞은 것은?

환경기술인을 두어야 할 사업장의 범위, 환경기술인의 자격기준, 임명기간은 (   )으로 정한다.

① 시·도지사령
② 총리령
③ 환경부령
④ 대통령령

해설 환경기술인을 두어야 할 사업장의 범위, 환경기술인의 자격기준, 임명기간은 대통령령으로 정한다.

90. 다음은 대기환경보전법령상 환경부령으로 정하는 첨가제 제조기준에 맞는 제품의 표시방법이다. (   ) 안에 알맞은 것은?

표시크기는 첨가제 또는 촉매제 용기 앞면의 제품명 밑에 제품명 글자크기의 (   )에 해당하는 크기로 표시하여야 한다.

① 100분의 10 이상
② 100분의 20 이상
③ 100분의 30 이상
④ 100분의 50 이상

해설 첨가제·촉매제 제조기준에 맞는 제품의 표시방법 : 첨가제 또는 촉매제 용기 앞면의 제품명 밑에 제품명 글자크기의 100분의 30 이상에 해당하는 크기로 표시하여야 한다.

91. 실내공기질 관리법령상 신축 공동주택 실내공기질 권고기준으로 옳은 것은?

① 스티렌 360 $\mu g/m^3$ 이하
② 폼알데하이드 360 $\mu g/m^3$ 이하
③ 자일렌 360 $\mu g/m^3$ 이하
④ 에틸벤젠 360 $\mu g/m^3$ 이하

해설 신축 공동주택의 실내공기질 권고기준

물질	실내공기질 권고 기준
벤젠	30 $\mu g/m^3$ 이하
폼알데하이드	210 $\mu g/m^3$ 이하
스티렌	300 $\mu g/m^3$ 이하
에틸벤젠	360 $\mu g/m^3$ 이하
자일렌	700 $\mu g/m^3$ 이하
톨루엔	1,000 $\mu g/m^3$ 이하
라돈	148 Bq/m^3 이하

정답 88. ④ 89. ④ 90. ③ 91. ④

92. 다음은 악취방지법령상 악취검사기관의 준수사항에 관한 내용이다. ( ) 안에 알맞은 것은?

> 검사기관이 법인인 경우 보유차량에 국가기관의 악취검사차량으로 잘못 인식하게 하는 문구를 표시하거나 과대 표시를 해서는 아니되며, 검사기관은 다음의 서류를 작성하여 ( ) 보존하여야 한다.
> 가. 실험일지 및 검량선 기록지
> 나. 검사결과 발송 대장
> 다. 정도관리 수행기록철

① 1년간　　② 2년간
③ 3년간　　④ 5년간

해설 기간 정리
- 악취방지법규상 악취검사기관의 준수사항 중 실험일지 및 검량선 기록지, 검사 결과 발송 대장, 정도관리 수행기록철 등의 보존기간 : 3년간
- 배출시설 및 방지시설 운영기록 보존기간 : 1년간
- 과태료의 가중된 부과기준 부과기간 : 최근 1년간 같은 위반행위에 적용
- 자가측정 시 사용한 여과지 및 시료채취 기록지의 보존기간 : 측정한 날부터 6개월

93. 악취방지법령상 위임업무 보고사항 중 "악취검사기관의 지도·점검 및 행정처분 실적" 보고횟수 기준은?

① 연 1회　　② 연 2회
③ 연 4회　　④ 수시

해설 악취방지법 위임업무 보고사항-보고횟수
1. 악취검사기관의 지정, 지정사항 변경보고 접수 실적 : 연 1회
2. 악취검사기관의 지도·점검 및 행정처분 실적 : 연 1회

94. 다음은 대기환경보전법령상 운행차 정기검사의 방법 및 기준에 관한 사항이다. ( ) 안에 알맞은 것은?

> 배출가스 검사대상 자동차의 상태를 검사할 때 원동기가 충분히 예열되어 있는 것을 확인하고, 수냉식 기관의 경우 계기판 온도가 (㉠) 또는 계기판 눈금이 (㉡)이어야 하며, 원동기가 과열되었을 경우에는 원동기실 덮개를 열고 (㉢) 지난 후 정상상태가 되었을 때 측정한다.

① ㉠ 25℃ 이상, ㉡ 1/10 이상, ㉢ 1분 이상
② ㉠ 25℃ 이상, ㉡ 1/10 이상, ㉢ 5분 이상
③ ㉠ 40℃ 이상, ㉡ 1/4 이상, ㉢ 1분 이상
④ ㉠ 40℃ 이상, ㉡ 1/4 이상, ㉢ 5분 이상

해설 정기검사의 방법 및 기준
- 수냉식 기관의 경우 계기판 온도가 40℃ 이상 또는 계기판 눈금이 1/4 이상이어야 하며, 원동기가 과열되었을 경우에는 원동기실 덮개를 열고 5분 이상 지난 후 정상상태가 되었을 때 측정
- 온도계가 없거나 고장인 자동차는 원동기를 시동하여 5분이 지난 후 측정

95. 다음은 대기환경보전법령상 기본부과금 부과대상 오염물질에 대한 초과배출량 산정방법 중 초과배출량 공제분 산정방법이다. ( ) 안에 알맞은 것은?

> 3개월간 평균배출농도는 배출허용기준을 초과한 날 이전 정상 가동된 3개월 동안의 ( )를 산술평균한 값으로 한다.

① 5분 평균치　　② 10분 평균치
③ 30분 평균치　　④ 1시간 평균치

정답 92. ③　93. ①　94. ④　95. ③

해설 초과배출량공제분 산정방법

> 초과배출량공제분
> = (배출허용기준농도 − 3개월간 평균배출농도) × 3개월간 평균배출유량

비고
1. 3개월간 평균배출농도는 배출허용기준을 초과한 날 이전 정상 가동된 3개월 동안의 30분 평균치를 산술평균한 값으로 한다.
2. 3개월간 평균배출유량은 배출허용기준을 초과한 날 이전 정상 가동된 3개월 동안의 30분 유량값을 산술평균한 값으로 한다.
3. 초과배출량공제분이 초과배출량을 초과하는 경우에는 초과배출량을 초과배출량공제분으로 한다.

96. 대기환경보전법령상 환경부장관이 특별대책지역의 대기오염 방지를 위하여 필요하다고 인정하면 그 지역에 새로 설치되는 배출시설에 대해 정할 수 있는 기준은?

① 일반배출허용기준
② 특별배출허용기준
③ 심화배출허용기준
④ 강화배출허용기준

해설 환경부장관은 환경정책기본법에 따른 특별대책지역의 대기오염 방지를 위하여 필요하다고 인정하면 그 지역에 설치된 배출시설에 대하여 엄격한 배출허용기준을 정할 수 있으며, 그 지역에 새로 설치되는 배출시설에 대하여 특별배출허용기준을 정할 수 있다.

97. 대기환경보전법령상 기관출력이 130 kW 초과인 선박의 질소산화물 배출기준(g/kWh)은? (단, 정격 기관속도 n(크랭크샤프트의 분당 속도)이 130 rpm 미만이며 2011년 1월 1일 이후에 건조한 선박의 경우이다.)

① 17 이하
② $44.0 \times n^{(-0.23)}$ 이하
③ 7.7 이하
④ 14.4 이하

해설 선박의 배출허용기준

기관출력	정격 기관속도 (n : 크랭크샤프트의 분당 속도)	질소산화물 배출기준(g/kWh)		
		기준 1	기준 2	기준 3
130 kW 초과	n이 130 rpm 미만일 때	17 이하	14.4 이하	3.4 이하
	n이 130 rpm 이상 2,000 rpm 미만일 때	$45.0 \times n^{(-0.2)}$ 이하	$44.0 \times n^{(-0.23)}$ 이하	$9.0 \times n^{(-0.2)}$ 이하
	n이 2,000 rpm 이상일 때	9.8 이하	7.7 이하	2.0 이하

비고 : 기준 1은 2010년 12월 31일 이전에 건조된 선박에, 기준 2는 2011년 1월 1일 이후에 건조된 선박에, 기준 3은 2016년 1월 1일 이후에 건조된 선박에 설치되는 디젤기관에 각각 적용하되, 기준별 적용대상 및 적용시기 등은 해양수산부령으로 정하는 바에 따른다.

98. 대기환경보전법령상 대기오염 경보단계 중 오존에 대한 "경보" 해제기준과 관련하여 ( ) 안에 알맞은 것은?

> 경보가 발령된 지역의 기상조건 등을 고려하여 대기자동측정소의 오존농도가 ( )인 때는 주의보로 전환한다.

① 0.1 ppm 이상 0.3 ppm 미만
② 0.1 ppm 이상 0.5 ppm 미만
③ 0.12 ppm 이상 0.3 ppm 미만
④ 0.12 ppm 이상 0.5 ppm 미만

해설 대기오염 경보단계 – 오존

주의보	경보	중대경보
0.12 ppm 이상	0.3 ppm 이상	0.5 ppm 이상

더 알아보기 핵심정리 2-100

정답 96. ② 97. ④ 98. ③

99. 대기환경보전법령상 배출시설 설치허가 신청서 또는 배출시설 설치신고서에 첨부하여야 할 서류가 아닌 것은?

① 원료(연료를 포함한다)의 사용량 및 제품 생산량을 예측한 명세서
② 배출시설 및 방지시설의 설치명세서
③ 방지시설의 상세 설계도
④ 방지시설의 연간 유지관리 계획서

해설 배출시설 설치허가 신청서 또는 배출시설 설치신고서에 첨부하여야 할 서류
1. 원료(연료 포함)의 사용량 및 제품 생산량과 오염물질 등의 배출량을 예측한 명세서
2. 배출시설 및 방지시설의 설치명세서
3. 방지시설의 일반도
4. 방지시설의 연간 유지관리 계획서
5. 사용 연료의 성분 분석과 황산화물 배출농도 및 배출량 등을 예측한 명세서(법 제41조제3항 단서에 해당하는 배출시설의 경우에만 해당)
6. 배출시설 설치허가증(변경허가를 신청하는 경우에만 해당)

100. 다음 중 대기환경보전법령상 초과부과금 산정기준에 따른 오염물질 1킬로그램당 부과금액이 가장 높은 것은?

① 질소산화물　② 황화수소
③ 이황화탄소　④ 시안화수소

해설 초과부과금 산정기준 : 염화수소 > 시안화수소 > 황화수소 > 불소화물 > 질소산화물 > 이황화탄소 > 암모니아 > 먼지 > 황산화물

더 알아보기 핵심정리 2-97

정답　99. ③　100. ④

2021년도 시행문제

대기환경기사   2021년 3월 7일 (제1회)

제1과목 대기오염개론

1. 다음에서 설명하는 오염물질로 가장 적합한 것은?

- 부드러운 청회색의 금속으로 밀도가 크고 내식성이 강하다.
- 소화기로 섭취되면 대략 10 % 정도가 소장에서 흡수되고, 나머지는 대변으로 배출된다. 세포 내에서는 SH기와 결합하여 헴(heme) 합성에 관여하는 효소 등 여러 효소작용을 방해한다.
- 인체에 축적되면 적혈구 형성을 방해하며, 심하면 복통, 빈혈, 구토를 일으키고 뇌세포에 손상을 준다.

① Cr ② Hg ③ Pb ④ Al

해설 오염물질이 인체에 미치는 영향
① 크롬(Cr) : 만성중독은 코, 폐 및 위장의 점막에 병변을 일으키는 것이 특징
② 수은(Hg) : 미나마타병, 헌터루셀병, 사지감각이상, 구음장애, 청력장애, 구실성 시야협착, 소뇌성 운동질환 등을 일으킴
④ 알루미늄(Al) : 위장관에서 다른 원소들의 흡수에 영향을 미침, 불소의 흡수를 억제하고, 칼슘과 철 화합물의 흡수를 감소시키며, 소장에서 인과 결합하여 인 결핍과 골연화증을 유발함

2. 다음 중 국지풍에 관한 설명으로 옳지 않은 것은?

① 일반적으로 낮에 바다에서 육지로 부는 해풍은 밤에 육지에서 바다로 부는 육풍보다 강하다.
② 고도가 높은 산맥에 직각으로 강한 바람이 부는 경우에 산맥의 풍하 쪽으로 건조한 바람이 부는데 이러한 바람을 휀풍이라 한다.
③ 곡풍은 경사면 → 계곡 → 주계곡으로 수렴하면서 풍속이 가속되기 때문에 일반적으로 낮에 산 위쪽으로 부는 산풍보다 더 강하게 분다.
④ 열섬효과로 인하여 도시 중심부가 주위보다 고온이 되어 도시 중심부에서 상승기류가 발생하고 도시 주위의 시골에서 도시로 바람이 부는데 이를 전원풍이라 한다.

해설 ③ 곡풍은 계곡 → 경사면 → 산정상으로 분다.

3. 다음에서 설명하는 대기분산모델로 가장 적합한 것은?

- 가우시안 모델식을 적용한다.
- 적용 배출원의 형태는 점, 선, 면이다.
- 미국에서 최근에 널리 이용되는 범용적인 모델로 장기 농도 계산용이다.

① RAMS ② ISCLT
③ UAM   ④ AUSPLUME

해설 대기 분야에 적용되는 분산모델의 종류 및 특징
① RAMS : 바람장과 오염물질의 분산을 동시에 계산(미국)
③ UAM : 광화학 반응 고려(미국)
④ AUSPLUME : 호주, 미국 ISC-ST, ISC-LT 개조

정답 1. ③ 2. ③ 3. ②

4. 0℃, 1기압에서 SO_2 10 ppm은 몇 mg/m^3인가?

① 19.62　　② 28.57
③ 37.33　　④ 44.14

해설 10 ppm = 10 mL/Sm^3

$$10\,mL/Sm^3 \times \frac{64\,mg\,SO_2}{22.4\,mL} = 28.57\,mg/Sm^3$$

5. 굴뚝에서 배출되는 연기의 형태 중 환상형(looping)에 관한 설명으로 옳은 것은?

① 대기가 과단열감률 상태일 때 나타나므로 맑은 날 오후에 발생하기 쉽다.
② 상층이 불안정, 하층이 안정일 경우에 나타나며, 지표 부근의 오염물질 농도가 가장 낮다.
③ 전체 대기층이 중립 상태일 때 나타나며, 매연 속의 오염물질 농도는 가우시안 분포를 갖는다.
④ 전체 대기층이 매우 안정할 때 나타나며, 상하 확산 폭이 적어 굴뚝의 높이가 낮을 경우 지표 부근에 심각한 오염 문제를 야기한다.

해설 대기 안정도에 따른 플룸(연기) 형태
② 상층이 불안정, 하층이 안정일 경우 : 지붕형
③ 전체 대기층이 중립 상태일 때 : 원추형
④ 전체 대기층이 매우 안정일 때 : 부채형

더 알아보기 핵심정리 2-33

6. 폼알데하이드의 배출과 관련된 업종으로 가장 거리가 먼 것은?

① 피혁제조공업
② 합성수지공업
③ 암모니아제조공업
④ 포르말린제조공업

해설 ③ 암모니아제조공업 : 황화수소 배출원

7. 시골에서 먼지 농도를 측정하기 위하여 공기를 0.15 m/s의 속도로 12시간 동안 여과지에 여과시켰을 때, 사용된 여과지의 빛 전달률이 깨끗한 여과지의 80 %로 감소했다. 1,000 m당 Coh는?

① 0.2　② 0.6　③ 1.1　④ 1.5

해설 $Coh = \dfrac{\log\left(\dfrac{I_0}{I_t}\right) \times 100}{여과속도 \times 시간} \times 1,000\,m$

$= \dfrac{\log\left(\dfrac{1}{0.8}\right) \times 100}{0.15 \times 12 \times 3,600} \times 1,000\,m$

$= 1.495$

8. 다음에서 설명하는 오염물질로 가장 적합한 것은?

- 매우 낮은 농도에서 피해를 일으킬 수 있으며, 주된 증상으로 상편생장, 전두운동의 저해, 황화현상, 줄기의 신장저해, 성장 감퇴 등이 있다.
- 0.1 ppm 정도의 저농도에서도 스위트피와 토마토에 상편생장을 일으킨다.

① 오존　　　　② 에틸렌
③ 아황산가스　④ 불소화합물

해설 에틸렌의 지표식물 : 스위트피, 토마토

9. 비인의 변위법칙에 관한 식은?

① $\lambda = 2,897/T$ (λ : 최대에너지가 복사될 때의 파장, T : 흑체의 표면온도)
② $E = \sigma T^4$ (E : 흑체의 단위 표면적에서 복사되는 에너지, σ : 상수, T : 흑체의 표면온도)
③ $I = I_0 \exp(-K\rho L)$ (I_0, I : 각각 입사 전후의 빛의 복사속밀도, K : 감쇠상수, ρ : 매질의 밀도, L : 통과거리)
④ $R = K(1-\alpha) - L$ (R : 순복사, K : 지표면에 도달한 일사량, α : 지표의 반사율, L : 지표로부터 방출되는 장파복사)

정답 4. ②　5. ①　6. ③　7. ④　8. ②　9. ①

해설 비인(Wein)의 법칙 : 최대에너지 파장과 흑체 표면의 절대온도는 반비례한다.
$$\lambda = \frac{2,897}{T}$$
여기서, λ : 파장
T : 표면절대온도

10. 2차 대기오염물질에 해당하는 것은?

① H_2S ② H_2O_2
③ NH_3 ④ $(CH_3)_2S$

해설 옥시던트는 2차 대기오염물질이다.

(더 알아보기) 핵심정리 2-6

11. 다음에서 설명하는 오염물질로 가장 적합한 것은?

- 분자량이 98.9이고, 비등점이 약 8℃인 독특한 풀냄새가 나는 무색(시판용품은 담황녹색) 기체(액화가스)이다.
- 수분이 존재하면 가수분해되어 염산을 생성하여 금속을 부식시킨다.

① 페놀 ② 석면
③ 포스겐 ④ T.N.T

해설 포스겐($COCl_2$) : 자극성 풀냄새의 무색 기체, 수중에서 급속히 염산으로 분해되므로 매우 위험

12. 불안정한 조건에서 굴뚝의 안지름이 5 m, 가스 온도가 173℃, 가스 속도가 10 m/s, 기온이 17℃, 풍속이 36 km/h일 때, 연기의 상승 높이(m)는? (단, 불안정 조건 시 연기의 상승높이는 $\Delta H = 150\frac{F}{U^3}$ 이며, F는 부력을 나타냄)

① 34 ② 40
③ 49 ④ 56

해설 (1) 부력계수
$$F = gV_s \times \left(\frac{D}{2}\right)^2 \times \frac{T_s - T_a}{T_a}$$
$$= 9.8 m/s^2 \times 10 m/s \times \left(\frac{5m}{2}\right)^2$$
$$\times \frac{(273+173)K - (273+17)K}{(273+17)K}$$
$$= 329.482$$

(2) 연기상승고
$$\Delta h = \frac{150 \cdot F}{U^3}$$
$$= \frac{150 \times 329.482}{\left(\frac{36,000m}{hr} \times \frac{1 hr}{3,600 sec}\right)^3}$$
$$= 49.42 m$$

(더 알아보기) 핵심정리 1-14 (2)

13. 다음 중 오존파괴지수가 가장 큰 것은?

① CCl_4 ② $CHFCl_2$
③ CH_2FCl ④ $C_2H_2FCl_3$

해설 오존층파괴지수(ODP)
- CCl_4 > $CHFCl_2$(CFC-21) > CH_2FCl(CFC-31) > $C_2H_2FCl_3$(CFC-131)
- CFC 번호가 클수록 ODP 값은 낮아진다.

(더 알아보기) 핵심정리 2-19 (5)

14. Fick의 확산방정식을 실제 대기에 적용시키기 위하여 필요한 가정 조건으로 가장 거리가 먼 것은?

① 바람에 의한 오염물질의 주 이동방향은 x축이다.
② 오염물질은 점배출원으로부터 연속적으로 배출된다.
③ 풍향, 풍속, 온도, 시간에 따른 농도변화가 없는 정상상태이다.
④ 하류로의 확산은 바람이 부는 방향(x축)의 확산보다 강하다.

해설 ④ 하류로의 확산은 바람이 부는 방향(x축)의 확산에 비해 무시할 만큼 작다.

(더 알아보기) 핵심정리 2-35 (1)

정답 10. ② 11. ③ 12. ③ 13. ① 14. ④

15. 일산화탄소에 관한 설명으로 옳지 않은 것은?

① 대류권 및 성층권에서의 광화학반응에 의하여 대기 중에서 제거된다.
② 물에 잘 녹아 강우의 영향을 크게 받으며, 다른 물질에 강하게 흡착하는 특징을 가진다.
③ 토양 박테리아의 활동에 의하여 이산화탄소로 산화되어 대기 중에서 제거된다.
④ 발생량과 대기 중의 평균농도로부터 대기 중 평균 체류시간이 약 1~3개월 정도일 것이라 추정되고 있다.

해설 ② CO는 물에 잘 녹지 않는다.

16. 역사적인 대기오염 사건에 관한 설명으로 가장 적합하지 않은 것은?

① 로스엔젤레스 사건은 자동차에서 배출되는 질소산화물, 탄화수소 등에 의하여 침강성 역전 조건에서 발생했다.
② 뮤즈계곡 사건은 공장에서 배출되는 아황산가스, 황산, 미세입자 등에 의하여 기온역전, 무풍상태에서 발생했다.
③ 런던 사건은 석탄연료의 연소 시 배출되는 아황산가스, 먼지 등에 의하여 복사성 역전, 높은 습도, 무풍상태에서 발생했다.
④ 보팔 사건은 공장조업사고로 황화수소가 다량누출 되어 발생하였으며 기온역전, 지형상분지 등의 조건으로 많은 인명피해를 유발했다.

해설 ④ 보팔 – 메틸이소시아네이트(MIC)

정리 물질별 사건 정리
- 포자리카 : 황화수소
- 보팔 : 메틸이소시아네이트(MIC)
- 세베소 : 다이옥신
- LA 스모그 : 자동차 배기가스의 NOx, 옥시던트
- 체르노빌, TMI : 방사능 물질
- 나머지 사건 : 화석연료 연소에 의한 SO_2, 매연, 먼지

17. 지표면의 오존 농도가 증가하는 원인으로 가장 거리가 먼 것은?

① CO ② NOx
③ $VOCs$ ④ 태양열 에너지

해설 광화학 반응으로 오존의 농도가 증가한다.

정리 광화학 반응의 3대 요소
태양에너지, NOx, 탄화수소($VOCs$ 등)

18. 세류현상(down wash)이 발생하지 않는 조건은?

① 오염물질의 토출속도가 굴뚝높이에서의 풍속과 같을 때
② 오염물질의 토출속도가 굴뚝높이에서의 풍속의 2.0배 이상일 때
③ 굴뚝높이에서의 풍속이 오염물질 토출속도의 1.5배 이상일 때
④ 굴뚝높이에서의 풍속이 오염물질 토출속도의 2.0배 이상일 때

해설 세류현상 방지대책 : 오염물질의 토출속도를 굴뚝높이에서의 풍속의 2.0배 이상으로 증가시킴

19. 고도에 따른 대기층의 명칭을 순서대로 나열한 것은? (단, 낮은 고도 → 높은 고도)

① 지표 → 대류권 → 성층권 → 중간권 → 열권
② 지표 → 대류권 → 중간권 → 성층권 → 열권
③ 지표 → 성층권 → 대류권 → 중간권 → 열권
④ 지표 → 성층권 → 중간권 → 대류권 → 열권

20. 다음 오존파괴물질 중 평균수명(년)이 가장 긴 것은?

① CFC-11 ② CFC-115
③ HCFC-123 ④ CFC-124

정답 15. ② 16. ④ 17. ① 18. ② 19. ① 20. ②

해설 CFC 수명
① CFC-11 : 45년
② CFC-115 : 1,700년
③ HCFC-123 : 7년
④ CFC-124 : 5.8년

제2과목　연소공학

21. 옥탄가에 관한 설명이다. ( ) 안에 들어갈 말로 옳은 것은?

> 옥탄가는 시험 가솔린의 노킹 정도를 (㉠)과 (㉡)의 혼합표준연료의 노킹 정도와 비교했을 때, 공급 가솔린과 동등한 노킹 정도를 나타내는 혼합표준연료 중의 (㉠)%를 말한다.

① ㉠ iso-octane, ㉡ n-butane
② ㉠ iso-octane, ㉡ n-heptane
③ ㉠ iso-propane, ㉡ n-pentane
④ ㉠ iso-pentane, ㉡ n-butane

해설 옥탄가 : 가장 노킹이 발생하기 쉬운 헵탄(n-heptane)의 옥탄가를 0으로 하고, 노킹이 발생하기 어려운 이소옥탄(iso-octane)의 옥탄가를 100으로 하여 결정함

22. 다음 회분 성분 중 백색에 가깝고 융점이 높은 것은?
① CaO　② SiO_2　③ MgO　④ Fe_2O_3

해설 회분 중 융점(녹는점)이 높고, 백색인 것은 SiO_2, MgO이다.

23. 액화석유가스(LPG)에 관한 설명으로 옳지 않은 것은?
① 천연가스 회수, 나프타 분해, 석유정제 시 부산물로부터 얻어진다.
② 비중은 공기의 1.5~2.0배 정도로 누출 시 인화 폭발의 위험이 크다.
③ 액체에서 기체로 될 때 증발열이 있으므로 사용하는 데 유의할 필요가 있다.
④ 메탄, 에탄을 주성분으로 하는 혼합물로 1 atm에서 -168℃ 정도로 냉각하면 쉽게 액화된다.

해설 • LNG 주성분 : 메탄
• LPG 주성분 : 프로판, 부탄

24. 고체연료의 연소방법 중 유동층 연소에 관한 설명으로 옳지 않은 것은?
① 재나 미연탄소의 배출이 많다.
② 미분탄연소에 비해 연소온도가 높아 NOx 생성을 억제하는 데 불리하다.
③ 미분탄연소와는 달리 고체연료를 분쇄할 필요가 없고 이에 따른 동력손실이 없다.
④ 석회석입자를 유동층매체로 사용할 때, 별도의 배연탈황 설비가 필요하지 않다.

해설 ② 유동층 연소는 연소온도가 낮아 NOx 생성이 억제된다.

25. 디젤노킹을 억제할 수 있는 방법으로 옳지 않은 것은?
① 회전속도를 높인다.
② 급기온도를 높인다.
③ 기관의 압축비를 크게 하여 압축압력을 높인다.
④ 착화지연 기간 및 급격연소 시간의 분사량을 적게 한다.

해설 ① 회전속도를 낮춘다.
정리 디젤노킹(diesel knocking)의 방지법
• 세탄가가 높은 연료를 사용한다.
• 착화성(세탄가)이 좋은 경유를 사용한다.
• 분사개시 때 분사량을 감소시킨다.
• 분사시기를 알맞게 조정한다.
• 흡기 온도를 높인다.
• 압축비, 압축압력, 압축온도를 높인다.
• 엔진의 회전속도를 낮춘다.
• 흡인공기에 와류가 일어나게 하고, 온도를 높인다.

정답 21. ②　22. ②, ③　23. ④　24. ②　25. ①

26. 회전식 버너에 관한 설명으로 옳지 않은 것은?

① 분무각도가 40~80°로 크고, 유량조절범위도 1:5 정도로 비교적 넓은 편이다.
② 연료유는 0.3~0.5 kg/cm² 정도로 가압하여 공급하며, 직결식의 분사유량은 1,000 L/h 이하이다.
③ 연료유의 점도가 크고, 분무컵의 회전수가 작을수록 분무상태가 좋아진다.
④ 3,000~10,000 rpm으로 회전하는 컵모양의 분무컵에 송입되는 연료유가 원심력으로 비산됨과 동시에 송풍기에서 나오는 1차 공기에 의해 분무되는 형식이다.

해설 ③ 연료유의 점도가 작고, 분무컵의 회전수가 클수록 더 작은 미립자형태가 되어 분무상태가 좋아진다.

27. 액체연료에 관한 설명으로 옳지 않은 것은?

① 회분이 거의 없으며 연소, 소화, 점화의 조절이 쉽다.
② 화재, 역화의 위험이 크고, 연소 온도가 높기 때문에 국부가열의 위험이 존재한다.
③ 기체연료에 비해 밀도가 커 저장에 큰 장소가 필요하지 않고 연료의 수송도 간편한 편이다.
④ 완전연소 시 다량의 과잉공기가 필요하므로 연소장치가 대형화되는 단점이 있으며, 소화가 용이하지 않다.

해설 ④ 완전연소 시 다량의 과잉공기가 필요하지 않고, 고체 대비 점화 및 소화가 쉽다.

28. 폭굉 유도 거리(DID)가 짧아지는 요건으로 가장 거리가 먼 것은?

① 압력이 높다.
② 점화원의 에너지가 강하다.
③ 정상의 연소속도가 작은 단일가스이다.
④ 관 속에 방해물이 있거나 관내경이 작다.

해설 ③ 정상의 연소속도가 큰 가스이다.

정리 폭굉 유도 거리가 짧아지는 요건
• 관 속에 방해물이 있거나 관내경이 작을수록
• 압력이 높을수록
• 점화원의 에너지가 강할수록
• 정상의 연소속도가 큰 혼합가스일수록
→ 폭굉 유도 거리 짧아짐

29. 석탄의 탄화도가 증가할수록 나타나는 성질로 옳지 않은 것은?

① 착화온도가 높아진다.
② 연소속도가 느려진다.
③ 수분이 감소하고 발열량이 증가한다.
④ 연료비(고정탄소(%)/휘발분(%))가 감소한다.

해설 ④ 연료비(고정탄소(%)/휘발분(%))가 증가한다.

정리 탄화도 높을수록
• 고정탄소, 연료비, 착화온도, 발열량, 비중 증가함
• 수분, 이산화탄소, 휘발분, 비열, 매연 발생, 산소함량, 연소속도 감소함

30. 당량비(ϕ)에 관한 설명으로 옳지 않은 것은?

① $\phi > 1$ 경우는 불완전연소가 된다.
② $\phi > 1$ 경우는 연료가 과잉인 경우이다.
③ $\phi < 1$ 경우는 공기가 부족한 경우이다.
④ $\phi = \dfrac{\text{실제의 연료량/산화제}}{\text{완전연소를 위한 이상적 연료량/산화제}}$ 이다.

해설 ③ $\phi < 1$ 경우는 공기가 과잉인 경우이다.
더 알아보기 핵심정리 2-47

정답 26. ③ 27. ④ 28. ③ 29. ④ 30. ③

31. 고위발열량이 12,000 kcal/kg인 연료 1 kg의 성분을 분석한 결과 탄소가 87.7 %, 수소가 12 %, 수분이 0.3 %이었다. 이 연료의 저위발열량(kcal/kg)은?
① 10,350　② 10,820
③ 11,020　④ 11,350

해설　저위발열량(kcal/kg) 계산
$H_l = H_h - 600(9H + W)$
$= 12,000 - 600(9 \times 0.12 + 0.003)$
$= 11,350 \, kcal/kg$

32. 분무화 연소방식에 해당하지 않는 것은?
① 유압 분무화식　② 충돌 분무화식
③ 여과 분무화식　④ 이류체 분무화식

해설　분무화 연소 방식
- 유압 분무화식
- 충돌 분무화식
- 이류 분무화식

33. 기체연료의 연소방법 중 예혼합연소에 관한 설명으로 옳지 않은 것은?
① 화염길이가 길고 그을음이 발생하기 쉽다.
② 역화의 위험이 있어 역화방지기를 부착해야 한다.
③ 화염온도가 높아 연소부하가 큰 곳에 사용 가능하다.
④ 연소기 내부에서 연료와 공기의 혼합비가 변하지 않고 균일하게 연소된다.

해설　① 화염길이가 짧고 그을음(매연) 발생이 적다.

정리　기체연료의 연소방법
(1) 확산연소
- 연소조정범위 넓음
- 장염 발생
- 연료 분출속도 느림
- 연료의 분출속도가 클 때, 그을음이 발생하기 쉬움
- 기체연료와 연소용 공기를 버너 내에서 혼합시키지 않음
- 역화의 위험이 없으며, 공기를 예열할 수 있음

(2) 예혼합연소
- 내부에서 연료와 공기의 혼합비가 변하지 않고 균일하게 연소됨
- 화염온도가 높아 연소부하가 큰 경우에 사용이 가능함
- 짧은 불꽃 발생
- 매연 적게 생성
- 연료 유량 조절비가 큼
- 혼합기 분출속도 느릴 경우, 역화 발생 가능

34. 연소에 관한 설명으로 옳지 않은 것은?
① 표면연소는 휘발분 함유율이 적은 물질의 표면 탄소분부터 직접 연소되는 형태이다.
② 다단연소는 공기 중의 산소 공급 없이 물질 자체가 함유하고 있는 산소를 사용하여 연소하는 형태이다.
③ 증발연소는 비교적 융점이 낮은 고체연료가 연소하기 전에 액상으로 융해한 후 증발하여 연소하는 형태이다.
④ 분해연소는 분해온도가 증발온도보다 낮은 고체연료가 기상 중에 화염을 동반하여 연소할 경우 관찰되는 연소 형태이다.

해설　② 자기연소(내부연소)에 대한 설명이다.

35. S 함량이 5 %인 B-C유 400 kL를 사용하는 보일러에 S함량이 1 %인 B-C유를 50 % 섞어서 사용하면 SO_2의 배출량은 몇 % 감소하는가? (단, 기타 연소조건은 동일하며, S는 연소 시 전량 SO_2로 변환되고, S 함량에 무관하게 B-C유의 비중은 0.95임)
① 30 %　② 35 %
③ 40 %　④ 45 %

정답　31. ④　32. ③　33. ①　34. ②　35. ③

해설
- 감소하는 S(%) = 감소하는 SO_2(%)
- 감소하는 S(%) = $\left(1 - \dfrac{\text{나중 S}}{\text{처음 S}}\right) \times 100$

$= \left(1 - \dfrac{400(0.05 \times 0.5 + 0.01 \times 0.5)}{400 \times 0.05}\right) \times 100\%$

$= 40\%$

36. C 85 %, H 11 %, S 2 %, 회분 2 %의 무게비로 구성된 B-C유 1 kg을 공기비 1.3으로 완전연소시킬 때, 건조 배출가스 중의 먼지 농도(g/Sm³)는? (단, 모든 회분 성분은 먼지가 됨)

① 0.82　② 1.53　③ 5.77　④ 10.23

해설 (1) G_d
$= mA_o - 5.6H + 0.7O + 0.8N$
$= 1.3 \times \dfrac{1.867 \times 0.85 + 5.6 \times 0.11 + 0.7 \times 0.02}{0.21}$
$\quad - 5.6 \times 0.11$
$= 13.1079 \, Sm^3/kg$

(2) 연료 1 kg 연소 시 발생하는 검댕량(g)
$1,000 \, g \times 0.02 = 20 \, g$

(3) $\dfrac{\text{검댕(g)}}{\text{배기가스}(Sm^3)}$

$= \dfrac{20 \, g}{13.1079 \, Sm^3/kg \times 1 \, kg}$

$= 1.525 \, g/Sm^3$

37. 표준상태에서 CO_2 50 kg의 부피(m³)는? (단, CO_2는 이상기체라 가정)

① 12.73　② 22.40
③ 25.45　④ 44.80

해설 $50 \, kg \, CO_2 \times \dfrac{22.4 \, Sm^3}{44 \, kg} = 25.45 \, Sm^3$

38. 고체연료의 화격자 연소장치 중 연료가 화격자→석탄층→건류층→산화층→환원층을 거치며 연소되는 것으로, 연료층을 항상 균일하게 제어할 수 있고 저품질 연료도 유효하게 연소시킬 수 있어 쓰레기 소각로에 많이 이용되는 장치로 가장 적합한 것은?

① 체인 스토커(chain stoker)
② 포트식 스토커(pot stoker)
③ 산포식 스토커(spreader stoker)
④ 플라스마 스토커(plasma stoker)

해설 체인 스토커 : 자동 체인벨트에 의한 이동
· 소각, 저급연료 및 쓰레기 소각 시 사용

39. 어떤 액체연료의 연소 배출가스 성분을 분석한 결과 CO_2가 12.6 %, O_2가 6.4 %일 때, $(CO_2)_{max}$[%]는? (단, 연료는 완전연소 됨)

① 11.5　② 13.2　③ 15.3　④ 18.1

해설 $(CO_2)_{max} = \dfrac{21(CO_2 + CO)}{21 - O_2 + 0.395CO}$

$= \dfrac{21 \times 12.6}{21 - 6.4} = 18.12\%$

40. 다음 중 황함량이 가장 낮은 연료는?

① LPG　　　② 중유
③ 경유　　　④ 휘발유

해설 황함량 순서 : LPG < 휘발유 < 등유 < 경유 < 중유

제3과목　　대기오염방지기술

41. 유체의 점성에 관한 설명으로 옳지 않은 것은?

① 액체의 온도가 높아질수록 점성계수는 감소한다.
② 점성계수는 압력과 습도의 영향을 거의 받지 않는다.
③ 유체 내에 발생하는 전단응력은 유체의 속도구배에 반비례한다.
④ 점성은 유체분자 상호간에 작용하는 응집력과 인접 유체층간의 운동량 교환에 기인한다.

정답　36. ②　37. ③　38. ①　39. ④　40. ①　41. ③

해설 ③ 유체 내에 발생하는 전단응력은 유체의 속도구배에 비례한다.

정리 뉴턴의 점성 법칙

$$\tau = \mu \frac{dv}{dy}$$

여기서, τ : 전단응력
μ : 점성계수
$\frac{dv}{dy}$: 속도경사(속도구배)

42. 송풍기 회전수(N)와 유체밀도(ρ)가 일정할 때 성립하는 송풍기 상사법칙을 나타내는 식은? (단, Q : 유량, P : 풍압, L : 동력, D : 송풍기의 크기)

① $Q_2 = Q_1 \times \left[\frac{D_1}{D_2}\right]^2$

② $P_2 = P_1 \times \left[\frac{D_1}{D_2}\right]^2$

③ $Q_2 = Q_1 \times \left[\frac{D_2}{D_1}\right]^3$

④ $L_2 = L_1 \times \left[\frac{D_2}{D_1}\right]^3$

해설 직경이 일정하지 않을 때 송풍기 상사법칙
(1) 유량(Q)은 직경(D)^{3}에 비례

$$Q_2 = Q_1 \left(\frac{N_2}{N_1}\right)\left(\frac{D_2}{D_1}\right)^3$$

(2) 압력(P)은 직경(D)^{2}에 비례

$$P_2 = P_1 \left(\frac{\gamma_2}{\gamma_1}\right)\left(\frac{N_2}{N_1}\right)^2\left(\frac{D_2}{D_1}\right)^2$$

(3) 동력(W)은 직경(D)^{5}에 비례

$$W_2 = W_1 \left(\frac{\gamma_2}{\gamma_1}\right)\left(\frac{N_2}{N_1}\right)^3\left(\frac{D_2}{D_1}\right)^5$$

43. 사이클론(cyclone)의 운전조건과 치수가 집진율에 미치는 영향으로 옳지 않은 것은?

① 동일한 유량일 때 원통의 직경이 클수록 집진율이 증가한다.

② 입구의 직경이 작을수록 처리가스의 유입속도가 빨라져 집진율과 압력손실이 증가한다.

③ 함진가스의 온도가 높아지면 가스의 점도가 커져 집진율이 감소하나 그 영향은 크지 않은 편이다.

④ 출구의 직경이 작을수록 집진율이 증가하지만 동시에 압력손실이 증가하고 함진가스의 처리능력이 감소한다.

해설 ① 동일한 유량일 때 원통의 직경이 작을수록 집진율이 증가한다.

44. 사이클론(cyclone)의 가스 유입속도를 4배로 증가시키고 유입구의 폭을 3배로 늘렸을 때, 처음 Lapple의 절단입경 d_p에 대한 나중 Lapple의 절단입경 $d_p{'}$의 비는?

① 0.87
② 0.93
③ 1.18
④ 1.26

해설 라플 방정식 – 절단입경 계산식

$$d_{p50} = \sqrt{\frac{9\mu B}{2\pi N_e v(\rho_p - \rho)}}$$

$$\therefore \frac{d'_{p50}}{d_{p50}} = \sqrt{\frac{3}{4}} = 0.866$$

45. 임의로 충진한 충진탑에서 혼합물을 물리적으로 분리할 때, 액의 분배가 원활하게 이루어지지 못하면 어떤 현상이 발생할 수 있는가?

① mixing 현상
② flooding 현상
③ blinding 현상
④ channeling 현상

해설 ② 범람(flooding) 현상 : 부하점을 초과하여 유속 증가 시 가스가 액중으로 분산·범람하는 현상
③ 눈막힘(blinding) 현상 : 여과 집진장치에서 여과포가 막히는 현상
④ 편류(channeling) 현상 : 충전탑에서 흡수액 분배가 잘 되지 않아 한쪽으로만 액이 지나가는 현상

정답 42. ③ 43. ① 44. ① 45. ④

46. 입경측정방법 중 관성충돌법(cascade impactor)에 관한 설명으로 옳지 않은 것은?
① 입자의 질량크기분포를 알 수 있다.
② 되튐으로 인한 시료의 손실이 일어날 수 있다.
③ 관성충돌을 이용하여 입경을 간접적으로 측정하는 방법이다.
④ 시료채취가 용이하고 채취 준비에 많은 시간이 소요되지 않는 장점이 있으나, 단수를 임의로 설계하기가 어렵다.
[해설] ④ 시료채취가 어렵다.

47. 다음 여과포의 재질 중 최고사용온도가 가장 높은 것은?
① 오론
② 목면
③ 비닐론
④ 나일론(폴리아미드계)
[해설] 여과포의 내열온도
① 오론 : 150℃
② 목면 : 80℃
③ 비닐론 : 100℃
④ 나일론(폴리아미드계) : 110℃

48. 유해가스를 처리할 때 사용하는 충전탑(packed tower)에 관한 내용으로 옳지 않은 것은?
① 충전탑에서 hold-up은 탑의 단위면적당 충전재의 양을 의미한다.
② 흡수액에 고형물이 함유되어 있는 경우에는 침전물이 생기는 방해를 받는다.
③ 충전물을 불규칙적으로 충전했을 때 접촉면적과 압력손실이 커진다.
④ 일정양의 흡수액을 흘릴 때 유해가스의 압력손실은 가스속도의 대수 값에 비례하며, 가스속도가 증가할 때 나타나는 첫 번째 파괴점(break point)을 loading point라 한다.

[해설] ① 충전탑에서 hold-up은 충전층 내 액보유량을 의미한다.

49. 하전식 전기집진장치에 관한 설명으로 옳지 않은 것은?
① 2단식은 1단식에 비해 오존의 생성이 적다.
② 1단식은 일반적으로 산업용에 많이 사용된다.
③ 2단식은 비교적 함진 농도가 낮은 가스 처리에 유용하다.
④ 1단식은 역전리 억제에는 효과적이나 재비산 방지는 곤란하다.
[해설] ④ 1단식은 재비산 억제에는 효과적이나 역전리는 오히려 촉진된다.
[정리] 하전식 전기집진장치
(1) 1단식
 • 보통 산업용으로 많이 쓰인다.
 • 재비산 억제 효과적
 • 역전리 촉진
(2) 2단식
 • 비교적 함진농도가 낮은 가스처리에 유용하다.
 • 1단식에 비해 오존의 생성을 감소시킬 수 있다.
 • 역전리 억제 효과적
 • 재비산 방지 곤란

50. 사이클론(cyclone)을 사용하여 입자상 물질을 집진할 때, 입경에 따라 집진효율이 달라진다. 집진효율이 50%인 입경을 나타내는 용어는?
① stokes diameter
② critical diameter
③ cut size diameter
④ aerodynamic diameter
[해설] • 한계입경(critical diameter) : 집진효율이 100%인 입경
 • 절단입경(cut size diameter) : 집진효율이 50%인 입경

[정답] 46. ④ 47. ① 48. ① 49. ④ 50. ③

51. 일정한 온도하에서 어떤 유해가스와 물이 평형을 이루고 있다. 가스 분압이 38 mmHg이고 Henry 상수가 0.01 atm·m³/kg·mol일 때, 액 중 유해가스 농도(kg·mol/m³)는?

① 3.8   ② 4.0   ③ 5.0   ④ 5.8

해설 헨리의 법칙 $P = HC$ 이므로,

$$\therefore C = \frac{P}{H}$$

$$= 38\,\text{mmHg} \times \frac{\text{kg} \cdot \text{mol}}{0.01\,\text{atm} \cdot \text{m}^3} \times \frac{1\,\text{atm}}{760\,\text{mmHg}}$$

$$= 5\,\text{kg} \cdot \text{mol/m}^3$$

52. 광학현미경을 사용하여 분진의 입경을 측정할 수 있다. 이때 입자의 투영면적을 2등분하는 선의 거리로 나타낸 분진의 입경은?

① Feret경   ② Martin경
③ 등면적경   ④ Heyhood경

해설 광학적 직경
- Feret경 : 입자의 끝과 끝을 연결한 선 중 최대인 선의 길이
- Martin경 : 평면에 투영된 입자의 그림자 면적과 기준선이 평형하게 이등분하는 선의 길이(2개의 등면적으로 각 입자를 등분할 때 그 선의 길이)
- 투영면적경(등가경, Heyhood경) : 울퉁불퉁, 들쭉날쭉한 먼지의 면적과 동일한 면적을 가지는 원의 직경

53. 촉매산화식 탈취공정에 관한 설명으로 옳지 않은 것은?

① 대부분의 성분은 탄산가스와 수증기가 되기 때문에 배수처리가 필요 없다.
② 비교적 고온에서 처리하기 때문에 직접연소식에 비해 질소산화물의 발생량이 많다.
③ 광범위한 가스 조건하에서 적용이 가능하며 저농도에서도 뛰어난 탈취효과를 발휘할 수 있다.
④ 처리하고자 하는 대상가스 중의 악취성분 농도나 발생상황에 대응하여 최적의 촉매를 선정함으로써 뛰어난 탈취효과를 확보할 수 있다.

해설 ② 촉매연소는 연소온도가 낮기 때문에 직접연소식에 비해 질소산화물의 발생량이 적다.

54. 유량이 5,000 m³/h인 가스를 충전탑을 사용하여 처리하고자 한다. 충전탑 내의 가스 유속을 0.34 m/s로 할 때, 충전탑의 직경(m)은?

① 1.9   ② 2.3   ③ 2.8   ④ 3.5

해설 $Q = AV = \frac{\pi}{4}D^2 \times V$

$$\frac{5,000\,\text{m}^3}{\text{hr}} \times \frac{1\,\text{hr}}{3,600\,\text{s}} = \frac{\pi}{4}D^2 \times 0.34$$

$$\therefore D = 2.28\,\text{m}$$

55. 시멘트산업에서 일반적으로 사용하는 전기집진장치의 배출가스 조절제는?

① 물(수증기)   ② SO_3 가스
③ 암모늄염   ④ 가성소다

해설 시멘트산업에서는 먼지가 많이 발생하므로 물(수증기)을 주입한다.

56. 가연성 유해가스를 제거하기 위한 방법 중 촉매산화법에 관한 설명으로 옳지 않은 것은?

① 압력손실이 커서 운영 비용이 많이 든다.
② 체류시간은 연소 장치에서 요구되는 것보다 짧다.
③ 촉매로는 백금, 팔라듐 등의 귀금속이 활성이 크기 때문에 널리 사용된다.
④ 촉매들은 운전 시 상한온도가 있기 때문에 촉매층을 통과할 때 온도가 과도하게 올라가지 않도록 한다.

해설 ① 촉매산화법은 연소온도가 낮아 압력손실이 낮고 동력비가 적게 든다.

57. 직경이 1.2 m인 직선덕트를 사용하여 가스를 15 m/s의 속도로 수송할 때, 길이 100 m당 압력손실(mmHg)은? (단, 덕트의 마찰계수 = 0.005, 가스의 밀도 = 1.3 kg/m³)

① 19.1　　② 21.8
③ 24.9　　④ 29.8

해설 원형 직선 덕트의 압력손실

$$\Delta P = 4f \frac{L}{D} \times \frac{\gamma v^2}{2g}$$

$$= 4 \times 0.005 \times \frac{100}{1.2} \times \frac{1.3 \times 15^2}{2 \times 9.8}$$

$$= 24.87 \, mmH_2O$$

이 값의 단위를 mmHg로 환산하면,

$$24.87 \times \frac{760 \, mmHg}{10,332 \, mmH_2O} = 1.83 \, mmHg$$

더 알아보기 핵심정리 1-55 (1)

58. 20℃, 1기압에서 공기의 동점성계수는 $1.5 \times 10^{-5} \, m^2/s$이다. 관의 지름이 50 mm일 때, 그 관을 흐르는 공기의 속도(m/s)는? (단, 레이놀즈 수 = 3.5×10^4)

① 4.0　② 6.5　③ 9.0　④ 10.5

해설 레이놀즈 수

$$R_e = \frac{DV}{\nu}$$

$$3.5 \times 10^4 = \frac{0.05 \times V}{1.5 \times 10^{-5}}$$

$$\therefore V = 10.5 \, m/s$$

59. 탈취방법 중 수세법에 관한 설명으로 옳지 않은 것은?

① 고농도의 악취가스 전처리에 효과적이다.
② 조작이 간단하며 탈취효율이 우수하여 전처리과정 없이 사용된다.
③ 수온에 따라 탈취효과가 달라지고 압력손실이 큰 것이 단점이다.
④ 알데히드류, 저급유기산류, 페놀 등 친수성 극성기를 가지는 성분을 제거할 수 있다.

해설 ② 수세법은 조작은 간단하지만, 탈취효율이 낮아 전처리로 사용된다.

60. 다음 중 가스분산형 흡수장치로만 짝지어진 것은?

① 단탑, 기포탑　　② 기포탑, 충전탑
③ 분무탑, 단탑　　④ 분무탑, 충전탑

해설 흡수장치의 분류
- 가압수식(액분산형) : 충전탑, 분무탑, 벤투리 스크러버, 사이클론 스크러버, 제트 스크러버
- 유수식(가스분산형) : 단탑(포종탑, 다공판탑), 기포탑

더 알아보기 핵심정리 2-60 (5)

제4과목　대기오염공정시험기준(방법)

61. 이온크로마토그래피의 검출기에 관한 설명이다. ( ) 안에 들어갈 내용으로 가장 적합한 것은?

> (㉠)는 고성능 액체크로마토그래피 분야에서 가장 널리 사용되는 검출기로, 최근에는 이온크로마토그래피에서도 전기전도도 검출기와 병행하여 사용되기도 한다. 또한 (㉡)는 전이금속 성분의 발색반응을 이용하는 경우에 사용된다.

① ㉠ 광학 검출기, ㉡ 암페로메트릭 검출기
② ㉠ 전기화학적 검출기, ㉡ 염광광도 검출기
③ ㉠ 자외선흡수 검출기, ㉡ 가시선흡수 검출기
④ ㉠ 전기전도도 검출기, ㉡ 전기화학적 검출기

정답 57. 정답 없음(전항 정답 처리)　58. ④　59. ②　60. ①　61. ③

해설 이온크로마토그래피 검출기
자외선흡수검출기(UV 검출기)는 고성능 액체크로마토그래피 분야에서 가장 널리 사용되는 검출기이며, 최근에는 이온크로마토그래피에서도 전기전도도 검출기와 병행하여 사용되기도 한다. 또한 가시선흡수 검출기(VIS 검출기)는 전이금속 성분의 발색반응을 이용하는 경우에 사용된다.

62. 굴뚝 배출가스 중의 황산화물을 분석하는 데 사용하는 시료흡수용 흡수액은?

① 질산용액
② 붕산용액
③ 과산화수소수
④ 수산화나트륨용액

해설 황산화물 흡수액 : 과산화수소수 용액(1+9)

(더 알아보기) 핵심정리 2-76

63. 자외선/가시선 분광법에 관한 설명으로 옳지 않은 것은? (단, I_o : 입사광의 강도, I_t : 투사광의 강도)

① $\dfrac{I_t}{I_o}$를 투과도(t)라 한다.
② $\log \dfrac{I_t}{I_o}$을 흡광도(A)라 한다.
③ 투과도(t)를 백분율로 표시한 것을 투과퍼센트라 한다.
④ 자외선/가시선 분광법은 램버트-비어 법칙을 응용한 것이다.

해설 흡광도
$$A = \log \dfrac{1}{t} = \log \dfrac{I_o}{I_t}$$

(더 알아보기) 핵심정리 1-68

64. 오염물질 A의 실측농도가 250 mg/Sm³이고, 그때의 실측산소농도가 3.5%이다. 오염물질 A의 보정농도(mg/Sm³)는? (단, 오염물질 A는 표준산소농도를 적용받으며, 표준산소농도는 4%임)

① 219
② 243
③ 247
④ 286

해설 오염물질농도 보정
$$C = C_a \times \dfrac{21 - O_s}{21 - O_a}$$
$$= 250 \times \dfrac{21 - 4}{21 - 3.5} = 242.85 \, \text{mg/Sm}^3$$

여기서, C : 오염물질농도(mg/Sm³ 또는 ppm)
C_a : 실측오염물질농도(mg/Sm³ 또는 ppm)
O_s : 표준산소농도(%)
O_a : 실측산소농도(%)

65. 비분산적외선 분석기의 구성에서 ( ) 안에 들어갈 기기로 옳은 것은? (단, 복광속 분석기 기준)

광원 → (㉠) → (㉡) → 시료셀 → 검출기 → 증폭기 → 지시계

① ㉠ 광학섹터, ㉡ 회전필터
② ㉠ 회전섹터, ㉡ 광학필터
③ ㉠ 광학필터, ㉡ 회전필터
④ ㉠ 회전섹터, ㉡ 광학섹터

해설 비분산적외선 분석기 기기
광원 → 회전섹터 → 광학필터 → 시료셀 → 검출기 → 증폭기 → 지시계

66. 배출가스 중의 건조시료가스 채취량을 건식가스미터를 사용하여 측정할 때 필요한 항목에 해당하지 않는 것은?

① 가스미터의 온도
② 가스미터의 게이지압
③ 가스미터로 측정한 흡입가스량
④ 가스미터 온도에서의 포화수증기압

정답 62. ③ 63. ② 64. ② 65. ② 66. ④

해설 배출가스 중의 건조시료가스 채취량을 건식가스미터를 사용하여 측정할 때 필요한 항목
- 가스미터로 측정한 흡입가스량(L)
- 건조시료가스 채취량(L)
- 가스미터의 온도(℃)
- 대기압(mmHg)
- 가스미터의 게이지압(mmHg)

더 알아보기 핵심정리 1-60 (2)

67. 대기 중의 가스상 물질을 용매채취법에 따라 채취할 때 사용하는 순간유량계 중 면적식 유량계는?

① 노즐식 유량계
② 오리피스 유량계
③ 게이트식 유량계
④ 미스트식 가스미터

해설 환경대기 시료채취방법 – 용매채취법 – 순간유량계
- 면적식 유량계 : 부자식(floater) 유량계, 피스톤식 유량계, 게이트식 유량계
- 기타 유량계 : 오리피스(orifice) 유량계, 벤투리(venturi)식 유량계, 노즐(flow nozzle)식 유량계

68. 굴뚝을 통해 대기 중으로 배출되는 가스상의 시료를 채취할 때 사용하는 도관에 관한 설명으로 옳지 않은 것은?

① 도관의 안지름은 도관의 길이, 흡인가스의 양, 응축수에 의한 막힘, 또는 흡인펌프의 능력 등을 고려해서 4~25 mm로 한다.
② 하나의 도관으로 여러 개의 측정기를 사용할 경우 각 측정기 앞에서 도관을 병렬로 연결하여 사용한다.
③ 도관의 길이는 가능한 한 먼 곳의 시료 채취구에서도 채취가 용이하도록 100m 정도로 가급적 길게 하되, 200 m를 넘지 않도록 한다.
④ 도관은 가능한 한 수직으로 연결해야 하고 부득이 구부러진 관을 사용할 경우에는 응축수가 흘러나오기 쉽도록 경사지게(5° 이상) 한다.

해설 ③ 도관의 길이는 되도록 짧게 하고, 부득이 길게 해서 쓰는 경우에는 이음매가 없는 배관을 써서 접속 부분을 적게 하고 받침 기구로 고정해서 사용해야 하며, 76 m를 넘지 않도록 한다.

69. 굴뚝 배출가스 중의 염화수소를 분석하는 방법 중 자외선 / 가시선 분광법(흡광광도법)에 해당하는 것은?

① 질산은법
② 4-아미노안티피린법
③ 싸이오사이안산제이수은법
④ 란타넘-알리자린콤플렉손법

해설 ② 4-아미노안티피린법 – 페놀화합물
③ 싸이오사이안산제이수은법 – 염화수소
④ 란타넘-알리자린콤플렉손법 – 플루오린화합물

70. 굴뚝 배출가스 중의 질소산화물을 연속 자동측정 할 때 사용하는 화학발광 분석계의 구성에 관한 설명으로 옳지 않은 것은?

① 반응조는 시료가스와 오존가스를 도입하여 반응시키기 위한 용기로서 내부압력조건에 따라 감압형과 상압형으로 구분된다.
② 오존발생기는 산소가스를 오존으로 변환시키는 역할을 하며, 에너지원으로서 무성방전관 또는 자외선발생기를 사용한다.
③ 검출기에는 화학발광을 선택적으로 투과시킬 수 있는 발광필터가 부착되어 있어 전기신호를 발광도로 변환시키는 역할을 한다.
④ 유량제어부는 시료가스 유량제어부와 오존가스 유량제어부가 있으며 이들은 각각 저항관, 압력조절기, 니들밸브, 면적유량계, 압력계 등으로 구성되어 있다.

정답 67. ③ 68. ③ 69. ③ 70. ③

해설 ③ 검출기에는 화학발광을 선택적으로 투과시킬 수 있는 광학필터가 부착되어 있으며 발광도를 전기신호로 변환시키는 역할을 한다.

71. 굴뚝 배출가스 중의 질소산화물을 아연환원 나프틸에틸렌다이아민법에 따라 분석할 때에 관한 설명이다. ( ) 안에 들어갈 내용으로 옳은 것은?

> 시료 중의 질소산화물을 오존 존재하에서 흡수액에 흡수시켜 (㉠)으로 만들고 (㉡)을 사용하여 (㉢)으로 환원한 후 설파닐아마이드(sulfanilamide) 및 나프틸에틸렌다이아민(naphthyl ethylene diamine)을 반응시켜 얻어진 착색의 흡광도로부터 질소산화물을 정량한다.

① ㉠ 아질산이온, ㉡ 분말금속아연, ㉢ 질산이온
② ㉠ 아질산이온, ㉡ 분말황산아연, ㉢ 질산이온
③ ㉠ 질산이온, ㉡ 분말황산아연, ㉢ 아질산이온
④ ㉠ 질산이온, ㉡ 분말금속아연, ㉢ 아질산이온

해설 배출가스 중 질소산화물 – 자외선/가시선분광법 – 아연환원 나프틸에틸렌다이아민법 : 시료 중의 질소산화물을 오존 존재하에서 흡수액에 흡수시켜 질산이온으로 만들고 분말금속아연을 사용하여 아질산이온으로 환원한 후 설파닐아마이드 및 나프틸에틸렌다이아민을 반응시켜 얻어진 착색의 흡광도로부터 질소산화물을 정량한다.

72. 대기오염공정시험기준 총칙상의 시험기재 및 용어에 관한 내용으로 옳지 않은 것은?

① 시험조작 중 "즉시"란 30초 이내에 표시된 조작을 하는 것을 뜻한다.
② "감압 또는 진공"이라 함은 따로 규정이 없는 한 50 mmHg 이하를 뜻한다.
③ 용액의 액성표시는 따로 규정이 없는 한 유리전극법에 의한 pH미터로 측정한 것을 뜻한다.
④ 액체성분의 양을 "정확히 취한다"는 홀피펫, 부피플라스크 또는 이와 동등 이상의 정도를 갖는 용량계를 사용하여 조작하는 것을 뜻한다.

해설 ② "감압 또는 진공"이라 함은 따로 규정이 없는 한 15 mmHg 이하를 뜻한다.

73. 대기오염공정시험기준 총칙상의 용어 정의로 옳지 않은 것은?

① 냉수는 4℃ 이하, 온수는 60~70℃, 열수는 약 100℃를 말한다.
② 시험에 사용하는 시약은 따로 규정이 없는 한 특급 또는 1급 이상 또는 이와 동등한 규격의 것을 사용하여야 한다.
③ 기체 중의 농도를 mg/m³로 나타냈을 때 m³은 표준상태의 기체 용적을 뜻하는 것으로 Sm³로 표시한 것과 같다.
④ ppm의 기호는 따로 표시가 없는 한 기체일 때는 용량 대 용량(부피분율), 액체일 때는 중량 대 중량(중량분율)으로 표시한 것을 뜻한다.

해설 ① 냉수는 15℃ 이하, 온수는 60~70℃, 열수는 약 100℃를 말한다.

더 알아보기 핵심정리 2-70

정답 71. ④ 72. ② 73. ①

74. 대기 중의 유해 휘발성 유기화합물을 고체흡착법에 따라 분석할 때 사용하는 용어의 정의이다. ( ) 안에 들어갈 내용으로 가장 적합한 것은?

> 일정농도의 VOC가 흡착관에 흡착되는 초기 시점부터 일정시간이 흐르게 되면 흡착관 내부에 상당량의 VOC가 포화되기 시작하고 전체 VOC 양의 5%가 흡착관을 통과하게 되는데, 이 시점에서 흡착관 내부로 흘러간 총 부피를 (　　)라 한다.

① 머무름부피(retention volume)
② 안전부피(safe sample volume)
③ 파과부피(breakthrough volume)
④ 탈착부피(desorption volume)

해설 파과부피(BV, breakthrough volume)
일정농도의 VOC가 흡착관에 흡착되는 초기 시점부터 일정시간이 흐르게 되면 흡착관 내부에 상당량의 VOC가 포화되기 시작하고 전체 VOC양의 5%가 흡착관을 통과하게 되는데, 이 시점에서 흡착관 내부로 흘러간 총 부피를 파과부피라 한다.

75. 굴뚝 배출가스 중의 일산화탄소를 분석하는 방법에 해당하지 않는 것은?

① 정전위전해법
② 자외선가시선분광법
③ 비분산형적외선분석법
④ 기체크로마토그래피

해설 배출가스 중 일산화탄소 측정방법
• 자동측정법 – 비분산적외선분광분석법
• 자동측정법 – 전기화학식(정전위전해법)
• 기체크로마토그래피

76. 굴뚝 배출가스 중의 무기 플루오린화합물을 자외선/가시선 분광법에 따라 분석하여 얻은 결과이다. 플루오린화합물의 농도(ppm)는? (단, 방해이온이 존재할 경우임)

> • 검정곡선에서 구한 플루오린화합물 이온의 질량 : 1 mg
> • 건조시료가스량 : 20 L
> • 분취한 액량 : 50 mL

① 100   ② 155
③ 250   ④ 295

해설 $C = \dfrac{A_F \times V/v}{V_s} \times 1{,}000 \times \dfrac{22.4}{19}$

$C = \dfrac{1 \times 250/50}{20} \times 1{,}000 \times \dfrac{22.4}{19}$

$= 294.73 \, ppm$

여기서, C : 플루오린화합물의 농도(ppm, F)
A_F : 검정곡선에서 구한 플루오린화합물 이온의 질량(mg)
V_s : 건조시료가스량(L)
V : 시료용액 전량(mL)
(방해이온이 존재할 경우 : 250 mL, 방해이온이 존재하지 않을 경우 : 200 mL)
v : 분취한 액량(mL)

77. 원자흡수분광법에 따라 분석하여 얻은 측정결과이다. 대기 중의 납 농도(mg/m³)는?

> • 분석용시료용액 : 100 mL
> • 표준시료 가스량 : 500 L
> • 시료용액 흡광도에 상당하는 납 농도 : 0.0125 mgPb/mL

① 2.5   ② 5.0
③ 7.5   ④ 9.5

해설 $\dfrac{용질}{용액} = \dfrac{\dfrac{0.0125 \, mgPb}{mL} \times 100 \, mL}{500 \, L \times \dfrac{1 \, Sm^3}{1{,}000 \, L}}$

$= 2.5 \, mg/m^3$

78. 대기 중의 다환방향족 탄화수소(PAH)를 기체크로마토그래피에 따라 분석하고자 한다. 다음 중 체류시간(retention time)이 가장 긴 것은?

① 플루오렌(fluorene)
② 나프탈렌(naphthalene)
③ 안트라센(anthracene)
④ 벤조(a)피렌(benzo(a)pyrene)

해설 분자량이 가장 큰 벤조(a)피렌의 체류시간이 가장 길다.

79. 굴뚝 배출가스 중의 일산화탄소를 기체크로마토그래피에 따라 분석할 때에 관한 설명으로 옳지 않은 것은?

① 부피분율 99.9 % 이상의 헬륨을 운반가스로 사용한다.
② 활성알루미나(Al_2O_3 93.1 %, SiO_2 0.02 %)를 충전제로 사용한다.
③ 메테인화 반응장치가 있는 불꽃이온화검출기를 사용한다.
④ 내면을 잘 세척한 안지름이 2~4 mm, 길이가 0.5~1.5 m인 스테인리스강 재질관을 분리관으로 사용한다.

해설 ② 합성제올라이트를 충전제로 사용한다.

80. 이온크로마토그래피의 설치조건(기준)으로 옳지 않은 것은?

① 대형변압기, 고주파가열 등으로부터 전자유도를 받지 않아야 한다.
② 부식성 가스 및 먼지 발생이 적고, 진동이 없으며 직사광선을 피해야 한다.
③ 실온 15~25℃, 상대습도 30~85 % 범위로 급격한 온도 변화가 없어야 한다.
④ 공급전원은 기기의 사양에 지정된 전압 전기용량 및 주파수로 전압변동은 40 % 이하이고, 급격한 주파수 변동이 없어야 한다.

해설 ④ 공급전원은 기기의 사양에 지정된 전압 전기용량 및 주파수로 전압변동은 10 % 이하여야 한다.

정리 이온크로마토그래피 설치조건
- 실온 15~25℃, 상대습도 30~85 % 범위로 급격한 온도 변화가 없어야 한다.
- 진동이 없고 직사광선을 피해야 한다.
- 부식성 가스 및 먼지 발생이 적고 환기가 잘 되어야 한다.
- 대형변압기, 고주파가열 등으로부터의 전자유도를 받지 않아야 한다.
- 공급전원은 기기의 사양에 지정된 전압 전기용량 및 주파수로 전압변동은 10 % 이하이고 주파수 변동이 없어야 한다.

제5과목 대기환경관계법규

81. 대기환경보전법령상 환경기술인 등의 교육을 받게 하지 아니한 자에 대한 행정 처분 기준으로 옳은 것은?

① 50만원 이하의 과태료를 부과한다.
② 100만원 이하의 과태료를 부과한다.
③ 100만원 이하의 벌금에 처한다.
④ 200만원 이하의 벌금에 처한다.

해설 100만원 이하의 과태료
- 환경기술인의 준수사항을 지키지 아니한 자
- 환경기술인 등의 교육을 받게 하지 아니한 자

82. 대기환경보전법령상 수도권대기환경청장, 국립환경과학원장 또는 한국환경공단이 설치하는 대기오염 측정망의 종류가 아닌 것은?

① 도시지역의 휘발성유기화합물 등의 농도를 측정하기 위한 광화학대기오염물질측정망
② 기후·생태계변화 유발물질의 농도를 측정하기 위한 지구대기측정망
③ 대기 중의 중금속 농도를 측정하기 위한 대기중금속측정망
④ 대기오염물질의 지역배경농도를 측정하기 위한 교외대기측정망

해설 ③ 대기중금속측정망은 시·도지사가 설치하는 대기오염 측정망이다.

83. 대기환경보전법령상 개선명령의 이행보고와 관련하여 환경부령으로 정하는 대기오염도 검사기관에 해당하지 않는 것은?
① 보건환경연구원
② 유역환경청
③ 한국환경공단
④ 환경보전협회

해설 대기오염도 검사기관
1. 국립환경과학원
2. 특별시·광역시·특별자치시·도·특별자치도(시·도)의 보건환경연구원
3. 유역환경청, 지방환경청 또는 수도권대기환경청
4. 한국환경공단
5. 「국가표준기본법」에 따른 인정을 받은 시험·검사기관 중 환경부장관이 정하여 고시하는 기관

84. 대기환경관계법령상 비산먼지 발생을 억제하기 위한 시설의 설치 및 필요한 조치에 관한 기준 중 시멘트 수송공정에서 적재물은 적재함 상단으로부터 수평으로 몇 cm 이하까지 적재하여야 하는가?
① 5 cm 이하   ② 10 cm 이하
③ 20 cm 이하   ④ 30 cm 이하

해설 비산먼지 발생을 억제하기 위한 시설의 설치 및 필요한 조치에 관한 기준 – 수송
• 적재함 상단으로부터 5cm 이하까지 적재물을 수평으로 적재할 것

85. 대기환경보전법령상 분체상 물질을 싣고 내리는 공정의 경우, 비산먼지 발생을 억제하기 위해 작업을 중지해야 하는 평균풍속(m/s)의 기준은?
① 2 이상   ② 5 이상
③ 7 이상   ④ 8 이상

해설 비산먼지 발생을 억제하기 위한 시설의 설치 및 필요한 조치에 관한 기준
• 분체상 물질을 싣고 내리는 공정 – 비산먼지 발생을 억제하기 위해 작업을 중지해야 하는 평균풍속 : 8 m/s

86. 대기환경보전법령상 장거리이동대기오염물질대책위원회의 위원에는 대통령령으로 정하는 분야의 학식과 경험이 풍부한 전문가를 위촉할 수 있다. 여기서 나타내는 '대통령령으로 정하는 분야'와 가장 거리가 먼 것은?
① 예방의학 분야
② 유해화학물질 분야
③ 국제협력 분야 및 언론 분야
④ 해양 분야

해설 [개정] 현행 법규에서 삭제된 법규이므로, 이 문제는 풀지 않습니다.

87. 대기환경보전법령상 대기오염경보에 관한 설명으로 틀린 것은?
① 시·도지사는 당해 지역에 대하여 대기오염경보를 발령할 수 있다.
② 지역의 대기오염 발생 특성 등을 고려하여 특별시, 광역시 등의 조례로 경보 단계별 조치사항을 일부 조정할 수 있다.
③ 대기오염경보의 대상 지역, 대상 오염물질, 발령 기준, 경보 단계 및 경보 단계별 조치 등에 필요한 사항은 환경부령으로 정한다.
④ 경보단계 중 경보발령의 경우에는 주민의 실외활동 제한 요청, 자동차 사용의 제한 및 사업장의 연료사용량 감축 권고 등의 조치를 취하여야 한다.

해설 ③ 대기오염경보의 대상 지역은 시·도지사가 필요하다고 인정하여 지정하는 지역으로 한다.

정답 83. ④ 84. ① 85. ④ 86. ② 87. ③

정리 **대기오염경보**
- 대상 지역 : 시·도지사가 필요하다고 인정하여 지정하는 지역으로 한다.
- 대상 오염물질 : 미세먼지(PM-10), 초미세먼지(PM-2.5), 오존(O_3)
- 대기오염경보 단계별 오염물질의 농도기준은 환경부령으로 정한다.

88. 대기환경보전법령상 기후·생태계 변화 유발물질 중 "환경부령으로 정하는 것"에 해당하는 것은?

① 염화불화탄소와 수소염화불화탄소
② 염화불화산소와 수소염화불화산소
③ 불화염화수소와 불화염소화수소
④ 불화염화수소와 불화수소화탄소

해설 기후·생태계 변화 유발물질 : 지구 온난화 등으로 생태계의 변화를 가져올 수 있는 기체상물질로서 온실가스와 환경부령으로 정하는 것
- 온실가스 : 이산화탄소, 메탄, 아산화질소, 수소불화탄소, 과불화탄소, 육불화황
- 환경부령으로 정하는 것 : 염화불화탄소(CFC), 수소염화불화탄소(HCFC)

89. 대기환경보전법령상 장거리이동대기오염물질 대책위원회에 관한 사항으로 틀린 것은?

① 위원회는 위원장 1명을 포함한 25명 이내의 위원으로 구성한다.
② 위원회의 위원장은 환경부장관이 되고, 위원은 환경부령으로 정하는 중앙행정기관의 공무원 등으로서 환경부장관이 위촉하거나 임명하는 자로 한다.
③ 위원회와 실무위원회 및 장거리이동대기오염물질연구단의 구성 및 운영 등에 관하여 필요한 사항은 대통령령으로 정한다.

④ 환경부장관은 장거리이동대기오염물질 피해방지를 위하여 5년마다 관계 중앙행정기관의 장과 협의하고 시·도지사의 의견을 들어야 한다.

해설 [개정] 현행 법규에서 삭제된 법규이므로, 이 문제는 풀지 않습니다.

90. 실내공기질 관리법령상 신축 공동주택의 실내공기질 권고기준 중 "에틸벤젠" 기준으로 옳은 것은?

① 210 $\mu g/m^3$ 이하
② 300 $\mu g/m^3$ 이하
③ 360 $\mu g/m^3$ 이하
④ 700 $\mu g/m^3$ 이하

해설 신축 공동주택의 실내공기질 권고기준

물질	실내공기질 권고 기준
벤젠	30 $\mu g/m^3$ 이하
폼알데하이드	210 $\mu g/m^3$ 이하
스티렌	300 $\mu g/m^3$ 이하
에틸벤젠	360 $\mu g/m^3$ 이하
자일렌	700 $\mu g/m^3$ 이하
톨루엔	1,000 $\mu g/m^3$ 이하
라돈	148 Bq/m^3 이하

91. 대기환경보전법령상 환경부장관은 오염물질 측정기기의 운영·관리기준을 지키지 않는 사업자에 대해 조치명령을 하는 경우, 부득이한 사유인 경우 신청에 의한 연장기간까지 포함하여 최대 몇 개월의 범위에서 개선기간을 정할 수 있는가?

① 3개월 ② 6개월
③ 9개월 ④ 12개월

정답 88. ① 89. ② 90. ③ 91. ④

해설 조치명령 개선기간 6개월 + 연장 6개월 = 12개월

정리 측정기기의 개선기간
1. 환경부장관 또는 시·도지사는 조치명령을 하는 경우에는 6개월 이내의 개선기간을 정해야 한다.
2. 환경부장관 또는 시·도지사는 조치명령을 받은 자가 천재지변이나 그 밖의 부득이한 사유로 제1항에 따른 개선기간 내에 조치를 마칠 수 없는 경우에는 조치명령을 받은 자의 신청을 받아 6개월의 범위에서 개선기간을 연장할 수 있다.

92. 대기환경보전법령상 그 배출시설이 발전소의 발전 설비로서 국민경제에 현저한 지장을 줄 우려가 있어 조업정지처분을 갈음하여 과징금을 부과할 때, 3종사업장인 경우 조업정지 1일당 과징금 부과금액 기준으로 옳은 것은?
① 900만원
② 600만원
③ 450만원
④ 300만원

해설 1일당 과징금
= 1일당 부과금액 × 사업장 규모별 부과계수
= 300만원 × 1.0 = 300만원

정리 조업정지처분을 갈음한 과징금의 계산

> 과징금 = 조업정지일수 × 1일당 부과금액
>   × 사업장 규모별 부과계수

- 1일당 부과금액: 300만원
- 사업장 규모별 부과계수

사업장 구분	1종 사업장	2종 사업장	3종 사업장	4종 사업장	5종 사업장
부과 계수	2.0	1.5	1.0	0.7	0.4

93. 대기환경보전법령상 위임업무 보고사항 중 "자동차 연료 및 첨가제의 제조·판매 또는 사용에 대한 규제현황" 업무의 보고횟수 기준은?
① 연 1회
② 연 2회
③ 연 4회
④ 수시

해설 위임업무 보고사항

업무내용	보고 횟수
환경오염사고 발생 및 조치 사항	수시
수입자동차 배출가스 인증 및 검사현황	연 4회
자동차 연료 및 첨가제의 제조·판매 또는 사용에 대한 규제현황	연 2회
자동차 연료 또는 첨가제의 제조기준 적합 여부 검사현황	연료 : 연 4회 첨가제 : 연 2회
측정기기 관리대행업의 등록, 변경등록 및 행정처분 현황	연 1회

94. 대기환경보전법령상 비산먼지 발생사업으로서 "대통령령으로 정하는 사업" 중 환경부령으로 정하는 사업과 가장 거리가 먼 것은?
① 비금속물질의 채취업, 제조업 및 가공업
② 제1차 금속 제조업
③ 운송장비 제조업
④ 목재 및 광석의 운송업

해설 비산먼지 발생사업
1. 시멘트·석회·플라스터 및 시멘트 관련 제품의 제조업 및 가공업
2. 비금속물질의 채취업, 제조업 및 가공업
3. 제1차 금속 제조업
4. 비료 및 사료제품의 제조업

정답 92. ④ 93. ② 94. ④

5. 건설업
6. 시멘트, 석탄, 토사, 사료, 곡물 및 고철의 운송업
7. 운송장비 제조업
8. 저탄시설의 설치가 필요한 사업
9. 고철, 곡물, 사료, 목재 및 광석의 하역업 또는 보관업
10. 금속제품의 제조업 및 가공업
11. 폐기물 매립시설 설치·운영 사업

95. 환경정책기본법령상 대기환경기준에 해당되지 않은 항목은?

① 탄화수소(HC)
② 아황산가스(SO_2)
③ 일산화탄소(CO)
④ 이산화질소(NO_2)

해설 환경정책기본법상 대기환경기준 항목: SO_2, NO_2, O_3, CO, PM10, PM2.5, 납(Pb), 벤젠

더 알아보기 핵심정리 2-103

96. 실내공기질 관리법령상 "의료기관"의 라돈(Bq/m^3)항목 실내공기질 권고기준은?

① 148 이하
② 400 이하
③ 500 이하
④ 1,000 이하

해설 실내공기질 권고기준

오염물질 항목 다중이용시설	곰팡이 (CFU/m^3)	총휘발성 유기화합물 ($\mu g/m^3$)	이산화질소 (ppm)	라돈 (Bq/m^3)
노약자 시설	500 이하	400 이하	0.05 이하	
일반인 시설	–	500 이하	0.1 이하	148 이하
실내 주차장	–	1,000 이하	0.30 이하	

97. 대기환경보전법령상 배출시설 설치신고를 하고자 하는 경우 배출시설 설치신고서에 포함되어야 하는 사항과 가장 거리가 먼 것은?

① 배출시설 및 방지시설의 설치명세서
② 방지시설의 일반도
③ 방지시설의 연간 유지관리 계획서
④ 유해오염물질 확정 배출농도 내역서

해설 배출시설 설치허가 신청서 또는 배출시설 설치신고서에 첨부하여야 할 서류
1. 원료(연료 포함)의 사용량 및 제품 생산량과 오염물질 등의 배출량을 예측한 명세서
2. 배출시설 및 방지시설의 설치명세서
3. 방지시설의 일반도
4. 방지시설의 연간 유지관리 계획서
5. 사용 연료의 성분 분석과 황산화물 배출농도 및 배출량 등을 예측한 명세서(법 제41조 제3항 단서에 해당하는 배출시설의 경우에만 해당)
6. 배출시설 설치허가증(변경허가를 신청하는 경우에만 해당)

98. 환경정책기본법령상 오존(O_3)의 환경기준 중 8시간 평균치 기준(㉠)과 1시간 평균치 기준(㉡)으로 옳은 것은?

① ㉠ 0.06 ppm 이하, ㉡ 0.03 ppm 이하
② ㉠ 0.06 ppm 이하, ㉡ 0.1 ppm 이하
③ ㉠ 0.03 ppm 이하, ㉡ 0.03 ppm 이하
④ ㉠ 0.03 ppm 이하, ㉡ 0.1ppm 이하

해설 환경정책기본법상 대기환경기준 – O_3
• 1시간 평균치 : 0.10 ppm 이하
• 8시간 평균치 : 0.06 ppm 이하

더 알아보기 핵심정리 2-103

정답 95. ① 96. ① 97. ④ 98. ②

99. 대기환경보전법령상 운행차배출허용기준을 초과하여 개선명령을 받은 자동차에 대한 운행정지표지의 색상기준으로 옳은 것은?

① 바탕색은 노란색, 문자는 검정색
② 바탕색은 흰색, 문자는 검정색
③ 바탕색은 초록색, 문자는 흰색
④ 바탕색은 노란색, 문자는 흰색

해설 자동차 운행정지표지
  • 바탕색상 : 노란색
  • 문자색상 : 검정색

100. 실내공기질 관리법령상 이 법의 적용대상이 되는 시설 중 "대통령령이 정하는 규모의 것"에 해당하지 않는 것은?

① 여객자동차터미널의 연면적 1천 5백제곱미터 이상인 대합실
② 공항시설 중 연면적 1천 5백제곱미터 이상인 여객터미널
③ 연면적 430제곱미터 이상인 어린이집
④ 연면적 2천제곱미터 이상이거나 병상수 100개 이상인 의료기관

해설 실내공기질 관리법 적용대상
  ① 여객자동차터미널의 연면적 2천제곱미터 이상인 대합실

정답 99. ① 100. ①

대기환경기사

2021년 5월 15일 (제2회)

제1과목 대기오염개론

1. 대기 압력이 990 mb인 높이에서의 온도가 22℃일 때, 온위(K)는?

① 275.63
② 280.63
③ 286.46
④ 295.86

해설 온위

$$\theta = T\left(\frac{1,000}{P}\right)^{0.288}$$

$$= (273 + 22℃) \times \left(\frac{1,000}{990}\right)^{0.288}$$

$$= 295.855 \, K$$

2. 자동차 배출가스 정화장치인 삼원촉매장치에 관한 내용으로 옳지 않은 것은?

① HC는 CO_2와 H_2O로 산화되며, NOx는 N_2로 환원된다.
② 우수한 효율을 얻기 위해서는 엔진에 공급되는 공기연료비가 이론공연비이어야 한다.
③ 두 개의 촉매 층이 직렬로 연결되어 CO, HC, NOx를 동시에 처리할 수 있다.
④ 일반적으로 로듐촉매는 CO와 HC를 저감시키는 반응을 촉진시키고 백금촉매는 NOx를 저감시키는 반응을 촉진시킨다.

해설 삼원촉매장치

오염물질	CO, HC	NOx
제거 반응	산화 반응	환원 반응
촉매	백금(Pt), 팔라듐(Pd)	로듐(Rh)

3. 다음 중 오존층 보호와 가장 거리가 먼 것은?

① 헬싱키 의정서
② 런던 회의
③ 비엔나 협약
④ 코펜하겐 회의

해설 ① 헬싱키 의정서 : SOx 감축 결의

더 알아보기 핵심정리 2-21

4. 다음 중 오존파괴지수가 가장 작은 물질은?

① CCl_4
② CF_3Br
③ CF_2BrCl
④ $CHFClCF_3$

해설 오존층파괴지수(ODP)
CF_3Br(할론1301) > CF_2BrCl(할론1211) > CCl_4 > $CHFClCF_3$(HCFC, CFC-11)

더 알아보기 핵심정리 2-19 (5)

5. 산성비에 관한 설명으로 가장 거리가 먼 것은?

① 산성비는 대기 중에 배출되는 황산화물과 질소산화물이 황산, 질산 등의 산성 물질로 변하여 발생한다.
② 산성비 문제를 해결하기 위하여 질소산화물 배출량 또는 국가 간 이동량을 최저 30% 삭감하는 몬트리올 의정서가 채택되었다.
③ 산성비가 토양에 내리면 토양은 Ca^{2+}, Mg^{2+}, Na^+, K^+ 등의 교환성염기를 방출하고, 그 교환자리에 H^+가 치환된다.
④ 일반적으로 산성비란 pH가 5.6 이하인 강우를 뜻하는데, 이는 자연 상태에 존재하는 CO_2가 빗방울에 흡수되어 평형을 이루었을 때의 pH를 기준으로 한 것이다.

해설 ② 질소산화물 감축 협약 : 소피아 의정서

더 알아보기 핵심정리 2-21

정답 1. ④ 2. ④ 3. ① 4. ④ 5. ②

6. 1984년 인도 중부지방의 보팔시에서 발생한 대기오염사건의 원인물질은?

① CH_3CNO
② SOx
③ H_2S
④ $COCl_2$

해설 ① 보팔사건 원인물질 : 메틸이소시아네이트(MIC, CH_3CNO)

정리 물질별 사건 정리
- 포자리카 : 황화수소(H_2S)
- 보팔 : 메틸이소시아네이트(MIC, CH_3CNO)
- 세베소 : 다이옥신
- LA 스모그 : 자동차 배기가스의 NOx, 옥시던트
- 체르노빌, TMI : 방사능 물질
- 나머지 사건 : 화석연료 연소에 의한 SO_2, 매연, 먼지

7. 리차드슨 수(Ri)에 관한 내용으로 옳지 않은 것은?

① Ri수가 0에 접근하면 분산이 줄어든다.
② Ri수가 0일 때 대기는 중립상태가 되고 기계적 난류가 지배적이다.
③ Ri수가 큰 양의 값을 가지면 대류가 지배적이어서 강한 수직 운동이 일어난다.
④ Ri수는 무차원수로 대류 난류를 기계적 난류로 전환시키는 비율을 나타낸 것이다.

해설 ③ Ri수가 큰 음(−)의 값을 가지면 대류가 지배적이어서 강한 수직 운동이 일어난다.

더알아보기 핵심정리 2-29 (5)

8. 대기 중의 광화학반응에서 탄화수소와 반응하여 2차 오염물질을 형성하는 화학종과 가장 거리가 먼 것은?

① CO
② $-OH$
③ NO
④ NO_2

해설 탄화수소는 NOx, $-OH$와 광화학반응으로 2차 오염물질을 형성한다.

더알아보기 핵심정리 2-6

9. 입자상물질의 농도가 $0.25\ mg/m^3$이고, 상대습도가 70 %일 때, 가시거리(km)는? (단, 상수 A는 1.3)

① 4.3
② 5.2
③ 6.5
④ 7.2

해설 상대습도 70 %일 때의 가시거리 계산

$$L[km] = \frac{1,000 \times A}{G}$$
$$= \frac{1,000 \times 1.3}{0.25 \times 1,000} = 5.2\ km$$

더알아보기 핵심정리 1-20 (1)

10. 대기오염물질은 발생방법에 따라 1차 오염물질과 2차 오염물질로 구분할 수 있다. 2차 오염물질에 해당하는 것은?

① CO
② H_2S
③ $NOCl$
④ $(CH_3)_2S$

해설 대기오염물질의 분류
- 1차 대기오염물질 : CO, H_2S, $(CH_3)_2S$
- 2차 대기오염물질 : $NOCl$

더알아보기 핵심정리 2-6

11. 탄화수소가 관여하지 않을 경우 NO_2의 광화학 반응식이다. ㉠~㉢에 알맞은 것은? (단, O는 산소원자)

[㉠]	+	$h\nu$	→	[㉡]	+	O
O	+	[㉢]	→	[㉣]		
[㉣]	+	[㉡]	→	[㉠]	+	[㉢]

① ㉠ NO, ㉡ NO_2, ㉢ O_3, ㉣ O_2
② ㉠ NO_2, ㉡ NO, ㉢ O_2, ㉣ O_3
③ ㉠ NO, ㉡ NO_2, ㉢ O_2, ㉣ O_3
④ ㉠ NO_2, ㉡ NO, ㉢ O_3, ㉣ O_2

해설 NO_2의 광화학 반응식
$NO_2 + h\nu \rightarrow NO + O$
$O + O_2 \rightarrow O_3$
$O_3 + NO \rightarrow NO_2 + O_2$

정답 6. ① 7. ③ 8. ① 9. ② 10. ③ 11. ②

12. 표준상태에서 일산화탄소 12 ppm은 몇 $\mu g/Sm^3$인가?

① 12,000 ② 15,000
③ 20,000 ④ 22,400

해설 $12\,ppm = \dfrac{12\,mL}{Sm^3}$

$\dfrac{12\,mL}{Sm^3} \times \dfrac{28\,mg}{22.4\,mL} \times \dfrac{1,000\,\mu g}{1\,mg}$

$= 15,000\,\mu g/Sm^3$

13. 열섬효과에 관한 내용으로 가장 거리가 먼 것은?

① 구름이 많고 바람이 강한 주간에 주로 발생한다.
② 일교차가 심한 봄, 가을이나 추운 겨울에 주로 발생한다.
③ 교외지역에 비해 도시지역에 고온의 공기층이 형성된다.
④ 직경이 10 km 이상인 도시에서 자주 나타나는 현상이다.

해설 ① 구름이 적고 바람이 약한 야간에 주로 발생한다.

14. 질소산화물(NOx)에 관한 내용으로 옳지 않은 것은?

① NO_2는 적갈색의 자극성 기체로 NO보다 독성이 강하다.
② 질소산화물은 fuel NOx와 thermal NOx로 구분될 수 있다.
③ NO는 혈액 중 헤모글로빈과의 결합력이 CO보다 강하다.
④ N_2O는 무색, 무취의 기체로 대기 중에서 반응성이 매우 크다.

해설 ④ N_2O는 무색, 무취의 기체로 대기 중에서 반응성이 작다.

15. 납이 인체에 미치는 영향에 관한 일반적인 내용으로 가장 거리가 먼 것은?

① 신경, 근육 장애가 발생하며 경련이 나타난다.
② 헤모글로빈의 기본요소인 포르피린 고리의 형성을 방해한다.
③ 인체 내 노출된 납의 99 % 이상은 뇌에 축적된다.
④ 세포 내의 SH기와 결합하여 헴(heme) 합성에 관여하는 효소를 포함한 여러 세포의 효소작용을 방해한다.

해설 ③ 소화기로 섭취되면 대략 10 % 정도가 소장에서 흡수되고, 나머지는 대변으로 배출된다.

16. 고도가 높아짐에 따라 기온이 급격히 떨어져 대기가 불안정하고 난류가 심할 때, 연기의 확산 형태는?

① 상승형(lofting)
② 환상형(looping)
③ 부채형(fanning)
④ 훈증형(fumigation)

해설 대기 안정도에 따른 풀룸(연기) 형태
① 상승형 : 하층 – 안정, 상층 – 불안정
② 환상형 : 불안정
③ 부채형 : 중립
④ 훈증형 : 하층 – 불안정, 상층 – 안정

더 알아보기 핵심정리 2-33

17. 가우시안 모델을 전개하기 위한 기본적인 가정으로 가장 거리가 먼 것은?

① 연기의 확산은 정상상태이다.
② 풍하방향으로의 확산은 무시한다.
③ 고도가 높아짐에 따라 풍속이 증가한다.
④ 오염분포의 표준편차는 약 10분간의 대표치이다.

해설 ③ 풍속은 일정하다.

더 알아보기 핵심정리 2-35 (3)

정답 12. ② 13. ① 14. ④ 15. ③ 16. ② 17. ③

18. 다음 중 물질의 특성에 관한 설명으로 옳은 것은?
① 디젤차량에서는 탄화수소, 일산화탄소, 납이 주로 배출된다.
② 염화수소는 플라스틱공업, 소다공업 등에서 주로 배출된다.
③ 탄소의 순환에서 가장 큰 저장고 역할을 하는 부분은 대기이다.
④ 불소는 자연상태에서 단분자로 존재하며 활성탄 제조 공정, 연소 공정 등에서 주로 배출된다.

해설 ① 디젤차량에서는 SOx, 매연이 주로 배출된다.
③ 탄소의 순환에서 가장 큰 저장고 역할을 하는 부분은 해양이다.
④ 불소는 자연상태에서 이원자 분자로 존재하며, 알루미늄의 잔해공장이나 인산비료 공장에서 HF 또는 SiF_4 형태로 배출된다.

19. 바람에 관한 내용으로 옳지 않은 것은?
① 경도풍은 기압경도력, 전향력, 원심력이 평형을 이루어 부는 바람이다.
② 해륙풍 중 해풍은 낮 동안 햇빛에 더워지기 쉬운 육지 쪽 지표상에 상승기류가 형성되어 바다에서 육지로 부는 바람이다.
③ 지균풍은 마찰력이 무시될 수 있는 고공에서 기압경도력과 전향력이 평형을 이루어 등압선에 평행하게 직선운동을 하는 바람이다.
④ 산풍은 경사면 → 계곡 → 주계곡으로 수렴하면서 풍속이 감속되기 때문에 낮에 산 위쪽으로 부는 곡풍보다 세기가 약하다.

해설 ④ 산풍은 경사면 → 계곡 → 주계곡으로 수렴하면서 풍속이 가속되기 때문에 낮에 산 위쪽으로 부는 곡풍보다 세기가 강하다.

20. 대기 중의 오존층 파괴에 관한 설명으로 옳지 않은 것은?

① 오존층의 두께는 적도지방이 극지방보다 얇다.
② 오존층 파괴물질이 오존층을 파괴하는 자유 라디칼을 생성시킨다.
③ 성층권의 오존층 농도가 감소하면 지표면에 보다 많은 양의 자외선이 도달한다.
④ 프레온가스의 대체물질인 HCFCs(hydro-chlorofluorocarbons)은 오존층 파괴능력이 없다.

해설 ④ HCFCs은 오존층 파괴능력이 없는 것이 아니라, CFCs보다 적다.

제2과목 연소공학

21. 석탄의 탄화도가 증가할수록 나타나는 성질로 옳지 않은 것은?
① 휘발분이 감소한다.
② 발열량이 증가한다.
③ 착화온도가 낮아진다.
④ 고정탄소의 양이 증가한다.

해설 ③ 착화온도가 증가한다.
정리 탄화도 높을수록
• 고정탄소, 연료비, 착화온도, 발열량, 비중 증가함
• 수분, 이산화탄소, 휘발분, 비열, 매연 발생, 산소함량, 연소속도 감소함

22. 착화온도에 관한 설명으로 옳지 않은 것은?
① 발열량이 낮을수록 높아진다.
② 산소농도가 높을수록 낮아진다.
③ 반응활성도가 클수록 높아진다.
④ 분자구조가 간단할수록 높아진다.

해설 ③ 반응활성도가 클수록 낮아진다.
더 알아보기 핵심정리 2-38 (2)

23. 확산형 가스버너 중 포트형에 관한 설명으로 가장 거리가 먼 것은?
① 가스와 공기를 함께 가열할 수 있다.
② 포트의 입구가 작으면 슬래그가 부착되어 막힐 우려가 있다.
③ 역화의 위험이 있기 때문에 반드시 역화방지기를 부착해야 한다.
④ 밀도가 큰 가스 출구는 상부에, 밀도가 작은 가스 출구는 하부에 배치되도록 설계한다.

해설 ③ 포트형은 확산 연소방식이므로, 역화의 위험이 없다.

더 알아보기 핵심정리 2-51

24. 공기 중의 산소 공급 없이 연료 자체가 함유하고 있는 산소를 이용하여 연소하는 연소형태는?
① 자기연소 ② 확산연소
③ 표면연소 ④ 분해연소

해설 연소의 형태
② 확산연소 : 가연성 연료와 외부 공기가 서로 확산에 의해 혼합하면서 화염을 형성하는 연소형태
③ 표면연소 : 고체연료 표면에 고온을 유지시켜 표면에서 반응을 일으켜 내부로 연소가 진행되는 형태
④ 분해연소 : 증발온도보다 분해온도가 낮은 경우 가열에 의해 열분해되어 휘발하기 쉬운 성분의 표면에서 떨어져 나와 연소하는 현상

25. 석탄·석유 혼합연료(COM)에 관한 설명으로 가장 적합한 것은?
① 별도의 탈황, 탈질 설비가 필요 없다.
② 별도의 개조 없이 중유 전용 연소시설에 사용될 수 있다.
③ 미분쇄한 석탄에 물과 첨가제를 섞어서 액체화시킨 연료이다.
④ 연소가스의 연소실 내 체류시간 부족, 분서변의 폐쇄와 마모 등의 문제점을 갖는다.

해설 ① 재와 매연처리시설(NOx, SOx, 분진처리시설) 필요함
② 중유 전용 보일러를 사용하는 곳에는 바로 사용할 수 없어 개조가 필요함
③ 중유 중에서 석탄을 분쇄, 혼합하며 슬러리로 만든 연료

26. 저발열량이 6,000 kcal/Sm³, 평균정압비열이 0.38 kcal/Sm³·℃인 가스연료의 이론연소온도(℃)는? (단, 이론 연소가스량은 10 Sm³/Sm³, 연료와 공기의 온도는 15℃, 공기는 예열되지 않으며 연소가스는 해리되지 않음)
① 1,385 ② 1,412
③ 1,496 ④ 1,594

해설 기체연료의 이론연소온도
$$t_o = \frac{H_l}{G \times C_p} + t$$
$$= \frac{6,000 \, \text{kcal/Sm}^3}{10 \, \text{Sm}^3/\text{Sm}^3 \times 0.38 \, \text{kcal/Sm}^3 \cdot ℃} + 15℃$$
$$= 1,593.94℃$$

27. 기체연료의 일반적인 특징으로 가장 거리가 먼 것은?
① 적은 과잉공기로 완전연소가 가능하다.
② 연소 조절, 점화 및 소화가 용이한 편이다.
③ 연료의 예열이 쉽고, 저질연료로 고온을 얻을 수 있다.
④ 누설에 의한 역화·폭발 등의 위험이 작고, 설비비가 많이 들지 않는다.

해설 ④ 기체연료는 누설에 의한 역화·폭발 등의 위험이 크고, 설비비가 다른 연료보다 크다.

28. 중유를 A, B, C 중유로 구분할 때, 구분 기준은?
① 점도 ② 비중
③ 착화온도 ④ 유황함량

해설 중유는 점도로 A, B, C를 구분한다.

29. 중유를 사용하는 가열로의 배출가스를 분석한 결과 $N_2 : 80\%$, $CO : 12\%$, $O_2 : 8\%$의 부피비를 얻었다. 공기비는?
① 1.1 ② 1.4
③ 1.6 ④ 2.0

해설 공기비$(m) = \dfrac{N_2}{N_2 - 3.76(O_2 - 0.5CO)}$
$= \dfrac{80}{80 - 3.76 \times (8 - 0.5 \times 12)}$
$= 1.1$

30. 메탄 1 mol이 완전연소할 때, AFR은? (단, 부피 기준)
① 6.5 ② 7.5
③ 8.5 ④ 9.5

해설 공기연료비(AFR)
$CH_4 + 2O_2 \rightarrow CO_2 + 2H_2O$
$\therefore AFR = \dfrac{공기(mole)}{연료(mole)}$
$= \dfrac{산소(mole)/0.21}{연료(mole)}$
$= \dfrac{2/0.21}{1} = 9.52$

31. 프로판과 부탄을 1 : 1의 부피비로 혼합한 연료를 연소했을 때, 건조 배출가스 중의 CO_2 농도가 10 %이다. 이 연료 4 m^3를 연소했을 때 생성되는 건조 배출가스의 양(Sm^3)은? (단, 연료 중의 C성분은 전량 CO_2로 전환)
① 105 ② 140
③ 175 ④ 210

해설 혼합기체의 건조가스량 계산

50 % : $C_3H_8 + 5O_2 \rightarrow 3CO_2 + 4H_2O$
$\quad\quad\quad 2\,m^3 \quad\quad\quad\quad 6\,m^3$

50 % : $C_4H_{10} + 6.5O_2 \rightarrow 4CO_2 + 5H_2O$
$\quad\quad\quad 2\,m^3 \quad\quad\quad\quad 8\,m^3$

(1) 프로판과 부탄의 CO_2 발생량(Sm^3/Sm^3) 계산
$6 + 8 = 14\,m^3$

(2) 건조 가스량 계산
$\dfrac{CO_2(m^3)}{G_{od}(m^3)} = 0.1$

$\therefore G_{od} = \dfrac{CO_2}{0.1} = \dfrac{14}{0.1} = 140\,m^3$

32. C : 85 %, H : 10 %, S : 5 %의 중량비를 갖는 중유 1 kg을 1.3의 공기비로 완전연소시킬 때, 건조 배출가스 중의 이산화황 부피 분율(%)은? (단, 황 성분은 전량 이산화황으로 전환)
① 0.18 ② 0.27
③ 0.34 ④ 0.45

해설 $G_d[Sm^3/kg]$으로 $SO_2[\%]$ 계산

(1) $A_o = \dfrac{O_o}{0.21}$
$= \dfrac{1.867C + 5.6\left(H - \dfrac{O}{8}\right) + 0.7S}{0.21}$
$= \dfrac{1.867 \times 0.85 + 5.6 \times 0.10 + 0.7 \times 0.05}{0.21}$
$= 10.3902\,Sm^3/kg$

(2) $G_d = mA_o - 5.6H + 0.7O + 0.8N$
$= 1.3 \times 10.3902 - 5.6 \times 0.10$
$= 12.9473\,Sm^3/kg$

(3) $SO_2[\%] = \dfrac{SO_2}{G_d} \times 100\% = \dfrac{0.7S}{G_d} \times 100\%$
$= \dfrac{0.7 \times 0.05}{12.9473} \times 100\%$
$= 0.2703\,\%$

정답 28. ① 29. ① 30. ④ 31. ② 32. ②

33. 액화석유가스(LPG)에 관한 설명으로 가장 거리가 먼 것은?
① 발열량이 높고, 유황분이 적은 편이다.
② 증발열이 5~10 kcal/kg로 작아 취급이 용이하다.
③ 비중이 공기보다 커서 누출 시 인화·폭발의 위험성이 높은 편이다.
④ 천연가스에서 회수되거나 나프타의 열분해에 의해 얻어지기도 하지만 대부분 석유 정제 시 부산물로 얻어진다.

해설 ② 액체연료는 기체로 기화될 때 증발열이 90~100 kcal/kg로 커서 취급이 위험하고 열손실이 큰 단점이 있다.

34. 수소 13 %, 수분 0.7 %이 포함된 중유의 고발열량이 5,000 kcal/kg일 때, 이 중유의 저발열량(kcal/kg)은?
① 4,126   ② 4,294
③ 4,365   ④ 4,926

해설 저위발열량(kcal/kg) 계산
$H_l = H_h - 600(9H + W)$
$= 5,000 - 600(9 \times 0.13 + 0.007)$
$= 4,293.8 \, kcal/kg$

35. 매연 발생에 관한 설명으로 옳지 않은 것은?
① 연료의 C/H 비가 클수록 매연이 발생하기 쉽다.
② 분해되기 쉽거나 산화되기 쉬운 탄화수소는 매연 발생이 적다.
③ 탄소결합을 절단하기보다 탈수소가 쉬운 쪽이 매연이 발생하기 쉽다.
④ 중합 및 고리화합물 등과 같이 반응이 일어나기 쉬운 탄화수소일수록 매연 발생이 적다.

해설 검댕(그을음, 매연)의 발생 특징 - 액체연료
④ 중합 및 고리화합물 등과 같이 반응이 일어나기 쉬운 탄화수소일수록 매연이 잘 발생한다.

더알아보기 핵심정리 2-54 (1)

36. 불꽃점화기관에서 연소과정 중 발생하는 노킹현상을 방지하기 위한 기관의 구조에 관한 설명으로 가장 거리가 먼 것은?
① 연소실을 구형(circular type)으로 한다.
② 점화플러그를 연소실 중심에 설치한다.
③ 난류를 증가시키기 위해 난류생성 pot을 부착시킨다.
④ 말단가스를 고온으로 하기 위해 삼원촉매시스템을 사용한다.

해설 ④ 삼원촉매시스템은 배기가스의 오염물질을 저감하기 위해 사용한다.

정리 엔진 구조에 대한 노킹방지 대책
• 연소실을 구형(circular type)으로 한다.
• 점화플러그는 연소실 중심에 부착시킨다.
• 난류를 증가시키기 위해 난류생성 pot을 부착시킨다.

37. 연소 배출가스의 성분 분석결과 CO_2가 30 %, O_2가 7 %일 때, $(CO_2)_{max}$[%]는? (단, 완전연소 기준)
① 35   ② 40
③ 45   ④ 50

해설 $(CO_2)_{max} = \dfrac{21(CO_2 + CO)}{21 - O_2 + 0.395 CO}$
$= \dfrac{21 \times 30}{21 - 7} = 45\%$

정답 33. ② 34. ② 35. ④ 36. ④ 37. ③

38. 가연성 가스의 폭발범위와 그 위험도에 관한 설명으로 옳지 않은 것은?

① 폭발하한값이 높을수록 위험도가 증가한다.
② 일반적으로 가스의 온도가 높아지면 폭발범위가 넓어진다.
③ 폭발한계농도 이하에서는 폭발성 혼합가스를 생성하기 어렵다.
④ 가스 압력이 높아졌을 때 폭발하한값은 크게 변하지 않으나 폭발상한값은 높아진다.

해설 ① 폭발하한값이 낮을수록 폭발 가능성이 크고, 위험도가 증가한다.

39. 액체연료의 연소버너에 관한 설명으로 가장 거리가 먼 것은?

① 유압분무식 버너는 유량조절 범위가 좁은 편이다.
② 회전식 버너는 유압식 버너에 비해 연료유의 분무화 입경이 크다.
③ 고압공기식 버너의 분무각도는 40~90° 정도로 저압공기식 버너에 비해 넓은 편이다.
④ 저압공기식 버너는 주로 소형 가열로에 이용되고, 분무에 필요한 공기량은 이론 연소 공기량의 30~50 % 정도이다.

해설 ③ 고압공기식 버너의 분무각도는 20~30° 정도로 저압공기식 버너에 비해 좁은 편이다.

40. 등가비(ϕ, equivalent ratio)에 관한 내용으로 옳지 않은 것은?

① 등가비(ϕ)는
$$\frac{\text{실제 연료량/산화제}}{\text{완전연소를 위한 이상적 연료량/산화제}}$$
로 정의된다.
② $\phi < 1$일 때, 공기 과잉이며 일산화탄소(CO) 발생량이 적다.
③ $\phi > 1$일 때, 연료 과잉이며 질소산화물(NOx) 발생량이 많다.
④ $\phi = 1$일 때, 연료와 산화제의 혼합이 이상적이며 연료가 완전연소된다.

해설 ③ $\phi > 1$일 때, 연료 과잉이며 매연, CO 발생량이 많다.

더 알아보기 핵심정리 2-47

제3과목 대기오염방지기술

41. 집진율이 85 %인 사이클론과 집진율이 96 %인 전기집진장치를 직렬로 연결하여 입자를 제거할 경우, 총 집진효율(%)은?

① 90.4
② 94.4
③ 96.4
④ 99.4

해설 $\eta_T = 1 - (1 - \eta_1)(1 - \eta_2)$
$= 1 - (1 - 0.85)(1 - 0.96)$
$= 0.994 = 99.4 \%$

42. 다음에서 설명하는 후드 형식으로 가장 적합한 것은?

> 작업을 위한 하나의 개구면을 제외하고 발생원 주위를 전부 에워싼 것으로 그 안에서 오염물질이 발산된다. 오염물질의 송풍 시 낭비되는 부분이 적은데 이는 개구면 주변의 벽이 라운지 역할을 하고, 측벽은 외부로부터의 분기류에 의한 방해에 대한 방해판 역할을 하기 때문이다.

① slot형 후드
② booth형 후드
③ canopy형 후드
④ exterior형 후드

정답 38. ① 39. ③ 40. ③ 41. ④ 42. ②

해설 후드의 종류
① 슬롯(slot)형 후드 : 폭이 좁고 긴 직사각형의 후드
③ 천개(canopy)형 후드 : 가열된 상부개방 오염원에서 배출되는 오염물질 포집에 사용
④ 외부(exterior)형 후드 : 발생원과 후드가 일정 거리 떨어져 있는 후드

43. 다음에서 설명하는 송풍기 유형은?

> 후향 날개형을 정밀하게 변형시킨 것으로 원심력 송풍기 중 효율이 가장 좋아 대형 냉난방 공기조화장치, 산업용 공기청정장치 등에 주로 사용되며, 에너지 절감효과가 뛰어나다.

① 프로펠러형(propeller)
② 비행기 날개형(airfoil blade)
③ 방사 날개형(radial blade)
④ 전향 날개형(forward curved)

해설 후향 날개형(터보형)을 변형한 것은 비행기 날개형(익형)이다.

44. 전기집진기의 음극(-) 코로나 방전에 관한 내용으로 옳은 것은?

① 주로 공기정화용으로 사용된다.
② 양극(+) 코로나 방전에 비해 전계강도가 약하다.
③ 양극(+) 코로나 방전에 비해 불꽃 개시전압이 낮다.
④ 양극(+) 코로나 방전에 비해 코로나 개시전압이 낮다.

해설 음극 코로나와 양극 코로나의 비교

종류	음극(-) 코로나	양극(+) 코로나
정의	전기집진장치에서 방전극을(-)극, 집진극을(+)극으로 했을 때, 방전극에 나타나는 코로나	전기집진장치에서 방전극을(+)극, 집진극을(-)극으로 했을 때, 방전극에 나타나는 코로나
특징	• 코로나 개시전압이 낮음 • 불꽃 개시전압이 높음 • 전계강도 강함 • 방전극에서 발생하는 산소라디칼이 공기 중 산소와 결합하여 다량의 오존 발생	• 코로나 개시전압이 높음 • 불꽃 개시전압이 낮음 • 전계강도 약함 • 오존 발생 적음
용도	산업용, 공업용	가정용, 공기정화용

45. 층류의 흐름인 공기 중을 입경이 2.2 μm, 밀도가 2,400 g/L인 구형입자가 자유낙하하고 있다. 구형입자의 종말속도(m/s)는? (단, 20℃에서 공기의 밀도는 1.29 g/L, 공기의 점도는 1.81×10^{-4} poise)

① 3.5×10^{-6}
② 3.5×10^{-5}
③ 3.5×10^{-4}
④ 3.5×10^{-3}

해설 입자의 침강속도(Stokes 식)

$$V_g = \frac{(\rho_p - \rho)d^2 g}{18\mu}$$

$$= \frac{(2,400 - 1.29)\text{kg/m}^3 \times (2.2 \times 10^{-6}\text{m})^2 \times 9.8\text{m/s}^2}{18 \times 1.81 \times 10^{-4} \text{poise} \times \frac{0.1 \text{kg/m} \cdot \text{s}}{1 \text{poise}}}$$

$$= 3.49 \times 10^{-4} \text{m/s}$$

정리 1 poise = 1 g/cm·s = 0.1 kg/m·s

정답 43. ② 44. ④ 45. ③

46. 유해가스 흡수장치 중 충전탑(Packed tower)에 관한 설명으로 옳지 않은 것은?

① 온도의 변화가 큰 곳에는 적응성이 낮고, 희석열이 심한 곳에는 부적합하다.
② 충전제에 흡수액을 미리 분사시켜 엷은 층을 형성시킨 후 가스를 유입시켜 기·액 접촉을 극대화한다.
③ 액분산형 가스흡수장치에 속하며, 효율을 높이기 위해서는 가스의 용해도를 증가시켜야 한다.
④ 흡수액을 통과시키면서 가스유속을 증가시킬 때, 충전층 내의 액보유량이 증가하는 것을 flooding이라 한다.

해설 ④ loading : 흡수액을 통과시키면서 가스유속을 증가시킬 때, 충전층 내의 액보유량이 현저히 증가하는 현상
범람(flooding) : 부하점을 초과하여 유속 증가 시 가스가 액중으로 분산·범람하는 현상

47. 미세입자가 운동하는 경우에 작용하는 마찰저항력(drag force)에 관한 내용으로 가장 거리가 먼 것은?

① 마찰저항력은 항력계수가 커질수록 증가한다.
② 마찰저항력은 입자의 투영면적이 커질수록 증가한다.
③ 마찰저항력은 레이놀즈 수가 커질수록 증가한다.
④ 마찰저항력은 상대속도의 제곱에 비례하여 증가한다.

해설 ③ 마찰저항력은 레이놀즈 수가 커질수록 감소한다.

정리 항력(drag force)

$$D = C_D A \frac{\rho V^2}{2}$$

$$C_D = \frac{24}{R_e}$$

여기서, D : 항력(drag force)
C_D : 항력계수

A : 입자의 투영면적
ρ : 유체의 밀도
V : 유체 – 입자 상대 속도

48. 유해가스 처리에 사용되는 흡수액의 조건으로 옳은 것은?

① 점성이 커야 한다.
② 끓는점이 높아야 한다.
③ 용해도가 낮아야 한다.
④ 어는점이 높아야 한다.

해설 흡수액의 구비요건
• 용해도가 높아야 한다.
• 용매의 화학적 성질과 비슷해야 한다.
• 흡수액의 점성이 비교적 낮아야 한다.
• 휘발성이 낮아야 한다.(끓는점이 높아야 한다.)

49. 다이옥신의 처리 방법에 관한 내용으로 옳지 않은 것은?

① 촉매분해법 : 금속산화물(V_2O_5, TiO_2), 귀금속(Pt, Pd)이 촉매로 사용된다.
② 오존분해법 : 산성 조건일수록 분해속도가 빨라지는 것으로 알려져 있다.
③ 광분해법 : 자외선 파장(250~340 nm)이 가장 효과적인 것으로 알려져 있다.
④ 열분해방법 : 산소가 아주 적은 환원성 분위기에서 탈염소화, 수소첨가반응 등에 의해 분해시킨다.

해설 ② 오존분해법(산화법) : 수중 분해 시 순수의 경우는 염기성일수록, 온도가 높을수록 분해가 잘 된다.

50. 원형 덕트(duct)의 기류에 의한 압력손실에 관한 내용으로 옳지 않은 것은?

① 곡관이 많을수록 압력손실이 작아진다.
② 관의 길이가 길수록 압력손실은 커진다.
③ 유체의 유속이 클수록 압력손실은 커진다.
④ 관의 직경이 클수록 압력손실은 작아진다.

정답 46. ④ 47. ③ 48. ② 49. ② 50. ①

해설 ① 곡관이 적을수록 압력손실이 작아진다.
정리 원형 덕트의 압력손실
$$\Delta P = F \times P_v = 4f \frac{L}{D} \times \frac{\gamma v^2}{2g}$$

51. 배출가스 중의 일산화탄소를 제거하는 방법 중 가장 실질적이고, 확실한 것은?
① 활성탄 등의 흡착제를 사용하여 흡착 제거
② 벤투리 스크러버나 충전탑 등으로 세정하여 제거
③ 탄산나트륨을 사용하는 시보드법을 적용하여 제거
④ 백금계 촉매를 사용하여 무해한 이산화탄소로 산화시켜 제거

해설 일산화탄소(CO) 처리방법 : 백금계의 촉매를 사용하여 연소(촉매연소법)

52. NO 농도가 250 ppm인 배기가스 2,000 Sm³/min을 CO를 이용한 선택적 접촉 환원법으로 처리하고자 한다. 배기가스 중의 NO를 완전히 처리하기 위해 필요한 CO의 양 (Sm³/h)은?
① 30 ② 35
③ 40 ④ 45

해설 $NO + CO \rightarrow NO_2 + CO_2$
NO : CO
$1\,Sm^3 : 1\,Sm^3$

$\frac{250\,mL}{m^3} \times \frac{2,000\,Sm^3}{min} \times \frac{60\,min}{1\,hr} \times \frac{1\,m^3}{10^6\,mL}$
: x [Sm³/hr]
∴ x = 30 Sm³/h

53. 유해가스의 처리에 사용되는 흡착제에 관한 일반적인 설명으로 가장 거리가 먼 것은?
① 실리카겔은 250℃ 이하에서 물과 유기물을 잘 흡착한다.
② 활성탄은 극성물질 제거에는 효과적이지만, 유기용매 회수에는 효과적이지 않다.
③ 활성알루미나는 기체 건조에 주로 사용되며 가열로 재생시킬 수 있다.
④ 합성제올라이트는 극성이 다른 물질이나 포화 정도가 다른 탄화수소의 분리에 효과적이다.

해설 ② 활성탄은 무극성물질(유기용매 등) 흡착 제거에 효과적이다.

54. 집진장치의 압력손실이 300 mmH₂O, 처리가스량이 500 m³/min, 송풍기 효율이 70 %, 여유율이 1.0이다. 송풍기를 하루에 10시간씩 30일을 가동할 때, 전력요금(원)은? (단, 전력요금은 1 kWh당 50원)
① 525,210
② 1,050,420
③ 31,512,605
④ 22,058,823

해설 (1) 송풍기 소요동력
$$P = \frac{Q \times \Delta P \times \alpha}{102 \times \eta}$$
$$= \frac{\left(500\,m^3/min \times \frac{1\,min}{60\,s}\right) \times 300 \times 1.0}{102 \times 0.7}$$
$$= 35.014\,kW$$
여기서, P : 소요동력(kW)
Q : 처리가스량(m³/s)
ΔP : 압력(mmH₂O)
α : 여유율(안전율)
η : 효율

(2) 전력요금
$35.014\,kW \times 30\,d \times \frac{10\,hr}{1\,d} \times \frac{50\,원}{1\,kWh}$
$= 525,210$ 원

55. 여과집진장치의 탈진방식에 관한 설명으로 옳지 않은 것은?
① 간헐식은 먼지의 재비산이 적고 높은 집진율을 얻을 수 있다.
② 연속식은 탈진 시 먼지의 재비산이 일어나 간헐식에 비해 집진율이 낮고 여포의 수명이 짧은 편이다.
③ 연속식은 포집과 탈진이 동시에 이루어져 압력손실의 변동이 크므로 고농도, 저용량의 가스처리에 효율적이다.
④ 간헐식의 여포 수명은 연속식에 비해서는 긴 편이고, 점성이 있는 조대먼지를 탈진할 경우 여포손상의 가능성이 있다.

해설 ③ 연속식은 포집과 탈진이 동시에 이루어져 압력손실의 변동이 일정하므로 고농도, 대용량 가스처리에 효율적이다.

56. 전기집진장치에서 먼지의 전기비저항이 높은 경우 전기비저항을 낮추기 위해 일반적으로 주입하는 물질과 가장 거리가 먼 것은?
① NH_3
② $NaCl$
③ H_2SO_4
④ 수증기

해설 전기비저항 이상 시 대책
- 전기비저항을 높일 때 : NH_3 주입, 가스유속 감소
- 전기비저항을 낮출 때 : 물(수증기), 무수황산(H_2SO_4), SO_3, 소다회(Na_2CO_3), NaCl, TEA 등 주입, 탈진빈도를 늘리거나 타격강도를 높임

더 알아보기 핵심정리 2-62 (3)

57. 다음 그림과 같은 배기시설에서 관 DE를 지나는 유체의 속도는 관 BC를 지나는 유체 속도의 몇 배인가? (단, ϕ는 관의 직경, Q는 유량, 마찰손실과 밀도 변화는 무시)

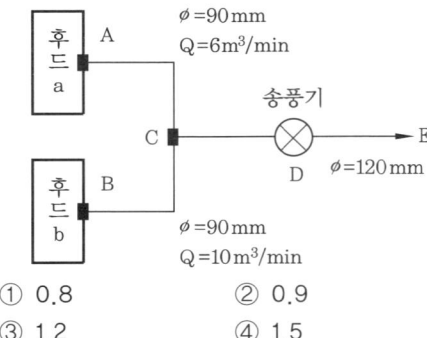

① 0.8
② 0.9
③ 1.2
④ 1.5

해설
- 관 DE 직경 : 120 mm, Q : 16 m^3/min
- 관 BC 직경 : 90 mm, Q : 10 m^3/min

$$\frac{v_{DE}}{v_{BC}} = \frac{\dfrac{16}{\dfrac{\pi}{4}(120)^2}}{\dfrac{10}{\dfrac{\pi}{4}(90)^2}} = 0.9$$

58. 사이클론(cyclone)에서 50%의 집진효율로 제거되는 입자의 최소입경을 나타내는 용어는?
① critical diameter
② average diameter
③ cut size diameter
④ analytical diameter

해설
- critical diameter(한계입경) : 집진효율이 100%인 입경
- cut size diameter(절단입경) : 집진효율이 50%인 입경

정답 55. ③ 56. ① 57. ② 58. ③

59. 환기시설의 설계에 사용하는 보충용 공기에 관한 설명으로 가장 거리가 먼 것은?

① 환기시설에 의해 작업장에서 배기된 만큼의 공기를 작업장 내로 재공급하여야 하는데, 이를 보충용 공기라 한다.
② 보충용 공기는 일반 배기가스용 공기보다 많도록 조절하여 실내를 약간 양(+)압으로 하는 것이 좋다.
③ 보충용 공기의 유입구는 작업장이나 다른 건물의 배기구에서 나온 유해물질의 유입을 유도하기 위해서 최대한 바닥에 가깝도록 한다.
④ 여름에는 보통 외부공기를 그대로 공급하지만, 공정 내의 열부하가 커서 제어해야 하는 경우에는 보충용 공기를 냉각하여 공급한다.

해설 ③ 보충용 공기의 유입구는 작업장이나 다른 건물의 배기구에서 나온 유해물질의 유입을 유도할 수 있는 위치로서 바닥에서 2.4~3 m 정도에서 유입하도록 한다.

60. 배출가스 내의 NOx 제거방법 중 건식법에 관한 설명으로 옳지 않은 것은?

① 현재 상용화된 대부분의 선택적 촉매 환원법(SCR)은 환원제로 NH_3 가스를 사용한다.
② 흡착법은 흡착제로 활성탄, 실리카겔 등을 사용하며, 특히 NO를 제거하는 데 효과적이다.
③ 선택적 촉매 환원법(SCR)은 촉매층에 배기가스와 환원제를 통과시켜 NOx를 N_2로 환원시키는 방법이다.
④ 선택적 비촉매 환원법(SNCR)의 단점은 배출가스가 고온이어야 하고, 온도가 낮을 경우 미반응된 NH_3가 배출될 수 있다는 것이다.

해설 ② NO 제거는 선택적 접촉환원법이 효과적이다.

제4과목 대기오염공정시험기준(방법)

61. 굴뚝 배출가스 중의 브로민(브롬)화합물 분석에 사용되는 흡수액은?

① 붕산용액
② 수산화소듐용액
③ 다이에틸아민동용액
④ 황산+과산화수소+증류수

해설 수산화소듐이 흡수액인 분석물질 : 염화수소, 플루오린화합물, 사이안화수소, 브로민화합물, 페놀, 비소

더 알아보기 핵심정리 2-76

62. 불꽃이온화검출기법에 따라 분석하여 얻은 대기 시료에 대한 측정결과이다. 대기 중의 일산화탄소 농도(ppm)는?

- 교정용 가스 중의 일산화탄소 농도 : 30 ppm
- 시료 공기 중의 일산화탄소 피크 높이 : 10 mm
- 교정용 가스 중의 일산화탄소 피크 높이 : 20 mm

① 15   ② 35
③ 40   ④ 60

해설 $C = Cs \times \dfrac{L}{Ls} = 30 \times \dfrac{10}{20} = 15\,\text{ppm}$

여기서, C : 일산화탄소 농도(μmol/mol)
Cs : 교정용 가스 중의 일산화탄소 농도(μmol/mol)
L : 시료 공기 중의 일산화탄소의 피크 높이(mm)
Ls : 교정용 가스 중의 일산화탄소 피크 높이(mm)

정답 59. ③ 60. ② 61. ② 62. ①

63. 굴뚝 배출가스 중의 산소를 오르자트 분석법에 따라 분석할 때에 관한 설명으로 옳지 않은 것은?
① 탄산가스 흡수액으로 수산화포타슘 용액을 사용한다.
② 산소 흡수액을 만들 때는 되도록 공기와의 접촉을 피한다.
③ 각각의 흡수액을 사용하여 탄산가스, 산소 순으로 흡수한다.
④ 산소 흡수액은 물에 수산화소듐을 녹인 용액과 물에 피로가롤을 녹인 용액을 혼합한 용액으로 한다.

해설 [개정] "배출가스 중 산소 – 화학분석법(오르자트분석법)"은 공정시험기준에서 삭제되어 더 이상 출제되지 않습니다.

64. 염산(1+4) 용액을 조제하는 방법은?
① 염산 1용량에 물 2용량을 혼합한다.
② 염산 1용량에 물 3용량을 혼합한다.
③ 염산 1용량에 물 4용량을 혼합한다.
④ 염산 1용량에 물 5용량을 혼합한다.

해설 염산(1+4) 용액 : 염산 1용량+물 4용량

65. 굴뚝 배출가스 중의 폼알데하이드를 크로모트로핀산 자외선/가시선 분광법에 따라 분석할 때, 흡수 발색액 제조에 필요한 시약은?
① H_2SO_4
② NaOH
③ NH_4OH
④ CH_3COOH

해설 폼알데하이드 – 크로모트로핀산 흡수액 : 크로모트로핀산 + 황산

더알아보기 핵심정리 2-76

66. 흡광차분광법에 따라 분석하는 대기오염물질과 그 물질에 대한 간섭성분의 연결이 옳은 것은?
① 오존(O_3) – 벤젠(C_6H_6)의 영향
② 이산화황(SO_2) – 오존(O_3)의 영향
③ 일산화탄소(CO) – 수분(H_2O)의 영향
④ 질소산화물(NOx) – 톨루엔($C_6H_5CH_3$)의 영향

해설 흡광차분광법 간섭물질
• 오존(O_3) – 이산화황, 질소산화물
• 이산화황(SO_2) – 오존, 질소산화물
• 질소산화물(NOx) – 오존, 이산화황

67. 기체크로마토그래피의 장치 구성에 관한 설명으로 옳지 않은 것은?
① 분리관오븐의 온도조절 정밀도는 전원 전압 변동 10%에 대하여 온도변화가 ±0.5℃ 범위 이내(오븐의 온도가 150℃ 부근일 때)이어야 한다.
② 방사성 동위원소를 사용하는 검출기를 수용하는 검출기 오븐의 경우 온도조절기구와 별도로 독립작용 할 수 있는 과열방지기구를 설치하여야 한다.
③ 머무름시간을 측정할 때는 10회 측정하여 그 평균치를 구하며 일반적으로 5~30분 정도에서 측정하는 봉우리의 머무름시간은 반복시험 할 때 ±5% 오차범위 이내이어야 한다.
④ 불꽃이온화 검출기는 대부분의 화합물에 대하여 열전도도 검출기보다 약 1,000배 높은 감도를 나타내고 대부분의 유기 화합물을 검출할 수 있기 때문에 흔히 사용된다.

해설 기기분석 – 기체 크로마토그래피
③ 머무름시간을 측정할 때는 3회 측정하여 그 평균치를 구한다. 일반적으로 5~30분 정도에서 측정하는 봉우리의 머무름시간은 반복시험을 할 때 ±3% 오차범위 이내이어야 한다.

정답 63. ④ 64. ③ 65. ① 66. ② 67. ③

68. 휘발성유기화합물질(VOCs)의 누출확인 방법에 관한 설명으로 옳지 않은 것은?

① 교정가스는 기기 표시치를 교정하는 데 사용되는 불활성 기체이다.
② 누출농도는 VOCs가 누출되는 누출원 표면에서의 VOCs 농도로서 대조화합물을 기초로 한 기기의 측정값이다.
③ 응답시간은 VOCs가 시료채취장치로 들어가 농도 변화를 일으키기 시작하여 기기계기판의 최종값이 90 %를 나타내는 데 걸리는 시간이다.
④ 검출불가능 누출농도는 누출원에서 VOCs가 대기 중으로 누출되지 않는다고 판단되는 농도로서 국지적 VOCs 배경농도의 최고값이다.

[해설] ① 교정가스 : 기지 농도로 기기 표시치를 교정하는 데 사용되는 VOCs 화합물로서 일반적으로 누출농도와 유사한 농도의 대조화합물이다.

69. 원자흡수분광광도법에 따라 원자흡광분석을 수행할 때, 빛이 스펙트럼의 불꽃 중에서 생성되는 목적원소의 원자증기 이외의 물질에 의하여 흡수되는 경우에 일어나는 간섭은?

① 물리적 간섭 ② 화학적 간섭
③ 이온학적 간섭 ④ 분광학적 간섭

[해설] 원자흡수분광광도법 간섭의 종류
- 분광학적 간섭 : 분석에 사용하는 스펙트럼의 불꽃 중에서 생성되는 목적원소의 원자 증기 이외의 물질에 의하여 흡수되는 경우에 발생되는 것
- 물리적 간섭 : 시료 용액의 점성이나 표면장력 등 물리적 조건의 영향에 의하여 일어나는 것
- 화학적 간섭 : 원소나 시료에 특유한 것

70. 굴뚝 배출가스 중의 오염물질과 연속자동측정 방법의 연결이 옳지 않은 것은?

① 염화수소 – 이온전극법
② 플루오린화수소(불화수소) – 자외선흡수법
③ 이산화황(아황산가스) – 불꽃광도법
④ 질소산화물 – 적외선흡수법

[해설] ② 플루오린화수소 : 이온전극법
(더 알아보기) 핵심정리 2-93

71. 굴뚝 배출가스 중의 암모니아를 중화적정법에 따라 분석할 때에 관한 설명으로 옳은 것은?

① 다른 염기성가스나 산성가스의 영향을 받지 않는다.
② 분석용 시료용액을 황산으로 적정하여 암모니아를 정량한다.
③ 시료채취량이 40 L일 때 암모니아의 농도가 1~ 5 ppm인 것의 분석에 적합하다.
④ 페놀프탈레인용액과 메틸레드용액을 1 : 2의 부피비로 섞은 용액을 지시약으로 사용한다.

[해설] [개정] "배출가스 중 암모니아 – 중화적정법"은 공정시험기준에서 삭제되어 더 이상 출제되지 않습니다.

72. 환경대기 중의 벤조(a)피렌 농도를 측정하기 위한 주 시험방법으로 가장 적합한 것은?

① 이온크로마토그래피
② 가스크로마토그래피
③ 흡광차분광법
④ 용매포집법

[해설] 환경대기 중 벤조(a)피렌 시험방법
- 가스크로마토그래피
- 형광분광광도법

[정답] 68. ① 69. ④ 70. ② 71. ② 72. ②

73. 굴뚝 배출가스 중의 일산화탄소 분석방법에 해당하지 않는 것은?

① 이온크로마토그래피
② 기체크로마토그래피
③ 비분산형적외선분석법
④ 정전위전해법

해설 배출가스 중 일산화탄소 측정방법
- 자동측정법 – 비분산적외선분광분석법
- 자동측정법 – 전기화학식(정전위전해법)
- 기체크로마토그래피

74. 굴뚝 A의 배출가스에 대한 측정결과이다. 피토관으로 측정한 배출가스의 유속(m/s)은?

- 배출가스 온도 : 150℃
- 비중이 0.85인 톨루엔을 사용했을 때의 경사마노미터 동압 : 7.0 mm 톨루엔주
- 피토관 계수 : 0.8584
- 배출가스의 밀도 : 1.3 kg/Sm³

① 8.3 ② 9.4 ③ 10.1 ④ 11.8

해설 (1) 경사 마노미터의 동압 계산

$$동압 = 액체비중 \times 액주(mm) \times \sin(경사각) \times \left(\frac{1}{확대율}\right)$$
$$= 0.85 \times 7 = 5.95 \, mmH_2O$$

(2) 150℃에서 배출가스 비중량

$$\gamma = \gamma_o \times \frac{273}{273 + \theta_s} \times \frac{P_a + P_s}{760}$$
$$\gamma = 1.3 \times \frac{273}{273 + 150} = 0.8390 \, kg/m^3$$

(3) 피토관 유속 측정방법

$$V = C\sqrt{\frac{2gh}{\gamma}}$$
$$= 0.8584 \times \sqrt{\frac{2 \times 9.8 \times 5.95}{0.8390}}$$
$$= 10.02 \, m/s$$

더알아보기 핵심정리 1-65, 1-64, 1-63

75. 굴뚝 배출가스 중의 황산화물을 아르세나조 Ⅲ법에 따라 분석할 때에 관한 설명으로 옳지 않은 것은?

① 아세트산바륨용액으로 적정한다.
② 과산화수소수를 흡수액으로 사용한다.
③ 아르세나조 Ⅲ를 지시약으로 사용한다.
④ 이 시험법은 오르토톨리딘법이라고도 불린다.

해설 ④ 오르토톨리딘법은 염소 분석법이다.

76. 배출가스 중의 금속원소를 원자흡수분광광도법에 따라 분석할 때, 금속원소와 측정파장의 연결이 옳은 것은?

① Pb – 357.9 nm
② Cu – 228.8 nm
③ Ni – 217.0 nm
④ Zn – 213.8 nm

해설 원자흡수분광광도법의 측정파장

측정 금속	측정파장(nm)
Zn	213.8
Pb	217.0/283.3
Cd	228.8
Ni	232.0
Be	234.9
Fe	248.3
Cu	324.8
Cr	357.9

77. 분석대상가스와 채취관 및 도관 재질의 연결이 옳지 않은 것은?

① 일산화탄소 – 석영
② 이황화탄소 – 보통강철
③ 암모니아 – 스테인리스강
④ 질소산화물 – 스테인리스강

정답 73. ① 74. ③ 75. ④ 76. ④ 77. ②

해설 분석물질의 종류별 채취관 및 연결관 등의 재질
② 이황화탄소 – 경질유리, 석영, 플루오로수지

더 알아보기 핵심정리 2-75

78. 대기오염공정시험기준 총칙에 관한 내용으로 옳지 않은 것은?

① 정확히 단다 – 분석용 저울로 0.1 mg까지 측정
② 용액의 액성 표시 – 유리전극법에 의한 pH미터로 측정
③ 액체성분의 양을 정확히 취한다 – 피펫, 삼각플라스크를 사용해 조작
④ 여과용 기구 및 기기를 기재하지 아니하고 여과한다 – KS M 7602 거름종이 5종 또는 이와 동등한 여과지를 사용해 여과

해설 ③ 액체성분의 양을 정확히 취한다 – 홀피펫, 부피플라스크 또는 이와 동등 이상의 정도를 갖는 용량계를 사용하여 조작하는 것

79. 원자흡수분광광도법에 사용되는 불꽃을 만들기 위한 가연성가스와 조연성가스의 조합 중, 불꽃 온도가 높아서 불꽃 중에서 해리하기 어려운 내화성산화물을 만들기 쉬운 원소의 분석에 가장 적합한 것은?

① 수소(H_2) – 산소(O_2)
② 프로판(C_3H_8) – 공기(air)
③ 아세틸렌(C_2H_2) – 공기(air)
④ 아세틸렌(C_2H_2) – 아산화질소(N_2O)

해설 원자흡수분광광도법 – 불꽃
- 아세틸렌 – 아산화질소 : 불꽃의 온도가 높기 때문에 불꽃 중에서 해리하기 어려운 내화성산화물(refractory oxide)을 만들기 쉬운 원소의 분석에 적당하다.

80. 배출가스 중의 먼지를 원통여지 포집기로 포집하여 얻은 측정결과이다. 표준상태에서의 먼지농도(mg/m^3)는?

- 대기압 : 765 mmHg
- 가스미터의 가스게이지압 : 4 mmHg
- 15℃에서의 포화수중기압 : 12.67 mmHg
- 가스미터의 흡인가스온도 : 15℃
- 먼지 포집 전의 원통여지 무게 : 6.2721 g
- 먼지 포집 후의 원통여지 무게 : 6.2963 g
- 습식 가스미터에서 읽은 흡인가스량 : 50 L

① 386
② 436
③ 513
④ 558

해설 (1) 건조시료가스 채취량(L) 계산식 – 습식 가스미터를 사용

$$V_s = V \times \frac{273}{273+t} \times \frac{P_a + P_m - P_v}{760}$$
$$= 50\,L \times \frac{273}{273+15} \times \frac{765+4-12.67}{760}$$
$$= 47.1669\,L$$

여기서, V_s : 건조시료가스 채취량(L)
V : 가스미터로 측정한 흡입가스량(L)
t : 가스미터의 온도(℃)
P_a : 대기압(mmHg)
P_m : 가스미터의 게이지압(mmHg)
P_v : t℃에서의 포화수중기압(mmHg)

(2) 건조 배출가스 중 먼지농도(mg/m^3)

$$C_s = \frac{(6.2963-6.2721)\,g}{47.1669\,L} \times \frac{1,000\,mg}{1\,g} \times \frac{1,000\,L}{1\,m^3}$$
$$= 513.07\,mg/m^3$$

정답 78. ③ 79. ④ 80. ③

제5과목   대기환경관계법규

81. 환경정책기본법령상 시·도로부터 해당 지역의 환경적 특수성을 고려하여 필요하다고 인정되어 보다 확대·강화된 별도의 환경기준을 설정 또는 변경한 경우, 누구에게 보고하여야 하는가?

① 국무총리
② 환경부장관
③ 보건복지부장관
④ 국토교통부장관

해설 시·도지사는 해당 지역의 환경적 특수성을 고려하여 필요하다고 인정할 때에는 해당 시·도의 조례로 환경기준보다 확대·강화된 별도의 환경기준(지역환경기준)을 설정하거나 변경한 경우에는 이를 지체 없이 환경부장관에게 보고하여야 한다.

82. 대기환경보전법령상 한국환경공단이 환경부장관에게 보고하여야 하는 위탁업무 보고사항 중 "결함확인검사 결과"의 보고기일 기준은?

① 매 반기 종료 후 15일 이내
② 매 분기 종료 후 15일 이내
③ 다음 해 1월 15일까지
④ 위반사항 적발 시

해설 위탁업무 보고사항

업무내용	보고 횟수	보고기일
수시검사, 결함확인 검사, 부품결함 보고서류의 접수	수시	위반사항 적발 시
결함확인검사 결과	수시	위반사항 적발 시
자동차배출가스 인증 생략 현황	연 2회	매 반기 종료 후 15일 이내
자동차 시험검사 현황	연 1회	다음 해 1월 15일까지

83. 대기환경보전법령상 배출시설의 변경신고를 하여야 하는 경우에 해당하지 않는 것은?

① 배출시설 또는 방지시설을 임대하는 경우
② 사업장의 명칭이나 대표자를 변경하는 경우
③ 종전의 연료보다 황함유량이 낮은 연료로 변경하는 경우
④ 배출시설에서 허가받은 오염물질 외 새로운 대기오염물질이 배출되는 경우

해설 ③ 종전의 연료보다 황함유량이 낮은 연료로 변경하는 경우는 제외한다.

정리 배출시설의 변경신고를 하여야 하는 경우
1. 같은 배출구에 연결된 배출시설을 증설 또는 교체하거나 폐쇄하는 경우. 다만, 배출시설의 규모[허가 또는 변경허가를 받은 배출시설과 같은 종류의 배출시설로서 같은 배출구에 연결되어 있는 배출시설(방지시설의 설치를 면제받은 배출시설의 경우에는 면제받은 배출시설)의 총 규모를 말한다]를 10퍼센트 미만으로 증설 또는 교체하거나 폐쇄하는 경우로서 다음 각 목의 모두에 해당하는 경우에는 그러하지 아니하다.
  가. 배출시설의 증설·교체·폐쇄에 따라 변경되는 대기오염물질의 양이 방지시설의 처리용량 범위 내일 것
  나. 배출시설의 증설·교체로 인하여 다른 법령에 따른 설치 제한을 받는 경우가 아닐 것
2. 배출시설에서 허가받은 오염물질 외의 새로운 대기오염물질이 배출되는 경우
3. 방지시설을 증설·교체하거나 폐쇄하는 경우
4. 사업장의 명칭이나 대표자를 변경하는 경우
5. 사용하는 원료나 연료를 변경하는 경우. 다만, 새로운 대기오염물질을 배출하지 아니하고 배출량이 증가되지 아니하는 원료로 변경하는 경우 또는 종전의 연료보다 황함유량이 낮은 연료로 변경하는 경우는 제외한다.

정답 81. ② 82. ④ 83. ③

6. 배출시설 또는 방지시설을 임대하는 경우
7. 그 밖의 경우로서 배출시설 설치허가증에 적힌 허가사항 및 일일 조업시간을 변경하는 경우

84. 환경정책기본법령상 "일정한 지역에서 환경오염 또는 환경훼손에 대하여 환경이 스스로 수용, 정화 및 복원하여 환경의 질을 유지할 수 있는 한계"를 의미하는 것은?

① 환경기준
② 환경한계
③ 환경용량
④ 환경표준

해설 환경정책기본법 용어 정의
① 환경기준 : 국민의 건강을 보호하고 쾌적한 환경을 조성하기 위하여 국가가 달성하고 유지하는 것이 바람직한 환경상의 조건 또는 질적인 수준
③ 환경용량 : 일정한 지역에서 환경오염 또는 환경훼손에 대하여 환경이 스스로 수용, 정화 및 복원하여 환경의 질을 유지할 수 있는 한계

85. 대기환경보전법령상의 자동차연료 · 첨가제 또는 촉매제 검사기관의 지정기준 중 자동차연료 검사기관의 기술능력 및 검사장비 기준에 관한 내용으로 옳지 않은 것은?

① 검사원은 2명 이상이어야 하며, 그 중 한 명은 해당 검사 업무에 10년 이상 종사한 경험이 있는 사람이어야 한다.
② 휘발유 · 경유 · 바이오디젤(BD100) 검사장비로 1 ppm 이하 분석이 가능한 황함량분석기 1식을 갖추어야 한다.
③ 검사원은 자동차, 화공, 안전관리(가스), 환경 분야의 기사 자격 이상을 취득한 사람이어야 한다.
④ 휘발유 · 경유 · 바이오디젤 검사기관과 LPG · CNG · 바이오가스 검사기관의 기술능력 기준은 같으며, 두 검사 업무를 함께 하려는 경우에는 기술능력을 중복하여 갖추지 아니할 수 있다.

해설 자동차연료 검사기관의 기술능력 기준
① 검사원은 4명 이상이어야 하며 그 중 2명 이상은 해당 검사 업무에 5년 이상 종사한 경험이 있는 사람이어야 한다.

86. 환경정책기본법령상 일산화탄소의 대기환경기준은? (단, 8시간 평균치 기준)

① 5 ppm 이하
② 9 ppm 이하
③ 25 ppm 이하
④ 35 ppm 이하

해설 환경정책기본법상 대기환경기준

측정시간	연간	24시간	8시간	1시간
SO_2(ppm)	0.02	0.05	–	0.15
NO_2(ppm)	0.03	0.06	–	0.10
O_3(ppm)	–	–	0.06	0.10
CO(ppm)	–	–	9	25
PM10 ($\mu g/m^3$)	50	100	–	–
PM2.5 ($\mu g/m^3$)	15	35	–	–
납(Pb) ($\mu g/m^3$)	0.5	–	–	–
벤젠 ($\mu g/m^3$)	5	–	–	–

87. 대기환경보전법령상 배출허용기준 초과와 관련하여 개선명령을 받은 경우로서 개선하여야 할 사항이 배출시설 또는 방지시설인 경우 사업자가 시 · 도지사에게 제출하여야 하는 개선계획서에 포함 또는 첨부되어야 하는 사항에 해당하지 않는 것은?

① 배출시설 또는 방지시설의 개선명세서 및 설계도
② 대기오염물질의 처리방식 및 처리효율
③ 운영기기 진단계획
④ 공사기간 및 공사비

정답 84. ③ 85. ① 86. ② 87. ③

해설 개선계획서 포함사항(개선명령을 받은 경우로서 개선하여야 할 사항이 배출시설 또는 방지시설인 경우)
가. 배출시설 또는 방지시설의 개선명세서 및 설계도
나. 대기오염물질의 처리방식 및 처리 효율
다. 공사기간 및 공사비
라. 다음의 경우에는 이를 증명할 수 있는 서류
- 개선기간 중 배출시설의 가동을 중단하거나 제한하여 대기오염물질의 농도나 배출량이 변경되는 경우
- 개선기간 중 공법 등의 개선으로 대기오염물질의 농도나 배출량이 변경되는 경우

88. 대기환경보전법령상 비산먼지 발생사업에 해당하지 않는 것은?
① 화학제품제조업 중 석유정제업
② 제1차 금속제조업 중 금속주조업
③ 비료 및 사료 제품의 제조업 중 배합사료제조업
④ 비금속물질의 채취·제조·가공업 중 일반도자기제조업

해설 비산먼지 발생사업
1. 시멘트·석회·플라스터(plaster) 및 시멘트관련 제품의 제조 및 가공업
2. 비금속물질의 채취·제조·가공업
3. 제1차 금속제조업
4. 비료 및 사료 제품의 제조업
5. 건설업
6. 시멘트·석탄·토사·사료·곡물·고철의 운송업
7. 운송장비제조업
8. 저탄시설의 설치가 필요한 사업
9. 고철·곡물·사료·목재 및 광석의 하역업 또는 보관업
10. 금속제품 제조가공업
11. 폐기물매립시설 설치·운영 사업

89. 대기환경보전법령상 일일유량은 측정유량과 일일 조업시간의 곱으로 환산한다. 이때, 일일 조업시간의 표시기준은?
① 배출량을 측정하기 전 최근 조업한 1일 동안의 배출시설 조업시간 평균치를 시간으로 표시한다.
② 배출량을 측정하기 전 최근 조업한 7일 동안의 배출시설 조업시간 평균치를 시간으로 표시한다.
③ 배출량을 측정하기 전 최근 조업한 30일 동안의 배출시설 조업시간 평균치를 시간으로 표시한다.
④ 배출량을 측정하기 전 최근 조업한 전체 기간의 배출시설 조업시간 평균치를 시간으로 표시한다.

해설 일일 기준초과배출량 및 일일유량의 산정 방법
③ 일일 조업시간은 배출량을 측정하기 전 최근 조업한 30일 동안의 배출시설 조업시간 평균치를 시간으로 표시한다.

90. 대기환경보전법령상 환경기술인의 임명기준에 관한 내용이다. ( ) 안에 알맞은 말은?

> 환경기술인을 바꾸어 임명하는 경우에는 그 사유가 발생한 날부터 (ⓐ) 이내에 임명하여야 한다. 다만, 환경기사 또는 환경산업기사 이상의 자격이 있는 자를 임명하여야 하는 사업장으로서 (ⓐ) 이내에 채용할 수 없는 부득이한 사정이 있는 경우에는 (ⓑ)의 범위에서 규정에 적합한 환경기술인을 임명할 수 있다.

① ⓐ 5일, ⓑ 30일
② ⓐ 5일, ⓑ 60일
③ ⓐ 10일, ⓑ 30일
④ ⓐ 10일, ⓑ 60일

정답 88. ① 89. ③ 90. ①

해설 환경기술인의 자격기준 및 임명기간
환경기술인을 바꾸어 임명하는 경우에는 그 사유가 발생한 날부터 5일 이내. 다만, 환경기사 또는 환경산업기사 이상의 자격이 있는 자를 임명하여야 하는 사업장으로서 5일 이내에 채용할 수 없는 부득이한 사정이 있는 경우에는 30일의 범위에서 4종·5종사업장의 기준에 준하여 환경기술인을 임명할 수 있다.

91. 대기환경보전법령상 특정대기유해물질에 해당하지 않는 것은?

① 염소 및 염화수소 ② 아크릴로니트릴
③ 황화수소 ④ 이황화메틸

해설 특정대기유해물질
1. 카드뮴 및 그 화합물
2. 시안화수소
3. 납 및 그 화합물
4. 폴리염화비페닐
5. 크롬 및 그 화합물
6. 비소 및 그 화합물
7. 수은 및 그 화합물
8. 프로필렌 옥사이드
9. 염소 및 염화수소
10. 불소화물
11. 석면
12. 니켈 및 그 화합물
13. 염화비닐
14. 다이옥신
15. 페놀 및 그 화합물
16. 베릴륨 및 그 화합물
17. 벤젠
18. 사염화탄소
19. 이황화메틸
20. 아닐린
21. 클로로포름
22. 포름알데히드
23. 아세트알데히드
24. 벤지딘
25. 1,3-부타디엔
26. 다환 방향족 탄화수소류
27. 에틸렌옥사이드
28. 디클로로메탄
29. 스틸렌
30. 테트라클로로에틸렌
31. 1,2-디클로로에탄
32. 에틸벤젠
33. 트리클로로에틸렌
34. 아크릴로니트릴
35. 히드라진

92. 대기환경보전법령상 수도권대기환경청장, 국립환경과학원장 또는 한국환경공단이 설치하는 대기오염 측정망에 해당하지 않는 것은?

① 대기오염물질의 지역배경농도를 측정하기 위한 교외대기측정망
② 도시지역의 대기오염물질 농도를 측정하기 위한 도시대기측정망
③ 산성 대기오염물질의 건성 및 습성침착량을 측정하기 위한 산성강하물측정망
④ 도시지역의 휘발성유기화합물 등의 농도를 측정하기 위한 광화학대기오염물질측정망

해설 ② 시·도지사가 설치하는 대기오염 측정망

93. 대기환경보전법령상 배출부과금을 부과할 때 고려하여야 하는 사항에 해당하지 않는 것은? (단, 그 밖에 대기환경의 오염 또는 개선과 관련되는 사항으로서 환경부령으로 정하는 사항은 제외)

① 사업장 운영 현황
② 배출허용기준 초과 여부
③ 대기오염물질의 배출 기간
④ 배출되는 대기오염물질의 종류

해설 배출부과금을 부과할 때 고려사항
1. 배출허용기준 초과 여부
2. 배출되는 대기오염물질의 종류
3. 대기오염물질의 배출 기간
4. 대기오염물질의 배출량
5. 자가측정을 하였는지 여부
6. 그 밖에 대기환경의 오염 또는 개선과 관련되는 사항으로서 환경부령으로 정하는 사항

94. 악취방지법령상 지정악취물질과 배출허용기준의 연결이 옳지 않은 것은?

항목	구분	배출허용기준(ppm) 공업지역	기타지역
㉠	암모니아	2 이하	1 이하
㉡	메틸메르캅탄	0.008 이하	0.005 이하
㉢	황화수소	0.06 이하	0.02 이하
㉣	트라이메틸아민	0.02 이하	0.005 이하

① ㉠ ② ㉡ ③ ㉢ ④ ㉣

해설 악취방지법 – 배출허용기준 및 엄격한 배출허용기준의 설정 범위

항목	구분	배출허용기준(ppm) 공업지역	기타지역
㉡	메틸메르캅탄	0.004 이하	0.002 이하

95. 대기환경보전법령상 환경부장관이 사업장에서 배출되는 대기오염물질을 총량으로 규제하고자 할 때 고시하여야 하는 사항에 해당하지 않는 것은?

① 총량규제구역
② 측정망 설치계획
③ 총량규제 대기오염물질
④ 대기오염물질의 저감계획

해설 환경부장관이 사업장에서 배출되는 대기오염물질을 총량으로 규제하고자 할 때 고시하여야 하는 사항
1. 총량규제구역
2. 총량규제 대기오염물질
3. 대기오염물질의 저감계획
4. 그 밖에 총량규제구역의 대기관리를 위하여 필요한 사항

96. 대기환경보전법령상 환경부장관이 배출시설의 설치를 제한할 수 있는 경우에 관한 사항이다. ( ) 안에 알맞은 말은?

배출시설 설치 지점으로부터 반경 1킬로미터 안의 상주인구가 (㉠)명 이상인 지역으로서 특정대기유해물질 중 한 가지 종류의 물질을 연간 (㉡) 이상 배출하는 시설을 설치하는 경우

① ㉠ 1만, ㉡ 1톤
② ㉠ 1만, ㉡ 10톤
③ ㉠ 2만, ㉡ 1톤
④ ㉠ 2만, ㉡ 10톤

해설 환경부장관 또는 시·도지사가 배출시설의 설치를 제한할 수 있는 경우
1. 배출시설 설치 지점으로부터 반경 1킬로미터 안의 상주 인구가 2만명 이상인 지역으로서 특정대기유해물질 중 한 가지 종류의 물질을 연간 10톤 이상 배출하거나 두 가지 이상의 물질을 연간 25톤 이상 배출하는 시설을 설치하는 경우
2. 대기오염물질(먼지·황산화물 및 질소산화물만 해당한다)의 발생량 합계가 연간 10톤 이상인 배출시설을 특별대책지역(총량규제구역으로 지정된 특별대책지역은 제외)에 설치하는 경우

97. 실내공기질 관리법령상 "실내주차장"에서 미세먼지(PM-10)의 실내공기질 유지기준은?

① 200 $\mu g/m^3$ 이하
③ 100 $\mu g/m^3$ 이하
② 150 $\mu g/m^3$ 이하
④ 25 $\mu g/m^3$ 이하

해설 실내공기질 유지기준 – 실내주차장
- CO_2 : 1,000 ppm
- HCHO : 100 ppm
- CO : 25 ppm
- PM10 : 200 $\mu g/m^3$

더 알아보기 핵심정리 2-106

정답 94. ② 95. ② 96. ④ 97. ①

98. 대기환경보전법령상 대기오염경보 발령 시 포함되어야 할 사항에 해당하지 않는 것은? (단, 기타사항은 제외)

① 대기오염경보단계
② 대기오염경보의 대상지역
③ 대기오염경보의 경보대상기간
④ 대기오염경보단계별 조치사항

해설 대기오염경보 발령 시 포함되어야 할 사항
1. 대기오염경보의 대상지역
2. 대기오염경보단계 및 대기오염물질의 농도
3. 대기오염경보단계별 조치사항
4. 그 밖에 시·도지사가 필요하다고 인정하는 사항

99. 대기환경보전법령상 4종사업장의 분류 기준에 해당하는 것은?

① 대기오염물질 발생량의 합계가 연간 80톤 이상 100톤 미만
② 대기오염물질 발생량의 합계가 연간 20톤 이상 80톤 미만
③ 대기오염물질 발생량의 합계가 연간 10톤 이상 20톤 미만
④ 대기오염물질 발생량의 합계가 연간 2톤 이상 10톤 미만

해설 사업장 분류기준

종별	오염물질발생량 구분 (대기오염물질발생량의 연간 합계 기준)
1종 사업장	80톤 이상인 사업장
2종 사업장	20톤 이상 80톤 미만인 사업장
3종 사업장	10톤 이상 20톤 미만인 사업장
4종 사업장	2톤 이상 10톤 미만인 사업장
5종 사업장	2톤 미만인 사업장

100. 실내공기질 관리법령상 노인요양시설의 실내공기질 유지기준이 되는 오염물질 항목에 해당하지 않는 것은?

① 미세먼지(PM-10)
② 폼알데하이드
③ 이산화질소
④ 총부유세균

해설 실내공기질 유지기준 항목: 이산화탄소, 폼알데하이드, 일산화탄소, 미세먼지(PM-10), 미세먼지(PM-2.5), 총부유세균

더 알아보기 핵심정리 2-106

대기환경기사 2021년 9월 12일 (제4회)

제1과목 대기오염개론

1. 온실효과와 지구온난화에 관한 설명으로 옳은 것은?

① CH_4가 N_2O보다 지구온난화에 기여도가 낮다.
② 지구온난화지수(GWP)는 SF_6가 HFCs보다 작다.
③ 대기의 온실효과는 실제 온실에서의 보온 작용과 같은 원리이다.
④ 북반구에서 대기 중의 CO_2 농도는 여름에 감소하고 겨울에 증가하는 경향이 있다.

해설 ① 지구온난화 기여도 : CO_2 > CFCs > CH_4 > N_2O > H_2O
② 지구온난화지수(GWP) : SF_6 > PFC > HFC > N_2O > CH_4 > CO_2
③ 실제 온실의 보온 작용과 대기의 온실효과는 원리가 다르다.

정리 대기 온실효과와 실제 온실의 보온효과 비교
(1) 대기 온실효과의 원인
 • 온실기체의 적외선 흡수
(2) 실제 온실의 보온효과 원인
 • 담요 효과(밀폐 효과) : 외부 공기와 온실 내부 공기 교환 차단 및 대류 억제

2. 대기오염물질의 확산을 예측하기 위한 바람장미에 관한 내용으로 옳지 않은 것은?

① 풍향은 바람이 불어오는 쪽으로 표시한다.
② 풍속이 0.2 m/s 이하일 때를 정온(calm)이라 한다.
③ 가장 빈번히 관측된 풍향을 주풍이라 하고 막대의 굵기를 가장 굵게 표시한다.
④ 바람장미는 풍향별로 관측된 바람의 발생 빈도와 풍속을 16방향인 막대기형으로 표시한 기상도형이다.

해설 ③ 가장 빈번히 관측된 풍향을 주풍이라 하고 막대의 길이를 가장 길게 표시한다.

3. 다음 중 광화학반응과 가장 관련이 깊은 탄화수소는?

① parafin계 탄화수소
② olefin계 탄화수소
③ acetylene계 탄화수소
④ 지방족 탄화수소

해설 올레핀계 탄화수소는 포화 탄화수소나 방향족 탄화수소보다 반응성이 크기 때문에 광화학반응에 참여하여 옥시던트를 생성한다.

4. 광화학반응으로 생성되는 오염물질에 해당하지 않는 것은?

① 케톤 ② PAN
③ 과산화수소 ④ 염화불화탄소

해설 대기오염물질의 분류
광화학반응으로 생성되는 오염물질은 2차 오염물질(옥시던트)이다.
④ 염화불화탄소는 1차 오염물질이다.

더 알아보기 핵심정리 2-6

5. 다음 중 오존파괴지수가 가장 큰 것은?

① CFC-113 ② CFC-114
③ Halon-1211 ④ Halon-1301

해설 오존층파괴지수(ODP) : 할론 1301 > 할론 2402 > 할론 1211 > 사염화탄소 > CFC 11 > CFC 12 > HCFC(CFC-113, CFC-114)

정답 1. ④ 2. ③ 3. ② 4. ④ 5. ④

6. LA스모그에 관한 내용으로 가장 적합하지 않은 것은?

① 화학반응은 산화 반응이다.
② 복사역전 조건에서 발생했다.
③ 런던스모그에 비해 습도가 낮은 조건에서 발생했다.
④ 석유계 연료에서 유래 되는 질소산화물이 주 원인물질이다.

해설 ② LA스모그는 침강성 역전 조건에서 발생했다.

더알아보기 핵심정리 2-16

7. 가우시안 모델을 적용하기 위한 가정으로 가장 적합하지 않은 것은?

① 고도변화에 따른 풍속변화는 무시한다.
② 수평 방향의 난류확산보다 대류에 의한 확산이 지배적이다.
③ 배출된 오염물질은 흘러가는 동안 없어지거나 다른 물질로 바뀌지 않는다.
④ 이류방향으로의 오염물질 확산을 무시하고 풍하방향으로의 확산만을 고려한다.

해설 ④ x축 확산은 이류이동이 지배적이고, 풍하방향으로의 확산은 무시한다.

더알아보기 핵심정리 2-35 (3)

8. 먼지의 농도를 측정하기 위해 공기를 0.3 m/s의 속도로 1.5시간 동안 여과지에 여과시킨 결과 여과지의 빛 전달률이 깨끗한 여과지의 80 %로 감소했다. 1,000 m당 Coh는?

① 6.0 ② 3.0 ③ 2.5 ④ 1.5

해설 $\text{Coh}_{1,000} = \dfrac{\log\left(\dfrac{1}{0.8}\right) \times 100}{0.3 \times 1.5 \times 3,600} \times 1,000\,\text{m}$
$= 5.98$

9. 일반적인 자동차 배출가스의 구성 중 자동차가 공회전할 때 특히 많이 배출되는 오염물질은?

① 일산화탄소 ② 탄화수소
③ 질소산화물 ④ 이산화탄소

해설 운전상태에 따른 배출가스

구분	많이 나올 때	적게 나올 때
HC	감속	운행
CO	공전, 가속	운행
NOx	가속	공전
CO_2	운전	공전, 감속

10. 산성비에 관한 설명 중 ( ) 안에 알맞은 것은?

일반적으로 산성비는 pH (㉠) 이하의 강우를 말하며, 이는 자연상태의 대기 중에 존재하는 (㉡)가 강우에 흡수되었을 때의 pH를 기준으로 한 것이다.

① ㉠ 3.6, ㉡ CO_2 ② ㉠ 3.6, ㉡ NO_2
③ ㉠ 5.6, ㉡ CO_2 ④ ㉠ 5.6, ㉡ NO_2

해설 산성비
• 산성비 기준 pH : 5.6
• 자연 강우 산성물질 : CO_2

11. 온위에 관한 내용으로 옳지 않은 것은?
(단, θ는 온위(K), T는 절대온도(K), P는 압력(mb))

① 온위는 밀도와 비례한다.
② $\theta = T\left(\dfrac{1,000}{P}\right)^{0.288}$ 로 나타낼 수 있다.
③ 고도가 높아질수록 온위가 높아지면 대기는 안정하다.
④ 표준압력(1,000 mb)에서 어느 고도의 공기를 건조단열적으로 끌어내리거나 끌어올려 1,000 mb 고도에 가져갔을 때 나타나는 온도를 온위라고 한다.

해설 ① 온위는 밀도와 반비례한다.

정답 6. ② 7. ④ 8. ① 9. ① 10. ③ 11. ①

12. 표준상태에서 NO₂ 농도가 0.5 g/m³이다. 150℃, 0.8 atm에서 NO₂ 농도(ppm)는?

① 472　　② 492
③ 570　　④ 595

해설 $\dfrac{0.5\,\text{g}}{\text{m}^3} \times \dfrac{10^3\,\text{mg}}{1\,\text{g}} \times \dfrac{22.4\,\text{SmL}}{46\,\text{mg}}$
$= 243.47\,\text{ppm}$

13. 불화수소(HF) 배출과 가장 관련 있는 산업은?

① 소다 공업　　② 도금공장
③ 플라스틱 공업　　④ 알루미늄 공업

해설 불화수소(HF) 배출원 : 알루미늄 공업, 인산비료 공업, 유리제조 공업

14. 환기를 위한 실내공기오염의 지표가 되는 물질은?

① SO_2　② NO_2　③ CO　④ CO_2

해설 대표적인 실내공기오염 지표 : CO_2

15. 환경기온감률이 다음과 같을 때 가장 안정한 조건은?

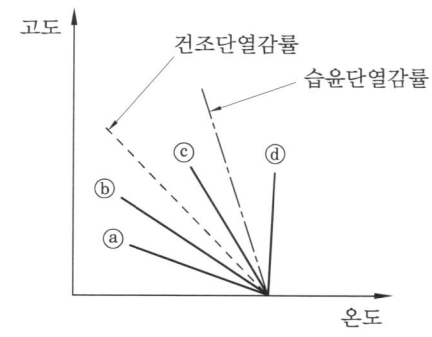

① ⓐ　② ⓑ　③ ⓒ　④ ⓓ

해설 기온감률에 따른 대기 안정도
　ⓐ, ⓑ 불안정
　ⓒ 조건부 불안정(미단열)
　ⓓ 안정

더알아보기 핵심정리 2-29 (2)

16. 유효굴뚝높이가 1 m인 굴뚝에서 배출되는 오염물질의 최대착지농도를 현재의 1/10로 낮추고자 할 때, 유효굴뚝높이를 몇 m 증가시켜야 하는가? (단, sutton의 확산방정식 사용, 기타 조건은 동일)

① 0.04　　② 0.20
③ 1.24　　④ 2.16

해설 $C_{max} \propto \dfrac{1}{H_e^2}$ 이므로,

$1 : \dfrac{1}{10} = \dfrac{1}{1^2} : \dfrac{1}{(1+x)^2}$

∴ 증가할 유효굴뚝높이(x) = 2.16 m

17. 지균풍에 관한 설명으로 가장 적합하지 않은 것은?

① 등압선에 평행하게 직선운동을 하는 수평의 바람이다.
③ 기압경도력과 전향력의 크기가 같고 방향이 반대일 때 발생한다.
② 고공에서 발생하기 때문에 마찰력의 영향이 거의 없다.
④ 북반구에서 지균풍은 오른쪽에 저기압, 왼쪽에 고기압을 두고 분다.

해설 ④ 북반구에서 지균풍은 오른쪽에 고기압, 왼쪽에 저기압을 두고 분다.

18. 유효굴뚝높이가 60 m인 굴뚝으로부터 SO₂가 125 g/s의 속도로 배출되고 있다. 굴뚝높이에서의 풍속이 6 m/s일 때, 이 굴뚝으로부터 500 m 떨어진 연기중심선상에서 오염물질의 지표농도($\mu g/m^3$)는? (단, 가우시안모델식 사용, 수평확산계수(δ_y)는 36 m, 수직확산계수(δ_z)는 18.5 m, 배출되는 SO₂는 화학적으로 반응하지 않음)

① 52　　② 66
③ 2,483　　④ 9,957

정답 12. 정답 없음(전항 정답 처리)　13. ④　14. ④　15. ④　16. ④　17. ④　18. ①

해설 연기 중심선상 오염물질 지표농도

$$C(x, 0, 0, H_e) = \frac{Q}{\pi U \sigma_y \sigma_z} \exp\left[-\frac{1}{2}\left(\frac{H_e}{\sigma_z}\right)^2\right]$$

$$= \frac{125 \times 10^6 \mu g/s}{\pi \times 6\,m/s \times 36\,m \times 18.5\,m}$$

$$\exp\left[-\frac{1}{2}\left(\frac{60}{18.5}\right)^2\right] = 51.76\,\mu g/m^3$$

19. 냄새물질에 관한 일반적인 설명으로 옳지 않은 것은?

① 분자량이 작을수록 냄새가 강하다.
② 분자 내에 황 또는 질소가 있으면 냄새가 강하다.
③ 불포화도(이중결합 및 삼중결합의 수)가 높을수록 냄새가 강하다.
④ 분자 내 수산기의 수가 1개일 때 냄새가 가장 약하고 수산기의 수가 증가할수록 냄새가 강해진다.

해설 ④ 분자 내 수산기(-OH)의 수가 1개일 때 냄새가 가장 강하고, 수가 증가하면 냄새가 약해진다.

20. 광화학반응에 의해 고농도 오존이 나타날 수 있는 조건에 해당하지 않는 것은?

① 무풍상태일 때
② 일사량이 강할 때
③ 대기가 불안정할 때
④ 질소산화물과 휘발성 유기화합물의 배출이 많을 때

해설 ③ 대기가 안정할 때

제2과목   연소공학

21. 화염으로부터 열을 받으면 가연성 증기가 발생하는 연소로 휘발유, 등유, 알코올, 벤젠 등 액체연료의 연소형태는?

① 증발연소 ② 자기연소
③ 표면연소 ④ 확산연소

해설 연소의 형태
② 자기연소 : 공기 중의 산소 공급 없이 연소하는 것
③ 표면연소 : 휘발분이 없는 고체연료(코크스, 목탄)의 가장 대표적인 연소형태로 적열 코크스나 숯의 표면에 산소가 접촉하여 연소가 일어나며, 표면이 빨갛게 빛을 낼 뿐 화염은 생성되지 않음
④ 확산연소 : 기체연료와 공기를 연소실로 각각 보내어 연소하는 방식

22. 가연성 가스의 폭발범위에 관한 일반적인 설명으로 옳지 않은 것은?

① 가스의 온도가 높아지면 폭발범위가 넓어진다.
② 폭발한계농도 이하에서는 폭발성 혼합가스가 생성되기 어렵다.
③ 폭발상한과 폭발하한의 차이가 클수록 위험도가 증가한다.
④ 가스의 압력이 높아지면 상한값은 크게 변하지 않으나 하한값이 높아진다.

해설 ④ 가스의 압력이 높아지면 하한값은 크게 변하지 않으나 상한값이 높아진다.

정리 연소범위(폭발범위, 가연한계)의 특징
- 가스의 온도가 높아지면 일반적으로 넓어짐
- 가스압이 높아지면 하한값이 크게 변화되지 않으나 상한값은 높아짐
- 폭발한계농도 이하에서는 폭발성 혼합가스를 생성하기 어려움
- 압력이 상압(1기압)보다 높아질 때 변화가 큼

23. 자동차 내연기관에서 휘발유(C_8H_{18})가 완전 연소될 때 무게 기준의 공기연료비(AFR)는? (단, 공기의 분자량은 28.95)

① 15 ② 30
③ 40 ④ 60

정답 19. ④ 20. ③ 21. ① 22. ④ 23. ①

해설 공기연료비(AFR)

$C_8H_{18} + 12.5O_2 \rightarrow 8CO_2 + 9H_2O$

$$AFR = \frac{공기(kg)}{연료(kg)} = \frac{산소(kg)/0.232}{연료(kg)}$$

$$= \frac{12.5 \times 32/0.232}{114} = 15.12$$

24. 등가비(ϕ)에 관한 내용으로 옳지 않은 것은?

① ϕ = 공기비(m)
② ϕ = 1일 때 완전연소
③ ϕ < 1일 때 공기가 과잉
④ ϕ > 1일 때 연료가 과잉

해설 ① ϕ = 1/공기비(m)

더 알아보기 핵심정리 2-47

25. 기체연료의 종류에 관한 설명으로 가장 적합한 것은?

① 수성가스는 코크스를 용광로에 넣어 선철을 제조할 때 발생하는 기체연료이다.
② 석탄가스는 석유류를 열분해, 접촉분해 및 부분 연소시킬 때 발생하는 기체연료이다.
③ 고로가스는 고온으로 가열된 무연탄이나 코크스 등에 수증기를 반응시켜 얻은 기체연료이다.
④ 발생로가스는 코크스나 석탄, 목재 등을 적열상태로 가열하여 공기 또는 산소를 보내 불완전 연소시켜 얻은 기체연료이다.

해설 ① 수성가스 : 고온으로 가열된 무연탄이나 코크스 등에 수증기를 반응시켜 얻은 기체연료
② 석유가스 : 석유류를 열분해, 접촉분해 및 부분 연소시킬 때 발생하는 기체연료
③ 고로가스 : 용광로 발생가스

26. 공기비가 클 때 나타나는 현상으로 가장 적합하지 않은 것은?

① 연소실 내의 온도 감소
② 배기가스에 의한 열 손실 증가
③ 가스폭발의 위험 증가와 매연 발생
④ 배기가스 내의 SO_2, NO_2 함량 증가로 인한 부식 촉진

해설 ③ 공기비가 작을 때(불완전 연소)의 특징임

정리 공기비가 클 때 나타나는 현상
• SO_x, NO_x 증가
• 연소온도 감소, 냉각 효과
• 열 손실 커짐
• 저온부식 발생
• 희석효과가 높아져, 연소 생성물의 농도 감소

27. 과잉산소량(잔존 산소량)을 나타내는 표현은? (단, A : 실제 공기량, A_0 : 이론 공기량, m : 공기비(m > 1), 표준상태, 부피 기준)

① $0.21mA_0$
② $0.21mA$
③ $0.21(m-1)A_0$
④ $0.21(m-1)A$

해설 과잉산소량 = 0.21 × 과잉공기량
= 0.21 × (실제공기량 - 이론공기량)
= $0.21 \times (A - A_0)$
= $0.21 \times (mA_0 - A_0)$
= $0.21 \times (m-1)A_0$

28. C : 80 %, H : 15 %, S : 5 %의 무게비로 구성된 중유 1 kg을 1.1의 공기비로 완전 연소시킬 때, 건조 배출가스 중의 SO_2 농도 (ppm)는? (단, 모든 S성분은 SO_2가 됨)

① 3,026
② 3,530
③ 4,126
④ 4,530

해설 (1) $SO_2 = 0.7 \times 0.05 = 0.035\,m^3/kg$

(2) $A_o = O_o \times \frac{1}{0.21}$

$= (1.867 \times 0.8 + 5.6 \times 0.15 + 0.7 \times 0.05) \times \frac{1}{0.21}$

$= 11.2790\,m^3/kg$

정답 24. ① 25. ④ 26. ③ 27. ③ 28. ①

(3) $G_d = (m - 0.21)A_o + CO_2 + SO_2$
$= (1.1 - 0.21) \times 10.3902 + \frac{22.4}{12} \times 0.8 + 0.035$
$= 11.5666 \, m^3/kg$

(4) $X_{SO_2} = \frac{SO_2}{G_d} \times 10^6 = \frac{0.035}{11.5666} \times 10^6$
$= 3,025.9 \, ppm$

29. 고체연료 중 코크스에 관한 설명으로 가장 적합하지 않은 것은?
① 주성분은 탄소이다.
② 원료탄보다 회분의 함량이 많다.
③ 연소 시에 매연이 많이 발생한다.
④ 원료탄을 건류하여 얻어지는 2차 연료로 코크스로에서 제조된다.

해설 ③ 코크스는 휘발분이 거의 없어 매연이 발생하지 않는다.

30. 화격자 연소에 관한 설명으로 가장 적합하지 않은 것은?
① 상부투입식은 투입되는 연료와 공기가 향류로 교차하는 형태이다.
② 상부투입식의 경우 화격자 상에 고정층을 형성해야 하므로 분체상의 석탄을 그대로 사용할 수 없다.
③ 정상상태에서 상부투입식은 상부로부터 석탄층 → 건조층 → 건류층 → 환원층 → 산화층 → 회층의 구성순서를 갖는다.
④ 하부투입식은 저융점의 회분을 많이 포함한 연료의 연소에 적합하며 착화성이 나쁜 연료도 유용하게 사용 가능하다.

해설 ④ 하부투입식은 저융점의 회분을 많이 포함한 연료의 연소에 적합하며 착화성이 나쁜 연료에 부적합하다.

31. CH_4의 최대탄산가스율(%)은? (단, CH_4는 완전 연소함)
① 11.7
② 21.8
③ 34.5
④ 40.5

해설 $(CO_2)_{max}[\%]$
$CH_4 + 2O_2 \rightarrow CO_2 + 2H_2O$

(1) $G_{od} = (1 - 0.21)A_o + \sum$ 연소생성물(H_2O 제외)
$= (1 - 0.21) \times \frac{2}{0.21} + 1$
$= 8.5238 \, Sm^3/Sm^3$

(2) $(CO_2)_{max}[\%] = \frac{CO_2(부피)}{G_{od}(부피)} \times 100$
$= \frac{1}{8.5238} \times 100 = 11.73\%$

32. 다음 조건을 갖는 기체연료의 이론연소 온도(℃)는?

- 연료의 저발열량 : 7,500 kcal/Sm^3
- 연료의 이론연소가스량 : 10.5 Sm^3/Sm^3
- 연료연소가스의 평균정압비열 : 0.35 kcal/$Sm^3 \cdot $℃
- 기준온도 : 25℃
- 공기는 예열되지 않고, 연소가스는 해리되지 않음

① 1,916
② 2,066
③ 2,196
④ 2,256

해설 기체연료의 이론연소온도
$t_o = \frac{H_l}{G \times C_p} + t$
$= \frac{7,500 \, kcal/Sm^3}{10.5 \, Sm^3/Sm^3 \times 0.35 \, kcal/Sm^3 \cdot ℃} + 25℃$
$= 2,065.82℃$

33. 가솔린 기관의 노킹현상을 방지하기 위한 방법으로 가장 적합하지 않은 것은?
① 화염속도를 빠르게 한다.
② 말단 가스의 온도와 압력을 낮춘다.
③ 혼합기의 자기착화온도를 높게 한다.
④ 불꽃진행거리를 길게 하여 말단가스가 고온·고압에 충분히 노출되도록 한다.

정답 29. ③ 30. ④ 31. ① 32. ② 33. ④

해설 ④ 불꽃진행거리(화염전파거리)를 짧게 한다.

정리 가솔린 노킹(knocking)의 방지법
- 옥탄가가 높은 가솔린 사용
- 혼합비를 높임
- 화염전파속도를 높임
- 화염전파거리를 짧게 함
- 점화시기를 늦춤
- 압축비를 낮춤
- 혼합 가스와 냉각수 온도를 낮춤
- 혼합 가스에 와류를 증대시킴
- 연소실에 탄소가 퇴적된 경우, 탄소를 제거함

34. C_2H_6의 고발열량이 15,520 kcal/Sm³일 때, 저발열량(kcal/Sm³)은?

① 18,380　　② 16,560
③ 14,080　　④ 12,820

해설 저위발열량(kcal/Sm³) 계산

$C_2H_6 + \dfrac{7}{2}O_2 \rightarrow 2CO_2 + 3H_2O$

$H_l = H_h - 480 \cdot \sum H_2O$
$= 15{,}520 - 480 \times 3$
$= 14{,}080 \, kcal/Sm^3$

35. 89 %의 탄소와 11 %의 수소로 이루어진 액체 연료를 1시간에 187 kg씩 완전 연소할 때 발생하는 배출 가스의 조성을 분석한 결과 CO_2 : 12.5 %, O_2 : 3.5 %, N_2 : 84 %이었다. 이 연료를 2시간 동안 완전 연소시켰을 때 실제 소요된 공기량(Sm³)은?

① 1,205　　② 2,410
③ 3,610　　④ 4,810

해설 (1) $A_o = \dfrac{O_o}{0.21}$

$= \dfrac{1.867 \times 0.89 + 5.6 \times 0.11}{0.21}$

$= 10.8458 \, m^3/kg \times 187 \, kg/h$
$= 2028.17 \, m^3/h$

(2) $m = \dfrac{N_2}{N_2 - 3.76 \, O_2} = \dfrac{84}{84 - 3.76 \times 3.5}$
$= 1.1857$

(3) $A = 1.1857 \times 2{,}028.17$
$= 2{,}404.94 \, Sm^3/h$

∴ $2{,}404.94 \, Sm^3/h \times 2h = 4{,}809.88 \, Sm^3$

36. 연소에 관한 용어 설명으로 옳지 않은 것은?

① 유동점은 저온에서 중유를 취급할 경우의 난이도를 나타내는 척도가 될 수 있다.
② 인화점은 액체연료의 표면에 인위적으로 불씨를 가했을 때 연소하기 시작하는 최저온도이다.
③ 발열량은 연료가 완전 연소할 때 단위중량 혹은 단위부피당 발생하는 열량으로 잠열을 포함하는 저발열량과 포함하지 않는 고발열량으로 구분된다.
④ 발화점은 공기가 충분한 상태에서 연료를 일정온도 이상으로 가열했을 때 외부에서 점화하지 않더라도 연료 자신의 연소열에 의해 연소가 일어나는 최저온도이다.

해설 ③ 발열량은 연료가 완전 연소할 때 단위중량 혹은 단위부피당 발생하는 열량으로 잠열을 포함하는 고발열량과 포함하지 않는 저발열량으로 구분된다.

37. 석탄의 유동층 연소에 관한 설명으로 가장 적합하지 않은 것은?

① 부하변동에 쉽게 적응할 수 없다.
② 유동매체의 보충이 필요하지 않다.
③ 유동매체를 석회석으로 할 경우 로 내에서 탈황이 가능하다.
④ 비교적 저온에서 연소가 행해지기 때문에 화격자 연소에 비해 thermal NOx 발생량이 적다.

해설 ② 유동매체의 보충이 필요하다.

정답 34. ③　35. ④　36. ③　37. ②

38. 석유류의 특성에 관한 내용으로 옳은 것은?

① 일반적으로 인화점은 예열온도보다 약간 높은 것이 좋다.
② 인화점이 낮을수록 역화의 위험성이 낮아지고 착화가 곤란하다.
③ 일반적으로 API가 10° 미만이면 경질유, 40° 이상이면 중질유로 분류된다.
④ 일반적으로 경질유는 방향족계 화합물을 50 % 이상 함유하고 중질유에 비해 밀도와 점도가 높은 편이다.

해설 ② 인화점이 낮을수록 역화의 위험성이 높아지고 착화가 쉽다.
③ 일반적으로 API가 34° 이상이면 경질유, 34° 이하이면 중질유로 분류된다.
④ 일반적으로 경질유는 중질유보다 가벼우므로, 밀도와 점도가 낮다.
API 비중 : 물의 비중을 10으로 하여 나타낸 석유의 비중값

구분	API
경질유(light)	34 이상
중질유(medium)	24~34
중질유(heavy)	24 이하

39. 25℃에서 탄소가 연소하여 일산화탄소가 될 때 엔탈피 변화량(kJ)은?

$$C + O_2(g) \rightarrow CO_2(g) \quad \Delta H = -393.5 \text{kJ}$$
$$CO + 1/2 O_2(g) \rightarrow CO_2(g) \quad \Delta H = -283.0 \text{kJ}$$

① −676.5 ② −110.5
③ 110.5   ④ 676.5

해설 헤스의 법칙 이용 엔탈피 계산
+식① $C + O_2(g) \rightarrow CO_2(g)$ ΔH_1
−식② $CO_2(g) \rightarrow CO + 1/2 O_2(g)$ ΔH_2
  $C + 1/2 O_2(g) \rightarrow CO$ ΔH
$\Delta H = \Delta H_1 - \Delta H_2$
 $= -393.5 - (-283.0) = -110.5 \text{kJ}$

40. 액체연료를 비점(℃)이 큰 순서대로 나열한 것은?

① 등유 > 중유 > 휘발유 > 경유
② 중유 > 경유 > 등유 > 휘발유
③ 경유 > 휘발유 > 중유 > 등유
④ 휘발유 > 경유 > 등유 > 중유

해설 비점(끓는점) 순서 : 중유 > 경유 > 등유 > 휘발유 > LPG

제3과목　대기오염방지기술

41. 질소산화물(NOx) 저감방법으로 가장 적합하지 않은 것은?

① 연소영역에서의 산소 농도를 높인다.
② 부분적인 고온영역이 없게 한다.
③ 고온영역에서 연소가스의 체류시간을 짧게 한다.
④ 유기질소화합물을 함유하지 않는 연료를 사용한다.

해설 ① 산소 농도를 높이면 NOx 발생량이 증가한다.

정리 연소조절에 의한 NOx 처리 방법
• 저온연소
• 저산소연소
• 저질소성분 우선연소
• 2단연소
• 배가스 재순환
• 버너 및 연소실의 구조개량

42. 유해가스를 처리하는 흡수장치의 효율을 높이기 위한 흡수액의 조건은?

① 점성이 커야 한다.
② 어는점이 높아야 한다.
③ 휘발성이 적어야 한다.
④ 가스의 용해도가 낮아야 한다.

정답　38. ①　39. ②　40. ②　41. ①　42. ③

해설 좋은 흡수액(세정액)의 조건
- 용해도가 커야 함
- 화학적으로 안정해야 함
- 독성, 부식성이 없어야 함
- 휘발성이 작아야 함
- 점성이 작아야 함
- 어는점이 낮아야 함
- 가격이 저렴해야 함

43. 먼지의 자유낙하에서 종말침강속도에 관한 설명으로 옳은 것은?
① 입자가 바닥에 닿는 순간의 속도
② 입자의 가속도가 0이 될 때의 속도
③ 입자의 속도가 0이 되는 순간의 속도
④ 정지된 다른 입자와 충돌하는 데 필요한 최소한의 속도

해설 종말침강속도 : 입자의 가속도가 0이 될 때의 속도

44. 후드에 의한 먼지 흡입에 관한 설명으로 옳지 않은 것은?
① 국소적인 흡인방식을 취한다.
② 배풍기에 충분한 여유를 둔다.
③ 후드를 발생원에 가깝게 설치한다.
④ 후드의 개구면적을 가능한 크게 한다.

해설 ④ 후드의 개구면적을 가능한 작게 한다.

정리 후드의 흡입 향상 조건
- 후드를 발생원에 가깝게 설치
- 후드의 개구면적을 작게 함
- 충분한 포착속도를 유지
- 기류흐름 및 장해물 영향 고려(에어커튼 사용)
- 배풍기 여유율을 30%로 유지함

45. 집진장치의 입구 쪽 처리가스 유량이 300,000 m³/h, 먼지 농도가 15 g/m³이고, 출구 쪽 처리된 가스의 유량이 305,000 m³/h, 먼지 농도가 40 mg/m³일 때, 집진효율(%)은?
① 89.6 ② 95.3 ③ 99.7 ④ 103.2

해설 $\eta = \left(1 - \dfrac{CQ}{C_oQ_o}\right) \times 100\%$
$= \left(1 - \dfrac{0.04 \times 305,000}{15 \times 300,000}\right) \times 100$
$= 99.73\%$

46. 직경이 10 μm 인 구형입자가 20℃ 층류 영역의 대기 중에서 낙하하고 있다. 입자의 종말침강속도(m/s)와 레이놀즈 수를 순서대로 나열한 것은? (단, 20℃에서 입자의 밀도 = 1,800 kg/m³, 공기의 밀도 = 1.2 kg/m³, 공기의 점도 = 1.8×10⁻⁵ kg/m·s)
① 5.44×10⁻³, 3.63×10⁻³
② 5.44×10⁻³, 2.44×10⁻⁶
③ 3.63×10⁻⁶, 2.44×10⁻⁶
④ 3.63×10⁻⁶, 3.63×10⁻³

해설 (1) 침강속도
$V_g = \dfrac{(\rho_s - \rho) \times d^2 \times g}{18 \times \mu}$
$= \dfrac{(1,800 - 1.2)\,kg/m^3 \times (10 \times 10^{-6}\,m)^2 \times 9.8\,m/s^2}{18 \times 1.8 \times 10^{-5}\,kg/m\cdot s}$
$= 5.44 \times 10^{-3}\,m/s$

(2) 레이놀즈 수
$R_e = \dfrac{DV\rho}{\mu}$
$= \dfrac{(10 \times 10^{-6}) \times (5.44 \times 10^{-3}) \times 1.2}{1.8 \times 10^{-5}}$
$= 3.63 \times 10^{-3}$

47. 표준상태의 공기가 내경이 50 cm인 강관 속을 2 m/s의 속도로 흐르고 있을 때, 공기의 질량유속(kg/s)은? (단, 공기의 평균 분자량 = 29)
① 0.34 ② 0.51
③ 0.78 ④ 0.97

해설 질량유속(kg/s)
$= \dfrac{29\,kg}{22.4\,Sm^3} \times \dfrac{2\,m}{s} \times \dfrac{\pi(0.5\,m)^2}{4}$
$= 0.508\,kg/s$

정답 43. ②　44. ④　45. ③　46. ①　47. ②

48. 여과집진장치의 탈진방식 중 간헐식에 관한 설명으로 옳지 않은 것은?

① 연속식에 비해 먼지의 재비산이 적고 높은 집진효율을 얻을 수 있다.
② 고농도, 대량가스 처리에 적합하며 점성이 있는 조대먼지의 탈진에 효과적이다.
③ 진동형은 여과포의 음파진동, 횡진동, 상하진동에 의해 포집된 먼지를 털어내는 방식이다.
④ 역기류형은 단위집진실에 처리가스의 공급을 중단시킨 후 순차적으로 탈진하는 방식이다.

해설 ② 연속식의 설명이다.
• 연속식 : 고농도, 대용량 처리가 용이하다.
• 간헐식 : 저농도, 소량 처리가 용이하다.

49. 촉매소각법에 관한 일반적인 설명으로 옳지 않은 것은?

① 열소각법에 비해 연소 반응시간이 짧다.
② 열소각법에 비해 thermal NOx 생성량이 작다.
③ 백금, 코발트는 촉매로 바람직하지 않은 물질이다.
④ 촉매제가 고가이므로 처리가스량이 많은 경우에는 부적합하다.

해설 ③ 백금, 코발트는 촉매로 이용된다.

50. 물리적 흡착에 의한 가스처리에 관한 설명으로 옳지 않은 것은?

① 처리가스의 분압이 낮아지면 흡착량이 감소한다.
② 처리가스의 온도가 높아지면 흡착량이 증가한다.
③ 흡착과정이 가역적이기 때문에 흡착제의 재생이 가능하다.
④ 다분자층 흡착이며 화학적 흡착에 비해 오염가스의 회수가 용이하다.

해설 ② 물리적 흡착은 온도가 낮아지면 흡착량이 증가한다.

구분	물리적 흡착	화학적 흡착
반응	가역반응	비가역반응
계	open system	closed system
원동력	분자간 인력 (반데르발스 힘)	화학 반응
흡착열	낮음 (2~20 kJ/mol)	높음 (20~400 kJ/mol)
흡착층	다분자 흡착	단분자 흡착
온도, 압력 영향	온도영향이 큼 (온도↓, 압력↑ → 흡착↑) (온도↑, 압력↓ → 탈착↑)	온도영향 적음 (임계온도 이상에서 흡착 안 됨)
재생	가능	불가능

51. 원심력집진장치(cyclone)의 집진효율에 관한 내용으로 옳은 것은?

① 원통의 직경이 클수록 집진효율이 증가한다.
② 입자의 밀도가 클수록 집진효율이 감소한다.
③ 가스의 온도가 높을수록 집진효율이 증가한다.
④ 가스의 유입속도가 클수록 집진효율이 증가한다.

해설 원심력집진장치의 효율 향상 조건
• 먼지의 농도, 밀도, 입경 클수록
• 입구 유속 빠를수록
• 유량 클수록
• 회전수 많을수록
• 몸통 길이 길수록
• 몸통 직경 작을수록
• 처리가스 온도 낮을수록
• 점도 작을수록
→ 집진효율 증가함

정답 48. ② 49. ③ 50. ② 51. ④

52. 세정집진장치의 장점으로 가장 적합한 것은?
① 점착성 및 조해성 먼지의 제거가 용이하다.
② 별도의 폐수처리시설이 필요하지 않다.
③ 먼지에 의한 폐쇄 등의 장애가 일어날 확률이 낮다.
④ 소수성 먼지에 대해 높은 집진효율을 얻을 수 있다.

해설 ② 별도의 폐수처리시설이 필요하다.
③ 먼지에 의한 폐쇄 등의 장애가 일어날 확률이 높다.
④ 친수성 먼지에 대해 높은 집진효율을 얻을 수 있다.

53. 흡인통풍의 장점으로 가장 적합하지 않은 것은?
① 통풍력이 크다.
② 연소용 공기를 예열할 수 있다.
③ 굴뚝의 통풍저항이 큰 경우에 적합하다.
④ 노 내압이 부압(-)으로 역화의 우려가 없다.

해설 ② 흡인통풍은 외기가 들어올 수 있으므로 오히려 배기가스 온도가 낮아질 수 있고, 압입통풍에서 연소용 공기를 예열할 수 있다.

54. 원통형 전기집진장치의 집진극 직경이 10 cm이고 길이가 0.75 m이다. 배출가스의 유속이 2 m/s이고 먼지의 겉보기이동속도가 10 cm/s일 때, 이 집진장치의 실제 집진효율(%)은?
① 78　② 86
③ 95　④ 99

해설 원통형 집진장치의 집진효율
$$\eta = 1 - e^{\left(-\frac{2Lw}{RU}\right)}$$
$$= 1 - e^{\left(-\frac{2 \times 0.75\,\text{m} \times 0.1\,\text{m/s}}{0.05\,\text{m} \times 2\,\text{m/s}}\right)}$$
$$= 0.7767 = 77.68\%$$

55. 외기 유입이 없을 때 집진효율이 88 %인 원심력집진장치(cyclone)가 있다. 이 원심력집진장치에 외기가 10 % 유입되었을 때, 집진효율(%)은? (단, 외기가 10 % 유입되었을 때 먼지통과율은 외기가 유입되지 않은 경우의 3배)
① 54　② 64
③ 75　④ 86

해설 통과율 변화 시 집진율 변화 계산
처음 집진율은 88 %이므로, 처음 통과율은 12 %이고 먼지 통과율이 3배가 되었으므로, 나중 통과율 = 12 × 3 = 36 % 임
∴ 나중 집진율 = 100 - 나중 통과율
　　　　　　 = 100 - 36 = 64 %

56. 불소화합물 처리에 관한 내용이다. ( ) 안에 들어갈 화학식으로 가장 적합한 것은?

> 사불화규소는 물과 반응해서 콜로이드 상태의 규산과 ( )을(를) 생성한다.

① CaF_2
② $NaHF_2$
③ $NaSiF_6$
④ H_2SiF_6

해설 사불화규소(SiF_4)는 물과 반응하여 SiO_2와 HF를 생성하고, SiF_4는 다시 HF와 반응하여 규불화수소산(H_2SiF_6)을 생성한다.

57. 유체의 점도를 나타내는 단위에 해당하지 않는 것은?
① poise
② Pa·s
③ L·atm
④ g/cm·s

해설 ③ atm·s
정리 점도(점성계수)의 단위
poise, g/cm·s, kg/m·s, Pa·s

정답 52. ①　53. ②　54. ①　55. ②　56. ④　57. ③

58. 중력집진장치에 관한 설명으로 가장 적합하지 않은 것은?

① 배기가스의 점도가 낮을수록 집진효율이 증가한다.
② 함진가스의 온도변화에 의한 영향을 거의 받지 않는다.
③ 침강실의 높이가 낮고, 길이가 길수록 집진효율이 증가한다.
④ 함진가스의 유량, 유입속도 변화에 거의 영향을 받지 않는다.

해설 ④ 함진가스의 유량, 유입속도 변화에 영향을 크게 받는다.

59. 처리가스량이 30,000 m³/h, 압력손실이 300 mmH₂O인 집진장치를 효율이 47 %인 송풍기로 운전할 때, 송풍기의 소요동력(kW)은?

① 38 ② 43
③ 49 ④ 52

해설 송풍기의 소요동력

$$P = \frac{Q \times \Delta P \times \alpha}{102 \times \eta}$$

$$= \frac{(30,000/3,600) \times 300}{102 \times 0.47} = 52.14$$

여기서, P : 소요동력(kW)
Q : 처리가스량(m³/s)
ΔP : 압력(mmH₂O)
α : 여유율(안전율)
η : 효율

60. 먼지의 입경측정 방법을 직접측정법과 간접측정법으로 구분할 때, 직접측정법에 해당하는 것은?

① 광산란법
② 관성충돌법
③ 액상침강법
④ 표준체측정법

해설 입경분포 측정방법
(1) 직접측정법 : 현미경법, 표준체거름법(표준체측정법)
(2) 간접측정법 : 관성충돌법, 액상침강법, 광산란법, 공기투과법

제4과목 대기오염공정시험기준(방법)

61. 배출가스 중의 수은화합물을 냉증기 원자흡수분광광도법에 따라 분석할 때 사용하는 흡수액은?

① 질산암모늄 + 황산용액
② 과망간산포타슘 + 황산용액
③ 사이안화포타슘 + 디티존용액
④ 수산화칼슘 + 피로가롤용액

해설 배출가스 중 수은화합물 – 냉증기 원자흡수분광광도법 : 흡수액(질량분율, 4 % 과망간산포타슘 / 10 % 황산)

62. 비분산적외선분석기의 장치구성에 관한 설명으로 옳지 않은 것은?

① 비교셀은 시료셀과 동일한 모양을 가지며 산소를 봉입하여 사용한다.
② 광원은 원칙적으로 흑체발광으로 니크로뮴선 또는 탄화규소의 저항체에 전류를 흘려 가열한 것을 사용한다.
③ 광학필터는 시료가스 중에 포함되어 있는 간섭 물질가스의 흡수파장역 적외선을 흡수제거하기 위해 사용한다.
④ 회전섹터는 시료광속과 비교광속을 일정 주기로 단속시켜 광학적으로 변조시키는 것으로 측정 광신호의 증폭에 유효하고 잡신호의 영향을 줄일 수 있다.

해설 ① 비교셀은 시료셀과 동일한 모양을 가지며 아르곤 또는 질소 같은 불활성 기체를 봉입하여 사용한다.

정답 58. ④ 59. ④ 60. ④ 61. ② 62. ①

63. 다음 자료를 바탕으로 구한 비산먼지의 농도(mg/m^3)는?

- 채취먼지량이 가장 많은 위치에서의 먼지 농도 : 115 mg/m^3
- 대조위치에서의 먼지 농도 : 0.15 mg/m^3
- 전 시료채취기간 중 주 풍향이 90° 이상 변함
- 풍속이 0.5 m/s 미만 또는 10 m/s 이상이 되는 시간이 전 채취시간의 50 % 이상임

① 114.9
② 137.8
③ 165.4
④ 206.7

해설 비산먼지 농도의 계산
비산먼지 농도(C)
$= (C_H - C_B) \times W_D \times W_S$
$= (115 - 0.15) \times 1.5 \times 1.2$
$= 206.7 \, mg/m^3$

여기서, C_H : 채취먼지량이 가장 많은 위치에서의 먼지 농도(mg/Sm^3)
C_H : 대조위치에서의 먼지 농도 (mg/Sm^3)
W_D, W_S : 풍향, 풍속 측정결과로부터 구한 보정계수

(단, 대조위치를 선정할 수 없는 경우에는 C_B는 0.15 mg/Sm^3로 한다.)

정리 보정계수
(1) 풍향에 대한 보정

풍향변화범위	보정계수
전 시료채취 기간 중 주 풍향이 90° 이상 변할 때	1.5
전 시료채취 기간 중 주 풍향이 45°~90° 변할 때	1.2
전 시료채취 기간 중 풍향이 변동이 없을 때(45° 미만)	1.0

(2) 풍속에 대한 보정

풍속범위	보정계수
풍속이 0.5 m/s 미만 또는 10 m/s 이상 되는 시간이 전 채취시간의 50 % 미만일 때	1.0
풍속이 0.5 m/s 미만 또는 10 m/s 이상 되는 시간이 전 채취시간의 50 % 이상일 때	1.2

64. 대기오염공정시험기준상의 용어 정의 및 규정에 관한 내용으로 옳은 것은?

① "약"이란 그 무게 또는 부피 등에 대하여 ±1 % 이상의 차가 있어서는 안 된다.
② 상온은 15~25℃, 실온은 1~35℃, 찬 곳은 따로 규정이 없는 한 0~15℃의 곳을 뜻한다.
③ 방울수라 함은 20℃에서 정제수 10방울을 떨어뜨릴 때 그 부피가 약 1mL 되는 것을 뜻한다.
④ 10억분율은 pphm으로 표시하고 따로 표시가 없는 한 기체일 때는 용량 대 용량(V/V), 액체일 때는 중량 대 중량(W/W)을 표시한 것을 뜻한다.

해설 ① "약"이란 그 무게 또는 부피 등에 대하여 ±10% 이상의 차가 있어서는 안 된다.
③ 방울수라 함은 20℃에서 정제수 20방울을 떨어뜨릴 때 그 부피가 약 1mL 되는 것을 뜻한다.
④ 1억분율(Parts Per Hundred Million)은 pphm, 10억분율(Parts Per Billion)은 ppb로 표시하고 따로 표시가 없는 한 기체일 때는 용량 대 용량(부피분율), 액체일 때는 중량 대 중량(중량분율)을 표시한 것을 뜻한다.

더 알아보기 핵심정리 2-70, 2-74

65. 가로 길이가 3 m, 세로 길이가 2 m인 상·하 동일 단면적의 사각형 굴뚝이 있다. 이 굴뚝의 환산직경(m)은?

① 2.2 ② 2.4
③ 2.6 ④ 2.8

해설 굴뚝 단면이 사각형인 경우(상·하 동일 단면적의 정사각형 또는 직사각형) 환산직경 산출방법

$$환산직경 = \frac{2(가로 \times 세로)}{가로 + 세로}$$
$$= \frac{2 \times 3 \times 2}{3+2} = 2.4 \, m$$

66. 굴뚝 배출가스 중의 황산화물 시료채취에 관한 일반적인 내용으로 옳지 않은 것은?

① 채취관과 삼방콕 등 가열하는 실리콘을 제외한 보통 고무관을 사용한다.
② 시료가스 중의 황산화물과 수분이 응축되지 않도록 시료가스 채취관과 콕 사이를 가열할 수 있는 구조로 한다.
③ 시료채취관은 유리, 석영, 스테인리스강 등 시료가스 중의 황산화물에 의해 부식되지 않는 재질을 사용한다.
④ 시료가스 중에 먼지가 섞여 들어가는 것을 방지하기 위해 채취관의 앞 끝에 알칼리(alkali)가 없는 유리솜 등의 적당한 여과재를 넣는다.

해설 ① 채취관과 어댑터(adapter), 삼방콕 등 가열하는 접속부분은 갈아 맞춤 또는 실리콘 고무관을 사용하고 보통 고무관을 사용하면 안 된다.

67. 배출가스 중의 산소를 오르자트 분석법에 따라 분석할 때 사용하는 산소 흡수액은?

① 입상아연 + 피로가롤용액
② 수산화소듐용액 + 피로가롤용액
③ 염화제일주석용액 + 피로가롤용액
④ 수산화포타슘용액 + 피로가롤용액

해설 [개정] "배출가스 중 산소 – 화학분석법(오르자트분석법)"은 공정시험기준에서 삭제되어 더 이상 출제되지 않습니다.

68. 굴뚝 배출가스 중의 폼알데하이드 및 알데하이드류의 분석방법에 해당하지 않는 것은?

① 차아염소산염 자외선 / 가시선 분광법
② 아세틸아세톤 자외선 / 가시선 분광법
③ 크로모트로핀산 자외선 / 가시선 분광법
④ 고성능액체크로마토그래피

해설 폼알데하이드 적용가능한 시험방법
• 고성능액체크로마토그래피
• 크로모트로핀산 자외선 / 가시선분광법
• 아세틸아세톤 자외선 / 가시선분광법

69. 환경대기 중의 시료채취 시 주의사항으로 옳지 않은 것은?

① 시료채취 유량은 규정하는 범위 내에서 되도록 많이 채취하는 것을 원칙으로 한다.
② 악취물질의 채취는 되도록 짧은 시간 내에 끝내고 입자상 물질 중의 금속성분이나 발암성물질 등은 되도록 장시간 채취한다.
③ 입자상 물질을 채취할 경우에는 채취관 벽에 분진이 부착 또는 퇴적하는 것을 피하고 특히 채취관을 수평방향으로 연결할 경우에는 되도록 관의 길이를 길게 하고 곡률 반경을 작게 한다.
④ 바람이나 눈, 비로부터 보호하기 위해 측정기기는 실내에 설치하고 채취구를 밖으로 연결할 경우 채취관 벽과의 반응, 흡착, 흡수 등에 의한 영향을 최소한도로 줄일 수 있는 재질과 방법을 선택한다.

해설 ③ 입자상 물질을 채취할 경우에는 채취관 벽에 분진이 부착 또는 퇴적하는 것을 피하고 특히 채취관은 수평방향으로 연결할 경우에는 되도록 관의 길이를 짧게 하고 곡률반경은 크게 한다. 또한 입자상 물질을 채취할 때에는 기체의 흡착, 유기성분의 증발, 기화 또는 변화하지 않도록 주의한다.

정답 65. ② 66. ① 67. ④ 68. ① 69. ③

70. 분석대상가스가 암모니아인 경우 사용 가능한 채취관의 재질에 해당하지 않는 것은?
① 석영 ② 플루오로수지
③ 실리콘수지 ④ 스테인리스강

[해설] 암모니아의 채취관 및 연결관 등의 재질 경질유리, 석영, 플루오로수지, 보통강철, 스테인리스강 재질, 세라믹

[더 알아보기] 핵심정리 2-75

71. 환경대기 중의 석면을 위상차현미경법에 따라 측정할 때에 관한 설명으로 옳지 않은 것은?
① 시료채취 시 시료 포집면이 주 풍향을 향하도록 설치한다.
② 시료채취 지점에서의 실내기류는 0.3 m/s 이내가 되도록 한다.
③ 포집한 먼지 중 길이가 10 μm 이하이고 길이와 폭의 비가 5 : 1 이하인 섬유를 석면섬유로 계수한다.
④ 시료채취는 해당시설의 실제 운영조건과 동일하게 유지되는 일반 환경상태에서 수행하는 것을 원칙으로 한다.

[해설] 환경대기 중 석면시험방법 – 위상차현미경법 식별방법
③ 포집한 먼지 중에 길이 5 μm 이상이고, 길이와 폭의 비가 3 : 1 이상인 섬유를 석면섬유로서 계수한다.

72. 단색화장치를 사용하여 광원에서 나오는 빛 중 좁은 파장범위의 빛만을 선택한 뒤 액층에 통과시켰다. 입사광의 강도가 1이고, 투사광의 강도가 0.5일 때, 흡광도는? (단, Lambert – Beer 법칙 적용)
① 0.3 ② 0.5 ③ 0.7 ④ 1.0

[해설] 램버트 – 비어(Lambert – Beer)의 법칙
$A = \log \dfrac{I_0}{I_t} = \log \dfrac{1}{0.5} = 0.3$

73. 유류 중의 황 함유량을 측정하기 위한 분석방법에 해당하는 것은?
① 광학기법
② 열탈착식 광도법
③ 방사선식 여기법
④ 자외선 / 가시선 분광법

[해설] 유류 중의 황 함유량 분석방법
• 연소관식 공기법(중화적정법)
• 방사선식 여기법(기기분석법)

74. 피토관으로 측정한 결과 덕트(duct) 내부 가스의 동압이 13 mmH$_2$O이고 유속이 20 m/s이었다. 덕트의 밸브를 모두 열었을 때 동압이 26 mmH$_2$O일 때, 덕트의 밸브를 모두 열었을 때의 가스 유속(m/s)은?
① 23.2 ② 25.0
③ 27.1 ④ 28.3

[해설] $V = C\sqrt{\dfrac{2gh}{\gamma}}$ 에서,
$V \propto \sqrt{h}$ 이므로
$20 : \sqrt{13}$
$x : \sqrt{26}$
∴ $x = 28.28 \, m/s$

[더 알아보기] 핵심정리 1-63

75. 흡광차분광법에 관한 설명으로 옳지 않은 것은?
① 광원부는 발 · 수광부 및 광케이블로 구성된다.
② 광원으로 180~2,850 nm 파장을 갖는 제논램프를 사용한다.
③ 일반 흡광광도법은 적분적이며 흡광차분광법은 미분적이라는 차이가 있다.
④ 분석장치는 분석기와 광원부로 나누어지며 분석기 내부는 분광기, 샘플 채취부, 검지부, 분석부, 통신부 등으로 구성된다.

정답 70. ③ 71. ③ 72. ① 73. ③ 74. ④ 75. ③

[해설] 흡광차분광법
③ 일반 흡광광도법은 미분적(일시적)이며 흡광차분광법(DOAS)은 적분적(연속적)이란 차이점이 있다.

(더 알아보기) 핵심정리 2-83

76. 원자흡수분광광도법에 따라 분석할 때, 분석오차를 유발하는 원인으로 가장 적합하지 않은 것은?

① 검정곡선 작성의 잘못
② 공존물질에 의한 간섭영향 제거
③ 광원부 및 파장선택부의 광학계 조정 불량
④ 가연성 가스 및 조연성 가스의 유량 또는 압력의 변동

[해설] ② 공존물질에 의한 간섭

[정리] 원자흡수분광광도법 – 분석오차의 원인
- 표준시료의 선택의 부적당 및 제조의 잘못
- 분석시료의 처리방법과 희석의 부적당
- 표준시료와 분석시료의 조성이나 물리적 화학적 성질의 차이
- 공존물질에 의한 간섭
- 광원램프의 드리프트(drift) 열화
- 광원부 및 파장선택부의 광학계의 조정 불량
- 측광부의 불안정 또는 조절 불량
- 분무기 또는 버너의 오염이나 폐색
- 가연성 가스 및 조연성 가스의 유량이나 압력의 변동
- 불꽃을 투과하는 광속의 위치의 조정 불량
- 검정곡선 작성의 잘못

77. 어떤 사업장의 굴뚝에서 배출되는 오염물질의 농도가 600 ppm이고 표준산소농도가 6 %, 실측산소농도가 8 %일 때, 보정된 오염물질의 농도(ppm)는?

① 692.3
② 722.3
③ 832.3
④ 862.3

[해설] 오염물질 농도 보정

$$C = C_a \times \frac{21 - O_s}{21 - O_a}$$
$$= 600 \times \frac{21 - 6}{21 - 8}$$
$$= 692.3 \, mg/Sm^3$$

여기서, C : 오염물질 농도(mg/Sm^3 또는 ppm)
C_a : 실측오염물질농도(mg/Sm^3 또는 ppm)
O_s : 표준산소농도(%)
O_a : 실측산소농도(%)

78. 이온크로마토그래피에 관한 일반적인 설명으로 옳지 않은 것은?

① 검출기로 수소염이온화검출기(FID)가 많이 사용된다.
② 용리액조, 송액펌프, 시료주입장치, 분리관, 써프렛서, 검출기, 기록계로 구성되어 있다.
③ 강수(비, 눈, 우박 등), 대기먼지, 하천수 중의 이온성분을 정성, 정량 분석하는 데 사용된다.
④ 용리액조는 이온성분이 용출되지 않는 재질로써 용리액을 직접 공기와 접촉시키지 않는 밀폐된 것을 선택한다.

[해설] ① 검출기로 전도도 검출기가 많이 사용된다.

79. 굴뚝연속자동측정기기에 사용되는 도관에 관한 설명으로 옳지 않은 것은?

① 도관은 가능한 짧은 것이 좋다.
② 냉각도관은 될 수 있는 한 수직으로 연결한다.
③ 기체 – 액체 분리관은 도관의 부착위치 중 가장 높은 부분에 부착한다.
④ 응축수의 배출에 사용하는 펌프는 내구성이 좋아야 하고, 이때 응축수 트랩은 사용하지 않아도 된다.

정답 76. ② 77. ① 78. ① 79. ③

[해설] ③ 기체-액체 분리관은 도관의 부착위치 중 가장 낮은 부분 또는 최저 온도의 부분에 부착하여 응축수를 급속히 냉각시키고 배관계의 밖으로 빨리 방출시킨다.

80. 환경대기 시료채취방법 중 측정대상 기체와 선택적으로 흡수 또는 반응하는 용매에 시료가스를 일정 유량으로 통과시켜 채취하는 방법으로 채취관 – 여과재 – 채취부 – 흡입펌프 – 유량계(가스미터)로 구성되는 것은?

① 용기채취법
② 고체흡착법
③ 직접채취법
④ 용매채취법

[해설] 환경대기 시료채취방법 – 가스상 물질의 시료채취방법
• 직접 채취법 : 시료를 측정기에 직접 도입하여 분석하는 방법으로 채취관 – 분석장치 – 흡입펌프로 구성된다.
• 용기채취법 : 시료를 일단 일정한 용기에 채취한 다음 분석에 이용하는 방법으로 채취관 – 용기, 또는 채취관 – 유량조절기 – 흡입펌프 – 용기로 구성된다.
• 용매채취법 : 측정대상 기체와 선택적으로 흡수 또는 반응하는 용매에 시료가스를 일정유량으로 통과시켜 채취하는 방법으로 채취관 – 여과재 – 채취부 – 흡입펌프 – 유량계(가스미터)로 구성된다.
• 고체흡착법 : 고체분말표면에 기체가 흡착되는 것을 이용하는 방법으로 시료채취장치는 흡착관, 유량계 및 흡입펌프로 구성한다.
• 저온농축법 : 탄화수소와 같은 기체성분을 냉각제로 냉각 응축시켜 공기로부터 분리 채취하는 방법으로 주로 GC나 GC/MS 분석기에 이용한다.

제5과목 대기환경관계법규

81. 대기환경보전법령상 환경기술인의 준수사항으로 옳지 않은 것은?

① 배출시설 및 방지시설의 운영기록을 사실에 기초하여 작성해야 한다.
② 환경기술인을 공동으로 임명한 경우 환경기술인이 해당 사업장에 번갈아 근무해서는 안 된다.
③ 배출시설 및 방지시설을 정상가동하여 대기오염물질 등의 배출이 배출허용기준에 맞도록 해야 한다.
④ 자가측정 시 사용한 여과지는 환경오염 공정 시험기준에 따라 기록한 시료채취 기록지와 함께 날짜별로 보관·관리해야 한다.

[해설] ② 환경기술인은 사업장에 상근할 것. 다만, 환경기술인을 공동으로 임명한 경우 그 환경기술인은 해당 사업장에 번갈아 근무하여야 한다.

[정리] 환경기술인의 준수사항
• 배출시설 및 방지시설을 정상가동하여 대기오염물질 등의 배출이 배출허용기준에 맞도록 할 것
• 배출시설 및 방지시설의 운영기록을 사실에 기초하여 작성할 것
• 자가측정은 정확히 할 것(자가측정을 대행하는 경우에도 또한 같다)
• 자가측정한 결과를 사실대로 기록할 것(자가측정을 대행하는 경우에도 또한 같다)
• 자가측정 시에 사용한 여과지는 환경오염 공정 시험기준에 따라 기록한 시료채취기록지와 함께 날짜별로 보관·관리할 것(자가측정을 대행한 경우에도 또한 같다)
• 환경기술인은 사업장에 상근할 것. 다만, 환경기술인을 공동으로 임명한 경우 그 환경기술인은 해당 사업장에 번갈아 근무하여야 한다.

[정답] 80. ④ 81. ②

82. 대기환경보전법령상 환경부장관 또는 시·도지사가 배출부과금의 납부의무자가 납부기한 전에 배출부과금을 납부할 수 없다고 인정하여 징수를 유예하거나 징수금액을 분할 납부하게 할 경우에 관한 설명으로 옳지 않은 것은?

① 부과금의 분할납부 기한 및 금액과 그 밖에 부과금의 부과·징수에 필요한 사항은 환경부장관 또는 시·도지사가 정한다.
② 초과부과금의 징수유예기간은 유예한 날의 다음 날부터 2년 이내이며 그 기간 중의 분할납부 횟수는 12회 이내이다.
③ 기본부과금의 징수유예기간은 유예한 날의 다음 날부터 다음 부과기간의 개시일 전일까지이며 그 기간 중의 분할납부 횟수는 4회 이내이다.
④ 징수유예기간 내에 징수할 수 없다고 인정되어 징수유예기간을 연장하거나 분할납부횟수를 증가시킬 경우 징수유예기간의 연장은 유예한 날의 다음 날부터 5년 이내이며 분할납부 횟수는 30회 이내이다.

해설 부과금의 징수유예·분할납부 및 징수절차
- 기본부과금 : 유예한 날의 다음 날부터 다음 부과 기간의 개시일 전일까지, 4회 이내
- 초과부과금 : 유예한 날의 다음 날부터 2년 이내, 12회 이내
- 징수유예기간의 연장은 유예한 날의 다음 날부터 3년 이내로 하며, 분할납부의 횟수는 18회 이내로 한다.
- 부과금의 분할납부 기한 및 금액과 그 밖에 부과금의 부과·징수에 필요한 사항은 환경부장관 또는 시·도지사가 정한다.

83. 대기환경보전법령상 "자동차 사용의 제한 및 사업장의 연료사용량 감축 권고" 등의 조치사항이 포함되어야 하는 대기오염 경보단계는?

① 경계 발령
② 경보 발령
③ 주의보 발령
④ 중대경보 발령

해설 경보 단계별 조치사항
- 주의보 발령 : 주민의 실외활동 및 자동차 사용의 자제 요청 등
- 경보 발령 : 주민의 실외활동 제한 요청, 자동차 사용의 제한 및 사업장의 연료사용량 감축 권고 등
- 중대경보 발령 : 주민의 실외활동 금지 요청, 자동차의 통행금지 및 사업장의 조업시간 단축 명령 등

84. 대기환경보전법령상 일일 기준초과배출량 및 일일 유량의 산정방법으로 옳지 않은 것은?

① 측정유량의 단위는 m^3/h로 한다.
② 먼지를 제외한 그 밖의 오염물질의 배출농도 단위는 ppm으로 한다.
③ 특정대기유해물질의 배출허용기준초과 일일 오염물질배출량은 소수점 이하 넷째 자리까지 계산한다.
④ 일일 조업시간은 배출량을 측정하기 전 최근 조업한 3개월 동안의 배출시설 조업시간 평균치를 일 단위로 표시한다.

해설 일일 기준초과배출량 및 일일 유량의 산정방법
④ 일일 조업시간은 배출량을 측정하기 전 최근 조업한 30일 동안의 배출시설 조업시간 평균치를 시간으로 표시한다.

85. 환경정책기본법령상 SO_2의 대기환경기준은? (단, ㉠ 연간 평균치, ㉡ 24시간 평균치, ㉢ 1시간 평균치)

① ㉠ : 0.02 ppm 이하, ㉡ : 0.05 ppm 이하, ㉢ : 0.15 ppm 이하
② ㉠ : 0.03 ppm 이하, ㉡ : 0.06 ppm 이하, ㉢ : 0.10 ppm 이하
③ ㉠ : 0.05 ppm 이하, ㉡ : 0.10 ppm 이하, ㉢ : 0.12 ppm 이하
④ ㉠ : 0.06 ppm 이하, ㉡ : 0.10 ppm 이하, ㉢ : 0.12 ppm 이하

정답 82. ④ 83. ② 84. ④ 85. ①

해설 환경정책기본법상 대기환경기준 – SO_2
- 연간 평균치 : 0.02 ppm 이하
- 24시간 평균치 : 0.05 ppm 이하
- 1시간 평균치 : 0.15 ppm 이하

더 알아보기 핵심정리 2-103

86. 대기환경보전법령상 배출시설 및 방지시설 등과 관련된 1차 행정처분기준이 조업정지에 해당하지 않는 경우는?
① 방지시설을 설치해야 하는 자가 방지시설을 임의로 철거한 경우
② 배출허용기준을 초과하여 개선명령을 받은 자가 개선명령을 이행하지 않은 경우
③ 방지시설을 설치해야 하는 자가 방지시설을 설치하지 않고 배출시설을 가동하는 경우
④ 배출시설 가동개시 신고를 해야 하는 자가 가동개시 신고를 하지 않고 조업하는 경우

해설 ④ 1차 행정처분 : 경고

87. 실내공기질 관리법령상 공동주택 소유자에게 권고하는 실내 라돈 농도의 기준은?
① 1세제곱미터당 148베크렐 이하
② 1세제곱미터당 348베크렐 이하
③ 1세제곱미터당 548베크렐 이하
④ 1세제곱미터당 848베크렐 이하

해설 다중이용시설 또는 공동주택의 소유자 등에게 권고하는 실내 라돈 농도의 기준
: 148 Bq/m^3 이하

88. 대기환경보전법령상 첨가제·촉매제 제조기준에 맞는 제품의 표시방법에 관한 내용 중 ( ) 안에 알맞은 것은?

표시크기는 첨가제 또는 촉매제 용기 앞면의 제품명 밑에 제품명 글자 크기의 ( )에 해당하는 크기이어야 한다.

① 100분의 50 이상 ② 100분의 30 이상
③ 100분의 15 이상 ④ 100분의 5 이상

해설 첨가제·촉매제 제조기준에 맞는 제품의 표시방법 : 첨가제 또는 촉매제 용기 앞면의 제품명 밑에 제품명 글자 크기의 100분의 30 이상에 해당하는 크기로 표시하여야 한다.

89. 대기환경보전법령상 환경부령으로 정하는 바에 따라 특별자치시장·특별자치도지사·시장·군수·구청장에게 신고하고 비산먼지의 발생을 억제하기 위한 시설을 설치하거나 필요한 조치를 해야 할 경우에 해당하지 않는 경우는?
① 비산먼지를 발생시키는 운송장비 제조업을 하려는 자
② 비산먼지를 발생시키는 비료 및 사료제품의 제조업을 하려는 자
③ 비산먼지를 발생시키는 금속물질의 채취업 및 가공업을 하려는 자
④ 비산먼지를 발생시키는 시멘트 관련 제품의 가공업을 하려는 자

해설 문제 출제 오류로 전항 정답 처리

90. 대기환경보전법령상 제조기준에 맞지 않는 첨가제 또는 촉매제임을 알면서 사용한 자에 대한 과태료 부과기준은?
① 1천만원 이하의 과태료
② 500만원 이하의 과태료
③ 300만원 이하의 과태료
④ 200만원 이하의 과태료

해설 제조기준에 맞지 않는 첨가제 또는 촉매제임을 알면서 사용한 자 : 200만원 이하의 과태료

정답 86. ④ 87. ① 88. ② 89. 전항 정답 90. ④

91. 대기환경보전법령상 자동차연료형 첨가제의 종류에 해당하지 않는 것은? (단, 그 밖에 환경부장관이 자동차의 성능을 향상시키거나 배출가스를 줄이기 위해 필요하다고 정하여 고시하는 경우를 제외)
① 세척제   ② 청정분산제
③ 매연발생제   ④ 옥탄가향상제

해설 자동차연료형 첨가제의 종류
1. 세척제
2. 청정분산제
3. 매연억제제
4. 다목적첨가제
5. 옥탄가향상제
6. 세탄가향상제
7. 유동성향상제
8. 윤활성향상제
9. 그 밖에 환경부장관이 자동차의 성능을 향상시키거나 배출가스를 줄이기 위하여 필요하다고 정하여 고시하는 것

92. 악취방지법령상 지정악취물질에 해당하지 않는 것은?
① 메틸메르캅탄   ② 트라이메틸아민
③ 아세트알데하이드   ④ 아닐린

해설 지정악취물질
1. 암모니아
2. 메틸메르캅탄
3. 황화수소
4. 다이메틸설파이드
5. 다이메틸다이설파이드
6. 트라이메틸아민
7. 아세트알데하이드
8. 스타이렌
9. 프로피온알데하이드
10. 뷰틸알데하이드
11. n-발레르알데하이드
12. i-발레르알데하이드
13. 톨루엔
14. 자일렌
15. 메틸에틸케톤
16. 메틸아이소뷰틸케톤
17. 뷰틸아세테이트
18. 프로피온산
19. n-뷰틸산
20. n-발레르산
21. i-발레르산
22. i-뷰틸알코올

93. 실내공기질 관리법령의 적용 대상이 되는 대통령령으로 정하는 규모의 다중이용시설에 해당하지 않는 것은?
① 모든 지하역사
③ 철도역사의 연면적 2천2백제곱미터인 대합실
② 여객자동차터미널의 연면적 2천2백제곱미터인 대합실
④ 공항시설 중 연면적 1천1백제곱미터인 여객터미널

해설 ④ 공항시설 중 연면적 1천5백제곱미터 이상인 여객터미널

정리 실내공기질 관리법 적용대상 : 실내공기질 관리법에서 "대통령령으로 정하는 규모의 것"이란 다음 각 호의 어느 하나에 해당하는 시설을 말한다. 이 경우 둘 이상의 건축물로 이루어진 시설의 연면적은 개별 건축물의 연면적을 모두 합산한 면적으로 한다. 〈개정 2020. 3. 31.〉
1. 모든 지하역사(출입통로・대합실・승강장 및 환승통로와 이에 딸린 시설을 포함한다)
2. 연면적 2천제곱미터 이상인 지하도상가(지상건물에 딸린 지하층의 시설을 포함한다. 이하 같다). 이 경우 연속되어 있는 둘 이상의 지하도상가의 연면적 합계가 2천제곱미터 이상인 경우를 포함한다.
3. 철도역사의 연면적 2천제곱미터 이상인 대합실
4. 여객자동차터미널의 연면적 2천제곱미터 이상인 대합실
5. 항만시설 중 연면적 5천제곱미터 이상인 대합실
6. 공항시설 중 연면적 1천5백제곱미터 이상인 여객터미널
7. 연면적 3천제곱미터 이상인 도서관

정답 91. ③   92. ④   93. ④

8. 연면적 3천제곱미터 이상인 박물관 및 미술관
9. 연면적 2천제곱미터 이상이거나 병상 수 100개 이상인 의료기관
10. 연면적 500제곱미터 이상인 산후조리원
11. 연면적 1천제곱미터 이상인 노인요양시설
12. 연면적 430제곱미터 이상인 어린이집
12의2. 연면적 430제곱미터 이상인 실내 어린이놀이시설
13. 모든 대규모점포
14. 연면적 1천제곱미터 이상인 장례식장(지하에 위치한 시설로 한정한다)
15. 모든 영화상영관(실내 영화상영관으로 한정한다)
16. 연면적 1천제곱미터 이상인 학원
17. 연면적 2천제곱미터 이상인 전시시설(옥내시설로 한정한다)
18. 연면적 300제곱미터 이상인 인터넷컴퓨터게임시설제공업의 영업시설
19. 연면적 2천제곱미터 이상인 실내주차장(기계식 주차장은 제외한다)
20. 연면적 3천제곱미터 이상인 업무시설
21. 연면적 2천제곱미터 이상인 둘 이상의 용도(「건축법」제2조제2항에 따라 구분된 용도를 말한다)에 사용되는 건축물
22. 객석 수 1천석 이상인 실내 공연장
23. 관람석 수 1천석 이상인 실내 체육시설
24. 연면적 1천제곱미터 이상인 목욕장업의 영업시설

해설 시·도지사가 설치하는 대기오염 측정망의 종류
1. 도시지역의 대기오염물질 농도를 측정하기 위한 도시대기측정망
2. 도로변의 대기오염물질 농도를 측정하기 위한 도로변대기측정망
3. 대기 중의 중금속 농도를 측정하기 위한 대기중금속측정망

정리 수도권대기환경청장, 국립환경과학원장 또는 한국환경공단이 설치하는 대기오염 측정망의 종류
1. 대기오염물질의 지역배경농도를 측정하기 위한 교외대기측정망
2. 대기오염물질의 국가배경농도와 장거리이동 현황을 파악하기 위한 국가배경농도측정망
3. 도시지역 또는 산업단지 인근지역의 특정대기유해물질(중금속을 제외한다)의 오염도를 측정하기 위한 유해대기물질측정망
4. 도시지역의 휘발성유기화합물 등의 농도를 측정하기 위한 광화학대기오염물질측정망
5. 산성 대기오염물질의 건성 및 습성 침착량을 측정하기 위한 산성강하물측정망
6. 기후·생태계 변화유발물질의 농도를 측정하기 위한 지구대기측정망
7. 장거리이동대기오염물질의 성분을 집중 측정하기 위한 대기오염집중측정망
8. 초미세먼지(PM-2.5)의 성분 및 농도를 측정하기 위한 미세먼지성분측정망

94. 대기환경보전법령상 시·도지사가 설치하는 대기오염 측정망에 해당하는 것은?
① 대기 중의 중금속 농도를 측정하기 위한 대기중금속측정망
② 대기오염물질의 지역배경농도를 측정하기 위한 교외대기측정망
③ 도시지역의 휘발성유기화합물 등의 농도를 측정하기 위한 광화학대기오염물질측정망
④ 산성 대기오염물질의 건성 및 습성 침착량을 측정하기 위한 산성강하물측정망

95. 대기환경보전법령상 배출시설 설치허가를 받은 자가 변경신고를 해야 하는 경우에 해당하지 않는 것은?
① 배출시설 또는 방지시설을 임대하는 경우
③ 종전의 연료보다 황함유량이 높은 연료로 변경하는 경우
② 사업장의 명칭이나 대표자를 변경하는 경우
④ 배출시설의 규모를 10% 미만으로 폐쇄함에 따라 변경되는 대기오염물질의 양이 방지시설의 처리용량 범위 내일 경우

정답 94. ① 95. ④

해설 배출시설의 변경신고를 하여야 하는 경우
1. 같은 배출구에 연결된 배출시설을 증설 또는 교체하거나 폐쇄하는 경우. 다만, 배출시설의 규모[허가 또는 변경허가를 받은 배출시설과 같은 종류의 배출시설로서 같은 배출구에 연결되어 있는 배출시설(방지시설의 설치를 면제받은 배출시설의 경우에는 면제받은 배출시설)의 총 규모를 말한다]를 10퍼센트 미만으로 증설 또는 교체하거나 폐쇄하는 경우로서 다음 각 목의 모두에 해당하는 경우에는 그러하지 아니하다.
   가. 배출시설의 증설·교체·폐쇄에 따라 변경되는 대기오염물질의 양이 방지시설의 처리용량 범위 내일 것
   나. 배출시설의 증설·교체로 인하여 다른 법령에 따른 설치 제한을 받는 경우가 아닐 것
2. 배출시설에서 허가받은 오염물질 외의 새로운 대기오염물질이 배출되는 경우
3. 방지시설을 증설·교체하거나 폐쇄하는 경우
4. 사업장의 명칭이나 대표자를 변경하는 경우
5. 사용하는 원료나 연료를 변경하는 경우. 다만, 새로운 대기오염물질을 배출하지 아니하고 배출량이 증가되지 아니하는 원료로 변경하는 경우 또는 종전의 연료보다 황함유량이 낮은 연료로 변경하는 경우는 제외한다.
6. 배출시설 또는 방지시설을 임대하는 경우
7. 그 밖의 경우로서 배출시설 설치허가증에 적힌 허가사항 및 일일조업시간을 변경하는 경우

96. 대기환경보전법령상 초과부과금 부과대상이 되는 오염물질에 해당하지 않는 것은?

① 일산화탄소 ② 암모니아
③ 시안화수소 ④ 먼지

해설 초과부과금의 부과대상이 되는 오염물질 : 염화수소, 시안화수소, 황화수소, 불소화물, 질소산화물, 이황화탄소, 암모니아, 먼지, 황산화물

(더 알아보기) 핵심정리 2-97

97. 환경부장관은 라돈으로 인한 건강피해가 우려되는 시·도가 있는 경우 해당 시·도지사에게 라돈관리계획을 수립하여 시행하도록 요청할 수 있다. 이때, 라돈관리계획에 포함되어야 하는 사항에 해당하지 않는 것은? (단, 그 밖에 라돈관리를 위해 시·도지사가 필요하다고 인정하는 사항은 제외)

① 다중이용시설 및 공동주택 등의 현황
② 라돈으로 인한 건강피해의 방지 대책
③ 인체에 직접적인 영향을 미치는 라돈의 양
④ 라돈의 실내 유입 차단을 위한 시설 개량에 관한 사항

해설 라돈관리계획에 포함되어야 하는 사항
- 다중이용시설 및 공동주택 등의 현황
- 라돈으로 인한 실내공기오염 및 건강피해의 방지 대책
- 라돈의 실내 유입 차단을 위한 시설 개량에 관한 사항
- 그 밖에 라돈관리를 위하여 시·도지사가 필요하다고 인정하는 사항

98. 실내공기질 관리법령상 의료기관의 폼알데하이드 실내공기질 유지기준은?

① 10 $\mu g/m^3$ 이하
② 20 $\mu g/m^3$ 이하
③ 80 $\mu g/m^3$ 이하
④ 150 $\mu g/m^3$ 이하

해설 실내공기질 유지기준 – 의료기관(노약자시설)
- CO_2 : 1,000 ppm
- HCHO : 80 ppm
- CO : 10 ppm
- PM10 : 75 $\mu g/m^3$
- PM2.5 : 35 $\mu g/m^3$
- 총부유세균 : 800 CFU/m^3

(더 알아보기) 핵심정리 2-106

정답 96. ① 97. ③ 98. ③

99. 대기환경보전법령상 대기오염방지시설에 해당하지 않는 것은? (단, 환경부장관이 인정하는 기타 시설은 제외)

① 흡착에 의한 시설
② 응집에 의한 시설
③ 촉매반응을 이용하는 시설
④ 미생물을 이용한 처리시설

해설 대기오염방지시설
1. 중력집진시설
2. 관성력집진시설
3. 원심력집진시설
4. 세정집진시설
5. 여과집진시설
6. 전기집진시설
7. 음파집진시설
8. 흡수에 의한 시설
9. 흡착에 의한 시설
10. 직접연소에 의한 시설
11. 촉매반응을 이용하는 시설
12. 응축에 의한 시설
13. 산화·환원에 의한 시설
14. 미생물을 이용한 처리시설
15. 연소조절에 의한 시설

100. 대기환경보전법령상의 용어 정의로 옳은 것은?

① "온실가스"란 적외선 복사열을 흡수하거나 다시 방출하여 온실효과를 유발하는 대기 중의 가스상 물질로서 이산화탄소, 메탄, 아산화질소, 수소불화탄소, 과불화탄소, 육불화황을 말한다.
② "기후·생태계변화유발물질"이란 지구온난화 등으로 생태계의 변화를 가져올 수 있는 액체상 물질로서 환경부령으로 정하는 것을 말한다.
③ "매연"이란 연소할 때에 생기는 탄소가 주가 되는 기체상 물질을 말한다.
④ "검댕"이란 연소할 때에 생기는 탄소가 응결하여 생성된 지름이 10 μm 이상인 기체상 물질을 말한다.

해설 대기환경보전법상 용어 정의
② "기후·생태계변화유발물질"이란 지구온난화 등으로 생태계의 변화를 가져올 수 있는 기체상 물질로서 환경부령으로 정하는 것을 말한다.
③ "매연"이란 연소할 때에 생기는 유리 탄소가 주가 되는 미세한 입자상물질을 말한다.
④ "검댕"이란 연소할 때에 생기는 탄소가 응결하여 생성된 지름이 1 μm 이상인 입자상 물질을 말한다.

정답 99. ② 100. ①

2022년도 시행문제

대기환경기사   2022년 3월 5일 (제1회)

제1과목   대기오염개론

1. 지구온난화가 환경에 미치는 영향에 관한 설명으로 옳은 것은?

① 지구온난화에 의한 해면상승은 지역의 특수성에 관계없이 전 지구적으로 동일하게 발생한다.
② 오존의 분해반응을 촉진시켜 대류권의 오존농도가 지속적으로 감소한다.
③ 기상조건의 변화는 대기오염 발생횟수와 오염농도에 영향을 준다.
④ 기온상승과 이에 따른 토양의 건조화는 남방계생물의 성장에는 영향을 주지만 북방계생물의 성장에는 영향을 주지 않는다.

해설 ① 지구온난화에 의한 해면상승은 전 지구적으로 동일하지 않고, 지역의 특수성에 따라 발생 양상이 다르다.
② 오존의 생성반응을 촉진시켜 대류권의 오존농도가 지속적으로 증가한다.
④ 기온상승과 이에 따른 토양의 건조화는 남방계 및 북방계 생물의 성장에 모두 영향을 준다.

2. 다음 중 PAN의 구조식은?

① $C_6H_5 - \overset{\overset{O}{\|}}{C} - O - O - NO_2$
② $CH_3 - \overset{\overset{O}{\|}}{C} - O - O - NO_2$
③ $C_2H_5 - \overset{\overset{O}{\|}}{C} - O - O - NO_2$
④ $C_4H_8 - \overset{\overset{O}{\|}}{C} - O - O - NO_2$

해설 • PAN : $CH_3COOONO_2$
• PPN : $C_2H_5COOONO_2$

3. 실내공기오염물질 중 라돈에 관한 설명으로 옳지 않은 것은?

① 무취의 기체로 액화 시 푸른색을 띤다.
② 화학적으로 거의 반응을 일으키지 않는다.
③ 일반적으로 인체에 폐암을 유발하는 것으로 알려져 있다.
④ 라듐의 핵분열 시 생성되는 물질로 반감기는 3.8일 정도이다.

해설 ① 무색, 무취의 기체로 액화 시 무색을 띤다.

4. 고도가 증가함에 따라 온위가 변하지 않고 일정할 때, 대기의 상태는?

① 안정   ② 중립   ③ 역전   ④ 불안정

해설 온위경사에 따른 대기 안정도
• 온위경사 증가 : 안정
• 온위경사 일정 : 중립
• 온위경사 감소 : 불안정

더 알아보기 핵심정리 2-29 (3)

5. 흑체의 표면온도가 1,500 K에서 1,800 K로 증가했을 경우, 흑체에서 방출되는 에너지는 몇 배가 되는가? (단, 슈테판-볼츠만 법칙 기준)

① 1.2배   ② 1.4배   ③ 2.1배   ④ 3.2배

정답   1. ③   2. ②   3. ①   4. ②   5. ③

[해설] 슈테판-볼츠만 법칙
$E \propto T^4$ 이므로
$\dfrac{E_{1800}}{E_{1500}} = \left(\dfrac{1,800}{1,500}\right)^4 = 2.07$ 배

6. thermal NOx에 관한 내용으로 옳지 않은 것은? (단, 평형 상태 기준)
① 연소 시 발생하는 질소산화물의 대부분은 NO와 NO_2이다.
② 산소와 질소가 결합하여 NO가 생성되는 반응은 흡열반응이다.
③ 연소온도가 증가함에 따라 NO 생성량이 감소한다.
④ 발생원 근처에서는 NO/NO_2의 비가 크지만 발생원으로부터 멀어지면서 그 비가 감소한다.

[해설] ③ 연소온도가 증가함에 따라 NO 생성량이 증가한다.

7. 연기의 형태에 관한 설명으로 옳지 않은 것은?
① 지붕형 : 상층이 안정하고 하층이 불안정한 대기상태가 유지될 때 발생한다.
② 환상형 : 대기가 불안정하여 난류가 심할 때 잘 발생한다.
③ 원추형 : 오염의 단면분포가 전형적인 가우시안 분포를 이루며 대기가 중립조건일 때 잘 발생한다.
④ 부채형 : 하늘이 맑고 바람이 약한 안정한 상태일 때 잘 발생하며 상·하 확산폭이 적어 굴뚝부근 지표의 오염도가 낮은 편이다.

[해설] ① 훈증형
(더 알아보기) 핵심정리 2-33

8. 대기오염모델 중 수용모델에 관한 설명으로 옳지 않은 것은?
① 오염물질의 농도 예측을 위해 오염원의 조업 및 운영상태에 대한 정보가 필요하다.
② 새로운 오염원, 불확실한 오염원과 불법 배출 오염원을 정량적으로 확인 평가할 수 있다.
③ 오염물질의 분석방법에 따라 현미경분석법과 화학분석법으로 구분할 수 있다.
④ 측정자료를 입력자료로 사용하므로 시나리오 작성이 곤란하다.

[해설] ① 분산모델에 관한 설명이다.
(더 알아보기) 핵심정리 2-35 (4)

9. Fick의 확산방정식의 기본 가정에 해당하지 않는 것은?
① 시간에 따른 농도변화가 없는 정상상태이다.
② 풍속이 높이에 반비례한다.
③ 오염물질이 점원에서 계속적으로 방출된다.
④ 바람에 의한 오염물질의 주 이동방향이 x축이다.

[해설] ② 풍속은 고도에 상관없이 일정하다.
(더 알아보기) 핵심정리 2-35 (1)

10. 다음 악취물질 중 최소감지농도(ppm)가 가장 낮은 것은?
① 암모니아 ② 황화수소
③ 아세톤   ④ 톨루엔

[해설] 최소감지농도 : 메틸머캅탄, 트리메틸아민 < 황화수소 < 암모니아 < 자일렌 < 에틸벤젠 < 폼알데하이드 < 톨루엔 < 아닐린 < 벤젠 < 아세톤 < 이황화탄소 < 염소

[정답] 6. ③ 7. ① 8. ① 9. ② 10. ②

11. 대표적으로 대기오염물질인 CO_2에 관한 설명으로 옳지 않은 것은?

① 대기 중의 CO_2 농도는 여름에 감소하고 겨울에 증가한다.
② 대기 중의 CO_2 농도는 북반구가 남반구보다 높다.
③ 대기 중의 CO_2는 바다에 많은 양이 흡수되나 식물에게 흡수되는 양보다는 작다.
④ 대기 중의 CO_2 농도는 약 410 ppm 정도이다.

해설 ③ 대기 중의 CO_2 흡수량 : 바다(해양) > 동토 > 식물

12. 실내공기오염물질 중 석면의 위험성은 점점 커지고 있다. 다음에서 설명하는 석면의 분류에 해당하는 것은?

> 전 세계에서 생산되는 석면의 95 % 정도에 해당하는 것으로 백석면이라고도 한다. 섬유다발의 형태로 가늘고 잘 휘어지며 이상적인 화학식은 $Mg_3(Si_2O_5)(OH)_4$이다.

① Chrysotile   ② Amosite
③ Saponite   ④ Crocidolite

해설 석면의 분류
① Chrysotile : 백석면(온석면)
② Amosite : 갈석면(황석면)
④ Crocidolite : 청석면

13. 일산화탄소 436 ppm에 노출되어 있는 노동자의 혈중 카르복시헤모글로빈(COHb) 농도가 10 %가 되는 데 걸리는 시간(h)은?

> 혈중 COHb 농도(%)
> $= \beta(1-e^{-\sigma t}) \times C_{CO}$
> (여기서, $\beta = 0.15$ %/ppm, $\sigma = 0.402$ h^{-1}, C_{CO}의 단위는 ppm)

① 0.21   ② 0.41
③ 0.63   ④ 0.81

해설 혈중 COHb 농도(%)
$= \beta(1-e^{-\sigma t}) \times C_{CO}$
$10 = 0.15(1-e^{-0.402 \times t}) \times 436$
∴ $t = 0.412$ hr

14. 역전에 관한 설명으로 옳지 않은 것은?

① 침강역전은 고기압 기류가 상층에 장기간 체류하며 상층의 공기가 하강하여 발생하는 역전이다.
② 침강역전이 장기간 지속될 경우 오염물질이 장기 축적될 수 있다.
③ 복사역전은 주로 지표 부근에서 발생하므로 대기오염에 많은 영향을 준다.
④ 복사역전은 주로 구름이 많은 날 일출 후, 겨울보다 여름에 잘 발생한다.

해설 ④ 복사역전은 주로 바람이 약하고 맑은 새벽~이른 아침, 습도 낮은 가을~봄, 도시보다는 시골에서 잘 발생한다.

더 알아보기 핵심정리 2-31

15. 납이 인체에 미치는 영향에 관한 설명으로 옳지 않은 것은?

① 일반적으로 납 중독증상은 Hunter – Russel 증후군으로 일컬어지고 있다.
② 납 중독의 해독제로 Ca – EDTA, 페니실아민, DMSA 등을 사용한다.
③ 헤모글로빈의 기본요소인 포르피린 고리의 형성을 방해하여 빈혈을 유발한다.
④ 세포 내의 SH기와 결합하여 헴(heme) 합성에 관여하는 효소를 포함한 여러 효소작용을 방해한다.

해설 ① Hunter – Russel 증후군 : 수은 중독증

정답 11. ③ 12. ① 13. ② 14. ④ 15. ①

16. 산성강우에 관한 내용 중 ( ) 안에 알맞은 것을 순서대로 나열한 것은?

> 일반적으로 산성강우는 pH ( ) 이하의 강우를 말하며, 기준이 되는 이 값은 대기 중의 ( )가 강우에 포화되어 있을 때의 산도이다.

① 7.0, CO_2 ② 7.0, NO_2
③ 5.6, CO_2 ④ 5.6, NO_2

해설 산성강우 : pH 5.6 이하의 강우

17. 굴뚝의 반경이 1.5 m, 실제 높이가 50 m, 굴뚝 높이에서의 풍속이 180 m/min일 때, 유효굴뚝 높이를 24 m 증가시키기 위한 배출가스의 속도(m/s)는? (단, $\Delta H = 1.5 \times \dfrac{V_s}{U} \times D$, ΔH : 연기상승높이, V_s : 배출가스의 속도, U : 굴뚝 높이에서의 풍속, D : 굴뚝의 직경)

① 5   ② 16   ③ 33   ④ 49

해설 $\Delta H = 1.5 \times \dfrac{V_s}{U} \times D$

$24\,m = 1.5 \times \dfrac{V_s}{\dfrac{180\,m}{min} \times \dfrac{1\,min}{60\,s}} \times 3\,m$

∴ 배출가스속도(V_s) = 16 m/s

더 알아보기 핵심정리 1-14

18. 지상 50 m에서의 온도가 23℃, 지상 10 m에서의 온도가 23.3℃일 때, 대기안정도는?

① 미단열   ② 과단열
③ 안정   ④ 중립

해설 (1) 환경감률
$r = \dfrac{23 - 23.3}{50 - 10} = -0.0075$

(2) 대기안정도
$r_d(=-0.01) > r > r_w(=-0.006)$ 이므로,
조건부 불안정(미단열)

19. 다음은 탄화수소가 관여하지 않을 때 이산화질소의 광화학 반응을 도식화하여 나타낸 것이다. ㉠, ㉡에 알맞은 분자식은?

> $NO_2 + h\nu \rightarrow (㉡) + O^*$
> $O^* + O_2 + M \rightarrow (㉠) + M$
> $(㉡) + (㉠) \rightarrow NO_2 + O_2$

① ㉠ SO_3, ㉡ NO   ② ㉠ NO, ㉡ SO_3
③ ㉠ O_3, ㉡ NO   ④ ㉠ NO, ㉡ O_3

해설 NO_2의 광화학 반응식
$NO_2 + h\nu \rightarrow NO + O^*$
$O^* + O_2 + M \rightarrow O_3 + M$
$NO + O_3 \rightarrow NO_2 + O_2$

20. 황산화물(SO_x)에 관한 설명으로 옳지 않은 것은?

① SO_2는 금속에 대한 부식성이 강하며 표백제로 사용되기도 한다.
② 황 함유 광석이나 황 함유 화석연료의 연소에 의해 발생한다.
③ 일반적으로 대류권에서 광분해되지 않는다.
④ 대기 중의 SO_2는 수분과 반응하여 SO_3로 산화된다.

해설 ④ 대기 중의 SO_2는 수분과 반응하여 H_2SO_4가 생성된다.
$SO_2 + \dfrac{1}{2}O_2 \rightarrow SO_3 + H_2O \rightarrow H_2SO_4$

제2과목   연소공학

21. 탄소 : 79 %, 수소 : 14 %, 황 : 3.5 %, 산소 : 2.2 %, 수분 : 1.3 %로 구성된 연료의 저 발열량은? (단, Dulong식 적용)

① 9,100 kcal/kg   ② 9,700 kcal/kg
③ 10,400 kcal/kg   ④ 11,200 kcal/kg

해설 (1) 고위발열량

$$H_h = 8{,}100C + 34{,}000\left(H - \frac{O}{8}\right) + 2{,}500S$$
$$= 8{,}100 \times 0.79 + 34{,}000\left(0.14 - \frac{0.022}{8}\right)$$
$$\quad + 2{,}500 \times 0.035$$
$$= 11{,}153 \text{ kcal/kg}$$

(2) 저위발열량

$$H_l = H_h - 600(9H + W)$$
$$= 11{,}153 - 600(9 \times 0.14 + 0.013)$$
$$= 10{,}389.2 \text{ kcal/kg}$$

22. 액체연료의 일반적인 특징으로 옳지 않은 것은?

① 인화 및 역화의 위험이 크다.
② 고체연료에 비해 점화, 소화 및 연소 조절이 어렵다.
③ 연소온도가 높아 국부적인 과열을 일으키기 쉽다.
④ 고체연료에 비해 단위 부피당 발열량이 크고 계량이 용이하다.

해설 ② 고체연료에 비해 점화, 소화 및 연소 조절이 쉽다.

23. 연소공학에서 사용되는 무차원수 중 Nusselt number의 의미는?

① 압력과 관성력의 비
② 대류 열전달과 전도 열전달의 비
③ 관성력과 중력의 비
④ 열 확산계수와 질량 확산계수의 비

해설 넛셀 수

$$\text{Nu} = \frac{\text{대류 열전달}}{\text{전도 열전달}} = \frac{\text{전도 열저항}}{\text{대류 열저항}}$$

24. 다음 연료 중 $(CO_2)_{max}[\%]$가 가장 큰 것은?

① 고로 가스   ② 코크스로 가스
③ 갈탄   ④ 역청탄

해설 주요 연료의 $(CO_2)_{max}$ 값(%) 순서 : 고로가스 > 무연탄 > 갈탄 > 역청탄 > 발생로 가스 > 코크스로 가스

25. 연소에 관한 설명으로 옳은 것은?

① 공연비는 공기와 연료의 질량비(또는 부피비)로 정의되며 예혼합연소에서 많이 사용된다.
② 등가비가 1보다 큰 경우 NOx 발생량이 증가한다.
③ 등가비와 공기비는 비례관계에 있다.
④ 최대탄산가스율은 실제습연소가스량과 최대탄산가스량의 비율이다.

해설 ② 등가비가 1보다 작은 경우 NOx 발생량이 증가한다.
③ 등가비와 공기비는 반비례관계(역수관계)에 있다.
④ 최대탄산가스율은 이론건연소가스량과 최대탄산가스량의 비율이다.

26. 프로판 : 부탄 = 1 : 1의 부피비로 구성된 LPG를 완전 연소시켰을 때 발생하는 건조 연소가스의 CO_2 농도가 13%이었다. 이 LPG $1 m^3$를 완전 연소할 때, 생성되는 건조 연소가스량(m^3)은?

① 12   ② 19
③ 27   ④ 38

해설 혼합기체의 건조가스량 계산

50% : $C_3H_8 + 5O_2 \rightarrow 3CO_2 + 4H_2O$
50% : $C_4H_{10} + 6.5O_2 \rightarrow 4CO_2 + 5H_2O$

(1) 프로판과 부탄의 CO_2 발생량(Sm^3/Sm^3) 계산

$$3 \times 0.5 + 4 \times 0.5 = 3.5 \, Sm^3/Sm^3$$

(2) 건조 가스량 계산

$$\frac{CO_2 (Sm^3/Sm^3)}{G_{od} (Sm^3/Sm^3)} \times 100\% = 13\%$$

$$\therefore G_{od} = \frac{CO_2}{0.13} = \frac{3.5}{0.13} = 26.92 \, Sm^3$$

27. 공기의 산소 농도가 부피기준으로 20 % 일 때, 메탄의 질량기준 공연비는? (단, 공기의 분자량은 28.95 g/mol)

① 1 ② 18
③ 38 ④ 40

해설 AFR(질량)
$CH_4 + 2O_2 \rightarrow CO_2 + 2H_2O$

$AFR(질량비) = \dfrac{공기(질량)}{연료(질량)}$

$= \dfrac{2\,mol\,O_2 \times \dfrac{1\,mol\,공기}{0.2\,mol\,O_2} \times \dfrac{28.95\,g\,공기}{mol\,공기}}{16\,g\,CH_4}$

$= 18.09$

28. 다음 탄화수소 중 탄화수소 1 m³를 완전 연소할 때 필요한 이론공기량이 19 m³인 것은?

① C_2H_4 ② C_2H_2
③ C_3H_8 ④ C_3H_4

해설 이론공기량(Sm^3/Sm^3)

① $C_2H_4 + 3O_2 \rightarrow 2CO_2 + 2H_2O$

$A_o = \dfrac{O_o}{0.21} = \dfrac{3}{0.21} = 14.285\,Sm^3/Sm^3$

② $C_2H_2 + 2.5O_2 \rightarrow 2CO_2 + H_2O$

$A_o = \dfrac{O_o}{0.21} = \dfrac{2.5}{0.21} = 11.90\,Sm^3/Sm^3$

③ $C_3H_8 + 5O_2 \rightarrow 3CO_2 + 4H_2O$

$A_o = \dfrac{O_o}{0.21} = \dfrac{5}{0.21} = 23.80\,Sm^3/Sm^3$

④ $C_3H_4 + 4O_2 \rightarrow 3CO_2 + 2H_2O$

$A_o = \dfrac{O_o}{0.21} = \dfrac{4}{0.21} = 19.04\,Sm^3/Sm^3$

29. A(g) → 생성물 반응의 반감기가 0.693/k 일 때, 이 반응은 몇 차 반응인가? (단, k는 반응속도상수)

① 0차 반응 ② 1차 반응
③ 2차 반응 ④ 3차 반응

해설 반감기가 일정한 것은 1차 반응이다.
더 알아보기 핵심정리 2-45

30. 기체연료의 연소에 관한 설명으로 옳지 않은 것은?

① 예혼합연소에는 포트형과 버너형이 있다.
② 확산연소는 화염이 길고 그을음이 발생하기 쉽다.
③ 예혼합연소는 화염온도가 높아 연소부하가 큰 경우에 사용 가능하다.
④ 예혼합연소는 혼합기의 분출속도가 느릴 경우 역화의 위험이 있다.

해설 ① 확산연소에는 포트형과 버너형이 있다.
더 알아보기 핵심정리 2-51

31. 매연 발생에 관한 일반적인 내용으로 옳지 않은 것은?

① -C-C-(사슬모양)의 탄소결합을 절단하기 쉬운 쪽이 탈수소가 쉬운 쪽보다 매연이 잘 발생한다.
② 연료의 C/H 비가 클수록 매연이 잘 발생한다.
③ LPG를 연소할 때보다 코크스를 연소할 때 매연의 발생빈도가 더 높다.
④ 산화하기 쉬운 탄화수소는 매연 발생이 적다.

해설 검댕(그을음, 매연)의 발생 특징
① -C-C-의 탄소결합을 절단하기보다 탈수소가 쉬운 쪽이 매연이 잘 발생한다.
더 알아보기 핵심정리 2-54 (1)

정답 27. ② 28. ④ 29. ② 30. ① 31. ①

32. 고체연료의 일반적인 특징으로 옳지 않은 것은?

① 연소 시 많은 공기가 필요하므로 연소장치가 대형화된다.
② 석탄을 이탄, 갈탄, 역청탄, 무연탄, 흑연으로 분류할 때 무연탄의 탄화도가 가장 작다.
③ 고체연료는 액체연료에 비해 수소함유량이 작다.
④ 고체연료는 액체연료에 비해 산소함유량이 크다.

해설 ② 고체연료별 연료비(탄화도) 크기 : 무연탄 > 역청탄 > 갈탄 > 이탄 > 목재

33. 메탄 : 50 %, 에탄 : 30 %, 프로판 : 20 %으로 구성된 혼합가스의 폭발범위는? (단, 메탄의 폭발범위는 5~15 %, 에탄의 폭발범위는 3~12.5 %, 프로판의 폭발범위는 2.1~9.5 %, 르샤틀리에의 식 적용)

① 1.2~8.6 %   ② 1.9~9.6 %
③ 2.5~10.8 % ④ 3.4~12.8 %

해설 르샤틀리에의 폭발범위 계산

$$L = \frac{100}{\frac{V_1}{L_1} + \frac{V_2}{L_2} + \cdots \frac{V_n}{L_n}}$$

(1) $L_{하한} = \dfrac{100}{\frac{50}{5} + \frac{30}{3} + \frac{20}{2.1}} = 3.39\%$

(2) $L_{상한} = \dfrac{100}{\frac{50}{15} + \frac{30}{12.5} + \frac{20}{9.5}} = 12.76\%$

∴ 3.39~12.76 %

34. 다음 기체연료 중 고발열량(kcal/Sm³)이 가장 낮은 것은?

① 메탄   ② 에탄
③ 프로판 ④ 에틸렌

해설 고위발열량
- 대체로 분자식의 탄소(C)나 수소(H)의 수가 많을수록 연료의 (고위)발열량($kcal/Sm^3$)은 증가한다.
- 프로판(C_3H_8) > 에탄(C_2H_6) > 에틸렌(C_2H_4) > 메탄(CH_4)

35. S성분을 2 wt% 함유한 중유를 1시간에 10 t씩 연소시켜 발생하는 배출가스 중의 SO_2를 $CaCO_3$를 사용하여 탈황할 때, 이론적으로 소요되는 $CaCO_3$의 양(kg/h)은? (단, 중유 중의 S성분은 전량 SO_2로 산화됨, 탈황률은 95 %)

① 594   ② 625
③ 694   ④ 725

해설 $SO_2 + CaCO_3 + \frac{1}{2}O_2 \rightarrow CaSO_4 + CO_2$

$SO_2 : CaCO_3$
32 kg : 100 kg

$\dfrac{2}{100} \times \dfrac{10,000\,kg}{hr} \times 0.95 : CaCO_3\,kg/hr$

따라서, $CaCO_3$ 필요량 = 593.75 kg/hr

36. 2.0 MPa, 370℃의 수증기를 1시간에 30 t씩 생성하는 보일러의 석탄 연소량이 5.5 t이다. 석탄의 발열량이 20.9 MJ/kg, 발생수증기와 급수의 비엔탈피는 각각 3,183 kJ/kg, 84 kJ/kg일 때, 열효율은?

① 65 %   ② 70 %
③ 75 %   ④ 80 %

해설 열효율 = $\dfrac{유효열}{공급열}$

$$= \dfrac{\dfrac{30\,t}{hr} \times \dfrac{(3,183-84)\,kJ}{kg} \times \dfrac{1,000\,kg}{1\,t}}{5.5\,t \times \dfrac{20.9 \times 10^3\,kJ}{kg} \times \dfrac{1,000\,kg}{1\,t}}$$

$= 0.8087 = 80.87\%$

정답 32. ② 33. ④ 34. ① 35. ① 36. ④

37. 연료를 2.0의 공기비로 완전 연소시킬 때, 배출가스 중의 산소 농도(%)는?
① 7.5 ② 9.5
③ 10.5 ④ 12.5

[해설] 완전 연소 시(배기가스 중 산소농도를 이용한) 공기비 계산

$$m = \frac{21}{21 - O_2}$$

$$2 = \frac{21}{21 - O_2}$$

$$\therefore O_2 = 10.5\%$$

38. 액체연료의 연소방식을 기화 연소방식과 분무화 연소방식으로 분류할 때 기화 연소 방식에 해당하지 않는 것은?
① 심지식 연소 ② 유동식 연소
③ 증발식 연소 ④ 포트식 연소

[해설] 액체연료의 연소방식
• 기화 연소방식 : 심지식 연소, 포트식 연소, 증발식 연소
• 분무화 연소방식(버너) : 고압 공기식 버너, 저압 공기식 버너, 회전식 버너, 증기 분무식 버너, 건타입 버너

39. 어떤 2차 반응에서 반응물질의 10 %가 반응하는 데 250 s가 걸렸을 때, 반응물질의 90 %가 반응하는 데 걸리는 시간(s)은? (단, 기타 조건은 동일)
① 5,500 ② 2,500
③ 20,300 ④ 28,300

[해설] 2차 반응식 $\frac{1}{C} - \frac{1}{C_o} = kt$

(1) $\frac{1}{0.9} - \frac{1}{1} = k \times 250$

$\therefore k = 4.444 \times 10^{-4}$

(2) $\frac{1}{0.1} - \frac{1}{1} = 4.444 \times 10^{-4} \times t$

$\therefore t = 20,250 s$

40. 연소에 관한 설명으로 옳지 않은 것은?
① $(CO_2)_{max}$는 연료의 조성에 관계없이 일정하다.
② $(CO_2)_{max}$는 연소방식에 관계없이 일정하다.
③ 연소가스 분석을 통해 완전 연소, 불완전 연소를 판정할 수 있다.
④ 실제공기량은 연료의 조성, 공기비 등을 사용하여 구한다.

[해설] ① $(CO_2)_{max}$는 연료의 조성에 따라 값이 달라진다.

제3과목　대기오염방지기술

41. 80 %의 집진효율을 갖는 2개의 집진장치를 연결하여 먼지를 제거하고자 한다. 집진장치를 직렬 연결한 경우(A)와 병렬 연결한 경우(B)에 관한 내용으로 옳지 않은 것은? (단, 두 집진장치의 처리가스량은 동일)
① (A)방식의 총 집진효율은 94 %이다.
② (A)방식은 높은 처리효율을 얻기 위한 것이다.
③ (B)방식은 처리가스의 양이 많은 경우 사용된다.
④ (B)방식의 총 집진효율은 단일집진장치와 동일하게 80 %이다.

[해설] ① 직렬 연결한 경우(A)
$\eta_A = 1 - (1 - 0.8)(1 - 0.8) = 0.96 = 96\%$

정답 37. ③　38. ②　39. ③　40. ①　41. ①

42. 중력집진장치에 관한 설명으로 옳지 않은 것은?
① 배출가스의 점도가 높을수록 집진효율이 증가한다.
② 침강실 내의 처리가스 속도가 느릴수록 미립자를 포집할 수 있다.
③ 침강실의 높이가 낮고 길이가 길수록 집진효율이 높아진다.
④ 배출가스 중의 입자상 물질을 중력에 의해 자연 침강하도록 하여 배출가스로부터 입자상 물질을 분리·포집한다.

해설 ① 배출가스의 점도가 높을수록 집진효율이 감소한다.

43. 다음 중 여과집진장치의 특징으로 옳지 않은 것은?
① 수분이나 여과속도에 대한 적응성이 높다.
② 폭발성, 점착성 및 흡습성 먼지의 제거가 어렵다.
③ 다양한 여과재의 사용으로 설계 시 융통성이 있다.
④ 여과재의 교환이 필요해 중력집진장치에 비해 유지비가 많이 든다.

해설 ① 여과집진장치는 수분이나 여과속도에 대한 적응성이 낮다.

44. 동일한 밀도를 가진 먼지입자 A, B가 있다. 먼지입자 B의 지름이 먼지입자 A 지름의 100배일 때, 먼지입자 B의 질량은 먼지입자 A질량의 몇 배인가?
① 100
② 10,000
③ 1,000,000
④ 100,000,000

해설 먼지입자의 질량(M)

$M = \rho V = \rho \left(\dfrac{\pi D^3}{6} \right)$ 이므로,

$\dfrac{M_B}{M_A} = \dfrac{\rho \left(\dfrac{\pi D_B^3}{6} \right)}{\rho \left(\dfrac{\pi D_A^3}{6} \right)} = \left(\dfrac{D_B}{D_A} \right)^3 = \left(\dfrac{100}{1} \right)^3 = 10^6$

45. 공장 배출가스 중의 일산화탄소를 백금계 촉매를 사용하여 처리할 때, 촉매독으로 작용하는 물질에 해당하지 않는 것은?
① Ni
② Zn
③ As
④ S

해설 촉매독을 유발하는 물질은 Fe, Pb, Si, As, P, S, Zn 등이다.

46. 전기집진장치에서 발생하는 각종 장애 현상에 대한 대책으로 옳지 않은 것은?
① 재비산 현상이 발생할 때에는 처리가스의 속도를 낮춘다.
② 부착된 먼지로 불꽃이 빈발하여 2차 전류가 불규칙하게 흐를 때에는 먼지를 충분하게 탈리시킨다.
③ 먼지의 비저항이 비정상적으로 높아 2차 전류가 현저히 떨어질 때에는 스파크 횟수를 줄인다.
④ 역전리 현상이 발생할 때에는 집진극의 타격을 강하게 하거나 타격빈도를 늘린다.

해설 ③ 먼지의 비저항이 비정상적으로 높아 2차 전류가 현저히 떨어질 때에는 스파크 횟수를 증가시킨다.

참고 2차 전류가 현저하게 떨어질 때 대책
• 스파크 횟수 증가
• 조습용 스프레이 수량 증가
• 입구 먼지 농도 조절

정답 42. ① 43. ① 44. ③ 45. ① 46. ③

47. 배출가스 중의 NOx를 저감하는 방법으로 옳지 않은 것은?

① 2단 연소시킨다.
② 배출가스를 재순환시킨다.
③ 연소용 공기의 예열온도를 낮춘다.
④ 과잉공기량을 많게 하여 연소시킨다.

해설 ④ 공기량을 줄여야 NOx가 저감된다.

48. 후드의 압력손실이 3.5 mmH₂O, 동압이 1.5 mmH₂O일 때, 유입계수는?

① 0.234　　② 0.315
③ 0.548　　④ 0.734

해설 후드 압력손실
(1) $\Delta P = F \times h$
$3.5 = F \times 1.5$
$\therefore F = 2.3333$
(2) 유입계수(Ce)
$F = \dfrac{1 - Ce^2}{Ce^2}$
$2.3333 = \dfrac{1 - Ce^2}{Ce^2}$
$\therefore Ce = 0.5477$

더 알아보기 핵심정리 1-55

49. 상온에서 유체가 내경이 50 cm인 강관 속을 2 m/s의 속도로 흐르고 있을 때, 유체의 질량유속(kg/s)은? (단, 유체의 밀도는 1 g/cm³)

① 452.6　　② 415.3
③ 392.7　　④ 329.6

해설 질량유속($\overline{M}$)
$\overline{M} = \rho Q = \rho v A$
$= \dfrac{1\,g}{cm^3} \times \dfrac{200\,cm}{s} \times \dfrac{\pi(50\,cm)^2}{4} \times \dfrac{1\,kg}{1,000\,g}$
$= 392.69\,kg/s$

50. 원심력집진장치(cyclone)의 집진효율에 관한 내용으로 옳지 않은 것은?

① 유입속도가 빠를수록 집진효율이 증가한다.
② 원통의 직경이 클수록 집진효율이 증가한다.
③ 입자의 직경과 밀도가 클수록 집진효율이 증가한다.
④ blow-down 효과를 적용했을 때 집진효율이 증가한다.

해설 ② 원통의 직경이 작을수록 집진효율이 증가한다.

51. 액측 저항이 지배적으로 클 때 사용이 유리한 흡수장치는?

① 충전탑
② 분무탑
③ 벤투리 스크러버
④ 다공판탑

해설 기체 용해도에 따른 흡수탑 선정
(1) 용해도가 작은 가스
 • 액측 저항이 지배적
 • 가스분산형 흡수장치가 적합 : 단탑, 포종탑, 다공판탑 등
(2) 용해도가 큰 가스
 • 가스측 저항이 지배적
 • 액분산형 흡수장치가 적합 : 충전탑, 분무탑, 벤투리 스크러버 등

52. 충전탑 내의 충전물이 갖추어야 할 조건으로 옳지 않은 것은?

① 공극률이 클 것
② 충전밀도가 작을 것
③ 압력손실이 작을 것
④ 비표면적이 클 것

정답 47. ④　48. ③　49. ③　50. ②　51. ④　52. ②

해설 ② 충전밀도가 클 것

정리 좋은 충전물의 조건
- 충전밀도가 커야 함
- hold-up이 작아야 함
- 공극률이 커야 함
- 비표면적이 커야 함
- 압력손실이 작아야 함
- 내열성, 내식성이 커야 함
- 충분한 강도를 지녀야 함
- 화학적으로 불활성이어야 함

정리 스케일링 방지대책
- 부생된 석고를 반송하고 흡수액 중 석고 농도를 5% 이상 높게 하여 결정화 촉진
- 순환액 pH 변동 줄임
- 흡수액량을 다량 주입하여 탑 내 결착 방지
- 가능한 탑 내 내장물 최소화

55. 대기오염물질의 입경을 현미경법으로 측정할 때, 입자의 투영면적을 2등분하는 선의 길이로 나타내는 입경은?

① Feret경　　　② 장축경
③ Heywood경　　④ Martin경

해설 광학적 직경
- Feret경 : 입자의 끝과 끝을 연결한 선 중 최대인 선의 길이
- Martin경 : 입자의 투영면적을 2등분하는 선의 길이
- 투영면적경(등가경, Heywood경) : 울퉁불퉁, 들쭉날쭉한 먼지의 면적과 동일한 면적을 가지는 원의 직경

53. 여과집진장치의 여과포 탈진방법으로 적합하지 않은 것은?

① 진동형
② 역기류형
③ 충격제트기류 분사형(pulse jet)
④ 승온형

해설 여과포 탈진방법
- 간헐식 : 진동형(중앙, 상하), 역기류형, 역세형, 역세 진동형
- 연속식 : 충격기류식(pulse jet형, reverse jet형), 음파 제트(sonic jet)

56. 유입구 폭이 20 cm, 유효회전수가 8인 원심력집진장치(cyclone)를 사용하여 다음 조건의 배출가스를 처리할 때, 절단입경(μm)은?

- 배출가스의 유입속도 : 30 m/s
- 배출가스의 점도 : 2×10^{-5} kg/m·s
- 배출가스의 밀도 : 1.2 kg/m³
- 먼지입자의 밀도 : 2.0 g/cm³

① 2.78　　　② 3.46
③ 4.58　　　④ 5.32

해설 사이클론의 절단입경(d_{p50})

$$d_{p50} = \sqrt{\frac{9 \times \mu \times b}{2 \times (\rho_p - \rho) \times \pi \times V \times N}}$$

$$= \sqrt{\frac{9 \times 2 \times 10^{-5} \text{kg/m·s} \times 0.2\text{m}}{2 \times (2,000 - 1.2)\text{kg/m}^3 \times \pi \times 30\text{m/s} \times 8}}$$

$$\times \frac{10^6 \mu m}{1 m} = 3.4559 \mu m$$

54. scale 방지대책(습식석회석법)으로 옳지 않은 것은?

① 순환액의 pH 변동을 크게 한다.
② 탑 내에 내장물을 가능한 설치하지 않는다.
③ 흡수액량을 증가시켜 탑 내 결착을 방지한다.
④ 흡수탑 순환액에 산화탑에서 생성된 석고를 반송하고 슬러리의 석고 농도를 5% 이상으로 유지하여 석고의 결정화를 촉진한다.

해설 ① 순환액의 pH 변동을 줄인다.

정답　53. ④　54. ①　55. ④　56. ②

57. 직경이 30 cm, 높이가 10 m인 원통형 여과집진장치를 사용하여 배출가스를 처리하고자 한다. 배출가스의 유량이 750 m³/min, 여과속도가 3.5 cm/s일 때, 필요한 여과포의 개수는?

① 32개　　② 38개
③ 45개　　④ 50개

해설 여과집진장치 - 여과포(백필터) 개수

$$N = \frac{Q}{\pi \times D \times L \times V_f}$$

$$= \frac{750 \, m^3/min}{\pi \times 0.3\,m \times 10\,m \times \frac{3.5\,cm}{s} \times \frac{1\,m}{100\,cm} \times \frac{60\,s}{1\,min}}$$

$= 37.8$

∴ 여과포 개수는 38개

더 알아보기 핵심정리 1-51 (3)

58. 세정집진장치에 관한 설명으로 옳지 않은 것은?

① 분무탑은 침전물이 발생하는 경우에 사용이 적합하다.
② 벤투리 스크러버는 점착성, 조해성 먼지의 제거에 효과적이다.
③ 제트 스크러버는 처리가스량이 많은 경우에 사용이 적합하다.
④ 충전탑은 온도 변화가 크고 희석열이 큰 곳에는 사용이 적합하지 않다.

해설 ③ 제트 스크러버는 운전비가 비싸므로, 처리가스량이 적을 경우에 사용이 적합하다.

59. 공기의 평균분자량이 28.85일 때, 공기 100 Sm³의 무게(kg)는?

① 126.8　　② 127.8
③ 128.8　　④ 129.8

해설 $\frac{28.85\,kg}{kmol} \times \frac{1\,kmol}{22.4\,Sm^3} \times 100\,Sm^3$

$= 128.79\,kg$

60. 점성계수가 1.8×10^{-5} kg/m·s, 밀도가 1.3 kg/m³인 공기를 안지름이 100 mm인 원형 파이프를 사용하여 수송할 때, 층류가 유지될 수 있는 최대 공기유속(m/s)은?

① 0.1　　② 0.3
③ 0.6　　④ 0.9

해설 레이놀즈 수
Re < 2,100일 때가 층류임

$$R_e = \frac{DV\rho}{\mu}$$

$$2,100 = \frac{0.1 \times V \times 1.3}{1.8 \times 10^{-5}}$$

∴ $V = 0.29\,m/s$

제4과목　대기오염공정시험기준(방법)

61. 배출가스 중의 수분량을 별도의 흡습관을 이용하여 분석하고자 한다. 측정조건과 측정결과가 다음과 같을 때, 배출가스 중 수증기의 부피 백분율(%)은? (단, 0℃, 1 atm 기준)

- 흡입한 건조 가스량(건식 가스미터에서 읽은 값) : 20 L
- 측정 전 흡습관의 질량 : 96.16 g
- 측정 후 흡습관의 질량 : 97.69 g

① 6.4　　② 7.1
③ 8.7　　④ 9.5

해설 배출가스 중의 수분량 측정(건식 가스미터를 사용할 때)

$$X_w = \frac{\frac{22.4}{18}m_a}{V_m' \times \frac{273}{273+\theta_m} \times \frac{P_a+P_m}{760} + \frac{22.4}{18}m_a} \times 100$$

$$= \frac{\frac{22.4}{18} \times (97.69-96.16)}{20 \times \frac{273}{273} \times \frac{760}{760} + \frac{22.4}{18} \times (97.69-96.16)}$$
$\times 100\%$

$= 8.69\%$

여기서, X_w : 배출가스 중의 수증기의 부피백분율(%)
m_a : 흡습 수분의 질량($m_{a2} - m_{a1}$)(g)
V'_m : 흡입한 가스량(건식 가스미터에서 읽은 값)(L)
θ_m : 가스미터에서의 흡입 가스온도(℃)
P_a : 측정공 위치에서의 대기압(mmHg)
P_m : 가스미터에서의 가스게이지압(mmHg)

더 알아보기 핵심정리 1-62 (2)

62. 원자흡수분광광도법의 원자흡광분석장치 구성에 포함되지 않는 것은?

① 분리관
② 광원부
③ 분광기
④ 시료원자화부

해설
- 원자흡수분광광도법 장치 구성 순서 : 광원부 – 시료원자화부 – 파장선택부(분광기) – 측광부
- 자외선/가시선분광법 분석장치 구성 순서 : 광원부 – 파장선택부 – 시료부 – 측광부
- 이온크로마토그래프의 장치 구성 순서 : 용리액조 – 송액펌프 – 시료주입장치 – 분리관 – 써프렛서 – 검출기 및 기록계

63. 대기오염공정시험기준 총칙상의 내용으로 옳지 않은 것은?

① 액의 농도를 (1 → 2)로 표시한 것은 용질 1 g 또는 1 mL를 용매에 녹여 전량을 2 mL 로 하는 비율을 뜻한다.
② 황산 (1 : 2)라 표시한 것은 황산 1용량에 정제수 2용량을 혼합한 것이다.
③ 시험에 사용하는 표준품은 원칙적으로 특급 시약을 사용한다.
④ 방울수라 함은 4℃에서 정제수 20방울을 떨어뜨릴 때 부피가 약 1 mL가 되는 것을 뜻한다.

해설 ④ 방울수라 함은 20℃에서 정제수 20방울을 떨어뜨릴 때 부피가 약 1 mL가 되는 것을 뜻한다.

64. 이온크로마토그래피에 관한 설명으로 옳지 않은 것은?

① 분리관의 재질로 스테인리스관이 널리 사용되며 에폭시수지관 또는 유리관은 사용할 수 없다.
② 일반적으로 용리액조로 폴리에틸렌이나 경질 유리제를 사용한다.
③ 송액펌프는 맥동이 적은 것을 사용한다.
④ 검출기는 일반적으로 전도도 검출기를 많이 사용하고 그 외 자외선/가시선 흡수검출기, 전기화학적 검출기 등이 사용된다.

해설 ① 분리관의 재질은 내압성, 내부식성으로 용리액 및 시료액과 반응성이 적은 것을 선택하며 에폭시수지관 또는 유리관이 사용된다. 일부는 스테인리스관이 사용되지만 금속이온 분리용으로는 좋지 않다.

65. 굴뚝 배출가스 중의 이산화황을 연속적으로 자동 측정할 때 사용하는 용어 정의로 옳지 않은 것은?

① 검출한계 : 제로드리프트의 2배에 해당하는 지시치가 갖는 이산화황의 농도를 말한다.
② 제로드리프트 : 연속자동측정기가 정상적으로 가동되는 조건하에서 제로가스를 일정시간 흘려준 후 발생한 출력신호가 변화한 정도를 말한다.
③ 경로(path) 측정시스템 : 굴뚝 또는 덕트 단면 직경의 5 % 이하의 경로를 따라 오염물질 농도를 측정하는 배출가스 연속자동측정시스템을 말한다.
④ 제로가스 : 정제된 공기나 순수한 질소를 말한다.

정답 62. ① 63. ④ 64. ① 65. ③

해설 ③ 경로(path) 측정시스템 : 굴뚝 또는 덕트 단면 직경의 10 % 이상의 경로를 따라 오염물질 농도를 측정하는 배출가스 연속자동측정시스템

66. 기체크로마토그래피의 정성분석에 관한 내용으로 옳지 않은 것은?

① 동일 조건에서 특정한 미지성분의 머무름 값과 예측되는 봉우리의 머무름 값을 비교해야 한다.
② 머무름 값의 표시는 무효부피(dead volume)의 보정유무를 기록해야 한다.
③ 일반적으로 5~30분 정도에서 측정하는 봉우리의 머무름시간은 반복시험을 할 때 ±10 % 오차범위 이내이어야 한다.
④ 머무름시간을 측정할 때는 3회 측정하여 그 평균치를 구한다.

해설 ③ 머무름시간을 측정할 때는 3회 측정하여 그 평균치를 구한다. 일반적으로 5~30분 정도에서 측정하는 봉우리의 머무름시간은 반복시험을 할 때 ±3 % 오차범위 이내이어야 한다.

67. 특정 발생원에서 일정한 굴뚝을 거치지 않고 외부로 비산되는 먼지의 농도를 고용량공기시료채취법으로 분석하고자 한다. 측정조건과 결과가 다음과 같을 때 비산먼지의 농도($\mu g/m^3$)는?

- 채취시간 : 24시간
- 채취 개시 직후의 유량 : $1.8\ m^3/s$
- 채취 종료 직전의 유량 : $1.2\ m^3/s$
- 채취 후 여과지의 질량 : 3.828 g
- 채취 전 여과지의 질량 : 3.419 g
- 대조위치에서의 먼지 농도 : $0.15\ \mu g/m^3$
- 전 시료채취 기간 중 주 풍향이 90° 이상 변함
- 풍속이 0.5 m/s 미만 또는 10 m/s 이상 되는 시간이 전 채취시간의 50 % 미만임

① 185.76 ② 283.80
③ 294.81 ④ 372.70

해설 비산먼지 농도의 계산
(1) 채취 유량(Q)의 계산
$$\frac{Q_1+Q_2}{2} = \frac{1.8+1.2}{2} = 1.5\ m^3/min$$
(2) 채취먼지 농도(C_H)
$$\frac{(3.828-3.419)g \times \frac{10^6\ \mu g}{1\ g}}{1.5\ m^3/min \times 24\ hr \times \frac{60\ min}{1\ hr}}$$
$$= 189.35\ \mu g/m^3$$
(3) 비산먼지 농도의 보정
$$C = (C_H - C_B) \times W_D \times W_S$$
$$= (189.35 - 0.15) \times 1.5 \times 1.0$$
$$= 283.80\ \mu g/m^3$$

정리 보정계수
(1) 풍향에 대한 보정

풍향변화범위	보정계수
전 시료채취 기간 중 주 풍향이 90° 이상 변할 때	1.5
전 시료채취 기간 중 주 풍향이 45°~90° 변할 때	1.2
전 시료채취 기간 중 풍향이 변동이 없을 때(45° 미만)	1.0

(2) 풍속에 대한 보정

풍속범위	보정계수
풍속이 0.5 m/s 미만 또는 10 m/s 이상 되는 시간이 전 채취시간의 50 % 미만일 때	1.0
풍속이 0.5 m/s 미만 또는 10 m/s 이상 되는 시간이 전 채취시간의 50 % 이상일 때	1.2

68. 굴뚝 배출가스 중의 질소산화물을 분석하기 위한 시험방법은?

① 아르세나조 Ⅲ법
② 비분산적외선분광분석법
③ 4-피리딘카복실산 – 피라졸론법
④ 아연환원나프틸에틸렌다이아민법

정답 66. ③ 67. ② 68. ④

해설 배출가스 중 질소산화물 시험방법
- 자동측정법(화학발광법, 적외선흡수법, 자외선흡수법 및 정전위전해법 등)
- 자외선/가시선분광법-아연환원 나프틸에틸렌다이아민법

더 알아보기 핵심정리 2-84

69. 환경대기 중의 탄화수소 농도를 측정하기 위한 주 시험방법은?

① 총탄화수소 측정법
② 비메탄 탄화수소 측정법
③ 활성 탄화수소 측정법
④ 비활성 탄화수소 측정법

해설 환경대기 중 탄화수소 시험방법
- 비메탄 탄화수소 측정법(주 시험방법)
- 활성 탄화수소 측정법
- 총탄화수소 측정법

70. 대기오염공정시험기준상의 용어 정의로 옳지 않은 것은?

① "밀폐용기"라 함은 물질을 취급 또는 보관하는 동안에 이물이 들어가거나 내용물이 손실되지 않도록 보호하는 용기를 뜻한다.
② "감압 또는 진공"이라 함은 따로 규정이 없는 한 15 mmHg 이하를 뜻한다.
③ "항량이 될 때까지 건조한다"라 함은 따로 규정이 없는 한 보통의 건조방법으로 1시간 더 건조 또는 강열할 때 전후 무게의 차가 매 g당 0.3 mg 이하일 때를 뜻한다.
④ "정량적으로 씻는다"라 함은 어떤 조작에서 다음 조작으로 넘어갈 때 사용한 비커, 플라스크 등의 용기 및 여과막 등에 부착한 정량대상 성분을 증류수로 깨끗이 씻어 그 세액을 합하는 것을 뜻한다.

해설 ④ "정량적으로 씻는다"라 함은 어떤 조작으로부터 다음 조작으로 넘어갈 때 사용한 비커, 플라스크 등의 용기 및 여과막 등에 부착한 정량대상 성분을 사용한 용매로 씻어 그 세액을 합하고 먼저 사용한 같은 용매를 채워 일정용량으로 하는 것을 뜻한다.

71. 원자흡수분광광도법의 분석원리로 옳은 것은?

① 시료를 해리 및 증기화시켜 생긴 기저상태의 원자가 이 원자증기층을 투과하는 특유 파장의 빛을 흡수하는 현상을 이용하여 시료 중의 원소농도를 정량한다.
② 기체시료를 운반가스에 의해 관 내에 전개시켜 각 성분을 분석한다.
③ 선택성 검출기를 이용하여 시료 중의 특정 성분에 의한 적외선 흡수량 변화를 측정하여 그 성분의 농도를 구한다.
④ 발광부와 수광부 사이에 형성되는 빛의 이동경로를 통과하는 가스를 실시간으로 분석한다.

해설 ② 기체크로마토그래피
③ 비분산형적외선분석법
④ 흡광차분광법

72. 굴뚝연속자동측정기기의 설치방법으로 옳지 않은 것은?

① 응축된 수증기가 존재하지 않는 곳에 설치한다.
② 먼지와 가스상 물질을 모두 측정하는 경우 측정위치는 먼지를 따른다.
③ 수직굴뚝에서 가스상 물질의 측정위치는 굴뚝 하부 끝에서 위를 향하여 굴뚝 내경의 1/2배 이상이 되는 지점으로 한다.
④ 수평굴뚝에서 가스상 물질의 측정위치는 외부공기가 새어들지 않고 요철이 없는 곳으로 굴뚝의 방향이 바뀌는 지점으로부터 굴뚝 내경의 2배 이상 떨어진 곳을 선정한다.

정답 69. ② 70. ④ 71. ① 72. ③

[해설] 굴뚝연속자동측정기기의 설치방법
③ 수직굴뚝에서 가스상 물질의 측정위치는 굴뚝 하부 끝에서 위를 향하여 굴뚝내경의 2배 이상이 되고, 상부 끝단으로부터 아래를 향하여 굴뚝 상부 내경의 1/2배 이상이 되는 지점으로 한다.

73. 다음 중 2, 4-다이나이트로페닐하이드라진(DNPH)과 반응하여 생성된 하이드라존 유도체를 액체크로마토그래피로 분석하여 정량하는 물질은?

① 아민류
② 알데하이드류
③ 벤젠
④ 다이옥신류

[해설] 배출가스 중 폼알데하이드 및 알데하이드류 – 고성능액체크로마토그래피
- 이 시험기준은 소각로, 보일러 등 연소시설의 굴뚝 등에서 배출되는 배출가스 중에 포함되어 있는 폼알데하이드 및 알데하이드류 화합물의 분석방법에 대하여 규정한다.
- 배출가스 중의 알데하이드류를 흡수액 2, 4-다이나이트로페닐하이드라진(DNPH)과 반응하여 하이드라존 유도체를 생성하게 되고 이를 액체크로마토그래프로 분석하여 정량한다.
- 하이드라존은 UV영역, 특히 350~380 nm에서 최대 흡광도를 나타낸다.

74. 배출가스 중의 염소를 오르토톨리딘법으로 분석할 때 분석에 영향을 미치지 않는 물질은?

① 오존
② 이산화질소
③ 황화수소
④ 암모니아

[해설] 배출가스 중 염소 – 자외선/가시선분광법 – 오르토톨리딘법: 이 방법은 브로민, 아이오딘, 오존, 이산화질소 및 이산화염소 등의 산화성 가스나 황화수소, 이산화황 등의 환원성가스의 영향을 무시할 수 있는 경우에 적용한다.

75. 피토관을 사용하여 굴뚝 배출가스의 평균유속을 측정하고자 한다. 측정조건과 결과가 다음과 같을 때, 배출가스의 평균유속(m/s)은?

- 동압: 13 mmH$_2$O
- 피토관 계수: 0.85
- 배출가스의 밀도: 1.2 kg/Sm^3

① 10.6　② 12.4
③ 14.8　④ 17.8

[해설] 피토관에 의한 유속

$$V = C\sqrt{\frac{2gP_v}{\gamma}} = 0.85 \times \sqrt{\frac{2 \times 9.8 \times 13}{1.2}}$$
$$= 12.38 \, \text{m/s}$$

여기서, V : 유속(m/s)
C : 피토관 계수
P$_v$: 동압(mmH$_2$O)
γ : 배출가스 밀도(kg/m^3)

76. 위상차현미경법으로 환경대기 중의 석면을 분석할 때 계수대상물의 식별방법에 관한 내용으로 옳지 않은 것은? (단, 적정한 분석능력을 가진 위상차현미경을 사용하는 경우)

① 구부러져 있는 단섬유는 곡선에 따라 전체길이를 재어서 판정한다.
② 섬유가 헝클어져 정확한 수를 헤아리기 힘들 때에는 0개로 판정한다.
③ 길이가 7 μm 이하인 단섬유는 0개로 판정한다.
④ 섬유가 그래티큘 시야의 경계선에 물린 경우 그래티큘 시야 안으로 한쪽 끝만 들어와 있는 섬유는 1/2개로 인정한다.

[해설] ③ 길이가 5 μm 이상인 단섬유는 1개로 판정한다.

[정답] 73. ②　74. ④　75. ②　76. ③

77. 직경이 0.5 m, 단면이 원형인 굴뚝에서 배출되는 먼지 시료를 채취할 때, 측정점수는?

① 1
② 2
③ 3
④ 4

해설 ① 직경이 0.5m이면 단면적이 $\frac{\pi \times 0.5^2}{4}$ $= 0.20\,m^2$이다. 단면적이 $0.25\,m^2$ 이하로 소규모일 경우에는 그 굴뚝 단면의 중심을 대표점으로 하여 1점만 측정하므로, 측정점수는 1개이다.

더 알아보기 핵심정리 2-77

78. 굴뚝 배출가스 중의 카드뮴화합물을 원자흡수분광광도법으로 분석하고자 한다. 채취한 시료에 유기물이 함유되지 않았을 때 분석용 시료 용액의 전처리 방법은?

① 질산법
② 과망간산포타슘법
③ 질산 – 과산화수소법
④ 저온회화법

해설 배출가스 중 카드뮴화합물 – 원자흡수분광광도법 – 시료의 성상 및 처리 방법

성상	처리 방법
• 소량의 유기물을 함유하는 것	• 질산-염산법 • 질산-과산화수소수법 • 마이크로파산분해법
• 유기물을 함유하지 않는 것	• 질산법 • 마이크로파산분해법
• 다량의 유기물 및 유리 탄소를 함유하는 것 • 셀룰로스 섬유제 필터를 사용한 것	• 저온회화법

79. 자외선/가시선분광법에 사용되는 장치에 관한 내용으로 옳지 않은 것은?

① 시료부는 시료액을 넣은 흡수셀 1개와 셀홀더, 시료실로 구성되어 있다.
② 자외부의 광원으로 주로 중수소 방전관을 사용한다.
③ 파장 선택을 위해 단색화장치 또는 필터를 사용한다.
④ 가시부와 근적외부의 광원으로 주로 텅스텐램프를 사용한다.

해설 ① 시료부에는 일반적으로 시료액을 넣은 흡수셀(cell, 시료셀)과 대조액을 넣는 흡수셀(대조셀)이 있고 이 셀을 보호하기 위한 셀홀더(cell holder)와 이것을 광로에 올려 놓을 시료실로 구성된다.

80. 환경대기 중의 벤조(a)피렌을 분석하기 위한 시험방법은?

① 이온크로마토그래피
② 비분산적외선분광분석법
③ 흡광차분광법
④ 형광분광광도법

해설 환경대기 중의 벤조(a)피렌 시험방법
• 가스크로마토그래피
• 형광분광광도법

정답 77. ① 78. ① 79. ① 80. ④

제5과목   대기환경관계법규

81. 실내공기질 관리법령상 건축자재의 오염물질 방출 기준 중 ( ) 안에 알맞은 것은? (단, 단위는 mg/m² · h)

오염물질	접착제	페인트
톨루엔	0.08 이하	(㉠)
총휘발성 유기화합물	(㉡)	(㉢)

① ㉠ 0.02 이하, ㉡ 0.05 이하, ㉢ 1.5 이하
② ㉠ 0.05 이하, ㉡ 0.1 이하, ㉢ 2.0 이하
③ ㉠ 0.08 이하, ㉡ 2.0 이하, ㉢ 2.5 이하
④ ㉠ 0.10 이하, ㉡ 2.5 이하, ㉢ 4.0 이하

해설 실내공기질 관리법 – 건축자재의 오염물질 방출 기준

오염물질 종류	폼알데하이드	톨루엔	총휘발성 유기화합물 (VOC)
실란트	0.02 이하	0.08 이하	1.5 이하
접착제	0.02 이하	0.08 이하	2.0 이하
페인트	0.02 이하	0.08 이하	2.5 이하
벽지, 바닥재	0.02 이하	0.08 이하	4.0 이하
퍼티	0.02 이하	0.08 이하	20.0 이하

※ 비고 : 위 표에서 오염물질의 종류별 측정단위는 mg/m² · h로 한다. 다만, 실란트의 측정단위는 mg/m · h로 한다.

82. 대기환경보전법령상 경유를 사용하는 자동차에 대해 대통령령으로 정하는 오염물질에 해당하지 않는 것은?

① 탄화수소
② 알데하이드
③ 질소산화물
④ 일산화탄소

해설 배출가스의 종류
1. 휘발유, 알코올 또는 가스를 사용하는 자동차 : 일산화탄소, 탄화수소, 질소산화물, 입자상물질, 암모니아, 알데히드
2. 경유를 사용하는 자동차 : 일산화탄소, 탄화수소, 질소산화물, 입자상물질, 암모니아, 매연

83. 대기환경보전법령상의 운행차 배출허용기준으로 옳지 않은 것은?

① 휘발유와 가스를 같이 사용하는 자동차의 배출가스 측정 및 배출허용기준은 가스의 기준을 적용한다.
② 건설기계 중 덤프트럭, 콘크리트믹서트럭, 콘크리트펌프트럭의 배출허용기준은 화물자동차기준을 적용한다.
③ 희박연소 방식을 적용하는 자동차는 공기과잉률 기준을 적용하지 않는다.
④ 알코올만 사용하는 자동차는 탄화수소 기준을 적용한다.

해설 운행차배출허용기준
④ 알코올만 사용하는 자동차는 탄화수소 기준을 적용하지 아니한다.

84. 악취방지법령상 악취배출시설의 변경신고를 해야 하는 경우에 해당하지 않는 것은?

① 악취배출시설을 폐쇄하는 경우
② 사업장의 명칭을 변경하는 경우
③ 환경담당자의 교육사항을 변경하는 경우
④ 악취배출시설 또는 악취방지시설을 임대하는 경우

해설 악취배출시설의 변경신고를 하여야 하는 경우
1. 악취배출시설의 악취방지계획서 또는 악취방지시설을 변경하는 경우
2. 악취배출시설을 폐쇄하거나, 별표2 제2호에 따른 시설 규모의 기준에서 정하는 공정을 추가하거나 폐쇄하는 경우
3. 사업장의 명칭 또는 대표자를 변경하는 경우

정답 81. ③   82. ②   83. ④   84. ③

4. 악취배출시설 또는 악취방지시설을 임대하는 경우
5. 악취배출시설에서 사용하는 원료를 변경하는 경우

85. 대기환경보전법령상 사업장별 환경기술인의 자격기준에 관한 설명으로 옳지 않은 것은?

① 대기오염물질 배출시설 중 일반보일러만 설치한 사업장은 5종사업장에 해당하는 기술인을 둘 수 있다.
② 2종사업장의 환경기술인 자격기준은 대기환경산업기사 이상의 기술자격 소지자 1명 이상이다.
③ 대기환경기술인이「물환경보전법」에 따른 수질환경기술인의 자격을 갖춘 경우에는 수질환경기술인을 겸임할 수 있다.
④ 1종사업장과 2종사업장 중 1개월 동안 실제 작업한 날만을 계산하여 1일 평균 12시간 이상 작업하는 경우에는 해당 사업장의 기술인을 각각 2명 이상 두어야 한다.

해설 ④ 1종사업장과 2종사업장 중 1개월 동안 실제 작업한 날만을 계산하여 1일 평균 17시간 이상 작업하는 경우에는 해당 사업장의 기술인을 각각 2명 이상 두어야 한다. 이 경우, 1명을 제외한 나머지 인원은 3종사업장에 해당하는 기술인 또는 환경기능사로 대체할 수 있다.

더 알아보기 핵심정리 2-98

86. 대기환경보전법령상 오존의 대기오염 중대경보 해제기준에 관한 내용 중 ( ) 안에 알맞은 것은?

> 중대경보가 발령된 지역의 기상조건 등을 고려하여 대기자동측정소의 오존 농도가 (㉠)ppm 이상 (㉡)ppm 미만일 때는 경보로 전환한다.

① ㉠ 0.3, ㉡ 0.5
② ㉠ 0.5, ㉡ 1.0
③ ㉠ 1.0, ㉡ 1.2
④ ㉠ 1.2, ㉡ 1.5

해설 대기오염 경보단계 - 오존
• 오존 주의보 : 0.12 ppm 이상인 때
• 오존 경보 : 0.3 ppm 이상인 때
• 오존 중대경보 : 0.5 ppm 이상인 때

87. 대기환경보전법령상 배출시설로부터 나오는 특정대기유해물질로 인해 환경기준의 유지가 곤란하다고 인정되어 시·도지사가 특정대기유해물질을 배출하는 배출시설의 설치를 제한할 수 있는 경우에 관한 내용 중 ( ) 안에 알맞은 것은?

> 배출시설 설치 지점으로부터 반경 1킬로미터 안의 상주 인구가 2만명 이상인 지역으로서 특정대기유해물질 중 한 가지 종류의 물질을 연간 (ⓐ) 이상 배출하거나 두 가지 이상의 물질을 연간 (ⓑ) 이상 배출하는 시설을 설치하는 경우

① ⓐ 5톤, ⓑ 10톤
② ⓐ 5톤, ⓑ 20톤
③ ⓐ 10톤, ⓑ 20톤
④ ⓐ 10톤, ⓑ 25톤

해설 환경부장관 또는 시·도지사가 배출시설의 설치를 제한할 수 있는 경우
1. 배출시설 설치 지점으로부터 반경 1킬로미터 안의 상주 인구가 2만명 이상인 지역으로서 특정대기유해물질 중 한 가지 종류의 물질을 연간 10톤 이상 배출하거나 두 가지 이상의 물질을 연간 25톤 이상 배출하는 시설을 설치하는 경우
2. 대기오염물질(먼지·황산화물 및 질소산화물만 해당한다)의 발생량 합계가 연간 10톤 이상인 배출시설을 특별대책지역(총량규제구역으로 지정된 특별대책지역은 제외)에 설치하는 경우

정답 85. ④ 86. ① 87. ④

88. 대기환경보전법령상 자동차 결함확인검사에 관한 내용 중 환경부장관이 관계 중앙행정기관의 장과 협의하여 정하는 사항에 해당하지 않는 것은?

① 대상 자동차의 선정기준
② 자동차의 검사방법
③ 자동차의 검사수수료
④ 자동차의 배출가스 성분

해설 자동차 결함확인검사에 관한 내용 중 환경부장관이 관계 중앙행정기관의 장과 협의하여 정하는 사항
- 결함확인검사 대상 자동차의 선정기준
- 자동차의 검사방법
- 자동차의 검사절차
- 자동차의 검사기준
- 자동차의 판정방법
- 자동차의 검사수수료

89. 악취방지법령상 지정악취물질과 배출허용기준(ppm)의 연결이 옳지 않은 것은? (단, 공업지역 기준, 기타 사항은 고려하지 않음)

① n-발레르알데하이드 : 0.02 이하
② 톨루엔 : 30 이하
③ 프로피온산 : 0.1 이하
④ i-발레르산 : 0.004 이하

해설 악취방지법 – 배출허용기준 및 엄격한 배출허용기준의 설정 범위
　③ 프로피온산 : 0.07 이하

90. 환경정책기본법령에서 환경기준을 확인할 수 있는 항목에 해당하지 않는 것은?

① 납
② 일산화탄소
③ 오존
④ 탄화수소

해설 환경정책기본법상 대기환경기준 항목 : SO_2, NO_2, O_3, CO, PM10, PM2.5, 납, 벤젠

91. 대기환경보전법령상 과징금 처분에 관한 내용이다. ( ) 안에 알맞은 것은?

> 환경부장관은 자동차제작자가 거짓으로 자동차의 배출가스가 배출가스보증기간에 제작차배출허용기준에 맞게 유지될 수 있다는 인증을 받은 경우 그 자동차 제작자에 대하여 매출액에 (㉠)(을)를 곱한 금액을 초과하지 않는 범위에서 과징금을 부과할 수 있다. 이때 과징금의 금액은 (㉡)을 초과할 수 없다.

① ㉠ 100분의 3, ㉡ 100억원
② ㉠ 100분의 3, ㉡ 500억원
③ ㉠ 100분의 5, ㉡ 100억원
④ ㉠ 100분의 5, ㉡ 500억원

해설 자동차제작자의 과징금
환경부장관은 자동차제작자가 다음 각 호의 어느 하나에 해당하는 경우에는 그 자동차제작자에 대하여 매출액에 100분의 5를 곱한 금액을 초과하지 아니하는 범위에서 과징금을 부과할 수 있다. 이 경우 과징금의 금액은 500억원을 초과할 수 없다.
1. 인증을 받지 아니하고 자동차를 제작하여 판매한 경우
2. 거짓이나 그 밖의 부정한 방법으로 인증 또는 변경인증을 받아 자동차를 제작하여 판매한 경우
3. 인증 또는 변경인증 받은 내용과 다르게 자동차를 제작하여 판매한 경우. 다만, 중요사항 외의 사항의 변경으로 인하여 인증 또는 변경인증 받은 내용과 다르게 자동차를 제작하여 판매한 경우는 제외한다.

정답 88. ④　89. ③　90. ④　91. ④

92. 대기환경보전법령상 공급지역 또는 사용시설에 황함유기준을 초과하는 연료를 공급·판매한 자에 대한 벌칙기준은?

① 7년 이하의 징역 또는 1억원 이하의 벌금에 처한다.
② 5년 이하의 징역 또는 3천만원 이하의 벌금에 처한다.
③ 3년 이하의 징역 또는 3천만원 이하의 벌금에 처한다.
④ 500만원 이하의 벌금에 처한다.

해설 황함유기준을 초과하는 연료를 공급·판매한 자 : 3년 이하의 징역 또는 3천만원 이하의 벌금

93. 대기환경보전법령상 자동차의 운행정지에 관한 내용 중 ( ) 안에 알맞은 것은?

> 환경부장관, 특별시장·광역시장·특별자치시장·특별자치도지사·시장·군수·구청장은 운행차의 배출가스가 운행차배출허용기준을 초과하여 개선명령을 받은 자동차 소유자가 이에 따른 확인검사를 환경부령으로 정하는 기간 이내에 받지 않은 경우 ( )의 기간을 정하여 해당 자동차의 운행정지를 명할 수 있다.

① 5일 이내
② 7일 이내
③ 10일 이내
④ 15일 이내

해설 자동차의 운행정지
환경부장관, 특별시장·광역시장·특별자치시장·특별자치도지사·시장·군수·구청장은 개선명령을 받은 자동차 소유자가 확인검사를 환경부령으로 정하는 기간 이내에 받지 아니하는 경우에는 10일 이내의 기간을 정하여 해당 자동차의 운행정지를 명할 수 있다.

94. 대기환경보전법령상 환경기술인의 교육에 관한 내용으로 옳지 않은 것은? (단, 정보통신매체를 이용하여 원격교육을 하는 경우를 제외)

① 환경기술인으로 임명된 날부터 1년 이내에 1회 신규교육을 받아야 한다.
② 환경기술인은 환경보전협회, 환경부장관, 시·도지사가 교육을 실시할 능력이 있다고 인정하여 위탁하는 기관에서 실시하는 교육을 받아야 한다.
③ 교육과정의 교육시간은 7일 정도로 한다.
④ 교육대상이 된 사람이 그 교육을 받아야 하는 기한의 마지막 날 이전 3년 이내에 동일한 교육을 받았을 경우에는 해당 교육을 받은 것으로 본다.

해설 ③ 교육과정의 교육시간은 4일 정도로 한다.

정리 환경기술인의 교육
1. 신규교육 : 환경기술인으로 임명된 날부터 1년 이내에 1회
2. 보수교육 : 신규교육을 받은 날을 기준으로 3년마다 1회
• 환경기술인은 환경보전협회, 환경부장관, 시·도지사가 교육을 실시할 능력이 있다고 인정하여 위탁하는 기관에서 실시하는 교육을 받아야 한다.
• 교육대상이 된 사람이 그 교육을 받아야 하는 기한의 마지막 날 이전 3년 이내에 동일한 교육을 받았을 경우에는 해당 교육을 받은 것으로 본다.
• 교육기간은 4일 이내로 한다. (다만, 정보통신매체를 이용하여 원격교육을 하는 경우에는 환경부장관이 인정하는 기간으로 한다.)

95.
대기환경보전법령상 배출시설 설치신고를 하려는 자가 배출시설 설치신고서에 첨부하여 환경부장관 또는 시·도지사에게 제출해야 하는 서류에 해당하지 않는 것은?

① 질소산화물 배출농도 및 배출량을 예측한 명세서
② 방지시설의 연간 유지관리 계획서
③ 방지시설의 일반도
④ 배출시설 및 대기오염방지시설의 설치명세서

해설 배출시설 설치허가 신청서 또는 배출시설 설치신고서에 첨부하여야 할 서류
1. 원료(연료 포함)의 사용량 및 제품 생산량과 오염물질 등의 배출량을 예측한 명세서
2. 배출시설 및 방지시설의 설치명세서
3. 방지시설의 일반도
4. 방지시설의 연간 유지관리 계획서
5. 사용 연료의 성분 분석과 황산화물 배출농도 및 배출량 등을 예측한 명세서(법 제41조 제3항 단서에 해당하는 배출시설의 경우에만 해당)
6. 배출시설 설치허가증(변경허가를 신청하는 경우에만 해당)

96.
대기환경보전법령상 "3종사업장"에 해당하는 경우는?

① 대기오염물질발생량의 합계가 연간 9톤인 사업장
② 대기오염물질발생량의 합계가 연간 11톤인 사업장
③ 대기오염물질발생량의 합계가 연간 22톤인 사업장
④ 대기오염물질발생량의 합계가 연간 52톤인 사업장

해설 사업장 분류기준

종별	오염물질발생량 구분(대기오염물질발생량의 연간 합계 기준)
1종사업장	80톤 이상인 사업장
2종사업장	20톤 이상 80톤 미만인 사업장
3종사업장	10톤 이상 20톤 미만인 사업장
4종사업장	2톤 이상 10톤 미만인 사업장
5종사업장	2톤 미만인 사업장

97.
대기환경보전법령상 특정 대기오염물질의 배출허용기준이 300(12)ppm일 때, (12)의 의미는?

① 해당배출허용농도(백분율)
② 해당배출허용농도(ppm)
③ 표준산소농도(O_2의 백분율)
④ 표준산소농도(O_2의 ppm)

해설 배출허용기준에서 ( )는 표준산소농도(O_2의 백분율)를 말한다.

98.
대기환경보전법령상 대기오염경보 단계 중 '경보 발령' 단계의 조치사항으로 옳지 않은 것은?

① 주민의 실외활동 제한 요청
② 자동차 사용의 제한
③ 사업장의 연료사용량 감축 권고
④ 사업장의 조업시간 단축명령

해설 경보 단계별 조치사항
④ 중대경보 발령 단계에 해당한다.

더 알아보기 핵심정리 2-95

정답 95. ① 96. ② 97. ③ 98. ④

99. 대기환경보전법령상 대기오염방지시설에 해당하지 않는 것은?

① 흡착에 의한 시설
② 응축에 의한 시설
③ 응집에 의한 시설
④ 촉매반응을 이용하는 시설

해설 대기오염방지시설
1. 중력집진시설
2. 관성력집진시설
3. 원심력집진시설
4. 세정집진시설
5. 여과집진시설
6. 전기집진시설
7. 음파집진시설
8. 흡수에 의한 시설
9. 흡착에 의한 시설
10. 직접연소에 의한 시설
11. 촉매반응을 이용하는 시설
12. 응축에 의한 시설
13. 산화·환원에 의한 시설
14. 미생물을 이용한 처리시설
15. 연소조절에 의한 시설

100. 실내공기질 관리법령상 실내공기질의 측정에 관한 내용 중 ( ) 안에 알맞은 것은?

> 다중이용시설의 소유자 등은 실내공기질 측정대상오염물질이 실내공기질 권고기준의 오염물질 항목에 해당하는 경우 실내공기질을 (ⓐ) 측정해야 한다. 또한 실내공기질 측정결과를 (ⓑ) 보존해야 한다.

① ⓐ 연 1회, ⓑ 10년간
② ⓐ 연 2회, ⓑ 5년간
③ ⓐ 2년에 1회, ⓑ 10년간
④ ⓐ 2년에 1회, ⓑ 5년간

해설 실내공기질의 측정
- 실내공기질 유지기준 오염물질 항목 : 1년에 한 번 측정함
- 실내공기질 권고기준 오염물질 항목 : 2년에 한 번 측정함
- 다중이용시설의 소유자 등은 실내공기질 측정결과를 10년간 보존해야 한다.

정답 99. ③ 100. ③

대기환경기사 2022년 4월 24일 (제2회)

제1과목 대기오염개론

1. 가우시안 확산모델에 관한 내용으로 옳지 않은 것은?
① 확산계수(σ_y, σ_z)를 구하기 위한 시료 채취시간을 10분 정도로 한다.
② 고도에 따른 풍속 변화가 power law를 따른다고 가정한다.
③ 오염물질이 배출원에서 연속적으로 배출된다고 가정한다.
④ 경계조건을 달리 설정함으로써 오염원의 위치와 형태에 따른 오염물질의 농도를 예측할 수 있다.

[해설] ② 고도에 따른 풍속 변화는 무시한다.
[더 알아보기] 핵심정리 2-35 (3)

2. PAN에 관한 내용으로 옳지 않은 것은?
① 대기 중의 광화학반응으로 생성된다.
② PAN의 지표식물에는 강낭콩, 상추, 시금치 등이 있다.
③ 황산화물의 일종으로 가시광선을 흡수해 가시거리를 단축시킨다.
④ 사람의 눈에 통증을 일으키며 식물의 잎에 흑반병을 발생시킨다.

[해설] ③ 질소산화물의 일종으로 가시광선을 흡수해 가시거리를 단축시킨다.

3. 오존의 반응을 나타낸 다음 도식 중 ( ) 안에 알맞은 것은?

$$\bigcirc\ CF_3Cl \xrightarrow{h\nu} CF_3 + (\ )$$
$$(\ ) + O_3 \rightarrow ClO + O_2$$
$$ClO + O \rightarrow (\ ) + O_2$$
$$\bigcirc\ CF_3Br \xrightarrow{h\nu} CF_3 + (\ )$$
$$(\ ) + O_3 \rightarrow BrO + O_2$$
$$BrO + O \rightarrow (\ ) + O_2$$

① ㉠ : F·, ㉡ : C·
② ㉠ : C·, ㉡ : F·
③ ㉠ : Cl·, ㉡ : Br·
④ ㉠ : F·, ㉡ : Br·

[해설] CFC에서는 Cl 라디칼, 할론에서는 Br 라디칼이 떨어져 나와, 오존층 파괴 촉매로 작용함

4. Stokes 직경의 정의로 옳은 것은?
① 구형이 아닌 입자와 침강속도가 같고 밀도가 1 g/cm³인 구형입자의 직경
② 구형이 아닌 입자와 침강속도가 같고 밀도가 10 g/cm³인 구형입자의 직경
③ 침강속도가 1 cm/s이고 구형이 아닌 입자와 밀도가 같은 구형입자의 직경
④ 구형이 아닌 입자와 침강속도가 같고 밀도가 같은 구형입자의 직경

[해설]
• 공기역학적 직경(aerodynamic diameter) : 본래의 먼지와 침강속도가 같고 밀도가 1 g/cm³인 구형입자의 직경
• 스토크 직경(Stokes diameter) : 본래의 먼지와 같은 밀도 및 침강속도를 갖는 구형입자의 직경

[더 알아보기] 핵심정리 2-7

5. 다음에서 설명하는 굴뚝에서 배출되는 연기의 모양은?

• 대기가 중립조건일 때 나타난다.
• 오염물질이 멀리 퍼져 나가고 지면 가까이에는 오염의 영향이 거의 없다.
• 오염의 단면분포가 전형적인 가우시안 분포를 이룬다.

① 환상형 ② 원추형
③ 지붕형 ④ 부채형

[정답] 1. ② 2. ③ 3. ③ 4. ④ 5. ②

해설 대기 안정도에 따른 플룸(연기) 형태
- 중립 : 원추형
- 불안정 : 환상형
- 안정 : 부채형

더 알아보기 핵심정리 2-33

6. 공장에서 대량의 H_2S 가스가 누출되어 발생한 대기오염사건은?

① 도노라사건 ② 포자리카사건
③ 요코하마사건 ④ 보팔사건

해설 물질별 사건 정리
- 포자리카 : 황화수소
- 보팔 : 메틸이소시아네이트
- 세베소 : 다이옥신
- LA 스모그 : 자동차 배기가스의 NOx, 옥시던트
- 체르노빌, TMI : 방사능 물질
- 나머지 사건 : 화석연료 연소에 의한 SO_2, 매연, 먼지

7. 20℃, 750 mmHg에서 이산화황의 농도를 측정한 결과 0.02 ppm이었다. 이를 mg/m^3로 환산한 값은?

① 0.008 ② 0.013
③ 0.053 ④ 0.157

해설 $\dfrac{0.02\,mL}{m^3} \times \dfrac{64\,mg}{22.4\,SmL \times \dfrac{273+20}{273+0} \times \dfrac{760\,mmHg}{750\,mmHg}}$

$= 0.0525\,mg/m^3$

8. 자동차 배출가스 저감기술에 관한 내용으로 옳지 않은 것은?

① 입자상물질 여과장치는 세라믹 필터나 금속 필터를 사용하여 입자상 물질을 포집하는 장치이다.
② 후처리 버너는 엔진의 배기계통에 장착하여 배출가스 중의 가연성분을 제거하는 장치이다.
③ 디젤 산화촉매는 자동차 배출가스 중의 HC, CO를 탄산가스와 물로 산화시켜 정화한다.
④ EBD는 촉매의 존재하에 NOx와 선택적으로 반응할 수 있는 환원제를 주입하여 NOx를 N_2로 환원하는 장치이다.

해설 ④ 삼원촉매장치는 촉매의 존재하에 NOx와 선택적으로 반응할 수 있는 환원제를 주입하여 NOx를 N_2로 환원하는 장치이다.

참고 EBD
- 전자식 제동력 분배장치
- ABS와 같이 장착하여 ABS 성능을 향상시킴
- 안전성 증대 제동장치

9. 다음 NOx의 광분해 사이클 중 ( ) 안에 알맞은 빛의 종류는?

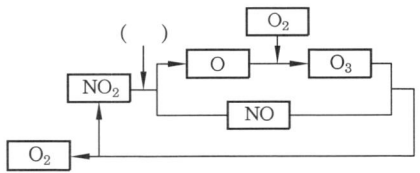

① 가시광선 ② 자외선
③ 적외선 ④ β선

해설 NOx는 자외선에 의해 분해된다.

10. 먼지 농도가 40 $\mu g/m^3$, 상대습도가 70 %일 때, 가시거리(km)는? (단, 계수 A는 1.2)

① 19 ② 23
③ 30 ④ 67

해설 상대습도 70 %일 때의 가시거리 계산

$L\,[km] = \dfrac{1{,}000 \times A}{G} = \dfrac{1{,}000 \times 1.2}{40}$

$= 30\,km$

더 알아보기 핵심정리 1-20 (1)

11. 다이옥신에 관한 내용으로 옳지 않은 것은?

① 250~340 nm의 자외선 영역에서 광분해 될 수 있다.
② 2개의 벤젠고리와 산소, 2개 이상의 염소가 결합된 화합물이다.
③ 완전 분해되더라도 연소가스 배출 시 저온에서 재생될 수 있다.
④ 증기압이 높고 물에 잘 녹는다.

[해설] ④ 다이옥신은 휘발성이 낮아 증기압이 낮고 물에 잘 녹지 않는다.

12. 하루 동안 시간에 따른 대기오염물질의 농도변화를 나타낸 그래프이다. A, B, C에 해당하는 물질은?

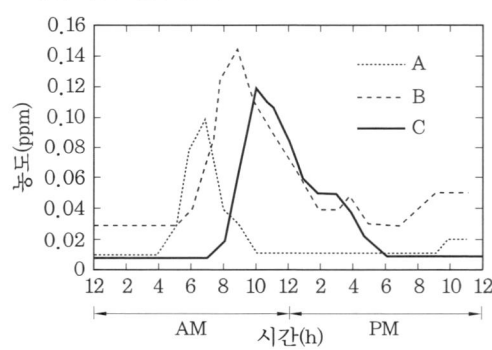

① A = NO$_2$, B = O$_3$, C = NO
② A = NO, B = NO$_2$, C = O$_3$
③ A = NO$_2$, B = NO, C = O$_3$
④ A = O$_3$, B = NO, C = NO$_2$

[해설] 하루 중 NOx 농도 변화 : NO 농도 증가(출근 시간) → NO$_2$로 산화 → 광산화로 인한 O$_3$ 증가(한낮)

13. 지상 100 m에서의 기온이 20℃일 때, 지상 300 m에서의 기온(℃)은? (단, 지상에서부터 600 m까지의 평균기온감률은 0.88℃/100m)

① 15.5
② 16.2
③ 17.5
④ 18.2

[해설] 기온감률
$$\frac{-0.88℃}{100m} = \frac{(t-20)℃}{(300-100)m}$$
∴ t = 18.24℃

14. 다음 중 불화수소의 가장 주된 배출원은?

① 알루미늄공업
② 코크스연소로
③ 농약
④ 석유정제업

[해설] 불화수소 배출원 : 알루미늄공업, 인산비료공업, 유리제조공업

15. 직경이 1~2 μm 이하인 미세입자의 경우 세정(rain out) 효과가 작은 편이다. 그 이유로 가장 적합한 것은?

① 응축효과가 크기 때문
② 휘산효과가 작기 때문
③ 부정형의 입자가 많기 때문
④ 브라운 운동을 하기 때문

[해설] 직경이 작은 미세입자는 브라운 운동을 하기 때문에 세정 효과가 작다.

16. 파스킬(Pasquill)의 대기안정도에 관한 내용으로 옳지 않은 것은?

① 낮에는 풍속이 약할수록(2 m/s 이하), 일사량이 강할수록 대기가 안정하다.
② 낮에는 일사량과 풍속으로, 야간에는 운량, 운고, 풍속으로부터 안정도를 구분한다.
③ 안정도는 A~F까지 6단계로 구분하며 A는 매우 불안정한 상태, F는 가장 안정한 상태를 뜻한다.
④ 지표가 거칠고 열섬효과가 있는 도시나 지면의 성질이 균일하지 않은 곳에서는 오차가 크게 나타날 수 있다.

[해설] ① 낮에는 일사량이 약할수록 대기가 안정하다.

17. 오존과 오존층에 관한 내용으로 옳지 않은 것은?

① 1돕슨단위는 지구 대기 중의 오존총량을 0℃, 1 atm에서 두께로 환산했을 때 0.01 mm에 상당하는 양이다.
② 대기 중의 오존 배경농도는 0.01~0.04 ppm 정도이다.
③ 오존의 생성과 소멸이 계속적으로 일어나면서 오존층의 오존 농도가 유지된다.
④ 오존층은 성층권에서 오존의 농도가 가장 높은 지상 50~60 km 구간을 말한다.

해설 ④ 오존층은 성층권에서 오존의 농도가 가장 높은 지상 20~30 km 구간을 말한다.

18. 부피가 100 m³인 복사실에서 분당 0.2 mg의 오존을 배출하는 복사기를 연속적으로 사용하고 있다. 복사기를 사용하기 전 복사실의 오존 농도가 0.1 ppm일 때, 복사기를 5시간 사용한 후 복사실의 오존 농도(ppb)는? (단, 0℃, 1기압 기준, 환기를 고려하지 않음)

① 260   ② 380   ③ 420   ④ 520

해설 (1) 처음 오존 농도 : 0.1 ppm = 100 ppb

(2) 발생 오존 농도 = $\dfrac{오존(m^3)}{실내(m^3)} \times \dfrac{10^9 \, ppb}{1}$

= $\dfrac{\dfrac{0.2\,mg}{분} \times \dfrac{22.4\,Sm^3}{48\,kg} \times \dfrac{60분}{hr} \times \dfrac{1\,kg}{10^6\,mg} \times 5\,hr}{100\,m^3}$

$\times 10^9 \, ppb = 280 \, ppb$

(3) 5시간 사용 후 오존 농도
= 처음 농도 + 발생 농도
= 100 + 280 = 380 ppb

19. 인체에 다음과 같은 피해를 유발하는 오염물질은?

> 헤모글로빈의 기본요소인 포르피린고리의 형성을 방해함으로써 인체 내 헤모글로빈의 형성을 억제하여 빈혈이 발생할 수 있다.

① 다이옥신   ② 납
③ 망간   ④ 바나듐

해설 납 : 헤모글로빈 형성을 억제하여 빈혈 유발(조혈기능장애)

20. 다음 중 복사역전이 가장 발생하기 쉬운 조건은?

① 하늘이 흐리고, 바람이 강하며, 습도가 낮을 때
② 하늘이 흐리고, 바람이 약하며, 습도가 높을 때
③ 하늘이 맑고, 바람이 강하며, 습도가 높을 때
④ 하늘이 맑고, 바람이 약하며, 습도가 낮을 때

해설 복사성 역전 : 하늘이 맑고 바람이 적을 때, 습도가 낮을 때 가장 강하게 형성

제2과목 연소공학

21. 다음 내용과 관련있는 무차원수는? (단, μ : 점성계수, ρ : 밀도, D : 확산계수)

> 정의 : $\dfrac{\mu}{\rho D}$
>
> 의미 : $\dfrac{운동량의 \ 확산속도}{물질의 \ 확산속도}$

① Schmidt number
② Nusselt number
③ Grashof number
④ Karlovitz number

해설 무차원수
① 슈미트 수(Schmidt number)
$Sc = \dfrac{\nu}{D} = \dfrac{\mu}{\rho D} = \dfrac{운동량의 \ 확산속도}{물질의 \ 확산속도}$

② 넛셀 수(Nusselt number)
$Nu = \dfrac{대류 \ 열전달}{전도 \ 열전달} = \dfrac{전도 \ 열저항}{대류 \ 열저항}$

정답 17. ④ 18. ② 19. ② 20. ④ 21. ①

③ 그라스호프 수(Grashof number)

$$Gr = \frac{부력}{점성력} = \frac{g\rho^2 D^3 \beta \Delta T}{\mu^2}$$

22. 어떤 연료의 배출가스가 CO_2 : 13 %, O_2 : 6.5 %, N_2 : 80.5 %로 이루어졌을 때, 과잉공기계수는? (단, 연료는 완전 연소됨)
① 1.54
② 1.44
③ 1.34
④ 1.24

해설 공기비(과잉공기계수, m)

$$m = \frac{N_2}{N_2 - 3.76(O_2 - 0.5\,CO)}$$
$$= \frac{80.5}{80.5 - 3.76 \times 6.5} = 1.435$$

23. 연료의 연소과정에서 공기비가 너무 낮은 경우 발생하는 현상은?
① CO, 매연의 발생량이 증가한다.
② 연소실 내의 온도가 감소한다.
③ SOx, NOx 발생량이 증가한다.
④ 배출가스에 의한 열손실이 증가한다.

해설 공기비와 연소상태
(1) m < 1(공기비가 작을 때)
 • 공기 부족
 • 불완전 연소
 • 매연, 검댕, CO, HC 증가
 • 폭발 위험
(2) m = 1
 • 완전 연소
 • CO_2 발생량 최대
(3) 1 < m(공기비가 클 때)
 • 과잉 공기
 • SOx, NOx 증가
 • 연소온도 감소, 냉각효과
 • 열손실 커짐
 • 저온부식 발생
 • 희석효과가 높아져, 연소 생성물의 농도 감소

24. 연료의 일반적인 특징으로 옳은 것은?
① 석탄의 휘발분이 많을수록 매연발생량이 적다.
② 공기의 산소농도가 높을수록 석탄의 착화 온도가 낮다.
③ C/H비가 클수록 이론공연비가 증가한다.
④ 중유는 점도를 기준으로 A, B, C 중유로 구분할 수 있으며 이 중 A 중유의 점도가 가장 높다.

해설 ① 석탄의 휘발분이 많을수록 매연발생량이 크다.
③ C/H비가 클수록 이론공연비가 감소한다.
④ 중유는 점도를 기준으로 A, B, C 중유로 구분할 수 있으며 이 중 C 중유의 점도가 가장 높다.

25. 다음 중 착화온도가 가장 높은 연료는?
① 수소
② 휘발유
③ 무연탄
④ 목재

해설 착화점 순서 : 수소 > 무연탄 > 휘발유 > 목재

26. 굴뚝 배출가스 중의 HCl 농도가 200 ppm이다. 세정기를 사용하여 배출가스 중의 HCl 농도를 32 mg/m³으로 저감했을 때, 세정기의 HCl 제거효율(%)은? (단, 0℃, 1 atm 기준)
① 75
② 80
③ 85
④ 90

해설 $\eta = 1 - \dfrac{C}{C_o} = 1 - \dfrac{\left(\dfrac{32\,mg}{Sm^3} \times \dfrac{22.4\,mL}{36.5\,mg}\right)}{200\,ppm}$
$= 0.9018 = 90.18\,\%$

정답 22. ② 23. ① 24. ② 25. ① 26. ④

27. 석탄의 유동층 연소방식에 관한 설명으로 옳지 않은 것은?

① 부하변동에 적응력이 낮다.
② 유동매체의 손실로 인한 보충이 필요하다.
③ 유동매체를 석회석으로 할 경우 로 내에서 탈황이 가능하다.
④ 공기소비량이 많아 화격자 연소장치에 비해 배출가스량이 많은 편이다.

해설 ④ 공기소비량이 적어 화격자 연소장치에 비해 배출가스량이 적은 편이다.

28. 디젤기관의 노킹현상을 방지하기 위한 방법으로 옳은 것은?

① 착화지연기간을 증가시킨다.
② 세탄가가 낮은 연료를 사용한다.
③ 압축비와 압축압력을 높게 한다.
④ 연료 분사개시 때 분사량을 증가시킨다.

해설 ① 착화지연기간이 증가되면 디젤노킹이 더 잘 발생한다.
② 세탄가가 높은 연료를 사용해야 디젤노킹이 방지된다.
④ 연료 분사개시 때 분사량을 감소시킨다.

정리 디젤노킹(diesel knocking)의 방지법
- 세탄가가 높은 연료를 사용한다.
- 착화성(세탄가)이 좋은 경유를 사용한다.
- 분사개시 때 분사량을 감소시킨다.
- 분사시기를 알맞게 조정한다.
- 급기 온도를 높인다.
- 압축비, 압축압력, 압축온도를 높인다.
- 엔진의 온도와 회전속도를 높인다.
- 흡인공기에 와류가 일어나게 하고, 온도를 높인다.

29. 기체연료의 특징으로 옳지 않은 것은?

① 적은 과잉공기로 완전 연소가 가능하다.
② 연료의 예열이 쉽고 연소 조절이 비교적 용이하다.
③ 공기와 혼합하여 점화할 때 누설에 의한 역화·폭발 등의 위험이 크다.
④ 운송이나 저장이 편리하고 수송을 위한 부대설비 비용이 액체연료에 비해 적게 소요된다.

해설 ④ 고체연료에 대한 설명이다.

30. 수소 8%, 수분 2%로 구성된 고체연료의 고발열량이 8,000 kcal/kg일 때, 이 연료의 저발열량(kcal/kg)은?

① 7,984
② 7,779
③ 7,556
④ 6,835

해설 저위발열량(kcal/kg) 계산

$H_l = H_h - 600(9H + W)$
$= 8,000 - 600(9 \times 0.08 + 0.02)$
$= 7,556 \text{ kcal/kg}$

31. 반응물의 농도가 절반으로 감소하는 데 1,000 s가 걸렸을 때, 반응물의 농도가 초기의 1/250으로 감소할 때까지 걸리는 시간(s)은? (단, 1차 반응 기준)

① 6,650
② 6,966
③ 7,470
④ 7,966

해설 1차 반응식 $\ln\left(\dfrac{C}{C_o}\right) = -kt$

(1) 반응속도 상수(k)

$\ln\left(\dfrac{1}{2}\right) = -k \times 1,000 \text{ s}$

$\therefore k = 6.9314 \times 10^{-4}/\text{s}$

(2) 반응물이 1/250 농도로 감소될 때까지의 시간

$\ln\left(\dfrac{1}{250}\right) = -6.9314 \times 10^{-4} \times t$

$\therefore t = 7,965.78 \text{ s}$

정답 27. ④ 28. ③ 29. ④ 30. ③ 31. ④

32. 일반적인 디젤 기관의 특징으로 옳지 않은 것은?

① 가솔린 기관에 비해 납 발생량이 적은 편이다.
② 압축비가 높아 가솔린 기관에 비해 소음과 진동이 큰 편이다.
③ NOx는 가속 시 특히 많이 배출되며 HC는 감속 시 특히 많이 배출된다.
④ 연료를 공기와 혼합하여 실린더에 흡입, 압축시킨 후 점화플러그에 의해 강제로 연속 폭발시키는 방식이다.

해설
- 가솔린 엔진 : 연료를 공기와 혼합하여 실린더에 흡입, 압축시킨 후 점화플러그에 의해 강제로 연속 폭발시키는 방식
- 디젤 엔진 : 공기만을 연소실에 흡입, 압축하여 고온 고압의 압축공기를 형성시킨 다음 압축 종료 직전에 고압의 연료를 분사함으로써 공기 압축열에 의해 연료를 자기착화 되게 하는 자연 연소방식

33. C : 85 %, H : 10 %, O : 3 %, S : 2 %의 무게비로 구성된 액체연료를 1.3의 공기비로 완전 연소할 때 발생하는 실제 습연소가스량(Sm³/kg)은?

① 8.6
② 9.8
③ 10.4
④ 13.8

해설 실제 습연소가스량(G_w, Sm³/kg)

(1) $A_o = \dfrac{O_o}{0.21}$

$= \dfrac{1.867\,C + 5.6\left(H - \dfrac{O}{8}\right) + 0.7\,S}{0.21}$

$= \dfrac{1.867 \times 0.85 + 5.6\left(0.1 - \dfrac{0.03}{8}\right) + 0.7 \times 0.02}{0.21}$

$= 10.1902\,\text{Sm}^3/\text{kg}$

(2) $G_w = m A_o + 5.6\,H + 0.7\,O + 0.8\,N + 1.244\,W$

$= 1.3 \times 10.1902 + 5.6 \times 0.1 + 0.7 \times 0.03$

$= 13.828\,\text{Sm}^3/\text{kg}$

34. C : 85 %, H : 7 %, O : 5 %, S : 3 %의 무게비로 구성된 중유의 이론적인 (CO_2)$_{max}$ [%]는?

① 9.6
② 12.6
③ 17.6
④ 20.6

해설 (CO_2)$_{max}$[%]

(1) $A_o = \dfrac{O_o}{0.21}$

$= \dfrac{1.867\,C + 5.6\left(H - \dfrac{O}{8}\right) + 0.7\,S}{0.21}$

$= \dfrac{1.867 \times 0.85 + 5.6\left(0.07 - \dfrac{0.05}{8}\right) + 0.7 \times 0.03}{0.21}$

$= 9.3569\,\text{Sm}^3/\text{kg}$

(2) $G_{od} = (1 - 0.21) A_o + CO_2 + SO_2$

$= (1 - 0.21) \times 9.3569$

$+ \dfrac{22.4}{12} \times 0.85 + \dfrac{22.4}{32} \times 0.03$

$= 8.9996\,\text{m}^3/\text{kg}$

(3) $(CO_2)_{max} = \dfrac{CO_2}{G_{od}} \times 100\,\%$

$= \dfrac{\dfrac{22.4}{12} \times 0.85}{8.9996} \times 100\,\%$

$= 17.63\,\%$

35. 확산형 가스버너 중 포트형에 관한 내용으로 옳지 않은 것은?

① 포트 입구의 크기가 작으면 슬래그가 부착하여 막힐 우려가 있다.
② 기체연료와 연소용 공기를 버너 내에서 혼합시킨 뒤 로 내에 주입시킨다.
③ 밀도가 큰 공기 출구는 상부에, 밀도가 작은 가스 출구는 하부에 배치되도록 한다.
④ 버너 자체가 로 벽과 함께 내화벽돌로 조립되어 로 내부에 개구된 것으로 가스와 공기를 함께 가열할 수 있는 장점이 있다.

해설 ② 예혼합연소의 설명이다.

더 알아보기 핵심정리 2-51

정답 32. ④ 33. ④ 34. ③ 35. ②

36. 기체연료의 연소형태로 옳은 것은?

① 증발연소
② 표면연소
③ 분해연소
④ 예혼합연소

해설 연료에 따른 주요 연소형태
- 고체연료 : 표면연소, 분해연소, 훈연연소, 증발연소
- 액체연료 : 증발연소, 분해연소, 심지연소, 액면연소, 분무연소
- 기체연료 : 확산연소, 예혼합연소, 부분 예혼합연소

37. 부탄가스를 완전 연소시킬 때, 부피 기준 공기연료비(AFR)는?

① 15.23
② 20.15
③ 30.95
④ 60.46

해설 공기연료비(AFR)

$C_4H_{10} + 6.5O_2 \rightarrow 4CO_2 + 5H_2O$

$$\therefore AFR = \frac{공기(mole)}{연료(mole)}$$

$$= \frac{산소(mole)/0.21}{연료(mole)}$$

$$= \frac{6.5/0.21}{1} = 30.95$$

38. COM(Coal Oil Mixture) 연료의 연소에 관한 내용으로 옳지 않은 것은?

① 재와 매연 발생 등의 문제점을 갖는다.
② 중유만을 사용할 때보다 미립화 특성이 양호하다.
③ 중유전용 보일러를 사용하는 곳에 별도의 개조 없이 사용할 수 있다.
④ 화염길이는 미분탄연소에 가깝고 화염안정성은 중유연소에 가깝다.

해설 ③ 중유전용 보일러를 사용하는 곳에 별도의 개조 없이 사용할 수 없다.

39. 가동(이동식)화격자의 일반적인 특징으로 옳지 않은 것은?

① 역동식화격자는 폐기물의 교반 및 연소조건이 불량하여 소각효율이 낮다.
② 회전롤러식화격자는 여러 개의 드럼을 횡축으로 배열하고 폐기물을 드럼의 회전에 따라 순차적으로 이송한다.
③ 병렬요동식화격자는 고정화격자와 가동화격자를 횡방향으로 나란히 배치하고 가동화격자를 전·후로 왕복 운동시킨다.
④ 계단식화격자는 고정화격자와 가동화격자를 교대로 배치하고 가동화격자를 왕복운동시켜 폐기물을 이송한다.

해설 ① 역동식화격자는 이송·교반·연소가 양호하여 소각효율이 높지만 화격자 마모가 크다.

40. 황의 농도가 3 wt%인 중유를 매일 100 kL씩 사용하는 보일러에 황의 농도가 1.5 wt%인 중유를 30 % 섞어 사용할 때, SO_2 배출량(kL)은 몇 % 감소하는가? (단, 중유의 황 성분은 모두 SO_2로 전환, 중유의 비중은 1.0)

① 30 %
② 25 %
③ 15 %
④ 10 %

해설
- 감소하는 S(%) = 감소하는 SO_2(%)
- 감소하는 $S(\%) = \left(1 - \frac{나중\ S}{처음\ S}\right) \times 100$

$$= \left(1 - \frac{100(0.015 \times 0.3 + 0.03 \times 0.7)}{100 \times 0.03}\right)$$
$$\times 100 = 15\%$$

제3과목   대기오염방지기술

41. 유체의 흐름에서 레이놀즈(Reynolds) 수와 관련이 가장 적은 것은?

① 관의 직경
② 유체의 속도
③ 관의 길이
④ 유체의 밀도

정답 36. ④   37. ③   38. ③   39. ①   40. ③   41. ③

해설 $R_e = \dfrac{관성력}{점성력} = \dfrac{\rho vD}{\mu} = \dfrac{vD}{\nu}$

여기서, ρ : 밀도
μ : 점성계수
D : 관의 직경
v : 유속
ν : 동점성계수

42. 다음 중 분무탑에 관한 설명으로 옳지 않은 것은?

① 구조가 간단하고 압력손실이 작은 편이다.
② 침전물이 생기는 경우에 적합하고 충전탑에 비해 설비비, 유지비가 적게 든다.
③ 분무에 상당한 동력이 필요하고 가스 유출 시 비말동반의 위험이 있다.
④ 가스분산형 흡수장치로 CO, NO, N_2 등의 용해도가 낮은 가스에 적용된다.

해설 ④ 분무탑은 액분산형 흡수장치로, 용해도가 큰 가스에 적용된다.

43. 자동차 배출가스 중의 질소산화물을 선택적 촉매 환원법으로 처리할 때 사용되는 환원제로 적합하지 않은 것은?

① CO_2 ② NH_3
③ H_2 ④ H_2S

해설 • 선택적 촉매 환원법(SCR) 환원제 : NH_3, $(NH_2)_2CO$, H_2S, H_2 등
• 비선택적 촉매 환원법(NCR) 환원제 : CH_4, H_2, H_2S, CO

44. 다음 먼지의 입경 측정방법 중 직접 측정법은?

① 현미경측정법
② 관성충돌법
③ 액상침강법
④ 광산란법

해설 입경분포 측정방법
(1) 직접 측정법 : 현미경법, 표준체거름법(표준체측정법)
(2) 간접 측정법 : 관성충돌법, 액상침강법, 광산란법, 공기투과법

45. 여과집진장치를 사용하여 배출가스의 먼지농도를 10 g/m³에서 0.5 g/m³으로 감소시키고자 한다. 여과집진장치의 먼지부하가 300 g/m²이 되었을 때 탈진할 경우, 탈진주기(min)는? (단, 겉보기 여과속도는 2 cm/s)

① 26 ② 34
③ 43 ④ 46

해설 여과집진장치 – 여과시간(탈락시간 간격)

$L_d [g/m^2] = C_i \times V_f \times \eta \times t$

$\therefore\ t = \dfrac{L_d}{C_i \times V_f \times \eta}$

$= \dfrac{300\,g/m^2}{(10-0.5)g/m^3 \times 0.02\,m/s} \times \dfrac{1\,min}{60\,s}$

$= 26.31\,min$

더 알아보기 핵심정리 1-51 (4)

46. 집진효율이 90 %인 전기집진장치의 집진면적을 2배로 증가시켰을 때, 집진효율(%)은? (단, Deutsch-Anderson식 적용, 기타 조건은 동일)

① 93 ② 95
③ 97 ④ 99

해설 전기집진장치의 집진효율 공식

$\eta = 1 - e^{\left(\dfrac{-Aw}{Q}\right)}$

$\therefore\ A = -\dfrac{Q}{w}\ln(1-\eta)$

$\dfrac{A_{나중효율}}{A_{처음효율}} = \dfrac{-\dfrac{Q}{w}\ln(1-\eta_{나중})}{-\dfrac{Q}{w}\ln(1-0.90)} = 2$

$\therefore\ \eta_{나중} = 0.99 = 99\%$

정답 42. ④ 43. ① 44. ① 45. ① 46. ④

47. 먼지의 입경분포(누적분포)를 나타내는 식은?

① Rayleigh 분포식
② Freundlich 분포식
③ Rosin–Rammler 분포식
④ Cunningham 분포식

해설 먼지의 입경분포를 나타내는 방법(적산분포) : 정규분포, 대수정규분포, Rosin–Rammler 분포

48. 먼지의 폭발에 관한 설명으로 옳지 않은 것은?

① 비표면적이 큰 먼지일수록 폭발하기 쉽다.
② 산화속도가 빠르고 연소열이 큰 먼지일수록 폭발하기 쉽다.
③ 가스 중에 분산·부유하는 성질이 큰 먼지일수록 폭발하기 쉽다.
④ 대전성이 작은 먼지일수록 폭발하기 쉽다.

해설 ④ 대전성이 큰 먼지일수록 폭발하기 쉽다.

49. 여과집진장치의 탈진방식 중 간헐식에 관한 설명으로 옳지 않은 것은?

① 간헐식 중 진동형은 여포의 음파진동, 횡진동, 상하진동에 의해 포집된 먼지를 털어내는 방식으로 점착성 먼지에는 사용할 수 없다.
② 집진실을 여러 개의 방으로 구분하고 방 하나씩 처리가스의 흐름을 차단하여 순차적으로 탈진하는 방식이다.
③ 간헐식 중 역기류형은 여포의 먼지를 0.03~0.10초 정도의 짧은 시간 내에 높은 충격 분출압을 주어 제거하는 방식이다.
④ 연속식에 비해 먼지의 재비산이 적고 높은 집진효율을 얻을 수 있다.

해설 ③ 연속식 중 충격기류에 대한 설명이다.

50. 다음은 어떤 법칙에 관한 내용인가?

> 휘발성인 에탄올을 물에 녹인 용액의 증기압은 물의 증기압보다 높다. 그러나 비휘발성인 설탕을 물에 녹인 용액인 설탕물의 증기압은 물보다 낮다.

① 헨리의 법칙
② 렌츠의 법칙
③ 샤를의 법칙
④ 라울의 법칙

해설 ① 헨리의 법칙 : 기체의 용해도와 압력이 비례한다.
② 렌츠의 법칙 : 전자기 유도 현상이 일어날 때 그 유도되는 전류의 방향은 변화하는 방향의 반대 방향으로 형성된다.
③ 샤를의 법칙 : 기체의 부피는 절대온도에 비례한다.
④ 라울의 법칙 : 용액의 증기압 법칙

51. 회전식 세정집진장치에서 직경이 10 cm인 회전판이 9,620 rpm으로 회전할 때 형성되는 물방울의 직경(μm)은?

① 93
② 104
③ 208
④ 316

해설 회전식 스크러버의 물방울 직경(수적경) 계산

$$D_w = \frac{200}{N\sqrt{R}} = \frac{200}{9,620 \times \sqrt{5}}$$
$$= 9.2976 \times 10^{-3}\,\text{cm}$$

$$\therefore D_w = 9.2976 \times 10^{-3}\,\text{cm} \times \frac{10^4\,\mu\text{m}}{1\,\text{cm}}$$
$$= 92.976\,\mu\text{m}$$

더 알아보기 핵심정리 1-50 (1)

52. 유해가스 처리에 사용되는 흡수액의 조건으로 옳지 않은 것은?

① 용해도가 커야 한다.
② 휘발성이 작아야 한다.
③ 점성이 커야 한다.
④ 용매와 화학적 성질이 비슷해야 한다.

정답 47. ③ 48. ④ 49. ③ 50. ④ 51. ① 52. ③

해설 ③ 점성이 작아야 한다.

정리 흡수액의 구비요건
- 용해도가 높아야 한다.
- 휘발성이 낮아야 한다.
- 부식성이 낮아야 한다.
- 점성이 비교적 낮아야 한다.
- 용매의 화학적 성질과 비슷해야 한다.

53. 지름이 20 cm, 유효높이가 3 m인 원통형 백필터를 사용하여 배출가스 4 m³/s를 처리하고자 한다. 여과속도를 0.04 m/s로 할 때, 필요한 백필터의 개수는?

① 53
② 54
③ 70
④ 71

해설 여과집진장치 – 여과포(백필터) 개수

$$N = \frac{Q}{\pi \times D \times L \times V_f}$$

$$= \frac{4\,m^3/s}{\pi \times 0.2\,m \times 3\,m \times 0.04\,m/s} = 53.05$$

∴ 백필터 개수는 54개

더 알아보기 핵심정리 1-51 (3)

54. 처리가스량이 10^6 m³/h, 입구 먼지농도가 2 g/m³, 출구 먼지농도가 0.4 g/m³, 총압력손실이 72 mmH₂O일 때, blower의 소요동력(kW)은?

① 425
② 375
③ 245
④ 187

해설 송풍기 소요동력

$$P = \frac{Q \times \Delta P \times \alpha}{102 \times \eta}$$

$$= \frac{\left(\frac{10^6\,m^3}{hr} \times \frac{1\,hr}{3,600\,s}\right) \times 72}{102 \times \left(1 - \frac{0.4}{2.0}\right)} = 245$$

여기서, P : 소요동력(kW)
Q : 처리가스량(m³/s)
ΔP : 압력(mmH₂O)
α : 여유율(안전율)
η : 효율

55. 탈취방법 중 수세법에 관한 설명으로 옳지 않은 것은?

① 용해도가 높고 친수성 극성기를 가진 냄새성분의 제거에 사용할 수 있다.
② 주로 분뇨처리장, 계란건조장, 주물공장 등의 악취제거에 적용된다.
③ 수온변화에 따라 탈취효과가 크게 달라지는 것이 단점이다.
④ 조작이 간단하며 처리효율이 우수하여 주로 단독으로 사용된다.

해설 ④ 수세법은 처리효율이 낮다.

56. 다이옥신 제어방법에 관한 설명으로 옳지 않은 것은?

① 250~340nm의 자외선을 조사하여 다이옥신을 분해할 수 있다.
② 다이옥신의 발생을 억제하기 위해 PVC, PCB가 포함된 제품을 소각하지 않는다.
③ 소각로에서 접촉촉매산화를 유도하기 위해 철, 니켈 성분을 함유한 쓰레기를 투입한다.
④ 다이옥신은 저온에서 재생될 수 있으므로 소각로를 고온으로 유지해야 한다.

해설 ③ 다이옥신은 소각로에서 철, 니켈 등을 촉매로 촉매분해한다.

57. 다음 중 알칼리용액을 사용한 처리가 가장 적합하지 않은 오염물질은?

① HCl
② Cl₂
③ HF
④ CO

해설 알칼리용액 사용 처리가 적합한 오염물질 : 산성 물질(HCl, Cl₂, HF, H₂SO₄ 등)

정답 53. ② 54. ③ 55. ④ 56. ③ 57. ④

58. 원심력 집진장치에 블로 다운(blow down)을 적용하여 얻을 수 있는 효과에 해당하지 않는 것은?
① 유효 원심력 감소를 통한 운영비 절감
② 원심력 집진장치 내의 난류 억제
③ 포집된 먼지의 재비산 방지
④ 원심력 집진장치 내의 먼지부착에 의한 장치폐쇄 방지

해설 블로 다운 효과
- 원심력 증대 → 처리효율 증가
- 재비산 방지
- 폐색 방지
- 가교현상 방지

59. 복합 국소배기장치에 사용되는 댐퍼조절평형법(또는 저항조절평형법)의 특징으로 옳지 않은 것은?
① 오염물질 배출원이 많아 여러 개의 가지 덕트를 주 덕트에 연결할 필요가 있을 때 주로 사용한다.
② 덕트의 압력손실이 클 때 주로 사용한다.
③ 공정 내에 방해물이 생겼을 때 설계변경이 용이하다.
④ 설치 후 송풍량 조절이 불가능하다.

해설 ④ 댐퍼를 설치하면 송풍량 조절이 가능하다.

60. 후드의 설치 및 흡인에 관한 내용으로 옳지 않은 것은?
① 발생원에 최대한 접근시켜 흡인한다.
② 주 발생원을 대상으로 국부적인 흡인방식을 취한다.
③ 후드의 개구면적을 넓게 한다.
④ 충분한 포착속도(capture velocity)를 유지한다.

해설 ③ 후드의 개구면적을 줄인다.

정리 후드의 흡입 향상 조건
- 후드를 발생원에 가깝게 설치
- 후드의 개구면적을 작게 함
- 충분한 포착속도를 유지

- 기류흐름 및 장해물 영향 고려(에어커튼 사용)
- 배풍기 여유율을 30%로 유지함

제4과목 대기오염공정시험기준(방법)

61. 자외선/가시선 분광법에 따라 10 mm 셀을 사용하여 측정한 시료의 흡광도가 0.1이었다. 동일한 시료에 대해 동일한 조건에서 20 mm 셀을 사용하여 측정한 흡광도는?
① 0.05 ② 0.10 ③ 0.12 ④ 0.20

해설 램버트 – 비어(Lambert-Beer)의 법칙

$$A = \log \frac{1}{t} = \log \frac{I_o}{I_t} = \varepsilon C \ell 에서,$$

셀의 길이와 흡광도는 비례하므로, 셀의 길이가 2배 증가하면 흡광도는 2배 증가한다.
여기서, I_o : 입사광의 강도
I_t : 투사광의 강도
C : 농도
ℓ : 빛의 투사거리
ε : 비례상수로서 흡광계수

62. 대기오염공정시험기준 총칙상의 시험기재 및 용어에 관한 내용으로 옳지 않은 것은?
① 시험조작 중 "즉시"란 30초 이내에 표시된 조작을 하는 것을 뜻한다.
② "정확히 단다"라 함은 규정한 양의 검체를 취하여 분석용 저울로 0.1 mg까지 다는 것을 뜻한다.
③ 액체성분의 양을 "정확히 취한다"라 함은 메스피펫, 메스실린더 또는 이와 동등 이상의 정도를 갖는 용량계를 사용하여 조작하는 것을 뜻한다.
④ "항량이 될 때까지 건조한다"라 함은 따로 규정이 없는 한 보통의 건조방법으로 1시간 더 건조 또는 강열할 때 전후 무게의 차가 매 g당 0.3 mg 이하일 때를 뜻한다.

정답 58. ① 59. ④ 60. ③ 61. ④ 62. ③

해설 ③ 액체성분의 양을 "정확히 취한다"라 함은 홀피펫, 부피플라스크 또는 이와 동등 이상의 정도를 갖는 용량계를 사용하여 조작하는 것을 뜻한다.

63. 다음 중 여과재로 "카보런덤"을 사용하는 분석대상물질은?
① 비소 ② 브로민
③ 벤젠 ④ 이황화탄소

해설 여과재 재질이 카보런덤이 아닌 분석대상물질 : 이황화탄소, 폼알데하이드, 브로민, 벤젠, 페놀

더 알아보기 핵심정리 2-75

64. 기체 중의 오염물질 농도를 mg/m^3로 표시했을 때 m^3이 의미하는 것은?
① 100℃, 1 atm에서의 기체용적
② 표준상태에서의 기체용적
③ 상온에서의 기체용적
④ 절대온도, 절대압력하에서의 기체용적

해설 공정시험법에서 가스의 온도, 압력 기준은 표준상태이다.

65. 환경대기 중의 아황산가스 측정방법에 해당하지 않는 것은?
① 적외선형광법 ② 용액전도율법
③ 불꽃광도법   ④ 흡광차분광법

해설 환경대기 중 아황산가스 측정방법

수동측정법	자동측정법
• 파라로자닐린법 • 산정량 수동법 • 산정량 반자동법	• 자외선형광법 • 용액전도율법 • 불꽃광도법 • 흡광차분광법

더 알아보기 핵심정리 2-89

66. 이온크로마토그래프의 일반적인 장치 구성을 순서대로 나열한 것은?
① 펌프 – 시료주입장치 – 용리액조 – 분리관 – 검출기 – 써프렛서
② 용리액조 – 펌프 – 시료주입장치 – 분리관 – 써프렛서 – 검출기
③ 시료주입장치 – 펌프 – 용리액조 – 써프렛서 – 분리관 – 검출기
④ 분리관 – 시료주입장치 – 펌프 – 용리액조 – 검출기 – 써프렛서

해설
• 원자흡수분광광도법 장치 구성 순서 : 광원부 – 시료원자화부 – 파장선택부 – 측광부
• 자외선/가시선분광법 분석장치 구성 순서 : 광원부 – 파장선택부 – 시료부 – 측광부
• 이온크로마토그래프의 장치 구성 순서 : 용리액조 – 송액펌프 – 시료주입장치 – 분리관 – 써프렛서 – 검출기 및 기록계

67. 배출가스 중의 휘발성유기화합물(VOCs) 시료채취방법에 관한 내용으로 옳지 않은 것은?
① 흡착관법의 시료채취량은 1~5 L 정도로, 시료흡입속도는 100~250 mL/min 정도로 한다.
② 흡착관법에서 누출시험을 실시한 후 시료를 도입하기 전에 가열한 시료채취관 및 연결관을 시료로 충분히 치환해야 한다.
③ 시료채취주머니방법에 사용되는 시료채취주머니는 빛이 들어가지 않도록 차단해야 하며 시료채취 이후 24시간 이내에 분석이 이루어지도록 해야 한다.
④ 시료채취주머니방법에 사용되는 시료채취주머니는 새 것을 사용하는 것을 원칙으로 하되 재사용하는 경우 수소나 아르곤가스를 채운 후 6시간 동안 놓아둔 후 퍼지(purge)시키는 조작을 반복해야 한다.

정답 63. ① 64. ② 65. ① 66. ② 67. ④

해설 ④ 시료채취주머니는 새 것을 사용하는 것을 원칙으로 하되 만일 재사용 시에는 제로기체와 동등 이상의 순도를 가진 질소나 헬륨기체를 채운 후 24시간 혹은 그 이상 동안 시료채취주머니를 놓아둔 후 퍼지(purge)시키는 조작을 반복하고, 시료채취주머니 내부의 기체를 채취하여 기체크로마토그래프를 이용하여 사용 전에 오염 여부를 확인하고 오염되지 않은 것을 사용한다.

68. 환경대기 중의 유해 휘발성유기화합물을 고체흡착 용매추출법으로 분석할 때 사용하는 추출용매는?

① CS_2
② PCB
③ C_2H_5OH
④ C_6H_{14}

해설 환경대기 중 유해 휘발성유기화합물(VOCs) 시험방법 – 고체흡착 용매추출법 : 본 방법은 일정량의 흡착제로 충전된 흡착관을 사용하여 분석 대상의 휘발성유기화합물질을 선택적으로 채취하고 채취된 시료를 이황화탄소(CS_2) 추출용매를 가하여 분석물질을 추출하여 낸다.

69. 대기오염공정시험기준 총칙상의 온도에 관한 내용으로 옳지 않은 것은?

① 상온은 15~25℃, 실온은 1~35℃로 한다.
② 온수는 60~70℃, 열수는 약 100℃를 말한다.
③ 찬 곳은 따로 규정이 없는 한 0~30℃의 곳을 뜻한다.
④ 냉후(식힌 후)라 표시되어 있을 때는 보온 또는 가열 후 실온까지 냉각된 상태를 뜻한다.

해설 ③ 찬 곳 : 따로 규정이 없는 한 0~15℃의 곳

정리 온도의 표시
• 표준온도 : 0℃
• 상온 : 15~25℃
• 실온 : 1~35℃
• 냉수 : 15℃ 이하
• 온수 : 60~70℃
• 열수 : 약 100℃
• "냉후"(식힌 후)라 표시되어 있을 때는 보온 또는 가열 후 실온까지 냉각된 상태를 뜻한다.

70. 환경대기 중의 다환방향족탄화수소류를 기체크로마토그래피/질량분석법으로 분석할 때 사용되는 용어에 관한 설명 중 ( ) 안에 알맞은 것은?

( )은 추출과 분석 전에 각 시료, 바탕시료, 매체시료(matrix-spiked)에 더해지는 화학적으로 반응성이 없는 환경시료 중에 없는 물질을 말한다.

① 절대표준물질
② 외부표준물질
③ 매체표준물질
④ 대체표준물질

해설 • 대체표준물질 : 추출과 분석 전에 각 시료, 공 시료, 매체시료에 더해지는 화학적으로 반응성이 없는 환경 시료 중에 없는 물질
• 내부표준물질 : 알고 있는 양을 시료 추출액에 첨가하여 농도측정 보정에 사용되는 물질로 반드시 분석목적 물질이 아니어야 한다.

71. 4-아미노안티피린 용액과 헥사사이아노철(Ⅲ)산포타슘 용액을 순서대로 가해 얻어진 적색액의 흡광도를 측정하여 농도를 계산하는 오염물질은?

① 배출가스 중 페놀화합물
② 배출가스 중 브로민화합물
③ 배출가스 중 에틸렌옥사이드
④ 배출가스 중 다이옥신 및 퓨란류

해설 페놀화합물 : 4-아미노안티피린 자외선/가시선분광법

정답 68. ① 69. ③ 70. ④ 71. ①

72. 굴뚝 내부 단면의 가로길이가 2 m, 세로길이가 1.5 m일 때, 굴뚝의 환산직경(m)은? (단, 굴뚝 단면은 사각형이며, 상·하면적이 동일함)
① 1.5
② 1.7
③ 1.9
④ 2.0

해설 굴뚝 단면이 사각형인 경우(상·하 동일 단면적의 정사각형 또는 직사각형) 환산직경 산출방법

$$환산직경 = \frac{2(가로 \times 세로)}{가로 + 세로} = \frac{2 \times 2 \times 1.5}{2 + 1.5} = 1.7\,m$$

73. 원자흡수분광광도법에서 사용하는 용어 정의로 옳지 않은 것은?
① 충전가스 : 중공음극램프에 채우는 가스
② 선프로파일 : 파장에 대한 스펙트럼선의 폭을 나타내는 곡선
③ 공명선 : 원자가 외부로부터 빛을 흡수했다가 다시 먼저 상태로 돌아갈 때 방사하는 스펙트럼선
④ 역화 : 불꽃의 연소속도가 크고 혼합기체의 분출속도가 작을 때 연소현상이 내부로 옮겨지는 것

해설 원자흡수분광광도법 용어
② 선프로파일(Line Profile) : 파장에 대한 스펙트럼선의 강도를 나타내는 곡선

74. 유류 중의 황함유량 분석방법 중 방사선 여기법에 관한 내용으로 옳지 않은 것은?
① 여기법 분석계의 전원 스위치를 넣고 1시간 이상 안정화시킨다.
② 석유 제품의 시료채취 시 증기의 흡입은 될 수 있는 한 피해야 한다.
③ 시료에 방사선을 조사하고 여기된 황 원자에서 발생하는 γ선의 강도를 측정한다.
④ 시료를 충분히 교반한 후 준비된 시료셀에 기포가 들어가지 않도록 주의하여 액층의 두께가 5~20 mm가 되도록 시료를 넣는다.

해설 유류 중의 황함유량 분석방법 – 방사선 여기법
③ 시료에 방사선을 조사하고 여기된 황 원자에서 발생하는 형광 X선의 강도를 측정한다.

75. 환경대기 중의 금속화합물 분석을 위한 주시험방법은?
① 원자흡수분광광도법
② 자외선/가시선분광법
③ 이온크로마트그래피법
④ 비분산적외선분광분석법

해설 금속화합물의 주시험방법은 원자흡수분광광도법이다.

76. 굴뚝 배출가스 중의 질소산화물을 연속적으로 자동측정하는 데 사용되는 자외선흡수분석계의 구성에 관한 내용으로 옳지 않은 것은?
① 광원 : 중수소방전관 또는 중압수은등을 사용한다.
② 시료셀 : 시료가스가 연속적으로 흘러갈 수 있는 구조로 되어 있으며 그 길이는 200~500 mm이고 셀의 창은 자외선 및 가시광선이 투과할 수 있는 재질이어야 한다.
③ 광학필터 : 프리즘과 회절격자 분광기 등을 이용하여 자외선 또는 적외선 영역의 단색광을 얻는 데 사용된다.
④ 합산증폭기 : 신호를 증폭하는 기능과 일산화질소 측정파장에서 아황산가스의 간섭을 보정하는 기능을 가지고 있다.

해설 ③ 광학필터 : 특정파장 영역의 흡수나 다층박막의 광학적 간섭을 이용하여 자외선에서 가시광선 영역에 이르는 일정한 폭의 빛을 얻는 데 사용된다.

77. 굴뚝에서 배출되는 건조배출가스의 유량을 연속적으로 자동 측정하는 방법에 관한 내용으로 옳지 않은 것은?

① 유량 측정방법에는 피토관, 열선유속계, 와류유속계를 사용하는 방법이 있다.
② 와류유속계를 사용할 때에는 압력계와 온도계를 유량계 상류 측에 설치해야 한다.
③ 건조배출가스 유량은 배출되는 표준상태의 건조배출가스량[Sm³(5분 적산치)]으로 나타낸다.
④ 열선유속계를 사용하는 방법에서 시료채취부는 열선과 지주 등으로 구성되어 있으며 열선으로 텅스텐이나 백금선 등이 사용된다.

해설 ② 와류유속계를 사용할 때에는 압력계와 온도계를 유량계 하류 측에 설치해야 한다.

78. 굴뚝 단면이 상·하 동일 단면적의 원형인 경우 굴뚝 배출시료 측정점에 관한 설명으로 옳지 않은 것은?

① 굴뚝 직경이 1.5 m인 경우 측정점수는 8점이다.
② 굴뚝 직경이 3 m인 경우 반경 구분수는 3이다.
③ 굴뚝 직경이 4.5 m를 초과할 경우 측정점수는 20점이다.
④ 굴뚝 단면적이 1 m² 이하로 소규모일 경우 굴뚝 단면의 중심을 대표점으로 하여 1점만 측정한다.

해설 ④ 굴뚝 단면적이 0.25 m² 이하로 소규모일 경우 굴뚝 단면의 중심을 대표점으로 하여 1점만 측정한다.

배출가스 중 입자상 물질 시료채취방법 – 원형 단면의 측정점수

굴뚝 직경 2R(m)	반경 구분수	측정점수
1 이하	1	4
1 초과 2 이하	2	8
2 초과 4 이하	3	12
4 초과 4.5 이하	4	16
4.5 초과	5	20

79. 비분산적외선분광분석법에서 사용하는 용어 정의로 옳지 않은 것은?

① 정필터형 : 측정성분이 흡수되는 적외선을 그 흡수파장에서 측정하는 방식
② 비분산 : 빛을 프리즘이나 회절격자와 같은 분산소자에 의해 분산하지 않는 것
③ 비교가스 : 시료 셀에서 적외선 흡수를 측정하는 경우 대조가스로 사용하는 것으로 적외선을 흡수하지 않는 가스
④ 반복성 : 동일한 방법과 조건에서 동일한 분석계를 사용하여 여러 측정대상을 장시간에 걸쳐 반복적으로 측정하는 경우 각각의 측정치가 일치하는 정도

해설 비분산적외선분광분석법 용어
④ 반복성 : 동일한 분석계를 이용하여 동일한 측정대상을 동일한 방법과 조건으로 비교적 단시간에 반복적으로 측정하는 경우로서 각각의 측정치가 일치하는 정도

더 알아보기 핵심정리 2-81 (2)

80. 기체크로마토그래피의 고정상 액체가 만족시켜야 할 조건에 해당하지 않는 것은?

① 화학적 성분이 일정해야 한다.
② 사용온도에서 점성이 작아야 한다.
③ 사용온도에서 증기압이 높아야 한다.
④ 분석대상 성분을 완전히 분리할 수 있어야 한다.

정답 77. ② 78. ④ 79. ④ 80. ③

해설 ③ 사용온도에서 증기압이 낮아야 한다.

정리 고정상 액체의 조건
- 분석대상 성분을 완전히 분리할 수 있는 것이어야 한다.
- 사용온도에서 증기압이 낮고, 점성이 작은 것이어야 한다.
- 화학적으로 안정된 것이어야 한다.
- 화학적 성분이 일정한 것이어야 한다.

제5과목 대기환경관계법규

81. 대기환경보전법령상 사업장별 환경기술인의 자격기준에 관한 내용으로 옳지 않은 것은?

① 4종사업장과 5종사업장 중 기준 이상의 특정대기유해물질이 포함된 오염물질을 배출하는 경우 3종사업장에 해당하는 기술인을 두어야 한다.
② 1종사업장과 2종사업장 중 1개월 동안 실제 작업한 날만을 계산하여 1일 평균 17시간 이상 작업하는 경우 해당 사업장의 기술인을 각각 2명 이상 두어야 한다.
③ 대기환경기술인이 소음·진동관리법에 따른 소음·진동환경기술인 자격을 갖춘 경우에는 소음·진동환경기술인을 겸임할 수 있다.
④ 전체배출시설에 대해 방지시설 설치 면제를 받은 사업장과 배출시설에서 배출되는 오염물질 등을 공동방지시설에서 처리하는 사업장은 5종사업장에 해당하는 기술인을 둘 수 없다.

해설 ④ 전체 배출시설에 대하여 방지시설 설치 면제를 받은 사업장과 배출시설에서 배출되는 오염물질 등을 공동방지시설에서 처리하는 사업장은 5종사업장에 해당하는 기술인을 둘 수 있다.

더 알아보기 핵심정리 2-98

82. 대기환경보전법령상 대기오염물질 발생량 산정에 필요한 항목에 해당하지 않는 것은?

① 배출시설의 시간당 대기오염물질 발생량
② 일일조업시간
③ 배출허용기준 초과 횟수
④ 연간가동일수

해설 배출시설별 대기오염물질 발생량의 산정방법 : 배출시설의 시간당 대기오염물질 발생량×일일조업시간×연간가동일수

83. 대기환경보전법령상 배출부과금 납부의무자가 납부기한 전에 배출부과금을 납부할 수 없다고 인정되어 징수를 유예하거나 그 금액을 분할 납부하게 할 수 있는 경우에 해당하지 않는 것은?

① 천재지변으로 사업자의 재산에 중대한 손실이 발생한 경우
② 사업에 손실을 입어 경영상으로 심각한 위기에 처하게 된 경우
③ 배출부과금이 납부의무자의 자본금을 1.5배 이상 초과하는 경우
④ 징수유예나 분할납부가 불가피하다고 인정되는 경우

해설 배출부과금 납부의무자가 납부기한 전에 배출부과금을 납부할 수 없다고 인정되어 징수를 유예하거나 그 금액을 분할 납부하게 할 수 있는 경우
1. 천재지변이나 그 밖의 재해로 사업자의 재산에 중대한 손실이 발생한 경우
2. 사업에 손실을 입어 경영상으로 심각한 위기에 처하게 된 경우
3. 징수유예나 분할납부가 불가피하다고 인정되는 경우

84. 환경정책기본법령상 일산화탄소(CO)의 대기환경기준(ppm)은? (단, 1시간 평균치 기준)

① 0.25 이하　② 0.5 이하
③ 25 이하　　④ 50 이하

정답　81. ④　82. ③　83. ③　84. ③

해설 환경정책기본법상 대기환경기준

측정시간	연간	24시간	8시간	1시간
SO_2(ppm)	0.02	0.05	–	0.15
NO_2(ppm)	0.03	0.06	–	0.10
O_3(ppm)	–	–	0.06	0.10
CO(ppm)	–	–	9	25
PM10 ($\mu g/m^3$)	50	100	–	–
PM2.5 ($\mu g/m^3$)	15	35	–	–
납(Pb) ($\mu g/m^3$)	0.5	–	–	–
벤젠 ($\mu g/m^3$)	5	–	–	–

85. 실내공기질 관리법령상 공항시설 중 여객터미널에 대한 라돈의 실내공기질 권고기준은? (단, 단위는 Bq/m^3)

① 100 이하 ② 148 이하
③ 200 이하 ④ 248 이하

해설 실내공기질 권고기준

오염물질 항목 / 다중이용시설	곰팡이 (CFU/m^3)	VOC ($\mu g/m^3$)	NO_2 (ppm)	Rn (Bq/m^3)
노약자시설	500 이하	400 이하	0.05 이하	
일반인시설	–	500 이하	0.1 이하	148 이하
실내주차장	–	1,000 이하	0.30 이하	

• 노약자시설 : 의료기관, 어린이집, 노인요양시설, 산후조리원, 실내 어린이놀이시설
• 일반인시설 : 지하역사, 지하도상가, 철도역사의 대합실, 여객자동차터미널의 대합실, 항만시설 중 대합실, 공항시설 중 여객터미널, 도서관·박물관 및 미술관, 대규모점포, 장례식장, 영화상영관, 학원, 전시시설, 인터넷컴퓨터게임시설제공업의 영업시설, 목욕장업의 영업시설

86. 대기환경보전법령상 사업자가 스스로 방지시설을 설계·시공하려는 경우 시·도지사에게 제출해야 하는 서류에 해당하지 않는 것은?

① 기술능력 현황을 적은 서류
② 공정도
③ 배출시설의 위치 및 운영에 관한 규약
④ 원료(연료를 포함) 사용량, 제품생산량 및 대기오염물질 등의 배출량을 예측한 명세서

해설 사업자가 스스로 방지시설을 설계·시공하고자 하는 경우에 시·도지사에 제출하여야 할 서류
1. 배출시설의 설치명세서
2. 공정도
3. 원료(연료 포함) 사용량, 제품생산량 및 대기오염물질 등의 배출량을 예측한 명세서
4. 방지시설의 설치명세서와 그 도면
5. 기술능력 현황을 적은 서류

87. 대기환경보전법령상 위임업무의 보고 횟수 기준이 '수시'인 업무내용은?

① 환경오염사고 발생 및 조치사항
② 자동차 연료 및 첨가제의 제조·판매 또는 사용에 대한 규제현황
③ 자동차 첨가제의 제조기준 적합여부 검사현황
④ 수입자동차의 배출가스 인증 및 검사현황

해설 위임업무 보고사항
① 수시
② 연 2회
③ 연 2회
④ 연 4회

더 알아보기 핵심정리 2-101

정답 85. ② 86. ③ 87. ①

88. 대기환경보전법령상 1년 이하의 징역이나 1천만원 이하의 벌금에 처하는 경우에 해당하지 않는 것은?
① 배출시설의 설치를 완료한 후 가동개시 신고를 하지 않고 조업한 자
② 환경상의 위해가 발생하여 제조·판매 또는 사용을 규제당한 자동차 연료·첨가제 또는 촉매제를 제조하거나 판매한 자
③ 측정기기 관리대행업의 등록 또는 변경등록을 하지 않고 측정기기 관리업무를 대행한 자
④ 환경부장관에게 받은 이륜자동차정기검사 명령을 이행하지 않은 자

해설 ④ 300만원 이하의 벌금

89. 대기환경보전법령상 석탄사용시설의 설치기준에 관한 내용으로 옳지 않은 것은? (단, 유효굴뚝높이가 440 m 미만인 경우)
① 배출시설의 굴뚝높이는 100 m 이상으로 한다.
② 석탄저장은 옥내저장시설(밀폐형 저장시설 포함) 또는 지하저장시설에 해야 한다.
③ 굴뚝에서 배출되는 아황산가스, 질소산화물, 먼지 등의 농도를 확인할 수 있는 기기를 설치해야 한다.
④ 석탄연소재는 덮개가 있는 차량을 이용하여 운반해야 한다.

해설 고체연료 사용시설 설치기준
④ 석탄연소재는 밀폐통을 이용하여 운반하여야 한다.

90. 실내공기질 관리법령의 적용대상에 해당하지 않는 것은?
① 지하역사
② 병상 수가 100개인 의료기관
③ 철도역사의 연면적 1천5백제곱미터인 대합실
④ 공항시설 중 연면적 1천5백제곱미터인 여객터미널

해설 실내공기질 관리법 적용대상
③ 철도역사의 연면적 2천제곱미터 이상인 대합실

91. 대기환경보전법령상 자가측정의 대상·항목 및 방법에 관한 내용으로 옳지 않은 것은?
① 굴뚝 자동측정기기를 설치하여 먼지항목에 대한 자동측정자료를 전송하는 배출구의 경우 매연항목에 대해서도 자가측정을 한 것으로 본다.
② 안전상의 이유로 자가측정이 곤란하다고 인정받은 방지시설설치면제사업장의 경우 대행기관을 통해 연 1회 이상 자가측정을 해야 한다.
③ 굴뚝 자동측정기기를 설치한 배출구의 경우 자동측정자료를 전송하는 항목에 한정하여 자동측정자료를 자가측정자료에 우선하여 활용해야 한다.
④ 측정대상시설이 중유 등 연료유만을 사용하는 시설인 경우 황산화물에 대한 자가측정은 연료의 황함유분석표로 갈음할 수 있다.

해설 자가측정의 대상·항목 및 방법
② 방지시설설치면제사업장은 해당 시설에 대하여 연 1회 이상 자가측정을 해야 한다. 다만, 물리적 또는 안전상의 이유로 자가측정이 곤란하거나 대기오염물질 발생을 저감하는 장치를 상시 가동하는 등의 사유로 자가측정이 필요하지 않다고 환경부장관(법 제23조제1항에 따라 환경부장관의 허가를 받거나 환경부장관에게 신고를 한 배출시설만 해당한다) 또는 시·도지사가 인정하는 경우에는 그렇지 않다.

정답 88. ④ 89. ④ 90. ③ 91. ②

92. 대기환경보전법령상 "온실가스"에 해당하지 않는 것은?

① 수소불화탄소
② 과염소산
③ 육불화황
④ 메탄

[해설] 온실가스 : 이산화탄소, 메탄, 아산화질소, 수소불화탄소, 과불화탄소, 육불화황

93. 대기환경보전법령상 인증을 면제할 수 있는 자동차에 해당하는 것은?

① 항공기 지상 조업용 자동차
② 국가대표 선수용 자동차로서 문화체육관광부장관의 확인을 받은 자동차
③ 여행자 등이 다시 반출할 것을 조건으로 일시 반입하는 자동차
④ 주한 외국군인의 가족이 사용하기 위해 반입하는 자동차

[해설] 인증을 면제할 수 있는 자동차
1. 군용 및 경호업무용 등 국가의 특수한 공용 목적으로 사용하기 위한 자동차와 소방용 자동차
2. 주한 외국공관 또는 외교관이나 그 밖에 이에 준하는 대우를 받는 자가 공용 목적으로 사용하기 위한 자동차로서 외교부장관의 확인을 받은 자동차
3. 주한 외국군대의 구성원이 공용 목적으로 사용하기 위한 자동차
4. 수출용 자동차와, 박람회나 그 밖에 이에 준하는 행사에 참가하는 자가 전시의 목적으로 일시 반입하는 자동차
5. 여행자 등이 다시 반출할 것을 조건으로 일시 반입하는 자동차
6. 자동차제작자 및 자동차 관련 연구기관 등이 자동차의 개발 또는 전시 등 주행 외의 목적으로 사용하기 위하여 수입하는 자동차
7. 삭제 <2008. 12. 31.>
8. 외국인 또는 외국에서 1년 이상 거주한 내국인이 주거(住居)를 옮기기 위하여 이주물품으로 반입하는 1대의 자동차

[정리] 인증을 생략할 수 있는 자동차
1. 국가대표 선수용 자동차 또는 훈련용 자동차로서 문화체육관광부장관의 확인을 받은 자동차
2. 외국에서 국내의 공공기관 또는 비영리단체에 무상으로 기증한 자동차
3. 외교관 또는 주한 외국군인의 가족이 사용하기 위하여 반입하는 자동차
4. 항공기 지상 조업용 자동차
5. 인증을 받지 아니한 자가 그 인증을 받은 자동차의 원동기를 구입하여 제작하는 자동차
6. 국제협약 등에 따라 인증을 생략할 수 있는 자동차
7. 그 밖에 환경부장관이 인증을 생략할 필요가 있다고 인정하는 자동차

94. 대기환경보전법령상 자동차 운행정지표지의 바탕색은?

① 회색
② 녹색
③ 노란색
④ 흰색

[해설] 자동차 운행정지표지의 바탕색은 노란색으로, 문자는 검정색으로 한다.

95. 대기환경보전법령상 자동차연료형 첨가제의 종류에 해당하지 않는 것은? (단, 기타 사항은 고려하지 않음)

① 세탄가첨가제
② 다목적첨가제
③ 청정분산제
④ 유동성향상제

[정답] 92. ② 93. ③ 94. ③ 95. ①

해설 자동차연료형 첨가제의 종류
1. 세척제
2. 청정분산제
3. 매연억제제
4. 다목적첨가제
5. 옥탄가향상제
6. 세탄가향상제
7. 유동성향상제
8. 윤활성 향상제
9. 그 밖에 환경부장관이 배출가스를 줄이기 위하여 필요하다고 정하여 고시하는 것

해설 초과부과금 산정기준 : 염화수소＞시안화수소＞황화수소＞불소화물＞질소산화물＞이황화탄소＞암모니아＞먼지＞황산화물

(더 알아보기) 핵심정리 2-97

96. 대기환경보전법령상의 용어 정의로 옳지 않은 것은?
① 가스 : 물질이 연소·합성·분해될 때 발생하거나 물리적 성질로 인해 발생하는 기체상물질
② 기후·생태계 변화유발물질 : 지구온난화 등으로 생태계의 변화를 가져올 수 있는 기체상물질로서 온실가스와 환경부령으로 정하는 것
③ 휘발성유기화합물 : 석유화학제품, 유기용제, 그 밖의 물질로서 관계 중앙행정기관의 장이 고시하는 것
④ 매연 : 연소할 때 생기는 유리탄소가 주가 되는 미세한 입자상물질

해설 ③ 휘발성유기화합물 : 탄화수소류 중 석유화학제품, 유기용제, 그 밖의 물질로서 환경부장관이 관계 중앙행정기관의 장과 협의하여 고시하는 것

98. 악취방지법령상의 용어 정의로 옳지 않은 것은?
① "통합악취"란 두 가지 이상의 악취물질이 함께 작용하여 사람의 후각을 자극하여 불쾌감과 혐오감을 주는 냄새를 말한다.
② "악취배출시설"이란 악취를 유발하는 시설, 기계, 기구, 그 밖의 것으로서 환경부장관이 관계 중앙행정기관의 장과 협의하여 환경부령으로 정하는 것을 말한다.
③ "악취"란 황화수소, 메르캅탄류, 아민류, 그 밖에 자극성이 있는 물질이 사람의 후각을 자극하여 불쾌감과 혐오감을 주는 냄새를 말한다.
④ "지정악취물질"이란 악취의 원인이 되는 물질로서 환경부령으로 정하는 것을 말한다.

해설 ① "복합악취"란 두 가지 이상의 악취물질이 함께 작용하여 사람의 후각을 자극하여 불쾌감과 혐오감을 주는 냄새를 말한다.

97. 대기환경보전법령상 초과부과금의 산정에 필요한 오염물질 1kg당 부과금액이 가장 높은 것은?
① 시안화수소 ② 암모니아
③ 먼지   ④ 이황화탄소

99. 대기환경보전법령상 특정대기유해물질에 해당하지 않는 것은?
① 프로필렌 옥사이드
② 니켈 및 그 화합물
③ 아크롤레인
④ 1,3-부타디엔

정답 96. ③ 97. ① 98. ① 99. ③

해설 특정대기유해물질
1. 카드뮴 및 그 화합물
2. 시안화수소
3. 납 및 그 화합물
4. 폴리염화비페닐
5. 크롬 및 그 화합물
6. 비소 및 그 화합물
7. 수은 및 그 화합물
8. 프로필렌 옥사이드
9. 염소 및 염화수소
10. 불소화물
11. 석면
12. 니켈 및 그 화합물
13. 염화비닐
14. 다이옥신
15. 페놀 및 그 화합물
16. 베릴륨 및 그 화합물
17. 벤젠
18. 사염화탄소
19. 이황화메틸
20. 아닐린
21. 클로로포름
22. 포름알데히드
23. 아세트알데히드
24. 벤지딘
25. 1,3-부타디엔
26. 다환 방향족 탄화수소류
27. 에틸렌옥사이드
28. 디클로로메탄
29. 스틸렌
30. 테트라클로로에틸렌
31. 1,2-디클로로에탄
32. 에틸벤젠
33. 트리클로로에틸렌
34. 아크릴로니트릴
35. 히드라진

100. 악취방지법령상 지정악취물질과 배출허용기준, 엄격한 배출허용기준 범위의 연결이 옳지 않은 것은? (단, 공업지역 기준)

항목	지정악취물질	배출허용기준		엄격한 배출허용기준범위 (ppm)
		공업지역	기타지역	공업지역
㉠	톨루엔	30 이하	10 이하	10~30
㉡	프로피온산	0.07 이하	0.03 이하	0.03~0.07
㉢	스타이렌	0.8 이하	0.4 이하	0.4~0.8
㉣	뷰틸 아세테이트	5 이하	1 이하	1~5

① ㉠ ② ㉡
③ ㉢ ④ ㉣

해설 악취방지법 - 배출허용기준 및 엄격한 배출허용기준의 설정 범위

항목	지정악취물질	배출허용기준(ppm)	
		공업지역	기타지역
㉣	뷰틸 아세테이트	4 이하	1 이하

정답 100. ④

대기환경기사

Part 3

CBT 실전문제

- 제1회 CBT 실전문제
- 제2회 CBT 실전문제
- 제3회 CBT 실전문제

제1회 CBT 실전문제

제1과목 대기오염개론

1. 오존층의 O_3은 주로 어느 파장의 태양빛을 흡수하여 대류권 지상의 생명체들을 보호하는가?

① 자외선파장 450 nm~640 nm
② 자외선파장 290 nm~440 nm
③ 자외선파장 200 nm~290 nm
④ 자외선파장 100 nm~200 nm

해설 ③ 오존 : 200~300 nm(강한 흡수), 450~700 nm(약한 흡수)

2. 다음 중 대기오염물질의 분산을 예측하기 위한 바람장미(wind rose)에 관한 설명으로 가장 거리가 먼 것은?

① 바람장미는 풍향별로 관측된 바람의 발생빈도와 풍속을 16방향인 막대기형으로 표시한 기상 도형이다.
② 가장 빈번히 관측된 풍향을 주풍(prevailing wind)이라 하고, 막대의 굵기를 가장 굵게 표시한다.
③ 풍속이 0.2 m/s 이하일 때를 정온(calm) 상태로 본다.
④ 관측된 풍향별 발생빈도를 %로 표시한 것을 방향량(vector)이라 하며, 바람장미의 중앙에 숫자로 표시한 것은 무풍률이다.

해설 ② 주풍 : 막대 길이가 가장 길다.

3. 대기오염이 식물에 미치는 영향에 관한 설명으로 가장 거리가 먼 것은?

① SO_2는 회백색반점을 생성하며, 피해부분은 엽육세포이다.
② PAN은 유리화, 은백색 광택을 나타내며, 주로 해면조직에 피해를 준다.
③ NO_2는 불규칙 흰색 또는 갈색으로 변화되며, 피해부분은 엽육세포이다.
④ HF는 SO_2와 같이 잎 안쪽부분에 반점을 나타내기 시작하며, 늙은 잎에 특히 민감하며, 밤에 피해가 현저하다.

해설 ④ HF는 잎의 선단(끝부분)이나 엽록부를 상아색이나 갈색으로 고사시키고, 특히 어린 잎의 피해가 크며, 낮에 피해가 크다.

4. 유효굴뚝높이가 1 m인 굴뚝에서 배출되는 오염물질의 최대착지농도를 현재의 1/10로 낮추고자 할 때, 유효굴뚝높이를 몇 m 증가시켜야 하는가? (단, sutton의 확산방정식 사용, 기타 조건은 동일)

① 0.04 ② 0.20
③ 1.24 ④ 2.16

해설 $C_{max} \propto \dfrac{1}{H_e^2}$ 이므로,

$1 : \dfrac{1}{10} = \dfrac{1}{1^2} : \dfrac{1}{(1+x)^2}$

∴ 증가할 유효굴뚝높이(x) = 2.16 m

5. 다음과 같이 인체에 피해를 유발시킬 수 있는 오염물질로 가장 적합한 것은?

> 혈액 헤모글로빈의 기본요소인 포르피린 고리의 형성을 방해함으로써 인체 내 헤모글로빈의 형성을 억제하여 만성 빈혈이 발생할 수 있다.

① 불소화합물 ② 납
③ 망간 ④ 바나듐

해설 납 : 헤모글로빈 형성을 억제하여 빈혈 유발

정답 1. ③ 2. ② 3. ④ 4. ④ 5. ②

6. 역사적으로 유명한 대기오염사건 중 LA smog 사건에 대한 설명으로 옳지 않은 것은?

① 아침, 저녁 환원반응에 의한 발생
② 침강역전 상태
③ 자동차 등의 석유연료의 소비 증가
④ aldehyde, O_3 등의 옥시던트 발생

해설 ① 여름 한낮, 산화반응에 의한 발생
런던 스모그와 LA 스모그의 비교

구분	런던 스모그	LA 스모그
발생 시기	새벽~이른 아침	한낮(12시 ~2시 최대)
계절	겨울	여름
온도	4℃ 이하	24℃ 이상
습도	습윤 (90 % 이상)	건조 (70 % 이하)
바람	무풍	무풍
역전 종류	복사성 역전, 지표 역전	침강성 역전, 공중 역전
오염 원인	석탄연료의 매연 (가정, 공장)	자동차 매연(NOx)
오염 물질	SOx	옥시던트
반응 형태	환원	산화
시정 거리	100 m 이하	1 km 이하
피해 및 영향	호흡기 질환 사망자 최대	눈·코·기도 점막 자극, 고무 등의 손상
발생 기간	단기간	장기간

7. 다음 중 열섬효과에 관한 설명으로 옳지 않은 것은?

① 열섬현상은 고기압의 영향으로 하늘이 맑고 바람이 약한 때에 잘 발생한다.
② 도시에서는 인구와 산업의 밀집지대로서 인공적인 열이 시골에 비하여 월등하게 많이 공급된다.
③ 도시의 지표면은 시골보다 열용량이 적고 열전도율이 높아 열섬효과의 원인이 된다.
④ 열섬효과로 도시주위의 시골에서 도시로 바람이 부는데, 이를 전원풍이라 한다.

해설 ③ 도시의 지표면은 시골보다 열용량이 크고 열전도율이 낮아 인공열이 축적되므로, 열섬효과의 원인이 된다.

8. 역전에 관한 설명으로 옳지 않은 것은?

① 침강역전은 고기압 기류가 상층에 장기간 체류하며 상층의 공기가 하강하여 발생하는 역전이다.
② 침강역전이 장기간 지속될 경우 오염물질이 장기 축적될 수 있다.
③ 복사역전은 주로 지표 부근에서 발생하므로 대기오염에 많은 영향을 준다.
④ 복사역전은 주로 구름이 많은 날 일출 후, 겨울보다 여름에 잘 발생한다.

해설 ④ 복사역전은 주로 바람이 약하고 맑은 새벽~이른 아침, 습도 낮은 가을~봄, 도시보다는 시골에서 잘 발생한다.

침강성 역전	복사성 역전
• 공중역전 • 정체성 고기압 기층이 서서히 침강하면서 단열 압축되면 온도가 증가하여 발생 • 장기간 발생 • LA 스모그	• 지표역전 • 밤에 지표면 열 냉각되어 기온역전 발생 • 밤에서 새벽까지 단기간 발생 • 런던 스모그 • 바람이 약하고 맑은 새벽~이른 아침, 습도 낮은 가을~봄, 도시보다는 시골에서 잘 발생

정답 6. ① 7. ③ 8. ④

9. 다음 중 대기 내에서 금속의 부식속도가 일반적으로 빠른 것부터 순서대로 연결된 것은?

① 철 > 아연 > 구리 > 알루미늄
② 구리 > 아연 > 철 > 알루미늄
③ 철 > 알루미늄 > 아연 > 구리
④ 알루미늄 > 철 > 아연 > 구리

해설 대기 내에서 금속의 부식속도 순서
철 > 아연 > 구리 > 알루미늄

10. Chloro Fluoro Carbon-11(CFC-11)의 화학식으로 옳은 것은?

① CCl_3F ② CCl_2FCClF_2
③ CCl_2F_2 ④ CH_3CCl_3

해설 CFC의 화학식
(1) 번호 + 90
CFC11 : 11번 + 90 = 101
 • 백의 자리수 = 탄소(C) 수 = 1
 • 십의 자리수 = 수소(H) 수 = 0
 • 일의 자리수 = 불소(F) 수 = 1
(2) 염소의 개수
탄소(C) 원자 1개는 4개의 결합선을 가지는데, 결합선의 빈 부분에 염소가 채워진다.
따라서, 염소의 개수 = 4-1 = 3

```
      Cl
      |
F — C — Cl
      |
      Cl
```

∴ CFC-11의 화학식 : $CFCl_3$

11. 실내공기오염에 관한 설명으로 가장 거리가 먼 것은?

① 실내공기오염의 지표라는 관점에서 볼 때 세균의 위해성은 그 자체의 병원성보다 오히려 세균의 수가 문제시되는 경우가 많다.
② NO는 CO에 비해 헤모글로빈과의 결합력이 수백 배 높기 때문에 산소의 체내 유입을 저해하고 경련과 마비를 일으킬 수 있다.
③ 혈중 CO-Hb(%)가 10 % 정도까지는 인체에 대한 특이사항은 거의 없다고 볼 수 있다.
④ 건물이 낡은 경우나 해체공사 시에는 석면먼지가 공기 중에 부유하므로 노동재해의 중요한 요인으로 간주되기도 한다.

해설 ③ 혈중 CO-Hb(%)가 1 % 정도까지는 인체에 대한 특이사항은 거의 없다고 볼 수 있다.

12. 다음 국제적인 환경관련 협약 중 오존층 파괴 물질인 염화불화탄소의 생산과 사용을 규제하려는 목적에서 제정된 것은?

① 람사협약 ② 몬트리올의정서
③ 바젤협약 ④ 런던협약

해설 국제협약 정리
 • 교토의정서 : 지구온난화 방지를 위한 온실가스 배출량 감소
 • 비엔나협약, 몬트리올의정서 : 오존층 보호를 위한 CFC 사용규제
 • 헬싱키의정서 : 황산화물(SO_x) 저감에 관한 협약
 • 소피아의정서 : 질소산화물(NO_x) 저감에 관한 협약
 • 람사협약 : 철새도래지 및 습지보전
 • 바젤협약 : 국가 간 유해폐기물 이동 규제
 • 런던협약 : 폐기물 해양투기 금지
 • CITES : 멸종위기에 처한 야생동식물의 보호

13. 가우시안형의 대기오염 확산방정식을 적용할 때, 지면에 있는 오염원으로부터 바람 부는 방향으로 250 m 떨어진 연기중심축상 지상오염농도는? (단, 오염물질의 배출량은 11 g/s, 풍속은 5 m/s, σ_y = 22.5 m, σ_z = 12 m이다.)

① 1.3 mg/m³ ② 1.9 mg/m³
③ 2.3 mg/m³ ④ 2.6 mg/m³

해설 연기중심선상 오염물질 지표 농도

$$C(x, 0, 0, 0) = \frac{Q}{\pi U \sigma_y \sigma_z}$$
$$= \frac{11 \times 10^3 \text{mg/s}}{\pi \times 5\text{m/s} \times 22.5\text{m} \times 12\text{m}}$$
$$= 2.593 \text{mg/m}^3$$

14. 다음은 대기오염물질이 인체에 미치는 영향에 관한 설명이다. ( ) 안에 가장 적합한 것은?

> ( )은(는) 혈관 내 용혈을 일으키며, 두통, 오심, 흉부 압박감을 호소하기도 한다. 10 ppm 정도에 폭로되면 혼미, 혼수, 사망에 이른다. 대표적 3대 증상으로는 복통, 황달, 빈뇨 등이며, 만성적인 폭로에 의한 국소 증상으로는 손·발바닥에 나타나는 각화증, 각막궤양, 비중격천공, 탈모 등을 들 수 있다.

① 납
② 수은
③ 비소
④ 구리

해설 비중격천공을 일으키는 물질은 As(비소)이다.

15. 다이옥신에 관한 설명으로 가장 거리가 먼 것은?
① PCB의 불완전연소에 의해서 발생한다.
② 다이옥신은 두 개의 산소, 두 개의 벤젠, 그 외 염소가 결합된 방향족 화합물이다.
③ 수용성이 커서 토양오염 및 하천오염의 주원인으로 작용한다.
④ 저온에서 촉매화 반응에 의해 먼지와 결합하여 생성한다.

해설 ③ 다이옥신은 지용성이므로, 수질오염보다는 토양오염과 대기오염의 주원인으로 작용한다.

16. 다음 물질의 지구온난화지수(GWP)를 크기 순으로 옳게 배열한 것은? (단, 큰 순서 > 작은 순서)
① $N_2O > CH_4 > CO_2 > SF_6$
② $CO_2 > SF_6 > N_2O > CH_4$
③ $SF_6 > N_2O > CH_4 > CO_2$
④ $CH_4 > CO_2 > SF_6 > N_2O$

해설 온난화지수(GWP) : SF_6 > PFC > HFC > N_2O > CH_4 > CO_2

17. 국지풍에 관한 설명으로 옳지 않은 것은?
① 낮에 바다에서 육지로 부는 해풍은 밤에 육지에서 바다로 부는 육풍보다 보통 더 강하다.
② 열섬효과로 인해 도시의 중심부가 주위보다 고온이 되므로 도시 중심부에서는 상승기류가 발생하고 도시 주위의 시골(전원)에서 도시로 부는 바람을 전원풍이라 한다.
③ 고도가 높은 산맥에 직각으로 강한 바람이 부는 경우에는 산맥의 풍하 쪽으로 건조한 바람이 불어내리는데 이러한 바람을 휀풍이라 한다.
④ 곡풍은 경사면 → 계곡 → 주계곡으로 수렴하면서 풍속이 가속화되므로 낮에 산 위쪽으로 부는 산풍보다 보통 더 강하다.

해설 ④ 곡풍은 골짜기에서 정상 쪽으로 부는 바람으로 낮에 불고, 산풍은 정상에서 골짜기로 부는 바람으로 밤에 분다.

정답 14. ③ 15. ③ 16. ③ 17. ④

18. 각 오염물질의 특성에 관한 설명으로 옳지 않은 것은?
① 포스겐 자체는 자극성이 경미하지만 수중에서 재빨리 염산으로 분해되어 거의 급성 전구증상이 없이 치사량을 흡입할 수 있으므로 매우 위험하다.
② 염소는 암모니아에 비해서 훨씬 수용성이 약하므로 후두에 부종만을 일으키기보다는 호흡기계 전체에 영향을 미친다.
③ 브롬화합물은 부식성이 강하며 주로 상기도에 대하여 급성 흡입효과를 지니고, 고농도에서는 일정기간이 지나면 폐부종을 유발하기도 한다.
④ 불화수소는 수용액과 에테르 등의 유기용매에 매우 잘 녹으며, 무수불화수소는 약산성의 물질이다.

[해설] ④ 불화수소는 물에 대한 용해도가 매우 크고, 그 수용액은 약산이다.

19. 다음 중 불화수소(HF)의 주요 배출관련 업종으로 가장 적합한 것은?
① 가스공업, 펄프공업
② 도금공업, 플라스틱공업
③ 염료공업, 냉동공업
④ 화학비료공업, 알루미늄공업

[해설] 불화수소(HF) 배출원 : 알루미늄공업, 인산비료공업, 유리제조공업

20. 파장이 5,240 Å인 빛 속에서 상대습도가 70% 이하인 경우 밀도가 1,700 mg/cm³이고, 직경이 0.4 μm인 기름방울의 분산면적비가 4.5일 때, 가시거리가 959 m이라면 먼지농도(mg/m³)는?
① 0.21   ② 0.31
③ 0.41   ④ 0.51

[해설] 기름방울 분산면적비 - 먼지농도

$$V[m] = \frac{5.2\rho r}{KC}$$

$$959\,m = \frac{5.2 \times 1.7\,g/cm^3 \times 0.2\,\mu m}{4.5 \times C[g/m^3]}$$

$$\therefore C = 4.096 \times 10^{-4}\,g/m^3$$
$$= 4.096 \times 10^{-4}\,g/m^3 \times \frac{1000\,mg}{1\,g}$$
$$= 0.4096\,mg/m^3$$

제2과목 연소공학

21. 다음 내용과 관련있는 무차원수는? (단, μ : 점성계수, ρ : 밀도, D : 확산계수)

- 정의 : $\dfrac{\mu}{\rho D}$
- 의미 : $\dfrac{운동량의\ 확산속도}{물질의\ 확산속도}$

① 슈미트 수(Schmidt number)
② 넛셀 수(Nusselt number)
③ 그라스호프 수(Grashof number)
④ 레이놀즈 수(Reynolds number)

[해설] 무차원수
① 슈미트 수(Schmidt number)
$$Sc = \frac{\nu}{D} = \frac{\mu}{\rho D} = \frac{운동량\ 확산속도}{물질의\ 확산속도}$$
② 넛셀 수(Nusselt number)
$$Nu = \frac{대류\ 열전달}{전도\ 열전달} = \frac{전도\ 열저항}{대류\ 열저항}$$
③ 그라스호프 수(Grashof number)
$$Gr = \frac{부력}{점성력} = \frac{g\rho^2 D^3 \beta \Delta T}{\mu^2}$$
④ 레이놀즈 수(Reynolds number)
$$Re = \frac{관성력}{점성력} = \frac{\rho u D}{\mu} = \frac{uD}{\nu}$$

정답 18. ④ 19. ④ 20. ③ 21. ①

22. 프로판과 부탄이 용적비 3 : 2로 혼합된 가스 1 Sm³가 이론적으로 완전연소할 때 발생하는 CO_2의 양(Sm³)은?
① 2.7　　② 3.2
③ 3.4　　④ 4.1

해설 • 혼합기체의 연소반응식
$\frac{3}{5}$: $C_3H_8 + 5O_2 \rightarrow 3CO_2 + 4H_2O$
$\frac{2}{5}$: $C_4H_{10} + 6.5O_2 \rightarrow 4CO_2 + 5H_2O$
• 프로판과 부탄의 CO_2 발생량(Sm³/Sm³) 계산
$3 \times \frac{3}{5} + 4 \times \frac{2}{5} = 3.4 \, Sm^3/Sm^3$

23. 내용적 160 m³의 밀폐된 실내에서 2.23 kg의 부탄을 완전연소할 때, 실내에서의 산소농도(V/V, %)는? (단, 표준상태, 기타조건은 무시하며, 공기 중 용적 산소비율은 21 %)
① 15.6 %　　② 17.5 %
③ 19.4 %　　④ 20.8 %

해설 (1) 부탄의 연소로 줄어드는 산소 농도
$C_4H_{10} + 6.5O_2 \rightarrow 4CO_2 + 5H_2O$
58 kg : $6.5 \times 22.4 \, Sm^3$
2.23 kg : x Sm³
∴ $x = \frac{6.5 \times 22.4 \, Sm^3}{58 \, kg} \times 2.23 \, kg$
$= 5.5980 \, Sm^3$
그러므로, $\frac{5.5980 \, Sm^3}{160 \, m^3} \times 100\%$
$= 3.498 \%$의 산소 농도가 감소함
(2) 부탄 연소 후 실내의 산소농도
$= 21 - 3.498 = 17.501 \%$

24. 액체연료의 특징으로 옳지 않은 것은?
① 점화, 소화 및 연소의 조절이 쉽다.
② 저장 및 계량, 운반이 용이하다.
③ 발열량이 높고 품질이 대체로 일정하며 효율이 높다.
④ 소량의 공기로 완전연소되며 검댕 발생이 없다.

해설 액체연료는 소량의 공기로 완전연소되기 어렵고, 검댕이 발생한다.
④ 기체연료에 대한 설명이다.

25. 다음 중 기체연료의 확산연소에 사용되는 버너 형태로 가장 적합한 것은?
① 회전식 버너
② 심지식 버너
③ 포트형 버너
④ 증기분무식 버너

해설 기체연료 연소장치

연소장치	종류
확산연소	포트형, 버너형, 선회식, 방사식
예혼합연소	고압 버너, 저압 버너, 송풍 버너

26. 다음 연료의 연소 시 이론공기량의 개략치(Sm³/kg)가 가장 큰 것은?
① LPG　　② 고로가스
③ 발생로가스　　④ 석탄가스

해설 각 연료의 이론공기량

연료	이론공기량(Sm³/kg)
고로가스	0.7
발생로가스	0.9~1.2
석탄가스	4.5~5.5
천연가스(LNG)	8.5~10
코크스	8~9
무연탄	9~10
역청탄	10~13
액화석유가스(LPG)	14.3~31.0

정답 22. ③　23. ②　24. ④　25. ③　26. ①

27. 프로판(C_3H_8) 1 Sm^3을 완전연소하였을 때, 건연소가스 중의 CO_2가 10 %(V/V)이었다. 공기 과잉계수 m은 얼마인가?

① 1.33 ② 1.43 ③ 1.52 ④ 1.66

해설 (1) G_d
$C_3H_8 + 5O_2 \rightarrow 3CO_2 + 4H_2O$
$X_{CO_2} = \dfrac{CO_2}{G_d} \times 100\%$
$10 = \dfrac{3}{G_d} \times 100\%$
∴ $G_d = 30\ Sm^3/Sm^3$

(2) m
$A_o[Sm^3/Sm^3] = \dfrac{O_o}{0.21} = \dfrac{5}{0.21} = 23.81$
$G_d = (m - 0.21)A_o + CO_2$
$30 = (m - 0.21) \times 23.81 + 3$
∴ m = 1.344

28. 연소가스 분석결과 CO_2는 18 %, O_2는 8 %일 때 $(CO_2)_{max}$[%]는?

① 19.6 ② 21.6 ③ 29.1 ④ 34.8

해설 배출가스 분석치(%)로 계산하는 $(CO_2)_{max}$[%]
$(CO_2)_{max}[\%] = \dfrac{21 \times (CO_2 + CO)}{21 - (O_2) + 0.395(CO)}$
$= \dfrac{21 \times (18 + 0)}{21 - 8 + 0.395 \times 0}$
$= 29.07\%$

29. 유압분무식 버너의 특징과 거리가 먼 것은?

① 유량조절범위가 1 : 10 정도로 넓어서 부하변동에 적응이 쉽다.
② 구조가 간단하여 유지 및 보수가 용이한 편이다.
③ 연료의 점도가 크거나 유압이 5 kg/cm² 이하가 되면 분무화가 불량하다.
④ 연료분사범위는 15~2,000 L/h 정도이다.

해설 ① 고압공기식 버너의 특징이다.
더 알아보기 핵심정리 2-50

30. octane을 공기 중에서 완전연소시킬 때 이론 연소용 공기와 연료의 질량비(이론 연소용 공기의 질량/연료의 질량, kg/kg)는?

① 약 7.5 ② 약 10
③ 약 15 ④ 약 20

해설 AFR(질량)
$C_8H_{18} + 12.5O_2 \rightarrow 8CO_2 + 9H_2O$
$AFR = \dfrac{공기(kg)}{연료(kg)} = \dfrac{산소(kg)/0.232}{연료(kg)}$
$= \dfrac{12.5 \times 32/0.232}{114} = 15.12$

31. 탄화도의 증가에 따른 연소특성의 변화에 대한 설명으로 옳지 않은 것은?

① 산소의 양이 줄어든다.
② 발열량은 증가한다.
③ 착화온도는 상승한다.
④ 연료비(고정탄소 % / 휘발분 %)는 감소한다.

해설 ④ 연료비(고정탄소 %/휘발분 %)는 증가한다.
정리 탄화도 높을수록
• 고정탄소, 연료비, 착화온도, 발열량, 비중 증가함
• 수분, 이산화탄소, 휘발분, 비열, 매연 발생, 산소함량, 연소속도 감소함

32. 연료 연소 시 매연 발생에 관한 설명으로 옳지 않은 것은?

① 연료의 C/H 비율이 클수록 매연이 발생하기 쉽다.
② 중합 및 고리화합물 등과 같이 반응이 일어나기 쉬운 탄화수소일수록 매연 발생이 적다.
③ 분해하기 쉽거나 산화하기 쉬운 탄화수소는 매연 발생이 적다.
④ 탄소결합을 절단하기보다는 탈수소가 쉬운 쪽이 매연이 발생하기 쉽다.

정답 27. ① 28. ③ 29. ① 30. ③ 31. ④ 32. ②

해설 검댕(그을음, 매연)의 발생 특징
② 중합 및 고리화합물 등과 같이 반응이 일어나기 쉬운 탄화수소일수록 매연 발생이 크다.

더 알아보기 핵심정리 2-54 (1)

33. 옥탄가에 대한 설명으로 옳지 않은 것은?

① 옥탄가는 가장 노킹이 발생하기 쉬운 헵탄(heptane)의 옥탄가를 0으로 하고, 노킹이 발생하기 어려운 이소옥탄(iso-octane)의 옥탄가를 100으로 하여 옥탄가가 결정된다.
② 방향족 탄화수소의 경우 벤젠고리의 측쇄가 C_3까지는 옥탄가가 증가하지만 그 이상이면 감소한다.
③ naphthene계는 방향족 탄화수소보다는 옥탄가가 작지만 n-paraffine계보다는 큰 옥탄가를 가진다.
④ iso-paraffine에서는 methyl 가지가 적을수록, 중앙에 집중하지 않고 분산될수록 옥탄가가 증가한다.

해설 ④ iso-paraffine에서는 methyl 가지가 많을수록, 중앙에 집중하지 않고 분산될수록 옥탄가가 증가한다.

34. 휘발유, 등유, 알코올, 벤젠 등 액체연료의 연소방식에 해당하는 것은?

① 자기연소   ② 확산연소
③ 증발연소   ④ 표면연소

해설 연료에 따른 주요 연소형태
- 고체연료 : 표면연소, 분해연소, 훈연연소, 증발연소, 자가(내부)연소
- 액체연료 : 증발연소, 분해연소, 심지연소, 액면연소
- 기체연료 : 확산연소, 예혼합연소, 부분예혼합연소

35. 정상연소에서 연소속도를 지배하는 요인으로 가장 적합한 것은?

① 연료 중의 불순물 함유량
② 연료 중의 고정탄소량
③ 공기 중의 산소의 확산속도
④ 배출가스 중의 N_2 농도

해설 기체의 연소속도 영향인자
- 공기 중의 산소의 확산속도
- 촉매
- 산소와의 혼합비
- 산소농도

36. 다음 중 LPG의 주성분으로 나열된 것은?

① C_3H_8, C_4H_{10}
② C_2H_6, C_3H_6
③ CH_4, C_3H_6
④ CH_4, C_2H_6

해설
- LPG의 주성분 : 프로판(C_3H_8), 부탄(C_4H_{10})
- LNG의 주성분 : 메탄(CH_4)

37. 연소반응에서 반응속도상수 k를 온도의 함수인 다음 반응식으로 나타낸 법칙은?

$$k = k_0 \cdot e^{-E_a/RT}$$

① Henry's Law
② Fick's Law
③ Arrhenius's Law
④ Van der Waals's Law

해설 ① 헨리의 법칙 : 기체의 용해도는 그 기체 압력에 비례
② 확산 법칙 : 확산 속도(flux)는 농도경사에 비례
③ 아레니우스 식 : 반응속도상수와 온도의 관계식
④ 반데르발스 방정식 : 이상기체 방정식을 실제기체로 보정한 식

정답 33. ④ 34. ③ 35. ③ 36. ① 37. ③

38. 가로, 세로, 높이가 각각 3 m, 2 m, 1.5 m인 연소실에서 연소실 열발생률을 2.5×10^5 kcal/m³·hr가 되도록 하려면 1시간에 중유를 몇 kg 연소시켜야 하는가? (단, 중유의 저위발열량은 11,000 kcal/kg이다.)

① 약 50 ② 약 100
③ 약 150 ④ 약 200

해설 연소실 열발생률 응용

$$\frac{2.5 \times 10^5 \,\text{kcal}}{\text{m}^3 \cdot \text{hr}} \times \frac{\text{kg}}{11,000 \,\text{kcal}} \times (3 \times 2 \times 1.5)\,\text{m}^3$$
$$= 204.54 \,\text{kg/hr}$$

더 알아보기 핵심정리 1-39

39. S 함량 5 %의 B-C유 400 kL를 사용하는 보일러에 S 함량 2 %인 B-C유를 50 % 섞어서 사용하면 SO_2의 배출량은 몇 % 감소하겠는가? (단, 기타 연소조건은 동일하며, S는 연소 시 전량 SO_2로 변환되고, B-C유 비중은 0.95(S 함량에 무관))

① 30 % ② 35 %
③ 40 % ④ 45 %

해설 • 감소하는 S(%) = 감소하는 SO_2(%)
• 감소하는 S(%) = $\left(1 - \frac{\text{나중 S}}{\text{처음 S}}\right) \times 100$
$= \left(1 - \frac{200 \times 0.02 + 200 \times 0.05}{400 \times 0.05}\right) \times 100$
$= 30\%$

40. 저위발열량이 8,000 kcal/Sm³의 가스 연료의 이론연소온도(℃)는? (단, 이론연소가스량은 10 m³/Sm³, 연료연소가스의 평균 정압비열은 0.35 kcal/Sm³·℃, 기준온도는 15℃, 지금 공기는 예열되지 않으며, 연소가스는 해리되지 않음)

① 1,515 ② 1,825
③ 2,015 ④ 2,300

해설 기체연료의 이론연소온도
$$t_o = \frac{H_l}{G \times C_p} + t$$
$$= \frac{8,000 \,\text{kcal/Sm}^3}{10 \,\text{Sm}^3/\text{Sm}^3 \times 0.35 \,\text{kcal/Sm}^3 \cdot ℃} + 15℃$$
$$= 2,300.71 ℃$$

제3과목 대기오염방지기술

41. 다음 먼지의 입경 측정방법 중 직접 측정법은?

① 현미경측정법
② 관성충돌법
③ 공기투과법
④ 광산란법

해설 입경분포 측정방법
(1) 직접 측정법: 현미경법, 표준 체거름법(표준 체측정법)
(2) 간접 측정법: 관성충돌법, 액상침강법, 광산란법, 공기투과법

42. 유량이 5,000 m³/h인 가스를 충전탑을 사용하여 처리하고자 한다. 충전탑 내의 가스 유속을 0.3 m/s로 할 때, 충전탑의 직경(m)은?

① 1.9 ② 2.4
③ 2.8 ④ 3.5

해설 $Q = AV = \frac{\pi}{4} D^2 \times V$

$\left(\frac{5,000 \,\text{m}^3}{\text{hr}} \times \frac{1 \,\text{hr}}{3,600 \,\text{s}}\right) = \frac{\pi}{4} D^2 \times 0.3$

∴ D = 2.427 m

정답 38. ④ 39. ① 40. ④ 41. ① 42. ②

43. 길이 5 m, 높이 2 m인 중력침강실이 바닥을 포함하여 8개의 평행판으로 이루어져 있다. 침강실에 유입되는 분진가스의 유속이 0.2 m/s일 때 분진을 완전히 제거할 수 있는 최소 입경은 얼마인가? (단, 입자의 밀도는 1,500 kg/m³, 분진가스의 점도는 2.1×10^{-5} kg/m·s, 밀도는 1.3 kg/m³이고 가스의 흐름은 층류로 가정한다.)

① 31.0 μm ② 23.2 μm
③ 16.0 μm ④ 11.6 μm

해설 (1) 집진율 100%(완전 제거 시)일 때 침강속도 : 침강실에 8개의 평행판이 있으므로, 높이는 1/8이 된다.

$$\eta = \frac{V_g \times L}{V \times H}$$

$$1 = \frac{V_g \times 5}{0.2 \times 2/8}$$

$$\therefore V_g = 0.01 \text{ m/s}$$

(2) 분진 완전 제거 시 최소 입경

$$V_g = \frac{d^2(\rho_p - \rho_a)g}{18\mu}$$ 이므로,

$$0.01 = \frac{d^2(1,500 - 1.3) \times 9.8}{18 \times (2.1 \times 10^{-5})}$$

$$\therefore d = 1.6042 \times 10^{-5} \text{m} \times \frac{10^6 \mu m}{1 \text{ m}}$$

$$= 16.042 \, \mu m$$

44. 암모니아의 농도가 용적비로 200 ppm인 실내공기를 송풍기로 환기시킬 때 실내용적이 4,000 m³이고, 송풍량이 100 m³/min이면 농도를 20 ppm으로 감소시키기 위해 소요되는 시간은?

① 47 min ② 92 min
③ 102 min ④ 112 min

해설 $\ln \frac{C}{C_o} = -\frac{Q}{V}t$

$$\ln \frac{20}{200} = -\frac{100 \text{ m}^3/\text{min}}{4,000 \text{ m}^3} \times t$$

$$\therefore t = 92.10 \text{ min}$$

45. 먼지의 폭발에 관한 설명으로 옳지 않은 것은?

① 비표면적이 큰 먼지일수록 폭발하기 쉽다.
② 가스 중에 분산·부유하는 성질이 큰 먼지일수록 폭발하기 쉽다.
③ 산화속도가 빠르고 연소열이 큰 먼지일수록 폭발하기 쉽다.
④ 대전성이 작은 먼지일수록 폭발하기 쉽다.

해설 ④ 대전성이 큰 먼지일수록 폭발하기 쉽다.

46. 집진장치의 입구 쪽의 처리가스유량이 300,000 Sm³/h, 먼지농도가 15 g/Sm³이고, 출구 쪽의 처리된 가스의 유량은 305,000 Sm³/h, 먼지농도가 40 mg/Sm³이었다. 이 집진장치의 집진율은 몇 %인가?

① 97.6 ② 98.1 ③ 99.7 ④ 99.9

해설 $\eta = \left(1 - \frac{CQ}{C_o Q_o}\right) \times 100\%$

$$= \left(1 - \frac{0.04 \times 305,000}{15 \times 300,000}\right) \times 100$$

$$= 99.73\%$$

47. 여과집진장치의 탈진방식 중 간헐식에 관한 설명으로 옳지 않은 것은?

① 간헐식 중 진동형은 여포의 음파진동, 횡진동, 상하진동에 의해 포집된 먼지를 털어내는 방식으로 점착성 먼지에는 사용할 수 없다.
② 연속식에 비해 먼지의 재비산이 적고 높은 집진효율을 얻을 수 있다.
③ 간헐식 중 역기류형은 여포의 먼지를 0.03~0.10초 정도의 짧은 시간 내에 높은 충격 분출압을 주어 제거하는 방식이다.
④ 집진실을 여러 개의 방으로 구분하고 방 하나씩 처리가스의 흐름을 차단하여 순차적으로 탈진하는 방식이다.

해설 ③ 연속식 중 충격기류식에 대한 설명이다.

정답 43. ③ 44. ② 45. ④ 46. ③ 47. ③

48. 환기장치에서 후드(hood)의 일반적인 흡인요령으로 거리가 먼 것은?

① 국부적인 흡인방식을 택한다.
② 후드를 발생원에 근접시킨다.
③ 충분한 포착속도를 유지한다.
④ 후드의 개구면적을 크게 한다.

해설 ④ 후드의 개구면적을 좁게 한다.
후드의 흡입 향상 조건
- 후드를 발생원에 가깝게 설치
- 후드의 개구면적을 작게 함
- 충분한 포착속도를 유지
- 기류흐름 및 장해물 영향 고려(에어커튼 사용)
- 배풍기 여유율을 30 %로 유지함

49. 여과집진장치에 사용되는 여과재에 관한 설명 중 가장 거리가 먼 것은?

① 여과재의 형상은 원통형, 평판형, 봉투형 등이 있으나 원통형을 많이 사용한다.
② 여과재 재질 중 유리섬유는 최고사용온도가 250℃ 정도이며, 내산성이 양호한 편이다.
③ 고온가스를 냉각시킬 때에는 산노점(dew point) 이하로 유지하도록 하여 여과재의 눈막힘을 방지한다.
④ 여과재는 내열성이 약하므로 가스온도 250℃를 넘지 않도록 주의한다.

해설 ③ 고온가스를 냉각시킬 때에는 산노점(dew point) 이상으로 유지하도록 하여 여과재의 눈막힘을 방지한다.

50. 벤투리 스크러버 적용 시 액가스비를 크게 하는 요인으로 옳지 않은 것은?

① 먼지의 친수성이 클 때
② 처리가스의 온도가 높을 때
③ 먼지의 입경이 작을 때
④ 먼지의 농도가 높을 때

해설 벤투리 스크러버에서 액가스비를 크게 하는 요인
- 분진의 입경이 작을 때
- 분진의 농도가 높을 때
- 분진입자의 친수성이 작을 때
- 처리가스의 온도가 높을 때
- 분진 입자의 점착성이 클 때

51. 평판형 전기집진장치의 집진판 사이의 간격이 10 cm, 가스의 유속은 3 m/s, 입자가 집진극으로 이동하는 속도가 4.8 cm/s일 때, 층류영역에서 입자를 완전히 제거하기 위한 이론적인 집진극의 길이(m)는?

① 1.53 ② 2.14
③ 3.13 ④ 4.29

해설 전기집진기의 이론적 길이(L)
집진판 사이 간격이 10 cm이면, 집진판과 집진극 사이 거리(R)는 5 cm이다.
$$L = \frac{RU}{w} = \frac{0.05 \times 3}{0.048} = 3.125 \,\text{m}$$

52. 송풍기 회전수(N)와 유체밀도(ρ)가 일정할 때 성립하는 송풍기 상사법칙을 나타내는 식은? (단, Q : 유량, P : 풍압, L : 동력, D : 송풍기의 크기)

① $P_2 = P_1 \times \left[\dfrac{D_1}{D_2}\right]^2$

② $Q_2 = Q_1 \times \left[\dfrac{D_1}{D_2}\right]^2$

③ $Q_2 = Q_1 \times \left[\dfrac{D_2}{D_1}\right]^3$

④ $L_2 = L_1 \times \left[\dfrac{D_2}{D_1}\right]^3$

정답 48. ④ 49. ③ 50. ① 51. ③ 52. ③

해설 직경이 일정하지 않을 때 송풍기 상사법칙
(1) 유량(Q)은 직경(D)^{3}에 비례
$$Q_2 = Q_1 \left(\frac{N_2}{N_1}\right)\left(\frac{D_2}{D_1}\right)^3$$
(2) 압력(P)은 직경(D)^{2}에 비례
$$P_2 = P_1 \left(\frac{\gamma_2}{\gamma_1}\right)\left(\frac{N_2}{N_1}\right)^2\left(\frac{D_2}{D_1}\right)^2$$
(3) 동력(W)은 직경(D)^{5}에 비례
$$W_2 = W_1 \left(\frac{\gamma_2}{\gamma_1}\right)\left(\frac{N_2}{N_1}\right)^3\left(\frac{D_2}{D_1}\right)^5$$

53. 두 개의 집진장치를 직렬로 연결하여 배출가스 중의 먼지를 제거하고자 한다. 입구 농도는 14 g/m^{3}이고, 첫 번째와 두 번째 집진장치의 집진효율이 각각 75 %, 95 %라면 출구 농도는 몇 mg/m^{3}인가?
① 175　　② 211
③ 236　　④ 241

해설 $C = C_o(1-\eta_1)(1-\eta_2)$
$= 14(1-0.75)(1-0.95)$
$= 0.175 \, \text{g/m}^3 \times \dfrac{1{,}000 \, \text{mg}}{1 \, \text{g}}$
$= 175 \, \text{mg/m}^3$

54. VOC 제어를 위한 촉매소각에 관한 설명으로 가장 거리가 먼 것은?
① 촉매를 사용하여 연소실의 온도를 300~400℃ 정도로 낮출 수 있다.
② 고농도의 VOC 및 열용량이 높은 물질을 함유한 가스는 연소열을 낮춰 촉매활성화를 촉진시키므로 유용하게 사용할 수 있다.
③ 백금, 팔라듐 등이 촉매로 사용된다.
④ Pb, As, P, Hg 등은 촉매의 활성을 저하시킨다.

해설 ② 촉매는 반응속도를 빠르게 하지만, 연소열을 조절하지 않는다.

55. 전기집진장치의 유지관리에 관한 설명으로 가장 거리가 먼 것은?
① 시동 시에는 배출가스를 도입하기 최소 1시간 전에 애관용 히터를 가열하여 애자관 표면에 수분이나 먼지의 부착을 방지한다.
② 시동 시에는 고전압 회로의 절연저항이 100 MΩ 이상이 되어야 한다.
③ 정지 시에는 접지저항을 적어도 연 1회 이상 점검하고 10 Ω 이하로 유지한다.
④ 운전 시 2차 전류가 매우 적을 때에는 먼지농도가 높거나 먼지의 겉보기 저항이 이상적으로 높을 경우이므로 조습용 스프레이의 수량을 늘려 겉보기 저항을 낮추어야 한다.

해설 ① 시동 시에는 배출가스를 도입하기 최소 6시간 전에 애관용 히터를 가열하여 애자관 표면에 수분이나 먼지의 부착을 방지한다.

56. 다음 집진장치 중 관성충돌, 확산, 증습, 응집, 부착성 등이 주 포집원리인 것은?
① 원심력집진장치
② 세정집진장치
③ 여과집진장치
④ 중력집진장치

해설 집진장치별 포집원리
- 중력집진장치 : 중력
- 원심력집진장치 : 원심력
- 세정집진장치 : 관성충돌, 확산, 증습에 의한 응집, 응결, 부착
- 여과집진장치 : 관성충돌, 중력, 확산, 직접차단

정답　53. ①　54. ②　55. ①　56. ②

57. 석회석을 연소로에 주입하여 SO₂를 제거하는 건식탈황방법의 특징으로 옳지 않은 것은?

① 연소로 내에서 긴 접촉시간과 아황산가스가 석회분말의 표면 안으로 쉽게 침투되므로 아황산가스의 제거효율이 비교적 높다.
② 석회석을 재생하여 쓸 필요가 없어 부대시설이 거의 필요 없다.
③ 연소로 내에서의 화학반응은 주로 소성, 흡수, 산화의 3가지로 나눌 수 있다.
④ 석회석과 배출가스 중 재가 반응하여 연소로 내에 달라붙어 열전달을 낮춘다.

해설 ① 건식은 습식에 비해 제거효율이 낮다.

통풍방식	정의 및 특징
가압통풍 (압입통풍)	• 노내 가압통풍기를 설치하여 공기를 연소로 안으로 압입하는 방식 • 내압이 부압(−) • 연소용 공기 예열 가능 • 역화 위험 있음
흡인통풍	• 굴뚝 내에 송풍기를 설치하여 연소가스를 흡인하는 방식 • 내압이 정압(+) • 외기가 들어올 수 있으므로 배기가스 온도가 낮아짐
평형통풍	• 압입통풍과 흡인통풍을 모두 이용하는 방식으로, 연소실 앞과 굴뚝 하부에 각각 송풍기를 설치하여 대기압 이상의 공기를 압입송풍기로 노내에 압입하고, 흡인송풍기로 대기압보다 약간 높은 압력으로 노내압을 유지시키는 통풍방식 • 2대의 송풍기를 설치, 운용하므로 설비비가 많이 소요됨

58. 통풍에 관한 설명 중 옳지 않은 것은?
① 압입통풍은 역화의 위험성이 있다.
② 압입통풍은 로앞에 설치된 가압송풍기에 의해 연소용 공기를 연소로 안으로 압입하며, 내압은 정압(+)이다.
③ 흡인통풍은 연소용 공기를 예열할 수 있다.
④ 평형통풍은 2대의 송풍기를 설치, 운용하므로 설비비가 많이 소요되는 단점이 있다.

해설 ③ 흡인통풍은 외기가 들어올 수 있으므로 오히려 배기가스 온도가 낮아질 수 있고, 압입통풍에서 연소용 공기를 예열할 수 있다.

59. 레이놀즈 수(Reynold Number)에 관한 설명으로 옳지 않은 것은? (단, 유체흐름 기준)
① 무차원의 수이다.
② 관성력/점성력으로 나타낼 수 있다.
③ $\dfrac{(유체밀도 \times 유속 \times 유체흐름관직경)}{유체점도}$로 나타낼 수 있다.
④ 점성계수/밀도로 나타낼 수 있다.

해설 $R_e = \dfrac{관성력}{점성력} = \dfrac{vd}{\nu} = \dfrac{\rho vd}{\mu}$

60. 염소가스를 함유하는 배출가스를 50 kg의 수산화나트륨이 포함된 수용액으로 처리할 때 제거할 수 있는 염소가스의 최대양은?
① 약 20 kg   ② 약 35 kg
③ 약 45 kg   ④ 약 50 kg

정답 57. ① 58. ③ 59. ④ 60. ③

해설) $Cl_2 + 2NaOH \rightarrow NaCl + NaOCl + H_2O$
71 kg : 80 kg
X[kg] : 50 kg
∴ $X[kg] = \dfrac{71 \times 50}{80} = 44.375 kg$

제4과목 대기오염공정시험기준(방법)

61. 대기오염공정시험기준상 다음 [보기]가 설명하는 것은?

[보기]
물질을 취급 또는 보관하는 동안에 기체 또는 미생물이 침입하지 않도록 내용물을 보호하는 용기를 뜻한다.

① 밀폐용기　　② 기밀용기
③ 밀봉용기　　④ 차광용기

해설) ① 밀폐용기 : 취급 또는 보관하는 동안에 이물이 들어가거나 내용물이 손실되지 않도록 보호하는 용기
② 기밀용기 : 취급 또는 보관하는 동안에 외부로부터의 공기 또는 다른 가스가 침입하지 않도록 내용물을 보호하는 용기
③ 밀봉용기 : 물질을 취급 또는 보관하는 동안에 기체 또는 미생물이 침입하지 않도록 내용물을 보호하는 용기
④ 차광용기 : 광선을 투과하지 않은 용기 또는 투과하지 않게 포장을 한 용기로서 취급 또는 보관하는 동안에 내용물의 광화학적 변화를 방지할 수 있는 용기

62. 굴뚝의 측정공에서 피토관을 이용하여 측정한 조건이 다음과 같을 때 배출가스의 유속은?

• 동압 : 13 mmH$_2$O
• 피토관 계수 : 0.85
• 가스의 밀도 : 1.2 kg/m^3

① 10.6 m/s　　② 12.4 m/s
③ 14.8 m/s　　④ 17.8 m/s

해설) 배출가스 중 입자상 물질의 시료채취방법
- 피토관 유속 측정방법

$V = C\sqrt{\dfrac{2gh}{\gamma}} = 0.85 \times \sqrt{\dfrac{2 \times 9.8 \times 13}{1.2}}$
$= 12.385 \, m/s$

여기서, V : 유속(m/s)
C : 피토관 계수
h : 피토관에 의한 동압 측정치 (mmH$_2$O)
g : 중력가속도(9.8 m/s^2)
γ : 굴뚝 내의 배출가스 밀도(kg/m^3)

63. 이온크로마토그래피의 설치조건(기준)으로 옳지 않은 것은?

① 대형변압기, 고주파가열등으로부터 전자유도를 받지 않아야 한다.
② 부식성 가스 및 먼지 발생이 적고, 진동이 없으며 직사광선을 피해야 한다.
③ 실온 15~25℃, 상대습도 30~85 % 범위로 급격한 온도 변화가 없어야 한다.
④ 공급전원은 기기의 사양에 지정된 전압 전기용량 및 주파수로 전압변동은 40 % 이하이고, 급격한 주파수 변동이 없어야 한다.

해설) ④ 공급전원은 기기의 사양에 지정된 전압 전기용량 및 주파수로 전압변동은 10 % 이하여야 한다.

정리) 이온크로마토그래피 설치조건
• 실온 15~25℃, 상대습도 30~85 % 범위로 급격한 온도 변화가 없어야 한다.
• 진동이 없고 직사광선을 피해야 한다.
• 부식성 가스 및 먼지 발생이 적고 환기가 잘 되어야 한다.
• 대형변압기, 고주파가열등으로부터의 전자유도를 받지 않아야 한다.
• 공급전원은 기기의 사양에 지정된 전압 전기용량 및 주파수로 전압변동은 10 % 이하이고 주파수 변동이 없어야 한다.

정답) 61. ③　62. ②　63. ④

64. 굴뚝 배출가스 중 먼지를 보통형(1형) 흡입노즐을 이용할 때 등속흡입을 위한 흡입량(L/min)은?

- 대기압 : 765 mmHg
- 측정점에서의 정압 : −1.5 mmHg
- 건식가스미터의 흡입가스 게이지압 : 1 mmHg
- 흡입노즐의 내경 : 6 mm
- 배출가스의 유속 : 7.5 m/s
- 배출가스 중 수증기의 부피 백분율 : 10 %
- 건식가스미터의 흡입온도 : 20℃
- 배출가스 온도 : 125℃

① 14.8 ② 11.6
③ 9.9   ④ 8.4

해설 보통형(1형) 흡입노즐을 사용할 때 등속흡입을 위한 흡입량

$$q_m = \frac{\pi}{4} d^2 v \left(1 - \frac{X_w}{100}\right) \frac{273 + \theta_m}{273 + \theta_s}$$
$$\times \frac{P_a + P_s}{P_a + P_m - P_v} \times 60 \times 10^{-3}$$
$$= \frac{\pi}{4} \times 6^2 \times 7.5 \times \left(1 - \frac{10}{100}\right)$$
$$\times \frac{273 + 20}{273 + 125} \times \frac{765 + (-1.5)}{765 + 1} \times 60 \times 10^{-3}$$
$$= 8.40 \, L/min$$

여기서, q_m : 가스미터에 있어서의 등속 흡입유량(L/min)
d : 흡입노즐의 내경(mm)
v : 배출가스 유속(m/s)
X_w : 배출가스 중의 수증기의 부피 백분율(%)
θ_m : 가스미터의 흡입가스 온도(℃)
θ_s : 배출가스 온도(℃)
P_a : 측정공 위치에서의 대기압 (mmHg)
P_s : 측정점에서의 정압(mmHg)
P_m : 가스미터의 흡입가스 게이지압 (mmHg)
P_v : θ_m의 포화수증기압(mmHg)

65. 대기오염공정시험기준상 굴뚝 배출가스 중의 일산화탄소 분석방법으로 가장 거리가 먼 것은?

① 기체크로마토그래피
② 음이온 전극법
③ 정전위전해법
④ 비분산적외선분광분석법

해설 배출가스 중 일산화탄소 측정방법
- 자동측정법−비분산적외선분광분석법
- 자동측정법−전기화학식(정전위전해법)
- 기체크로마토그래피

66. 배출가스 중 굴뚝 배출 시료채취방법 중 분석대상기체가 폼알데하이드일 때 채취관, 도관의 재질로 옳지 않은 것은?

① 석영
② 보통강철
③ 경질유리
④ 플루오로수지

해설 폼알데하이드의 채취관 및 연결관 등의 재질 : 경질유리, 석영, 플루오로수지

(더 알아보기) 핵심정리 2−75

67. 환경대기 중의 아황산가스 측정방법에 해당하지 않는 것은?

① 적외선형광법
② 용액전도율법
③ 불꽃광도법
④ 흡광차분광법

해설 환경대기 중 아황산가스 측정방법
(1) 수동측정법 : 파라로자닐린법, 산정량 수동법, 산정량 반자동법
(2) 자동측정법 : 자외선형광법, 용액전도율법, 불꽃광도법, 흡광차분광법

(더 알아보기) 핵심정리 2−89

정답 64. ④ 65. ② 66. ② 67. ①

68. 흡광차분광법에 관한 설명으로 옳지 않은 것은?

① 광원으로 180~2,850 nm 파장을 갖는 제논램프를 사용한다.
② 광원부는 발·수광부 및 광케이블로 구성된다.
③ 일반 흡광광도법은 적분적이며 흡광차분광법은 미분적이라는 차이가 있다.
④ 분석장치는 분석기와 광원부로 나누어지며 분석기 내부는 분광기, 샘플 채취부, 검지부, 분석부, 통신부 등으로 구성된다.

해설 흡광차분광법
③ 일반 흡광광도법은 미분적(일시적)이며 흡광차분광법(DOAS)은 적분적(연속적)이란 차이점이 있다.

더 알아보기 핵심정리 2-83

69. 기체크로마토그래피의 정성분석에 관한 내용으로 옳지 않은 것은?

① 머무름 값의 표시는 무효부피(dead volume)의 보정유무를 기록해야 한다.
② 동일 조건에서 특정한 미지성분의 머무름 값과 예측되는 봉우리의 머무름 값을 비교해야 한다.
③ 일반적으로 5~30분 정도에서 측정하는 봉우리의 머무름시간은 반복시험을 할 때 ±10 % 오차범위 이내이어야 한다.
④ 머무름시간을 측정할 때는 3회 측정하여 그 평균치를 구한다.

해설 ③ 일반적으로 5~30분 정도에서 측정하는 봉우리의 머무름시간은 반복시험을 할 때 ±3 % 오차범위 이내이어야 한다.

70. 보통형(I형) 흡입노즐을 사용한 굴뚝배출가스 흡입 시 10분간 채취한 흡입가스량(습식가스미터에서 읽은 값)이 60 L이었다. 이때 등속흡입이 행하여지기 위한 가스미터에 있어서의 등속흡입유량(L/min)의 범위는? (단, 등속흡입 정도를 알기 위한 등속흡입계수 $I(\%) = \dfrac{V_m}{q_m \times t} \times 100$ 이다.)

① 3.3~5.3 ② 5.5~6.7
③ 6.5~7.6 ④ 7.5~8.3

해설 등속흡입계수
$I[\%] = \dfrac{V_m}{q_m \times t} \times 100$ 식으로 구한 등속흡입 계수값이 90 %~110 % 범위여야 한다.
여기서, I : 등속흡입계수(%)
V_m : 흡입기체량(습식 가스미터에서 읽은 값)(L)
q_m : 가스미터에 있어서의 등속 흡입유량(L/min)
t : 기체 흡입시간(분)

(1) 90 %일 때, 등속흡입유량
$90\% = \dfrac{60 L}{q_m \times 10 min} \times 100$
∴ $q_m = 6.67 L/min$

(2) 110 %일 때, 등속흡입유량
$110\% = \dfrac{60 L}{q_m \times 10 min} \times 100$
∴ $q_m = 5.45 L/min$

그러므로, 등속흡입유량 범위는 5.45~6.67 L/min

71. 굴뚝 배출가스 유속을 피토관으로 측정한 결과가 다음과 같을 때 배출가스 유속(m/s)은?

- 동압 : 100 mmH₂O
- 배출가스 온도 : 295℃
- 표준상태 배출가스 밀도 : 1.3 kg/m³ (0℃, 1기압)
- 피토관 계수 : 0.87

① 43.7 ② 48.7
③ 50.7 ④ 54.3

정답 68. ③ 69. ③ 70. ② 71. ②

해설 (1) 295℃에서 배출가스 비중량(배출가스의 밀도를 구하는 방법)

$$\gamma = \gamma_o \times \frac{273}{273+\theta_s}$$

$$= 1.3 \times \frac{273}{273+295} = 0.6248 \text{ kg/m}^3$$

여기서, γ : 굴뚝 내의 배출가스 밀도 (kg/m³)
γ_o : 온도 0℃, 760 mmHg로 환산한 습한 배출가스 밀도 (kg/Sm³)
θ_s : 각 측정점에서 배출가스 온도의 평균치(℃)

(2) 유속 측정방법

$$V = C\sqrt{\frac{2gh}{\gamma}} = 0.87 \times \sqrt{\frac{2 \times 9.8 \times 100}{0.6248}}$$

$$= 48.726 \text{ m/s}$$

72. 휘발성유기화합물질(VOCs)의 누출확인 방법에 관한 설명으로 옳지 않은 것은?

① 교정가스는 기기 표시치를 교정하는 데 사용되는 불활성 기체이다.
② 누출농도는 VOCs가 누출되는 누출원 표면에서의 VOCs 농도로서 대조화합물을 기초로 한 기기의 측정값이다.
③ 응답시간은 VOCs가 시료채취장치로 들어가 농도 변화를 일으키기 시작하여 기기계기판의 최종값이 90 %를 나타내는 데 걸리는 시간이다.
④ 검출불가능 누출농도는 누출원에서 VOCs가 대기 중으로 누출되지 않는다고 판단되는 농도로서 국지적 VOCs 배경농도의 최고값이다.

해설 ① 교정가스는 기지 농도로 기기 표시치를 교정하는 데 사용되는 VOCs 화합물로서 일반적으로 누출농도와 유사한 농도의 대조화합물이다.

73. 원형굴뚝 단면의 반경이 0.5 m인 경우 측정점수는?

① 1   ② 4
③ 8   ④ 16

해설 배출가스 중 먼지 – 원형단면의 측정점

굴뚝직경(m)	반경 구분수	측정점수
1 이하	1	4
1 초과 2 이하	2	8
2 초과 4 이하	3	12
4 초과 4.5 이하	4	16
4.5 초과	5	20

반경이 0.5 m이면 직경은 1 m이므로, 측정점수는 4이다.

74. A도시면적이 200 km²이고 인구밀도가 4,000명/km²이며 전국 평균 인구밀도가 800명/km²일 때, 인구비례에 의한 방법으로 결정한 A도시의 환경기준 시험을 위한 시료 측정점수는? (단, A도시면적은 지역의 가주지면적(총면적에서 전답, 호수, 임야, 하천 등의 면적을 뺀 면적)이다.)

① 30   ② 35
③ 40   ④ 45

해설 환경대기 시료채취방법 – 시료 채취 지점 수 및 채취 장소의 결정 – 인구비례에 의한 방법
측정점수

$$= \frac{\text{그 지역 가주지면적}}{25 \text{ km}^2} \times \frac{\text{그 지역 인구밀도}}{\text{전국 평균 인구밀도}}$$

$$= \frac{200 \text{ km}^2}{25 \text{ km}^2} \times \frac{4,000\text{명}/\text{km}^2}{800\text{명}/\text{km}^2} = 40$$

75. 굴뚝 배출가스 중의 오염물질과 연속자동측정방법의 연결이 옳지 않은 것은?

① 염화수소 – 이온전극법
② 플루오린화수소 – 자외선흡수법
③ 이산화황 – 불꽃광도법
④ 질소산화물 – 적외선흡수법

해설 ② 플루오린화수소 – 이온전극법

더알아보기 핵심정리 2-93

정답 72. ① 73. ② 74. ③ 75. ②

76. 원자흡수분광광도법에 사용되는 불꽃을 만들기 위한 가연성가스와 조연성가스의 조합 중, 불꽃 온도가 높아서 불꽃 중에서 해리하기 어려운 내화성산화물을 만들기 쉬운 원소의 분석에 가장 적합한 것은?

① 수소(H_2) – 산소(O_2)
② 프로페인(C_3H_8) – 공기(air)
③ 아세틸렌(C_2H_2) – 공기(air)
④ 아세틸렌(C_2H_2) – 아산화질소(N_2O)

해설 원자흡수분광광도법-불꽃
아세틸렌-아산화질소 불꽃은 불꽃의 온도가 높기 때문에 불꽃 중에서 해리하기 어려운 내화성산화물을 만들기 쉬운 원소의 분석에 적당하다.

77. 굴뚝 배출가스 중 총탄화수소 측정을 위한 장치 구성조건 등에 관한 설명으로 옳지 않은 것은?

① 기록계를 사용하는 경우에는 최소 4회/분이 되는 기록계를 사용한다.
② 총탄화수소분석기는 흡광차분광방식 또는 비불꽃(non flame) 이온크로마토그램 방식의 분석기를 사용하며 폭발위험이 없어야 한다.
③ 시료채취관은 스테인리스강 또는 이와 동등한 재질의 것으로 하고 굴뚝중심 부분의 10 % 범위 내에 위치할 정도의 길이의 것을 사용한다.
④ 유량조절밸브는 0.5~5 L/min의 유량 제어가 있는 것으로 휘발성유기화합물의 흡착과 변질이 발생하지 않아야 한다.

해설 ② 총탄화수소분석기는 불꽃이온화분석기(flame ionization detector)를 사용한다.

78. 대기오염공정시험기준상 자외선/가시선 분광법에서 사용되는 흡수셀의 재질에 따른 사용 파장범위로 가장 적합한 것은?

① 석영제는 가시부 및 근적외부 파장범위
② 플라스틱제는 가시부 파장범위
③ 유리제는 가시부 및 근적외부 파장범위
④ 플라스틱제는 자외부 파장범위

해설 자외선/가시선분광법 – 흡수셀의 재질
• 유리제 : 가시 및 근적외부
• 석영제 : 자외부
• 플라스틱제 : 근적외부

79. 비분산적외선 분석계의 구성에서 ( ) 안에 들어갈 기기로 옳은 것은?(단, 복광속 분석계 기준)

광원 → (㉠) → (㉡) → 시료셀 → 검출기 → 증폭기 → 지시계

① ㉠ 광학섹터, ㉡ 회전필터
② ㉠ 회전섹터, ㉡ 광학필터
③ ㉠ 광학필터, ㉡ 회전필터
④ ㉠ 회전섹터, ㉡ 광학섹터

해설 비분산적외선 분석계 기기
광원 → 회전섹터 → 광학필터 → 시료셀 → 검출기 → 증폭기 → 지시계

80. 원자흡수분광광도법에서 사용하는 용어 정의로 옳지 않은 것은?

① 충전가스 : 중공음극램프에 채우는 가스
② 선프로파일 : 파장에 대한 스펙트럼선의 폭을 나타내는 곡선
③ 역화 : 불꽃의 연소속도가 크고 혼합기체의 분출속도가 작을 때 연소현상이 내부로 옮겨지는 것
④ 공명선 : 원자가 외부로부터 빛을 흡수했다가 다시 먼저 상태로 돌아갈 때 방사하는 스펙트럼선

해설 원자흡수분광광도법 용어
② 선프로파일(Line Profile) : 파장에 대한 스펙트럼선의 강도를 나타내는 곡선

정답 76. ④ 77. ② 78. ③ 79. ② 80. ②

제5과목 　 대기환경관계법규

81. 환경정책기본법령상 이산화질소(NO_2)의 대기환경기준으로 옳은 것은?

① 연간 평균치 0.03 ppm 이하
② 24시간 평균치 0.05 ppm 이하
③ 8시간 평균치 0.06 ppm 이하
④ 1시간 평균치 0.15 ppm 이하

해설 환경정책기본법상 대기환경기준

측정시간	연간	24시간	8시간	1시간
SO_2(ppm)	0.02	0.05	–	0.15
NO_2(ppm)	0.03	0.06	–	0.10
O_3(ppm)	–	–	0.06	0.10
CO(ppm)	–	–	9	25
PM10 ($\mu g/m^3$)	50	100	–	–
PM2.5 ($\mu g/m^3$)	15	35	–	–
납(Pb) ($\mu g/m^3$)	0.5	–	–	–
벤젠 ($\mu g/m^3$)	5			

82. 대기환경보전법상 이 법에서 사용하는 용어의 뜻으로 옳지 않은 것은?

① "입자상물질(粒子狀物質)"이란 물질이 파쇄·선별·퇴적·이적(移積)될 때, 그 밖에 기계적으로 처리되거나 연소·합성·분해될 때에 발생하는 고체상 또는 액체상의 미세한 물질을 말한다.
② "촉매제"란 배출가스를 증가시키기 위하여 배출가스증가장치에 사용되는 화학물질로서 환경부령으로 정하는 것을 말한다.
③ "공회전제한장치"란 자동차에서 배출되는 대기오염물질을 줄이고 연료를 절약하기 위하여 자동차에 부착하는 장치로서 환경부령으로 정하는 기준에 적합한 장치를 말한다.
④ "온실가스 평균배출량"이란 자동차제작자가 판매한 자동차 중 환경부령으로 정하는 자동차의 온실가스 배출량의 합계를 해당 자동차 총 대수로 나누어 산출한 평균값(g/km)을 말한다.

해설 ② "촉매제"란 배출가스를 줄이는 효과를 높이기 위하여 배출가스저감장치에 사용되는 화학물질로서 환경부령으로 정하는 것을 말한다.

83. 대기환경보전법령상 인증을 면제할 수 있는 자동차에 해당하는 것은?

① 항공기 지상 조업용 자동차
② 주한 외국군인의 가족이 사용하기 위해 반입하는 자동차
③ 여행자 등이 다시 반출할 것을 조건으로 일시 반입하는 자동차
④ 국가대표 선수용 자동차로서 문화체육관광부장관의 확인을 받은 자동차

해설 인증을 면제할 수 있는 자동차
1. 군용 및 경호업무용 등 국가의 특수한 공용 목적으로 사용하기 위한 자동차와 소방용 자동차
2. 주한 외국공관 또는 외교관이나 그 밖에 이에 준하는 대우를 받는 자가 공용 목적으로 사용하기 위한 자동차로서 외교부장관의 확인을 받은 자동차
3. 주한 외국군대의 구성원이 공용 목적으로 사용하기 위한 자동차
4. 수출용 자동차와, 박람회나 그 밖에 이에 준하는 행사에 참가하는 자가 전시의 목적으로 일시 반입하는 자동차
5. 여행자 등이 다시 반출할 것을 조건으로 일시 반입하는 자동차
6. 자동차제작자 및 자동차 관련 연구기관 등이 자동차의 개발 또는 전시 등 주행 외의 목적으로 사용하기 위하여 수입하는 자동차
7. 삭제 〈2008. 12. 31.〉

정답 81. ①　82. ②　83. ③

8. 외국인 또는 외국에서 1년 이상 거주한 내국인이 주거를 옮기기 위하여 이주물품으로 반입하는 1대의 자동차

정리 인증을 생략할 수 있는 자동차
1. 국가대표 선수용 자동차 또는 훈련용 자동차로서 문화체육관광부장관의 확인을 받은 자동차
2. 외국에서 국내의 공공기관 또는 비영리단체에 무상으로 기증한 자동차
3. 외교관 또는 주한 외국군인의 가족이 사용하기 위하여 반입하는 자동차
4. 항공기 지상 조업용 자동차
5. 인증을 받지 아니한 자가 그 인증을 받은 자동차의 원동기를 구입하여 제작하는 자동차
6. 국제협약 등에 따라 인증을 생략할 수 있는 자동차
7. 그 밖에 환경부장관이 인증을 생략할 필요가 있다고 인정하는 자동차

정리 수도권대기환경청장, 국립환경과학원장 또는 한국환경공단이 설치하는 대기오염 측정망의 종류
1. 대기오염물질의 지역배경농도를 측정하기 위한 교외대기측정망
2. 대기오염물질의 국가배경농도와 장거리이동 현황을 파악하기 위한 국가배경농도측정망
3. 도시지역 또는 산업단지 인근지역의 특정 대기유해물질(중금속을 제외한다)의 오염도를 측정하기 위한 유해대기물질측정망
4. 도시지역의 휘발성유기화합물 등의 농도를 측정하기 위한 광화학대기오염물질측정망
5. 산성 대기오염물질의 건성 및 습성 침착량을 측정하기 위한 산성강하물측정망
6. 기후·생태계 변화유발물질의 농도를 측정하기 위한 지구대기측정망
7. 장거리이동대기오염물질의 성분을 집중 측정하기 위한 대기오염집중측정망
8. 초미세먼지(PM-2.5)의 성분 및 농도를 측정하기 위한 미세먼지성분측정망

84. 대기환경보전법령상 시·도지사가 설치하는 대기오염 측정망의 종류에 해당하지 않는 것은?
① 도시지역의 대기오염물질 농도를 측정하기 위한 도시대기측정망
② 도로변의 대기오염물질 농도를 측정하기 위한 도로변대기측정망
③ 대기 중의 중금속 농도를 측정하기 위한 대기중금속측정망
④ 초미세먼지(PM-2.5)의 성분 및 농도를 측정하기 위한 미세먼지성분측정망

해설 시·도지사가 설치하는 대기오염 측정망의 종류
1. 도시지역의 대기오염물질 농도를 측정하기 위한 도시대기측정망
2. 도로변의 대기오염물질 농도를 측정하기 위한 도로변대기측정망
3. 대기 중의 중금속 농도를 측정하기 위한 대기중금속측정망

85. 악취방지법령상 악취방지계획에 따라 악취방지에 필요한 조치를 하지 아니하고 악취배출시설을 가동한 자에 대한 벌칙기준은?
① 1년 이하의 징역 또는 1천만원 이하의 벌금
② 500만원 이하의 벌금
③ 300만원 이하의 벌금
④ 100만원 이하의 벌금

해설 악취방지법(300만원 이하의 벌금)
1. 악취 배출 허용기준 초과와 관련하여 받은 개선명령을 이행하지 아니한 자
2. 관계 공무원의 출입·채취 및 검사를 거부 또는 방해하거나 기피한 자
3. 악취방지계획에 따라 악취방지에 필요한 조치를 하지 아니하고 악취배출시설을 가동한 자
4. 기간 이내에 악취방지계획에 따라 악취방지에 필요한 조치를 하지 아니한 자

정답 84. ④   85. ③

86. 대기환경보전법상 대기오염방지시설이 아닌 것은?
① 소각에 의한 시설
② 흡수에 의한 시설
③ 산화·환원에 의한 시설
④ 미생물을 이용한 처리시설

해설 대기오염방지시설
1. 중력집진시설
2. 관성력집진시설
3. 원심력집진시설
4. 세정집진시설
5. 여과집진시설
6. 전기집진시설
7. 음파집진시설
8. 흡수에 의한 시설
9. 흡착에 의한 시설
10. 직접연소에 의한 시설
11. 촉매반응을 이용하는 시설
12. 응축에 의한 시설
13. 산화·환원에 의한 시설
14. 미생물을 이용한 처리시설
15. 연소조절에 의한 시설

87. 대기환경보전법령상 초과부과금의 산정에 필요한 오염물질 1 kg당 부과금액이 가장 높은 것은?
① 염화수소
② 암모니아
③ 시안화수소
④ 이황화탄소

해설 초과부과금 산정기준 : 염화수소 > 시안화수소 > 황화수소 > 불소화물 > 질소산화물 > 이황화탄소 > 암모니아 > 먼지 > 황산화물

더 알아보기 핵심정리 2-97

88. 대기환경보전법령상 특정대기유해물질에 해당하지 않는 것은?
① 프로필렌 옥사이드
② 니켈 및 그 화합물
③ 아크롤레인
④ 1, 3-부타디엔

해설 특정대기유해물질
1. 카드뮴 및 그 화합물
2. 시안화수소
3. 납 및 그 화합물
4. 폴리염화비페닐
5. 크롬 및 그 화합물
6. 비소 및 그 화합물
7. 수은 및 그 화합물
8. 프로필렌 옥사이드
9. 염소 및 염화수소
10. 불소화물
11. 석면
12. 니켈 및 그 화합물
13. 염화비닐
14. 다이옥신
15. 페놀 및 그 화합물
16. 베릴륨 및 그 화합물
17. 벤젠
18. 사염화탄소
19. 이황화메틸
20. 아닐린
21. 클로로포름
22. 포름알데히드
23. 아세트알데히드
24. 벤지딘
25. 1, 3-부타디엔
26. 다환 방향족 탄화수소류
27. 에틸렌옥사이드
28. 디클로로메탄
29. 스틸렌
30. 테트라클로로에틸렌
31. 1, 2-디클로로에탄
32. 에틸벤젠
33. 트리클로로에틸렌
34. 아크릴로니트릴
35. 히드라진

정답 86. ① 87. ① 88. ③

89. 다음 중 대기환경보전법상 대기오염경보에 관한 설명으로 틀린 것은?
① 오존은 농도에 따라 주의보, 경보, 중대경보로 구분한다.
② 환경기준이 설정된 오염물질 중 오존은 대기오염경보의 대상 오염물질이다.
③ 대기오염경보의 단계별 오염물질의 농도기준은 시·도지사가 정하여 고시한다.
④ 대기오염경보 대상 지역은 시·도지사가 필요하다고 인정하여 지정하는 지역으로 한다.

[해설] ③ 대기오염경보의 단계별 오염물질의 농도기준은 환경부령으로 정한다.

[정리] 대기오염경보
- 대상 지역 : 시·도지사가 필요하다고 인정하여 지정하는 지역으로 한다.
- 대상 오염물질 : 미세먼지(PM-10), 초미세먼지(PM-2.5), 오존(O_3)
- 대기오염경보 단계별 오염물질의 농도기준은 환경부령으로 정한다.

90. 대기환경보전법규상 개선명령과 관련하여 이행상태 확인을 위해 대기오염도 검사가 필요한 경우 환경부령으로 정하는 대기오염도 검사기관과 거리가 먼 것은?
① 한국환경공단
② 환경보전협회
③ 유역환경청
④ 시·도의 보건환경연구원

[해설] 대기오염도 검사기관
1. 국립환경과학원
2. 특별시·광역시·특별자치시·도·특별자치도의 보건환경연구원
3. 유역환경청, 지방환경청 또는 수도권대기환경청
4. 한국환경공단
5. 「국가표준기본법」에 따른 인정을 받은 시험·검사기관 중 환경부장관이 정하여 고시하는 기관

91. 대기환경보전법규상 위임업무의 보고사항 중 수입자동차 배출가스 인증 및 검사현황의 보고기일 기준으로 옳은 것은?
① 다음 달 10일 까지
② 매분기 종료 후 15일 이내
③ 매반기 종료 후 15일 이내
④ 다음 해 1월 15일까지

[해설] 위임업무 보고사항 - 보고횟수(보고기일)
- 수입자동차 배출가스 인증 및 검사현황 : 연 4회(매분기 종료 후 15일 이내)

[더 알아보기] 핵심정리 2-101

92. 다음은 대기환경보전법규상 비산먼지의 발생을 억제하기 위한 시설의 설치 및 필요한 조치에 관한 엄격한 기준이다. ( ) 안에 알맞은 것은?

> "싣기와 내리기 공정"인 경우 싣거나 내리는 장소 주위에 고정식 또는 이동식 물뿌림시설(물뿌림 반경 (㉠) 이상, 수압 (㉡) 이상)을 설치할 것

① ㉠ 1.5 m, ㉡ 2.5 kg/cm²
② ㉠ 1.5 m, ㉡ 5 kg/cm²
③ ㉠ 7 m, ㉡ 2.5 kg/cm²
④ ㉠ 7 m, ㉡ 5 kg/cm²

[해설] 비산먼지 발생을 억제하기 위한 시설의 설치 및 필요한 조치에 관한 엄격한 기준 : "싣기와 내리기 공정"인 경우 싣거나 내리는 장소 주위에 고정식 또는 이동식 물뿌림시설(물뿌림 반경 7 m 이상, 수압 5 kg/cm² 이상)을 설치할 것

93. 실내공기질 관리법규상 벤젠 항목의 신축 공동주택의 실내공기질 권고기준은?
① 30 $\mu g/m^3$ 이하
② 210 $\mu g/m^3$ 이하
③ 300 $\mu g/m^3$ 이하
④ 700 $\mu g/m^3$ 이하

[정답] 89. ③ 90. ② 91. ② 92. ④ 93. ①

해설 신축 공동주택의 실내공기질 권고기준

물질	실내공기질 권고기준
벤젠	30 $\mu g/m^3$ 이하
폼알데하이드	210 $\mu g/m^3$ 이하
스티렌	300 $\mu g/m^3$ 이하
에틸벤젠	360 $\mu g/m^3$ 이하
자일렌	700 $\mu g/m^3$ 이하
톨루엔	1,000 $\mu g/m^3$ 이하
라돈	148 Bq/m^3 이하

94. 대기환경보전법규상 배출시설과 방지시설의 정상적인 운영·관리를 위해 환경기술인 업무사항을 준수사항 및 관리사항으로 구분할 때, 다음 중 준수사항과 거리가 먼 것은?

① 배출시설 및 방지시설을 정상가동하여 대기오염물질 등의 배출이 배출허용기준에 맞도록 할 것
② 배출시설 및 방지시설의 운영기록을 사실에 기초하여 작성할 것
③ 배출시설 및 방지시설의 관리 및 개선에 관한 계획을 수립할 것
④ 자가측정 시에 사용한 여과지는 환경분야 시험·검사 등에 관한 법률에 따른 환경오염공정시험기준에 따라 기록한 시료채취기록지와 함께 날짜별로 보관·관리할 것

해설 환경기술인의 준수사항
1. 배출시설 및 방지시설을 정상가동하여 대기오염물질 등의 배출이 배출허용기준에 맞도록 할 것
2. 배출시설 및 방지시설의 운영기록을 사실에 기초하여 작성할 것
3. 자가측정은 정확히 할 것(자가측정을 대행하는 경우에도 또한 같다)
4. 자가측정한 결과를 사실대로 기록할 것(자가측정을 대행하는 경우에도 또한 같다)
5. 자가측정 시에 사용한 여과지는 환경오염공정시험기준에 따라 기록한 시료채취기록지와 함께 날짜별로 보관·관리할 것(자가측정을 대행한 경우에도 또한 같다)
6. 환경기술인은 사업장에 상근할 것. 다만, 환경기술인을 공동으로 임명한 경우 그 환경기술인은 해당 사업장에 번갈아 근무하여야 한다.

95. 실내공기질 관리법령상 공항시설 중 여객터미널에 대한 총휘발성유기화합물의 실내공기질 권고기준은? (단, 단위는 Bq/m^3)

① 100 이하
② 148 이하
③ 200 이하
④ 500 이하

해설 실내공기질 권고기준

오염물질 항목 다중이용시설	곰팡이 (CFU/m^3)	VOC ($\mu g/m^3$)	NO_2 (ppm)	Rn (Bq/m^3)
노약자시설	500 이하	400 이하	0.05 이하	148 이하
일반인시설	–	500 이하	0.1 이하	
실내주차장	–	1,000 이하	0.30 이하	

• 노약자시설 : 의료기관, 어린이집, 노인요양시설, 산후조리원, 실내 어린이놀이시설
• 일반인시설 : 지하역사, 지하도상가, 철도역사의 대합실, 여객자동차터미널의 대합실, 항만시설 중 대합실, 공항시설 중 여객터미널, 도서관·박물관 및 미술관, 대규모점포, 장례식장, 영화상영관, 학원, 전시시설, 인터넷컴퓨터게임시설제공업의 영업시설, 목욕장업의 영업시설

정답 94. ③ 95. ④

96. 대기환경보전법규상 자동차연료 제조기준 중 휘발유의 90 % 유출온도(℃) 기준은?

① 200 이하 ② 190 이하
③ 185 이하 ④ 170 이하

해설 자동차연료·첨가제 또는 촉매제의 제조기준 – 휘발유

항목	제조기준
방향족화합물 함량(부피%)	24(21) 이하
벤젠 함량(부피%)	0.7 이하
납 함량(g/L)	0.013 이하
인 함량(g/L)	0.0013 이하
산소 함량(무게%)	2.3 이하
올레핀 함량(부피%)	16(19) 이하
황 함량(ppm)	10 이하
증기압(kPa, 37.8℃)	60 이하
90 % 유출온도(℃)	170 이하

97. 대기환경보전법령상 사업장별 환경기술인의 자격기준에 관한 설명으로 옳지 않은 것은?

① 대기오염물질 배출시설 중 일반보일러만 설치한 사업장은 5종사업장에 해당하는 기술인을 둘 수 있다.
② 2종사업장의 환경기술인 자격기준은 대기환경산업기사 이상의 기술자격 소지자 1명 이상이다.
③ 4종사업장과 5종사업장 중 기준 이상의 특정대기유해물질이 포함된 오염물질을 배출하는 경우에는 3종사업장에 해당하는 기술인을 두어야 한다.
④ 1종사업장과 2종사업장 중 1개월 동안 실제 작업한 날만을 계산하여 1일 평균 12시간 이상 작업하는 경우에는 해당 사업장의 기술인을 각각 2명 이상 두어야 한다.

해설 ④ 1종사업장과 2종사업장 중 1개월 동안 실제 작업한 날만을 계산하여 1일 평균 17시간 이상 작업하는 경우에는 해당 사업장의 기술인을 각각 2명 이상 두어야 한다. 이 경우, 1명을 제외한 나머지 인원은 3종사업장에 해당하는 기술인 또는 환경기능사로 대체할 수 있다.

더 알아보기 핵심정리 2-98

98. 다음은 대기환경보전법규상 자동차연료 검사기관의 기술능력 기준이다. ( ) 안에 알맞은 것은?

> 검사원의 자격은 국가기술자격법 시행규칙상 규정 직무분야의 기사자격 이상을 취득한 사람이어야 하며, 검사원은 (㉠) 이상이어야 하며, 그 중 (㉡) 이상은 해당 검사 업무에 (㉢) 이상 종사한 경험이 있는 사람이어야 한다.

① ㉠ 3명, ㉡ 1명, ㉢ 3년
② ㉠ 3명, ㉡ 2명, ㉢ 5년
③ ㉠ 4명, ㉡ 2명, ㉢ 3년
④ ㉠ 4명, ㉡ 2명, ㉢ 5년

해설 자동차연료 검사기관의 기술능력 기준 : 검사원은 4명 이상이어야 하며 그 중 2명 이상은 해당 검사 업무에 5년 이상 종사한 경험이 있는 사람이어야 한다.

99. 대기환경보전법상 연료를 연소하여 황산화물을 배출하는 시설에서 연료의 황함유량이 0.5 % 이하인 경우 기본부과금의 농도별 부과계수 기준으로 옳은 것은? (단, 대기환경보전법에 따른 측정 결과가 없으며, 배출시설에서 배출되는 오염물질농도를 추정할 수 없다.)

① 0.1 ② 0.2
③ 0.4 ④ 1.0

정답 96. ④ 97. ④ 98. ④ 99. ②

[해설] 기본부과금의 농도별 부과계수 – 연료를 연소하여 황산화물을 배출하는 시설

구분	연료의 황함유량(%)		
	0.5% 이하	1.0% 이하	1.0% 초과
농도별 부과계수	0.2	0.4	1.0

100. 대기환경보전법규상 휘발유를 연료로 사용하는 소형 승용차의 배출가스 보증기간 적용기준은? (단, 2016년 1월 1일 이후 제작자동차)

① 2년 또는 160,000 km
② 5년 또는 150,000 km
③ 10년 또는 192,000 km
④ 15년 또는 240,000 km

[해설] 배출가스 보증기간

사용 연료	자동차의 종류	적용기간	
휘발유	경자동차, 소형 승용·화물자동차, 중형 승용·화물자동차	15년 또는 240,000 km	
	대형 승용·화물자동차, 초대형 승용·화물자동차	2년 또는 160,000 km	
	이륜자동차	최고속도 130 km/h 미만	2년 또는 20,000 km
		최고속도 130 km/h 이상	2년 또는 35,000 km

정답 100. ④

제2회 CBT 실전문제

제1과목   대기오염개론

1. 다음은 바람장미에 관한 설명이다. ( ) 안에 가장 알맞은 것은?

> 바람장미에서 풍향 중 주풍은 막대의 (㉠) 표시하며, 풍속은 (㉡)(으)로 표시한다. 풍속이 (㉢)일 때를 정온(calm) 상태로 본다.

① ㉠ 길이를 가장 길게, ㉡ 막대의 굵기, ㉢ 0.2 m/s 이하
② ㉠ 길이를 가장 길게, ㉡ 막대의 굵기, ㉢ 1 m/s 이하
③ ㉠ 굵기를 가장 굵게, ㉡ 막대의 길이, ㉢ 0.2 m/s 이하
④ ㉠ 굵기를 가장 굵게, ㉡ 막대의 길이, ㉢ 1 m/s 이하

해설 바람장미(풍배도)
- 주풍 : 막대길이가 가장 긴 방향
- 풍속 : 막대의 굵기로 표시
- 풍향 : 막대 방향으로 표시
- 발생빈도 : 막대 길이로 표시
- 정온상태 : 풍속 0.2m/s 이하

더 알아보기 핵심정리 2-27

2. [보기]와 같은 연기의 형태로 가장 적합한 것은?

> [보기]
> - 이 연기 내에서는 오염의 단면분포가 전형적인 가우시안 분포를 이룬다.
> - 대기가 중립 조건일 때 발생한다. 즉 날씨가 흐리고 바람이 비교적 약하면 약한 난류가 발생하여 생긴다.
> - 지면 가까이에는 거의 오염의 영향이 미치지 않는다.

① 부채형   ② 원추형
③ 환상형   ④ 훈증형

해설 가우시안 분포, 대기 중립 조건이면 원추형 설명이다.
① 부채형 : 안정
③ 환상형 : 불안정
④ 훈증형 : 하층 불안정, 상층 안정

더 알아보기 핵심정리 2-33

3. 유효굴뚝높이 200 m인 연돌에서 배출되는 가스량은 20 m³/s, SO₂ 농도는 1,750 ppm이다. K_y = 0.07, K_z = 0.09인 중립 대기조건에서 SO₂의 최대 지표농도(ppb)는? (단, 풍속은 30 m/s이다.)

① 0.2 ppb   ② 0.4 ppb
③ 1.5 ppb   ④ 8.8 ppb

해설 최대착지농도

$$C_{max} = \frac{2 \cdot QC}{\pi \cdot e \cdot U \cdot (H_e)^2} \times \left(\frac{\sigma_z}{\sigma_y}\right)$$

$$= \frac{2 \times 20\,m^3/s \times 1{,}750\,ppm}{\pi \times e \times 30\,m/s \times (200)^2} \times \left(\frac{0.09}{0.07}\right)$$

$$= 8.7824 \times 10^{-3}\,ppm \times \frac{10^3\,ppb}{1\,ppm}$$

$$= 8.78\,ppb$$

4. 리차드슨 수(Ri)에 관한 내용으로 옳지 않은 것은?

① Ri수는 무차원수로 대류 난류를 기계적 난류로 전환시키는 비율을 나타낸 것이다.
② Ri수가 0일 때 대기는 중립상태가 되고 기계적 난류가 지배적이다.
③ Ri수가 큰 양의 값을 가지면 대류가 지배적이어서 강한 수직운동이 일어난다.
④ Ri수가 0에 접근하면 분산이 줄어든다.

정답 1. ①   2. ②   3. ④   4. ③

해설 ③ Ri수가 큰 음(-)의 값을 가지면 대류가 지배적이어서 강한 수직운동이 일어난다.

정리 대기 안정도의 판정
- Ri < -0.04 : 대류(열적 난류) 지배, 대류가 지배적이어서 바람이 약하게 되어 강한 수직운동이 일어남
- -0.03 < Ri < 0 : 대류와 기계적 난류 둘 모두 존재, 주로 기계적 난류가 지배적
- Ri = 0 : 기계적 난류만 존재
- 0.25 < Ri : 수직방향 혼합 거의 없고, 대류 없음(안정), 난류가 층류로 변함

5. 다음 중 석면의 구성 성분과 거리가 먼 것은?

① K ② Na ③ Fe ④ Mg

해설 석면은 얇고 긴 섬유의 형태로서 규소(Si), 수소(H), 마그네슘(Mg), 철(Fe), 산소(O), 나트륨(Na) 등의 원소를 함유하며, 그 기본구조는 산화규소(SiO_2)의 형태를 취한다.

6. 산란에 관한 설명으로 옳지 않은 것은?

① Rayleigh는 "맑은 하늘 또는 저녁노을은 공기 분자에 의한 빛의 산란에 의한 것"이라는 것을 발견하였다.
② 빛을 입자가 들어있는 어두운 상자 안으로 도입시킬 때 산란광이 나타나며 이것을 틴달빛(光)이라고 한다.
③ Mie 산란의 결과는 입사빛의 파장에 대하여 입자가 대단히 작은 경우에만 적용되는 반면, Rayleigh의 결과는 모든 입경에 대하여 적용한다.
④ 입자에 빛이 조사될 때 산란의 경우, 동일한 파장의 빛이 여러 방향으로 다른 강도로 산란되는 반면, 흡수의 경우는 빛에너지가 열, 화학반응의 에너지로 변환된다.

해설 ③ Rayleigh 산란의 결과는 입사빛의 파장에 대하여 입자가 대단히 작은 경우에만 적용되는 반면, Mie 산란의 결과는 입자의 크기가 빛의 파장과 비슷할 경우에 발생한다.

(1) 미 산란(Mie scattering)
- 입자의 크기가 빛의 파장과 비슷할 경우 발생
- 빛의 파장보다는 입자의 밀도, 크기에 따라서 반응함
- 레일리 산란(Rayleigh)과 비교해서 파장의 의존도가 낮음
- 예 수증기, 매연 알갱이 등과의 충돌

(2) 레일리 산란(Rayleigh scattering)
- 빛의 파장 크기보다 매우 작은 입자에 의하여 산란되는 현상
- 빛이 기체나 투명한 액체 및 고체를 통과할 때 발생
- 예 대기 속에서의 태양광의 레일리 산란으로 하늘이 푸르게 보임, 일출 및 일몰

7. 일산화탄소에 관한 설명으로 옳지 않은 것은?

① 대류권 및 성층권에서의 광화학반응에 의하여 대기 중에서 제거된다.
② 물에 잘 녹아 강우의 영향을 크게 받으며, 다른 물질에 강하게 흡착하는 특징을 가진다.
③ 토양 박테리아의 활동에 의하여 이산화탄소로 산화되어 대기 중에서 제거된다.
④ 발생량과 대기 중의 평균농도로부터 대기 중 평균 체류시간이 약 1~3개월 정도일 것이라 추정되고 있다.

해설 ② CO는 물에 잘 녹지 않는다.

8. Fick의 확산방정식을 실제 대기에 적용시키기 위해 세우는 추가적인 가정으로 거리가 먼 것은?

① $\dfrac{dC}{dt} = 0$이다.
② 바람에 의한 오염물의 주 이동방향은 x축으로 한다.
③ 오염물질의 농도는 비점오염원에서 간헐적으로 배출된다.
④ 풍속은 x, y, z 좌표 내의 어느 점에서든 일정하다.

정답 5. ① 6. ③ 7. ② 8. ③

해설 ③ 오염물질의 농도는 점오염원에서 연속적으로 배출된다.

정리 Fick의 확산방정식 가정조건
- 오염물질은 점배출원에서 연속 배출됨
- 풍향, 풍속, 온도, 시간에 따른 농도변화가 없는 정상상태(dC/dt=0)
- 풍속 일정, 바람의 주 이동방향은 x축
- x축 방향 확산은 이류에 의한 이동량에 비해 매우 작음

9. 스테판-볼츠만의 법칙에 의하면 표면온도가 1,500 K에서 2,100 K가 되었다면 흑체에서 복사되는 에너지는 약 몇 배가 되는가?
① 1.2배 ② 1.4배
③ 2.1배 ④ 3.8배

해설 스테판 – 볼츠만의 법칙
$E \propto T^4$ 이므로, $\dfrac{E_{2,100}}{E_{1,500}} = \left(\dfrac{2,100}{1,500}\right)^4 = 3.84$배

10. 다음에서 설명하는 오염물질로 가장 적합한 것은?

- 매우 낮은 농도에서 피해를 일으킬 수 있으며, 주된 증상으로 상편생장, 전두운동의 저해, 황화현상, 줄기의 신장저해, 성장 감퇴 등이 있다.
- 0.1 ppm 정도의 저농도에서도 스위트피와 토마토에 상편생장을 일으킨다.

① 오존
② 에틸렌
③ 아황산가스
④ 불소화합물

해설 물질별 지표식물
① 오존 : 담배, 시금치, 파, 토마토, 토란
② 에틸렌 : 스위트피, 토마토
③ 아황산가스 : 알팔파(자주개나리), 참깨, 담배, 육송, 나팔꽃, 메밀, 시금치, 고구마
④ 불소화합물 : 글라디올러스, 메밀, 옥수수, 자두, 어린 소나무, 살구, 배나무, 고구마

11. 다음 중 2차 대기오염물질로만 옳게 나열한 것은?
① SiO_2, NO_2
② O_3, $NaCl$
③ HCl, PAN
④ H_2O_2, $NOCl$

해설 2차 오염물질(oxidant) : O_3, PAN, PBzN, H_2O_2, NOCl, 아크롤레인(CH_2CHCHO) 등

12. 대기오염원의 영향평가 방법 중 분산모델에 관한 설명으로 옳지 않은 것은?
① 2차 오염원의 확인이 가능하다.
② 점, 선, 면 오염원의 영향을 평가할 수 있다.
③ 새로운 오염원이 지역 내에 신설될 때 매번 평가하여야 한다.
④ 지형 및 오염원의 조업조건에 영향을 받지 않는다.

해설 ④ 지형 및 오염원의 조업조건에 영향을 받는다.
(1) 분산모델
- 미래의 대기질을 예측 가능
- 대기오염제어 정책입안에 도움
- 2차 오염원의 확인이 가능
- 점, 선, 면 오염원의 영향 평가 가능
- 기상의 불확실성, 오염원 미확인 같은 경우에는 문제점 야기
- 특정오염원의 영향을 평가할 수 있는 잠재력이 있음
- 오염물의 단기간 분석 시 문제 야기
- 지형 및 오염원의 조업조건에 영향
- 새로운 오염원이 지역 내에 들어서면 매번 재평가
- 기상과 관련하여 대기 중의 무작위적인 특성을 적절하게 묘사할 수 없기 때문에 결과에 대한 불확실성이 크게 작용함
- 분진의 영향평가는 기상의 불확실성과 오염원이 미확인인 경우에 많은 문제점을 가짐

정답 9. ④ 10. ② 11. ④ 12. ④

(2) 수용모델
- 지형이나 기상학적 정보 없이도 사용 가능
- 오염원의 조업이나 운영상태에 대한 정보 없이도 사용 가능
- 수용체 입장에서 영향평가가 현실적
- 입자상, 가스상 물질, 가시도 문제 등을 환경과학 전반에 응용 가능
- 현재나 과거에 일어났던 일을 추정하여 미래를 위한 전략은 세울 수 있지만 미래 예측은 곤란
- 측정자료를 입력자료로 사용하므로 시나리오 작성이 곤란

13. 오존(O_3)에 관한 설명으로 옳지 않은 것은?
① 폐수종과 폐충혈 등을 유발시키며, 섬모운동의 기능장애를 일으킨다.
② 식물의 경우 고엽이나 성숙한 잎보다는 어린잎에 주로 피해를 일으키며, 오존에 강한 식물로는 시금치, 파 등이 있다.
③ 인체의 DNA와 RNA에 작용하여 유전인자에 변화를 일으킬 수 있다.
④ 오존에 약한 식물로는 담배, 자주개나리 등이 있다.

해설 ② 어린잎에 피해를 주는 것은 불소화합물이고, 오존에 약한 식물로는 시금치, 파 등이 있다.

14. 흑체의 최대에너지가 복사될 때 이용되는 파장($\lambda_m : \mu m$)과 흑체의 표면온도(T : 절대온도)와의 관계를 나타내는 다음 복사이론에 관한 법칙은?

$$\lambda_m = a/T$$
(단, 비례상수 a : 0.2898 cm · K)

① 알베도의 법칙
② 플랑크의 법칙
③ 비인의 변위법칙
④ 스테판-볼츠만의 법칙

해설 ② 플랑크의 법칙 : 온도가 증가할수록 복사선의 파장이 짧아지도록 그 중심이 이동한다.
③ 비인의 변위법칙 : 최대에너지 파장과 흑체 표면의 절대온도는 반비례한다.
④ 스테판-볼츠만의 법칙 : 흑체복사를 하는 물체에서 나오는 복사에너지는 표면온도의 4승에 비례한다($E \propto T^4$).

15. 광화학물질인 PAN에 관한 설명으로 옳지 않은 것은?
① PAN의 분자식은 $C_6H_5COOONO_2$이다.
② 식물의 경우 주로 생활력이 왕성한 초엽에 피해가 크다.
③ 식물의 영향은 잎의 밑부분이 은(백)색 또는 청동색이 되는 경향이 있다.
④ 눈에 통증을 일으키며 빛을 분산시키므로 가시거리를 단축시킨다.

해설
- PAN 분자식 : $CH_3COOONO_2$
- PBzN 분자식 : $C_6H_5COOONO_2$

16. 대기의 건조단열체감률과 국제적인 약속에 의한 중위도 지방을 기준으로 한 실제체감률인 표준체감률 사이의 관계를 대류권 내에서 도식화한 것으로 옳은 것은? (단, 건조단열체감률은 점선, 표준체감률은 실선, 종축은 고도, 횡축은 온도를 나타낸다.)

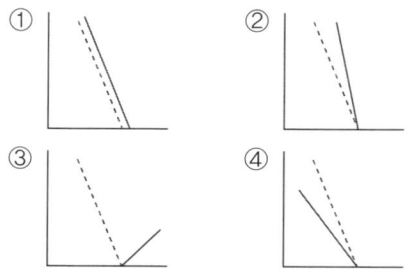

해설
- 건조감률 = $-0.98℃/100\ m$
- 표준체감률(습윤감률) = $-0.65℃/100\ m$
따라서, 그래프는 ②번이다.

정답 13. ② 14. ③ 15. ① 16. ②

17. 다음 중 대기 내 오염물질의 일반적인 체류시간 순서로 옳은 것은?
① $CO_2 > SO_2 > N_2O > CO$
② $N_2O > CO_2 > CO > SO_2$
③ $CO_2 > N_2O > CO > SO_2$
④ $N_2O > SO_2 > CO_2 > CO$

해설 체류시간 순서 : $N_2 > O_2 > N_2O > CO_2 > CH_4 > H_2 > CO > SO_2$

18. 가솔린 연료를 사용하는 차량은 엔진 가동형태에 따라 오염물질 배출량은 달라진다. 다음 중 통상적으로 탄화수소가 제일 많이 발생하는 엔진 가동형태는?
① 정속(60 km/h)   ② 가속
③ 정속(40 km/h)   ④ 감속

해설 운전상태에 따른 배출가스

구분	HC	CO	NOx	CO_2
많이 나올 때	감속	공전, 가속	가속	운행
적게 나올 때	운행	운행	공전	공전, 감속

19. 역사적인 대기오염사건에 관한 설명으로 옳은 것은?
① 포자리카 사건은 MIC에 의한 피해이다.
② 런던스모그 사건은 복사역전 형태였다.
③ 뮤즈계곡 사건은 PAN이 주된 오염물질로 작용했다.
④ 도쿄 요코하마 사건은 PCB가 주된 오염물질로 작용했다.

해설 물질별 사건 정리
• 포자리카 : 황화수소
• 보팔 : 메틸이소시아네이트
• 세베소 : 다이옥신
• LA 스모그 : 자동차 배기가스의 NOx, 옥시던트
• 체르노빌, TMI : 방사능 물질
• 뮤즈계곡, 요코하마, 도노라, 런던스모그, 욧카이치 : 화석연료 연소에 의한 SO_2, 매연, 먼지

20. 체적이 100 m³인 복사실의 공간에서 오존 배출량이 분당 0.2 mg인 복사기를 연속 사용하고 있다. 복사기 사용 전의 실내 오존의 농도가 0.1 ppm이라고 할 때 5시간 사용 후 오존농도는 몇 ppb인가? (단, 0℃, 1기압 기준, 환기는 고려하지 않음)
① 260   ② 380
③ 420   ④ 520

해설 (1) 처음 오존 : 0.1 ppm = 100 ppb
(2) 발생 오존 = $\dfrac{오존(m^3)}{실내(m^3)} \times \dfrac{10^9\,ppb}{1}$

$= \dfrac{\dfrac{0.2\,mg}{분} \times \dfrac{22.4\,Sm^3}{48\,kg} \times \dfrac{60분}{hr} \times \dfrac{1\,kg}{10^6\,mg} \times 5\,hr}{100\,m^3}$
$\times 10^9\,ppb = 280\,ppb$

(3) 5시간 사용 후 오존농도
 = 처음농도 + 발생농도 = 100 + 280
 = 380 ppb

제2과목 연소공학

21. 액화석유가스(LPG)에 관한 설명으로 가장 거리가 먼 것은?
① 황분이 적고 독성이 없다.
② 증발열이 5~10 kcal/kg로 작아 취급이 용이하다.
③ 비중이 공기보다 커서 누출 시 인화·폭발의 위험성이 높은 편이다.
④ 천연가스에서 회수되거나 나프타의 열분해에 의해 얻어지기도 하지만 대부분 석유정제 시 부산물로 얻어진다.

해설 ② 액체연료는 기체로 기화될 때 증발열이 90~100 kcal/kg로 커서 취급이 위험하고 열손실이 큰 단점이 있다.

정답 17. ② 18. ④ 19. ② 20. ② 21. ②

22. C 80 %, H 20 %로 구성된 액체 탄화수소 연료 1 kg을 완전연소시킬 때 발생하는 CO_2의 부피(Sm^3)는?

① 1.2　　② 1.5
③ 2.6　　④ 2.9

해설　$C + O_2 \rightarrow CO_2$
　　　　12 kg　：　22.4 Sm^3
　　　1 kg×0.8　：　X[Sm^3]
$$\therefore X = \frac{22.4}{12} \times (1 \times 0.8) = 1.493 \, Sm^3$$

23. 연소에 관한 설명으로 옳지 않은 것은?

① 표면연소는 휘발분 함유율이 적은 물질의 표면 탄소분부터 직접 연소되는 형태이다.
② 자기연소는 공기 중의 산소 공급 없이 물질 자체가 함유하고 있는 산소를 사용하여 연소하는 형태이다.
③ 확산연소는 비교적 융점이 낮은 고체연료가 연소하기 전에 액상으로 융해한 후 증발하여 연소하는 형태이다.
④ 분해연소는 분해온도가 증발온도보다 낮은 고체연료가 기상 중에 화염을 동반하여 연소할 경우 관찰되는 연소 형태이다.

해설　③ 증발연소의 설명이다.

24. 프로판 1 Sm^3을 공기비 1.2로 완전연소시킬 경우, 발생되는 건조연소가스량(Sm^3)은?

① 약 23.7　　② 약 26.6
③ 약 28.9　　④ 약 33.7

해설　$C_3H_8 + 5O_2 \rightarrow 3CO_2 + 4H_2O$

(1) $A_o[Sm^3/Sm^3] = 5 \times \dfrac{1}{0.21} = 23.81 \, m^3$

(2) $G_d[Sm^3/Sm^3] = (m-0.21)A_o + CO_2$
　　　　　　　　　$= (1.2-0.21) \times 23.81 + 3$
　　　　　　　　　$= 26.5714$

(3) $G_d[Sm^3] = 26.5714 \, Sm^3/Sm^3 \times 1 \, Sm^3$
　　　　　　　$= 26.5714 \, Sm^3$

25. 연소 시 매연 발생량이 가장 적은 탄화수소는?

① 나프텐계
② 올레핀계
③ 방향족계
④ 파라핀계

해설　매연은 탄수소비가 클수록 발생량이 많다.
　탄수소비 : 올레핀계 > 나프텐계 > 파라핀계

26. 착화온도(발화점)에 대한 특성으로 옳지 않은 것은?

① 분자구조가 복잡할수록 착화온도는 낮아진다.
② 산소농도가 낮을수록 착화온도는 낮아진다.
③ 발열량이 클수록 착화온도는 낮아진다.
④ 화학 반응성이 클수록 착화온도는 낮아진다.

해설　② 산소농도가 높을수록 착화온도는 낮아진다.

정리　착화점(착화온도)의 특성
　산소농도가 높을수록
　산소와의 친화성이 클수록
　화학 반응성이 클수록
　화학결합의 활성도가 클수록
　탄화수소의 분자량이 클수록
　분자구조가 복잡할수록
　비표면적이 클수록
　압력이 높을수록
　동질성 물질에서 발열량이 클수록
　활성화에너지가 낮을수록
　열전도율이 낮을수록
　석탄의 탄화도가 낮을수록
　→ 착화온도 낮아짐/연소되기 쉬움

정답　22. ②　23. ③　24. ②　25. ④　26. ②

27. 미분탄연소의 특징에 관한 설명으로 거리가 먼 것은?

① 화격자연소보다 낮은 공기비로서 높은 연소효율을 얻을 수 있다.
② 부하변동에 대한 응답성이 좋은 편이어서 대용량의 연소에 적합하다.
③ 분무연소와 상이한 점은 가스화 속도가 빠르고, 화염이 연소실 중앙부에 집중하여 명료한 화염면이 형성된다는 것이다.
④ 석탄의 종류에 따른 탄력성이 부족하고, 로벽 및 전열면에서 재의 퇴적이 많은 편이다.

해설 ③ 화격자연소와 상이한 점은 가스화 속도가 빠르고, 화염이 연소실 중앙부에 집중하여 명료한 화염면이 형성된다는 것이다.

28. 다음 중 그을음이 잘 발생하기 쉬운 연료 순으로 나열한 것은? (단, 쉬운 연료 > 어려운 연료)

① 타르 > 중유 > 석탄가스 > LPG
② 석탄가스 > LPG > 타르 > 중유
③ 중유 > 타르 > LPG > 석탄가스
④ 중유 > LPG > 석탄가스 > 타르

해설 검댕의 발생빈도 순서 : 타르 > 고휘발분 역청탄 > 중유 > 저휘발분 역청탄 > 아탄 > 코크스 > 경질 연료유 > 등유 > 석탄가스 > 제조가스 > 액화석유가스(LPG) > 천연가스

29. 기체연료의 연소방식과 연소장치에 관한 설명으로 옳지 않은 것은?

① 확산연소는 주로 탄화수소가 적은 발생로가스, 고로가스 등에 적용되는 연소방식이다.
② 예혼합연소는 화염온도가 낮아 국부가열의 염려가 없고 연소부하가 작은 경우 사용이 가능하며, 화염의 길이가 길다.
③ 예혼합연소에 사용되는 버너에는 저압버너, 고압버너, 송풍버너 등이 있다.
④ 저압버너는 역화방지를 위해 1차 공기량을 이론공기량의 약 60 % 정도만 흡입하고 2차 공기로는 로 내의 압력을 부압(-)으로 하여 공기를 흡인한다.

해설 ② 예혼합연소는 화염온도가 높아 연소부하가 큰 경우에 사용이 가능하며, 화염의 길이가 짧다.

정리 기체연료 연소장치
(1) 확산연소(포트형, 버너형, 선회식, 방사식)
 • 연소조정범위 넓음
 • 장염 발생
 • 연료분출속도 느림
 • 연료의 분출속도가 클 경우에는 그을음이 발생하기 쉬움
 • 기체연료와 연소용 공기를 버너 내에서 혼합시키지 않음
 • 역화의 위험이 없으며, 공기를 예열할 수 있음
(2) 예혼합연소(고압버너, 저압버너, 송풍버너)
 • 내부에서 연료와 공기의 혼합비가 변하지 않고 균일하게 연소됨
 • 화염온도가 높아 연소부하가 큰 경우에 사용이 가능
 • 짧은 불꽃 발생
 • 매연 적게 생성
 • 연료유량 조절비가 큼
 • 혼합기 분출속도 느릴 경우, 역화 발생 가능

30. COM(Coal Oil Mixture, 혼탄유) 연소에 관한 설명으로 옳지 않은 것은?

① COM은 주로 석탄과 중유의 혼합연료이다.
② 중유보다 미립화 특성이 양호하다.
③ 재의 처리가 용이하고, 중유 전용 보일러의 연료로서 개조 없이 COM을 효율적으로 이용할 수 있다.
④ 연소실 내 체류시간의 부족, 분사변의 폐쇄와 마모 등 주의가 요구된다.

정답 27. ③ 28. ① 29. ② 30. ③

해설 ③ 재의 처리가 용이하지 않고, 중유 전용 보일러의 연료로서 개조 없이 COM을 효율적으로 이용할 수 없다.
- COM(Coal Oil Mixture) : 석탄분말에 기름을 혼합
- CWM(Coal Water Mixture) : 석탄분말에 물을 혼합

31. 다음 중 기체의 연소속도를 지배하는 주요인자와 가장 거리가 먼 것은?

① 발열량
② 촉매
③ 산소와의 혼합비
④ 산소농도

해설 기체의 연소속도 영향인자
- 공기 중의 산소의 확산속도
- 촉매
- 산소와의 혼합비
- 산소농도

32. 다음 가스연료의 완전연소 반응식으로 옳지 않은 것은?

① 메탄 : $CH_4 + O_2 \rightarrow CO_2 + 2H_2$
② 수소 : $2H_2 + O_2 \rightarrow 2H_2O$
③ 일산화탄소 : $2CO + O_2 \rightarrow 2CO_2$
④ 프로판 : $C_3H_8 + 5O_2 \rightarrow 3CO_2 + 4H_2O$

해설 ① 메탄 : $CH_4 + 2O_2 \rightarrow CO_2 + 2H_2O$

33. 프로판과 부탄을 1 : 1의 부피비로 혼합한 연료를 연소했을 때, 건조 배출가스 중의 CO_2 농도가 10%이다. 이 연료 2 m³를 연소했을 때 생성되는 건조 배출가스의 양(Sm³)은? (단, 연료 중의 C성분은 전량 CO_2로 전환)

① 40　　② 70
③ 125　　④ 150

해설 혼합기체의 건조가스량 계산

50% : $C_3H_8 + 5O_2 \rightarrow 3CO_2 + 4H_2O$
　　　1 m³　　　　　　3 m³
50% : $C_4H_{10} + 6.5O_2 \rightarrow 4CO_2 + 5H_2O$
　　　1 m³　　　　　　4 m³

(1) 프로판과 부탄의 CO_2 발생량(Sm³/Sm³)
　3 + 4 = 7 m³
(2) 건조가스량

$$\frac{CO_2(m^3)}{G_{od}(m^3)} = 0.1$$

$$\therefore G_{od} = \frac{CO_2}{0.1} = \frac{7}{0.1} = 70\,m^3$$

34. 전형적인 자동차 배기가스를 구성하는 다음 물질 중 가장 많은 양(부피%)을 차지하고 있는 것은? (단, 공전상태 기준)

① NOx　　② CO
③ HC　　④ SOx

해설 전형적인(일반적인) 자동차 배출가스 구성

엔진 작동상태	HC(%)	CO(%)	NOx(%)	CO₂(%)
공전 시	0.075	5.2	0.003	9.5
운행 시	0.03	0.8	0.15	12.5
가속 시	0.04	5.2	0.3	10.2
감속 시	0.4	4.2	0.006	9.5

35. 황분이 중량비로 S%인 중유를 매시간 W(L) 사용하는 연소로에서 배출되는 황산화물의 배출량(m³/hr)은? (단, 표준상태기준, 중유비중 0.9, 황분은 전량 SO_2로 배출)

① 21.4SW　　② 1.24SW
③ 0.0063SW　　④ 0.789SW

해설
$$S + O_2 \rightarrow SO_2$$
$$32\,kg\ :\ 22.4\,Sm^3$$
$$\frac{S}{100} \times W[L/h] \times 0.9\,kg/L\ :\ X[Sm^3/h]$$
$$\therefore X = 0.0063SW[m^3/hr]$$

정답 31. ① 32. ① 33. ② 34. ② 35. ③

36. 다음 중 황함량이 가장 낮은 연료는?
① LPG ② 중유
③ 등유 ④ 휘발유

해설 황함량 순서
LPG < 휘발유 < 등유 < 경유 < 중유

37. 액체연료를 효율적으로 연소시키기 위해서는 연료를 미립화하여야 한다. 이때 미립화 특성을 결정하는 인자로 틀린 것은?
① 분무입경 ② 분무유량
③ 분무점도 ④ 분무의 도달거리

해설 ③ 분무점도는 미립화 특성에 영향을 미치지 않는다.

정리 미립화의 특성을 결정하는 인자
연료의 전도, 분사속도, 분사압력, 분무유량, 분무입경, 분무의 도달거리, 분무각, 입경분포

38. 휘발유의 안티노킹제(anti-knocking agent)로 옥탄가를 증진시키는 물질로 최근에 널리 사용되는 물질은?
① cenox
② cetane
③ TEL(Tetraethyl Lead)
④ MTBE(Methyl Tetra-Butyl Ether)

해설 MTBE는 배기가스 오염가스 저감물질로 80년대 중반부터 각광받기 시작하여 기존에 옥탄가 향상제로 사용되던 4에틸납(TEL), 4메틸납(TML)을 대체하여 배기가스 중의 탄화수소, 일산화탄소 배출량을 감소시켜 무연휘발유의 첨가제로 중심적인 역할을 하고 있다.

39. 절충식 방법으로써 연소용 공기의 일부를 미리 기체연료와 혼합하고 나머지 공기는 연소실 내에서 혼합하여 확산 연소시키는 방식으로 소형 또는 중소형 버너로 널리 사용되며, 기체연료 또는 공기의 분출속도에 의해 생기는 흡인력을 이용하여 공기 또는 연료를 흡인하는 것은?
① 확산연소 ② 예혼합연소
③ 유동층연소 ④ 부분예혼합연소

해설 연소의 형태
① 확산연소 : 가연성 연료와 외부공기가 서로 확산에 의해 혼합하면서 화염을 형성하는 연소형태
② 예혼합연소 : 기체연료와 공기를 알맞은 비율로 혼합하여 혼합기에 넣어 점화시키는 연소
③ 유동층연소 : 모래 등 내열성 분립체를 유동매체로 충전하고, 바닥의 공기분산판으로 고온 가스를 불어넣어 유동층상을 형성시켜서 연료를 균일하게 연속적으로 투입하여 연소하는 방식
④ 부분예혼합 연소 : 확산연소와 예혼합연소의 절충식으로 일부를 혼합하고, 나머지를 연소실 내에서 확산 연소시키는 방법

40. CH_4 : 30 %, C_2H_6 : 30 %, C_4H_{10} : 40 %인 혼합가스의 폭발범위로 가장 적합한 것은? (단, 르샤틀리에의 식 적용)

CH_4 폭발범위 : 5~15 %
C_2H_6 폭발범위 : 3~12.5 %
C_4H_{10} 폭발범위 : 2.1~9.5 %

① 약 2.9~11.6 % ② 약 3.7~13.8 %
③ 약 4.9~14.6 % ④ 약 5.8~15.4 %

해설 르샤틀리에의 폭발범위 계산

$$L = \frac{100}{\frac{V_1}{L_1} + \frac{V_2}{L_2} + \cdots \frac{V_n}{L_n}}$$

(1) $L_{하한} = \dfrac{100}{\frac{30}{5} + \frac{30}{3} + \frac{40}{2.1}} = 2.85\%$

(2) $L_{상한} = \dfrac{100}{\frac{30}{15} + \frac{30}{12.5} + \frac{40}{9.5}} = 11.61\%$

∴ 2.85~11.61 %

정답 36. ①　37. ③　38. ④　39. ④　40. ①

제3과목 대기오염방지기술

41. 다음 중 연소조절에 의해 질소산화물 발생을 억제시키는 방법으로 가장 적합한 것은?

① 이온화연소법
② 고산소연소법
③ 고온연소법
④ 배출가스 재순환법

해설 연소조절에 의한 NOx의 저감방법
- 저온 연소
- 저산소 연소
- 저질소 성분 연료 우선 연소
- 2단 연소
- 배기가스 재순환
- 최고 화염온도를 낮추는 방법
- 버너 및 연소실의 구조 개선
- 수증기 및 물 분사 방법

42. 지름 20 cm, 유효높이 3 m, 원통형 bag filter로 6 m³/s의 함진가스를 처리하고자 한다. 여과속도를 0.04 m/s로 할 경우 필요한 bag filter수는 얼마인가?

① 35개   ② 54개
③ 80개   ④ 120개

해설 여과집진장치 – 여과포(백필터) 개수

$$N = \frac{Q}{\pi \times D \times L \times V_f}$$

$$= \frac{6\,m^3/s}{\pi \times 0.2\,m \times 3\,m \times 0.04\,m/s}$$

$$= 79.57$$

∴ 백필터의 개수는 80개

더 알아보기 핵심정리 1–51 (3)

43. 다음 중 각종 발생원에서 배출되는 먼지 입자의 진비중(S)과 겉보기 비중(S_B)의 비 (S/S_B)가 가장 큰 것은?

① 시멘트킬른
② 카본블랙
③ 골재건조기
④ 미분탄보일러

해설 ① 시멘트킬른의 S/S_B : 5.0
② 카본블랙의 S/S_B : 76
③ 골재건조기의 S/S_B : 2.7
④ 미분탄보일러의 S/S_B : 4.0

44. 다이옥신 제어방법에 관한 설명으로 옳지 않은 것은?

① 다이옥신의 발생을 억제하기 위해 PVC, PCB가 포함된 제품을 소각하지 않는다.
② 250~340 nm의 자외선을 조사하여 다이옥신을 분해할 수 있다.
③ 소각로에서 접촉촉매산화를 유도하기 위해 철, 니켈 성분을 함유한 쓰레기를 투입한다.
④ 다이옥신은 저온에서 재생될 수 있으므로 소각로를 고온으로 유지해야 한다.

해설 ③ 다이옥신은 소각로에서 철, 니켈 등을 촉매로 촉매분해한다.

45. 전기집진장치에서 먼지의 전기비저항이 높은 경우 전기비저항을 낮추기 위해 주입하는 물질과 거리가 먼 것은?

① 수증기   ② NH_3
③ H_2SO_4 ④ NaCl

해설 전기비저항 이상 시 대책
- 전기비저항을 높일 때 : NH_3 주입, 가스유속 감소
- 전기비저항을 낮출 때 : 물(수증기), 무수황산(H_2SO_4), SO_3, 소다회(Na_2CO_3), NaCl, TEA 등 주입, 탈진빈도를 늘리거나 타격강도를 높임

더 알아보기 핵심정리 2–62 (3)

정답 41. ④ 42. ③ 43. ② 44. ③ 45. ②

46. 상온에서 밀도가 1,000 kg/m³, 입경 50 μm인 구형 입자가 높이 5 m 정지대기 중에서 침강하여 지면에 도달하는 데 걸리는 시간(s)은 약 얼마인가? (단, 상온에서 공기밀도는 1.2 kg/m³, 점도는 1.8×10⁻⁵ kg/m·s이며, Stokes 영역이다.)

① 66 ② 86
③ 94 ④ 105

해설 (1) 침강속도
$$V_g = \frac{(\rho_p - \rho) \times d^2 \times g}{18\mu}$$
$$= \frac{(1,000 - 1.2)\text{kg/m}^3 \times (50 \times 10^{-6}\text{m})^2 \times 9.8\text{m/s}^2}{18 \times 1.8 \times 10^{-5}\text{kg/m}\cdot\text{s}}$$
$$= 0.07552 \text{ m/s}$$
(2) 지면 도달에 걸리는 시간
$$시간 = \frac{거리}{속도} = \frac{5\text{ m}}{0.07552\text{ m/s}}$$
$$= 66.20 \text{ s}$$

47. 각 집진장치의 특징에 관한 설명으로 옳지 않은 것은?
① 여과집진장치에서 여포는 가스온도가 350℃를 넘지 않도록 하여야 하며, 고온가스를 냉각시킬 때에는 산노점 이하로 유지해야 한다.
② 중력집진장치는 설치면적이 크고 효율이 낮아 전처리설비로 주로 이용되고 있다.
③ 제트 스크러버는 처리가스량이 많은 경우에는 잘 쓰지 않는 경향이 있다.
④ 전기집진장치는 낮은 압력손실로 대량의 가스처리에 적합하다.

해설 ① 여과집진장치에서 여포는 가스온도가 250℃를 넘지 않도록 하여야 하며, 고온가스를 냉각시킬 때에는 산노점 이하가 되면 안 된다.

48. 분무탑에 관한 설명으로 옳지 않은 것은?
① 구조가 간단하고 압력손실이 작은 편이다.
② 분무에 상당한 동력이 필요하고 가스 유출 시 비말동반의 위험이 있다.
③ 침전물이 생기는 경우에 적합하고 충전탑에 비해 설비비, 유지비가 적게 든다.
④ 가스분산형 흡수장치로 CO, NO, N₂ 등의 용해도가 낮은 가스에 적용된다.

해설 ④ 분무탑은 액분산형 흡수장치로, 용해도가 큰 가스에 적용된다.

49. 일반적으로 더스트의 체적당 표면적을 비표면적이라 하는데 구형입자의 비표면적의 식을 옳게 나타낸 것은? (단, d는 구형입자의 직경)

① 2/d ② 4/d
③ 6/d ④ 8/d

해설 비표면적 $= \dfrac{표면적}{부피} = \dfrac{4\pi r^2}{\frac{4}{3}\pi r^3} = \dfrac{3}{r} = \dfrac{6}{d}$

50. 유해가스 성분을 제거하기 위한 흡수제의 구비조건 중 옳지 않은 것은?
① 흡수제의 손실을 줄이기 위하여 휘발성이 적어야 한다.
② 흡수제는 화학적으로 안정해야 하며, 빙점은 높고, 비점은 낮아야 한다.
③ 적은 양의 흡수제로 많은 오염물을 제거하기 위해서는 유해가스의 용해도가 큰 흡수제를 선정한다.
④ 흡수율을 높이고 범람(flooding)을 줄이기 위해서는 흡수제의 점도가 낮아야 한다.

해설 ② 흡수제는 화학적으로 안정해야 하며, 빙점(어는점)은 낮고, 비점(끓는점)은 높아야 한다.

정답 46. ① 47. ① 48. ④ 49. ③ 50. ②

51. 적정조건에서 전기집진장치의 분리속도 (이동속도)는 커닝험(stokes Cunningham) 보정계수 K_m에 비례한다. 다음 중 K_m이 커지는 조건으로 알맞게 짝지은 것은? (단, $K_m \geq 1$)
① 먼지의 입자가 작을수록, 가스압력이 낮을수록
② 먼지의 입자가 작을수록, 가스압력이 높을수록
③ 먼지의 입자가 클수록, 가스압력이 낮을수록
④ 먼지의 입자가 클수록, 가스압력이 높을수록

해설 커닝험 보정계수
- 미세한 입자($<1\,\mu m$)에 작용하는 항력이 스토크스 법칙으로 예측한 값보다 작아서 보정계수를 곱함
- 항상 1 이상의 값임
- 미세 입자일수록 가스의 점성저항이 작아지므로 커닝험 보정계수가 커짐

52. 충전물이 갖추어야 할 조건으로 가장 거리가 먼 것은?
① 가스와 액체가 전체에 균일하게 분포될 것
② 단위 부피 내의 표면적이 클 것
③ 간격의 단면적이 작을 것
④ 가스 및 액체에 대하여 내식성이 있을 것

해설 좋은 충전물의 조건
- 충전밀도가 커야 함
- hold-up이 작아야 함
- 공극률이 커야 함
- 비표면적이 커야 함
- 압력손실이 작아야 함
- 내열성, 내식성이 커야 함
- 충분한 강도를 지녀야 함
- 화학적으로 불활성이어야 함

53. 후드를 포위식, 외부식, 리시버식으로 분류할 때, 다음 중 리시버식 후드에 해당하는 것은?
① canopy type
② cover type
③ glove box type
④ booth type

해설 후드의 종류
(1) 포위식 후드(enclosures hood) : 커버형, 글로브 박스형, 부스형, 드래프트 챔버형
(2) 외부형 후드(capture hood)
- 후드 모양 : 슬로트형, 루버형, 그리드형
- 흡인위치 : 측방, 상방, 하방형
(3) 리시버식 후드(recieving hood, 수형 후드) : 캐노피형, 그라인더커버형

54. NOx와 SOx 동시 제어기술에 대한 설명으로 옳지 않은 것은?
① 활성탄 공정은 S, H_2SO_4 및 액상 SO_2 등의 부산물이 생성되며, 공정 중 재가열이 없으므로 경제적이다.
② CuO 공정은 알루미나 담체에 CuO를 함침시켜 SO_2는 흡착반응하고 NOx는 선택적 촉매환원되어 제거되는 원리를 이용하는 공정이다.
③ CuO 공정에서 온도는 보통 850~1,000 ℃ 정도로 조정하며, $CuSO_2$ 형태로 이동된 솔벤트 재생기에서 산소 또는 오존으로 재생된다.
④ SOxNO 공정은 감마 알루미나 담체의 표면에 나트륨을 첨가하여 SOx와 NOx를 동시에 흡착시킨다.

해설 ③ CuO 공정은 촉매를 사용하므로 공정 온도가 500℃ 이하로 낮다.

정답 51. ① 52. ③ 53. ① 54. ③

55. 사이클론의 운전조건이 집진율에 미치는 영향으로 옳지 않은 것은?
① 출구의 직경이 작을수록 집진율은 감소하고, 동시에 압력손실도 감소한다.
② 가스의 온도가 높아지면 가스의 점도가 커져 집진율은 저하되나 그 영향은 크지 않다.
③ 원통의 길이가 길어지면 선회류 수가 증가하여 집진율은 증가하나 큰 영향은 미치지 않는다.
④ 가스의 유입속도가 클수록 집진율은 증가하나, 10 m/s 이상에서는 거의 영향을 미치지 않는다.

해설 ① 입구의 직경이 작을수록 입구유속이 증가해, 집진효율이 증가하고, 동시에 압력손실도 증가한다.

56. 흡수에 관한 설명으로 옳지 않은 것은?
① 대기오염물질은 보통 공기 중에 소량 포함되어 있고, 유해가스의 농도가 큰 흡수제를 사용하므로 가스측 경막저항이 주로 지배한다.
② 가스측 경막저항은 흡수액에 대한 유해가스의 농도가 클 때 경막저항을 지배하고, 반대로 액측 경막저항은 용해도가 작을 때 지배한다.
③ Baker는 평형선과 조작선을 사용하여 NTU를 결정하는 방법을 제안하였다.
④ 충전탑의 조건이 평형곡선에서 멀어질수록 흡수에 대한 추진력은 더 작아지며, NTU는 Berl number에 의해 지배된다.

해설 ④ 충전탑의 조건이 평형곡선에서 멀어질수록 흡수에 대한 추진력은 더 커진다.
NTU(NOG) : 이동단위 높이(흡수 분리의 난이도)

57. 입자상 물질과 NOx 저감을 위한 디젤엔진 연료분사시스템의 적용기술로 가장 거리가 먼 것은?

① 분사압력 저압화
② 분사압력 최적제어
③ 분사율 제어
④ 분사시기 제어

해설 입자상 물질과 NOx 저감을 위한 디젤엔진 연료분사시스템의 적용기술
- 분사압력의 고압화
- 분사압력 최적제어
- 분사율 제어
- 분사시기 제어
- 전자제어 기술
- 분무미립화 기술

58. 집진장치의 압력손실이 400 mmH$_2$O, 처리가스량이 30,000 m^3/h이고, 송풍기의 전압효율은 70 %, 여유율이 1.2일 때 송풍기의 축동력(kW)은? (단, 1 kW = 102 kgf·m/s이다.)
① 36 ② 56 ③ 80 ④ 95

해설 송풍기 소요동력
$$P = \frac{Q \times \Delta P \times \alpha}{102 \times \eta}$$
$$= \frac{\left(\frac{30{,}000\,\mathrm{m}^3}{\mathrm{hr}} \times \frac{1\,\mathrm{hr}}{3{,}600\,\mathrm{s}}\right) \times 400 \times 1.2}{102 \times 0.7}$$
$$= 56.02\,\mathrm{kW}$$
여기서, P : 소요동력(kW)
Q : 처리가스량(m^3/s)
ΔP : 압력(mmH$_2$O)
α : 여유율(안전율)
η : 효율

59. Stokes 운동이라 가정하고, 직경 20 μm, 비중 1.3인 입자의 표준대기 중 종말침강속도는 몇 m/s인가? (단, 표준공기의 점도와 밀도는 각각 3.44×10^{-5} kg/m·s, 1.3 kg/m^{3}이다.)
① 1.64×10^{-2} ② 1.32×10^{-2}
③ 1.18×10^{-2} ④ 0.82×10^{-2}

정답 55. ① 56. ④ 57. ① 58. ② 59. ④

해설) 입자의 침강속도(Stokes 식)

$$V_g = \frac{(\rho_p - \rho) \times d^2 \times g}{18\mu}$$

$$= \frac{(1,300 - 1.3)\,\text{kg/m}^3 \times (20\,\mu\text{m} \times 10^{-6}\,\text{m}/\mu\text{m})^2 \times 9.8\,\text{m/s}^2}{18 \times 3.44 \times 10^{-5}\,\text{kg/m} \cdot \text{s}}$$

$$= 8.22 \times 10^{-3}\,\text{m/s} = 0.82 \times 10^{-2}\,\text{m/s}$$

60. 흡수탑을 이용하여 배출가스 중의 염화수소를 수산화나트륨 수용액으로 제거하려고 한다. 기상 총괄이동단위높이(HOG)가 1 m 인 흡수탑을 이용하여 99 %의 흡수효율을 얻기 위한 이론적 흡수탑의 충전높이는?

① 4.6 m ② 5.2 m
③ 5.6 m ④ 6.2 m

해설) 충전탑의 높이
$$h = HOG \times NOG$$
$$= 1\,\text{m} \times \ln\left(\frac{1}{1-0.99}\right) = 4.6\,\text{m}$$

제4과목 | 대기오염공정시험기준(방법)

61. 이온크로마토그래피의 장치 요건으로 옳지 않은 것은?

① 송액펌프는 맥동이 적은 것을 사용한다.
② 검출기는 분리관 용리액 중의 시료성분의 유무와 양을 검출하는 부분으로 일반적으로 전도도 검출기를 많이 사용한다.
③ 써프렛서는 관형과 이온교환막형이 있으며, 관형은 음이온에는 스티롤계 강산형(H^+)수지가, 양이온에는 스티롤계 강염기형(OH^-)의 수지가 충진된 것을 사용한다.
④ 용리액조는 이온성분이 잘 용출되는 재질로써 용리액과 공기와의 접촉이 효과적으로 되는 것을 선택하며, 일반적으로 실리카 재질의 것을 사용한다.

해설) ④ 이온성분이 용출되지 않는 재질로써 용리액을 직접 공기와 접촉시키지 않는 밀폐된 것을 선택한다. 일반적으로 폴리에틸렌이나 경질 유리제를 사용한다.

62. 자동기록식 광전분광광도계의 파장교정에 사용되는 흡수 스펙트럼은?

① 홀뮴유리
② 플라스틱
③ 석영유리
④ 방전유리

해설) 자외선/가시선분광법 : 자동기록식 광전분광광도계의 파장교정은 홀뮴(Holmium)유리의 흡수 스펙트럼을 이용한다.

63. 대기 중의 가스상 물질을 용매채취법에 따라 채취할 때 사용하는 순간유량계 중 면적식 유량계는?

① 노즐식 유량계
② 오리피스 유량계
③ 게이트식 유량계
④ 벤투리식 유량계

해설) 용매채취법 – 순간유량계
(1) 면적식 유량계
 • 부자식(floater) 유량계
 • 피스톤식 유량계
 • 게이트식 유량계
(2) 기타 유량계
 • 오리피스(orifice) 유량계
 • 벤투리(venturi)식 유량계
 • 노즐(flow nozzle)식 유량계

64. 원자흡수분광광도법에서 화학적 간섭을 방지하는 방법으로 가장 거리가 먼 것은?

① 표준첨가법의 이용
② 이온교환에 의한 방해물질 제거
③ 미량의 간섭원소의 첨가
④ 은폐제의 첨가

정답 60. ① 61. ④ 62. ① 63. ③ 64. ③

해설 ③ 과량의 간섭원소의 첨가

정리 화학적 간섭 방지방법
- 이온교환이나 용매추출 등에 의한 방해물 질의 제거
- 과량의 간섭원소의 첨가
- 간섭을 피하는 양이온(란타넘, 스트론튬, 알칼리 원소 등), 음이온 또는 은폐제, 킬레이트제 등의 첨가
- 목적원소의 용매추출
- 표준첨가법의 이용

65. 연료용 유류(원유, 경유, 중유) 중의 황 함유량을 측정하기 위한 분석방법으로 옳은 것은? (단, 황함유량은 질량분율 0.01 % 이상이다.)
① 광투과율법
② 광산란법
③ 연소관식 공기법
④ 전기화학식 분석법

해설 연료용 유류 중의 황함유량 분석방법
- 연소관식 공기법(중화적정법)
- 방사선식 여기법(기기분석법)

66. 환경대기 중 석면농도를 측정하기 위해 위상차현미경을 사용한 계수방법에 관한 설명으로 ( ) 안에 알맞은 것은?

| 시료채취 측정시간은 주간시간대에 (오전 8시~오후 7시) (㉠)으로 1시간 측정하고, 시료채취조작 시 유량계의 부자를 (㉡) 되게 조정한다. |

① ㉠ 1 L/min, ㉡ 1 L/min
② ㉠ 1 L/min, ㉡ 10 L/min
③ ㉠ 10 L/min, ㉡ 1 L/min
④ ㉠ 10 L/min, ㉡ 10 L/min

해설 시료채취 측정시간은 주간시간대에 (오전 8시~오후 7시) 10 L/min으로 1시간 측정하고, 시료채취조작 시 유량계의 부자를 10 L/min 되게 조정한다.

67. 다음은 환경대기 내의 유해 휘발성유기 화합물(VOCs) 시험방법 중 고체흡착법에 사용되는 용어의 정의이다. ( ) 안에 알맞은 것은?

| 일정 농도의 VOC가 흡착관에 흡착되는 초기 시점부터 일정 시간이 흐르게 되면 흡착관 내부에 상당량의 VOC가 포화되기 시작하고 전체 VOC양의 ( )가 흡착관을 통과하게 되는데, 이 시점에서 흡착관 내부로 흘러간 총 부피를 파과부피라 한다. |

① 0.1 %
② 5 %
③ 30 %
④ 50 %

해설 파과부피(BV, breakthrough volume)
일정 농도의 VOC가 흡착관에 흡착되는 초기 시점부터 일정 시간이 흐르게 되면 흡착관 내부에 상당량의 VOC가 포화되기 시작하고 전체 VOC양의 5 %가 흡착관을 통과하게 되는데, 이 시점에서 흡착관 내부로 흘러간 총 부피를 파과부피라 한다.

68. 다음 [보기]가 설명하는 굴뚝 배출가스 중의 산소측정방식으로 옳은 것은?

[보기]

| 이 방식은 주기적으로 단속하는 자계 내에서 산소분자에 작용하는 단속적인 흡입력을 자계 내에 일정유량으로 유입하는 보조가스의 배압변화량으로서 검출한다. |

① 전극 방식
② 덤벨형 방식
③ 지르코니아 방식
④ 압력검출형 방식

정답 65. ③ 66. ④ 67. ② 68. ④

해설 배출가스 중 산소
① 전극 방식 : 이 방식에서는 산화환원반응을 일으키는 가스(SO_2, CO_2 등)의 영향을 무시할 수 있는 경우 또는 영향을 제거할 수 있는 경우에 적용할 수 있다.
② 덤벨형 방식 : 이 방식은 덤벨(dumb-bell)과 시료 중의 산소와의 자기화 강도의 차에 의하여 생기는 덤벨의 편위량을 검출한다.
③ 질코니아 방식 : 이 방식은 고온에서 산소와 반응하는 가연성가스(일산화탄소, 메테인 등) 또는 질코니아소자를 부식시키는 가스(SO_2 등)의 영향을 무시할 수 있는 경우 또는 그 영향을 제거할 수 있는 경우에 적용한다.

69. 굴뚝 배출가스 중의 브로민화합물 분석에 사용되는 흡수액은 ?
① 정제수
② 수산화소듐용액
③ 다이에틸아민동용액
④ 황산 + 과산화수소 + 증류수

해설 수산화소듐이 흡수액인 분석물질
염화수소, 플루오린화합물, 사이안화수소, 브로민화합물, 페놀, 비소
더 알아보기 핵심정리 2-76

70. 비분산 적외선 분석기의 구성에서 ( ) 안에 들어갈 명칭을 옳게 나열한 것은? (단, 복광속 분석기)

광원 - (㉠) - (㉡) - 시료셀 - 검출기 - 증폭기 - 지시계

① ㉠ 광학섹터, ㉡ 회전필터
② ㉠ 회전섹터, ㉡ 광학필터
③ ㉠ 광학필터, ㉡ 회전필터
④ ㉠ 회전섹터, ㉡ 광학섹터

해설 비분산 적외선 분석기(복광속 비분산분석기)의 구성 : 광원 - 회전섹터 - 광학필터 - 시료셀 - 검출기 - 증폭기 - 지시계

71. 황성분 3 % 이하 함유한 액체연료를 사용하는 연소시설에서 배출되는 황산화물(표준산소농도를 적용받는 항목)의 실측농도측정 결과 741 ppm이었고, 배출가스 중의 실측산소농도는 7 %, 표준산소농도는 4 %이다. 황산화물의 농도(ppm)는 약 얼마인가?
① 750 ppm
② 800 ppm
③ 850 ppm
④ 900 ppm

해설 오염물질 농도 보정
$$C = C_a \times \frac{21-O_s}{21-O_a} = 741 \times \frac{21-4}{21-7}$$
$$= 899.78 \, ppm$$
여기서, C : 오염물질 농도(mg/Sm^3 또는 ppm)
C_a : 실측오염물질농도(mg/Sm^3 또는 ppm)
O_s : 표준산소농도(%)
O_a : 실측산소농도(%)

72. 굴뚝 배출가스 중 이황화탄소를 자외선/가시선 분광법으로 측정 시 분석파장으로 가장 적합한 것은 ?
① 560 nm
② 490 nm
③ 435 nm
④ 420 nm

해설 배출가스 중 이황화탄소 - 자외선/가시선 분광법 : 다이에틸아민구리 용액에서 시료가스를 흡수시켜 생성된 다이에틸 다이싸이오카밤산구리의 흡광도를 435 nm의 파장에서 측정하여 이황화탄소를 정량한다.
더 알아보기 핵심정리 2-85

73. 고용량공기시료채취기로 비산먼지를 채취하고자 한다. 측정결과가 다음과 같을 때 비산먼지의 농도는?

- 채취시간 : 24시간
- 채취개시 직후의 유량 : 1.8 m³/min
- 채취종료 직전의 유량 : 1.2 m³/min
- 채취 후 여과지의 질량 : 4.030 g
- 채취 전 여과지의 질량 : 3.621 g

① 0.13 mg/m³ ② 0.19 mg/m³
③ 0.25 mg/m³ ④ 0.35 mg/m³

해설 (1) 채취 유량(Q)의 계산

$$\frac{Q_1+Q_2}{2}=\frac{1.8+1.2}{2}=1.5\,\mathrm{m^3/min}$$

(2) 비산먼지 농도

$$\frac{(4.030-3.621)\mathrm{g}\times\dfrac{1,000\,\mathrm{mg}}{1\,\mathrm{g}}}{1.5\,\mathrm{m^3/min}\times 24\,\mathrm{hr}\times\dfrac{60\,\mathrm{min}}{1\,\mathrm{hr}}}$$

$$=0.189\,\mathrm{mg/m^3}$$

74. 배출가스 중의 금속원소를 원자흡수분광광도법에 따라 분석할 때, 금속원소와 측정파장의 연결이 옳은 것은?

① Pb - 357.9 nm ② Be - 228.8 nm
③ Ni - 217.0 nm ④ Zn - 213.8 nm

해설 원자흡수분광광도법의 측정파장

측정 금속	측정파장(nm)
Zn	213.8
Pb	217.0/283.3
Cd	228.8
Ni	232.0
Be	234.9
Fe	248.3
Cu	324.8
Cr	357.9

75. 다음 중 원자흡수분광광도법에서 광원부로 가장 적합한 장치는?

① 텅스텐램프
② 플라스마램프
③ 중공음극램프
④ 수소방전관

해설 기기분석별 광원 정리
- 원자흡수분광광도법 : 중공음극램프
- 자외선/가시선 분광법 : 텅스텐램프(가시부와 근적외부), 중수소 방전관(자외부)
- 비분산 적외선 분석기(복광속 비분산분석기) : 흑체발광으로 니크롬선 또는 탄화규소의 저항체에 전류를 흘려 가열한 것
- 흡광차분광법(DOAS) : 180~2,850 nm 파장을 갖는 제논램프

76. 대기오염공정시험기준 총칙에 관한 내용으로 옳지 않은 것은?

① 방울수 - 20℃에서 정제수 20방울을 떨어뜨릴 때 그 부피가 약 1 mL 되는 것
② 용액의 액성 표시 - 유리전극법에 의한 pH미터로 측정
③ 액체성분의 양을 정확히 취한다 - 피펫, 삼각플라스크를 사용해 조작
④ 여과용 기구 및 기기를 기재하지 아니하고 여과한다 - KS M 7602 거름종이 5종 또는 이와 동등한 여과지를 사용해 여과

해설 ③ 액체성분의 양을 정확히 취한다 - 홀피펫, 부피플라스크 또는 이와 동등 이상의 정도를 갖는 용량계를 사용하여 조작하는 것

정답 73. ② 74. ④ 75. ③ 76. ③

77. 위상차현미경법으로 환경대기 중의 석면을 분석할 때 계수대상물의 식별방법에 관한 내용으로 옳지 않은 것은? (단, 적정한 분석능력을 가진 위상차현미경을 사용하는 경우)

① 섬유가 헝클어져 정확한 수를 헤아리기 힘들 때에는 0개로 판정한다.
② 구부러져 있는 단섬유는 곡선에 따라 전체 길이를 재어서 판정한다.
③ 길이가 7 μm 이하인 단섬유는 0개로 판정한다.
④ 섬유가 그래티큘 시야의 경계선에 물린 경우 그래티큘 시야 안으로 한쪽 끝만 들어와 있는 섬유는 1/2개로 인정한다.

[해설] ③ 길이가 5 μm 이상인 단섬유는 1개로 판정한다.

78. 환경대기 중의 벤조(a)피렌을 분석하기 위한 시험방법은?

① 비분산적외선분광분석법
② 이온크로마토그래피
③ 흡광차분광법
④ 형광분광광도법

[해설] 환경대기 중의 벤조(a)피렌 시험방법
• 가스크로마토그래피
• 형광분광광도법

[더 알아보기] 핵심정리 2-92

79. 다음 중 여과재로 "카보런덤"을 사용하는 분석대상물질은?

① 비소
② 브로민
③ 벤젠
④ 폼알데하이드

[해설] 여과재 재질이 카보런덤이 아닌 분석대상물질 : 이황화탄소, 폼알데하이드, 브로민, 벤젠, 페놀

[더 알아보기] 핵심정리 2-75

80. 저용량 공기시료채취기에 의해 환경대기 중 먼지 채취 시 여과지 또는 샘플러 각 부분의 공기저항에 의하여 생기는 압력손실을 측정하여 유량계의 유량을 보정해야 한다. 유량계의 설정조건에서 760 mmHg에서의 유량을 20 L/min, 사용조건에 따른 유량계 내의 압력손실을 150 mmHg라 할 때, 유량계의 눈금값은 얼마로 설정하여야 하는가?

① 16.3 L/min
② 20.3 L/min
③ 22.3 L/min
④ 25.3 L/min

[해설] 유량계의 유량지시값의 압력에 의한 보정

$$Q_r = 20\sqrt{\frac{760}{760-\Delta P}} = 20\sqrt{\frac{760}{760-150}}$$
$$= 22.32 \text{ L/min}$$

여기서, Q_r : 유량계의 눈금값
20 : 760 mmHg에서 유량
(Q_o = 20 L/min)
ΔP : 유량계 내의 압력손실(mmHg)

제5과목 대기환경관계법규

81. 환경정책기본법령상 일산화탄소(CO)의 대기환경기준으로 옳은 것은? (단, 8시간 평균치 기준)

① 0.10 ppm 이하
② 9 ppm 이하
③ 25 ppm 이하
④ 35 ppm 이하

정답 77. ③ 78. ④ 79. ① 80. ③ 81. ②

해설 환경정책기본법상 대기환경기준

측정시간	연간	24시간	8시간	1시간
SO_2(ppm)	0.02	0.05	–	0.15
NO_2(ppm)	0.03	0.06	–	0.10
O_3(ppm)	–	–	0.06	0.10
CO(ppm)	–	–	9	25
PM10 ($\mu g/m^3$)	50	100	–	–
PM2.5 ($\mu g/m^3$)	15	35	–	–
납(Pb) ($\mu g/m^3$)	0.5	–	–	–
벤젠 ($\mu g/m^3$)	5	–	–	–

82. 실내공기질 관리법상 용어의 정의로 옳지 않은 것은?

① "공동주택"이라 함은 건축법 규정에 의한 공동주택을 의미한다.
② "다중이용시설"이라 함은 불특정 다수인이 이용하는 시설을 말한다.
③ "공기정화설비"라 함은 오염된 실내공기를 밖으로 내보내고 신선한 바깥공기를 실내로 끌어들여 실내공간의 공기를 쾌적한 상태로 유지시키는 설비를 말하며, 환기설비와 동일한 의미로 사용되는 것을 말한다.
④ "오염물질"이라 함은 실내공간의 공기오염의 원인이 되는 가스와 떠다니는 입자상 물질 등으로서 환경부령이 정하는 것을 말한다.

해설 실내공기질 관리법상 용어 정의
③ 공기정화설비 : 실내공간의 오염물질을 없애거나 줄이는 설비로서 환기설비의 안에 설치되거나, 환기설비와는 따로 설치된 것을 말한다.

참고 환기설비 : 오염된 실내공기를 밖으로 내보내고 신선한 바깥공기를 실내로 끌어들여 실내공간의 공기를 쾌적한 상태로 유지시키는 설비를 말한다.

83. 악취방지법령상 위임업무 보고사항 중 "악취검사기관의 지정, 지정사항 변경보고 접수 실적"의 보고횟수 기준은?

① 연 1회
② 연 2회
③ 연 4회
④ 수시

해설 악취방지법 위임업무 보고사항 – 보고횟수
1. 악취검사기관의 지정, 지정사항 변경보고 접수 실적 : 연 1회
2. 악취검사기관의 지도·점검 및 행정처분 실적 : 연 1회

84. 대기환경보전법령상 대기오염방지시설에 해당하지 않는 것은?

① 원심력집진시설
② 응축에 의한 시설
③ 응집에 의한 시설
④ 촉매반응을 이용하는 시설

해설 대기오염방지시설
1. 중력집진시설
2. 관성력집진시설
3. 원심력집진시설
4. 세정집진시설
5. 여과집진시설
6. 전기집진시설
7. 음파집진시설
8. 흡수에 의한 시설
9. 흡착에 의한 시설
10. 직접연소에 의한 시설
11. 촉매반응을 이용하는 시설
12. 응축에 의한 시설
13. 산화·환원에 의한 시설
14. 미생물을 이용한 처리시설
15. 연소조절에 의한 시설

정답 82. ③ 83. ① 84. ③

85. 다음은 악취방지법상 기술진단 등에 관한 사항이다. ( ) 안에 알맞은 것은?

> 시·도지사, 대도시의 장 및 시장·군수·구청장은 악취로 인한 주민의 건강상 위해(危害)를 예방하고 생활환경을 보전하기 위하여 해당 지방자치단체의 장이 설치·운영하는 악취배출시설에 대하여 ( )마다 기술진단을 실시하여야 한다.

① 1년 ② 2년 ③ 3년 ④ 5년

해설 악취방지법상 기술진단 : 시·도지사, 대도시의 장 및 시장·군수·구청장은 악취로 인한 주민의 건강상 위해를 예방하고 생활환경을 보전하기 위하여 해당 지방자치단체의 장이 설치·운영하는 악취배출시설에 대하여 5년마다 기술진단을 실시하여야 한다.

86. 대기환경보전법령상 "온실가스"에 해당하지 않는 것은?

① 수소불화탄소 ② 염화불화탄소(CFC)
③ 육불화황 ④ 메탄

해설 온실가스 : 이산화탄소, 메탄, 아산화질소, 수소불화탄소, 과불화탄소, 육불화황

87. 대기환경보전법령상 환경기술인의 교육에 관한 내용으로 옳지 않은 것은? (단, 정보통신매체를 이용하여 원격교육을 하는 경우를 제외)

① 환경기술인은 환경보전협회, 환경부장관, 시·도지사 또는 대도시 시장이 교육을 실시할 능력이 있다고 인정하여 위탁하는 기관에서 실시하는 교육을 받아야 한다.
② 환경기술인으로 임명된 날부터 1년 이내에 1회 신규교육을 받아야 한다.
③ 교육과정의 교육시간은 7일 정도로 한다.
④ 교육대상이 된 사람이 그 교육을 받아야 하는 기한의 마지막 날 이전 3년 이내에 동일한 교육을 받았을 경우에는 해당 교육을 받은 것으로 본다.

해설 ③ 교육과정의 교육시간은 4일 정도로 한다.
정리 환경기술인의 교육
1. 신규교육 : 환경기술인으로 임명된 날부터 1년 이내에 1회
2. 보수교육 : 신규교육을 받은 날을 기준으로 3년마다 1회
- 환경기술인은 환경보전협회, 환경부장관, 시·도지사가 교육을 실시할 능력이 있다고 인정하여 위탁하는 기관에서 실시하는 교육을 받아야 한다.
- 교육대상이 된 사람이 그 교육을 받아야 하는 기한의 마지막 날 이전 3년 이내에 동일한 교육을 받았을 경우에는 해당 교육을 받은 것으로 본다.
- 교육기간은 4일 이내로 한다. (다만, 정보통신매체를 이용하여 원격교육을 하는 경우에는 환경부장관이 인정하는 기간으로 한다.)

88. 대기환경보전법령상 배출시설 설치신고를 하려는 자가 배출시설 설치신고서에 첨부하여 환경부장관 또는 시·도지사에게 제출해야하는 서류에 해당하지 않는 것은?

① 질소산화물 배출농도 및 배출량을 예측한 명세서
② 방지시설의 일반도
③ 방지시설의 연간 유지관리 계획서
④ 배출시설 및 대기오염방지시설의 설치명세서

해설 배출시설 설치허가 신청서 또는 배출시설 설치신고서에 첨부하여야 할 서류
1. 원료(연료 포함)의 사용량 및 제품 생산량과 오염물질 등의 배출량을 예측한 명세서
2. 배출시설 및 방지시설의 설치명세서
3. 방지시설의 일반도
4. 방지시설의 연간 유지관리 계획서
5. 사용 연료의 성분 분석과 황산화물 배출농도 및 배출량 등을 예측한 명세서(법 제41조 제3항 단서에 해당하는 배출시설의 경우에만 해당)

정답 85. ④ 86. ② 87. ③ 88. ①

6. 배출시설 설치허가증(변경허가를 신청하는 경우에만 해당)

89. 대기환경보전법령상 천재지변으로 사업자의 재산에 중대한 손실이 발생하여 납부기한 전에 부과금을 납부할 수 없다고 인정되는 경우, 초과부과금 징수유예기간과 그 기간 중의 분할납부 횟수기준으로 옳은 것은?

① 유예한 날의 다음 날부터 2년 이내, 4회 이내
② 유예한 날의 다음 날부터 2년 이내, 12회 이내
③ 유예한 날의 다음 날부터 3년 이내, 4회 이내
④ 유예한 날의 다음 날부터 3년 이내, 12회 이내

해설 부과금의 징수유예·분할납부 및 징수절차
- 기본부과금 : 유예한 날의 다음 날부터 다음 부과 기간의 개시일 전일까지, 4회 이내
- 초과부과금 : 유예한 날의 다음 날부터 2년 이내, 12회 이내
- 징수유예기간의 연장은 유예한 날의 다음 날부터 3년 이내로 하며, 분할납부의 횟수는 18회 이내로 한다.
- 부과금의 분할납부 기한 및 금액과 그 밖에 부과금의 부과·징수에 필요한 사항은 환경부장관 또는 시·도지사가 정한다.

90. 대기환경보전법령상 특정 대기오염물질의 배출허용기준이 300(12)ppm일 때, (12)의 의미는?

① 해당배출허용농도(백분율)
② 해당배출허용농도(ppm)
③ 표준산소농도(O_2의 백분율)
④ 표준산소농도(O_2의 ppm)

해설 배출허용기준에서 ( )는 표준산소농도(O_2의 백분율)를 말한다.

91. 실내공기질 관리법규상 신축 공동주택의 실내공기질 권고기준으로 옳은 것은?

① 스티렌 210 $\mu g/m^3$ 이하
② 폼알데하이드 360 $\mu g/m^3$ 이하
③ 자일렌 360 $\mu g/m^3$ 이하
④ 에틸벤젠 360 $\mu g/m^3$ 이하

해설 신축 공동주택의 실내공기질 권고기준

물질	실내공기질 권고 기준
벤젠	30 $\mu g/m^3$ 이하
폼알데하이드	210 $\mu g/m^3$ 이하
스티렌	300 $\mu g/m^3$ 이하
에틸벤젠	360 $\mu g/m^3$ 이하
자일렌	700 $\mu g/m^3$ 이하
톨루엔	1,000 $\mu g/m^3$ 이하
라돈	148 Bq/m^3 이하

92. 대기환경보전법령상 사업장별 환경기술인의 자격기준에 관한 내용으로 옳지 않은 것은?

① 4종사업장과 5종사업장 중 기준 이상의 특정대기유해물질이 포함된 오염물질을 배출하는 경우 3종사업장에 해당하는 기술인을 두어야 한다.
② 공동방지시설에서 각 사업장의 대기오염물질 발생량의 합계가 4종사업장과 5종사업장의 규모에 해당하는 경우에는 3종사업장에 해당하는 기술인을 두어야 한다.
③ 대기환경기술인이 소음·진동관리법에 따른 소음·진동환경기술인 자격을 갖춘 경우에는 소음·진동환경기술인을 겸임할 수 있다.
④ 전체 배출시설에 대해 방지시설 설치 면제를 받은 사업장과 배출시설에서 배출되는 오염물질 등을 공동방지시설에서 처리하는 사업장은 5종사업장에 해당하는 기술인을 둘 수 없다.

정답 89. ② 90. ③ 91. ④ 92. ④

해설 ④ 전체 배출시설에 대하여 방지시설 설치 면제를 받은 사업장과 배출시설에서 배출되는 오염물질 등을 공동방지시설에서 처리하는 사업장은 5종사업장에 해당하는 기술인을 둘 수 있다.

더 알아보기 핵심정리 2-98

93. 대기환경보전법령상 초과부과금 산정기준에서 오염물질 1킬로그램당 부과금액이 가장 적은 오염물질은?
① 불소화물 ② 염화수소
③ 황화수소 ④ 시안화수소

해설 초과부과금 산정기준 : 염화수소 > 시안화수소 > 황화수소 > 불소화물 > 질소산화물 > 이황화탄소 > 암모니아 > 먼지 > 황산화물

더 알아보기 핵심정리 2-97

94. 대기환경보전법규상 대기오염 경보단계별 대기오염물질의 농도기준 중 "경보" 발령 기준으로 옳은 것은? (단, 미세먼지(PM-10)를 대상물질로 한다.)
① 기상조건 등을 고려하여 해당지역의 대기자동측정소 PM-10 시간당 평균농도가 300 $\mu g/m^3$ 이상 2시간 이상 지속인 때
② 기상조건 등을 고려하여 해당지역의 대기자동측정소 PM-10 시간당 평균농도가 200 $\mu g/m^3$ 이상 2시간 이상 지속인 때
③ 기상조건 등을 고려하여 해당지역의 대기자동측정소 PM-10 시간당 평균농도가 150 $\mu g/m^3$ 이상 1시간 이상 지속인 때
④ 기상조건 등을 고려하여 해당지역의 대기자동측정소 PM-10 시간당 평균농도가 75 $\mu g/m^3$ 이상 2시간 이상 지속인 때

해설 대기오염경보단계 – 미세먼지(PM-10)
- 주의보 : 평균농도가 150 $\mu g/m^3$ 이상 2시간 이상 지속인 때
- 경보 : 평균농도가 300 $\mu g/m^3$ 이상 2시간 이상 지속인 때

더 알아보기 핵심정리 2-100

95. 실내공기질 관리법령상 실내공기질의 측정에 관한 내용 중 ( ) 안에 알맞은 것은?

다중이용시설의 소유자 등은 실내공기질 측정대상오염물질이 실내공기질 권고기준의 오염물질 항목에 해당하는 경우 실내공기질을 (ⓐ) 측정해야 한다. 또한 실내공기질 측정결과를 (ⓑ) 보존해야 한다.

① ⓐ 연 1회, ⓑ 10년간
② ⓐ 연 2회, ⓑ 5년간
③ ⓐ 2년에 1회, ⓑ 10년간
④ ⓐ 2년에 1회, ⓑ 5년간

해설 실내공기질의 측정
- 실내공기질 유지기준 오염물질 항목 : 1년에 한 번 측정함
- 실내공기질 권고기준 오염물질 항목 : 2년에 한 번 측정함
- 다중이용시설의 소유자 등은 실내공기질 측정결과를 10년간 보존해야 한다.

96. 대기환경보전법령상 선박의 디젤기관에서 배출되는 대기오염물질 중 대통령령으로 정하는 대기오염물질에 해당하는 것은?
① 황산화물 ② 일산화탄소
③ 염화수소 ④ 질소산화물

해설 선박의 디젤기관에서 배출되는 대기오염물질 중 대통령령으로 정하는 대기오염물질
: 질소산화물

97. 대기환경보전법령상 특별대책지역에서 휘발성유기화합물을 배출하는 시설로서 대통령령으로 정하는 시설은 환경부장관 등에게 신고하여야 하는데, 다음 중 "대통령령으로 정하는 시설"로 가장 거리가 먼 것은?
① 목재가공시설
② 주유소의 저장시설
③ 저유소의 출하시설
④ 세탁시설

정답 93. ① 94. ① 95. ③ 96. ④ 97. ①

해설 휘발성유기화합물 배출시설 중 "대통령령으로 정하는 시설"
1. 석유정제를 위한 제조시설, 저장시설 및 출하시설과 석유화학제품 제조업의 제조시설, 저장시설 및 출하시설
2. 저유소의 저장시설 및 출하시설
3. 주유소의 저장시설 및 주유시설
4. 세탁시설
5. 그 밖에 휘발성유기화합물을 배출하는 시설로서 환경부장관이 관계 중앙행정기관의 장과 협의하여 고시하는 시설

98. 다음은 대기환경보전법규상 첨가제·촉매제 제조기준에 맞는 제품의 표시방법(기준)이다. ( ) 안에 알맞은 것은?

> 기준에 맞게 제조된 제품임을 나타내는 표시를 첨가제 또는 촉매제 용기 앞면의 제품명 밑에 제품명 글자크기의 ( ) 이상에 해당하는 크기로 표시하여야 한다.

① 100분의 20   ② 100분의 30
③ 100분의 50   ④ 100분의 70

해설 첨가제·촉매제 제조기준에 맞는 제품의 표시방법 : 첨가제 또는 촉매제 용기 앞면의 제품명 밑에 제품명 글자 크기의 100분의 30 이상에 해당하는 크기로 표시하여야 한다.

99. 대기환경보전법상 Ⅰ지역에 대한 기본부과금의 지역별 부과계수는? (단, Ⅰ지역은 국토의 계획 및 이용에 관한 법률에 따른 주거지역·상업지역, 취락지구, 택지개발지구이다.)

① 0.5   ② 1.0   ③ 1.5   ④ 2.0

해설 기본부과금의 지역별 부과계수

구분	지역별 부과계수
Ⅰ지역	1.5
Ⅱ지역	0.5
Ⅲ지역	1.0

- Ⅰ지역 : 주거지역·상업지역, 취락지구, 택지개발지구
- Ⅱ지역 : 공업지역, 개발진흥지구(관광·휴양개발진흥지구는 제외), 수산자원보호구역, 국가산업단지·일반산업단지·도시첨단산업단지, 전원개발사업구역 및 예정구역
- Ⅲ지역 : 녹지지역·관리지역·농림지역 및 자연환경보전지역, 관광·휴양개발진흥지구

100. 대기환경보전법령상 배출시설로부터 나오는 특정대기유해물질로 인해 환경기준의 유지가 곤란하다고 인정되어 시·도지사가 특정대기유해물질을 배출하는 배출시설의 설치를 제한할 수 있는 경우에 관한 내용 중 ( ) 안에 알맞은 것은?

> 배출시설 설치 지점으로부터 반경 1킬로미터 안의 상주 인구가 2만명 이상인 지역으로서 특정대기유해물질 중 한 가지 종류의 물질을 연간 (ⓐ) 이상 배출하거나 두 가지 이상의 물질을 연간 (ⓑ) 이상 배출하는 시설을 설치하는 경우

① ⓐ 5톤, ⓑ 10톤
② ⓐ 5톤, ⓑ 15톤
③ ⓐ 10톤, ⓑ 20톤
④ ⓐ 10톤, ⓑ 25톤

해설 환경부장관 또는 시·도지사가 배출시설의 설치를 제한할 수 있는 경우
1. 배출시설 설치 지점으로부터 반경 1킬로미터 안의 상주 인구가 2만명 이상인 지역으로서 특정대기유해물질 중 한 가지 종류의 물질을 연간 10톤 이상 배출하거나 두 가지 이상의 물질을 연간 25톤 이상 배출하는 시설을 설치하는 경우
2. 대기오염물질(먼지·황산화물 및 질소산화물만 해당한다)의 발생량 합계가 연간 10톤 이상인 배출시설을 특별대책지역(총량규제구역으로 지정된 특별대책지역은 제외)에 설치하는 경우

정답 98. ②   99. ③   100. ④

제3회 CBT 실전문제

제1과목　대기오염개론

1. 광화학 스모그 현상에 관한 설명으로 가장 거리가 먼 것은?
① LA형 스모그는 광화학 스모그의 대표적인 피해사례이다.
② 광화학반응에 의해 생성된 물질은 미산란 효과에 의해 대기의 파장변화와 가시도의 증가를 초래한다.
③ 광화학산화물인 오존의 농도는 아침에 서서히 증가하기 시작하여 일사량이 최대인 오후에 최대의 경향을 나타내고 다시 감소한다.
④ 정상상태일 경우 오존의 대기 중 오존농도는 NO_2와 NO비, 태양빛의 강도 등에 의해 좌우된다.

해설 ② 광화학반응에 의해 생성된 물질(옥시던트)은 시정거리를 감소시킨다.

2. 역전에 관한 설명으로 옳지 않은 것은?
① 복사역전층은 보통 가을로부터 봄에 걸쳐서 날씨가 좋고, 바람이 약하며, 습도가 적을 때 자정 이후 아침까지 잘 발생한다.
② 침강역전은 고기압 중심부분에서 기층이 서서히 침강하면서 기온이 단열변화로 승온되어 발생하는 현상이다.
③ 전선역전층은 빠른 속도로 움직이는 경향이 있어서 오염문제에 심각한 영향을 주지는 않는 편이다.
④ 해풍역전은 정체성 역전으로서 보통 오염물질을 오랫동안 정체시킨다.

해설 ④ 침강성 역전이 정체성 역전이다.

3. 유효굴뚝높이 100 m의 굴뚝으로부터 배출되는 SO_2가 지표면에서 최대농도를 나타내는 착지지점(X_{max})은? (단, Sutton의 확산식을 이용하여 계산하고, 수직확산계수 C_z=0.05, 대기 안정도계수 n=0.25이다.)
① 4,880 m　② 5,924 m
③ 6,877 m　④ 7,995 m

해설 최대착지거리
$$X_{max} = \left(\frac{H_e}{\sigma_z}\right)^{\frac{2}{2-n}} = \left(\frac{100}{0.05}\right)^{\frac{2}{2-0.25}}$$
$$= 5,923.87\,m$$

4. 자동차 배출가스 저감기술에 관한 내용으로 옳지 않은 것은?
① 입자상물질 여과장치는 세라믹 필터나 금속 필터를 사용하여 입자상 물질을 포집하는 장치이다.
② 디젤 산화촉매는 자동차 배출가스 중의 HC, CO를 탄산가스와 물로 산화시켜 정화한다.
③ 후처리 버너는 엔진의 배기계통에 장착하여 배출가스 중의 가연성분을 제거하는 장치이다.
④ EBD는 촉매의 존재하에 NOx와 선택적으로 반응할 수 있는 환원제를 주입하여 NOx를 N_2로 환원하는 장치이다.

해설 ④ 삼원촉매장치는 촉매의 존재하에 NOx와 선택적으로 반응할 수 있는 환원제를 주입하여 NOx를 N_2로 환원하는 장치이다.

정리 EBD
• 전자식 제동력 분배장치
• ABS와 같이 장착하여 ABS 성능 향상
• 안정성 증대 제동장치

정답 1. ② 　2. ④　3. ②　4. ④

5. 2,000 m에서 대기압력(최초 기압)이 860 mbar, 온도가 5℃, 비열비 K가 1.4일 때 온위 (potential temperature)는? (단, 표준 압력은 1,000 mbar)

① 약 284 K　　② 약 290 K
③ 약 294 K　　④ 약 309 K

해설 온위

$$\theta = T \times \left(\frac{P_o}{P}\right)^{\frac{k-1}{k}}$$

$$= (273+5) \times \left(\frac{1{,}000}{860}\right)^{\frac{1.4-1}{1.4}}$$

$$= 290.24\,K$$

6. 라디오존데(radiosonde)는 주로 무엇을 측정하는 데 사용되는 장비인가?

① 고층대기의 가스상 물질의 농도를 측정하는 장비
② 고층대기의 입자상 물질의 농도를 측정하는 장비
③ 고층대기의 초고주파의 주파수(20 kHz 이상) 이동상태를 측정하는 장비
④ 고층대기의 온도, 기압, 습도, 풍속 등의 기상요소를 측정하는 장비

해설 라디오존데(radiosonde)
• 고층대기의 온도, 기압, 습도, 풍향, 풍속 등의 기상요소를 측정하는 장비
• 라디오존데를 통해 혼합고, 환경감률을 알 수 있음

7. 다음 중 오존층 보호를 위한 국제환경협약으로만 옳게 연결된 것은?

① 바젤협약 – 비엔나협약
② 오슬로협약 – 비엔나협약
③ 비엔나협약 – 몬트리올 의정서
④ 몬트리올 의정서 – 람사협약

해설 (1) 오존층 보호를 위한 국제협약
• 비엔나협약
• 몬트리올 의정서

• 런던회의
• 코펜하겐 회의

(2) 산성비에 관한 국제협약
• 헬싱키 의정서 : 황산화물(SOx) 저감에 관한 협약
• 소피아 의정서 : 질소산화물(NOx) 저감에 관한 협약

(3) 지구온난화 및 기후변화 협약
• 리우회의
• 교토의정서

(4) 기타 협약
• 람사협약 : 철새도래지 및 습지보전
• CITES : 멸종위기에 처한 야생동식물의 보호
• 바젤협약 : 국가 간 유해폐기물의 이동 규제

8. SO_2의 식물 피해에 관한 설명으로 가장 거리가 먼 것은?

① 낮보다는 밤에 피해가 심하다.
② 협죽도, 양배추 등이 SO_2에 강한 식물이다.
③ 반점 발생 경향은 맥간반점을 띤다.
④ 식물잎 뒤쪽 표피 밑의 세포가 피해를 입기 시작한다.

해설 대기오염물질에 의한 피해 정도
• 낮 > 밤
• 공단, 도시 > 농촌

9. 악취(냄새)의 물리적, 화학적 특성에 관한 설명으로 옳지 않은 것은?

① 일반적으로 증기압이 높을수록 냄새는 더 강하다고 볼 수 있다.
② 악취유발가스는 통상 활성탄과 같은 표면 흡착제에 잘 흡착된다.
③ 악취유발물질들은 paraffin과 CS_2를 제외하고는 일반적으로 적외선을 강하게 흡수한다.
④ 악취는 물리적 차이보다는 화학적 구성에 의해서 결정된다는 주장이 더 지배적이다.

정답　5. ②　6. ④　7. ③　8. ①　9. ④

해설 ④ 악취 여부는 화학적 구성보다는 물리적 차이에 따라 좌우된다.

10. 다음 중 해륙풍에 관한 설명으로 옳지 않은 것은?
① 육지와 바다는 서로 다른 열적 성질 때문에 주간에는 육지로부터, 야간에는 바다로부터 바람이 분다.
② 육풍은 해풍에 비해 풍속이 작고, 수직 수평적인 범위도 좁게 나타나는 편이다.
③ 야간에는 바다의 온도 냉각률이 육지에 비해 작으므로 기압차가 생겨나 육풍이 존재한다.
④ 해륙풍이 장기간 지속되는 경우에는 폐쇄된 국지 순환의 결과로 인하여 해안가에 공업단지 등의 산업도시가 있는 지역에서는 대기오염물질의 축적이 일어날 수 있다.

해설 ① 육지와 바다는 서로 다른 열적 성질 때문에 주간에는 바다로부터 해풍이 불고, 야간에는 육지로부터 육풍이 분다.

정리 해륙풍
- 원인 : 해륙의 비열차 또는 비열용량차
- 해풍 : 낮에 뜨거워지기 쉬운 육지가 저기압이 되어 바다→육지로 부는 바람
- 육풍 : 밤에 온도 냉각률이 작은 바다가 저기압이 되어 육지→바다로 부는 바람

11. 다음에서 설명하는 대기분산모델로 가장 적합한 것은?

- 적용 모델식 : 가우시안 모델
- 작용 배출원 형태 : 점, 선, 면
- 개발국 : 미국
- 특징 : 미국에서 널리 이용되는 범용적인 모델로 장기 농도계산용 모델임

① RAMS   ② ADMS
③ ISCLT   ④ MM5

해설 대기 분야에 적용되는 분산모델의 종류 및 특징
- ADMS : 영국, 도시지역
- RAM : 바람장 모델. 기상예측에 사용
- RAMS : 바람장과 오염물질의 분산을 동시에 계산
- UAM : 광화학 반응 고려
- TCM : 장기모델로 한국에서 많이 사용되었음

12. 굴뚝의 반경이 1.5 m, 평균풍속이 180 m/min인 경우 굴뚝의 유효연돌높이를 24 m 증가시키기 위한 굴뚝 배출가스 속도는? (단, 연기의 유효상승 높이 $\Delta H = 1.5 \times \dfrac{W_s}{U} \times D$ 이용)

① 13 m/s
② 16 m/s
③ 26 m/s
④ 32 m/s

해설 연기상승고
$$\Delta H = 1.5 \times \dfrac{W_s}{U} \times D$$
$$24 = 1.5 \times \dfrac{W_s}{\dfrac{180\,m}{min} \times \dfrac{1\,min}{60\,s}} \times 3\,m$$
∴ 배출가스 속도(W_s) = 16 m/s

13. 다음 중 공중역전에 해당하지 않는 것은?
① 난류역전
② 접지역전
③ 전선역전
④ 침강역전

해설 역전의 분류
- 공중역전 : 침강성 역전, 해풍형 역전, 난류형 역전, 전선형 역전
- 지표역전 : 복사성(방사성) 역전, 이류성 역전

정답 10. ① 11. ③ 12. ② 13. ②

14. 최대혼합깊이(MMD)에 관한 설명으로 옳지 않은 것은?

① 실제 측정 시 MMD는 지상에서 수 km 상공까지의 실제공기의 온도종단도로 작성하여 결정된다.
② 일반적으로 대단히 안정된 대기에서의 MMD는 불안정한 대기에서보다 MMD가 작다.
③ 일반적으로 MMD가 높은 날은 대기오염이 심하고 낮은 날에는 대기오염이 적음을 나타낸다.
④ 통상 계절적으로 MMD는 이른 여름에 최대가 되고, 겨울에 최소가 된다.

해설 ③ 일반적으로 MMD가 낮을수록 대기오염이 심해진다.

15. 질소산화물(NOx)에 관한 설명으로 옳지 않은 것은?

① NOx의 인위적 배출량 중 거의 대부분이 연소과정에서 발생된다.
② 연소과정에서 초기에 발생되는 NOx는 주로 NO이다.
③ NOx는 그 자체도 인체에 해롭지만 광화학스모그의 원인물질로도 중요한 역할을 한다.
④ 연소 시 연료 중 질소의 NO 변환율은 대체로 약 2~5% 범위이다.

해설 ④ 연소 시 연료 중 질소의 NO 변환율은 대체로 약 20~50% 범위이다.

16. 열섬현상에 관한 설명으로 가장 거리가 먼 것은?

① dust dome effect라고도 하며, 직경 10 km 이상의 도시에서 잘 나타나는 현상이다.
② 도시지역 표면의 열적 성질의 차이 및 지표면에서의 증발잠열의 차이 등으로 발생된다.
③ 열섬효과로 인하여 도시 중심부가 주위보다 고온이 되어 도시 중심부에서 상승기류가 발생하고 도시 주위의 시골에서 도시로 바람이 부는데 이를 전원풍이라 한다.
④ 대도시에서 발생하는 기후현상으로 주변지역보다 비가 적게 오며, 건조해져 코, 기관지 염증의 원인이 되며, 태양복사량과 관련된 비타민 C의 결핍을 초래한다.

해설 ④ 열섬현상으로 도시에 비가 많이 내린다.

17. 아래 그림은 고도에 따른 대기의 기온변화를 나타낸 것이다. 다음 중 대기 중에 섞인 오염물질이 가장 잘 확산되는 기온변화 형태는?

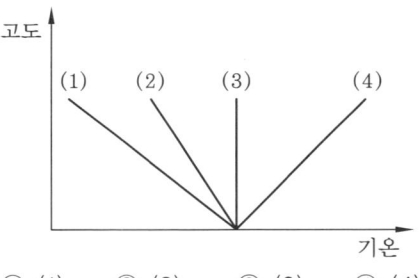

① (1)   ② (2)   ③ (3)   ④ (4)

해설 (1) 불안정, (2) 중립, (3) 등온, (4) 안정
오염물질은 대기가 불안정할 때 가장 잘 확산된다.

더 알아보기 핵심정리 2-29 (2)

18. 가우시안 모델에 적용되는 가정 조건으로 거리가 먼 것은?

① 연기의 분산은 정상상태 분포를 가정한다.
② 난류확산계수는 일정하다.
③ 연직방향의 풍속은 통상 수평방향의 풍속보다 크므로 고도변화에 따라 반영한다.
④ 바람에 의한 오염물질의 주 이동방향은 x축이며, 풍속은 일정하다.

해설 ③ 바람은 연직방향의 풍속은 무시하며, x축(수평방향)으로만 분다고 가정한다.

더 알아보기 핵심정리 2-35 (3)

19. 벤젠에 관한 설명으로 옳지 않은 것은?
① 체내에 흡수된 벤젠은 지방이 풍부한 피하조직과 골수에서 고농도로 축적되어 오래 잔존할 수 있다.
② 체내에서 마뇨산(hippuric acid)으로 대사하여 소변으로 배설된다.
③ 비점은 약 80℃ 정도이고, 체내 흡수는 대부분 호흡기를 통하여 이루어진다.
④ 벤젠 폭로에 의해 발생되는 백혈병은 주로 급성 골수아성 백혈병(acute myeloblastic leukemia)이다.

해설 ② 마뇨산 : 톨루엔

20. 먼지의 농도를 측정하기 위해 공기를 0.3 m/s의 속도로 1.5시간 동안 여과지에 여과시킨 결과 여과지의 빛 전달률이 깨끗한 여과지의 70 %로 감소했다. 1,000 m당 Coh는?
① 9.6
② 6.7
③ 4.5
④ 1.5

해설 $\text{Coh}_{1,000} = \dfrac{\log\left(\dfrac{1}{0.7}\right) \times 100}{0.3 \times 1.5 \times 3,600} \times 1,000\,\text{m}$
$= 9.56$

제2과목 연소공학

21. C 85 %, H 7 %, O 5 %, S 3 %인 중유의 이론적인 $(CO_2)_{max}$[%] 값은?
① 9.6
② 14.6
③ 17.6
④ 20.6

해설 (1) $A_o = \dfrac{O_o}{0.21}$
$= \dfrac{(1.867 \times 0.85 + 5.6 \times 0.07 + 0.7 \times 0.03 - 0.7 \times 0.05)}{0.21}$
$= 9.3569\,\text{Sm}^3/\text{kg}$

(2) $G_{od} = (1 - 0.21)A_o + CO_2 + SO_2$
$= (1 - 0.21) \times 9.3569 + \dfrac{22.4}{12} \times 0.85 + \dfrac{22.4}{32} \times 0.03$
$= 8.9996\,\text{Sm}^3/\text{kg}$

(3) $(CO_2)_{max} = \dfrac{CO_2}{G_{od}} \times 100$
$= \dfrac{\dfrac{22.4}{12} \times 0.85}{8.9996} \times 100$
$= 17.63\,\%$

22. 기체연료의 연소형태로 옳은 것은?
① 증발연소
② 표면연소
③ 분해연소
④ 확산연소

해설 연료에 따른 주요 연소형태
- 고체연료 : 표면연소, 분해연소, 훈연연소, 증발연소, 자가(내부)연소
- 액체연료 : 증발연소, 분해연소, 심지연소, 액면연소
- 기체연료 : 확산연소, 예혼합연소, 부분예혼합연소

23. 중유에 관한 설명과 거리가 먼 것은?
① 점도가 낮을수록 유동점이 낮아진다.
② 중유의 잔류 탄소함량은 일반적으로 7~16 % 정도이다.
③ 점도가 낮은 것이 사용상 유리하고, 용적당 발열량이 적은 편이다.
④ 인화점이 높은 경우 역화의 위험이 있으며, 보통 그 예열온도보다 약 2℃ 정도 높은 것을 쓴다.

해설 ④ 점도가 높을수록 인화점이 높아지고, 폭발(역화) 위험이 감소한다.

정답 19. ② 20. ① 21. ③ 22. ④ 23. ④

24. C : 85 %, H : 10 %, S : 5 %의 중량비를 갖는 중유 1 kg을 1.2의 공기비로 완전연소 시킬 때, 건조 배출가스 중의 이산화황 부피 분율(%)은? (단, 황 성분은 전량 이산화황 으로 전환)

① 0.18 ② 0.29
③ 0.34 ④ 0.45

[해설] G_d[Sm³/kg]으로 SO₂[%] 계산

(1) $A_o = \dfrac{O_o}{0.21}$

$= \dfrac{1.867C + 5.6\left(H - \dfrac{O}{8}\right) + 0.7S}{0.21}$

$= \dfrac{1.867 \times 0.85 + 5.6 \times 0.10 + 0.7 \times 0.05}{0.21}$

$= 10.3902 \, Sm^3/kg$

(2) $G_d = mA_o - 5.6H + 0.7O + 0.8N$
$= 1.2 \times 10.3902 - 5.6 \times 0.10$
$= 11.9082 \, Sm^3/kg$

(3) $SO_2 = \dfrac{SO_2}{G_d} \times 100\% = \dfrac{0.7S}{G_d} \times 100\%$
$= \dfrac{0.7 \times 0.05}{11.9098} \times 100\% = 0.293\%$

25. 다음 가스 중 1 Sm³를 완전연소할 때 가장 많은 이론공기량(Sm³)이 요구되는 것은? (단, 가스는 순수가스임)

① 에탄 ② 프로판
③ 에틸렌 ④ 아세틸렌

[해설] 이론공기량(Sm³/Sm³)
- 대체로 분자식의 탄소(C)나 수소(H)의 수가 많을수록 이론공기량(Sm³/Sm³)이 증가한다.
- 프로판(C_3H_8) > 에탄(C_2H_6) > 에틸렌(C_2H_4) > 아세틸렌(C_2H_2)

26. 연소에 관한 설명으로 옳은 것은?

① 공연비는 공기와 연료의 질량비(또는 부피비)로 정의되며 예혼합연소에서 많이 사용된다.
② 등가비와 공기비는 비례관계에 있다.
③ 등가비가 1보다 큰 경우 NOx 발생량이 증가한다.
④ 최대탄산가스율은 실제 습연소가스량과 최대탄산가스량의 비율이다.

[해설] ② 등가비와 공기비는 반비례관계(역수관계)에 있다.
③ 등가비가 1보다 작은 경우 NOx 발생량이 증가한다.
④ 최대탄산가스율은 이론 건연소가스량과 최대탄산가스량의 비율이다.

27. C : 78 %, H : 22 %로 구성되어 있는 액체 연료 1 kg을 공기비 1.2로 연소하는 경우에 C의 1 %가 검댕으로 발생된다고 하면 건연소 가스 1 Sm³ 중의 검댕의 농도(g/Sm³)는 약 얼마인가?

① 0.55 ② 0.85
③ 1.05 ④ 2.31

[해설] 검댕의 농도

(1) $G_d = mA_o - 5.6H + 0.7O + 0.8N$
$= 1.2 \times \dfrac{1.867 \times 0.78 + 5.6 \times 0.22}{0.21} - 5.6 \times 0.22$
$= 14.1295 \, Sm^3/kg$

(2) 연료 1 kg 연소 시 발생하는 검댕량(g)
$1,000 \, g \times 0.78 \times 0.01 = 7.8 \, g$

(3) $\dfrac{검댕(g)}{배기가스(Sm^3)} = \dfrac{7.8 \, g}{14.1295 \, Sm^3}$
$= 0.55 \, g/Sm^3$

28. 액체연료 연소장치 중 건타입(gun type) 버너에 관한 설명으로 옳지 않은 것은?

① 형식은 유압식과 공기분무식을 합한 것이다.
② 연소가 양호하고 전자동 연소가 가능하다.
③ 유압은 보통 7 kg/cm² 이상이다.
④ 유량조절 범위가 넓어 대형 연소에 사용한다.

해설 건타입 버너
- 분무압 7 kg/cm² 이상
- 유압식과 공기분무식을 합한 것
- 연소가 양호함
- 전자동 연소 가능

29. 다음 중 연료 연소 시 공기비가 이론치보다 작을 때 나타나는 현상으로 가장 적합한 것은?
① 완전연소로 연소실 내의 열손실이 작아진다.
② 배출가스 중 일산화탄소의 양이 많아진다.
③ 연소실 벽에 미연탄화물 부착이 줄어든다.
④ 연소효율이 증가하여 배출가스의 온도가 불규칙하게 증가 및 감소를 반복한다.

해설 ② 공기비가 이론치보다 작을 때(m < 1) CO의 양이 증가한다.
(1) m < 1
- 공기 부족
- 불완전 연소
- 매연, 검댕, CO, HC 증가
- 폭발 위험

(2) m = 1
- 완전 연소
- CO_2 발생량 최대

(3) 1 < m
- 과잉 공기
- SOx, NOx 증가
- 연소온도 감소, 냉각효과
- 열손실 커짐
- 저온부식 발생
- 희석효과가 높아져, 연소 생성물의 농도 감소

30. 착화점의 설명으로 옳지 않은 것은?
① 화학적으로 발열량이 적을수록 착화점은 낮다.
② 화학결합의 활성도가 클수록 착화점은 낮다.
③ 분자구조가 복잡할수록 착화점은 낮다.
④ 산소농도가 클수록 착화점은 낮다.

해설 ① 화학적으로 발열량이 클수록 착화점은 낮다.

정리 착화점(착화온도)의 특성
- 산소농도가 높을수록
- 산소와의 친화성이 클수록
- 화학 반응성이 클수록
- 화학결합의 활성도가 클수록
- 탄화수소의 분자량이 클수록
- 분자구조가 복잡할수록
- 비표면적이 클수록
- 압력이 높을수록
- 동질성 물질에서 발열량이 클수록
- 활성화에너지가 낮을수록
- 열전도율이 낮을수록
- 석탄의 탄화도가 낮을수록
→ 착화온도 낮아짐/연소되기 쉬움

31. 9,000 kcal/kg의 열량을 내는 석탄을 시간당 80 kg 연소하는 보일러가 있다. 실제로 이 보일러에서 시간당 흡수된 열량이 500,000 kcal라면 이 보일러의 열효율(%)은?
① 69.4
② 75.0
③ 83.3
④ 90.0

해설 열효율(E)
$$= \frac{유효출열}{H_l \times 연료량} \times 100\%$$
$$= \frac{500,000\,\text{kcal}}{(9,000\,\text{kcal/kg}) \times (80\,\text{kg/hr})} \times 100\%$$
$$= 69.44\%$$

정답 29. ② 30. ① 31. ①

32. 고압기류분무식 버너에 관한 설명으로 옳지 않은 것은?
① 2~8 kg/cm² 의 고압공기를 사용하여 연료유를 분무화시키는 방식이다.
② 분무각도는 30° 정도, 유량조절비는 1 : 10 정도이다.
③ 분무에 필요한 1차 공기량은 이론공기량의 80~90 % 범위이다.
④ 연료유의 점도가 커도 분무화가 용이하나 연소 시 소음이 큰 편이다.

해설 ③ 분무에 필요한 1차 공기량은 이론공기량의 7~12 % 범위이다.

33. 목재, 석탄, 타르 등 연소 초기에 가연성 가스가 생성되고 긴 화염이 발생되는 연소의 형태는?
① 표면연소
② 분해연소
③ 증발연소
④ 확산연소

해설 분해연소
- 열분해에 의해 발생된 가스와 공기가 혼합하여 연소
- 연소 초기에 가연성 고체(목탄, 석탄, 타르 등)의 열분해에 의하여 가연성 가스가 생성되고 이것이 긴 화염을 발생시키는 연소
- 예 대부분의 고체연료의 연소, 목재, 석탄, 타르 등

34. 연료의 특성에 대한 설명 중 옳은 것은?
① 석탄의 발열량은 탄화도가 진행될수록 작아진다.
② 중유의 비중이 클수록 유동점과 잔류탄소는 감소한다.
③ 중유 중 잔류탄소의 함량이 많아지면 점도가 낮아진다.
④ 메탄은 프로판에 비해 이론공기량이 적다.

해설 ① 석탄의 발열량은 탄화도가 진행될수록 커진다.
② 중유의 비중이 클수록 유동점과 잔류탄소는 증가한다.
- 중유 비중이 클수록 증가하는 것 : 유동점, 점도, 잔류탄소 등
- 중유 비중이 클수록 낮아지는 것 : 발열량, 연소성, 연소효율 등
③ 중유 중 잔류탄소의 함량이 많아지면 점도가 증가한다.

35. 화학반응속도 및 반응속도상수에 관한 설명으로 옳지 않은 것은?
① 1차 반응에서 반응속도상수의 단위는 s^{-1} 이다.
② 반응물의 농도를 무제한 증가할지라도 반응속도에는 영향을 미치지 않는 반응을 0차 반응이라 한다.
③ 화학반응속도론에서 반응속도상수 결정에 활성화에너지가 가장 주요한 영향인자로 작용하며, 넓은 온도범위에 걸쳐 유효하게 적용된다.
④ 반응속도상수는 온도에 영향을 받는다.

해설 ③ 화학반응속도론에서 반응속도상수는 온도가 주요 결정인자이다.

36. 다음 중 확산연소에 사용되는 버너로서 주로 천연가스와 같은 고발열량의 가스를 연소시키는 데 사용되는 것은?
① 건타입 버너
② 선회 버너
③ 방사형 버너
④ 고압 버너

해설 ① 건타입 버너 : 액체연료의 연소장치
② 선회 버너 : 확산연소용 버너 중 고로가스와 같이 저질연료를 연소시키는 데 사용
④ 고압 버너 : 기체연료의 연소방식 중 예혼합연소의 연소장치

더 알아보기 핵심정리 2-51

정답 32. ③ 33. ② 34. ④ 35. ③ 36. ③

37. 다음 중 가솔린자동차에 적용되는 삼원촉매 기술과 관련된 오염물질과 거리가 먼 것은?

① SOx   ② CO
③ NOx   ④ HC

해설 삼원촉매장치 : 산화촉매(Pt, Pd)와 환원촉매(Rh)의 기능을 가진 알맞은 촉매를 사용하여 하나의 장치 내에서 CO, HC, NOx를 동시에 처리하여 무해한 CO_2, H_2O, N_2로 만드는 장치

38. 탄소 86 %, 수소 13 %, 황 1 %의 중유를 연소하여 배기가스를 분석했더니 (CO_2+SO_2)가 13 %, O_2가 3 %, CO가 0.5 %이었다. 건조연소가스 중의 SO_2 농도는? (단, 표준상태 기준)

① 약 590 ppm   ② 약 970 ppm
③ 약 1,120 ppm   ④ 약 1,480 ppm

해설 (1) m
$N_2 = 100-(13+3+0.5) = 83.5\,\%$
$$m = \frac{N_2}{N_2 - 3.76(O_2 - 0.5CO)}$$
$$= \frac{83.5}{83.5 - 3.76(3 - 0.5 \times 0.5)}$$
$$= 1.14$$

(2) $A_o = \dfrac{O_o}{0.21}$
$$= \frac{1.867C + 5.6\left(H - \dfrac{O}{8}\right) + 0.7S}{0.21}$$
$$= \frac{1.867 \times 0.86 + 5.6 \times 0.13 + 0.7 \times 0.01}{0.21}$$
$$= 11.1458$$

(3) $G_d[Sm^3/kg] = mA_o - 5.6H + 0.7O + 0.8N$
$$= 1.14 \times 11.1458 - 5.6 \times 0.13$$
$$= 11.9782\,Sm^3/kg$$

(4) $SO_2[ppm] = \dfrac{SO_2}{G_d} \times 10^6 = \dfrac{0.7S}{G_d} \times 10^6$
$$= \frac{0.7 \times 0.01}{11.9782} \times 10^6$$
$$= 584.39\,ppm$$

39. A 기체연료 2 Sm^3을 분석한 결과 C_3H_8 1.7 Sm^3, CO 0.15 Sm^3, H_2 0.14 Sm^3, O_2 0.01 Sm^3이었다면 이 연료를 완전연소시켰을 때 생성되는 이론 습연소가스량(Sm^3)은?

① 약 41 Sm^3 ② 약 45 Sm^3
③ 약 52 Sm^3 ④ 약 57 Sm^3

해설

C_3H_8	+	$5O_2$	→	$3CO_2$	+	$4H_2O$
1	:	5	:	3	:	4
1.7 Sm^3	:	8.5 Sm^3	:	5.1 Sm^3	:	6.8 Sm^3

CO	+	$0.5O_2$	→	CO_2
1	:	0.5	:	1
0.15 Sm^3	:	0.075 Sm^3	:	0.15 Sm^3

H_2	+	$0.5O_2$	→	H_2O
1	:	0.5	:	1
0.14 Sm^3	:	0.07 Sm^3	:	0.14 Sm^3

(1) $A_o = \dfrac{O_o}{0.21}$
$$= \frac{(8.5 + 0.075 + 0.07 - 0.01)}{0.21}$$
$$= 41.119\,Sm^3$$

(2) $G_{ow} = (1-0.21)A_o + \Sigma$연소 생성물($H_2O$ 포함)
$G_{ow} = (1-0.21) \times 41.119 + [(5.1+0.15) + (6.8+0.14)]$
$= 44.67\,Sm^3$

40. S 함량 2 %의 벙커 C유 100 kL를 사용하는 보일러에 S 함량 1 %인 벙커 C유로 30 % 섞어 사용하면 SO_2 배출량은 몇 % 감소하는가? (단, 벙커 C유 비중 0.95, 벙커 C유 함유 S는 모두 SO_2로 전환된다.)

① 15
② 20
③ 25
④ 28

정답 37. ① 38. ① 39. ② 40. ①

해설
- 감소하는 S(%) = 감소하는 SO_2(%)
- 감소하는 S(%) = $\left(1 - \dfrac{\text{나중 S}}{\text{처음 S}}\right) \times 100$

  = $\left(1 - \dfrac{100(0.01 \times 0.3 + 0.02 \times 0.7)}{100 \times 0.02}\right) \times 100$

  = 15%

제3과목　대기오염방지기술

41. 물을 가압(加壓) 공급하여 함진가스를 세정하는 형식의 가압수식 스크러버가 아닌 것은?

① venturi scrubber
② impulse scrubber
③ spray tower
④ jet scrubber

해설 세정집진장치
- 유수식: 임펠러형, 가스선회형, 가스분출형, 로터형
- 가압수식: 벤투리 스크러버(venturi scrubber), 제트 스크러버(jet scrubber), 사이클론 스크러버(cyclone scrubber), 충전탑(packed tower), 분무탑(spray tower)
- 회전식: 타이젠 와셔(Theisen washer), 임펄스 스크러버(impulse scrubber)

42. 유체의 점성에 관한 설명으로 옳지 않은 것은?

① 액체의 온도가 높아질수록 점성계수는 감소한다.
② 점성계수는 압력과 습도의 영향을 거의 받지 않는다.
③ 유체 내에 발생하는 전단응력은 유체의 속도구배에 반비례한다.
④ 점성은 유체분자 상호간에 작용하는 응집력과 인접 유체층간의 운동량 교환에 기인한다.

해설 ③ 유체 내에 발생하는 전단응력은 유체의 속도구배에 비례한다.

정리 뉴턴의 점성법칙

$\tau = \mu \dfrac{dv}{dy}$

여기서, τ: 전단응력
　　　　μ: 점성계수
　　　　$\dfrac{dv}{dy}$: 속도경사(속도구배)

43. 선택적 촉매환원법(SCR)에서 질소산화물을 N_2로 환원시키는 데 가장 적당한 반응제는?

① 오존
② 염소
③ 암모니아
④ 이산화탄소

해설
- 선택적 촉매환원법(SCR) 환원제: NH_3, $(NH_2)_2CO$, H_2S, H_2 등
- 비선택적 촉매환원법(NCR) 환원제: CH_4, H_2, H_2S, CO

44. 냄새물질에 관한 다음 설명 중 가장 거리가 먼 것은?

① 물리화학적 자극량과 인간의 감각강도 관계는 Ranney 법칙과 잘 맞다.
② 골격이 되는 탄소(C)수는 저분자일수록 관능기 특유의 냄새가 강하고 자극적이며, 8~13에서 가장 향기가 강하다.
③ 분자내 수산기의 수는 1개일 때 가장 강하고 수가 증가하면 약해져서 무취에 이른다.
④ 불포화도가 높으면 냄새가 보다 강하게 난다.

해설 ① 물리화학적 자극량과 인간의 감각강도 관계는 웨버 훼히너(Weber-Fechner) 법칙과 잘 맞다.

정답 41. ②　42. ③　43. ③　44. ①

45. 원심력 집진장치(cyclone)에 관한 설명으로 옳지 않은 것은?
① 저효율 집진장치 중 압력손실은 작고, 고집진율을 얻기 위한 전문적 기술이 요구되지 않는다.
② 구조가 간단하고, 취급이 용이한 편이다.
③ 고농도 함진가스 처리에 유리한 편이다.
④ 집진효율을 높이는 방법으로 blow down 방법이 있다.

해설 ① 저효율 집진장치 중 압력손실은 크고, 고집진율을 얻기 위한 전문적 기술이 요구된다.

46. 관성력 집진장치의 일반적인 효율 향상 조건에 관한 설명으로 옳지 않은 것은?
① 기류의 방향전환 시 곡률반경이 작을수록 미립자의 포집이 가능하다.
② 기류의 방향전환각도가 작고, 방향전환 횟수가 많을수록 압력손실은 커지지만 집진은 잘 된다.
③ 충돌 직전의 처리가스의 속도는 작고, 처리 후 출구 가스속도는 클수록 미립자의 제거가 쉽다.
④ 적당한 모양과 크기의 dust box가 필요하다.

해설 ③ 충돌 직전의 처리가스의 속도는 크고, 처리 후 출구 가스속도는 작을수록 미립자의 제거가 쉽다.

정리 관성력 집진장치의 효율 향상 조건
• 충돌 직전의 처리가스속도 클수록
• 방향전환각도 작을수록
• 전환횟수가 많을수록
• 방향전환 곡률반경(기류반경) 작을수록
• 출구 가스속도 작을수록
• 방해판 많을수록
→ 집진효율 증가(압력손실 커짐)

47. 다음 중 습식세정장치의 특징으로 옳지 않은 것은?
① 단일장치에서 가스흡수와 먼지포집이 동시에 가능하다.
② 부식성 가스와 먼지를 중화시킬 수 있다.
③ 가연성, 폭발성 먼지를 처리할 수 있다.
④ 배출가스는 가시적인 연기를 피하기 위해 별도의 재가열이 불필요하고, 집진된 먼지는 회수가 용이하다.

해설 ④ 배출가스는 가시적인 연기를 피하기 위해 별도의 재가열이 필요하고, 집진된 먼지는 회수가 어렵다.

48. VOCs를 98 % 이상 제어하기 위한 VOCs 제어기술과 가장 거리가 먼 것은?
① 후연소
② 루프(loop) 산화
③ 저온(cryogenic) 응축
④ 재생(regenerative) 열산화

해설 VOC의 처리
• 소각처리 : 화염직접산화, 열산화, 촉매산화
• 흡수처리
• 흡착처리
• 막분리
• 냉각 응축(저온 응축)
• 생물여과
• UV 및 플라스마

49. 다음 [보기]가 설명하는 원심력 송풍기의 유형으로 옳은 것은?

[보기]
축차의 날개는 작고 회전축차의 회전방향 쪽으로 굽어 있다. 이 송풍기는 비교적 느린 속도로 가동되며, 이 축차는 때로는 '다람쥐축차'라고 불린다. 주로 가정용 화로, 중앙난방장치 및 에어컨과 같이 저압 난방 및 환기 등에 이용된다.

① 방사날개형　② 프로펠러형
③ 전향날개형　④ 방사경사형

해설 ③ 다람쥐축차는 전향날개형(다익형) 원심력 송풍기이다.

정답　45. ①　46. ③　47. ④　48. ②　49. ③

50. 여과집진장치를 사용하여 배출가스의 먼지농도를 10 g/m³에서 0.1 g/m³으로 감소시키고자 한다. 여과집진장치의 먼지부하가 300 g/m²이 되었을 때 탈진할 경우, 탈진주기(min)는? (단, 겉보기 여과속도는 2 cm/s)

① 25　　② 34
③ 40　　④ 46

해설 여과집진장치 – 여과시간(탈락시간 간격)

$L_d (g/m^2) = C_i \times V_f \times \eta \times t$

$\therefore t = \dfrac{L_d}{C_i \times V_f \times \eta}$

$= \dfrac{300\, g/m^2}{(10-0.1)\, g/m^3 \times 0.02\, m/sec} \times \dfrac{1\, min}{60\, sec}$

$= 25.25\, min$

더 알아보기 핵심정리 1–51 (4)

51. 유입계수 0.75, 속도압 20 mmH₂O일 때, 후드의 압력손실(mmH₂O)은?

① 15.6　　② 17.6
③ 18.8　　④ 19.4

해설 후드의 압력손실

(1) $F = \dfrac{1-Ce^2}{Ce^2} = \dfrac{1-0.75^2}{0.75^2} = 0.7778$

(2) $\Delta P = F \times h = 0.7778 \times 20 = 15.55\, mmH_2O$

52. 입자상 물질에 대한 설명으로 옳지 않은 것은?

① 단위 체적당 입자의 표면적은 입경이 작을수록 작아진다.
② 입경이 작을수록 집진이 어렵다.
③ 입자는 반드시 구형만은 아니고 선형, 부정형 등이 있다.
④ 비중은 항상 일정한 값을 취하는 진비중과 입자의 집합 상태에 따라 달라지는 겉보기 비중으로 구별할 수 있다.

해설 ① 단위 체적당 입자의 표면적(비표면적)은 입경이 작을수록 커진다.

참고 비표면적 $S_v = \dfrac{6}{D}$

53. 전기집진장치 내 먼지의 겉보기 이동속도는 0.11 m/s, 5 m×4 m인 집진판 200매를 설치하여 유량 9,000 m³/min를 처리할 경우 집진효율은? (단, 내부 집진판은 양면 집진, 2개의 외부 집진판은 각 하나의 집진면을 가진다.)

① 98.0 %
② 98.8 %
③ 99.3 %
④ 99.7 %

해설 (1) 평판형 전기집진장치의 집진매수
집진판 개수를 N이라 하면, 양면이므로 2N이고, 그 중 2개의 외부 집진판은 각각 집진면이 1개이므로,
집진매수 = 2N−2 = 2×200−2 = 398

(2) 처리효율

$\eta = 1 - \exp\left\{-\dfrac{A \times W}{Q}\right\}$

$= 1 - \exp\left\{-\dfrac{(5\times 4)\, m^2 \times 398 \times 0.11\, m/s}{9,000\, m^3/min \times \dfrac{1\, min}{60\, s}}\right\}$

$= 0.9970 = 99.70\,\%$

54. 표준상태의 공기가 내경이 50 cm인 강관 속을 1 m/s의 속도로 흐르고 있을 때, 공기의 질량유속(kg/s)은? (단, 공기의 평균분자량 = 29)

① 0.25　　② 0.51
③ 0.78　　④ 1.01

해설 질량유속(kg/s)

$= \dfrac{29\, kg}{22.4\, Sm^3} \times \dfrac{1\, m}{s} \times \dfrac{\pi (0.5\, m)^2}{4}$

$= 0.254\, kg/s$

정답 50. ①　51. ①　52. ①　53. ④　54. ①

55. 유해물질을 함유하는 가스와 그 제거장치의 조합으로 거리가 먼 것은?

① 벤젠 함유 가스 – 촉매연소법
② 사불화규소 함유 가스 – 충전탑
③ 시안화수소 함유 가스 – 물에 의한 세정
④ 삼산화인 함유 가스 – 표면적이 충분히 넓은 충전물을 채운 흡수탑 안에서 알칼리성 용액에 의한 흡수제거

해설 불소화합물의 처리장치
분무탑, 벤투리 스크러버, 제트 스크러버(충전탑은 침전물이 발생하므로 사용할 수 없음)

56. 여과집진장치에 사용되는 각종 여과재의 성질에 관한 연결로 가장 거리가 먼 것은? (단, 여과재의 종류 – 산에 대한 저항성 – 최고사용온도)

① 목면 – 양호 – 150℃
② 글라스화이버 – 양호 – 250℃
③ 비닐론 – 양호 – 100℃
④ 오론 – 양호 – 150℃

해설 ① 목면 – 내산성 불량 – 80℃

57. 유해가스에 대한 설명 중 가장 거리가 먼 것은?

① F_2는 상온에서 무색의 발연성 기체로 강한 자극성이며 물에 잘 녹고 배출원은 알루미늄 제련공업이다.
② Cl_2가스는 상온에서 황록색을 띤 기체이며 자극성 냄새를 가진 유독물질로 관련 배출원은 표백공업이다.
③ SO_2는 무색의 강한 자극성 기체로 환원성 표백제로도 이용되고 화석연료의 연소에 의해서도 발생한다.
④ NO는 적갈색의 특이한 냄새를 가진 물에 잘 녹는 맹독성 기체로 자동차 배출이 가장 많은 부분을 차지한다.

해설 ④ NO_2는 적갈색, 자극성 기체로 독성이 NO보다 약 5배 정도나 더 크다.

58. 집진효율이 90%인 전기집진장치의 집진면적을 2배로 증가시켰을 때, 집진효율(%)은? (단, Deutsch-Anderson식 적용, 기타 조건은 동일)

① 93
② 95
③ 97
④ 99

해설 전기집진장치의 집진효율 공식

$$\eta = 1 - e^{\left(\frac{-Aw}{Q}\right)}$$

$$\therefore A = -\frac{Q}{w}\ln(1-\eta)$$

$$\frac{A_{나중효율}}{A_{처음효율}} = \frac{\frac{-Q}{w}\ln(1-\eta_{나중})}{\frac{-Q}{w}\ln(1-0.90)} = 2$$

$$\therefore \eta_{나중} = 0.99 = 99\%$$

59. 덕트 설치 시 주요 원칙으로 거리가 먼 것은?

① 공기가 아래로 흐르도록 하향구배를 만든다.
② 구부러짐 전후에는 청소구를 만든다.
③ 밴드는 가능하면 완만하게 구부리며, 90°는 피한다.
④ 덕트는 가능한 한 길게 배치하도록 한다.

해설 ④ 덕트는 가능한 한 짧게 배치하도록 한다.

정리 덕트 설치 시 주요 원칙
• 공기가 아래로 흐르도록 하향구배를 만든다.
• 구부러짐 전후에는 청소구를 만든다.
• 밴드는 가능하면 완만하게 구부리며, 90°는 피한다.
• 덕트는 가능한 한 짧게 배치하도록 한다.

정답 55. ② 56. ① 57. ④ 58. ④ 59. ④

60. 시간당 5톤의 중유를 연소하는 보일러의 배기가스를 수산화나트륨 수용액으로 세정하여 탈황하고 부산물로 아황산나트륨을 회수하려고 한다. 중유 중 황(S) 함량이 2.56 %, 탈황장치의 탈황효율이 87.5 %일 때, 필요한 수산화나트륨의 이론량은 시간당 몇 kg인가?

① 300 kg   ② 280 kg
③ 250 kg   ④ 225 kg

해설 $S + O_2 \rightarrow SO_2 + 2NaOH \rightarrow Na_2SO_3 + H_2O$

    S   :   2NaOH
    32 kg   :   2×40 kg

$\dfrac{2.56}{100} \times 5{,}000\,\text{kg/h} \times \dfrac{87.5}{100}$: NaOH[kg/h]

∴ NaOH $= \dfrac{2.56}{100} \times 5{,}000\,\text{kg/h} \times \dfrac{87.5}{100}$
$\times \dfrac{2 \times 40}{32} = 280\,\text{kg/h}$

제4과목   대기오염공정시험기준(방법)

61. 대기오염공정시험기준에서 정하고 있는 온도에 대한 설명으로 옳지 않은 것은?

① 실온 : 1~35℃
② 온수 : 35~50℃
③ 상온 : 15~25℃
④ 찬 곳 : 따로 규정이 없는 한 0~15℃의 곳

해설 ② 온수 : 60~70℃

정리 온도의 표시
- 표준온도 : 0℃
- 상온 : 15~25℃
- 실온 : 1~35℃
- 냉수 : 15℃ 이하
- 온수 : 60~70℃
- 열수 : 약 100℃
- 찬 곳 : 따로 규정이 없는 한 0~15℃의 곳

- "냉후"(식힌 후)라 표시되어 있을 때는 보온 또는 가열 후 실온까지 냉각된 상태를 뜻한다.

62. 유류 중의 황 함유량을 측정하기 위한 분석방법에 해당하는 것은?

① 광학기법
② 열탈착식 광도법
③ 방사선식 여기법
④ 자외선/가시선 분광법

해설 유류 중의 황 함유량 분석방법
- 연소관식 공기법(중화적정법)
- 방사선식 여기법(기기분석법)

63. 굴뚝 배출가스 중 질소산화물의 연속자동측정방법으로 가장 거리가 먼 것은?

① 화학발광법   ② 이온전극법
③ 자외선흡수법   ④ 적외선흡수법

해설 배출가스 중 연속자동측정방법 – 질소산화물
- 화학발광법
- 적외선흡수법
- 자외선흡수법
- 정전위전해법

더 알아보기 핵심정리 2-93

64. 굴뚝 배출가스 중의 폼알데하이드 및 알데하이드류의 분석방법에 해당하지 않는 것은?

① 기체크로마토그래피
② 아세틸아세톤 자외선/가시선 분광법
③ 크로모트로핀산 자외선/가시선 분광법
④ 고성능액체크로마토그래피

해설 폼알데하이드 적용 가능한 시험방법
- 고성능액체크로마토그래피
- 크로모트로핀산 자외선/가시선분광법
- 아세틸아세톤 자외선/가시선분광법

정답   60. ②   61. ②   62. ③   63. ②   64. ①

65. 분석대상가스가 암모니아인 경우 사용가능한 채취관의 재질에 해당하지 않는 것은?

① 석영 ② 플루오로수지
③ 실리콘수지 ④ 스테인리스강

해설 암모니아의 채취관 및 연결관 등의 재질 : 경질유리, 석영, 플루오로수지, 보통강철, 스테인리스강 재질, 세라믹

더 알아보기 핵심정리 2-75

66. 굴뚝 배출가스 중 휘발성유기화합물을 시료채취 주머니를 이용하여 채취하고자 할 때 가장 거리가 먼 것은?

① 진공용기는 1~10 L의 시료채취 주머니를 담을 수 있어야 한다.
② 소각시설의 배출구같이 시료채취 주머니 내로 입자상물질의 유입이 우려되는 경우에는 여과재를 사용하여 입자상물질을 걸러주어야 한다.
③ 시료채취 주머니의 각 장치의 모든 연결부위는 유리 재질의 관을 사용하여 연결하고, 밀봉윤활유 등을 사용하여 누출이 없도록 하여야 한다.
④ 배출가스의 온도가 100℃ 미만으로 시료채취 주머니 내에 수분응축의 우려가 없는 경우 응축수 트랩을 사용하지 않아도 무방하다.

해설 ③ 각 장치의 모든 연결부위는 플루오로수지 재질의 관을 사용하여 연결한다.

정리 휘발성유기화합물의 시료채취방법
시료채취 주머니는 시료채취 동안이나 채취 후 보관 시 반드시 직사광선을 받지 않도록 하여 시료성분이 시료채취 주머니 안에서 흡착, 투과 또는 서로간의 반응에 의하여 손실 또는 변질되지 않아야 한다.
① 진공용기는 1~10 L 시료채취 주머니를 담을 수 있어야 하며, 용기가 완전진공이 되도록 밀폐된 구조의 것을 사용하여야 한다.
② 소각시설의 배출구같이 시료채취 주머니 내로 입자상물질의 유입이 우려되는 경우에는 시료채취의 입구는 되도록 유리섬유(glass wool)와 같은 여과재를 채워 먼지의 유입을 막아야 한다.
④ 배출가스의 온도가 100℃ 미만으로 시료채취 주머니 내에 수분응축의 우려가 없는 경우 응축기 및 응축수 트랩을 사용하지 않아도 무방하다.

67. 기체-액체 크로마토그래피에서 사용되는 고정상 액체(stationary liquid)의 조건으로 옳은 것은?

① 사용온도에서 증기압이 높고, 점성이 작은 것이어야 한다.
② 사용온도에서 증기압이 높고, 점성이 큰 것이어야 한다.
③ 사용온도에서 증기압이 낮고, 점성이 작은 것이어야 한다.
④ 사용온도에서 증기압이 낮고, 점성이 큰 것이어야 한다.

해설 기체-액체 크로마토그래피 고정상 액체의 조건
• 분석대상 성분을 완전히 분리할 수 있는 것이어야 한다.
• 사용온도에서 증기압이 낮고, 점성이 작은 것이어야 한다.
• 화학적으로 안정된 것이어야 한다.
• 화학적 성분이 일정한 것이어야 한다.

68. 비분산적외선분광분석법에서 사용하는 용어 정의로 옳지 않은 것은?

① 정필터형 : 측정성분이 흡수되는 적외선을 그 흡수 파장에서 측정하는 방식
② 비분산 : 빛을 프리즘이나 회절격자와 같은 분산소자에 의해 분산하지 않는 것
③ 제로가스 : 분석기의 최저 눈금 값을 교정하기 위하여 사용하는 가스
④ 반복성 : 동일한 방법과 조건에서 동일한 분석계를 사용하여 여러 측정대상을 장시간에 걸쳐 반복적으로 측정하는 경우 각각의 측정치가 일치하는 정도

정답 65. ③ 66. ③ 67. ③ 68. ④

해설 ④ 반복성: 동일한 분석계를 이용하여 동일한 측정대상을 동일한 방법과 조건으로 비교적 단시간에 반복적으로 측정하는 경우로서 각각의 측정치가 일치하는 정도

더 알아보기 핵심정리 2-81 (2)

69. 굴뚝 배출가스 중의 질소산화물을 분석하기 위한 시험방법은?
① 아르세나조 Ⅲ법
② 비분산적외선분광분석법
③ 4-피리딘카복실산-피라졸론법
④ 자동측정법

해설 배출가스 중 질소산화물 시험방법
- 자동측정법(화학발광법, 적외선흡수법, 자외선흡수법 및 정전위전해법 등)
- 자외선/가시선분광법-아연환원 나프틸에틸렌다이아민법

더 알아보기 핵심정리 2-84

70. 환경대기 중의 석면을 위상차현미경법에 따라 측정할 때에 관한 설명으로 옳지 않은 것은?
① 시료채취 시 시료 포집면을 주 풍향을 향하도록 설치한다.
② 시료채취지점에서의 실내기류는 0.3 m/s 이내가 되도록 한다.
③ 포집한 먼지 중 길이가 10 μm 이하이고 길이와 폭의 비가 5 : 1 이하인 섬유를 석면섬유로 계수한다.
④ 시료채취는 해당시설의 실제 운영조건과 동일하게 유지되는 일반 환경상태에서 수행하는 것을 원칙으로 한다.

해설 환경대기 중 석면시험방법 – 위상차현미경법 식별방법
③ 포집한 먼지 중에 길이 5 μm 이상이고, 길이와 폭의 비가 3 : 1 이상인 섬유를 석면섬유로서 계수한다.

71. 시험의 기재 및 용어에 대한 정의로 옳지 않은 것은?
① 액체성분의 양을 정확히 취한다 함은 홀피펫, 부피플라스크 또는 이와 동등 이상의 정도를 갖는 용량계를 사용하여 조작하는 것을 뜻한다.
② 용액의 액성표시는 따로 규정이 없는 한 유리전극법에 의한 pH미터로 측정한 것을 뜻한다.
③ 항량이 될 때까지 건조한다 함은 따로 규정이 없는 한 보통의 건조방법으로 1시간 더 건조할 때 전후 무게의 차가 매 g당 0.5 mg 이하일 때를 뜻한다.
④ 바탕시험을 하여 보정한다 함은 시료에 대한 처리 및 측정을 할 때 시료를 사용하지 않고 같은 방법으로 조작한 측정치를 빼는 것을 뜻한다.

해설 ③ 항량이 될 때까지 건조한다 함은 따로 규정이 없는 한 보통의 건조방법으로 1시간 더 건조할 때 전후 무게의 차가 매 g당 0.3 mg 이하일 때를 뜻한다.

72. 다음은 배출가스 중 벤젠분석방법이다. ( ) 안에 알맞은 것은?

> 흡착관을 이용한 방법, 시료채취 주머니를 이용한 방법을 시료채취방법으로 하고 열탈착장치를 통하여 (㉠) 방법으로 분석한다. 배출가스 중에 존재하는 벤젠의 정량범위는 0.1 ppm~2,500 ppm이며, 방법검출한계는 (㉡)이다.

① ㉠ 원자흡수분광광도, ㉡ 0.03 ppm
② ㉠ 원자흡수분광광도, ㉡ 0.07 ppm
③ ㉠ 기체크로마토그래프, ㉡ 0.03 ppm
④ ㉠ 기체크로마토그래프, ㉡ 0.07 ppm

정답 69. ④ 70. ③ 71. ③ 72. ③

해설 배출가스 중 벤젠 – 기체크로마토그래피
적용범위 : 흡착관을 이용한 방법, 시료채취
주머니를 이용한 방법을 시료채취방법으로
하고 열탈착장치를 통하여 기체크로마토그래
프 방법으로 분석한다. 배출가스 중에 존재하
는 벤젠의 정량 범위는 0.10~2,500 ppm이
며, 방법검출한계는 0.03 ppm이다.

73. 이온크로마토그래피의 검출기에 관한 설명이다. ( ) 안에 들어갈 내용으로 가장 적합한 것은?

> (㉠)는 고성능 액체크로마토그래피 분야에서 가장 널리 사용되는 검출기이며, 최근에는 이온크로마토그래피에서도 전기전도도 검출기와 병행하여 사용되기도 한다. 또한 (㉡)는 전이금속 성분의 발색반응을 이용하는 경우에 사용된다.

① ㉠ 광학검출기, ㉡ 전기화학적검출기
② ㉠ 전기전도도검출기, ㉡ 암페로메트릭검출기
③ ㉠ 자외선흡수검출기, ㉡ 가시선흡수검출기
④ ㉠ 전기화학적검출기, ㉡ 염광광도검출기

해설 이온크로마토그래피 검출기
자외선흡수검출기(UV 검출기)는 고성능 액체크로마토그래피 분야에서 가장 널리 사용되는 검출기이며, 최근에는 이온크로마토그래피에서도 전기전도도 검출기와 병행하여 사용되기도 한다. 또한 가시선흡수검출기(VIS 검출기)는 전이금속 성분의 발색반응을 이용하는 경우에 사용된다.

74. 다음 중 다이에틸아민구리 용액에서 시료가스를 흡수시켜 생성된 다이에틸 다이싸이오카밤산구리의 흡광도를 435 nm의 파장에서 측정하는 항목은?

① CS_2
② HCN
③ H_2S
④ PAH

해설 배출가스 중 이황화탄소 – 자외선/가시선분광법 : 다이에틸아민구리 용액에서 시료가스를 흡수시켜 생성된 다이에틸 다이싸이오카밤산구리의 흡광도를 435 nm의 파장에서 측정하여 이황화탄소를 정량한다.

(더 알아보기) 핵심정리 2-85

75. 환경대기 중 가스상 물질의 시료채취방법에서 시료가스를 일정유량으로 통과시키는 것으로 채취관 – 여과재 – 채취부 – 흡입펌프 – 유량계(가스미터)의 순으로 시료를 채취하는 방법은?

① 용기채취법
② 용매채취법
③ 직접채취법
④ 포집여지에 의한 방법

해설 환경대기 시료채취방법 – 가스상 물질의 시료채취방법
• 직접채취법 : 시료를 측정기에 직접 도입하여 분석하는 방법으로 채취관 – 분석장치 – 흡입펌프로 구성된다.
• 용기채취법 : 시료를 일단 일정한 용기에 채취한 다음 분석에 이용하는 방법으로 채취관 – 용기, 또는 채취관 – 유량조절기 – 흡입펌프 – 용기로 구성된다.
• 용매채취법 : 측정대상 기체와 선택적으로 흡수 또는 반응하는 용매에 시료가스를 일정유량으로 통과시켜 채취하는 방법으로 채취관 – 여과재 – 채취부 – 흡입펌프 – 유량계(가스미터)로 구성된다.
• 고체흡착법 : 고체분말표면에 기체가 흡착되는 것을 이용하는 방법으로 시료채취장치는 흡착관, 유량계 및 흡입펌프로 구성한다.
• 저온농축법 : 탄화수소와 같은 기체성분을 냉각제로 냉각 응축시켜 공기로부터 분리 채취하는 방법으로 주로 GC나 GC/MS 분석기에 이용한다.

정답 73. ③　74. ①　75. ②

76. 굴뚝 내의 온도(θ_s)는 233℃이고, 정압(P_s)은 15 mmHg이며 대기압(P_a)은 745 mmHg이다. 이때 대기오염공정시험기준상 굴뚝 내의 배출가스 밀도(kg/m³)는? (단, 표준상태의 공기의 밀도(γ_o)는 1.3 kg/Sm³이고, 굴뚝 내 기체 성분은 대기와 같다.)

① 0.701
② 0.874
③ 0.931
④ 0.984

해설 배출가스 중 입자상 물질의 시료채취방법 – 배출가스 비중량(배출가스의 밀도를 구하는 방법)

$$\gamma = \gamma_o \times \frac{273}{273+\theta_s} \times \frac{P_a+P_s}{760}$$

$$= 1.3 \times \frac{273}{273+233} \times \frac{745+15}{760}$$

$$= 0.7013 \text{ kg/m}^3$$

여기서, γ : 굴뚝 내의 배출가스 밀도(kg/m³)
γ_o : 온도 0℃, 기압 760 mmHg로 환산한 습한 배출가스 밀도(kg/Sm³)
P_a : 측정공 위치에서의 대기압(mmHg)
P_s : 각 측정점에서 배출가스 정압의 평균치(mmHg)
θ_s : 각 측정점에서 배출가스 온도의 평균치(℃)

77. 광원에서 나오는 빛을 단색화장치에 의하여 좁은 파장범위의 빛만을 선택하여 어떤 액층을 통과시킬 때 입사광의 강도가 1이고, 투사광의 강도가 0.6이었다. 이 경우 Lambert-Beer 법칙을 적용하여 흡광도를 구하면?

① 0.2   ② 0.3
③ 0.5   ④ 0.7

해설 램버트-비어(Lambert-Beer)의 법칙

$$A = \log\frac{1}{t} = \log\frac{I_0}{I_t} = \log\frac{1}{0.6} = 0.221$$

여기서, A : 흡광도

78. 흡광차분광법에 따라 분석하는 대기오염물질과 그 물질에 대한 간섭성분의 연결이 옳은 것은?

① 오존(O_3) – 벤젠(C_6H_6)의 영향
② 이산화황(SO_2) – 오존(O_3)의 영향
③ 일산화탄소(CO) – 수분(H_2O)의 영향
④ 질소산화물(NOx) – 톨루엔($C_6H_5CH_3$)의 영향

해설 흡광차분광법 간섭물질
• 오존(O_3)-이산화황, 질소산화물
• 이산화황(SO_2)-오존, 질소산화물
• 질소산화물(NOx)-오존, 이산화황

79. 굴뚝 배출가스 중 황산화물의 시료채취장치에 관한 설명으로 옳지 않은 것은?

① 가열부분에 있어서의 배관의 접속은 채취관과 같은 재질, 혹은 보통 고무관을 사용한다.
② 시료 중의 황산화물과 수분이 응축되지 않도록 시료채취관과 콕 사이를 가열할 수 있는 구조로 한다.
③ 시료 중에 먼지가 섞여 들어가는 것을 방지하기 위하여 채취관과 앞 끝에 알칼리(alkali)가 없는 유리솜 등 적당한 여과재를 넣는다.
④ 시료채취관은 배출가스 중의 황산화물에 의해 부식되지 않는 재질, 예를 들면 유리관, 석영관, 스테인리스강관 등을 사용한다.

해설 ① 황산화물의 채취관, 연결관 재질 : 경질유리, 석영, 스테인리스강 재질, 세라믹, 플루오로수지, 염화바이닐수지

더알아보기 핵심정리 2-75

정답 76. ① 77. ① 78. ② 79. ①

80. 어떤 굴뚝 배출가스의 유속을 피토관으로 측정하고자 한다. 동압 측정 시 확대율이 10배인 경사 마노미터를 사용하여 액주 55 mm를 얻었다. 동압은 약 몇 mmH$_2$O인가? (단, 경사 마노미터에는 비중 0.85의 톨루엔을 사용한다.)

① 7.0 ② 6.5
③ 5.5 ④ 4.7

해설 경사 마노미터의 동압 계산

동압 = 액체비중 × 액주(mm) × sin(경사각) × $\left(\dfrac{1}{\text{확대율}}\right)$

$= 0.85 \times 55 \times \dfrac{1}{10}$

$= 4.675\ \text{mmH}_2\text{O}$

더알아보기 핵심정리 1-65

제5과목 | 대기환경관계법규

81. 환경정책기본법령상 일산화탄소(CO)의 대기환경기준(ppm)은? (단, 1시간 평균치 기준)

① 0.25 이하 ② 0.5 이하
③ 25 이하 ④ 50 이하

해설 환경정책기본법상 대기환경기준

측정시간	연간	24시간	8시간	1시간
SO$_2$(ppm)	0.02	0.05	–	0.15
NO$_2$(ppm)	0.03	0.06	–	0.10
O$_3$(ppm)	–	–	0.06	0.10
CO(ppm)	–	–	9	25
PM10 (μg/m^3)	50	100	–	–
PM2.5 (μg/m^3)	15	35	–	–
납(Pb) (μg/m^3)	0.5	–	–	–
벤젠 (μg/m^3)	5	–	–	–

82. 대기환경보전법상 시·도지사는 자동차의 원동기를 가동한 상태로 주·정차하는 행위 등을 제한할 수 있는데, 이 자동차의 원동기 가동제한을 위반한 자동차 운전자에 대한 과태료 부과금액 기준으로 옳은 것은?

① 50만원 이하의 과태료
② 100만원 이하의 과태료
③ 200만원 이하의 과태료
④ 500만원 이하의 과태료

해설 100만원 이하의 과태료
- 배출시설의 변경신고를 하지 아니한 자
- 환경기술인의 준수사항을 지키지 아니한 자
- 등록된 기술인력에게 교육을 받게 하지 아니한 자
- 환경기술인 등의 교육을 받게 하지 아니한 자
- 등록된 기술인력이 교육을 받게 하지 아니한 전문정비사업자
- 평균 배출량 달성 실적을 제출하지 아니한 자
- 환경부장관, 시·도지사 및 시장·군수·구청장에게 보고를 하지 아니하거나 거짓으로 보고한 자 또는 자료를 제출하지 아니하거나 거짓으로 제출한 자
- 자동차의 원동기 가동제한을 위반한 자동차의 운전자

83. 대기환경보전법상 위임업무 보고사항 중 "측정기기 관리대행업의 등록, 변경등록 및 행정처분 현황"에 대한 유역환경청장의 보고횟수 기준은?

① 수시
② 연 4회
③ 연 2회
④ 연 1회

정답 80. ④ 81. ③ 82. ② 83. ④

해설 위임업무 보고사항

업무내용	보고 횟수
환경오염사고 발생 및 조치 사항	수시
수입자동차 배출가스 인증 및 검사현황	연 4회
자동차 연료 및 첨가제의 제조·판매 또는 사용에 대한 규제현황	연 2회
자동차 연료 또는 첨가제의 제조기준 적합 여부 검사현황	연료 : 연 4회 첨가제 : 연 2회
측정기기 관리대행업의 등록, 변경등록 및 행정처분 현황	연 1회

84. 대기환경보전법상 거짓으로 배출시설의 설치허가를 받은 후에 시·도지사가 명한 배출시설의 폐쇄명령까지 위반한 사업자에 대한 벌칙기준으로 옳은 것은?
① 7년 이하의 징역이나 1억원 이하의 벌금
② 5년 이하의 징역이나 3천만원 이하의 벌금
③ 1년 이하의 징역이나 500만원 이하의 벌금
④ 300만원 이하의 벌금

해설 7년 이하의 징역 또는 1억원 이하의 벌금
1. 배출시설의 허가나 변경허가를 받지 아니하거나 거짓으로 허가나 변경허가를 받아 배출시설을 설치 또는 변경하거나 그 배출시설을 이용하여 조업한 자
2. 방지시설을 설치하지 아니하고 배출시설을 설치·운영한 자
3. 배출시설을 가동할 때에 방지시설을 가동하지 아니하거나 오염도를 낮추기 위하여 배출시설에서 나오는 오염물질에 공기를 섞어 배출하는 행위를 한 자
4. 배출시설이나 방지시설을 정당한 사유없이 정상적으로 가동하지 아니하여 배출허용기준을 초과한 오염물질을 배출하는 행위를 한 자
5. 배출시설 조업정지명령을 위반하거나 조업시간의 제한이나 조업정지 규정에 의한 조치명령을 이행하지 아니한 자
6. 배출시설의 폐쇄나 조업정지에 관한 명령을 위반한 자
7. 배출시설의 폐쇄명령, 사용중지명령을 이행하지 아니한 자
8. 제작차배출허용기준에 맞지 아니하게 자동차를 제작한 자
9. 자동차제작자가 인증받은 내용과 다르게 배출가스 관련 부분의 설계를 고의로 바꾸거나 조작하는 행위를 하여 자동차를 제작한 자
10. 인증을 받지 아니하고 자동차를 제작한 자
11. 해당 연도의 평균 배출량이 평균 배출허용기준을 초과한 자동차제작자에 대한 상황명령을 이행하지 아니하고 자동차를 제작한 자
12. 환경부령으로 정하는 제조기준에 맞지 아니하게 자동차연료·첨가제 또는 촉매제를 제조한 자

85. 대기환경보전법령상 자동차 운행정지표지의 바탕색은?
① 회색 ② 흰색
③ 노란색 ④ 녹색

해설 자동차 운행정지표지의 바탕색은 노란색으로, 문자는 검정색으로 한다.

86. 실내공기질 관리법규상 실내주차장의 ㉠ PM10($\mu g/m^3$), ㉡ CO(ppm) 실내공기질 유지기준으로 옳은 것은?
① ㉠ 100 이하, ㉡ 10 이하
② ㉠ 150 이하, ㉡ 20 이하
③ ㉠ 200 이하, ㉡ 25 이하
④ ㉠ 200 이하, ㉡ 40 이하

해설 실내공기질 유지기준 – 실내주차장
- CO_2 : 1,000 ppm
- HCHO : 100 ppm
- CO : 25 ppm
- PM10 : 200 $\mu g/m^3$

더 알아보기 핵심정리 2-106

정답 84. ① 85. ③ 86. ③

87. 실내공기질 관리법규상 "의료기관"의 라돈(Bq/m^3)항목 실내공기질 권고기준은?

① 148 이하 ② 400 이하
③ 500 이하 ④ 1,000 이하

해설 실내공기질 권고기준 – 의료기관
- 라돈 : 148 Bq/m^3 이하

더알아보기 핵심정리 2-107

88. 대기환경보전법령상 오존의 대기오염 중대경보 해제기준에 관한 내용 중 ( )안에 알맞은 것은?

> 중대경보가 발령된 지역의 기상조건 등을 고려하여 대기자동측정소의 오존농도가 (㉠)ppm 이상 (㉡)ppm 미만일 때는 경보로 전환한다.

① ㉠ 0.3, ㉡ 0.5   ② ㉠ 0.5, ㉡ 1.2
③ ㉠ 1.0, ㉡ 1.2   ④ ㉠ 1.2, ㉡ 1.5

해설 대기오염 경보단계 – 오존

주의보	경보	중대경보
0.12 ppm 이상	0.3 ppm 이상	0.5 ppm 이상

89. 대기환경보전법규상 한국자동차환경협회의 정관에 따른 업무와 거리가 먼 것은?

① 자동차와 건설기계 저공해화 기술개발 및 배출가스저감장치와 저공해엔진의 보급
② 자동차와 건설기계 배출가스 저감사업의 지원과 사후관리에 관한 사항
③ 자동차관련 환경기술인의 교육훈련 및 취업지원
④ 자동차와 건설기계의 배출가스 검사와 정비기술의 연구·개발사업

해설 ③ 환경기술인의 교육 : 환경보전협회

정리 한국자동차환경협회의 업무
1. 자동차와 건설기계 저공해화 기술개발 및 배출가스저감장치와 저공해엔진의 보급
2. 자동차와 건설기계 배출가스 저감사업의 지원과 사후관리에 관한 사항
3. 자동차와 건설기계의 배출가스 검사와 정비기술의 연구·개발사업
4. 제1호부터 제3호까지 및 제5호와 관련된 업무로서 환경부장관 또는 시·도지사로부터 위탁받은 업무
5. 그 밖에 자동차와 건설기계의 배출가스를 줄이기 위하여 필요한 사항

90. 악취방지법령상의 용어 정의로 옳지 않은 것은?

① "통합악취"란 두 가지 이상의 악취물질이 함께 작용하여 사람의 후각을 자극하여 불쾌감과 혐오감을 주는 냄새를 말한다.
② "악취배출시설"이란 악취를 유발하는 시설, 기계, 기구, 그 밖의 것으로서 환경부장관이 관계 중앙행정기관의 장과 협의하여 환경부령으로 정하는 것을 말한다.
③ "악취"란 황화수소, 메르캅탄류, 아민류, 그 밖에 자극성이 있는 물질이 사람의 후각을 자극하여 불쾌감과 혐오감을 주는 냄새를 말한다.
④ "지정악취물질"이란 악취의 원인이 되는 물질로서 환경부령으로 정하는 것을 말한다.

해설 ① "복합악취"란 두 가지 이상의 악취물질이 함께 작용하여 사람의 후각을 자극하여 불쾌감과 혐오감을 주는 냄새를 말한다.

91. 대기환경보전법령상 대통령령으로 정하는 제작차 배출허용기준이 설정된 오염물질의 종류에 해당되지 않는 것은? (단, 휘발유자동차)

① 일산화탄소 ② 탄화수소
③ 포름알데히드 ④ 입자상물질

정답 87. ① 88. ① 89. ③ 90. ① 91. ④

해설 제작차 배출허용기준 오염물질 종류
1. 휘발유 또는 가스자동차 : 일산화탄소, 질소산화물, 탄화수소, 포름알데히드
2. 경유사용 자동차 : 일산화탄소, 질소산화물, 탄화수소, 입자상물질, 매연
3. 이륜자동차 : 일산화탄소, 질소산화물, 탄화수소
4. 건설기계 원동기 : 일산화탄소, 질소산화물, 탄화수소, 입자상물질, 입자개수, 암모니아
5. 농업기계 원동기 : 일산화탄소, 질소산화물, 탄화수소, 입자상물질, 입자개수, 암모니아
6. 철도차량 원동기 : 일산화탄소, 질소산화물, 탄화수소, 입자상물질

해설 정밀검사대상 자동차 및 정밀검사 유효기간

차종		정밀검사 대상 자동차	검사 유효기간
비사업용	승용 자동차	차령 4년 경과된 자동차	2년
	기타 자동차	차령 3년 경과된 자동차	1년
사업용	승용 자동차	차령 2년 경과된 자동차	
	기타 자동차	차령 2년 경과된 자동차	

92. 대기환경보전법령상 일일초과배출량 및 일일유량의 산정방법에서 일일유량 산정을 위한 측정유량의 단위는?

① m^3/s
② m^3/min
③ m^3/h
④ m^3/day

해설 일일유량 산정 시 적용되는 측정유량의 단위는 시간당 세제곱미터(m^3/h)로 한다.

93. 대기환경보전법규상 정밀검사대상 자동차 및 정밀검사 유효기간 중 차령 2년 경과된 사업용 기타자동차의 검사유효기간 기준으로 옳은 것은? (단, "정밀검사대상 자동차"란 자동차관리법에 따라 등록된 자동차를 말하며, "기타자동차"란 승용자동차를 제외한 승합·화물·특수자동차를 말한다.)

① 1년
② 2년
③ 3년
④ 5년

94. 대기환경보전법규상 배출허용기준 초과와 관련한 개선명령을 받은 경우로서 개선계획서에 포함되어야 할 사항과 가장 거리가 먼 것은? (단, 개선하여야 할 사항이 배출시설 또는 방지시설인 경우)

① 배출시설 및 방지시설의 개선명세서 및 설계도
② 오염물질의 처리방식 및 처리효율
③ 공사기간 및 공사비
④ 대기오염물질 발생량 및 방지시설의 처리능력

해설 개선계획서 포함사항(개선명령을 받은 경우로서 개선하여야 할 사항이 배출시설 또는 방지시설인 경우)
가. 배출시설 또는 방지시설의 개선명세서 및 설계도
나. 대기오염물질의 처리방식 및 처리 효율
다. 공사기간 및 공사비
라. 다음의 경우에는 이를 증명할 수 있는 서류
• 개선기간 중 배출시설의 가동을 중단하거나 제한하여 대기오염물질의 농도나 배출량이 변경되는 경우
• 개선기간 중 공법 등의 개선으로 대기오염물질의 농도나 배출량이 변경되는 경우

정답 92. ③ 93. ① 94. ④

95. 대기환경보전법령상 대기오염경보의 대상 지역 경보 단계 및 단계별 조치사항 중 "주의보 발령" 시 조치사항으로 옳은 것은?
① 주민의 실외활동 및 자동차 사용의 자제 요청 등
② 주민의 실외활동 제한 요청 및 자동차 사용의 제한 요청 등
③ 사업장의 연료사용량 감축 권고
④ 주민의 실외활동 금지 요청 및 사업장의 조업시간 단축 요청 등

해설 경보 단계별 조치사항
1. 주의보 발령 : 주민의 실외활동 및 자동차 사용의 자제 요청 등
2. 경보 발령 : 주민의 실외활동 제한 요청, 자동차 사용의 제한 및 사업장의 연료사용량 감축 권고 등
3. 중대경보 발령 : 주민의 실외활동 금지 요청, 자동차의 통행금지 및 사업장의 조업시간 단축명령 등

96. 다음은 대기환경보전법령상 변경신고에 따른 가동개시신고의 대상규모 기준에 관한 사항이다. ( ) 안에 알맞은 것은?

> 배출시설에서 "대통령령으로 정하는 규모 이상의 변경"이란 설치허가 또는 변경허가를 받거나 설치신고 또는 변경신고를 한 배출구별 배출시설 규모의 합계보다 ( ) 증설(대기배출시설 증설에 따른 변경신고의 경우에는 증설의 누계를 말한다.)하는 배출시설의 변경을 말한다.

① 100분의 10 이상
② 100분의 20 이상
③ 100분의 30 이상
④ 100분의 50 이상

해설 변경신고에 따른 가동개시신고의 대상규모 기준 : 배출시설에서 "대통령령으로 정하는 규모 이상의 변경"이란 설치허가 또는 변경허가를 받거나 설치신고 또는 변경신고를 한 배출구별 배출시설 규모의 합계보다 100분의 20 이상 증설(대기배출시설 증설에 따른 변경신고의 경우에는 증설의 누계를 말한다.)하는 배출시설의 변경을 말한다.

97. 대기환경보전법령상 규모별 사업장의 구분 기준으로 옳은 것은?
① 1종사업장 – 대기오염물질발생량의 합계가 연간 70톤 이상인 사업장
② 2종사업장 – 대기오염물질발생량의 합계가 연간 20톤 이상 80톤 미만인 사업장
③ 4종사업장 – 대기오염물질발생량의 합계가 연간 10톤 이상 20톤 미만인 사업장
④ 5종사업장 – 대기오염물질발생량의 합계가 연간 10톤 미만인 사업장

해설 사업장 분류기준

종별	오염물질발생량 구분 (대기오염물질발생량의 연간 합계 기준)
1종 사업장	80톤 이상인 사업장
2종 사업장	20톤 이상 80톤 미만인 사업장
3종 사업장	10톤 이상 20톤 미만인 사업장
4종 사업장	2톤 이상 10톤 미만인 사업장
5종 사업장	2톤 미만인 사업장

정답 95. ① 96. ② 97. ②

98. 다음은 대기환경보전법상 과징금 처분에 관한 사항이다. ( ) 안에 가장 적합한 것은?

> 환경부장관은 인증을 받지 아니하고 자동차를 제작하여 판매한 경우 등에 해당하는 때에는 그 자동차제작자에 대하여 매출액에 (㉠)을/를 곱한 금액을 초과하지 아니하는 범위에서 과징금을 부과할 수 있다. 이 경우 과징금의 금액은 (㉡)을 초과할 수 없다.

① ㉠ 100분의 3, ㉡ 100억원
② ㉠ 100분의 3, ㉡ 500억원
③ ㉠ 100분의 5, ㉡ 100억원
④ ㉠ 100분의 5, ㉡ 500억원

해설 자동차제작자의 과징금 : 환경부장관은 자동차제작자가 다음 각 호의 어느 하나에 해당하는 경우에는 그 자동차제작자에 대하여 매출액에 100분의 5를 곱한 금액을 초과하지 아니하는 범위에서 과징금을 부과할 수 있다. 이 경우 과징금의 금액은 500억원을 초과할 수 없다. 〈개정 2024. 1. 23.〉
1. 인증을 받지 아니하고 자동차를 제작하여 판매한 경우
2. 거짓이나 그 밖의 부정한 방법으로 인증 또는 변경인증을 받아 자동차를 제작하여 판매한 경우
3. 인증 또는 변경인증 받은 내용과 다르게 자동차를 제작하여 판매한 경우. 다만, 중요사항 외의 사항의 변경으로 인하여 인증 또는 변경인증 받은 내용과 다르게 자동차를 제작하여 판매한 경우는 제외한다.

99. 대기환경보전법규상 관제센터로 측정결과를 자동전송하지 않는 사업장 배출구의 자가측정횟수기준으로 옳은 것은? (단, 제1종 배출구이며, 기타 경우는 고려하지 않음)

① 매주 1회 이상
② 매월 2회 이상
③ 2개월마다 1회 이상
④ 반기마다 1회 이상

해설 자가측정의 대상·항목 및 방법
1. 굴뚝 원격감시체계 관제센터로 측정결과를 자동전송하지 않는 사업장의 배출구

구분	배출구별 규모(먼지·황산화물 및 질소산화물의 연간 발생량 합계)	측정횟수
제1종 배출구	80톤 이상인 배출구	매주 1회 이상
제2종 배출구	20톤 이상 80톤 미만인 배출구	매월 2회 이상
제3종 배출구	10톤 이상 20톤 미만인 배출구	2개월마다 1회 이상
제4종 배출구	2톤 이상 10톤 미만인 배출구	반기마다 1회 이상
제5종 배출구	2톤 미만인 배출구	반기마다 1회 이상

※ 측정항목 : 배출허용기준이 적용되는 대기오염물질(다만, 비산먼지는 제외)

100. 대기환경보전법규상 환경부장관이 그 구역의 사업장에서 배출되는 대기오염물질을 총량으로 규제하려는 경우 고시하여야 할 사항으로 거리가 먼 것은? (단, 그 밖의 사항 등은 제외)

① 총량규제구역
② 총량규제 대기오염물질
③ 대기오염방지시설 설치계획
④ 대기오염물질의 저감계획

해설 환경부장관이 사업장에서 배출되는 대기오염물질을 총량으로 규제하고자 할 때 고시하여야 하는 사항
1. 총량규제구역
2. 총량규제 대기오염물질
3. 대기오염물질의 저감계획
4. 그 밖에 총량규제구역의 대기관리를 위하여 필요한 사항

정답 98. ④ 99. ① 100. ③

대기환경기사 필기
과년도 출제문제

2025년 1월 10일 인쇄
2025년 1월 15일 발행

저　자 : 고경미
펴낸이 : 이정일

펴낸곳 : 도서출판 **일진사**
　　　　　www.iljinsa.com
(우) 04317 서울시 용산구 효창원로 64길 6
전　화 : 704-1616 / 팩스 : 715-3536
이메일 : webmaster@iljinsa.com
등　록 : 제1979-000009호 (1979.4.2)

값 27,000원

ISBN : 978-89-429-1982-6

● 불법복사는 지적재산을 훔치는 범죄행위입니다.
　저작권법 제97조의 5(권리의 침해죄)에 따라 위반자는 5년 이하의 징역 또는 5천만 원 이하의 벌금에 처하거나 이를 병과할 수 있습니다.